普通高等教育"十一五"国家级规划教材

高 等 院 校 园 林 专 业 通 用 教 材

花卉学

（第 2 版）

王莲英　　秦魁杰　　主编

中国林业出版社

图书在版编目（CIP）数据

花卉学/王莲英，秦魁杰主编 . —2 版 . —北京：中国林业出版社，2011.9（2018.6 重印）
普通高等教育"十一五"国家级规划教材　高等院校园林专业通用教材
ISBN 978 - 7 - 5038 - 6326 - 4

Ⅰ.①花…　Ⅱ.①王…　②秦…　Ⅲ.①花卉—观赏园艺—高等学校—教材　Ⅳ.①S68

中国版本图书馆 CIP 数据核字（2011）第 186750 号

中国林业出版社

责任编辑：贾麦娥　贾培义
电　　话：010-83143562

出版发行　中国林业出版社（100009　北京市西城区德内大街刘海胡同 7 号）
　　　　　网　址：http://www.cfph.com.cn
　　　　　E-mail: cfphz@ public. bta. net. cn
经　销　新华书店
印　刷　三河市祥达印刷包装有限公司
版　次　1990 年 1 月第 1 版
　　　　2011 年 11 月第 2 版
印　次　2018 年 6 月第 4 次
开　本　850mm×1168mm　1/16
印　张　39
字　数　800 千字
定　价　58.00 元

凡本书出现缺页、倒页、脱页等质量问题，请向出版社图书营销中心调换。

前　言

　　《花卉学》（第 2 版）是面向 21 世纪高等院校园林专业的通用教材，是在 1990 年出版的《花卉学》的基础上重新编著而成。20 多年来，我国花卉事业在生产、教学和科研上都取得极大的发展，出现了一些新理论、新技术、新方法。为及时地反映花卉事业的新发展、新形势，更好地引领和指导生产实践，使教学与生产相结合，理论与实践相结合，学以致用，我们重新编写了这本《花卉学》。

　　在编写中我们充分考虑 20 年来，各地使用 1990 年版《花卉学》反馈的修改意见和建议，作为编写新教材的重要参考。同时邀请一些对《花卉学》的某些方面有较丰富和较高学术素养的学者和年轻教师参加编写，以使教材能较好地反映当代花卉生产、科研和教学的水平。

　　本教材分总论与各论两大部分。总论部分补充了大量新的内容，如在气候型分类中，充分补充了中国气候型与花卉地理分布、花卉光合碳同化途径、我国花卉种类资源的现状及保护对策、花卉生产与管理等内容。

　　各论部分按应用需要分类，更便于结合生产和实际应用，分为切花花卉、观叶植物、盆栽花卉、花坛花卉、攀缘花卉等 13 类进行撰写，近年来发展较快的湿地花卉和观赏草都独立分类介绍。为便于查找，各论内容按植物学名拉丁文字母顺序排列。每类花卉按代表种和列表种进行介绍，增加了每种花卉的英文名，生态习性、繁殖栽培等指标尽量做到量化。本书共介绍代表种 156 个，列表种约 550 个。并尽量介绍代表种的著名品种或品种系列。

　　编写分工：

　　王莲英负责总论的编写，参加的有袁涛、周玉珍、董丽、杨秀珍、罗宁、陈新露。

　　秦魁杰负责各论的编写，参加的有郭先锋、袁涛、舒大慧、刘坤良等。

　　工作人员：

　　关坤、张贵敏参加总论书稿的打印和配图工作。

　　因编写时间较为仓促，资料收集不够全面系统，不足之处欢迎读者和广大教师、同学们提出批评和建议，以便将来再版时补充和修正。

编　者

2010 年 12 月 5 日

目　录

各 论

绪 论

一、花卉的定义及其相关的概念与范畴

考证花卉一词的来历，其定义可以说是与时俱进的，其概念和范畴也是愈加宽泛的。查我国第一部字典《说文解字》(汉·许慎纂，清·段玉裁注)中并没有花卉一词，也没有"花"的文，只有葩字的解释说："葩，華也(古文華字与花字同意同音)；卉，草之总名也。"。这说明花和卉是分立而解，实指花和草两者而言。至《梁书·何点传》中有"园中有卞忠冢，点植花卉于冢侧"的记载，才出现了花卉一词。《辞海》(1979年版)中解释："花是指能开花供观赏的植物；卉指草的总称；而花卉一词即指可供观赏的花草"。其定义已明确包含有开花的木本和草本植物，以及可供观赏的草类。以后随着时代的前进和科学文化的发展与交流，特别是21世纪以来，随着城市建设的飞速发展，美化环境、保护环境意识的不断增强，人类对大自然环境的渴望以及对各种花卉的需求愈来愈多，愈来愈强烈，花卉的概念与范畴也随之无限的衍生和扩展，出现许多相应的名词与概念，如陈俊愉先生在《中国花卉品种分类学》中所列出的相关名词有园林植物、园林花卉、观赏植物和风景植物、环境植物等，这些名词概念虽有差异，但基本含义相同，皆可归入广义的花卉概念之中，即除指有观赏价值的草本植物(狭义花卉)之外，还包括草本和木本的地被植物、花灌木、观花或观叶、观枝、观果的乔木以及不开花的蕨类植物和观赏草类。也可泛称观赏植物；也可等称园林植物，即一切适用于园林(从室内花卉装饰到风景名胜区绿化)的植物材料之统称(《中国花卉品种分类学》)。

花卉名词概念和范畴的延伸已从原始实用的物质层面推进至精神层面与理念层面，它具有了非凡的文化意义，寄托着人类无数美好的愿望和期待。

二、花卉在人类生活中的作用

花卉是美好、幸福的象征，是美的化身，这是世界共同的语言。

花卉融入生活，融入文化，与人们的衣食住行和精神文化，与文学、艺术、风俗、习惯、生活环境密切相关，自古以来就是人类最经常接触的无间伴侣。

花卉作为一种产业是促进社会文明进步，改善生态环境和创造社会财富最具活力的快乐事业。

所以丰富多彩的花草树木是构成自然界和人类社会赖以生存的基础，也是人类社会前进和发展的基石。概括而言，花卉在人类生活、生产中的作用和意义有以下四方面：

（一）花卉对保护和改善人类的生存环境，维护生态平衡具有极高的生态效益

地球上一切植物，都是天然的氧吧，源源不断地为人类生存吸收 CO_2，放出 O_2；分泌杀菌素吸收有害气体，净化空气；吸附阻滞尘埃，防风固沙；涵养水源防止水土流失；调节空气温湿度，缓解城镇热岛效应，减少噪声污染，维护生态和谐，减少人类生产经济活动对环境的伤害。它们是人类重要的财富和生命线。据李湛东在《城市绿地经济价值》一文中介绍：印度加尔各达大学达斯教授对一株生长 50 年的大树所产生的价值做过系统研究，结果表明：大树如果以木材卖到市场，价值不超过 50～125美元，但它的生态价值至少是木材价值的 1500 倍。以累计计算，50 年中大树产生的氧约值 31200 美元，吸收有毒气体，防止大气污染带来的价值约值 62500 美元，增加土壤肥力而提高的价值约 31200 美元，涵养水源而带来的价值约 37500 美元，为鸟类及其他动物提供繁衍场所的价值约 31250 美元，产生蛋白质的价值约 2500 美元。这些数据足以说明大量的人工栽培植物包括花卉，对于保护和改善环境，维护生态平衡都具有重要作用，所以保护地球上的自然植被，合理开发利用野生观赏植物资源是人类共同的责任。

（二）花卉对创建生态园林城镇，绿化美化人居环境具有极大的社会效益

广义的花卉是绿化美化人居环境、创建生态园林城镇的重要素材。在城镇建设中绿化系统网络的形成，绿地覆盖率和人均绿地面积高水平的指数都依赖于花卉的生产、种植与应用，所以花卉对营造优美的绿色生态环境具有重大作用，同时花卉的种植与应用也是城镇文明建设与人们高质量生活的标志之一。

2008 年北京奥运会的成功举办赢得了全世界人们的赞赏，产生了巨大影响力，其中园林绿色功不可没。为了打造洁净健康的绿色奥运环境，北京绿化美化应用有500 种、近千个品种的新优花卉，4000 万盆观赏植物装扮了整个京城，仅天安门广场花坛群的布置用花量达 100 万盆；作为中华第一街的长安街在长 12.6km 的地段上营建绿地面积 54hm^2、草坪 35hm^2、花卉布置 7hm^2，总用花量达 350 万盆。作为奥运会主赛场的朝阳区，在奥运中心和奥运场馆周边、奥运主要道路连接线上，以及在奥运火炬传递路线和自行车公路赛等重要路线上用花量多达 400 万盆。其他七大城区及周边区县以及各大公园的用花量都在 100 万盆以上，2008 年奥运盛会时的北京，在鲜花的海洋中，呈现出一片花团锦簇、欣欣向荣的美好景象，烘托出了隆重热烈欢庆的奥运氛围，展现了"新北京、新奥运"的和谐风貌，更强有力地表明了花卉在城乡绿化美化建设中的重大作用与意义，其社会价值和环境价值是不可估量的。

（三）花卉产业是国民经济的组成部分，可以产生巨大的经济效益

花卉生产是劳动密集、资金密集和技术密集型产业，也是经济效益十分明显丰厚的产业，与农作物、林木等产品相比，其经济价值要高出数十倍、上百倍，如意大利每公顷水果年收入 500 万～600 万里拉，蔬菜 700 万～800 万里拉，而切花为 5000 万～6000 万里拉，因此世界各国都非常关注支持本国花卉业的发展。众所周知，荷兰是世界闻名的花卉王国，花卉的栽培生产成为该国的支柱产业，1992 年起花卉产值为20.49 亿美元，2005 年已发展到 47 亿欧元。据荷兰皇家种球生产者协会主席沙克介绍，目前荷兰园艺产业年度总产值已达 68 亿欧元，出口额为 115 亿欧元；种球产值

为 5.8 亿欧元，出口额 6.4 亿欧元，可以看出花卉产品出口创汇盈利非常巨大。美国 1995 年花卉产值 32 亿美元，2001 年发展到近 50 亿美元。日本 1990 年花卉产值 3845 亿日元，2000 年发展为 4412 亿日元，2005 年花卉生产总面积 2.2 万多 hm^2，批发销售总额 4705 亿日元。津巴布韦年出口月季 2 亿支，还有肯尼亚、厄瓜多尔都已成为花卉出口大国。我国花卉产业起步较晚，但发展速度很快，1984 年全国花卉生产面积近 1.4 万 hm^2，产值 6 亿元人民币，至 2007 年全国花卉生产总面积为 75.0 万 hm^2，增长 50 多倍，销售额近 613.7 亿元，增长 90 多倍，出口额 3.28 亿美元，增长 300 多倍，2008 年全国花卉生产总面积 77.6 hm^2，销售总额 667.0 亿元，比 2007 年增加 8.7%，出口额近 4.0 亿美元，比 2007 年增加 21.8%，如此快速发展实属罕见。

从上述数据中可以看出无论是发达国家或发展中国家，都热衷于积极发展花卉产业不无道理，因为它能产生良好的经济效益。

（四）花卉成为人类生活中不可或缺的精神文化享受，对促进社会文明进步有深远的影响力和美学价值

花卉不仅可以营造健康、优美、舒适的工作、休息环境，消除疲劳、增进身心健康，而且可以以花会友，借花传情，增进友谊和团结。以花为载体的各种花文化活动（花卉的摄影、绘画和插花、花的诗词歌赋、剪纸等），以及花卉展览等花事活动都活跃了人们的文化娱乐生活，增进科学知识、陶冶情操、提升文化素养，带给人们极大的精神文化享受。随着经济的增长，社会的稳定与进步，在衣食住行、婚丧嫁娶、岁时节日、游乐等活动中都缺少不了花的相伴；在国际交往中花卉成为表达敬意与友谊，增进团结，促进交流和贸易的最佳表现方式。

三、我国花卉栽培发展简史及现况

据人类学者田野的调查结果显示："中华民族最初是一个杂食而以植物为主的种族"。由此表明缘于世代农耕生活的我国，对大自然中的花草树木有着特殊的情结，它造就了中华民族极富采集和选择的目光，从而也积淀了悠久而丰富的用花、种花和赏花的经验与感悟，实用和寄情于花木成为代代相传的习俗。由认识到实用到寄情观赏直至生产经历了一个漫长的发展过程，大致可以概括如下几个阶段。

（一）蛮荒的原始社会时期

出于生存需要，人们最早认识和采集野生植物仅仅为食用。这从神农氏遍尝百草百卉，为华夏民族探寻食物和药草的神话传说中可以视为历史的见证和现实生活的反映；又据古籍和有关专著与考古证实，原产我国的许多野生花木早已在几千年前就被先祖所认识和食用，如 6000 年前先祖就认识了荷花，5000 年前就食用了荷花的藕和莲子。4000 年前就开始有果梅的应用。

（二）夏、商、周的奴隶社会时期

3000 多年前中华大地上许多花木已由野生引为人工种植，不仅为食用而且已开始进入观赏领域，并被赋予美好的文化内涵和寓意，如荷花、桃、梅、芍药、牡丹、兰等传统名花，在当时已作为审美对象用于祭祀、传情明志和玩赏中，这在我国第一部民歌总集《诗经》以及伟大爱国诗人屈原的《离骚》中都有很多记载。如：《诗经·陈

风》中记有"彼泽之陂，有蒲与荷"。这是描述古人对香蒲和荷花相同生态习性的观察认识，同时又将蒲与荷喻为男女间对爱情的执著追求与爱慕之情。《诗经·郑风》记"维士与女，伊其相谑，赠之以勺药"（即芍药），说的是春天时男女青年到野外踏青游玩，谈情说爱互订终生之约，别离时采摘芍药花相互赠送，以花传情示爱，表达相思之情。《周书》记："鱼成龙，数泽竭；数泽已竭；既莲掘藕"，说明当时先民们采掘莲藕当蔬菜食用。《离骚》记"制芰荷以为衣兮，集芙蓉以为裳；不吾知其亦已兮，苟余情其信芳。"此诗意指屈原以圣洁的荷花，芳柔的菱蔓比喻自己的美好情操，尽管得不到君主的信任，历尽坎坷磨难，但自己的节操依旧不会改变，以花装扮和自喻而明志。

又据宋·虞汝明《古琴疏》记载："帝相元年，条谷贡桐、芍药。帝令羿植桐于云和，令武罗伯植芍药于后苑。"帝相是夏王朝第五位君王（公元前 1936～前 1909 年在位），当时已将芍药种植在后苑供游赏玩乐。说明芍药已有近 4000 年的观赏栽培历史。还有吴王夫差（春秋时期）在太湖之滨的灵岩山离宫修建"玩花池"供西施玩赏。以上种种表明在当时简单的农耕生活中，各种花草树木已成为先民最经常接触的无间伴侣，并融入生活，融入文化，展现了自然朴实而又浪漫的生活情趣与对美好理想的追求。

（三）秦、汉及六朝的封建社会前期

政治统一，经济发达，西域开通，促进文化艺术的发展。王室富贾兴建宫苑，营造温室，集各地奇花异木与名果供其享乐玩赏，据晋·葛洪《西京杂记》中记载当时收集的奇花异木和名果就有 2000 余种，仅从越南引进的热带、亚热带花木多达数十种。书中云："仅初修上林苑，群臣远方各献名果异树，有掏桂十株"。《晋宫阁名》记："晖章殿前，芍药六畦。"可见当时宫苑中名花的观赏栽培已相当普遍。此间，对于花卉的物候、习性的观察记载也颇为重视，栽培技术也有一定进步。西晋·嵇含（公元 304 年）著《南方草木状》，完成了我国第一部地方性花卉园艺丛书。北魏贾思勰著《齐民要术》对"种藕法"与"种莲子法"已有详细的记述。优美长寿的古银杏树，早在三国时期（公元 220～265 年）已在江南地区盛行栽培。

（四）隋、唐、宋的封建社会盛期

这一时期由于国力强大，经济繁荣，各业兴旺，花卉园艺也有了长足的发展，并由以前的自采自种和自赏为主开始跨入商品时代，部分地区出现花卉商品市场，花卉有了商品价值，尤以菊花、牡丹和芍药等传统名花进入市场最早最活跃，以各地举办的卖花、买花和赏花的花会、花市活动最为引人注目。正如《东坡杂记》所载："近时都下菊品至多，皆以他草接成，不复与时节相应，始八月尽十月，菊不绝于市。"唐·白居易《买花》诗曰："帝城春欲暮，喧喧车马度。共道牡丹时，相随买花去。贵贱无常价，酬值看花数。……"唐·李肇《国史补》："……种（牡丹）以求利，一本有值数万者。"反映了唐时都城长安王公贵族争赏牡丹，使其身价百倍，不少人不惜重金购买以及人们赏花的盛况，也反映了花卉交易的一个侧面。据《苏轼文集》载："东武旧俗，每岁四月大会于南禅、资福两寺，以芍药供佛，而今岁最盛，凡七千余朵，皆重跗累萼，繁丽丰硕。"又云"扬州芍药为天下冠，蔡凡卿为守，始作万花会，用花千万余枝……"南宋·孟元老《东京梦花录》记载："……季春，万花烂漫，牡丹、芍药、棣棠、木香，种种上市，卖花者以马头竹篮铺排，歌叫之声，清晰可听……最一时之佳况。"综上可见，这一时期花卉不仅已成为商品，而且成为大众文化娱乐及佛事活动的观赏对象。国产传统名花的盆栽和切花栽培已相当盛行，大大促进插花艺术的发展。更值得提及的是这一时期花卉栽培、选种育种技术已有很大提高，并日趋成熟。新品种不断涌现，理论研究卓有成效。据文献记载，唐朝牡丹和芍药已有多种颜色、多种花型及重瓣品种出现。至宋朝周师厚《洛阳花木记》中载芍药41个品种，牡丹已有百余个品种。

此时期主要的名花谱记也相继问世，如唐朝王芳庆《园林草木疏》，李德裕《手泉山居竹木记》。宋朝出现了更多的专谱，举例如下：

牡丹专谱有：欧阳修《洛阳牡丹记》（1031年），是我国也是世界上第一部牡丹专著。相继问世的还有张峋《洛阳花谱》、周师厚《洛阳花木记》、张邦基《陈州牡丹记》、陆游《天彭牡丹记》。

芍药专谱有：刘攽《芍药谱》（1073年）为我国最早的芍药专谱；孔武仲《芍药谱》（1073～1075年）；王观《扬州芍药谱》（1075年）等。

梅花专谱有：范成大《梅谱》，为我国最早的梅花专著；张功甫《梅品》等。

菊花专谱有：刘蒙《菊谱》，为我国第一部菊花专著；范成大《范村菊谱》；史正志《菊谱》等。

兰花专谱有：赵时庚《金漳兰谱》（南宋末年），为我国第一部兰花专著；王贵学《兰谱》等。

海棠专谱：陈思《海棠谱》。

盆景艺术书籍：赵希鹄《洞天清录》。

仅十大传统名花中，就有一半名花的首部谱记出现在宋代，宋代成为名花专著最多的朝代，也是我国花卉园艺事业繁荣昌盛的时代。

综合性著作有：陈景沂《全芳备祖》（1253年）；范成大《桂海花木志》。

国昌花盛国衰花败，元朝为我国文化低落时期，花卉园艺亦然衰败。

（五）明、清封建社会的后期

明清时期随着经济的再度繁荣、社会稳定，花卉园艺日渐昌盛，达到全面发展和成熟时期，花会花展活动更趋频繁盛大；以花卉种植为业的农户，不仅兴旺且种植规模巨大，江南地区尤以栽种连藕采莲为主；安徽亳州、山东曹州（今菏泽）、北京丰台草桥等皆以牡丹、芍药种植为主。《京师偶记》中载："丰台芍药最盛，园丁折以入市者几千万朵，花较江南者更大。"清光绪年间《新修菏泽县志·疆域》载"牡丹芍药各百余种，土人植之，动辄数十亩，利厚于五谷。每当仲春花发，出城迤东，连阡接陌，艳若蒸霞。"以上记载真实地描述了这一时期花卉，尤其名花如荷花、牡丹、芍药等种植业的兴盛景象。花卉园艺种植业的发达表明花卉栽培技术的进步与娴熟，新品种的大量涌现，花卉理论的成熟与完善，以及花卉观赏应用的盛行。

这些盛况和成就都在这一时期问世的专著专谱和综合论著中有详尽的记载，主要名著、名谱有：

明朝：张应文《兰谱》；杨端《琼花谱》；黄省曾等的《菊谱》；李东阳《山茶花》；高濂《草花谱》、《兰谱》、《瓶花三说》（插花专著）；张谦德《瓶花谱》（插花专著）；袁宏道《瓶史》（插花专著）；王象晋《群芳谱》（综合性谱记）；宋诩《花谱》；吴彦匡《花史》；程羽文《花小品》；王路《花史左编》；王世懋《学圃余疏》（综合性著作）；谢肇淛《五杂组》（花期调控技术书籍）；周履靖《菊谱》；陈继儒《种菊法》；薛凤翔《牡丹八术》；周诗教《灌园史》（综合性书籍）；徐石麟《花俑月令》（综合性著作）。

清朝：杨钟宝《巩荷谱》，我国第一部荷花专著；赵学敏《凤仙谱》；计楠《牡丹谱》；陆廷灿《艺菊志》；李奎《菊谱》；徐寿基《品芳录》；陈淏子《花镜》；沈复《浮生六记》（插花艺术书籍）。

这些专著和名著是我国花卉园艺发展史的见证，是中华民族花文化的结晶，是中华传统文化的重要组成部分。

明、清时期特别值得提及的是花卉艺术的应用成就蜚声中外，影响深远，各地名苑名园和专类园的营建，盆景和插花艺术的创作，不仅充分体现了我国传统艺术的弘道精神、意向思维方式和兴象手法，而且也科学地掌握了各种花木的生态习性与民风习俗、神话传说等的有机结合，构建丰富多彩、文化内涵深厚的植物景观设计。尤其是盆景艺术为我国首创，同时我国的传统插花艺术也是东方式插花艺术的起源国和代表国，主要成就多是在这一时期完善取得的。

（六）清末至民国时期

国力不强，战乱频繁，加之遭受帝国主义列强的侵略，经济衰退，民生疾苦，花卉业自然日趋衰落，花卉资源和名花品种屡被掠夺，良种散失，花田荒芜，仅有少数城市花卉栽培、花市交易有所发展。也有少量国外的草花和温室花卉的输入；专业书刊出版亦少，仅有陈植《观赏树木》、章君瑜《花卉园艺学》、童玉民《花卉园艺学》、夏诒彬《种兰花法》、《种蔷薇法》；陈俊愉、汪菊渊等《艺园概要》，以及黄岳渊、黄德邻《花经》等专业著作问世。

（七）新中国成立至改革开放以来

1949 年新中国成立后，百废待举、百业待兴，皆处在重建与恢复时期，至 1958 年，政府提出改造自然环境，逐步实现大地园林化的号召，全国开始了对花卉品种的收集、花圃苗圃基地重建和公共绿地建设工作。

1960 年中国园艺学会召开第一次全国花卉科学技术会议，进一步明确了花卉事业在国民经济建设和人民生活中的地位与作用，确定了花卉生产化、大众化、科学化和多样化的发展方向，促进了花卉业发展逐步走向正规健康的发展道路。

1978 年中国共产党十一届三中全会的召开，决定把党的工作中心转移到社会主义现代化建设上来，作出改革开放的关键决策。花卉事业随同国民经济各行各业的蓬勃、快速发展，也步入了新的勃兴时期，结束了自古以来在我国花卉栽培与应用被视为一种闲情文化、可有可无的地位与局面，花卉生产作为一个新兴的产业，愈来愈受到政府重视、大众的青睐以及从业者的积极热情参与。

1984 年中国花卉协会成立，各级地方花协和行业协会、相关专业院校和科研机构都在此前后纷纷成立，相继开展了花卉品种的整理、野生种质资源的调查、花卉新品种培育及花卉生产与市场营建等工作。为组织协调和促进全国的花卉生产、科研与教学顺利健康发展，产生了巨大推动作用，增添了新的活力。

（八）改革开放三十年（1978～2008 年）

花卉栽培和应用作为一个产业，在改革开放的时代应运而生，并伴随着改革开放的深化而不断发展壮大。从无到有，从小到大，持续快速发展，取得了举世瞩目的成就。用产业发展的数据来解读证实这一切最为简明扼要，也最具说服力，据中国农业部和花协官方统计数据来看（表1、表2）：

表1 1984～2008 年全国花卉业统计数据

年份	种植面积（万 hm²）	产值或销售额（亿元）	出口额（亿美元）
1984 年	1.4	6	0.02
1990 年	3.3	18	0.22
2000 年	14.8	158.2	2.8
2004 年		430.6	
2005 年		503.3	1.54
2006 年	72.2（设施面积5万 hm²）	556.6	6.1
2007 年	75.0	613.7	3.3
2008 年	77.6	667.0	4.0

（引自《中国花卉园艺》2008.19 期统计数据专题）。

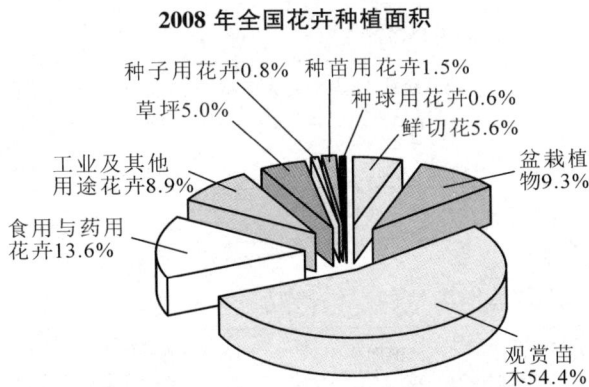

2008 年全国花卉种植面积

种子用花卉0.8% 种苗用花卉1.5%
草坪5.0% 种球用花卉0.6%
鲜切花5.6%
工业及其他用途花卉8.9% 盆栽植物9.3%
食用与药用花卉13.6%
观赏苗木54.4%

表2 2008年全国花卉业统计数据

(1)花卉产销情况

项 目 类 型	种植面积 (hm²)	销售量 单位	销售量	销售额 (万元)	出口额 (万美元)
合 计	834138.8	—	—	7197581	40617.7
一、切花切叶	44603.4	万支	1834897	876976.6	22959.9
其中:鲜花	33375.4	万支	1539367	773657.5	18679
鲜切叶	6037.4	万支	174166.1	47642.8	3399.4
鲜切枝	5189.6	万支	109384.7	55703.8	881.5
二、盆栽植物类	81710.6	万盆	548131.1	1808213	7490.3
其中:盆栽植物	47630.7	万盆	330979.9	1177599	4013.5
盆景	14387.5	万盆	31139.3	345247.4	1837.4
花坛植物	19692.4	万盆	186012	285366.3	1248.2
三、观赏苗木	452741.2	万株	1003785	3431000	2428.7
四、食用与药用花卉	128224.9	千克	71600038.3	424015.5	264.4
五、工业及其他用途花卉	63383.7	吨	7833024	162420.8	2248.2
六、草坪	37379.4	万平方米	96646.7	166792.3	8
七、种子用花卉	6169.8	千克	817076.3	30416.4	597
八、种苗用花卉	10947.2	万株	319199.5	148520	2584.2
九、种球用花卉	4131.8	万粒	74794.2	77335.5	478
十、干燥花	32.3	万枝	331	11072	1435

中国花卉协会 http://hhxh.forestry.gov.cn2010年09月13日来源:农业部。

(2)2009年花卉生产经营实体情况

类 型 项 目	花卉市场 (个)	花卉企业 (个)	其中:大中型 企业(个)	花农 (户)	从业人员 (人)	其中:专业 技术人员(人)
数 量	3005	54695	9338	1360193	4383651	149588

说明: 1. 花卉大中型企业是指种植面积在3hm²以上或年营业额在500万元以上的企业;

2. 本表数据可采取多种调查方法,资料来源可多渠道。

(3)2008年主要切花、盆花品种产销情况

项 目 品 种	种植面积 (hm²)	销售量 (万支、万盆)	销售额 (万元)
一、主要鲜切花			
现代月季	7387.6	341429.8	128401.8
香石竹	2657.6	180061.9	37533.2
百合	5372.6	97456.2	200996.6
唐菖蒲	2386.4	48420.2	25661.2

（续）

项 目 品 种	种植面积 （hm²）	销售量 （万支、万盆）	销售额 （万元）
菊 花	4499.6	122139.5	59122.2
非洲菊	2764.3	180825.9	44741.5
二、主要盆栽植物			
凤梨类	2741.4	9505.3	64053.8
兰花类	6439.5	63236.5	272442.0
花烛属类	1971.4	8403.9	41776.1
观叶芋类	2810.2	9617.7	64805.3

说明：月季也称现代月季，做切花用的月季在市场上和消费过程中经常被误称为"玫瑰"，对此要与作盆花和绿化用真正的玫瑰区分开来。

（4）2009 年全国花卉保护地栽培情况

项 目 类 型	合计	温室	其中节能 日光温室	大（中、 小）棚	遮荫棚
总面积（hm²）	81767.5	21490.5	10965.3	31930.2	27843.6

（数据由农业部提供）

从上述统计数据中充分显示：改革开放 30 年来，我国花卉业无论是种植面积、产值和销售额以及出口额都是以几十倍和百倍以上的增长速度向前快速发展，如此迅猛的发展速度在世界花卉发展史上是前所未有的。统计数据显示了我国花卉业专业化和规模化的水平有明显的提高，长期存在的小而全、小而散的落后小农式生产状况得到了根本性的改变，基本形成了区域化的布局，充分发挥了各地区的比较优势和特色。

尽管与世界花卉业发达国家相比，我们有较大差距，还存在许多问题，如在技术自主创新能力上较弱，劳动生产率水平较低，产品质量效益不高，流通体制不健全等。但是，随着改革开放持续深化与经济社会的快速发展，必将会进一步推动中国花卉产业的快速持续发展。

四、世界花卉发展概况

（一）花卉消费概况

全球花卉产业的发展自二战以来一直是伴随着世界和平大环境的持续稳定和经济、科技的快速发展而不断前进的，特别是 21 世纪以来，巨大的消费需求拉动了花卉产业的发展，这是由于人们随着生活水平的逐步提高后更加追求生活质量与品位以及生活环境的提升，更加感受到维护地球生态平衡，保护、改善自身的生存环境，大力推动园林绿化、栽树种草的必要性和紧迫性，所以有了巨大的社会需求和消费市场，据资料（王殿富：我国花卉产业的现状及发展趋势）显示：

世界花卉消费额：

1985 年 150 亿美元；1990 年 1000 亿美元；1994 年 1400 亿美元；2000 年 2000 亿美元。

十余年增长 12 倍多。

以 2000 年人均鲜切花消费为例：

瑞士 133 美元；挪威 90 美元；芬兰 75 美元；奥地利 69 美元；比利时 65 美元；丹麦 61 美元；荷兰 55 美元；瑞典 55 美元；德国 53 美元；法国 44 美元；意大利 39 美元；日本 30 美元；美国 28 美元；希腊 26 美元；英国 25 美元；西班牙 20 美元；中国 1 美元。

又据 2004 年统计数据(引自孔海燕《世界花卉业发展现状》)：

2007 年各洲出口金额、数量

金额单位：万美元   数量单位：吨

亚洲8179.08	欧洲3339.64	北美洲978.62
非洲31.25	南美洲84.43	大洋洲160.85

亚洲33874	欧洲8887	北美洲3379
非洲58	南美洲66	大洋洲360

● 人均鲜切花和盆栽植物的消费额：瑞士 122 欧元；挪威 155 欧元；荷兰 88 欧元；中国 1 欧元。

● 花卉市场消费额：德国 71.38 亿欧元；日本 67.5 亿欧元；美国 57.96 亿美元。

从以上几组数据充分表明：世界花卉消费量逐年快速增长，尤以经济发达国家增长较快，我国花卉人均消费的增长与发达国家相比，虽差距甚大，但今后发展空间将是巨大的。

(二)花卉生产概况

消费需求的增长必然推动产业的发展，世界花卉生产发展亦为如此，以 2007 年花卉生产的面积与产值的增长来看其发展状况(引自孔海燕：《世界花卉业发展现状》)如：

● 切花与盆栽植物的种植面积和产值统计(以 45 个主要花卉生产国总面积总产值计算)：

总面积 609938hm², 总产值超过 260 欧元

其中：美国的种植面积为 25245hm², 总产值为 43.08 亿欧元(2005 年)

中国的种植面积为 362196hm², 总产值为 21.76 亿欧元

● 观赏苗木的种植面积和产值统计(以欧洲 18 个国家和美国、加拿大、中国、日本的总和为计)

　　总面积大于 695813hm²,总产值大于 173 亿欧元

　　其中：美国 154020hm²,总产值 89.5 亿欧元

　　　　　中国 415035hm²,总产值 24 亿欧元

　　　　　德国 25520hm²,总产值 12.7 亿欧元。

● 花卉种球的种植面积和产值统计(以 11 个主要生产国总和为计)

　　总面积 35938hm²

　　其中：荷兰 19119hm²,总产值 5.85 亿欧元(2006 年)

　　　　　中国 4609hm²,总产值 9120 万欧元(2005 年)

　　　　　英国 5726hm²,总产值 4080 万欧元(2005 年)

● 世界花卉贸易额统计

2005 年世界切花与盆栽植物进口贸易总额约为 97 亿欧元

　　其中：德国进口额 14.93 亿欧元

　　　　　英国进口额 10.27 亿欧元

　　　　　美国进口额 8.93 亿欧元

2005 年世界切花与盆栽植物出口贸易总额约为 99.5 亿欧元

　　其中：荷兰花卉出口额 40.8 亿欧元

　　　　　哥伦比亚花卉出口额 7.7 亿欧元

　　　　　厄瓜多尔花卉出口额 3.55 亿欧元

2007 年花卉出口额前 10 名的国家和地区见表 3。

表3　2007 年花卉出口额前 10 名的国家或地区

国家或地区	2007 年		与上年同期相比	
	数量(t)	金额(万美元)	数量(%)	金额(%)
日　本	125717.5	4893.2	19.5	41.1
荷　兰	74339.9	2409.8	30.9	34.0
韩　国	68198.7	1313.5	−7.0	38.2
美　国	33296.7	916.8	−31.9	−5.7
新加坡	4362.5	396.4	7.3	41.5
香　港	21967.9	492.4	−13.7	−40.5
意大利	2076.3	238.6	28.4	71.9
马来西亚	86671.6	246.4	3058.8	78.7
泰　国	2452.8	224.0	−22.5	36.9
德　国	4918.4	190.3	379.6	162.1

　　上述统计数据仍然表明,经济发达国家亦是花卉产业发达之国,如美国、英国、荷兰、日本、德国,而发展中国家的哥伦比亚、厄瓜多尔,能够名列世界花卉出口额的前三名,我国的切花与盆栽植物和球根以及观赏苗木的产值都名列全球前 5 名之内,实属不易,这说明世界花卉生产出现了向气候条件优越、生产成本低的国家转移

的趋势。世界花卉的稳步增长和产业转移为我国今后花卉产业进一步的持续发展创造了良好的外部环境条件和机遇，我们必须抓住机遇，勇于挑战，努力提高花卉科研、生产的自主创新能力，提高产业的规模化、标准化水平，提高产品质量效益，向现代花卉产业迈进。

（三）花卉业发展趋势

（1）野生资源的保护和利用。

（2）新品种的持续培育。

（3）新技术的深化研发，穴盘苗、容器苗的生产，转基因苗的生产。

（4）低能源植物的开发利用。

上述几方面将成为未来全球花卉业发展的新趋势、新热点。

五、花卉学的任务，主要内容与学习方法

花卉业是一个劳动密集、资金密集和技术密集的产业，同时也是经济效益、生态效益和社会效益十分显著的产业。这意味着学习花卉、发展花卉都必须掌握专业的理论知识，精细的栽培技术和科学的生产、流通和销售管理方法，才能做专、做精、做强花卉业，因此设施设备的专业化、栽培技术的精细化、生产管理的标准化、产品流通的国际化是当代花卉产业的特点。

花卉学的教学与学习必须认清和树立这一理念，服务于这一特点的需要，明确学习花卉的目的。

花卉学主要是研究各种广义花卉的形态特征、生长发育规律、生态习性、栽培养护方法以及在各类园林景观中的应用，从而为园林规划设计提供科学依据，为生产优质花卉产品作指导，为科学的、艺术的园林绿化施工提供物质基础。鉴于专业课程分工的需要，本课程研究范围和内容主要以草本观赏植物和部分木本、藤本观赏植物（惯以盆栽的）为对象，包括露地花卉和室内花卉，以观赏栽培和园林应用为核心，以服务于园林植物景观设计、服务于花卉生产与市场销售为目的。在重点介绍当代国内外花卉新品种、新技术应用、新理念、新方式、新成果的基础上，尽量以列表和附录形式扩大信息量，介绍常见常用的其他园林花卉种类以供学习参考。识别花卉种和品种是基础，掌握各种花卉的生态习性是关键，适地适花的科学化、艺术化应用是目的，只有多看、多调查、多实践，才能学好花卉学。

总　论

1 我国花卉种质资源及其对世界的贡献

花卉种质资源是花卉产业发展的物质基础，是未来花卉的创新点，是人类的宝贵财富，掌握种质资源，科学地保护和利用种质资源是人类义不容辞的共同责任。

我国是世界上花卉种质资源最丰富最具多样性的国家之一，全世界已知高等植物30万种（国际自然保护联盟 IUCN 物种保护监测中心估计），我国就有3万余种，仅次于巴西和哥伦比亚，位居世界第三位。

我国是北半球温带植物区系的重要发生地，是世界有花植物的起源中心之一，也是许多主要花卉的世界分布中心，如芍药属的牡丹组、杜鹃花属、山茶属、丁香属、百合属、槭属、石蒜属、报春属、含笑属、木犀属以及竹类、兰科植物等。

我国还是世界栽培植物起源中心之一，在3万多种高等植物中，仅栽培的观赏植物就有6000种以上，其中不乏特有、珍稀和名贵的种类。这些丰富多彩的观赏植物一直在为世界的园林绿化和花卉产业做出重要的贡献，由此表明我国的植物资源和花卉资源在世界植物界占有重要的地位，誉称"世界园林之母"是名副其实的。

1.1 我国丰富的花卉种质资源

我国幅员辽阔，自然条件复杂，地跨寒、温、亚热和热等多种气候带，拥有高山高原、丘陵低山和平原等多种多样的地貌，在全国境内几乎可以见到北半球所有的自然植被类型，可以找到适合各种花卉的最佳生长地，因此造就了我国丰富的花卉种质资源和自然资源的优势，从如下统计数据中可以得到证实。

1.1.1 我国原产和特产的花卉种类

据不完全统计，原产我国并占世界总数一半以上的花卉和部分特产花卉科、属、种数有很多，如我国的苔藓植物有106科，占世界总科数的70%；蕨类植物52科2600属，分别占世界科数的80%，种数的26%；中国的裸子植物有11科34属240多种，占全世界科数91%，属数的46%，种数的32%，其他的属、种数详见表1-1。

表1-1 原产我国占世界总数一半以上的属、种花卉

属 名	世界原产数	我国原产数	我国产种数占世界产种数的百分数（%）
翠菊属（Callistephus）	1	1	100
金粟兰属（Chloranthus）	15	15	100
铃兰属（Convallaria）	1	1	100
山麦冬属（Liriope）	6	6	100

（续）

属　名	世界原产数	我国原产数	我国产种数占世界产种数的百分数(%)
独丽花属(*Moneses*)	1	1	100
紫苏属(*Perilla*)	1	1	100
桔梗属(*Platycodon*)	1	1	100
石莲属(*Sinocrassula*)	9	9	100
款冬属(*Tussilago*)	1	1	100
沿阶草属(*Ophiopogon*)	35	33	94.3
鹿蹄草属(*Pyrola*)	25	23	92.0
粗筒苣苔属(*Briggsia*)	20	18	90.0
山茶属(*Camellia*)	220	190	86.4
开口箭属(*Tupistra*)	14	12	85.7
狗娃花属(*Heteropappus*)	12	10	83.3
绿绒蒿属(*Meconopsis*)	45	37	82.2
沙参属(*Adenophora*)	50	40	80.0
结缕草属(*Zoysia*)	5	4	80.0
独花报春属(*Omphalogramma*)	13	10	76.9
杜鹃花属(*Rhododendron*)	800	600	75.0
吊石苣苔属(*Lysionotus*)	18	13	72.2
梅花草属(*Parnassia*)	50	36	72.0
蓝钟花属(*Cyananthus*)	30	21	70.0
菊属(*Dendranthema*)	50	35	70.0
含笑属(*Michelia*)	50	35	70.0
报春花属(*Primula*)	500	390	78.0
棕竹属(*Rhapis*)	10	7	70.0
獐牙菜属(*Swertia*)	100	70	70.0
白及属(*Bletilla*)	6	4	66.7
大百合属(*Cardiocrinum*)	3	2	66.7
石蒜属(*Lycoris*)	6	4	66.7
马先蒿属(*Pedicularis*)	500	329	65.8
金腰属(*Chrysosplenium*)	61	40	65.6
姜花属(*Hedychium*)	50	32	64.0
紫堇属(*Corydalis*)	30	21	70.0
兰属(*Cymbidium*)	40	25	62.5
蜘蛛抱蛋属(*Aspidistra*)	13	8	61.5

（续）

属 名	世界原产数	我国原产数	我国产种数占世界产种数的百分数（%）
瓦松属（Orostachys）	13	8	61.5
蔷薇属（Rosa）	95	65	68.4
点地梅属（Androsace）	100	60	60.0
吊钟花属（Enkianthus）	10	6	60.0
黄精属（Polygonatum）	50	30	60.0
翠雀属（Delphinium）	190	111	58.4
柃木属（Eurya）	130	80	61.5
绣线菊属（Spiraea）	105	60	57.1
荛花属（Wikstroemia）	70	40	57.1
香蒲属（Typha）	18	10	55.6
虾脊兰属（Calanthe）	120	65	54.2
射干属（Belamcanda）	2	1	50.0
八角金盘属（Fatsia）	2	1	50.0
十大功劳属（Mahonia）	100	50	50.0
莲属（Nelumbo）	2	1	50.0
吉祥草属（Reineckia）	2	1	50.0
虎耳草属（Saxifraga）	400	200	50.0

表1-2   我国特产的部分花卉

中文名	属或种的拉丁名	总种数
金粟兰属	Chloranthus	15
蜡梅属	Chimonanthus	6
侧柏	Platycladus orientalis	1
猬实	Kolkwitzia amabilis	1
文冠果	Xanthoceras sorbifolia	1
翠菊	Callistephus chinensis	1
芍药属牡丹组	Paeonia Sect. Mudan	9
银杏	Ginkgo biloba	1
金钱松	Pseudolarix amabilis	1
水松	Glyptostrobus pensilis	1
款冬属	Tussilago	1
石莲属	Sinocrassula	9
昌江石斛	Dendrobium changjiangense	1
华石斛	D. sinense	1

（续）

中文名	属或种的拉丁名	总种数
沙冬青	*Ammopiptanthus mongolicus*	1
水杉属	*Metasequoia*	1
白豆杉	*Pseudotaxus chienii*	1
穗花杉属	*Amentotaxus*	3
青檀	*Pteroceltis tatarinowii*	1
杜仲属	*Eucommia*	1
结香属	*Edgeworthia*	4
喜树属	*Camptotheca*	1
珙桐属	*Davidia*	1
泡桐	*Paulownia fortunei*	9
黄花杓兰	*Cypripedium flavum*	1
芳香石豆兰	*Bulbophyllum ambrosia*	1
杏黄兜兰	*Paphiopedilum armeniacum*	1
硬叶兜兰	*P. micranthum*	1
麻栗坡兜兰	*P. malipoense*	1
金钱槭属	*Dipteronia*	2
银杉属	*Cathaya*	1
白皮松	*Pinus bungeana*	1
虎颜花属（唯一种）	*Tigridiopalma magnifica*	1

　　表1-2中仅列约30种特产我国的花卉，实际统计，我国特有属共198个，其中单型属（属中只含1种）和少型属（属中含2~6种）就占全国特有属的97%；只含1属1种的科有16个之多，而钟萼树科、珙桐科和杜仲科则为我国特有科，兰科中我国就有30个特有种，其他特有种还有荷叶蕨（*Adiumtum reniforme*）、细辛蕨（*Boniniella cardiophylla*）、单叶贯众（*Cyrtomium hemionitis*）、蚂蚱腿子（*Myripnois chivica*）等。

1.1.2　现存我国的"活化石"种类——孑遗植物

　　我国是世界有花植物的起源中心之一，由于中生代以来中国大部分地区已上升为陆地，第四纪冰期遭受大陆冰川的影响较小，许多地区都不同程度地保留了白垩纪第三纪的古代孑遗成分，使我国成为世界第三纪植物区系。

1.1.2.1　银杏（*Ginkgo biloba*）

　　别名白果、公孙树等。银杏科银杏属，落叶大乔木。特产我国的单种科孑遗植物，是世界古银杏类中仅在我国存活的"活化石"。至今在我国浙江天目山仍有零星分布的野生植株。在不少地区存活有千年以上的古银杏树，如四川灌县青城山的汉代银杏，山东莒县春秋时代的古银杏，江西庐山黄龙寺的晋代古银杏，北京密云塘子的古银杏树龄约 1300 年，都是我国的国宝，属国家二级保护的稀有树种。宋代时我国银杏东传日本，18 世纪引种至欧洲各国，现广为世界栽培。

银杏的栽培品种遍植全国，是重要的行道树、庭荫树，树龄长寿，树形壮丽雄伟，秋天叶色金黄，材质优良，叶和种仁入药，花有蜜，又是重要的经济树种。

1.1.2.2 水杉 (*Metasequoia glyptostroboides*)

杉科水杉属，落叶乔木。全属原有 10 种，亿万年前广布于东亚、西欧及北美地区，但在地球发生第四纪冰川后，各地的本属植物均遭灭绝。仅在我国华中某些地方幸存下来，1941 年首次在湖北利川县发现，是中国的又一珍稀的孑遗"活化石"植物。水杉目前国内各地广为栽培，国外也有 50 多个国家引种，供园林及风景区绿化美化应用，以欣赏它那通直挺拔的树干，扶疏秀丽的枝叶。

1.1.2.3 银杉 (*Cathaya argyrophylla*)

松科银杉属，常绿乔木。据今 200 万～300 万年前曾广布于北半球的欧亚大陆，也是在地球发生大冰川后，仅在我国幸存下来的"活化石"。1958 年首次在中国发现，分布面较窄，仅产于广西西北部和四川东南部海拔 1400m 以上的高山上。后又在湖南新宁县、重庆南川市、贵州道真仡佬族苗族自治县陆续发现有银杉古树或幼苗。银杉主干通直高大，大枝平展，叶丛碧绿茂盛，叶背中脉两侧有银白色气孔带，风吹摇荡，银光闪闪，更显示出它那苍劲壮丽的气势。

1.1.2.4 水松 (*Glyptostrobus pensilis*)

松科水松属，落叶乔木。新生代时期广布欧、亚、美洲，而在第四纪冰川后为我国唯一幸存的特产属、种植物。在广东、广西、福建、江西、四川及云南都有分布。因喜温暖多湿气候，仅在长江以南公园中有栽培。英国于 1984 年引入作为庭园珍品和室内盆栽观赏。美国与日本也有引种。

1.1.2.5 鹅掌楸 (*Liriodendron chinense*)

别名马褂木。木兰科鹅掌楸属，落叶乔木。本属原有十余种，同样也是受地球冰川影响，绝大部分灭绝，仅剩 2 种，现存我国一种，另一种分布于美国。本种分布我国长江以南各地，树形端正，叶形奇特，秋季叶色变黄，是优美的行道树和庭荫树种。也是细木家具、建筑用材和药用树种。

1.1.2.6 沙冬青 (*Ammopiptanthus mongolicus*)

豆科沙冬青属，常绿灌木。是古老的第三纪亚热带常绿阔叶林的珍贵孑遗植物，为内蒙古阿拉善戈壁荒漠的特有植物，也是我国沙漠唯一稀有植物，极耐干旱和高温。

1.1.2.7 珙桐 (*Davidia involucrata*)

别名中国鸽子树。蓝果树科珙桐属，落叶乔木，原始自然分布仅为我国独有。种源也十分有限，早在百万年前全球广泛分布，但第四纪冰川时，也遭灭顶之灾，仅在我国地貌复杂、气候多样的四川、贵州和湖南、湖北地区得以幸存，至今在上述几省的少数山地还有零星小片分布，成为著名"孑遗植物"。

珙桐树因其花繁叶茂，苞片状如白鸽，十分奇特，举世罕见，十分珍贵，是我国一级保护植物，曾于 1869 年被法国神父召雅士所发现，1900 年又被英国引种并逐渐传至欧美各国，成为世界著名观赏树种。如今我国已在中南和西南地区营造了大片的珙桐林，让中外游客大饱眼福，领略了中国鸽子树的美丽。

重要的子遗树种还有攀枝花苏铁（*Cycas panzhihuaensis*）、百山祖冷杉（*Abies beshanzuensis*）、油杉（*Keteleeria fortunei*）、水杉（*Metasequoia glyptostroboides*）、伯乐树（*Bretschneidera sinensis*）、鹅掌楸（*Liriodendron chinensis*）、白头树（*Garuga forrestii*）、连香树（*Cercidiphyllum japonicum*）等。

1.1.3 以我国为分布中心和栽培起源中心的种类

如前表所列原产中国的花卉种类中，绝大多数都是以中国为分布中心的，如杜鹃花、蔷薇、牡丹、丁香、百合、兰花等，这里不再赘述。以中国为栽培起源中心的花卉种类也很多，如桃花、梅花、荷花、牡丹、桂花、丁香、榆叶梅、白皮松等。它们之中多数又是世界上园艺化最早的种类，具有悠久的栽培历史。如桃、杏、李都是栽培历史长达数千年的观花享果佳树，芍药的栽培历史长达 3000 年以上。梅花的栽培历史也有 3000 年之久，荷花和桂花的栽培历史有 2500 年左右，兰花的栽培历史有 2000 余年，牡丹、玫瑰和菊花的观赏栽培历史也都在 1500 年以上。至于具有近千年栽培历史的种类不胜枚举。

纵观前述，足以证明中国花卉种质资源的丰富。各国植物学界、园林学界视中国为世界园林植物最重要的发祥地之一，世界著名的花卉宝库之一，世界最早最大的栽培植物起源中心之一是绝对言不过实的。"谁占有资源，谁就占有未来"。这是 21 世纪国际花卉业竞争的关键，也是国际花卉市场的发展前景。丰富的花卉资源可以为社会创造更多的财富，满足人类物质和精神生活的需求，为社会进步增添光彩。但如何将我国丰富的花卉资源变为财富，也是 21 世纪我们面临的重任和挑战。

1.2 我国花卉种质资源对世界花卉业发展的贡献

中国人民世世代代在中华大地上辛勤耕耘，几千年来驯化培育了无数名花奇木，积累和创造了丰富的经验和精湛的栽培技艺，创造了光辉灿烂的花文化艺术，同时也为世界各国的园林建设、园艺生产作出了积极的贡献。西方人认为"没有中国的花木，就称不上一个花园"。这是事实，也是恰如其分的评价。

近 1000 年来，中国的各种名贵花卉一直不断地流传于世界各地，丰富了各国的园林与园艺的种类，推动了各国的花卉育种工作，这是举世皆知的。早在公元 300 余年时中国的桃花就传到了伊朗，后又辗转传至德国、西班牙、葡萄牙等国。公元 5 世纪时，又由荷兰经朝鲜传至日本。8 世纪起牡丹、芍药、梅花、菊花等相继东渡日本；约 14 世纪山茶花、兰花也首传日本，后传至欧美；17 世纪中国特产的蜡梅又经朝鲜传入日本，18 世纪再由日本传至欧洲。自 18 世纪以后，中国许多名花异卉开始大量外流。欧美等国多次派人进入中国西南地区调查，大量采集多种名贵花卉的标本、种子和球根，进行分类研究，开展杂交育种工作，取得了重大成果。仅以英国派遣植物学家来华为例：罗伯特·福琼（Robert Fortune）于 1839~1860 年曾 4 次来华；

亨利·威尔逊(Ernest Henry Wilson)于 1900～1909 年也先后 5 次来华；弗兰克·肯特·瓦特(Frank Kingdon Ward)于 1911～1938 年竟 15 次来华。100 多年来，仅是这些植物学家就引走了中国数千种园林植物，如今遍及全世界。其中北美引种中国的有 1500 种以上；意大利引种中国的有 1000 种之多；而美国加州的园林植物中竟有 70% 来自中国；前西德现有园林植物中约 50% 也来自中国，当今的世界花卉王国——荷兰，也有 40% 的园林植物来自中国。在英国仅爱丁堡皇家植物园内现今栽植中国的杜鹃花属植物就有 306 种，枸子属植物 56 种，报春花属植物 40 种，蔷薇属植物 32 种，等等，总共为 1527 种和变种。绚丽多彩的中国园林植物，不仅大大丰富了各国园林植物的种类，增添了园林景色，而且对他们的花卉育种工作也起到了重大的或决定性的作用。许多当地世界名贵花卉的优良品种、珍稀花色、花期的改变等都是有了中国种的参加才选育成功的。如众所周知的现代杂种香水月季和微型月季及攀援月季等各种品种群的形成，都是有了中国的四季开花的月季花(*Rosa chinensis*)、香水月季和大花香水月季(*Rosa odorata* var. *gigantea*)以及小月季(*R. chinensis* 'Pumila')、七姊妹蔷薇(*R. multiflora* 'Grevillea')等的参与育种或芽变培育，才有了历史性的突破，进而发展成为风靡全球、艳丽多彩的月季大家族。

百合自古至今都被西方人视为圣洁的象征，深受崇敬和喜爱，然而百合家族的成员大部分居住在中国。18 世纪中国百合传入欧洲后，百合才成为欧美各国庭院中的重要花卉；20 世纪初又是由于引种了原产中国的百合并使之参与杂交从而培育了适应性强的新品种，使 19 世纪末期濒于灭绝的欧洲百合重获新生，也为以后欧美百合育种奠定了良好的基础。

众所周知，中国的牡丹对世界牡丹的育种做出了突出贡献。芍药属中牡丹组的各原种全部原产中国，自 8 世纪东渡日本后相继传入荷兰、英国和法国等地，世界各国才有了牡丹并开始其杂交育种工作，因此世界牡丹园艺品种的主要品系最初都是来自中国。特别是 1880 年前后，法国人引进中国的黄牡丹(*Paeonia lutea*)作为亲本，进行牡丹杂交育种，至 1900 年前后终于选育出一批珍贵的黄色系品种(即 Lemoine 系)，包括日本现有的'金阁'、'金帝'、'金晃'等，成为牡丹品种中的佼佼者。

丁香是中国特产名花，中国是世界丁香的分布中心和栽培起源中心。欧洲仅原产 2 种，而美洲根本没有分布。然而，当今欧美各国丁香栽培和应用已遍及各地，共有 28 种，其中 21 种引自中国。仅美国哈佛大学阿诺德树木园内就有中国丁香 12 种以上，由此杂交选育的栽培品种 500 余个。目前欧美已拥有的上千个丁香品种也是以中国原种为主要亲木而选育成功的。

此外中国的铁线莲属(*Clematis*)资源也相当丰富，占世界总数 1/3 有余，并具有许多丰富而优良的遗传基因，目前盛行于欧美的大花铁钱莲园艺品种中就有中国种的"血统"。著名切花香石竹主要品种群，特别是四季开花类品种群中也有中国石竹的"血统"。

欧美庭院中繁花似锦、绚丽多彩的杜鹃花中，更少不了中国种的"血液"。欧洲于 17 世纪中叶开始引种栽培杜鹃花，19 世纪开始杂交育种，如今既有早期的园艺品种和中期的复瓣西洋杜鹃花品种，也有近代的常绿品种，但无论哪一类都有中国种参与杂交。特别是以原产中国的云锦杜鹃(*Rhododendron fortunei*)作为亲本杂交后,使欧美的常绿杜鹃园艺品种的观赏价值大为提高,备受厚爱。

如今种植在日本、朝鲜以及欧美各国的蜡梅、桂花、猬实、文冠果、鹅掌楸、金钱松,还有那"飞翔"在日内瓦街头和美国白宫门前的"中国鸽子树"等无不都是引自中国的特有花木。丰富的中国花卉资源孕育了世界的名花奇木,美化了世界大地。英国植物学家威尔逊1929年出版的《中国——花园之母》一书记载了他在中国采集花木标本的情况,在该书的序言中讲到:"中国确实是花园之母,因为我们所有的花园都深深受惠于她所提供的优秀植物,从早春开花的连翘、玉兰到夏季的牡丹、蔷薇,秋天的菊花,显然都是中国贡献给世界园林的珍贵资源。"这便是以后中国荣称"世界园林之母"的来历。亨利·威尔逊由衷地表达了他对中国丰富的花卉资源为世界园林作出重大贡献的赞颂之情和真情感受,他的评价是公正的,因此得到了世人的承认,中国被誉称为"世界园林之母"的确是当之无愧的。

1.3　我国花卉种质资源的现状及保护对策

资源不是直接的财富,只有将资源转变为商品才是财富。

1.3.1　我国花卉种质资源的现状

我国的花卉种质资源虽然丰富和多样,一直备受世界各国植物学家和园艺学家的关注和喝彩,但是由于我国花卉产业起步晚、起点低、缺乏现代发展观念,对资源的价值、重要意义认识不够,缺乏保护意识,致使对其保护、研发、利用存在不少问题:

(1)许多野生植物资源和栽培植物资源面临散失或濒于绝灭的严重威胁,或遭滥采滥挖或过度采伐、遇森林火灾的摧残、放牧开垦等多种原因使许多珍贵野生花卉的原始生境遭到破坏,野外种群数量减少;据宋延龄和杨亲二对我国苦苣苔科植物的调查归纳:处于濒危和稀有的就有27种,其中圆果苣苔已经绝迹;我国特有的大花黄牡丹(*Paeonia ludlowii*)仅分布在西藏的雅鲁藏布江峡谷一带,由于旅游开山修路和人为活动频繁,不少居群和株丛被破坏或遭牲畜啃踏。据《园林科技》2009年第2期报道:我国现有55种极小种群野生植物面临灭绝的危险,如普陀鹅耳枥野外种群只有1株,绒毛皂荚只有2株;又据国家林业局保护司提供的最新资料:我国55种国家Ⅰ、Ⅱ级保护野生植物濒危灭绝,它们在野外的种群数量都在5000株以下,其中11种我国特有的珍贵野生植物仅存10株以下。目前我国已有4000多种野生植物资源受到各种威胁,其中1000多种处于濒危状态,受威胁的种类占全部种类的15%~20%,高于10%的世界平均水平,令人十分担忧。许多传统名花品种也因保护不力或疏于栽培管理而退化、流失或死亡绝灭。

(2)部分野生花卉家底不清:我国幅员辽阔,地形地貌复杂多变,彻底查清各种野生花卉的地理分布和种数实为不易,虽经各地各部门及相关机构多次调查,取得一定进展,但是仍有部分物种家底不十分清楚,如特产我国的牡丹组各野生种原记录,在 20 世纪初为 5～6 个种，20 世纪中期调查为 9 个种，有学者认为是 7 个种，还有人反映一些未曾调查过的地区发现有野生牡丹存在，是真是假，究竟有多少原种和变种难以肯定；矮牡丹（*Paeonia jishanensis*）和杨山牡丹（*P. ostii*）的确切分布地，至今无人敢于说清。又如百合科萱草属（*Hemerocallis*）的种和变种数至今也无确切定论，有文献记载全球 15～18 种，国产 12 种，又有文献记载全球 20 种，国产约 12 种，有些是种或变种仍有争论，还有百合属究竟是 40 个或 40 余个，说法不一。牡丹组和萱草、百合都是我国栽培千年以上的传统名花，也是世界知名花卉，作为原产国的我们应当有责任把它们的家底摸清，以便充分挖掘其潜能，造福人类。

（3）部分重要花卉的栽培品种和杂交品种来历不详，种源组成不清，如我国牡丹西南品种群和江南品种群有不少品种至今种源不明。

（4）传统名花中许多优良的古老品种断种失传，如月季中的'娇容三变'、'金色狮子'；牡丹中的'金轮黄'、'潜西红'、'平头紫'、'芙蓉三变'和'舞青猊'等均已不复存在，颜色鲜艳的'种生红'、'掌花案'、'文公红'等优良古老品种也处于绝迹的边缘。

（5）缺乏有力有效的保护与积极研发，许多有观赏价值、育种潜力以及具学术研究意义的野生花卉仍沉睡在深山老林中，极少开发利用。据调查我国苦苣苔亚科植物资源极为丰富，有许多特有属和特有种，广西是分布中心，在那里目前已知的就有 38 个属 166 个种，其中特有属 6 个，但开发利用的极有限，已经发现和鉴定的该科植物中，约 104 种为 20 世纪 80 年代以来才发现的新属新种。紫薇属植物全世界 55 种，我国有 16～18 种，占世界总数 30%，但开发利用的只有 2 种。

我国的乌头属、沙参属和石蒜属植物资源都占本属世界总数的 70% 以上，作者在野外调查中发现它们许多是极具观赏价值和育种价值的种类，但却在野外自生自灭无人问津，都属于国际上园艺化程度低的属种，这恐怕与我国未加重视开发研究有关。又据调查内蒙古的阿拉善荒漠和中央戈壁荒漠地区植物种类中有一半为特有种，其中许多是国家级珍稀濒危保护植物或为内蒙古地区重点保护植物，如沙冬青是古老的第三纪亚热带常绿阔叶林的珍贵孑遗种，是我国沙漠唯一的稀有常绿灌木，早春开金黄色花，叶面密被白茸毛，阳光下呈现银绿色彩，四季不凋，极耐干旱又耐寒、耐热，地表温度高达 60～70℃仍生长茂盛，目前北京地区刚有引种研究。还有四合木（*Tetraena mongolica*）为蒺藜科四合木属强旱生落叶小灌木，为当地特有之单种属植物，被认为是古地中海岸热带成分的孑遗种，为国家二级重点保护植物，如此珍贵的资源不仅未加开发利用而且因受人为破坏和工业城市的扩建，其分布范围逐渐缩小处于濒危灭绝的地步。类似上述状态的野生花卉不在少数，令人十分担忧和着急。

1.3.2　我国花卉种质资源的保护对策

改革开放后，我国花卉业迅速发展，特别是进入 21 世纪以来，一直保持持续快速发展的势头，在生产、科研、物流和销售等方面都取得了显著成效，积累了经验，转变了观念，明确了思路，特别是增强了花卉种质资源保护意识。为加强对珍稀濒危植物的保护，我国政府采取了一系列措施，陈香波、张启翔在《中国濒危观赏植物资源研究现状》（2009）一文中介绍："先后制定出版了《珍稀濒危保护植物名录》（1984）、《中国珍稀濒危保护植物名录（第 1 册）》（1987）、《国家重点保护野生植物名录（第一批）》（1999）共收录了 393 种濒危植物。根据 IUCN 关于划分濒危植物最高标准，2004 年完成了《中国物种红色名录》，评估结果为：在我国分布的 226 种裸子植物中，受威胁（极危、濒危、易危）比例为 69.91%，接近受威胁（近危）的比例为 21.23%；我国 4000 多种被子植物中，受威胁种占 86.63%，接近受危险种占 7.22%。在列出的濒危植物中大多数都是一些珍贵观赏树木和草本花卉，具极高的观赏价值……。"根据他们的统计，列为国家一级保护的有 6 种，即桫椤（*Alsophila spinulosa*）、银杉（*Cathaya argyrophylla*）、水杉（*Metasequoia glyptostroboides*）、望天树（*Parashorea chinensis*）、珙桐（*Davidia involucrata*）、金花茶（*Camellia chrysantha*），列为国家二级保护的有 40 种，如荷叶铁线蕨（*Adiantum reniforme* var. *sinense*）、银杏（*Ginkgo biloba*）、金钱松（*Pseudolarix amabilis*）、夏蜡梅（*Calycanthus chinensis*）、连香树（*Cercidiphyllum japonicum*）、四川牡丹（*Paeonia decomposita*）等，列为国家三级保护的有 45 种，如翠柏（*Calocedrus macrolepis*）、八角莲（*Dysosma versipellis*）、猬实（*Kolkwitzia amabilis*）、紫斑牡丹（*Paeonia rockii*）等。

国家和地方的有关主管部门以及大专院校和科研单位都先后开展了我国花卉种质资源，特别是濒危植物资源的调查与整理工作，进行观赏特征评价，提出引种驯化措施和园林应用方式。我国已建成的 140 多个植物园和树木园以及 700 多个自然保护区，承担了我国珍稀濒危植物的原地保护和引种驯化迁地保护工作，一些科研院所、高等院校开展了植物濒危机制的研究，对于种群结构动态、生殖生物学和遗传多样性等方面深入研究探讨致濒的主要原因，不少地区和森林公园成立自然保护区，把重要的珍稀野生花卉资源从立法层面上进行保护，如贵州百里杜鹃国家森林公园成立了百里杜鹃国家级自然保护区，建立了杜鹃花研究基地；浙江金华成立国际山茶物种园和万亩茶花基地；云南腾冲来凤山国家森林公园内建立 110 亩的茶花基地和育种基因库；北京林业大学牡丹研究课题组对我国芍药科牡丹组 9 个原种、芍药组 5 个原种成功地进行了迁地保护，建立圃地并积极开展远缘杂交工作，取得良好成果；江西对国家一级保护的落叶木莲濒危植物进行了大量的繁育工作，得到妥善积极保护。

一些高等院校还开展了花卉种质资源的缓慢生长保护和超低温离体保存技术研究。总之保护和开发花卉种质资源已引起很多院校和机构的重视，开展了大量工作，但仍需加大保护力度，制定科学的保护策略，继续宣传保护资源的重要性，大力支持对珍稀濒危物种的研究。

2 花卉的地理分布

地球上已被发现的植物约50万种之多，其中近10万种都具有观赏价值。但是目前已为人们开发应用的却不足一半，所以进一步科学合理地开发地球上这些具有观赏价值的植物，造福于人类，具有重要意义和潜在的广阔前景。

地球上植物的分布很不均匀，植被类型、植物种类也各不相同，这都与各种植物自身遗传特性以及各地域的气候、地形地貌和土壤类型以及人为活动等因素有密切关系。那么就花卉而言，它们在地球上、在我国疆域中究竟是如何分布的？它们所在地的自然气候条件又如何？了解和掌握这些问题对于我们有效保护、合理开发利用这些丰富宝贵的植物资源，适地适花的引种驯化和美化保护地球对全人类都有重要现实意义，对于快速推动我国现代花卉产业化的发展以及进一步提升我国城乡园林绿化建设也都有重要的指导意义。

2.1 世界气候型与花卉地理分布

温度和水分是形成地球上不同气候带的主导因子，同时也是制约地球上植物生存、发育和分布的重要因素，所以不同的气候带生存有不同的植被类型和植物种类。

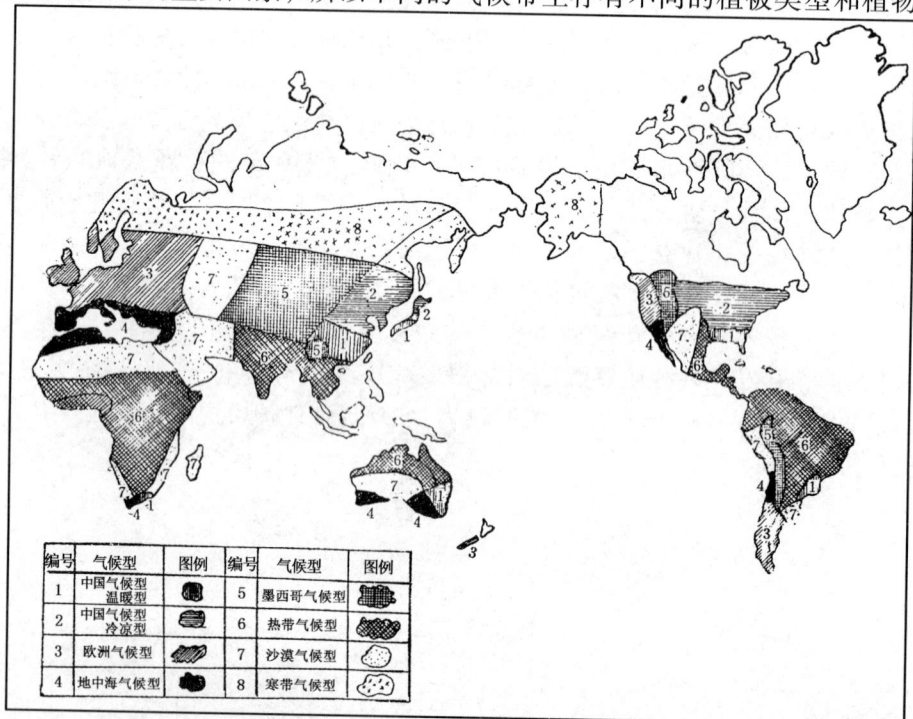

编号	气候型	图例	编号	气候型	图例
1	中国气候型温暖型		5	墨西哥气候型	
2	中国气候型冷凉型		6	热带气候型	
3	欧洲气候型		7	沙漠气候型	
4	地中海气候型		8	寒带气候型	

图 2-1　花卉原产地的气候型

Miller 和塚本氏根据气温和水分状况将世界野生花卉的地理分布按原产地的气候型进行归纳分区，这是目前世界上较为一致认可的花卉地理分布，简要分述如下：

2.1.1 中国气候型

又称大陆气候型，中国的华北及华东地区属于这一气候型，该气候型的主要特点是冬季干寒夏季湿热，年温差较大。属于这一气候型的地区还有日本、北美洲东部、巴西南部、大洋洲东部、非洲东南部等。中国与日本受季风的影响，夏季雨量较多，这一点与美洲东部不同。这一气候型因冬季气温的高低不同，又分为冬季温暖型与冬季冷凉型。

2.1.1.1 温暖型(低纬度地区)

包括中国长江以南(华东、华中及华南)、日本西南部、北美洲东南部、巴西南部、大洋洲东部、非洲东南角附近等地区。在这些同一气候型内地区间的气候也有一些差异。原产这一气候型地区的著名花卉有：

中国水仙	*Narcissus tazetta* var. *chinensis*	中国
石蒜	*Lycoris radiata*	中国、日本
百合类	*Lilium henryi*，*L. tigrinum*，*L. regale*，*L. brownii*	中国
山茶	*Camellia japonica*	中国、日本
杜鹃花	*Rhododendron simsii*	中国、日本
南天竹	*Nandina domestica*	中国
中国石竹	*Dianthus chinensis*	中国
报春花	*Primula malacoides*	中国
凤仙	*Impatiens balsamina*	中国
矮牵牛	*Petunia hybrida*，*P. axillaris*，*P. integrifolia*	巴西南部
细叶美女樱	*Verbena tenera*	巴西南部
半支莲	*Portulaca grandiflora*	巴西南部
三角花	*Bougainvillea spectabilis*	巴西南部
福禄考	*Phlox drummondii*	北美洲东部
天人菊	*Gaillardia aristata*	北美洲东部
马利筋	*Asclepias curassavica*	北美洲东部
半边莲	*Lobelia chinensis*	北美洲东部
堆心菊	*Helenium autumnale*	北美洲东部
非洲菊	*Gerbera jamesonii*	非洲东南部
松叶菊	*Lampranthus spectabilis*	非洲东南部
马蹄莲	*Zantedeschia aethiopica*	非洲东部
绯红唐菖蒲	*Gladiolus cardialis*	非洲东部
花烟草	*Nicotiana alata*	智利南部
待宵草	*Oenothera drummondii*	美国南部
一串红	*Salvia splendens*	巴西
猩猩草	*Euphorbia heterophylla*	美洲热带
银边菊	*E. marginata*	美国中南部
麦秆菊	*Helichrysum bracteatum*	大洋洲

2.1.1.2 冷凉型(高纬度地区)

中国华北及东北南部、日本东北部、北美洲东北部等地区。主要原产花卉有:

菊花	*Dendranthema morifolium*	中国
芍药	*Paeonia lactiflora*	中国
翠菊	*Callistephus chinensis*	中国
荷包牡丹	*Dicentra spectabilis*	中国
荷兰菊	*Aster novi-belgii*	北美洲东部
随意草	*Physostegia virginiana*	北美洲东部
红花钓钟柳	*Penstemon barbatus*	北美洲东部
金光菊	*Rudbeckia laciniata*	北美洲东部
翠雀花	*Delphinium grandiflorum*	北美洲东部
花毛茛	*Ranunculus asiaticus*	北美洲东部
北乌头	*Aconitum kusnezoffii*	中国、北美洲东部
侧金盏	*Adonis amurensis*	北美洲东部
花菖蒲	*Iris ensata*	日本东北部
燕子花	*I. laevigata*	日本东北部
豹纹百合	*Lilium pardalinum*	北美洲东部
红花铁线莲	*Clematis texensis*	北美洲东部
美国紫菀	*Aster novae-angliae*	北美洲东北部
蛇鞭菊	*Liatris spicata*	北美洲东部
醉鱼草	*Buddleja davidiana*	北美洲东部
贴梗海棠	*Chaenomeles speciosa*	北美洲东部

2.1.2 欧洲气候型

又称大陆西岸气候型。冬季气候温暖,夏季温度不高,一般不超过 15～17℃;雨水分布均匀四季皆有,而西海岸地区雨量较少。属于这一气候型的地区有:欧洲的大部分、北美洲西海岸中部、南美洲西南角及新西兰南部。这些地区原产的著名花卉有:

三色堇	*Viola tricolor*
雏菊	*Bellis perennis*
燕麦草	*Arrhenatherum elatius*
矢车菊	*Centaurea cyanus*
霞草	*Gypsophila paniculata*
喇叭水仙	*Narcissus pseudo-narcissus*
高山勿忘草	*Myosotis alpestris*
紫罗兰	*Matthiola incana*
花羽衣甘蓝	*Brassica oleracea var. acephala f. tricolor*
宿根亚麻	*Linum perenne*
毛地黄	*Digitalis purpurea*
锦葵	*Malva sylvestris*
剪秋罗	*Lychnis fulgens*
铃兰	*Convallaria majalis*

2.1.3 地中海气候型

以地中海沿岸气候为代表，自秋季至次年春末为降雨期，夏季极少降雨，为干燥期。冬季最低温度为 6~7℃，夏季温度为 20~25℃，因夏季气候干燥，多年生花卉常发生变异成球根形态。与地中海气候相似的地区有南非好望角附近、大洋洲东南和西南部、南美洲智利中部、北美洲加利福尼亚等地。原产这些地区的花卉如下：

风信子	*Hyacinthus orientalis*	地中海地区
克氏郁金香	*Tulipa clusiana*	地中海地区
水仙类	*Narcissus* spp.	地中海地区
西班牙鸢尾	*Iris xiphium*	地中海地区
仙客来	*Cyclamen persicum*	地中海地区
冠状银莲花	*Anemone coronaria*	地中海地区
花毛茛	*Ranunculus asiaticus*	地中海地区
番黄花	*Crocus maesiacus*	地中海地区
小苍兰	*Freesia refracta*	南非
肖鸢尾属	*Moraea* spp.	南非
龙面花	*Nemesia strumosa*	南非
天竺葵	*Pelargonium hortorum*	南非
山字草	*Clarkia concinna*	北美洲
花菱草	*Eschscholtzia californica*	北美洲
酢浆草	*Oxalis corniculata*	北美洲
羽扇豆	*Lupinus polyphyllus*	北美洲
晚春锦	*Godetia amoena*	北美洲
猴面花(沟酸浆)	*Mimulus luteus*	南美洲
赛亚麻	*Nierembergia hippomanica*	南美洲
智利喇叭花	*Salpiglossis sinuata*	南美洲
射干水仙	*Watsonia borbonica*	南美洲
银桦	*Greoillea robusta*	澳大利亚西南部
红千层	*Callistemon rigidus*	澳大利亚西南部
唐菖蒲	*Gladiolus gandavensis*	地中海地区及南非和小亚细亚
香石竹	*Dianthus caryophyllus*	地中海地区
香豌豆	*Lathyrus odoratus*	地中海地区
金鱼草	*Antirrhinum majus*	地中海地区
金盏菊	*Calendula officinalis*	地中海地区
麦秆菊	*Helichrysum bracteatum*	大洋洲
蒲包花	*Calceolaria crenatiflora*	南美洲
蛾蝶花	*Schizanthus pinnatus*	南美洲
君子兰	*Clivia miniata*	南非
鹤望兰	*Strelitzia reginae*	南非
网球花	*Haemanthus multiflorus*	南非
酢浆草	*Oxalis corniculata*	南非
鸟乳花(虎眼万年青)	*Ornithogalum caudatum*	地中海地区

2.1.4 墨西哥气候型

又称热带高原气候型，见于热带及亚热带高山地区。周年温度近于 14 ~ 17℃，温差小，降雨量因地区而不同，有的地区雨量充沛均匀，有的地区雨季集中在夏季。原产这一气候型的花卉耐寒性较弱，喜夏季冷凉。此气候型除墨西哥高原之外，尚有南美洲的安第斯山脉，非洲中部高山地区，中国云南省等地。主要花卉如下：

大丽花	*Dahlia pinnata*	墨西哥
晚香玉	*Polianthes tuberosa*	墨西哥
老虎花	*Tigridia pavonia*	墨西哥
百日草	*Zinnia elegans*	墨西哥
波斯菊	*Cosmos bipinnatus*	墨西哥
一品红	*Euphorbia pulcherrima*	墨西哥
万寿菊	*Tagetes erecta*	墨西哥
藿香蓟	*Ageratum conyzoides*	墨西哥
球根秋海棠	*Begonia tuberhybrida*	南美洲
旱金莲	*Tropaeolum majus*	南美洲
藏报春	*Primula sinensis*	中国
云南山茶	*Camellia reticulata*	中国
常绿杜鹃	*Rhododendron* spp.	中国
月月红	*Rosa chinensis*	中国
香水月季	*R. odorata*	中国

2.1.5 热带气候型

此气候型周年高温，温差小，有的地方年温差不到1℃。雨量大，但分布不均匀，有雨季和旱季之分。热带气候型又可区分为两个地区：即亚洲、非洲、大洋洲热带及中美洲和南美洲热带。原产热带的花卉，在温带需要在温室内栽培，一年生草花可以在露地无霜期时栽培。

（1）亚洲、非洲及大洋洲热带原产的著名花卉有：

鸡冠花	*Celosia cristata*
虎尾兰	*Sansevieria trifasciata*
蟆叶秋海棠	*Begonia rex*
彩叶草	*Coleus blumei*
蝙蝠蕨	*Platycerium bifurcatum*
非洲紫罗兰	*Saintpaulia ionantha*
猪笼草	*Nepenthus mirabilis*
变叶木	*Codiaeum variegatum*
红桑	*Acalypha wikesiana*
三色万带兰	*Vanda tricolor*
凤仙花	*Impatiens balsamina*

（2）中美洲和南美洲热带原产的著名花卉有：

紫茉莉	*Mirabilis jalapa*
花烛	*Anthurium andraeanum*
长春花	*Catharanthus roseus*
大岩桐	*Sinningia speciosa*
圆叶椒草	*Peperomia obtusifolia*
美人蕉	*Canna indica*
竹芋	*Maranta arundinacea*
网花苘麻	*Abutilon striatum*
大花牵牛花	*Ipomea nil*
四季秋海棠	*Begonia semperflorens*
狭叶水塔花	*Billbergia nutans*
卡特兰属	*Cattleya* spp.
朱顶红	*Amaryllis vittatum* 或 *Hippeastrum vittatum*

2.1.6 沙漠气候型

周年降雨量很少，气候干旱，多为不毛之地。这些地区只有多浆类植物的分布。属于这一气候型的地区有非洲、阿拉伯、黑海东北部，大洋洲中部，墨西哥西北部，秘鲁与阿根廷部分地区及我国海南岛西南部。仙人掌科多浆植物主产墨西哥东部及南美洲东部。其他科多浆植物主要原产在南非，如：芦荟（*Aloe arborescens*）、点纹十二卷（*Haworthia margaritfera*）、伽蓝菜（*Kalanchoe*）等。我国海南岛所产多浆植物主要有：仙人掌（*Opontia dillenii*）、光棍树（*Euphorbia tirucalli*）、龙舌兰（*Agave americana*）、霸王鞭（*Euphorbia neriifolia*）等。

2.1.7 寒带气候型

这一气候型地区，冬季漫长而严寒，夏季短促而凉爽。植物生长期只有2~3个月。夏季白天长，风大。植物低矮，生长缓慢，常成垫状。此气候型地区包括阿拉斯加、西伯利亚、斯堪的纳维亚等寒带地区及高山地区。原产的主要花卉有：

细叶百合	*Lilium tenuifolium*
绿绒蒿属	*Meconopsis* spp.
龙胆属某些种	*Gentiana tianshanica*, *G. asclepiadea*
雪莲	*Saussurea involucrata*
点地梅	*Androsace umbellata*

2.2　中国气候区与花卉地理分布

　　植被是指一地区植物群落的总体。地球上所有的植物可以归纳为两大类植被类型，即自然植被（野生植被）和栽培植被（人工植被）。它们都是人类生存的依赖，而植被的生存却又依赖于其周围的环境条件，尤其是自然植被是我们周围自然环境的重要组成要素之一，也是对自然环境反应最敏感的要素，它不仅综合地反映所在地的自然条件，而且在自然植被中还保存有多种多样的可供人类利用的植物，其中不乏具观赏价值的野生花卉。所以首先了解我国的自然环境条件，特别是不同的气候区，不同的植被分布，更有利于我们认识研究和保护、开发我国丰富的野生花卉资源，掌握不同气候区下原生花卉的生物学特性及生态习性，更快更科学地促进我国现代花卉产业的稳步持续发展。

2.2.1　影响我国花卉分布的自然条件

　　我国位于世界上最广阔的欧亚大陆的东南部，幅员辽阔，有 960 万 km^2 的国土，境内地形地貌复杂，高山高原林立、平原盆地交错、江水湖泊星罗棋布，加之国土东南部有濒临世界上最大的海洋——太平洋，并受其夏季东南季风控制，而西南部受印度洋和孟加拉湾西南季风交会因素影响，使得我国自然气候条件极为复杂多样，就气候而言，全国从北到南包括有寒温带、温带、暖温带和亚热带、热带 5 个气候带；就地势而言，全国从东到西可划分为三大阶梯，即东部以大兴安岭、太行山、巫山、南岭至南海为界的大平原与丘陵地带属于第一阶台；向西及西北以昆仑山、祁连山和横断山为界的高原地带（内蒙古高原、黄土高原、云贵高原）属第二阶台；再向西为海拔四五千米高的青藏高原（有世界屋脊之称）属第三阶台。总体来看，全国形成了东南部地势较低、气候温暖湿润而西部和西北部地势高、干旱而寒冷的两大地域。受上述气候和地形地貌影响，我国自然植被的分布也相应复杂和多样化。东半部的植被由北向南依次出现针叶林、落叶阔叶林、针阔叶混交林、常绿阔叶林和季雨林、雨林带；因纬度位置不同，其植被反映了明显的纬向地带性；由东南到西北的植被分布顺序出现森林带、草原带和荒漠带，因经度不同也反映了明显的经向地带性；又由于山峦起伏、高山深谷相间以及青藏高原的隆起，在不同的经向和纬向水平地带性的山地，又反映着植被垂直带分布的特点。除此之外我国丰富的土壤类型对植被的地理分布也有重要影响。综上所述，从宏观上了解影响我国植被分布的自然环境条件，十分有助于了解和掌握各地植被中具有观赏价值的野生花卉种质资源的调查与开发利用。

2.2.2　我国的气候区与花卉地理分布

　　地球上大气热量（温度）主要来源于太阳辐射，而太阳辐射量的多少又因其投射角度的大小而有差异。太阳投射角的大小及其在一年四季中的变化情况又取决于所在地的纬度位置的不同。我国南北之间纬度差距甚大，处于不同纬度带的各地之太阳辐射的投射角度也各不相同，故而南北各地之大气热量也自然相差很多，依热量状况的不同，全国各地所属的气候带（区）也就不一样，受其影响，花卉地理分布状况也同样有差异，各有特色。现按我国气候区分述介绍我国野生花卉分布状况，各区分布范围参见《通用中国地图册》（2007 年第三版，地质出版社）。

2.2.2.1 寒温带气候区及其花卉分布

（1）位置与范围：位于我国的东北角，包括黑龙江省的大兴安岭和小兴安岭的北部以及内蒙古的东北角。

（2）气候：属于寒温带针叶林气候，冬季漫长，严寒少雪，年平均温度 -2.2 ~ -5.5℃，最冷月平均温度 -28 ~ -38℃，绝对最低温度 -50℃；最热月平均温度 16~20℃；全年无霜期 80~100 天；年降水量约 500~550mm。

（3）土壤：主要为棕色针叶林土、生草灰化土、草甸土和沼泽土，pH 值 5~5.6。

（4）自然植被：为寒温带针叶林区（《中国植被》），主要代表植物为兴安落叶松（*Larix gmelinii*）和樟子松（*Pinus sylvestris* var. *mongolica*）。

（5）野生花卉资源状况：该区为我国气温最低的地区，野生花卉种类较少。

主要乔木有：白桦（*Betula platyphylla*）、山杨（*Populus davidiana*）、蒙古栎（*Quercus mongolica*）、西伯利亚冷杉（*Abies sibirica*）等。

主要灌木有：兴安杜鹃花（*Rhododendron dauricum*）、偃松（*Pinus pumila*）、越橘（*Vaccinium vitisdaca*）、毛榛（*Corylus mandshurica*）等。

主要草本有：野火球（*Trifolium lupinaster*）、单花鸢尾（*Iris uniflora*）、小玉竹（*Polygonatum humile*）、舞鹤草（*Maianthemum bifolium*）、北马先蒿（*Pedicularis labradorica*）、矮耧斗菜（*Aquilegia flabellata* var. *pumila*）等。

该气候区野生花卉种类虽少，但特点很突出，即耐寒性强，亦耐旱；植株一般较低矮，作为培育耐寒耐旱花卉品种和岩石园及地被植物的亲本以及高寒地区绿化观赏植物种类都有很好的利用价值，但在引种驯化时应该注意解决怕热问题。

2.2.2.2 高寒带气候区及其花卉分布

（1）位置与范围：位于我国西南部，大约在北纬 27°~40°，东经 75°~103°之间，仅局限于青藏高原地区。

（2）气候：全区因高山林立，地形陡急，山高谷深，垂直幅度巨大，地势复杂，地貌类型多，江河多水流急，湖泊星罗棋布，由此形成其独特的高原气候，也含有温带和暖温带气候特点，主要特点表现如下：

①全区热量低，大部分地区年平均温度为 -5.8~3.7℃，只有海拔较低的东南缘和少数河谷地年平均温度可达 7~10℃；全区月平均温度 ≤0℃ 的月份可长达 5~8 个月；最冷月平均温度 -8 ~ -17℃（或 -12 ~ -18℃），极端最低温度 -26 ~ -46℃；最热月平均温度 5.5~13.6℃，极端最高温度 19.2~28.7℃；全年无霜期 15~30 天；昼夜温差大，一般在 12~18℃ 之间；≥10℃ 的活动积温一般都在 1000℃ 以下，许多地区甚至不满 100℃，而我国东部同纬度地区 ≥10℃ 的活动积温却多在 3200~6000℃ 之间。

②气候干、湿季和冷、暖季变化明显，雨暖同期，干冷季较长（10 月至翌年 5

月），暖湿季较短（6月至9月）。

③太阳辐射强，日照充足，为全国日照时数最多的区域之一。

④风大，雷雨多，冰雹多。

总体而言，全区域内气候多变复杂，东南部为温暖湿润区（年平均气温 10℃ 左右，年降水量一般为 500 ~ 1000mm）；东北部为寒冷半湿润区（年平均气温 3℃ 左右，年降水量 400 ~ 700mm，夏季多冰雹与雷暴，冬春积雪，较丰厚）；东部甘肃、青海和四川三省交界处气温低，是著名的沼泽区；藏南各地气候温凉而较干燥（大部分地区年平均气温 0 ~ 8℃；年降水量 250 ~ 500mm）。而西部的阿里山区冬季寒冷，年均气温 0℃ 左右；年降水量仅 40 ~ 70mm，非常干旱，属寒冷干旱气候。西北部喀喇昆仑山和昆仑山之间山原湖盆地年均气温约 −8 ~ −10℃，月均气温低于 0℃ 的月份长达 9 ~ 10 个月；年降水量仅 20 ~ 50mm，是最寒冷干旱之地。

（3）土壤：类型比较多，主要有山地棕壤、山地灰褐色森林土、高山灌丛草甸土、高山寒漠土等。

（4）自然植被：由于该地区受独特的气候，多变的地形地貌以及众多的江河、湖泊等影响，这一地区的植被区系也十分复杂多样，植物种类分布差异十分明显，东部和东南部的植物区系丰富，为我国植物区系较丰富的地区之一，由此向中部至西部和西北部，植物区系逐渐简化，植物种类的分布也逐渐稀少。但就整个高原而言，植物资源相当丰富而有特色，据不完全统计，该区维管束植物约 1174 属 4385 种以上，既有森林植被区（包括常绿阔叶林、针阔叶混交林和寒温性针叶林），也有高寒花丛草甸植被区，还有高寒草原和高寒荒漠植被区，同时还有许多高原特有植物，仅分布在西藏的特有种大约有 70 余个，其中杜鹃花科的特有种有 16 个之多，如髯花杜鹃（*Rhododendron anthopogon*）、散鳞杜鹃（*R. bubu*）、钟花杜鹃（*R. lucangensis*）、木兰杜鹃（*R. muttallii*）、林芝杜鹃（*R. nyingchiense*）等。报春花科的特有种有 13 个，如杂色报春（*Primula alpicola*）、巨伞报春（*P. florindae*）、西藏报春（*P. tibetica*）等，本区既有热带和亚热带分布的属和种，也有温带分布的属和种（约 704 属）以及北温带分布的属种（约 161 属），多样性十分明显。

（5）野生花卉资源：从上述自然植被中可以得知该区野生花卉资源极其丰富和多样化，乔、灌、草以及极耐寒、耐旱、低矮垫状的种类一应俱全。所以积极保护特有属种，合理有序引种开发这些有观赏价值的野生花卉应当十分重视，其发展前景亦很看好。但是由于气候复杂、地貌多变，尤海拔高差巨大，引种开发有极大困难，必须遵从适地适花原则，充分运用先进科学技术与设施，方能获得成功。过去欧美不少国家都曾从我国青藏高原地区成功引种过许多野生花卉，如绿绒蒿、龙胆、大花黄牡丹、黄牡丹等，如今都已经成为他们庭院中著名美丽的观赏花卉。我国的一些牡丹专家也已从这些地区成功引种了特产这一区域的大花黄牡丹、黄牡丹、紫牡丹等，并利用它们开展了远缘杂交育种，获得了新品种，开辟了我国牡丹远缘杂交育种的新途径。青藏高原中分布有高寒花丛草甸及高寒草原和高寒荒漠植被区中的许多花灌木，如多种小叶型杜鹃、枸子木、高山柳、绣线菊、小檗以及丛生禾草，都是开发培育耐寒花灌木与岩生植物和观赏草的优良亲本材料。分布在该区珍稀美丽的高山植物如龙胆科龙胆属植物多达 12 种，报春花属多达 10 余种，毛茛科植物有 9 种，绿绒蒿属的也有近 10 种，著名的雪莲花也有 5 种，这些都是世界著名的高山植物，虽引种开发多有困难，但充分利用先进的科技条件和先进设施创造它们适宜的环境条件，是可以成功的。国外已有绿绒蒿和龙胆植物引种成功的例子，我国云南植物研究所也成功引种多种报春花。坚持适地适花原则，这些著名的高山花卉终会入驻平原都市。

2.2.2.3 温带气候区及其花卉分布

（1）位置与范围：位于我国的东北和西北部分地区，包括辽宁省大部分，吉林省和黑龙江省大部分（松辽平原及华北东部）以及内蒙古东部和新疆北部。

（2）气候：平均气温 2～8℃（也有记录为 -2～6℃），最冷月平均温度 -2.5～-10℃；绝对最低温度 -40℃，最热月平均温度 21～24℃，全年无霜期 100～180 天，年降水量东部可达 500～600mm，而新疆北部仅 100～200mm。

（3）土壤：位于本区中部、东部地区主要为暗棕土壤、黑土、草甸土等，pH 值约 5～6。

位于新疆北部地区为灰色森林土（山地）、荒漠土、栗钙土、高山草甸土等。

位于内蒙古北部地区主要有灰钙土、栗钙土、荒漠土、沙土等，土壤呈碱性。

（4）自然植被：为温带针、阔叶混交林（主要在东北中、东部）和温带森林草原区以及温带草原荒漠区。

（5）野生花卉资源：该气候区的东北 3 省境内分布有以红松为主的多种耐寒的裸子植物，如臭冷杉、红皮云杉和多种桦木属、栎属以及槭树属（假色槭、青楷槭、紫花槭、白牛槭）、榆属（千金榆）等乔木，还有分布在内蒙古、新疆境内的多种耐干旱、耐瘠薄、耐盐碱的灌木，如锦鸡儿属（*Caragana*）、绣线菊、新疆忍冬、小叶忍冬、栒子属（*Cotoneaster*）、稠李、山杏等。草本花卉有长白罂粟、长白楼斗菜、高山乌头、高山紫菀、珠芽蓼、长白棘豆、长白金莲花、长白米奴草、长白婆婆纳、长白蔷薇、长白山囊吾等，特别值得关注保护的是长白山的野生花卉资源，据调查已知这里野生植物近 4000 种，其中具观赏价值的有 800 多种，可谓野生花卉的天然宝库和自然博物馆，1980 年已被列入联合国国际生物圈保护区。适地适树有针对性的引种驯化上述野生花卉，对扩大我国北方城乡绿化建设中更加耐寒的常绿针叶树、耐寒耐旱抗性强的花灌木和草花都有积极作用。

2.2.2.4 暖温带气候区及其花卉分布

（1）位置与范围：主要位于我国的中部和中东部地区及北部、西北部的部分地区，包括河南、河北、山西、山东及辽宁省南部，至西达四川省北部以及新疆大部分和青海北部。

（2）气候：本气候带包括范围很大，面积广，地形起伏，海拔高低有很大落差，热量不均匀，因此通常又细分为北暖温带、中暖温带和南暖温带三个区。从整体而言其年平均气温 9～14℃，最冷月平均温度 -2～-13℃，绝对最低温度 -20～-30℃，最热月平均温度 24～28℃，全年无霜期 140～240 天，年降水量东部可达 500～600mm，但西部却不足 100mm。夏季酷热多雨，冬季严寒、晴干、少雪为整个暖温带的主要气候特点。

（3）土壤：主要有褐色土、棕色森林土、棕钙土、栗钙土以及耕土、草甸土。

（4）自然植被：本区因地貌类型较复杂，既有高山（华山、泰山、嵩山、秦岭、太白山和崂山等著名山地）和丘陵，也有高原（黄土高原、内蒙古高原）和平原（华北大平原、辽河平原），还有沼泽、滨海平原，所以主要植被有暖温带落叶阔叶林、暖温带南部半干旱落叶阔叶林以及暖温带森林草原。由于该地区特别是华北大平原地区人口密集，农业发达，自然植被破坏比较严重，原始林主要是松、栎混交林，野生果树和栽培果树较多。在沙漠和湖盆地区有沙生的锦鸡儿、黄柳、胡杨和盐生的梭梭、白刺等，除山区外，其他地方甚少或几乎没有自然植被。

（5）野生花卉资源：该地区自然植被虽多遭破坏，但保留不少颇有特色的植物，如前述的许多半旱生种类、沙生和盐生种类等都是培育丰富我国北方及大西北地区园林绿化植物的良好素材，特别是属于南暖温带的华北南部平原、秦岭南坡和四川北部地区，是南北植物杂处交汇的过渡地带，植物种类较丰富，如青檀（*Pteroceltis*）、青榨槭、三桠乌药、香叶树（樟科）、黄檀、乌桕、山矾等，还有青岛崂山南部背山面海，小气候条件极佳，有很多别处不易生长的亚热带植物如红楠、山茶、络石、白辛、野茉莉、竹叶椒、金钱松等，在华北北部和黄土高原地区分布的特有种植物如雾灵落叶松、北京锦鸡儿、东陵八仙花、文冠果、木本香薷、钩状溲疏、菱叶枸杞、细花樱、芒果卫矛等都颇具特色。该气候带内分布的许多花灌木和野生的果树如丁香属、蔷薇属、溲疏属、绣线菊属、柽柳属、山杏、山楂等。仅作为木本、切枝进行引种栽培，前景就十分广阔，因为木本切枝是东方插花艺术，尤其是中国传统插花中的主要花材，也是当前国际切花市场上十分缺少而备受青睐的花材，应当积极开发利用。

2.2.2.5　亚热带气候区及其花卉分布

我国亚热带气候区的范围相当广阔，包括华中、华南一部分及西南三大行政区，即北自秦岭、淮河，南至福建、广东、广西三省区的海岸线、台湾中北部以及云南、贵州、四川三省的西部广大地区，涉及 19 个省区。

由于区内自然环境条件复杂，植被类型和植物种类分布也有差异，故而可以细分为北亚热带、中亚热带和南亚热带三个气候分布区。

（1）北亚热带气候分区及其花卉分布

①位置与范围：主要包括秦岭和大巴山之间及长江中下游地区。

②气候：为亚热带东部湿润气候带，四季寒暑分明，年平均气温 14～16℃，最冷月平均温度为 2.2～4.8℃，绝对最低温度可降至 -5～-14℃，最热月平均温度 28～29℃，全年无霜期 220～240 天；年降水量 700～1000mm。

③土壤：丘陵地为黄棕土壤、黄土壤和红土壤；山地为棕色森林土、山地草甸土；沿海一带为盐渍土。

④自然植被：气候比较温暖湿润，植物种类较丰富多样，兼有我国南北植物种类成分，主要属常绿、落叶阔叶混交林，以壳斗科植物为建群种，在秦巴山地与丘陵地区不仅植物种类丰富，而且有甘肃瑞香（*Daphne tangutica*）、陕西瑞香（*D. myrtilloides*）、陕西荚蒾（*Viburnum schensianum*）、南方六道木（*Abelia dielsii*）。这里还有我国特产的

一些属，如珙桐属（*Davidia*）、七子花属（*Heptacodium*）、金钱槭属（*Dipteronia*）、山白树属（*Sinowilsonia*），该区还分布有部分的孑遗植物，如水杉、鹅掌楸和米心水青冈（*Fagus engleriana*）、连香树（*Cercidiphyllum japonicum* var. *sinense*）等。

⑤野生花卉资源：珍惜和保护本区特有种及我国特有属和孑遗植物是每一个国民义不容辞的责任，应当阻止乱砍滥伐、破坏其生态环境的行为，加强教育管理；在许可情况下可适当引种开发，如分布本区的许多花灌木（火棘、多种杜鹃、十大功劳等）、多种竹类以及许多耐盐碱的草本植物，如盐蒿（*Artemisia halodendron*）、翅碱蓬（*Suaeda pterantha*）、盐角草（*Salicornia europaea*）、白茅（*Imperata cylindrica*）等。丰富城乡园林绿化植物种类，开发木本切花生产都有广阔前景。

（2）中亚热带气候分布区及其花卉分布

①位置与范围：主要包括长江以南至南岭之间的东部地区以及西边的川西高原和部分云贵高原地区，面积辽阔，是亚热带区中最大的分区，涉及10个省的地域。

②气候：年均温16～21℃，最冷月平均温度5～12℃，最热月平均温度28～29℃，全年无霜期270～300天；年降水量1000～1800mm。西部川西高原和云贵高原（海拔2000mm左右）年均温15～16℃，最冷月平均温度约9℃，最热月平均温度20℃，全年无霜期约250天；年降水量1000mm左右，多集中于5～10月；干湿季明显，四季不分明，温暖而湿润。

③土壤：主要有红土壤和黄土壤，部分地区有黄棕土壤、水稻土和紫色土。

④自然植被：全区南北跨越纬度约7°左右，其间地貌类型复杂，西部多高原高山和盆地，东部为长江中下游平原，中部则为江南丘陵地。所以南北和东西的气候以及植被分布都有一定差异，大体上北部为常绿阔叶林、常绿落叶阔叶混交林，如耐寒的常绿栎类和落叶的槭属（*Acer*）、椴树属（*Tilia*）、桦木属（*Betula*）、鹅耳枥属（*Carpinus*）等。低于800m的丘陵山地广布马尾松林；常绿阔叶林中主要优势树种为壳斗科、山茶科和樟科的一些种类；灌木主要有映山红、檵木、白栎、乌饭树等，还有杉木林和毛竹林。草丛主要为禾草草丛和芦类草丛。其中竹林（主要为毛竹）的分布面积很大，马尾松林面积分布也广，而南部地带一般气温较北部偏高，尤川滇黔山丘地区，气候温暖湿润、雨量充沛；而贵州山原地区属亚热带高原，气候温和湿润，冬无严寒，夏无酷暑，常年多云雾。再向南边的南岭及其北边的山地丘陵地区，气候温暖，雨量丰富，春夏多雨，作为主要植被的常绿阔叶林更发达，热带植物区系成分更丰富。优势树种仍以壳斗科中喜暖的属为主，如栲属（*Castanopsis*）中的栲树、南岭栲等，石栎属的烟斗石栎、多穗石栎等；樟科的润楠属以及杜英科的杜英属、猴欢喜属；木兰科的含笑属、木莲属；山矾科的山矾属；交让木科的交让木属等植物。此外还分布有杉木林、马尾松林以及大面积的多种竹的竹林。

⑤野生花卉资源：本区是我国野生花卉资源最丰富的地区之一，不仅植被类型多，植物属种多，特产属种多，而且各种生活型植物也多，乔、灌、草、藤都很丰富且多具观赏价值，是不少名花的世界分布中心。该区内有众多国家级重点风景名胜区和近30个国家、省及地级的自然保护区，其中列入世界人与生物圈网的自然保护区就有两个，即武夷山和梵净山。由此证明这些地方植物种类的多姿多彩，自然环境的

优美，所以珍惜保护这里的自然植被（如贵州的百里杜鹃纯林）、古树名木（古榕树、古银桦树和世界上最大的龙竹）、特有种和孑遗植物是我们每一个国民义不容辞的责任，阻止乱砍滥伐、破坏它们的生态环境就是最大最有价值的保护。在不影响各保护区物种生境和生态平衡的前提下，合理开发有市场价值的种类也是必要的。该区内许多很有观赏价值的花灌木和竹类，如黄瑞木、多种冬青和多种柃木作为切花花材，海外已少量进入市场，甚至有的是从这里引回或作为资源出口的，而我们还未开发生产，这是十分遗憾的。分布在川西和贵州西部高原上丰富的观赏价值很高的兰科植物，像多种兜兰（*Paphiopedilum* spp.）、风兰属（*Neofinetia*）、白及属（*Bletilla*）、虾脊兰属（*Calanthe*）、兰属（*Cymbidium*）和独蒜兰属（*Pleione*）等都是近些年深受中外兰界人士关注的，我们应当科学合理的积极开发生产。

该区的东部长江中下游平原地区湖泊众多，水网密布，这里也是我国水生植被分布最广的区域，而我国的水生花卉开发生产和应用相对较薄弱，应当积极开发利用这里的水生植被资源服务于我国的湿地建设和花卉生产，除莲花和睡莲外，这里的慈姑、萍蓬草、芡实和菱等都有很好的观赏价值，值得进一步开发生产。

（3）南亚热带气候区及其花卉分布

①位置与范围：主要位于我国的华南南部和西南的东南部，包括南岭以南至两广的海岸线，东至福建海岸线和台湾中北部，西至云南中南部。

②气候：具较明显的热带季风气候性质。高温、多雨，但年温差较大，雨量分配不匀，有较明显的干季和湿季，夏半年为高温多雨多台风的湿季，冬半年为温暖干燥的干季，年平均温度 20~22℃，最冷月平均温度 12~14℃，最热月平均温度 28~29℃，全年无霜期 300~330 天；年降水量 1000~2000mm，一般东部雨量较丰富而向西部渐少，全区也是我国光、热、水资源最丰富的地区。

③土壤：区内平原河谷地带多为冲积土，丘陵低山和台地为砖红土壤性，砖红土壤性 pH 值偏低（4.5~5.5）；其他部分地带有红土壤和黑色石灰土。

④自然植被：典型植被为季风常绿阔叶林，还有常绿针叶林、山地常绿阔叶林以及山地常绿落叶阔叶混交林、灌木和草丛、中高山寒温性针叶林与山顶矮林、红树林。植被类型丰富多样，主要优势种以壳斗科和樟科的热带性属、种以及金缕梅科、山茶科的种类为主。属热带科的植物较多，如桃金娘科、棕榈科、芭蕉科等。另外还有红树林的分布，林下多有热带的植物种类，如大型草本植物海芋、野芭蕉、桫椤；附生植物鹤顶兰、高斑叶兰和多种附生蕨类以及木质大藤本倪藤、白藤等，次生的马尾松林分布很广。热带的果树和南药（砂仁、肉桂）以及经济作物（人心果、剑麻）在该区都有良好的生长，在台湾中北部的平原地区有大片的樟树林、竹林和大量气根的榕树。

⑤野生花卉资源：分布在本区极具观赏价值的山茶科、棕榈科、兰科、芭蕉科和天南星科、蕨类等植物虽有一些种类已被开发并应用于城市园林绿化与室内装饰中，但仍有很多种类值得引种开发，如芦荟仅整个大区就有 1000 多种，不少是非常优美、耐阴、耐湿的种类，引种开发作为荫棚植物、室内盆栽或切叶都大有前途。分布于整个大区的兰科植物多达 94 个属 290 种，其中不少是特有种和具观赏价值的种类，应

当积极合理引种开发。还有许多常绿阔叶树种，选择较耐寒、耐旱者进行引种驯化，逐步向华中、华北地区移栽，丰富城市冬季景观可发挥很大作用。

综上三个气候区的花卉分布情况，充分说明我国整个亚热带气候区植物资源不仅丰富多样而且非常有特色。首先这里起源古老的植物很多，保留了不少古代的古老科属植物，如残存的百山祖冷杉、莲座蕨科、松叶蕨科和石松科、桫椤科以及银杏科、紫杉科、水松科、樟科、木兰科等都是远在中生代和古生代时在这里就已经出现，证明这里的植物区系起源很古老。其二，该区特产的单种、属比例大，全国有198个特有属、种，其中就有147个属分布在这里，如银杏属、金钱松属、银杉属、水松属、白豆杉属、杜仲属、青钱柳属、香果树属、七子花属等。再者保留的孑遗植物多，如著名的银杏、金钱松、水松、水杉、银杉、鹅掌楸、珙桐、喜树、红子木。它们多数已人工栽培广泛应用于绿化建设中，成为历史的见证，珍贵的活化石。所以加倍珍惜保护这些特色植物十分必要。

2.2.2.6 热带气候区及其花卉分布

(1)位置与范围：位于我国的最南部，即大约北回归线以南区域，主要包括广东雷州半岛、海南岛、广西西南部、云南西双版纳及西南端、南海诸岛及台湾南部。

(2)气候：本区属于热带季风气候，实为亚洲热带的北缘。全区年平均温度为22～26℃，全年最低温度都在0℃以上，基本无霜冻；最冷月平均温度为15～21℃，最热月平均温度为23～29℃；年降水量一般为1400～2000mm。全年高温多雨，干湿季较分明(4～10月为雨季)，但由于各地所处的地理位置不同及所在地的地形变化，气候条件也有较明显的区别，如本区东部的湛江和海口年均温都在23℃以上，而位居藏西南的墨脱县年均温为16℃，南沙群岛年均温高达28℃；全区内年降水量也因各地受季风、海陆位置及地形作用的不同而有差异，高者可达5000mm以上，如云南西南端与西藏东南端河谷地，而低者年降水量仅900～1200mm，如海南岛西部和广西南宁等地。

(3)土壤：以砖红壤土为代表，呈强酸性反应，pH值4.5～5.5左右，在丘陵地随海拔增高逐步过渡为山地红土壤、山地黄土壤，其有机质含量较丰富，呈微酸性反应；此外还有山地草甸土、海滨冲积土，南海诸岛以热带黑色土为广，pH值为7.5～8.0。

(4)自然植被：主要为热带雨林、热带半常绿季雨林(台湾南部、云南西南部和广东南端)和热带湿润雨林(台湾南部)以及热带珊瑚岛常绿林、灌丛类型(南海诸岛)。另外在山地上有山地雨林和季风常绿阔叶林；在低平地和丘陵低山上还有热带性针叶树种的分布等。在海滨地区有红树林分布。

在上述多种植被类型中，棕榈科、丛生型竹类和仙人掌科等植物都具有非常重要的地位，还有在中山以上山峰和山脊上的常绿性矮林、灌丛和苔藓林中杜鹃花科、越橘科和蔷薇科等植物也占有优势地位。

(5)野生花卉资源：在全国疆域中，属热带气候区的地域毕竟为少数，但由于这里大多地方水热条件丰富，是我国热带经济林、热带水果和南药植物的主要生产基地和水产资源保护区(南海诸岛)；还有许多珍贵动物自然保护区、红树林保护区。除继续建设和保护上述基地与保护区外，在园林绿化与花卉生产方面应重视棕榈科、丛生竹类和仙人掌科的引种驯化与开发；适地的建立相关的专类园，发展科学与观光旅游业有较大前景；许多常绿阔叶植物用于切叶生产也相当有市场。另外该气候区的兰科植物种类相当丰富，仅云南西双版纳就有 96 属 335 种之多，大多都有很好的观赏价值，如兜兰属（*Paphiopedilum*）、石斛属（*Dendrobium*）、蝴蝶兰属（*Phalaenopsis*）、万代兰属（*Vanda*）等热带兰类，非常值得大力引种开发。还有雨林内林下极耐阴的灌木和大型蕨类植物都是引种驯化和培育室内观叶植物的良好材料，许多木质大藤本的干枯藤也是很好的切花素材。

3 花卉分类

花卉是最多样化的一类植物：第一，其种类多样。从苔藓、蕨类植物到种子植物都有涉及，种和品种繁多。第二，栽培目的、方式多样。有观赏栽培、标本栽培、生产栽培；有无土栽培、水培、切花栽培、盆花栽培等。第三，观赏特性、应用方式多样。人们在生产、栽培、应用中为了方便，就需要对花卉进行分类。依据不同的原则对花卉进行分类，就产生了各种分类方案或系统。

本章重点介绍：花卉的自然科属分类、花卉品种分类、花卉生活型与生态习性的分类、花卉应用的分类和花卉商品的分类 5 种常见的分类方法。

3.1 花卉的自然科属分类

3.1.1 目的与意义

植物自然科属分类系统是利用现代自然科学的先进手段，从比较形态学、比较解剖学、古生物学、植物化学和植物生态学等不同的角度，反映出植物界自然演化过程和彼此间的亲缘关系。花卉自然分类是其他所有分类方法的基础。它能够将极丰富多样的花卉科学有效地进行分类、命名，避免同物异名、同名异物等现象，也便于识别交流和研究应用。

3.1.1.1 分类等级(Categories)

《国际植物命名法规》所规定的主要分类等级自下而上依次为种(Species)、属(Genus)、科(Familia)、目(Ordo)、纲(Classis)、门(Divisio)和界(Regnum)。"种"是植物分类的基本单位，它是具有一定的自然分布区和一定的形态特征及生理特性的植物类群。同一种植物中的个体起源于共同的祖先，具有相同的遗传性状，而且可以正常繁衍产生后代。种是生物进化和自然选择的产物，将相近的种结合在一起称为一个属，而将类似的属结合一起称为一个科，类似的科结合一起称为一个目，类似的目结合一起称为一个纲，再集纲为门，集门为界。这样，就形成了一个完整的分类系统，即构成界、门、纲、目、科、属、种等各级单位。上级单位特性是下级单位共性。有时，在各个等级之下分别加入亚门、亚纲、亚目、亚科、亚属以及亚种等。"种"具有相对稳定的特性，但不是永远不变的。种内的变异类型还有亚种、变种以及变型等。

表 3-1　花卉植物分类等级

分类等级	词尾	例子	
界 Regnum		植物界	植物界
亚界 Subregnum	– bionta	有胚植物亚界	有胚植物亚界
门 Divisio	– phyta	维管植物门	维管植物门
亚门 Subdivisio	– phytina	种子植物亚门	种子植物亚门
纲 Classis	– opsida	被子植物纲	被子植物纲
亚纲 Subclassis	– idea	双子叶植物亚纲	单子叶植物亚纲
超目 Superordo	– anae	五桠果超目 Dillenianae	百合超目 Lilianae
目 Ordo	– ales	芍药目 Paeoniales	百合目 Liliales
亚目 Subordo	– ineae		百合亚目 Liliineae
科 Familia	– aceae	芍药科 Paeoniaceae	百合科 Liliaceae
亚科 Subfamilia	– oideae		百合亚科 Lilioideae
族 Tribus	– eae		百合族 Lilieae
亚族 Subtribus	– inae		
属 Genus		芍药属 *Paeonia*	百合属 *Lilium*
亚属 Subgenus			
组 Scetio		牡丹组 Sect. Motan	
亚组 Subscetio		革质花盘亚组 Subsect. Vagiatae	
系 Series			
亚系 Subseries			
种 Species		四川牡丹 *P. decomposita*	
亚种 Subspecies		圆裂四川牡丹 *P. decomposita* ssp. *rotoundilos*	
变种 Varietas			
亚变种 Subvarietas			
变型 Forma			
亚变型 Subforma			

　　等级划分和表达每种植物分类归属，例如：月季花（*Rosa chinensis*）属于植物界、种子植物门、被子植物亚门、双子叶植物纲、蔷薇目、蔷薇科、蔷薇属、月季花种；百合（*Lilium* spp.）属于植物界、种子植物门、被子植物亚门、单子叶植物纲、百合目、百合科、百合属。

　　按照一般植物分类学划分科、属的办法，初步估计，世界全部园林植物（栽培及野生），共约 170 科 870 属，约 30000 种。其中以蔷薇科、菊科、含羞草科、蝶形花科、山茶科、景天科、杜鹃花科、报春花科、秋海棠科、木犀科、玄参科、唇形科、木兰科、毛茛科、仙人掌科（约 150 属、2000 种）、百合科、禾本科、兰科、石蒜科、鸢尾科等20个科属最为丰富，观赏价值也较高。

3.1.1.2 种子植物常用分类系统

种子植物门包括裸子植物亚门和被子植物亚门。其采用的分类系统如下：

（1）郑万钧系统。此分类系统主要为裸子植物分类所采用，如由中国林业出版社出版的全国高等林业院校试用教材中的《园林树木学》、《盆景学》，书中裸子植物的排列顺序采用的即为此系统。

（2）恩格勒系统。植物学家恩格勒（A. Engler）和百兰特（K. Prantl）于1887年发表《植物自然分科法》，建立了恩格勒系统。恩格勒系统把被子植物分为单子叶植物和双子叶植物两个纲，并将单子叶植物放在双子叶植物前面，又以假花学说为理论基础，主要认为柔荑花序类植物是被子植物的原始类群，并将双子叶植物分为古生花被亚纲（离瓣花类）和后生花被亚纲（合瓣花类）。恩格勒系统是第一个比较完善的被子植物分类系统，采用这个分类系统的国家很多，《中国植物志》和国家级标本馆中都是采用恩格勒分类系统排列的。

（3）哈钦松系统。主要特点是以真花学说为基础，认为两性花、木本、花部分离、不定数的为原始，而单性花、花部结合、有定数、草本为次生，花部螺旋排列比轮状排列原始。把双子叶植物分为木本和草本两大支，从木兰目演化出一支木本植物，从毛茛目演化出一支草本植物，认为这两支是平行发展的，单子叶植物起源于双子叶植物的毛茛目。我国华南、西南一带采用哈钦松系统的较多，如《广西植物志》、《广东植物志》、《云南植物志》等书均是以此分类系统介绍的。

被子植物分类系统，除了恩格勒系统、哈钦松系统以外，常用的还有塔赫他间（A. Takhtajan）系统和克朗奎斯特（A. Cronquist）系统。北京植物园、上海植物园即采用克朗奎斯特分类系统。

花卉依植物分类系统进行分类，在其应用上也有缺点。首先是专业性太强，较难普及与熟悉，不知道各种花卉的分类地位与学名，也就难于利用这一分类方法的优点。其次，这种分类有时与生产实践不一致。例如，温室花卉中便包括许多不同种的植物；肉质多浆花卉的形态、生理、生态相似，栽培方法也一致，但竟来自不同的40余科植物。因此，在园林应用中，此类分类法有较大的局限性。

3.1.2 植物的命名

园林花卉植物多涉及种及种下单位，其命名与植物相同，必须遵守《国际植物命名法规》所规定的各项规则对其进行命名。现行的《国际植物命名法规》规定，在1935年1月1日，或从此之后，所发表的植物新分类单位的名称，除藻类和全部化石植物而外，都必须附有拉丁文的特征描述。

种的命名采用双名法，即植物属名加上种加词构成，属名第一字母大写，种加词用形容词或名词，字母全部小写；当种加词用形容词时，其性、数、格与属名一致。无论属名还是种加词一律用斜体印刷。如美丽芍药 *Paeonia mairei* Lévl.，麝香百合 *Lilium longiflorum* Thunb.，*Paeonia* 和 *Lilium* 为属名，*mairei* 和 *longiflorum* 为种加词，Lévl. 和 Thunb. 为命名人。

种下分类单位亚种、变种和变型的命名，就是在种加词之后加指示该等级的缩写词，再加亚种、变种或变型的加词和定名人。如弯尖杜鹃（亚种）*Rhododendron simiarum* Hance subsp. *youngae*（Fang）Chamb.，毛芍药（变种）*Paeonia lactiflora* Pall. var. *trichocarpa*（Bunge）Stern.，矮生紫菀（变型）*Aster tataricus* L. f. *minor*（Makino）Kitamura。

栽培植物的命名必须按《国际栽培植物命名法规》进行。

3.2　花卉品种分类

3.2.1　种与品种的概念及区别

一般植物分类学的研究对象，为存在于自然界中的各级演化系统群，如门、纲、目、科、属、种等。特别是种，它是植物分类系统中的基本分类单位，有的甚至包括少数亚种（subspecies）、变种（variety）和变型（forma）在内。种在自然界中是实际存在的，有其一定的形态特征、生物学特性与生态习性，也有其一定的地理分布区，大多数的种能通过种子繁殖而保持其固有的特征和特性。

在花卉品种分类中，除以种的分类为基础外，还须包括品种和品种群。品种不是自然形成的，只见于栽培植物中，是人工选择和培育（常在人工杂交甚至远缘杂交后）的一种经济类型，在花卉中，品种必须具备观赏和经济价值。品种也要求一定的自然条件和农业技术措施，并有其一定的适应区域和栽培环境（如露地栽培、温室栽培等）。品种的特征，多属于植株形态（如矮生、下垂、伞形、紧密型、龙游型等）或观赏性状（如花的大小、形状、颜色、香味、重瓣型、花期早晚与长短及叶的彩纹、大小、形状等）；此外，适应性、抗病力、抗虫力、耐寒性、耐旱性、耐粗放管理能力等特性，也是十分重要的。这些性状绝大多数要通过营养繁殖如扦插、分株、嫁接等才能保存下来；若用实生繁殖，品种的一些性状就会丢失。

需强调的是，品种不是植物分类单位。植物分类系统中并没有品种这个等级，按植物分类系统的分类也不包括品种分类。花卉品种分类学是花卉学下面的一个分支学科，在发展现代花卉业中，它起着十分重要的作用。

3.2.2　花卉品种分类的意义

园林中应用的花卉绝大部分是各国花卉育种专家经过长期努力选择和培育的品种。因此，对这些品种正确地命名、分类，才能避免品种混乱，是花卉生产和应用的基础。

3.2.3　花卉品种分类的原则和方法

栽培植物既起源于野生植物，野生植物中种与变种等分类情况，应在花卉分类中首先考虑。故花卉的分类，应首先放在种与变种的分类基础上，即种源组成上。一般采用的方法，是将同一个种或变种起源的品种，不论是一个种的变种或一个种的多倍

体或异数多倍体（非整倍体），均列为一个品种系统。例如我国菊花，品种总数在
5000个以上，先分为小菊系统与大菊系统；这样以大小菊为第一级分类标准，就把
菊花品种分类系统放在种源组成的分类基础上了。又如山茶花的分类，原来也很混
乱，品种既杂又多，命名也较乱。实际应首先依据种的综合性状，包括植物外部形态
特征与习性，划分为川花（茶）系统（*Camellia japonica*）、滇（茶）花系统（*C. reticula-
ta*）、与茶梅（花）系统（*C. sasanqua*）。如有杂种，则视何为主而可再划分成新的系
统。在各系统下，再按花型、花色等进行品种分类，这样就既有科学性，又有条理
性，把植物分类与园艺分类有机地结合在一起，才是科学合理、切实可行的一个花卉
品种分类原则。

例如牡丹，第一级分类标准为系与亚系的划分，即牡丹系、芍药系和牡丹芍药杂
交系，其中牡丹系又包括牡丹亚系和杂种牡丹亚系；芍药系包括芍药亚系和杂种芍药
亚系。第二级分类标准以群进行划分，如牡丹亚系下有紫斑牡丹品种群和杨山牡丹品
种群；杂种牡丹亚系下有中国西北牡丹品种群、中原牡丹品种群、中国江南牡丹品种
群、中国西南牡丹品种群、法国Lemoine系牡丹品种群、美国Saunders系牡丹品种群
和日本牡丹品种群；芍药亚系下有芍药品种群、药用芍药品种群、细叶芍药品种群；
杂种芍药亚系下有新Americ杂种芍药品种群。第三级分类标准以各品种群内花朵数
目及花瓣来源分类，分单花类和台阁花类2类，其中单花类包括千层亚类和楼子亚
类；台阁花类包括千层台阁亚类和楼子台阁亚类。第四级分类标准，又在各亚类中通
过花瓣数量不同以及雄蕊瓣化程度不同而划分为16型，例如千层亚类包括单瓣型、
荷花型、菊花型和蔷薇型；楼子亚类包括金蕊型、托桂型、金环型、皇冠型和绣球
型；千层台阁亚类包括荷花台阁型、菊花台阁型和蔷薇台阁型；楼子台阁亚类包括托
桂台阁型、金环台阁型、皇冠台阁型和绣球台阁型。

现以牡丹为例，归纳花卉品种分类的原则如下：

(1)品种演化与实际应用兼筹并顾，而以前者为主；

(2)种源组成是品种分类的前提性标准；

(3)再按性状的相对重要性，依次分列各级分类标准。

花卉的种和品种在进行细致的分类之后，便应该制定正确的名称。名称中应至少
包括：普通名称（中文名称/中名）和科学名称（学名/拉丁文名称/拉丁名）两项，有时
还要包括英文或其他外文名称。为方便国际交流和统一植物名称，在植物学中已有国
际命名法规的制定。自1866年巴黎国际植物学会开始，每隔4~5年进行修改和补
充，已逐渐充实，为世界各国学者普遍应用。有关命名方法和原则这里就不介绍了。

3.3 花卉自然地理分布的分类

3.3.1 热带花卉

热带气候特点是周年高温，温差小；雨量丰富，但不均匀。属于本气候型的地区
有亚洲、非洲、大洋洲、中美洲及南美洲的热带地区。本区是一年生花卉、温室宿

根、春植球根及温室木本花卉的自然分布中心，如鸡冠花（*Celosia cristata*）、蟆叶秋海棠（*Begonia rex*）、凤梨科（Bromeliaceae）以及五叶地锦（*Parthenocissus quinquefolia*）等。

3.3.2 温带花卉

温带气候显著的特征是冬冷夏热，四季分明，年温差较大。属于这一气候型的地区包括中国大部分省份，还有日本、北美洲东部、巴西南部、大洋洲东部、非洲东南部等。本区是喜欢温暖的球根花卉和宿根花卉的分布中心，如中国石竹（*Dianthus chinensis*）、凤仙（*Impatiens balsamina*）、福禄考（*Phlox drummondii*）以及天人菊（*Gaillardia aristata*）等。

3.3.3 寒带花卉

寒带气候特点为冬季长而冷，夏季短而凉，植物生长期短。属于这一气候型的地区包括寒带地区和高山地区，故形成耐寒性植物及高山植物的分布中心，如绿绒蒿属（*Meconopsis*）、龙胆属（*Gentiana*）、雪莲（*Saussurea involucrata*）以及细叶百合（*Lilium tenuifolium*）等。

3.3.4 高山花卉

高山植物通常是指那些分布在海拔 3000m 以上的植物。高山花卉中有许多珍奇花卉，它们大多分布在人迹罕至的高寒山区而鲜为人知，著名的龙胆科（Gentianaceae）、杜鹃花科（Ericaceae）、报春花科（Primulaceae）中的大部分种类就是高山花卉的典型代表。中国是一个多山的国家，高山花卉资源十分丰富，仅云南西北部高山就汇集了 5000 多种高山植物，在中国北方，长白山亦是北温带高山花卉特产地。

3.3.5 水生花卉

水生花卉泛指生长于水体中、沼泽地、湿地上，观赏价值较高的花卉，与其他花卉明显不同的习性是对水分的要求和依赖远远大于其他各类。依据水生花卉对水分要求的不同，可将其分为如下 4 类：

3.3.5.1 挺水花卉

根扎于泥中，茎叶挺出水面，花开时离开水面，是最主要的观赏类型之一。如荷花（*Nelumbo nucifera*）、千屈菜（*Lythrum salicaria*）、水葱（*Scirpus validus*）等。

3.3.5.2 浮水花卉

根生泥中，叶片漂浮水面或略高出水面，花开时近水面。如睡莲（*Nymphaea tetragona*）、浮蓬草（*Nuphar pumilum*）、王莲（*Victoria amazonica*）等。

3.3.5.3 漂浮花卉

根系漂浮于水中，叶完全浮于水面，可随水漂移，在水面的位置不容易控制。如凤眼莲（*Eichhornia crassipes*）、浮萍（*Lemna minor*）等。

3.3.5.4 沉水花卉

根扎于泥中，茎叶沉于水中。是净化水质或布置水下景观的素材。属于这一类的花卉有玻璃藻（*Najas marina*）、黑藻（*Hydrilla verticillata*）等。

3.3.6 岩生花卉

岩生花卉指适合在岩石园栽种的草本花卉。理想的岩生花卉应该是植株低矮，最好呈垫状；生长缓慢，生活期长；耐贫瘠，抗性强；能长期保持优美和低矮外形的常绿多年生花卉。如银莲花（*Anemone cathayensis*）等。

3.3.7 沙漠植物

沙漠植物指在沙漠环境条件下能生存的植物，多为多浆类植物，如金琥（*Echinocactus grusonii*）、巨人柱（*Carnegia gigantea*）、仙人掌（*Opuntia cochinellifera*）等。

3.4 生活型与生态习性的分类

根据花卉植物的生活型与生态习性分类，在实际栽培中应用最广。

3.4.1 露地花卉

在自然气候条件下，完成全部生长过程，不需保护地，如温床、温室栽培。如需提前开花时，可在早春用温床或冷床育苗。露地花卉根据生活史可分为以下几类：

3.4.1.1 一年生花卉

生命周期在一个生长季完成的草本花卉。即从播种到开花、结实、死亡均在一个生长季内完成。一般在春天播种，夏秋开花结实，然后枯死。故一年生花卉又称春播花卉。如凤仙花（*Impatiens balsamina*）、鸡冠花（*Celosia cristata*）、孔雀草（*Tagetes patula*）等。

3.4.1.2 二年生花卉

生命周期跨年度才能完成的草本花卉。当年只生长营养器官，次年夏季之前开花、结实、死亡。二年生花卉，一般在秋季播种，次年春至初夏开花。故常称为秋播花卉。如羽衣甘蓝（*Brassica oleracea* var. *acephala* f. *tricolor*）、桂竹香（*Cheiranthus cheiri*）、须苞石竹（*Dianthus barbatus*）等。

3.4.1.3 多年生花卉

个体寿命超过两年的草本花卉，能多次开花结实。又因其地下部分的形态有变化，可分两类。

（1）宿根花卉：地下茎及根系的形态正常，不发生变态肥大的多年生花卉。如萱草（*Hemerocallis fulva*）、玉簪（*Hosta plantaginea*）、荷包牡丹（*Dicentra spectabilis*）等。

（2）球根花卉：地下部具有膨大的变态茎及变态根，以其储藏养分度过休眠期的多年生花卉。根据地下变态的器官及其形态可将球根花卉分为鳞茎类、球茎类、块茎类、根茎类及块根类。如郁金香（*Tulipa gesneriana*）、大丽花（*Dahlia pinnata*）、风信子（*Hyacinthus orientalis*）等。

3.4.1.4　水生花卉

泛指生长于水体中、沼泽地、湿地上，观赏价值较高的花卉。依据水生花卉对水分要求的不同，可将其分为挺水类、浮水类、漂浮类以及沉水类4大类。如荷花（*Nelumbo nucifera*）、王莲（*Victoria amazonica*）、凤眼莲（*Eichhornia crassipes*）等。

3.4.1.5　岩生花卉

岩生花卉指适合在岩石园栽种的草本花卉。理想的岩生花卉应该是植株低矮，最好呈垫状；生长缓慢，生活期长；耐贫瘠，抗性强；能长期保持优美和低矮外形常绿多年生花卉。如银莲花（*Anemone cathayensis*）等。

3.4.2　温室花卉

原产于热带、亚热带及南方温暖地区的花卉，在北方寒冷地区需在温室内培养或冬季需在温室内保护越冬。此类温室花卉通常又分为以下几类：

（1）一、二年生花卉：如瓜叶菊（*Senecio cruentus*）、蒲包花（*Calceolaria crenatiflora*）、香豌豆（*Lathyrus odoratus*）等。

（2）宿根花卉：如万年青（*Rohdea japonica*）、非洲菊（*Gerbera jamesonii*）、君子兰（*Clivia miniata*）等。

（3）球根花卉：仙客来（*Cyclamen persicum*）、朱顶红（*Hippeastrum vittatum*）、马蹄莲（*Zantedeschia aethiopica*）等。

（4）兰科植物：依其生态习性不同，又可分为地生兰类：如春兰（*Cymbidium goeringii*）、蕙兰（*Cymbidium faberi*）等；附生兰类：如石斛属（*Dendrobium*）、万代兰属（*Vanda*）等。

（5）多浆植物：指茎叶具有发达的贮水组织，呈肥厚多汁变态状的植物。如仙人掌（*Opuntia dillenii*）、石莲花（*Echeveria glauca*）等。

（6）蕨类植物：铁线蕨（*Adiantum capillus – veneris*）、蜈蚣草（*Pteris vuttata*）等。

（7）食虫植物：猪笼草（*Nepenthes hybrida*）、瓶子草（*Sarracenia purpurea*）等。

（8）凤梨科植物：水塔花（*Billbergia nutans*）等。

（9）棕榈科植物：蒲葵（*Livistona chinensis*）、棕竹（*Rhapis excelsa*）等。

（10）花木类：一品红（*Euphorbia pulcherrima*）、变叶木（*Codiaeum variegatum var. pictum*）等。

（11）水生花卉：王莲、睡莲（*Nymphaea tetragona*）等。

3.5　花卉应用的分类

按照花卉在园林中的应用形式将其进行分类，可以分为花坛花卉、花境花卉、水生和湿生花卉、岩生花卉、藤蔓类花卉、草坪草、地被植物、庭院花卉、室内花卉、切花花卉以及专类花卉等。

3.5.1 花坛花卉（bedding flowers）

园林中可以用来布置各类花坛的花卉，多数为一、二年生花卉及球根花卉，如一串红（*Salvia splendens*）、三色堇（*Viola tricolor*）、郁金香、风信子等。低矮、观赏性强、开花整齐一致，繁茂、色彩艳丽，耐修剪的灌木也可以用于布置花坛。

3.5.2 花境花卉（border flowers）

园林中可以用来布置花境的花境，多数为宿根花卉，如飞燕草（*Consolida ajacis*）、萱草（*Hemerocallis fulva*）、鸢尾类（*Iris* spp.）等，也可用中小型灌木与宿根花卉混合布置花境。

3.5.3 水生和湿生花卉（water and bog flowers）

亦统称湿生花卉。用于美化园林水体及布置水边、岸边及潮湿地带的花卉，如荷花、睡莲类（*Nymphaea* spp. & cvs.）、千屈菜及各种水生和沼生的鸢尾类（*Iris* spp.）等。

3.5.4 岩生花卉（rock flowers）

用于布置岩石园的花卉称为岩生花卉，通常比较低矮，生长缓慢，耐瘠薄、耐寒、耐旱，对环境的适应性强，包括各种高山花卉以及人工培育的低矮的花卉品种，如白头翁（*Pulsatilla chinensis*）、报春花类（*Primula*）等。

3.5.5 藤蔓类花卉（climbers and creepers）

主要用于篱垣棚架及垂直绿化的花卉，包括草质藤本及藤木类花卉，如牵牛（*Pharbitis nil*）、茑萝（*Quamoclit pennata*）、紫藤（*Wisteria sinensis*）、凌霄（*Campsis grandiflora*）等。

3.5.6 草坪草（lawn grasses）

用于建植草坪的植物，如野牛草（*Buchloe dactyloides*）、结缕草（*Zoysia japonica*）、狗牙根（*Cynodon dactylon*）等。

3.5.7 地被植物（ground covers）

用于覆盖园林地面的植物，如酢浆草（*Oxalis corymbosa*）、葱兰（*Zephyranthes candida*）等。

3.5.8 庭院花卉（garden flowers）

用于庭院成片栽植观赏的植物，大多为宿根花卉和木本花卉，如芍药（*Paeonia*

lactiflora)、牡丹(*Paeonia suffruticosa*)、萱草、金鸡菊(*Coreopsis drummondii*)等。

3.5.9　室内花卉(indoor plants)

用于装饰和美化室内环境的植物,如仙客来(*Cyclamen persicum*)、杜鹃花类(*Rhododendron* spp.)、一品红等。根据其观赏器官也可以分为观花类、观叶类、观果类以及观茎干类等。这类花卉既可以应用于室内花园,也可盆栽装饰各种室内空间。后者也常称为盆栽花卉。

3.5.10　切花花卉(cut flowers)

剪切花、枝、叶或果用以插花及花艺设计的花卉总称,如现代月季(*Rosa* cvs.)、菊花(*Dendranthema morifolium*)、唐菖蒲(*Gladiolus hybridus*)等切花花卉,银芽柳(*Salix leucopithecia*)等切枝花卉,以及蕨类、玉簪(*Hosta plantaginea*)等切叶花卉。

3.5.11　专类花卉(specialized flowers)

指具有相似的观赏特性,植物学上同科或同属,园艺学上同一栽培种群,或者具有相似的生态习性,需要相似的栽培生境,且具有较高的观赏价值,常常聚合在一起集中展示的花卉,如仙人掌和多浆类花卉(Cacti & succulents)、蕨类植物(Ferns)、食虫植物(Carnivorous plants;Insectivorous plants)、凤梨类花卉(Bromeliads)、兰科花卉(Orchids)、棕榈类植物(Palms)等。

3.6　花卉商品的分类

近年来,花卉产业迅速发展,根据花卉在市场上流通的方式,将花卉商品分为种子、种球、种苗、绿化苗木、切花、盆花、干花、盆景、仿生花等九大类别。

3.6.1　种子

以专门生产各种花卉的种子为目的,主要以一、二年生草花为主。各种花卉的种子,在形状、大小、色泽和硬度等方面,都有很大的差异,常常作为识别各类种子和鉴定种子质量的根据,如花烟草(*Nicotiana alata*)、大花马齿苋(*Portulaca grandiflora*)等的种子很小。

3.6.2　种球

种球是指球根花卉地下变态肥大的器官。如水仙(*Narcissus tazetta* var. *chinensis*)、郁金香的鳞茎,唐菖蒲、番红花(*Crocus sativus*)的球茎,仙客来的块茎等。

3.6.3　种苗

具有根系和苗茎的幼苗,包括未出苗圃的苗木均称种苗,如组培苗、扦插苗、嫁接苗、播种苗等。

3.6.4 切花

切花通常是指从植物体上剪切下来的花朵、花枝、叶片等的总称。用于插花或制作花束、花篮、花圈等花卉装饰用的素材。

3.6.5 盆花

盆花是指栽植于各类容器中，主要用来布置室内空间、室外铺装地面或园林绿地的花卉。

3.6.6 干花

干花是利用干燥技术等使鲜花迅速脱水而制成的花。这种花可以较长时间保持鲜花原有的色泽和形态。主要制作方法有风干、微波炉烘干、干花香袋等。

3.6.7 盆景

盆景是以植物、石料、土壤、水体、配景、盆、几架等为材料创作而成的，饱含作者思想感情的立体的中国自然山水画，是经过高度概括和提炼，集中表现大自然优美风光的一种特殊艺术品。

3.6.8 仿真花

通常用绸绢、皱纸、涤纶、塑料、水晶等制成的假花，称为人造花或仿真花。

4 花卉的生长与发育

生长是植物体重量和体积的增加。发育则是植物器官和机能经过一系列复杂质变以后产生的与其相似个体的现象，即器官和机能的形成与完善。由于植物种类不同，它们的生长发育类型和对外界环境条件的要求也不相同。只有充分调查清楚每种植物生长发育的特点，以及所需要的环境条件，才能创造和利用相应的栽培技术措施，达到人们改造植物、利用植物的预期目的。当前国际花卉生产中广泛采用的电照生产、遮光处理、种子和球根的低温处理、组织培养、转基因等技术措施，都是在充分了解和掌握某些花卉生长发育特点的基础上制定的栽培措施与技术路线，从而大大提高了花卉生产的经济价值和观赏价值。所以，了解和掌握花卉生长发育规律是花卉工作者的首要任务，也是花卉栽培和应用的理论基础。

4.1 花卉生长发育的特性

4.1.1 花卉生长发育的规律性

花卉同其他植物一样，无论是从种子到种子或从球根到球根，在整个一生中既有生命周期的变化，也有年周期的变化。在个体发育中多数种类同样经历种子休眠和萌发、营养生长和生殖生长三大时期（无性繁殖的种类可以不经过种子时期），上述各个时期或周期的变化，基本上都遵循着一定的规律性，如发育阶段的顺序性和局限性等。由于花卉种类繁多，原产地的生态环境复杂，常形成众多的生态类型，其生长发育过程和类型以及对外界环境条件的要求也比其他植物繁多而富于变化。不同种类花卉的生命周期差距很大。一般花木类的生命周期从数年至数百年，如牡丹的生命周期可达数百年之久；草本花卉的生命周期短的只有几日（如短命菊），长至1年、2年或数年（如翠菊、万寿菊、凤仙花、须苞石竹、蜀葵、毛地黄、金鱼草、美女樱、三色堇等）。经过长期栽培和人工选育，产生出许多品种间差异较大的发育类型，有的品种对春化、光照阶段要求严格，有的并不严格。如菊花中夏菊为中性日照植物，而秋菊为短日照植物。

花卉同其他植物一样，在年周期中表现最明显的有两个阶段，即生长期和休眠期的规律性变化。但是，由于花卉种和品种极其繁多，原产地立地条件也极为复杂，同样年周期的情况也多有变化，尤其是休眠期的类型和特点有多种多样：一年生花卉由于春天萌芽后，当年开花结实而后死亡，仅有生长期的各时期变化，因此年周期即为生命周期，较短而简单。二年生花卉秋播后，以幼苗状态越冬休眠或半休眠，多数宿根花卉和球根花卉则在开花结实后，地上部分枯死，地下储藏器官形成后进入休眠越冬（如萱草、芍药、鸢尾以及春植球根类的唐菖蒲、大丽花、荷花等）或越夏（如秋植球根类的水仙、郁金香、风信子等，它们在越夏中进行花芽分化），还有许多常绿性多年生花卉，在适宜的环境条件下，几乎周年生长保持常绿而无休眠期，如万年青、书带草和麦冬等。

人们早已知道植物生长到一定大小或株龄时才能开花，并把到达开花前的这段时期称为"花前成熟期"或"幼期"（在果树学和树木学中称为"幼年期"）。这段时期的长短因植物种类或品种而异。花卉不同种或品种间的花前成熟期差异很大，有的短至数日，有的长至数年乃至几十年，如矮牵牛，在短日照条件下，于子叶期就能诱导开花，瓜果类的落花生（*Arachis hypogaea*）在种子中花芽原基已经形成；长寿花（*Kalanchoe blossfeldiana*）的不同品种间的花前成熟期具有明显差异，据德国的 W·拉杰（Walter Runger）实验，在同样条件下（发芽后同时进行短日照处理）'Goldrand'品种花前成熟期的平均对生叶数为 11.3，而'A·Gräser'则为 4.2，这说明后者花前成熟期很短；唐菖蒲早花品种一般种植后 90 天就可开花，而晚花品种需要 120 天；瓜叶菊播种后需经过 8 个月才能开花，牡丹播种后需 3～4 年甚至 4～5 年才能开花，有些木本观赏树更长，可达 20～30 年，如欧洲冷杉（*Abies alba*）为 25～30 年，欧洲落叶松（*Larix decidua*）为 10～15 年。一般来讲，草本花卉的花前成熟期短，木本花卉的较长。"花前成熟期"的长短基本上由种或品种的遗传特性决定，但实践证明与栽培环境条件也密切相关。本书主编在开展牡丹远缘杂交育种过程中，观察到一些杂种苗具有明显的早育性，"花前成熟期"不足两年或三年而开花的现象。经实验测定分析这与当地土壤营养成分有关。

4.1.2　各类花卉的生育特点

植物在个体发育过程中年复一年的重复着萌芽、生长、开花、结实，以及芽或储藏器官的形成和休眠等变化，然后逐渐衰老而死亡。人们在长期生产实践和科学研究中不仅逐渐认识和掌握了植物的上述发育过程与规律，而且随着生物学科和实验技术的迅速发展，对于植物的许多重要发育过程，如开花、休眠等过程的了解已进入到生理生化机理和分子生物学的水平，还找到了不少人为控制某些发育过程的方法和措施，并应用于生产实践中，如种子春化处理、球根低温储藏、花期调控等。但是，植物生育过程是极为复杂的生命现象，不仅与植物整体的生理密切相关，同时还时常受外界环境条件的影响。因此，至今人们还没有对植物每个发育过程的性质和机理都已了解和掌握，比较清楚和确实掌握的有以下几个方面：

4.1.2.1　春化作用（vernalization）

某些植物在个体生育过程中要求必须通过一个低温时期，才能继续下一阶段的发育，即引起花芽分化，否则不能开花。这个低温时期就叫春化作用，也称感温性。植物通过该阶段所要求的主要外界环境条件是低温，而不同植物所要求的低温值和通过的低温时期各不相同。依据要求低温值的不同，可将花卉分为三种类型：

（1）冬性花卉：这一类植物在通过春化阶段时要求低温，约在 0～10℃的温度下，能够在 30～70 天的时间内完成春化阶段。在近于 0℃的温度下进行得最快。有人称这类植物为春化要求性植物。

二年生花卉，如月见草、毛地黄、毛蕊花等为冬性植物。在秋季播种后，以幼苗状态度过严寒的冬季，满足其对低温的要求而通过春化阶段。若在春季气候已暖时播种，便不能正常开花。若春季播种前经过人工春化处理，可使它当年开花，但缺点是植株矮小，花梗太矮，作为切花是不利的。

秋播草花(或秋播一年生草花或越冬一年生草花)如在春季播种时，应于早春开冻后及早播种，可获得较好的效果，也可开花，但不及秋播的好。如延误播种，对开花则不利。罂粟(*Papaver somniferum*)、虞美人(*Papaver rhoeas*)、蜀葵(*Althaea rosea*)及香矢车菊(*Centaurea moschata*)等，如春播，时间应当更早，否则开花极为不良。

多年生花卉在早春开花的种类，通过春化阶段也要求低温，如鸢尾、芍药等。

(2)春性花卉：这一类植物在通过春化阶段时，要求的低温值为 5 ~ 12℃，比冬性植物高，也就是说，需要较高的温度诱导才能开花，同时完成春化作用所需要的时间亦比较短，约为 5 ~ 15 天。

一年生花卉为春性植物，秋季开花的多年生草花，通过春化阶段也要求较高温度。

(3)半冬性花卉：在上述两种类型之间，还有许多种类，在通过春化阶段时，对于温度的要求不甚敏感，这类植物在 15℃的温度下也能够完成春化作用，但是，最低温度不能低于 3℃，其通过春化阶段的时间是 15 ~ 20 天。

在花卉栽培中，不同品种间对春化作用的反应性也有明显差异，有的品种对春化要求很强，有的品种要求不强，有的则无春化要求。

不同的花卉种类通过春化阶段的方式也不相同，通常有两种方式，以萌芽种子通过春化阶段的称种子春化；以具一定生育期的植物体通过春化阶段的称植物体春化。多数花卉种类是以植物体方式通过春化阶段的，如十字花科的紫罗兰、六倍利等。而种子春化的机理和种类至今还不太清楚。据日本农学博士阿部定夫等人指出，栽培经过低温催芽的香豌豆(*Lathyrus odoratus*)种子可以提前开花。

4.1.2.2　光周期作用(Photoperiodism)

光周期是指一日中日出日落的时数(也即一日中白天和黑夜的相对长度)或指一日中明暗交替的时数。植物的光周期现象则指光周期对植物生长发育的反应(即植物对白天和黑夜的相对长度的反应)，它是植物生育中一个重要的因素，不仅可以控制某些植物的花芽分化和发育开花过程(称做成花)，而且影响植物的其他生长发育现象，如分枝习性，块茎、球茎、块根等地下器官的形成以及其他器官的衰老、脱落和休眠，所以光周期与植物的生命活动有密切的关系。

通过一系列研究发现，各种植物成花所需要的日长条件不同，也就是说各种植物都依赖于一定的日照长度和相应的黑夜长度的相互交替，才能诱导花的发生和开放。因此常依据植物对日长条件的要求可划分为长日植物、短日植物和中性植物。长日和短日的极限以每天日照长度超过 12 小时的为长日植物，不足 12 小时的则为短日植物。

(1)长日植物(long-day plants，LDP，亦称短夜植物)：这类植物要求较长时间的光照才能成花(即指日照长度必须长于一定时数才能开花的植物)。一般要求每天有

14~16 小时的日照，可以促进开花，若在昼夜不间断的光照下，能起更好的促进作用。相反，在较短的日照下，便不开花或延迟开花。二年生花卉秋播后，在冷凉的气候条件下进行营养生长，在春天长日照下迅速开花。瓜叶菊（*Senecio cruentus*）、紫罗兰（*Matthiola incana*）于温室内栽培时，通常 7~8 月播种，早春 1、2 月便可开花，若迟至 9、10 月播种，在春季长日照下也可开花，但因植株未及充分成长而变得很矮小。

（2）短日植物（short-day plants，SDP，亦称长夜植物）：这类植物要求较短的光照就能成花（即指日照长度必须低于一定时数才能开花的植物）。在每天日照为 8~12 小时的短日照条件下能够促进开花，而在较长的光照下便不能开花或延迟开花。一年生花卉在自然条件下，春天播种发芽后，在长日照下生长茎、叶，在秋天短日照下开花繁茂。若春天播种较迟，当进入秋天后，虽植株矮小，但由于在短日照条件下，仍如期开花。如波斯菊（*Cosmos bipinnatus*）通常 4 月份播种，9 月中旬开始开花，株高可达 2m，如迟至 6、7 月份播种，至 9 月中旬仍可开花，但株高仅 1m 或不足 1m。

秋天开花的多年生花卉多属短日植物，如菊花、一品红等在短日照下方能开花，因此为使它们在"十一"开花，必须进行遮光处理。

（3）中性植物（day-neutral plants，DNP）：这类植物在较长或较短的光照下都能开花（即指在任何日照条件下都可以开花的植物），对于光照长短的适应范围较广。大约在 10~16 小时光照下均可开花，这类花卉有：大丽花（*Dahlia pinnata*）、香石竹（*Dianthus caryophyllus*）、扶桑（*Hibiscus rosa-sinensis*）、非洲紫罗兰（*Saintpaulia ionantha*）、花烟草、非洲菊等。

但是荷兰的维恩（R. V. D. Veen）和梅杰（G. Meijer）及日本某些教授都认为上述假定极限是不确切的，并指出应按照临界日照长度划分为宜，临界日照长度即为能诱异开花的日照长度。并根据临界日照长度的不同，将植物分成下列 6 种类型。

（1）短日植物：即指植物在少于临界日照长度下进行花芽分化的植物。如一年生草花、凤仙花和波斯菊、牵牛、金莲花、冬性金鱼草等。

（2）长日植物：即指植物在长于临界日照长度下进行花芽分化的植物。如二年生花卉金盏、矢车菊、天人菊、罂粟等。

（3）中性植物：不受日照长短影响而开花的植物，如紫茉莉属植物。

（4）定日或中间性植物：在短日照或长日照下都不进行花芽分化，必须在特定的日照长度下才进行花芽分化的植物。

（5）长短日植物：花原基在长日照下形成，在短日照下花原基才能发育成花。如翠菊在长日照过程中形成花芽和莲座并开始伸长，如继续用长日照，莲座则继续伸长。如改用短日照，莲座则停止伸长，提前开花。

（6）短长日植物：花原基在短日照下形成，在长日照下才能开花者。如大花天竺葵（*Pelargonium grandiflorum*）及风铃草（*Campanula medium*），只有当短日照周期之后跟随着另一个长日照周期才能被诱导开花。

不同品种的花卉对日照长度的反应也不相同。根据日本冈田 1957 年对于菊花开花温度和日照长度影响的调查，在 6 个品种群中，花芽分化和花蕾发育对光周期的要求分为：①短日，短日；②中性，中性；③中性，短日；④短日，中性等 4 个类型。

植物的春化作用和光周期反应两者之间有密切的关系，既相互关联又可相互取代。许多春化要求性植物，往往对光周期反应也很敏感，如不少长日照植物，如果在高温下，即使在长光照条件下也不会开花或大大延迟花期，这是由于高温"抑制"了长光照对发育影响的缘故。一般在自然条件下，长日和高温（夏季）、短日和低温（冬季）总是相互伴随着关联着。另外，短日照处理在某种程度上可以代替某些植物的低温要求；相反，在某些情况下，低温也可以代替光周期的要求，因此应当把光周期和温度因子结合起来分析问题。

4.2　花芽分化

花芽分化和发育在植物一生中是关键性的阶段，花芽的多少和质量不但直接影响观赏效果，而且也影响到花卉事业的种子生产。因此，了解和掌握各种花卉的花芽分化时期和规律，确保花芽分化的顺利进行，对花卉栽培和生产具有重要意义。当前不少国家在花卉生产上广泛采用遮光生产（短日照处理）、电照生产、异地栽培等技术措施对菊花、一品红、兰花等应用花期控制，进行周年生产，达到周年供应的目的，这是正确掌握每种花卉花芽分化规律，制定合理栽培技术的结果。

4.2.1　花芽分化的理论

近年来，随着花卉生产事业的迅速发展，大大促进了植物开花生理学科的研究和发展，不少中外学者多方面探讨有关花芽分化的机理问题并发表了不少有关的学说，如碳-氮比（C/N）学说，"促花激素"学说等，这些理论都对进一步促进花卉研究及花卉生产事业的发展作出了一定的贡献。

（1）碳-氮比学说（C/N）：该理论在 20 世纪初期由 Klebs 提出，认为植物体内含氮化合物与同化糖类含量的比例，是决定花芽分化的主要因素，当糖类含量比较多，而含氮化合物少时，可以促进花芽的分化，反之，则不开花。许多中外学者都支持这一观点。从多数试验结果和事实证明：C/N 比对于花芽分化有其特殊的重要性。在同化养分不足的情况下，也就是营养物质供应不足时，花芽分化将不能进行，即便有分化其数目甚少。一些花序花数较多的种类，特别是一些无限花序的花卉，在开花过程中，通常基部的花先开，花形也最大，愈向上部，花形渐小，至最上部，花均发育不全，花芽停止分化与发育，这是由于花序中处于基部的芽 C/N 比较高，养分供应充足，开花早，花形大，而愈向上，营养状况愈差，花发育不良，这说明同化养分的多少决定花芽分化与否和开花的数目。同化养分的多少，也决定花的大小，如在菊花、芍药、香石竹的栽培中，为使花朵增大，常将一部分花芽疏去，以便养分集中于少数花中，使花朵增大。然而用碳-氮比学说（C/N）不能完全解释花的诱导，因为 Klebs 实验用的植物是长日植物和中性植物，该理论不适用于短日植物。

（2）成花素（Florigen）（也可称开花激素）学说：是由柴拉轩（Chailakhyan）于 1936 年提出，认为成花素（florigen）是由形成茎必需的赤霉素和形成花必需的开花素两组物质组成。植物必须同时具有赤霉素和开花素才能开花。日中性植物本身含有赤霉素和开花素，所以不论长日和短日下都能开花，而长日植物在长日下、短日植物在短日下都具有赤霉素和开花素，都能开花。而长日植物在短日下缺乏赤霉素，短日植物在长日下缺乏开花素，所以都不能开花。冬性长日植物在长日下具有开花素，但缺乏低温不能形成赤霉素，所以不能开花。成花素至今尚未分离出来。

有一些研究认为植物体内有机酸含量及水分的多少，也与花芽分化有关。不管哪一种学说，根据研究的结果都承认这样一点，即花芽分化必须具备组织分化基础、物质基础和一定的外界条件，也就是说，花芽分化是在内外条件综合作用下产生的，而物质基础是首要因素，激素和一定的外界环境因子则是重要条件。

随着现代分子生物学的发展，分离出许多与成花有关的基因，提出许多成花的模型，进一步完善植物成花机理。外界环境条件，如光周期、低温、赤霉素等，调控植物细胞色素基因或春化基因，这类基因又进一步调节开花有关的基因[如 Flowering locus(FT, FLC)，APETALA(AP)，LEAFY(LFY)等]，最后调控开花。

4.2.2　花芽分化的阶段

当植物进行一定营养生长，并通过春化阶段及光照阶段后，即进入生殖阶段，营养生长逐渐缓慢或停止，花芽开始分化，芽内生长点向花芽方向形成，直到雌、雄蕊完全形成为止。整个过程可分为生理分化期、形态分化期和性细胞形成期，三者顺序不可改变，缺一不可。生理分化期是在芽的生长点内进行生理变化，通常肉眼无法观察；形态分化期进行着花部各个花器的发育过程，从生长点突起肥大的花芽分化初期，至萼片形成期、花瓣形成期、雄蕊形成期和雌蕊形成期。有些花木类其性细胞形成期是在第二年春季发芽以后，开花之前才完成，如樱花、八仙花等。

4.2.3　花芽分化的类型

由于花芽开始分化的时间及完成分化全过程所需时间的长短不同(随花卉种类、品种、地区、年份及多变的外界环境条件而异)，可分以下几个类型：

(1)夏秋分化类型：花芽分化一年一次，于 6～9 月高温季节进行，至秋末花器的主要部分已完成，第二年早春或春天开花。但其性细胞的形成必须经过低温，许多木本类的花卉，如牡丹、丁香、梅花、榆叶梅等；球根类花卉也在夏季较高温度下进行花芽分化，而秋植球根在进入夏季后，地上部分全部枯死，进入休眠状态停止生长，花芽分化却在夏季休眠期间进行，此时温度不宜过高，超过 20℃，花芽分化则受阻，通常最适温度为 17～18℃，但也视种类而异。春植球根则在夏季生长期进行花芽分化。

(2)冬春分化类型：原产温暖地区的某些木本花卉及一些园林树种多属此类型。如柑橘类从 12 月至翌年 3 月完成，特点是分化时间短并连续进行。一些二年生花卉和春季开花的宿根花卉仅在春季温度较低时进行。

(3)当年一次分化开花型：一些当年夏秋开花的种类，在当年枝的新梢上或花茎顶端形成花芽。如紫薇、木槿、木芙蓉等以及夏秋开花的宿根花卉，如萱草、菊花、芙蓉葵等，基本属此类型。

（4）多次分化型：一年中多次发枝，每次枝顶均能形成花芽并开花。如茉莉、月季、倒挂金钟、香石竹等四季开花的花木及宿根花卉，在一年中都可继续分化花芽，当主茎生长达一定高度时，顶端营养生长停止，花芽逐渐形成，养分即集中于顶花芽。在顶花芽形成过程中，其他花芽又继续在基部生出的侧枝上形成，如此在四季中可以开花不绝。这些花卉通常在花芽分化和开花过程中，其营养生长仍继续进行。一年生花卉的花芽分化时期较长，只要在营养生长达到一定大小时，即可分化花芽而开花，并且在整个夏秋季节气温较高时期，继续形成花蕾而开花。决定开花的早迟依播种出苗时期和以后生长的速度而定。

（5）不定期分化型：每年只分化一次花芽，但无一定时期，只要达到一定的叶面积就能开花，主要视植物体自身养分的积累程度而异，如凤梨科和芭蕉科的某些种类。

表 4-1　花卉的花芽分化条件

种　　类	花芽分化适温（℃）	花芽发育伸长适温（℃）	其 他 条 件
郁金香 *Tulipa gesneriana*	20	9	
风信子 *Hyacinthus orientalis*	25～26	13	
喇叭水仙 *Narcissus pseudonarcissus*	18～20	5～9	
麝香百合 *Lilium longiflorum*	2～9	20～25 （花序完全形成）	
球根鸢尾 *Iris xhollandica*	13		
唐菖蒲 *Gladiolus hybridus*	>10		花芽分化和发育要求较强光照
小苍兰 *Freesia refracta*	5～20	15	分化时要求温度范围广
旱金莲 *Tropaeolum majus*			17～18℃，长日照下开花，超过20～21℃不开花
菊花 *Dendranthema morifolium*	>13～15 （某些品种） 8～10 （某些品种）		

各类花卉的花芽分化实例[①]：

万寿菊（*Tagetes erecta*）：高温下，仅在短日照下开花，12～13℃条件下，仅在长

---

① 摘译自《園芸植物の开花生理と栽培》。

日照下开花。

百日草(*Zinnia elegans*)：短日照下，花芽形成的早，但是花朵小而茎细，植株分枝不多；长日照下虽然开花迟，但株丛紧密，花朵也大。

香堇(*Viola odorata*)在短日照和低温条件下，促进花芽的形成。

大岩桐(*Sinningia speciosa*)花芽的形成没有特定的日照和低温要求。植株成长后，花芽开始形成，因此，生长愈迅速，开花愈早。温度低，生长缓慢时，侧枝增多，花数也相应增多。

映山红(*Rhododendron simsii*)：短日照条件下促进花芽的形成，但品种之间有差异。40～50天左右的短日照，效果最好。花芽形成的适温也因品种而异，有些品种在高温下促进花芽的形成，而有些品种在不太高的温度下可促进花芽的形成。

报春花(*Primula malacoides*)：在低温下，无论长日照或短日照均可开花，但是温度高时，仅在短日照下开花。

大丽花(*Dahlia pinnata*)：在10～12小时短日照下，花芽发育速度快，开花也早。长日照下，侧枝多，花也多，但是，花的发育比较慢。在短日照下，生育结束得早，也能促进块根的形成。

叶子花(*Bougainvillea spectabilis*)：在高温和短日照下进行花芽分化，但在15℃条件下，无论在长日照或短日照下都能分化花芽。经过赤霉素处理，在长日照和低温下，能促进花芽分化，在短日照下无效果。

4.2.4　花芽分化与其它器官的相互作用

4.2.4.1　花芽分化与营养生长

花芽的正常分化需要良好的营养生长作为其物质基础，有一定的茎(枝)量才能有一定的花芽量。但是如果营养生长太过旺盛，特别是在花芽分化前营养生长不能停缓下来时，不利于花芽分化。许多花卉"疯长"的结果总是花少、花小、甚至无花，就是由于营养生长太过旺盛，而影响了正常的花芽分化，此现象在牡丹、芍药品种中多有发生。

4.2.4.2　花芽分化与开花结实

某些花卉花后结实的同时会影响花芽分化，其原因即是营养的竞争以及幼果的种子产生大量抑制花芽分化的激素(如赤霉素)，牡丹、芍药和月季花后应及时摘去幼果以促进花芽分化。

由上所述，控制营养生长和结实，促进花芽分化必须采取如下措施：减少氮肥施用量，减少土壤供水；对生长着的枝梢进行摘心或扭梢、弯枝、拉枝、环剥、环割、倒贴皮、绞缢等；喷施或土施抑制生长、促进花芽分化的生长调节剂；疏除过量的果实，修剪时多轻剪、长留缓放等。

5 花卉与环境因子

地球上一切生物赖以生存的环境因子有温度、光照、水分、土壤、大气气体等，花卉的生存也如此，其生长发育和应用效果（植物景观组成和效果）除取决于其自身的遗传特性以外，还取决于其周围环境条件的影响。因此无论是花卉栽培者或者是花卉设计应用者，都必须充分了解花卉与环境因子的这种密切关系，遵守"适地适花"的原则，方能取得事半功倍的成绩和优美的植物景观效果。当今花卉世界里日新月异、千姿百态新品种的诞生，周年花开不断，百花争艳，令人赏心悦目的植物景观的创造，无不取决于栽培者和设计应用者对各种花卉自身生物学特性与生态习性了解的基础上，适时调控它们的生长发育过程，创造适于它们需要的环境条件（因子）而获得的，所以必须正确了解和掌握花卉生长发育与外界环境因子之间的相互关系，才能科学地栽培花卉，改良花卉，应用花卉，达到理想的目的和效果。

5.1 温度

温度是影响花卉生存、分布及其生长发育的重要环境因子之一，温度也是环境因子中反应最敏感最明显的因子，故而温度与花卉的关系最为密切。

5.1.1 温度对花卉生存、生育的影响

每一种花卉同所有生物一样，都只能在一定的温度（气温）范围内才能生存，在一定的温度范围内才能正常生长发育，超出此温度范围便无法生存，无法正常生长发育，并且在此一定的范围内都有其能适应的最低温度、最高温度以及最适温度，这三个温度称为花卉生长发育的"温度三基点"。超过其温度三基点以外生存极限的温度即冷死点和热死点，便无法生存而死亡。当然也无栽培和应用的价值，所以了解和掌握每类每种花卉对温度三基点的要求，为其创造最适宜的温度是栽培成功、发挥其最佳观赏效果的必要前提。

由于花卉原产地气候和类型的不同，其对温度三基点的要求也不同，通常原产热带的花卉，其温度三基点都较高，开始生长的最低温度一般约为18℃，最适生长温度约为30~35℃，可以忍受的最高温度常可达40℃以上。如仙人掌类在15~18℃时开始生长，能忍受的最高温度约50~60℃，仙人掌科蛇鞭柱属的多数种类温度高达28℃才能生长；热带植物睡莲科王莲的种子需要在水温30~35℃下才能发芽生长，而原产寒带的花卉对温度三基点的要求相对很低。如著名的高山花卉雪莲4℃开始生长，-20℃和-30℃下亦能生存；分布于黑龙江高寒地区的不少野生花卉常在0℃以下萌芽生长，在0~8℃低温下开花。侧金盏（*Adonis amurensis*）能在哈尔滨早春于冰下开花，山芍药（*Paeonia odovata*）-8℃时即萌芽出土。原产温带的花卉一般在5~10℃

时开始生长，如郁金香8℃时开始萌芽生长，冬季其球根可耐 − 35℃之低温。所以了解不同原产地、不同气候带花卉对温度三基点的要求是进行花卉引种栽培与适地适花应用花卉的必要基础知识。

5.1.2　温度对花卉分布的影响

温度不仅是形成地球上不同气候带的主导因子，同时也是制约地球上植物分布的重要因素。由本教材前述花卉的地理分布一章中已知不同气候带形成不同的植被类型，也分布着不同的花卉种类。如兰科植物的大多数种类主要分布于南美洲、亚洲和非洲的热带气候区；多浆类植物（仙人掌科、大戟科、萝藦科等）亦主要分布于热带、亚热带的干旱沙漠地带或森林之中，姜科植物也主要分布于泛热带气候区，而喜欢夏季凉爽的秋植球根花卉和二年生花卉如风信子、水仙、仙客来、花毛茛、番红花以及花菱草、金鱼草、金盏菊等主要分布于冬季严寒而湿润，夏季酷热而干旱的地中海气候区。又如百合科百合属和毛茛科翠雀属花卉都集中分布于北半球的温带与寒带地区，热带极少有分布而南半球根本没有分布。我国丰富的芳香植物主要集中分布于华南和西南亚热带和热带地区，而我国的荒漠植物如藜科的梭梭（*Haloxylon ammodendron*）、碱蓬（*Suaeda glauca*）、盐生假木贼（*Anabasis salsa*）、柽柳科的红砂（*Reaumuria songarica*）、蓼科的沙拐枣（*Calligonum mongolicum*）等则主要分布于我国西北部和西部的高寒山地，再有我国的短命花卉如小车前（*Plantago minuta*）、尖喙牻牛儿苗（*Erodium oxyrrhynchum*）等主要集中分布于新疆北部准噶儿盆地周缘及伊犁谷底、塔城盆地。

由于温度常随海拔高度和位置不同而变化，其花卉分布也不相同。海拔每升高100m，气温下降1℃，纬度北移1℃，气温亦降低1℃，世界著名的高山花卉如雪莲、各种龙胆、绿绒蒿、报春花和杜鹃等大多分布在海拔 2500 ~ 4000m 以上的高山上，而特产我国的单种属的翠菊却只分布在北京百花山海拔 800 ~ 1000m 之处；而大花蓝盆花（*Scabiosa superba*）和华北蓝盆花（*S. tschiliensis*）在海拔 800 ~ 1800m 处随地可见，但龙牙草（*Agrimonia pilosa*）却可在多种海拔高度出现。

综上可知，由于不同气候带、不同海拔高度，环境中主导因子的气温相差甚远，明显影响着花卉对温度的适应能力和耐寒性的不同，通常根据各种花卉耐寒力的大小将花卉分为如下三类。

5.1.2.1　耐寒性花卉

如原产于温带及寒带的二年生花卉及宿根花卉，抗寒力强，在我国寒冷地区能露地越冬。一般能耐10℃以下的温度，其中一部分种类能忍耐 − 5 ~ − 10℃以下的低温。在北京如三色堇、诸葛菜、金鱼草、蛇目菊等能在露地越冬。多数宿根花卉如蜀葵、槭葵、玉簪、金光菊及一枝黄花等，当冬季严寒到来时，地上部分全部干枯，到翌年春季又复萌发新芽而生长开花。二年生花卉在生长时期不耐高温，因此，在炎夏到来以前完成其结实阶段而枯死。

5.1.2.2　半耐寒性花卉

这一类花卉多原产于温带较暖处，耐寒力介于耐寒性与不耐寒性花卉之间，在北方冬季需加防寒才可越冬。在北京如金盏花、紫罗兰、桂竹香等，通常在秋季露地播种育苗，在早霜到来前移于冷床(阳畦)中，以便保护越冬，而当春季晚霜过后定植于露地。此后在春季冷凉气候下迅速生长开花，在初夏较高温度中结实，夏季炎热时期到来后死亡。

5.1.2.3 不耐寒花卉

一年生花卉及不耐寒的多年生花卉属此，多原产于热带及亚热带，在生长期间要求高温，不能忍受0℃以下的温度，其中一部分种类甚至不能忍受5℃左右的温度，在这样的温度下则停止生长或死亡。因此，这类花卉的生长发育在一年中无霜期内进行，在春季晚霜过后开始生长发育，在秋季早霜到来时死亡。

温室花卉为不耐寒性花卉，一般原产于热带或亚热带，在我国北方不能露地越冬，只限于在温室栽培。依其原产地的不同，又可分为下述三类：

(1)低温温室花卉：大部分种类原产于温带南部，如中国中部、日本及地中海、大洋洲等处。为半耐寒花卉。生长期间要求温度为5~8℃(夜间最低温度应在3~5℃之间)。如报春花类、小苍兰类、紫罗兰、山茶花类、瓜叶菊、倒挂金钟类等。这些花卉在华北地区可在冷室或冷床(阳畦)中越冬。当春季晚霜过后，定植于露地或移出室外；在长江以南地区，有些可以完全露地越冬。相反，这类花卉如冬季温度过高，则生长不良。

(2)中温温室花卉：该类花卉大部分种类原产于亚热带及对温度要求不高的热带。生长期间要求温度为8~15℃(夜间最低温度约在8~10℃)。如仙客来、香石竹及天竺葵(*Pelargonium hortorum*)等，这些花卉在华南地区可以露地越冬。

(3)高温温室花卉：该类花卉原产热带，生长期间温度在15℃以上，也可高达30℃左右，不仅不能忍受摄氏零下温度，一些种类当温度低至5~10℃时就会死亡。就一般种类而言，最低温度达10℃时，则生长不良，如变叶木、筒凤梨冬季最低温度为15℃。又如王莲及热带睡莲要求温度更高。这一类花卉在我国广东南部、云南南部、台湾及海南岛可露地栽培。

5.1.3 温度对花卉生长发育的影响

温度直接影响花卉生长发育的每一阶段，从种子或种球的萌发、茎的伸长、叶片的伸展、花芽的分化发育直至开花结实到休眠都与温度有密切而复杂的关系，期间不仅有气温的影响，还有地温与昼夜温差的影响。

不同种或同种而不同品种的花卉其各个生育阶段对温度的要求都不相同。但总体而言，大多数花卉地下部分生育适温较低于地上部分，因为土温相对比气温稳定；但也有些花卉对地温有一定要求，如紫罗兰、金鱼草、金盏菊的一些品种以地温15℃最适宜，对大多数花卉而言通常对气温和地温差的要求不太严格。而地上部分则播种萌芽期要求温度较高，幼苗生长期要求温度稍低，旺盛生长期要求温度高，有利于同化作用和营养的积累，至开花结实期又要求相对较低的温度以利于延长花期和果实的充实。但是有些花卉，在某些生育阶段对温度有特殊的要求，如二年生花卉，幼苗期大多要求必须经过一个低温周期，即30~70天的0~10℃，通过春化阶段以后才能继续进行下一个阶段的发育。具体的低温值和低温期因种或品种而异，另外一些原产温带早春开花的多年生草花和木本花灌木，如鸢尾、芍药、牡丹等在花芽发育、开花前也要求必须通过一定的低温期才能打破休眠、萌芽生长。所以不同种或品种的各个生长发育阶段对温度的要求既有相似的规律性也有各自的特殊性，充分了解其生长发育特性，掌握各个生长发育过程对温度的适应范围是非常重要的。

昼夜温差（DIF）对花卉的株高、开花等生长发育过程也有明显的影响，特别是对植株高度和茎秆的伸长影响更大，有研究证明，昼夜温差越大，茎秆生长就越长，株高增大，如一品红、麝香百合增加 DIF 的差值，就会增加它们的节间长度，当 DIF = 5.5 时，植株达最高；当 DIF = 0 时，株高中等；而当 DIF = -5.5 时，株高最矮。所以确切地说 DIF 即是通过监测昼夜温度差值变化来控制植株高度的概念。在栽培中为使花卉生长迅速，常用增大昼夜温差变化，但要使白天温度调控在该花卉光合作用的最佳温度范围内，而使夜间温度尽量在呼吸作用较弱的温度范围内，以得到较大的差额，使有机物质的积累更多，以加快其生长发育速度。

昼夜温差对花卉的开花数及花朵大小也有一定影响，研究表明，极端昼夜温差（DIF ≤ -5 时）可能引起麝香百合叶片的黄化和卷曲，但当 DIF 差值增加后，上述异常现象很快消失（Erwin 等，1989）；当随着 DIF 变小，麝香百合叶片中的碳水化合物和氮水平也降低，结果引起产后叶片黄化，茎片边缘烧边现象，而一品红的苞片脱落。但有些花卉如葫芦科植物以及一些球根花卉如风信子、郁金香、水仙等对 DIF 无反应。

不同的花卉对昼夜温差的要求不同，根据 Wentt Laurieeand Kpilinger 的研究报道，一些花卉的昼夜最适宜温度要求如表 5-1 所示：

表 5-1　不同花卉对昼夜温度的要求

温　度 种　类	白天最适温度 （℃）	夜间最适温度 （℃）
金鱼草	14 ~ 16	7 ~ 9
心叶藿香蓟	17 ~ 19	12 ~ 14
香豌豆	17 ~ 19	9 ~ 12
非洲紫罗兰	19 ~ 21	23.5 ~ 25.5
翠菊	20 ~ 23	14 ~ 17
月季	21 ~ 24	13.5 ~ 16
彩叶草	23 ~ 24	16 ~ 18
百日草	25 ~ 27	16 ~ 20
矮牵牛	27 ~ 28	15 ~ 17

花卉对昼夜最适温度的要求是其生活中适应温度周期性变化的结果，即季节变化和昼夜变化，这种周期性变温环境对许多花卉的生长发育是有利的，而不同气候型植物，其昼夜的温差也不相同，一般热带植物的昼夜温差为 3 ~ 6℃，温带植物为 5 ~ 7℃，沙漠地区原产的植物，如仙人掌类则为 10℃ 或以上。当然昼夜温差也有一定范围，并非温差愈大愈好，否则对生长也不利。

5.1.3.1　温度对花卉种子萌发的影响

花卉种子萌发与温度关系密切。各种花卉种子发芽所需要的温度有所不同，一般温带起源的花卉种子发芽温度较低，有些温带起源的木本花卉，种子需要低温层积沙藏一定的时间后，才能发芽。而热带和亚热带起源的花卉，种子发芽要求温度较高。常见花卉种子发芽与温度的关系见表5-2。

表5-2　常见花卉种子萌发条件

花卉种类	发芽温度 （℃）	发芽天数 （天）	其他条件
蓍草 *Achillea millefolium*	18～21	4～8	光照
紫花藿香蓟 *Ageratum houstonianum*	24～25	7～10	光照
尾穗苋 *Amaranthus caudatus*	21～24	6～10	覆薄土
冠状银莲花 *Anemone coronaria*	15～18	7～14	覆土
金鱼草 *Antirrhinum majus*	21～24	5～7	光照
落新妇 *Astilbe chinensis*	20～21	11～12	光照
丽格海棠 *Begonia × heimalis*	24～26	7～14	光照
雏菊 *Bellis perennis*	21～24	7～14	光照
羽衣甘蓝 *Brassica oleracea* var. *acephala* f. *tricolor*	18～21	7～11	覆土
金盏菊 *Calendula officinalis*	21	5～10	覆土
翠菊 *Callistephus chinensis*	20～22	5～10	覆土
意大利风铃草 *Campanula isophylla*	20～22	14～20	光照
鸡冠花 *Celosia cristata*	24～25	11～12	覆土
矢车菊 *Centaurea cyanus*	15～18	7～14	覆薄土
愉悦山字草 *Clarkia amoena*	20～22	7～10	覆土
波斯菊 *Cosmos bipinnatus*	21	5～7	覆土
仙客来 *Cyclamen persicum*	15～20	28～42	覆土
大丽花 *Dahlia hybrida*	20～21	3～4	覆土
大花翠雀 *Delphinium grandiflorum*	15～20	8～15	覆土
菊花 *Dendranthema morifolium*	15～21	5～10	光照
石竹 *Dianthus chinensis*	21～24	10～12	覆薄土
毛地黄 *Digitalis purpurea*	18～21	11～12	光照
蓝刺头 *Echinops sphaerocephalus*	18～21	14～21	覆薄土
银边翠 *Euphorbia marginata*	15～20	10～14	覆土
草原龙胆 *Eustoma grandiflora*	20～25	10～15	光照
大花天人菊 *Gaillardia grandiflora*	21～24	5～15	光照
非洲菊 *Gerbera jamesonii*	20～25	7～14	光照

（续）

花卉种类	发芽温度 （℃）	发芽天数 （天）	其他条件
满天星 Gypsophila elegans	21 ~ 22	5 ~ 15	光照或覆土
向日葵 Helianthus annuus	18 ~ 24	2 ~ 7	覆土
凤仙花 Impatiens balsamina	22 ~ 25	13 ~ 15	光照
三色牵牛 Ipomoea tricolor	18 ~ 21	5 ~ 7	覆土
长寿花 Kalanchoe blossfeldiana	21	10 ~ 15	光照
香豌豆 Lathyrus odoratus	18 ~ 21	10 ~ 20	覆土
蛇鞭菊 Liatris spicata	24 ~ 26	21 ~ 28	光照
羽扇豆 Lupinus polyphyllus	21 ~ 24	8 ~ 12	覆土
紫罗兰 Matthiola incana	18 ~ 21	7 ~ 10	覆土
含羞草 Mimosa pudica	26	12 ~ 15	覆土
紫茉莉 Mirabillis jalapa	22	4 ~ 6	覆土
勿忘我 Myosotis sylvatica	20 ~ 22	8 ~ 14	光照
黑种草 Nigella damascena	18 ~ 21	7 ~ 14	光照或覆土
月见草 Oenothera biennis	21 ~ 27	8 ~ 15	光照
罗勒 Ocimum basilicum	21	5 ~ 8	光照或覆土
虞美人 Papaver rhoeas	18 ~ 24	7 ~ 14	光照
瓜叶菊 Senecio cruentus	20 ~ 24	10 ~ 14	光照
矮牵牛 Petunia hybrida	24 ~ 26	10 ~ 15	光照
福禄考 Phlox drummondii	18 ~ 20	12 ~ 14	覆土
桔梗 Platycodon grandiflorus	20 ~ 22	14 ~ 20	光照
欧洲报春花 Primula vulgaris	15 ~ 20	14 ~ 24	光照
花毛茛 Ranunculus asiaticus	15 ~ 17	14 ~ 28	覆土
非洲紫罗兰 Saintpaulia ionantha	21 ~ 24	18 ~ 25	光照
一串红 Salvia splendens	24 ~ 26	12 ~ 14	覆土
佛甲草 Sedum lineare	20 ~ 22	8 ~ 14	光照
银叶菊 Senecio cineraria	22 ~ 24	10 ~ 20	光照
鹤望兰 Strelizia reginae	25	30 ~ 39	覆土
万寿菊 Tagetes erecta	24 ~ 27	2 ~ 3	覆土
铺地百里香 Thymus serpyllum	21	3 ~ 6	覆土
夏堇 Torenia fournier	24 ~ 26	11 ~ 13	光照
美女樱 Verbena hybrida	24 ~ 26	14 ~ 21	覆土
三色堇 Viola tricolor	13 ~ 16	4 ~ 7	覆薄土
百日草 Zinnia elegans	20 ~ 21	7 ~ 10	覆土
虎颜花 Tigridiopalma magnifica	26 ~ 30		光照

5.1.3.2 温度对花芽分化与发育的影响

植物的成花是一个非常复杂的过程，从成花诱导到花原基的形成直至花器官的形成与发育不仅受内在因素影响，而且受外界因素影响，即需要适宜的外界条件，其中温度的高低及日照长短是重要的气候条件。植物的许多发育过程都需要一定温度诱导才能发生，尤其是成花诱导，温度的影响更为明显与深刻。由于原产地气候型的差异，花卉不同种或同种不同品种间花器官的形成对温度要求各不相同，有些需要在高温度条件下进行花芽分化，如一年生花卉、春秋开花的宿根和球根花卉，以及一些木本花木如杜鹃、山茶、梅、樱花、桃等，大多都在 6～8 月份平均气温高达 25℃ 以上条件下进行。如许多原产温带中北部以及各地的高山花卉，它们的花芽分化多要求在20℃ 以下较凉爽气候条件下进行；许多秋播草花如金盏菊、花菱草、飞燕草等以及兰科的卡特兰属、石斛属，木本的一些花灌木如八仙花等都属之，特别是对那些有春化要求的花卉（详见本教材第四章）典型的二年生花卉及早春开花的宿根花卉其成花过程必须经低温诱导才能开花，并且要求必须达到一定的低温值（0～10℃）和低温期（30～50～60 天），否则不能开花或开花品质低下，如暖冬的年份牡丹冬季催花和春天自然开花效果多不佳。相反，低温处理持续时间增加，可以明显促进成花反应。

温度对花芽分化后的发育也有很大影响，荷兰的 Bleaw 等通过研究温度对几种球根花卉花芽发育的影响发现：郁金香、风信子和水仙等花芽发育以高温为最适宜，而花芽分化后的发育初期要求低温，以后温度逐渐升高能起促进作用，低温最适宜值和范围因花卉种类和品种而异，郁金香为 2～9℃，风信子为 9～13℃，水仙为 5～9℃，必需的低温时期为 6～13 周。

5.1.3.3 温度对花芽休眠的影响

温度高低影响植物花芽休眠情况。尽管低温处理虽不是某些植物开花所必需的条件，但低温处理可以打破花芽休眠，如郁金香、风信子等不进行低温处理，可能开花需要较长时间或不开花。郁金香早花品种 'Apeldoorm'、'Paul Richter' 和 'Rose Copland' 等在 9℃ 条件下要分别处理 159 天、128 天和 140 天；风信子低温处理至少需要56～70 天。杜鹃花低温处理超过 6 周，则缩短开花所需要的时间，低温处理 6 周或更长时间，比处理 3 周所开的花多，而且开花整齐。然而，低温处理时间不够，影响球根花卉和木本花卉的花芽发育。

Rees（1973）研究发现，郁金香品种 'Apeldoorm' 用 9℃ 低温处理 150 天期间，用30℃ 高温干扰 1 周、2 周或 3 周，6 周以后所有的花均死亡；在 25℃ 下储藏 3 周，影响开花；在 15℃、20℃ 或 25℃ 下储藏 1 周，开花延迟 0.5～3 天；储藏 2 周，延迟4.5～8 天；储藏 3 周以后，花期延迟 12.5～14.5 天，结果说明高温不会抵消郁金香低温处理的结果，只是延迟开花的时间。

5.1.3.4 温度对花色的影响

温度的高低还会影响花色。如蓝白复色的矮牵牛，蓝色和白色部分的多少受温度的影响，在 30～35℃ 高温下，花呈蓝色或紫色，而在 15℃ 以下呈白色，在 15～30℃时，呈蓝和白的复色花。此外还有月季花、大丽花、菊花等在较低温度下花色浓艳，而在高温下则花色暗淡。喜高温的花卉在高温下花朵色彩艳丽，如荷花、半支莲、矮牵牛等，而喜冷凉的花卉，如遇30℃以上的高温则花朵变小，花色黯淡，如虞美人、三色堇、金鱼草、菊花等。

多数花卉开花时如遇气温较高、阳光充足的条件，则花香浓郁，不耐高温的花卉遇高温时香味变淡。这是由于参与各种芳香油形成的酶类的活性与温度有关。花期遇气温高于适温时，花朵提早脱落，同时，高温干旱条件下，花朵香味持续时间也缩短。

5.2　光照

光照是影响花卉生长发育重要的环境因子之一，花卉利用光能，通过光合作用为生长发育提供物质和能量，影响花卉的形态建成和品质。光照通过光照强度、光照长度和光质来调控花卉的生长发育。

5.2.1　光照强度对花卉生长发育的影响

5.2.1.1　光饱和点(LSP)和光补偿点(LCP)

植物对光照强度的要求，通常是通过光补偿点和光饱和点来表示的。光补偿点又称收支平衡点，即光合作用所产生的碳水化合物与呼吸作用所消耗的碳水化合物达到动态平衡时的光照强度。在此情况下，植物不会积累干物质，其净光合作用等于零，这时的光照强度已是该植物进行光合作用获取能量所需的最低限度，再低于此限度的光照强度，植物便处于饥饿状态，生长不良。在光补偿点以上，随着光照的增强光合强度逐渐提高，并超过呼吸强度所消耗的碳水化合物，开始积累干物质，但到达一定值后，再增加光照强度，光合强度却不会再增加，因为此时植物接受的光能与其呼吸利用的相等，达到饱和状态，即为光饱和点，此时多余的光能无法被植物利用或者对植物引起伤害。强光能够导致叶片黄化、抑制其高生长。不同花卉的光饱和点存在很大差异，如非洲紫罗兰(*Saintpaulia ionantha*)和蕨类植物的低，而仙人掌则高。同光饱和点一样，不同花卉的光补偿点也不同，如观叶盆栽植物的光补偿点低。

花卉的光饱和点和光补偿点随栽培环境的不同而发生改变。观叶盆栽植物能在接近光饱和点的高光照下栽培，促进其快速生长，但出售上市之前需要在低光照条件下驯化，以适宜客户室内低水平的光照条件。有些花卉如一品红驯化较难，而垂叶榕(*Ficus benjamina*)则容易驯化。但改变花卉光照条件时，不适宜的则出现叶片黄化或落叶。低光照条件下，叶片变薄变大，角质层也变薄，水平排列的栅栏组织减少。如果光照条件变化剧烈，植物不能适应，则导致其逐渐退化直至死亡。一般驯化盆栽植物仅适应观叶植物。

5.2.1.2　不同花卉对光照强度的要求

光照强度常依地理位置、地势高低以及云量、雨量的不同而变化，其变化是有规律性的：随纬度的增加而减弱，随海拔的升高而增强。一年之中以夏季光照最强，冬季光照最弱；一天之中以中午光照最强，早晚光照最弱。光照强度不同，不仅直接影响光合作用的强度，而且还影响到一系列形态和解剖上的变化，如叶片的大小和厚薄；茎的粗细、节间的长短；叶肉结构以及花色浓淡等。另外，不同的花卉种类对光照强度的反应也不一样，多数露地草花，在光照充足的条件下，植株生长健壮，着花多，花也大；而有些花卉，如玉簪、铃兰、万年青等在光照充足的条件下生长极为不良，在半荫条件下始能健康生长，因此常依花卉对光照强度要求的不同分为以下几类：

（1）阳性花卉：该类花卉必须在完全的光照下生长，不能忍受若干蔽荫，否则生长不良。原产于热带及温带平原上，高原南坡上以及高山阳面岩石的花卉均为阳性花卉，如多数露地1~2年生花卉及宿根花卉、仙人掌科、景天科和番杏科等多浆植物。

（2）阴性花卉：该类花卉要求在适度荫蔽下方能生长良好，不能忍受强烈的直射光线，生长期间一般要求有50%~80%蔽荫度的环境条件。它们多生于热带雨林下或分布于林下及阴坡，如蕨类、兰科、苦苣苔科、凤梨科、姜科、天南星科以及秋海棠科等植物都为阴性花卉。许多观叶植物也多属此。

（3）中性花卉：该类花卉对于光照强度的要求介于上述二者之间，一般喜欢阳光充足，但在微荫下生长也良好，如萱草类（*Hemerocallis*）、耧斗莱类（*Aquilegia*）、桔梗（*Platycodon grandiflorus*）、白芨（*Bletilla striata*）等。

光照的强弱影响花卉生长、开花。一般光照较弱时，推迟开花，如月季品种'Baccara'生长在21℃、用12000lx连续光照，开花比在1500lx或3000lx光照强度下早约3周。杜鹃花品种在其花蕾早期发育阶段增加光照强度，明显加速其发育速度。

Cockshull和Hughes（1972）研究报道，菊花品种'Bright Golden Anne'用光照强度为31J/cm^2·天照射生长点，结果其花芽发端比用光照强度为150J/cm^2·天的晚2~3周。光照强弱对花色也有影响，紫红色的花是由于花青素的存在而形成，花青素需要强光照条件下才能合成。

5.2.2　光质对花卉生长发育的影响

光质亦称光的组成，即指具有不同波长的太阳光谱的成分。根据测定，太阳光的波长范围主要在150~4000nm之间，其中波长为380~770nm之间的光为可见光（即红、橙、黄、绿、青、蓝、紫），其他波长的光为不可见光。可见光是太阳辐射光谱中具有生理活性的波段，称为光合有效辐射，占全部太阳光辐射的52%，不可见光中的红外线占43%，紫外线占5%。

不同波长的光对植物生长发育的作用不尽相同，植物同化作用吸收最多的是红光和橙光，其次为黄光，而蓝光和紫光仅为红光的14%。研究发现：红光和橙光有利于碳水化合物的合成，加速长日照植物的发育，延迟短日照植物的发育，而短波的蓝光、紫光则能加速短日照植物的发育，促进蛋白质和有机酸的合成。此外蓝光、紫光和紫外线可以抑制茎的伸长，促进花青素的形成。紫外线还可以促进发芽、抑制徒长。最新研究还发现：紫外线（uV）波长不同，其作用也不相同，紫外线β（280~320nm）明显抑制茎的伸长，而紫外线α（320~400nm）则促进茎的伸长。紫外线β还可以增强植物的抗逆性，提高栽培应用时抗强光或弱光伤害的能力；明显提高叶片花青素合成能力，可以改变某花卉的叶片颜色，也使花朵颜色更鲜艳。但是应注意使用可透过紫外线的覆盖材料的环境中会增加一些植物发生病虫害的几率。

远红外波长的光能促进植物的节间增长，叶片变大，抑制植株分枝，使叶色和花色变淡，而红光可使植株节间变短，叶色变深多分枝。

总之，一般认为短波光可以促进植物分蘖，抑制伸长，促进多发侧枝和芽的分化；长波光可促进种子萌发和植株高生长；极短波促进花青素和其他色素的形成。在太阳辐射的直射光中，37%为红光和黄光，而在散射光中占50% ~ 60%，所以散射光对半阴性花卉及弱光下生长的花卉效用大于直射光。但是直射光中所含紫外线比例大于散射光，这对防止徒长使植株矮化的效用较大。一般高山上以及热带地区因紫外线较强，能促进花青素合成，故而色彩比平地、温带地区艳丽。

掌握光质的特性，合理运用于花卉的栽培及园林应用中，可以提高观赏品质和景观效果。如通常人工照明补光时应注意：白炽光以发远红外光为主，荧光灯以发红光为主；太阳光通过喷洒过硫酸铜溶液的叶片，能够提高红光/远红外光的比例，缩短植株节间长度。通过滤膜改变光照中红光/远红外光比例，能调控植株高度。

5.2.3　光周期(Photoperiodism)

光周期就是植物对黑夜长短的反应，能够调控植物的多种生理反应，如花芽发育、休眠、种子发芽以及生长习性等。Masuda等(2006)研究了环境因素对莲花休眠的影响，发现短日照是诱导该类植物休眠的主要环境条件。长日照加速根茎的伸长和上挺叶片的产生，而短日照促进根茎增大、抑制上挺叶片的产生。Asahira等(1968)研究唐菖蒲仔球形成时，发现8 ~ 10小时的短日照促进仔球数量的增加。Heide(2001)研究光周期对紫景天(*Sedum telephium*)休眠的影响，证明短日照诱导该植物生长停止、形成冬芽；而长日照立即解除休眠，恢复生长，解除休眠的光周期大约为15小时。

表5-3　常见花卉的光周期

花卉种类	光周期类型
蓍草 *Achillea filipendulina* 'Cloth of Gold'	专性长日照植物
蓍草 *Achillea filipendulina* 'Gold Plate'	兼性长日照植物
紫花藿香蓟 *Ageratum houstonianum*	兼性长日照植物
六出花 *Alstroemeria hybrida*	兼性长日照植物
尾穗苋 *Amaranthus caudatus*	兼性短日照植物
冠状银莲花 *Anemone coronaria*	中性至专性长日照植物
火鹤类 *Anthurium* spp.	中性植物
金鱼草 *Antirrhinum majus*	兼性长日照植物
耧斗菜类 *Aquilegia* spp.	中性至兼性短日照植物
荷兰菊 *Aster novi-belgii*	兼性长日照转为兼性短日照植物
落新妇 *Astilbe chinensis*	中性至兼性长日照植物
丽格海棠 *Begonia × heimalis*	专性至兼性短日照植物

（续）

花卉种类	光周期类型
金盏菊 Calendula officinalis	专性至兼性长日照植物
翠菊 Callistephus chinensis	专性至兼性长日照转为照短日植物
意大利风铃草 Campanula isophylla	专性至兼性长日照植物
鸡冠花 Celosia cristata	兼性至专性短日照植物
矢车菊 Centaurea cyanus 'Blue Boy'	专性长日照植物
愉悦山字草 Clarkia amoena	中性至专性长日照植物
波斯菊 Cosmos bipinnatus	兼性至专性短日照植物
仙客来 Cyclamen persicum	中性植物
大丽花 Dahlia hybrida	兼性短日照植物
菊花 Dendranthema morifolium	专性至兼性短日照植物
石竹类 Dianthus spp.	中性至兼性长日照植物
球花蓝刺头 Echinops sphaerocephalus	兼性长日照植物
银边翠 Euphorbia marginata	专性短日照植物
草原龙胆 Eustoma grandiflorum	中性至兼性长日照植物
香雪兰 Freesia hybrida	中性植物
大花天人菊 Gaillardia grandiflora	专性长日照植物
非洲菊 Gerbera jamesonii	兼性短日照植物
满天星 Gypsophila elegans	兼性至专性长日照植物
向日葵 Helianthus annuus	兼性短日照植物
玉簪类 Hosta spp.	专性长日照植物
凤仙花 Impatiens balsamina	专性短日照植物
三色牵牛花 Ipomoea tricolor	兼性短日照植物
长寿花 Kalanchoe blossfeldiana	专性短日照植物
香豌豆 Lathyrus odoratus	专性长日照植物
蛇鞭菊 Liatris spicata	兼性长日照植物
麝香百合 Lilium longiflorum	兼性长日照植物
紫罗兰 Matthiola incana	兼性长日照植物
紫茉莉 Mirabillis jalapa	中性至专性长日照植物
黑种草 Nigella damascena	专性长日照植物
虞美人 Papaver rhoeas	中性植物
天竺葵 Pelargonium spp.	中性植物
矮牵牛 Petunia hybrida	兼性短日至专性长日照植物
桔梗 Platycodon grandiflorus	中性植物
晚香玉 Polianthes tuberosa	中性植物
报春花 Primula malacoides	中性至专性短日照植物

（续）

花卉种类	光周期类型
杜鹃花 *Rhododendron hybrids*	兼性短日照植物
月季 *Rosa hybrids*	中性至兼性长日照植物
非洲紫罗兰 *Saintpaulia ionantha*	中性植物
一串红 *Salvia splendens*	中性至兼性长日照或兼性短日照植物
虎耳草 *Saxifraga stolonifera*	兼性长日照植物
一枝黄花 *Solidago canadensis*	专性短日照植物
鹤望兰 *Strelizia reginae*	中性植物
万寿菊 *Tagetes erecta*	中性至专性短日照植物
美女樱 *Verbena hybrida*	兼性长日照植物
马蹄莲 *Zantedeschia aethiopica*	中性植物

＊参考 Dole and Wilkins "Floricuture：Principles and Species"（第二版，Prentice Hall，2004）。

因此，光周期是花卉栽培品质与产量提高的重要环境条件之一。

5.2.4　花卉的光合碳同化途径

植物的光合作用是植物碳积累、生长发育和生物量积累的重要源头。研究发现高等植物的光合碳同化途径（固定 CO_2 的方法）主要有三种，即 C3 途径（亦称卡尔文循环）、C4 途径和景天酸代谢途径（即 CAM 途径），相应的植物因 CO_2 固定的最初产物的不同而分别称之为 C3 植物（CO_2 固定的最初产物为 3 碳化合物—3-磷酸甘油酸）和 C4 植物（CO_2 固定的最初产物为 4 碳二羧酸）及 CAM 植物（类似耐旱的景天科肉质植物固定 CO_2 的方法，即夜间开放气孔固定 CO_2，白天气孔关闭，释放 CO_2，既减少水分丢失又能进行光合作用；在水分充足条件下可转变为白天开放气孔夜间关闭气孔的 C3 类，进行正常的光合作用）。

高等植物中大多数为 C3 植物，而 C4 植物和 CAM 植物是由 C3 植物进化而来的（Sage，2004）。三种类型的植物在某些光合特征和生理特征上各有不同：C3 植物多为典型的温带植物，只存在 C3 途径，白天气孔张开，光合速率较低（$15 \sim 35mg\ CO_2 \cdot dm^{-2} \cdot h^{-1}$），光合最适温度为 $15 \sim 25℃$，CO_2 补偿点高（$30 \sim 70/mg \cdot L^{-1}$），光呼吸也高。C4 植物为典型热带或亚热带植物，CO_2 固定途径在不同空间分别进行 C4 途径和 C3 途径；白天气孔开放，光合速率高（$40 \sim 80mg\ CO_2 \cdot dm^{-2} \cdot h^{-1}$），光合最适温度高（$30 \sim 47℃$），而 CO_2 补偿点 <10，光呼吸低。CAM 植物为典型的干旱地区植物，CO_2 固定途径是在不同时间分别进行 CAM 途径和 C3 途径，晚上气孔张开，光合速率低（$1 \sim 4mg\ CO_2 \cdot dm^{-2} \cdot h^{-1}$），光合最适温度 $35℃$，CO_2 补偿点暗中 <5；光呼吸降低。

由上述特征中可以得知：C4 植物和 CAM 植物具有很强的耐干旱性，特别是 C4 植物比 C3 植物更耐严酷的高温和干旱环境，同时 C4 植物表现出高光效能力，是一种高光效植物，在强光、高温和干旱气候条件下，C4 植物的光合速率远高于 C3 植物。这是作物高产，观赏植物高品质的保证。CAM 植物对于净化空气起到积极作用，所以在全球气候变暖，水资源严重匮乏，人口增多，可耕地逐渐减少的情况下，合理开发利用 C4 植物和 CAM 植物，改善生态环境，提高作物产量、提高观赏植物的观赏品质都有重要意义。

花卉中已知有不少 C4 和 CAM 的种类，据调查报道（龚春梅等，2008），单子叶植物中 C4 植物约占 C4 植物总数的 80%，其中百合科的吊兰、凤梨科的细叶松萝凤梨，以及兰科的卡特兰属、蝴蝶兰属、石斛兰属、兜兰属、兰属、文心兰属、万带兰属等之中，都有不少为 CAM 植物，它们既具有极高观赏价值又具有良好高效的生态价值，又据报道：藜科的梭梭（*Haloxylon ammodendron*）和白梭梭（*H. persicum*）以及蓼科的沙拐枣（*Calligonum mongolicum*）等都是 C4 荒漠植物，具有极强的抗风沙抗干旱能力，是适宜荒漠生境和固沙的优良 C4 植物。因地制宜的开发生产和应用，特别是在高温、强光、干旱、盐碱地区的绿化美化应用具有积极意义。

双子叶植物中景天科、仙人掌科、大戟科和萝藦科中也有不少 CAM 植物，加强开发生产，作为室内环境的美化装饰材料，对改善居室环境，增进人们健康有积极作用。

5.3　水分

水分是植物体的重要组成部分，约占植物体重的 70% ~ 90%，水分也是植物生命活动的必要条件。植物生长发育所需要的元素除 C 和少量的 O_2 外，都来自含在水中的矿物质，它们被根毛吸收后供给植物体的生长发育；水分还是植物体内一系列生理生化反应的必要元素，维持一定的膨压，降低体温以及参与光合作用、呼吸作用和蒸腾作用，各种酶的活性都离不开水的存在，所以水分直接影响植物的生存、分布与生长发育。缺少水分，植物无法生存或不能正常发育，缺少水分会使植物的细胞变小，细胞壁增厚，导致节间变短，株高降低，叶片黄化，叶色变浅，下部的叶、花、果脱落，降低光合作用与 N 素的吸收等，进而影响产量、品质和景观效果。如果严重缺水，植物出现永久萎蔫时，植物组织便发生不可恢复的破坏而死亡。永久萎蔫即指浇水后，萎蔫的植物仍然不能恢复原状的现象，出现此现象时即称为植物的永久萎蔫点，故而对于水分的调控必须掌握在永久萎蔫点出现之前，过多的水分也会造成一些植物的徒长、烂根、抑制花芽分化、落蕾等，所以维持植物对水分的正常需求，才能保障其正常的生长发育。

5.3.1　不同花卉对水量的需求

环境中的水分主要是通过空气湿度和土壤水分影响花卉的生长发育，而不同的花卉种类对于空气湿度和土壤水分的需求量有极大差别，这与其原产地的雨量及分布状况有密切关系。为了适应环境水分状况，分布在不同原产地的花卉都在形态上和生理机能上形成了各自独特的特点，如原产于热带雨林中的花卉，尤其是附生的热带兰类，它们主要是通过大量气生根等吸收空气中的水分和养分，还有近来风靡市场的空气凤梨（细叶松蔓凤梨）主要是通过其叶片上的鳞片吸收空气中的水分和养分，所以这类花卉对空气湿度的需求和反应十分敏感。

　　而长期生存在酷热干旱、风沙和贫瘠等荒漠生态环境下的一些花卉，如热带、亚热带荒漠中的仙人掌类或大戟科的多肉植物以及温带荒漠中的沙拐枣、梭梭等都以其特化成肉质的或硬刺状的叶或枝来适应气候的极端干旱，日照强烈，蒸发量远远超过降水量的严酷生境条件，具有很强的吸水能力和耐旱性。但也有些花卉对土壤水分有特殊的需要，它们长期生活在土壤水分饱和的沼泽地或水域中，如芦苇、千屈菜、慈姑等，由此可知不同花卉种类对水分的需求大不相同，也依此可将花卉分为如下几类：

5.3.1.1　旱生花卉

　　该类花卉对环境中水分的需求尤其是对空气湿度要求相对较少或具有较强的耐受力及适应性，如前所述原产热带、亚热带及温带、寒冷干旱山地气候中的荒漠植物都属之，其中常见并具有较高观赏价值的花卉有仙人掌科、大戟科、景天科的许多多肉种类，如光棍树（*Euphorbia tirucalli*）、金琥（*Echinocactus grusonii*）、翁柱（*Cephalocereus senilis*）、仙人球（*Echinopsis tubiflora*）、星美人（*Pachyphytum oviferum*）、大叶落地生根（*Kalanchoe daigremontiana*）等，还有藜科的梭梭、猪毛菜（*Salsola*）、蓼科的沙拐枣、蓝雪科的补血草属（*Limonium*）、百合科野生的郁金香属（*Tulipa*）、顶冰花属（*Gagea*）和十字花科的庭荠属（*Alyssum*）的一些种，为了适应干旱环境，这类花卉在形态结构和生理机制上都有着共同的或近似的特点，即叶面缩小退化的绿色嫩枝或茎进行光合作用；叶或枝具发达的保护组织如角质层、蜡层茸毛、特殊的气孔构造与开闭方式等；叶或枝特化为肉质、多汁的组织，能贮存大量水分，并具有很低的蒸腾率。有研究表明，旱生植物的解剖构造中含有特化的晶异细胞（主要存在于栅栏组织、贮水组织和维管束中），它们具有较高的渗透势和较强的吸水能力，能起到提高抗旱性的作用。

5.3.1.2　湿生花卉

　　即泛指生活在潮湿、荫蔽、空气湿度大的环境中，或生活在地下水位高、土壤过度潮湿，或积水，或有浅薄水层并带有泥炭环境中的一类花卉，前者多为原产热带雨林中的许多藤本和附生植物，常见的有兰科、凤梨科、棕榈科、胡椒科和天南星科以及蕨类和苔藓类植物。它们在生长发育中对空气湿度要求大，喜温暖，而耐寒、耐旱性弱，一般在形态结构和生理机制上没有防止蒸腾和扩大吸水的构造，其细胞液渗透压不高。在我国北方多用以温室盆栽，或在无霜期作为露地植物景观材料，保持较高空气湿度是调节水分的主要问题。

　　后者主要是分布在温带地区和高寒地区多水和过湿条件下的沼生植物，东亚热带和热带地区仅有零星分布，而我国的沼泽植被分布十分广泛，以青藏高原和东北三江平原以及红军长征经过的若尔盖高原"草地"最为著名。沼泽植被中有许多可供观赏的种类，尤以草本花卉为多，主要见于莎草科、禾本科、毛茛科、泽泻科、蓼科、菊科和天南星科等，如芦苇、香蒲、石菖蒲、泽泻、垂头菊属（*Cremanthodium*）、驴蹄草（*Caltha palustris*）、苔草类（*Carex*）、燕子花（*Iris laevigata*）等。它们皆着根于泥中，并且在根、茎和叶内多有通气组织的气腔与外界相通，吸收氧气供给根系需要。

5.3.1.3 水生花卉

即指分布和生活在各种水域、池塘、湖泊、溪沟等中的花卉。由于长期适应和生活在水域环境的结果，水生花卉形成了与陆生花卉不同的形态特征和生态习性，它们植株部分或全部沉没水中，其根或茎一般都具有较发达的通气组织，通常在水面以上的叶片大，在水中的叶片小，常呈带状或丝状；叶片亦薄，表皮不发达，根系不发达。它们主要从水内或水底淤泥中吸收营养物质，在水中或水上进行光合作用和呼吸作用，特别是沉水花卉，其器官形态和构造都是典型水生性的，叶片构造中没有栅栏组织和海绵组织的分化，细胞间隙大，无气孔，机械组织不发达，全部细胞能进行光合作用。叶片多呈条带状、丝状或线状，且叶片形小质感柔软，这些形态特征皆可减少和避免水流引起的机械阻力和损伤，以利其在水中生活。

由于水域大小、水位深浅、水底基质等的不同，水生花卉的生活型也不相同，可分为挺水花卉、浮水花卉和沉水花卉三种类型（详见各论）。

5.3.1.4 中生花卉

这是指对环境中水分要求介于旱生与湿生花卉之间的一类花卉，绝大多数花卉属于该类型，它们都具有较发达的根系与输导系统，叶片表皮有肉质层，有较整齐的栅栏组织和海绵组织，细胞渗透压不高；叶片内也无完整而发达的通气系统，因此它们既不能忍受过干和过湿的环境条件，但因种类不同，对于干、湿的忍受程度适应性也各不相同，凡根系分生能力强且根系较深的如许多宿根花卉，其抗旱能力强，而地下部分或根或茎肥厚肉质者如大丽花、芍药和许多球根花卉，耐湿性差、怕土壤积水，通常都喜欢高燥通风良好和排水通畅的环境，一二年生花卉根系较细弱，耐旱性亦不强。

5.3.2 同一种花卉在不同生长发育期对水分的要求

同一种花卉在不同的生长发育时期对水分的需求也不相同，对空气湿度而言，一般营养生长时期，要求空气湿度较高，开花期要求较低，结实期要求空气干燥为宜。对于土壤水分而言，一般种子萌发时需水较多，以便浸透种皮，利于胚根伸出并供给种胚必要的水分。幼苗时期因植株弱小，根系亦不强壮，在土壤基质中分布较浅、抗旱力弱，必须经常保持土壤的湿润。到成长的旺盛时期，抗旱能力相对幼年时期要强，需水量也相对要少，但仍应当保持有充足的水分供应，以保证旺盛生长和生理代谢活动的顺利进行，而生殖时期则需水较少，适当控制土壤水分，可促进干物质碳水化合物从茎叶向地下部分运转与分配。

水分对花卉的花芽分化与花色显现都有明显影响，一般情况下适当控制水分供应可促进花芽分化，梅花的传统"扣水"法即是控制浇水使顶梢和叶停止生长而促使转向花芽分化，水仙、风信子、百合等球根用高温（$30 \sim 35℃$）处理，使其脱水以促进提早花芽分化。

花色与水分关系十分密切，细胞在适当含水量下才能呈现应有的色彩，水分充足时，花色正常，缺水时色素形成较多，花色变浓而暗，这在蔷薇和菊花中表现很明显。

5.3.3　水质对花卉生长发育的影响

水质中可溶性盐的种类和多少以及酸碱度的高低对花卉生长发育具有明显影响，水中含有多种可溶性盐，主要阳离子有 Ca^{2+}、Mg^{2+}、Na^+、K^+，主要阴离子有 CO_3^{2-}、HCO_3^-、SO_4^{2-}、NO_3^- 等，这些可溶性总盐量和主要成分是评价水质优劣和是否利于花卉生长发育的重要指标。长期使用高含盐量的水浇花，会造成一些盐离子在土壤中积累而抑制花卉的生长，甚至在湿润情况下引起植株（生理）萎蔫、叶片坏死，降低幼苗和插穗生根能力。土壤中盐离子的积累，还影响土壤酸碱度，进而影响土壤养分的有效性和根系的营养吸收。水中可溶性盐含量以电导率 EC 值来衡量。而 EC 值随温度而变化，标准 EC 值是在 25℃ 条件下用 EC 仪测得的。浇花用水 EC 值小于 1.0mS/cm 为好。

水的酸碱度即 pH 值过高过低，都影响花卉根系对养分的吸收，大多数花卉适宜 pH 值为 6~7 的水，若 pH 值过高，可以加入各种酸如硝酸、磷酸或硫酸、柠檬酸、醋酸等进行调节，使水酸化。

通常使用清洁的河水、池塘水和回收雨水浇花比较好，使用自来水浇花，尽量先晾水，使 CO_2 挥发，并平衡水温后再浇对花卉生长有利。

有关灌溉水中允许的 EC 值、pH 值及离子浓度见表5-4。

表5-4　高质量灌灌水允许的电导率及盐分浓度（W. R. Agro et al.，1997）

特性	允许水平	特性	允许水平	特性	允许水平
电导率（EC）	小于 0.5dS/m	酸碱度（pH）	5.0~7.0	碱度	40~100 mg/L
氨（NH₄）	小于 5mg/L	硝酸（NO₃）	小于 5 mg/L	磷（P）	小于 5 mg/L
钾（K）	小于 10 mg/L	钙（Ca）	小于 120 mg/L	硫酸（SO₄）	小于 240 mg/L
镁（Mg）	小于 24 mg/L	锰（Mn）	小于 2 mg/L	铁（Fe）	小于 5 mg/L
硼（B）	小于 0.8 mg/L	铜（Cu）	小于 0.2 mg/L	锌（Zn）	小于 5 mg/L
铝（Al）	小于 5 mg/L	钼（Mo）	小于 0.02 mg/L	纳（Na）	小于 50 mg/L
纳吸收率（SAR）	小于 4	氯（Cl）	小于 40 mg/L	氟（F）	小于 1 mg/L

5.4　土壤与栽培基质

土壤和栽培基质是一切植物生存的主要基地，花卉也不例外，土壤和栽培基质不仅固定花卉的根系，支撑植株，更重要的是提供花卉生长发育所需要的空气、水分和营养元素。所以土壤和栽培基质的理化性质、肥力状况等对花卉的分布、生存具有重要意义，特别是土壤的理化性质对室外露地生长和应用的花卉更为至关重要。

5.4.1　土壤对花卉的影响

土壤主要是通过土壤质地、土壤酸碱度、土壤有机质、土壤微生物以及土壤根际环境等主要性状来影响花卉的生长与发育。由于土壤种类繁多，它们的理化性质、肥力状况和微生物种类与活动各不相同，从而形成了花卉地下部分多种多样的生活环境。

　　衡量一种土壤的好坏，选择适合花卉生活的土壤地块，都必须对上述土壤主要性状进行测定分析。

5.4.1.1　土壤主要性状对花卉的影响

　　（1）土壤质地：土壤矿物质是土壤质地组成的最基本物质，它是由岩石风化后形成的矿物颗粒，土壤中这些矿物颗粒含量不同，大小不同，因而形成不同的土壤质地类别，通常可分为如下三类：

　　①沙土类：土壤颗粒间隙大，土壤密度小，通透性强，排水良好，但保水性差，土温易增易降，昼夜温差大；有机质含量低，肥力强但肥效短。砂土类在花卉栽培应用中主要用于改良黏土或配置混合培养土成分，也常用于扦插繁殖、幼苗栽植以及球根花卉和耐干旱多浆植物的土壤改良。

　　②黏土类：土壤颗粒间隙小，土壤密度大；通透性差，排水不良但保水性强；有机质含量高；保肥性强且肥力长；土温昼夜温差小，尤早春土温上升慢对幼苗不利。该类土壤一般不适于花卉的栽培，除适于少数喜黏质土的种类外，主要用于配制或改良其他土壤的成分，多不单独使用。

　　③壤土类：性状介于上述两者之间，颗粒间隙居中；通透性好，排水亦好，保水保肥力强，有机质含量高，土温比较稳定，对花卉生长发育有利，适宜大多数花卉的栽培和应用。

　　（2）土壤有机质：土壤有机质即指土壤中以各种形式存在的含 C（碳）有机化合物，是土壤养分的主要来源（由动植物残体和施入的各种有机肥料等而形成），它们在土壤微生物作用下，分解释放出花卉生长所需的多种大量和微量元素，所以有机质含量的高低是衡量土壤肥力大小的重要标志。土壤有机质按分解程度不同，可有 3 种存在状态，即新鲜有机质、半分解有机质和腐殖质。其中腐殖质是新鲜有机质经过微生物分解转化再生成的黑色胶体物质，它是土壤有机质的重要组成部分，是土壤养分的主要来源，对土壤的理化和生理学性质都有重要影响。腐殖质是多种有机化合物的混合物，其主要组成元素为 C、H、O_2、N、S、P 等，其中以胡敏酸（腐殖质 humic acid）和富里酸为主要成分。

　　土壤有机质对土壤肥力和花卉营养起有重要作用，不仅提供植物体所需的各种养分，而且可改善营养条件；有机质分解过程中产生的各种有机酸，能分解岩石、矿物以促进矿物中养分的释放；能提高土温、改善土壤热状况；土壤腐殖质是良好的胶结剂，可促进土壤团粒结构的形成，并且土壤腐殖质还是一种良好的有机胶体，有巨大的吸收代换能力与缓冲性能，对调节土壤的保肥性和改善土壤酸碱性都起重要作用。所以有机质含量高的土壤不仅肥力充分而且土壤理化性质高，是理想的花卉栽培和应用土壤。

　　（3）土壤微生物：土壤中有大量的多种多样的微生物，如根瘤菌、菌根真菌、链霉菌、溶磷菌、自生固氮菌以及许多细菌、黑霉、病原菌等，它们最易大量聚集在根际环境中，形成复杂的根际群落，在该区域内微生物分解的有效养分是植物根系能直接吸收的实际养分。有研究表明，微生物具有双重作用，可划分为有益微生物和有害微生物。它们都直接或间接地促进或抑制根的营养吸收和生长。所以保护和创造良好的根际环境对花卉生长发育有重要意义。

土壤微生物对土壤的理化与生物状态及对植物根系形态结构、生理功能等都有一定的影响，特别是对土壤肥力的好坏起非常重要的作用，土壤微生物可在土壤中增加与分解有机质，合成土壤腐殖质，释放养分，促进氮素循环和增加土壤中氮素，影响土壤酸碱度等，从而影响许多营养元素尤其是一些微量元素，如 Fe、Mn、Zn 的存在状态，进一步影响花卉的生长。

近年来，世界各国都对菌根(即植物根系与真菌的共生体，植物为真菌提供碳源，真菌从土壤中吸取营养供给植物)的研究与应用十分重视，更看重其在持续发展农业和自然生态中所具有的重要应用价值。尤对自然界和农业生态系统中分布最普遍最重要的内在丛枝菌根(简称 AM)的研究卓有成效。它能以不同方式或途径影响植物的许多代谢过程，不仅对植物的生长发育、营养状况、抗逆性以及产量和品质等都具有重要作用，而且在一定程度上改良土壤结构、减轻环境污染，是解决现代农业发展中的一系列资源、环境、生态等问题的一种有效的生物手段，成为近年来生物界学科研究的热点，成为推动农、林、园艺等发展的一种新方法。

AM 真菌是世界性广泛分布在土壤中的一类真菌，其寄主植物涉及也相当广泛，在很多野生植物和栽培作物中都有发现，AM 真菌能够改善植物的矿质营养，被誉为"生物肥料"，还能显著增加植物对土壤中 P、Zn、Cu 的吸收，对 N、K、Mg、S、Mn 的吸收也有一定作用，能够改善根际微域环境，促进微生物数量增加，提高酶活性，为植物生长提供一个有益环境。AM 真菌还是土传病源物的拮抗物，尤在抗线虫病害的作用十分明显，植物在接种 AM 真菌后能提高苗木移栽成活率，促进生长发育，提前开花，这在非洲菊、月季、牡丹、矮牵牛、非洲紫罗兰及南洋杉等多种植物中得到证实。

因此，广泛开发各种菌剂作为"生物肥料"和"生物防治剂"，积极应用于现代花卉业生产中具有重要意义和广阔前景。

(4)土壤酸碱度：土壤酸碱度对花卉的生长发育有密切关系，由于酸碱度与土壤理化性质和微生物活动有关，所以土壤有机质和矿质元素的分解和利用，也与土壤酸碱度紧密相关。土壤反应有酸性、中性和碱性三种情况，过强的酸性或碱性对花卉生长都不利，甚至无法适应而死亡。各种花卉对土壤酸碱度的适应力有较大差异。当前栽培的花卉种类来自世界各地，因此对土壤反应要求不一，大多数露地花卉要求中性土壤，仅有少数花卉可以适应强酸性(pH4.5~5.5)或碱性(pH7.5~8.0)土壤。温室花卉几乎全部种类都要求酸性或弱酸性土壤，各种花卉对土壤酸碱度的要求如表5-5：

表 5-5　花卉最适土壤酸碱度表（pH 值）

花卉名称		适宜 pH 值
藿香蓟	*Ageratum conyzoides*	5.0～6.0
金鱼草	*Antirrhinum majus*	6.0～7.0
香豌豆	*Lathyrus odoratus*	6.5～7.5
金盏花	*Calandula officinalis*	6.5～7.5
桂竹香	*Cheiranthus cheiri*	5.5～7.0
紫罗兰	*Matthiola incana*	5.5～7.5
雏菊	*Bellis perennis*	5.5～7.0
勿忘草	*Myosotis silvatica*	6.5～7.5
三色堇	*Viola tricolor*	6.3～7.3
石竹	*Dianthus chinensis*	7.0～8.0
紫菀	*Aster novi-belgii*	6.5～7.5
香堇	*Viola odorata*	7.0～8.0
野菊	*Dendranthema indica*	5.5～6.5
风信子	*Hyacinthus orientalis*	6.5～7.5
百合属	*Lilium*	5.0～6.0
水仙	*Narcissus tazetta* var. *chinensis*	6.5～7.5
郁金香	*Tulipa gesneriana*	6.5～7.5
美人蕉	*Canna indica*	6.0～7.0
仙客来	*Cyclamen persicum*	5.5～6.5
孤挺花	*Hippeastrum vittatum*	5.0～6.0
大岩桐	*Sinningia speciosa*	5.0～6.5
文竹	*Asparagus setaceus*	6.0～7.0
四季报春	*Primula obconica*	6.5～7.0
紫鸭跖草	*Setcreasea purpurea*	4.0～5.0
倒挂金钟	*Fuchsia hybrida*	5.5～6.5
蟆叶秋海棠	*Begonia rex*	6.3～7.0
蹄纹天竺葵	*Pelargonium zonale*	5.0～7.0
盾叶天竺葵	*P. peltatum*	5.5～7.0
八仙花	*Hydrangea macrophylla*	4.0～4.5
兰科植物	Orchidaceae	4.5～5.0
凤梨科植物	Bromeliaceae	4.0
蕨类植物	Filices	4.5～5.5
仙人掌科	Cactaceae	5.0～6.0
棕榈科植物	Palmae	5.0～6.3

　　土壤酸碱度对某些花卉的花色变化有重要影响，八仙花（*Hydrangea macrophylla*）的花色变化即由土壤 pH 值的变化而引起。著名植物生理学家 Molisch 研究结果指出，八仙花的蓝色花朵的出现与铝和铁有关，还与土壤 pH 值的高低有关，pH 值低，花色呈现蓝色，pH 值高则呈现粉红色。另外，随着 pH 值的减少，萼片中铝的含量增多。如表 5-6 所示：

表5-6 土壤酸碱度和八仙花花色、花中铝的含量的关系

土壤 pH 值	花色	铝的含量(mg/L)
4.56	深蓝色	2375
5.13	蓝色	897
5.50	紫色	338
6.51	红黄色	214
6.89	粉红色	180
7.36	深粉红色	100

5.4.1.2 栽培基质

（1）栽培基质的概念及其应用范围：栽培基质是一种人工配制的土壤替代物起土壤的作用，为园艺植物的生长发育提供比土壤更及时、更充分全面的水分和养分，也对整个植株起支撑固定作用。常应用于土壤贫瘠、土质粗劣、无法利用的地方，特别是随着现代农业设施建设的快速发展，为培育高产优质的产品，栽培基质得到更广泛的应用。在花卉生产中，穴盘育苗、容器栽植，以及温室中盆栽植物都使用栽培基质，在某些特殊环境中如海岛上、军舰上和航天飞行设施上都可以使用人工配制基质栽培，包括无土水培种植需要的作物和花卉，不仅可机动灵活根据需要配制，而且比土壤轻便、清洁卫生、避免土传病虫害的传播。

（2）栽培基质的特性

①保水性和通气性：基质必须能够给植物根系足够的水分和空气。总孔隙度就是指基质中所有的孔隙，浇水之后，由于重力作用使大孔隙或非毛细管中水分流到花盆基部，这些孔隙中重新充满空气；而微小的孔隙或毛细管中则吸附水分。浇水后容器中基质持水的数量称为容器持水力，所持水分有2种类型，即自由水和束缚水，其中自由水能被植物根系吸收，而束缚水则不能被植物根系吸收。当植物将所有的自由水吸收，植物将达到永久萎蔫点。适宜的栽培基质能够维持毛细管与非毛细管孔隙的平衡，满足植物根系的生长。矮花盆基质中保水性优于高花盆，但通气性差于后者。上盆时不要将基质挤压进花盆中，以防孔隙减少，束缚水比率增加。

②阳离子交换量(CEC)：泥炭、蛭石和树皮等栽培基质带负电荷，能够吸收水溶液中的阳离子。阳离子交换量(CEC)说明基质电荷变化的强度以及基质吸附阳离子的能力。CEC越大，基质吸附阳离子就越多。高CEC的基质有土壤、泥炭藓、蛭石，低CEC的基质有沙子等。

③pH值：pH值强烈影响供给植物根系养分的能力，是衡量基质水溶液中氢离子浓度的指标。无土基质pH值为5.4~6.0，以土壤混合的基质为6.2~6.8（土壤占25%或更高）。

④稳定性：基质的特性从上盆到花卉上市期间，一直都发生变化。基质在上盆时，其特性有利于花卉生长，但在生产和上市阶段，其特性逐渐不利于花卉生长。基质不稳定的主要原因是生物降解，即有机物质的自然分解。尽管所有的有机物质最终要降解，但其降解的速度不同。泥炭藓和树皮降解的速度慢，基质特性改变得也慢。

蛭石由于长期挤压，也成为一种不稳定的基质，如浇水、根系生长引起蛭石片状结构破裂，结果失去其良好的保水、通气性，因此，蛭石作为栽培基质时尽量少进行混合和处理。

⑤容重：容重就是指基质干重与其体积之比。如沙子容重高，而珍珠岩则低。泥炭藓等基质干燥时很轻，但能吸大量的水，而且变得很重。对大多数花卉来说，低容重的基质(0.1~0.8g/cm³)，能够减轻工人劳动强度以及运输成本。使用吊盆栽培时吊盆应该尽可能的轻，以减轻花卉对温室框架的负荷。有些情况下，要求基质容重高，以抑制观叶盆栽植物、麝香百合、一品红等植物的高生长，防止其发生倒状。

⑥碳氮比(C/N)：由于微生物作用，基质中的有机质成分将发生降解。在降解过程中，N素被微生物吸收。如果大量有机质在短期内分解，基质中的N素被耗尽，造成植物N素贫乏。多数有机基质，如泥炭藓，不会很快分解，因此N素消耗量最低。C:N最佳比例为30:1，锯末的C:N=400:1，并很快降低；树皮的C/N比值较高，但使用前通常要求混合。混合的过程加速树皮中小的有机质颗粒分解，留下大块的不能快速分解。

(3)栽培基质的成分：栽培基质是按照各种栽培对象的生物学特性与生态习性要求而人工配制的混合基质，在保证具备优良理化性质和丰富营养的前提下选择不同的成分进行组合，常用的主要基质成分如下：

①泥炭：是长久堆埋在地下的植物残体经过腐烂分解而形成的，其质地疏松、密度小，吸水性强，通气性强，富含有机质和腐植酸，CEC值居中高等；pH值在3.0~4.0之间，结构稳定，容重低，一般为352.0g/dm³；C:N=50:1，是目前国内外主要大型园艺公司，花卉栽培中常用的基质，也常用作土壤改良剂和大田施肥。

因泥炭分布地不同和炭化年代不同而有高位、中位与低位泥炭之别。高位泥炭主要分布于高寒地区(中国东北大小兴安岭海拔1000m的山区及西南高原)，以莎草和藓类植物为主，炭化年代短，分解程度低，有机质含量低，较贫瘠，但吸水通气性好，pH值4.0~5.0；中位泥炭：又称褐泥炭，中国东北公主岭海拔500m山区有蕴藏，其炭化年代较短，有机质含量高，有一定养分，pH值6.0~6.5；低位泥炭：又称黑泥炭，也称腐殖质或腐殖土，在我国分布较广，储量大常分布于低洼积水的沼泽地带，以苔草、芦苇等植物为主，炭化年代长，分解程度高，有机质含量高，但排水通气性差，pH值为6.5~7.4。

花卉栽培中常用的多为中位与低位泥炭，主要有我国东北产的草炭土(主要由莎草或芦苇组成，pH值为5.5)，还有泥炭藓，主要由水藓植物组成，含N不含P、K，可吸收干重10~20倍的水，pH值3.0~6.0，多数在4.0~4.5，无菌。目前北美洲广泛使用的加拿大泥炭即是，也是公认的良好基质。

②树皮：为木材加工业的副产品，将树皮通过发酵腐熟及脱脂处理后，制成大小不等的块状。一般容量接近泥炭，结构稳定；通气性好，保水性中等，CEC较高；通常阔叶树树皮比针叶树树皮具有高的C/N比，目前花卉栽培中多使用松树树皮。软木材的树皮pH值较低，约在5.0~6.0之间，而硬木材树皮pH值较高，大约为7.0。

③椰壳渣(椰糠)：椰壳渣在外形上与泥炭藓相似，是加工椰壳的副产品。其可溶性盐分、钠、氯化物、钾等含量较高。椰壳渣不含杂草种子和病原菌。保水性和通气性极佳；CEC 中等至较高水平；pH 值在 4.5 ~ 6.9 之间；结构非常稳定；容重较低；C/N 适中，但使用成本高。

④农作物副产品：常用的农作物副产品有稻壳、椰壳、花生壳等。保水性较低，但通气性极佳；CEC 随种类不同而异；通常比较稳定，但使用前需要灭菌处理；容重较低；C/N 高，但降解速度慢。使用成本较低。

⑤蕨根：主要指紫萁、桫椤的根和茎干，排水透气性好，广泛用于热带兰花的栽培基质。

⑥蛭石：是由铝铁镁硅酸盐矿石在 760℃ 高温下制造而成。具有优良的保水性和通气性，但不能与土壤混合使用，因为土壤会堵塞其孔隙；CEC 较高；pH 值 6.3 ~ 7.8；其结构稳定，并无菌；C/N 为 0；容重较低，为 497g/dm³；使用成本高。

⑦珍珠岩：是由铝硅酸盐矿石在 1000℃ 高温下烧制而成。珍珠岩含氟，因此对麝香百合、龙血树等对氟敏感的植物有害。调节与珍珠岩混合栽培基质的 pH 值至 6.0 ~ 6.5，能够降低氟化物的供给，在栽培对氟化物敏感的花卉时，应尽量避免使用珍珠岩。保水性差，但通气性优良；CEC 很低；pH 值大约为 7.5；结构稳定，几乎无菌。容重很低，为 333g/dm³；C/N 为 0；使用成本高。

⑧石棉：保水性和通气性极佳；CEC 较低；pH 为中性至碱性；结构非常稳定，几乎无菌；容重低，为 264g/dm³；C/N 为 0；使用成本一般。

⑨沙子：应该使用粗糙、粒径大小为 0.5 ~ 2.0mm 的沙子，太细的沙子含盐分，不能使用。保水性差，通气性一般；CEC 较低；pH 中性；结构非常稳定；容重高，为 1600 ~ 1760g/dm³；C/N 为 0；无 C 存在；使用成本低，是花卉栽培中广泛使用的基质。

⑩聚苯乙烯：是目前使用的最轻的栽培基质；其保水性差，但通气优良；CEC 很低，几乎为 0；pH 中性；结构非常稳定、无菌；容重很低，为 25g/dm³；C/N 为 0；使用成本低。

⑪腐叶土：由落叶堆积腐熟而成。常含有大量有机质，质轻；疏松、透气；保水保肥力强；适合各种花卉用，是配制培养土的常用组分。常绿阔叶树和针叶树的叶子革质不易腐烂，草本植物叶子太嫩软，都不宜使用。以落叶阔叶树的叶子为好，最好是山毛榉属(*Fagus*)、栎属(*Quercus*)、欧石楠属(*Erica*)、乌饭属(*Vaccinium*)植物的叶子，华北地区，榆属(*Ulmus*)、槐属(*Sobhora*)、刺槐属(*Robinia*)、柳属(*Salix*)的叶子也可以使用。一般堆制发酵 2 ~ 3 年即可以使用，用前要过筛并消毒。也可以到自然界阔叶树山林中，靠近沟谷底部位收集天然腐叶土。去掉表层未腐烂的落叶，取已成褐色的松软层使用。

⑫草皮土：取自草地或牧场上层 5 ~ 8cm 厚的草及草根土，腐熟 1 年即可以使用；堆积年代越长，养分含量越高。pH 值 6.0 ~ 8.0，依产地而异。常和其他基质混合使用。

⑬针叶土：由针叶树叶堆积腐熟而成，腐熟一年即可以使用。也可以从自然界林

中取得天然针叶土。冷杉属(*Abies*)、云杉属(*Picea*)的针叶土较松属(*Pinus*)和圆柏属(*Sabina*)的针叶土为好,落叶松林下土也好。富含腐殖质,*pH* 值 3.5～4.0。适宜栽种酸性土植物。

⑭沼泽土:池沼边缘或干涸沼泽上层 10cm 厚的土,由苔草、水草等腐熟而成。富含腐殖质,pH 值为 3.5～4.0。适宜栽种酸性土植物。

5.4.2　各类花卉对土壤与栽培基质的要求

花卉的种类极为繁多,其生长和发育要求最适宜的土壤条件不同,而同一种花卉在不同发育时期对于土壤的要求也有差异,同时花卉对土壤的要求有时又决定于栽培的目的。但是各类花卉都有一些共同特性,现就各类花卉对土壤的要求作概括地说明。

5.4.2.1　露地花卉

一般露地花卉除沙土及重黏土只限于少数种类能生长外,其他土质大致均可适应多数花卉种类的要求。

(1)一、二年生花卉在排水良好的沙质壤土、壤土及黏质壤土上均可生长良好,重黏土及过度轻松的土壤上生长不良;适宜的土壤是表土深厚、地下水位较高、干湿适中、富含有机质的土壤。夏季开花的种类最忌干燥的土壤,因此要求灌溉方便。秋播花卉如金盏花(*Calendula*)、矢车菊(*Centaurea*)及羽扇豆(*Lupinus*)等,以表土深厚的黏质壤土为宜。

(2)宿根花卉的根系较一、二年生花卉更为强大,入土较深,应有 40～50cm 的土层;栽植时应施入大量有机质肥料,以维持长期的良好土壤结构。这样,一次栽植后可以多年继续开花。当土壤下层土中混有沙砾,排水良好,而表土为富含腐殖质的黏质壤土时,花朵开得更大。宿根花卉在幼苗期间与成长植株对于土壤的要求也有差异,一般在幼苗期间喜腐殖质丰富的轻松土壤,而在第二年以后以黏质壤土为佳。

(3)球根花卉对于土壤的要求更为严格,球根花卉一般都以富含腐殖质而排水良好的沙质壤土或壤土为宜。尤以下层为排水良好的砂砾土,而表土为深厚之沙质壤土最为理想。但水仙、晚香玉、风信子、百合、石蒜及郁金香等,则以黏质壤土为适宜。

5.4.2.2　温室花卉

栽培基质亦称栽培介质是花卉生长发育的基础,为其生长发育提供水分、营养,并对整个植株起支撑作用。花卉种植在容器中,提供给植物的水分和养分较少,而且栽培基质的排水性有限,因此,基质的优劣直接影响着花卉的生长和品质状况。

(1)温室一、二年花卉:对基质中腐殖质含量要求宜较多,在数次移植时,幼苗初期基质中腐叶土含量要更多些,在配制的基质中约占 5 份,园土(露地栽培用土)占 3～5 份,河沙占 1～2 份。

(2)温室宿根花卉:对基质中腐叶土需求量较少,配制量约占 3～4 份,园土占 5～6 份,河沙占 1～2 份。

(3)温室球根花卉:基质中腐叶土含量宜较多,约为 3～4 份,实生苗要求更多腐叶土，约占 5 份左右。

(4)温室花木类：在其播种苗与扦插苗培育期间，要求较多的腐殖质，待植株成长后，腐叶土用量应减少而河沙应有 1~2 份含量。

5.4.3 土壤和栽培基质的消毒

土壤和基质消毒是花卉生产中防治病原微生物、害虫及杂草种子，提高产品品质的重要管理措施之一，主要有日晒、水淹、蒸汽以及药剂消毒等多种方法；花卉发达国家在设施栽培中多对其栽培基质或土壤使用蒸汽消毒，采用蒸汽消毒机将许多带孔的通气管插入土壤或基质中，上面覆盖特制毡布，根据各种花卉和基质或土壤的特性及需要，确定消毒温度和时间，一般蒸汽温度不超过 80℃，否则过高温度会使有机物分解，释放有害物质。

一般大田消毒多采用药剂，有广谱性消毒剂和专用消毒剂。常用的有甲醛、溴甲烷、代森锌、多菌灵和百菌清等。以甲醛为例：配成 50 倍的 40% 甲醛液（$40ml/m^2$ 40% 甲醛），用喷壶浇入土壤或基质中，立即覆盖塑料薄膜，2~3 天后打开，通风 1~2 周，期间最好进行多次翻晾，然后使用。

以多菌灵粉为例，取 50% 多菌灵粉（$40g/m^2$）与土壤或基质拌匀后用薄膜覆盖 2~3 天，揭膜后待药味挥发后即可用。

百菌清可采用烟剂熏棚，用 45% 百菌清（$1g/m^2$）包于纸内，点燃后熏蒸 5 小时后通风。

注意，消毒不可过度，也不能对土壤进行无菌消毒，否则会导致某些病菌的过量繁殖，也不利于土壤中有益微生物的保留。

5.5 营养元素与施肥

5.5.1 花卉必需的营养元素及其含量

生化研究和分析可知，新鲜植物体的水分含量占 70%~95%，烘烤后的干物质中碳、氢、氧、氮 4 种主要元素占 95% 以上，其他元素钙、钾、磷、硫、氯、镁、锌等几十种只占 1%~5%。上述元素中有 16 种是植物生长发育所必需的，即碳、氢、氧、氮、磷、钾、硫、镁、铁、锰、钙、锌、铜、硼、氯、钼。依据它们在植物体中含量的多少可分为大量元素与微量元素两大类。大量元素 9 种：碳、氢、氧、氮、磷、钾、钙、镁、硫（占植物干重的百分之几到千分之几），微量元素有铁、钸、硼、锰、铜、锌、钼（占植物干重的千分之几至十万分之几）。近期试验证明尚有多种超微量元素，如镭、钍、铀及锎等天然放射性元素，也是部分植物所必需的，可促进植物生长。

由此可知，植物对必需营养元素的需求量差异很大，但它们都是必需而不可缺少的，因为每一种元素在植物的营养中都是同等重要的，在植物体内的生理功能都是不可替代的。

5.5.2　主要营养元素对花卉生长发育的影响

5.5.2.1　大量元素的影响

（1）氮（N）：在营养元素中，氮在植物体中含量最高，能促进植物的营养生长，促进蛋白质和叶绿素的形成，促进碳的同化，使植株叶色浓绿，叶肥大、花朵增大。但是如果氮素过多，则会使茎叶疯长，组织软弱，叶色浓绿，阻碍花芽的形成，延迟开花或花变畸形，花期变短，降低抗病虫害能力；相反，氮素缺乏时，蛋白质形成少，细胞分裂减少且细胞小而壁厚，使植株生长缓慢、矮小，也引起叶绿素含量降低，叶色变淡。严重缺氮时，则使叶色变黄，发育不良，开花延迟，品质降低。

氮素化合物在植物体内有高度移动性，能从老叶转移至幼叶，因而缺素症状先从老叶开始并逐步扩展至上部幼叶，这与受旱叶片变黄（新老叶同时变黄）不一样。因此高品质的花卉生产必须要维持适量的氮素营养。

对花卉生长起重要作用的氮素有两种，即 NH_4^+ 和 NO_3^-，其主要来源有硝酸钾（KNO_3，可溶性、显碱性）、硝酸钙（可溶性，显碱性）、硝酸铵（可溶性，显碱性）、尿素（可溶性，显酸性）、磷酸二氢铵（可溶性，显酸性）、磷酸氢铵（可溶性，显酸性）、硫酸铵（可溶性，显酸性，不常用）。

通常一年生花卉幼苗期需要氮素较少，随着生长需求量逐渐增多，二年生宿根花卉在春季旺盛生长期需求氮素较多，而观叶花卉在整个生长过程中都需求较多的氮素，才能枝叶繁茂。观花观果的花卉在营养生长阶段需求较多氮素，而进入生殖阶段，应控制氮素用量，以免延迟开花。

（2）磷（P）：在氮、磷、钾三要素中，磷的需求量最少，但它的作用很重要。磷能促进种子萌发，有助于花芽分化，提早开花结实，促进根系发育，使茎秆坚韧不易倒伏；增强根系的发育；能调整氮肥过多时产生的缺点；增强植株对于不良环境及病虫害的抵抗力，磷在有土壤混合的基质中基本上不移动，而在无土基质中易被淋洗。菌根真菌与磷之间存在一种特殊的关系，促进植物根系吸收磷。过量的磷可能造成铁、铜或锌等元素缺乏。

花卉缺磷的症状常出现在老叶上，因为磷的再利用程度高，缺磷时老叶中的磷可输送到新生叶片中被再利用。缺磷的植物外观上会表现出：生长延缓，植株矮小，分枝或分蘖减少，成熟延迟等现象。在缺磷初期，叶片常呈暗绿色或灰绿色，缺乏光泽，生长发育和开花受影响。

施用磷肥过量时，由于植物呼吸作用过强，消耗大量糖分和能量，也会产生不良影响。例如叶片肥厚而密集，叶色浓绿；植株矮小，节间变短；出现生长明显受抑的症状。繁殖器官常因磷肥过量而加快成熟过程，并由此而导致营养体小，茎叶生长受到抑制，产量降低，品质下降。磷肥过多还表现为植株地上部分与根系生长比例失调，在地上部分生长受到抑制的同时，根系非常发达，根量极多而且粗短。此外，磷肥施用过多还会导致植物缺铁、铜、锌等症状。

磷的主要来源：磷酸氢钙（低溶性、中性）、磷酸二氢钙（低溶性、中性）、磷酸二氢铵（可溶性、酸性）、磷酸铵（可溶性、碱性）、磷酸氢铵（可溶性、酸性）。

（3）钾（K）：钾是花卉吸收量最多的营养元素，平均为氮元素的 1.8 倍，通常施肥量与氮相等，钾能使花卉生长强健，增进茎的坚韧性，不易倒伏；并能促进叶绿素的形成和光合作用进行，因此在冬季温室中，当光线不足时施用钾肥有补救效果。钾能促进根系的扩大，对球根花卉如大丽花根系的发育有极好的作用。钾肥还可以使花色鲜丽，提高花卉的抗寒、抗旱及抵抗病虫害的能力。尤使切花茎秆直立，提高品质，延长切花寿命，便于贮运。

钾不足时，植物叶色变为暗绿色，叶和茎的生长下降，开花不良。由于钾在植物体内流动性很强，能从成熟茎叶中流向幼嫩组织进行再分配，因此植物生长早期，不易观察到缺钾症状，即处于潜在性缺钾阶段。此时往往使植物生活力和细胞膨压明显降低。表现出植株生长缓慢、矮化。缺钾症状通常在植物生长发育的中、后期才表现出来。首先在植株下部老叶上出现失绿，叶尖和边缘发黄，叶片暗绿无光泽，或黄化并逐渐变褐，渐次枯萎；在叶片上往往出现褐色斑点，甚至斑块；但叶中部靠近叶脉附近仍然保持原来的色泽。严重缺钾时，幼叶上也会出现同样的症状。但不同品种或种类，缺钾的表现还有其特殊性。如紫罗兰缺钾时，叶先端卷曲，下部叶黄白色；香豌豆缺钾时，叶面出现大小不等的黄白斑点。

过量的钾肥使植株生长低矮，节间缩短，叶子变黄，继而变褐色而皱缩。过量的钾肥可使植物在短时间内枯萎。钾肥过量容易发生毒害，过剩时因为颉颃作用造成钙、镁吸收受阻，出现缺素症状，花卉栽培过程中堆肥等有机物施用较多，同时也带入大量钾。

香石竹的研究表明，钾的施肥量在 400～600mg/L 范围内最合适。对宿根霞草的研究认为，在钙饱和度为 78% 时，钾的施肥量应在 3～6kg/100m²，饱和度为 98% 时，钾肥施用量应该在 1.5～3kg/100m² 最为合适，杜鹃类嗜高氮低钾（3:1），仙客来等嗜低氮高钾（1:2），根据钙饱和度的不同，钾的最适合施肥量也会发生变化。

钾素主要来源：硝酸钾（可溶性、碱性，能够同时提供氮、钾）、氯化钾（可溶性、中性）、硫酸钾（可溶性、中性）。

（4）钙（Ca）：钙对花卉的生长发育及开花品质都有很大影响，植物对钙的需要量比镁多而少于钾。各器官含钙量不一，茎叶中较多，老叶比嫩叶多，而花与籽实中含钙量较少。钙用于细胞壁、原生质及蛋白质的形成，对某些酶促反应有辅助作用，能中和植物代谢过程中所形成的有机酸，也是细胞分裂所必需的，如钙不足，就会影响细胞的分裂，妨碍新细胞的形成。钙还促进根的发育，降低土壤的酸度。

钙对调节介质的生理平衡具有特殊的功效。钙离子能降低原生质胶体的分散度，促使原生质浓缩，增加原生质黏滞性，减少原生质膜的渗透性；而钾离子却与之相反，它可以增加原生质膜的渗透性。两者同时存在时，由于它们相互拮抗的结果，能使原生质保持正常状态，有利于细胞的正常活动。钙离子还能消除其他离子的毒害作用，如钙与铵离子的颉颃作用，它不仅能使过剩的铵不致危害作物，而且钙离子还能加速铵的转化，以减少铵在植物体内的积累。钙与氢、铝、钠等离子也有颉颃作用，可以避免这些离子的不利影响。因此，强酸性土壤施用石灰能产生良好的改良效果。同时钙还可以起到调节植物体内 pH 值的作用。

当植物缺钙时，植物的生长就会停止，表现为植株矮小、未老先衰、幼叶卷曲而脆弱等症状。严重时，叶缘发黄逐渐坏死、根短小、根尖分生组织细胞逐渐腐烂而死亡，生殖器官常表现出不结实或结实不良。因此增施钙肥，对促进植物生长，改善花卉品质，是十分重要的。

植物体内钙的移动能力很小，生长初期所吸收的钙大部分会留在下部老叶中，很少向幼叶组织移动。钙缺乏时首先在新芽先端表现出症状。一般情况下，最初表现为新叶焦边，叶脉缺绿，叶尖反卷，如果继续下去出现生长点枯死。例如菊花、香石竹易发生花腐病；郁金香表现为根变短，先端肿粗，呈现褐色，花茎弯曲或断折，严重时植株矮化不整齐或全株枯死。香豌豆缺钙时，叶部出现坏死圆斑。

钙素主要来源于：白云质石灰石（低可溶性，通常用来提高栽培基质 pH 值）、石灰石（低可溶性、用来提高栽培基质 pH 值）、硫酸钙（低可溶性、中性）、硝酸钙（可溶性、碱性），许多地区灌溉水含高水平的钙。

（5）镁（Mg）：植物体各器官含镁量不同，种子含镁较多，茎叶次之，而根系较少。植物生长初期，镁大多分布在叶片中，到了结实期，则转入果实中，并以植酸盐的形态存在。

镁是叶绿体的构成元素，叶绿素可以吸收光能，促进碳的同化。缺镁时，叶绿素含量减少，致使叶片褪绿，光合作用受到影响。

镁也是很多酶的活化剂，它能加强酶促反应，促进植物体内的新陈代谢。镁还能促进脂肪的合成，参与氮的代谢作用。

镁是较容易移动的元素，易从老器官转移到新生幼嫩组织。因此植物缺镁时，首先在下部老叶发生斑纹状缺绿，叶片网状组织呈黄色或白色，仅叶脉遗留绿色，以后变成均匀淡黄色，最后变为褐色甚至坏死。菊花缺镁时，下部叶开始出现叶脉间黄化，逐渐向上部扩展，严重时叶子先端褐变并枯死。花期缺镁时，头状花序小花变小，或小花开放不整齐。一品红缺镁时表现为下端叶脉间产生黄色斑点，很快产生缺绿，进一步发展叶变黄，叶脉间变褐色。月季缺镁时，叶面会出现墨黑色斑点。

钙和镁经常在一起需考虑二者在根部基质中有很强的颉颃作用，其中之一水平高则造成另外一种贫乏。Nelson（1996）建议灌溉水和栽培基质中钙和镁的比值应为 3~5:1；Biernbaum（1997）建议栽培基质中，钙和镁比值应为 3~4:1。一品红需要较高水平的镁。

镁素主要来源有：白云质石灰石（低可溶性、通常用来提高栽培基质 pH 值）、硫酸镁（可溶性、中性）、磷酸铵镁（低可溶性、碱性）、氧化镁（低可溶性、中性）、硝酸镁（可溶性、碱性），许多地区灌溉水含高水平的镁。

5.5.2.2　微量元素的影响

（1）硼（B）：硼能改善氧的供应，促进根系的发育和豆科植物根瘤的形成，还能促进开花结实。但不同的花卉，对硼营养的反应有差异，特别是硼营养缺乏时对各花卉表现不一，菊花上部叶缘有轻微的缺绿，如果进一步发展从中部叶开始向上全部缺绿，叶向外反卷，顶芽枯死，出现畸形叶的侧枝以及花腐烂现象。而硼营养过剩时，硼向叶缘移动，叶边缘会积累大量硼，叶缘会变褐色或枯萎。香石竹硼缺乏时，节间缩短，株高变矮，叶向外发卷，茎开裂，花蕾不发育，在芽顶以外发生侧枝，出现丛枝现象。紫罗兰则表现为叶表皮浮起，产生白斑直至叶全部变白，茎发生纵向劈裂。更严重时花穗部分一半萎缩，一半开花，或全部不开花。郁金香缺硼时，植株矮小，花头出现多条轻度横裂，花头易折。花瓣呈水浸状。根的伸长生长停止，根尖变褐色，根尖近处变肥大。蝴蝶兰硼过剩时，植株矮化，花芽发育停止。

硼主要来源于：四硼酸钠(可溶性、中性)、硼酸(可溶性、酸性)、许多商业出售的微量元素混合肥。

(2)铁(Fe)：铁虽然不是叶绿素的组成成分，但它在叶绿素的形成过程中是不可缺少的。缺铁时叶绿素不能形成，从而造成"缺绿症"。由于铁在植物体内很难转移而被再利用，所以"缺绿症"首先出现在幼嫩叶片上。铁不足时，月季、金鱼草新出叶子出现缺绿症或黄化，八仙花缺铁时幼叶变为黄色或黄白，郁金香表现为全体黄化或呈黄绿色，花色变淡，植株变小。矮牵牛在土壤 pH 值 8 以上时易发生缺铁症，表现为新叶黄化。在石灰质土或碱土中，由于铁易转变为不可给态，即使土壤中有大量铁元素，也容易发生缺铁现象。

在温室栽培中，为了避免铁缺乏，可以通过施用铁螯合剂和硫酸亚铁。铁贫乏常常由于栽培基质 pH 高而引起，要求检测栽培基质 pH 值。新几内亚凤仙、天竺葵、万寿菊等容易发生缺铁症。过量的铁引起锰缺乏。

铁主要来源于：硫酸亚铁(可溶性、酸性)、铁合剂(可溶性、中性)、许多商业出售的微量元素混合肥。

(3)锰(Mn)：锰对叶绿素的形成和糖类的积累运转有重要作用；对种子发芽和幼苗生长以及结实均有促进作用。缺锰的症状和缺铁基本相似，叶脉之间出现失绿斑点，并逐渐形成条纹，但叶脉仍为绿色。如郁金香缺锰时会出现隐隐约约的浓淡斑块；过剩时，叶先端、叶缘以及叶内部出现小黑色斑点，叶子易弯曲，叶脉间缺绿，生长发育受阻，进一步发展会发生新叶缺绿，黄化枯死现象。香豌豆缺锰时叶面出现斑点状缺绿，严重时出现线状褐色斑。香石竹锰营养过剩时，叶脉间出现黄化现象，由叶尖开始向内枯萎。紫罗兰在土壤 pH 值 5.2 以下时容易发生锰过剩毒害。另外过量的锰还可能引起铁和钼的缺乏。

锰主要来源于硫酸锰(可溶性、碱性)、锰合剂(可溶性、中性)、许多商业出售的微量元素混合肥。

(4)锌(Zn)：锌在植物体内参与生长素(吲哚乙酸)的合成。主要是因为锌能促进吲哚和丝氨酸合成色氨酸，而色氨酸则是合成生长素——吲哚乙酸的前身。因此当缺锌时，植物体内的生长素和色氨酸含量降低，特别在芽和茎中含量明显减少，植物生长发育出现停滞状态。香石竹缺乏锌时，花茎出现纵向裂纹，降低观赏价值。一品红缺锌时，叶脉间黄化，并逐渐转为白化症。锌也是某些杀菌剂的催化剂，能增加组织中锌的水平，过量时可引起锰或铁的缺乏。

锌的主要来源为：硫酸锌(可溶性、酸性)、锌合剂(可溶性、中性)、许多商业出售的微量元素混合肥。

(5)钼(Mo)：钼对生物固氮作用有着良好的促进作用，钼是固氮微生物、特别是与豆科植物共生的根瘤菌固定大气氮素时所必需的。因为氮气还原成氨的固氮过程是在由钼—铁氧还蛋白(MoFd)和固氮铁氧还蛋白(AzoFd)组成的固氮酶催化下进行的。因此，在缺钼的土壤中，豆科植物增施钼肥，可以提高产量，改善品质。植物缺钼时，往往先在中部和较老叶片上呈现黄绿色；叶子边缘向上卷曲，形成环状；叶子变小，叶面带有坏死斑点(由于硝酸盐积累)。十字花科和豆科植物对钼较敏感。一品红对钼的需求量也很高，钼过量易引起铜的缺乏。

钼主要来源于：钼酸钠(可溶性、中性)、钼酸铵(可溶性、酸性)、许多商业出售的微量元素混合肥。

(6)铜(Cu)：铜主要分布于植物生长较活跃的组织中，种子、新叶中含铜量较多，老叶和茎中则较少。

铜是植物体内多酚氧化酶、抗坏血酸氧化酶、吲哚乙酸氧化酶等多种酶的成分，因此铜与体内氧化还原和呼吸作用等有关。如多酚氧化酶可促进多酚类化合物转化为醌类化合物，同时植物体内呼吸基质中氢能将醌还原为多酚化合物，这样就能不断将呼吸基质中的氢氧化为水，放出能量。

叶绿素中有较多的含铜酶，因此铜与叶绿素的形成有关。同时，铜又能使叶绿素和其他植物色素的稳定性增强，有利于叶片进行光合作用。

铜主要来源于：硫酸铜(可溶性、酸性)、铜合剂(可溶性、中性)、许多商业出售的微量元素混合物。

5.5.3　花卉缺素症状的诊断

5.5.3.1　诊断程序

植物因缺素所表现出来的症状不是十分容易判断的，如叶片褪绿黄化原因很多，必须区分清叶片的位置和黄色类型，为此我们必须在了解各种单个元素的缺素症状的基础上，然后按照一定的顺序进行检查，才能得到准确结果。

①首先观察叶片的位置：症状表现的叶片位置、新叶还是老叶，这是诊断的重要依据。据此，我们可以根据元素的性质并按照它们的移动性分为两类，第一类是植物体内易移动的元素，如氮、磷、钾、锌和镁，当土壤基质供应不足时，它们可以从老叶转移到新叶部分，因此新生叶片不会出现缺素症状，而只能在下部的老叶上表现出症状。第二类则相反，这类元素在植物体内是不易移动的，缺素出现在新生的树梢幼嫩叶片上，如钙、硼、硫、铁、铜和锰等，因为这些元素在植物体内移动性差，当土壤或基质供应不足时，幼嫩部分首先受害。

②观察症状发生在整个植株还是局部：以第一类为例，又可以分为整株有缺素症和下部老叶呈现症状，前者如缺氮、缺磷，后者如缺磷、缺镁和缺锌。

③进行具体症状的鉴别。以缺钾、缺镁和缺锌为例：主脉间变为淡绿色，而后呈深黄色，叶片的基部和下中部不同程度受到影响。在生长的最初阶段，缺乏这一元素时，叶缘向下卷曲，从叶缘往内逐渐形成黄色和青铜色的为缺镁。叶片组织呈现褐色斑点并具有黄化现象，坏死组织从褪绿区域中脱落，生长缓慢的为缺锌。至于叶缘附近呈现黄色杂斑，在叶片的尖端及边缘附近褪绿区域合并呈黄色条带、坏死枯干的则

为缺钾。

再从第二类来看，共性是症状出现在植株的幼嫩叶片上，生长缓慢。其次又可以分为顶芽继续生长的如缺锰、铁、硫和铜。而在幼嫩叶片的尖端或茎部卷曲后不久，顶芽死亡，则为缺硼。至于顶芽继续生长的4个元素，又可根据具体症状分别对待，如：

①叶片呈淡绿色至黄色，而所有叶脉保持明显的绿色，叶片上具有组织坏死斑点，可以断定为缺锰。

②叶片为黄色至几近白色，但主脉永保持绿色，在叶缘处具有最多的坏死组织斑点，死亡组织脱落的为缺铁。

③叶片变为淡绿色至黄色，幼龄叶片最先受到影响的为缺硫。

④幼龄叶片可能枯萎，但无褪绿病，叶片大量脱落者为缺钼。

5.5.3.2 花卉缺素症检索表

一般在形态上表现出特有的症状，即所谓的缺素症，如失绿、现斑、畸形等，它是花卉生理病害的主要内容之一。花卉生长发育需要多种元素，一旦缺乏某种营养元素时，则首先在叶片上表现出症状来，任何一种缺素症都会影响花卉的正常生长和观赏效果。

不同元素的生理功能也不一样，缺乏不同的营养元素时，表现出的症状也各异，而且症状出现的部位和形态常有它的特点和规律。详见表5-7：

表5-7 花卉缺素症检索表

1 病症通常发生于全株或下部较老叶子上。

  2 病症经常出现于全株，但常是老叶黄化而死亡。

    3 叶淡绿色，生长受阻；茎细弱并有破裂，叶小，下部叶比上部叶的黄色淡，叶黄化而干枯，呈淡褐色，少有脱落 ·· 缺氮

    3 叶暗绿色，生长缓慢；下部叶的叶脉间黄化，常带紫色，特别是在叶柄上，叶早落，开花小且色淡 ·· 缺磷

  2 病症常发生于较老较下部的叶上。

    3 下部叶有病斑，在叶尖及叶缘常出现枯死部分，叶片皱曲。黄化部分从边缘向中部扩展，以后边缘部分变褐色而向下皱缩，最后下部叶片和老叶脱落，茎秆纤细 ·············· 缺钾

    3 下部老叶叶脉黄化，并向上部蔓延到新叶上，在晚期常出现枯斑，叶脉仍为绿色，叶缘向上或向下反曲，而形成皱缩，叶脉间常在一日之间出现枯斑 ······················ 缺镁

1 病症发生于新叶。

  2 顶芽存活。

    3 叶脉间黄化，叶脉保持绿色。

      4 病斑不常出现，严重时叶缘及叶尖干枯，有时向内扩展，形成较大面积，仅有较大叶脉保持绿色 ······ 缺铁

      4 病斑通常出现，且分布于全叶面，极细叶脉仍保持为绿色，形成细网状；花小而花色不良 ······· 缺锰

    3 叶淡绿色，叶脉色泽浅于叶脉相邻部分。有时发生病斑，老叶少有干枯 ······ 缺硫

  2 顶芽通常死亡。

    3 顶芽受损伤或生长点死亡，引起根尖坏死，嫩叶失绿，尖端和边缘腐烂，幼叶的叶尖常形成钩状。根系在上述病症出现之前已经死亡 ·· 缺钙

    3 嫩叶失绿，基部腐烂；叶片肥厚皱缩，叶缘向中卷曲，茎与叶柄极脆，根系不发达或死亡，特别是顶芽和幼根生长点死亡，落花落果 ······························· 缺硼

5.5.4　施肥原理及方法

花卉种类很多，各自的营养生理性差异很大，这在第 4 章已经叙述过。从生产形式来看，切花、盆花、花坛用花、球根生产等形式很多，土壤管理和施肥方法也因此而不同。还有，露地栽培与设施栽培的施肥及土壤管理方法也不同，都需要通过研究确立各自合理的施肥与土壤管理方法。

在保证生产品质、稳定生产量方面，利用温室设施比露地生产有许多优越的方面。近年来，温室花卉栽培面积不断扩大。但温室栽培因为不像露地那样会有降雨淋溶，土壤养分容易积累，盐基离子失去平衡，进而引起生长发育不良或生理病症。为此，在土壤诊断的基础上确立正确的施肥管理方法是非常重要的。

5.5.4.1　花卉施肥基准

施肥是花卉生产的重要技术措施，为了及时获得生长健壮、品质优良的花卉，首先应把握花卉的营养特性和养分吸收模式曲线，在此基础上制定相应的施肥措施。施肥的肥效与土壤特性、花卉养分吸收特点、肥料养分释放特性以及水、气、热等诸多条件有关，如果没有充分考虑各种因素的影响，则极易造成养分流失、缺肥等现象的发生。一般钾肥肥效快，但流失也快，因此，应根据花卉的需钾特性及时施肥。有机肥、磷肥肥效慢，流失也少，应早施；碳铵挥发性强，可与有机肥或磷肥堆沤 1~2 天后施肥，可减少养分的散失。在实际生产过程中，应根据花卉的需肥特征、不同生长阶段，根系的深浅及土壤、气候、市场需求特点等因素全方面考虑，在理解肥料的性质，肥效的特点的基础上选择肥料，做到科学、合理施肥，提高肥料利用效率。

花卉的生产管理要考虑经济效益，一般花卉当施肥达到一定数量后，投入产出比会下降，经济效益亦将下降。甚至如果施肥过量，则会发生营养吸收障碍，造成减产和品质下降。因此，应根据不同花卉各生长发育阶段的需肥特性、土壤肥力、种植密度等，以供给充足但不浪费的原则，找出最佳施肥方案进行施肥，充分发挥肥效，增加经济效益。

（1）根据花卉不同生长阶段分期施肥

①根据生理平衡原则施肥：不同花卉种类有着不同的生物学特性和需肥特性，因此施肥要求也不同。以观果为主的花卉（如金橘、葡萄等），除需要大量的氮肥外，磷、钾肥也应占重要的比例。以观叶为主的花卉，在施足氮肥的基础上，配施钾肥。以观花为主的花卉，偏重氮肥，配施磷、钾肥，并注意微量元素肥料的施用。在施肥过程中，要强调各种元素间的平衡配合，才能充分发挥肥料的最大增产效益。包膜缓释肥料的溶解释放容易调节控制，选择这类肥料时要注意肥料的肥效特点与植物的养分吸收性尽可能一致。施肥量要根据土壤性质及栽培条件，考虑吸收量与土壤养分含量来决定。土壤肥沃时要减少肥量或不施肥，另外还要视生长发育状况，必要时适当施以追肥。有机肥较多时，特别是堆肥、厩肥较多时，要考虑成分含量与效果进行减量施肥。

②根据花卉不同生长发育期施肥：同一种花卉，在不同的生长阶段，对营养元素的需求也有很大差异，需要分期施肥。例如多年生花卉，当幼苗速生阶段，正好是长

根群、发枝叶、高生长时期，此时养分消耗特别多，需特别注意施肥。其中氮肥的比例最大，并配以磷钾肥。在此期若能充分供给各种营养元素，植物就会枝繁叶茂，为开花打下营养基础。生长发育期比较短的花卉用速效肥做基肥也可以，但生长发育初期易产生浓度毒害，所以将基肥和追肥分开施用更合理。追肥一般进行 2 次就能满足植物的要求，但生长发育期长的花卉种类追肥次数需适当增多。如果施用缓效性肥料，可以全部施用基肥一次性完成，这样可以节约劳动力，提高肥效，并能减轻环境负荷。还有，与灌水同时进行液体施肥也能提高施肥效率。

③根据不同生长季节施肥：花卉施肥因季节不同，其方式和施肥量各有不同。同一花卉种类，除了在不同的生长阶段对肥料的供应有不同的要求外，在一年当中不同的生长季节也有不同的要求。一年之中，花卉在春季萌芽抽枝叶期，需吸收较多氮肥，以保证营养生长旺盛进行，但应注意不可过早，如过早，根系尚未完全恢复正常生长，吸收力差，肥分易流失，此时根系嫩，若土壤养分浓度偏高，易引起根系灼伤。

夏季施肥防发"烧"，夏季温度较高，大部分花卉生长势较差。不耐高温的花卉如矮一串红、矮牵牛、非洲菊、君子兰等在夏季气温较高时生长极其缓慢，对肥料要求也不高，此时应停止施肥。如降温条件好，花卉能正常生长时可施肥。由于夏季气温较高而处于半休眠状态的花卉如月季、仙客来等应停止施肥，待气温下降恢复生长后再开始施肥；对于一些耐高温的花卉如百日草、长春花、鸡冠花、唐菖蒲、观赏向日葵等，夏季是它们生长开花的旺季，肥料应正常使用。但由于夏季白天气温较高，施肥应选择在清晨或傍晚，施肥的浓度也应控制，以防止对根系造成损伤。施肥后应立即用清水冲洗花卉叶面，防止溅至叶片上的肥液烧伤叶面；水生花卉如睡莲、碗莲夏季也可以正常施肥，可在根部土壤埋入腐熟的肥料，不存在烧根烧叶的现象。进入夏季后，许多木本花卉开始花芽分化，此时应控制氮肥，保证磷、钾肥的供应。

秋季施用氮肥要谨慎，氮是花卉生长所必需的元素，施用氮肥能促进枝叶生长，但对于冬季休眠的花卉来说，秋季追施大量的氮肥，会诱发秋梢的发生。发生秋梢不但会消耗植物体内储藏的养分，第二年春季花卉的生长开花也会受到影响。而且由于发秋梢后花卉的休眠时间会推迟，遭遇低温时会出现冻害，故秋季应控施氮肥多施用磷钾肥。磷钾肥能促进植物体内营养物质的积累，为第二年的生长和开花打下基础。

有些花卉秋季也可施用氮肥，例如冬季不休眠的花卉，尤其是观叶植物，秋季应施用以氮肥为主的肥料，同时注意与磷钾肥配合。合理的磷钾肥施用可以提高花卉的抗寒性。冬季开花的植物如瓜叶菊、蒲包花、仙客来、一品红、蜡梅在早秋是营养生长期，应施用以氮肥为主的肥料，晚秋大多是孕蕾时期，施肥时应以磷钾肥为主，氮肥为辅，氮肥过多不利于冬季的开花。

冬季为了不受气温对肥效的影响，保持肥效的安定性是非常重要的，如定期施用速效液肥很有效果。有机肥或包膜颗粒肥在高温季节施用虽没有问题，但在冬季施用时，因肥效慢，需要对其特点作进一步的探讨。

(2)根据花卉生长习性与观赏特性施肥：观叶植物、木本花卉等，在植株不徒长、不影响抗寒能力的前提下，在生长季节可适当多施氮肥，促使枝叶茂盛，叶色浓绿光亮，提高其观赏性。而早春开花种类，则应保证冬季充足的基肥供应，使其花大而多。一年多次开花的花卉种类，除休眠期施基肥外，每次开花后应及时补充因抽梢、开花消耗的养分，以保证下一茬花的正常开放。

5.5.4.2 施肥方法

施肥方法一般包括土壤施肥和根外施肥两种方式。此外，盆栽花卉因其栽培条件的不同，施肥方式也具有特殊性。

（1）土壤施肥：应根据不同花卉根系分布的特点，将肥料施在根系周围或稍深、稍广一点的位置，有利于根系向深广方向伸展。各种营养元素在土壤中移动性不同，不同肥料施肥的深度也不同，氮肥容易移动，多作追肥，宜浅施；磷、钾肥的移动性差，宜深施或与其他有机肥混合施用，效果更好。磷、钾肥与有机肥多作基肥。土壤施肥的方法有以下几种：撒施、条施、灌溉施肥、穴施等。花卉栽培中应多施用充分腐熟的堆肥、厩肥等有机肥，而不同种类花卉土壤施肥的种类、方法亦不相同。一二年生草花施肥方法大体与蔬菜相似，分为基肥与追肥，施肥量少于蔬菜。基肥以腐熟的堆肥或厩肥为主，追肥在幼苗期间可多施氮肥，生长期时多施用磷、钾肥，开花前停止施肥；多年生草花在定植或更新时要施足基肥，多采用沟施有机肥为主，生长期间适当情况下进行追肥；球根类花卉施肥方法因种类不同而有差异，一般定植前要施足基肥，而且要施足钾肥，有利于营养器官储藏养分，其中秋植球根类花卉，如郁金香、水仙、风信子等，要施足基肥，追肥可施可不施；而春植球根类花卉，如大丽花、美人蕉等，则因生长期长，故追肥效果显著；木本类花卉中春季生长新枝的种类，减少氮肥的施用量，正常情况下不追肥。

（2）盆栽花卉的施肥：盆栽花卉多在温室、荫棚等保护地进行精心的栽培管理。盆栽花卉的养分来源除了培养土以外，还在上盆或换盆时施入基肥，以及上盆后生长期间的多次追肥。给盆花施肥应注意以下问题：

1）不同花卉种类及生长发育期：不同观赏目的以及不同生长阶段施肥是不同的。苗期多施氮肥，花芽分化和孕蕾期多施用磷、钾肥。观叶植物如绿萝不可缺氮肥，观茎植物如仙人掌不能缺钾肥，观花植物如一品红不能缺磷肥，有些花卉还需要特殊的微量元素，喜微酸性土壤的花卉如杜鹃要补充施用铁素等。

2）避免单一：肥料要配合施用，营养元素的种类不能单一，否则易引起缺素症，应多施用复合肥。

3）注意肥料的酸碱性：肥料的酸碱性要与花卉的生长习性相适应。腐熟的堆肥、厩肥、马蹄片、尿素、草木灰等呈碱性，而麻酱渣、硫酸铵、磷酸二氢钾和鸡鸭粪肥呈酸性，杜鹃、山茶、茉莉、栀子等是喜酸性土壤的花卉，施肥时需要慎重选择肥料。

4）不同灌水方法：施肥量及施肥方法因灌水方法的不同而不同。现代盆花生产为了节约劳动，底面供水方法越来越受到生产者的青睐。这种灌水方法与传统的灌水方法对土壤肥料动态的影响不同，总结如下：

①灌水量少但水分流失量小，土壤能长期保持湿润，有利于土壤有机物的分解。

②土壤养分流失少，养分有效期相对较长。

③容易造成土壤养分积累，因此，相对而言，可以减少施肥量。

如对仙客来进行底面供水栽培时，把缓效肥全部作为基肥，盆中水分含量大，肥效快，可节省劳力。而如果采用上部给水，这种施肥方法是不适当的。

（3）叶面施肥：叶面施肥又称根外追肥或叶面喷肥，是花卉生产上经常采用的一种施肥方法。突出特点是针对性强，养分吸收运转快，可避免土壤对某些养分的固定作用，提高养分利用率。该方法适合于微量元素的补充，效果显著，尤其是土壤环境不良，水分过多或干旱低湿，土壤过酸过碱等因素造成根系吸收作用受阻的条件下，植物缺素急需补充营养，生长后期根系吸收能力衰退时，采用叶面追肥可以弥补根系吸肥不足，可取得提高花卉品质的效果。

1）叶面肥的种类：叶面肥的种类很多，根据其作用和功能等可把叶面肥概括为以下四大类。

①营养型叶面肥：此类叶面肥中氮、磷、钾及微量元素等养分含量较高，主要功能是提供各种营养元素，改善花卉的营养状况。

②调节型叶面肥：此类叶面肥中含有调节植物生长的物质，如生长素、激素类等成分，主要功能是调控植物的生长发育等。适于花卉生长前期、中期使用。

③生物型叶面肥：此类肥料中含微生物体及代谢物，如氨基酸、核苷酸、核酸类物质。主要功能是刺激植物生长，促进代谢，减轻和防止病虫害的发生等。

④复合型叶面肥：此类叶面肥种类繁多，复合混合形式多样。其功能有多种，既可提供营养，又可调控生长发育。

2）叶片与养分吸收：一般双子叶植物，叶面积大，角质层较薄，溶液中的养分易被吸收；单子叶植物，叶面积小，角质层较厚，溶液中的养分吸收较难，在这类植物上进行叶面施肥时要注意适当加大浓度。从叶片结构上看，叶表面的表皮组织下是栅栏组织，比较致密，叶背面是海绵组织，比较疏松，细胞间隙较大，孔道细胞也较多，故叶背面对叶肥的吸收更快。

3）喷施次数及部位：各种营养元素进入叶细胞后在叶细胞内的移动是不同的。据研究，移动性较强的元素有氮、钾、钠等，移动性一般的元素有磷、硫、氯等。微量元素中，铁、铜、锰、钼等仅部分移动。移动性最差的元素为钙、硼等，几乎不移动。在喷施不易移动的元素时，必须考虑增加喷施的次数，同时还必须注意喷施部位，喷洒在新叶上，较喷洒老叶更有效。

4）叶面施肥浓度：花卉进行根外追肥常用的化学肥料有以下几种：

尿素：见效快，使用浓度一般为 0.5% ~ 1.0%，温室育苗用 0.1% ~ 0.5%，草本花卉为 0.2% ~ 1.0%，木本花卉为 0.5% ~ 1.0%；过磷酸钙：使用浓度一般为 1.0% ~ 5.0%，草本花卉育苗期为 0.5% ~ 1.0%，木本花卉为 2.0% ~ 5.0%；硫酸亚铁：使用浓度一般为 0.2% ~ 0.5%，育苗期间为 0.1% ~ 0.2%，其他一些微量元素溶液使用浓度一般在 0.1% ~ 0.5% 之间。根外追肥一般在早晨或傍晚较宜，而且喷施时要在叶片的正反两面进行，开花时不能进行根外追肥。

5.6　气体

5.6.1　气体与花卉生长发育的关系

空气是由 78% 氮气、21% 氧气、0.9% 氩、0.03% 二氧化碳和 1% ~3% 水气等组成。除此之外，还存在微量的有机和无机化学物质。这些气体与花卉生长发育关系密切。

5.6.1.1　氧气

氧气与花卉的生长发育关系密切，直接影响呼吸和光合作用。由于空气中存在丰富的氧气，因此，氧气不是植物生长发育的影响因素，但是如果空气中含氧量 <20% 时，植物地上部分的呼吸速率开始下降，<15% 时，则会迅速下降。但土壤水平氧气浓度低于 5% 时，就会影响植物生长。土壤通透性差，氧气含量降低，二氧化碳浓度增加，毒害根系，抑制根系呼吸，阻碍根系生长，减少根系对水分和养分的吸收和利用。种子发芽需要氧气，过量浇水会阻碍种子发芽。

5.6.1.2　二氧化碳

尽管空气中二氧化碳含量仅有 0.03%，但与植物生长发育关系密切。二氧化碳是植物光合作用必需的成分之一，是植物形态建成的物质基础。在自然环境条件下，空气中的二氧化碳浓度足以满足花卉光合作用。然而，许多花卉多在封闭的温室中栽培，有温室通风条件的限制，以及植物的光合作用，使温室内二氧化碳浓度降至 200mg/L 左右，研究表明，在适宜的温度和光照条件下，二氧化碳浓度增加到 1000 ~ 2400mg/L，光合作用能增加到 200%，增加植物干物质积累。因此，花卉温室栽培时，增加二氧化碳浓度，可以提高植物的光合速率，会促进植物生长发育，提高产量和品质。但是增施二氧化碳的浓度因花卉种类不同、栽培设施不同等而又很大差异，需试验确定相宜浓度。一般情况下，空气中二氧化碳浓度为正常时的 10 ~20 倍则对光合作用有促进效果。但当空气中二氧化碳含量增加到 2% ~5% 以上，就起抑制作用。

5.6.1.3　氮气

氮是植物生长发育中最重要的物质之一。空气中的氮气是惰性气体，不会被植物直接利用，只有转化为氨态氮或硝态氮才能被植物利用。还有少量的硝态氮是通过雷电加热形成，通过降雨到土壤里。大多数氮是通过微生物固氮。

5.6.1.4　水分

大气中存在几种形态的水分，包括蒸汽、雨水、雪、冰雨、冰雹等。适量的降雨有助于补充土壤水分，而冰雹则危害植物。

5.6.2　有害气体对花卉生长发育的危害

空气中除存在对植物有利生长发育的气体外，还存在对植物有害的气体。这些有害气体主要来源于汽车、火电厂、工业生产、畜牧业等造成的空气污染。有害气体有：

5.6.2.1　臭氧(O_3)

在吸收紫外线、杀菌和消毒方面发挥重要作用，但在低空中的臭氧对生物体和生态系统健康是有害的，它属于二次污染，主要由机动车、工厂等人为源以及天然源排放的氮氧化合物(NOx)与挥发性有机物($VOCs$)等一次污染物在大气中经过光化学反应形成的。

都市环境中有丰富的臭氧存在，主要来源于排放的尾气。臭氧对植物生长发育有负面影响，如导致气孔关闭、光合作用点降低、生长受阻，叶片出现组织坏死、变色条斑、落叶等。

5.6.2.2　二氧化硫(SO_2)

二氧化硫来源于燃煤，如火力发电、金属冶炼、炼焦、合成纤维、合成氨工业等，是当前最主要的大气污染物。二氧化硫对植物有毒害作用。通过气孔进入叶肉间隙，毒害植物细胞，造成细胞收缩、死亡，叶绿体降解。不同花卉对二氧化硫的浓度反应不同，敏感者在 $0.05\sim0.5\mu l/L$ 浓度中 8 小时就会受害，抗性强者在 $2\mu l/L$ 浓度中 8 小时或 $10\mu l/L$ 浓度中 30 分钟才会出现受害症状，不同花卉对二氧化硫的抗性见表 5-8。

表 5-8　花卉对二氧化硫的抗性分级

抗性反应	花卉名称
强	龟背竹、月桂、鱼尾葵、散尾葵、令箭荷花、苏铁、海桐、肾蕨、唐菖蒲、龙须海棠、君子兰、美人蕉、牛眼菊、石竹、醉蝶花、翠菊、大丽花、万寿菊、鸡冠花、金盏菊、晚香玉、玉簪、酢浆草、凤仙花、菊花、野牛草、扫帚草
中	杜鹃花、叶子花、茉莉花、南天竹、一品红、三色堇、高山积雪、矢车菊、旱金莲、白鸡冠、百日草、蛇目菊、天人菊、波斯菊、锦葵、一串红、荷兰菊、桔梗、肥皂草
弱	金鱼草、月见草、硫化菊、美女樱、蜀葵、麦秆菊、滨菊、福禄考、黄秋葵、曼陀罗、苏氏凤仙、倒挂金钟、瓜叶菊

5.6.2.3　氟化氢(HF)

来源于铝、玻璃、水泥、磷肥工业，氟化氢是氟化物中毒性最强，排放量最大的有害气体，其浓度即便很低，但暴露时间长，也会对植物造成伤害。其浓度达到二氧化硫危害浓度的 1% 时就可起伤害作用。

表 5-9　花卉对氟化氢的抗性分级

抗性反应	花卉名称
强	海桐、柑橘、秋海棠、大丽花、一品红、倒挂金钟、牵牛花、天竺葵、紫茉莉、万寿菊
中	美人蕉、半枝莲、蜀葵、金鱼草、水仙、百日草、醉蝶花
弱	杜鹃花、玉簪、唐菖蒲、毛地黄、郁金香、凤仙花、三色堇、万年青

5.6.2.4　烟雾(Smog)

由尘埃、氮化物、碳氢化物、臭氧、二氧化硫、乙醛等物质组成。碳氢化合物和氮化物在阳光下反应，产生有毒气体，危害植物。

5.6.2.5 悬浮尘埃

来源于水泥厂、矿石加工、炼钢厂、采矿场等，这些物质危害植物生长。悬浮尘埃附着在叶片上，影响植物光合作用、封闭气孔阻止气体交换、降低产品质量。

5.6.2.6 酸雨(Acidrain)

就是空气中的二氧化硫(SO_2)和二氧化氮(NO_2)在阳光的作用下，形成稀硫酸和硝酸，即成为酸雨(pH 值 <5.6 的雨水)。危害植物生长，改变土壤酸碱度，影响植物对营养元素的吸收，特别是当 pH 值 <3.5 时的酸雨就会腐蚀植物表皮，损害软组织，使体内酶和叶绿体部分失活造成植物生长缓慢，光合能力降低。

5.6.2.7 其他气体污染物

其他有害的气体有硫化氢、氨、氯气、乙烯等。过量乙烯存在，危害植物，如乙烯引起金鱼草花朵早熟脱落。

5.6.3 对有害气体的监测花卉

许多有害气体在低浓度下，人尚无感觉，但有些植物却反应十分敏锐，并表现出一定症状，特别是对有些无色无嗅的剧毒气体，更难使人察觉而敏感植物可以及时反应。所以人们便利用这些对有害气体反应敏感的植物作为指示，起报警作用，有利于生态系统的安全和居住环境的健康。经调查试验发现能起报警指示作用的花卉有：

监测二氧化硫：向日葵、紫花苜蓿等。

监测氯气：百日草、波斯菊等。

监测氮氧化物：秋海棠、向日葵等。

监测臭氧：矮牵牛、丁香等。

监测大气氟：地衣类、唐菖蒲等。

监测过氧乙酰硝酸酯：早熟禾、矮牵牛等。

6 栽培设施与设备

6.1 概述

6.1.1 栽培设施与保护地的概念、意义与特点

花卉栽培设施设备是指人为创造的适宜和保护花卉正常生长发育的各种建筑与设备，主要包括温室、大棚、温床、冷床、地窖、风障与荫棚以及各种自动化设备、耕作机械、容器等。在这些栽培设施中进行花卉种植和生产的环境称为保护地，其耕作活动称为保护地栽培，也称设施栽培，属于设施农业的一部分。

利用保护地进行花卉栽培已是近代花卉商品化生产的主要方式，受到各国的重视与大力支持。因为它可以不受地区与季节的限制，集世界各气候带地区以及要求不同生态环境的奇花异草于一地，进行周年生产，满足人们生活需求和城乡园林绿化需求。例如在我国北方冬季严寒，易发生冰雪灾害，而春天又干旱多风的温带大陆性气候地区，只有利用保护地条件，才可以栽培生产终年温暖湿润的热带、亚热带的鸟巢蕨、变叶木及热带兰类的花卉。又如牡丹、芍药是典型的温带花卉，在我国大部分地区只有春秋季旺盛生长开花、结果而至酷热的夏季，基本进入半休眠状态，而在严寒冬季完全休眠。但是如今利用保护地栽培，可以使它们在不适合生长的季节里亦能生长开花，满足观赏应用的需要。所以保护地栽培与露地栽培相比有很多特点与优势。

(1)需要一定的保护设施与设备，根据当地的自然条件、栽培季节、栽培目的与资金选定设备和设施。

(2)设备设施费用大，生产费用高。

(3)不受季节和地区气候限制，可进行周年生产，但应考虑生产成本与经济效益，尽量选择耗能低，产值高，适销对路的花卉进行生产。

(4)科学地安排利用及管理保护地，可以提高单位面积产量，从而成倍增加总体产量。

(5)栽培管理技术要求严格，应该做到：①深入了解各种花卉的生物学特性与生态习性；②掌握各种花卉在不同生长发育阶段对温、光、水、营养等条件的要求及其对不适环境的抗性幅度；③对当地的气象条件及保护地周围环境条件心中有数；④了解栽培设备的性能；⑤具备熟练的栽培技术和经验；⑥要使生产与销售两环节都紧密衔接，否则积压产品不能及时销售，造成经济损失，而且空占保护地面积，影响繁殖生产计划的完成。

6.1.2　保护地栽培发展简史

早在 2000 年前，我国秦朝就有利用暖房栽培葱、韭菜供皇室御用的记载（《古文奇字》），称得上是最早的保护地栽培记载，后经汉代、隋唐宋直至清朝，都有利用温室种菜或促成花卉的栽培以供御用（《汉书·循吏传》、《帝京景物略》、《香祖笔记》等）。尤明清时期，北京花农创造的"花洞子"和"北京式土温室"即是专门用于木本花卉越冬防夏或进行促成栽培的设施。然而受当时设施条件和技术手段的限制，很难形成规模。新中国成立后，特别是改革开放以来，各种类型的保护地设施如雨后春笋，层出不穷，工业的快速发展和科技的进步为保护地栽培的兴起创造了有利条件。现在的保护地栽培早已超越早先的瓜菜花卉等园艺植物，设施类型也从简单的地膜覆盖和小拱棚发展到能自动控制光、温的大型现代化连栋温室。

纵观保护地栽培发展的历史，可以说工业的发展和科技的进步是其兴起并迅速发展的基础。例如，17 世纪玻璃在欧洲的问世，才有了荷兰最早的玻璃温室；第二次世界大战后塑料薄膜在美国的发明，带来了世界范围内设施农业的一场革命；今天的保护地栽培设施已成为世界各国用以克服不利气候条件的影响，大幅度提高花卉产量和品质，实现全年生产均衡上市的有效方式。与发达国家相比，中国保护地栽培起步较晚，20 世纪 70 年代末开始在一些大城市郊区进行以地膜覆盖、塑料拱棚和日光温室为主的保护地栽培，经过 30 多年的发展，已初具规模。

6.1.3　国内外保护地栽培的发展概况

当前，我国保护地的主要类型是中小塑料拱棚、塑料大棚、日光温室和现代大型温室。

中小塑料拱棚和塑料大棚主要用于春提前、秋延后的保温栽培，南方地区多用于夏季的遮荫栽培；日光温室用于北方地区的越冬保温栽培；现代大型温室用于各地区周年栽培。设施栽培的作物，主要是各类蔬菜、花卉、瓜果和中草药。20 世纪 80 年代中期，我国辽宁南部地区的海城、瓦房店等地，利用日光温室越冬生产蔬菜获得成功，以及以后各地农民和相关专家对日光温室的研究开发和完善提高，逐步形成节能型日光温室，并在辽宁、山东、河北、河南及西北地区迅速推广应用，为有效解决冬春新鲜蔬菜的生产和供应起了非常明显的作用，成为具有鲜明中国特色的技术。1979～1987 年，我国先后从荷兰、日本、美国、保加利亚和罗马尼亚等国引进大型连栋温室 21.2hm²。由于基本上是单纯引进设施设备，与栽培技术不配套，加之管理不善以及能耗大等问题，致使绝大部分不能正常运转，但客观上对我国温室技术的研究开发和温室工业的发展起了积极的促进作用。1995 年以来，又一次更大规模地引进国外成套温室设施与栽培技术。其中北京以示范农场、上海现代温室示范基地最为典型，不仅引进成套设施设备，同时引进配套栽培品种和管理技术。1995～2000 年，全国共引进大型现代温室近 200hm²，包括荷兰、美国、法国、以色列、日本和韩国等所有温室业发达国家的产品；引进的温室类型也包括了几乎所有温室的结构类型；

引进的地区覆盖了我国所有的不同气候类型区。从使用的情况分析，设施与品种、栽培技术配套，生产规范，能形成规模生产能力，产品产量高、品质好，但也存在对中国气候的适应性差、能耗大和运行费用高等问题。目前，我国设施栽培已进入巩固、完善、提高、再发展的比较成熟阶段。保护地栽培总体布局趋于合理，多数地区在发展中体现了以节能为中心、低投入高产出的特色，设施设备的总体水平有了明显提高，设施类型向大型化发展，小型简易设施的比例下降了28%，引进、消化吸收国外技术也促进了我国温室业的快速发展。保护地栽培的技术水平不断提高，专业品种的培育受到重视。

保护地（设施）栽培的发展在欧洲已经有100多年的历史了。荷兰农民从19世纪末就开始把玻璃盆覆盖在植物上用于透光和保温，但大规模的现代型设施农业是近年来随着农业环境工程技术的突破而迅速发展起来的一种集约化程度很高的农业生产技术。随着现代工业向农业的渗透和微电子技术的应用，集约型设施农业在美国、荷兰、日本等一些发达国家得到迅速发展，并形成了一个强大的支柱产业。近年来，世界各国发展保护地栽培主要包括以下内容：

（1）地膜覆盖栽培：目前世界大多数国家的大田所用的塑料薄膜一般厚为0.2～0.3mm的聚乙烯透明薄膜（只用1季）。地膜覆盖可以提高地温，保持土壤水分，促进有机质的分解，提高作物产量。应用地膜可使喜温作物向北推移2～4个纬度，即延长无霜期10～15天，提高旱地水分利用率30%～50%，在中、轻盐碱地上，配合营养钵育苗移栽，使棉花、玉米保苗率达80%～90%。现在已研制出吸光、抑制杂草滋生的塑料地膜，同时用生物技术正在研制可降解、无公害的生物地膜。另外，为配合地膜覆盖，已研制出铺设地膜的各种型号的覆盖机具。

（2）园艺作物的温室栽培：近代园艺作物温室栽培主要包括塑料大棚温室栽培和现代化玻璃温室栽培两类。目前世界上塑料大棚最多的国家是中国、意大利、西班牙、法国、日本等国。现代化玻璃温室主要以荷兰、日本、英国、法国、德国等国家为最多。由于这种温室可以自动控制室内的温度、湿度、灌溉、通风、二氧化碳浓度和光照，每平方米温室一年可产番茄30～50kg，黄瓜40kg，或产月季花180枝，相当于露地栽培产量的10倍以上。当前，现代化温室发展的主要问题是能源消耗大、成本高，因此近年来一些发达国家大力研究节能措施。如室内采用保温帘、双层玻璃、多层覆盖和利用太阳能等技术措施，节省能源50%左右。另外，有些国家，如美国、日本、意大利等国开始把温室建在适于喜温作物生长的温暖地区，也减少了能源消耗。

（3）温室无土栽培技术：无土栽培技术是随着温室生产发展而研究采用的一种最新栽培方式。由于它所用的基质营养液或无基质营养液中完全具有、甚至超过土壤所供给的各种营养物质，因此更有利于各类作物的生长发育。目前世界上已有100多个国家将无土栽培技术用于温室生产。

（4）植物工厂：植物工厂是继温室栽培之后发展的一种高度专业化、现代化的设施农业。它与温室生产不同点在于，完全摆脱大田生产条件下自然条件和气候的制约，应用近代先进设备，完全由人工控制环境条件，全年均衡供应农产品。目前，高效益的植物工厂在某些发达国家发展迅速，初步实现了工厂化生产蔬菜、食用菌和名贵花木等。美国正在研究利用"植物工厂"种植小麦、水稻以及进行植物组织培养和快繁、脱毒。由于这种植物工厂的作物生产环境不受外界气候等条件影响，蔬菜如生菜种苗移栽2周后，即可收获，全年收获产品20茬以上，蔬菜年产量是露地栽培的数十倍，是温室栽培的10倍以上。此外，在植物工厂可实现无土栽培，不用农药，能生产无污染的蔬菜等。目前，世界上只有28个植物工厂，由于设备投资大，耗电多(占生产成本一半以上)，因此研究降低成本是今后主要课题。

6.1.4　全球保护地栽培发展的新趋势

(1)无土栽培发展迅速：发达国家的设施栽培中，无土栽培与温室面积的比例，荷兰超过70%，加拿大超过50%，比利时达50%。

(2)覆盖材料多样化：北欧国家多用玻璃，法国等南欧国家多用塑料，美国多用聚乙烯膜双层覆盖，日本应用聚氯乙烯膜。覆盖材料的保温、透光、遮阳、光谱选择性能渐趋完善。

(3)发展温室生物防治技术：为防治温室内部的化学物质污染，发达国家重视在温室内减少农药使用量，大力发展生物防治技术。

(4)广泛建立和应用喷灌、滴灌系统：以往，发达国家灌溉是以土壤含水量或水位为依据进行喷灌管理，现在世界上正在研究以作物需水信息为依据的自动化灌溉系统。

(5)向大型方向发展：目前在农业技术先进的国家，每栋温室的面积基本上都在0.5hm² 以上。连栋温室得到普遍推广，温室的栋高在4.5m 以上，玻璃覆盖面积增大。温室空间扩大后，可进行立体栽培和便于机械化作业。

(6)向机械化、自动化方向发展：设施内部环境因素(如温度、湿度、光照度、二氧化碳浓度等)的调控由过去单因子控制向利用环境、计算机等多因子动态控制系统发展：发达国家的温室作物栽培，已普遍实现了播种、育苗、定植、管理、收获、包装、运输等作业的机械化、自动化。

6.2　温室

6.2.1　温室的意义与作用

温室是现代花卉园艺生产所必需的基本设备，可有效地控制某些环境因素，如温度、光照、湿度、二氧化碳浓度等，以生产优质的花卉产品。就盆栽花卉来说，无论气候寒冷的北美国家加拿大、美国或北欧国家丹麦、挪威，还是气候温暖的中南美国家哥伦比亚、墨西哥、波多黎各，东南亚的日本、韩国，以及非洲国家肯尼亚、津巴布韦等，为了取得经济效益，都广泛采用温室设施来生产商品花卉。发展花卉业，温室已列为先决条件，没有温室设施就很难生产出优质的盆栽花卉。如荷兰、丹麦、德国、以色列等国，其80% ~90%的盆栽花卉均是在现代化温室中栽培生产的。当前国际上温室栽培事业有三个明显的趋势，即大型化、现代化和花卉生产工厂化。大型化的优点是在结构相同的条件下，温室越大型化，温室内温度越稳定，温差小，便于机械化操作，而且造价低。温室现代化包括以下几个方面：温室结构标准化、温室环境条件调节自动化或半自动化、栽培管理机械化、栽培技术科学化。花卉生产工厂化创始于奥地利的鲁特纳栽培技术公司，1964 年他们在维也纳建成世界上第一个绿色工厂，主要种植花卉，是植物工业化连续生产线，采用三维式的光照系统，用营养液栽培，室内温度、营养液和水分的供给、二氧化碳的补充均自动检测和控制。对于花卉生产，温室能比其它任何栽培设施更好、更全面地调节和控制环境因子且生产效率高。

现代化温室一般占地面积大，常采用连栋结构。20 世纪 80 年代前常以 3000 ~ 5000m² 为一组合。90 年代后，其规模已发展成为 10000 ~ 30000 m² 为一组合。温室内安装加温、降温、加光、遮荫、通风、灌溉、施肥和二氧化碳发生器等设备，能调控温室内部环境条件，创造出盆栽花卉最佳生长发育的环境。

6.2.2　温室的类型与特点

温室是花卉栽培中最重要、应用最广泛的保护地之一，它不仅能提供适宜花卉生长发育的优良环境条件，而且对室内环境因子的调控能力与其它栽培设施相比更强、更全面，是比较完善的一种保护地类型。因各国各地的地理位置、气候条件和建筑材料等因素的不同，以及使用目的的不同，温室的类型也有多种多样。

6.2.2.1　依应用目的的分类

（1）栽培温室：以花卉生产栽培为主，建筑形式以适合于栽培需要和经济实用为原则，不注重外形美观与否。一般建筑低矮，外形简单，室内面积利用经济。如我国花卉栽培应用的各种日光温室、连栋温室等即属之。

（2）观赏温室：这种温室专供陈列观赏之用，一般建造于公园及植物园内，外形要求美观、高大。有些国家的公园中有更为宽广的温室，内有花坛、草地、水池及其他园林小品设施和装饰品供游人游览。如美国宾夕法尼亚州的长木（Longwood）花园的大温室花园、英国邱园内大观赏温室、我国近年北京植物园、上海植物园内的展览温室等均属此类温室。

（3）繁殖温室：专供大规模繁殖之用，多采用半地下式建筑，以便维持较高的湿度和温度。

（4）促成温室：专供冬春促成栽培之用，依花卉种类不同，其温室形式不一。

（5）人工气候室：一般多供科学研究用，根据需要自动调控各项环境因子指标，在国外已有大型人工气候室用于花卉生产。

6.2.2.2　依温度分类

主要依据冬季室内是否加温和需保持的温度而区分为：

（1）高温温室：最适温度为 24℃，最高 32℃，最低 18℃。主要栽培热带植物。也用于花卉的促成栽培，代替繁殖温室。

（2）中温温室：最适温度为 20℃，最高 26℃，最低 10℃。供亚热带原产的花木生长，代替温床。

（3）低温温室：最适温度为14℃，最高18℃，最低6℃。供一部分亚热带原产和大部分的常绿花木越冬使用，可供一些不耐冬的落叶宿根草花进行冬存，也可用来贮存不耐寒的球根，还可以代替冷床来扦插月季。

（4）冷室：亦称不加温温室，最适温度为6℃，最高温度为10℃，最低温度为1℃。用来保存一部分冬季不能露地越冬的盆花，如月季花、菊花老本、石榴、碧桃、蜡梅、观赏竹类以及江南原产的松柏科花木和部分桩景植物，贮存水生花卉的根以及其他耐寒性强的宿根花卉和球根花卉。

6.2.2.3 依温室建筑形式分类

温室的形式决定于观赏或生产栽培上的需要，观赏温室的建筑形式有很多，有方形、多角形、圆形、半圆形及多种复杂的形式等，尽可能满足美观上的要求，屋面也有部分采用有色玻璃的。栽培温室的形式只要求满足栽培上的需要，通常形式比较简单，基本形式有三类：

（1）单屋面温室：温室屋顶只有一向南倾斜的玻璃屋面，其北面为高墙体。此种温室阳光充足，保温性较好，造价低，一般跨度6～8m，北墙高2.7～3.5m，墙厚0.5～1.0m，顶高3.6m，通风不良，光照不均匀是其缺点。

（2）双屋面温室：多为南北延长，温室屋顶有两个相等的玻璃屋面，屋面分向东西两方，但也偶有东西延长的。屋面倾斜角度一般在28～35°之间。室内光照均匀，温室面积较大，一般跨度6～10m，但通风不良，保温性较差。

（3）不等面温室：为东西延长的温室，具有2个宽度不等的屋面，向南一面较宽，向北一面较窄，二者的比例为4:3或3:2，其一般跨度为5～8m，宜作小型温室，光照强度和通风较好，但光照不均匀，保温性不如单面温室。

（4）连栋式温室：又名连续式温室，由同一样式和相同结构的两幢以上的温室连接而成，可以采用相等的双屋面或不等屋面温室借纵向侧柱或柱网连接起来，相互通连，可以连续搭接，形成室内串通的大型温室。

上述几种多为人字形屋面温室，除此之外，还有圆拱形、尖拱形和锯齿型以及半拱状锯齿型屋面温室。尤其是半拱形锯齿型温室是新近发展起来的一种形式，其主要特点是通风良好。还有荷兰盛行的文骆型温室，即采用桁架结构，小跨屋面(3.2m)，此型温室约占该国家全体温室的85%。

6.2.2.4 依温室设置位置分类

依据温室在地面设置的位置可分为三类：

（1）地上式：室内与室外地面近于水平。

（2）半地下式：四周短墙深入地下，仅侧窗留于地面以上，这类温室保温好，室内又可维持较高的温度。

（3）地下式：仅屋顶凸出于地面，无侧窗部分，只由屋面采光，此类温室保温最好，也可保持很高的湿度；其缺点为日光不足，空气不流通，适于北方严寒地区及要求湿度大及耐荫的花卉，如蕨类植物、热带兰花等。

6.2.2.5 依建筑材料分类

（1）土温室：这种温室的特点是墙壁用泥土筑成，屋顶上面主要材料也为泥土，因而使用时间只限于北方冬季无雨季节；其他各部构造为木材，窗面最早为纸窗，目前已使用玻璃窗，北京黄土岗一带花农和菜农所建的土温室为典型代表。

（2）木结构温室：结构简单，屋架及门窗框都为木制。所用木材以坚韧耐久，不易弯曲者为佳，常用的有红松、杉木、橡树、柳桉等。使用年限依所用木材种类及养护情况而定，一般 15 ~ 20 年。木结构温室造价低，但使用几年后，温室密闭度常降低。

（3）钢结构温室：柱、屋架、门窗框均用钢材制成，坚固耐久，可建筑大型温室。用料较细，遮光面积较小，能充分利用日光。缺点是造价较高，容易生锈，由于热胀冷缩常使玻璃面破碎，一般可用 20 ~ 25 年。

（4）钢木混合结构温室：此种温室除中柱、桁条及屋架用钢材外，其他部分都为木制，由于温室主要结构应用钢材，可建较大的温室，使用年限也较久。

（5）铝合金结构温室：结构轻，强度大，门窗及温室的结合部分密闭度高，能建大型温室，使用年限很长，可用 25 ~ 30 年，但是造价高，是国际上大型现代化温室的主要结构类型之一。荷兰此种结构温室应用较多。

（6）钢铝混合结构温室：柱、屋顶等采用钢制异形管材结构，门窗框等与外界接触部分是铝合金构件。这种温室具有钢结构和铝合金结构二者的长处。造价比铝合金结构的低，是大型现代化温室较理想的结构。

6.2.3　温室的规划与设计

作为永久性保护地设施的温室建筑工程，其一次性投资，运转费用和能源消耗都远远超过了露地的生产栽培，因此，在决定建造温室之前，必须对建造的各个阶段进行周密的规划，这需要考虑以下基本要素。

6.2.3.1　场地的选择

选择温室的建设地点，主要考虑气候、地形、地质、土壤，以及水、暖、电、交通运输等条件。

（1）气候条件：气候条件是影响温室的安全与经济性的重要因素之一，它包括气温、光照、风、雪、冰雹与空气质量等。

气温　在掌握各个可能建造温室地域的气温变化过程的基础上，着重对冬季可能所需的加温以及夏季降温的能源消耗进行估算。无气温变化过程资料时，可着重对其纬度、海拔高度以及周围的海洋、山川、森林等对气温的主要影响因素进行综合分析评价。

光照　光照强度和光照时数对温室内植物的光合作用及室内温度状况有着很重要的影响。它主要受地理位置和空气质量等影响。

风　风速、风向以及风带的分布在选址时也必须加以考虑。对于主要用于冬季生产的温室或寒冷地区的温室应选择背风向阳的地带建造；全年生产的温室还应注意利用夏季的主导风向进行自然通风换气；避免在强风口或强风地带建造温室，以利于温室结构的安全；避免在冬季寒风地带建造温室，以利于冬季的保温节能。对于温室，过大的风振会影响其使用寿命。

雪　从结构上讲，雪压是温室这种轻型结构的主要荷载，特别是对排雪困难的大中型连栋温室，要避免在豪雪地区和地带建造。

雹　对普通玻璃温室的安全是至关重要的，要根据气象资料和局部地区调查研究确定冰雹的可能危害性，从而使普通玻璃温室避免建造在可能造成雹情危害的地区。

空气质量　空气质量的好坏主要取决于大气的污染程度。大气的污染物主要是臭氧、过氯乙酰硝酸酯类（PAN）以及二氧化硫、二氧化氮、氟化氢、乙烯、氨、汞蒸气等。这些由城市、工矿带来的污染分别对植物的不同生长期有严重的危害。燃烧煤的烟尘、工矿的粉尘以及土路的尘土飘落在温室上，会严重减少透入温室的光照量；寒冷天火力发电厂上空的水气云雾会造成局部的遮光。因此，在选址时，应尽量避开城市污染地区，选在造成上述污染的城镇、工矿的上风向，以及空气流通阳光充足的地带。还要注意温室附近不可有其他建筑物以及高大树木的遮荫。

（2）地形与地质条件：平坦的地形可以节省造价和便于管理，同时，同一栋温室内坡度过大会影响室内温度的均匀性，过小的地面坡度又会使温室的排水不畅，一般认为地面应有不大于 1% 的坡度为宜。要尽量避免在向北面倾斜的斜坡上建造温室群，以避免造成遮挡朝夕的阳光和加大占地面积。

对于建造玻璃温室的地址，有必要进行地质调查和勘探，避免因局部软弱带、不同承载能力地基等原因导致不均匀沉降，确保温室安全。

（3）土壤条件：对于进行有土栽培的温室，由于室内要长期高密度种植，因此对地面土壤要进行选择，选择的基本原则是：就土壤的化学性质而言，沙土储藏阳离子的能力较差，养分含量低，但是养分输送快。黏土则相反，它需要的人工总施肥量低。对于现代高密度种植作物而言需要精确而又迅速地达到施肥效果，因而选用沙土比较合适；土壤的物理性质包括土壤的团粒结构好坏、渗透排水能力快慢、土壤吸水力的大小以及土壤的透气性等，都与温室建造后的经济效益有密切的关系，选择时要选择土壤改良费用较低而产量较高的土壤。值得注意的是，排水性能不好的土壤比肥力不足的土壤更难于改良。

（4）水、电及交通

水　水量和水质也是温室选址时必须考虑的因素。虽然室内的地面蒸发和作物的叶面蒸腾比露地要小得多，然而用于灌溉、水培、供热、降温等用水的水量、水质都必须得到保证，特别是对大型温室群，这一点更为重要。要避免将温室置于污染水源的下游，同时，要有排、灌方便的水利设施。

电　对于大型温室而言，电力是必备条件之一，特别是有采暖、降温、人工光照、营养液循环系统的温室，应有可靠、稳定的电源，以保证不间断供电。

交通　温室产品如能及时运送到消费地，便可保证产品的新鲜，减少运输保鲜管理的费用。因此，温室应选择在交通便利的地方，但应避开主干道，以防车来人往，尘土污染覆盖材料。

6.2.3.2　场地的规划

建设单栋温室，只要方位正确，不必考虑场地规划，如建设温室群，就必须合理地进行温室及其辅助设施的布置，以减少占地、提高土地利用率、降低生产成本。

(1)建筑组成及布局：一定规模的温室群，除了种植区外，还必须有相应的辅助区和设施，才能保证温室的正常、安全生产。这些辅助设施主要有水暖电设施、控制室、加工区、保鲜室、消毒室、仓库以及办公休息区等。

在进行总体布置时，应优先考虑种植区的温室群，使其处于场地的采光、通风等的最佳位置。

辅助设施的仓库、锅炉房、水塔等应建在温室群的北面，以免遮阳；烟囱应布置在其主导风向的下方，以免大量烟尘飘落于覆盖材料上，影响采光；加工、保鲜区及仓库等既要保证与种植区的联系，又要便于交通运输。

(2)温室的间距：为减少占地、提高土地利用率，前后栋相邻的间距不宜过大，但必须保证在最不利情况下，不致前后遮荫为前提。

一般以冬至日中午 12:00 前排温室的阴影不影响后排采光为计算标准。纬度越高，冬至日的太阳高度角就越小，阴影就越长，前后栋间距就越大。

(3)温室的方位：在温室群总平面布置中，合理选择温室的建筑方位也是很重要的，温室的建筑方位通常与温室的造价没有关系，但是它同温室形成的光照环境的优劣以及总的经济效益都有非常密切的关系。所谓温室的建筑方位就是温室屋脊的走向，朝向为南的温室，其建筑方位为东—西。

经过分析，大致可以归纳成如下规律：对于以冬季生产为主的玻璃温室（直射光为主），以北纬 40° 为界，大于 40° 地区，以东—西方位建造为佳；相反，在小于 40° 地区则一般以北—南方位建造为宜。对于东—西方位的玻璃温室，为了增加上午的光照，以利于植物在光合作用强度较高的时段的需要，建议将朝向略向东偏转 5°~10° 为宜。

6.2.4 温室的主要构件与屋面材料

6.2.4.1 温室内的主要构件组成

柱 用于温室立柱的断面形状主要有圆管、矩形方管、C 型钢或工字钢等开口断面。

圆拱与拱架 圆拱也可用封闭的或开口的断面形状制成。

天沟 天沟是温室最重要的构件之一。它作为纵向结构构件起支撑作用，应能排泄走所有雨水，并且其强度应至少满足 2 名工人站在天沟中部进行覆盖材料的安装与检修等。天沟的长度为 3~5m。塑料温室的天沟一般用热浸镀锌钢板制成，有的小跨屋面（如：Venlo 型）温室采用挤压成型的铝材天沟。非常简易的木结构温室则主要用塑料天沟。

基础 基础是连接结构与地基的构件，它必须将全部重力、吸力和倾覆荷载，如风、雪和作物荷载等安全地传到地基。基础底部应低于冻土层，并应设置在原状土层平面上，而不能设在填充土上。基础底面的大小和深度应根据温室的尺寸和土壤条件而定，最小深度为低于自然地面 600mm。基础之间的安装尺寸及水平面上的准确性将影响温室上部结构总体装配过程的简易程度和装配速度。

预制基础底座是很好的方案，因为就砼和钢筋的质量而言，要准确地按照标准要求来制作基础是不可能的。另一方案就不太好，它是将镀锌钢材构件的底部插入基础墩里，再用砼现浇上部基础。

在安置基础时，非常重要的一点是沿天沟方向要有 1%～2% 的坡度；而在垂直天沟方向，其坡度应尽可能为 0，最大坡度不应超过 2%。

对天沟较长的温室，在地平上设置基础的坡度为从中间向两端方向逐渐降低。

结构节点　一个结构框架的强度只等同于其最弱的节点的强度，所以就连接方法和自身的连接强度而言对所有构件的连接都必须有合适的连接件。真正使温室坚固和安全的是不同结构节点的设计与施工质量。有些节点是由焊接而成，但主要节点应用螺栓和螺丝将各连接构件相互连接在一起。

6.2.4.2　温室屋面的常用覆盖材料

温室结构的主要目的是固定覆盖材料。因此，覆盖材料及其特性是整栋温室中最重要的部件之一。理想的覆盖材料应是透光量大、能阻止向外的热损失、坚固耐用、尽可能便于安装且价格便宜。由于不同的作物对环境的要求不同，因而不同的覆盖材料将对不同的作物起作用。

（1）玻璃：在大多数气候寒冷的国家，玻璃仍然是常用的覆盖材料。大块玻璃的生产供给使得结构的遮荫率降低，同时也减少了安装费用。荷兰温室有的使用了从屋檐到屋脊的整块大玻璃。

玻璃具有如下优点：极好的透光率（约 90%）；较优的热阻和隔紫外线能力、耐磨、寿命可达 25 年；热胀冷缩系数低；取材方便。其缺点为：抗撞性能低（钢化玻璃例外）；价格高（材料＋密封）；重量大；易被打破，且破裂以后不容易清理。

（2）聚乙烯（PE）薄膜：在气候适中的国家，聚乙烯是最常见的温室覆盖材料。其普遍应用的原因，首先是价格低；其次，它可用于大量的简易结构温室。

在 PE 膜开始发展的阶段，PE 膜的寿命很短，根据其开始盖棚时间的不同，大约能维持 7～9 个月。现在的 PE 膜已完全改变，其性能已大大改进。目前生产的 PE 膜厚度在 100 到 250μm 之间，用在屋顶上预计寿命可达 4 年。PE 膜的幅宽可达 16m，长度任意。PE 膜的最大缺点是，有风时，PE 膜不容易固定，铺在屋顶上缺乏可靠的安全性。

（3）多层编织的聚乙烯膜：这种覆盖材料是由聚乙烯经拉丝、并像地毯一样编织而成的新产品，其表面有一很薄的保护层。该材料很结实，强度几乎要比普通膜高出 20 倍。其透光率为 80% 左右，价格大约是普通膜的 3～4 倍。

P.E. 较难制成这种材料，且不像普通 P.E. 膜那样好拉伸。不过在另一方面，它结实得足可抵御强风，甚至轻微拍打。该材料生产的幅宽为 2m，因此，为了满足屋顶所需要的适宜宽度，它必须焊接。一般这种材料的保用期为 3 年。

（4）增强型聚氯乙烯薄膜：作为一种基本材料的聚氯乙烯（PVC），它具有与玻璃及其它良好材料类似的优良特性。普通清洁的 PVC 膜约有 85% 的透光率，但就膨胀和施工安装性能而言，性能较差。正是由于这个原因，在温暖气候里薄膜变松驰，如遇到风就可能被吹坏。新的增强型 PVC 膜实际上是由一聚酯材料织成的网，网的两侧再覆盖上普通的 PVC 而成。该网坚实，防止了薄膜的膨胀，并确保了材料的总体强度。一个中等身材的工人可以在这种覆盖材料上行走。

（5）PVC 透明板：波形 PVC 板也是一种用于覆盖温室的硬质塑料。其最大问题是，耐高温性能较差。

（6）聚碳酸酯板：聚碳酸酯是目前塑料应用中最先进的聚合物之一。聚碳酸酯具有各种性能相结合的特点：强度、透光率、弹性、自重轻、透明、温度适应范围宽等。板的制造是采用改进的共挤成型技术，这可以将紫外线保护层结合进产品中。该保护层不起皮，不变皱，不产生裂缝或磨损。该板在高温下也能保持其透光度。硬质、透明的波纹状聚碳酸酯板，其可见光透光率达 89%；可完全阻挡有害的紫外线辐射；对远红外有高吸收率；重量轻；因此易于安装。对透光率有 10 年的保证期；对冰雹危害也有单独的保证。

6.2.5　温室环境的调控及其设施

6.2.5.1　保温加温系统

提高温室保温性能，减少散热量，常通过使用光透射率高的覆盖材料，以提高光的透射率，经常清洁覆盖面；也常用地表覆盖来减少土壤的蒸发量和作物的蒸腾量；还可在门窗上覆盖保温性的草帘、保温帘等。现代大型温室多配有保温幕系统（由吸湿性好的合成纤维无纺布制成）水平铺在屋架下或沿四周装主墙保温幕，保温性好，可节省能源消耗达 24% 以上。温室的加温设施随着温室的规模扩大发展很快，主要的加温设备有锅炉加温和燃油、燃气加温。锅炉加温常在煤炭资源比较充足的国家和地区使用较为普遍。燃油燃气加温，在欧洲发达国家如荷兰、丹麦使用十分普遍。目前，我国使用燃油热风机加温的温室逐年增多，但冬季加温费用明显高于燃煤供热。温室加温方式可分为热水加温、蒸汽加温、热风加温、电热加温和红外线加温等。

（1）热水加温：热水加温一般用于大型现代化温室和冬季寒冷的北方地区，其加温设备相当于北方的供暖设施。需建造锅炉房，采用大型锅炉，将水加热至 60 ~ 80℃，再由热水管道将热量带到温室内。冷却后的水再由管道送入锅炉继续加热，循环使用。此方式加热缓和，余热多，停机后保温性好，但因使用大量管道造价昂贵。

（2）蒸汽加温：蒸汽加温一般用于大型现代化温室和冬季寒冷的北方地区，其加温设备类似于热水加温，不同的是锅炉产生的 100 ~ 110℃ 的蒸汽由管道送入温室，蒸汽冷却后形成的蒸馏水则排出室外。此方式余热时间短、余热少，停机后保温性差，也因使用大量管道而一次性投入较大。

（3）热风加温：热风加温多用于中小型温室和我国中南部地区（低纬度地区临时加温）。一般使用燃油热风机产生热量，由风机将热量通过悬空或铺设在温室内的塑料薄膜或帆布风道送到温室各处。此方式加热快，停机后几乎无保温性，使用方便，但使用成本高。我国深圳鲜花公司即使用此方法加热。

（4）电热线加温：将专用的电热线铺设在栽培基质中，使地温提高，具有装撤容易、热效率高的特点。利用控温器可进行较精确的控温，多用于苗床，但用电量大，且电热线使用寿命短；电热线的规格较多，常见的为每根 60 ~ 160m 长，400 ~ 1100W；电热线铺设在地面以下 10cm 深处，线间隔 12 ~ 18cm，中间可稀些，边缘应密些；长江以南冬季温室每平方米铺设 80 ~ 110W 的电热线，可使地温提高15 ~ 25℃。

电热加温和红外线加温一般用于温室面积较小、但对温度控制较严格的科研或教学温室。北方地区传统上使用炉道加温，但因燃料的热量利用率低、易污染环境而被逐渐淘汰。

6.2.5.2 降温系统

除遮荫网能起到一定降温作用外，温室内降温设备主要还有微雾系统和湿帘系统。

（1）微雾：采用水分快速蒸发带走热量的降温原理，经特制的铜管件由高压喷出雾化程度非常高的小雾滴（粒度约 0.015mm），在雾滴尚未落至地面即已蒸发，从而达到降温效果，可降温 4 ~ 10℃。微雾系统的缺陷在于造成空气湿度过大而引发病害，以及影响人工操作。

（2）湿帘：由湿帘和风机两部分构成。湿帘（纸质蜂窝结构）一般安装在北墙，风机安装在南墙。在封闭的温室环境内，风机开启后将温室内空气排出室外使室内形成负压，同时水泵向湿帘供水，这样湿帘外的空气由于温室内的负压进入温室，在穿过湿帘缝隙过程中与冷水进行热交换，变成冷空气后进入室内，与室内空气进行热交换后被风机排出室外，从而达到降温的目的。

我国夏季大部分地区气温偏高，直接影响盆栽花卉的正常生长发育，不少花卉种类因明显不适应而死亡或暂时处于休眠状态。为此，降温系统在我国大部分地区已成为温室必备的设备。也可采用室外装置喷雾和遮阳网、加大顶面的开张度等方法来降低室内温度。由湿帘系统降温温室内湿度不会过大，用水量小并且可以回收利用，可降温 3 ~ 8℃，从湿帘到风机的距离（一般不超过 50m）有一个温度梯度，湿帘附近的温度要比风机附近温度低 1 ~ 3℃。

6.2.5.3 控光系统

主要用于温室内花卉生产过程中的遮荫、遮光和加光。

（1）遮荫：温室遮荫设备分外遮荫和内遮荫。其主要功能是减弱太阳光的强度和降低温室温度。一般外遮荫的遮荫、降温效果较好，但造价较高且易损耗，有台风影响地区不适用；相比之下内遮荫造价较低，使用寿命较长，但降温效果不如外遮荫。外遮荫受日晒雨淋影响易老化，因此多选用结实耐用材料。理想的材料分上下两层，外层向阳面为铝箔（具有反射紫外线作用），内层为黑网。遮荫网以聚烯烃树脂为主要原料，并加入防老化剂和各种色料，经拉丝编织而成。是一种轻量化、高强度、耐老化的网状新型农用塑料覆盖材料。遮荫网覆盖栽培，具有遮光、调湿、保墒、防暴雨、防大风、防冻、防病虫鼠鸟害等多种功效。遮荫网有75%和45%等几种不同的遮光率，高遮光率的适宜于强阴性花卉如大部分的蕨类植物、阴性花卉如兰科花卉上使用；全天候覆盖的，宜选用遮光率低于40%的网，或黑灰配色网，如大多数的室内观叶植物。商品遮荫（阳）网的遮荫率和幅宽有多种规格，可根据需要选择使用。遮荫（阳）网的开闭机构分为钢丝绳牵引和齿条牵引，相比较而言齿条牵引下遮荫网平直而且耐用，但是造价较高。

（2）遮光：目前许多短日照类型的盆栽花卉如菊花、一品红等，在长日照条件下栽培，应用遮光的方法来缩短光照，达到提前开花的目的。最常用的办法是采用不透明黑色塑料布或黑色棉布加工的遮光罩。覆盖时间一般根据盆栽花卉种类而定。

（3）加光：主要用于长日照条件下开花的种类，如蒲包花、小苍兰等，通过加光处理可提早开花。另外，冬季雨雪天光照不足，可采用人工加光促使盆花正常生长和开花。如仙客来、比利时杜鹃、非洲紫罗兰等在加光设施下提早开花。根据不同作物的生长需要，以及生产者对花期调控的要求等，为温室配置加光设备，主要有高压钠灯、白炽灯等。

内遮阳

外遮阳

6.2.5.4　灌溉系统

现代化温室中，盆栽花卉灌溉的方式主要有以下 2 种：

（1）滴灌：在欧美现代化温室中广泛采用，用细小的塑料管一端连接小喷头和固定器，另一端连接在总管上，总管与供水管联结，用定时器或电脑控制。其优点是效率高，不冲击栽培基质，节水，不易传播病害。但费用高，主要用于盆栽的仙客来、一品红、月季、比利时杜鹃和非洲紫罗兰等。

（2）毛细管吸水装置：在欧美常用于现代化温室的活动花框中，花框为长方形的铝制成，规格有 1.2m×3.6m 或 1.5m×6m，框边高 11～12cm。框底垫人造纤维，盆钵排放在人造纤维上，通过毛细管作用，水从底孔或侧孔进入盆内。这种设备一次性投资大，但工作效率极高。

6.2.5.5　通风系统

主要用于调控温室内空气湿度，避免空气湿度过高或过低，保证花卉健壮生长。

温室的通风设备主要有顶窗、侧窗、排风扇及循环风扇。其功能是使温室内外空气互换，增加室内空气循环流动而降低空气湿度。

顶窗、侧窗的形式及启闭方式因温室类型的不同而异。玻璃温室一般采用电动齿轮齿条推拉式开闭；薄膜温室多采用卷膜机上下卷动薄膜开闭。排风扇放置或固定在温室夏季背风一侧的墙面或窗口。循环风扇则按一定的方向安装在温室内的半空中。为提高温室内空气湿度可以在室内修贮水池；装配人工喷雾设备，室内人工降雨；也可在室外屋顶喷水或者淋水（为节约水，最好能回收循环使用）。

温室侧开窗

循环风机

6.3　塑料大棚与荫棚

6.3.1　塑料大棚

塑料大棚是一种比较简易的保护地设施，起初多用于蔬菜栽培，近年来在花卉生产中被广泛使用，可以用来代替温床、冷床，甚至代替低温温室。

6.3.1.1　塑料大棚的种类

目前应用的塑料大棚有两类：

（1）固定式塑料大棚：用钢管作骨架，其上覆盖一层塑料薄膜。骨架可长期固定使用，不需拆卸，薄膜需每 1～2 年更换一次。单栋塑料大棚的面积一般在 $180m^2$ 左右，生产上多将 3～5 栋连为一体。

（2）简易式塑料大棚：利用轻便材料如竹竿、钢筋等做成半圆形支架，然后罩上塑料薄膜，就成了简易式塑料大棚。这种塑料棚多作为扦插繁殖、花卉的促成栽培、盆花的越冬等使用。露地草花的防霜防寒，也多就地架设这种塑料棚，用后即可拆除，十分方便。

塑料大棚由于塑料薄膜具有良好的透光性，白天可使地温提高 3℃ 左右，夜间气温下降时，又因塑料薄膜具有不透气性，可减少热气的散发起到保温作用。在春季气温回升昼夜温差大时，塑料大棚的增温效果更为明显。如早春在大棚内栽培月季、唐菖蒲、晚香玉等，可比露地提早 15～30 天开花，晚秋时花期又可延长 1 个月。由于塑料大棚建造简单，耐用，保温，透光，气密性能好，成本低廉，拆装方便，适于大面积生产等特点，近几年来，在花卉生产中已被广泛应用，并取得了良好的经济效益。

6.3.1.2　棚膜的种类及性能

目前生产上常用于覆盖塑料大棚的薄膜有以下三种：

（1）聚氯乙烯薄膜：这种薄膜具有透光性能好，保温性强，耐酸，扩张力强，质地软，易于铺盖等特点，是我国园艺生产使用最广泛的一种覆盖材料。厚度以 0.075～0.1mm 为标准规格，而大型连幢式的大棚则多采用 0.13mm，宽度以 180cm 为标准规格，也有宽幅为 230～270cm。其缺点是易吸附尘土。

（2）聚乙烯薄膜：这种薄膜具有透光性好，附着尘土少，不爱粘连，耐农药性能强，价格比聚氯乙烯薄膜低的优点。但缺点是夜间保温性能较差，扩张力、延伸力也不如聚氯乙烯，于直射光下的耐照性也比聚氯乙烯的 1/2 还低，所以聚乙烯薄膜多用在温室里做双重保温幕，在外面使用时则多用于可短期收获的作物的小棚上。但在欧洲各国主要使用这种塑料薄膜，厚度在 0.2mm 以上。

（3）醋酸乙烯薄膜：其特点是质地强韧，不易污染，耐药，不变质，无毒，耐气候性强（冬不变硬，夏不粘连），热黏合容易，加工方便，是较理想的覆盖材料。

6.3.2　荫棚

荫棚是花卉栽培中的重要设施，有临时性和永久性两类。按高度分成三类：①高荫棚：3m 以上，适宜大型观叶植物；②中荫棚：2.0～2.5m，主要用于温室花卉越夏；③低荫棚：1m 左右，主要用于嫩枝扦插。荫棚遮荫材料有：苇帘、遮荫网等。

6.3.2.1　荫棚在花卉栽培中的应用

不少温室花卉种类属于半阴性的，如观叶植物、兰花等，不耐夏季温室内的高温，一般均于夏季移出室外，在遮荫条件下培养；夏季的嫩枝扦插、播种、上盆或分株植物的缓苗期，均需要遮荫。因此，荫棚是花卉栽培必不可少的设备。荫棚下具有避免日光直射、降低温度、增加湿度、减少蒸发等特点，给夏季的花卉生长创造了适宜的环境。

6.3.2.2　荫棚的类型和结构

荫棚的种类和形式大致分为临时性和永久性两种。

（1）临时性荫棚：除放置越夏的温室花卉外，还可用于露地繁殖床和一些切花栽培，如紫菀、菊花等。荫棚一般都采用东西向延长，高 2.5m，宽 6～7m，每隔 3m 立柱一根。为了避免上下午的阳光从东或西侧照射到荫棚内，在东西两端还要设遮荫帘，将竿子斜架于末端的桩上，覆以苇秆或苇帘，或将棚顶所盖的苇帘延长下来。注意遮荫帘下缘应距地 60cm 左右，以利通风。棚内地面要平整，最好铺些细煤渣或瓜子片（一种不规则的细小石料），以利排水，下雨时又可减少泥水溅污枝叶或花盆。放置花盆时，要注意通风良好，管理方便，植株高矮有序，略喜光者置于南缘。在荫棚中，视跨度大小可沿东西向留 1～2 条通道，路旁埋设若干水缸以供浇水。北京黄土岗一带花农搭设临时性荫棚的方法是：于 5 月上中旬架设，秋凉时逐渐拆除。组架由木材、竹材等构成，上面铺设苇秆或苇帘，再用细竹材夹住，用麻绳及细铁丝捆扎。

（2）永久性荫棚：用于温室花卉和兰花栽培，在江南地区还常用于杜鹃等喜阴性植物的栽培。形状与临时性荫棚相同，但骨架用铁管或水泥柱构成。铁管直径为 3～5cm，其基部固定于混凝土中，棚架上覆盖苇帘、竹帘或板条等遮荫材料。板条荫棚常用宽 5cm、厚 1cm 的木条，间距 5cm，固定于棚架上，其遮荫程度约为 50%。有的地方采用葡萄、凌霄、蔷薇等攀缘植物作荫棚，颇为实用美观，但要经常进行疏剪以调整蔽荫程度。

6.4 其他设施

6.4.1 冷床与温床

6.4.1.1 冷床与温床的功用

(1)春季播种露地须在晚霜停止后才可进行，利用冷床与温床，可在晚霜前三四十天播种，以提前花期，又可以延长花期，一年生花卉利用较多。

(2)利用冷床与温床可以进行促成栽培。如球根花卉水仙、百合、风信子、郁金香等通常在冬季利用冷床进行促成栽培。

(3)一些在北方冬季露地不能越冬的二年生花卉可以在冷床与温床中秋播，以越过冬季。

(4)在长江流域地区一些耐寒性较强的盆花如天竺葵、小苍兰、万年青、芦荟、天门冬以及盆栽灌木花卉，在冷床中保护越冬。

(5)早期在温室或温床育成之苗，在移植露地之前，事先移于冷床中，给予锻炼（硬化）。

(6)夏季天气炎热时间，可利用冷床进行扦插，通常在6~7月间进行。

6.4.1.2 结构与组成

冷床与温床的结构组成主要由土墙（包括后墙和东西山墙）、前屋面、后屋面、覆盖物（包括透明覆盖物和不透明覆盖物）四部分组成。具有较大的空间和比较良好的采光和保温性能。跨度一般在2.5~3m，后墙高度为1m左右。是一种白天利用太阳光增温，夜间利用覆盖物保温防寒的园艺设施，现在使用较少。下图为酿热温床结构示意图。

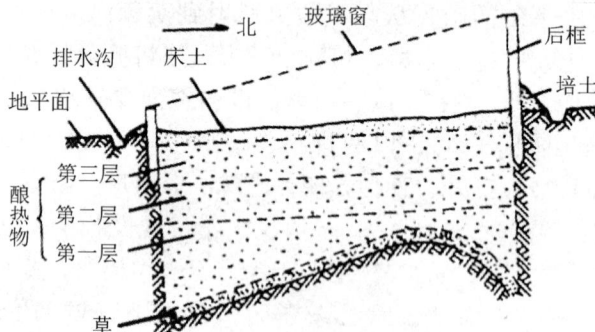

酿热温床结构示意图

6.4.2 地膜覆盖

地膜覆盖是利用很薄的塑料薄膜（厚度为0.005~0.015mm）覆盖于地面或近地面的一种简易栽培方式。

6.4.2.1 地膜的种类

（1）普通地膜：包括高压低密度聚乙烯（LDPE）地膜，地膜厚度 0.012 ~ 0.016mm，常用幅度为 70 ~ 100cm，每亩用量 7 ~ 8kg；低压高密度聚乙烯（HDPE）地膜，地膜厚度 0.008 ~ 0.010mm，每亩用量 4 ~ 5kg。

（2）特殊地膜：

黑色地膜：厚度 0.01 ~ 0.03mm，绿色地膜：厚 0.01 ~ 0.015mm，都可有效地防除杂草。银灰色地膜：厚度 0.015 ~ 0.02mm，可有效地驱避蚜虫和白粉虱，拒病毒病的发生。黑白双色地膜：由黑色地膜和乳白色地膜两层复合而成，厚 0.02 ~ 0.025mm，每亩用量 10kg，覆盖时，乳白色一面向上，有增加反光的作用；黑色一面向下，可降低地温同时防止杂草生长。银黑双面膜：由银灰和黑色地膜复合而成，厚 0.02 ~ 0.025mm，每亩用量 10kg。覆盖时，银灰色膜向上，黑色膜向下，具有反光、避蚜、防病毒病、降低地温等作用；还有具有特殊功能的除草地膜、降解地膜等。

6.4.2.2 地膜的覆盖方式

地膜的覆盖方式很多，大体可分为地表覆盖、近地面覆盖和地面双覆盖等类型。地表覆盖是将地膜紧贴垄面或畦面覆盖，主要形式是高畦覆盖。近地面覆盖是将塑料地膜覆盖于地表之上，形成一定的栽培空间，包括沟畦覆盖、拱架覆盖。地膜双覆盖是将地表覆盖和近地面覆盖相结合的地膜覆盖方式，不仅可以提高地温，而且可以提高苗期空间的气温。

6.4.2.3 地膜覆盖的技术要求

地膜覆盖的整地、施肥、作畦、盖膜要连续作业，不失时机，以保持土壤水分，提高地温。在整地时，要深翻细耙，打碎坷垃，保证盖膜质量。畦面要平整细碎，以便使地膜覆盖能紧贴地面，不漏风，四周压土充分而牢固。灌水沟不可过窄，以利灌水。作畦时要施足有机肥和必要的化肥。同时，后期要适当追肥，以防后期作物缺肥早衰。在膜下软管滴灌或微喷灌的条件下，畦面可稍宽、稍高；若采用沟灌，则灌水沟要稍宽。地膜覆盖虽能比露地减少灌水大约 1/3，但每次灌水量要充足，不宜小水勤灌。如遇后期高温或土壤干旱而无灌溉条件，影响作物生育及产量时，应及时揭膜或划破，以充分利用降雨，确保后期产量。残存土中的旧膜，会污染环境，影响下茬作物的耕作和生长，因此应及时用人工或机械清除干净。

地膜覆盖

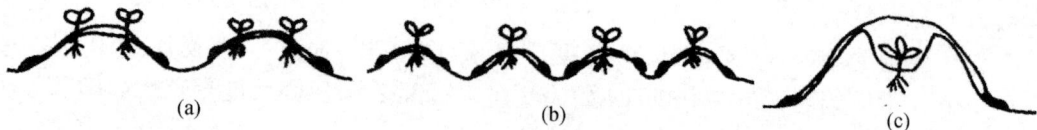

地膜覆盖的几种方式：a. 高畦覆盖　b. 高垄覆盖　c. 改良地膜覆盖

6.5　各类种植容器

6.5.1　传统种植容器

（1）素烧盆：又称瓦盆，以黏土烧制，有红盆和灰盆两种。特点：质地粗糙，排水良好，空气流通，价格低廉，有盆边，盆底有排水孔。但其缺点是重量大，易损坏，搬运不便，且消耗泥土资源。

规格：口径大小在我国通常用尺寸来表示，最小口径为2寸，最大不超过1.5尺，一般最常用的盆其口径约与盆高相等。但栽培种类不同要求盆的深度不一，如杜鹃盆、球根盆较浅，牡丹盆与蔷薇盆较深。

（2）陶瓷盆：为上釉盆，常有彩色绘画，外形美观，适合室内装饰之用。缺点是水分、空气流通不良，对植物栽培不适宜。形状有圆形、方形、菱形、六角形等式样。

（3）木盆：宜用质地坚硬而不易腐烂者如红松、栗、杉木、柏木等，且外形涂以油漆，既防腐又美观，内部涂以环烷酸铜借以防腐，盆底无排水孔。

（4）水养盆：专用于水生花卉盆栽之用，盆底无排水孔，盆面宽大而较浅。球根水养用盆多为陶制或瓷制的浅盆，如水仙盆和风信子瓶。

（5）兰盆：专用于气生兰及附生蕨类植物之栽培。特点：盆壁有各种形状的空洞，以便流通空气，亦常用木条制成各种各样的兰筐以代兰盆。盆景用盆：深浅不一，形式多样，常为瓷盆或陶盆，山水盆景用盆为特制的浅盘，以石盘为上品。

（6）纸盆：仅供培养幼苗之用。

（7）塑料盆：优点是轻便不易破碎，易储藏，便于运输。缺点是水分、空气不流通，有硬质和软质两种，硬质多用于观赏栽培，软质仅用于育苗，一般不作观赏栽

瓦盆

兰盆

紫砂盆

陶瓷盆

塑料盆

水养盆

培用。

（8）紫砂盆：以江苏宜兴产为最佳，是我国独有的工艺产品，驰名中外，既精美又有微弱的透气性，多用来养护室内名贵的中小型盆花，或栽植树桩盆景用。

6.5.2　现代种植容器

（1）穴盘：穴盘育苗所使用的穴盘有聚苯乙烯或聚氨酯泡沫塑料和黑色聚氯乙烯吸塑两种，穴孔数有 50 孔、72 孔、128 孔、200 孔、288 孔等多种规格。穴盘外形尺寸一般长 54.4cm、宽 27.9cm、穴孔深 3.5～5.5cm。主要用于花卉播种育苗或扦插。根据花卉种子的大小选择穴盘规格，一般草花播种育苗常用 128 或 288 穴盘。

（2）营养钵：营养钵（又称育苗钵、育苗杯、育秧盆、营养杯），其质地多为塑料，纸杯多用于育种、育苗，花盆多用于温室种植。营养钵常见有黑色与无色近透明两类，规格以口径与高度而定，一般育苗用 6.5cm × 6.5cm，草花栽培常用 10cm ×12cm、10cm × 10cm 等，根据不同花卉种类进行选择使用。营养钵质轻、价廉，便于运输，现在生产上广泛使用。

穴盘

（3）种植槽：种植槽主要用于花卉无土栽培，用于盛放栽培基质或盆栽花卉，形状大小可以根据所栽培的花卉生长所需的空间而定，槽底部有一可以开闭的排水孔，肥水可以通过栽培槽向花盆底部渗灌。常与潮汐式灌溉配合使用。

营养钵

种植槽

造型种植槽

（4）塑胶盆：塑胶盆是盆花现代化规模生产常用的种植容器之一，可分为硬质塑胶盆和软质塑胶盆。目前盆花生产用塑胶盆的规格齐全，具质量轻、易储藏、便于运输等优点。硬质塑胶盆一般体积不大，轻便美观，色彩鲜艳，多用于观赏栽培，软质塑胶盆仅用于室内观叶植物的育苗，一般不作观赏栽培之用。有些花卉根系对光线较为敏感，选择的花盆壁厚以手持花盆对光看不见手指为度，一般以褐色、棕色为多。

潮汐式灌溉栽植槽

（5）素烧盆：素烧盆即泥瓦盆，是最常用的传统种植容器，可分为红盆和灰盆两种。有各种规格，最小的直径约10cm，一般为14~33cm，大的达39~59cm。素烧盆通气排水性能良好，有利于植株生长，广泛用于小苗的培育与成苗的培养。这种花盆不足之处是粗糙，所以培养成品苗时应尽量采用小一些的盆，以便在室内陈列装饰时放置于略大一点的套盆内，弥补其不足。但素烧盆质量大、易损坏、搬运不便及浪费泥土资源问题，已完全不能适应现代化规模生产的需求。

（6）装饰盆：主要用于花卉成品的展示和摆放。种类和规格也多种多样。传统的有紫砂盆、釉盆、木盆等，目前塑料制品不断出现，大小、形状各异的盆器品种规格层出不穷，还有悬挂和挂壁式的花盆和花钵。此外，还有供装饰用的各种材料制作的套盆，如玻璃缸套盆、藤制品套具、不锈钢套具等，这类盆套美观大方，可增添华丽多彩的气氛。但仅供观赏陈列用，不作生产栽培使用。

6.6　花卉栽培的排灌系统

6.6.1　水源

根据取水来源的不同，可以将水源分成湖泊水、沟渠水、自来水、地下水、雨水等。水质对花卉生产至关重要。花卉栽培要求水源稳定、取水方便、水质无污染（包括没有被污染的危险）。

6.6.2　给水系统

根据不同的取水源，所配备的给水管道繁简有异。除自来水外，一般采用水泵加PVC管材组成供水系统。根据使用面积及用水量大小来选用水泵，例如 $2hm^2$ 温室水压需达到4kg左右。水泵至少配备两台，其中一台作为备用。大型温室在使用多台水泵时还可配备变频器，将水压稳定控制在所需范围，既可节约用电，也可方便管理，达到自动控制效果。

进水管选用直径90mm管，出水管主管道选用 50~75mm 管，支管选用 16~25mm 管。

使用湖泊水等含杂质较多的水源还要考虑在水泵后面加装过滤系统。

6.6.3　排水系统

可采用温室内地面铺石子、黄沙等渗水材料，温室外围开排水沟进行排水。

当前大部分苗圃将废水（含有肥料和农药的水）直接排放到外围的沟渠，这样既浪费水资源，又污染环境。目前有一种较先进的水肥回收利用的方式，即潮汐式灌溉系统，其节能高效，但需配有繁复的管道系统及庞大的蓄水池。

6.6.4　常用灌溉设备

生产中常用的灌溉设备除有自走式浇水车外，还有喷灌、滴灌、潮汐式灌溉、手工浇水工具等。

6.6.4.1　喷灌系统

喷灌系统有很多种类，喷头的种类更是多种多样。喷灌多用于大面积粗放化管理，如苗圃、大型绿地、草坪等的管理。工作效率高，但用水量大。

（1）喷灌系统分类：喷灌系统分固定式、移动式和半固定式三类。①固定式喷灌系统除竖管（也叫立管）外，干管、支管都埋于地下，并有固定的泵房、水泵、动力机等。这种喷灌系统投资较高，但管理比较方便。②移动式喷灌系统其所有管道都可移动作业（包括水泵与动力机），同一套喷灌系统可在不同田块移动作业，因此单位面积投资较低，其缺点是管理操作劳动强度较大。③半固定式喷灌系统枢纽和主干管固定，支管和竖管可移动作业，半固定式的优缺点介于前两者之间。

（2）喷头的类型喷头按工作压力分有低压、中压和高压三种。①低压喷头的工作压力小于 20kPa 的喷头，常用于小型苗圃、城市中的绿地，花坛；②中压喷头的工作压力为 200～500kPa，一般喷灌都用此喷头；③高压喷头工作压力大于 500kPa。目前用得较多的国产喷头有 ZY 型、PY 型、PYS 型等。

6.6.4.2 滴灌

滴灌是通过安装在毛管上的滴头、孔口或滴灌带等灌水器将水一滴一滴地、均匀而又缓慢地滴入作物根区附近土壤中的灌水形式。由于滴水流量小，水滴缓慢入土，因而在滴灌条件下除紧靠滴头下面的土壤水分处于饱和状态外，其他部位的土壤水分均处于非饱和状态，土壤水分主要借助毛管张力作用入渗和扩散。滴灌的最大优点是节水，而其最大缺点就是滴头出流孔口小，流速低，容易堵塞。堵塞又可分为物理堵塞、化学堵塞和生物堵塞。滴灌又可以分为以下几种形式：

（1）固定式地面滴灌：一般是将毛管和滴头都固定布置在地面（干、支管一般埋在地下），整个灌水季节都不移动，毛管用量大，造价与固定式喷灌相近，其优点是节省劳力，由于布置在地面，施工简单而且便于发现问题（如滴头堵塞、管道破裂、接头漏水等），但是毛管直接受太阳暴晒，老化快，而且对其他农艺操作有影响，还容易受到人为的破坏。

（2）半固定式地面滴灌：为降低单位面积投资，只将干管和支管固定埋在田间，而毛管及滴头都是可以根据轮灌需要移动。投资仅为固定式的 50%～70%。这样就增加了移动毛管的劳力，而且易于损坏。

（3）膜下滴灌：在地膜栽培作物的田块，将滴灌毛管布置在地膜下面，这样可充分发挥滴灌的优点，不仅克服了铺盖地膜后灌水的困难，而且大大减少地面无效蒸发。

（4）地下滴灌：是将滴灌干、支、毛管和滴头全部埋入地下，这可以大大减少对其他耕作的干扰，避免人为的破坏，避免太阳的辐射，减慢老化，延长使用寿命。其缺点是不容易发现系统的事故，如不作妥善处理，滴头易受土壤或根系堵塞。

6.6.4.3 滴箭系统

是滴灌的一个引申，跟滴灌固定的滴孔相比具有一定的灵活性。滴箭系统由 1 个压力补偿式滴头、1 个四通、4 根软管和 4 个箭头组成。只要压力足够，可增加三通来增加分支，最多可用到 12 个分支。具有稳流流道，在压力变化的情况下可以保持流量稳定。安装方便，抗堵塞，使用寿命长。各花盆灌水量均匀，控制精确。移动方便，可根据植物的稀疏来调节滴箭的位置。操作简单，拆装更换方便，系统运行安全。配有堵头，不用时可堵住，并不影响系统正常工作。滴箭使用过程中注意每次施肥后用清水多滴几分钟，以免有杂质沉积造成管道堵塞。滴箭系统主要用于温室内的盆花、无土栽培和立体栽培。

6.6.4.4 潮汐式灌溉

建造跟游泳池类似的浅水泥池，保证水平一致和密闭不漏水。将盆栽花卉放置在池底。需要灌溉时，通过泵将配置好的水肥注入水池，作物通过盆钵底部渗透吸水。待植物吸足水分后，将多余的水肥从排水管道回收后再利用。

潮汐式灌溉优点，如水肥可循环使用，节省资源；造价跟苗床差不多，但比苗床更好管理；节省人工；灌溉均匀一致；环境干净卫生，作物叶面一直保持干燥，少病害等。

潮汐式灌溉，对水肥回收处理的要求特别高。必须有良好的水处理系统和循环系统。

6.6.4.5　手工浇水

最简单、原始的灌溉方式，在水管末端接喷杆和喷头，直接喷淋在作物根部的灌溉方式。需要设备少，操作方便，但对水的利用率低，灌溉的均匀程度完全取决于操作者的技能水平。

7 花卉的繁殖

花卉的繁殖是指花卉繁衍后代，增加个体数量，扩大群体并延续种族的过程，也是种质资源保存的手段。花卉繁殖是育种和生产的基础和保证。花卉的繁殖有多种类型，一种花卉也可以采用几种不同的繁殖方法。概括起来，有以下几类：

（1）有性繁殖（sexual propagation）：又称种子繁殖（seed propagation）。是指通过有性生殖获得种子，并经种子萌发培育新个体的过程，它是种子植物特有的、主要的自然繁殖方式。用种子繁殖产生的个体称为播种苗或实生苗。种子繁殖有如下特点：

①种子来源多，采、运、贮方便，可大量繁殖，成本低；

②实生苗根系发达，生长旺盛，对逆境适应性强，寿命长；

③实生苗发育迟，要经过幼年阶段才能进入成年阶段，开花结果（如玉簪需2~3年，牡丹4~5年，桂花10年才能开花结果）。

④实生苗的遗传信息来自双亲，有基因的分离重组过程，能产生较大的分离和变异，可从中选育新的品种类型；

⑤实生苗变异较大，常不能保持亲本原有特性。如龙爪槐播种繁殖则产生国槐，半重瓣的榆叶梅经播种后出现单瓣花。故种子繁殖不适于观赏价值较高的花卉。

⑥一些危险性病毒不侵染种子，因此可培育成不带病毒的实生苗。

（2）无性繁殖（asexual propagation）：又称营养繁殖（vegetative propagation）。是指利用植物营养器官（根、茎、叶等）的一部分繁殖新个体的过程。它不涉及性细胞的融合，无性繁殖的后代群体称无性系或营养系。

无性繁殖有扦插繁殖（cutting）、嫁接繁殖（grafting）、分生繁殖（division）、压条繁殖（layering）等类型。其特点为：保持母本所有性状，后代一致性高；后代生长发育没有幼年阶段，开花结实早；繁殖系数小；根系浅，抗逆性差，寿命短（实生苗嫁接者除外）；长期无性繁殖的植株，生长势弱，易感染病毒，品质逐渐退化；容易产生花色、花型、叶形、叶色的变异，且发生变异的植株较易发现。

（3）孢子繁殖（spore propagation）：观赏蕨类的繁殖方式之一。孢子是蕨类植物在孢子囊中经减数分裂形成的，本身不经历有性过程，但孢子萌发后通过精卵结合产生新个体。故孢子繁殖既有别于有性繁殖和无性繁殖，又具有有性繁殖繁殖系数大、生长健壮、寿命长及无性繁殖保持母本特性的优点。

（4）组织培养（tissue culture propagation）：又称微繁。指在无菌条件下，采用培养基、控制培养条件，将植物体细胞或组织、器官的一部分，进行诱导分化，从而高速增殖形成新植株。不仅营养体可以进行组培快繁，胚珠、胚、子房、种子及孢子均可通过组培繁殖后代。组培的优点是繁殖系数高，在短期内可获得大量个体，可培育脱毒苗。因此，组培在花卉种苗商品化生产中发展较快。

7.1 播种繁殖

7.1.1 种实的类型及特性

7.1.1.1 种实的类型

种子是种子植物特有的繁殖器官，在花卉生产中，常将具有单粒种子而又不开裂的果实也称作种子，统称种实。花卉种子的形状各异，特色突出。有弯月形（如金盏菊）、地雷形（如紫茉莉）、披针形（孔雀草）、扁平圆形（新铁炮百合）等。见下图。

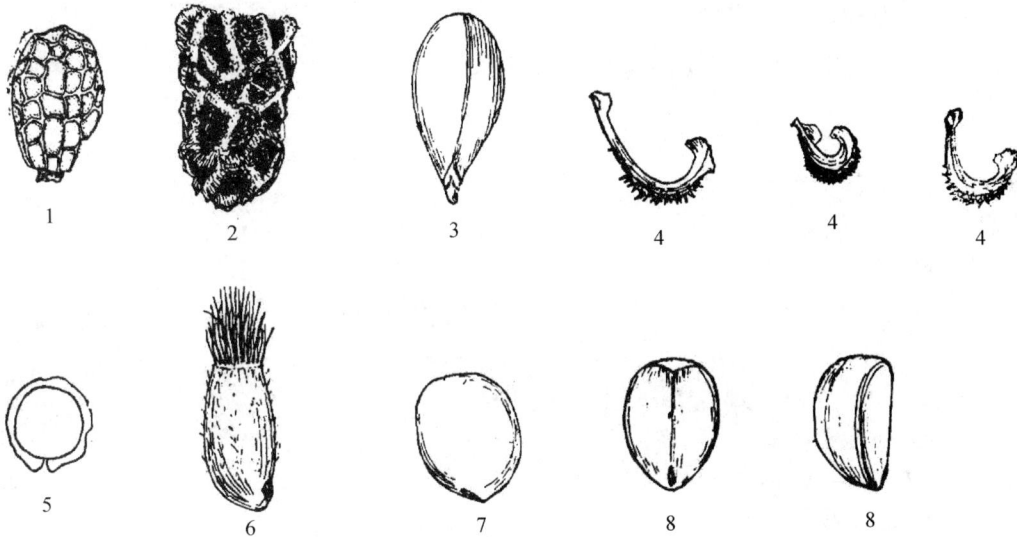

几种花卉种实形状

1. 秋海棠：椭圆形，表面具网眼；2. 金鱼草：广卵形，上端平截，表面具网眼；3. 三色堇：倒卵形；
4. 金盏菊：半月形、环形、船形；5. 紫罗兰：扁平圆形，具白色膜质边；6. 矢车菊：长圆形，具冠毛；
7. 牡丹：椭圆形至圆形；8. 牵牛：三棱状卵形

（1）按粒径（grain diameter）大小分类（以长轴为准）

①大粒种实：粒径 5.0mm 以上者，如牵牛、金莲花、香豌豆、牡丹、芍药、紫茉莉等。

②中粒种实：粒径 2.0～5.0mm 之间者，如黄秋葵、一串红、凤仙花、紫罗兰、五色椒、矢车菊等。

③小粒种实：粒径 1.0～2.0mm 之间者，如三色堇、鸡冠花、半支莲、松叶菊、报春花、长春花等。

④微粒种实：粒径 0.9mm 以下，如矮牵牛、大岩桐、四季秋海棠、柳穿鱼、兰科花卉的种子等。

（2）按千粒重（weight per 1000 grains）分类

①大粒种实：>700g，如南洋杉、牡丹、芍药等。

②中粒种实：3～700g，如晚香玉、波斯菊、牵牛花、茑萝等。

③小粒种实：<3g，如矮牵牛、大岩桐、三色堇等。

（3）按种实形态分

①干果类：果实成熟时果皮呈干燥的状态。按果皮开裂与否又分裂果和不裂果两类。裂果包括蒴果、菁葖果、荚果和角果等，成熟时种皮开裂有利于散出种子，如水金凤、黄秋葵、紫薇、白玉兰、二月蓝等；不裂果包括瘦果（棣棠、月季）、坚果（如榛、板栗）、分果、颖果（如毛竹）、翅果（如鸡爪槭、白蜡等）。

②肉质果类：果皮肉质，一般不开裂，成熟后自然脱落并逐渐腐烂的类型。常见的有梨果，如贴梗海棠、海棠花；核果，如梅、杏；浆果，如天门冬、石榴、君子兰；柑果，如金橘等；假果：如红豆杉等。

③球果类：指针叶树的果实，大多数果实成熟后自然干燥开裂，种子可脱出，如白皮松、华山松等。

（4）按种实表皮特性分

①种实表面无附属物的：虞美人、矮牵牛、鸡冠花、石碱花、芍药、石竹、金鱼草等。

②种实坚厚的（硬实种子）：牡丹、美人蕉、荷花、香豌豆等。

③种实有毛、刺、尾、翅等附属物的：白头翁、柳兰、槭属、鹤望兰、蒲公英等。

④种实被蜡、胶质的：乌桕、棕榈等。

（5）按种实寿命分类

①短命种子：寿命在3年内。常见于以下植物的种子：原产于高温高湿地区无休眠期的植物；水生植物；子叶肥大、种子含水量高的；种子在早春成熟的多年生观赏植物。如报春属、秋海棠类、天门冬属、棕榈科、天南星科、睡莲科（除荷花）、菊科等；

②中寿种子：寿命3～15年。大多数观赏植物属此类；

③长寿种子：寿命15～100年或更长。如：荷花、美人蕉、部分锦葵科植物的种子。

（6）按种子萌发对光照的要求分类

①嫌光性种子（light-inhibited seed）：必须在黑暗条件下萌发或萌发更好的种子。

②喜/好光性种子（lightseed）：又称需光性种子，须在光照条件下萌发或萌发更好的种子。

表7-1　不同花卉种子对光照的需求

喜光性种子	秋海棠、非洲菊、洋凤仙、洋桔梗、花烟草、矮牵牛、四季报春、毛地黄、藿香蓟、香雪球、四季海棠、凤仙花、雏菊、彩叶草、风铃草、康乃馨、大金菊、银边翠、茴香等
嫌光性种子	黑种草、仙客来、福禄考、报春花、金鱼草、蔓长春花、金盏菊、鸡冠花、万寿菊、孔雀草、牵牛花、三色堇、天竺葵、美女樱、香堇、百日草等
不敏光种子	翠菊、小花紫薇、石竹、千日红、满天星、麦秆菊、彩虹菊、白晶菊等

（7）按种子加工处理分类

为适应机械化、快速、均匀播种的需要，常对各类种子进行不同的加工处理。这类种子不耐储藏，应尽快播种。

①包衣种子：在种子外部喷一层较薄的含杀菌剂、杀虫剂、植物生长调节剂、荧光颜料，但不改变种子形状的涂料，使种子在播种机中易流动，由于颜色鲜艳，能提高播种准确度，并更易在穴盘中检查发芽率。如凤仙花、万寿菊、大丽菊、毛茛等种子。

②丸粒化种子或球形种子：对颗粒小，肉眼难以识别的微粒种子，在种子外部包裹一层涂料（同包衣种子），使之增大变成色彩鲜艳的球形，增加种子的大小和均匀度，有利于播种机操作，如：四季秋海棠、矮牵牛、藿香蓟、草原龙胆、雪叶莲、雏菊、五星花、角堇、大岩桐等的种子常作这样的处理。这类种子不耐挤压，多采用充气包装或小塑料袋包装。

③脱化种子：对具毛、刺、翅、尾等附属物的种子的附属物进行脱除处理后的种子。如去尾的万寿菊、孔雀草，脱毛的鹤望兰、脱翼的藿香蓟、花毛茛等的种子。

④水化种子：指经过渗透性调控处理的种子。通过渗透液激活与发芽有关的代谢活动，同时预防种子过早萌发。播种前要干至水化前状况，再播种。

⑤育苗种子：指经过催芽处理，已长出胚根的种子。与水化种子的区别主要在于育苗种子跨越了发芽期的第一个阶段。

⑥预发芽种子：经过预发芽处理，种子内部新陈代谢开始，处在胚根长出之前状态的种子。这类种子发芽率高，发芽整齐。但储藏时间短，应在播种前购买。

⑦精选种子：指经过清洁、分级、刻划及其他处理以提高种子质量及播种苗长势的种子。如羽扇豆、文竹、鹤望兰的种子大，种皮厚，刻划后可提早发芽，千日红、勋章菊、补血草、天人菊的种子则需经过清洁处理。

7.1.1.2 种实的特性

适宜种子繁殖的花卉通常应同时具有如下特点：能产生种子、种子量大且较易获得；种子易萌发，生长快，播种至开花时间短；实生苗能基本保持母本的特性或杂交组合所决定的特性。一、二年生花卉以种子繁殖最多，一些宿根花卉及常作一、二年生栽培的多年生花卉也常以此法繁殖，在花卉育种中，也常用种子繁殖，从中选育符合育种目标的后代。

7.1.2 影响种子萌发的因素

7.1.2.1 种子自身的生理条件

（1）种子质量：质量高的种子发芽快，种苗健壮。影响种子质量的因素有：种子发育不全或未成熟即采收，采收时种子受伤，种子储藏环境不良或储藏时间过长等因素都会影响种子的内在质量。

（2）休眠：自然休眠的种子即使在环境适合的条件下也不会发芽。

7.1.2.2 外部环境

种子萌发除了自身质量外，还需具备适宜的外在条件，部分花卉种子对光照有特殊要求，休眠的种子则需打破休眠才能萌发。但水、温、气是影响种子萌发最主要的外因。

（1）水分：种子只有吸水膨胀、氧气进入后，呼吸作用增强，才能促进细胞内各种酶的催化反应及胚的代谢活动，使蛋白质、淀粉等储藏物质分解、转化，从不溶解状态变为溶解状态，从而得以吸收利用。

不同花卉种子萌发时所需吸水量不同，吸水能力也有差异。这取决于种实性质、种皮透性、基质温度及可利用水。蛋白质含量高的种子，需吸收较多的水分，而脂肪含量高的种子则相反。胚乳中水分含量高的种子，吸水量少，如文殊兰、美人蕉、香豌豆等的种子。硬实类种子，则应在播种前进行种皮刻伤，以促进其吸水，对具附属物的种子，如万寿菊、白头翁、鹤望兰等需除去附属物。

种子吸水能力还受基质特性的影响，基质中盐分过高，水分的渗透性差，会阻碍发芽，水分过多易导致缺氧，造成无氧呼吸，出现烂种、烂根和烂芽现象。保持水分均匀一致的主要方法有：经常或连续供水，如喷雾系统；用适宜密度的基质，并适当压紧使其与种子接触；表面覆盖。

表 7-2　种子发芽对水分的要求

水分条件	花 卉 品 种
喜干	翠菊、金盏菊、金鸡菊、波斯菊、大丽花、勋章菊、福禄考、美女樱、百日草、飞燕草
中等	藿香蓟、香雪球、康乃馨、鸡冠花、彩叶草、金毛菊、石竹、银叶菊、天竺葵、羽衣甘蓝、千日红、嫣红蔓、洋桔梗、六倍利、孔雀草、花烟草、辣椒、番茄、矮牵牛、虞美人、半支莲、报春花、金鱼草、紫罗兰、一串红
喜湿	秋海棠、洋凤仙、三色堇、花毛茛、长春花、大岩桐、角堇、仙客来

（2）温度：种子萌发时，内部的生理、生化变化都需在一定温度下由酶参与催化才能进行。适宜的温度促使种子迅速萌发，过高或过低的温度阻碍萌发的进行。通常，花卉种实的萌发适温比其生育适温高 3~5℃。不同花卉种子萌发适宜温度不同，通常原产热带的花卉需要温度较高，亚热带次之，而原产温带地区的花卉种子则需一定的低温处理，打破休眠后才能萌发。多数种子所需最低温度为 0~5℃，低于此温度就不能萌发；最高温度为 35~40℃，高于此温度也不能萌发，最适温度为 20~30℃，最低温度、最适温度和最高温度是种子萌发的三基点温度，也是适时播种的主要依据。王莲在 30~35℃ 的水温条件下，经 10~21 天萌发，而原产欧洲东北部的花毛茛，播种适温为 7~15℃，超过 20℃ 则不发芽，大多数草本花卉，播种适温为 20~25℃。

（3）氧气：种子萌发过程中所需能量均来自呼吸作用，种子只有吸入氧气，把储藏的能量物质逐步氧化分解，生成二氧化碳和水，才能释放能量，供各种生理活动利用。而萌发时呼吸强度增大，需氧量增加，如此时供氧量不足，正常的代谢活动受阻，将影响胚的生长。因此在浸种、催芽、播种过程中必须保证充分的氧气供应。一般说来，氧气的吸收与种子内部代谢活动成正比。

二氧化碳是呼吸作用的产物，若通气不良，积聚的二氧化碳会在一定程度上阻碍种子发芽。

（4）光照：一些花卉种实萌发时需要有光照或进行遮光处理。即前文提及的喜光性或嫌光性种子。尽管大多数花卉种实的萌发对光照要求不严格，但对有光照要求的种子在播种时应考虑其对光照的好恶来决定覆土与否。

7.1.3 播种时期

播种时期的确定是花卉生产的关键一步。它直接影响着花卉产品的出售期，特别在花卉迅速发展，设施栽培普遍应用的前提下，由于环境条件可以人为控制，周年都可以播种，那么如何根据花卉生长周期和生物学特性确定最适播种期，也是制定生产计划首先必须考虑的问题。此外还要考虑种子的寿命、耐寒性、解除休眠和萌发所需环境条件等几个方面。

一般长命种子可根据生产的需要随时确定播种期。而含水量大、生命力弱、失水后即丧失发芽力或不易储藏的短命种子宜随采随播。原产热带或亚热带的花卉，种子成熟时及以后的高温高湿条件均适于种子发芽与幼苗生长，种子大多无休眠期，干燥或储藏会使发芽力丧失，这类种子也宜采后即播，如朱顶红、马蹄莲、君子兰、四季海棠等。

7.1.3.1 春播

一年生花卉在一年内完成生活史，耐寒力差，晚霜和早霜都易造成危害。原则上一般在春季晚霜后，平均气温已稳定在种子发芽最低温及以上时播种。我国南方约在2月下旬至3月上旬，中原地区约在3月中旬至下旬，华北、西北地区通常在3月下旬至4月中旬，东北、内蒙古地区就更晚了，一般在4月下旬左右进行。但要根据当时当地的具体情况、气候条件来确定适宜起止时间。

春播的优点：从播种到出苗时间短，可减少园地管理；春季土壤湿润、不板结，气温适宜、种子出苗整齐；幼苗出土后温度逐渐升高，可避免低温和霜冻的危害，并减少种子被鸟、兽、虫、病和牲畜危害。春季适当早播对生长期短或干旱地区尤为重要，可延长生长期，在炎夏到来之前木质化，增强抗病、抗旱能力，提高产量和质量。但对晚霜危害较敏感的种类，则不宜早播。

7.1.3.2 秋播

二年生花卉耐寒性较强，种子萌发适温一般较低，幼苗需经过春化作用才有利于其开花，故常秋季播种。秋播也便于冬季储藏。我国中原地区秋播适期在8月下旬至9月上旬，华北地区可提前至8月中旬至9月上旬。南方较迟，可在9月下旬至10月上旬。有些花卉为调控花期，也采用秋播，如9月中下旬播蛇目菊，10月中旬移至冷库，次年4月中下旬即可开药供"五一"用花。

秋播的优点：种子在圃中通过休眠期，完成播种前的催芽阶段，翌春幼苗出土早而整齐，延长了苗木生长期，幼苗生长健壮，抗寒能力强，不仅省去了种子储藏和催芽处理环节，又减缓了春季劳力紧张的矛盾。但要注意防止早霜危害。

7.1.3.3 夏播

适于夏季成熟，不宜久藏，需随采随播，无春化要求的种子，如朱顶红等；或出于花期调控的需要于此时播种。如三色堇7月播种，可于"十一"前后开花，翠雀（矮生品种)7月播种，9~10月开花；瓜叶菊的早花品种，于6~7月播种，10月定植后给予长日照，12月中下旬可开花，供圣诞、元旦用花，夏播的草花，应选择耐高温的品种。夏季土壤水分蒸发快，表土易干，不利种子发芽。故宜雨后播种或播前灌水，使底水充分浇透。播后保持土壤湿润，降低地表温度，有利于幼苗生长，并在早霜来临前充分木质化。

7.1.3.4 根据生物学特性和出售时间确定播种期

宿根花卉中耐寒性较强的种类，除冬季外，均可播种；而耐寒性较差的常绿宿根花卉宜春播，或种子成熟后即播种。芍药、鸢尾、飞燕草需低温和湿润条件解除休眠，因此宜秋播，也可人工破除休眠后春季播种。一些种皮无渗水性和生理休眠较长的种子，也可夏播，借土壤菌类腐蚀种皮，增强种子吸水力，缩短或破除种子休眠。

花卉的露地播种，由于受环境条件限制，不能完全做到根据市场需求决定播种期，因此，现代花卉生产中常在保护地播种，根据上市时间和花卉生长周期确定最适播种期。

7.1.4 播种方法

7.1.4.1 播前处理

由于种子特性不同，为达到"快、齐、全、匀、壮"的出苗目的，播种前对种子进行处理是必要的。常用方法有：针对不同的种子和造成发芽迟缓的原因，人为调控其外部环境条件，以利胚的萌发。

（1）水浸种：对普通种子来说，播前用水浸泡可软化种皮，使种子充分吸水膨胀，取出阴干后播种。浸种的水温和时间，因花卉种类而异，一般30℃以下浸泡，过夜即可，若用热水浸种必须充分搅拌，使种子受热均匀。如珍珠梅、金莲花、翠菊、一串红、半枝莲、君子兰、天门冬等。

（2）化学处理

①增加种皮透性：对于种皮厚而坚硬的种子，用硫酸、盐酸、氢氧化钠、溴化钾溶液浸泡，增加透性，吸水快，提早发芽。浸泡时种皮变得像纸一样薄时，即停止处理。常用95%的浓硫酸和10%氢氧化钠处理，浸后种子必须用流水冲洗干净。海棠用300~500ppm的溴化钾浸1~2天，可缩短发芽时间，且发芽旺盛。

②打破种子休眠：许多花卉有种子休眠现象，可通过化学药剂处理打破。如已生根的紫牡丹、黄牡丹的种子，在一定温度下用赤霉素处理可打破其上胚轴休眠，显著促进地上部分萌发；用50mg/L赤霉素溶液浸泡洋桔梗种子24小时，可以打破其休眠，促进萌发。

③杀菌消毒：化学药剂浸种处理花卉种子、球茎等，防治种传、土传病害和系统性病害有良好效果。处理后要把种子贮藏于密封的仓库或房间中24小时后才能播种，且浸种后需要干燥。

目前用于花卉种子消毒处理的化学药剂有：甲基托布津、福尔马林、高锰酸钾等等。用甲基托布津50%或70%的可湿性粉剂拌种，可防治苗期病害，如金盏菊、瓜叶菊和白粉病、樱草灰霉病、兰花、万年青的炭疽病、鸡冠花褐斑病和百日草黑斑病等。但甲基托布津不宜长期连续使用，可与其他药剂轮换，但不得与多菌灵转换使用。拌种时可以用聚乙烯醇作粘着剂。不同浓度的硫酸铜、高锰酸钾溶液浸种适用于多数园林植物的种子的消毒处理。

（3）物理方法：种皮障碍引起萌发困难的种子，可用刻伤、挫伤或用砂纸摩擦种皮等方法，注意不要碰伤胚。种子量较大时，则需用机械进行，如美人蕉、荷花等。有些种子被蜡或胶质，可用草木灰浸出液浸种，揉搓去除。或用90℃热水浸泡，自然冷却，也可使之软化、吸水。

（4）层积处理：将种子与含水15%左右的干净河沙（或泥炭、蛭石及风化后的锯屑）按1:3重量比混合，于0~10℃条件下储藏1~4个月。储藏前24小时将沙子（或其他基质）湿润。储藏过程中定期检查，沙子（或其他基质）应保持湿润，层积处理有助于降低脱落酸等发芽抑制物的含量，促进发芽。如牡丹、鸢尾、蔷薇类的种子常于秋季种子采收后用此法处理，第2年早春播种，发芽整齐迅速。

（5）混合处理：对一些种皮坚硬、渗透性差的种子，可采用物理和化学处理相结合的方法，对休眠较深，不易打破的种子，也可采用低湿沙藏和暖湿条件交替处理的方法，大花黄牡丹的种子在一定温度下结合赤霉素进行沙藏层积处理，胚根很快萌出，之后改变温度继续处理，上胚轴休眠很快就打破。

7.1.4.2 播种方法

（1）常规播种

①播种方法：根据具体情况采用不同方法。依种子大小、幼苗生长习性和苗床条件不同，有撒播、条播和点播三种。

撒播：适用于播种量较大的小粒种子。播时将种子均匀撒在苗床上，为使播种均匀，播前与适量细沙混合均匀。撒播操作容易，出苗量大，但幼苗较密集，通风差，不利于幼苗生长和松土除草等操作。

条播：适用于中、小粒种子。播种时按一定行距开沟，将种子播于沟中，操作时多用开沟器，行距的大小和沟的宽窄根据幼苗生长快慢决定。一般行距10~15cm。小粒种子条播时，也应与适量细沙混均匀后进行。

为便于管理，提高产量，目前生产上常用宽幅条播（12~20cm左右）。条播通风光照条件好，苗木生产较健壮，便于操作。

点播：适用大中粒和发芽势强的种子，以木本花卉种子居多。播种时按一定行距开沟，再将种子按一定株距摆于沟内，或按一定株行距挖穴播种。播时要注意种胚方向，便于胚根直接伸入土壤。

点播苗通风透光条件好、生长壮，不需间苗，但操作不及上述两者简便。若种子不萌发易造成缺株。

而播种量的多少与种子质量、大小、栽培条件和管理技术有关。种子质量高，土壤肥沃，环境条件适宜或管理技术水平高者则播种宜稀疏。

②覆土：好光性种子播后不宜覆土，小粒种子不覆土或用细沙、锯木、腐殖土等覆盖。大中粒种子覆土厚度为种子直径2~4倍。一般大粒种子覆土比中小粒厚，沙质土比黏土厚，干旱地区比湿润地区厚，覆土要求均匀一致。

③镇压：可使种子与土壤紧密结合，有利于充分吸收土壤水分。但湿润或土壤黏质的情况则不宜镇压。

④浇水：播后不宜大量浇水，否则容易冲刷种子，影响出苗质量。应在播种前1~2 天将苗床浇 1~2 次透水，播种后少量喷水即可。

根据播种苗床的不同，有床播(bed seeding)和盆播(pot seeding)，有些花卉种类，由于主根较直，伤根后生长不易恢复，不耐移栽，常将花卉种子直接播于盆器内或应用处不再移植。如羽扇豆、茑萝、牵牛花等；而二月蓝、波斯菊等生长快，管理粗放，植株较小，可直接播于园林绿地中。直播时通常点播或稀条播、撒播。播前耕地，除尽杂草并施基肥。生长期注意除草、浇水及病虫害防治。

(2)现代化播种育苗(见第八章第二节花卉种苗的生产与管理)。

7.2　分生繁殖

分生繁殖是将植物体自然分生的幼植物体(如根蘖、吸芽、珠芽等)，或植物营养器官的一部分(如走茎及变态茎等)与母株分离或分割，易地栽植而形成独立生活的新植株的繁殖方法。

7.2.1　分生繁殖的特点和类型

利用植物具有自我繁殖能力的特性来增加个体数目即分生繁殖。分生繁殖的后代能保持母株的性状，方法简便，易于操作，成苗快。但繁殖系数低，不能适应快速繁殖、大面积花卉栽培的需要。

7.2.1.1　分株繁殖的类型

(1)分株(crown division)：将植株根部或根颈部产生的带根萌蘖从母株上切割下来栽植，培育成独立的新植株的方法。宿根花卉、蕨类、观赏草和丛生的花灌木易产生根蘖，多用此法繁殖。如芍药、文竹、萱草、玉簪、苔草类、蜀葵、宿根福禄考等。生产上为促使多发根蘖，于休眠期或发芽前将母株树冠投影外围的部分骨干根切断或创伤，生长期保证充分的水肥供应，促使根蘖旺盛生长发根。

分株繁殖

分株时分离的子株必须带根、根颈和 2~3 个芽。栽培子株时，根颈部切勿埋入土中过深。

(2)吸芽(offset)：一些植物根际或地上茎的叶腋间自然发生的短缩、肥厚呈莲座状的短枝。

吸芽能自然生根，自母株分离后即可栽植。生产上也常割伤根部促发吸芽，也可将叶腋中产生的未生根的吸芽经人工培育成完整植株。芦荟、景天、拟石莲花、长生草等在根际处着生吸芽，凤梨地上茎的叶腋处也着生吸芽，均可分离繁殖。

（3）珠芽（bulblet）和零余子（tubercle）：珠芽是球根花卉特有的现象。植株地上部分产生球形的吸芽，即珠芽。如卷丹、鳞茎百合、疏花百合等百合属植物常在叶腋处产生珠芽，葱属大花葱、天蓝花葱等在花序上着生珠芽。珠芽落地可自然生根，故成熟后应及时采收，并立即播种。珠芽繁殖的植株，一般需2~3年才能开花，但能保持母本特性。若珠芽呈鳞茎或块茎状，则称零余子，如薯蓣类。

长生草的吸芽　　　　卷丹的珠芽

（4）走茎（runner）：从叶丛和匍匐茎（stolon）中抽生出的茎，节间较长，其上开花，花后在其顶端及节的部位生叶、发根形成新的植株，如吊兰等。匍匐茎与走茎类似，但节间短，横走于地面并在节上基部发根，上部发芽，切离母株后形成新植株。如虎耳草、草莓及禾本科植物野牛草、狗牙根等。

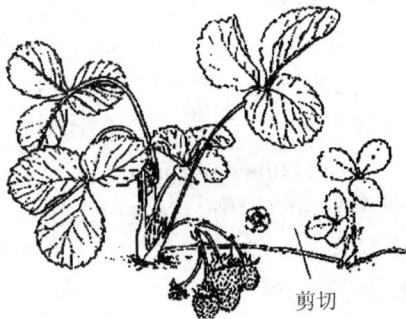

吊兰（左）走茎与草莓的匍匐茎繁殖

（5）根茎（rhizome）：根茎与地上茎一样，有节、节间、退化鳞叶、顶芽和腋芽。但根茎通常肥大，呈粗而长的根状。根茎的节能形成不定根，并发生侧芽而分枝，继而形成新植株。但自然状态下不能与母株分离，需人工切断。分离的子株要带2~3个芽（节）。可用根茎繁殖的花卉种类有：美人蕉、香蒲、铃兰、紫菀、姜花、鸢尾（根茎类）、矮牡丹、一叶兰、萱草、铁线蕨、竹等。观赏草中禾本科的血草（*Imperata cylindrica*）地下根茎十分发达，常在春季分株。

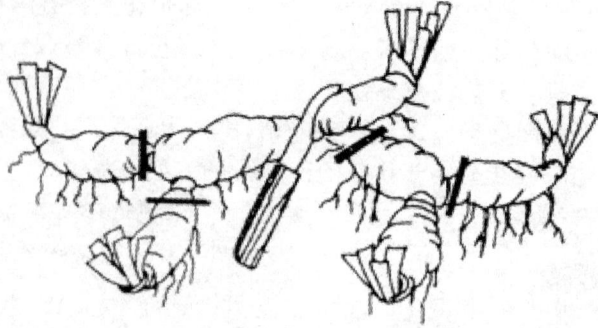

根茎繁殖(根茎类鸢尾)

（6）球茎（corm）：球茎是茎轴基部膨大的部分。外形短缩肥厚呈扁圆形，具顶芽、环状节和节间，节上有退化的膜、叶及侧芽。老球萌发后在基部萌发新球，新球旁又可再生子球。子、新、老球更替依不同植物而异，繁殖时将新球和子球从母球上掰下即可种植。也可将母球切割成块，每块附1~2个芽，另行栽植。常见球茎类花卉有唐菖蒲、小苍兰、番红花、狒狒花、秋水仙、慈姑等。

（7）鳞茎（bulb）：由肥厚多汁的鳞片、叶和短缩的茎节组成，鳞茎顶端抽生花茎，腋芽中自然形成许多子鳞茎，可进行分生繁殖。鳞片中储藏丰富的有机质和水分，可以度过不良的气候条件。依有无外皮膜的包裹，鳞茎可分为有皮鳞茎和无皮鳞茎。前者如郁金香、风信子、水仙、朱顶红，后者如百合、贝母。

（8）块茎（tuber）：由地下茎肥大变态形成，多为不规则的块状，外部没有薄膜状变态叶包裹，根系自块茎底部发生，芽仅着生于顶部附近。表面也分布一些芽眼可生侧芽。块茎类花卉有2种繁殖方式，一类由于没有自然分球特性，需播种繁殖，如仙客来、大岩桐等；另一类则通过自然分生或人工切块繁殖，每块带一个或几个芽或芽眼，每块25~50g，过小不利于生长。如银莲花和花叶芋等。另外，秋海棠在叶腋间也能形成小的地上块茎，秋季采收后储藏，春季种植。

（9）块根（tuberous，root tuber）：由不定根或侧根不规则增粗、肥大形成，块根上没有节和节间的结构，芽集中于块根顶端的根颈部位。故分割时根颈须具2~3个芽，才能繁殖成功。这类花卉主要有大丽花、银莲花、花毛茛等。

7.2.1.2　繁殖适期

对分株繁殖的花卉来说，分株时间依种类而定。

一般春季开花类宜秋季落叶后（10~11月）分株，如芍药、牡丹需秋季分株，"春季分芍药，到老不开花"、"七芍药，八牡丹"，都是针对其繁殖时期说的。而夏秋开花类在早春萌芽前（3~4月）分株，如萱草、玉簪等。鸢尾要在花后分株。

对暖季型观赏草来讲，生长季节均可进行，但春季是最佳分株时期，当地上部分尚未萌动时进行，这时植株的损失小。冷季性观赏草，以秋季和早春分株最好，时间不宜太迟，让新植株有充分的时间生长，以积累足够的营养越冬。特别是暖季型草，在华北地区不要晚于8月。生长季节分株要尽量避免在炎热的夏季进行。

7.2.1.3　繁殖方法

分株繁殖易于操作，只须用手或锋利的刀片将从母株分生出来的幼植体分离开

来，另行栽植即可。对具根茎、球茎、鳞茎、块根、块茎的球根花卉来说，则有分割
小球和切割母球两种方式。母球切割时，刀片要锋利，每切割一次可蘸一次酒精和福
尔马林的混合液消毒，切口也要涂抹硫磺粉或草木灰，以防病菌感染，然后再行
栽植。

分割小球

芽

分割母球（唐菖蒲）

除上面介绍的方法外，球根花卉还有以下繁殖方法：

（1）割伤繁殖：在球根花卉中，具鳞茎的种类也可用底盘割伤法繁殖（basal cut-
tage），根据切割方法和部位不同，分为刻伤（notching，scoring，cross cutting）法、半去
心法（scooping）、伤心法（boring）等。

刻伤法：从鳞茎底盘到生长点进行米字或十字形深切，时间在 7 月份的高温季
节，切后在较高的湿度下风干切口，5~8 天后置于凉爽湿润的室内，到 8 月份就可
以形成子球。10 月下旬将母球和子球定植，次年可得到 15~20 个子球，这些子球
3~4 年后可开花。鳞茎周长 15cm 时进行十字切割，18cm 以上时进行米字切割。风
信子和朱顶红可采用此法。

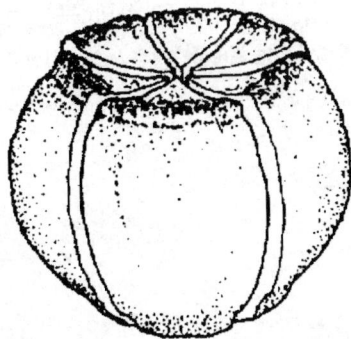

刻伤法

半去心法：将鳞茎的底盘全部镟掉，镟除深度到主芽受伤即可，过深或过浅均降低子球形成率。此法繁殖系数高，一次可得到较多的子球，3~4 年后可开花。

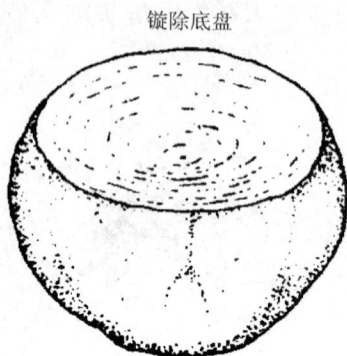

镟除底盘

半去心法

伤心法：用打孔器从鳞茎的底部作 7mm 左右的圆形刻伤，伤口的边缘可以分化出子球，这样繁殖出来的子球数量不多，但 1~2 年即可开花。

(2)高温处理繁殖法：用于风信子。通过高温处理抑制鳞茎的顶端优势，诱发异常分球。7 月下旬选择球周径 16cm 以上的大球，用 43℃ 处理 4 天后可见子球形成。高温处理法可以提高繁殖率，还可以防止黄腐病的发生，是风信子理想的繁殖方法之一。

7.3 扦插繁殖

扦插繁殖是利用植物营养器官(根、茎、叶等)的再生能力，将其切取一部分作插条，插入基质中，使其生根、发芽、抽枝形成新植株的方法。

7.3.1 特点与类型

7.3.1.1 特点

扦插繁殖获得的新植株，与母株遗传特性一致。由于繁殖系数较大、育苗周期短、成本低、繁殖材料来源容易且操作简便，因此适于大量育苗。一些无法播种或嫁接繁殖的种类，或实生苗不能保持品种特性、一致性的种类，都可扦插繁殖。一些花卉种类扦插难以生根，且扦插苗缺乏主根，抗性、固地性、适应性不及嫁接苗的种类，不适于扦插繁殖。

7.3.1.2 类型

根据插条所在部位及成熟程度，有如下几类：

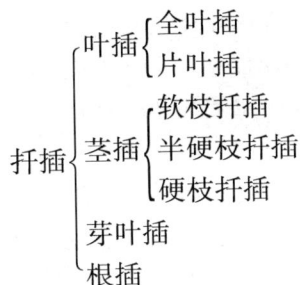

```
                    ┌ 全叶插
            ┌ 叶插 ┤
            │       └ 片叶插
            │       ┌ 软枝扦插
            │       │
    扦插 ┤ 茎插 ┤ 半硬枝扦插
            │       │
            │       └ 硬枝扦插
            │ 芽叶插
            └ 根插
```

7.3.2 繁殖方法

7.3.2.1 叶插(leaf cutting)

以发育充实的叶作为插条的方法。用于叶柄粗壮、叶片肥厚且易产生不定根、不定芽的草本花卉。如苦苣苔科、胡椒科、景天科及虎尾兰属的许多种类。叶插一般在生长期进行。按叶片的完整性可分为全叶插和片叶插。

(1)全叶插:扦插完整叶片的方法。按叶片的放置方式可分为平置法和直插法。平置法需切除叶柄,将叶片平铺并固定于基质上,注意要使两者密接。通常自叶脉、叶缘生根的种类采用平置法。如:落地生根自叶片基部或叶脉处产生新植株,插时从叶背处将其近主脉的粗大侧脉切断几处,切口很快生根出芽。叶柄生根者采用直插法,又称叶柄插法。将叶柄插入基质中,叶片立于基质上,切口处很快生根,并长出不定芽。如:大岩桐(*Sinninga speciosa*),首先在叶柄基部长出小球茎,然后生根、长芽。橡皮树则将其肥厚的叶片卷成筒状,插竹签固定于基质中。用此法繁殖的还有非洲紫罗兰、耐寒苣苔、苦苣苔、豆瓣绿、球兰、海角樱草等。

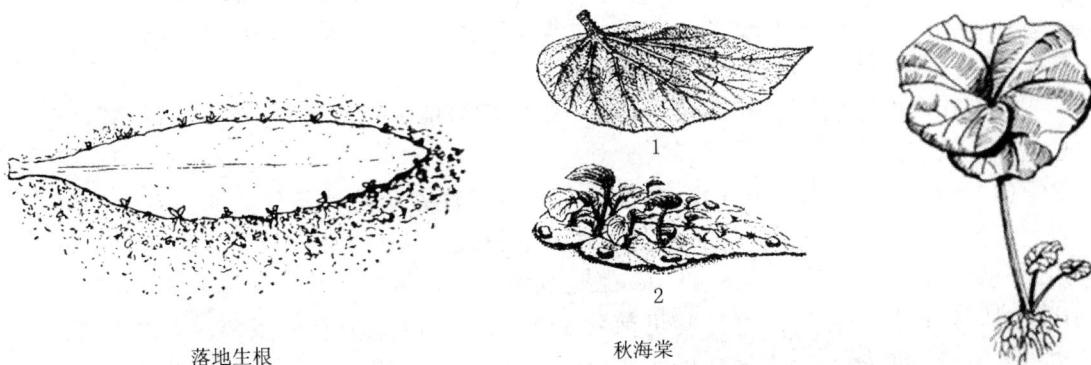

落地生根

平置法(全叶插)

1
2

秋海棠

立插法

(引自《花卉园艺》,章守玉主编)

(2)片叶插:将叶片分切成数块,分别扦插,使每块叶片上形成新植株的方法。常见的有切段叶插和切块叶插两类。切段叶插适用于叶片窄而长的种类。如虎尾兰,选取叶片中部粗壮部分,剪成5cm的几段,再将每段基部约1/3插入基质中,新株自下端切口处产生。并在上端剪一缺口,以免倒插,倒插则不成活。此外,将网球花、葡萄水仙、风信子等球根花卉的成熟叶片从叶鞘上方剪下，去除基部和叶梢，剪成数段，2～4周后，叶基可形成新的小鳞茎和新根，随后可移植。

切段叶插与切块叶插常用于秋海棠和苦苣苔科、胡椒科植物。将蟆叶秋海棠从叶片基部剪去，按主脉分布情况，分切为三角形的数块，使每块都有一条粗大的主脉，再剪去叶缘较厚的部分，以减少蒸发，然后将下端插入基质中，不久就从叶脉基部发生小植株。大岩桐片叶插时，在各对侧脉下方自主脉处切开，再切去叶缘较薄部分，将叶块下端插入基质，在主脉下端可萌生新植株。椒草叶厚而小，沿中脉分割成左右两块，下端插入基质，新株很快就自主脉处萌生。

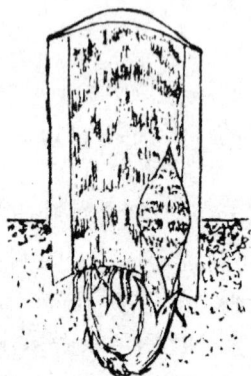

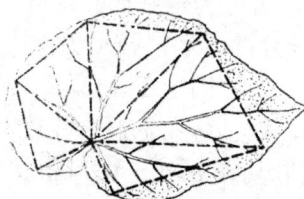

虎尾兰片叶插　　　　　　　　蟆叶秋海棠片叶插

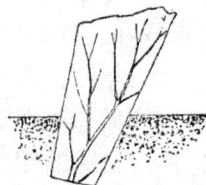

一般来说，生根比出芽容易，能生根的不一定出芽。有些花卉，叶插只能生根，不能形成新植株，即无叶、茎的分化。如：菊花、玉树、天竺葵、长寿花、印度橡皮树、连翘等，这样的种类才能带有芽或一定长度的茎段才能形成完整的新植株。

7.3.2.2　茎插(stem cutting)

指以花卉的茎(枝条)作插穗的方法。是扦插繁殖中繁殖系数最高，操作最容易，也是应用最多的方法。

（1）软枝扦插(softwood cutting)：以当年生发育充实的枝条作插穗的方法。在生长期，选取刚停止生长，内部尚未完全成熟的枝条，从生长强健或年龄较幼的母株上切取最好，切口在节下方0.8～1.0cm处。每插穗具2～3个节，保留上部1～2个叶片。对叶片较大的种类，每片叶可剪除1/2～1/3，以减少水分蒸腾。刀口要锋利，切口要平滑。扦插深度为插条的1/2～1/3，插后及时喷水、保湿。多乳汁的种类，如一品红、变叶木等，要将乳汁冲洗干净，待切口干燥后扦插，而仙人掌与多肉多浆类植物应使切口在通风处干燥后扦插，以防腐烂。

软枝扦插常用于草本花卉，如吊竹梅、网纹草、冷水花、富贵竹、五色草、绿萝等。可将母株摘心促进多分枝以获得更多的插穗，一般选取枝梢中上部作插穗，下部枝条生根率较低。

（2）半软枝扦插(semi-hardwood cutting)：指用当年生半木质化的枝条进行扦插的方法。常用于木本花卉，如月季、玫瑰、木香、米兰、茉莉、山茶、杜鹃、榕属植物等，以常绿、半常绿木本花卉居多。半软材扦插于生长季节进行，原则上于母株第一次旺盛生长结束，第二次旺盛生长尚未开始时进行，如春梢生长停止而夏梢尚未开始生长的间歇期。选取发育充实、健壮的枝条，将幼嫩的梢部去除，保留中下部分。插穗切取时，应至少带 2~3 个芽(节)，长 10~15cm，保留上部 2~3 个叶片，基部切口应位于最下端芽的下方，斜切，上端切口距顶端芽 1cm 左右，也应斜切。扦插深度以插穗的 1/3~2/3 为宜。

软枝、半软枝扦插比硬枝扦插容易生根，插后要注意保持足够的湿度。

(3)硬枝扦插(hardwood cutting)：又称休眠枝插。指用充分成熟、已完全木质化的一、二年生枝条进行扦插的方法。一般于秋季落叶后进入休眠期采穗，保湿冷贮，翌春扦插。也可秋季采穗后插入阳畦，覆盖农膜，以保温、保湿，春暖后揭膜；也可于早春枝条萌动前随采随插。

硬枝扦插多用于园林树木育苗，以落叶阔叶树及针叶树居多。

7.3.2.3 叶芽插(Leaf-bud cutting)

指用一叶一芽并带一小段芽着生的茎或芽的一部分作插穗的方法，生长期进行。扦插时仅露出芽尖即可，适用于叶插易生根，但不易分化出芽的种类。以菊花、橡皮树中应用最多。山茶、茶梅、珊瑚树、大花栀子、桂花、郁李、大丽花、宿根福禄考、龟背竹、春羽等也有应用。

切取插穗时，要选择叶片发育成熟，腋芽饱满，发育良好的部分。有些具对生芽的种类，如连翘、八仙花等，可带 2 叶 2 芽，即具一个节的茎段作插穗，也可自茎中部纵切，形成一叶一芽的插穗。叶芽插通常只带一个芽，故又称作单芽插。叶芽插能够取更多的插条，但成苗率低，成苗慢，在大多数木本花卉生产中不常使用。

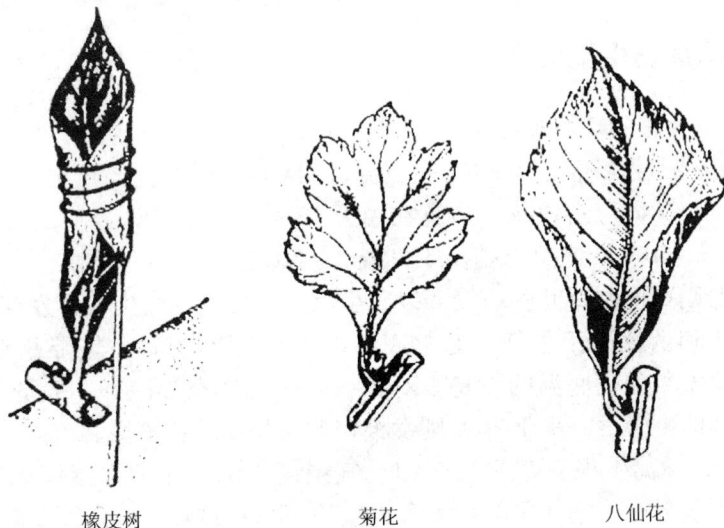

橡皮树 菊花 八仙花

单芽插
(引自《花卉园艺》，章守玉主编)

7.3.2.4　根插(root cutting)

一些花卉能从根部产生不定芽形成新植株。因此可以用根作插条繁殖。根插的花卉大多具有粗壮的根,于晚秋或早春时进行,也可在秋季储藏根系过冬,来年春季扦插,温室内则四季均可进行。

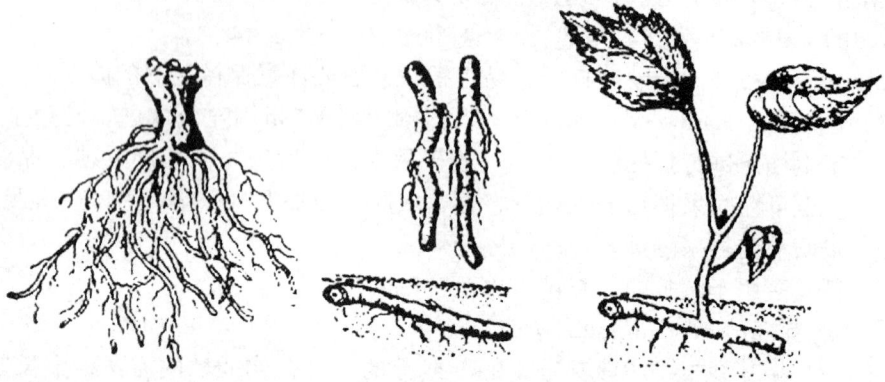

根　插
(引自《花卉园艺》,章守玉主编)

扦插时将根系剪成3~5cm长的根段,撒播于插床上,再覆盖1cm左右厚的基质,保持基质湿润,不定芽产生后即可移植。可行根插的木本花卉有泡桐、蜡梅、紫藤、海棠、凌霄等。草本花卉有蓍草、牛舌草、秋牡丹、肥皂草、毛蕊花、剪秋罗、宿根福禄考等。具粗壮肉质根的博落回、宿根霞草等,可切成3~8cm的根段,垂直插入土中,上端稍露出土面,待不定芽萌生后即可移植。

7.3.3　影响插穗生根的因素

7.3.3.1　影响生根的环境条件

(1)温度:温度从气温和底温(基质温度)两方面影响扦插生根。花卉种类不同,最适扦插温度也不同。多数花卉适宜在白天12~25℃,夜间15℃的气温范围,热带花卉则可在25~30℃。底温以稍高于气温3~5℃为好,因底温高于气温时,有利于生根,气温低则可抑制茎叶的萌发,以减少蒸腾,使插穗先生根再发芽,使地下地上部分水分吸收和消耗趋于平衡。通常底温以15~25℃为宜,热带花卉稍高,因此,扦插床通常要安装增高底温的设备。对扦插生根的底温界限,一般低于10℃几乎停止,10~15℃即可生根,高于30℃则发根较差,且易导致腐烂。

(2)湿度:插穗生根受基质湿度和空气湿度影响。插穗在湿润的基质中才能生根,基质含水量最好稳定在田间最大含水量的50%~60%,水分过多常导致腐烂。扦插初期,水分含量多有利于形成愈伤组织,愈伤形成后,可减少水分供给。为减少插穗蒸腾丧失的水分,可将叶片剪除一部分,但叶片是光合作用的器官,要尽可能保留,空气相对湿度应保持在80%~90%。目前生产上常采用自动喷雾装置或塑料薄膜覆盖、遮荫等方法保持湿度、减少蒸腾量。

（3）光照：凡生长期扦插的插穗都带有叶片，叶片通过光合作用制造养分，合成生根促进物质，并间接升高底温，对生根有利。过强烈的阳光会加剧蒸腾，基质和插穗失水过多，会导致萎蔫。因此，扦插前期应适度遮荫。一些实验表明，夜间增加光照有利于插穗成活，以日光灯效果最好。不同种类的花卉对光的要求不同。一些木本花卉，如莸属、荚蒾属、连翘属、锦代花属及室内观叶植物在低光照下生根较好。而菊花、天竺葵、一品红、长寿花适当增加光照有利于生根，一些喜光的彩叶植物，扦插时遮荫会使叶片回绿，如金叶莸、金叶红瑞木、金叶连翘等。此外，日照长短和光质对扦插生根也有影响。

插穗生根后，需及早撤除遮荫，以培育壮苗，也可促进彩叶植物恢复叶色。

（4）氧气：基质通气性对扦插生根十分重要。扦插时不宜过深，愈深通气性愈差，通常插床边缘的插条生根容易，即因氧气较充足之故。当愈伤及新根生出时，插穗呼吸作用增强，足够的氧气供应必不可少。

（5）基质：理想的基质通气透水性好，又能够保持湿润，pH 值适当，并含有适量的营养元素，同时不带有细菌、真菌、虫卵、杂草及其他有害物质。洗净的河沙、泥炭及其他轻质土壤即可作为适宜的基质。混合基质常优于单一基质，通常以珍珠岩与泥炭或蛭石与泥炭混合最好，珍珠岩与蛭石混合也可，生根快、根量多、细长而柔韧。

基质 pH 值要根据花卉种类考虑，一般花卉适宜范围在 4.5 ~ 6.5，杜鹃 pH4.0、山茶 pH5.0 ~ 5.6。

7.3.3.2 影响插穗生根的内在因素

（1）花卉种类与品种：插穗生根能力因花卉种类、品种遗传特性而异。如绿萝扦插生根很容易，但芍药较困难；景天科、杨柳科普遍扦插易生根，但毛白杨扦插很难成活，木犀科大多数扦插较容易，但丁香和流苏树则难生根，同属不同种，如欧洲葡萄和美洲葡萄比山葡萄生根容易；山茶（*Camellia japonica*）、茶梅（*C. sasanqua*）容易，云南山茶（*C. reticulata*）难，月季、菊花不同品种间生根能力也有较大差异。刺槐、重瓣粉海棠（西府海棠）、青桐等枝插不易成活，根插则较容易；八仙花、连翘等枝插易活，根插难成活。福禄考、天竺葵根插和枝插均可。

（2）母株年龄、枝龄和部位：插穗生根能力随母株平均年龄增加而降低，一般枝龄小者，扦插易成活，根插也与之类似；用一年生枝作插穗时，一般中部的枝段生根效果好；硬枝扦插时，取自枝梢基部生根效果好，软枝扦插时，顶梢比下方生根好，如彩叶草、冷水花等草本花卉；营养枝比结果枝更易生根、侧枝比主枝易生根、无花蕾枝生根好，木质化程度高的老枝生根力弱。

（3）母株营养状态：生根和萌芽要消耗许多营养物质，因此，生长健壮、营养良好的母株，体内碳水化合物和生根促进物质充足，有利于插穗生根。

（4）生根抑制物：一些花卉体内存在着一些生根抑制物，这些物质基本可归为两类：一是削弱或阻止植物生长激素的作用，如枫香、杨梅、蔷薇等；二是树脂或单宁等特殊成分滞留在切口表面，影响插穗吸水，使插穗最终死亡。

7.3.3.3 促进插穗生根的方法

由于扦插繁殖简便易行，且繁殖系数大，因此生产中广泛使用，为提高生根率，常采用以下方法：

（1）物理方法：包括机械处理、黄化处理、温度处理、超声波处理、高温静电处理等。常用方法有：

①机械处理：一般用于较难生根的木本植物的硬枝扦插。处理方法包括环状剥皮、刻伤、缢伤。生长期采插穗之前，在其下端进行环割、刻伤或用绳、铁丝绑缚、绞缢，使叶片制造的碳水化合物和其他活性物质蓄积于此，形成良好的营养条件，从而促进细胞分裂和根原始体形成。休眠期时，由此处剪取插穗。

②黄化处理：又称软化处理、白化处理，仅对一部分木本花卉有效。在剪取插穗之前，先对剪取部位进行遮光处理，使之变白、软化，由于遮光处理可使枝条较长时间保持分生状态，抑制生根阻碍物质形成，增强植物生长激素活性，因此有利于生根。方法是春季用不透水的黑纸或泥土封裹新梢顶端，新梢继续生长到适宜长度时，遮光部分变白，即可自遮光部分剪下扦插。

③加温处理：现多采用在基质底部铺设电热线和恒温仪提高并保持基质温度以促进发根。

（2）化学药剂处理方法：包括植物生长调节剂、杀菌剂、普通化学试剂和营养物质几类。

①植物生长调节剂：生产上已广泛采用。常用的有吲哚乙酸、吲哚丁酸及萘乙酸三种生长素。它们对茎插有显著的促进作用，对根插及叶插效果不明显，而且还抑制不定芽的发生。生长素应用的方式有粉剂处理、液剂处理、脂剂处理等。花卉繁殖中以前二者较多，处理的部位都是插穗的基部。

粉剂处理时，浓度视扦插种类及扦插材料而异。吲哚乙酸、吲哚丁酸及萘乙酸等应用于易生根之种类时，浓度 500～2000mg/L，可用于软枝及半硬枝扦插。对生根困难者，浓度约 1000～2000mg/L。不同种类的生长素混合使用常比单一生长素处理的插穗生长快、根量大。配制时，先将生长素溶于少量 95% 酒精中，再调入滑石粉充分搅拌，摊在浅盘中黑暗晾干，最后研成极细之粉末，使用时将插条下端醮上粉剂，插入基质中。

液剂处理时，有稀溶液浸泡和高浓度速醮两种方法。一般草本花卉浓度为 5～10mg/L、半硬枝扦插浓度 40～200mg/L，浸泡插穗基部数小时；高浓度速醮时，浓度可为 500～1000mg/L，将插条基部浸 2 秒钟后，插入生根基质中。后者处理时间短，操作方便，还可避免因浸泡时间过长而引起插穗基部腐烂。

使用液剂应注意不同种类生长素稳定性不同，吲哚乙酸稳定性差，对光亦十分敏感，要随配随用，剩余药液弃之不用。吲哚丁酸生根效果好稳定性强，是目前最理想的生根促进物质。叶插、根插时，则常使用细胞分裂素，使用时要调节其与生长素间的平衡，以达到最佳效果。

液剂处理的缺点是病菌易通过药液相互感染，用后剩余的药液不宜保存，浪费较大，近年来普遍采用方便经济、效果较好的粉剂。

②杀菌剂：为防止生根前受病菌感染导致腐烂，插穗的伤口要先用杀菌剂处理。常用的杀菌剂有克菌丹和苯那明。克菌丹水剂浓度 0.25%，粉剂浓度 25%，苯那明

水剂浓度0.05%，粉剂浓度5%。用杀菌剂与生长素混合液处理，比单独使用效果好。最简便的方法是粉剂杀菌剂和粉剂生根剂混合用。也可先用水剂杀菌剂处理，再用水剂生根剂，或先用生根剂处理，再用粉剂杀菌剂，也可将两者的水剂混合使用。

③普通化学试剂和营养物质：高锰酸钾、醋酸和蔗糖等可起到促进生根的作用。多数木本植物用0.1%~1%的高锰酸钾浸泡效果较好，浸泡时间因花卉种类而异。丁香、卫矛可用醋酸浸泡，也可收到较好的效果。处理过的枝条，基部被氧化，呼吸作用增强，为生根提供足够的可吸收之营养。蔗糖、葡萄糖、果糖等营养物质可提供生根的能量，对木本及草本均有效，处理浓度2%~10%，草本花卉低浓度效果就较好，一般浸24小时，时间过长容易导致微生物滋生。处理后要用清水冲洗干净。尿素也可起到类似的效果。

7.3.3.4 扦插床和设施

(1)常规扦插床：扦插繁殖在露地和室内均可进行，露地扦插可以利用露地插床大量进行，依季节和花卉种类不同，铺设地热装置，搭建保温保湿或遮荫设施。

秋冬季节或插穗十分珍贵而量又较少的情况下，可在室内利用盆钵、木箱或塑料浅箱(俗称豆腐屉)进行。盆钵插又包括双层盆钵插、扣瓶扦插、大盆密插。

盆钵插便于移动和管理，盆钵要选择口径大的瓦钵，下面先铺垫一些小石块或粗沙，再在上面填扦插基质。木箱或塑料箱一定要在底部和侧面有通气孔、排水孔。箱底四角垫木板或砖块以通气、排水。

不论何种扦插床，都应有足够的深度，插条基部距苗床底部应该至少在2.5cm以上，距离大一些更好。

(2)水插：即以水作扦插基质。水插育苗在国内外均有应用，以蔬菜(番茄、空心菜)、林木(水杉、木麻黄)应用较多。花卉中主要用于家庭及办公场所，室内观叶花卉多有应用。如绿萝、吊兰等，一般以软枝、半软枝扦插为主。

水质要干净、无污染，无有害细菌。插后第一二天应避免强光以促进生根。每1~2天加水一次补充水分消耗，生根后可将容器中水换成营养液，并定期补充。

(3)穴盘扦插：将插条插在穴盘中，扦插基质为草炭、蛭石、珍珠岩等，生根快，根发育好，易移植，生长整齐，与播种穴盘苗的管理相同，国外广泛采用，在我国发展很快。

(4)全光喷雾扦插：全光喷雾扦插是一种先进的扦插育苗技术。在全光照的环境下，通过自动控制设施随时感应插床的湿度，以自动间歇喷雾的方式保证插穗24小时充足的水分供应。全光照条件使插穗在扦插床照常可以进行光合作用，并有助于插床通风，增强扦插基质的透水透气性，使插穗不易发生病害，也利于维持恒定的插穗生根温度。提高生根率，由于便于管理，省时省力，工作效率也大大提高，因此是目前夏季扦插育苗的主要方法之一。

全光喷雾扦插设施包括自控设施(包括温湿度感应器、继电器、电磁阀3个部分)、喷雾设施、扦插床及基质。也可根据实际情况在床底布设电热线用于提高或保持基质的温度。为保证喷水全面覆盖且均匀，扦插床的形状和大小应根据喷头的喷射半径而定。基质要求疏松通气，排水良好，既可避免床内积水使插条腐烂，又要保持

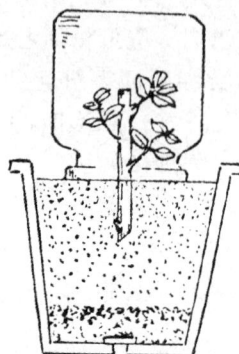

扣盆扦插

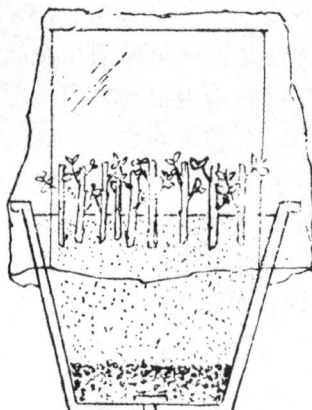

大盆密插

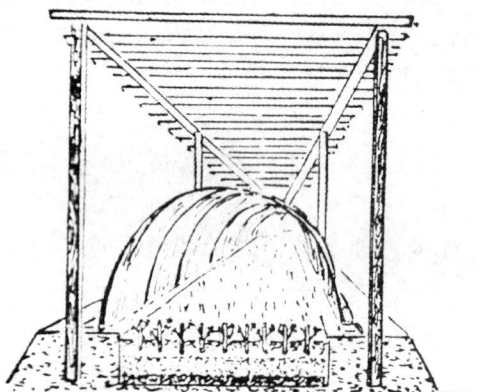

露地床插

暗瓶水插

常规扦插法

插床湿润。常用的基质有粗河沙、珍珠岩、蛭石、草炭等。混合使用比单独使用效果好。如国外采用的草炭∶珍珠岩∶沙为1∶1∶1的混合比例，在多个树种的扦插中都获得较好的生根率。注意扦插基质要提前消毒，可用高锰酸钾、甲基托布津等。

华北地区全光喷雾扦插在5月下旬至8月中旬植物生长旺盛、气温较高时进行。南方地区可适当提前及推迟。常用的种类以花灌木居多，如连翘、红瑞木、金叶荻、月季等，一些室内观叶植物如富

穴盘扦插

贵竹、绿萝、广东万年青等辅以适当的遮荫设施，也能获得较好的生根率。应随采随插，插穗应保留部分叶片。对于一些不易生根的品种可用萘乙酸、吲哚乙酸、生根粉等处理。

扦插生根后，要适当控水促进根系的发育，控水7～15天就可移植。

7.4 嫁接与压条繁殖

嫁接(grafting)是将需要繁殖的植物体(母株)营养器官的一部分(接穗),移接到另一植物体(砧木)上,两者经愈合后形成独立新个体的繁殖方法。接穗和砧木形成相互依赖的共生关系。嫁接繁殖多用于播种、分生或扦插繁殖困难或播种难以保持品种性状的种类。

7.4.1 嫁接繁殖

7.4.1.1 嫁接繁殖的特点和类型

(1)特点:保持品种观赏特性,如梅花、牡丹等花灌木及金叶皂荚、金叶刺槐等彩叶树种;仙人掌类植物中不含叶绿素的品种、花卉中一些突变类型都需用嫁接保持其品种特性。嫁接用的砧木系实生苗,根系强壮,适应性强,能增加植株抗性;嫁接苗成形快,开花结实早;通过高接换头还可以加速品种更新;适当砧穗组合还可以改良品质,如用山杏嫁接紫叶李,比用山桃更红、更美观。嫁接可形成一个砧木上多个花色品种的"什样锦"造型,并形成下垂、龙游、塔状等特殊的观赏造型,如悬崖菊、大立菊、龙爪槐等各种造型。对遭受意外伤害的植株及古树名木,还可通过嫁接实现救伤防衰的目的。

嫁接繁殖的不足之处是繁殖系数低、操作技术要求高,故应用不及分生及扦插普遍。

(2)类型:嫁接的类型很多,花卉繁殖中常用枝接、芽接、髓心接等几种方法。

①枝接:以枝条为接穗的嫁接方法。常用的有切接、劈接、插皮接、靠接、腹接等。

②芽接:以芽为接穗的嫁接方法,常用的有盾形芽接、T形芽接、嵌合芽接等。

③髓心接:将接穗和砧木以髓心愈合而成。用于仙人掌及多肉植物的嫁接。

7.4.1.2 嫁接适期

嫁接繁殖在生长期进行。低纬度及热带、亚热带地区,除冬季12月至翌年1月,其余时间都可进行,温室植物全年可嫁接。大多数温带木本花卉在以下三个时期进行。

(1)春季:枝接于春季树液开始流动,采穗母株和砧木尚未萌芽时进行。接后当年可以培养成苗出圃。如广玉兰、月季、丁香、桂花、蜡梅等。

(2)初夏:适宜芽接。5月中旬至6月上旬,母株春梢停止生长后进行,此时砧木和接穗皮层都较易剥离;适用于无霜期长的地区及速生树种,如榆叶梅、山茶。樱属的桃、李、樱花、梅等嫁接时易流胶,要在梅雨季节前嫁接并愈合,使其于梅雨季节抽梢。

对于仙人掌及多肉植物来说,嫁接的时期决定于砧木的生长状况和温度,当砧木生长旺盛,气温连续几天达到20℃时,嫁接即可开始,特别是以仙人球属(*Echinopsis* spp.)的短毛球、仙人球等(俗称草球)及卧龙柱(*Harrisia tortuosa*)等作砧木时,盛夏是十分理想的嫁接期。但在江南一带，梅雨季节仍应避免嫁接。

（3）秋季：7～11月。芽接及枝接均可。此阶段砧、穗形成层分裂活跃，成活率高，接穗宜随采随用。如牡丹枝接及芽接均在此时进行，当年即可愈合。月季、玉兰也可于秋季芽接。

7.4.1.3　嫁接技术

嫁接技术包括以下几个方面：砧木的选择与培养、接穗的采集与贮运、嫁接准备（工具及绑缚材料）、根据繁殖目的与时期确定嫁接方法并操作、绑缚与保湿及接后护理等。参见《园林苗圃学》有关内容。

7.4.2　压条繁殖

将母株部分枝条埋压于土中或包埋于生根介质中，待受埋压部位生根后切离母体，形成完整的新植株的方法。

7.4.2.1　特点

成活可靠，且能保持原品种特性。适用于其他方法难以繁殖的种类。压条操作简单，设备少，但费工，繁殖系数低，不宜大规模采用。

7.4.2.2　方法和时期

（1）直立压条法（培土压条法；mound layering）：春季萌芽前进行。将母株距地表2cm左右截头，促发萌蘖，当萌蘖枝高15～20cm时，将其基部刻伤，并在周围培土呈馒头状，一个月后第二次培土。培土前均须灌水保持土壤湿润。待根系完全长成后分割分离。常用于丛生性灌木，如锦带花、贴梗海棠、兰香草等。

（2）水平压条法（普通压条法；general layering）：春季萌芽前进行，有些种类（如葡萄）也在雨季进行。将母株靠近地面的枝条先行刻伤或环割，可每隔一定距离处理多处，再顺枝条伸展方向开沟，将枝条水平埋入，仅露出梢部。枝条要用木杈或其他钩状物固定，以防弹出。如石榴、迎春、素馨、玫瑰、半枝莲、金莲花等。

（3）连续压条法（波状压条法、重复压条法；wauy layering）：春季萌发前或生长季节枝条已半木质化时进行。适用于枝条细长而又容易弯曲的藤蔓类花卉。在枝条上数处进行刻伤，刻伤处分别埋压入土中，呈波浪状，待生根后与母株分离。如地锦、铁线莲、紫藤、葡萄。

（4）空中压条法（高压法、中国压条法；air layering、Chinese layering）：生长期内均可进行，但以春季和雨季最适宜。适用于枝条直硬及不易弯曲埋压的情况。选择适宜的当年生或1～2年生枝，将基部环剥或切伤，用生根促进物质处理，再用保湿基质包裹（如苔藓、木屑、稻草泥等），外套塑料膜（竹筒、瓦盆等）等固定牢。一般2～3个月后，大部分新生根即可萌出。落叶木本花卉宜在休眠期，常绿花卉则宜生长迟缓后切割分离。叶子花、变叶木、朱蕉、龙血树等均常用此法。空中压条成活率虽高，但对母株伤害大，一般不大量应用。

压条生根所需时间，依花卉种类而异，从几十天到一年不等。一般当年生枝和一年生枝较老枝易生根。压条繁殖常用于木本花卉，其他花卉较少应用。

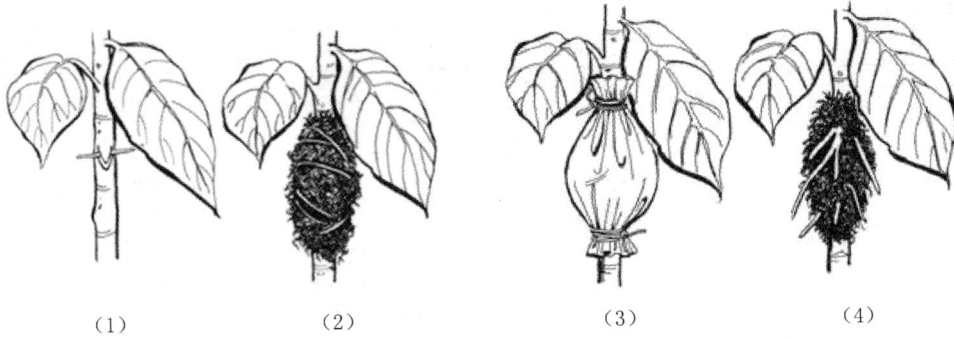

空中压条法

（1）切伤，用生根促进物处理；（2）保湿基质包裹；（3）外套塑料膜，扎紧；（4）生根后的情况

7.5　组织培养

7.5.1　花卉组织培养的条件和关键技术

7.5.1.1　组织培养的设施

（1）实验室：包括准备室、无菌操作室、培养室。准备室包括储藏和配制化学药品的实验室、洗刷用具的洗刷室、用具和培养基消毒灭菌的灭菌室。无菌操作室用于材料消毒接种、试管苗继代转苗的操作。室内配置超净工作台、室温保持在 25～28℃，屋顶吊装紫外灯以消毒空气及设备表面。培养室用于植物材料接种后培养、继代与生根培养。室内要有控温和照明装置，温度一般在 20～25℃，相对湿度 50%～70%，光照 1000～3000lx，培养室配若干培养架，每层架上安装光源。屋顶安装紫外灯灭菌消毒。

（2）仪器和设备：包括天平、冰箱、干燥箱、振荡器和旋转摇床、空调、高压蒸汽灭菌锅、超净工作台。

（3）培养器皿及用具：包括试管、三角瓶等。近来一些透光度好、口径大、耐灼烧的塑料瓶也广泛使用。其他用具包括量筒、容量瓶、移液管、微量进样器、酒精灯、镊子、剪刀等。

7.5.1.2　培养基组成与制备

组织培养中应用的培养基，组成成分包括水、无机盐（大量元素和微量元素）、有机化合物（蔗糖、维生素、氨基酸等）、铁盐螯合剂（EDTA）和植物激素、天然提取物及支持物（琼脂）等。常用的培养基有 MS、White、NT 等。现以最常用的 MS 培养基为例说明其配制方法。

（1）母液的配制：为操作方便，通常将培养基各成分依其化学性质配制成不同的母液，见表 7-3。配制时，现使各成分分别溶解完全后，再将它们彼此混合，加蒸馏水定容。母液要贮存于冰箱中 2～4℃冷藏保存，铁盐母液必须置于棕色玻璃瓶中，其他母液置于普通玻璃瓶或塑料瓶中即可。母液的贮存期不宜超过 30 天，如出现沉淀或微生物污染，要弃之重配。

表 7-3　MS 培养基母液

母液		成　分	浓度(mg/L)
序号	种类		
I	大量元素	NH_4NO_3	33000
		KNO_3	38000
		$CaCl_2 \cdot 2H_2O$	8800
		$MgSO_4 \cdot 7H_2O$	74000
		KH_2PO_4	34000
II	微量元素	KI	166
		H_3BO_3	1240
		$MnSO_4 \cdot 4H_2O$	4460
		$Na_2MoO_4 \cdot 2H_2O$	50
		$CuSO_4 \cdot 5H_2O$	5
		$CoCl_2 \cdot 6H_2O$	5
III	铁盐	$FeSO_4 \cdot 7H_2O$	5560
		$Na_2EDTA \cdot 2H_2O$	7460
IV	有机物	肌酸	20000
		烟酸	100
		盐酸吡哆醇	100
		盐酸硫胺素	100
		甘氨酸	400

注：①制备 1L 培养基取 50ml 母液 I，5 ml 母液 II，5ml 母液 III，5ml 母液 IV；

②将 $FeSO_4 \cdot 7H_2O$ 和 $Na_2EDTA \cdot 2H_2O$ 分别置于 450ml 蒸馏水中，加热并不断搅拌，溶解后混合，将 pH 值调至 5.5，用容量瓶定容至 1L。

(2)培养基制备：配制培养基步骤如下所示：

母液 I + 母液 II + 母液 III + 母液 IV + 植物激素等添加物⎫
蒸馏水 + 琼脂 + 蔗糖→水浴加热　　　　　　　　　　　⎬ + 蒸馏水定容→pH 调整
　　　　　　　　　　　　　　　　　　　　　　　　　　⎭
　　　　　　　　　　　　　　　　　　　　　　　　　　　　　⇓

培养器皿(试管、三角瓶)→洗净→干燥→趁热分装→封口→高压蒸汽灭菌

7.5.1.3　关键技术

(1)建立无菌培养体系

①培养健康母株：母株要生长健壮发育充实。通过科学管理，降低母株病虫害发生率，减少细菌、病菌、真菌、病毒及其他病原物。加强肥水供应，给母株以充足的营养。

②外植体选择：外植体是取自母株，用作起始培养的器官或组织。常取自旺盛分裂的幼嫩组织，如茎尖、幼叶、幼花等。但不同的种类或品种、不同的再生途径，外植体也有差异。叶片、叶柄、花萼、花瓣、球根花卉的鳞片、胚、子叶、芽及带芽的茎段均可作外植体。

③外植体表面灭菌与接种：不同的外植体各有特点，所用消毒剂使用方法也不

同。但外植体要尽快带回并用流水冲洗至少30min再于70%酒精中浸泡数秒，再用不同的消毒剂处理2~30min后，用无菌水冲洗4~5次后，在超净工作台上接种到培养基。

（2）外植体生长与分化的诱导：外植体需经人为条件诱导产生芽、原球茎、胚状体等中间繁殖体。通常在基本培养基中添加细胞分裂素（6-苄氨基腺嘌呤、细胞激动素和玉米素）和生长素（萘乙酸、吲哚丁酸）；诱导不定芽细胞分裂素的水平要较高一些，生长素水平要低一些。此外，在基本培养中添加较高浓度的生长素及和适当的细胞分裂素可诱导愈伤组织，愈伤组织是一种细胞组织团，含有大量分裂和生长中的细胞。通过愈伤组织可诱导产生胚状体，也可诱导不定芽，只需调整培养基配方和激素种类及水平，并选择适当的外植体即可。一般兰科植物组培快繁通过原球体诱导进行，特点是繁殖量大、速度快、遗传性状稳定，不变异。诱导原球体比较容易，只需用MS培养基或稍提高萘乙酸浓度即可。

（3）继代培养：为扩大繁殖系数，诱导出的芽、愈伤组织、原球茎等，被分割成新的繁殖体，再进一步接种到繁殖培养基进行培养的过程。为获得最大的增殖率，增殖培养基要在原有基础上改良，对激素的种类、浓度要重新试验筛选。待增殖到一定时间，又将其切割成若干部分，转入新配的增殖培养基中。这样一代一代地培养，繁殖数量呈几何级数增长，组培快繁的优势也在这一阶段充分体现。

但植物继代的次数是有限的；次数过多植物易发生变异，增殖速度也会减缓。培养室的容量也会饱和，这时就要进入生根与壮苗阶段。

（4）生根与壮苗：当继代培养到一定数量，并发育到一定程度，则要诱导生根以形成完整的植株。诱导生根常用以下几种方法：①直接扦插生根：即将培养器皿中的无根苗，分别在培养室及室外环境适应1~2天；扦插前洗去残留的培养基，用生根激素处理后，即可插入消毒过的扦插床中生根。扦插要有保温保湿设施，一般覆以拱形塑料膜即可。②生根培养基：分化培养基和增殖培养基无法诱导生根，常用的生根培养基为减半量或1/4量MS培养基，将无根苗转移其中即可。具体方法因植株种类而异。③伸长培养过渡法：即继代结束后，将其转移到无或极少细胞分裂素和适当赤霉素的伸长培养基上进行伸长培养，然后再使其生根。生根培养基上是无法增殖的，只能分化生根。

生根培养前，要去除不正常的、畸形的及感病的试管苗。同时为保证移栽成活率，应对生根苗进行壮苗处理。

（5）出瓶、炼苗与移栽：经过前4个阶段的工作，外植体已发育成具完整根、茎、叶的小植株，当小植株生出3~5条水平根，每条根长2~3cm时，就该进入出瓶炼苗阶段。由于小植株是在培养室内人工创造的理想环境中培育的，要经过驯化锻炼过程才能保证移栽成活。

炼苗前先在培养室内去掉封口，锻炼1~2天，再移至温室，增加自然光照，2~3天后将苗从培养容器中取出，冲净培养基，种于消毒处理过的、疏松透气、保温、保湿效果好的栽培基质中。移栽最适温度为16~20℃，并加以适当遮荫。移前锻炼、移后保护是提高移植成活率的关键所在。

7.5.2　几种花卉组织培养实例

7.5.2.1　花烛

以茎尖或幼叶作外植体，先用 1/2MS + 6-BA1.0mg/L 诱导愈伤组织，愈伤组织形成后，转入 MS + 6-BA1.0mg/L 诱导丛生芽，当芽长到 3 ~ 4cm 高时，将芽切下，接种到 1/2MS + NAA0.1mg/L 生根培养基上。15 ~ 20 天即可生根。当苗高 5 ~ 6cm，3 ~ 5 条根，根长 1.5cm 时，即可炼苗移栽。以上过程保持温度 25 ± 1℃，光照 12 小时，光强 1000lx。为加大丛生芽及愈伤组织细胞数，每隔 40 天，在 MS 培养基上继代培养。这时，温度 25 ± 1℃，每天光照 11 ± 1 小时，光强 800 ~ 1200lx。

7.5.2.2　菊花

以芽为外植体，启动培养基 MS + 6-BA2.0mg/L + NAA0.2mg/L，分化，继代培养基与此相同。分割健壮芽丛，转入 MS + 6-BA1.0mg/L + IAA2.0mg/L 培养 20 天左右，苗高 3cm 以上时，取壮苗接于 1/2MS + IAA 0.5mg/L 诱导生根。4 周后，生根率接近 100%，根长 0.5cm 时，可炼苗移栽。也可选用健壮的试管苗直接扦插生根。

7.5.2.3　百合

可作外植体的器官很多，现以珠芽为例说明诱导无病毒植株的方法。剥掉部分叶原基，在解剖镜下切成 0.3 ~ 0.8mm 的小块，接种到 MS + BA0.5mg/L + 2,4-D 0.25mg/L 的培养基上诱导愈伤组织，然后接种到 MS + BA1.5mg/L + KT0.1mg/L + NAA0.1mg/L 的培养基上诱导不定芽，形成无根苗，将无根苗接种到 1/2MS + IBA0.25mg/L 培养基上生根。120 ~ 150 天后，即可生根育出脱毒苗。

7.5.2.4　蝎尾蕉

蝎尾蕉外植体消毒较难，易褐化，丛生芽增殖慢。可将快要萌动的块茎在 0.1% 的多菌灵溶液中浸泡 5 ~ 6 小时后在黑色袋子中培养出芽，将芽切下后经常规消毒接种到 MS + 6-BA10mg/L + NAA 0.5mg/L + 维生素 C150g/L 的培养基上诱导腋芽生长，在 MS + 6-苄氨基嘌呤 5mg/L + NAA0.5mg/L 的培养基上诱导芽增殖；在 MS + IBA2.0mg/L + NAA0.5mg/L 的培养基上诱导生根。

7.6　孢子繁殖

孢子繁殖是蕨类植物的繁殖方式。蕨类植物的孢子多生在叶片背面的孢子囊内。当孢子囊变成褐色并开始散出时，连同叶片一起剪下，放入纸袋内。如果不损伤叶片，也可用干净的新纸袋或塑料袋套住叶片，轻弹使孢子落入袋内。或者在孢子囊尚未开裂时剪下叶片放在干净的纸袋中，于室温下干燥至孢子自行散出。播种要尽早，因为孢子越新鲜，发芽率越高，发芽越快。为刺激孢子萌发，播种前可用 300mg/L 的 GA_3 溶液处理 15 分钟。如果不能及时播种，也可放置于密封的玻璃瓶中冷藏备用。

孢子繁殖需要高温高湿环境，一切用品包括容器、栽植材料和室内空间都应严格消毒，并保持清洁卫生。夏季干燥季节，要保持室内潮湿。播种基质应保湿、排水良好，可用腐叶土、泥炭土、河沙等混合配制，常用配方为腐叶土、壤土、河沙按 6:2:2

的比例，混合、过筛后拌匀，并用蒸汽灭菌后使用。育苗容器也必需消毒。消毒后的基质放入育苗容器(常用播种浅盆)后，稍压实并整平，播入孢子后不需覆土，上面盖玻璃片，从盆底浸水，保持盆土湿润，置于温度 18~25℃、空气湿度 80% 以上，无直射日光处。不同的种类从播种到萌发需要的时间不同。

孢子萌发初期为绿色的小点，逐渐扩展为平卧基质表面的半透明绿色原叶体，腹面以假根附着着基质吸收水分和养料。如果原叶体过密，可在其充分发育但尚未见初生叶时，将原叶体取出，按一定的株行距植于与播种基质相同的容器中。原叶体生长 2~3 个月后，腹面的卵细胞受精产生合子并发育成胚，胚继续生长便生出初生根及初生叶，逐渐长大成新的植株。待苗高 10~15cm 时栽入花盆，仍用混合土作为基质。

组织培养也可进行孢子繁殖。方法是将孢子消毒后用无菌水清洗，播于加有 3% 蔗糖及维生素 B_1 的 MS 培养基中，在有光处约 2~3 周后即可见原叶体，原叶体发育 2~3 月后可移入温室，上盆栽培。

8 花卉生产与管理

8.1 花卉种子的生产与管理

8.1.1 花卉种子的生产概述

　　草花在花卉生产及园林绿化中占有十分重要的地位，也是园林花卉业中最具生命力和发展前途的种类之一。由于草花多数采用种子繁殖，因此种子的遗传学背景、生理学特性及商品化形式等要素，决定着花卉生产水平。现代高质量的商品化种子，是建立在种子工程基础上的，种子工程是包括良种引育、生产繁殖、加工包装、推广销售和宏观管理的系统工程。花卉种子工程这一概念尽管在国内外尚未明确指出，然而其重要性早已被国外所认识，并在研究和开发方面取得了很大成果。据植物新品种保护国际联盟(UPOV)统计，美国、法国、荷兰、英国、日本、韩国、丹麦是主要的花卉种子生产国。目前，世界上大型花卉种子公司(美国泛美种子公司，PanAmercian Seed 日本泷井种苗公司，Taki Seed)的年销售额均超过 1 亿美元，并实现了育、繁、产、销一条龙。重视新品种的选育和开发，是花卉先进国家的一个显著特征，这也是花卉种子产业稳定发展的根本所在。以日本为例，在育种技术方面，自从 1930 年培育出矮牵牛杂种一代之后，花卉杂交一代品种开发及生产应运而生，之后随着雄性不育的开发和有效利用，到 70 年代杂种一代花卉种子生产及应用得到迅猛发展和普及，到 80 年代在几十种花卉上成功地培育出杂种一代品种。我国从 20 世纪 70 年代开始引进杂种一代，80 年代开始研究杂种一代花卉新品种，先后在矮牵牛、瓜叶菊、羽衣甘蓝、仙客来、万寿菊、小丽花等花卉上取得进展。90 年代以来，由于转基因植物在美国获产值 20 亿美元，工程植物的商品经营也使生物高技术产业获得更高的利润。促使生物技术在花卉新品种选育上的应用得到进一步的发展和深化，分子育种已在花卉上取得了初步的成效。专利对生物技术的保护，改变了花卉种子业的竞争战略和竞争手段，种质也均发生着巨大的变化。然而杂交种和杂种优势利用仍是目前花卉育种及种子生产的最基本、最有效的办法。

　　花卉种子技术(包括种子生产技术、采后技术、质量控制技术)在近十年来有了长足的发展。在种子生产方面，由于栽培环境对种子产量和质量影响很大，国内外普遍重视采种栽培环境和技术的研究，弄清了各种花卉采种栽培的最适宜的湿度、雨量、温度、光照持续时间。普遍认为湿度太低是引起花柱干缩导致坐果或结实率降低的重要原因，而种子成熟期的多湿多雨天气会导致种子发育不良和种子病害的发生，如孔雀草尤其不能承受多雨天气。温度对结实与种子生活力的影响极大，多数花卉结实的最适温度为 18℃，结实和种子生活力的形成与温度梯度平行，另外高光强长日照可以提高种子质量与品质。因此，为保证种子质量，多数花卉的杂种一代制种都在温室或塑料大棚中进行。

目前，杂交一代花卉种子主要在南美生产，但非洲的肯尼亚、大洋洲的澳大利亚、亚洲的越南、泰国、印度尼西亚、印度、中国也开始有部分生产。近年来，越来越多的国外种子商认识到在中国生产杂交一代种子的优势，已有美国、日本、意大利、丹麦、荷兰等国的种子商进入昆明、四川、河南、山东、山西、北京、辽宁、青海、内蒙古等地建立种子基地，主要生产的草花品种有万寿菊、三色堇、矮牵牛、香堇、福禄考、金鱼草、桔梗、仙客来等。中国又是一个潜在的杂交种子消费市场，国际种子商普遍看好中国，中国的代理商也极力推销国外的杂种一代种子。

随着世界花卉种子产业的发展，种子质量的概念不断得到充实与更新，品种的遗传纯度（genetics purity）、物理纯度（physical purity）、病理学质量（pathological quality）及生理学质量（physiological quality）（即种子活力，seed vigor）需要在优良种子上同时体现。随着穴盘苗（plug）工厂化生产的发展，对花卉种子的质量要求越来越高，要求种子达到大小一致、尽可能地快速萌发并具有很高的发芽率、种苗长势健壮一致。为使种子的各种质量指标达到最高极限，除了在生产过程中保证种子充分发育，成熟度要尽量一致之外，种子采后加工也非常重要。发达国家普遍采用前处理技术，如种子包衣丸化，使种子成为整齐一致并容易操作的形状与大小，更容易识别与播种，以减少播种结果的不确定性；种子强化技术可使出苗整齐，对环境的适应性增加；前发芽技术保证花卉种子几乎百分之百的成苗，在一些发达国家，目前已有前发芽并丸化的花卉种子出售。

目前我国自产草花种子有 100 多种，但主要是常规品种，杂种一代、二代品种很少。其原因是国内只有极少数部门能培育出自己的杂交亲本和杂种一代种子，并且仅在万寿菊等几种草花上育出了较好的杂种类型。相比之下，国外种子商在我国云南、青岛、内蒙古、山西、甘肃、辽宁等地建立的花卉种子生产基地，主要是为国外生产杂种一代花卉种子。仅内蒙古赤峰为泛美公司和伯爵公司生产杂种一代万寿菊、三色堇、一串红就有近 400 亩。

目前我国进口的草花种子虽只有 40 多种，但这些种类在园林及花卉生产中的地位重要，种子质量也高，尽管价格较高，仍普遍受到消费者欢迎，销路很好，因而给国内市场造成很大冲击。不过这也充分说明，生产者追求草花品种的先进性及种子质量已成为主导我国园林花卉产业发展的时代潮流，种子的价格问题已成为次要因素。同时也标志着我国园林花卉正在进入追求高起点、高品位与世界先进水平看齐的境界。加入世贸组织（WTO）后，我国政府大幅度降低进口关税，平均关税从 23% 降到 17%，其中花卉及相关产品下降幅度更大，种苗、种子的进口关税和增值税全免。这无疑会给外国种子进入中国带来更大的商机，同时给民族花卉种子产业的发展带来巨大的压力，给国内市场造成更大的冲击。这显然对我国花卉科研工作提出新的要求，也为发展我国的花卉种子工程带来了极好的机遇。

8.1.2　花卉种子生产的栽培管理

花卉种子生产管理的集约化程度高，但主要技术措施基本相同，下面以草花制种技术，即种子生产技术为例介绍花卉良种繁育生产技术及相关栽培管理技术要点。

8.1.2.1　草花制种技术

制种技术是指杂种种子 F_1 的生产技术。花卉的杂种优势一般表现为茎粗、根部发育良好、花大、叶大等，然而在株形、花色、花型等方面是否能达到理想的效果，则要看双亲的选配是否得当。利用这种杂种优势通常是指利用杂种第一代，因其后代 F_2、F_3 等，性状分离，优势减退，生产上的利用价值不大。

花卉杂种种子的生产，应本着获得杂交率高的种子和节约劳力、降低种子生产成本的原则，根据各种不同花卉开花授粉习性，应用适当的制种技术，一般分为亲本繁殖保存和配制 F_1 杂种种子两部分。现将 F_1 杂种的制种方法按不同侧重点分述如下：

（1）品种间杂种一代的制种方法：通常采取各个品种作为亲本相互交配，根据各个 F_1 的表现选取合适的杂交组合，以制造优良的 F_1 作为生产上应用的种苗，这些种苗开花后不再留种，所以靠年年杂交来生产 F_1 的种苗。以雏菊为例，它是自交不亲和的花卉，难以取得自交系，然而它们又可以通过宿根进行无性繁殖，这样我们就可以将不同品种的雏菊进行测交试验，以确定哪两个亲本所制造的 F_1 具有我们所需要的性状和杂种优势。然后就可将中选的两个亲本无性系种植在一起，让它们自然地相互授粉，由于它们是自花不亲和的，毋须担心它们有自交的可能性，在母本植株上所收集到的种子都是杂交种，这样就能很容易地得到供生产需要的 F_1 种子。

（2）自交系间杂种一代的制种方法：在所确定的花卉中选取若干个品种或类型。每个品种或类型中，又选取一定数量的个体，不去雄而套上纸袋（以不透水的牛皮纸袋或羊皮纸袋制成），让它们自交。由于绝大多数的花卉是异花传粉植物，或者本身就是杂交品种，它们的自交后代必然会发生多样性的分离现象，因此必须进行连续多年的自交以取得性状一致的自交系，然后选择要求的自交系作为进一步杂交的亲本。这些自交系植物的生长势都很差，但通过自交系的相互杂交，通常都能产生生活力旺盛的自交系间 F_1，也就是单交种，如果作为亲本的自交系选配得当，就能得到性状合乎要求、整齐一致、又具有杂种优势的理想的 F_1。

为此，在取得一定数量的自交系后，就要将它们相互交配，以选取优良的杂交组合，以后就年年用这几对亲本进行杂交，为生产上提供 F_1 的种子。

各个自交系相互交配时，由于组合数目多，工作量十分繁重，例如有 4 个自交系作为亲本相互杂交，就可以有 12 个杂交组合［即以杂交组合数 $n \times (n-1)$ 的公式计算，公式中 n 为自交系数］。要是自交系的数目很多，必然造成工作上的杂乱。为了有计划地选取优良自交系，及早淘汰配合力差的自交系，在自交过程中，可以将各个经过自交的自交一代（S_1）、自交二代（S_2）等与某个特定的品种进行交配，根据各个自交系与这个品种杂交所产生后代的表现来判断各个自交植株的优劣，这个过程称之为"测交"，凡是经过测交试验产生优良杂种的自交植株，通常实践认作具有良好的配合力，利用它们来制造优良杂交种的把握也比较大，而在测交过程中表现不好的自交植株便可在工作早期及时淘汰。这样便能大大减轻制造杂交种过程中的工作量，并提高工作效率。

到目前为止，许多一二年生花卉在生产上都已利用自交系间 F_1 的种子，如百日草、矮牵牛、金鱼草、万寿菊、凤仙、三色堇、秋海棠、半支莲和一串红等。

（3）天然杂交制种法

①混播法：将等量的父母本种子充分混合后播种，采得的种子正反交均有。此法适合于正、反交增产效果和二亲本主要经济性状基本相似的组合。

②间行种植：父母本单行或数行相间种植，如正、反交增产效果和经济性状基本相似，父母本的行数可相同，父母本植株与种子可混收混用。如正、反交 F_1 都有优势而性状不一致，则应分别收种，分别使用；如正交 F_1 有优势而反交无优势，只能以正交 F_1 用于生产，则父本行数应较少，父母本比例一般为 $1:2$。最好选配正反交都有优势的组合，以降低制种成本。

③株间种植：这种配置方式杂交百分率较高，但田间种植和种子采收很麻烦，而且容易错乱。对二亲本主要性状近似的组合，种子可混收的比较适用。由于该制种法双亲都还有可能进行品种内授粉，杂种率较低，一般为 $50\% \sim 70\%$。

（4）利用苗期标志性状的制种法：利用双亲和 F_1 杂种苗期所表现的某些植物学性状的差异，在苗期可以比较准确地鉴别出杂种苗或亲本苗（即假杂种苗），这种容易目测的植物学性状称为"标志性状"。标志性状应具备两个条件：一是这种植物学性状必须在苗期就表现明显差异，而且容易目测识别；二是这个性状的遗传表现必须稳定。

制种方法是选用具有苗期隐性性状的品系作母本（如月季的扁刺），与具有相对应的显性性状的父本（如新疆蔷薇的弯钩刺）进行杂交，在杂种幼苗中淘汰那些表现隐性性状的假杂种。此法的优点是亲本繁殖和杂交制种简单易行，制种成本低，能在较短的时间内生产出大量的一代杂种。其缺点是间苗、定苗工作复杂，需要掌握苗期标志性状，熟练间苗、定苗技术。

（5）利用雌性系的制种法：选用雌株系作为母本生产杂种种子，可使摘除雄花的工作减至最低限度，因此降低了制种的成本。

（6）利用雄性不育系制种法：在两性花植物中，利用可遗传的雄性器官退化或丧失功能的纯系为母本，在隔离区内与相应的父本按一定比例间隔种植，在不育系上采收杂种种子。

（7）人工去雄制种法：对某些雌雄异株或同株异花授粉花卉和雌雄同花花卉可将父母本按适当比例种植，利用人工拔除母本雄株、摘除母本雄花或人工去雄授粉等方法获得一代杂种种子。

（8）化学去雄制种法：利用化学去雄药剂，喷洒母本植株，破坏雄性配子的正常发育或改变植物的性分化倾向，达到去雄目的，再与相应的父本按适当比例隔行种植生产一代杂种。由于雌雄配子对各种化学药剂的反应不同，因此不同植物可选择特定的杀雄剂，在适当的浓度与剂量下，抑制和杀死雄细胞，而对雌蕊无害。在杂交制种选用杀雄剂应注意：①处理母本仅能杀伤雄配子而不影响雌蕊的正常发育，②处理后不会引起遗传性变异，③价格便宜，处理方法简便，效果稳定，④对人畜无害。目前应用的化学杀雄剂有 2,3-二氯异丁酸钠（FW450）、2-氯乙基磷酸（乙烯利）、二氯丙酸、顺丁烯二酸联胺（MH 或青鲜素）、2,4-D、2,3-异丙醚、γ-苯醋酸、二氯乙酸、三氯丙酸、核酸钠、萘乙酸（NAA）等。处理时间及浓度因品种、具体环境条件而异，如用乙烯利喷洒叶片，在苗期一般用 250～350mg/L，每隔 4～5 天喷一次，3～4 次便可以达到去雄效果。经乙烯利处理后，有的雌花增多，要及时疏花疏果，以保证杂种种子籽粒饱满。

（9）利用自交不亲和系制种法：利用某些两性花植物中，虽花器正常但自交结实严重不良的遗传特点，育成稳定的自交系，用其作亲本，双亲隔行种植，所得正反交种子均为一代杂种。

制种主要分原种繁殖和一代杂种种子生产两部分。自交不亲和系植株在开花前2～4 天的蕾期，柱头上抑制花粉管生长的物质还未形成，因此在蕾期对不亲和系植株进行自交，可获得自交种子。利用这一特性，自交不亲和系的原种，主要采用蕾期授粉法繁殖。一代杂种种子生产主要采用单交种，将两个特殊配合力高的自交不亲和系按 1:1 隔行定植，开花时任其自由授粉，即可获得杂种率高的正反交杂交种。为提高杂种种子量，也可将结实多的亲本与结实少的亲本按 2:1 相间定植。

8.1.2.2　防止品种退化

（1）提供优良的栽培环境：优良的栽培条件是种子优良性状发育必要的外界因素。如改良土壤结构、合理施肥、合理轮作、扩大种植的营养面积、加大株行距、适时播种和扦插、嫁接等。对于无性繁殖植株应选择良好的插条、接穗、砧木、加大病虫害防治等，以此来提高花卉品种的生活力，增强抗逆能力。

（2）进行连续的选择：连续选择是防止品种退化的最有效的措施。在良种生产过程中，通过建立种子田，根据品种的典型性，每年进行株选或穗选品种，可以使品种始终保持高的纯度。

8.1.2.3　提高良种繁殖系数

在良种繁殖过程中，适当加大株行距，扩大营养面积，增施有机肥和磷钾肥，促进植株营养体充分生长，可以提高单株产量，生产更多的种子。对定植较早、花期较晚的留种母株，可在生长期进行摘心，促进多分枝、多开花、多结籽。许多异花授粉和常异花授粉的植物，如瓜叶菊、蒲包花、百日草、报春花等进行人工授粉能明显提高种子产量。

对球根花卉可以采取分割球茎、珠芽以及特殊的栽培方法，来提高繁殖系数。

8.1.3　花卉种子的采收与储藏

8.1.3.1　花卉种子的采收

秋季是花卉种子成熟的时节，采收种子要掌握好种子的成熟期和成熟度。种子的成熟有早有晚，即使是同一株花木，也不可能同时成熟，要随熟随采，以免种子霉烂或熟透散落。在采收种子时，要选开花早或成熟早的种子留种。这样的种子来年播种后发芽早，且幼苗健壮，以后开花也早。如发现花型或颜色有变异的植株应单独采收，单独种植，这样有可能会繁育出新品种。

采收花卉种子的方法因花卉种类不同各有差异。有的可将整个花朵摘下，风干后取种，如鸡冠花、一串红等。浆果类的采摘后应放在水中，用手揉搓洗去果肉，清洗出种子后晾干，如金银茄、珊瑚豆等。有些花卉在果实成熟后，果皮开裂，种子也弹射出去，如紫薇、凤仙花等。因此应选果实由绿转黄褐色时，及时采收，以免种子散失。还有些球根花卉，如大丽花、美人蕉、花叶芋等，在北方下霜前应及时把球根挖起，以免受冻害。球根挖出晾晒后，放于室内进行沙藏。为了获得纯净和便于储藏的种子，种子采集后，必须尽快调制，以免发热、发霉而降低种子的品质，造成不应有的损失。种实调制的内容包括：脱粒、干燥、净种、分级等。

脱粒　对于干果类种子（如菊科花卉的种子），可用人工干燥和自然干燥脱粒法获得。对于肉质果类（如茄科、仙人掌类果实）可采用水洗取种法，将果实浸入水中，用木棒冲捣使之与果肉分离，洗净后取出种子，干燥即可。

净种　种子脱粒后，需要清除杂质及瘪种，以提高种子的纯度。生产上常用种子和杂质重量、体积或比重不同的原理，除去种子中的杂质，常用的方法有风选、筛选、水选、粒选等方法。

分级　种子经过净种处理后，应按种子的大小或轻重进行分级。分级一般用不同孔径的筛子进行筛选。对于同一批种子，种子越饱满，出苗率越高，出苗越整齐，幼苗就越健壮。

各类种子均不宜在太阳光下暴晒，要在通风处阴干，否则会影响发芽率。晾干后应把种子放在通风处储藏，注意防潮、防烟熏、防鼠害。

采集种子后，必须立即编号，标明花卉的种类、名称、花色、采集日期、采集地点、采集人等。采集时应特别注意，把同种花卉的不同品种分别采集。如鸡冠花就有红、黄、紫等色，必须分别采集，分别编号注明，以免混淆。

花卉种子须在果实成熟期采收，并及时选优去劣、除杂，晒干贮存，才能保证种子的发芽率，以下是几种花卉种子的采收方法，单独作一介绍：

万寿菊　均采用9月以后开花所结果实，新鲜有光彩的留种。当舌状花已卷缩失色，总苞发黄时，虽总花梗尚青，即可摘取，晒干脱粒。

金鱼草　在花序上大多数蒴果变棕黄时，剪取整个果枝晒干脱粒。如果分别花色或类型留种，须注意严密间隔。

冬珊瑚　在株形端庄健壮、结果多的植株上，采收红色成熟浆果，捣破后，在水中淘洗干净，除去果皮、果肉和秕子，捞起饱满的种子，晒干储藏备用。

三色堇　要选择二年生的健壮植株作母株。当果实昂起，果皮略发白，种子由青白色变成淡棕色时立即采收，否则果实经日晒干燥就会开裂，将种子弹射出去。因果实成熟期参差不一，所以要分批采收种子。该花卉种子含油量较大，易遭虫蛀，应妥善收藏。

长春花　因果实成熟期不一，应注意观察，在蓇葖果发黄，能隐约看见果内种子发黑时，及时分批摘取，否则果实自行裂开，种子会散落。

矢车菊　在花序刚刚枯黄时，即可采收种子。如果花序过分成熟，种子容易散落，一般可在绝大多数花序枯黄时，刈取全株，干燥后脱粒，置阴凉干燥处保存。种子有自播能力。

福禄考 蒴果成熟期不一，成熟时开裂。为防种子散落，在大部分蒴果发黄时，于总花梗下摘下，晾干脱粒收藏备用，种子发芽率可保持2年。

花菱草 种子球形或略呈椭圆形。蒴果果皮变淡土黄色时，就可采收。蒴果宜在清晨带湿采收，如在阳光强烈时采收，蒴果容易裂开，种子易散落开去。采收后，放在阳光下暴晒时，容器上应盖玻璃，以防果实开裂，种子被弹射到容器外面。

矮牵牛 蒴果成熟后，自行开裂，散落种子，故须在蒴果尖端发黄时起直至微开裂时的一段时间内，及时分别采收。

一串红 坚果成熟后脱落，因此应在整个花序中部小花花萼已失色，坚果刚成熟时，摘取整个花序晾干脱粒，可收得较多的坚果。注意储藏勿遭鼠害。

紫罗兰 重瓣品系中因重瓣花不育，故种子只能采自开单瓣花的植株，优秀的品系，重瓣花植株可达70%。采种在果实发黄时一次刈取晒干，后熟脱粒。

石竹 因蒴果成熟期不齐，先开裂者往往因雨水渗入而霉烂，故应分批采收。种间及变种间皆易杂交，栽植时应保持一定距离的间隔。

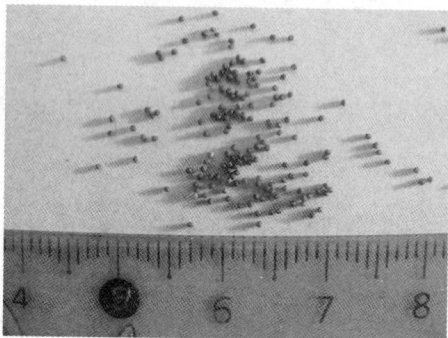

矮牵牛种子

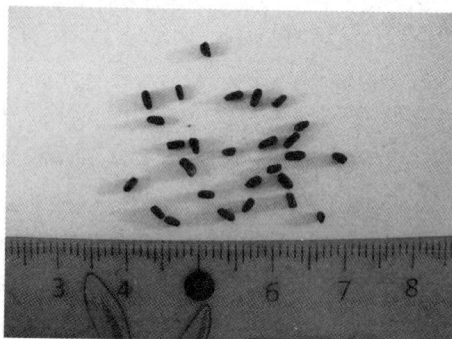

长春花种子

孔雀草种子

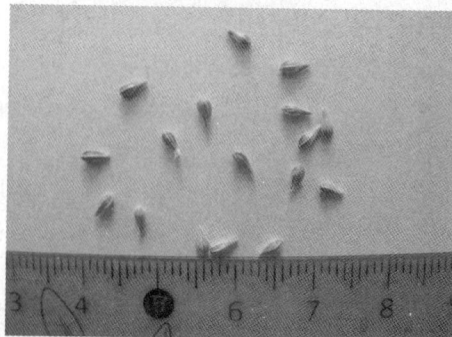

千日红种子

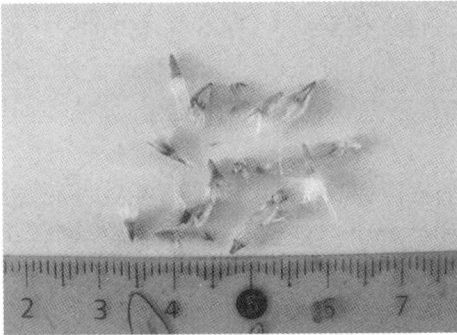

天人菊种子

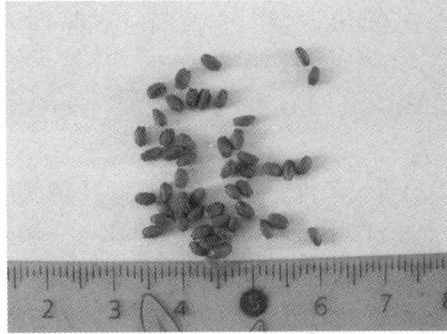

一串红种子

萱草种子

美人蕉种子

玉簪种子

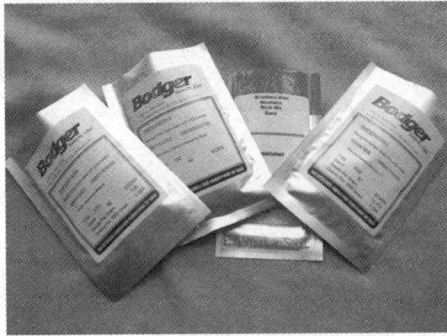

进口种子包装

生产常用花卉种子形态

8.1.3.2 花卉种子的储藏

种子的储藏环境应该低温、干燥，以最大限度地降低种子的生理活动，减少种子内有机物的消耗。

（1）种子储藏条件

①温度：温度与种子的生命活动有密切的关系。成熟种子在储藏期间，要求维持最低的代谢水平，因此保持适宜的温度很重要。对于一般种子，储藏的适宜温度为0～5℃。温度过高或过低都会缩短种子寿命。

②空气相对湿度：种子有较强的吸湿能力，相对湿度的高低和变化，可以改变种子的含水量，对种子的寿命产生很大影响。相对湿度控制在50%～60%时，有利于多

数种子的储藏。在一定范围内，相对湿度越低，越有利于延长储藏期。如储藏一个季节时，仓库相对湿度不应超过65%；需要储藏2~3年时，相对湿度不应超过45%；长期储藏时，相对湿度不应超过25%。但王莲、睡莲、牡丹、芍药、含笑等安全含水量高的种子除外。

③通气条件：通气条件对种子生活力的影响程度因花卉种类而异。含水量低的种子，呼吸作用微弱，需要氧气较少，在不通气的情况下，能够长久地保持生活能力。在低温、密封、干燥的条件下，可以较长时间地储藏种子。对含水量高的种子，则应适当通气，以排除种子堆中的二氧化碳和热量，避免无氧呼吸对种子的伤害。

④种子含水量：种子含水量是影响种子寿命的关键因素。储藏期间，种子含水量的高低不仅影响种子的呼吸强度，还影响种子表面的微生物活动。种子含水量较高时，种子呼吸强度增加，易发生霉烂。种子含水量较低时，能比较有效地抵御高温和低温对种子的不利影响，较好地保持种子的生活力。有利种子储藏的最低含水量称为标准含水量(安全含水量)，是指种子能够维持生命活动所必需的最低含水量。高于标准含水量，新陈代谢旺盛，不利种子长期保存；低于标准含水量时，无法维持种子的生命活动，容易丧失生命力。

(2)种子储藏方法：种子储藏的原则是抑制呼吸作用，减少养分消耗，保持活力，延长寿命。花卉储藏方法一般常用的有干藏、沙藏、水藏三种。

①干藏：大多数花卉种子都可采用此法收藏。先将种子晾干，剔除杂质，装入纱布缝制的袋内，如一串红、鸡冠花、紫茉莉等。不要装入密闭的塑料袋或玻璃瓶内，以免不透气，影响种子呼吸。可把种子袋挂在室内阴凉通风处，保持室温5~10℃即可。对一些易丧失发芽力的种子(如鹤望兰、非洲菊)等，可采用密封干藏法储藏。将种子置于密闭的容器中，并加入干燥剂。如结合低温储藏效果更佳，可有效延长种子寿命。

②沙藏：沙藏法适用于含水量较高的种子，多用于越冬储藏。一般将种子与相当于种子容量2~3倍的湿沙混拌，保持一定湿度，放置在地窖或地下室内。这类方法可有效保持种子的活力，并具有促进种子后熟和催芽作用。牡丹、芍药、含笑、玉兰等种子可放于0~5℃的低温湿沙内储藏，沙子含水量以"手握成团，一触即散"为宜。这类种子在自然条件下有一段休眠期，经过休眠达到后熟。一般在春季进行播种，播种前一个月从沙中取出。

③水藏：有些花卉种子采收后应放于水中储藏，如王莲、睡莲种子。水藏使用的水温一般要求在5℃左右，低于0℃时种子会受到冻害，影响出芽。

④低温储藏：温度一般保持在-2~4℃，含水量控制在4%左右，种子用塑料或铝制罐盛装，分层放在架子上，近年来，由于冷藏技术的发展，各国都使用此法。

⑤真空储藏：将盛种子容器内的空气抽出，以控制种子的呼吸强度，保持种子发芽能力。

种子储藏时还应考虑种子的成熟度、种子的完好程度等因素。

8.2　花卉种苗的生产与管理

8.2.1　花卉种苗生产概述

花卉种苗即为做花卉栽培或大批量生产用而繁殖的幼苗，包括以播种苗、组培苗和扦插苗，专门做种苗生产已成为花卉业中专门化生产项目，花卉种苗已是国际花卉市场的一类商品。

作为全球性的贸易产品，2000年，世界花卉贸易额达到2100亿美元。国际花卉市场经过近100年的培育，已日臻成熟。各国花卉育种界每年推出上千个新品种，这些品种主要以大宗花卉的品种更新为主，也有部分经过驯化改良的新奇花卉。对于这些新育品种，花卉发达国家十分注重其种苗的产业化，无论是组培苗、播种苗或扦插苗生产都具备自动化、机械化程度高、科技含量强的配套生产系统，以确保种苗质量，提高栽培成活率及鲜花产品的竞争力。

20世纪90年代以来，随着我国花卉产业的迅猛发展，组培和现代化育苗设施在花卉生产中广泛运用，花卉种苗的生产规模和数量迅速增加，香石竹、菊花等大多数花卉种类都基本实现了种苗本地化。随着城市建设的发展和环境美化的需求，花坛用花卉需求量日益增加，花坛用花卉的生产量相应地进入快速增长期。在现代园艺技术的推动下，花坛用花卉生产逐步由传统模式向现代设施模式转变，花坛用花卉种苗生产技术日臻成熟。现代花坛用花卉种苗生产已走向专业化、工厂化生产轨道，先进的生产设施能较好地满足种苗生产的温度、水肥、基质、运输条件。

国内外花卉产业发展的经验证明：花卉种苗业作为产业的源头支撑是决定花卉产业总体水平的关键，实行规模化、专业化的生产，统一标准，规范管理，提高种苗质量，提高花卉的质量和产量是我国花卉业发展和参与国际竞争的必然趋势。

8.2.2　种苗生产栽培管理

传统的育苗方法是在地里或育苗箱、育苗盘里条播、撒播或点播，待种子发芽、幼苗长大可以移植时，将幼苗连着土壤被成团掘起，手工分株，再分别移植到容器或定植到地里。由于根系受伤，往往影响正常生长，导致根系腐烂或生长不均匀。育苗者多凭经验育苗，操作粗放简单，温度、水肥、光照等全凭个人经验进行，准确性差，不利于大规模的工厂化生产和生产技术的提高。随着现代园艺业的发展，现代化种苗生产技术应运而生。本节以工厂化容器育苗技术为例来介绍现代化种苗生产过程。

工厂化容器育苗技术是指在人为控制的环境条件下，运用规范化的技术措施，采取工厂化管理手段，实现容器育苗操作机械化、生产过程自动化、工艺流程程序化，进行批量优质种苗生产的一种先进育苗方式。

工厂化容器育苗包括容器播种育苗工厂化和容器扦插育苗工厂化。工厂化播种育苗多应用于一二年生草花育苗，一般都是季节性生产，在温室、塑料大棚等设施内，用点播机(或播种线)、育苗盘等进行批量生产。容器扦插育苗多用于一品红、非洲凤仙等多年生花卉的批量育苗，一般在设施内用制钵机、独立容器或大规格穴盘进行扦插繁殖。现以穴盘播种育苗为例，介绍工厂化容器育苗的过程。

穴盘育苗(plug propagation)是指在大小相同，孔穴规则、集群的穴盘中，在人工控制的条件下用播种或扦插法培育的可移植的幼苗。一孔穴育一苗，每一幼苗在各自的穴孔里生长到可以移植，根系完全被隔离在穴孔中，不会像传统播种苗那样四散生长，而是紧密地围绕栽培基质，形成一个紧密的、与穴孔形状一致的基质幼苗混合体。移植时，从孔穴中脱出的种苗不易伤根，保全了根毛。穴盘育苗生产的种苗称穴盘种苗(或穴盘苗)。从20世纪90年代中后期，穴盘育苗在我国开始发展起来。

三色堇穴盘苗

穴盘苗倒金字塔形根系

与传统方法相比，穴盘育苗机械化、标准化程度高，操作简单、快捷，节约劳动力，空间利用率高，适于大规模生产；生长期短，单位面积产量高；穴盘内每一株苗相对独立，病虫害的传播率低，又减少了营养竞争，根系能够充分发育；易移植，移植不易伤根、不窝根，移植后缓苗期短；植株生长整齐，开花期提前；便于贮放、运输，易销售。

8.2.2.1 穴盘育苗的生产要素

穴盘育苗除了与传统育苗相同的种子和种子萌发所需的外界条件外，还需要与传统育苗不同的穴盘和栽培介质。而要生产优质的穴盘苗，水、温、光、肥、氧气的管理也与传统方法不同。

(1)穴盘：穴盘按制造材料的不同分塑料穴盘和聚苯泡沫穴盘。塑料穴盘因塑料种类的不同分为聚苯乙烯、聚丙烯盘和聚氯乙烯。其外围尺寸通常为 54cm×28cm，聚苯乙烯、聚丙烯盘是花卉育苗最常用的穴盘。聚苯泡沫穴盘外围尺寸通常为 67.8cm×34.5cm。穴盘经严格的消毒处理后，可循环使用。

按穴孔数量不同，塑料穴盘有 32、50、60、72、98、128、200、288、512、800 等穴盘，常用的有 72、128、200、288 穴盘；泡沫穴盘有 200、242、338、392 穴盘，

常用的是 200 和 242 穴盘。

按颜色不同可分为深色盘和浅色盘。常用的是黑色盘和白色盘。

另外,生产商不同,穴盘规格也不同。例如,同样是塑料的288孔穴盘,生产商不同,穴盘质地、穴孔间距离、穴孔大小、深度、形状、孔壁厚度、底部排水孔等都会有所不同。

(2)栽培基质:栽培基质是用于支撑植物生长的材料,土壤是传统育苗使用的栽培基质,而穴盘苗所用的基质,都是无土基质。目前较常采用的基质有泥炭、蛭石和珍珠岩三类。它们一般不单独使用,而是两者或三者按一定比例混合使用。较常用的混合配方有:泥炭3+蛭石1,泥炭1+蛭石1,泥炭3+珍珠岩1,泥炭2+蛭石1+珍珠岩2(有关泥炭、蛭石和珍珠岩的性能特点详见第5章第4节)。

表 8-1 常用栽培基质的基本特性

内容	泥炭(普通)	蛭石	珍珠岩
pH	4~6	7~8	7~7.5
EC(mS/cm)	0.1~0.5	0.3~0.4	0.3~0.35
粒径/mm	0.5~3	3~5	2~4
空隙度/%	75~85	80~85	85~90
容重/(kg/m^3)	400~700	100~150	80~120
处理措施	粉碎、过筛、消毒	园艺蛭石	园艺珍珠岩

(3)水:水质直接影响到穴盘苗的质量。水质一般包括以下内容:

pH 值和碱度 传统生产中,生产者较关心水的 pH 值,因为水的 pH 值直接影响介质的 pH 值,良好的水质其 pH 值应保证大多数营养物质、生长调节物质及杀菌剂、杀虫剂能有效地发挥作用。适宜的 pH 值在5.5~6.5。碱度可定义为水能够中和酸类物质(H^+)的能力,即缓冲能力。碱度也可以理解为水中的石灰含量,碱度越高,基质的 pH 值上升越快。水的碱度会直接影响种植基质的 pH 值,从而影响植株对养分的吸收。pH 值相同的水源,碱度可能会不同,对基质的 pH 值影响也会不同。

可溶性盐含量 指单位溶液内所有可溶性离子的总量,用电导率来测量,用 EC 值表示,单位为毫西门子每厘米(mS/cm)。可溶性盐总浓度是灌溉用水、种植基质、肥料中可溶性离子的总和。灌溉用水(不含肥料)的 EC 值应低于 0.8 mS/cm。劣质灌溉用水的 EC 值通常较高,从而导致种植基质可溶性盐浓度过高。此时可采用增加5%~10%的浇水量的方法沥去多余的盐分。

钠吸收率(SAR) 钠吸收率量化了钠、镁、钙含量的关系。如果钠吸收率低于2.0,钠离子的浓度低于40mg/kg,则吸收率完全正常。钠离子的浓度高会使介质更加密实,含水量增加,空气流通量减少,严重妨碍根系的生长。每次浇水时都要增加5%~10%的浇水量,以便把多余的钠离子去除。

其他物质 水中的硼、氯和硫酸等不仅会影响水和种植介质中可溶性盐的浓度,还会影响穴盘苗的品质。

（4）肥料：包括水溶性和控释性肥料。

水溶性肥料为速效肥，有各类不同配方，可不再添加微量元素。特别适用于生长周期短的穴盘栽培的种苗，种苗的生长也容易控制。但不适用于土栽和生长期长的作物，因其易流失，技术要求也较高。

常用水溶性肥料的配比：种苗生产一般都用含有氮、磷、钾与微量元素的配方水溶性肥料。每一种肥料都会有成分标示，一般以 XX-YY-ZZ 来标示，XX 代表氮肥的百分比，即纯氮（N）在此肥料中的百分比；YY 代表磷肥的百分比，即五氧化二磷（P_2O_5）在此肥料中的百分比；ZZ 代表钾肥的百分比，即氧化钾（K_2O）在此肥料中的百分比；在种苗生产过程中所用肥料，必须提及所用何种肥料（即 N-P-K 的含量）以及浓度。

表 8-2　常见肥料类型及其使用方法

肥料种类	用途	常用质量浓度（mg/kg）	常用配比/倍	用　法
20-10-20	种苗早期	50	4000	与 14-0-14 交替使用
	种苗后期	100～150	2000	与 14-0-14 交替使用
14-0-14	种苗早期	50	3000	与 20-10-20 交替使用
	种苗后期	100～150	1000	与 20-10-20 交替使用
10-30-20	种苗后期	100	1000	与 14-0-14 交替使用

水溶性肥料浓度的计算：

肥料浓度以 mg/kg 表示，1mg/kg 是百万分之一的意思，以前常用 ppm 表示。计算的基本公式：

肥料浓度（mg/kg）＝ 肥料用量（kg）× 氮含量/ 溶剂重量（kg）× 10^6

无论理论上还是生产实践中，肥料浓度仅用氮肥浓度来表示，如，60mg/kg 浓度的 20-10-20 肥料，是用 20-10-20 配方的肥料配成的含氮量为 60mg/kg 的肥料，50mg/kg 浓度的 14-0-14 肥料，是用 14-0-14 配方的肥料配成的含氮量为 50mg/kg 的肥料，配制时，将一定量的水溶性肥料按所需的浓度溶入水中即可。

1000kg 水所需肥料的用量为：

1000（kg）× 所需浓度（mg/kg）÷（10^6 × 氮含量）

如，20-10-20 肥料，所需浓度为 200mg/kg，则在 1000kg 水中需加入的肥料量（kg）为：1000 × 200 ÷（10^6 × 20%）＝ 1kg

1kg 肥料配成的所需肥料浓度（mg/kg）的液肥所需的水量：

（1 × 10^6 × 氮含量）÷ 所需肥料浓度 mg/kg

如，14-0-14，需要浓度为 200mg/kg，所需水量（kg）为：

（1 × 10^6 × 氮含量）÷ 所需肥料浓度 mg/kg ＝（1 × 10^6 × 14%）÷ 200 ＝ 700（kg）

控释性肥料用于生长期长而经济价值高的植物，能长期缓慢释放养分。早期的控释性肥料，其化学成分不易溶于水，而靠基质水分与微生物来分解释放；现在的控释性肥料，其化学成分本身可溶于水，只是被包在膜内（膜的成分是聚合物），靠介质水分流入膜内将其溶解再慢慢释放出来。

使用时，可预先把肥料掺入基质中，也可把肥料直接施放在基质表面。控释性肥料的释放速度主要与温度和包膜厚度有关。温度越高，释放越快。

8.2.2.2 设施、设备

（1）准备房：与温室配套的设施，用于播种、发芽、储藏生产资料、包装运输等。面积应达到温室面积的 10% ~ 15%，最好设在温室的中央地段，以提高工作效率。准备房一般包括如下几个部分：

播种区　安装播种流水线，包括基质混合机、基质运输机、基质填充机、播种机、覆料机以及淋水机等。是完成播种操作的区域。

发芽室　提供种子发芽所需最适环境条件的相对密闭的空间，室内设有温湿度及光照调节设备，还有用于安放、运输穴盘的移动发芽架及配电箱、发电机、水管、开关等辅助设施。发芽室的大小根据生产规模确定。

控制室　现代种苗生产中，温室环境、生产过程、发芽环境都是由各种仪器设备来控制的。所有这些仪器设备的控制都统一在控制室内进行调控和管理。

储藏区　储藏育苗容器、包装材料、肥料、农药、栽培基质、耗材等。

包装运输区　位于主出入口附近，用于包装、出圃、运输。

（2）播种机：大规模的种苗生产中必须依靠精确、便捷、高效的播种机来完成播种工作。

①工作原理：利用真空吸附的原理完成播种工作。播种机的真空马达或气压泵可以抽真空，利用真空产生的吸附作用将种子吸附到播种口（如针管口、播种面板上的、滚筒等）上，再将播种口对准穴盘的穴孔。关闭马达或气压泵，种子下落，播种操作就完成了。

②种类：播种机按设计式样分为针管式播种机、板式播种机（有简易和改良两类）和滚筒式播种机。

手持针管式播种机　为半自动性，由播种管、针头、种子槽、气流调节阀、连接软管和吸尘器等部分组成。播种管要与所用的穴盘相配。这种播种机结构简单、使用方便，适于少量种子的播种。

手持播种机（半自动）　　　　　　进口播种机（自动）

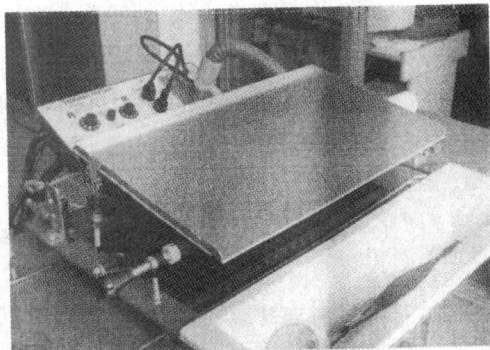

板式播种机 为半自动性，用播种板代替播种管的类型。不同穴盘有不同规格的播种板。而同一规格的播种板又因种子形状、大小和种类不同，又有不同的型号。板式播种机操作简单易学，播种精确而快速，播种板经久耐用，因此板式播种机非常经济。

针管式精量播种机 为全自动性，利用电子眼技术以记数的方式将种子分拣出来并送入穴盘的播种机。流经导流槽的种子被电子眼准确地识别出来之后传入一排与穴盘的穴孔相对的下种管处，下种管的门挡在真空操作下自动打开，种子随之下落于穴盘中。针式精量播种机适合播种各类大小不同、形状各异的种子，精确度和自动化程度都很高。

滚筒式播种机 为全自动性，使用带孔的圆筒或滚筒播种的机器。利用真空将种子从种子斗中吸附到圆筒或滚筒的小孔上，随后关闭真空马达，种子即下落到下面相应的穴孔里。整个操作过程是通过旋转的滚筒和下面的穴盘完成的。不同大小和不同穴盘有相应型号的滚筒、传送系统、打孔器、覆料机与之相配。

（3）水肥系统：包括水处理设备、灌溉管道、自走式浇水机、自动肥料配比机、喷雾器及各种容器。

水处理设备 常用的有沉淀池、过滤器、离子交换器、反渗透水源处理器、加酸配比机等。

灌溉管道 用于灌溉的固定的给水管道及手工浇水的塑料软管。

自走式浇水机 大型种苗场的必备设备。由控制系统（微电脑）、动力部分（发动机）和浇水机构（浇水横干）三部分组成。自走式浇水机浇水整齐均匀、效率高、省水、省工、省空间，还可喷施农药和生长调节剂。

自动肥料配比机 保证按所需浓度或比例施肥的设备。特点是无须动力，打开水源即可工作。肥料计量精确，还可用于农药、消毒剂等的施用。可将其安装在轮式手推车上，移动方便，且经济实惠、易维修、易保养。

其他设备 用于病虫害防治的手动喷雾器或机动打药机、肥料桶、农药桶、量筒、量杯等。

（4）种苗分离机：将种苗从穴孔中分离出来的设备。可以避免手工移苗常出现的叶片及茎部受伤、根部栽培基质脱落等问题。工作方式是：将穴盘向下固定，将直径与穴盘的排水孔近等大的铝杆或铝钉从下向上自排水孔伸入穴孔中，向上顶，使种苗完整地脱离穴孔，并保持其根、基质混合结构不受损伤。

8.2.2.3 播种过程

包括种子和穴盘选购、贴标签、填料、打孔、播种、覆料和淋水等。

（1）根据生产目的选择适宜的种子和与之相适的穴盘，并确定播种期：目前国内用花大多集中在节假日，如"五一"、"十一"、元旦、春节等，这期间可选择的花卉种类很多。要根据用花的目的、使用者的要求选择适宜的种子，如花坛用花，最常用的就是矮牵牛、一串红、万寿菊、孔雀草等，南方城市元旦期间还喜用羽衣甘蓝。一般这些花卉在节日前 7~10 天摆放，此时要求花朵已经进入初开期，未开或已进入盛花期都不适宜。

通常每一种花卉，从播种到开花都有一定的生长周期，如矮牵牛 F_1 种子，从播种到开花需 100 天，常规矮牵牛种子则需 4~5 个月不等。因此，要根据选用种子的种类适时播种。有些生产商使用进口矮牵牛 F_1 种子时，因技术、气候等方面的问题，100 天还达不到可供出售的水平，因此可以适时提前播种。不同花坛花卉种子的播种期(以华北地区为例)，见下表。

表 8-3 不同花坛花卉种子的播种期(以华北地区为例)

种 类 \ 目标花期 日／月	"五一"	"十一"	元旦
矮牵牛 F_1	5~10/1	15~20/6	5~10/9
常规矮牵牛	5~10/1	15~20/6	5~10/9
一串红	1~5/1	10~15/6	1~5/9
万寿菊 F_1	20~25/12	10~15/6	25~30/8
常规万寿菊	25~30/12	15~20/6	1~5/9
孔雀草	20~25/1	1~5/7	20~25/9
三色堇	10/1	10~13/6	10/9
三色堇 F_1	10/1	10~13/6	10/9
金鱼草 F_1	20~25/12	10~15/6	25~30/8
美女樱	15~20/1	5~10/6	10~15/9
百日草 F_1	30/1	5~10/7	5~10/10
常规百日草	20~25/1	1/7	25/9~1/10
鸡冠花	—	5~10/7	—
羽衣甘蓝(长江流域)	抽苔	抽苔	25/8~1/9

注：1. 一串红：品种'阳光'和'皇帝'要比其他品种晚播 10~12 天。

2. 羽衣甘蓝在长江流域"五一"和"十一"抽薹，只在 1~2 月上市。

确定好用花的种类和播种期后，要根据其生长特性选用适宜的穴盘。首先，穴盘应与播种设备配套，其次，在选择穴盘规格时，要考虑到穴盘的穴孔越多，每个穴孔的容积越小。一般要根据种子的大小、形状和类型，植株的特点和客户的要求选择。花卉育苗中，最常用的就是穴孔深度在 4~5cm 的 288 和 128 方孔穴盘，穴孔像倒立的金字塔，这种穴孔更有利于幼苗的根系发育。有的穴孔之间还留有通风孔，小苗间的空气便于流通，植株叶片会更干爽，病害更少，基质干化更均匀。白色的泡沫穴盘保温性能好，反光性也很好。黑色塑料穴盘较为常用，特别在冬春生产中，黑色盘吸光性好，光能转换成热能对种苗根系发育有利。第三，不同花卉种类的要求也不一样，苗期较长的秋海棠种苗，通常选用穴孔较大的穴盘，如 128、200 穴盘，虞美人、飞燕草、洋桔梗等根系较深，宜选用穴孔较深的穴盘；天竺葵、非洲菊、仙客来以及部分多年生植物开始阶段一般使用孔穴较小的 288 穴盘，然后再移植到孔穴较大的 128 穴盘中。不同种类花卉适宜的穴盘规格见表 8-4。

表 8-4　不同花卉适宜的穴盘规格

种类	品种名称	穴盘规格
矮牵牛	'波浪'系列	288
孔雀草	'杰妮'黄色	128
羽衣甘蓝	皱叶类	288
	波浪叶类	128
彩叶草	—	288
羽状鸡冠花	'和服'绯红色	128
	'娃娃'橙色	288
	'东方 2 号'	288
硫华菊	'金鸟'橙色	288
大丽花	'象征'混色	128
百日草	'梦境'系列	128
四季海棠	'超级奥林匹克'系列	128
万寿菊	'印卡'橙色	288
	'发现'橙色	288
五星花	'明星'系列	392
	'蝴蝶'系列	406

（2）贴/插标签：播种后很难用肉眼区分所播的种类，特别是同一种花卉的不同系列、不同颜色，种子的形态特征极其相似。因此，播种过程中这一步必不可少。标签上必须标明种类、品种（系列和颜色）以及播种时间等。如果是不干胶粘贴的，要在穴盘填装基质前粘好，插标签则应在播完种后随即进行。不论是贴标签还是插标签，都不能遗漏一个穴盘。

（3）填充基质、打孔：将配好的基质用人工或机械的方法填充到穴盘中并按压穴孔，使基质略微下陷，以利播种。

（4）播种：将种子播到穴盘的孔穴中的过程。有人工和播种机播种两类。

人工播种　人工将种子点播于穴孔中的过程。

播种机播种　根据花卉种类、播种量的大小和生产场地的条件选择适宜的播种机播种。

（5）覆盖：对一些粒径小又喜光的种子，可不覆盖或覆少量。大多数种子播种后都要覆盖，以保持种子周围的空气湿度，促使胚根向下伸入基质中，固定植株。覆盖厚度应与种子的粒径相当，过少便失去了保湿的意义，若覆料过多，水分、通风不良，种子易腐烂。

（6）淋水：播种、覆盖过后，即行首次浇水——淋水。注意水滴的大小、流速要适当。太大、太快会冲走种子，太小、太慢则效率过低。大规模的育苗场常采用自动流水线淋水，也可用专用的育苗喷头人工淋水，少量育苗时，可将穴盘放入浅水池中，用浸盘的方法达到同样的目的。若是在发芽室中发芽，要在入室之前完成这一步。

以上(3)~(6)步与传统的播种方法原理相同，只是方法、工具、基质有差异而已。

8.2.2.4　生长发育过程

生产上，常将播种苗的生长发育划分为如下4个阶段：

第一阶段：发芽期——播种至胚根出现；

第二阶段：过渡期——从胚根出现到子叶完全展开，第一片真叶长出；

第三阶段：快速生长期——从子叶完全展开，第一片真叶长出，到种苗长出4~6片真叶可移植为止；

第四阶段：炼苗期——销售或移植前的种苗适应性驯化过程。

第一、二阶段为发芽阶段，第三、四阶段为生长阶段。各阶段种苗生长特性不同，对温度、光照、水分等外界因子的要求不同，生产中要随时注意调整。以水为例，每个发育生长时期对水量需求不一，第一阶段对水分及氧气需求较高以利发芽，相对湿度维持95%~100%，供水以喷雾粒径15~80μm为佳。第二阶段水分供给稍减，相对湿度应降到80%，增加基质通气量，以利根部在通气较佳的基质生长。第三阶段供水应随种苗生长而增加。第四阶段是为使种苗能够适应新的环境(如包装、长途运输、移栽到自然环境等)而采取的措施。通常1~2周，采用控水、控肥，增加通风量和通风频率，在叶面喷施钙、镁肥料等措施提高幼苗抗性，使种苗能适应长途运输，并缩短缓苗期，提高移植成功率。

表8-5　播种穴盘苗生产程序表(以三色堇为例)

生长周数	种苗生长期(阶段)	地点	工作内容
第1周	准备期	准备房	选购种子、穴盘、配基质、贴标签、填料播种
第2周(5~7天)	第一阶段(发芽期)：播种到胚根出现	发芽室	控制发芽所需最佳环境
第3~4.5周(7~10天)	第2阶段(过渡期)：胚根出现到子叶完全展开，第1片真叶长出	发芽室	肥水管理，病虫害防治
第4.5~7.5周(21~28天)	第3阶段(生长期)：子叶完全展开，第1片真叶长出到种苗长出4~6片真叶可移植为止	温室生长区	第4.5~5.5周肥水管理，病虫害防治 第5.5~6.5周补苗或移苗，肥水管理，病虫害防治 第6.5~7.5周巡苗、清点实际发芽数，日常管理，病虫害防治
第7.5~8.5或9周	第3阶段(炼苗期)：驯化使之适应新环境	炼苗区	控水、控肥，通风、加强光照
第9周~	销售	包装运输区	包装、外运

8.2.2.5　种苗管理

(1)播种：半自动或人工操作播种时，须对基质进行消毒、预湿处理，需覆盖的种子要覆盖均匀，浇水要用育苗专用喷头，第1次浇水要均匀、充分。

（2）温度控制：种子播种完成后，根据种子对光的敏感程度，放入不同光照度的发芽室，选择合适的发芽温度，把温度调控在种子发芽适温时，有助于提高种子的发芽速度和成苗率。可通过种植地的位置不同调控温度，即异地育苗。主要方法有：①利用南北气候差异育苗。冬天，可选择在海南、福建、广东等地育苗；夏天，可选择在东北、内蒙古等地育苗。②利用海拔高度形成的温差育苗。海拔 1500m 以上的山区夏季气温要比山下低 5 ~ 10℃，许多种植者建有高山基地，如三色堇、瓜叶菊等花卉可以选择在 7 ~ 8 月播种，元旦前就可以供应市场。也可以通过温度调控设施调控温度，主要方法有：①发芽室模式：标准的发芽室具备温控和湿控系统，利用空调调节温度，利用可控雾化设备加湿，满足种子发芽的温、湿度条件。②人工模式：利用加盖薄膜、遮阳网等措施调控温度。这种模式比较粗放，不宜用于大规模种苗生产。

（3）水肥管理：种子发芽初期，按照种子发芽的需水特性供水。子叶展开后适当控制水分，促进根系生长，控制胚轴过度伸长。在种苗快速生长阶段，见干见湿，控制种苗生长速度，防止形成高脚苗。种苗生长前期用雾状喷头加湿，中后期用 1000目喷头浇水。种苗施肥应先稀后浓，出圃前应降低施肥浓度。施肥频率因品种而宜，一般为 7 ~ 10 天施 1 次。

（4）病虫害防治：种苗病害侵染速度快、危害严重，要以预防为主，综合防治。温、光、水不适宜，营养和土壤酸碱度不适宜等都会影响种苗的正常生长发育，导致病害发生。

炭疽病、细菌性病害等常在高温多湿的环境下发生，冷凉、潮湿的气候易发生灰霉病，通风不良的环境中，较易发生白粉病。因此环境温度、相对湿度、通风状况、光照、土壤湿度及 pH 值等环境因子的调控对病害的防治尤为重要。保持通风、透光是抑制病害发生极为重要的外部条件。低光照强度导致植株过度生长更易感病，夏季遮荫以防止强光的损伤，但过度遮荫又会使花的枝条较软，光照强度应控制在适宜植株生长发育的程度。

移植、摘心等造成的伤口，均可成为病菌的侵入点，尽可能选择晴天摘心，以利于伤口愈合，防止病原菌的侵入。工具要应经常消毒以避免手指及工具传播病菌。

合理调节株行距，也可有效减少病害的发生。

灌溉时水飞溅也会传播病原菌，注意不可让水分滞留在花瓣或叶面上，虽为极少许的水分，却是大部分病原菌发芽、侵入植株组织及繁殖不可缺少的重要因子，若遇到烈日高温时，也易造成灼伤。

土壤湿度太高会导致通气不良，易发生根腐病，而土壤湿度低，种苗立枯病严重。植株生长需要养分，但施用过多的肥料反而对植株造成危害，EC 值过高及肥害会造成植株黄化、生长不良等问题。肥料用量和种类要根据花卉种类来选择，不同种类的花卉对养分的需求会有差异。

田间卫生可以说是最简单、最有效的防治病虫害的对策。将病株、病叶、杂草摘除，并带离栽培场加以烧毁，可降低甚至完全清除场内病原菌密度，不能将植物残体堆积于基地某个地方，任其腐烂，因这些残体将成为病菌滋生的温床，靠风力吹送飞溅，增加健株感病的机会。

尽早将感病株全株拔除(连同根圈土壤或基质)，并带离种植区烧毁。如果只剪除出现病征部分枝叶，不但无法达到抑制蔓延的目的，病原物可能会经由工具或灌溉时飞溅的水珠，传染邻近健康植株，加速病害的蔓延。

种苗病害侵染速度快、危害严重，要以预防为主，综合防治。种苗虫害有蚜虫、白粉虱、蓟马、菜蛾、潜叶蝇、螨虫等，可用除虫菊酯、乐果、克螨特等药剂防治。此外，老鼠、麻雀、蚂蚁、蚯蚓、蜗牛等对种子或种苗也有一定危害，要注意防治。

8.2.3 花卉种苗的包装与运输

8.2.3.1 种苗的处理

在进行种苗运输前，一般要对种苗加以适当锻炼和一定的药剂处理。为使种苗能适应运输时的外界环境，增强对外界不良环境的抗性，在运输前要进行适当的低温、控水等锻炼，即所谓"炼苗"过程，但在运输前一定要将苗浇足水分，保持一定的湿度。

8.2.3.2 种苗的包装和运输

种苗的包装包括包装材料的选择、包装设计和装潢、包装技术标准等。包装材料可以根据运输要求选择硬质塑料或瓦楞纸板等，包装设计应根据苗的大小、育苗盘规格、运输距离的长短、运输条件等确定包装规格尺寸、包装装潢、包装技术等。种苗的运输涉及种苗专用运输设备的配制，如封闭式运输车辆、种苗搬运车辆、运输防护架等；运输距离的长短、运输条件等直接影响到运输方式的确定、运输成本的核算和运输标准的建立等。在进行运输时，应把种苗包装在特定的容器内，这样不仅装卸方便，而且能保证在运输过程中，种苗处于适宜的环境，减少运输对种苗的危害和损失。传统包装方法是：运输前将苗起出，排放整齐，每50~100株扎为一捆，根部不带土壤或蘸一层薄泥后用塑料薄膜包严，放入箱中进行运输，少量苗则直接带土坨运输。穴盘无土苗为不使根部基质松散、脱落而影响苗的正常生长，有利取苗和机械化移栽，一般将苗连同育苗盘一起放入专用纸箱或塑料箱中进行运输。运输箱一般高20~25cm，有一定强度，便于运输时迭放，一般一盘一箱为宜。种苗的运输一般采用汽车，也有少量用火车或飞机。美国由于公路运输高度发达，高速公路遍布全国，从南部到北部只需一昼夜时间，因此种苗的运输基本全部采用汽车运输。我国由于交通条件的限制，花卉种苗的长途运输较为少见。用于种苗运输的汽车，一般要求能够密封，有控温设备，以保证冬季运输不致种苗受冻，高温季节运输不致因通风降温不好而使种苗黄化。在种苗运输过程中，应保持适当的温度、湿度等条件，防止秧苗冻害、高温危害和根系缺水等的发生，维持或适当抑制苗的生理活性，保持种苗良好的素质。运输种苗时，以保持适当低温为宜。运输的适温因种苗的种类、运输距离的远近、种植条件等的不同而异，对远距离运输的种苗，温度条件更应严格控制，一般情况下，在4℃以下或26℃以上的温度条件下运输都会降低定植以后的成活率。冬季运输时，一定要将种苗密封好，避免冷风造成种苗失水萎蔫。在运输过程中，种苗是处于一个对生长发育不利的环境中，没有光照，水分和肥料的供应也受到影响，生长发育基本处于停滞状态，如果温度过高，呼吸作用旺盛，还会消耗种苗积累的营养。因此，运输过程对种苗本身的素质是不利的，必须尽量创造适宜的运输环境和减少运输时间，包装、运输和运输后的定植都要求尽量迅速及时；如果运输时间较长，应适当通风见光。

8.3 球根花卉的生产与管理

8.3.1 种球生产概述

球根花卉是指地下部分具有肥大的变态根或变态茎，花卉生产中总称为球根，因其花朵艳美、栽培简易、用途广泛，在观赏园艺中占重要地位。球根花卉种球生产栽培现已在许多国家形成巨大的生产事业。如荷兰是世界上最大的球根花卉生产国和输出国。荷兰的风信子、郁金香和水仙，日本的麝香百合，以及中国的卷丹、兰州百合和中国水仙等，在世界上均久享盛名。种球是球根花卉的繁殖种植材料，与种子不同的是，球根种植后，在很短的时期内能开花。球根花卉用种子繁殖从播种到开花，需很长时间，有的可达3年之久。有的虽能在短期内开花，但由于植株小，花也小，质量差。球根花卉的种球便于运输和储藏，它体积小、重量轻，大大节省了人力、物力和财力，成为花卉流通过程中一大商品形式。

8.3.1.1 种类

全世界栽培的球根花卉有数百种，其中属单子叶植物的约10个科；属双子叶植物的约8个科。按地下部分的器官形态，可分为球茎类、鳞茎类、块茎类、根茎类及块根类。

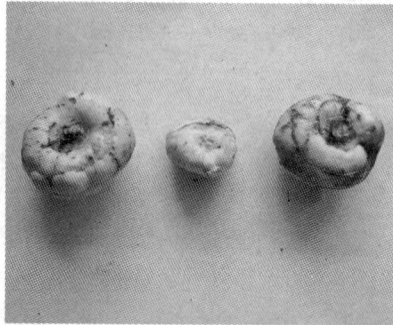

唐菖蒲

番红花

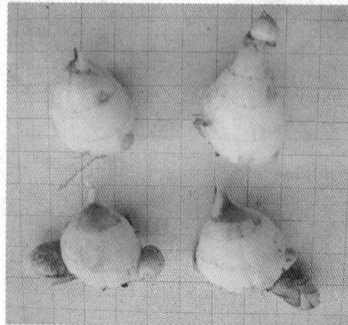

小苍兰

球茎类

郁金香

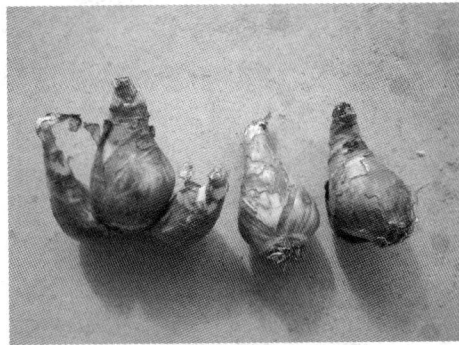

欧洲水仙

百合

风信子

鳞茎类

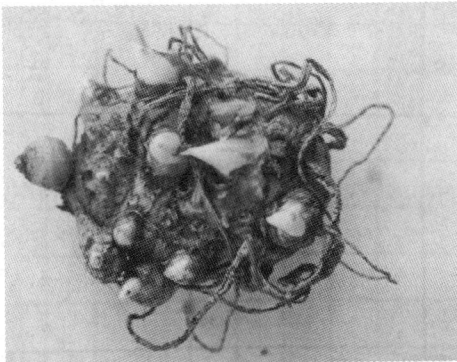

马蹄莲

块茎类

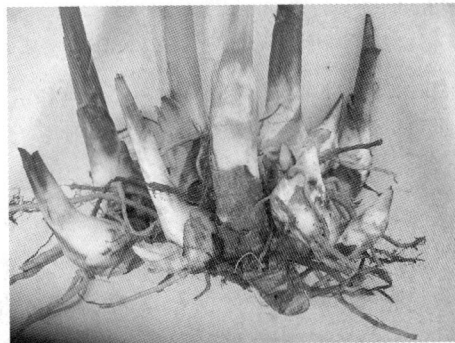

美人蕉

根茎类

大丽花

花毛茛

块根类

以上列举的鳞茎、球茎、块茎、根茎和块根等，在观赏园艺上，统称球根。

8.3.1.2 习性

球根花卉系多年生草本花卉，从播种到开花常需数年，在此期间，球根逐年长大，只进行营养生长。待球根达到一定大小时，开始分化花芽、开花结实。也有部分球根花卉，播种后当年或次年即可开花，如大丽花、美人蕉、仙客来等。对于不能产生种子的球根花卉，则用分球法繁殖。

球根栽植后，经过生长发育，到新球根形成、原有球根死亡的过程，称为球根演替。有些球根花卉的球根一年或跨年更新一次，如郁金香、唐菖蒲等；另一些球根花卉需连续数年才能实现球根演替，如水仙、风信子等。

球根花卉有两个主要原产地区。一是以地中海沿岸为代表的冬雨地区，包括小亚细亚、好望角和美国加利福尼亚等地。这些地区秋、冬、春降雨，夏季干旱，从秋至春是生长季，是秋植球根花卉的主要原产地区。秋天栽植，秋冬生长，春季开花，夏季休眠。这类球根花卉较耐寒、喜凉爽气候而不耐炎热，如郁金香、水仙、百合、风信子等。另一是以南非（好望角除外）为代表的夏雨地区，包括中南美洲和北半球温带，夏季雨量充沛，冬季干旱或寒冷，由春至秋为生长季。春季栽植，夏季开花，冬季休眠。此类球根花卉生长期要求较高温度，不耐寒。春植球根花卉一般在生长期（夏季）进行花芽分化；秋植球根花卉多在休眠期（夏季）进行花芽分化，此时提供适宜的环境条件，是提高开花数量和品质的重要措施。球根花卉多要求日照充足、不耐水湿（水生和湿生者除外），喜疏松肥沃、排水良好的沙质壤土。

8.3.1.3 繁殖

球根花卉主要利用母株自然形成的新鳞茎、球茎、块茎、块根或根茎等进行分生繁殖。百合、朱顶红等还常取母球鳞片进行扦插繁殖。大丽花、球根海棠等可行茎插。除少数不能结实的三倍体种（如水仙、卷丹）外，专业性生产常采用播种法，以便大量繁殖，并可减少病毒感染。从播种到开花一般需时数年，如朱顶红需要 28 个月以上，但如美人蕉、大丽花、球根海棠等则当年或次年就可开花。

8.3.1.4　园林应用

球根花卉种类繁多，栽培容易，并有适应各种环境条件的种类，是园林布置的理想材料。常用于花坛、花境、岩石园、基础栽植、地被覆盖或点缀草坪等。又是重要的切花材料；大多可供盆栽，一部分适合水培，最常见的有水仙等。

8.3.2　种球生产栽培管理

8.3.2.1　土肥要求

球根花卉对整地、施肥、松土的要求较宿根花卉高，喜土层深厚、疏松。因此，栽培球根花卉的土壤应适当深耕，有的可深达 50cm 左右，并通过施用有机肥料，掺和其他基质材料，改善土壤结构。用于球根花卉栽培的有机肥料必须充分腐熟，否则会导致球根腐烂。对于营养元素的需求，与其他花卉显著不同的是，氮肥不宜多施，钾肥需要量中等，而磷肥对球根的充实和开花极为重要。我国南方及东北等地的土壤呈酸性，需施入适量的石灰加以中和。

8.3.2.2　种植

球根体积较大或数量较少时，可以穴栽；球小而量多时，可以开沟栽植。需要在栽前施入基肥的，可以加大沟或穴的深度，撒入基肥，覆盖 1 层园土，然后栽植球根。球根的栽植深度一般为球高的 3 倍。具体深度因土质、栽植目的、种类的不同而有差异。一般黏质土壤宜浅，疏松土壤宜深；为繁殖子球或每年都挖出来采收的宜浅；需开花多，花朵大或准备多年采收的宜深；晚香玉、葱兰的覆土到球根顶部为宜，朱顶红需要将球根的 1/4～1/3 露出土面，仙客来则需 4/5 球根露于地面，百合类中多数种类，要求栽植深度为球高的 4 倍以上。另外，球根栽植时应分离侧面的小球，另行栽植。栽植的株行距依球根种类及植株体大小而异，如大丽花为 60～100cm，风信子、水仙 20～30cm，葱兰、番红花等仅为 5～8cm。

8.3.2.3　栽后管理

一年生球根栽植时土壤湿度不宜过大，湿润即可。种球发根后发芽展叶，正常浇水，保持土壤湿润。可采用叶面喷肥，追施较稀浓度的无机肥。

二年生球根应根据生长季节灵活掌握肥水原则。原则上休眠期不浇水，夏秋季休眠的只有在土壤过于干燥时才给予少量水分，防止球根干缩即可。生长期则应供足水分。施肥的原则略同于浇水，一般旺盛生长季节应定期施肥。观花类球根植物应多施磷钾肥，观叶类球根植物应保证氮肥供应，但不能过度。喜肥的球根植物应多施肥料。休眠期不施肥。

郁金香种植

8.3.2.4　栽培要点

（1）球根栽植时应分离侧面的小球，将其另外栽植，以免分散养分，造成开花不良。

（2）球根花卉的多数种类吸收根少而脆嫩，折断后不能再生新根，所以球根栽植后在生长期间不能移栽。

（3）球根花卉多数叶片较少或有定数，栽培时应注意保护，避免损伤，否则影响光合作用，不利于开花和新球的生长，也影响观赏。

（4）做切花栽培时，在满足切花长度要求的前提下，剪取时应尽量多保留植株的叶片，以滋养新球。

（5）花后及时剪除残花，以减少养分的消耗，有利于新球的充实。以收获种球为目的的，应及时摘除花蕾。对枝叶稀少的球根花卉，应保留花梗，利用花梗的绿色部分合成养分，供新球生长。

（6）开花后正是地下新球膨大充实的时期，要加强肥水管理。

8.3.3　种球采收与储藏

球根花卉停止生长进入休眠后，大部分种类需要采收并进行储藏，休眠期过后再进行栽植。

8.3.3.1　种球采收

虽然有些种类的球根可留在土中生长多年，但作为专业栽培，仍然需要每年采收，原因是：①冬季休眠的球根在寒冷地区易受冻害，需要在秋季采收储藏越冬；夏季休眠的球根，如果留在土中，会因多雨湿热而腐烂，也需要采收储藏。②采收后，可将种球分出大小优劣，便于合理繁殖与培养。③新球和子球增殖过多时，如不采收、分离，常因拥挤而生长不良，养分分散，植株不易开花。④发育不够充实的球根，采收后放在干燥通风处可促其后熟。⑤采收种球后可将土壤翻耕，加施基肥，有利于下一季节的栽培。也可以在球根休眠期栽培其他作物，以充分利用土壤。采收要在生长停止、茎叶枯黄而没脱落时进行。一般以叶片一半以上变黄时为采收适期，选晴天挖出球根，抖去泥土阴干储藏。过早采收，养分还没有充分积累于球根；过迟采收，则茎叶脱落，不易确定球根在土壤中的位置，容易损伤球根，子球容易散失。采收时土壤要适度湿润，挖出种球后除去附土。唐菖蒲、晚香玉等要翻晒数天让其充分干燥即可，防止过分干燥而使球根表面皱缩；秋植球根在夏季采收后不宜放在烈日下暴晒。

8.3.3.2　种球的储藏

球根成熟采掘后，放置室内，并给予一定条件，以利其适时栽植或出售的措施和过程称为球根的储藏。球根储藏可分为自然储藏和调控储藏两种类型。自然储藏指储藏期间，对环境不加人工调控措施，使球根在常规室内环境中度过休眠期。通常在商品球出售前的休眠期或用于正常花期生产切花的球根，多采用自然储藏。调控储藏是在储藏期运用人工调控措施，以达到控制休眠、促进花芽分化、提高成花率以及抑制病虫害等目的。常用的是药物处理、温度调节和气调（气体成分调节）等，以调控球根的生理过程。如郁金香若在自然条件下储藏，则一般10月栽种，翌年4月才能开花。如运用低温储藏（17℃经3个星期，然后5℃经10个星期），即可促进花芽分化，将秋季至春季前的露地越冬过程，提早到储藏期来完成，使郁金香可在栽后50～60天开花。这样做不仅缩短了栽培时间，并能与其他措施相结合，设法达到周年供花的目的。

球根的调控储藏，可提高成花率与球根品质，还能催延花期，已成为球根经营的重要措施。

球根储藏所需的环境条件与球根花卉的原产地有关，原产夏雨地区的多为春植球根，生长期要求较高温度，不耐寒。夏季开花，秋季进入休眠状态；原产冬雨地区的多为秋植球根，较耐寒而不耐炎热。春植球根冬季储藏，室温多保持在4～5℃，不能低于0℃或高于10℃，室内不能闷热和潮湿。另外，储藏球根时，要注意防止鼠害和病虫危害。多数球根花卉在休眠期进行花芽分化，所以储藏环境的好坏与以后的开花有很大关系，应引起重视。如对中国水仙的气调储藏，需在相对黑暗的储藏环境下适当提高室温，并配合乙烯处理，就能使每球花莛平均数提高一倍以上，从而成为"多花水仙"。

各类球根的储藏条件和方法，常因种和品种而有差异，又与储藏目的有关。对通风要求不高而需保持一定湿度的球根，如美人蕉、百合、大丽花等，可埋藏在保有一定湿度的干净沙土或锯木屑中；储藏时需要相对干燥的球根，可采用空气流通的储藏架分层堆放，如水仙、郁金香、唐菖蒲等。调控储藏更需根据不同目的，分别处理，如荷兰鸢尾（*Iris hollandica*）在8月份每天熏烟8～10小时，连续处理7天，可使成花率提高一倍。收获后的小苍兰，在30℃条件下贮放4个星期，再用木柴、鲜草焚烧，释放出乙烯气进行熏烟处理3～6小时，便可有明显促进发芽的作用。麝香百合收获后用47.5℃的热水处理半小时，不仅可以促进发芽，还对线虫、根锈螨和花叶病有良好防治效果。

球根采收后，储藏前要除去附在种球上的杂物，剔除病残球根。名贵种球如果上面有不大的病斑，可将其剔除，在伤口上涂抹防腐剂或草木灰。容易感染病害的种球，储藏时最好混入药剂或用药液浸洗消毒。生产上常用广谱杀菌剂，如百菌清、多菌灵1000倍液进行浸洗消毒。

8.4 切花生产与管理

8.4.1 概述

切花是指从植物体上剪切下来的花朵、花枝、叶片等的总称。它们为插花的素材，也被称为花材。鲜切花卉主要品种有：满天星、勿忘我、切花月季、菊花、非洲菊、香石竹、唐菖蒲、百合以及切叶如肾蕨、散尾葵、金边富贵竹等。切花应该具备花茎长、花色艳、瓶插寿命长、病虫害少等优点。月季、香石竹、菊花、唐菖蒲（又名剑兰）、非洲菊（又名扶郎花）是目前世界流行的五大切花，在我国这五种鲜切花的种植面积、销售量与国际主流花市基本一致，另外，近年来我国百合花种植面积迅速增加，已接近或超过唐菖蒲、非洲菊，跻身前五大切花行列。我国的鲜切花生产主要集中在云南、珠江三角洲和长江三角洲地区，据不完全统计，我国鲜切花生产主要产区按销售量排名，前几位依次为云南、广东、福建、江苏。前四强种植面积、销售量、销售额和出口额分别占全国的 69%、38%、40% 和 98%。据中国新闻网 2009 年1 月统计报道，仅云南省 2008 年鲜切花种植面积、产量和产值分别为 11.7 万亩、52.9 亿枝和 16.7 亿元，占中国 60% 以上的市场份额。日益便利的交通条件已使切花生产可不受产销距离的限制，因而适地适花，以便充分发挥产区自然环境和技术设备条件的优势，已成为现代切花生产发展的基本趋势。组织培养技术的应用和发展，不仅可以防止由病毒引起的品种退化，而且可在短期内获取大量规格一致的优良苗株，从而有力地促进了切花栽培的大规模工厂化。用单一品种进行集中大规模生产时，利用计算机程序控制水、肥、温、光、气等环境因子，使用机械设备完成土壤消毒、播种、扦插、配制基质、栽苗、防治病虫害及采收花枝等作业项目，将使世界切花经营的产量、质量和劳动生产率进一步提高。

月季

百合

非洲菊

安祖花

马蹄莲

唐菖蒲

  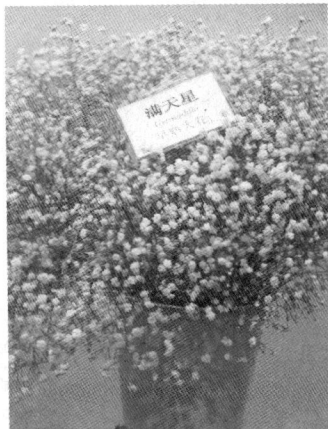

切花菊　　　　　　　　　　香石竹　　　　　　　　　　满天星

8.4.2　鲜切花的生产与管理

8.4.2.1　种植前土壤或基质准备

（1）整地：目的在于改进土壤的团粒结构，增加土壤通气与水分平衡；有利于土壤微生物的活动，加速有机肥的分解和吸收；可以清除杂草，消灭病菌、虫卵等，有利于病虫害防治等。整地应在土壤干湿度适宜时进行，以避免土壤的过干过湿，通常先进行翻耕，同时清除碎石瓦片、残根断株，再翻入腐熟的有机肥或土壤改良物，翻匀后细碎耙平。

（2）翻耕深度：依切花种类不同而定，一二年生草花，因其根系较短，一般在20~30cm；球根、宿根类切花，约30~40cm；木本切花至少在40~50cm。

（3）作畦：作畦方式因不同地区的地势及切花种类不同而有差异，主要目的在于便于排灌要求。南方多雨、地势低的地区，作高畦以利排水；北方少雨、干燥地区，宜用低于地面的低畦，便于保水、灌溉。畦面多以南北走向，畦面所留宽度则应考虑农事操作便利和冬季保湿盖膜的需要。

（4）土壤酸碱度：一般切花生长以 pH 值 5.5~6.5 的微酸性土壤较好，若酸性土可以加石灰来调整，碱性土则可以加适量硫磺。其测定方法：可将土样放入玻璃杯中，使土壤与水的容积比为 1:2，然后充分搅拌，静置后取上层清液，用不同的 pH 试纸或酸度计测定。

（5）土壤盐度：主要切花品种栽植的土壤电导率均在 0.5~1.5mS/cm 之间。若 EC 值高于 2.5mS/cm，则有盐分过高之危险，切花植物会发生生长障碍，这时应对土壤进行淋溶或灌溉，在充分降低土壤盐分含量后再种植。如月季在 EC 值 0.4~0.8mS/cm，香石竹在 EC 值 0.5~1.0mS/cm 的土壤中生长良好，大部分球根类切花对土壤盐分比较敏感。

（6）土壤消毒：在保护地条件下栽培切花，因病虫害的易传播性，土壤消毒尤显重要。消毒手段分为物理方法和化学方法。最常采用的化学方法即用药剂，如福尔马林、必速灭、氯化苦、无氯硝基苯、呋喃丹、辛硫磷、多菌灵等,。福尔马林消毒是用市售的福尔马林(40%的甲醛溶液)配成 1:50 或 1:100(即 1%~2%)溶液后泼浇土壤,25kg/m³。泼浇后用薄膜覆盖 5~7 天。消毒完毕,掀膜后再晾 10~14 天即可种植;必速灭的使用方法是施用 40~50g/m³ 粉剂,完全与土壤混合后浇水,并用塑料布覆盖,其白色颗粒剂遇水反应,产生有毒气体而杀死病虫卵,地温在 18℃ 以上,经过 5~7 天消毒完毕,再通风 1 周左右即可种植;3% 呋喃丹或 5% 辛硫磷颗粒剂可与基肥混拌后施入土中,杀虫效果佳;50% 多菌灵粉剂每立方米土壤用量为 40g,或 65% 代森锌粉剂 60g,拌匀后薄膜覆盖消毒时要注意人、畜安全,因有剧毒,须戴防毒面具和橡皮手套方可操作。

物理方法主要采用高温蒸汽消毒法。病原菌在湿热 60℃ 下 30 分钟,即可死亡;在 45~50℃ 条件下,则需 12 小时;若温度为 80℃,10 分钟即可完全消毒。所以蒸汽法的优点是消毒彻底、耗时短、无残留物,并能促进难溶性盐类的可溶性,改善土壤的理化性质。但由于此法须用土壤蒸汽消毒机或设立地下蒸汽管道,一次性设施成本投入较高,国内目前仅在现代化温室或连栋大棚内采用。

(7)保护地栽培基质:如泥炭:蛭石为 1:1(按体积比混合)的持水性能较好;泥炭:珍珠岩为 1:1 的透水性更强些。适合香石竹无土栽培的基质配比为泥炭:炉渣 = 1:1;切花月季以泥炭:沙:锯末 = 2:1:1;切花菊花可用泥炭:沙 = 3:2 或泥炭:沙:锯末 = 1:1:1;勿忘我、情人草的配比为泥炭:珍珠岩:沙 = 7:2:1 等。

8.4.2.2　定植

(1)露地定植:通常切花栽培的定植以密植为主,并注重"浅植"。株行距大小依据不同切花植物后期的生长特性、剪花要求来决定,如月季 9~12 株/m²,香石竹 36~42 株/m² 等;定植则不宜过深,因栽种过深,抽芽发棵慢。定植后的第一次浇水以刚浇透为宜,浇水太多易使土层内含氧量减少,不利于发新根。为使土壤吸足水分,通常可在定植前 1~2 天将土壤浇一次透水,小苗定植后,只需用细水流轻轻地浇过苗。首先要注意起苗。起苗前一天通常浇水使土壤湿润,而起苗当天则不应再浇水;起苗应在遮阳处进行,根部带基质或护心土以充分保湿。幼苗质量当以根系发育是否良好为首要因素,购苗时还应特别检查发根基部,观察是否存在真菌危害,如不能有斑点、水渍样等。

(2)保护地无土栽培

床式基质培技术　砖砌床宽约 1m,内深约 30cm,使用泥炭、珍珠岩、蛭石、砻糠灰、沙等配成混合基质,基质下面铺设塑料膜并设置穴道,将多余的营养液和水收集到穴道中,可供重复利用,还有利于通气。高处的储液管连接直径 2cm 左右的塑料输液管进行低压灌溉,在栽培床上输液管与农用滴灌带连接,对花卉植株进行营养液滴灌。此法造价较低,操作简便,适合香石竹、菊花、唐菖蒲和月季等切花的栽培。

箱式基质培技术　选用长 60cm、宽 40cm、高 20~25cm 的塑料栽培箱,内装基质,并在底部 1~2cm 处设置排水孔,定期浇水或营养液,也可采用滴灌。此法适宜郁金香、百合、风信子、小苍兰等球根花卉的无土栽培,可操作性强,能有效地防止根部病害的传播。

8.4.2.3　整形修剪与设立拉网

整形修剪是切花生产过程中技术性很强的措施，包括摘心、除芽、除蕾、修剪枝条等工作。

通过整枝可以控制植株的高度；增加分枝数以提高着花率，或通过除去多余的枝叶，减少其对养分的消耗；也可作为控制花期或使植株第二次开花的技术措施。整枝不能孤立进行，必须根据植株本身的长势及肥水等其他管理措施相配合才能达到目的。

(1)摘心：摘除枝梢顶芽，称之为摘心。摘心能促使植株的侧芽形成，开花数增多，能抑制枝条生长，促使植株矮化，还可延长花期。如香石竹每摘一次心，花期延长 30 天左右，每分枝可增加 3～4 个开花枝。

(2)除芽：除芽的目的是除去过多的腋芽，以限制枝条增加和过多的花蕾发生，并可使主茎粗壮挺直，花朵大而美丽。

(3)剥蕾：通常是摘除侧蕾，保留主蕾(顶蕾)或除去过早发生的花蕾和过多的花蕾。

(4)修枝：剪除枯枝、病虫枝、位置不正易扰乱株形的开花后的残枝，改进通风透光条件，并减少养分消耗，提高开花质量。

(5)剥叶：经常剥去老叶、病叶及多余叶片，可协调植株营养生长与生殖生长的关系，有利于提高开花率和品质。

(6)支缚：用网、竹竿等物支缚住切花，保证切花茎秆挺直、不弯曲、不倒伏。例如香石竹、菊花，生产上常用尼龙网作为支撑物。

8.4.3　鲜切花的采收与处理

8.4.3.1　采收

切花应在适宜的时期进行采收，采收过早或过晚，都会影响切花的观赏寿命。在能保证开花的前提下，应尽早采收。鲜花的采切时间通常是夏天在清晨或傍晚，冬天在上午 10：00 左右。采收的方式主要有：

(1)花期采收：有些花适宜在花期采收，如在蕾期采收，则花朵不能完全开放。如月季、菊花、唐菖蒲等。当然，不同花卉采收时期的标准也不同。

月季　采切过早，花头易下垂；采收过晚，易减少瓶插寿命。一般红色或粉色品种，以萼片反卷，开始 1～2 片花瓣展开为适；黄色品种比红色品种略早采收，白色品种则略晚。

菊花　大菊在中心小花绿色消失时采收，多头菊多在盛开时采收。

唐菖蒲　以花序基部 1～2 朵小花初露色时采切为优，采切时花茎带 2～3 片叶。

香石竹　花朵中间花瓣可见时采收。

大丽花　花朵全开时采收。

(2)蕾期采收：在以满足采收后能开花的前提下，有些花在蕾期采收，也能较好开花，观赏期也较长。如香石竹，采收时花蕾也不能太小，应在花径达 1.8～2.4cm

时采收，否则会影响开花度。目前，蕾期采收多用于香石竹、月季、菊花、唐菖蒲、非洲菊、鹤望兰、满天星、郁金香、金鱼草等。蕾期采收的优点很多，它可以减少花枝的体积，花蕾也比较耐碰擦，便于包装、运输和储藏，少受伤害，少占空间，从而大大降低生产经营成本（如加快温室和土地周转，降低采收成本，减少贮运损耗等）；它还可以在处理和运输期间，减少花卉对极端温度以及乙烯的敏感性，提高切花在低光强、高温条件下的品质和寿命，减少田间不利条件对花的不良影响。

8.4.3.2　采后处理

（1）吸水处理：采收后的花应尽快放入水中以防萎蔫。并应使用清洁的设施：如清洁的水，清洁的桶及保持工作间的清洁。使用的桶在放入切花前，应先用洗涤液或刷子除灰，其他容器应先用消毒液或清水冲洗。最好使用白色的桶，可轻易发现灰尘（可能含有成百万的细菌）。有条件的地方，使用的水最好含杀菌剂，水的 pH 值最好为 $3.5 \sim 4.0$，同时放花的溶液的量应适宜，不要将使用过的溶液与新的放在一起，这样会使花采后病害加重。

（2）脉冲处理：用高浓度的糖溶液进行脉冲处理，如月季、菊花用 $2\% \sim 5\%$ 的糖溶液，香石竹、鹤望兰等用 10% 的糖溶液，非洲菊、唐菖蒲用 20% 的糖溶液，处理时间 $12 \sim 24$ 小时。国际上有些鲜花拍卖行要求上市的鲜切花预先用 STS（硫代硫酸银）脉冲处理，以延长寿命，如香石竹、六出花等未经 STS 脉冲处理的不准进入拍卖市场。

8.4.4　鲜切花的品质及分级标准

评定切花品质，包括观赏寿命、花姿、花朵大小、花序上小花发育状况、鲜重、鲜度、颜色、茎和花梗的支撑力、叶色及质地等（详见 GB/T18247.1 - 2000 主要花卉产品等级，第一部分：鲜切花）。

8.4.5　鲜切花储藏与保鲜

鲜切花储藏的目的是把鲜花的各种生命活动降到最低程度，其中最重要的是控制蒸腾和呼吸。低温、高湿、蒸汽压差小都是延缓鲜花凋萎的必要条件，但高湿往往又易使霉菌和腐败微生物发展，应予特别注意。

8.4.5.1　储藏前处理

（1）预处理：包装前，基部在化学药剂中短时间浸泡称预处理。目的是抑制乙烯的产生，提供营养物质，促进水分吸收，改善品质，延长寿命，使蕾期采下的花能正常开放，又能提高贮运后切花的开放品质。不同的切花各有专用的预处理液，常用的预处理液主要是糖、硫代硫酸银和杀菌剂，处理的浓度和时间各不相同。

（2）预冷：切花采收后、贮运前，要使切花的温度迅速降低至储藏温度的过程叫预冷。预冷可采用强制通风或在冷室中放几十小时冷却，冷却的速度愈快，对保鲜愈有利，预冷要在采切后 24 小时内完成。一般预冷的温度为 $0 \sim 1$℃，相对湿度95% ~ 98%。

8.4.5.2　冷藏方法

可分干储藏和湿储藏。

（1）干储藏：储藏期较长，但储藏前要将切花用杀菌剂处理（最好用含有糖、杀菌剂和抗乙烯利的保鲜液脉冲处理），应用软纸吸干冷凝水后再用聚乙烯袋或铝箔包裹切花（若用气密型膜包花更好），然后放入纸板箱或纤维板箱，箱周围要打孔。切花采收应在上午细胞膨压高时进行，采后应立即预冷至储藏要求的温度。

（2）湿储藏：即把切花放在盛有水或保鲜剂溶液的容器中储藏。小苍兰、非洲菊、丝石竹等更适宜湿藏。用于销售或短期储藏的切花，采收后立即放入盛有 38～43℃温水或温暖的保鲜液的容器内几小时，然后将容器一起放入冷库中。储藏湿度以 90%～95% 为宜，温度因种类而定，一般原产温带的切花为 0～4℃，原产亚热带和热带的分别为 4～7℃ 和 7～15℃，如热带花卉红鹤芋、鹤望兰、嘉德丽亚兰、万代兰等，在温度 10～15℃ 下，也易受寒害，因此，这类花卉应在 12～18℃ 下储藏或运输。亚热带花卉如唐菖蒲、嘉德丽亚兰等，应在 2～8℃ 的温度中储藏。储藏时间也因植物不同而异，如香石竹 4～6 个月，菊花 3 周，月季 2 周。在贮存前应喷杀菌剂（忌将水、保鲜液溅在花和叶上，以免产生污点和褪色斑），切花基部 10～15cm 浸入水和溶液中易腐烂而感染病菌。储藏期不能向枝叶、花上喷水，防止灰霉病等发生。

随着科技的进展，目前还有采取气调和低压储藏。气调储藏即提高二氧化碳的浓度，降低氧气和提高氮气的浓度等，来调整储藏环境中气体比例，达到保鲜目的。美国 S. P. Burg 低压储藏的原理是降低大气压，加快储藏中植物所产生的二氧化碳和乙烯气体从气孔中排除速度。据试验，把气压降至 1.01×10^4 帕（0.1 个大气压）时，气体从植物体内逸出速度比正常气压下快 10 倍，植物内气体浓度也减少到原来浓度的 1/10，这一方法可明显延长储藏期。但低压储藏易引起植物丢失水分，故需补充输送湿空气。据统计，最好的效果是把大气压力降到 $5.33 \times 10^3 \sim 8.00 \times 10^3$ 帕，丹麦曾对月季 'Tanbeede' 和 'Belinde' 品种试验，在两个萼片开放时采收的花蕾，用聚乙烯薄膜袋包装，储藏环境采用 3.20×10^3 帕、温度 2℃，空气相对湿度 98%，贮存期可达 1 个月。

8.4.5.3　储藏期的病虫害控制

切花在栽培时就要加强对病虫害的防治，对储藏的切花应严格挑选无病虫害危害的健康植株进行储藏。在储藏期喷药防病既对工作人员有害，而且影响切花的观赏效果。一般可用熏蒸法，即用溴甲烷在 18～23℃ 温度下，每立方米空间用溴甲烷 30g 熏蒸 1.5 小时，这可杀死蓟马和鳞翅目幼虫，但要注意在高温下熏蒸可能对某些品种造成叶片灼伤、花蕾不开放和缩短瓶插期等不良作用。

储藏期尤要注意真菌病害，切花如感染灰霉病，常导致巨大损失。因此，要严格控制，避免储藏切花染病，要保持冷室中切花表面干燥，采收后迅速预冷并贮于稳定的低温下，便可大大抑制灰霉病的发展。

8.4.5.4　保鲜

切花保鲜途径有多方面，常见的主要有两个，即用保鲜液延缓衰老和花苞期切割后用开花液促进开花。保鲜液应满足多方面的需要：如为了补充生命合成所需要的能源需供给营养物质；为了减缓乙烯的衰老作用应含有乙烯对抗剂；为了克服真菌或细菌代谢物对花茎吸水的阻碍必须具有杀菌剂；为了克服氧化酶的活性，避免产生切口愈伤组织而生理性堵塞，要有酸化剂；为了减少城市生活用水中氟化钙和碳酸钙造成的影响，还需添加沉淀剂等。概括起来，保鲜液是一种包含碳水化合物（蔗糖或葡萄糖）、乙烯对抗剂并添加使花能利用碳水化合物成分（防腐剂、酸化剂及沉淀剂等）的溶液。以下为保鲜技术实例：

（1）菊花：菊花采切花苞插入水中是不会开放的，但若配制一定的营养液，则可以开放且品质改进，瓶插寿命得以延长。所用杀菌剂有 200mg/L 8-HQC 和 25mg/L $AgNO_3$ +75mg/L 柠檬酸；蔗糖浓度范围为 2% ~ 5%。据试验，菊花开花液的糖以蔗糖优于葡萄糖，杀菌剂以 25mg/L $AgNO_3$ +75mg/L 柠檬酸优于 200mg/L8-HQC。所以菊花最优的开花液为 2% ~ 5% 的蔗糖 + $AgNO_3$ +75mg/L 柠檬酸。

（2）香石竹：利用 STS(1:4) 作为切花保鲜液具有最好效果，1mmol/L 浸花茎 10 分钟就能使瓶花寿命延长一倍，从 5 天增加到 10 天以上。用 STS 处理 20 分钟后，再用 200mg/L 8-HQ + 蔗糖 1.5% ~ 2% 处理，可提高瓶花寿命 4 倍。以切花当天处理最有效，3 天后应用则效果减弱。先用 1mmol/L STS 处理 15 ~ 30 分钟，再加入 10% 蔗糖 +200mg/L Physan 液浸 16 小时，然后用冷藏车运输 82 小时，瓶花寿命仍比对照延长 2 ~ 3 倍。

（3）月季：用 3% 蔗糖 +50mg/L $AgNO_3$ +300mg/L 硫酸铝 [$Al_2(SO_4) \cdot 16H_2O$] + 250mg/L 8-HQC +100mg/L 苄氨基嘌呤（BA），于采后浸花茎基部 4 小时，可防止花头下垂，延长瓶花寿命。

（4）唐菖蒲：用 STS 处理其效果不如用硝酸银（$AgNO_3$）、硫酸铝 $Al_2(SO_4)$、8-HQC 和蔗糖 20% 的溶液效果好。用 1mmol/L STS 处理花茎 15 分钟，浸入 10% 蔗糖 + 200mg/L Physan（花神，一种花卉保鲜液）液中 16 小时，可改善贮运后的品质及延长瓶插寿命，平均每穗小花数对照为 5.1 朵，处理为 7.4 朵，花凋萎百分率由对照的 37% 减至 27%，花茎比对照增加，由对照的 7.1cm 增至 8.6cm。在贮运前 7 ~ 10 天，用 20% 蔗糖浸 24 小时，再在 2℃ 下储藏 3 周，结果每穗小花开放百分率为 72%，对照为 39%，瓶插寿命亦增加。

（5）百合：栽植前，鳞茎浸于 STS 液中 24 小时，在低光照的冬天，可阻止花芽脱落，使采收花的品质提高，用 STS 预处理的百合，能延长切花寿命和储藏时间，即使在含有乙烯气体的场所亦无妨。

（6）非洲菊：Ag^+ 也能延长非洲菊瓶插寿命和抵消乙烯的影响，应用时要试验浓度范围以免造成毒害。用 Ag-EDTA 复合物可延长瓶花寿命 4 天。

8.4.6 鲜切花的包装与运输

产品经分级、预处理、预冷后，即可进行包装。包装必须做到：①保护产品免受机械操作伤害。②允许进行热交换。③及时排除田间热和呼吸热。④包装工具有足够强度，经得起正常搬运和码垛，包装箱上印有商标、说明、使用方法等，它又成为储藏、贩卖、消费、使用的依据，兼有推销之效。当今产品之包装已属非常重要的问题，包装虽不能改进品质和代替冷藏，但好的包装与贮运结合才能保持产品有最好的品质。

进行切花包装时，应在低温下进行，以免受热增温，花朵不能放在箱的中间，而应靠近两头，包装箱内放冰。纵然是冷藏运输，箱内降温也是缓慢的，故在包装运输前需预冷以除去田间热和呼吸热。预冷后，把冰放入箱内。

产品自生产地运至消费地，其间距离远近不一，长距离用空运，短距离用陆运或水运。运输工具包括汽车、火车、飞机、轮船等。各种运输工具都有其本身特点。在荷兰和泰国，花卉商品规定为特级货物，优先运输，荷兰的花卉商品通常 1500km 以上用飞机运；近距离的则用冷藏货车或火车运。

花卉是一种柔嫩多汁且寿命短的鲜活商品，一般都在靠近消费中心或批发中心的地区栽培，采收后，在几小时内就可发送出去。由于空运的发展并结合采后处理及改进包装，长途运输也盛行起来。短距离运输通常是在最适时期采收，并用船运，如月季、非洲菊、唐菖蒲等。

大多数花卉都是干运，但有些热带花卉如热带兰、红鹤芋，不耐低温，所以在运输前或运输途中，需经常供水，将花茎基部浸于装有水的玻璃管内或橡皮袋内，也有基部缠以湿润物质，如棉球、吸水纸等。

总之，鲜花运输时，应注意保持有较高的相对湿度以减少水分蒸腾；有较低的温度，以减缓呼吸；有流通的空气，以便排除呼吸热。还要避免碰撞和机械损伤及花、果、菜混装运输，以免产生大量乙烯。

8.5　盆栽花卉的生产与管理

8.5.1　盆栽花卉的类型与特点

盆花生产根据用途特点的不同分成以下几类：

8.5.1.1　花坛用盆花生产

主要生产一、二年生草花，用于室外花坛布置和摆放，一般生产数量大，可以采用简易的生产设施如荫棚、塑料大棚、小拱棚来进行生产，有些种类还可以直接在露地生产，管理相对比较粗放。

8.5.1.2　温室盆花生产

高档盆栽花卉，如一品红、仙客来、蝴蝶兰、大花蕙兰、安祖花、凤梨等的规模化生产一般要有设备较好的温室，同时要配备较好的生产设备，如通风降温设备、加温设备、供水排灌设备、施肥喷药设备和加光遮荫设备等，为盆花的栽培提供良好的环境条件。要根据盆栽花卉的不同种类和市场供应时间制定严格的生产计划和技术措施进行生产，管理要求严格。只有设施现代化的温室才有可能使盆花按时上市，成为真正的商品。

8.5.1.3　盆栽观叶植物生产

主要生产原产于热带、亚热带，以赏叶为主，同时也兼赏茎、花、果的植物种类，如天南星科、竹芋科、棕榈科、凤梨科、秋海棠属等植物，生产环境要求较高的温度、湿度，要有遮荫设备。

8.5.2 盆栽花卉生产基质与容器

8.5.2.1 基质（介质）

由于盆栽花卉生产的种类不同，习性各异，其生产对介质的要求也不同。生产过程中，栽培介质容积有限，花卉生长所需的大部分水分和营养物质通过基质吸收，因此，盆栽花卉生产所需的理想介质必须具备以下几个特点：①质地疏松，透气性好；②水分渗透性能良好，不积水；③具良好保肥保水性能；④酸碱度适合盆花的生态要求；⑤无有害微生物和其他有害物质的滋生和混入。事实上能完全满足以上要求的基质是不存在的，但根据花卉植物特性，利用现有的不同基质种类进行搭配，可以配制出适合某种盆栽花卉生产的介质是生产上常用的方法。盆栽花卉生产中常用基质种类详见本教材第五章第四节土壤与栽培基质。

各种基质材料各有利弊，使用时采用单一的介质栽培，对大部分品种来讲往往得不到最佳效果。所以，在应用时应根据各种植物的特性及不同的需要而加以调配，做到取长补短，发挥不同基质的性能优势。随着盆花生产的专业化和规模化，近年来基质生产逐步专业化，加上进口的混合配方介质在国内的成功推广应用，种植者开始表现出对混合配方基质前所未有的需求。采用进口泥炭或国产泥炭与珍珠岩、蛭石、松鳞、木屑、砻糠灰、椰糠等基质中的 3 种或 4 种混合，配成各类植物专用基质，如仙客来栽培基质、一品红栽培基质、凤梨栽培基质等已在盆栽花卉规模化生产中广泛应用。

8.5.2.2 容器

盆花栽培的容器，俗称花盆，选择花盆时，既要考虑与盆的大小，又要考虑花与盆的协调性，同时还要考虑各种盆具的质地、性能及其用途。目前，常用的花盆种类很多，详见第六章第五节种植容器。

8.5.3 盆栽花卉的栽培管理

盆栽花卉的栽培管理主要以设施规模化生产商品盆花来介绍技术要点。

8.5.3.1 盆栽基质测定与消毒

（1）pH 值和 EC 值测试：盆花生产使用的基质在使用前一般要对其进行 pH 值和 EC 值测定。基质 pH 值可以通过加石灰来调碱，混合酸性物质来调酸。盆栽花卉栽培基质的 pH 值一般为 5.4 ~ 6.8 之间，中性偏酸为宜，特殊种类除外。基质 EC 值的标准为（用 1 份基质与 2 份水体积比充分混合，放置 20 分钟后测定其悬浮液）：0.25mS/cm 以下为养分含量太低，2.25mS/cm 以上为养分含量太高；0.25 ~ 0.75mS/cm 适合小苗生长；0.75 ~ 1.25mS/cm 适合大多数盆栽植物生长；1.25 ~ 1.75mS/cm 适合喜肥盆栽植物生长。红掌栽培基质组成以泥炭、珍珠岩、河沙按体积比 5∶3∶2 混合配制，用熟石灰将基质 pH 值调整到 5.5 ~ 6.0；EC 值 0.8 ~ 1.2mS/cm 之间为宜，或采用进口栽培红掌专用基质。

（2）基质消毒：常用的消毒方法有甲醛熏蒸消毒法、线克熏蒸消毒法、高温蒸汽消毒法等。①甲醛熏蒸消毒法用40%甲醛（福尔马林）稀释50倍液均匀喷洒于基质上，充分拌匀后用薄膜密封，堆置5天后揭开薄膜摊开基质，每日翻动1~2次，让有毒的甲醛气体充分挥发，7天后使用。②线克熏蒸消毒法用35%线克水剂（主要成分为威百亩）稀释50倍液均匀喷洒于基质表面，每喷洒一层药剂覆盖一层基质（药剂施用量为200mg/m²），基质层厚5~10cm，同时用清水喷洒基质至湿润状态，然后用薄膜覆盖密封，堆置7天后揭开薄膜摊开基质，每日翻动1~2次，7天后使用。③高温蒸汽消毒是目前最好的基质消毒方法。用专用耐高温薄膜密封已配制好的基质，通过管道把蒸汽输送到基质中心，至基质表面温度达到60~80℃，保持20~60分钟即可。

8.5.3.2 选盆、上盆、换盆、转盆

（1）选盆：上盆前应根据花卉植株的大小选择花盆大小，太大太小都不适合花卉生长，一般以花盆口径和盆高作为规格，商品盆花生产时，应考虑盆花成品后的包装运输成本。草花盆花一般选12cm×12cm营养钵，中高档盆花如一品红、仙客来等选14cm×14cm、16cm×16cm、18cm×18cm塑胶盆。

（2）上盆：上盆的方法是用左手执苗，将苗直立于盆内，右手加入配制好的基质，等花苗已经固定，根部已埋上土后，用手把花苗往上轻轻提一下，使、花根舒展，避免弯曲。再轻轻摇晃一下花盆，使基质与花苗根部密切接合，同时用手把土稍加压紧。然后继续加土，填到距盆边3~5cm处，留下所谓"水口"作浇水用。栽毕充分浇水，这时基质随水下沉，栽植时，要注意深度，不能过深或过浅。人工装盆要注意介质装的量尽量一致，便于以后浇水施肥管理，是盆花生长状态一致。刚上盆的花，往往先放在阴处，待缓苗后方可放阳光下进行养护管理。缓苗期一般1~3天不等。

（3）换盆：当发现有根从排水孔伸出或自边缘向上生长时，就需要换盆。多年生盆花要在休眠期换盆，一般每年换一次；一、二年生草花及仙客来、火鹤、大花蕙兰等生长期较长的盆花需随时按生长情况换盆，每次换大一号盆。

（4）转盆：一般植物具有向光性，枝叶往往向南面倾斜，必须经常调换方向，叫做"转盆"，以矫正植株的姿态，避免向一面倾斜。生长快的盆花，半月转盆一次；生长慢的1~2月转盆一次。盆花在成长过程中，要经常及时搬动位置，以免过于拥挤闭塞而影响通风透光。

8.5.3.3 肥水管理

（1）盆花水分管理：用于盆花灌溉的水质必须清洁，不含有害物质。水的pH值应在5.5~7.0之间，可溶性钾120mg/L以下。许多情况下的水质达不到要求，因此要预先测定。

在规模化盆花生产中浇水方式常以机械化浇水为主、人工补水为辅的方式。机械化方式主要有喷灌、滴灌等，但不同灌溉方式各有利弊。

浇水的时间尽量在上午进行，有利于盆花植株在夜间干燥，可以降低病虫危害。浇水量要根据不同花卉习性和不同的生长阶段。苗期一般要有较高的湿度。刚上盆不

久的植株根系还未生长或新芽未萌动的时期，一般要给予较多的水分。生长期的植株需要足够的水分，但不是不断连续浇水，而是以有利生长，不失水萎蔫为度，合理的浇水是最佳的生长调节方式，可以有效调节株形生长开花。

（2）盆花施肥：传统栽培中，盆花施肥是在基质中加入有机肥作为基肥供花卉生长，栽培过程中会出现缺肥或肥料过多，没有量化的概念。在盆花的商品生产过程中，更多地采用化学肥料，元素成分清楚，以液态肥料的形式通过灌溉水施入基质供植株吸收，施肥浓度一般为 100~250mg/L。也可以在基质中掺入缓释性颗粒肥，缓释性颗粒肥也可以在花卉上盆后撒在基质表面，浇水后缓慢释放。施肥量根据不同盆花种类和生长阶段进行。以下是常见盆花使用的复合肥及其特性。

表8-6　盆栽花卉栽培常用复合肥种类及特性

复合肥种类	特性	用途	品牌
17－17－17 通用肥1号	17－17－17 是为了满足土壤 pH 值呈中性并且硝态氮含量比标准 20－20－20 较高的要求而研制的。此配方中大约50%的氮是硝态氮。而 20－20－20 的配方中将近75%的氮是铵态氮。基于此，该配方能够在低光照期（如北方阴暗的冬季）更好的补充氮	适合于各种花卉，特别适合于天竺葵、八仙花和东方百合及其他酸性土壤地区	美国 Plant-marvel
20－20－20 通用肥2号	氮磷钾元素的比例为 1:1:1，共占肥料总含量的60%，具有高含量的铵态氮，是温暖条件下的全效肥，特别适用于开花期、成长期、花期后的养分补充	广泛地应用于观叶植物和花坛植物	美国 Plant-marvel
20－10－20 凤梨专用肥	60%的氮是以硝态氮的形式存在，不含硼，更适用于忌硼作物，如凤梨科植物周年使用	适用于凤梨科植物各时期、各种栽培使用	加拿大 Plant-Prod
15－5－25 一品红专用肥	含有很高的硝态氮、镁及少量的硼，同时微量元素的含量相比有所提高，其中包括高含量的钼和锌		美国 Plant-marvel
15－10－30 盆花专用肥	具有较高的硝酸氮含量，可在盆花着蕾期、成熟期和开花期使用。特别适用于改善在成熟盆花中所出现的氮、钾元素缺乏的症状。能够不断提高对菌类病害的抵抗能力，增强根系和叶片中的纤维含量	适用于各类盆栽花卉周年使用	美国 Plant-marvel
30－10－10 兰花专用	能协助降低土壤的 pH 值，同时由于其中铵态氮含量较高使其适合于在高温的月份户外光照条件下，一般 3~10 月日照充足时，2 周施用一次。氮:磷:钾 = 3:1:1 的配比，使所有的幼苗植物的颜色艳丽、根系强壮、快速地生长，这种配方的低缩二脲、高氮的特点，特别适用于以杉木树皮为基质的盆栽兰花	在温室内观赏植物、观叶植物和兰花上也有广泛的利用，对营养生长初期的植物和观叶植物尤为理想。同时可以用于热带观叶植物、盆栽杜鹃、幼苗上。应注意在使用时要有充分的日照以免倒伏	美国 Plant-marvel

（续）

复合肥种类	特性	用途	品牌
18 – 6 – 12 长效控释肥	所有元素都是由植物包衣并缓慢释放的，根据植物的需要持续缓慢地释放，养分释放速度如同植物的生长速度都是由土壤温度决定的：温度越高，释放速度越快	如土壤温度保持大约 21℃，肥效可以持续 8 个月。释放速度只受土壤 pH 值和土壤微生物活动的影响，但影响效果并不是很明显	加拿大 Plant-Prod
15 – 15 – 30 盆花专用肥	58% 的氮是以硝酸态的形式存在，较低的电导度，不会造成盐类在土壤中累积。盆花植物特殊需要，保持氮肥最佳的水平	适用于盆花栽培的百合花、一品红、蝴蝶兰、红掌、仙客来、天竺葵、大岩桐、猩猩木、菊花等	加拿大 Plant-Prod

注：资料来自 Plant-marvel 公司和加拿大 Plant-Prod 公司。

8.5.3.4　植物生长调节剂的应用

植株矮化、基部分枝低而多，株型整齐丰满等是盆栽花卉质量的重要指标，在生长激素应用之前，主要通过栽培手段来完成对植株的株型控制，如摘心、控水控肥等。在商品盆花的生产中广泛应用生长激素来控制株高培养株型。但在使用过程中要注意如下几点：①尽量在植株生长早期使用，能有效控制其未来的生长。②只能用于有徒长现象的植株，不能对低矮的植株使用。③在叶面干燥时喷洒，喷后 24 小时内叶面不能浇水。目前生产中常用的生长激素有比久（B_9）、环丙嘧啶醇（A-Rest）、CCC、多效唑（Bonzi），其中比久应用最多。

生长激素应用优点：控制株高、改善株型；叶色浓绿、叶质健壮；开花整齐、货架期长。缺点：选择性太强，即对不同花卉种类甚至同种类不同品种之间有不同反应。使用不当会引起推迟花期。

8.5.3.5　温度、光照、湿度

商品盆花生产的场所主要是温室，温室环境条件的调控对盆花生产起主要的作用。主要包括温度、光照和湿度三方面，根据不同盆花的要求和季节变化来进行调控。

（1）温度：温室温度的高低主要是加温（包括日光辐射热加温和人工加温）、通风、雾化增湿和遮荫的综合结果。商品盆花生产中根据生产计划和盆花种类进行温度控制以达到盆花生长所需的最适温度。例如红掌盆花生产中宜采用雾化降温设备来调控空气相对湿度，高温季节可打开活动遮光网遮荫、开启天窗通风，或启动循环通风扇、雾化降温机、水帘风机等降温设备降低室内温度。冬季，当气温下降到 15℃时，要进行保温，当温度进一步下降时，宜使用加温机加温。室内的温度与季节、光照强度有直接关系，应充分合理利用各设备设施进行科学调控。

（2）光照：遮荫是调节光照强度的一个措施，兼有调节温度的效果，一般盆花生产在夏季要求遮光 30% ~ 50%，冬季则需要充足阳光，不需遮荫。各类盆花生产对光照强度和光照时间有不同要求。如凤梨光照不够会导致植株生长不整齐，质量低，

但晴天需要进行80%的遮荫。花毛茛喜半荫条件，冬季要给予充分的光照。春季气温升高，光线增强时，适当遮荫并注意通风，能促进生长，延长花期，同时花毛茛为相对长日照植物，长日照条件能促进花芽分化，提前开花，营养生长停止并开始形成块根，短日照条件下，分生组织活性较高，能促进侧芽形成多发茎、叶，使冠幅增大，花量增多，有利于提高盆花品质，但花期推迟。一品红喜充足的光照，对光强要求较高，要尽可能地给予充足的光照，要求光照强度为20000~60000lx，只要温度在可控的最适范围内，光照较强为好。

（3）湿度：温室湿度过大，对盆花生长不利，尤其在冬季易引发病害，夏季可通风降湿，冬季需加温与通风同时进行。对有些要求相对湿度较高的盆花可以通过设置自动喷雾装置来调节相对湿度。

不同盆花生产所需适宜温度与光照见下表：

表8-7 不同盆花生产所需环境条件

种 类	最适生长温度 （℃）	光照强度 （lx）	相对湿度 （%）	引用资料
凤梨	花期20~22	18000~30000，品种间有差异	60~80	安祖公司凤梨盆花生产指南，中国花卉园艺2003/03/15第6期
红掌	日温25~28 夜温19~21	17000~25000	70~80	《广州红掌盆花生产技术规范》，中国花卉园艺2006/06/15第12期
花毛茛	日温10~15 夜温5~10 花期13~15	喜半荫条件，长日照条件能促进花芽分化		花毛茛的繁殖及盆花生产栽培技术，北方园艺2007（1）：115~1
一品红	日温26~29 夜温16~21	上盆种植期： 25000~35000 营养生长期： 35000~60000	60~90	广东省一品红盆花生产技术，中国花卉园艺2006/07/15第14期
新几内亚凤仙	日温22~26 夜温20~26	4000~4500		新几内亚凤仙工厂化生产，中国花卉园艺2002.11
四季海棠	日温20~28 夜温16~18	25000~50000	40~70	四季海棠盆花生产，中国花卉园艺2006/01/15第2期
高山杜鹃	15~20	喜爱半荫环境		Bioplant公司高山杜鹃盆花生产技术，中国花卉园艺2005/03/15第6期

8.5.4 盆栽观叶植物的栽培管理

8.5.4.1 种植

盆栽观叶植物生长需要较高的温度，如在较低温度下移植或分株，常使根部受到损伤，造成植株生长衰弱甚至死亡，所以种植时期多在春、秋、夏季，其中以春季最佳。除了在温室内，温度可以调节外，一般较耐寒的观叶植物也要在4月份温度较为稳定时移植；耐寒力差的品种则以 5～6 月份移植或分株较为安全。秋天也是种植的较适宜季节，但与春天相比，管理上较不容易，必须掌握气温的变化，并且注意水分的供给情况。夏天，适于种植一些有气生根的蔓性热带观叶植物，如喜林芋类、龟背竹、合果芋等，但必须注意喷水降温，保持足够的空气湿度。

种植之前，根据所种植的植物品种、规格及用途选择合适的种植容器，同时配置好种植基质。上盆时要注意几个环节：首先将花盆底部的排水孔用两块碎瓦片盖成人字形，使盆底的排水孔眼处于"盖而不堵、挡而不死"的状态，以利于排水；在碎瓦片上填入颗粒较大的土壤或煤渣，再铺上一层细土，这样不仅有利于排水通气，也能使植株根系伸展自如；将植株放入盆内中间位置，并使其根部向四周伸长，扶正后沿四周慢慢地加培养土，填到一半时用手将基质轻轻压紧，使植株根系与基质密接，接着继续加培养土到离盆口 2～3cm 位置，并使培养土在盆面中形成中间高的曲面，以免盆中积水或浇水时盆土从盆面溢出；将种植好的盆置于荫蔽处，避免阳光直射，并浇一次水（第一次浇水要使盆内的基质全部吸足水）；在较荫蔽处养护 1～2 周后逐步移至正常养护区。在夏秋季，如果盆土较易干燥，应在盆面加盖一层水苔，以减少水分蒸发。

观叶植物的许多种类，如黄金葛、常春藤及喜林芋类等呈蔓性生长，且有气生根。这些植物种植方法，除可用 3～5 株种于一个盆内作垂吊栽培外，也经常用作攀附种植。攀附种植时在中央埋一根柱状蛇木或一根竹（木、塑胶）棍，棍的四周包以棕皮、破旧遮阳网或水苔，以作为支柱。在柱的四周种植 3～5 株小苗，并用小铁丝绑扎牵引，使植株藤蔓沿立柱四周攀附生长。用该方法种植时，要经常向立柱喷水，使其经常保持湿润状态，以利于气生根的攀扎和植株的快速生长。

有些植物如凤梨类的一些品种，可用水苔种植。在盆底碎瓦片上先铺一层 3～5cm 的水苔，约占盆深的 1/4 左右，并用水喷洒湿润；再将植株放入并舒展根部，然后填入水苔包围根部，并轻轻压实，让植株端正；种植后同样应将其放在无风的荫蔽处，按正常方法进行管理。

刚种植的植株，在种植时浇足水后 3～5 天内一般不须多浇水，以防止有些植株因伤口示愈合而盆土过湿引起根系腐烂。但为了减少水分的蒸发，可多次进行叶面喷雾，以提高植株周围空气湿度。同时，刚种植的植株处于生长恢复期，一般不要追肥，待恢复正常生长后，才开始施稀薄肥水。因为此时已发新根，补充一些速效肥料，可促进其速生快长。

8.5.4.2　肥水管理

肥与水是观叶植物赖以生存和生长的物质基础。合理的肥水管理不仅可以使其快速生长，同时可以获得更高的观赏价值。

（1）浇水：植物机体内的绝大部分成分是水，尤其是观叶植物，除了部分为木本或针叶植物外，许多为多年生草本植物，水分占植物鲜重的 80%～90% 以上。水除了维持机体正常形态外，还维持着生命过程中的一切生理生化活动。所以。室内观叶植物正常管理养护离不开水，浇水方法得当与否在一定程度上决定了其栽培利用的成功与失败。

　　植物需要的水分绝大部分是从土壤中得到的，但空气湿度对植物的生长发育也有较大影响，尤其像观叶植物这样原产于热带亚热带森林中的附生植物和林下喜阴植物，叶片多、叶片较大且薄而柔软，对空气湿度的要求更高。所以，浇水管理必须满足其特殊的需求，才能取得较满意的栽培效果。

　　观叶植物的浇水原则：

　　首先，根据不同类型的观叶植物决定给水量及供水方式。观叶植物总体上虽然喜湿，但不同类型的植物形态各异，需水状况不同，浇水时给水量及给水方式应不同。

　　需水分多的植物，如大部分的蕨类、天南星科大多数种类等，一般在盆土开始变干时就必须及时浇水。

　　蔓性藤本类如黄金葛、心叶喜林芋、‘绿帝王’喜林芋、合果芋等，叶片多、叶面滑，并有气生根，其生长季需水量也大，除了盆土浇水外，还需注意叶面喷水，以保持较高的空气湿度，供旺盛的生长需要，保证叶片色泽正常。

　　凤梨类，莲座状叶丛排列为水塔状，像一具"贮水器"。在生长季节必须经常向叶丛内灌水，保持"贮水器"水分不断。

　　酒瓶兰、龙血树、朱蕉、马拉巴栗等植物，其植株本身保水、蓄水力较强，并且叶片革质较厚，叶面水分蒸发较少，这类植物浇水量不必太多，只要保持土壤湿润即可，太多的水分往往还易引起烂根。

　　一些竹芋类观叶植物，叶片茂密且较大，对水分的反应比较敏感，缺水时易出现叶片卷缩、叶尖枯焦等不良症状，所以生长季要供其较大量水分，但其肉质根茎又不适太湿的土壤，故更需要较高的空气湿度，要经常向叶面喷水。

　　一些叶面柔软多毛的品种，如蟆叶海棠，叶面喷浇有时会导致腐烂，应从植株的根部浇注或用叶面喷雾，以增加湿度，满足其生长需要。

　　总体上说，大部分观叶植物平时只需要保持盆土均匀湿润即可，原则上掌握"间干间湿"。因为原产地气候往往晴雨有规律地交替，植物在长期的系统发育过程中适应了这种"间干间湿"的土壤环境。这种盆栽浇水原则正是模拟自然界中土壤水分动态变化规律而制定的。

　　其次，根据不同季节变化决定其需水量。观叶植物的生长发育对气候的变化比较敏感，尤其是温度变化会影响其生长与生存。如果给水不当，将影响正常的生命活动。一般情况下，春夏秋季是室内观叶植物的主要生长期。由于此时活跃的生长需要消耗较多的水分，且此时气温较高，从叶面蒸发的水分较多，加剧了植株体内水分的流动，因此为了保持植物正常的生理需要，就必须适时补充水分。尤其夏季气温高，空气湿度低，消耗的水分多，所以通常情况下，夏天每天要浇水一两次；冬天大多数观叶植物正处于相对休眠期，可以5~7天或更长时间浇水一次。

　　当然，不管哪个季节，每次浇水都必须浇透，使整个根团完全湿润，让多余的水从盆底流出。要避免浇半截水，即浇水次数很多，但每一次浇水量却不大，仅能刚刚湿透表层，于是在盆内形成上湿下干的腰截水现象。这种现象极易引起上层根系腐烂、中下层根系长期缺水早衰或枯死，同时上湿下干的交界处形成板结层，影响植株生长，甚至导致植株死亡。许多初学养花者经常有这种不良的浇水习惯。

此外，观叶植物浇水时还必须注意其水质和水温等情况。

浇花用水最好是微酸性或中性的水。含有大量钙、镁、钠、钾的硬水不宜用于浇灌观叶植物。原产热带亚热带地区的观叶植物，最理想的用水是雨水，因雨水接近中性，不含矿物质，又有较多的空气，最适宜花木的生长。可供饮用的地下水、湖水、河水可作盆栽浇水。城市自来水含氯较多，水温也偏低，不宜直接用来浇灌，应先在水池中贮存 1～2 天，使氯挥发，水温和气温相近时再用于浇花比较好。

水温和盆土温不宜相差太大，若超过 5℃ 便有可能伤害根系，构成对植株的威胁，尤其是在烈日高温的中午浇冷水，土温突然下降，根毛受到低温的刺激，就会立即阻碍水分的正常吸收，产生"生理干旱"，引起叶片焦枯，严重时导致全株死亡。一般说来，适于浇花的水温，冬天可比土温偏高几度，夏季可比土温偏低几度，春秋季则与土温接近或相当最好。

（2）施肥：要使观叶植物生长良好，达到枝繁叶茂、色泽鲜艳，就必须注意施肥。施肥是正常栽培管理的一项重要工作。

肥料的种类：总体上分为无机肥和有机肥。无机肥即化肥，主要是氮肥（如尿素、硫酸铵、硝酸铵、碳酸氢铵、硝酸钙等）、磷肥（如过磷酸钙、钙镁磷、磷酸二氢钾、磷酸钙等）、钾肥（如氯化钾、硫酸钾、磷酸二氢钾、硝酸钾等）及微量元素肥料。有机肥包括人粪尿、畜禽粪、各种饼肥、骨粉等。无机肥的特点是养分含量高，元素较单一，肥效快；有机肥多数为完全肥料，通常含有植物需要的各种营养元素和丰富的有机质，大多肥效较慢而持久。

观叶植物是以赏叶为主要目的，所以特别需要氮肥。如果氮肥缺乏，叶绿素形成慢，正常的光合作用不旺盛，叶面就会失去光泽。但是施用氮肥过多，也会引起植株徒长、生长衰弱，而且不利于一些斑叶性状的稳定，所以施用氮肥必须适量。磷钾肥也是观叶植物必不可少的，必须配合施用。此外，其他一些植物生长发育也需要的营养元素，如铁、钙、镁、硼、铜、锌等对室内观叶植物生长也是必需的。它们参与观叶植物生长过程的许多方面，如缺乏容易引起缺素症，影响植株的生长及观赏。如缺铁容易发生黄化，不利叶片翠绿光亮；缺钙容易引起植株生长纤细，导致倒伏等。

观叶植物在种植时一般都须施足基肥，基肥大多采用经发酵的有机肥料；生长期中还须进行追肥，追肥可采用速效的有机肥或无机肥料。有机肥中发酵的人粪尿或肥汁，因有臭味，多不在室内栽培中使用，仅作为室外生产栽培时的追肥。目前，国内外根据花卉对各种营养元素的需求，已生产有各种缓效性的花肥或颗粒状的裹衣肥料，含有花卉生长的各种元素，肥效时间持久且使用方便而卫生，在室内栽培中广泛使用。

施肥的原则与方法：施肥的原则要掌握适时、适当、适量；根据各个品种的需肥特点，把握施肥时期、施肥次数、施肥量以及施肥方法。

施肥方法除了固体肥料埋施外，其他肥料都用浇施或叶面喷洒。液肥用水稀释的浓度随施肥的次数而不同。在生长旺盛时期可多施肥，以满足正常的生长和生理需要。如果每月施一次的浓度可高些，若每周到半个月施一次的浓度应稍低，约为一个月施一次的半量。其他生长期一般每两周到一个月施一次，浓度也应稀一些，做到宁稀勿浓。

在不同生长期根据不同品种生长需要可不定期地追施人工复合的缓效的花肥，同时还可用专门生产的液体肥料进行叶面喷施（有效浓度掌握在 0.1% ~ 0.3%）。叶面喷施，植株迅速吸收、迅速见效，可及时补充植物根部吸收养分的不足，尤其在植物旺盛生长期和表现缺乏微量元素时常用这种追肥方法。

在冬季或休眠期一般不施肥或每 2 ~ 3 个月施一次，即在冬季来临前施用，且以磷钾肥为主，以增强植株冬季抗寒能力。新种植或换盆的一定要等到成活后才可施肥。

8.5.4.3　防寒防冻

观叶植物冬季防寒防冻工作是日常管理中的一个重要技术环节。这项工作处理得当与否直接影响其栽培利用效果。因为观叶植物原产于热带亚热带地区，系统的发育过程中形成了对低温的敏感性。温度太低表现为寒害或冻害。当温度低于正常的越冬温度时，其正常的生理活动受到影响，根的吸收能力减退或停止，地上部表现为嫩枝叶萎蔫、老叶枯黄脱落；若低温时间不长尚可恢复，时间稍长便会引起植株死亡。当温度降至 0℃ 以下时，大部分室内观叶植物即出现冻害，这时已完全危及植株体内生理机能，使细胞间隙水分结冰，细胞内原生质体失水凝结，失去活力，从而危及植株的生命。所以，冬季必须密切注意气温的变化，做好防寒防冻的各项工作。

首先，根据各种观叶植物的越冬要求分门别类，加强管理，尤其对于耐寒力差的品种必要时集中于有增温保温的场所，以避免寒风的侵袭，使其避过不利的低温期。

其次，依据秋末温度的变化，让其对低温有一过渡适应过程，即在秋冬之交温度逐渐降低时，让观叶植物经过稍低气温逐步锻炼，这样可明显地提高其耐寒的适应能力，使其自身抗寒潜力得到充分发挥，从而提高对低温的抵御能力。同时，冬季低温期要避免温度变化高低不均，以利于植株安全越冬。因为突然增高温度会使本来处于相对休眠状态的植株，抽长新梢新叶，此时，如温度突然降低极易受冻。同样，早春来临时，气温变化不定，也需注意观叶植物防寒防冻，所以要待温度相对稳定时才能进行正常的肥水管理。

其三，在栽培上做好肥水管理，以利防寒抗冻工作。在冬季低温期，要严格控制水分，使处于相对干燥状态。对于大部分品种，一般 5 ~ 7 天或更长时间浇水一次，即可维持树体正常的生命活动之需，这样有利于植物体内细胞液浓度增高，提高其抗寒能力；在冬季一般不施肥，或少施肥，以控制其生长，免遭寒冻；另外，在冬季低温来临前一个月左右，除正常的施肥管理外，要增施磷钾肥，如每隔一周连续喷施 0.3% ~ 0.5% 磷酸二氢钾 2 ~ 3 次使植株生长健壮，以提高植株抗寒越冬能力。

8.6　花卉无土栽培与管理

8.6.1　无土栽培的目的与意义

无土栽培法又称营养栽培法、水耕法。它是在栽种作物时不用土壤，不施粪肥，一般仅用化学肥料或化学试剂配成的营养液供给作物所需养分的特殊栽培方法。它既是实验室里进行作物栽培的方法，也是实验室进行作物培养实验的一种研究手段。它一般在较封闭的室内环境进行，因此受病虫害感染的机会很小，很少施用农药，所以可种植出无污染、无公害作物。无土栽培的优点：不受土地条件限制；劳动强度小，水肥用量降低；病虫害明显减少；优质高产；便于工厂化生产，无土栽培充分显示出农业可以像工业生产一样，机械化、自动化生产作物，完全由人工控制植物生长。现在世界上已有全自动化无土栽培设施和立体化无土栽培工厂。

8.6.2　国内外无土栽培发展概况

原始的无土栽培可追溯到我国宋朝的发豆芽。科学的无土栽培始于 1859～1865 年德国的沙奇斯（Shachs）和他的学生克诺普（Knop）所进行的植物生理实验，但无土栽培应用于生产还是 20 世纪 40 年代期间的事，到了 20 世纪 60 代以后，无土栽培作为一种高产、优质、卫生、省肥、省水、少病虫害、节约土地的农业高新栽培技术在荷兰、日本、英国等发达国家获得迅速发展。今天的荷兰花卉业，无土栽培面积占保护地栽培面积的 90% 以上，花卉产品销往世界各地，成为花卉应用无土栽培最成功的国家之一。无土栽培技术应用于花卉生产，给生产经营者带来可观的经济效益。基质与营养液是无土栽培的两大核心技术，了解、掌握、用好基质与营养液的配制与管理，才能真正掌握无土栽培技术。

8.6.3　无土栽培的主要技术措施

8.6.3.1　无土栽培的类型

无土栽培根据所用基质的不同而有不同的类型：

沙培法　是以直径小于 3mm 的沙、珍珠岩、塑料或其他无机物质作为基质，再加入营养液来栽培花卉的方法。

砾培法　是以直径小于 3mm 的砾、玄武石、熔岩、塑料或其他物质作为基质，再加营养液来栽培花卉的方法。

水培法　是无土栽培最早采用的方式，是将花卉根系连续或不连续地浸于营养液中的一种栽培方法。营养液在栽培槽流动，以增加空气含量。一般要有 10～15cm 深的营养液。

锯末培法　采用中等粗度的锯末或加有适当比例刨花的细锯末。以黄杉和铁杉的锯末为好，有些侧柏锯末有毒，不能使用。栽培床可用粗杉木板建造，内铺以黑聚乙烯薄膜作衬里，床宽约 60cm，深约 25～30cm，床底设置排水管。锯末培也可用薄膜袋装上锯末进行，底部打上排水孔，根据袋大小可以栽培 1～3 棵花卉种苗。锯末培一般用滴灌供给植物水分和养分。

喷雾培法　是将花卉的根系悬挂于栽培槽的空气中，以喷雾的方法来供给根系营养和水分。这样可以大大节省营养和水分，同时根系供氧情况又好，有利根系的发育。但对喷雾的要求高，雾点要细而均匀。再是根系的温度受气温影响，较难控制。

8.6.3.2　无土栽培营养液的配制

无土栽培时，人工配制营养液十分重要。不同花卉种类对营养液成分和浓度的要求不同，为此应根据花卉的种类配制所需营养液。

配制时首先弄清各种药剂的商标和说明，仔细核对其化学名称和分子式，了解其纯度，是否含结晶水。药剂称量要准确。溶解盐类时要先加水，并且先溶解微量元素，后溶解大量元素。

8.6.3.3　无土栽培的操作管理

无土栽培所用的基质，可因地制宜，就地取材。基质保水性要好，颗粒愈小，其表面积和孔隙度愈大，保水性也愈好，但应避免过细的材料作基质，否则保水太多易造成缺氧。基质中不能含有有害物质，如有的锯末由于木材长期在海水中保存，含有大量氯化钠，必须经淡水淋浇后才能用。石灰质（石灰岩）的沙和砾含有大量碳酸钙，会造成营养液的 pH 值升高，使铁沉淀，影响植物吸收，所以只有火成岩（火山）砾和沙适于作基质。基质的选择也与无土栽培的类型有关，下方排水的砾系统可采用很粗的材料，而滴灌的砾系统必须用细的材料。

无土栽培的基质长期使用，特别是连作，会使病菌集聚滋生，故每次种植后应对基质进行消毒处理，以便重新利用。蒸汽消毒比较经济，把蒸汽管通入栽培床即可消毒。锯末培蒸汽可达到 80cm 的深度，沙与锯末为 3:1 的混合物床，蒸汽能进入 10cm 深。药剂消毒，甲醛是一种较好的杀菌剂，1L 甲醛（40% 浓度）可加水 50L，按 20 ~ 40L/m² 的用量施于基质中，后用塑料薄膜覆盖 24 小时，在种植前再使基质风干约 2 周。漂白粉 1% 的浓度在砾培中消毒效果也好，将栽培床浸润半小时，以后再用淡水冲洗，以消除氯。

营养液的酸碱性（pH 值）直接影响养分的状态、转化和有效性，也影响花卉的生长。花卉生长所要求的 pH 值因种类而异，通常在 5.5 ~ 6.5 之间。在管理中，可用 pH 试纸测 pH 值。如 pH 值偏高时，可加入适量硫酸校正；偏低时，可加入适量氢氧化钠校正。

在水培中，花卉植株从营养液中吸取氧，而氧的主要来源是通过营养液由高处自由下落时把氧气带入，为此一天要灌水 5 ~ 6 次，用多孔物质作基质的可减少灌水次数。幼苗期，营养液与种植床间要保持 2 ~ 3cm 的孔隙，以利幼小根进入营养液。此外有条件的话，应根据不同花卉的不同要求，控制营养液的温度，因根系温度对花卉的生长发育所起作用更大。

8.6.3.4　无土栽培中营养缺乏症的判断

花卉无土栽培中，如果缺乏某种营养元素，就会产生生理障碍，影响生长、发育和开花，严重的甚至导致死亡。为此应及时诊断，并采取有效措施，适时对营养液进行养分调整（各种元素缺素症状详见本书第五章第六节营养元素一节）。

出现各种营养缺乏症时，应仔细查清和判断症状出现的诱因，是营养缺乏所造成，或是由于酸碱度不适当所影响，是缺少一种元素引起或是缺少几种元素而引起的，一定要弄清情况，对症下药。

8.6.4 花卉无土栽培应用实例

8.6.4.1 基质的选择与配方

不同基质各具自身的性能与优缺点，栽培花卉往往表现出不同的效果。从一些国家的经验看，选择什么基质，须根据本国的资源状况，发展能够就地取材的无土栽培基质与方法。如日本选用营养膜(NFT)水培法为主结合岩棉培，加拿大大量采用锯木培，南非则以蛭石培居多；英国、德国、荷兰、意大利、法国、丹麦、挪威和美国等国主要发展岩棉培。我国根据资源状况，讲究实用性与经济性，重点发展有机与无机相结合的基质培。根据马太和(1985)、王华芳等(1997)的归纳总结，适用于盆栽花卉无土栽培的基质配方为泥炭:珍珠岩:细沙 = 2:2:1 或 1:1:1 等。适用于喜酸性的杜鹃花、栀子、山茶花的基质配方为泥炭:细沙 = 3:1 或泥炭:炉渣 = 1:1。适用于菊花、一品红、百合、热带观叶花卉的盆栽基质配方为泥炭:细沙:浮石 = 2:1:2 等。福建省近年对花卉无土栽培也有不少研究，潘敏芳等用炉渣:杉木锯末:细沙 = 2:1:1 的基质配方。每立方米混合钙镁磷肥 3kg、超大微生物有机肥 10kg，浇透 600 倍的百菌清，配成有机生态型基质，用于栽培香石竹比土壤栽培的发根快、生长好；吴书杭等筛选出适合鸡冠花生长的基质配方为泥炭:煤渣:珍珠岩 = 1:1:1；郑建英研究认为，适合仙客来实生苗移栽的基质配方有园田土:河沙:松针土:酒糟:牛粪 = 1:1:4:4:3，蘑菇土:树皮粉:羊粪:锯末 = 4:4:4:2 等 7 种。柳振誉研究了非洲菊组培苗的基质配方，以食用菌料:砻糠灰:污泥 = 2:2:1 配方最优。陈静瑶等研究康乃馨组培歧化苗复壮的结果认为，以滤纸条(加扎小孔)为基质的歧化苗恢复正常率最高(78.1%)。

8.6.4.2 花卉无土栽培的营养液配方

营养液是否适合花卉生长，最重要的在于营养液中各种养分的量与比例是否适合。专家认为，比例合适的营养液，总体浓度偏高些或偏低些对植物生命的危害性不是很大，如果养分离子之间比例不合适，即使其他条件再合适，花卉也将受到营养生理失调症的危害，所以，营养液的配方科学与否是关键。关于营养液的配方，自 1865 年克诺普创始后，世界上发表了大量的营养液配方，典型的配方如霍格兰德(Hoagland，1920)、怀特(White，1934)、春日井(1939)、道格拉斯(Douglas，1959)、图蔓诺夫(Tumanov，1960)等。其中以美国霍格兰研究的配方最驰名，被世界各地广泛采用，后人参照霍氏配方，在使用中进行了研究与调整，从而演变出许多适用于不同植物和栽培条件的配方，表 8-8 选录一些世界著名的通用型配方，表 8-9 则是一些花卉专用的大、中量元素营养液配方。花卉生长尚需多种微量元素，因此，每种大、中量元素配方都辅配有相应的微量元素配方，通用型的微量元素营养液配方为 EDTA 铁 51.3 ~ 102.5μmol·L^{-1}(单位下同)、四水硫酸锰 9.5、五水硫酸铜 0.3、七水硫酸锌 0.8、硼酸 46.3、四水钼酸铵 0.02。

表8-8 一些著名的通用型营养液配方(大、中量元素)

营养液配方名称	化合物组成浓度(mmol·L^{-1})					肥料盐类总计(mg·L^{-1})
	Ca(NO$_3$)$_2$·4H$_2$O	KNO$_3$	KH$_2$PO$_4$	MgSO$_4$·7H$_2$O	其他	
克诺普(1865)世界创始配方,现仍用	4.88	1.96	1.47	0.82		1753
霍格兰和施奈德(1938)世界著名配方	5.00	5.00	1.00	2.00		2315
霍格兰和阿农(1938)世界著名配方	4.00	6.00		2.00	NH$_4$H$_2$PO$_4$ 1.00	2159
英国洛桑实验站配方 a (1952)1843年建站至今		9.89	3.37	2.03	K$_2$HPO$_4$ 0.40 CaSO$_4$·2H$_2$O 2.9	2528
休伊特(1952),英国著名配方	5.00	5.00		1.50	NaH$_2$PO$_4$·H$_2$O 1.33	2216
国家农业研究所配方(1977),法国代表配方,酸性作物通用	2.60	2.80	1.00	0.62	NH$_4$NO$_3$ 3.00 K$_2$HPO$_4$ 0.10 K$_2$SO$_4$ 0.12 NaCl 0.20	1479
园试配方(1966),日本著名配方	4.00	8.00		2.00	NH$_4$H$_2$PO$_4$ 1.33	2395

表8-9 一些专用营养液配方(大中量元素)

花卉种类	无土栽培方式	化合物编号与组成浓度(mmol·L^{-1})	肥料盐类总计(mg·L^{-1})
月季	温棚切花	①2.07,②1.88,③2.12,⑥1.33,⑪2.01,⑫0.49	1253
菊花	温棚切花	①7.10,④1.80,⑧3.30,⑩3.60,⑫3.00	3730
香石竹	温棚切花	①3.75,②4.00,④0.48,⑤10.37,⑦1.87,⑩0.13,⑪1.06,⑫1.09	1760
唐菖蒲	温棚切花	④1.20,⑤7.30,⑦1.90,⑪8.50,⑫2.20,⑬1.50	3540
非洲菊	温棚切花	①2.25,②4.75,⑧1.50,⑩0.25,⑫0.75	1444
郁金香	温棚切花	①3.33,②3.37,③0.25,⑧1.50,⑫0.75	1716
玫瑰	温棚切花	②11.10,④1.70,⑦1.80,⑫2.60,⑬1.90	2769
紫罗兰	温棚切花	①2.10,②6.90,④1.20,⑦4.30,⑫1.80,⑬1.20	3085
马蹄莲	温棚切花	①4.00,②6.00,⑫2.00,⑭1.00	2159
观叶花卉(肾蕨等)	温棚切花	①2.10,②2.00,③0.50,⑧1.00,⑫0.50	1206
梅花	盆栽	②1.28,⑧1.10,⑫1.00,⑬4.00	1387
中国兰花	盆栽	②5.44,③2.50,⑦2.30,⑫2.15,⑬0.40	1930
山茶花、杜鹃花	盆栽	④1.00,⑧0.50,⑩1.00,⑫1.00,⑬1.00	793
荷花	盆栽	①1.00,②0.70,③0.44,⑧0.32,⑫0.42	489
桂花	盆栽	①2.60,②2.80,③3.00,⑧1.00,⑨0.10,⑩0.12,⑫0.63,⑮0.20	1479

（续）

花卉种类	无土栽培方式	化合物编号与组成浓度（mmol·L⁻¹）	肥料盐类总计（mg·L⁻¹）
百合花	盆栽	④1.18，⑤7.29，⑦1.86，⑪8.32，⑫2.23，⑬1.45	2666
花叶芋	盆栽	①5.00，②5.00，⑧1.30，⑫1.50	2231
酒瓶兰	盆栽	①7.63，②5.00，③1.00，⑧1.00，⑫2.82	3215
绿巨人	盆栽	①2.00，②2.64，⑧1.00，⑩1.00，⑫1.00	1375
君子兰	盆栽	①1.00，④1.00，⑧0.50，⑩1.00，⑫1.00	857

注：表内来源于不同资料的浓度单位换算成统一的浓度单位. 并补算其肥料盐总量；各代号所代表的无机盐成分分别为：

①$Ca(NO_3)_2 \cdot 4H_2O$，②KNO_3，③NH_4NO_3，④$(NH_4)_2SO_4$，⑤$NaNO_3$，⑥H_3PO_4，⑦$Ca(H_2PO_4)_2 \cdot H_2O$，⑧ KH_2PO_4，⑨K_2HPO_4，⑩K_2SO_4，⑪KCl，⑫$MgSO_4 \cdot 7H_2O$，⑬$CaSO_4 \cdot 2H_2O$，⑭$NH_4H_2PO_4$，⑮$NaCl$（资料来自陈元镇，2002）。

8.7 花卉品种优良性状的保持

8.7.1 花卉品种退化的原因

一个优良品种，在常规栽培条件下，常发生退化现象。花卉良种退化的表现一般是植株高低不齐，花型杂乱，花径大小不一，花色混杂，花期不一致，易感染病虫害，生长不良，使观赏价值和经济价值降低，从而失去原来的优良特性。

（1）机械混杂：在良种的繁殖和生产栽培过程中，良种的种子或苗木混入了其他品种的种子或苗木，从而降低了良种的纯度，因此良种的丰产性、物候期的一致性、观赏价值也都随之降低，这种现象称为机械混杂。良种在种子采收、晾晒、储藏、包装、调运、播种、育苗、移栽、定植等过程中，都会发生机械混杂。

（2）生物学混杂：由于良种接受了其他品种的花粉，产生一定程度的天然杂交，使良种混入了其他品种的遗传物质，从而降低了良种的纯度和典型性，这种现象称为生物学混杂。生物学混杂发生后，会使良种后代出现分离和进一步的混杂。因此在花卉中常表现为花型紊乱、花色混杂、重瓣性降低、花径变小、花期不一、高度不齐等不良现象。生物学混杂在异花授粉植物中最易发生，自花授粉植物中也会发生，常常是品种间或种间的自然授粉。

（3）品种本身变异：目前生产上栽培的品种，大多数是用不同的亲本杂交育成的，其主要性状看起来很一致，但还有某些性状是不稳定的，它们的后代还有继续分离的可能。同时在自然环境种，植株有时会发生突变，导致品种的退化。

（4）不适宜的环境条件和栽培技术：良种都直接或间接地来自于野生类型，因而会有野生性状的遗传基础。在良好的栽培条件下，优良性状得到表现，野生不良性状处于隐性状态。但是在栽培技术不当或环境条件不适宜时，处于隐性状态的这些性状就会表现出来，代替其优良性状的表现，从而引起良种退化。例如三色堇、雏菊在良好条件下，花大、色艳；在不良条件下，花小、色暗。菊花、翠菊在不良栽培条件下，会发生重瓣性降低(露心)、花瓣变短、变窄等退化现象。

(5)缺乏选择：在良种的繁殖和栽培过程中，要经常对其进行选择，要选留综合性状优良的植株，淘汰不良个体。在缺乏选择的条件下，某些花卉的观赏品质将逐渐下降。这是因为有些花卉的原始性状遗传力强，在长期栽培中不加选择和淘汰，不良的原始性状则逐渐增加。如蒲包花的原始花色是黄色，当黄色、红色、粉红、紫色等品种的蒲包花在一起栽培几年后，如果不加选择和淘汰，黄色的品种比例增加，其他花色的品种就会减少。瓜叶菊、大岩桐等也有类似现象。

许多花卉品种具有复色花、叶、茎，如不注意对这些性状的选择和保留，或缺乏对影响其特有性状因素的抑制，也会发生品种的退化。如红黄相间的五色鸡冠花、洒金碧桃、金边虎皮兰等，在良种繁育中，如果不注意保留具这些性状的单株，复色特性将会被单一颜色所取代。

(6)生活力衰退：长期无性繁殖，会使生活力衰退。无性繁殖的后代是前代营养体的继续，得不到有性复壮的机会，其细胞的生理活性逐代走向衰老，因此长期无性繁殖的花卉良种都会发生生长势降低、抗性下降、生活力衰退的现象。例如郁金香、唐菖蒲、菊花、大丽花的退化现象。长期栽培在相同的条件下，会使生活力衰退。一个品种长期培育在同一地区，并用同一种栽培方法，得不到不同的锻炼，品种丧失了应有的适应力和对各种不良环境的抵抗力，从而引起生活力衰退。

(7)病毒感染：许多花卉品种容易感染病毒从而引起退化。特别是无性繁殖的植物，例如大丽花、香石竹、唐菖蒲、风信子、菊花等。

8.7.2 保持和提高品种优良品质的措施

8.7.2.1 建立完整的良种繁育体系和严格的良种繁育制度

良种繁殖所用的种苗，应由专门的机构生产。一般由育种者直接生产或在育种者负责的前提下，委托某个场圃生产，即由育种者提供繁殖材料，繁殖后进行田间试验和验收。在良种繁育过程中，应严格执行良种繁育程序，采取防止良种退化的措施。从良种的选育到良种繁殖、销售都按照严格的程序进行。在良种繁育中，还应逐步通过立法保护育种者的权益。建立完善的良种繁育推广体系，做到良种布局合理化、种苗繁育制度化、种苗生产专业化、种苗质量标准化，防止伪劣种子流入市场，发挥良种在生产中的最大作用。

8.7.2.2 防止混杂

(1)防止机械混杂：严格遵守良种繁育制度，防止人为的机械混杂，保持良种的纯度和典型性。特别要注意以下几个环节：

①种子采收：应有专人负责，按成熟期先后进行。落地种宁舍勿留，先收获最优良的品种，种子采收后立即标记品种名称、采收日期等，如发现无名称或无标签的种子应舍去。种子容器必须干净，晾种时各品种应分别用不同容器，同一类型的种子要间隔较大距离。在种子储藏中，应注意分门别类、井然有序，防止标签损坏或遗失。

②播种育苗：播种前的选种、催芽等工作必须做到不同品种分别处理，器具干净。播种时选无风天气，以免种子吹到其他苗畦，相似的品种不要间隔太近。播种后

必须插上标牌，标记品种名称和播种日期、数量等。并绘制播种布局图，做好记录。播种和定植应合理轮作，避免隔年种子萌发而造成混杂。

③移植：移植前对所移植品种进行对照检查，核实无误后方可进行。移植时，最好定人定品种，专人移植，并按品种逐个进行。移植后，应绘出定植图，并认真记载。

④去杂：在移苗、定植、初花期、盛花期、末花期及品种主要性状明显表现出来的时期，分别进行去杂工作，及时拔除杂株。

（2）防止生物学混杂

①空间隔离：采用一定的人工措施，从空间隔断空气及昆虫等对花粉的传播，从而防止天然杂交，称为空间隔离。空间隔离的方法有两种，一是设置隔离区，要求在良种繁殖区的周围，在一定的距离内，不能种植能使良种天然杂交的植物。另一种方法是设置保护区。在良种种植面积小、数量少的情况下，采用温室、塑料大棚、小拱棚种植，罩纱网、塑料薄膜等防止天然杂交。

在确定隔离方法和距离时要进行综合考虑，如风力、风向、传粉方式、天然杂交几率等因素。如各种三色堇、鸡冠花、金鱼草、金盏花、百日草、万寿菊等品种间，天然杂交率均较高，应有较大的隔离距离。部分花卉的品种间应隔离的最小参考距离见下表：

表8-10 部分留种花卉的最小隔离距离

花卉名称	距离/m	花卉名称	距离/m
三色堇、飞燕草	30	石竹属、桂竹香、蜀葵	350
翠菊、紫罗兰、一串红、半支莲	50	万寿菊、波斯菊、金盏菊、矢车菊	400
百日草、金鱼草、矮牵牛、福禄考	200		

注：摘自罗锵等编《花卉生产技术》。

②时间隔离：采用不同时期播种分期种植，使同一类植物的开花期不同，从而避免了天然杂交，称为时间隔离。时间隔离可分为同年度隔离和跨年度隔离。同年度隔离就是把不同的品种，一年内在不同的时期播种；跨年度隔离是把易发生生物学混杂的品种在不同年度播种。

③屏障隔离：比较高大的花木品种间的隔离多采用此方法，如营造其他树种的隔离带，或利用地形如山峰、高层建筑等达到隔离目的。

8.7.2.3 加强选择，去杂去劣

在整个良种繁育和栽培过程中，在良种生长发育的各个时期，都应注意做好去杂去劣的选择工作。去杂是指去掉非本品种的植株和杂草；去劣是指去掉本品种中感染病虫害、生长不良、观赏性状较差的植株。加强选择是保证良种纯度，防止良种种性退化的有效方法。移植或定植时，可根据品种的性状和相关特性，去掉杂苗和劣苗。草花品种的良种繁育在初花期去劣，能有效地保持早花性。盛花期，花朵的典型性表现最明显，与花型、花径、花色、瓣型等有关的性状，此时选择最有效。

8.7.2.4 改善栽培条件，提高栽培技术

（1）选择适宜的土壤：土壤的性能要与植物的要求一致。一般应具有良好的土壤结构，通透性好，排水良好，酸碱度适宜等。

（2）良好的营养条件：合理施肥，氮、磷、钾比例适当。还要适当加大株行距，使良种有充足的营养面积，提高种子质量和产量。

（3）合理轮作：合理轮作可以减少病虫害发生，合理利用地力，促进植物生长，还能防止混杂，提高球根花卉生活力。

（4）避免不良砧木的影响：采用嫁接繁殖的良种，一般不要选用老龄砧木。选用幼龄砧木，1～2年生的幼龄实生苗作砧木，接穗、插穗也要选择幼年阶段的材料。

总之，引起良种退化的原因是多种多样的，同时各因素之间又是相互联系、相互转化的。所以，防止良种退化，既要有针对性，还必须采取综合措施才能收到较好的效果。

9 花期调控

9.1 花期调控概述

9.1.1 花期调控的概念

以花卉的生长发育规律、花芽分化特性为基础，人为地调节和控制花期，使其在自然花期之外，提前或推迟开放的措施，就叫花期调控（Regulation of blooming culture），即所谓"催百花于片刻，聚四季于一时"。使花期比自然花期早的栽培措施为促成栽培（或催花 forcing culture），使花期比自然花期晚的栽培措施称抑制栽培（或延花 retarding culture）。花期调控在现代花卉业中发挥着越来越重要的作用。

9.1.2 花期调控的意义和目的

花期调控是现代花卉生产的重要部分。没有花期调控技术，就没有现代花卉业。在节假日使春夏秋冬种类繁多的花朵集中开放，可增添节假日的喜庆气氛，烘托繁荣、稳定的社会局面，为消费者也提供了极大的物质和精神享受。对花卉企业来说，此时还可获得最佳的市场价格，创造良好的经济效益。如一品红由原来冬季供花变为元旦、春节、"五一"、"十一"都能供花，一年的养护时间减少为 3～4 个月。花期调控用于菊花栽培，3～4 个月就可开花。用于紫薇、丁香等，一年中可开两次花。这些都说明花期控制在生产上的应用价值。

花期调控影响着花卉企业全年的生产和销售计划、生产周期的制定和实施，也是企业产品结构优化、调整的基础，对新品种选育也发挥有益的作用。另一方面，一个企业能够做到花卉产品的周年生产，不断有产品供应，不仅是其技术水平和综合实力的反映，也是占据世界花卉市场的有力保证。

因此人为的花期调控，通常为达到以下目的：①打破正常花期的限制，按市场和消费需求在重大花卉活动和节庆日应时提供花卉产品；②在销售淡季均衡花卉生产，解决市场上的旺淡矛盾，满足顾客特殊的用花要求；③实现花卉的产业化生产：花期调控是企业周年生产从而获得最佳市场价格并占领市场的保证。花卉周年生产和销售是产业化的基础。④育种工作中，花期调控可解决亲本花期不遇的问题。⑤在掌握开花规律后把一年一熟调整为一年二熟或二熟以上，缩短栽培期，可提高开花率，也有利于花卉种子生产。

9.1.3 国内外花期调控发展概况

花期调控古已有之，我国自古就有"不时之花"的记载，最著名的就是牡丹的冬季催花。如明朝《帝京景物略》中云："草桥惟冬花支尽三季之种，坯土窖藏之，蕴火坑之，十月中旬，牡丹已进御矣。"清时称"变花催花法"，查浦老人以诗赞叹曰："出窖花枝作态寒，密房烘火暖春看，年年天上春先到，十月中旬进牡丹"。清朝陈淏子《花镜》变色催花专章："凡欲催花早放，以硫磺水灌其根，隔帽即开，或用马粪浸水浇根，花亦易开。花欲缓放，以鸡子清涂蕊上，便可迟 2 ~ 3 日。"说明我国早有催延花期的技术，古人已认识到提高温度可以促进开花。但应用范围有限，方法也不多。

随着社会经济的发展，人们对花卉欣赏的要求也越来越高。节假日、重大的庆祝活动、传统的年节对花卉的需求日益增大。花卉仅在自然花期开放已远远满足不了这种要求。花期调控技术因而受到了空前的重视，所涉及的花卉种类、技术手段都有了极大的发展，并逐渐成为现代花卉生产的重要组成部分，越来越多地应用于现代花卉企业中，成为周年生产、供销的技术基础。

最初国内用于花期调控的种类主要集中于一串红、三色堇、瓜叶菊、金鱼草等花坛花卉，供节假日应用。牡丹、桃花、榆叶梅等传统花卉也通过花期调控于"十一"及春节开放。北京中山公园在解放后曾成功地使鸢尾、玉兰、樱花、西府海棠、茶花、连翘、大花萱草、白兰花、荷花、仙客来、水仙、牡丹、羊蹄甲等于 9 ~ 10 月开放，使八仙花、连翘、迎春、蜡梅、牡丹、芍药、榆叶梅、桃花提前于元旦、春节开放。上海园林部门也曾成功地使菊花、唐菖蒲、大丽花、百合、球根鸢尾、朱顶红冬季开花。

1977 年 10 月，上海复兴公园举行第二次百花齐放展览会，开花品种有 200 多个，牡丹、茶花、紫藤、含笑应时开放，网球石蒜随展出的需要随时开放。这一时期，南京、北京、杭州、广州、郑州等地也都举办过百花齐放展览会。

改革开放后，随着市场需求不断扩大，花卉企业应运而生。花期调控不再仅限于园林部门和花展需要，而是日益成为花卉企业中至关重要的技术。周年生产成为花卉产业的发展趋势。花期调控越来越多地运用于一品红、长寿花、八仙花、丽格海棠、蝴蝶兰、蟹爪兰、仙客来、石斛、杜鹃、大花蕙兰、风铃草、矮牵牛、三角梅等盆花产品的生产中。一品红、长寿花、丽格海棠、蝴蝶兰矮本中等盆花产品甚至可周年供应。月季、康乃馨、满天星、百合、唐菖蒲、非洲菊、菊花等切花也都基本做到可周年生产。桃、樱桃、梨、苹果等果树，为了提供反季节产品，也运用了花期调控技术。不仅可供调控的种类多了，一些花卉的品种也不断更新。如牡丹的'朱砂垒'、'赵粉'等传统催花品种逐渐由'明星'、'乌龙捧盛'、'银红巧对'、'鲁菏红'等取代，花色、花型更丰富了。

除"五一"、"十一"、春节等重大节假日外，"情人节"、"母亲节"、人大政协会议用花也越来越受重视。一些大型的全国性花卉展也要求展览期间持续有花开放。供花时间要求长了，质量要求高了，促进了调控花期种类的增多和技术的提高。

1999 年，昆明世界园艺博览会上，北京馆以"大地常春"为主题，成功地使牡丹、芍药、观赏桃（'粉碧桃'、'菊花桃'、'洒金碧桃'等）、'大花'榆叶梅、玉兰、西府海棠等春季开花的植物，从开幕（5 月 1 日）到结束（10 月 31 日）陆续开放。特别是在9 月中下旬集中盛开，使北京馆大放异彩。山东展区则使牡丹在当地从春节一直开到世博会结束，月月有花可赏。这些工作，反映出我国花卉科技人员在花期调控的研究和实践中达到了较高的水平。

花期调控的技术水平发展很快，传统上，人们通过改变栽种时期和调节温度调节花期，如分批播种调整一、二年生花卉的开花期，如一串红、三色堇、万寿菊等，或加温促使花卉提前开放等。随着人们对成花影响因子研究的不断深入，调节光周期、施用激素、调节肥料成分等方法也越来越多地运用于花期调控，生产者也不仅采取单一的措施，常常是综合运用几项措施。

花期调控的设备、设施改进也很大，现代化的温室、冷库及其附属设施，用于调节光照的园艺资材等也成为调控技术成功的必要保证。

花期调控的专著逐年增多，1990年，中国农业出版社出版《园林植物开花生理与控制》，1999年中国农业出版社出版《观赏植物花期控制》，2003年辽宁科学技术出版社出版了《花期控制原理与技术》，这些专著阐述了花期调控的理论，总结了我国园林工作者花期调控的实践经验。

国外对花期控制也很重视，欧美在圣诞节、元旦、感恩节、复活节、母亲节等，都有应时花卉供应。花期调控成为花卉企业满足市场需求的技术手段之一。一些大的花卉企业可应客户的需要在一年的任何季节提供产品。日本的很多花卉研究项目都和节日市场对花期控制的需要有关。日本的小西国义、今西英雄等的《花卉花期控制》（淑馨出版社）一书中，作者总结了自己的研究与实践，介绍了括宿根、球根、兰科和木本花卉等共计40种植物的开花习性、花芽分化规律的研究进展及其调控花期的经验。塚本洋太郎则著有《园艺植物之开花调节》（台湾商务印书馆），全书介绍了32种切花及盆花植物、9种球根花卉与花期调控有关的内容。

9.2 花期调控的技术与方法

9.2.1 花期调控的基础和准备

植物生命周期和年周期的变化是长期适应其原产地及其生态环境的结果，要使花随人意开，只有既遵循其自然规律又要遵循市场规律才能成功。因此在实施前要先考虑下面几个因素：

9.2.1.1 选择适宜的花卉种类，制定明确的目标和切实可行的生产计划

在根据市场需要确定目标花期和花卉种类时，不仅要适应市场需求，还应选择自然花期与目标花期接近，不需过多复杂处理的种类，以简化技术措施并节约时间，降低成本。如菊花的早花品种'南洋大白'短日照处理50天即可开花；晚花品种'佛见笑'，则要处理65~70天才能开花。促成栽培应选择早花品种为好，以达到事半功倍的效果。

制定促成或抑制栽培的技术措施时，也应进行成本核算，使生产计划切实可行。尽量利用自然季节的环境条件以节约能源及设施，如可利用室外自然低温满足木本花卉解除花芽休眠所需要的低温；利用高海拔的自然气候提前给予低温、增加温差或达

到延迟或延长花期的目的。为避免意外，制定生产计划时应在花卉种类、数量和控制发育进程等方面留有余地，并根据具体情况随时调整。

9.2.1.2 掌握栽培对象的生长发育特性是制定技术措施的依据

对所要促成或抑制栽培的花卉种类，其营养生长、花芽分化、诱导成花、花芽发育进程和花芽发育所需的环境条件，休眠的延长与解除的技术要求要有透彻的了解，这是制定具体技术措施的重要依据，如光照调节适用于菊花、长寿花、一品红等光周期敏感的花卉，温度调节适用于温度诱导成花或花芽分化有临界温度要求的种类，如春石斛、蟹爪兰、蝴蝶兰等；对有休眠特性的种类，如大多数落叶类木本花卉，可采用打破或延长休眠的技术措施。只有少数情况和花卉种类只需一种措施就可在目标时间开花，如调节一、二年生花卉的栽培起始时间或摘心等措施。实际上往往要多种技术手段结合运用，如菊花的周年生产，不仅要调节育苗、摘心时期，还要延长日照促进营养生长抑制成花、缩短日照诱导花芽分化等。即使是某一项措施，如温度调节，不同的花卉种类生物学特性不同，也会有先低温再高温或先高温再低温的变温处理措施。

9.2.1.3 植株的成熟程度是花期调控技术实施的内部物质基础

没有花芽，花期调控就无从谈起。因此要选择幼年期已结束，发育成熟、开花习性稳定的植株。植株达到开花所需的时间长短不同，有些植株从体量上看株丛繁茂，高大健壮，实际上幼年期尚未结束。用于花期调控的植株或球根不仅要达到一定的株龄，且要已经完成花芽分化，这样开花质量才有保证。宿根花卉不仅要达到一定的株龄，花芽数量也要足够多，如芍药要求 3 ~ 5 年生植株，鳞芽饱满充实且数量在 4 ~ 6 个以上。分株繁殖的大花萱草株龄要在 2 年以上，具 4 ~ 5 个花芽等。

对木本花灌木来说，完成花芽分化的植株，还要有足够的枝条和花芽数量。营养生长过旺或过弱的植株，节间过长或枝条纤细者都无法形成饱满的花芽，因此宜选择生长苗壮，营养中度，节间短，枝条分布均匀、花芽多且无病虫害的植株。如桃花则以生长中度，枝条充实，花芽较多而饱满的 2 ~ 3 年生以上的植株为宜。牡丹宜选用株龄 4 ~ 6 年，枝条 7 ~ 12 个，每枝具 1 或 2 个花芽的植株较好；连翘选择生长势一般，但要具有 5 ~ 8 个主枝的植株。为了便于控制措施的进行，植株应予盆栽，或在调控花期之前，由地栽改为盆栽。

球根花卉的球茎也要达到一定的成熟度，如风信子鳞茎的直径要达到 8cm 以上，晚香玉要选择周径在 6cm 以上，小苍兰要选择周径 4cm 以上的大球。有些球根花卉，球茎大小不同，开花需要的时间也不同，如唐菖蒲，如欲提前花期，宜选择 14 ~ 16cm 的大球，因为大球开花需要的时间短。

9.2.1.4 了解影响调控花期的环境因子的种类和作用范围及相互关系

在控制环境调节开花时，需了解各环境因子对栽培对象起作用的有效范围及最适范围，分清质性作用范围和量性作用范围，同时还要了解各环境因子的相互关系，是否可以相互促进或相互替代，以便在必要时相互弥补。如低温可以部分代替短日照作用，高温、强光可以部分代替长日照。使用激素可以部分补偿低温的作用等。

9.2.1.5 栽培设施、设备的正常运转是花期调控技术实施成功的外部保证

栽培设施、设备是所有技术手段成功实施的外部物质保证，必要时加以改造使之

满足特殊的技术要求。

9.2.2 花期调控的主要途径与方法

花期调控主要采用温度处理、光周期及生长调节物质等途径，调节水肥、种植时间等栽培技术措施对开花调节作用范围较小，一般作为辅助措施。

9.2.2.1 温度处理

(1)温度的主要作用：温度对开花调节的作用体现在量和质两个方面。量指温度作用于植物生长、开花的速度及生长量，从而加速或推迟开花进程(或时间)。质的作用是指温度使植物的发育产生质的变化，将植物从某一发育阶段推进到下一阶段。如诱导或打破休眠、春化诱导花芽分化等。质的作用是决定性的，一些需要在一定温度下花芽分化的种类，只有通过质的作用，提前或延迟花芽的诱导，再结合量的作用，调节其开花进程。质和量的作用在花期调控中是相辅相成，共同作用的。

打破休眠 有些花卉在花芽分化完成后，花芽即进入休眠状态，要进行必要的温度处理才能打破休眠而开花。有些花卉需较高的温度打破休眠，如小苍兰、荷兰鸢尾等夏初进入休眠的种类，要经高温解除休眠，休眠的小苍兰种球若不经受高温(30℃或夏季室温下)，则一直处于休眠状态，不能萌发生长。而大丽花、桔梗等秋季休眠的植物，须经低温才能打破休眠。

低温打破休眠及莲座化的有效温度，因植物种类、品种和苗龄而异。通常在10℃以下，接近0℃最有效。在有效温度下则可在较短的时间内打破休眠及莲座化。

春化作用 一些花卉在生长发育过程中要求必须通过一个低温周期，才能进行花芽分化和发育过程(即低温诱导植物开花的过程)，为春化作用。有些植物在种子阶段感受低温而开花，叫种子春化，如香豌豆、萝卜等，而处于生长阶段或以种球形态感应低温而花芽分化者，称为植物体春化。种子春化在种子吸水而胚开始活动时进行，如秋播一年生草花；通常多年生和二年生草花没有种子春化现象，而属植物体春化现象。它们若不生长到一定阶段不会春化，如雏菊、金鱼草、金盏菊、毛蕊花、矢车菊、花菱草、桂竹香、蜀葵、东方罂粟、毛地黄、花葵、月见草、虞美人等；但也有些花卉既有植物体春化，又有种子春化的现象，如勿忘我(*Limonium sinuatum*)。

春化所需的低温量及低温持续的时间，因植物种类而异，但一般有效温度范围约在-5~15℃左右，最适温度为1~7℃，低温持续时间由数天至二三十天。比低温打破休眠的有效温度范围略宽。种子春化适温较低，苗期或多年生植物的适温略高。

在春化阶段结束之前，若将正在进行春化的植物放到较高的温度下，低温的效果就会解除或被减弱，这种高温解除春化的现象叫做脱春化(devernalization)。一般春化解除的温度是25~40℃，通常植物经过低温春化的时间越长，春化的效果越不易解除。被解除了春化效应的植物再返回低温时，又可以重新进行春化．这种解除了春化效应的植物再春化的现象，称再春化现象(revernalization)；当春化处理不充分时容易发生脱春化现象，经过充分春化处理后，脱春化就比较困难。

花芽分化的临界温度 某些花卉的花芽分化，要求必须在一定温度之上(郁金香、水仙、百合类)或只有在某一特定温度之下(如耧斗菜、八仙花等)花芽分化才能开始，这一温度就是花芽分化的临界温度。如麻叶绣球（*Spiraea cantoniensis*）、喷雪花（*Spiraea thunbergii*）要到秋天温度下降到20℃以下才能分化花芽。山茶花在日温达26℃以上，夜温15℃左右时开始花芽分化。可以利用这一特性人为创造温度条件诱导花芽分化。

在临界温度之上开始花芽分化者，若分化过程中遭遇低温，则盲花和畸形花较多，在临界温度之下花芽分化，与春化作用有些类似，两者的主要区别在于，临界温度是指某一特定温度，而春化作用指的是充分的低温量。

花芽发育　也称花芽成熟，它与花芽分化常需要不同的温度条件。花芽发育对温度的条件要求有2种情况：其一，多数花卉在达到花芽分化所需的温度后，花芽仍在此温度下逐渐发育成熟而开花。春夏播种、当年夏秋开花的草本花卉属此类，它们在夏季高温中花芽分化并发育、开花，如鸡冠花、半枝莲、美女樱、万寿菊、藿香蓟、夏堇、向日葵、百日草、凤仙花等；一些夏秋季开花的木本花卉，如紫薇、木槿、石榴、珍珠梅、海州常山、广东象牙红也是在高温的夏季开始花芽分化并发育，随即开花的。其二，一些春季开花的木本花卉、球根花卉和宿根花卉，在花芽分化后，或花芽分化到一定阶段后，需要在与花芽分化温度不同的低温条件下，花芽才能发育成熟。牡丹、榆叶梅、桃花、梅花、连翘、杜鹃花、山茶花等在夏季开始花芽分化、在夏秋季节的温度条件下完成花芽发育，并经冬季低温才能开花；而桂花的花芽要在比分化时温度略低的条件下才能成熟。当气温25～28℃时，桂花花芽分化开始，当日温低于25℃，夜温低于18℃时花芽发育成熟、开花，高温则不易成花。绣线菊、麻叶绣球等在临界温度之下花芽分化，同时也在相对较低的温度下花芽发育成熟，而大花蕙兰花芽分化后，要在昼夜温差大于10～14℃时，才能顺利发育。郁金香要从花芽分化到花被片形成起才能有效地发挥低温的作用，观赏桃只有雌蕊分化形成后低温的作用才能发挥，若在雌蕊形成之前给予低温，花芽就不能发育成熟，移入温室后，只展叶而不开花。

影响花茎/花葶的伸长　在低温促进花芽发育成熟的同时，也有促进花茎伸长的作用。秋植球根花卉郁金香、风信子及葡萄风信子在高温下花芽分化但只有经低温处理后，花葶才能在春季伸长生长，正常开花。君子兰适当的低温处理有助于减少夹剑的现象。球根鸢尾、麝香百合等球根花卉的春化作用需要的低温也是花茎伸长所必需的。

（2）温度处理要注意以下问题

①同种花卉的不同品种的感温性不同；②处理温度，依品种原产地或育成地的气候条件而异。一般以20℃以上为高温，15～20℃为中温，10℃以下为低温；③处理温度也因栽培地的气候条件、采收时期、距上市时间的长短、球根的大小等而不同。④处理的适期，是生长期处理还是休眠期处理，因种类和品种特性不同；⑤温度处理的效果，因种类和处理时间而异；⑥多种花卉需同时进行温度和光照处理，先后采用几种处理措施才能达到预期效果。⑦处理中或处理后管理对调控效果也有极大影响。

（3）温度处理的方法：温度处理的方法，主要有升温、降温及变温处理。此外，利用高海拔山区夏季冷凉和昼夜温差大的特点环境诱导花芽分化或促进花芽发育也是行之有效的方法。但温度处理要根据花卉的种类和发育期而异。

1）休眠期的温度处理：包括2个方面：一是利用低温冷藏，对已完成花芽分化的种类，延长休眠期，在目标花期前解除低温，再缓慢地升温、开花，达到推迟花期的目的；二是利用不同温度打破芽的休眠，再升温促使开花。

①冬季休眠的球根花卉

唐菖蒲（*Gladiolus hybridus*）　唐菖蒲的自然花期在夏季6~8月，通常在秋季起球后越冬储藏过程中经低温解除休眠，春季气温上升后4月种植。而促成栽培时，可在秋季起球后于0~5℃处理3~5周，再在30~35℃、干燥的环境下处理20天左右后种植。种植时间不应迟于目标花期前的60~00天（根据品种特性而定）。球茎可储藏于3~5℃的冷库中，于9~12月分批栽于温室，保持日温25~27℃，夜温12~15℃，新生叶片长出第2枚时，进行人工补光，经正常的肥水、光照管理，可自12月至次年4~5月开花，如欲元旦开花，9月下旬至10月上旬种植；欲五一开花，可于2月中旬栽植。欲"六一"开花，可选早花品种于3月份种植，通常早花品种栽植后约75天左右即可开花。

抑制栽培时，可延长休眠期，抑制球茎萌发生根。持续置于3~5℃的冷库中，保持干燥。可根据用花时间，按时取出栽植一定时间即可开花。

麝香百合（*Lilium longiflorum*）　切花生产时用冷藏设备储藏鳞茎，分批栽种，可周年供花。促成栽培时，要先将种球进行至少1.7~2℃以下的低温6~8周以打破休眠。同一品种，低温处理的时间愈长，从定植到开花的绝对时间就越短。但如果低温处理过的麝香百合种球种植的环境温度一旦超过32℃，就会导致植株无法正常开花。在促成栽培的初期，室温14~16℃保持2周，有利于种球根系生长。生根后可升温到20℃促进萌芽，再逐渐升至22~26℃。从升温到开花一般90~120天，因品种而异。圣诞节和元旦使用的产品，可于7月中下旬选择大球种植，春节使用的产品，可在9月下旬种植，1月中旬至2月上旬即可开花。

②夏季休眠的球根花卉

郁金香（*Tulipa gesneriana*）　6月份气温渐高，郁金香地上部分逐渐枯黄，当叶片有1/3以上变黄时，即为采收适期，采收后的鳞茎以缓慢自然干燥为宜，温度不可超过35℃，一般35℃下干燥3天；30℃下干燥2周，然后在20℃，相对湿度60%的条件下处理，促使花芽分化。17~20℃是郁金香花芽分化的适温，大约处理50~60天，其后9℃处理，促使花芽发育和花葶伸长。再用10~15℃进行发根处理，见根抽出即可栽植。

也可不经高温干燥处理，于空气流通处和20℃下，使之边干燥边花芽分化，从外雄蕊形成期起，以8℃低温长时间处理，促进花芽发育，当根冠出现时，于15℃下促使发根，然后于15~20℃下，60天即可开花。这种方法根的活动较早，开花较好，郁金香的促成栽培常用达尔文系统的早花品种。

风信子（*Hyacinthus orientalis*）　休眠期内花芽分化的最适温度20~23℃。促成栽培时，6月中下旬在采收后选择饱满健壮的鳞茎，34℃处理1周，放至17~20℃下处理55天，启动并促进花芽的分化和发育进程。然后7~9℃处理6周以促根、促花莛；于9~10月种植，在17~20℃条件下，圣诞节和元旦即可用花。

小苍兰（*Freesia refracta*） 选择早花品种进行促成栽培。球茎采收干燥后储藏，温度处理时，以30℃处理40~60天，打破休眠，再于10℃下处理30~35天，湿度保持在90%左右，以满足春化作用、花芽分化和花茎伸长的温度需求。然后定植．栽培温度以15~20℃为宜，定植后的温度高于20℃会引起春化作用的解除，花芽分化不良，出现畸形花，大大降低花的品质。

③休眠期的宿根花卉：通过低温打破休眠或延长低温期休眠时间予以调节。

铃兰（*Convallaria majalis*） 于10月底，在0.5℃下处理3周，然后在23℃条件下栽培，12月中旬开花。从处理到开花约50天左右。若9月中旬将植株于0℃的冷藏库中处理50天，效果更好，开花繁茂而整齐。

德国鸢尾（*Iris germanica*） 秋季9~10月花芽分化，由根茎先端的顶芽分化形成花芽。冬季地上部分枯死进入休眠。促成栽培时，可于10月下旬给予0~2℃低温，也可一直在室外露地管理，到目标花期前60~75天移入温室催花，温度应逐渐升高，但夜温不得低于10℃，保证其正常开花。

④生长期的宿根花卉：利用低温诱导其提前休眠，再予以调节。

风铃草'蓝色精灵' 秋季移出室外低温处理，使其休眠，11月移入室内，经过一段时间长日照（18小时/天）后，温度调至18~20℃，经过10~12周，又开花。

⑤越冬休眠的木本花卉：这类木本花卉在越冬期间解除休眠，芽经春季萌发生长而开花。促成栽培时，可用人工低温使之提前休眠或提前打破休眠再升温促成开花，抑制栽培时则冷藏。

连翘 自然条件下秋季落叶后花芽分化已完毕，在0~2℃条件下20天左右即可满足休眠所需低温。如需圣诞节或元旦开花，提前15天移出冷库，欲春节开花，提前10天即可开花。移出温室后逐渐升温至10~15℃。

观赏桃 观赏桃的花芽分化在9月下旬至10月上旬基本完成，花芽解除休眠大约需40~50天-2~0℃的低温环境，低温处理后再于开花前45~50天放入温室逐渐升温，如低温不足，升温后不易开花或开花较差。

2）生长期的温度处理：有些花卉，在种子发芽后立即春化处理，如矢车菊（*Centaurea cyanus*）、飞燕草（*Consolida ajacis*）、多叶羽扇豆（*Lupinus polyphyllus*）等，但这类花卉种类不多。对营养生长到一定程度的植株进行低温处理诱导花芽的种类较多，如紫罗兰（*Matthiola incana*）、报春花（*Primula malacoides*）、瓜叶菊（*Senecio cruentus*）、石斛（*Dendrobium* spp.）、木茼蒿（*Agyranthemum frutescens*）等，它们于夏秋高温时易发生莲座化，需低温处理解除莲座化后花芽才能形成。传统的花卉生产中常用调节播种期的方法，充分利用自然低温，或栽培地的温差异地栽培大批量生产。

①紫罗兰：不同品种间感温性有差异，冬花类型、中间型等切花用品种，可在真叶10片左右时进行春化处理，当昼温低于15.6℃时才有效，若高于此温度易产生波状畸形。超过18.3℃时，任何处理都不能开花。

②小苍兰：15~18℃下催根，当叶5~6片、株高25cm时，10~13℃低温处理既

可促使花芽分化也有利于花莛伸长。也可易地栽培，先在冷凉的高海拔山区催根、分化花芽，然后移到温暖地方使花芽发育而开花。

③报春花：10℃的低温下，长日照或短日照下均可花芽分化，但短日照下花芽分化更好。之后在15℃下长日照处理，则可加快花芽发育。四季报春（*Primula obconica*）与之类似，但没有报春花明显。

④菊花：在短日照且无低温的条件下，叶片呈莲座状生长，茎不伸长，0℃ 处理30 天和5℃以下处理21 天，可打破休眠，也可用赤霉素处理，打破休眠。其花芽分化所需的温度因品种类型而异，温度不敏感的品种在10～27℃ 条件下均可花芽分化，15℃为花芽分化的适温；高温类型的品种于低温条件下抑制花芽分化，花芽分化的适温15℃以上。低温类型的品种于高温下抑制花芽分化，15℃以下是花芽分化的适温。

9.2.2.2　光照处理（light treatment）

光周期敏感的植物只有在经过适宜的日照长度诱导后才能开花，但这种处理并不需要一直持续到花芽分化。植株发育成熟后，经过足够时间的光周期处理后，即使不再处于适宜的光照下，仍然能保持光周期处理的效果而开花，叫做光周期诱导（photoperiodic induction），也称光照处理。

不同花卉光周期诱导时间不同，红叶紫苏和菊花要12 天的短日照处理才能花芽分化；胡萝卜等长日照植物需15～20 天诱导才能分化花芽，当短于其诱导周期需要的最低天数时（注意不是短于每天的光照时间），不能诱导植物开花，只有增加光周期诱导的天数则可加速花原基的发育，花的数量也增多。

（1）短日照处理（short-day treatment）：在自然日照长的季节里，欲使短日照植物形成花芽或为抑制长日照植物开花而进行的遮光处理称短日照处理。具体的方法是在日落前到日出后几个小时，用遮光材料如黑布、黑色塑料膜或银色塑胶布将植株围覆，使之处于完全的黑暗中，缩短其感受光照的时间。位于植株上部刚展开幼叶比下部的老叶对光照更敏感，在检查处理效果时应注意植株上部的遮光程度。

短日处理很少在春季，一般在夏季或初秋进行，因此遮光的覆盖物下极易形成高温高湿的小气候，从而抑制花的发育甚至降低花的品质，因此，应采用透气的遮光材料且不覆盖整夜，在环境完全黑暗后去除覆盖物，使其处于自然夜温。

遮光处理时，遮光时数不宜过长，必须保证被处理植株的光照时间能够满足其正常生长的需要，否则对植株发育和花的品质不利。对大多数短日植物而言，短日处理应一直持续到花蕾开始透色，早于此时期，可能开花不整齐或延期开花。

有时对长日植物进行短日处理而抑制其开花，蜻蜓凤梨（*Aechmea fasciata*）的自然花期在8 月，可以在4 月份作短日处理，抑制其开花，在距目标花期的2～3 个月前置于长日照下，再施以乙烯，调控其开花。

（2）长日照处理（Long-day treatment）：在自然日照短的季节里，欲促进长日植物开花或抑制短日植物花芽分化，使其继续营养生长推迟花期而进行的光照处理。

①长日照处理的方法

延长明期法　在日落后或日出前给予一定时间的人工补充光照，使植株所受光照时间总数延长到该植物的临界日长以上而延迟其开花，目前较多采用的是傍晚日落后补充光照的方法，故又称作初夜照明。

短日植物在自然日照较长且温度较高的夏季和初秋，采用延长明期法时，给予其高于临界日照稍长一些的光照即可达到延迟形花的目的；但无论是长日植物还是短日植物，在自然日照较短的晚秋或冬季，由于温度较低，临界日长受温度影响而增加，因此，在处理时，植物总的光照时数应大于 16 小时之上。

暗中断(Light interruption)　也称光中断法，即用光照打断自然长夜，长夜隔断后形成的连续暗期短于该植物的临界夜长，从而抑制短日照植物形成花蕾开花。由于这一方法在自然长夜的正中间，即午夜给予一定时间的照明最有效，因此又称为午夜照明法。

午夜光照时间的长短与处理的季节有关，在早春、晚夏和初秋，午夜照明的时间为 1~2 小时，而晚秋和冬季，午夜照明时间要延长到 4 个小时。如菊花在 8~9 月进行长日处理，2 小时左右的午夜照明即可发挥作用，但在 11 月至翌年 1 月处理时，至少要 4 个小时才能完全抑制其花芽分化的进行(小西国义)。

对昙花等夜晚开花的植物，常用颠倒昼夜的方法，如昙花在现蕾后，白天把阳光遮注，夜间给予人工光照，即可使之在白天开放，并且可以延长开花期 2~3 天。

另外还有间隙照明法、交互照明法、整夜照明法等，整夜照明法因能耗高甚少用于实际生产。

②长日处理的照度和光源：目前生产上常用的人工光源是白炽灯和荧光灯，并在灯泡上方安置反射罩。光源安置时的间距和距植株的高度不同，植物感受的光照度也不一样。常用的方式是，距植株高度 1.2~1.5m 处，设 2 行以上的 100W 白炽灯，灯的间距 1.8m 左右，行距 2.0m 左右，若仅一行 100W 白炽灯，灯泡间距 1.5~1.8m即可。

9.2.2.3　光照与温度组合处理

在花期调控中，有些花卉在光照和温度两因子中某一因子对打破休眠、生长、开花、花芽分化、花芽发育和开花起明显的支配作用。如紫罗兰的花芽分化期需要 15℃ 以下的温度，秋菊的花芽分化需要短日照条件，铃兰打破休眠需要低温处理等。但多数花卉需要这两个因子综合处理以促进或延迟开花。例如秋菊短日照处理结合 15℃ 以上的温度，若低于 15℃，花芽分化受阻。同时一个因子发生变化，另一因子随之而变，才能达到效果。仙人指(*Schlumbergera bridgesii*)短日照处理时要求温度在 17~18℃ 才能诱导成花，温度 21~24℃ 时，即使短日照也不开花，而温度降到 12℃ 时，长日照下也能开花。高温季节叶子花只有短日条件才能成花，中温(15℃)则无论日照长短均能成花。

9.2.2.4　植物生长调节物质

植物花朵的形成和发育不仅受温度、光照、营养等因素的影响，植株的内源激素对其开花也一样有调控作用。使用植物生长调节物质进行植物生长发育的调控，目前在科研和生产上的应用日益广泛。

(1)种类和作用：在花卉生产上应用较多的植物生长调节物质有五类，即生长素类、赤霉素类、细胞分裂素类、脱落酸类和乙烯利等。此外还有植物生长抑制剂与延液剂，如比久、多效唑和矮壮素等。在花期调控方面使用最多的是赤霉素、萘乙酸、吲哚乙酸、2，4-D、乙烯、乙炔、矮壮素、比久（B_9）、多效唑等。

①生长素类：具有促进花卉生长、诱导向光生长、维持顶端优势等生理作用，可抑制短日照植物的开花，促进长日照植物开花，可促进对凤梨科植物的开花。生产上常用的生长素有吲哚乙酸、吲哚丁酸等；萘化合物的萘乙酸；苯酚化合物的2，4-D等。菊花用2，4-D 5mg/kg喷洒植株，可延迟1个月开花，用50mg/kg萘乙酸+50mg/kg赤霉素混合液处理或用200mg/kg乙烯利喷洒植株，可抑制花芽形成。

②赤霉素：赤霉素是花卉花期调控中应用最多的植物生长调节类物质，其生理效应为：

第一是诱导花芽分化，促进开花。赤霉素有代替部分低温和光照的作用。因此对未经春化的植物施用赤霉素，可代替部分低温的作用诱导开花。满天星用250mg/L细胞分裂素喷洒植株后，不经低温处理也能在15℃以上、长日照条件下抽薹开花。赤霉素也能代替长日照诱导某些长日照植物开花，实验证明它可促进30多种长日植物在短日照条件下成花，但赤霉素对多数短日植物的成花诱导无效（波斯菊、凤仙花等例外）。

花芽分化完成后，赤霉素可促进花朵开放。如蟹爪兰花芽分化后，喷施20～50mg/L赤霉素能促进开花，牡丹混合芽展开后，将其点在花蕾上，可加强花蕾生长势，此外，赤霉素还能促进铁树、柏科及杉科植物开花。

第二是促进茎和节间的伸长生长。

一些夏季休眠的球根花卉，如郁金香、小苍兰，在花芽分化完成后，需经低温才能使花茎伸长、开花。当低温处理不充分时，赤霉素可弥补低温的不足，在栽种后用赤霉素处理郁金香叶丛中心的生长点，对未经低温处理的小苍兰种球，在栽种前用赤霉素浸泡可起到较好的效果。

赤霉素可增加花茎的长度，提高成花质量。如菊花、紫罗兰、金鱼草、报春花、四季报春、仙客来、君子兰、水仙、水芋等使用赤霉素，能显著增加花茎的长度。菊花在现蕾前，以100～400mg/L处理，仙客来在现蕾时，以5～10mg/L处理，效果较好。培养树状倒挂金钟，可用赤霉素250mg/L喷施3次，每次相隔1周，可使花梗伸长。

第三是打破休眠或莲座化。

对于需光和低温才能萌发的种子，如烟草、紫苏和部分樱属植物的种子，赤霉素能代替部分光照和低温从而打破休眠。混合芽或花芽的休眠也可由赤霉素打破。如山茶花在8月上中旬完成花芽分化，9～10月即进入休眠，在休眠期每日以500～1000mg/L的赤霉素涂抹剥除部分鳞片的花芽，处理2周左右即可开花。牡丹冬季温室催花时，用赤霉素涂抹混合芽，4～7天后即可开始萌动。赤霉素对打破八仙花、杜鹃花、含笑的休眠也有效。

由于赤霉素仅能代替部分低温，有时不能完全满足对休眠的低温要求，因此处理时宜在休眠初期或低温处理的后期进行，对深休眠的植株，即使能打破休眠，开花质量也难以保证。如在蛇鞭菊和桔梗休眠初期，用赤霉素 100mg/L 浸泡根部，可打破其休眠，提高发芽率。进入深休眠后，仅用赤霉素处理则对两者效果不佳。芍药在促成栽培初期，用赤霉素处理有利于提高开花率。

第四是促进雄花分化。

对于雌雄异花的植物，用赤霉素处理后，雄花的比例增加；对于雌雄异株植物的雌株，如用赤霉素处理，也会开出雄花。赤霉素在这方面的效应与生长素和乙烯相反。

③细胞分裂素：细胞分裂素能促进藜属、紫罗兰属、牵牛属和浮萍等短日植物成花，甚至还能促进长日植物拟南芥的成花。6-苄基腺嘌呤（BA）可打破宿根霞草的莲座化，对预防其发生莲座化也有效果。细胞分裂素还能促进侧芽萌发，打破顶端优势，同时能延缓衰老，延长开花期。在生产上常用的细胞分裂素类化合物有激动素、细胞分裂素等。

④脱落酸（ABA）：脱落酸是抑制植物生长的物质，可促使观赏植物的衰老、休眠和器官脱落。脱落酸能部分代替短日照的作用，促进一些短日照观赏植物如牵牛、草莓在长日照条件下开花，抑制部分长日照植物开花。如将脱落酸溶液喷于黑醋栗、牵牛、草莓和藜属的植物叶片上，可使它们在长日照下开花。但是脱落酸却使毒麦、菠菜等长日植物的成花受到抑制。脱落酸抑制毒麦成花的时间是在花发育开始之时，抑制作用的部位是在茎尖而不是在叶片。

⑤乙烯：生产中常使用乙烯利。乙烯利是一种能释放乙烯的液体化合物 2–氯乙基膦酸的商品名称。乙烯利经植物的叶片、果实、种子或皮层进入植物体内后，分解释放出乙烯，在作用部位发挥乙烯的生理功能。乙烯对诱导凤梨科植物花芽分化有明显的促进作用。在田间生长的荷兰鸢尾喷施乙烯利可提早开花，并提高成花率。乙烯能促进雌花的发生，增加雌花数量，与赤霉素的作用相反。多花水仙、小苍兰等球根花卉在储藏期间用乙烯气浴可促进休眠期间花芽分化。

⑥植物生长抑制剂和延缓剂：能减慢植物的细胞分裂和细胞伸长速度，促进开花或抑制开花等。矮壮素、比久（B9）可促多种植物的花芽形成，如杜鹃花类、石楠、秋海棠类、大戟（Euphorbia fulgens）等。在短日照条件下，矮壮素处理可提早叶子花的花芽分化，促进开花；比久也可促进部分木本花卉的花芽分化。生产上常用的有矮壮素、比久、多效唑和烯效唑等。

（2）植物生长调节剂的使用原则和方法：植物生长调节剂的使用要根据花卉的种类、品种特性、植物发育的适当阶段，采取正确的使用方法、合理的剂量，并注意施用时的环境条件才能达到预期效果。应用植物生长激素处理时，必须注意使用方法、时期、浓度与次数、施用部位及环境因素等，以达到最佳的应用效果。

①使用原则

适时　植物生长发育的不同阶段，对激素的反应差异很大。只有在适宜的阶段使用，才能达到理想的效果。如吲哚乙酸，在藜花芽分化之前使用可抑制成花，而花芽分化之后应用则促进开花。

使用浓度和次数　相同的药剂浓度不同效果也不同，如生长素，浓度低时，能促进茎叶生长和花的发育，而浓度高时则抑制生长。在观赏植物的不同生育期，不同植物生长激素有一定的浓度幅度和变化范围，有时采用较低的浓度、多次处理的效果则更好。

施用部位　施用的部位很关键。植物的根、茎、叶等器官，对同一激素或同一浓度的反应不相同，如叶面施用多效唑和烯效唑不如茎部和根系吸收效率高，而对茎有促进作用的浓度，往往比对芽的浓度要高些。

环境　温度、湿度及光照等环境条件影响生长调节物质的使用效果，使用时要注意日照长短和温度高低，如叶子花在用赤霉素处理时，长日或低温条件下可促进成花，但在短日条件下，赤霉素处理则无效。

②使用方法：植物生长调节剂有水剂、粉剂、油剂及气态等剂型，而不同的剂型、不同的调节剂在植物体内吸收和运输的特性不同，所使用的方法亦不同，一般有如下方法：

叶面喷施法　易被植物吸收和运输的赤霉素类、比久、矮壮素可用此法，全株喷施或局部喷施即可，以叶面淋湿、有液体滴落为度，喷施必须均匀。粉剂也可采用喷施的方法。

土壤浇灌法　用于能由根部吸收并向上运输的药剂如多效唑、嘧啶醇等，每一植株浇灌的量必须均匀一致，如需多次浇灌，要考虑残留药剂的影响。

涂布法　对仅需要在局部发生效应时采用此法。用毛笔或棉球，将药液涂抹在植物需要处理的部位。

浸蘸法　浸蘸种子、休眠芽、球茎、枝条等。浸蘸法有高浓度速蘸和低浓度慢浸两种方法。也可将激素按比例与滑石粉或黏土混合，或拌入羊毛酯中，然后蘸或涂在处理部位。处理的时间要完全一致。

气浴法　将具有挥发性激素如乙烯等，在密闭条件下气熏的方法。

注射法　对易于移动的激素或处理单独的器官，可用注射器直接注射。目前喷施、涂布和土壤浇灌法使用的较多。不管方法如何，有效性、均一性和一致性是达到预期效果的关键。

由于激素处理后的效果还不十分稳定，目前除极个别花卉（如凤梨）外，激素还不能大规模应用于花期调节，这是因为植物本身内源激素水平有差异，外源激素处理时必然与内源激素共同作用，故很难掌握适当激素浓度，特别在大量使用时，会导致效果不整齐、观赏性降低等，如畸形花、花色异常、落花、落叶等。

9.2.2.5　园艺措施处理

对不需要特殊环境条件诱导成花，只需在适宜的生长条件下，满足其从萌发到开花所需时间即可开花的种类，可以通过调节种植起始时间（如播种和扦插时间）、修剪、摘心及适当的肥水管理等一般园艺措施来调节花期。

（1）调节种植起始时间

①多数一年生或多年生作一年生栽培的草花，对光周期和低温无特殊要求。在适宜地区和季节，结合温室、冷床等措施，通过分期分批播种，即可在不同时期开花。可根据不同花卉在不同气候条件下从播种到开花所需时间和预定开花的日期，推算出

播种时间。

一串红　目前国内常用的一串红品种，大多为国外引进或经过国内改良，生长周期比传统品种缩短。一般从播种到开花 100~120 天左右，生长过程中，每摘心一次，花期推迟 10~15 天，最后一次摘心，在 20~25℃，短日照条件下，经 25 天左右可开花。在花期时，每摘心一次，约 30 天后，可再次开花。

翠雀(矮生品种)　4 月播种，6~7 月开花；7 月播种，9~10 月开花；于温室 2~3 月播种，则 5~6 月开花；露地 8 月播种，幼苗在冷床中过冬，可延迟到次年 5 月开花。

百日草　1 月中旬 2 月上旬于温室播种，4 月下旬提前开花；3 月上中旬播种于温室或有风障的冷床，可供"六一"开花；自 4 月上中旬至 7 月中旬每隔 15 天露地播种一批，则可自 7 月至 10 月中旬连续开花。9 月上旬露地播种，9 月底移入温室见阳光处，按正常管理，可于圣诞、元旦用花。

其他，如欲国庆期间用花，可于 4 月中旬播种黄秋葵、红秋葵，5 月上旬播种半支莲，6 月上旬播种鸡冠花，6 月中旬播种美女樱、银边翠、旱金莲，茑萝、万寿菊，7 月上旬播孔雀草、千日红、小向日葵等。

②二年生或多年生作二年生栽培的花卉，大多需要经过冬季自然的低温春化作用，因此以秋播为主。当年萌芽行营养生长，以幼苗形式过冬，经春化作用，次年开花。

金盏菊　8 月中下旬露地播种，10 月中下旬转入低温温室，8~10℃ 条件下，12 月至次年 1~2 月供花；10~12 月播于低温温室，间苗、移栽后，8~0℃ 条件下，可于翌年 3 月下旬至 4 月上旬开花；春季 2~3 月播种于冷床，5 月上旬定植，可供"六一"用。5 月下旬冷水浸种，膨胀后于 5℃ 低温下 1 周后播种，可供"十一"用；

紫罗兰　12 月播种，5 月开花；7 月播种，经冬季低温后，2~3 月开花。

(2)调节扦插时期：如 7 月上旬取万寿菊侧芽扦插，2~3 周生根后，8 月中旬上盆定植，"十一"可开花；于预定开花前 60 天左右扦插半支莲，可准时开花；6~7 月扦插金鱼草中型品种，也可于 9~10 月开花；美女樱 6 月下旬至 7 月上旬露地扦插，3 月生根，雨季加强防涝，9 月中下旬开花。可供"十一"用；5 月中旬至 6 月中旬扦插一串红，10~20 天后生根上盆，9 月 4 日最后一次摘心，可供"十一"用花。

(3)调整种植时间：有些球根花卉可根据开花习性，分期栽植，如欲使荷花、葱兰、大丽花、唐菖蒲、晚香玉、美人蕉在国庆节前后同时开放，华北地区可在 3 月下旬栽植葱兰，5 月上旬栽植大丽花、荷花，7 月中旬栽植唐菖蒲、晚香玉，7 月下旬将美人蕉重新换盆栽植。再有，3 月种植的唐菖蒲 6 月开花，7 月种植的 10 月开花。分批种植，则分批开花。水仙、风信子在花芽分化后，冬季随开始水养期的时间早晚而影响其开花期的早晚。

(4)通过修剪、摘心、移植、换盆等手段调节花期：对一些春化和光照条件要求不严的花卉，摘心、修剪、摘蕾、剥芽、摘叶、环刻、嫁接等措施可调节植株生长速度，对花期控制有一定的作用。

①摘心：摘心可推迟花期。推迟的日数依植物种类及摘取量的多少与季节而有不

同。常采用摘心方法控制花期的有一串红、康乃馨、万寿菊、孔雀草、大丽花等。在气候适宜的地方，一串红经常摘心，花期可长达半年以上。

② 修剪：当年生枝上开花的花木，可用修剪法控制花期，在生长季节内，早修剪使早长新枝的，早开花；晚修剪则晚开花。如月季、茉莉、紫薇、倒挂金钟等就可通过摘心、修剪达到控制花期或多次开花的目的。

月季的花期与修剪时间和温度有关，见下表。8 月中旬，将苗壮的枝条留 2 ~ 4 个饱满芽修剪，加强水肥管理，"十一"前后可再次盛开；在气候温暖的地区，10 月中旬修剪，12 月又可开花；在广州，12 月中旬修剪，可在情人节开花。

表9-2　月季修剪到开花的时间

平均温度 （℃）	修剪到开花需要 时间（天）	平均温度 （℃）	修剪到开花需要 时间（天）
15	67 ~ 75	20. 4	48
18	55 ~ 68	25. 2	41
19. 6	56	26. 8	37

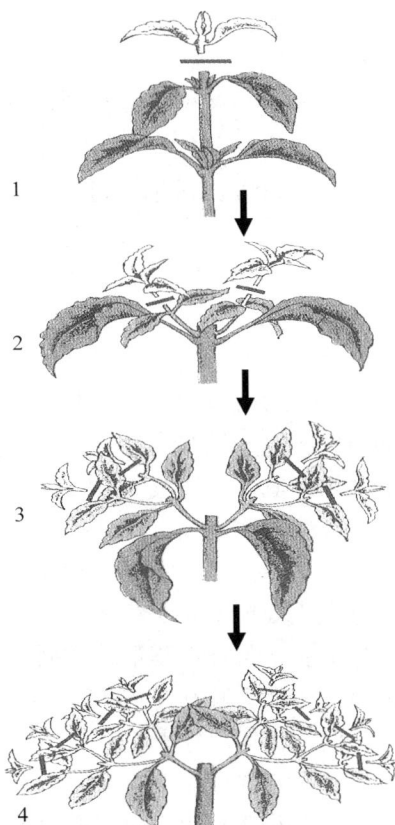

一串红摘心

欲使紫薇"十一"开花，可于 8 月中旬，将枝条剪除，剪后枝条萌生新枝，这些新枝将形成花序而开花。

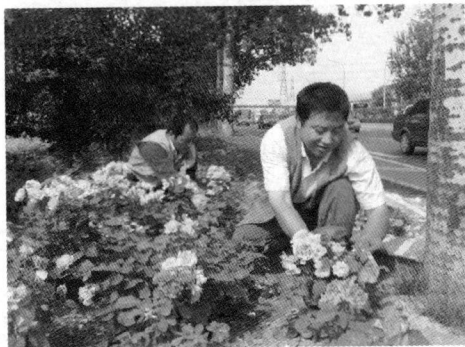

花后及时修剪月季，可延长花期

③去芽、剥蕾：剥去侧芽、侧蕾，有利主芽开花；摘除顶芽、顶蕾，有利侧芽、侧蕾生长开花。如将芍药'紫凤羽'主蕾摘除，可促进侧蕾开花，延长整体观赏期。

摘心、修剪可使金鱼草再次开花或延迟开花，7 月中旬将开过花的植株重剪，可供"十一"用花，中高型的品种，每摘心一次可推迟花期约 2 ~ 3 周，如 8 月上旬播种的金鱼草，正常情况下次年 5 月中下旬开花，如果 3 月中旬出冷床时，再摘一次心，则花期可延至 6 月上中旬，当桂竹香主枝高 15cm 左右时，摘除主枝，让侧枝开花，可推迟花期 7 ~ 10 天。

④环割：对生长过旺的花卉，可进行环割。早春将韧皮部用刀刻伤，深至木质部，长度为周长的 1/3 ~ 1/4，可促进花芽的形成。在生长后期摘除部分老叶，也可改变花期，延长开花时间。断根也可控制植株的营养生长，使其向生殖生长转化，及早开花。

（5）通过营养、水分管理调节花期：在氮肥和水分充足时，植株营养生长旺盛，开花期会推迟。如果增施磷、钾肥，则可促进其向生殖生长转化。通常用磷酸二氢钾根外追肥，如桂竹香、紫罗兰经春化作用后，施 0.1% ~ 0.2% 的磷酸二氢钾可提前至 3 ~ 4 月开花。对花期较长，持续花芽分化者，在末花期增施营养可延长总体花期，如高山积雪、仙客来、月季、花坛草花等。紫薇修剪花序后，隔 2 ~ 3 天浇 1 次 0.2% 的磷酸二氢钾，连续 3 ~ 4 次，有利成花。

某些植物，在生长期控制水分，可促进花芽分化。如梅花、榆叶梅等夏季花芽分化时控制浇水量，强迫其营养生长终止，可形成较多的花芽。柑橘类也可用此方法，通过干旱处理诱导花芽分化。

玉兰、丁香、苹果、紫荆、垂丝海棠等花木经过春季生长后，选择枝条充实健壮的植株，在需其开花前 20 天左右，置于 40℃ 以上，并干旱处理，促使落叶或人工摘叶，使植株提前休眠。3 ~ 5 天后再放到较为凉爽的地方，予以喷水，就可使植株恢复生长而二次开花。

如果花期控制不当，有提前开花的趋势，可采取降温、控制水肥或断根的方法抑制其生长。

9.3　花期调控实例

9.3.1　一二年生花卉

二年生花卉观赏性强，生活史较短，花前成熟期亦短，成花的诱导因素比较简单。

一年生花卉喜温暖不耐寒，常春夏播种，营养生长到一定阶段即花芽分化，对日照长度不敏感，一般为日中性。只有个别种类，如大花牵牛、波斯菊，需短日照诱导而开花。它们的花芽分化和开花在一年内连续进行，播种时要掌握从播种到开花的时间、摘心次数及最后一次摘心距离开花的天数。在预期开花所需的时间内准时播种是其应时开花的关键。

二年生花卉较耐寒，秋播，以幼苗或营养生长到一定程度的植株过冬，须经冬季低温（0 ~ 10℃）春化才能开花，而植株旺盛生长及开花则需次年春紧接着的高温与长日照。花期多为春夏。其花期控制要根据以下因素进行：①播种到开花的时间；②摘心次数及最后一次摘心距离开花的天数；③成花诱导所需低温处理的起始时间及长短；④其后的长日照处理起始时间及处理所需的总日数；⑤每天的光照时数等。

举例如下:

百日草(*Zinnia elegans*) 自然情况下,华北地区4月中下旬露地播种,播种到开花约90~100天,如欲"五一"用花,可在1月中旬至2月上旬于温室播种("六一"用花于3月上中旬播种),保持18~25℃,保持充足的光照和水肥,光照时数从3月下旬起每日14~16小时,必要时人工补光至现蕾,4月下旬即可开花。如果自4月中下旬至7月中旬,每隔15天露地播种,则开花期可从7月持续到早霜。如欲"十一"用花,于7月上旬播种即可,元旦及圣诞用花,则于9月上旬播种,降温后移入温室,若光照不足,至11月中旬若仍无花蕾,则人工补光,时数同前。施用0.1%~0.2%的磷酸二氢钾2~3次,有促花作用。

凤仙花(*Impatiens balsamina*) 如果自4月上中旬至7月每隔15天播种一批,则6~10月陆续开花不断,国庆节亦可赏花,播种到开花约80天。元旦及圣诞用花的播种期及栽培措施与百日草相似。

蒲包花(*Calceolaria herbeohybrida*) 长日照植物。自然花期3~5月,如欲圣诞至春节使用,则于5月中旬至6月中旬播种,盛夏季节注意降温、遮荫,10月中旬定植上盆,11月开始长日照处理,每日14~16小时光照,每平方米设40瓦日光灯即可满足需要。12月下旬即可开花。

波斯菊(*Cosmos bipinnatus*) 短日照植物。夏播,自然花期8~10月,若1~2月温室播种,在温度15~20℃,冬季及早春的短日照条件下,可诱导花芽分化,5月下旬至6月上旬可开花。近年又培育出日中性品种"奏鸣曲"系列,可推迟至3月播种,6月即可开花。

瓜叶菊(*Senecio cruentus*) 10~15℃、短日照下花芽分化,高温长日照条件下花朵发育并开放。一般于8~9月秋播,花期第二年4~5月。若冬季(圣诞节、元旦或春节)用花,则需选中、早期开花品种,6~7月或8月播种出苗后注意降温、遮荫,使之安全过夏,10月份定植,并给予15~16小时长日照,保持15℃,12月中下旬即进入花期。小型中花型品种,因生长期长,需3月中旬播种,6月中旬定植,夏季充分控制温度,12月中下旬也可开花。若推迟花期,如需五一用花,则选中花品种8月上旬播种,11月定植于适当大小的盆内,冬季室温保持10~15℃,则4月中下旬开花,若六一用花,选丰花型品种8月中下旬播种即可。由于不需经过炎热夏季,推迟花期的措施相对较容易。

四季报春(*Primula obconica*) 春秋均可播种。低温(10℃)、短日照条件下花芽分化,其后于15~20℃长日照条件下可提早开花。8月中下旬播种,于11月中旬为促进花芽分化每天仅给予8小时短日照,并将温度降至10℃。至11月下旬,增加光照至每日14小时,温度15~18℃,则可供元旦、圣诞用花。促花过程需4个月。若需五一用花,10月下旬播种,播种温度15~20℃,幼苗期10~13℃,使之生长缓慢,并保持此低温直至上盆定植,次年3月中旬时,可视花蕾的大小酌情加温至15℃。4月下旬即可进入花期。

紫罗兰(*Matthiola incana*) 自然花期4~5月,秋播,20℃低温下花芽分化。若行促成栽培,选早花及中花型品种,于8月中旬播种。当真叶5~8枚时,给予20天左右 2 ~ 5℃ 低温，使之完成春化作用，其后给予日温 15 ~ 18℃，夜温 10℃ 的条件，并于 11 月开始补光，至 14 ~ 16 小时/日，则可于元旦、圣诞开花。在冬季短日照条件下，用 10 ~ 100mg/ml 的赤霉素处理也可提前花期。春季长后将花序剪除，可于 6 ~ 7 月二次开花，选中花品种自 7 月中旬至次年 2 月陆续播种（春季播于室内），管理如前，可自 1 ~ 6 月陆续开花。

9.3.2　宿根花卉和多年生温室花卉

常见宿根花卉花芽分化的情况有 3 种类型：

第一类，鸢尾、芍药及荷包牡丹等春季开花的宿根花卉，在开花前一年（一般在开花后的夏秋季节开始）花芽分化，经冬季低温休眠完成春化过程，次年春季及夏初开花。即从花芽分化到开花历经 2 个年度。这一类宿根花卉，早春的营养生长期温度略低且日照短，但在长日、高温下开花。

第二类，夏末及秋季开花的宿根花卉，在春夏季高温长日条件下，待营养生长到一定阶段后花芽分化才开始，并在随后的短日条件下成花。即花芽分化与开花过程在同一个年度内完成。如射干、八宝、大花萱草、落新妇、千屈菜、加拿大一枝黄花等。

第三类：原产热带的一些花卉如四季秋海棠、鹤望兰、花烛、非洲菊等，在温度适当的环境里，可周年开花。

对第一类宿根花卉，可于休眠期用温度或激素处理打破休眠或延长休眠，改变其生长起始时间，达到催延花期的目的。对第二类花卉，要创造诱导花芽分化的条件，如光周期诱导、温度及激素处理、施用营养物质等方法。对第三类花卉，持续给予并保持适当的温度，即可保证全年供花。如四季秋海棠周年开花适温为 15 ~ 20℃，非洲菊 18 ~ 25℃，花烛夏季 25 ~ 28℃，冬季 15 ~ 18℃，鹤望兰 15 ~ 25℃ 或 30℃。

（1）芍药（*Paeonia lactiflora*）：自然花期 5 ~ 6 月。通过低温处理及控制休眠期调控花期。

芍药花谢后，根颈部的鳞芽内行花芽分化形成花叶混合芽。夏季以叶片分化为主，初秋生长锥形成花原基，早花品种于 8 月底，晚花品种于 9 月底形成花芽，但早、晚花品种均于 10 月中旬形成花瓣，下旬形成雄蕊。大多数品种此后停止花芽发育。经过冬季低温，花芽逐渐成熟，来年春暖开花。

一般促成栽培：指 2 月中旬开花。9 月份挖掘植株，置于室外自然低温处理（至少有 20 天在 5℃ 以下），12 月下旬移入温室，加温到 15℃，60 ~ 70 天后即可开花。若低温条件不能满足，花芽不能顺利发育，会造成盲花，不能成花。依靠自然低温处理，最早也只能在 2 月中旬开花。入室后，用 10mg/L 的赤霉素处理，开花率提高，但花期不能提前。

若要早于 2 月中旬开花，需冷藏处理。一般冷藏温度 0 ~ 2℃ 即可。早花品种需冷藏 25 ~ 30 天，中、晚花品种需 40 ~ 50 天。冷藏后按一般促成栽培 60 ~ 70 天后即可开花。冷藏时间越短，萌芽所需时间越长，开花随之向后推迟，且易出现盲花。在低温处理充分的前提下，植株萌芽到开花所需时间与冷藏天数无多大关系。

若 8 月下旬冷藏，此时花芽开始分化或即将开始分化。冷藏后，花芽将停止进一步发育。但由于花芽分化、发育时间短，常形成雄蕊较多，花瓣数较少的单瓣花。

芍药催花过程中，不会因低温处理后温室内温度的高低影响其低温效果。

延迟开花：将尚处于休眠状态的植株，于 0℃ 湿润状态持续冷藏抑制萌发。若需 8、9 月开花，可在解除休眠后，高山异地栽培。若 6~9 月种植，定植后 30~35 天开花，3~5 月及 10 月种植则在温室中进行，定植后 40~45 天开花。

抑制与促成栽培相结合，就可能做到周年生产。

（2）蟹爪兰（*Zygocactus truncatus*）：自然花期 11~12 月。花芽分化约在 8 月下旬开始。营养生长需长日照，花芽分化与发育需短日照。通过光周期诱导控制花期。

①促成开花：确定开花期后，按开花时间 60~70 天推算短日照处理开始时间。如计划 10 月份开花，可在 8 月份进行短日照处理：每日给予小于 8~9 小时的自然光照，其余时间严格遮光。遮光幕内光照不超过 5lx，温度不超过 25℃ 为佳。持续处理 20~30 天后即可现蕾。各品种对短日照敏感性不同，有的品种现蕾快，如'圣诞快乐'，有的则很困难。愈接近自然花期，短日处理所需时间越短。

②抑制开花：若要春节开花，需先抑制花蕾形成，可将温度控制在 5~8℃；也可长日照处理：其临界光照时间为 12 小时，一般 9 月 20 日开始，方法为：在生产区安装电子自动控制装置，设 60W 白炽灯 1 盏/m²，植株与灯距 90cm，深夜 23：00 至次日凌晨 1：30 给予 2.5 小时的光照即可打破黑暗。每年春节时间不一样，停光时间也不同，如果温度大于 15℃，停光后 60~70 天后开花。也可采用延长光照法，每天给予 14~16 小时光照处理，于目标花期前 50~60 天结束，长日处理后给予短日照，否则花芽分化不能开始。

（3）菊花（*Dendranthema × morifolium*）：多年生宿根草本，花期从 4 月下旬延续到翌年 1~2 月。根据自然花期的不同可分为春菊（花期 4 月下旬至 5 月上旬，花芽分化要求夜温 3~5℃，开花要求 15~20℃）、夏菊（花期 5 月下旬至 7 月上旬，夜温 10~15℃ 花芽分化，开花 15~20℃，日中性）、夏秋菊（花期自 7 月上旬至 9 月上旬，花芽分化要求夜温 15~18℃，开花要求 15~20℃）、秋菊（最常见的种类，花芽分化要求夜温 15℃ 左右，花芽发育到开花要求 10~16℃，短日照）、寒菊（花期 12 月上旬至翌年 1~2 月，花芽分化要求夜温 10℃ 左右，花芽发育要求 10~15℃），此外还有北京小菊（花期 6 月上旬至 11 月）及五九菊（5 月及 9 月两次开花）、地被菊（6 月上旬至霜降）等。

欲使菊花周年开放，可选择不同的品种类型，只需冬春或夏季少花季节适当的调控即可。下面主要以秋菊为例介绍其在北京地区花期调控的方法：

促成栽培：在长日条件下，秋菊在 15~20℃ 时，50 天即可结束营养生长阶段，此时即可进行短日处理促成花芽分化与发育。具体措施为白天早 8：00 至傍晚 17：00 给予 9~10 小时光照，其余时间遮光处理，如果自 4~7 月处理，则 6~9 月陆续开花。品种不同，短日处理的时间也有差异，花蕾吐色时即可以停止。一般早花品种需 6~7 周，中花品种 8~9 周，晚花品种 10~12 周即可开花。遮光处理时不能漏光、透光，以免造成花期不齐。由于遮光材料的覆盖，夜晚植株周围温度很高，要加强通风降温。以国庆节前后开花为例，从 7 月 25 日开始，每日仅给予光照 9 小时，早花品种‘粉面条’45 天开花，‘麦浪’、‘紫玉岫’55 天开花；中花品种‘枫黄振羽’、‘杏花春雨’60 天开花。

推迟花期的栽培：可选晚花品种进行长日照处理。北京地区晚花品种的花芽分化自 9 月下旬开始，在花芽分化前每日给予 14 小时以上的长日照，一直持续到 10 月下旬，即可将花期推迟到圣诞、元旦及春节开花。在目标花期前 60 天停止补光，停光后植株即可感受到自然短日照，10～15 天后花芽分化开始，在日温 20℃，夜温 15℃条件下经 50～55 天即可开花。补光时，在距植株顶部 1m 处，每 10～15m² 安装一盏 100W 钨丝灯，每日下午 17：00 至夜晚 22：00 光照即可。

除光周期诱导之外，也可通过提前或推迟扦插繁殖起始时间，结合摘心、修剪以及调整肥料配比等栽培措施，使秋菊应时开放。如 8 月扦插中花品种，温室内保持 15～20℃越冬，正常养护管理，在自然短日下春节即可开花。如"五一"用花，可将秋季花后的植株，剪除地上部分，重新栽植于温室中，正常养护管理，早春自然光的短日诱导下，3 月即可现蕾，可用于春季花坛。

夏菊、夏秋菊等对光周期不敏感、而对温度敏感的种类，在营养生长充分后，在 10～15℃（夏秋菊 15℃）夜温条件下即可诱导并促进花芽分化，进而开花。如夏菊品种‘小白’、‘日友’，夏秋菊品种‘夜樱’、‘银香’等，均可以提前到 5 月开花。

（4）桔梗（*Platycodon grandiflorum*）：在自然条件下，春季气温升至 12～13℃以上时，桔梗即开始花芽分化（桔梗花芽分化的临界温度是 12～13℃，高于此温度则花芽分化开始）。而对于早花品种‘紫云’则在休眠完全解除后，最低温度在 10℃时，亦可花芽分化并开花。秋季最低气温降至 15℃以下时，桔梗进入休眠。11 月份休眠最深，而到 12 月底至次年 1 月上旬，休眠已为低温打破，可促成栽培。此时移入温室，夜温保持 15℃，85～90 天即可开花，夜温 20℃则 70 天即可。以上措施可供 3 月份用花。如需春节用花，在 10 月上旬其浅休眠期给予 15℃，20 天处理后种植于夜温 15℃条件下，1 月中下旬起即可开花。若于深休眠期的 11 月冷藏处理，冷藏 40 天也不能打破休眠。同理，在 10 月份用 100mg/L 赤霉素浸泡植株（根丛），催花的效果要远远好于在 11 月份赤霉素的处理。如需延迟开花，可将桔梗 1～2 月掘起，冷藏于 0～2℃下，8 月开始分批种植，则可从 10 月份供应至翌年初。

9.3.3　球根花卉

不论春植还是秋植球根花卉，花芽分化都在夏季高温进行，但大多对光周期没有特别要求，为日中性植物。只有少数种类，如唐菖蒲、晚香玉等是长日植物。

球根花卉的花芽分化有两种类型：

一类为春植球根及少数秋植球根花卉，当营养生长到一定阶段（如叶片达到一定数量后），花芽分化开始。此时正值夏季，如唐菖蒲，当最低气温大于 10℃，早花品种主茎上长有 2 个叶片时，开始花芽分化，麝香百合则在叶片生长到 50 片以后开始，其他还有晚香玉、美人蕉等。花芽分化完成后，植株即可开花。

另一类为秋植球根花卉，夏季因炎热处于休眠状态，地上部分枯死，而地下茎进入花芽分化期,分化的部位在其茎顶的生长锥。但与前一类不同的是,花芽分化完成的地下茎并不会在种植后马上抽薹开花,因为这类球根花薹伸长所需温度与花芽分化时的高温不同,如郁金香 17～20℃时花芽分化最适,水仙为 13～14℃,番红花则为 15℃,前两者需在 9℃的条件下才能抽薹并开花,后者在 6～10℃条件下花薹才能伸长。再如,风信子花芽分化最适温度为 20～23℃,在 7～9℃条件下抽薹开花。若没有经历所要求的低温,则会"盲花",因此,这类球根花卉即使在花芽分化结束,也要经过早春的低温才可成花。也因为较耐寒,秋植后,在冷凉的气候下,地下部分生根,地上部分生长极少,则停止发育。因此,在促成栽培时,升温前一定时间的低温不仅促进花薹生长,同时也是促根过程。

球根花卉花期控制的方法:选择花期不同的品种分期种植,只利用温度或干旱处理,诱导花芽分化,提前打破休眠,并缩短其发育时间,或延长休眠期来抑制花期;也可采用激素处理。

(1)郁金香(*Tulipa gesneriana*):如欲提前开花,在目标花期前 30 天,将 90℃处理已生根的种球取出,15℃处理一周后,升温到 20℃,整个过程中每日保证充足的光照,14 小时以上,可以人工补光,如果生长迟缓,可逐渐升温至 25℃;空气湿度要控制在 60%～80%,以防控病虫害。如欲推迟花期,可将 9℃处理已生根的种球置于 2～5℃下,使之停止生长,在目标花期前 40 天取出,先置于 90℃下 1 周,再逐渐升温、补光。

调控花期中,不要选择易盲花的品种,促成栽培宜选早中花品种或花期晚,但成花容易者,抑制花期则选中晚花品种,调控的关键在于控制、花芽分化及分化结束后花芽发育花葶伸长所需的不同温度。

(2)大丽花(*Dahlia pinnata*):大丽花为春植球根花卉,自然花期 6～10 月,夏季日照 16 小时以上时花芽分化,进而开花。冬季休眠。0℃处理 30～40 天,或经室外低温处理至 12 月下旬至 1 月上旬,即可打破球根的休眠,进入温室进行促成栽培。种球种植前,先以夜温 15℃,日温 20℃催芽,发芽后种植(或直接种植到栽培容器中再催芽)。每日给予 14 小时的长日处理,方法为每 4～6m² 设 1 盏 100W 钨丝灯,安装在距植株顶端 80cm 处,按正常的方法养护即可从 4 月起陆续开花。

如需延迟花期,于早春 2～3 月扦插育苗,栽植在盆径 12～15cm 花盆中,控制水肥,至 7 月中下旬块根形成时,移入盆径 25cm 大盆中,正常养护管理,即可于"十一"开花。如欲新年、春节开花,于 9 月换 25cm 大盆,秋季降温后进入温室,保持 20℃室温,每日给予 14～16 小时的长日照,正常养护管理,可应时开花。

9.3.4 木本花卉

木本花卉的花芽分化具如下特点:只有结束幼年阶段,进入成年阶段后,才能开花,这是花芽分化的前提和条件,其花芽分化有夏秋分化型、冬春分化型、当年一次分化型和多次分化型之分。木本植物花期调控主要采用温度和光周期处理,以提前或推迟生长发育起始时间、加速或减缓生长发育的速度,达到催延花期的目的。同时结合激素及修剪、营养管理等栽培措施,进一步提高成花质量。

举例如下：

（1）榆叶梅（*Prunus triloba*）：自然花期 4 月，花后萌生新枝条，在 6 月下旬至 8 月中下旬进入夏季高温期顶梢停止生长而休眠，此期内花芽分化开始，并逐渐完成，花芽着生于当年生枝叶腋处，少量着生于结果短枝。其后经过冬季低温休眠，于春季开花。

用于花期调控宜选择半重瓣大花品种，以 3～5 年生，盆栽 2 年以上生长健壮，花芽饱满、枝条分布均匀者为好。

促成栽培时，可使植株提前休眠或提前打破休眠。如欲春节开花，先让植株接受充分的自然低温，特别是低夜温，再于 12 月上中旬将盆栽苗移至 0～4℃，如枝干上尚有未完全脱落的叶片，要人工摘除。30 天后出冷库，缓慢升温，升温过高过急使开花不齐，此期间内每天喷水 3～4 次，保持花芽湿润及良好的通风，到春节前 2 周，升温至 10～15℃。此时的榆叶梅花芽，对温度极为敏感，如萌动过快，可在花蕾即将吐色时，降温至 4℃，如发育过缓，可喷施低浓度磷酸二氢钾，并逐渐升温至 20～25℃。

如冬季欲使用切花，可剪取健壮且花芽饱满密集的枝条，捆扎成束，浸泡于 30～35℃温水中 2 小时，取出后将剪口插于水桶中，保持室温 15～20℃，每 3～4 天换水一次，并每天用水浸花枝一次，直至花蕾透色，10 天左右即可。

若欲推迟花期，则采用延长休眠期的办法。在冬末春初，将植株转入 -1～2℃的冷库中，使之处于深休眠状态，并要经常性的检查盆土湿度，避免过干过湿，在目标花期前，视外界气温，提前 10～15 天出冷库，如外界气温在 20℃左右，提前 5 天出库，若低于 20℃，则适当早出库。刚出库的植株需处理，遮荫，然后逐渐增加光照。光照不足时花色转暗，强光直射则会灼伤花蕾。注意每日喷水保持枝条和花芽不至于过干。

（2）牡丹（*Paeonia suffruticosa*）：落叶灌木，自然花期 4～5 月，在开花的当年生枝叶腋及顶端处，充实饱满的芽于开花后的夏秋季节进行花芽分化。

牡丹开花展叶所需低温要求，可以 0～3℃、50 天之冷藏满足。开始低温处理的时间较为重要，若在其花芽分化过程全部结束后冷藏处理，开花完全，若其分化尚未结束即进行低温，则冷藏期间分化停止，促成之花朵花型发育不全，花芽形成，特别是花的分化发育在 15～20℃最合适。若要提早开花，对一些花芽分化进程长的品种，可将其于花瓣分化期时移入 15～18℃条件下，加速其分化过程，待分化完全后再进行低温处理。冷藏处理结束后，以昼 28℃，夜 15～11℃，30～40 天开花。

延迟花期：春季萌动前或秋季将种苗掘起上盆，连盆移入 -1～1℃的冷库内。于目标花期前 40～50 天出冷库，遮荫处理，每日喷水 3～4 次，并修剪、选留健壮的花芽留用。花蕾透色前可施肥一次，透色后逐渐移除遮荫物。

秋季二次开花：选留具自然二次开花潜力的品种，春季去除花蕾，保证其夏秋花芽分化时所需营养。于 8 月下旬至 9 月上旬人工摘除叶片，用赤霉素涂抹腋芽及顶芽，保持空气湿润，并遮荫，当芽萌动后，停止赤霉素处理，则 9 月下旬至 10 月上旬即可开花。也可用上述延迟花期的方法，将冷藏的植株于 8 月中下旬取出，参照相关管理措施，使之于国庆期间开花。

（3）紫藤（*Wisteria sinensis*）：自然花期春季。花谢后，在花枝上部叶腋处，先分化出芽鳞及具5～10枚叶片原基，其后生长点肥大，逐渐分化出鱼鳞状小苞片，小苞片内侧分化出小花原基，各小花原基则连续分化萼片、花瓣、雄蕊及雌蕊，到7月中下旬，所有的小花均可达到雌蕊分化期。到此时当年的花芽分化即停止，次年早春，花序伸长，到开花前花粉、胚珠才分化并发育形成，随后开花。

若在雌蕊分化完成后，给予0～5℃低温12周处理，可促进花芽分化完成并有利于开花。满足此低温要求后，15℃左右温度下，40天即可开花，若超过20℃，则存小花柄异常伸长，花序先端败育，或落花。

如自然低温处理，则宜在1月中旬以后进入温室。如欲于9～10月进行0～5℃处理，则需6周，若需11月中旬处理，则需4周；0～5℃处理，然后移至15℃下，40天即可开花。可根据目标花期调整冷处理开始的时间。

如欲延迟花期，可在萌芽前于-2℃下冷藏植株，于目标花期前，视外界气温高低取出栽培，如国庆使用，则提前3～4周左右。

（4）一品红（*Euphorbia pulcherrima*）：一品红是短日照植物，在长日照下营养生长，在短日照下花芽分化。当夜温低于21℃时，一品红花芽分化所需的临界光周期是12～12.5小时/天。若夜温高于24℃，花芽分化受阻。在北半球大约是由每年9月21日起光照达到这一时数。因此如要使其提前开花，短日处理，每日约需13～15小时。不同品种对短日照感应时间不同，因此分为早花、中花和晚花品种。早花品种短日照感应时间6～7周、自然花期11月中旬；中花品种短日照感应时间8～9周、自然花期11月下旬至12月上旬；晚花品种短日照感应时间9～10周、自然花期12月上旬。应根据需要选择合适品种。

如欲"十一"前后开花，应选早花品种。从7月中旬至9月上旬，用不透光黑色薄膜或黑布遮光，遮光时间从17：00至次日8：00，15小时/天。共需1个多月的时间；由于7～9月气温较高，遮光往往导致夜温过高，因此要注意通风，且品种耐热性十分重要。

如欲春节开花，应选择晚花品种，可补光处理。从9月上旬开始，每晚22：00至次日2：00用白炽灯补光，至10月中下旬止。

如欲"五一"节前开花，补光时间要从第1年9月底至次年2月底，时间长达5个月，每晚补光4小时，每天光照时间共15小时，夜间温度要保持在13℃；再经过7天自然光照后遮光进行短日处理。从3月7日开始，每天下午15：00至翌日早上8：00用黑色厚膜遮光，每天光照8小时，一直到全部苞片转红为止，时间长达50天。

（5）绣线菊类

①喷雪花（*Spiraea thunbergii*）：一般情况下，当年生枝在入秋后发育充实，枝条中上部的腋芽开始花芽分化，首先分化出数个半球状小花原基，并随之分化出5个萼片及5个花瓣原基。到入冬之前，分化出雌雄蕊。这一时期，最适温度为15℃，但若一直保持此温度，花芽分化到此雄蕊就停止了。因此，在雌蕊形成后，需经4～6

周的低温，此低温范围为 - 2 ~ 5℃，以 - 2℃最为有效，经受此低温处理的植株，在昼 20℃、夜 10℃时，迅速完成花芽分化，并开花。

而在自然状态下，雌蕊形成后，需经历 12 月至次年 1 月之低温后到次年 3 月胚珠与花粉才最终形成，于 3 月下旬至 4 月上旬进入花期。如需促成，可于雌蕊分化完毕后 10 月下旬或 11 月上旬，于 - 2℃冷藏 40 天，可供春节用花，冷藏切枝或盆栽植株均可。但欲获得开花效果较好的切枝，取自然低温下处理到 1 月下旬的枝条较为有效。

②麻叶绣球(*S. cantoniensis*)：入秋后，外界气温降至 15℃以下时，腋芽开始花芽分化。当年仅分化出小苞片即停止。至次年春季开花前 2 周，萼片、花瓣、雌蕊才依次分化完成，紧接着胚珠和花粉分化完成，4 月下旬至 5 月上旬开花，即麻叶绣球在小苞片分化形成后，需经一段低温休眠期，花芽分化才能再启动，这一点与喷雪花相同。如人工给予这一低温，则为 0℃、6 周，处理后可促进其花芽分化提前完成。而在自然条件下，这一低温要求到 12 月下旬之后即可满足。可移入温室催花，用于春节所需。如圣诞、元旦用花，可在花芽分化开始时，即进行 0℃、6 周的冷藏，但此法开花品质不高。通常 8 月下旬至 11 月下旬在高海拔处利用自然低温处理后，置于温室养护，则可用于圣诞、元旦。

9.3.5 兰科植物

大花蕙兰(*Cymbidium hybridus*)

生育特性：在兰株达到一定株龄后，在第 3 代假鳞茎基部(少数品种在第 4 代假鳞茎基部)从下至上第 2 ~ 4 枚叶片的叶腋处，由腋芽分化成花芽(即蕙兰的小花序)。此时，假鳞茎肥大且终止叶形成。花芽分化的速度很快，历时 2 个月即可完成。而花芽分化开始的时间，决定于假鳞茎开始肥大及其终止叶出现的早晚。蕙兰虽品种各异，但 6 ~ 10 月是其花芽分化、形成的时期，花芽分化虽与光照长度无关，但充足的光照有利于防止叶片徒长，促进假鳞茎肥大、充实，有利于花芽分化。这一期间的照度应保持在 50，000 ~ 70，000lx。掌握了以上生物学特性，在调控蕙兰开花时，可以调控冬季加温开始的时间、抹芽控制假鳞茎选留或用持续低温延迟其发育等方法。同时也要考虑到品种的差异。一般早花品种花期可于国庆、中秋及教师节用花，中晚花品种，可于元旦及春节用花。

在花芽分化、发育过程中，花芽分化期虽对高温不敏感，但花芽发育即小花序的形成和伸长，需要白天 20 ~ 30℃，夜间 10 ~ 20℃，温差在 10℃以上的凉爽环境。炎热的夏季及初秋季节，人为控温满足以上要求并不容易，特别是当花芽长度大于 3cm时，更易为高温所伤。因此，大花蕙兰常于初夏季节转移到高海拔的山区。通常选择水质良好，交通便利的海拔 500 ~ 1000m 高山。利用高山昼夜温差大的自然环境达到目的。

大花蕙兰花期较长，整体花期可达 2 ~ 3 个月，若花开过早，可通过降温来控制。但控温时间不宜过长，否则花色趋于暗淡，可结合控水和适当遮荫进行。如欲使晚花品种于国庆节期间开放，可在头一年秋季 9 ~ 10 月选留开花假鳞茎，如欲使早花品种元旦开放，可在头年12月至次年1月选留开花假鳞茎。

大花蕙兰的叶芽和花芽，左面的芽饱满充
实，为花芽，右面的芽细瘦而长，为叶芽

大花蕙兰的高山栽培

10 花卉营销及进出口贸易

10.1 我国花卉营销

10.1.1 我国花卉营销现状

如何将花卉产品变成消费者手中的商品，即从花卉生产商到消费者转移的一切相关活动，叫花卉营销。也就是个人和集体通过创造提供出售，并同别人交换产品和价值，以获得其所需所欲之物的一种社会和管理过程。涉及产品、服务和渠道等方面。改革开放前我国花卉产业规模小，产品种类少，营销水平低。改革开放后，随着我国经济水平的提高，花卉产业的发展，花卉产品的种类越来越多，营销的方式和手段多种多样。

10.1.1.1 花卉产品的类别

我国花卉种质资源丰富、品种繁多，其中不乏很多好的花卉产品，另外随着经济的全球化，进口花卉新品种不断增加，我国花卉产品的种类越来越多。因此科学、合理的划分花卉产品类别，有助于提高花卉产品的营销水平。一般花卉产品主要分为以下几类：

（1）花卉种子：即指一、二年生及多年生草花种子。

（2）花卉种球及宿根：如郁金香、百合、玉簪等。

（3）花卉种苗：如月季、菊花、新几内亚凤仙等切花及盆花种苗。

（4）鲜切花：如月季、菊花、百合、香石竹等切花。

（5）盆花：如凤梨、火鹤、杜鹃、蝴蝶兰、大花蕙兰等盆花。

（6）盆景：如人参榕、福建茶、六月雪等盆景。

（7）干花：如蒲棒、芦苇、补血草等干花。

（8）观赏苗木：如玉兰、茉莉花、山茶花、桂花、红枫等苗木。

（9）其他：如花肥、花药等。

10.1.1.2 花卉销售渠道

（1）沿街叫卖：这是很原始的一种形式，但是目前还仍然在使用。特别是在一些中、小城市的路口及街道上，摆上两桶或两筐的鲜花或盆花叫卖。一些地区也采用这种方式销售观赏苗木。这种形式虽方便顾客购买，但有碍交通，影响市容。

（2）店面销售：即以店面销售花卉产品。店面有专类的，如专门销售鲜切花的鲜花店，也有综合的，如北京奥桥花园中心，除销售鲜切花外，还销售盆花、种子、图书、花肥花药、园艺资材等产品。店面一般选择在居民区、街道旁等醒目、交通方便的地方，但租赁成本较高。

（3）花卉市场：指花卉集市及花卉批发市场。花卉集市以零售为主，也兼批发。是各式店面的集合，集市内按花卉产品种类分区，如鲜切花区、观叶植物区、盆花区及园艺资材（花肥、花药、器皿、工具等）。有的集市在区内还分为小区，如盆花区又以植物种类不同分为杜鹃花区、君子兰区、兰花区、金橘区等。这类花卉市场销售的花卉种类及类别较多、品种齐全，一般离城较远，摊位的租金较低。

（4）超市销售：即利用超市的一角销售鲜切花、盆花、花卉种子等。这种销售形式，便于上班族购买，销售量较大，但产品种类较少，规模较小。

（5）网上销售：即通过互联网的形式销售鲜切花、盆花、花卉种子等产品。购买者从网上就能查看到商品的情况，然后从网上订货，十分便捷，缺点是不能看到实物。有时买到的产品与网上看到的产品会有差异。

10.1.1.3　花卉产品的消费

随着社会的发展，人们生活水平的提高，花卉产品逐渐成为人们生活中常用的一种商品，人们消费花卉产品已成为社会活动中的一种常态，在探亲访友、社交礼仪、开业庆典、对外交往中常用到花卉产品。因此认识花卉产品消费的特点，有助于扩大花卉产品的营销。

（1）平时消费少，节庆消费多：我国花卉消费主要集中在春节、国庆节、情人节、母亲节、个人的生日等节庆中。平时无论是单位还是个人都消费较少，主要是我国的用花习惯还不普及，没有成为生活中的一种常用品。因此我国的花卉营销具有较强的时令性。在我国春节以送花为习俗，是全年花卉产品销售最多的节日。

（2）个人消费少，集团消费多：由于花卉一直被认为是奢侈品，而且人们对花卉的消费观念还没有形成，平时个人买花的不多，仅仅是在情人节、母亲节或过生日时买花较多。单位、团体等集团消费主要是企事业单位的室内装饰、开业、庆典或作为节庆礼品之用，节假日集团消费较多。

（3）不同地区花卉消费差异大：经济较发达地区如北京、上海、广州等一些大中城市花卉消费量大，而一些经济不发达地区花卉消费量少；城市花卉消费大，而农村花卉消费少。花卉是社会经济和文明发展到一定阶段的产物，花卉消费水平的高低反映了所在地区的经济水平的高低。

（4）不同阶层花卉消费不同：年轻人受影视及现代时尚元素的影响，喜欢用花卉来装饰室内及表达情感，因此年轻人的花卉消费高于中老年人；文化程度高的群体，了解花的文化和植物的功能作用，对花卉的需求较大。

10.1.1.4　花卉产品的运用

（1）会议等装饰性用花

①发言台用花：以鲜切花插花为主。

②会议室用花：以鲜切花插花及盆栽植物为主。

③会客厅用花：以鲜切花、盆花和盆景为主。

（2）社交礼仪用花

①迎宾用花：以鲜切花花束为主。

②生日及重要纪念日用花：以鲜切花花束、花篮及瓶花为主。

③探视病人用花：以花束、花篮及瓶花为主。

④丧礼用花：以花篮、花圈为主。

（3）开业庆典类用花

①开业用花：如店面开张、公司成立等，以花篮及花艺类作品为主，也用盆花及观叶植物装饰会场。

②庆典用花：如国庆、企事业单位周年庆典，以花篮、盆花摆设布置为主。

（4）城市美化用花

①街道及广场用花：这是公益性的用花，以观赏花木、宿根及盆花布置为主。

②企事业单位用花：以装饰美化为目的，以盆花、观叶植物为主，也包括一、二年生草花等。

10.1.2　花卉的营销策略

10.1.2.1　花文化策略

目前我国花卉的种类和数量不少，而且质量也在不断上升，但花价不高，说明我国买花的人少，买花的人少说明人们对花卉的消费意识还没有形成，消费意识没有形成主要是人们对花文化及花的运用认识不足，因此要提高花卉的消费水平，就要必须加强花文化的宣传，使人们认识到花卉对促进家庭和社会和谐的作用，花卉对提高个人素养和促进社会精神文明建设的作用。如举办一些花卉与生活、花卉与文化的展览，利用报纸、电视、电台等媒体宣传花卉文化，让花卉走进寻常百姓家，渗透到人们的生活中去，从而改变人们的消费观念，促进和提高我国花卉产品的消费水平。

10.1.2.2　花卉新品种策略

生产经营单位无论是生产销售哪类花卉产品，若拥有优良的花卉新品种则能提高产品的市场竞争力。做到人无我有，人有我优，人优我精，同时选择和培育优良的花卉新品种。生产经营单位可以委托育种者选育，或引进国外优良花卉品种。引进国外新品种应注意新品种的保护。

10.1.2.3　花卉品牌策略

经营者要在激烈的市场竞争中销售出自己的花卉产品，就必须逐渐树立自己的品牌意识。这种品牌意识是通过产品质量、服务、广告等方面形成的，是产品在消费者心目中的印象。如浙江森禾种业股份有限公司树立的"森禾"品牌的盆花，美国泛美种子公司树立的"泛美"花卉种子品牌，对提高其产品销售力，占领市场份额发挥了作用。

10.1.2.4　花卉的价格策略

花卉产品的价格应根据其质量、生产栽培的技术含量、品种的新颖性、花文化等方面来定价。在排除因花卉产量过大带来的影响外，在定价中可以采用以下的策略：①节庆定价法。当某些节日到来时，对花卉的需求量增大，价格可以适当定高。②质量分级定价法。即根据花卉产品的质量等级制订价格。③服务性定价。以在销售中的服务量的多少来定价，例如有些需要插花艺术设计服务，可以适当高价。还有的可以根据时段服务来定价，特别是盆花产品，在养植中需要一定技术性，一些单位和个人，基本上没有时间和精力来照看花卉，花卉公司就可以通过对花卉产品的时段养护，来对服务定价。

10.1.2.5 花卉促销策略

（1）媒体宣传：在电视、电台、报纸、网络等媒体上宣传花卉产品、花卉与科学、花卉与生活、花卉与文化等内容。

（2）花卉产品本身宣传

①产品包装：包括标识与商标，如用于花卉种子、鲜切花、盆花的包装盒、包装袋等。

②植株标识：包括品牌的图像标识及特征，养护信息，用于节日销售的特殊设计和销售活动主题。

（3）制造公众热点：包括促销海报和专门设计标识。

（4）花卉产品展示策略

①大型花卉市场：园艺中心的花卉产品展示策略。

②花店：以百姓日常生活中应用的插花、花艺设计小盆花等为主的展示策略。

③超市：批量的花卉产品零售，包括盆花、切花等。

④花卉展览及新品种展示会：各式展览会及展销会上的花卉产品展示。

10.2 花卉进出口贸易

10.2.1 概述

花卉进出口贸易也叫花卉国际贸易，是指国与国之间的花卉商品交换。花卉进出口贸易除了从事国际贸易具有的信用风险、价格风险、外汇风险、政治风险等外，还有其特殊性。首先，花卉产品是具有生命力的一类产品，时效性强，有的花卉产品只有几天的时间，如鲜切花具有较高观赏价值的时间也就一周左右。因此花卉产品如不能及时运到客户手中，那将不成为商品，有时甚至成为垃圾。第二，花卉产品的包装、储藏和运输等要求较高。如鲜切花和盆花的包装为防止其被压坏，应采用牢固的纸箱。不同的植物其运输温度也不一样，如百合种球的运输温度在 $-1℃$，苗木的运输温度在 $2 \sim 3℃$，南方的盆景运输温度在 $9℃$。因此哪个环节稍有疏忽，将造成花卉产品进口或出口的失败。第三，花卉产品种类繁多，如一、二年生草花和球根花卉就有 1000 多个种和品种，而且每一个种或品种都是一个进口单位，因此每批进口与出口的种、品种名称必须正确、数量必须准确。如搞错了将影响该批产品的进口或出口通关。第四，花卉产品要从某个国家进口或出口到另一国家，由于每个国家对植物产品病虫害的检疫对象要求不一样，而且有时政策还经常变化。因此从事花卉产品进出口贸易必须紧密关注相应进出口国动植物检疫要求上的变化，以便顺利进口或出口花卉产品。第五，要完成某一花卉产品的进出口，依据其不同种类的植物及植物类型要办理濒危证、非濒危物种证明、植检证、场库证、种用证等，其手续较多且复杂，如果哪项手续不全将影响花卉产品的进出口贸易。

10.2.2　花卉进出口的种类

10.2.2.1　种子类

（1）花卉种子

进口的种类主要有草本的苘麻、大花藿香蓟、秋海棠、羽衣甘蓝、鸡冠花、瓜叶菊、仙客来、大丽花、三色堇等数百个品种；主要从美国、日本、德国、荷兰等国家进口。出口的种类主要有波斯菊、紫花地丁、三色堇等，主要出口到荷兰、比利时、美国等国家。

（2）观赏树木种子

进口种类主要有雪松、美国红枫、美国红栎等，主要从印度、美国等进口；出口种类主要是特产于我国的一些树木种类，具较高的观赏价值，如冷杉、金合欢、合欢、紫穗槐、珙桐、罗汉松、紫藤等。主要出口到美国、日本、欧洲等国家。

（3）草坪种子

进口主要种类有高羊茅、紫羊茅、早熟禾、白三叶、剪股颖等，主要从美国、澳大利亚、丹麦、荷兰等国家进口；出口的种类主要有结缕草等，主要出口到美国。

10.2.2.2　种苗类

进口种类主要是用于切花或盆花的种苗，以草本为主，如康乃馨、菊花、火鹤、凤梨类，也有少部分木本种苗如月季等，主要从荷兰、比利时等国家进口；出口种类主要有蝴蝶兰、国兰等，主要出口到美国及东南亚一带。

10.2.2.3　种球类

进口的种类主要有百合、郁金香、彩色马蹄莲、球根鸢尾、风信子等，主要从荷兰进口；出口种类主要有白芨、石蒜等，主要出口到荷兰、日本等国家。

10.2.2.4　宿根类

进口的种类主要有矾根、火炬花、落新妇、婆婆纳、薹草等数百种，主要从荷兰、比利时、德国进口；出口的种类有鸢尾、萱草、玉簪、芍药等，主要出口到荷兰、澳大利亚等国家。

10.2.2.5　盆花及盆景

进口的种类有凤梨类、火鹤、大花蕙兰、比利时杜鹃等，主要从比利时、韩国、荷兰进口；出口的种类有仙人掌类、人参榕、虎尾兰、福建茶盆景等，主要出口到美国、荷兰、意大利等国家。

10.2.2.6　鲜切花

进口的种类有帝王花、月季等，主要从厄瓜多尔、哥伦比亚、澳大利亚进口；出口的种类有百合、康乃馨、菊花、杨桐、月季、银芽柳、常春藤等，主要出口到日本、新加坡、俄罗斯等国家。

10.2.2.7　观赏苗木

进口种类主要有花叶复叶槭、北美枫香、红叶石楠等色叶树种，主要从荷兰、加拿大、美国、法国等国家进口；出口种类主要有红枫、羽毛枫、四照花、珙桐、玉兰等数百个种或品种，基本为我国的特有种，观赏价值高，主要出口到荷兰、美国、意大利、德国等国家。

此外我国进出口的种类还有水草、干花类、园艺资材及工具等。

10.2.3 花卉进出口贸易的趋势

10.2.3.1 进口的趋势

(1)由于花卉基地在我国各地兴起,对花卉种子、种球、种苗的需求不断增加,在一定时期内,我国还将继续进口国外具有较高技术含量的优质的花卉种子、种球、种苗等以满足国内花卉业的发展需求。

(2)一些盆花如高山杜鹃、大花蕙兰等,深受国人的喜爱,而目前国内尚无法生产出优质产品;一些在独特条件下才能生长的优质的切花种类,如哥伦比亚月季、澳大利亚的蒲落帝等仍然依赖进口,并以春节、圣诞节、情人节进口为主。

(3)由于国家对绿化和美化的重视,国外优良的色叶树种、观花树种在一定时间内还有一定的进口量。另外由于生物能源引起全球的关注,因此国外优良的能源植物种子及苗木将会被进口到国内。

(4)随着设施园艺的发展,我国将大量建设用于花卉生产的温室,因此温室中的喷滴灌设备、温湿度控制设备、土壤 EC 测定仪、播种机等还可能从国外进口。

(5)由于我国大规模花卉栽培时间较短,管理经验缺乏,因此要提升我国的花卉生产与栽培水平,必须引进智力,即引进国外的花卉专家、先进的花卉技术和先进的管理经验指导国内花卉的生产经营。

10.2.3.2 出口的趋势

(1)原产于我国特有的花卉,如牡丹、珙桐、水杉、白芨、兰花等观赏植物,其姿态美丽、观赏效果好,是出口的重点,也是在一定时期内我国花卉出口的主要种类。

(2)一些经过人工驯化的、已十分适合我国自然气候生长的外来植物种类,如睡莲、三色堇、波斯菊等,深受国外客户的喜爱,也是我国花卉产品出口的一个重要方面。

(3)随着我国切花栽培技术的成熟,即我国优良的气候条件和较低的劳动力成本,鲜切花出口的种类和数量将逐渐增大。如云南鲜切花近年来出口数量不断扩大,现已出口到日本、新加坡、俄罗斯及东南亚等国家。

(4)一些需要劳动密集型生产的花卉产品种类,国外将长期依赖从我国进口。这些种类主要有:盆景,要求大量人工进行绑扎、修剪;观赏苗木,如红枫、黄玉兰等需要通过人工进行嫁接;盆花,如大花蕙兰、蝴蝶兰的组培苗,须经过一段时间的培养,需要大量的人工成本。

(5)我国自主培育的一些花卉新品种,如牡丹、芍药、月季、荷花等,拥有知识产权,将是我国最具潜力的花卉出口产品。

以上是我国花卉产品进出口的基本概况,具体操作时,应当根据花卉产品进出口的特点,参照一般货物进出口的程序及有关单证进行。

11 花卉的应用与设计

11.1 花卉在园林中的应用

11.1.1 露地花卉的主要应用形式

在城乡园林绿地建设中露地花卉以其多姿的形态，丰富艳丽的色彩，点缀、烘托园林景观，渲染环境气氛，起到重点美化装饰环境的作用，常以花坛、花境、花台、花丛、水景园、岩石园和各种专类园形式出现。

11.1.1.1 花坛的应用与设计

花坛是园林中最主要的花卉布置方式之一。我国古代虽然也有将一种花卉集中布置在规则式花台中的应用方式，但当代我国各地园林中广泛应用的花坛则却是源自西方国家。

11.1.1.1.1 花坛的概念

花坛(flower bed)的最初含义是在具有几何形轮廓的植床内种植各种不同色彩的花卉，运用花卉的群体效果来体现图案纹样，或观赏盛花时绚丽色彩的一种景观表现形式。即以突出鲜艳的色彩或精美华丽的纹样来体现其装饰效果。

11.1.1.1.2 花坛的类型

依据表现主题、规划方式及维持时间长短的不同，花坛有不同的分类方法。

（1）依表现主题分类：依花坛表现的主题内容不同进行分类是对花坛最基本的分类方法，也是最常用的。据此可将花坛分为：

①花丛花坛(盛花花坛)：主要表现和欣赏观花草本植物花朵盛开时的绚丽色彩，以及不同种或品种组合搭配所表现出的华丽的图案和优美的外貌。常见的类型有独立式花丛花坛、带状花丛花坛、花缘等。

②模纹花坛：主要表现和欣赏由观叶或花叶兼美的植物所组成的精致复杂的平面图案纹样或立体造型，植物本身的个体美和群体美都居于次要地位，而由植物所组成的装饰纹样或空间造型是其主要表现内容。通常平面式模纹花坛的纹样以装饰性的花朵、祥云、文字、肖像、徽标、时钟等为主要内容，立体造型模纹花坛则有各类动物、园林建筑等写实或写意的造型，也包括各类纯装饰性的立面造型。

③混合花坛：不同类型的花坛如花丛花坛与模纹花坛结合、花坛与水景或雕塑等结合而形成的综合花坛景观。

带状花丛花坛(北京植物园)

混合式花坛(天安门 2007 年国庆花坛)

(2)依布局方式分类：依花坛的布局方式进行分类，可分为：

①独立花坛：作为局部构图中的一个主体而存在的花坛称为独立花坛，所以独立花坛是主景花坛，可以是花丛花坛、模纹花坛或混合花坛。

②花坛群：当多个花坛组成不可分割的构图整体时，称为花坛群。

③连续花坛：许多个独立花坛或带状花坛连续排列，组成一个有节奏规律的不可分割的构图整体时，便称为连续花坛群。

花坛还可以有很多分类方法，如以花坛的空间位置可将花坛分为平面花坛、斜坡花坛、台阶花坛、高台花坛及俯视花坛等；以功能不同可分为观赏花坛(包括纹样花坛、饰物花坛及水景花坛等)、主题花坛、标记花坛(包括标志、标牌及标语等)以及基础装饰花坛(包括雕塑、建筑及墙基装饰)；根据花坛所使用的植物材料可以将花坛分为一、二年生花卉花坛、宿根花卉花坛、球根花卉花坛、五色草花坛、常绿灌木花坛以及混合式花坛等。根据花坛用的植物观赏期的长短还可以将花坛分为永久性花坛、半永久性花坛及季节性花坛。

11.1.1.1.3 花坛对植物材料的要求

(1)花丛花坛的主体植物材料：花丛花坛主要由观花的一、二年生花卉或开花繁茂的球根花卉和宿根花卉组成。植物材料要求株丛紧密，整齐；开花繁茂，花色鲜明艳丽，花序呈平面开展，高矮一致；花期长而一致。如一、二年生花卉中的三色堇、雏菊、百日草、万寿菊、金盏菊、翠菊、金鱼草、紫罗兰、一串红以及鸡冠花等，宿根花卉中的小菊类、荷兰菊等，球根花卉中的郁金香、风信子以及水仙等。

(2)模纹花坛及造型花坛的主体植物材料：由于模纹花坛和立体造型花坛需要长时间维持图案纹样的清晰和稳定，因此宜选择生长缓慢的多年生植物(草本、木本均可)，且以植株低矮、分枝密、发枝强、耐修剪以及枝叶细小为宜，适宜高度低于10cm。尤其是毛毡花坛，以观赏期较长的五色草类等观叶植物最为理想。

(3)适合作花坛中心的植物材料：多数情况下，独立式花丛花坛常常用株型圆润、花叶美丽或姿态美丽规整的植物作为中心，常用的有橡皮树、加纳利刺葵、棕竹、苏铁以及散尾葵等观叶植物或叶子花、含笑等观花或观果植物。

(4)适合作花坛边缘的植物材料：花坛镶边材料与用于花缘的植物材料具有同样

的要求，多要求植株低矮，株丛紧密，开花繁茂或枝叶美丽可赏，稍微匍匐或下垂更佳。尤其是盆栽花卉花坛，下垂的镶边植物可以遮挡容器，保证花坛的整体性和美观，如天门冬、半支莲、雏菊、三色堇、垂盆草、香雪球等。

11.1.1.1.5　花坛的设计

花坛设计应从花坛所处的环境特征、花坛的平立面尺度及轮廓、花坛的造型、纹样及色彩等方面考虑。

（1）花坛与环境的关系：花坛常设于广场中央、道路交叉口、大型建筑物前，以及道路两侧等需要重点美化的地段。因此，周围环境的构成要素如建筑、道路、广场以及其他植物与花坛有密切的关系。无论是作为主景还是配景，花坛与周围环境之间都存在着协调和对比的关系，包括空间构图、色彩以及质地的对比，设计时要考虑协调与统一的关系。

（2）花坛的平面布置：主景花坛外形应是对称式的，平面轮廓应与广场相一致。但为了避免单调，在细节上可有一定变化，构图上可与周围建筑风格相协调。

花坛的平面构图（2006 年沈阳世博会）

花坛大小一般不超过广场面积的 1/5～1/3。平地上图案纹样精细的花坛面积愈大，观赏者欣赏到的图案变形愈大，因此短轴的长度最好在 8～10m 之内。图案简单粗放的花坛直径可达 15～20m。草坪花坛面积可以更大些。

（3）花坛的立面处理：花坛表现的是平面的图案，一般情况下单体花坛主体高度不宜超过人的视平线。设计花坛时，为了排水、主体突出以及避免游人践踏，花坛的种植床通常应稍高出地面 7～10cm，为了利于排水，花坛中央拱起，保持 4%～10% 的排水坡度。斜坡式、立面式及立体造型花坛的高度应与环境协调，同时考虑最佳的环境距离和角度。

（4）花坛的内部图案纹样设计：花丛花坛的图案纹样应该主次分明、简洁美观。忌在花坛中布置复杂的图案和等量分布过多的色彩。装饰纹样风格应该与周围的建筑或雕塑等风格一致。

（5）花坛其他部分的植物设计：除边缘石外，为了将五彩缤纷的图案统一起来，花坛常常布置边缘植物。边缘植物通常植株低矮，色彩单一，不作复杂构图，常用绿色的观叶植物如垂盆草、天门冬、麦冬类或香雪球、荷兰菊等观花植物作单色配置。花丛花坛还常用高大整齐、体形优美、轮廓清晰的花卉或花木作为中心材料点缀花坛，形成花坛的构图中心，如棕榈类、龙舌兰类、苏铁类；以支架构造的倾斜花坛还常常有背景植物，如散尾葵、蕉藕以及南洋杉等。

(6)花坛的色彩设计：花坛色调配合适当，即使少数植物种类搭配简单，也会使人有明快舒适的感觉；如配合不当，则显得杂乱或者沉闷。花坛色彩设计除遵循一般色彩搭配规律外，还应注意以下几点：

①同一色调或近似色调的花卉种在一起，易给人以柔和愉快的感觉。

②对比色相配时，成对比色的花卉在同一花坛内不宜数量均等，应有主次，通常以一种色彩形成花坛的纹样，以其对比色作为色块填充于纹样内，能取得较好的效果。

③白色的花卉除可以衬托其他颜色花卉外，还能在不同色调间起调和作用。

④花坛一般应有一个主调色彩，其他颜色的花卉则起着勾画图案线条轮廓的作用。忌在一个花坛或一个花坛群中花色繁多，没有主次，即使立意和构图再好，但因色彩变化太多而显得杂乱无章。

⑤应根据四周环境设计花坛色调，同时考虑花坛背景的颜色，形成适当的色彩统一与对比的效果。

11.1.1.2 花境的应用与设计

11.1.1.2.1 花境的概念

花境(flower border)是模拟自然界中林地边缘地带多种野生花卉交错生长的状态，经过设计，将以多年生花卉为主的植物材料以平面上斑块混交，立面上高低错落的方式种植于带状的地段而形成的花卉景观。它是园林中从规则式构图到自然式构图的一种过渡的半自然式的带状种植形式，以表现植物个体所特有的自然美以及它们之间自然组合的群落美为主题。

11.1.1.2.2 花境的类型

(1)依观赏角度分

①单面观花境：为传统的应用设计形式，多临近道路设置，并常以建筑物、矮墙、树丛以及绿篱等为背景，前部为低矮的边缘植物，整体上前低后高，仅供一面观赏。

②双面观花境：多设置在道路、广场和草地的中央，植物种植总体上以中间高两侧低为原则，可供两面观赏。

③对应式花境：多位于园路轴线的两侧、广场、草坪或建筑周围呈左右二列式相对应的两个花境。在设计上作为一组景观统一考虑，多用拟对称手法，力求富有韵律变化之美。

单面观花境

多面观花境

（2）依花境所用植物材料分

①草花花境：花境内所用的植物材料全部为草本花卉时称为草花花境。包括一、二年生草花花境、宿根花卉花境、球根花卉花境。其中最为常见的是多年生的宿根花卉花境。气候寒冷的地区，为了延长花境的观赏期，也常在多年生花境为主的花境中补充一些时令性的一、二年生花卉。

②灌木花境：花境内所用的植物材料以灌木为主时称为灌木花境。所选用材料以观花、观叶或观果且体量较小的灌木为主。包括各种小型的常绿针叶树如矮紫杉、青杆、白杆、沙地柏等。

对应式花境

③混合花境：以小型灌木及各类多年生花卉为主配植而成的花境，是园林中最为常见的花境布置方式。

（3）依花境中花卉的颜色而分为

①单色系花境：即整个花境由单一色系的花卉组成，通常种植同一色系但颜色深浅不同的花卉。常见的有白色花境、蓝紫色花境、黄色花境以及红色花境等。

②双色系花境：花卉的主要颜色为两种的花境。通常采用对比强烈的两种颜色，常见的有蓝色和黄色，橙色和紫色等。

③多色系花境：是指由各种颜色的花卉组成的花境，这是最常见的形式，也是相对较为容易的搭配形式。

11.1.1.1.3　花境的设计

（1）花境的形态与尺度：花境是一种半自然式带状种植方式，两边是平行或近于平行的直线或曲线。单面观花境植床的后边缘线多为直线，前边缘线可为直线或自由曲线。两面观赏花境的边缘基本平行，可以是直线，也可以是流畅的自由曲线。通常情况下，混合花境、双面观赏花境较宿根花境及单面观花境宽。各类花境的适宜宽度大致是：单面观混合花境 4～5m；单面观宿根花境 2～3m；双面观花境 4～6m。在家庭小花园中花境可设置1～1.5m 宽，一般不超过院宽的 1/4。较宽的单面观花境的种植床与背景之间可留出70～80cm 宽的小路，以便于管理，又有通风作用，并能防止做背景的树和灌木根系侵扰花境花卉。

（2）花境的种植设计

①花卉种类选择：花卉种类选择是花境设计中最重要的一个部分。需考虑每种花卉的适应性、花期、株高、冠幅、姿态及颜色等。宜选择适应性强、耐寒、耐旱、在当地自然条件下能安全越冬且生长强健、栽培管理简单的多年生花卉为主。根据花境的具体位置，还应考虑花卉对光照、土壤及水分等的适应性，例如花境中可能会因为背景或上层乔木造成局部半荫的环境，这些位置宜选用耐荫花卉。

观赏性是花境的重要特征。通常要求植于花境的花卉开花期长或花叶兼美，种类的组合上则应考虑立面与平面构图相结合，株高、株型、花序形态等变化丰富，有水平线条与竖直线条的交错，从而形成错落有致的景观。种类构成还需色彩丰富，质地有异，花期具有连续性和季相变化，从而使得整个花境的花卉在生长期次第开放，形成优美的群落景观。

②色彩设计：色彩设计是花境设计中最为关键的部分之一。花境的色彩主要由植物的花色来体现，同时植物的叶色，尤其是观叶植物叶色的运用也很重要。花境色彩设计中主要有4 种基本配色方法，包括单色系设计、类似色设计、补色设计、多色设计。设计中根据花境大小选择色彩数量，避免在较小的花境中使用过多的色彩而产生杂乱感。同时，还应考虑在季相变化上应该是四季有景，各有特色，保持连续性，或以某个季节为重点，兼顾其他季节，形成最佳观赏效果。

③平面设计：构成花境的最基本单位是自然式的花丛。平面设计时，即以花丛为单位，进行自然斑块状的混植，每斑块为一个单种的花丛。通常一个设计单元（如20m）以 5～10 种以上的种类自然式混交组成。各花丛大小有变化，一般花后叶丛景观较差的植物面积宜小些并在前方配植其他花卉给予弥补。为使开花植物分布均匀，又不因种类过多造成杂乱，可把主花材植物分为数丛种在花境不同位置。使用球根花卉或一、二年生草花时，应注意该种植区的材料轮换，以保持较长的观赏期。

对于过长的花境，可设计一个演进花境单元进行同式重复演进或两、三个演进单元交替重复演进。但必须注意整个花境要基调统一。

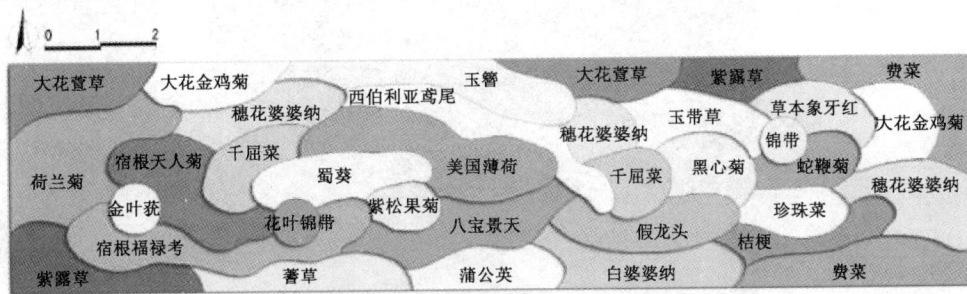

花境设计平面图

④立面设计：花境要有较好的立面观赏效果，应充分体现群落的美观。植株高低错落有致、花色层次分明。立面设计应充分利用植株的株形、株高、花序及质地等观赏特性，创造出丰富美观的立面景观。

花境植物材料质感对比

11.1.1.3 花丛、花群的应用与设计

花丛、花群是自然式花卉布置的重要单位，也是园林花卉应用最广泛的形式之一。花丛与花群大小不同，株少为丛，丛连成群，位置灵活，极富自然之趣，因而深受人们的喜爱。

11.1.1.3.1 花丛、花群的概念及特点

（1）花丛、花群的概念：根据花卉植株高矮及冠幅大小之不同，将几株或十几株花卉组合成丛配植阶旁、墙下、路旁、林下、草地、岩隙、水畔的自然式花卉种植形

草地上的花丛配置

式，即为花丛(flower clumps)。花丛重在表现植物开花时华丽的色彩或彩叶植物美丽的叶色，既是自然式花卉配置最基本的单位，也是花卉应用最广泛的形式。花丛可大可小，小者为丛，集丛成群，即为花群。

（2）花丛、花群的特点：花丛、花群大小组合，聚散相宜，位置灵活，极富自然之趣。因此最宜布置于自然式园林环境，如常布置于开阔草坪的周围，在林缘、树丛、树群与草坪之间起联系和过渡的效果；也可点缀于建筑周围或广场一角，对过于生硬的线条和规整的人工环境起到软化和调和的作用。

11.1.1.3.2　花丛、花群植物材料的选择

花丛、花群的植物材料以适应性强，栽培管理简单、粗放，且能露地越冬的宿根和球根花卉为主，既可观花，也可观叶或花叶兼备。花卉的选择，高矮不限，但以茎秆挺直、不易倒伏、植株丰满整齐、花朵繁密者为佳，如芍药、玉簪、萱草、鸢尾、百合、丽蚌草等。栽培管理简单且具自播繁衍能力的一、二年生花卉或野生花卉也可以用作花丛，如波斯菊、半支莲等。

小径花丛配置景观

以多种野生花卉混合种植形成自然而壮观的群体效果为近年来园林中所常见，称为野花组合。这种方式自20世纪70年代就已在欧美园林造景中开始流行，它不仅用于住宅区，还被用作高速公路护坡、分车带景观布置、草坪缀花等。野花组合中使用的花卉大多具有强健的生态适应性和抗逆性，其景观效果通过精心制定的种子配方，将多种花卉的种子混合后进行播种来实现。野花组合中的一年生花卉，通常具有很强的自播繁衍能力，能保持多年连续开花；多年生花卉则可以常年生长开花，混合了多种花卉的野花组合能达到花色范围最广、开花时间最长的目的，而且此种应用方式具有省工省时且景观效果好的特点。

11.1.1.3.3　花丛、花群的设计原则

花丛、花群从平面轮廓到立面构图都是自然式的，边缘不用镶边植物，与周围草地、树木等没有明显的界限，常呈现一种错综自然的状态。园林中，根据环境尺度和周围景观，既可以单种植物构成大小不等、聚散有致的花丛，也可以两种或两种以上

花卉组合成丛，但花丛内的花卉种类不能太多，要有主有次；各种花卉混合种植，不同种类要有花色变化且高矮有别，疏密有致，富有层次，既有变化又有统一。

花丛、花群设计应避免两点：一是花丛大小相等，等距排列，显得单调；二是种类太多，配置无序，显得杂乱无章。

11.1.1.4　垂直绿化景观的应用与设计

随着城市化的发展，平地可用于绿化的土地面积相对减少，因此必须充分利用某些植物的特性，营造立体面的绿化，从而增加环境绿量，改善与美化人们的居住、工作及生活环境。

11.1.1.4.1　垂直绿化的概念与意义

垂直绿化（vertical greening）是相对于平地绿化而言，属于立体绿化的范畴。主要利用攀缘性、蔓性及藤本植物对各类建筑及构筑物的立面、篱、垣、棚架、柱、树干或其他设施进行绿化装饰，形成立体空间的绿化、美化，称为垂直绿化。

设置篱笆、棚架或其他设施进行垂直绿化，可以丰富园林景观并为游人提供遮荫、休息的场所；对各种墙垣的绿化不仅具有美观作用，还可起到固土、防止水土流失的作用；对建筑墙面进行垂直绿化，可以降低辐射热，减少眩光，增加空气湿度和滞尘隔噪；垂直绿化还具有占地少，见效快，覆盖率高，使环境更加整洁美观，生动活泼的优点，因此是有效增加绿化面积，改善城市生态环境及景观质量的重要措施，这对于建筑密集、绿化用地紧张的城市尤为必要。

11.1.1.4.2　垂直绿化的类型及设计

根据垂直绿化中建筑及支撑物的类型，可将垂直绿化分为如下几类：

（1）墙面的垂直绿化：泛指建筑或其他人工构筑物的墙面（如各类围墙、建筑外墙、高架桥墩或柱、桥涵侧面、假山石、裸岩、墙垣等）进行绿化的种植形式。墙面绿化需考虑墙面的高度、朝向、质地等，选择适宜的植物种类和种植形式。通常有如下5种形式：

①直接攀附式：利用吸附性攀缘植物直接攀附墙面形成垂直绿化。不同植物吸附能力不同，墙面的质地不同，植物的吸附性也不同，应用时需了解墙面的特点与植物吸附性的关系。墙面越粗糙越有利于植物攀附。常用的植物材料有爬山虎属、常春藤属、络石属、凌霄属以及榕属等的部分种类。

②墙面安装条状或格状支架供植物攀附：有的建筑墙体表面较为光滑或其他原因不便于直接攀附植物的，可在墙面安装各种直立的、横向的或格栅状的支架供植物攀附，使许多卷攀型、钩刺型、缠绕型植物都可借支架绿化墙面。如紫藤属、铁线莲属、葡萄属以及羊蹄甲属等的部分种类。

悬崖菊与山荞麦组成的
悬垂式垂直绿化

③悬垂式：在低矮的墙垣顶部或墙面设种植槽，选择蔓性强的攀缘、匍匐及俯垂型植物，如常春藤、忍冬、木香以及云南黄馨等，也可以在墙的一侧种植攀缘植物而使其越墙悬垂于墙的另一侧，从而使墙体两面及墙顶均得到绿化。

④嵌合式：园林中一些装饰性墙面，如墙园或挡土墙等可以在构筑墙体时在墙面内预设种植穴，填充栽培基质，栽植一些悬垂或蔓生的植物，称为嵌合式垂直绿化。这种方式可选择的植物种类有鹿角蕨、昙花、夜香树以及垂吊天竺葵等。

⑤直立式：将一些枝条易于造型的观赏乔灌木紧靠墙面栽植，通过固定、修剪、整形等方法，使之沿墙面生长的一种绿化形式，又称为植物的墙面贴植。常用的植物有紫薇、木绣球、锦带花以及平枝栒子等。

（2）篱、垣、栅栏的垂直绿化：篱、垣与栅栏都具有围墙或屏障功能，但结构上又具有开放性与通透性。使植物攀缘、披垂或凭靠篱垣栅栏形成绿墙、花墙、绿篱、绿栏等，即是篱垣栅栏的垂直绿化，也是简单易行的一种绿化和美化方式。应用于篱垣和栅栏的植物种类主要为攀缘类及垂吊类中的一些俯垂型种类，常见的如十姐妹、爬山虎、观赏南瓜以及铁线莲类等。

美国凌霄篱、垣、栅栏的垂直绿化

（3）棚架及绿亭的垂直绿化：棚架是园林中最常见、结构造型最丰富的构筑物之一，它经过各种花卉装点，常常形成别具特色的景观效果，不仅具有观赏作用，并兼具遮荫、游览及休息的功能，园林中通常称为花架。花架根据造型可分为廊式花架、单排柱式花架、独柱式花架、多角亭式以及不规则式等几类，另外也有不用椽条而用方格架布满立面和顶面，便于植物攀附的格子架。

园林设计中要根据具体的环境及对花架的功能要求选择适当的造型和材料，使花架和植物材料有机融为一体，既起到隔景、遮荫、供游人休憩游赏的目的，自身又成为园林中一处立体景观，同时应注意建造花架的材料要根据攀缘植物材料的不同而异。配置于花架的植物通常选择生长旺盛、枝叶茂密、开花观果的攀缘和藤本植物，如紫藤、金银花、山荞麦以及葡萄等。配植时应从景观要求出发，并结合花架情况选择能适应当地气候且栽培管理简便的花卉。

紫藤廊架（北京植物园）

（4）拱门的垂直绿化：用观赏植物造型而成门形装饰或将植物攀附于各种形式的出入口进行装饰的花卉应用形式。花门既具有门的分隔和连接景区的作用，还具有导向作用，造型别致的花门本身就是一个景点；设置位置巧妙时，花门还具有框景的作用，是园林中可游、可赏的一个内容。其主要可分为三类：

①造型花门：即用观赏花木经盘扎造型制作而成的花门，植物材料通常选用枝条柔软、易编扎造型的种类，如紫薇、叶子花、女贞以及桂花等。方法是从植物幼苗期即开始对枝条进行编扎，造成瓶状、柱状或动物形状等，到一定高度后再将两株的上部编扎到一起，形成门的形状。

②架式花门：即用钢筋设计成拱形门，在基部种植藤本植物，如藤本月季、蔷薇、凌霄以及叶子花等，使其沿钢筋格架攀缘而上形成花门。

③其他形式的花门：在各种出入口的两侧基部种植攀缘植物，通过人工牵引使其攀附于门的周围进行装饰而形成的花门。对一些没有吸盘、难以攀缘的植物可以在墙上设格子架令植物缠绕或将植物绑缚于上。

（5）杆柱式垂直绿化：即将植物材料攀缘于杆、柱状物体上，形成绿柱或花柱的垂直绿化形式。园林中杆柱式垂直绿化可与园林中灯柱、廊柱、路标以及其他杆柱式的构筑物或装饰物相结合，也可以利用园林中的枯树干或高大乔木的树干布置攀缘植物进行垂直绿化。这种绿化形式适宜选择缠绕类或吸附类攀缘植物，如地锦、常春藤、扶芳藤、

藤本月季架式花门

薜荔、凌霄以及常春油麻藤等。

11.1.1.5　垂直绿化的植物种植与维护

在园林绿化中，应根据绿化的环境选择适宜的垂直绿化植物种类，采取适当的栽植方式或设置合理的支撑设施，并做到正确的日常养护管理，才能保证垂直绿化预期的生态效益和美化效果。

11.1.2　草坪及地被植物的应用

与其他园林花卉相比，草坪及地被植物由于其能密集地覆盖地表，常在园林中占据很大的面积，有着不可忽视的作用。在园林艺术上，它把树木花草、道路、建筑、山丘及水面等各个园林要素，更好地联系与统一起来，营造出绿色生态的空间；在功能上，为游人提供广阔的活动场地，并防止水土流失，防尘减噪，调节空气湿度，缩小温差，预防自然灾害等；在经济上，有些种类的草坪和地被植物也能直接提供饲料或药材，创造一定的经济效益。

11.1.2.1　园林草坪和草坪植物

11.1.2.1.1　草坪及草坪植物的概念

（1）草坪(lawn)：草坪是园林中用人工铺植草皮或播种草籽培养形成的整片绿色地面(《辞海》)。严格地讲，草坪即草坪植被，通常是指以禾本科或其他质地纤细的植被为覆盖，并以它们大量的根或匍匐茎充满土壤表层的地被，是由草坪草的地上部分以及根系和表土层构成的整体。

（2）草坪植物(lawn plants，lawn grasses)：草坪植物是组成草坪的植物总称，也称草坪草。实际上，草坪植物也属于地被植物的范畴。它主要是指一些适应性较强的禾本科及莎草科的多年生草本植物，如结缕草、野牛草、狗牙根等，也有少数禾本科的一、二年生草本植物如早熟禾、多花黑麦草等。

11.1.2.1.2　园林草坪的景观类型

草坪景观是指草坪或与其他观赏植物相互组合所形成的植物景观。草坪景观在园林中通常作为主景或背景。园林绿地中的草坪景观主要有以下类型：

（1）缀花草地：花卉与草坪的组合景观。即在草坪的边缘或内部点缀一些非整形式成片栽植的草本花卉而形成的景观。常用的花卉为球根或宿根花卉，有时也点缀一些一、二年生花卉，使草坪上既有季相变化又不需经常大面积更换，如水仙属、番红花属、玉帘属、香雪兰属、鸢尾属、绵枣儿属、玉簪属、铃兰属等，均适用于草坪点缀。

（2）疏林草坪：落叶大乔木夹杂少量针叶树组成的稀疏片林，分布在草坪的边缘或内部，形成草坪上平面与立面的对比、明与暗的对比、地平线与曲折的林冠线的对比。由于上层林木稀疏，对比并不强烈，在绿色的统一中有各种深浅绿色的变化，显得很协调。这种组合，冬季阳光遍布草坪，夏季树荫横斜疏林。此类景观在欧美自然式园林中占有很大的比例。

（3）乔、灌、草、花组合的草坪：乔木、灌木、草花环绕草坪的四周，形成富有层次感的封闭空间。草坪居中，草花沿草坪周边，灌木作草花的背景，乔木作灌木的背景，在错落中互相掩映，尤其花灌木的配置适当，花期、花色变化万千，成为一幅连续的长卷，虽与外界不够通透，但内部自成一体，草坪上安置顽石散点、雕塑小品，甚至茅亭一座、孤树一株、小池一潭，都很得体。

乔、灌、草、花组合的草坪

（4）规则式草坪：在规整式园林中，常采用图案式花坛与草坪组合，使常绿灌木修剪的图案被绿色草坪所衬托，清晰而协调。无论花坛面积大小，草坪总是呈现规则的几何形，对称排列或重复出现。在西方古典城堡宫廷中经常利用这种草坪景观，以求得严整、雄伟的效果。

（5）野趣草坪：人工模仿天然草坪。道路不加铺装，草坪也不用人工修剪，路旁的平地上有意识地撒播各种牧草、野花，散点块石、少量模仿被风吹倒的树木，起伏的矮丘陵种些灌木丛，甚至假造少量野兔的巢穴，如同人烟罕至的荒原一样。不设座椅及亭台，但有石块堆成的野炊组合或倒木充当坐憩之用。一泓池水，四周杂草丛生，放养一些野鸭更增加野趣。植物的选择要尽量选择当地的乡土树种、野花和野草，疏密有致，自然配置，杂而不乱，荒而不芜，与四周人工造园的景象恰成对比，别有情趣。

野趣草坪

（6）高尔夫球场式草坪：高尔夫球场大部分是起伏的草坪，视线通透开敞，中间偶尔设有水池、沙坑，边缘有乔木、灌木形成的防护林带，少数精美的休息室或小亭点缀其间。这种开阔的草坪景观具有一定趣味性。

11.1.2.2　地被植物和园林地被

11.1.2.2.1　地被植物和园林地被的概念

（1）地被植物（groundcover plants，groundcovers）：株丛紧密、低矮，用以覆盖园林地面而免杂草滋生并形成一定的园林地被景观的植物种类被称为地被植物或园林地被植物。

（2）园林地被（ground cover）：通过栽植低矮的园林植物覆盖于地面形成一定的植物景观，称为园林地被。

11.1.2.2.2　园林地被的类型

园林地被植物类型种类繁多，不仅包括多年生低矮草本植物，还有一些适应性较强的低矮、匍匐型的灌木和藤本植物。根据地被景观效果，可将其分为以下几类：

（1）常绿地被：栽植铺地柏、石菖蒲、麦冬类、常春藤等常绿植物而形成的地被。其中北方寒冷地区主要配植常绿针叶类地被植物如沙地柏等，及少量抗寒性强的常绿阔叶地被植物，如洋常春藤及土麦冬等；黄河以南地区则可以种植多种常绿阔叶类地被植物，如沿阶草、吉祥草、薜荔、络石、蔓长春花等。

（2）落叶地被：由落叶植物形成的地被，秋冬季地上部分枯萎或落叶，翌年春天再发芽生长，如萱草、玉簪、爬山虎等。这类植物分布广泛，抗寒性强，尤其适用于北方寒冷地区建植大面积地被景观。其中既有观花的如宿根福禄考、波斯菊、二月蓝等，也有观叶的如爬山虎、玉带草、花叶玉簪等，也有一些观果的如蛇莓、平枝枸子等植物形成的地被景观。

（3）观花地被：以观花类植物形成的地被。这类植物不仅低矮，而且花期长，花色艳丽，开花繁茂，以花期观赏为主，有多种一、二年生花卉、宿根及球根花卉，如二月蓝、红花酢浆草、地被菊、菊花脑、花毛茛等。有些地被植物花叶兼美，如石蒜类、水仙花等；还有些种类在气候适宜的地区常年开花，用于地被效果尤佳，如蔓长春花、蔓性天竺葵等。

（4）观叶地被：这类地被植物需终年翠绿或有特殊的叶色与叶姿，如以常春藤类、蕨类植物以及菲白竹、玉带草、八角金盘、连钱草以及各种矮生竹类形成的地被景观。

11.1.3　水生花卉的应用

在古今中外的园林中，水景是不可或缺的造园要素，园林中有了水，便需要点缀水体的植物，因此水生花卉是园林中美化点缀水体景观的重要素材。

11.1.3.1　水生花卉的应用方式

水生花卉常用于点缀园林中的各类水体或专设一区布置成水生花卉专类园；在有大片自然水域或湿地的风景区，也可结合风景的需要，栽种大量既可观赏又有经济收益的水生和湿生植物。

11.1.3.1.1　水生花卉专类园

水生花卉专类园常常结合专类花卉的收集、育种、品种展示等科研及科普教育之功能，集中布置某一类或几类水生花卉，如荷花专类园、睡莲专类园及花菖蒲专类园等。园林中也常专设一区，从观赏的角度布置各类水生花卉，称为水景园。

11.1.3.1.2　水生花卉的景观类型

（1）水面景观：湖池是园林中最常见的水体类型，因具有较大而平静的水面，是布置水生花卉的最主要区域。通常在湖、池中配植浮水花卉、漂浮花卉及适宜的挺水花卉，在水面形成美丽的景观。

水面荷花景观（北京紫竹院公园）

（2）岸边景观：水体岸边景观主要由湿生的乔灌木及挺水花卉组成。乔木的枝干不仅可以形成框景、透景等特殊的景观效果，不同形态的乔木还可组成丰富的天际线或与水平面形成对比，或与岸边建筑相配植，组成强烈的景观效果。岸边的挺水花卉或亭亭玉立，或呈大小群丛与水岸搭配，点缀池旁桥头，极富自然之情趣。

（3）沼泽景观：自然界沼泽地分布着多种多样的沼生植物，成为湿地景观中最独特和丰富的内容。在西方的园林水景中有专门供人游览的沼泽园，其内布置各种沼生花卉，姿态娟秀，色彩淡雅，野趣尤浓。

（4）滩涂景观：滩涂是湖、河、海等水边的浅平之地。在园林水景中可以再现自然的滩涂景观，结合湿生植物的配植，带给游人回归自然的审美感受。

11.1.4　岩生植物及其应用

11.1.4.1　岩生植物

通常将适用于岩石园的植物称为岩生植物（rock plants）或岩生花卉。岩生植物植株低矮，生长缓慢，生长期长；耐瘠薄，抗逆性强；以灌木、亚灌木及多年生宿根和球根花卉为主。园林中常用的岩生花卉即包括引自高海拔地区的高山植物（alpines），也包括植株低矮的科生植物或经人工培育的各类低矮或匍匐型品种。

11.1.4.2　岩生植物的应用

岩生植物的主要展示方式是布置成岩石园。即结合地形选择适当的岩石和岩生植物，经过合理的构筑与配植，展示高山草甸、岩崖、碎石陡坡、峰峦溪流等自然景观和植物群落。此外利用花园中的挡土墙或专门构筑墙体，在缝隙中种植岩生花卉，也是常见的岩生花卉布置方式。小型岩生花卉还可种植于容器中布置和装饰庭院。也有专门建高山植物展览温室的，将各类高山植物或岩生植物布置成丰富多彩的室内景观。

自然式岩石园（昆明植物园）

墙园式岩石园（江苏省中国科学院植物研究所植物博览园）

11.2　盆栽花卉的应用

11.2.1　盆栽花卉概念

盆栽花卉（potted plant）是相对于各种园林绿地中栽植于自然土壤中的花卉而言。通常将种植于盆、钵、瓶、桶、箱等各种栽植容器中的花卉，均简称为盆栽花卉或盆花，亦可称为容器栽植。盆花具有布置灵活、便于更新的特点，不仅适合于小空间及局部空间的点缀，更是各类室内及室外铺装场地最常见的植物应用形式。

11.2.2 单株盆花的应用

株形轮廓清晰或具有特殊株型的观花或观叶植物可单株应用，通常采用孤植、对植、列植等布置方式，成为空间局部的焦点或分隔空间的主要方式。苏铁、散尾葵、鱼尾葵等大型室内观叶植物及杜鹃、蝴蝶兰等美丽的观赏植物通常均可单独摆放来装饰环境。单株盆栽花卉不仅具有较高的观赏价值，布置时还需考虑植物的体量、色彩和造型与所装饰的环境空间相适宜，因而对容器的要求也较高。容器的大小、结构应能满足不同植物的生长需要，并根据环境的设计风格选择适宜颜色、质地、造型的容器。容器应不喧宾夺主，力求质朴、简洁并能最大限度地衬托植物优美的观赏特点，并与总体景观融为一体。

11.2.3 组合盆栽的应用

组合盆栽（plant pack）是指将多种（品种）花卉根据其色彩、株高、株型等特点，经过一定的构图设计，种植在容器。可以说组合盆栽是特定空间和尺度内的植物配置，也是对传统艺栽的进一步发展。

组合盆栽不仅可以展现某一种花卉的观赏特点，更能显示不同花卉配置的群体美。不同植物相互配合，可以使其观赏特征互为补充，如用低矮、茂盛的植物遮掩其他种类因分枝少、花莛高、下部不饱满的缺陷，也可以花、叶互衬或花、果相映，形成一组较单株观赏价值更高的微型景观。组合盆栽体量不一、形式多样、趣味性强，故而广受欢迎，不仅可用于馈赠、家居及会场、办公场所等的美化，也广泛应用于商场及橱窗设计等商业空间的装饰美化。

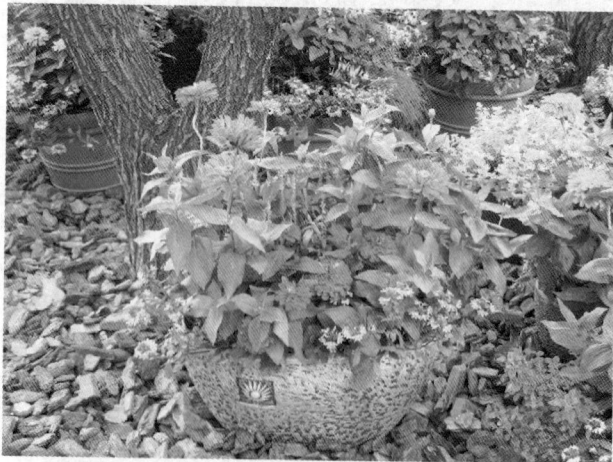

组合盆栽

11.2.4　悬吊装饰盆花的应用

　　将观赏植物栽培于容器并悬吊于空中、置于高处或挂置于墙壁上的应用方式。悬吊式栽植节省地面空间，应用灵活，并可以形成优美的立体植物景观。悬吊花卉的素材及装饰形式多样，可以统称为吊篮(hanging baskets)。根据其装饰形式及容器造型又可分为壁挂式、悬吊式等类型。这种应用方式通常选用柔软下垂的植物，如长春蔓、马蹄金、蔓性矮牵牛等，或用直立但株丛丰满的花卉如凤仙类、鸡冠花等，与垂蔓式植物组合栽植，使造型、色彩更为丰富，提高其观赏性。

花卉的悬吊装饰

11.2.5　瓶景及箱景的应用

　　瓶景及箱景(terrarium)是在透明、封闭的玻璃瓶或玻璃箱内经过构思、立意，构筑简单地形，配植喜湿、耐荫的低矮植物，并点缀石子及其他配件，表现田园风光或山野情趣的一种趣味栽培形式，前者为瓶景、后者为箱景，又统称为"瓶中花园"或"袖珍花园"。这类应用方式所选植物要求耐阴性强，喜欢空气潮湿的环境，如各种小型蕨类植物及豆瓣绿等观叶植物。

11.3　插花花艺的应用

11.3.1　插花与花艺的概念

　　插花即离体花的造型设计。将植物体上的花、枝、叶、果等剪切下来，以一定的技法为基础，配合生活的场景、时间及用途等，并按照艺术的构图原则和色彩搭配进行设计后，将其插在能盛水的容器中或能保水的基质上，组成一件既有一定内在的思想情愫，又能充分展示花的自然美的艺术品，这样一种以花为主体的艺术设计就是插花。

花艺设计是传统插花的延续和发展。将现代社会的各种哲学和美学意识融入插花艺术原有的理念、技法及选材，展现在人们的生活之中，从而形成一种全新意义上的插花艺术形式，即是现代花艺设计的理念和手法。花艺设计越来越多地见于各种专业花艺设计展示会、大型服饰展示会，乃至汽车等工业产品展示会的装饰布景以及宾馆、饭店商厦的装饰等。

11.3.2　插花花艺的装饰特点

插花艺术不仅借鉴了如绘画、书法、园艺、盆景、诗歌等多种艺术形式，同时还有许多自身的特点。

11.3.2.1　插花艺术是四维空间的艺术。

除了在三维空间中的立体造型以外，随着时令的不同，可选取不同的花材创作出反映春、夏、秋、冬各个季节的作品；并且在同一幅作品中，由于花材表现出的从花蕾到开放甚至凋萎的生命变化的过程，是其他非植物材料的艺术品所不可能具备的特征，不仅使人感到赏心悦目，更令人感觉到与自然密切的关系。

11.3.2.2　插花艺术具有极强的装饰美化效果。

由于插花艺术具有鲜明、亮丽的色彩及鲜活的生命力，雅俗共赏，因而具有极强的艺术感染力和装饰美化效果，广泛应用于各种公共及家居场所，美化环境。根据环境、季节的不同，采用不同的花卉及造型手法，插花艺术便赋予环境更为和谐及高雅的艺术氛围。

11.3.3　插花与花艺的类型

由于地域的不同，民族文化的差异，宗教信仰的不同，东西方插花虽然具有同样悠久的历史，但却形成了迥然不同的艺术风格。随着时代的进步，更形成了世界插花艺术的多样性，表现出丰富多彩的造型及迥然不同的艺术风格。目前，世界上的插花流派极其繁多，风格多样，种类纷呈。

11.3.3.1　根据艺术风格分类

（1）东方式插花艺术：主要以中国和日本为代表，其主要特点表现为作品重视意境和思想内涵的表达，体现东方绘画"意在笔先，画尽意在"的构思特点，使得插花作品不仅具有装饰效果，而且达到"形神兼备"的艺术境界。在构图上崇尚自然，采用不对称式构图法则，讲究画意，布局上要求虚实相间、主次分明、俯仰呼应、顾盼相呼。追求"虽由人作，宛自天开"的艺术境界。注重花材的人格化意义，赋予作品以深刻的思想内涵及寓意，用自然的材料来表达作者的精神境界，所以非常重视花的文化因素。色彩上以清淡、素雅、单纯为主，提倡"轻描淡写"；用花上亦讲求精炼，不以量取胜，而以其姿态、寓意为先，造型上自由活泼。

（2）西方式插花艺术：以欧美各国传统插花为代表，其主要特点为插花作品讲究装饰效果以及插作过程的怡情悦性，不过分地强调思想内涵；讲究几何图案造型，追求群体的表现力，注重花材整体的图案美及色彩美；构图上多采用均衡、对称的手法，多为规整的几何造型，借以表达稳定、规整、体现人为力量的美，使花材表现强烈的装饰效果；追求丰富、艳丽的色彩，着意渲染浓郁的气氛。花材使用的种类多，用量大，雍容华丽，但不失端庄大方；表现手法上注重花材、花器、插花作品与环境场合的协调。常使用多种花材进行色块的组合。

值得一提的是，随着近现代东西方插花艺术的不断融合，都各自吸收了对方的一些表达手法，极大地丰富和完善了各自的艺术风格。

（3）现代自由式插花艺术：这是当今时代所广泛流行的插花艺术形式。在吸收传统东西方插花艺术的理念和风格的同时，借鉴现代装饰艺术的理念，包括色彩和空间造型、现代绘画、服饰、雕塑等艺术门类的造型理念，创作出具时代特点的、易为当代人们所接受的自由、抽象、具有很强现代形式美感及装饰性较强的作品。

11.3.3.2 根据花材的性质分类

（1）鲜花插花：以新鲜的花、枝、叶、果等花材插制的插花作品，具有真实、自然、鲜美的生命力及艺术魅力；但水养不持久，观赏期短。

（2）干花插花：采用经自然及人工干燥后制成的花材所插制的插花。这类花材既保留了植物原有的形态，又可人工加工染色或漂白处理，观赏价值高，摆放时间持久。但其色彩不如鲜花生动，作品也不具备鲜花插花的变化特征。

（3）人造花插花：选材均为人造纺织材料或塑料等经加工制成。其特点为工艺性、装饰性强或仿造十分逼真，经久耐用，且容易清洗。但人造花插花作品缺少鲜花插花的鲜活的生命力，高档产品一般又较真花昂贵。

（4）混合插花：多为干花与鲜花或干花与人造花混合插制而成。其特点是使作品从层次、质感上更为生动、活泼，扩大了插花作品的表现空间。

11.3.4 插花作品的布置

（1）插花花艺作品应该与所装饰的空间大小相协调。如果空间较小而作品太大，就会显得拥挤；如果空间大而作品小，则对环境起不到应有的装饰和烘托气氛的作用。

（2）陈设的作品应与其环境的装饰色调、装饰风格相协调，与环境中的其他陈设品（如家具、艺术品）的风格相协调。

（3）作品的陈设高度、位置、角度等要合理，有些作品适合平视，有些则适合于仰视或俯视；有些作品是单面观赏，有些作品则适合从多面观赏。

（4）光线的明暗、色调及插花所要摆放位置的光照状况影响插花的色彩效果。蓝色、紫色等深颜色的花若置于晦暗的光线中会有隐没感，起不到装饰的效果，宜放在明亮的光线下。光照不佳的室内或某个角落，需选择亮度较高的浅色调作品。

（5）插花作品适宜摆放在通风良好、光照明媚（漫射光）、温度适中的环境中，切忌高温下的阳光直射，也不宜在过低的温度或过湿热的环境下摆放。

各　论

1　切花花卉

1.1　概述

1.1.1　概念

切花是指从植物体上切取下来的花、枝、叶、果、根等器官，它们具有较高的观赏价值，用于花卉装饰或插花花艺作品的制作。生产切花的花卉，称之切花花卉。在世界范围内，切花已经成为巨大的产业化生产项目，其销售额常占世界花卉总销售额的50%以上。许多重要的切花花卉，如唐菖蒲、香石竹、菊花、百合、月季、花烛等，采用设施栽培或利用品种优势、地区的气候优势或地理优势，都能做到周年供应切花。

切花应具备如下特点：

①具有较高观赏价值，或花大色艳；或花密如云；或枝干线条优美；或花形奇特诱人；或叶形叶色漂亮；或果实与根系美观等。

②造型规整优美，色彩丰富，枝干粗壮挺直，耐贮藏运输。

③适应水养环境，切花水养期长。

④生长健壮，病虫害少，无刺激性气味。

1.1.2　类别

随着切花应用和生产的发展，切花种类和育出的品种，美轮美奂，层出不穷。根据茎干质地、生活史、切取植物体上的器官等可作如下分类：

1.1.2.1　根据切花花卉茎干质地的分类

（1）木本切花花卉：茎干为木质，有亚灌木、灌木或乔木3种类型。亚灌木类的如牡丹、香石竹、文竹等；灌木类的如月季、帝王花、针垫花、银芽柳等；乔木类的如银叶桉、榕树、香龙血树等。

（2）草本切花花卉：茎干为草质，根据生活史可分为：

①一年生切花花卉：为春天播种、夏天生长、秋天开花结实、冬天死亡，生命周期为一年，一生只开1次花的切花花卉。如麦秆菊、洋桔梗、翠菊、霞草、贝壳花、千日红等。

②二年生切花花卉：为秋天播种、保护或自然越冬、春天生长开花结实、炎夏到来前死亡，生命周期为两个生长季，也是一生只开1次花的切花花卉。如深波叶补血草、金盏菊、紫罗兰、风铃草等。

③宿根切花花卉：为多年生花卉，其地下部分（根或茎）不膨大。分为3类：

A. 春播宿根切花花卉　为春天播种，夏天生长、秋天开花结实、冬天地上部分枯萎，以根茎在地下休眠越冬，春天天气转暖，抽芽、出土、生长，再次开花结实，冬天再休眠越冬。是一生多次开花的切花花卉。如随意草、大花飞燕草、石竹、桔梗、穗状水苦荬、凤尾蓍、荷兰菊、宿根天人菊、玉簪、火炬花、宿根福禄考、落新妇等。

B. 秋播宿根切花花卉　为秋天播种，春夏开花结实的宿根切花花卉，也是一生多次开花。如芍药、冠状银莲花、多叶羽扇豆、鸢尾等。

C. 常绿宿根切花花卉　终年常绿，不休眠，一生多次开花。如非洲菊、麦冬、鹤望兰、吉祥草等。在北方寒冷地区，要在温室内越冬。

应当说明的是多数宿根花卉都有许多园艺品种，为保持品种优良性状，基本采用分株、扦插、组织培养等营养繁殖的方式。而且多数宿根花卉营养生长期较长，不是当年播种，当年或次年开花，而要生长数年，如芍药播种后要生长 4～5 年才能开花。

④球根切花花卉：为多年生花卉，其地下部分变态膨大，能多次开花结实。如大丽花、唐菖蒲、晚香玉、水仙类、郁金香、马蹄莲、朱顶红、小苍兰、狒狒花、大花葱、冠状银莲花、鸟乳花、百合类、球根鸢尾、花毛茛、铃兰等。

1.1.2.2　根据从植物体上切取的器官分类

（1）切花：从植物体上切取下来用于插花或花艺布置的花枝或花朵称为切花，切花一词常作为所有花材的统称。它是花材中最主要的部分，切花可以分为 2 类：

①由花与花莛构成的切花，没有茎与叶。如郁金香、文心兰、鹤望兰、非洲菊、马蹄莲、大花葱、石斛兰、石蒜、大花花烛、香豌豆、水仙、火炬花、鸟乳花、百子莲、朱顶红等。

②花、枝、叶俱备（有的花开时叶未发）的切花。如菊花、唐菖蒲、香石竹、月季、翠菊、草原龙胆、牡丹、芍药、嘉兰、梅花、碧桃、紫罗兰、向日葵、红花、荷兰菊、桂花、六出花、须苞石竹等。

（2）切叶：从植物体上切取下来用于插花或花艺布置的叶片称为切叶。常用的切叶花卉如：散尾葵、美丽针葵、一叶兰、绿萝、裂叶喜林芋、香龙血树（巴西铁）、变叶木等。切叶在插花花艺造型中，起衬托、扶持作用，"好花要有绿叶扶"，可使插花花艺作品更完整、更优美、更生动。叶材的叶形富于变化，有的还呈现不同的色彩或斑纹，可丰富作品的色彩构图，使造型更加多姿多彩。

（3）切枝：从植物体上切取下来用于插花或花艺布置的枝条称为切枝，也叫枝材。是构成插花花艺造型轮廓的骨干枝条。如龙爪柳、松、柏、南天竹、红瑞木、桂花等。

（4）切果：从植物体上切取下来用于插花或花艺布置的果实或果枝称为切果，也称果材。在插花花艺构图中可根据作品主题或应用需要插入果实或果枝。如为老人祝寿时，作品中插入带桃的鲜枝，祝老人福寿绵长是十分恰当的。在插花中有一类蔬果插花，是以蔬菜、水果为主要花材的插花类型。常用于餐桌布置。在清代谐音式插花中，常用到果材。如名为"前程万里（铜钱、拂尘、万年青、李子）"的作品中就用到了李子。作品"万事如意（万年青、柿子、如意）"中，使用了柿子为花材等。现代花艺作品中，有时也用水果、蔬菜作为素材进行造型的创作。

（5）切根：从植物体上切取下来用于插花或花艺布置的根称为切根，也叫根材。多用于下垂式造型中。如锦屏藤的气生根，商品名为珠帘。用在插花花艺作品中，有如一挂珠帘下垂，自然飘逸。

1.1.2.3 根据花材的形态分类

（1）线形花材：花材外形呈长条形或线形，如唐菖蒲、蛇鞭菊、迎春、天门冬、绣线菊、文竹、锦屏藤、榕树气生根等，线形花材的形态各有不同，如唐菖蒲、蛇鞭菊、银芽柳，呈直立粗壮的线形；迎春、天门冬、文竹为纤细的拱曲线形，而锦屏藤、榕树气生根，则呈下垂的线形，表现力极为丰富。在插花花艺构图中，常起骨干枝的作用，构成作品的基本骨架。

（2）团块形花材：花材外形呈圆形或块形。呈圆形的如月季、香石竹、非洲菊、菊花、向日葵等；呈块形的如鸡冠花、千叶蓍等。是插花花艺的主要花材类型，常插于骨干枝构成的造型轮廓之内，用之完成插花造型，使之丰满醒目，在构图中起"肉"的作用，一些团块形花材也可以用作焦点花材使用。

（3）异形花材：异形花材是指花形不规整、结构奇特、有较高观赏价值的花材类型。如大花花烛、蝴蝶兰、鹤望兰、卡特兰、鹤蕉类等。都是形态奇特、花大色艳、装饰性强的高档花材。在插花花艺构图中常作焦点花使用，有时也可以用来丰满插花花艺作品的造型，是最主要的花材类型。

（4）散形花材：散形花材是指一些由许多小花构成星散状大花序的花材类型。如补血草类、宿根霞草、珍珠梅、一枝黄花等。它们装饰在插花花艺造型上如云似雾，有如覆上一层轻纱，美感倍增，有很强的装饰作用；散形花材还用于填充空隙和掩饰不美观处。

（5）叶类花材：是指各种叶材，其种类、作用等与前述切叶相同。

1.1.2.4 根据花材在作品中的作用分类

（1）骨架花材：是指构成插花花艺作品造型基本骨架的花材，用之形成造型的基本轮廓。花材外形呈线状，属线形花材，又称骨干枝。花材种类同前述线形花材。

（2）主体花材：主体花材插作在骨架花材构成的造型轮廓之内，完满形成插花花艺造型。多用团块形花材，花材种类同团块形花材。

（3）焦点花材：焦点是插花花艺造型中最引人注目的位置。在焦点部位多用花朵硕大、色彩艳丽、花形优美、装饰效果好的高档花材来插制，特名为焦点花材，是插花花艺造型中最重要的花材，多属异形花材。其花卉种类同异形花材。

（4）填充花材：填充花材在插花花艺造型中起装饰、填充作用或用之掩饰造型不美观之处。多选用由许多小花构成星散状大花序的散形花材插制，其花材种类同散形花材。

（5）衬托花材：在插花花艺造型中起衬托作用，多选用各种形状、各种色彩、各种大小的叶材来插制，将插花花艺造型衬托起来；或插于造型内部，活跃插花花艺造型。叶材种类同前述切叶。

1.2　代表种

1.2.1　一二年生切花花卉

（1）草原龙胆　*Eustoma russellianum*（*E. andrewsii*）

别名　洋桔梗

英文名　Texas blue bell，Eustoma

科属　龙胆科草原龙胆属

形态特征　宿根草本，作一二年生栽培。株高 30～100cm。茎直立，灰绿色。叶对生，卵形、阔椭圆形或披针形，几无柄，叶基略抱茎。花冠漏斗状，覆瓦状排列，有单瓣与重瓣之分；花色丰富，有单色及复色，切花栽培中主要使用白、粉、蓝色等品种。自然花期7～8月。蒴果椭圆形，9～10月成熟；种子极细小，千粒重约0.05g。

产地分布　原产于北美洲中部地区，天然分布在石灰岩地区的草原上。

生态习性　喜肥沃、疏松和排水良好的微酸性土壤。喜温暖，生长最适昼温22～25℃，夜温13～15℃。发芽期和幼苗期是对

草原龙胆　*Eustoma russellianum*

温度最敏感的时期，育苗期从播种到4片叶大约需要2个月的时间，这段时间对温度要求比较严格，当温度超过26℃或低于5℃，幼苗就会停止生长，叶丛呈莲座状，茎不能伸长，不能开花。整个生长期需要充足的光照，长日照条件对草原龙胆生长发育有利。

繁殖栽培　播种繁殖为主。种子极细小（约20000粒/g），播后不必覆土，在日本，种子则多包衣后使用。自然条件下，应于秋季冷凉时期进行播种。切花生产中，为使收获期提早到冬春季节，则多于夏季播种育苗，但必须利用降温设施。播种后10～14天发芽，发芽后每隔10天间苗1次。2～3对真叶时移植，以5～6cm的间隔种植。幼苗生长缓慢，从发芽到正常生长常有2～4个月的生长停滞期。

草原龙胆为喜肥植物。幼苗定植后可每半月喷施一次浓度为2‰的尿素或1‰的碳酸二氢钾。此外，生长期间如果土壤中缺少钙质就会发生植株烧尖的现象，可适当施用硝酸钙等钙肥。

对水分的要求比较苛刻。发芽期需要充足的水分，发芽后应适当控制水分，在伸长2～3个节间时尤应严格控水，否则茎叶生长细弱，较高节位的花梗过长而使花苞下垂，商品性降低；但久旱又会导致茎短且过早开花，因此可采用间歇喷雾进行育

苗。待花苞出现后，水分宜酌量逐渐降低，不能继续采用顶喷，宜采用下部滴灌浇水。

草原龙胆喜光。定植之后，一般每天 16 小时光照效果较好。花期阴雨和光照不足使花着色不良，光照强，光照时间长，则花的品质也越好，所以在冬季及光照强度低的地区应补充高强度的光照。

切花的采收最好是在植株上有 2～3 朵花开放时于清晨低温时进行，采收后应立即将鲜切花插入水中，采用 3%～5% 浓度的蔗糖溶液处理 24 小时可以延长采收后的寿命。

园林用途　1935 年日本首先引种栽培了这类植物，60 年代开始进入商品化生产。我国于近年引入栽培。草原龙胆花色典雅明快，花形别致可爱，质感轻柔洒脱，是目前国际上十分流行的切花种类之一。通常欧洲和日本的切花市场喜欢单瓣品种，而美国市场偏爱重瓣品种。对颜色的喜好各国市场也有不同，欧洲市场主要流行深紫色等深色系列，而浅色淡雅的系列则更受日本顾客的青睐。

此外，草原龙胆还可盆栽用于点缀居室、阳台或窗台等，亦可成片摆放于宾馆、音乐茶座、商厦橱窗等场所以营造现代高雅的气氛。

（2）紫罗兰　*Matthiola incana*

别名　草桂花、草紫罗兰
英文名　Stock，Common stock，Sea stocks，Wall flowers
科属　十字花科紫罗兰属

形态特征　宿根草本，常作一二年生栽培。株高 20～80cm，全株被灰色星状柔毛。茎基部木质化，直立性，有时有分枝。叶互生，矩圆形或倒披针形，先端圆钝，基部渐狭，全缘。总状花序顶生或腋生，花有红、紫、白、玫瑰红等色，直径 2cm，花瓣 4 枚，呈十字着生，倒卵形有长爪，芳香，栽培种常为重瓣。自然花期 3～5 月，果熟期 4～6 月。长角果圆柱形，熟时开裂，种子 1 行，具膜质小翅，千粒重 0.8～1.2g，寿命 4 年。

变种品种　紫罗兰的品种培育大约始于 16 世纪初，1542 年已有红、紫、白 3 种花色，1568 年首次有重瓣品种的记载。1900 年以前育出的品种重瓣率达 50% 以上。20 世纪以后做了极有效的品种改良工作，目前已培育出众多品种。

依栽培习性不同分一年生和二年生两种类型。

依株高分为高、中、矮三类。

依照分枝习性分为不分枝型和分枝型两种类型。前者价值较高，但产量相对较低。国内市场上通常 12 月至翌年 2 月上市的是室内栽培的无分枝系，3 月下旬至 4 月上市的多是露地栽培的分枝系。

紫罗兰　*Matthiola incana*

依花型和生育特性分为单瓣和重瓣两大品系，单瓣品系播种后植株全开单瓣花，结实率高；而重瓣品系播种后开单瓣花和重瓣花的植株各占一半，其中的重瓣花植株不能结实，种子主要采自单瓣植株，其后代仍然会获得约50%的重瓣花植株，重瓣花植株观赏价值甚高。

依花期不同，分为3种类型：①夏紫罗兰，又名香紫罗兰，为典型的一年生种，茎叶小型，早花性，生长期100～150天，香气浓，多用于切花。春播6～8月开花；冬季温室栽培，圣诞节可开花。②冬紫罗兰，为2年生种，也可作多年生培养，植株较高，可达50～60cm，叶形亦较大，冬花性。秋播，花期由冬至夏。在我国南方可露地越冬。③秋紫罗兰，是夏紫罗兰和冬紫罗兰的杂交种，属中间类型的变种。早春播种，于秋季7～9月开花；秋季播种，来年5月开花。温室栽培，可常年开花。

切花栽培的紫罗兰多为高型、重瓣品系品种。既有分枝型，又有不分枝型。由于紫罗兰切花冬春季节旺销，所以多栽培二年生品种。此外，目前市场上流行早花系的紫罗兰（var. annua），又称为十周系紫罗兰，该品系属于一年生类型，播种后约70天即可开花，多于温室进行周年栽培，其株高30～60cm不等，其中的高型品种常用于切花生产。

产地分布　原产欧洲地中海沿岸。

生态习性　喜冬暖湿润、夏凉干爽的气候环境。生长适温白天15～18℃，夜间约10℃，较耐寒冷，能耐 -5℃的短暂低温，但不耐霜冻，夏季忌酷热多湿气候，梅雨天气易发生病害。一般以冬季种植，春季开花为主。

除一年生品种外，均需低温处理以通过春化阶段而开花，一般8片以上真叶的幼苗，经过3周时间5～15℃的低温，即可花芽分化。

喜光照充足环境，也稍耐半阴。根系极发达，要求疏松肥沃、湿润深厚的中性或微酸性壤土，黏重土及排水不良土壤难以生长。

繁殖栽培　播种繁殖为主。15～20℃条件下，1周左右发芽。

播种时期常与品种、栽培环境条件及所需花期有关。二年生品种则一般秋播以供冬春季用花。一年生品种在夏季凉爽地区或设施环境下，可常年播种、周年供花，按照100～150天的生长期计算，若5月用花，1月播种；6月用花，2～3月播种，以此类推。十周系品种从播种到开花所需的时间更短。此外，同样的需求花期，分枝型品系较不分枝型品系要适当早播。总之，播种期的确定要综合考虑多种因素。下面以冬季12月用花说明其栽培管理全过程。

播种：玻璃温室栽培时，分枝型系8月上旬，不分枝型系8月下旬播种。

定植：发芽后3～5周，当真叶6～7片时定植。栽植间距，无分枝型系12cm×12cm，分枝型系18cm×18cm。由于紫罗兰为直根系，所以最好带根土栽植。

张网：10月中旬，植株30～40cm高时，要张网。

春化阶段：二年生品种，必须通过春化作用才能花芽分化，所以室内栽培到10月下旬、植株达8片以上真叶时，要把换气窗、出入口全部打开，使降到3～15℃的低温，保持20天以上，以促使花芽分化。

摘心等修剪：不分枝型品种无需摘心，但分枝型品系的真叶增加到10片时生长旺盛，此时可留六七片真叶，摘掉顶芽，发侧枝后，留上部3~4枝，其余及早摘除。

肥水管理：紫罗兰在生长前期应控水蹲苗，使土壤保持偏干状态，一般3~4天浇一次水。气温越低，浇水越少。环境温度升高后，加大浇水量，否则植株较矮，会对切花品质造成不良影响。定植时施足基肥，生长期间视植株生长势适当追肥，植株孕蕾后，追施0.1%~0.2%的磷酸二氢钾溶液。

轮作：为避免某些根部病害，前作为甘蓝等十字花科植物的土地一般不继续栽培紫罗兰。

重瓣植株的培育：重瓣植株的观赏价值和产值均比单瓣植株高很多，所以栽培重点之一即是培育重瓣植株，主要从留种和幼苗选择两方面考虑。采种时，由于重瓣植株不能结种，故只能从重瓣品系的单瓣植株上采取种子。而在所采的种子中又应选择种粒扁平、外观上似发育不健全的种子，此类种子播种生长的植株，通常可生产大量重瓣花，而饱满充实的种子，大多数产生单瓣花的植株。幼苗选择时，应剔除那些子叶呈长椭圆形，真叶上锯齿较多，苗色较深的幼株，因这些植株日后多开单瓣花。

切花采收与保鲜：一般花开四五成时采切，为多留长茎而从基部切取。重瓣品种10枝一束，单瓣品种20枝一束，充分吸水后包装上市。

园林用途 紫罗兰花色鲜艳，花朵丰盛，花期长，具芳香，是优良切花材料。此外，其栽培特性亦表现出色，主要是由于其耐寒性较强，加温等方面的费用少，所需劳力也少，从定植到收获的周期短，因而栽培价值较高，近年来作为低能源切花而得以广泛栽培。我国南方栽培相对较多，北方栽培不甚普遍。

除切花应用外，紫罗兰在各地园林中广为栽培，常用以布置春季花坛，与金鱼草、金盏菊、石竹等春花类花卉搭配布置。

1.2.2 宿根切花花卉

（1）大花花烛 *Anthurium andraeanum*

别名 火鹤花、安祖花、红鹤芋、红掌、哥伦比亚花烛
英文名 Flamingo lily
科属 天南星科花烛属

形态特征 常绿宿根草本。株高30~100cm。主根不发达，属典型的须根系，半肉质。茎极度短缩。叶自短茎中抽生，革质单生，长圆状心形或卵圆形，深鲜绿色，有光泽，长30~40cm，宽约10cm，叶面及叶背部均无毛；叶柄坚硬细长。花茎自叶腋抽出，花顶生，长约50cm，佛焰苞阔心脏形，佛焰苞具有明亮蜡质光泽，肉穗花序圆柱形（上有无数小花着生），直立、长约6cm，黄色，同类品种繁多，花色有红、桃红、朱红、白、红底绿纹、绿、橙等色，花期持久，全年均能开花。果实为浆果，初期绿色，中期柠檬色，略有光泽，成熟期暗紫红色。子房2室，每室具1~2胚珠。小浆果内有种子2~4粒，种子呈瓜子形，长4~5mm、宽3mm、厚1mm，淡褐色。常因授粉不良而不规则地着生于佛焰花序上。授粉后270天左右种子成熟，成熟后应立即播种。

品种变种 切花栽培主要采用大花花烛，其主要品种如下：'可爱'花烛（'Amoenum'），佛焰苞深桃红色，肉穗花序白色先端黄色；'克氏'花烛（'Closoniae'），佛焰苞长20cm，宽10cm，心脏形，端白色，中央带淡红色；'大苞'花烛（'Grandiflorum'），佛焰苞大，长21cm，宽达14cm；'粉绿'花烛（'Rhodochlorum'），高达1m，佛焰苞粉红，中心绿色，肉穗花序初开黄色后变白色；'血红'花烛（'Monarchicum）'，佛焰苞血红色，肉穗花序黄色带白色等。

产地分布 原产于中、南美洲等热带地区，1876年由法国植物学家Edouard André在哥伦比亚西南部采集到大花花烛原种并将之引入欧洲，自引种栽培至今不过百余年的历

大花花烛 *Anthurium andraeanum*

史，但通过人工选育，已逐渐成为举世公认的花卉名品，风靡全球。目前，荷兰是世界上最大的大花花烛生产及贸易基地，此外，哥伦比亚、夏威夷等地也有较多栽培。

20世纪90年代初，大花花烛作为珍稀花卉被引入我国作适应性栽培，随后进入商品化种植，目前海南、广东、上海、四川等地有较大面积栽培。主要品种多数自荷兰的AVO公司、Florist公司、Anthura公司等引进。

生态习性 大花花烛原产于美洲的热带地区，喜温暖多湿的气候环境。喜温暖，不耐寒，属于热带花卉。生长适温20~28℃，盛夏高于35℃将产生日灼、生长停滞，越冬温度则应保持15℃以上，低于0℃的持续低温将使植株冻死。喜半阴，但不耐阴，冬季需要充足光照。不耐强光直射，否则会使叶温过高，从而出现灼伤、焦叶、花苞褪色和叶片生长变慢等现象。喜空气湿度高而又排水通畅的环境，要求空气湿度达70%~80%，不宜低于50%。喜疏松透气、排水良好、富含腐殖质的酸性土壤，pH值5.5~6.5；喜肥而忌盐碱，EC值在1.2为宜。

繁殖方法 可采用分株繁殖、组织培养法，育种时则采用种子繁殖。

①分株繁殖：大花花烛植株基部长出吸芽，产生根系后可分株，每年可分3~4株，繁殖系数较低，很难满足规模化生产所需的种苗。

②组织培养：组织培养是目前大花花烛规模化生产中主要采用的繁殖方法，其优点是可以在比较短的时间内生产整齐一致的优质种苗。多以幼叶、茎尖、幼嫩茎段为外植体，经愈伤组织诱导分化丛生芽，然后诱导生根成苗。从接种到幼苗移植约需4个月，栽植后2~3年开花。

③播种繁殖：由于自然授粉不良，种子的形成需要人工辅助授粉，且后代变异大，多数用于育种。

栽培管理

①定植前准备：现代化大温室中，大花花烛的切花栽培主要采用无土栽培法，可

行床栽和槽栽等两种方式。

床栽是目前使用最广泛的栽培方式。首先根据温室的布局合理设计栽培床的长度和宽度，栽培床用塑料薄膜衬底，准备好的栽培床在铺膜之前要进行消毒处理。栽培床需挖 5cm 深、4cm 宽的沟，安装排水管，倾斜度为 0.03%，周围铺 2 ~ 3cm 大小的鹅卵石。床底部应从两边向中间呈 V 字型倾斜，利于多余的水分流向排水管。

槽栽使用基质较床栽少，保温性能好，但投资较大，主要使用聚苯乙烯栽培槽替代床栽。沟内铺塑料薄膜，放入排水管，然后槽内装栽培基质。常用"V"和"W"字型两种栽培槽。

②定植

定植时间：一般大花花烛可周年种植，但要避免过热或过冷的季节，在气候比较温和的季节栽种。华北地区，每年的 3 ~ 4 月和 9 ~ 10 月是最佳的种植时期，此时温度、光照最适宜种植幼苗。

定植：定植密度因品种和气候条件而异，通常为 12 ~ 14 株/m^2，每公顷种植 12 万 ~ 14 万株，株行距依栽培床的情况合理设定。定植方式有单株或双株两种，一般为单株。定植深度以种苗顶部与栽培基质的表面持平为准，不可将心叶埋在栽培基质以下。

③环境条件控制

温湿度管理：一般情况下，阴天温度保持在 18 ~ 20℃，湿度在 70% ~ 80% 之间；晴天温度保持在 20 ~ 28℃，湿度在 70% 左右。总之，温度应保持低于 30℃，湿度要高于 50%。大花花烛能够忍受的最低温度和最高温分别为 14℃ 和 35℃，盛夏时最好能将叶片温度控制在 30℃ 以下，可以通过喷雾系统来降低温度，既可增加湿度又可以保持植株不致过湿，降低病害的侵染机会。此外，室温低于 14℃ 会造成减产，因此应注意寒冷季节的加温。

光照调节：大花花烛切花栽培的光照在 15000 ~ 25000lx 之间，温室中最理想的照度在 20000lx 左右，若光照过强会使植株生长缓慢，发育不良，导致某些品种褪色，同时引起 24 小时平均温度升高，引起花芽早衰，盲花现象明显增加。因此光照过强必须通过开启遮阳网或者通过涂刷遮阳涂料，使光照适合大花花烛生长。在冬天或阴天，应尽可能地增加光照，刷掉涂料或调整遮阳网增加温室光照。同时清洗塑料薄膜或玻璃墙面，也能有效地增加光照。或者通过补光增加光照。

水肥管理：由于大花花烛叶表面有一层蜡质，影响叶片对肥料的有效吸收，因此一般采用根部施肥法，该法还能保持叶片和花朵的清洁。营养的供给量与基质、季节和植株的生长发育时期有关。一般要求每立方米基质每天滴灌 2L，每升肥料溶液所含的营养量应不少于 1g；供水量一般为冬季每周 7L，夏季每周 21 L。此外，大花花烛对盐分很敏感，一般要求 EC 值在 1.0 ~ 1.5mS/cm 之间，溶液浓度过高会引起花朵缩小、产量降低和茎秆矮小等情况的出现，因此，水质太差的水源应进行脱盐处理，并定期使用洁净灌溉水淋洗栽培床以降低盐分在基质中的积累。

栽培大花花烛应使基质 pH 值保持在 5.2 ~ 6.2，其中 5.7 最为理想。由于植株对营养元素的选择性吸收，在很大程度上影响了基质的 pH 值，所以栽培过程中应经常检测并适时调整基质或肥液的 pH 值。

④整形修剪：主要包括剪叶、拉线、去除坏花等。

剪叶：剪除老叶利于促进株间通风和增加更多光照，同时控制病虫害；此外，叶片太多会导致花芽很难露出或产生盲花，茎弯曲，损伤花芽和花朵，因此应根据植株的生长情况定期修剪老叶。

拉线：当植株生长到一定高度的时候，需要在栽培床两边拉线，防止植株向两边倒伏，使走道足够宽敞，减少工人操作对花和叶的伤害。

去除坏花：在生产过程中，一些切花会受到损害，应及时地去掉，以便下枝花的生长。同时要密切观察植株的长势和温室设施运行情况。

⑤采收和采后处理：大花花烛肉穗花序的雌蕊首先成熟，成熟开始于花序的底部，收获时雄蕊部分还没成熟，一般于肉质花序由基部开始达 1/2~2/3 变色，佛焰苞片展平、色彩鲜明时采收。由于佛焰苞片大，蒸腾作用强，失水速率快，应避免在炎热的正午采收，一般于温度较低的早上或傍晚采收，且采收后应直接将切花插于清水中，置阴凉处以减缓其呼吸速率。

采收后应行分级、包装和装箱。一般以花茎的长度和佛焰苞的大小作为分级标准，佛焰苞直径大小，通常以通过肉穗基部位置花的宽度为标准来衡量，一级花的花形较大，佛焰苞直径 13cm 以上；二级花的花形中等，佛焰苞直径 9~13cm；三级花的花形较小，佛焰苞直径 9cm 以下。然后按等级进行包装，即用聚乙烯袋包装保护花头，花茎下端插入装有 10~20mL 新鲜水或次氯酸钠保鲜液的小塑料瓶内。然后按大花花烛切花的品种、品质、花径大小、花梗长度等分类装于箱中，花面重叠勿超过 1/3，花茎以朝一边整齐排放为佳，花茎中间用胶带固定于箱面，避免苞片发生压折伤。

分级、包装、装箱完成后，应移入冷藏库中进行降温处理，冷藏温度为 15~18℃。运送至花卉批发市场拍卖时，所使用之花卉运输车应为具有空调的冷藏车，以持续维持低温保鲜。若需长期贮藏，则贮藏适温为 18~20℃，低于 15℃容易发生冷害，高于 23℃瓶插寿命明显缩短。

园林用途 大花花烛作为鲜切花具有一系列优点：因花形独特、花色艳丽而具有较高的观赏价值；佛焰苞外被蜡质而保鲜期长（水养期可达 1 个月）、轻巧耐运输而具有优良的采后性能；因周年开花、产值高而具有较高的经济价值。在国内外，大花花烛被视为与洋兰一样的高档热带切花。

大花花烛还是优良的盆栽花卉，盆栽单花期可达 4~6 个月。

(2) 菊花 *Dendranthema × morifolium* (*Chrysanthemum × morifolium*)

别名 黄花、节花、秋菊

英文名 Florist's chrysanthemum，Mum

科属 菊科菊属

形态特征 宿根花卉至亚灌木，茎基部略木质化。株高 60~150cm。茎直立，粗壮而多分枝，小枝青绿色或带紫褐色，被灰色柔毛。叶互生，卵形至披针形，羽状浅裂至深裂，叶缘有粗大锯齿或深裂，基部楔形，有柄；托叶有或无。菊叶为识别品种的依据之一。头状花序单生或数朵聚生茎顶，边花为雌性舌状花，心花为两性管状花；花序的大小、颜色、形态及花期等依不同品种、品系变化极大。花期一般在 10~12 月，亦有夏季、冬季开花的品种。种子（实为瘦果）褐色，细小，成熟期 12 月下旬至翌年 2 月。

品种变种　目前，菊花品种已达 2 万余个，其中一些茎秆粗壮挺拔、秆长颈短、叶片肥厚、耐贮运和水养性能好的品种已用作切花栽培。目前我国切花菊品种多从欧美及日本等地引进，生产上常按自然花期或整枝形式分类。

①按照自然花期分类

夏菊：自然花期 5~9 月。属典型积温影响开花型，对日照不敏感。主要品种如'精云'、'白东洋'、'优香'等。国内常见栽培品种'四季菊'实为夏菊类。除季节性栽培外，往往用于促成栽培，于 3 月开始采收切花。

秋菊：自然开花期为 10~11 月，属典型短日开花植物。温度适宜条件下（一般最低夜温为 10~15℃），当日照时间缩短至约 13 小时才能开始花芽分化，对积温不甚敏感。主要品种如'神马'、'秀芳'等。由于秋菊花芽分化的临界温度范围较大，所以在切花生产中除了季节性栽培以外，还可以通过遮光促成栽培或者进行电照抑制栽培等来延长生产上市时间。

寒菊：又称为冬菊，自然开花期基本上在 12 月至翌年 1 月，有一些晚熟品种在 2 月才能开花（温暖地区）。属于短日开花植物，其花芽从分化到开花的时间较长，大体需要 90~105 天。除进行季节性栽培外，往往用于电照抑制栽培，于 3 月或者 4 月收获切花。

②按照整枝方式分类

标准菊：即大花单朵类型，每茎顶端只着生 1 朵花，常选择平瓣内曲，花形丰满的莲座型和半莲座型的大花和中花品种。标准菊的栽培又分为多本式和独本式，多本栽培是一株 3~4 支花，即植株摘心后促进分枝，留有多个枝条，每枝着花一朵，一棵植株可产数朵菊花；独本栽培是一株一枝花，不论菊株摘心与否，始终控留一个枝条，因此一株菊花仅着花一朵。两种栽培方式相比，独本栽培的生育期较短，花径较大，茎秆粗壮挺拔而不易折断，但用苗多，适宜密植栽培，并且栽培时间集中，会增加育苗和定植的工作量。

多头小菊：常用小花品种，每茎顶端着生多朵小花，主侧蕾同等发育。

此外，欧美栽培的品种一般为短日型，常根据从短日开始到达开花所需要的周数（通常需要 6~15 周）进行品种分类，分别称为 6 周品种、7 周品种……15 周品种。

产地分布　原产中国。

生态习性　性喜凉爽的气候，适应性强，从华北到华南都有露地栽培种。

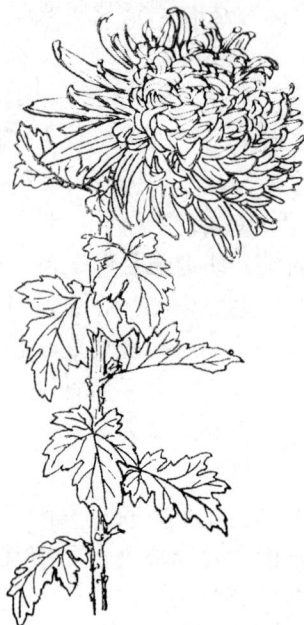

菊花　*Dendranthema × morifolium*

①温度：有一定耐寒性，但品种间有差异，多数种类的地下宿根能耐 -10℃ 的低温，故可在华北地区露地越冬。休眠期过后，温度达到 5℃ 以上时开始萌动，多数种类的生长适温为白天 15 ~ 25℃，夜间 10 ~ 15℃，35℃ 以上时生长缓慢，易使植株脱叶早衰。

②光照：菊花喜阳光充足，不耐阴，但遮去盛夏中午强烈阳光有利于其生长。秋菊和寒菊为典型的短日照植物，长日照条件下仅进行营养生长，秋菊于日照短于 13 小时时开始花芽分化，短于 12 小时时花蕾生长开花。夏菊日中性，对日照长度不敏感，只要达到一定的营养生长量(叶片 16 ~ 17 片)即可开花。也有一部分中间类型，如 8 ~ 9 月开花的早秋菊，其花芽分化为日中性，花蕾生长则为短日性。

③水分：菊花属于比较耐干旱的花卉，但久旱会加速叶片衰老，造成开花时中下部叶片全部脱落。曾有"干兰湿菊"之说，"湿菊"是与兰花比较而言，并不是水越多越好，菊花性喜湿润，但忌积水。如土壤长时间保持过湿，会严重影响菊根呼吸，导致根系缺氧而窒息腐烂。

④土壤和营养：菊花适于富含腐殖质、肥沃疏松、排水良好的沙质壤土，适宜的 pH 值为 5.5 ~ 7.5。菊花喜肥，忌连作，否则易发生病虫害和营养缺素症。

繁殖方法 切花菊的生产主要采用扦插繁殖为主，此外，组培苗在切花菊生产中的应用量仅次于扦插苗。

①扦插育苗：首先培育采穗的母株，可采用选定的花后植株直接作母株，也可将花后植株形成的脚芽进行扦插以培育成为母株，前者虽节约时间和劳力，但通常后者更理想，可以有效防止植株枯死或者衰弱老化。扦插的脚芽生长到 10cm 左右时进行摘心，以促进分枝，当萌发的新枝长到 10 ~ 15cm 时即可采取插穗，此时亦可进行二次摘心以供采集更多的插穗，但一般摘心不能超过 3 次，如果摘心次数过多，插穗纤细，生根不良。一般每棵母株采穗 3 ~ 4 次后淘汰，否则会影响插条质量，减弱切花植株生长势。

扦插育苗周年均可进行，一般在定植前 10 ~ 20 天或在预定采花期的 5 个月之前，春夏季尤其适宜扦插，因为此时植株顶芽生长旺盛。插穗主要用顶芽，保留 2 ~ 4 个节(大约长 6 ~ 10cm)，留取顶端 2 枚展开叶片，除去下部叶片，扦插到河沙或珍珠岩等基质中，保持育苗床 15 ~ 20℃ 的蔽荫环境，大约 1 周后开始发根，发根后减少浇水并逐渐接受日光，进行幼苗驯化，2 周左右根长达到 2cm 时即可取出定植。

②组培育苗：外植体可用茎尖、茎段、叶片、花瓣等，但切花用苗多以茎尖为外植体。诱导培养基和继代培养基为 MS + BA2 ~ 3mg/L + NAA0.02 ~ 0.2mg/L，生根培养基为 MS + NAA1 ~ 2mg/L。

栽培管理 切花菊可周年生产，四季均有相应的品种群，如 3 ~ 7 月应用夏菊类，8 ~ 9 月应用早秋菊，10 ~ 11 月应用秋菊，12 月至翌年 2 月应用寒菊类。但由于秋菊品种繁多，花形好，花色全，产值高，所以切花生产中多以秋菊作为主要品种，其周年生产的栽培技术如下：

①露地栽培

定植前准备：露天栽培的菊花，外界环境条件直接影响其正常生长。菊花的生长习性是需要土壤排水和通气都良好，因此菊花一般作高畦栽培，一般以畦高 30cm、畦宽 1.0~1.2m 为好。田块四周要开好排水沟。

菊花忌连作，并对多种真菌敏感，种植前土壤应消毒。

定植：自然条件下，秋菊一般于 5~7 月定植，具体的定植时间依照品种、整形方式等而有差异，多分枝的标准菊比单枝标准菊要提早种植 10~15 天。定植前土地要保持湿润，种苗运到后在最短时间内定植完毕，定植密度因品种、整形方式等而有所变化。一般多本标准菊的栽培密度为 20 株/m^2，即 1m 宽的畦栽种两行，株距为 10cm，而独本标准菊的种植密度为 60 株/m^2，即每畦种 4 行，株距为 5cm。

肥水管理：土壤水分的多少，对切花菊花的发育和开花关系很大。一般于定植后立即浇透水，小苗缓苗后要适当控水，"蹲苗" 2~3 周，以后经常保持湿润即可，有条件的地区最好采用滴灌和喷灌相结合的方式。切花菊种植密度较大，养分消耗较多，除重施基肥外还要适度追肥，但要薄肥勤施，不能过量。可结合浇水施肥，现蕾前以氮肥为主、磷钾肥为辅，亩施氮肥 10~20kg；在花芽孕育和开花期以施磷、钾肥为主。亩施磷肥 8~15kg，钾肥 10~20kg。

整形管理：切花菊的植株管理主要包括架网、摘心、抹芽、疏蕾等措施。

架网：当植株长到 30~40cm 左右时，应及时架设可移动式 1~2 层尼龙网，一般采用网眼为 20~25cm 的塑料线网进行主株张网以让菊花枝条均匀分布。随着菊花长高，塑料网逐渐抬高。较高大的品种可设 2 层网。

摘心与抹芽：对于独本标准菊，一般不摘心，但应每天检查是否发生侧芽，侧芽一旦发生应及时抹除，以减少养分的消耗并保证主蕾的生长，最终让一株形成一枝花。对于多本标准菊，当植株长到 5~6 片叶时，应进行一次摘心以促进萌发多个分枝，然后选留 3~5 个侧枝。分枝少于 3 个，会降低切花产量，分枝过多，会影响切花的质量和延迟花期。

剥蕾：为使切花菊获得较高的品质，无论独本栽培还是多本栽培，在现蕾后均应及时剥除菊株顶端主花蕾下的所有侧花蕾，剥除侧蕾时应特别小心不能伤及主花蕾。

切花采收和贮运：标准菊以舌状花紧抱，有 1~2 个外层瓣始伸出为采收适期，多头小菊以顶花蕾已满开、周围有 2~3 朵半开时为采收适期。此外，采收时期应考虑市场要求及运输远近等。采花应从离地面 10cm 处切断，过低会因枝干老化不易吸水，影响花朵开放。

采后花枝及时浸入清水中吸水，去掉基部 1/3 叶片，用薄膜将花头罩起，按国家主要花卉产品等级标准分级后，每 10 支或 20 支捆成一扎，置于 0~4℃ 冷室中预冷，使之充分吸水，然后装箱上市。

②温室促成栽培：切花菊需 5~9 月开花上市时，须采用促成栽培，主要采用遮光法，即通过人工遮光变自然长日照为短日照，促使秋菊提前形成花芽进而提早开花。其特殊技术要点如下：

品种选择：由于提早开花正值高温季节，因此促成栽培时应尽量选用早花耐高温的品种。

定植时间：遮光处理时植株必须达到一定的营养生长量，多数品种的植株高度宜在 20~30cm，一般定植时间在花前 110 天左右。

遮光方法：过去常用聚乙烯黑色塑料薄膜，易导致温室内高温高湿，且易滋生病虫害，目前以聚丙烯遮光网替代，遮光处理期因品种而异，一般为 40~50 天，因此可于预定开花期向前推算 50~60 天开始，于预定开花期前 10 天结束。这是由于菊株遮光 10 天后开始花芽分化，30~40 天分化完成、花蕾开始显色，停止遮光 10 天后进入采花期。

注意事项：遮光处理时一定注意暗处理不能间断，否则适得其反；此季节正值高温炎热季节，因此应注意控制温室温度，若超过 28℃，花芽不会发生分化；此外，遮光一定要严密，遮光网要求能遮挡 80% 以上的自然光，否则花芽不分化或分化不完全而形成柳芽（假蕾、败育的花蕾）。

③温室抑制栽培：切花菊需 12 月至翌年 4 月间上市时，须进行抑制栽培，主要采用补光法，即通过对已达到一定营养生长量的菊株进行人工补充光照，使自然短日照变为长日照，使秋菊不能进行花芽分化从而延迟花期，其特殊技术要点如下：

品种选择：为降低能源消耗，应选用晚花耐低温的品种。

定植时间：定植时间根据需花期决定，一般在需花前 120 天左右定植。定植过晚，幼苗生长期短，植株生长量过小，若切花用则达不到标准；定植过早，菊苗生长过高，必然浪费补光及加温的能源。

补光方法：定植后马上补光直至需花前 60 天停止。因为一般情况下，停止补光后 10~15 天开始花芽分化，而从花芽分化至开花，在日温 20℃、夜温 15℃ 及自然短日照的条件下，需 50 天左右。补光的具体方法是每 $10m^2$（包括道路）要装一个 100W 的灯泡，高度保持在植株生长点的上方 70~80cm 处，补光一般于晚 23:00 至凌晨 1:00~2:00 进行，自动定时装置控制。

注意事项：补光时的光照强度为 50~100lx；当进入 12 月、1 月和 2 月时，要注意控制温室的温度，保证室温 15℃ 以上，若温度过低，易造成盲花。

常见生理代谢紊乱现象

①菊花的莲座化及解除

莲座化现象：菊花茎的基部一般于花后会发生萌蘖，俗称为"脚芽"。初秋发生的脚芽可以伸长，环境适宜条件下即可开花。晚秋或初冬发生的脚芽又称为"冬芽"，呈莲座状，冬芽即使放在适当的光照和生长温度下栽培也不能正常伸长和开花，这一特性叫做"莲座化"。

莲座化的解除：在自然条件下，经过冬季的低温期后就能够自动地解除莲座化。解除莲座化的植株恢复了旺盛的生长活性，即使在比较低的温度条件下也能正常生长。一般解除莲座化的有效温度在 10℃ 以下，1~3℃ 的栽培环境中需 40 天以上可以解除莲座化。在我国长江流域的自然温度下，一般在 1 月上旬就可以解除莲座化，在华北地区大体在 1 月下旬至 12 月初，在东北地区于 11 月上旬，就基本可以解除菊花的莲座化。

莲座化的形成：从植物生理学的观点来讲，菊花的莲座化是植物在冬季到来之前进行自我保护的生理形态。但是，是什么因素诱导莲座化的出现呢？这是长期以来菊花研究的重点。目前，莲座化的诱导因素基本上已经确认是环境条件：高温、长日照是莲座化的诱导条件，而凉爽气温、短日照是莲座化的形成条件，两种因素彼此作用才能使植物体进入莲座化。

莲座化的预防：菊花因夏季高温而生活力下降从而诱导莲座化，如果在夏季保持凉爽即可防止莲座化。代替凉爽气温的栽培方法是将插穗或生根苗冷藏，如在 8~9 月高温期采取插穗，将生根苗在 1~3℃冷藏 40 天，冷藏苗于冬季栽种，在凉爽气温和短日照条件下可以正常生长发育，这在菊花的周年生产中具有重要价值。

②柳叶头

柳叶头现象：菊花正常栽培时在长日照条件下完成营养生长，秋后当日照缩短、气温降低时，植株已达到一定生长量，此时茎顶生长点开始花芽分化，菊花枝条不再向上生长，花梗顶部长出几片柳叶状小叶，花芽继续发育成花蕾而开花。但有时个别植株到了现蕾期却迟迟不见花蕾，生长点仍不断长新叶，造成植株节间密集、柳叶簇生，这种现象被花农称之为"柳叶头"。"柳叶头"实际上就是园艺学中的"盲花"，植株当年不能开花。

柳叶头的成因：柳叶头的形成主要是由于植株定植过早、肥水供应过分充足、生长过旺而没有采取摘心换头或摘心过早所致。菊花是短日照植物，只有当日照时间缩短为 13 个小时以下时，才能进行花芽分化。但如果植株定植过早，上半年肥料过多，又没有通过摘心来换头，到了夏季，植物体内的营养积累已经完成，但因处于长日照的环境下，就不可能进行花芽分化，这样，在基秆已经停止加长生长的情况下，大量营养物质便集中在茎秆顶端，就会刺激它们不断萌发"柳叶头"来。立秋以后，日照时间逐渐缩短，这时，体内积累的营养物质已被大量滋生出来的"柳叶"消化掉，便不能再分化花芽而开花了。

柳叶头的防治：为了预防"柳叶头"的发生，对那些本身生长势就不是很强的细瓣、窄叶品种，应适当推迟菊苗的定植期；上半年不要大量施肥以控制它的生长量；加强摘心，定头通常在立秋前后进行。

一旦发生了"柳叶头"，应立即将枝顶剪掉，一般从其下 1~2 片正常叶处剪掉，这样，可以刺激剪口下面的腋芽萌发抽生新枝，新枝需要生长一段时间以后，才能完成营养生长阶段，如果这时光照缩短了，就可以进行花芽分化而孕蕾开花，但易造成茎秆弯曲、花头不端正、花茎小、花期延迟的缺憾。

③封顶

"封顶"现象：植株定植后长到一定高度时封顶、节间突然变短，叶片密集丛生，这种现象称为"封顶"，又称为"束顶"。

封顶形成原因及防治：封顶形成的原因比较复杂：品种自身遗传特性的表现；长期无性繁殖引起的退化；一些晚花品种定植过晚，植株尚未达到一定的营养生长量但外界环境已转为适宜发育的条件，以致生长受到抑制；病毒病的影响。为防止菊苗形成封顶，应根据以上原因酌情预防和治理。

园林用途 菊花花朵隽美、栽培容易、水养期长且便于运输，是国际市场上销售量最大的鲜切花之一，约占鲜切花总量的 1/3。在我国，菊花象征着长寿和高洁，其中黄、白色的菊花还具有哀挽之意，一般应用于清明、追悼逝者的场合；在日本，菊花则是贞洁、诚实的象征，备受日本国民崇尚，亦是日本皇室的国花，被列为日本第一切花，其每年的消费量占世界总消费量的50%，因此日本堪称菊花的第一消费国，而目前世界各国广泛栽培的切花菊优良品种，亦多数是由日本培育的，部分是欧美改良的品种。

除作为切花之外，菊花还是优良的盆花、花坛、花境用花。此外，花可食用或入药，有清热解毒、平胆明目等功效。

(3) 香石竹　*Dianthus caryophyllus*

別名　康乃馨、麝香石竹
英文名　Carnation
科属　石竹科石竹属

形态特征　常绿亚灌木，作宿根花卉栽培。株高60～80cm，茎光滑，基部木质化，稍被白粉。叶对生，线状披针形，全缘，基部抱茎，灰绿色，被白粉。花常单生或2～5朵簇生枝端，有香气；苞片2～3层，紧贴萼筒，萼端5裂，裂片广卵形。花瓣多数，倒广卵形，具爪，有白、肉红、水红、黄、大红、紫及复色等。花期5～10月，露地栽培时春秋两季为盛花期，温室栽培周年均可供花。

品种变种　香石竹的栽培历史非常悠久，在公元前12世纪的库尔塔岛壁画中就有描绘。14～16世纪，香石竹只分为单瓣香石竹和粉花品系，从16世纪初在英国和法国开始进行品种改良。1840年由法国Dalmais开发出连续开花的类型；1866年，法国人Alegatiere育成了树状香石竹

香石竹　*Dianthus caryophyllus*

(Tree carnation)的类型，具有茎秆刚直的优点。上述四季开花和茎秆刚直的特点，奠定了香石竹的基本品质。

1852年香石竹引入美国，许多公司和个人培育了数以百计的商用香石竹品种，其中缅因州北陂威克(North Berwick，Maine)的威廉姆·西姆(William Sim)于1938年或1939年育成的'William Sim'，对当今香石竹产业做出了重大的贡献。从这个红花植株中，已经产生了白色、粉色、橙色和几种彩斑类型的突变，西姆系的香石竹品种已遍植全世界，至今许多优良品种仍然占有重要的地位。目前，切花香石竹是世界上仅次于菊花的最大众化的切花，具有单位面积产量高、能够采用机械化和自动化进行规模生产、可周年供应市场、价格低廉的生产和经营优势。其主要产区为意大利、荷兰、波兰、美国、哥伦比亚及以色列等。

我国栽培香石竹的历史不长。20世纪30年代，上海从国外引进种苗进行小批量的生产；直到80年代初，才开始规模性经营。虽然起步很晚，但是发展非常迅速，目前的主要产地有上海、云南、广州、北京、四川等地，多采用设施栽培香石竹，数量和质量上有了很大提高，基本满足国内市场的需要。

现代的香石竹是一个非常复杂的杂交种，目前品种已达千余个，绝大部分属于切花型品种。

①按栽培方式分类

露地栽培类型：多为地中海香石竹（又称欧洲香石竹），原产意大利、法国等地，植株节间较短，叶片狭长，花萼不分开，较耐低温，可露地栽培。常作一年生花卉栽培。

温室栽培类型：多为美国香石竹，呈亚灌木状，适应性强，生长势旺，节间较长，叶片较宽，四季开花，但耐寒性差，适合温室栽培。多作切花栽培。

②按照整形方式

标准型：大花型，一枝一花，为世界切花香石竹生产的主要花型。

散花型：小花型，一枝多花，近年来颇为流行。

产地分布 香石竹原产地在南欧地中海沿岸。

生态习性 性喜夏季凉爽、空气干燥、冬季温暖、湿度小的气候条件，在长期的品种选育及栽培过程中，形成了如下基本生态习性和花芽分化特性。

①温度：香石竹性喜冷凉气候，但不耐寒，生长发育一般在 5～27℃，最适温度白天 16～20℃，夜温 10℃左右。温度适宜时无明显休眠期。夏季温度高于 35℃ 或冬季低于 9℃生长均十分缓慢甚至停止。

②光照：香石竹喜阳光充足，光饱和点 5 万～6 万 lx。香石竹对日照长度的要求，原种为长日性植物，而经改良的现代香石竹为四季开花的中日性植物，但 15～16 小时的长日照，对香石竹的花芽分化及发育有促进作用。

③土壤：宜在肥沃富含有机质而又疏松排水良好的中性或微酸性（土壤 pH 值 5.6～6.4）黏壤土中生长，耐弱碱，不耐酸，忌湿涝与连作。

④湿度：通风良好是香石竹生长发育良好的重要环节，要求其周围环境干燥、通风。夏季高温多雨及栽培设施内湿度过大，均会造成生长不良，易导致病虫害的发生。

⑤花芽分化：香石竹在第 8 对叶时开始进入生殖生长阶段，即开始进行花芽分化，第 15～18 对叶生长之后，顶芽形成花蕾，此段时间需 30 天左右。实践证明，5～12℃的夜温有利于花芽分化。

繁殖方法 香石竹切花生产用苗，主要来自于扦插苗。但若单纯地采用扦插繁殖，极易造成植株的衰退劣化，加之香石竹极易患病毒病，病毒累代积留，更加深了品种的退化程度，造成切花品质和产花量的逐年下降，所以香石竹切花生产中往往采用组织培养和扦插繁殖相结合的方法来生产种苗，即首先通过茎尖脱毒培养法生产香石竹无病毒苗，将之隔离培养为脱毒母株，然后从脱毒母株上采集插穗进行扦插繁殖。

脱毒母株的培养：引进新的品种或脱毒苗后，应专门设立无菌隔离区作为采穗母株的培养区，母株定植后，苗高 40cm 左右时摘心，留 4～5 节，让此 4～5 节萌发 8～10 个侧枝，侧枝长到 30～40cm 时再留 4～5 节摘心，此后其上再萌发的侧枝即可作为插穗使用。母株一般于 2～3 年更换一次。

插穗的采集：选插穗的母株应有良好的根系，生长健壮，无病虫害；一般取枝条中部二、三节生出的侧芽，这是由于上部侧芽花芽已分化，繁殖后植株很矮时就开花，品质较低，而中部以下侧枝较弱，不够充实，发根后生长势弱。插穗的采集有两种方法：一为掰芽法，即手拿插芽顺枝向下拉掉，使插芽基部带有节痕，这样更易成活。该法适合于长10~12cm、带4~5对叶片的侧芽；另一为保留基部2~3节剪切侧芽，适合于较长的有8~9对叶片的侧芽。无论哪种方法，插穗采集后均应去掉基部1/3的叶片。

扦插及扦插后管理：扦插时间除7~8月气温较高不宜进行外，四季均可，1~3月份为最佳扦插期。一般在需苗前1~1.5个月进行扦插，插穗最好即采即用，用1000倍液的托布津或百菌清等杀菌液消毒后，插于珍珠岩或砻糠灰基质中，保持扦插床内基质20℃、气温15℃、相对湿度85%~90%，插穗2周左右生根，20~25天即可出苗，过早出圃，根很细，不易成活；过晚，根互相交错，易受损伤。出圃后要假植，蹲苗1~3个月以恢复生长。

栽培管理

①定植前准备：香石竹属须根系植物，喜肥不耐水湿，以疏松透气、蓄水保肥、沙性较强的土壤为好，所以在定植前必须将土壤深翻，深度为30cm，同时施以充分腐熟的有机肥料，使土壤疏松肥沃，然后进行土壤消毒，最后筑高床备用，床高20~30cm，宽1m。此外，为减少病虫害发生、保持土壤肥力，应与其他花卉轮作。

②定植

定植时期：在人工控制的适宜环境中，香石竹全年均可定植，但一般根据市场需求和当地的气候状况进行相应调整。香石竹从定植到开花所需时间为100~150天，具体时间与品种特性、定植苗的大小、环境因子的变化及修剪方式有关。根据香石竹切花效益较高的供花期在冬春季节的实际情况，目前生产上采用最多的定植时期是4~6月。

定植：定植前土壤要潮湿，因香石竹是浅根性花卉，所以应浅植，只要盖住根，不倒即可，切忌栽植过深。栽植密度视品种、栽培方式和摘心方式而异。分枝性强的品种可略稀植，分枝性弱的西姆类品种可适当密植；一年生栽培时可密植，二年生栽培时可稀植；摘心或摘心次数多的较不摘心者或摘心次数少者，栽植密度应小。

③环境条件控制与管理

水分管理：定植后应立即浇透水，最好采用滴灌，切忌根穴浇水。幼苗期应适当控水"蹲苗"使植株生长健壮；之后的浇水应使基质干湿交替，较高的土壤湿度易诱发茎腐病。

营养供应：香石竹由于栽培时间较长，生长量大，需要不断追肥，平均每月1~2次，固体肥和液肥间用。

温度管理：虽然香石竹的最适生长温度为16~20℃，但实际生产中常根据栽培季节略作调整。7~9月温室或大棚内温度过高，要注意通风降温；10月中下旬以后，当夜温在10℃以下，则要注意保温，严寒季节时可开始加温，使夜温保持在13~15℃，棚室于夜间密闭，白天仅在中午通风换气。

光照管理：香石竹喜光照充足的生长环境，所以遮荫不能过度，冬季生产时温室及大棚应人工补光，一般每 $13m^2$ 用 100 瓦灯泡 1 只，在植株上面 1m 处照射 3 小时左右即可。在长江以北 9 月份种植的香石竹，到冬季植株长到 5~6 对叶片时给予人工光照 1 个月，同时提高温度，翌年 5 月便可开花，若不给予人工光照，则要到 6 月份。

④整形修剪

摘心：摘心的目的是为了增加分枝数和调节开花期，除分枝性较差的大花香石竹品种一般不摘心外，其他香石竹切花栽培过程中均需摘心，从摘心到开花约需 3 个月。香石竹摘心方式有 3 种：A. 一次摘心：在定植一个月后，主茎上已长出 5~6 个节间，此时摘去主茎顶尖，这样可使下部叶腋 4~5 个侧枝充分生长发育。这样从定植到开花所需要的时间短，花的质量好。B. 一次半摘心：在第一次摘心后发生的侧枝长出 3~4 个节时，对其中的一半侧枝进行第二次摘心。这种方式可使第一次采花枝减少，但以后陆续有花，避免出现采花的高峰与低谷问题。C. 双摘心：即第一次摘心后发生的侧枝长出 3~4 个节时，对全部侧枝进行第二次摘心，促使较多的二级侧枝生长开花，该方式使花期推迟并且采花期集中，一次产花量大，但花茎弱、花的质量下降。

架网：香石竹为浅根性花卉，但其茎秆较高、花头较大，为防止倒伏，应张网保护，使其直立生长。一般于幼苗期开始张网，第一层网格离地 10cm 左右，以后随着植株长高增加二三层网格，层间距离 20~25cm，各层网的密度也不尽相同。

摘芽和摘蕾：香石竹是容易形成侧枝和侧花蕾的植物，当花芽开始肥大时，其下部的侧芽开始伸长，为了保证顶花蕾的正常发育，要尽早摘除开花枝条上再发生的侧芽。香石竹生长过程中，在顶芽附近的节间也容易形成侧花蕾，侧蕾的摘除对于独头切花的培养非常重要，当茎端生有几个花蕾时，一般选留中间一个大的花蕾，其余的应及早摘除；而对于多头的香石竹，为了使侧花蕾开花整齐，同时改善切花的花序构型，一般将顶花蕾摘除。

⑤裂萼现象的发生和预防：香石竹栽培过程中常会出现裂萼现象，主要与品种的遗传特性和栽培的环境条件有关。一般情况下，花瓣数过多（ >80）的品种容易发生裂萼；花蕾发育期遭遇低温或昼夜温差超过 8℃，或室内温度时高时低均会引起裂萼；此外，低温期浇水过多、磷肥施用过多均易引起裂萼。

为预防裂萼现象的发生，首先应选用不易裂萼的品种；其次保证适温，缩小昼夜温差；再次，合理而均衡地浇水、施肥；最后，花前 1~2 周用塑料袋包扎花萼也可有效阻止裂萼的发生。

⑥切花的采收和贮运：香石竹的切花采切适期与品种及季节有关。标准型香石竹以花瓣尚未打开、花瓣露色部分长 1.2~2.5cm 为好，这样，花蕾期采收切花，常温下 2~4 天开放；对于散花型香石竹，要有 2 朵花花瓣开放、其余花蕾现色时采收。此外，低温季节一般每周采切一次，花开五六成时进行，高温季节可每天进行，花开四成时进行。第 1 次采切时，为确保以后陆续开花，要在稍高的位置下剪，以促发侧枝。

切花采收后，剔除茎基 2~3 对叶片后，进行分级包装，一般每 20 枝扎成一束。

作长期贮藏，最好采用干藏方式。温度保持在 -0.5 ~ 0℃，相对湿度要求 90%~95%。宜选用厚 0.04 ~ 0.06mm 的聚乙烯薄膜作保湿包装。贮藏结束后，要求采用催花处理。

若长途运输，应将相同等级、品种的香石竹枝条每 40 ~ 60 枝用一塑料袋进行包装，0℃预冷后分别码入标有品名、具透气孔的衬膜瓦楞纸箱内。各层切花反向叠放箱中，花朵朝外，离箱边 5cm；小箱为 10 扎或 20 扎，大箱为 40 扎；装箱时，中间需以绳索捆绑固定；封箱需用胶带或绳索捆绑；纸箱两侧需打孔，孔口距离箱口 8cm；纸箱宽度为 30cm 或 40cm。纸箱外面注明切花种类、品种名、花色、级别、花茎长度、装箱容量、生产单位、采切时间。一般采用干运（切花的茎基不给予任何补水措施）。运输条件宜温度保持 2 ~ 4℃，空气相对湿度保持在 85%~95%。

园林用途 香石竹花朵美丽、花色丰富、花期很长，是优良的切花，与菊花、月季和唐菖蒲并称为世界四大鲜切花，是花卉装饰中最基础的花材之一，可制作花篮、花束等，亦是世人公认的"母亲节之花"，代表着真挚、慈祥、不求回报的母爱。

除广泛应用于切花外，目前，已培育出应用于花坛、盆栽的香石竹品种。

（4）芍药 *Paeonia lactiflora*

别 名 将离、婪尾春、没骨花、余容、梨食

英文名 Herbaceous peony

科 属 芍药科芍药属

形态特征 宿根草本，具肉质根。茎丛生，高 60 ~ 120cm。初生茎叶褐红色，随后渐变为绿色。茎基部叶呈鳞片状；中部叶为二回三出复叶，小叶卵状椭圆形至披针形，通常再深裂或浅裂，顶小叶不裂；茎顶叶渐小或为单叶。花单生于茎顶或近顶端叶腋处，有单瓣和重瓣之分，花形变化丰富，常作为品种识别的重要依据；花色有白、粉、红、紫等；萼片 5 枚，宿存；离生心皮 3 至数个，无毛；雄蕊正常或瓣化。花期暮春至初夏。蓇葖果，果熟期 8 ~ 9 月。种子数枚，球形，黑色。

芍药 *Paeonia lactiflora*

品种变种 芍药属植物共分为 3 个组，即牡丹组（Sect. Moutan）、北美芍药组（Sect. Onaepia）和芍药组（Sect. Paeonia）。我们通常所指的芍药属于芍药组，该组植物全世界约 22 个种，我国有 7 个种，即草芍药（*P. obovata*）、美丽芍药（*P. mairei*）、芍药（*P. lactiflora*）、多花芍药（*P. emodi*）、白花芍药（*P. sterniana*）、新疆芍药（*P. sinjiangensis*）和块根芍药（*P. anomala*）。国内原产的栽培芍药是由野生芍药（*P. lactiflora*）衍生而来的品种群，该品种群在清代已有近 100 个品种，随着品种的消长更新，截至 2007 年，国内栽培芍药有 400 多个品种，常按花型、花色、花期和用途对其进

行分类。

①按照花型分类：花型是品种识别的重要依据之一，按照花型进行品种分类也是国内芍药生产和经营中常用的一种分类方法。

A 单花类：花朵由单花组成。

B 千层亚类：花瓣向心式自然增加，排列整齐，形状相似，但由外向内逐层变小。雄蕊只着生于雌蕊周围，不散生于花瓣之间，常随花瓣增多而相应减少或消失。花形扁平。

单瓣型：花瓣1~3轮，宽大、平展，广卵形、卵形或倒卵状椭圆形；雄雌蕊正常；一般结实力强。例如：'粉玉奴'、'白玉盘'、'红凤'。

荷花型：花瓣4~5轮，形大，整齐一致；雄雌蕊正常。开放时，花瓣微向内抱，形似荷花。例如：'紫莲望月'、'紫莲托金'、'宝莲灯'、'出水红莲'、'粉莲'。

菊花型：花瓣6轮以上，自外向内层层排列并逐渐变小。雄蕊正常，数量减少或在花心处有少量瓣化现象；雌蕊正常。例如：'永生红'、'英雄花'。

蔷薇型：花瓣数量高度增加，自外向内层层排列并明显变小；雄蕊大部分消失，在花心处有时残留少量正常雄蕊或杂有少量瓣化呈细碎的花瓣；雌蕊正常或稍有瓣化或退化。例如：'大富贵'、'红绫赤金'、'杨妃出浴'。

C 楼子亚类：花瓣以雄蕊瓣化为主要来源，外瓣宽大平伸，2~4轮，内瓣主要由雄蕊自内向外离心式瓣化而来，多狭长、细碎、皱褶或卷曲。雌蕊正常或瓣化或消失。花形隆起或高耸。

金蕊型：外瓣2~3轮，宽大、平展；雄蕊花药明显增大，花丝变粗，全体呈鲜丽的金黄色；雌蕊正常。该花型在芍药品种中较少见。

托桂型：外瓣2~3轮，宽大、平展；雄蕊完全瓣化，瓣化瓣狭长，直立；雌蕊正常或退化变小。栽培芍药中托桂型品种很多，例如：'巧玲'、'奇花露霜'、'紫凤羽'、'美菊'、'莲台'、'凤羽落金池'等。

金环型：外瓣2~3轮，宽大；雄蕊大部分瓣化，仅靠外瓣周围残留一圈正常雄蕊，呈金环状；雌蕊正常或瓣化或退化变小。例如：'紫袍金带'、'袭人'、'桃红系金'等。

皇冠型：外瓣宽大、平展；雄蕊全部瓣化，瓣化瓣由外向内愈近花心处愈宽大，有时中间还杂有少量逐渐退化的雄蕊以及完全退化呈丝状的雄蕊；雌蕊瓣化或退化变小或完全消失。全花高耸，形似皇冠。例如'银线绣红袍'、'种生粉'、'冰山'、'月照山河'、'雪峰'等。

绣球型：雄蕊全部高度瓣化，其瓣化瓣与外瓣大小形状近似，难以区分。雌蕊亦瓣化或退化变小或完全消失。全花丰满，形如绣球。例如：'山河红'、'黑绣球'。

D 台阁花类：花朵由2至数花上下叠合而成。

E 千层台阁类：由千层亚类内2朵或2朵以上的单花上下重叠而组成。如'艳紫向阳'、'烈火金刚'、'玉面粉妆'、'红雁披霜'、'晴雯'、'紫雁飞霜'、'紫红阁'等。

楼子台阁类：由楼子亚类内2朵或2朵以上的单花上下重叠而组成。如'胭脂点玉'、'黄金轮'、'红凤换羽'、'仙鹤白'、'红艳争辉'等。

②按照花色分类：该法是芍药品种分类中应用最早的分类方法之一，也是现代花卉商品化生产和经营中常用的一种分类方法。可分为白色系、粉色系、黄色系、粉蓝色系、红色系、紫色系、黑色系和复色系等。

③按照用途分类：可分为庭园型、切花型、盆栽型和药用型四大类型。

庭园型：植株生长健壮、开花繁茂、适应性强的品种常用于庭园栽培。如'大富贵'、'粉玉奴'等。

切花型：适宜切花栽培的品种一般植株高大(株高90cm以上)、花茎长而挺直、花型优美(菊花型、蔷薇型和托桂型尤宜)。如'傲阳'、'杨妃出浴'、'晴雯'等。

盆栽型：盆栽的芍药品种一般根系短小、植株低矮(株高60cm以下)、株丛圆整、开花繁茂。如'巧玲'、'小天鹅'等。

药用型：一般根系粗壮、单瓣型居多。如'亳白芍'、'杭白芍'等。

④按照花期分类：可分为早花、中花和晚花3类。早中晚花品种的花期与各地具体的气候条件有关。在芍药主产地之一的山东菏泽地区，早花品种花期为4月18日至5月2日，中花品种为5月3日至5月9日，晚花品种为5月10日之后。芍药品种中，中花品种占大多数，早花和晚花品种较少。

产地分布　中国原产的栽培芍药是由野生芍药(*P. lactiflora*)演化而来的品种群，野生芍药主要分布于我国东北、西北等地，日本和俄罗斯西伯利亚一带也有，主要生于山坡草地。栽培品种则除华南部分地区天气炎热、不适于生长外，几乎遍及全国各地，尤以山东菏泽、江苏扬州、河南洛阳、北京、甘肃兰州等地栽培最为集中。

生态习性　芍药性耐寒，常以根颈芽越冬，在我国北方多数地区稍加壅土覆盖即可安全越冬，根颈芽一般于早春抽出地面；不耐夏季酷热，气温超过35℃时，则多叶缘枯焦，叶片枯黄。芍药喜光，但也稍耐半阴。其根系肉质，喜土质深厚的壤土及沙质壤土，耐旱，忌积水，否则肉质根极易腐烂。芍药性喜肥，圃地要深翻并施入充分腐熟的厩肥。

在山东菏泽地区，芍药每年自3月中旬前后萌芽出土；立夏(约5月初)前后放蕾开花；处暑(约8月下旬)前后种子老熟；霜降(约10月下旬)前后枝枯越冬，在地下根颈处形成混合芽。翌年春季再萌芽、展叶、显蕾、开花、结实，周而复始。

繁殖方法　芍药的繁殖有播种法、分株法，通常以分株繁殖为主。

①分株繁殖：分株不仅可以提早开花，而且可以保持母体优良的特性。分株一般以9月上旬至10月上旬为宜，民间有"七芍药、八牡丹"(指农历)之花谚流传，主要是由于这时土温高于气温，并且是芍药年生长周期中根系生长发育的旺盛期，此时分株有利于根系伤口愈合，萌发新根，增强抗寒耐旱能力。过早分株则容易导致秋发，影响翌年生育，过迟分株则又根弱或不发新根，来年新株衰弱，甚至因不耐旱而死亡。

芍药分株必须在秋季进行，我国花农谚语"春分分芍药，到老不开花"，这是花农长期栽培芍药经验的总结，也是由芍药的生长特性决定的，芍药春季发芽早，发芽后生长迅速，并在新枝上开花。如果春季移栽，不仅容易影响花芽的发育，造成不开花或少开花，而且会损伤植株根系，影响植株的吸收肥水能力，极容易引起植株长势衰退，严重者当年即会死亡。

分株时，将根株掘起，震落附土，顺自然纹理用刀切开，使每个新株具2~3芽，最好3~5芽，然后栽植在准备好的圃地。如果分株的根丛较大并且芽体健壮，则第二年即可开花；如果根丛较小并且芽体瘦弱，则第二年生长不良或不开花，通常栽植后第一、二年，不令开花，在现蕾后即行摘除，以减少养分的消耗，使分株苗尽快恢复正常生长，一般要培养3年后，才能正常开花。

②播种繁殖：播种法常用以培育新品种。种子一般于8月中下旬成熟，随采随播，迟播则发芽率降低。芍药种子有上胚轴休眠现象，播种后当年秋天只生根，次年春暖后芽才出土，幼苗生长缓慢，播种苗需3~5年才能开花。

播种法还用于嫁接砧木的繁殖。

栽培管理

①定植前准备：芍药为深根系植物，定植前要深耕30cm，施足基肥。一般选择光照充足、地势高燥的场地栽培，低洼地、盐碱地均不适宜。切花栽培时一般筑高畦栽植。

②定植：芍药的定植常结合分株繁殖进行，即9~10月份，将株龄3~4年的芍药按株行距(40~50)cm×(55~60)cm进行定植，定植时先行挖穴，最好上狭下宽，定植穴的直径与深度一般为(25~30)cm×(30~35)cm，这样可使芍药的根系舒展而又均匀地分布在穴内。栽植深度以芽顶端与土面齐平为宜，或使芽距地表3~5cm，栽植过深，芽不易出土，即使顶出土面，植株生长发育不旺；过浅，根颈露出地面，夏季暴晒，植株容易死亡。栽植后覆土并轻轻压实，浇透水。

③定植后管理

壅土和扒土：定植后在严寒到来前，北方地区常于枯萎的株丛基部壅土防寒，堆高9~12cm。翌年早春芍药嫩芽出土前4~5天将土堆扒除、平整。如不扒土，则嫩茎基部衰弱，影响生长。

肥水管理：芍药喜肥，每年需追肥2~3次，尤其是展叶现蕾期、花后孕芽期，对肥料要求更为迫切，施用肥料时，应注意氮、磷、钾三要素的配合。此外，为促进萌芽，需要在霜降后，结合封土施1次冬肥，此时可将有机肥和无机肥混合使用。

芍药根系肉质，不耐涝，但过于干燥也会生长不良。适度湿润是它良好生长的必要条件。因此在干旱时要注意浇水，多雨时要及时排水，保持干湿相宜。

中耕除草：扒土后至茎叶枯落期间，需要经常中耕除草。中耕时，叶幕形成前和花期前后要深耕，孕芽后要浅耕。

④整形修剪

摘蕾：芍药除茎端形成顶蕾外，茎上部叶腋处也往往形成侧蕾3~4个，为保证顶蕾花大色艳，应在花蕾显现后不久，摘除侧蕾，使养分集中于顶蕾。

立支柱：对于花茎软、花头大、花期茎秆容易倒伏、花头容易下垂的芍药品种，可在花蕾显色后，设立支柱。

⑤切花采收和贮运：当花蕾已经透色、萼片松动时进行切花采收，剪切位置在距

地面第 1~2 片叶以上，如果切口过低，雨水会随伤口往下流，造成根部腐烂。切下的花枝应迅速转移到低温的室内按花色品种分开并行分级处理，一般一级切花的长度为 65cm；二级切花的长度为 60cm；三级切花的长度为 55cm。为了保证花枝清洁并避免贮藏过程中霉烂变质，分级时还应去掉下部叶片，只留上部 3 片复叶与单叶。将相同等级、品种的芍药带花枝条 10 支一束捆绑固定，分别码入标有品名、具透气孔的衬膜瓦棱纸箱中。在 0~2℃ 的环境中贮存可达 6~8 周，最好采用空运来缩短运输时间。

⑥采后管理：主要是促进原植株尽可能地积累养分，因此切花剪切后在尽量保留好剩余叶片的同时要及时进行追肥，促进花芽分化，为下一年开花打好基础。

⑦花期调控：为保证芍药鲜切花的周年生产，常采用促成或抑制栽培。为供应元旦、春节用花，一般选用早花品种，常于 9~10 月对植株进行 4℃ 冷藏处理，25~40 天后定植于温室，温室温度保持在白天 17~18℃，晚上 5~6℃，一般入温室后 15 天左右鳞芽萌动展叶，30 天时叶片完全伸展并已现蕾，此时提高室温，使白天 25~26℃、晚上 15~16℃。生长期注意追肥，60~70 天后即可开花。为推迟芍药开花，则采用晚花品种进行抑制栽培，一般于早春植株尚未萌动前将植株挖起，贮于 0℃ 冷库中，保持植株的湿润状态。根据用花时间，提前 30~45 天出库进行常规栽培，即可按时开花。

园林用途 芍药是我国的传统名花，"百花之中，其名最古"，栽培历史非常悠久。《诗经·郑风·溱洧》云："维士与女，伊其相谑，赠之以芍药"，指青年男女踏春野游，临别时以芍药花相赠，以花传情。芍药可说是中国最早的情人花。由于其花茎长、水养期长、栽培容易、物美价廉，一次栽植，可多年供花，是极具发展潜力的切花种类。

此外，由于芍药适应性强，管理粗放，各地园林中普遍栽培，或与牡丹同园栽植以共同构成主题公园，延长观赏期，或作为专类的园中园，或用于花境等自然式花卉布置等。

（5）鹤望兰 *Strelitzia reginae*

别名　天堂鸟、极乐鸟之花

英文名　Bird-of-paradise flower；Crane flower

科属　旅人蕉科鹤望兰属

形态特征 常绿宿根草本植物，植株高 1~2m，根粗大肉质，有多数细小须根。茎短缩不明显。叶基生，两侧排列，蓝绿色，宽椭圆形或卵状披针形，长约 40cm，宽约 15cm，具长柄，质地坚硬。花梗从植株中部或叶脉中抽出，高于叶片。总苞长约 15cm，深绿色，边缘呈暗红色晕；花 3~8 朵露出苞片之外，顺序开放；小花有花萼 3 枚，橙黄色，花瓣 3 枚，舌状，蓝紫色，上面 1 枚短，下面 2 枚结合组成花舌。雄蕊 5 枚，雌蕊突出较长，子房下位，3 室。单花开花约 15 天，整个花序可持续观赏 3~4 周。

原产南部非洲，1773 年引进英国，当时的英皇后索非亚（Charlotte Sophia）非常喜欢这种花卉，认为它的花形特别酷似鸟冠和鸟嘴，而她所出生的故乡原名又叫天堂村，故赐名天堂鸟。我国的园艺专家认为其花色艳丽，姿态奇特，非常优雅，恰似仙鹤引颈遥望之姿，故得名鹤望兰。

鹤望兰花姿奇特，叶大而挺秀，既可盆栽观赏，又是高档鲜切花，故而受到许多国家的关注，现在世界上许多亚热带和暖温带地区均有栽培。我国从 20 世纪 80 年代开始引种栽培，目前在广州、云南等地有规模性栽培。

鹤望兰 *Strelitzia reginae*

产地分布 鹤望兰原产非洲南部。

生态习性 喜温暖、湿润气候，不耐寒，怕霜雪。

①温度：生长适温 18～24℃，白天 20～22℃、晚间 10～13℃，对生长更为有利。持续高温会导致生理障碍和花芽枯死，冬季温度不低于 5℃。南方可露地栽培，长江流域以北地区作温室栽培。

②光照：喜光，充足的阳光有利植株的生长发育，阳光不足易导致花芽坏死；此外，若生长过密或阳光不足，亦会直接影响叶片生长和花朵色彩。夏季强光时宜遮荫或放荫棚下生长。

③土壤：以土层深厚、排水良好、富含有机质的沙质土为佳，pH 值为 5.5～6.5；在碱性土壤中易黄叶、烂根。

④湿度：肉质根，耐干旱，但怕水淹。

繁殖方法 鹤望兰常用播种繁殖和分株繁殖，此外也可采用组织培养法。

①播种繁殖：鹤望兰为典型的鸟媒植物，原产地靠体重仅 2g 的蜂鸟传粉才能正常结实。我国无蜂鸟，就需要人工授粉。人工授粉后 80～100 天种子成熟。

成熟种子如豌豆大小，圆形，黑亮而坚硬，小而尖的种脐上附生橘红色茸毛。种子收获后应立即播种，播前用 30～40℃ 温水浸种 3～4 天以利发芽。25～30℃ 恒温条件下 15～20 天发芽，半年后形成小苗，单叶生长缓慢，从萌发至发育成熟需 40～45 天，一般播种后 3～5 年、具 9～10 枚成熟叶片时才能开花。

总之，播种繁殖的缺陷是：幼龄期太长，至少需 3 年以上才开花，且易产生遗传变异；种子不易获得，需要在花期进行人工授粉，80 天后才能得到成熟的种子；种子寿命短，需即采即播；种子发芽率不高，发芽后半年才长成小苗。

②分株繁殖：分株宜早春或晚秋进行，可用利刀从植株根部切下 10cm 以上的幼芽或小株，切口用草木灰消毒防腐，养护 10～20 天后即可成活。分株繁殖多采用 10 年龄以上的植株，但每枝每年仅能分出 0.5～1.5 个小株，因效率太低而受到限制。

③组织培养：外植体用叶柄、短缩茎、顶芽、花序轴和茎节。

栽培管理

①定植前准备：鹤望兰作为切花生产，北方地区一般栽植在温室内，定植前土壤要消毒。鹤望兰根系粗壮，且垂直向下生长，为促使根系发达，应选择疏松肥沃的微酸性壤土，并行深耕，施入足够的腐熟的有机堆肥。鹤望兰根系肉质，忌积水，因此最好采用高畦栽培并挖好排水沟，避免在排水不良、地下水位高、严重板结的土壤中种植。

②定植：3～11月均可定植，株行距80cm×120cm。定植苗多采用2年生健康的实生苗或分株苗，定植前先将苗在水中浸泡1小时以提高成活率。栽植不宜过深，以植株基部的芽齐土面为好，以利于新芽萌发。定植后浇透水。

③环境条件管理

温度控制：在适宜温度范围内，鹤望兰的每片叶的叶腋都可形成花芽。因而控制好栽培温度是提高鹤望兰产量的关键。花期尤其要控制好温度，夜间温度过高会抑制花芽的形成，应掌握在15～24℃之间。高于35℃生长缓慢，超过40℃，叶片卷曲、停止生长；低于5℃时植株将停止发育，低于0℃将受冻害，故夏季应采取遮荫降温等措施，冬季宜盖膜防冻。

光照调节：鹤望兰喜全光照环境，光照越强越有利于生长开花；若光照不足，易造成叶片徒长，叶柄细弱，株形弯曲，花质下降，产量明显减少。故鹤望兰在整个生长期，应保持充足的光照，尤其是冬季采花期，但由于在夏季烈日暴晒下叶片易灼伤，因此应注意在盛夏高温季节采用遮阳网等遮荫，在遮荫的环境中叶片的外观会更漂亮，只是花朵数目会比较少。

肥水管理：鹤望兰生长期较喜肥，定植前应施足基肥，生长期应掌握"勤施薄施"的原则，一般7～10天追肥一次，每平方米用复合肥0.05kg，进入开花龄后，在产花季节的前2个月应每月土施1次0.02%磷酸二氢钾，或减半进行根外追肥，以保证必要的营养供应。鹤望兰整个生长过程中，应经常保持土壤湿润。

④整形修剪：鹤望兰每片成熟叶基部都可分化花芽，为促使其孕蕾并提高花芽质量，对断叶、病叶和花后黄化叶及时剪除。

⑤切花采收：切花采收一般在第一朵小花含苞或者完全开放时剪切，进行贮藏运输的切花可在花蕾现色前采切。剪切的切花花梗要求达到70cm以上。采后经水处理后在7～8℃条件下能干藏1个月。若需长途运输，切花浸水后应在保湿箱内干运，温度为7～8℃，低于7℃易引起低温伤害。贮藏期切花对灰霉病敏感，在贮运前需要喷洒杀菌剂保护。

⑥花期调控：鹤望兰从出现花芽至形成花苞需30～35天，从花苞形成到开花需要100天左右，这段时间的温度控制在20～27℃能保证花枝正常发育。如果让其在春节前后开花，应在春节前50天左右放在5～7℃低温环境中令其休眠，然后再在温度18～22℃、每天光照不少于6小时以上的环境中栽培，加强肥水管理，即可如期开花。

园林用途　鹤望兰姿容秀美，叶丛碧绿，花形奇特，花期长，鲜切花枝不采取保鲜措施，夏季也可水养20天左右，冬季可达近50天，是著名的切花材料，并有"鲜切花之王"的美称，被视为自由、幸福、吉祥的象征。在插花作品中以鹤望兰和松类作为主花材，在生日祝福中可表达出松鹤长龄的意思。

此外，鹤望兰还是珍贵的大型盆栽花卉，可摆放于宾馆、接待大厅和大型会议室，具清新、高雅之感。在我国华南地区可丛植庭院角隅，点缀花坛中心，同样景观效果极佳。

同属切花花卉 同属有5个种，常见的栽培种有：

尼古拉鹤望兰（*S. nicolai*），株高4m，茎丛生。叶大型，2列着生，苞片晕红色，花萼片白色，花瓣浅蓝色。春季分株繁殖或播种繁殖。人工辅助授粉可结种子，采后即播种。

大鹤望兰（*S. augusta*），肉质根粗壮，茎高可达5m，叶大，对生，两侧排列，有长柄。花茎顶生或生于叶腋。花形奇特，佛焰苞状，总苞白或紫色。花期春季。

1.2.3 球根切花花卉

（1）唐菖蒲 *Gladiolus hybridus*

别名 菖兰、剑兰、扁竹莲、十样棉
英文名 Breeders gladiolus
科属 鸢尾科唐菖蒲属

形态特征 球根草本。茎基部膨大成球茎，具膜被，扁球形。株高100~150cm，茎粗壮直立，无分枝，或罕有分枝。叶硬质，剑形，7~8片叶嵌迭状排列，抱茎互生。叶长30~40cm，宽4~5cm，有多数显著平行脉。蝎尾状聚伞花序顶生，着花12~24朵，通常排成二列，侧向一边，很少有四面着花的。佛焰苞草质，内含一花，无柄，花冠左右对称。花冠筒呈膨大的漏斗形，稍向上弯。花径12~16cm，花色有白、黄、红、粉、紫、蓝等深浅不一的单一色或复色，或具斑点、斑纹，或呈波状及褶皱状；花期夏秋。蒴果3室，背裂，内含种子15~70粒。种子深褐色，扁平，有翅。

品种变种 唐菖蒲血缘关系很复杂，为多种源多世代杂交种。参与杂交的重要亲本原种有：忧郁唐菖蒲（*G. tristis*）：球茎中型，球状，株高45cm，叶稍呈圆筒形，花序较疏，着花3~4朵，侧向一方开放，花黄白色，具紫色或褐色毛刷状细纹和斑点。花被片反卷，有香味。绯红唐菖蒲（*G. cardinalis*）：又名红色唐菖蒲，球茎大型球状，株高90~120cm，着花6~7朵，小花钟形，绯红色，具大型白色斑点。鹦鹉唐菖蒲（*G. psittacinus*）：球大型扁球状，紫色，株高1m左右，着花10~12朵，侧向一方开放，花大型黄色，具深紫色斑点或紫晕。多花唐菖蒲（*G. floribundus*）：球茎中等球形，株高45~60cm，着花

唐菖蒲 *Gladiolus hybridus*

20 余朵，花大，白色。报春花唐菖蒲（*G. primulinus*）：球茎较大形球状，植株矮小，着花 3~5 朵，侧向一方，花堇紫色，略带红晕。

对现代唐菖蒲品种的形成发展起重要作用的杂种有：柯氏唐菖蒲（*G. ×colvillei*）：该种是以忧郁唐菖蒲为母本，以绯红唐菖蒲为父本进行杂交而成的，株高 60cm，叶呈线状剑形，灰绿色，着花 2~4 朵，黄紫色，瓣端具洋红色条纹和黄色斑点，具香味。甘德唐菖蒲（*G. gandavensis*）：是由鹦鹉唐菖蒲和绯红唐菖蒲杂交而成的，株高 90~150cm，花序长，着花多，花红色或黄色，具各色条纹。现今，最好的大花型现代唐菖蒲品种，大部分都是从这个系统发展而来，故现代唐菖蒲的学名也常以甘德唐菖蒲学名为代表。莱氏唐菖蒲（*G. ×lemonia*）：是以紫斑唐菖蒲与甘德唐菖蒲为亲本杂交而成的，主要特点是耐寒性强，球茎基部可以生出匍匐枝状的芽，伸长后其端部形成子球，将子球栽植，次年即可开花。另外，其花序着花较密，花钟形，白色或鲜黄色，喉部具洋红紫色的形状斑点。齐氏唐菖蒲（*G. ×childsii*）：是邵氏唐菖蒲和甘德唐菖蒲杂交，后经美国人哈劳克氏加以改良而成的。其杂种具性强健、花大而美丽等显著特点。

据不完全统计，目前栽培的唐菖蒲切花品种约万个，其分类方法多样。

①按生态习性和花期来分类

春花种：本类植株矮小，茎叶纤细，球茎和花朵都小，花色也少变化。耐寒性较强，在暖地可秋植，翌春开花。本类多数由原产欧亚（即地中海地区和西亚地区）的野生种杂交选育而成。

夏花种：本类植株高大，花形硕大，球茎亦较大，花姿优美，色彩丰富。一般春天栽植，夏季开花。本类多数由原产南非的野生原种杂交选育而成，拥有大量品种，目前世界各国广为栽培的优秀杂种和品种即属此类。

②依花形分类

大花型：花径大，排列紧凑，花期较晚，新球与子球发育均较缓慢。

小蝶型：花朵稍小，花瓣有皱褶，常有彩斑。

报春花型：花形似报春花，花序上花朵少而排列稀疏。

鸢尾型：花序短，花朵少而密集，向上开展，呈辐射状对称。子球增殖力强。

荷花型：花瓣裂片稍尖，边缘内卷，开张度不大。

③按生育期长短分类

早花类：种植种球后 70~80 天开花。生育期要求温度较低，宜早春温室栽种于夏季开花，也可夏植秋花。

中花类：种植后 80~90 天开花，如经催芽，早栽，则生长快，花大，新球茎成熟亦早。

晚花类：栽种后 90~100 天开花。植株高大，叶片数多，花序长，产生子球多，种球耐夏季贮藏，可用于晚期栽培以延长切花供应期。

④按花朵大小分类：按花径大小将唐菖蒲分为 5 类：微型花（花径 <6.4cm）；小型花（花径介于 6.4cm 和 8.9cm 之间）；中型花（花径介于 8.9cm 和 11.4cm 之间）；大型花（又称为标准型，花径介于 11.4cm 和 14.0cm 之间）；特大型花（花径 >

14cm）。

⑤按花色分类：唐菖蒲品种的花色十分丰富，一般按花的基本色分为 13 色系，即白、绿、黄、橙、橙红、粉红、红、玫瑰红、淡紫、紫、烟色、黄褐及绿色系。

产地分布　唐菖蒲的原生种主要分布在非洲、中欧、地中海沿岸地区。其中 70% 左右的种类原产于南非。

生态习性　唐菖蒲喜温暖，并具一定耐寒性，不耐高温，尤忌闷热，以冬季温暖、夏季凉爽的气候最为适宜。生长临界低温为 3℃，4~5℃ 时，球茎即可萌动生长；生长适温，白天为 20~25℃，夜间为 10~15℃。一年中只要有 4~5 个月时间适宜生长的地区，均可栽培。在我国通常都作春植球根栽培，夏季开花，冬季休眠，休眠期一般为 30~90 天。唐菖蒲要求阳光充足。唐菖蒲属长日照花卉，在长日照下有利于花芽分化，而短日照下则促进开花。唐菖蒲性喜深厚肥沃且排水良好的沙质壤土，不宜在黏重土壤或低洼积水处栽植，土壤 pH 值以 5.6~6.5 为佳。

繁殖方法　唐菖蒲的繁殖以分球为主，亦可采用切球、播种、组织培养方法繁殖。生产切花所用的都是可以开花、无病虫害的优良种球。

①分球法：将母球上自然分生的新球和子球取下来，另行种植。通常开花新球栽植当年可正常开花；子球需培养 1~2 年才能达到所需标准，用作培养切花用。

②切球法：为加速繁殖，将种球纵切成几部分，但每部分必须带 1 个以上的芽和部分茎盘。注意切口部分应用草木灰涂拌以防腐烂，待切口干燥后再种植。

③播种法：培育新品种时常用此法。一般在夏秋种子成熟采收后，立即进行盆播，发芽率较高。冬季将播种苗转入温室培养（或秋季直接在温室播种），第 2 年春天分栽于露地，夏季就可有部分植株开花。

④组织培养法：用花茎或球茎上的侧芽作为外植体进行组织培养，可获得无菌球茎。为唐菖蒲脱毒、复壮。

栽培管理

①栽植前准备

土壤准备：唐菖蒲是一种喜光花卉，不耐盐碱，适宜种植在偏酸性或中性（pH 值 5.5~7.5）的土壤中，因此应选择向阳、肥沃、通透性良好、富含腐殖质的沙质土壤栽培。为保证生长发育所需的养分，栽种前土壤应施足基肥，基肥应以腐熟的有机肥为好。唐菖蒲是浅根性植物，肥料宜浅施。忌连作。

种球准备：栽植前，为促进萌芽和生长，应剥去球茎的老根及外层的硬包皮，并对种球按直径分级，再用 800 倍甲基托布津和多菌灵混合液或 40% 的百菌清 800 倍液浸种消毒 30 分钟。

②栽植

时期：自然条件下一般在 4~5 月、地温在 10℃ 左右时种植，若要周年生产，则应根据不同供花期及品种特性来确定。在温度、光照有保证的条件下，要求元旦前上市的应在 9 月初下种；春节期间上市的可在 9 月末下种；早春供应切花的可于 11 月下旬至 12 月下旬下种；5 月下旬至 6 月上旬开花的，可于 2 月初催芽，4 月初露地种植；国庆开花的可在 6 月初至 7 月中旬下种。

方法：大面积切花生产或球根生产宜用沟栽方式，便于管理和节省劳动力。沟栽时大球的沟距 40～60cm；株距 25～30cm。畦栽时，大球行距 15～20cm；株距 10～15cm。

③肥水管理：生长期间应施 3 次追肥。第一次在 2 片叶展开后，此期为花芽开始分化期，若水肥缺乏，每穗花数减少，应以氮肥为主。第二次在 4 叶期，促进花枝粗壮，花朵大，应以磷钾肥为主。第三次在开花后，促进更新球发育，应控氮，以磷钾肥为主。氮过量还会造成种球不充实容易腐烂。追肥以化肥为主。如尿素、硝酸铵、硝酸钾、磷酸二氢钾等。施用量每 1000m^2 10～20kg。根部施肥与叶面施肥要交替进行。

④整形修剪：在种植球茎时，预先将 2 层 20cm 见方的尼龙网格放于种植床上，以后随着植株的长高，逐层用支柱绷紧，防止植株倒伏、花茎弯曲。

⑤切花采收和运输：切花栽培时，应选花瓣充分着色，含苞待放的花序或花序最下部 1～2 朵花初开时于傍晚或清晨切下，切花后的植株至少应保留 4～5 枚叶片，以供下部球茎继续生长。若需长途运输，一般采用干运（即对切花茎基部不给予任何给水措施）法，同时温度保持在 8～10℃、空气相对湿度保持在 85%～95%。

⑥花期控制：唐菖蒲花期控制比较容易。通过球茎冷藏，分期播种，再利用温室、温床及冷床进行栽培和光照调节，即可做到周年供花。

一般促成栽培以促使其早春开花时，应首先人工打破休眠，具体方法为：先用 35℃ 高温处理球茎 15～20 天，然后再用 2～3℃ 的低温处理 20 天即可打破休眠并行定植。若要求 1～2 月份供花，则于 10～11 月份定植；若 12 月份定植，则 3～5 月份开花。即从定植到开花，需历时 100～120 天。

抑制栽培时的方法较为简单，关键要保持球茎处于低温（2～3℃）干燥环境下，控制发芽、发根，使之保持休眠状态，待需要时取出栽种。8～9 月份进行温室地栽，可于 11～12 月份开花。

唐菖蒲是长日性球根花卉，不论是促成栽培还是抑制栽培，栽培中必须保持充足的光照，日照长度不可小于 14 小时，不足时需加人工补光。

园林用途 唐菖蒲品种繁多，花色艳丽，花梗挺直秀长，花大色美，为世界著名切花之一，主要用于瓶插或制作花束、花篮及切花装饰工程等。除作切花外，在园林绿地中也可栽作花境或栽于建筑附近、草坪边缘，又因其对氟化氢非常敏感，还可用作监测污染的指示植物。

（2）球根鸢尾 *Iris* spp.

别名 爱丽斯

英文名 Iris

科属 鸢尾科鸢尾属

形态特征 球根草本。地下具鳞茎。球根鸢尾主要包括如下两种，一为西班牙鸢尾（*I. xiphium*），是商品价值较高的荷兰鸢尾（*I. xiphium* var. *hybridum*）的主要亲本。鳞茎卵形，外有皮膜，一般用于切花栽培的鳞茎周径为 6～10cm。从鳞茎顶抽芽萌叶，叶剑形，有纵沟，粉绿色。总状花序自叶丛中抽生，花茎高 60～90cm，着花 2～3 朵；花蝶形，多为蓝紫色，有黄色和白色品种，花苞长 10～12cm，花期 4～5 月。蒴果长椭圆形，具 6 棱。原产西班牙及其邻近地区。一为英国鸢尾（*I. xiphioides*），与西班牙鸢尾相似，唯花梗极短，茎着花 2～3 朵，花期 5～7 月。花深蓝绿色，中央有黄色斑纹。

产地分布　球根鸢尾的原种西班牙鸢尾主要原产于地中海沿岸。

生态习性　球根鸢尾喜冷凉，不耐夏季炎热，生长适温为 12～17℃，在我国长江流域可露地越冬，但在华北地区需要稍加覆盖才能越冬。花芽分化最适温度为 13℃，高于

球根鸢尾　*Iris* **spp.**

25℃花芽易枯死，因此夏季贮藏温度过高对花芽分化有抑制作用。性喜阳光充足的环境，也耐半阴，要求排水良好的沙质壤土。

繁殖方法　球根鸢尾可用播种法、分球法、组织培养法繁殖种球。

国外已用腋芽、茎、幼嫩花序等为外植体，离体培养出无病毒的健壮种球。国内大部分切花生产者则常购买国外种球来组织生产，也有的生产者自繁种球，常采用分球繁殖法。鳞茎可隔 2～3 年采收一次。采收后，摊放于通风、干燥而冷凉处，其上所附子球及须根不要分离或除去，否则伤口会腐烂，应于秋季栽植时才分离。

种子繁殖时应于种子成熟后即行播种，为使其提前发芽，用水浸泡 24 小时后，再冷藏 10 天，播于冷床中，秋季可发芽。实生苗 2～3 年才能开花。

栽培管理

①定植前准备：选择保水力强且透气性良好的土壤，连作时一定要进行严格的土壤消毒，结合深耕施入堆肥等有机肥，一般筑高畦栽培。此外，鸢尾是一种对盐类敏感的植物，当土中盐类浓度太高时，会阻止发根，或使根受到伤害并进而阻碍植株对水分的吸收，造成脱水枯萎。因此当土壤中盐类浓度过高时，应在种植前彻底灌水以减少盐分含量。

将种球用多菌灵 500 倍液浸泡 30 分钟，晾干待植。

②定植：定植时常行沟栽法，株行距为 9cm×8cm，覆土深度以从球根顶部到地表 7cm 左右为宜。定植后立即灌水，以免土壤干燥。为降低土壤温度同时避免土壤板结，定植后可覆盖稻草或其他类似覆盖物。

③定植后管理

温度管理：鸢尾生长适温为 16～18℃，最低温度为 5～8℃，遇 -2～-3℃低温花芽易受冻害枯死。生长前期室温保持 8～12℃，待花茎渐渐抽出，再逐渐升至适温。温度超过 20℃时，切花品质下降。可通过放风、遮荫等措施降低温度，以满足其开花的需要。

光照管理：光照也是影响切花品质的重要因素。光照时间长，植株生长苗壮，花序丰满，花色鲜艳。在高温和透光较弱的温室中，缺少光照是花朵枯萎的主要原因。光照不足时需适当进行补光。

肥水管理：在整个生长期内，土壤必须长期保持充分湿润。湿度不够，往往植株较矮，花朵易枯萎。此外，鸢尾栽培较理想的空气相对湿度宜控制在75%～80%。湿度过高时应采取加热和通风的措施，可有效降低空气湿度。生产中为了提高花的质量，生长期每7天喷1次0.5%尿素或硫酸亚铁，现蕾前喷1次0.2%的磷酸二氢钾，有利于叶片亮泽，花色艳丽。

其他管理：为避免植株倒伏，在株高20cm时进行张网。以后随着植株的生长逐渐提升网的高度。及时除去杂草，病、虫枝。

④切花采收：当花瓣伸出苞尖或开始绽开时采收，花易受损伤，且插花时间短。若采收太早，有时不会开花，宜等到花瓣稍微绽开时采收。通常气温高时适当提早采花，气温低时适当延迟。采收后立即放置于2℃冷藏室，吸足水，并进行分级捆扎。

⑤花期调节：球根鸢尾的花期调节主要是促成栽培，目的是在冬春季节上市，从而满足市场需求。相反，5月后夏季温度过高，栽培困难，加之夏天切花的经济价值下降，所以生产上很少用抑制栽培。

自然条件下，球根鸢尾在6～7月随着地上部分的枯死，球茎进入休眠状态，在自然状态下越夏。秋季分球定植，可立即发芽；花芽在冬季分化，到开春后抽薹开花。因而促成栽培时主要是通过温度处理打破鳞茎的休眠，然后根据切花拟上市期调节定植期即可，促成栽培必须结合保护性设施以创造必要的环境条件。

通常10月供花，6月下旬至8月上旬冷藏，8月上旬种植，在不加温的温室栽培；11月供花，7月上旬至8月下旬种球冷藏，9月上旬种植，也在不加温温室栽培；12月至翌年1月供花，8月上旬至9月中旬种球冷藏，9月下旬种植，10月上旬至11月下旬加温温室栽培；2～3月供花，8月下旬至10月上旬种球冷藏处理，10月中旬种植，加温温室栽培。

园林用途　鸢尾类花形特殊，如鸢似蝶，花色高雅独特；叶片青翠秀丽，是插花的重要花材。此外，鸢尾类植物还常用于花坛、花境及专类园栽植。

（3）百合属　*Lilium*

英文名　Lily

科属　百合科百合属

形态特征　无皮鳞茎扁球形，乳白色、黄色或浅红色。茎直立，绿色光滑，地下茎节有茎生根。叶互生或散生，披针形、卵状披针形、卵形，无柄或有短柄。花大型、单生、簇生或呈总状花序着生于茎顶，花开呈喇叭形、漏斗形、星形或杯形。花色丰富，花瓣色彩纯一或具褐色斑点，部分品种有香味。花被片6枚，内外两轮各3枚；雄蕊6枚，花丝细长，花药大，色彩鲜艳，具紫色、黄色等，中央为细长的花柱，柱头膨大。花期初夏至初秋。蒴果，种子扁平具膜质翅。

种与品种

①野生种：在所有的野生种百合之中，除了观赏价值较低和难于栽培的种类以外，目前用于园艺育种或栽培的有 40～50 种，但是用于花卉产业上的只有 20 种左右，兹简介其中主要的 6 种（包括 2 个变种在内）以及引入栽培的 2 种如下：

百合（*L. brownii*），别名布朗百合、野百合、淡紫百合。原产于我国的东南、西南、河南、河北、陕西和甘肃等地，花色纯白，花冠背面带有紫褐色斑纹，花冠喇叭型，长 15～20cm，芳香，植株生长强健，茎高 70～150cm，是重要的遗传育种资源。

川百合（*L. davidii*），别名大卫百合。鳞茎小，卵状球形，白色。茎高 1～2m，具小突起和稀疏白绵毛。叶多而常拥集，条形，仅 1 条脉。花 2～20 朵排为总状花序，橙黄至橙红色，下垂；花药橙红；子房绿色。产四川、云南、甘肃、陕西、山西、河南山坡及峡谷中，在四川、云南有栽培品种。

百合 *Lilium brownii*

兰州百合（*L. davidii* var. *unicolor*），为川百合之变种，其主要不同点是：鳞茎扁圆形，可长得很大，栽培多年的株丛，其鳞茎有径达 15cm 者。每花序具花 10～15 朵，多者可达 30～40 朵。原产甘肃南部，在兰州作食用百合栽培多年，有优质品种。

湖北百合（*L. henryi*），又名亨利百合。鳞茎近球形淡褐色。茎高 60～120cm，有紫点，无毛。叶无毛，两形：上部者卵圆形，密集而无柄；下部者长圆披针形，长 7～15cm，散生而具短柄。花 6～12 朵，不香，橙黄色而具稀疏红褐斑点；雄蕊四面开张，与花被等长。原产湖北、贵州山坡上。

卷丹（*L. lancifolium*），又名南京百合。鳞茎广卵状球形，白色。茎高 80～150cm，被白绵毛，叶长圆披针形，无柄；上部叶腋具黑紫色珠芽。花 3～20 朵及以上，下垂，橙红色，内具紫黑斑点；雄蕊四面张开，花药紫色。是主要食用种。

麝香百合（*L. longiflorum*），又名铁炮百合、龙牙百合。鳞茎近球形而小，白色。茎高 45～100cm，平滑，绿色（无斑点）。叶多而散生，平滑，长窄披针形。花数朵，呈蜡白色而茎部带绿，花形如喇叭，花长 10～18cm；极香；花柱细长。自然花期 5 月下旬至 6 月中旬。

王百合（*L. regale*），又名王香百合、峨眉百合。长势旺盛，夏花而极美之百合。鳞茎红色，较大。茎高 1.0～1.8m，纤细，平滑，带紫色，但与叶交界处具黑紫斑。叶极多，条形，具 1 条脉。花 2～9 朵，近水平状，花形如喇叭，芳香；花药黄色。

山丹（*L. concolor*），又名渥丹或姬百合，花色朱红，星型小花，向上开放，植株秀丽，茎高 30～80cm，可以用于切花或盆花栽培。主要分布在我国中部地区，东北地区有变种分布。

天香百合（*L. auratum*），又称山百合。该种百合的花朵硕大，色彩艳丽，芳香宜人。花朵呈阔漏斗状，白色夹杂浅黄色条斑。花径在 20～26cm，观赏价值极高，是切花或盆栽的主栽种，但抗病性较弱。主要分布在日本的东北和关东地区，为日本的特产种。在我国中部地区也有分布。

马多娜百合（*L. candidum*），是世界上作为观赏和药用最早的百合种类之一。原产于中东地区，在欧洲普遍用于庭院和切花栽培。花色纯白，漏斗状，穗状花序，观赏价值较高。

②品种分类：经过长期的人工杂交选育，已形成众多百合花品种。根据 1982 年国际百合学会确立的百合分类系统，将百合品种依据亲本的产地、亲缘关系、花色花形姿态等特征，划分为 9 大杂种系：即亚洲百合杂种系（Asiatic hybrids），东方百合杂种系（Oriental hybrids），麝香百合杂种系（Longiflorum hybrids），星叶百合杂种系（Martegon hybrids），白花百合杂种系（Candidum hybrids），美洲百合杂种系（American hybrids），喇叭形百合杂种系（Trumpet hybrids），其他类型（Miscellaneous hybrids），原生种（native species）等，每个杂种系都包含很多品种。

我国切花生产中引种栽培的主要有亚洲百合、麝香百合和东方百合 3 个杂种系。

亚洲百合杂种系（Asiatic hybrids）：由卷丹、川百合、大花卷丹、山丹等原产于亚洲的几个百合种及其杂交种群中选育而来。花形反卷或碗形，少有喇叭形，花色丰富，以黄色和橙黄色为主，花无芳香气味。常见栽培的品种如'凤眼'（'Pollyanna'，广东常称为黄百合）、'精粹'（'Elite'）、'新中心'（'Nove Cento'）等。

东方百合杂种系（Oriental hybrids）：包括所有天香百合、鹿子百合、日本百合衍生的品种以及它们与湖北百合的杂交种。花形为碗形或星状碗形。花色丰富，以红、粉、白色为主，花具浓郁的香味。切花品种较多，如'火百合'（'Stargazer'）、'元帅'（'Acapulco'）、'索邦'（'Sorbonne'）、'西伯利亚'（'Sieberia'）、'梦幻'（'Flamingo Star'）、'香水'（'Casa Blanca'）等。

麝香百合杂种系（Logiflorum hybrids）：是由麝香百合和台湾百合杂交产生的品种及其杂种系。花形喇叭形，花色洁白高雅，香味浓郁。如'雪皇后'（'Snow Queen'）、'白狐狸'（'White Fox'）等。另外，美国用人工诱导多倍体方法育成若干四倍体麝香百合品种，投入四季百合切花生产中，其花大、瓣厚、耐贮运，很受市场欢迎。

此外，百合按花期早晚可分为：早花类（60～80 天）、中花类（80～100 天）、晚花类（100～120 天）、极晚花类（120～140 天），早花类主要为亚洲杂种系，而晚花类和极晚花类则主要为东方百合杂种系和麝香百合杂种系。

产地分布　本属植物 90 余种，只分布在北半球，尤以中国、日本、北美洲和欧洲等温带和寒带地区分布广泛。我国是世界百合种质资源最丰富、最重要的产地之一，分布 40 余种，是世界百合分布中心，分布区域遍及各地，北至黑龙江有毛百合，西至新疆有新疆百合，东至台湾有台湾百合，而尤以西南和华中地区为多。

生态习性　百合种类多，分布广，其生态习性也有所差异。由于我国栽培的大部分百合品种引自高纬度国家，如荷兰、日本，故喜冷凉湿润气候，耐寒性强，耐热性差，生长适宜温度为白天 20 ~ 25℃，夜间 10 ~ 15℃。百合喜光照充足，但必须遮去部分光照，以自然光照的 70% ~ 80% 为宜。由于百合地下部分为肉质浅根性作物，土壤的保水和排水性能都很重要，在肥沃、腐殖质含量高、保水性和排水性良好的沙质土壤中生长最好。

繁殖方法　百合常用的繁殖方法包括种子繁殖、分球繁殖、扦插繁殖、组织培养和珠芽繁殖(仅局限于卷丹、硫花百合等容易产生珠芽的种类)。下面介绍切花生产中常用的前 3 种方法。

①种子繁殖：多数百合从播种到开花需要 3 ~ 4 年，所以生产中通常不用种子繁殖。但有些百合如麝香百合、台湾百合、王百合、川百合等则常采用播种繁殖，多行秋播，亦可于早春在温室中播种，播后两周发芽，最先出的是线形的子叶，4 ~ 5 周后可见真叶。翌年开花。

②分球繁殖：这是一种用小鳞茎培育商品种球的传统方法，一般在春秋两季进行。种球收获后分级(周径 10cm 以上可作切花生产)，收集 10cm 以下的小鳞茎作为繁殖用鳞茎。培育 1 年后于次年秋末采收、分级，周径 10cm 以上的大球可直接用于生产；5cm 左右的再种植一年可培养成开花种球；周径 3cm 以下的再种植两年。

③扦插繁殖：一般采用鳞片扦插，亦是百合种球生产中普遍采用的方法，尤其适用于不易形成小鳞茎和珠芽的种类。多在春秋季进行。选用鳞片肥厚的鳞茎，剥取中外层健壮的鳞片，在杀菌剂溶液中浸泡处理并阴干后，将其斜插于畦面上，插入深度为鳞片的1/2，凹面向上。浇透水，保持湿润，保持 15 ~ 25℃，适当遮阳。2 ~ 4 周后即可形成小鳞茎。随着小鳞茎的不断增大，原扦插鳞片不断萎缩，可掰下小鳞茎另行栽植培养。

栽培管理

①定植前准备：露地栽培切花百合生产成本低、栽培管理简单，所以是生产中常用的方式。北方地区通常是 9 ~ 11 月定植，当年冬季不发芽，但有部分新根产生，第二年春暖时发芽，并形成花蕾，花期 6 ~ 7 月，高海拔冷凉山区切花时间则为 7 ~ 8 月。

高海拔冷凉山区是种植百合的理想地点，因此我国西北、东北及西南冷凉地均适宜作为露地百合切花生产的基地。为了防止病虫害的发生，宜选用新开垦的土层深厚、排水性良好、有机质丰富的土壤。土壤 pH 值宜 6.0 左右，目前多数的百合种植者面对的都是如何降低土壤 pH 值的问题，可通过给土壤添加未经石灰处理的泥炭来调整。此外，百合对土壤盐分敏感。土壤中盐分主要来自于合成肥料中的盐分积累、灌溉水的盐分积累和前茬种植后盐分的残留。故以新选地种植为好，如果土壤的盐分含量(EC 值)大于 1.5 时，就应该用低盐分含量的水对土壤进行多次冲淋。东西向筑高畦，畦高 25cm，畦宽 1m。

亚洲百合和麝香百合通常选用周径 10cm 以上的健康鳞茎作为切花用种球，而东方百合稍大，周径宜 12cm 以上。

②定植：由于百合的耐寒性较强，所以百合在南方暖地和北方温暖地区一般行秋植，9 ~ 11 月进行，而在北方寒冷地区则常春植。通常秋植的百合根系发育良好，植

株生长健壮，切花的品质优良。

百合属浅根植物，但种植深度宜稍深为好，一般从种球顶端到土面距离为 8～10cm，土壤应充分疏松稍湿润。种植冷藏球时，不要破坏已发出的根系，因为百合生长的始期是靠这些根系吸收水分和营养的；当百合的茎开始长出土壤时，茎生根迅速生长并为植株提供 90% 以上的水分和养分。

种球种植的密度决定于种球的品种特性、种球大小（表 1-1）。此外，种植密度与种植季节亦有关系。种球小，开花时正处于温度高、光照充足的月份，要适当密植；光线不足、温度低的冬季不应种得太密。

表 1-1　百合不同品种群和不同规格鳞茎的种植密度（单位：个/m²）

鳞茎周径 种群	规　格			
	10～12cm	12～14cm	14～16cm	16～18cm
亚洲百合	60～70	55～65	50～60	40～50
东方百合	55～65	45～55	45～50	40～50
麝香百合	55～65	45～55	40～45	35～45

③定植后的管理：种球定植后通常视土壤墒情决定灌水与否，秋季栽植的种球于入冻前灌一次水。百合春季生长迅速，发叶、抽薹现蕾均在春季进行，故在生长期和孕蕾期应施以充足的肥水。由于茎生根分布于土壤的上层，属于浅根性，所以需要经常追施稀薄的液肥以使生长旺盛。5 月下旬，进入花期，增施 1～2 次过磷酸钙、草木灰等磷钾肥。

④切花采收：当百合最下一个花蕾（第一朵花蕾）充分着色时可采收。白色品种花蕾由绿色变为乳白色，红、黄等彩色品种花蕾体现出品种应有色彩时，可以采收。当第一朵花蕾着色、膨胀且顶端开始张口时，表明切花过迟。过迟采收不利于包装运输，在运输过程中易开裂易损伤，花粉易污染花瓣。花茎具 10 个以上花蕾的百合品种，下部 3 个花蕾着色时采收以利于上部花蕾发育。

采收最好是直接剪下花枝而不是先拔出再剪切。切下的花枝应尽快运回包装车间分级（麝香型百合以花蕾数为首要分级依据，亚洲型百合和东方型百合市场上也有按头数分级的趋势），将枝条下部 10cm 左右的叶去掉，10 枝为一扎捆绑，剪平枝端并放入清水中吸水，若不急于运输，应迅速进行冷藏以避免花枝脱水，冷藏温度为 2～4℃。运输前用报纸或花袋包装以保护花蕾。部分品种如'新中心'花柄较脆易断，切下后可放置一段时间，使枝条失水、花柄软化易于包装运输。

⑤花后管理：切花采收后，地下残留鳞茎的处理可有 3 种情况：挖出丢弃；二次切花；培育新球。第一种情况多用于国外；第二种情况多用于暖地秋种冬收的百合，由于残留鳞茎内部形成一个小鳞茎，经过冬季的自然低温处理，第二年春季发芽，可形成二次切花，花后需加强田间管理；第三种情况针对茎秆较长的类型，保留一定数量的绿叶，加强大田管理，可使残留鳞茎中的新生小鳞茎膨大充实，形成新的种球。

⑥花期控制：露地条件下栽培百合，通常是 9～11 月定植，花期次年 6～7 月，

若欲其他季节产花，就必须进行花期控制。发育充实并经过低温打破鳞茎休眠的种球，若提供以适宜的温、光、水等环境条件，一般自下种到开花只需 60~80 天。按照此原理，可以分批种植合乎要求的种球以达到周年生产的目的。即 10 月份温室种植、翌年 1 月前后开花；11~12 月份温室种植，次年 1~3 月开花；2~3 月份温室种植，4~5 月开花；5~6 月份种植，7~8 月份开花；7~8 月份种植，9~10 月份开花；8~9 月份种植，10~12 月份切花。其中，5~6 月、7~8 月、8~9 月份种植的百合生长季节中正遇高温，百合生长受抑制，植株矮化，盲花率高，病虫害严重。因此，要搭遮荫防雨棚，定植及生长前期遇高温还应通过冷水灌溉降温和覆盖稻草来降温。总之，抑制栽培时若置于自然环境中，种植百合困难较大，费工费力，生产成本比较高。

⑦箱式栽培：抑制栽培时百合切花时间在 9~12 月份，是百合花较少、市场价格较高的时期，经济效益高。目前生产上常采用箱式栽培法进行秋冬季节的切花生产。箱式栽培百合一般均为种植经长时期冷冻处理的鳞茎，即秋季收获的鳞茎放到 -2℃ 的冷库中贮存，需要种植时再分批解冻。目前我国多数地区种植的百合以使用进口的荷兰种球为主，荷兰种球一般是以箱装冰冻状态运送的。种球到货后开箱打开薄膜并缓慢解冻，一般是把箱盖和塑料包装袋打开放在 10~15℃ 下进行，切忌放在太阳直射光下或高温下。种球解冻后应立即箱植。箱式栽培通常分为冷藏促根发芽和定植成花 2 个生产阶段。

A. 冷藏促根发芽阶段

发芽箱及基质的准备：标准的百合发芽箱体积为 60cm×40cm×15cm，常利用现成的种球箱代替，底部铺垫厚度 2~3cm 的基质备用。基质要求保水良好且疏松透气，常用的基质有园土:泥炭:珍珠岩为 1:3:1 的混合基质或园土:泥炭:粗沙为 1:1:1 的混合基质。混合基质的 pH 值要求为 5.5~6.5，泥炭一般为偏酸性，可以在基质中加碳酸钙(石灰粉)来提高酸碱度，每立方米基质中加 1kg 碳酸钙可以使 pH 值上升 0.3~0.4，基质的 EC 值不高于 1.5。要注意包装基质的湿润，否则球根脱水变干会使百合花主茎变短和花蕾减少。湿度标准是用手抓一把基质，紧捏后在指缝间有水浸出而不滴落为宜。

种球箱植：将解冻后的种球整齐竖立摆放于预先准备好的发芽箱内，芽向上，然后在种球上覆盖基质，由于鳞茎上端的基质层是百合茎生根的主要分布区域，所以厚度应大于 8cm(常 8~10cm)。鳞茎种植后立即浇水，然后置于 11~13℃ 的冷库中生根发芽，发芽箱可叠放，为方便通风透气，可交错叠放。

促根发芽阶段大致持续 3~4 周后茎生根长出，同时芽体长度亦达到 8~10cm，此时应尽快移入温室栽培。

B. 定植成花阶段

促根发芽阶段完成后，将发芽整齐健壮的种球从发芽箱中小心拔出，挑选一致的分级种植。定植的方法和技术、密度以及定植后管理均同于常规的百合切花生产方法。特别值得注意的是种植时切勿弄断修长脆嫩的幼芽；其次，发芽的种球应随取随种，不能放置畦面太多或太久，以免失水干枯，影响品质；再有，箱植百合由于覆土比地栽百合浅，根系也不太发达，因此生长后期易发生倒伏，应及早张网设支架。

园林用途 百合得名于其鳞茎，古书中记载："小者如蒜，大者如碗，数十片相累，状如白莲花，言百片合成。"百合寓意百事合心，百年好合，是团结、祥和、幸福的象征。古时人们每逢喜庆吉日，常以百合互赠。在欧洲被视为圣母玛利亚的象征，深受世界各国人民的喜爱，是世界著名的切花植物。此外，百合还是优良的盆花。一些百合的鳞茎适宜食用，如卷丹、兰州百合、川百合、山丹、百合、毛百合及沙紫百合等。

（4）郁金香 *Tulipa gesneriana*

别名 洋荷花、草麝香

英文名 Tulip

科属 百合科郁金香属

形态特征 多年生草本，鳞茎扁圆锥形，具棕褐色皮膜。茎叶光滑具白粉。叶3~5枚，长椭圆状披针形或卵状披针形；基生者2~3枚，较宽大，茎生者1~2枚。花单生茎顶，大型直立，杯状，花被片6枚，多为椭圆形，全缘，但亦有波状、缺刻等多种变化。花色丰富。花期3~5月。蒴果胞背开裂，种子扁平。

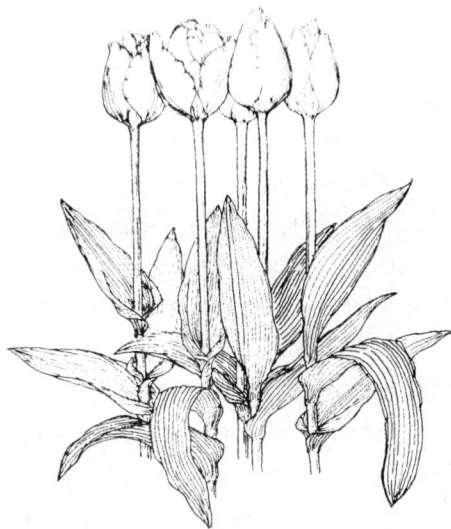

郁金香 *Tulipa gesneriana*

品种变种 郁金香属植物约有150多种，我国产15种。生产上大量栽培的郁金香是经长期杂交选育而获得的栽培品种，其重要原种包括克氏郁金香（*T. clusiana*）、福斯特郁金香（*T. fosteriana*）、郁金香（*T. gesneriana*）、香郁金香（*T. suaveolens*）、格里吉郁金香（*T. greigii*）、考夫曼郁金香（*T. kaufmanniana*）等。

目前，郁金香品种已经达到8000个之多，新培育的品种更是来源广泛，亲缘关系极为复杂，花形、花色、花期、株形及生育习性均有很大变化。国际郁金香新品种登录委员会——荷兰皇家球根生产协会（1981）将郁金香划分为4类15型。

①早花类（Early Flowering）：自然花期较早，单瓣或重瓣，植株较矮小，花茎较短，大多数品种适合于花坛或盆栽，很少用于切花生产。

单瓣早花型（Single Early）：花朵较小，呈杯状，单瓣，花瓣先端尖锐，展开度较大。花期在3月下旬至4月上旬，花色丰富。株高10~20cm，适合于花坛和盆栽。

重瓣早花型（Double Early）：属于单瓣品种突变后发生重瓣化，花期4月上中旬。大多数品种植株矮小，高15cm左右。

②中花类（Mid-Season Flowering）：自然花期4月中下旬，植株属于中到大型，花色丰富，包括很多优良的园艺品种，适合于切花生产。

特莱安芙型（Triumph Group）：又称为凯旋系、胜利系，是早花系与达尔文系杂交而成，其自然开花期在 4 月下旬，花大单瓣，花色丰富，很多品种的花瓣边缘有镶边。植株强健，株高 45 ~ 55cm。适合于切花生产，用于促成栽培的品种很多，是目前世界上栽培最多的品系。

达尔文杂种群（Darwin Hybrids Group）：此品系是第二次世界大战之后培育出的新品系。由单瓣的晚花达尔文系品种与属于原种的弗斯特利阿娜品系（Fosteriana）进行种间杂交育成。花大，杯状，花色鲜明，以红色和黄色的品种较多。自然开花期在 4 月中旬到下旬。植株生长健壮，株高 50 ~ 70cm。不易被病毒感染。球根较大，繁殖能力强。

③晚花类（Late Flowering）：自然花期在 4 月下旬至 5 月上旬，花色和花型丰富，分为 7 个类型。植株高大健壮，适合切花生产。

单瓣型（Single Late）：自然开花期在 4 月中旬至 5 月上旬。球根肥大充实，植株高大，株高 60 ~ 75cm，适合切花生产。如'夜皇后'（'Queen of Night'）。

百合型（Lily-Flowered）：花形酷似百合花而得名，花瓣先端长而尖，向外侧反转。株高 45 ~ 60cm。

绒缘型（Fringed）：花瓣的边缘呈锯齿状突起，花型独特可爱。株高 35 ~ 50cm。

绿色品系（Viridiflora）：也被称为绿色郁金香，在花被的某个部位含有绿色斑纹或花瓣的中央部位呈绿色。株高 35 ~ 60cm。

莱思布蓝德品系（Rembrandt）：花瓣上镶嵌有异色纹斑，据说该品系为病毒感染且易传播，目前已禁止商业栽培。

鹦鹉型（Parrot）：花瓣的边缘具有深缺刻，或花瓣扭曲，酷似鹦鹉的头部。株高 40 ~ 60cm。

重瓣型（Double Late）：也称牡丹花型（Peony Flowered），花型如牡丹呈重瓣，花朵较大，花色丰富。株高 45 ~ 60cm。球根肥大充实，繁殖力很强，适用于切花、花坛和盆花栽培。

④原种及杂种（Botanical Species and Hybrids）：由野生种和其近缘种的品种群整理而来。自然花期在 4 月上旬至中旬。大多数种类的植株矮小，适合作为花坛和盆栽的植物材料。

考夫曼种、变种和杂种（Koufmaniana Varieties and Hybrids）：又称睡莲花型，花冠钟形，花期早，叶常有条纹。原生于天山山脉，自然花期在 4 月上旬，是郁金香中开花最早的种类。以考夫曼为亲本育成的品种大约有 60 种，这些品种一般属于早熟性，植株矮小，适合于早春的花坛和盆栽。

福斯特种、变种和杂种（Fosteriana Varieties and Hybrids）：叶宽有明显紫红条纹，花冠杯状。由福斯特为亲本培育出的品系中有'红皇帝''比利西玛'等 90 个品种，大都具有较强的抗病毒能力。

格里吉种、变种和杂种（Greigii Varieties and Hybrids）：原种叶有紫褐色条纹，花冠钟形，是与达尔文郁金香的杂交种，花朵极大。原生于加勒比海、阿拉尔海周边以及天山山脉。由该种培育出的园艺品种较多，有 200 种以上。

其他种、变种与杂种：属于考夫曼、福斯特和格里吉群以外的种，还有很多没有进行园艺改良的野生种以及自然杂交种，如矮郁金香（*T. pulchella*），克氏郁金香（*T. clusiana*）、尖瓣郁金香（*T. acuminata*）、迟花郁金香（*T. tarda*）等。

以上4类15型中，常用于切花栽培的品种多为中花和晚花类。

产地分布　郁金香大多数种原产于地中海沿岸、中亚细亚、土耳其山区及我国新疆等地，其气候特点是夏季高温干燥，冬季严寒。因此，现代的郁金香品种都具备适应这种气候变化的生态习性以及生育周期。

生态习性　郁金香属秋植球根，不耐夏季炎热气候，但耐寒性极强，冬季鳞茎可耐−35℃的低温，在冬季最低温8℃的地区也可生长，适应性强。种植后根系首先伸长，其生长适温9～13℃，5℃以下伸长几乎停止；茎叶必须经过低温春化，其生长最适温度15～18℃；花芽分化适温为20℃；花茎伸长适温为9℃。在北京地区，秋季气温下降时栽植，鳞茎在土壤中迅速发根；翌年春季当土温和气温回升时，顶芽迅速伸长成为叶片；之后花茎伸长，大约于4月中旬现蕾，4月下旬至5月中旬结实；5月下旬进入高温季节以后茎叶变黄并枯萎，开始进入休眠状态。

郁金香喜向阳或半阴的环境。其开花对光周期没有要求，属日中性植物。几乎所有品种的花朵都在阳光充足时开放，阴雨天及傍晚时闭合。

郁金香适宜栽植于富含腐殖质且排水良好的沙质壤土上，对土壤酸碱度的适应范围较广，pH值6～7.8均可正常生长，但在中性或微碱性土壤中生长较好。

鳞茎的寿命为1年，即新老鳞茎每年演替一次。秋季栽植时的鳞茎即母球，春季开花后即枯萎死亡，同时生成1～3个新的能开花的鳞茎（新球）及2～6个小的繁殖鳞茎（子球），新球及子球个数因品种和栽培条件而异。

繁殖方法　适宜切花栽培的郁金香种球围径一般在12cm以上且发育丰满健壮，而种球的繁殖主要采用分球法，即分栽小鳞茎的方法。通常大者1年、小者2年即可培育成开花种球。

种球繁殖基地的选择极为重要。适宜郁金香生长的生态环境应阳光充足，四季的物候变化宜春季冷凉期长，夏季来临迟而且没有酷暑，同时相对湿度较低，冬季又有一段相对长时间的低温。此种环境既有利于营养生长期光合产物的积累，促使种球迅速增大，又能为鳞茎在夏季休眠中的内部分化提供较合理的温度条件。因此气候冷凉地区或海拔较高的山坡丘陵地较为适宜进行种球繁殖。郁金香生产王国荷兰，则常利用沿海洋地区的凉爽潮湿气候进行大规模的种球生产。小鳞茎栽植时覆土厚度一般为其直径的3倍。

栽培管理　切花郁金香的栽培通常分为两种方式：露地栽培和依附于保护地的促成栽培。

①露地栽培

定植前准备：露地种植时应选避风向阳的地点及轻松肥沃的土壤，先深耕整地，施足基肥，并筑成20cm以上的高畦，最好于栽植前1个月进行土壤消毒；种球定植前仔细去除包裹在盘基部位上的褐色薄膜，注意切勿损伤盘基（根部）；然后采用消毒药剂处理，用3%高锰酸钾或500倍的多菌灵液浸泡20～30分钟。

定植：切花用种球通常于冬季来临前1个月下地栽植，北京地区，以9月下旬至

10月下旬为宜。因为根系生长的温度在5℃以上，若栽种过早，常发生秋发，即入冬前抽叶，从而导致冬季发生冻害；栽种过晚，常因地温过低而使根系生长不充分，从而降低抗寒力及对土壤中营养元素的吸收。

郁金香种植密度一般为株距5~8cm，行距15~20cm，定植时先按行距开沟，沟深为种球高度的3~3.5倍，然后将种球按预定株距整齐摆放，种球顶部距离土面的深度一般为种球高度的2倍左右。不可栽植过浅，否则由于球根发根后会顶起球根上浮而使球根易受冻害和旱害；亦不可过深，否则不利于新芽的生长且易导致鳞茎腐烂。此外，在暖地露地栽培时可采用露出球根的浅植方法。定植后立即浇水，以防止鳞茎干燥脱水。

肥水管理：定植后，若土壤墒情适当，可不必立即灌溉，鳞茎即能自然发根。入冬前后，没有地上部分生长。在冬季干燥地区，入冬前应灌溉1次。早春土壤解冻后叶芽出土，视土壤湿度可适当浇水，待嫩叶发出2片后每2周追一次以氮肥为主的叶面肥，如0.3%的尿素。孕蕾期开花前再施一次以磷钾肥为主的叶面肥，如0.3%磷酸二氢钾以促进花梗挺实花大色艳。

切花采收及采后处理：不同品种采收切花的要求不同，达尔文杂种品系，一般在花蕾着色过半时开始采收，其他品系在整个花蕾着色时开始采收。采收时，花苞还未展开，有利于贮藏和运输。通常是整株采收，即连同球根一同拔起。收获以后将球根剪掉，从切口到花茎的15~20cm高处浸泡在2~5℃水中吸水30~60分钟。吸水后于2~5℃冷藏，同时保持90%以上的相对湿度。冷藏一般不超过3天。

②促成栽培：郁金香耐寒性强，冬季可耐-35℃的低温，5~8℃也能正常生长，因此切花生产中常进行冬季促成栽培，促使郁金香在元旦、春节开花。其主要原理是通过对种球的变温处理，打破花原基和叶原基的休眠，消除抑制花芽萌发的因素，促进花芽分化，再通过人为增温、补光等措施，从而使郁金香在非自然花期开花。

进行促成栽培用的种球分为3种类型：未预冷处理种球、9℃球、5℃球。所谓9℃球，即指6月下旬收获球根后于34℃高温处理1周，再于20℃下进行花芽分化处理，直到雌蕊形成，之后在9℃下干燥处理促进球根内花茎伸长；而5℃球则是指为促进花茎伸长于5℃低温下处理过的种球。9℃球与5℃球相比，通常温室栽培的时间需更长，花茎更短，但花朵更大。球根冷藏是为了促进花茎伸长和开花，并能缩短在温室中的栽培时间，目前国内郁金香冬季切花生产中使用的种球多系进口种球，即冷藏处理已在国外完成。

促成栽培时，自种球种植到开花一般需经50天左右，可根据不同使用花期适时栽培。栽培方式依照种球预处理方式的不同分为两种：5℃球通常直接入温室进行作畦栽培；9℃球和未预冷处理球则常行箱式栽培法，该法有许多优点：首先，箱促成法较易，不易受室外温度的影响，例如通过冷库中控制最适温度，有利于形成良好根系和健壮整齐的幼芽；其次，基质栽培能大幅度提高郁金香切花的质量，更容易进行病虫害控制，节约管理人工和生产成本；第三，在栽培操作上更具灵活性，一年之中有更长的时间可以进行栽培生产，加快周转速率。该法在郁金香切花生产中的应用越来越广泛。不足之处在于设施要求较高，比如需要专业的冷库或温室。

同百合一样，箱式促成栽培法通常分为冷藏促根发芽和定植成花 2 个生产阶段。冷藏促根发芽阶段：国内郁金香促成栽培用的种球多系直接从荷兰等国买入，一般需提前 3 ~ 4 个月订货。以 9℃ 球为例，元旦开花用的种球一般需 10 月下旬至 11 月初抵港，抵港后应立即下种。可直接使用种球箱栽植，箱内预装 10cm 厚基质（3 份东北黑泥炭土 + 1 份粗沙），之后按 2cm 间距植球，摆放整齐后覆粗沙，与鳞茎头齐平，然后喷灌至透水促使鳞茎头露出 1/4 ~ 1/3，入 9℃ 冷库贮藏，3 ~ 4 周后郁金香开始发根，此时将发根的种球转移出冷室。定植成花阶段：入温室，维持 15 ~ 20℃，70% ~ 80% 的相对湿度，3 ~ 4 周就能开花。

园林用途　郁金香花姿独特，色彩艳丽，是胜利和美好的象征，是冬春季节常见的鲜切花，此外，郁金香在园林中还常用以布置春季花坛、花境等，亦是优良的盆花。

（5）马蹄莲　*Zantedeschia aethiopica*

别名　慈姑花、野芋、水芋、观音莲
英文名　Arum lily；Calla lily
科属　天南星科马蹄莲属

形态特征　球根草本，株高 60 ~ 70cm，地下具肉质块茎。叶基生，具长柄，叶柄一般为叶长两倍，上部具棱，下部呈鞘状折叠抱茎；叶片卵状剑形，全缘，鲜绿色。花梗着生叶旁，高出叶丛，肉质花序包藏于佛焰苞内，佛焰苞大型，开张呈马蹄形；肉穗花序圆柱状，鲜黄色，上部为雄花，下部为雌花。花期 3 ~ 4 月。

品种　目前常见栽培的有 3 个品种。

白柄马蹄莲：块茎较小，生长较慢。但开花早，着花多，花梗白色，佛焰苞大而圆。

红柄马蹄莲：花梗基部稍带红晕，开花稍晚于白梗马蹄莲，佛焰苞较圆。

马蹄莲　*Zantedeschia aethiopica*

青柄马蹄莲：块茎粗大，生长旺盛，开花迟。花梗粗壮，略呈三角形。佛焰苞端尖且向后翻卷，黄白色，体积较前两种小。

产地分布　马蹄莲原产非洲南部的河流或沼泽地中。

生态习性　性喜温暖气候，不耐寒，生长适温 20℃ 左右。在我国长江流域及北方栽培，冬季宜移入温室，冬春开花，夏季因高温干旱而休眠；而在冬季不冷、夏季不干热的亚热带地区全年不休眠。喜湿润环境，不耐干旱。冬季需充足的光照，光线不足着花少，稍耐阴。喜疏松肥沃、腐殖质丰富的沙质壤土。其休眠期随地区不同而异。

繁殖方法　繁殖以分球繁殖为主。植株进入休眠期后，剥下块茎四周的小球，另行栽植。也可播种繁殖，种子成熟后即行播种，发芽适温 20℃ 左右。

栽培管理

①定植前准备：马蹄莲在我国南方冬季无严寒地区可以露地栽培，长江流域地区适宜大棚栽培，冬季白天温度保持 10℃ 以上可以正常开花。栽培前土壤应深翻并施足基肥。

②定植：定植期多在 8 月下旬至 9 月上旬。株行距根据种球大小而定，一般开花大球的株距 20~25cm，行距 25~35cm，每穴栽植块茎 3~4 个主芽。植后覆土 5cm。定植后应充分浇透水，以利于块茎快速发芽生长。

③环境条件管理

温度管理：保护地内的温度以 15~25℃ 最为适宜，10 月下旬气温开始下降时应覆盖塑料薄膜以保温，若保持 10℃ 以上温度，可连续开花，最低温度不能低于 0℃。

光照管理：定植后，为促使其提早成活，从温度上升的 6 月下旬到 8 月下旬之前，用遮荫网覆盖，马蹄莲在秋、冬、春三季需充足的阳光。越夏若要保持不枯叶，至少遮光在 60% 以上。

肥水管理：马蹄莲喜湿，生长期内应充分浇水，并需常在叶面、地面洒水，以提高空气湿度。待 5 月以后植株开始枯黄，应少浇水，保持干燥，促使其休眠。马蹄莲喜肥，在生长期间，每 2 周追施肥料 1 次，但切忌肥水浇入叶柄，否则易造成块茎腐烂。一旦马蹄莲的块茎受伤，很易罹染软腐病，值得注意。

④其他管理：定植后的第二年，子球或小球会发生大量芽体，若任其生长易造成株间的通风不良，并且影响营养生长与生殖生长之间的平衡，降低切花产量，因此此时应开始摘芽，保证 3~4 株/m²，每株带 10 个球左右，其余全部摘除。此外，当植株生长过于繁茂时，可除去老叶、大叶，或切除叶片的 1/3 左右，以抑制其营养生长，促使花梗不断抽生。

⑤切花采收：当马蹄莲佛焰苞已伸长至最大、其尖端开始下倾、色泽由绿转白时，即可采切，这样采收的马蹄莲适合远距离运输。若近距离销售，应待佛焰苞展开时采收。采收后的佛焰苞一般较难开放，因此采收不宜过早。采收宜用双手紧握花茎基部用力从叶丛中拔出。采切后，每枝切花上部都用玻璃纸包好，按大小分级后，每 10 支扎成 1 小束装箱上市。若不立即上市，4℃ 下可湿贮 1 周。

⑥促成栽培：促成栽培需结合一定的保护性设施，温度处理和调节播种期是马蹄莲促成栽培的主要途径。若将块茎提前冷藏，并在立秋后下种，则可提早在 10 月份开花；一般在 9 月中旬下种的植株，可于 12 月开花；冬季促成则需严格保温或加温，马蹄莲对光照不敏感，只要保持温度在 20℃ 左右，即可在元旦至春节期间开花；3 月份开花的植株，更应持续保温或加温。

园林用途 马蹄莲花茎翠绿挺拔，佛焰苞纯白，宛若马蹄翻卷朝天，是国内外常用的切花花卉，此外，也常作盆栽观赏。

同属球根切花花卉

银星马蹄莲(*Z. albo-maculata*)：叶片大，具白色斑块，叶柄较短，无毛。佛焰苞白色或淡黄色，基部具紫红色斑。花期 7~8 月份，冬季休眠。原产南非。

黄花马蹄莲(*Z. elliotiana*)：株高60～100cm，叶柄较长，约60cm；叶广卵状心脏形，端尖，鲜绿色，叶片上有半透明的白色斑点。佛焰苞大型，长约18cm，深黄色，基部没有斑纹，外侧常带黄绿色。花期5～7月。冬季休眠。原产南非。

红花马蹄莲(*Z. rehmannii*)：矮生，株高约20～30cm；叶片长披针形，基部下延，长20～30cm，宽约3cm，叶上有白色或半透明的斑纹。佛焰苞粉色、淡红色、红色或紫红色，也有白色类型，长约12cm，喇叭状，端尖。花期4～6月。原产南非纳塔尔。

黑心黄马蹄莲(*Z. tropicalis*)：花深黄色，喉部有黑色斑点，花色变化丰富，有淡黄、杏黄和粉色等，叶剑形，有白色斑点。

1.2.4　木本切花花卉

(1) 牡丹　*Paeonia suffruticosa*

别名　花王、木芍药、洛阳花、谷雨花、
　　　鹿韭、富贵花

英文名　Tree peony

科属　芍药科芍药属

形态特征　落叶灌木，一般高1～2m，老树可达3m。叶互生，二回三出羽状复叶，具长柄，顶生小叶3裂，侧生小叶2浅裂，斜卵形或倒卵形。花单生于当年生枝顶，萼5枚，花单瓣至重瓣，单瓣花有瓣5～10枚，花瓣倒卵形，顶端常2浅裂，一般品种花冠直径15～20cm，大者可达30cm。花色有红、粉、黄、白、绿、紫等。蓇葖果。花期4～5月，上海4月中、下旬，菏泽4月中旬、洛阳4月上中旬，北京5月初；果熟期8月中旬至9月上旬。

牡丹　*Paeonia suffruticosa*

品种变种　牡丹是中国特有的传统名花，其花朵硕大、雍容华贵、国色天香、摄人心魄，千百年来一直为中国人民心中的花中之王。唐代，牡丹的栽培和应用得以迅速发展，举国上下皆尊崇牡丹，以牡丹象征大唐盛世的兴旺发达和繁荣富强。皇宫中摆牡丹、插牡丹、贵妃们头上簪牡丹，皇帝给有功之臣赐戴牡丹以作奖赏；文人、民间及寺庙道观也竞植牡丹，酷爱牡丹，达到"家家习为俗，人人迷不悟"的狂热程度。目前，我国各地广植牡丹，尤以洛阳、菏泽为盛，已成为牡丹生产、繁育和应用的中心；除此之外，北京、四川、安徽、兰州等地栽培较多。

尽管牡丹插花古已有之，但牡丹插花的重新开发和推广却是近些年来的事。作为很有发展潜力的切花种类，牡丹的切花栽培亦逐渐引起重视。

牡丹属于芍药科牡丹组(Sect. Moutan)植物，该组植物目前得到共识确认的种类有 8 种，即革质花盘亚组的矮牡丹（稷山牡丹，*P. jishanensis*）、卵叶牡丹（*P. qiui*）、紫斑牡丹（*P. rockii*）、杨山牡丹（*P. ostii*）；肉质花盘亚组的狭叶牡丹（*P. potaninii*）、紫牡丹（*P. delavayi*）、黄牡丹（*P. lutea*）、大花黄牡丹（*P. ludlowii*）。这些种全部野生分布于我国。另外，有些种类是否能单独成为一个种仍有争议，有些新种待发表。

根据研究，园艺生产上所指的栽培牡丹是多元起源的杂种群体，统称牡丹（*Paeonia suffruticosa*）其形成与多数原种相关。截至 2007 年，国内栽培牡丹有 800 多个品种，花卉园艺界常按种源及产地、花形、株形、用途、花色和花期对其进行分类。

①按照种源及产地分类：中国牡丹根据亲本来源、形态特征以及生物学和生态学特征的差异，将中国栽培的牡丹品种划分为 4 个品种群，即中原牡丹品种群、西北牡丹品种群、江南牡丹品种群和西南牡丹品种群。它们有各自的历史渊源、典型的特性和适宜的分布范围。

中原品种群：主要表现出矮牡丹的性状特征，如植株较矮，树性较弱；小叶基数为 9，端小叶 3 裂，叶片较大；柱头、花盘、花丝多为紫红色等，但也有紫斑牡丹与杨山牡丹的深刻影响。适宜长江以北广大地区。该品种群数量最多，约 500 多个。

西北品种群：主要表现出紫斑牡丹的性状特征，如植株高大，树性较强，小叶数目多，一般在 19～21 枚，小叶片较小，叶背多毛；所有品种花瓣基部都有明显的大块黑紫斑（或紫红斑、棕褐斑）；大部分品种柱头、花盘、花丝黄白色，部分为紫红色。适宜于冷凉干旱的西北地区。该品种群的数量仅次于中原品种群，约 200 多个。

江南品种群：部分品种如"凤丹"系列直接表现出杨山牡丹的基本特征，小叶多为 15 枚，卵状披针形，全缘；柱头、花盘、花丝紫红色；树性强，株高多在 1.2m 以上。另有部分品种则是中原品种南移后，经风土驯化或进一步经杂交改良后的产物，有着复杂的遗传背景。适宜长江以南湿热地区。

西南品种群：主要是中原牡丹西移、甘肃牡丹南移，经长期驯化或杂交改良的产物。见不到当地野生牡丹如四川牡丹、紫牡丹、黄牡丹以及狭叶牡丹的影响。适应温暖山地环境。

此外，世界范围内，尚有欧洲牡丹品种群、美国牡丹品种群和日本牡丹品种群，均是由自我国早期引进栽培的品种和原生种杂交后形成的不同品种系列。

②按照花形分类：可分为 2 类、2 亚类、9 型，具体花型分类参见同属植物芍药。

③按照株形分类

直立型：枝条开张角度小，直立向上，节间长，长势强，株丛高大，如'洛阳红'、'桃李增艳'等。

开展型：枝条开张角度大，向四周延伸，株形低矮。如'一品朱衣'、'赵粉'等。

半开展型：介于上述两型之间，如'脂红'、'蓝田玉'等。

④根据用途分类

庭园品种：株丛高大、着花繁茂、适应性强。

盆栽催花品种：易于人工调控花期。

切花品种：分枝力强，花梗挺长，水养期长。

药用品种：根粗壮，花多为单瓣，药用品质高。

产地分布　野生牡丹全部分布于我国，分布区域比较集中而狭窄，主要分布在我国西南部高山与中北部黄土高原和丘陵地带。其中少数种类分布区有较明显界限，但大多数种类分布区域有重叠。

生态习性　栽培品种分布相对广泛，在长期自然杂交和人工栽培选育下，形成了更加广泛的生态适应性。其共同的生态习性是喜高燥惧湿涝、喜阳光稍耐半阴、喜中性至微碱性(pH值7.0～7.5)深厚壤土等。

又由于种源的不同、所在地的海拔高度不同以及具体土地环境条件不同等，从而形成了各自典型的生态习性：

①中原品种群：栽培中心为菏泽、洛阳及北京等地，该品种群喜温和气候，具一定耐寒性，忌酷热和湿涝。

②西北品种群：具较强的适应性，与中原品种群相比，它们更喜欢冷凉，更耐寒耐旱，可列为冷凉型品种群。

③江南品种群：主产地在皖南宁国和铜陵，属于亚热带气候。该品种群更喜欢相对温暖湿润的气候，能耐高温多湿，属于高温多湿生态型。

④西南品种群：耐寒性不强，惧夏季炎热和强光照射，要求空气湿度高，喜欢更疏松并呈微酸性的土壤。

繁殖方法　生产中以分株、嫁接和播种法最为常用。

①分株繁殖：该法简便易行，成活率高，分株后的植株开花较早，并可保持品种优良特性，但繁殖系数较低。

分株应于秋季进行，具体时期需根据各地气候条件在每年的秋分到霜降期间内适时选择，黄河流域多在9月下旬至10月下旬进行，长江流域常于10月份进行。此时，气温和地温较高，牡丹处于半休眠状态，但还有相当长的一段营养生长时间，进行分株栽培对根部生长影响不甚严重，分株栽植后还能生出一些新根和少量的株芽。若分株栽植过迟，当年根部生长很弱或不发生新根，则次年春天植株发育更弱，根弱则不耐旱，容易死亡。如分株过早，气温、地温较高，还能迅速生长，容易引起秋发。此外，甘肃地区由于冬季寒冷，多在春季分株。

分株时选择4～5年生大株牡丹，整株掘起，从根系纹理交接处分开。每株所分子株多少以原株大小而定，大者多分，小者可少分。一般每3～4枝为一子株，且有较完整的根系。再以硫磺粉少许和泥，将根上的伤口涂抹、擦匀，即可另行栽植。生产上对准备进行分株繁殖的母株一般尽量保留其根蘖，以备多分生新苗。

②嫁接繁殖：嫁接繁殖是大规模生产实践中常用的繁殖方法，嫁接的方法有根接法、枝接法和芽接法，尤以根接法常用。

根接时间从8月下旬至10月下旬进行，北方以9月份最适宜；长江流域则在10月至11月间进行最适宜。砧木可用芍药根或凤丹(牡丹的一个品种)根，尤以前者应用较多。这是由于芍药根柔软无硬心，容易嫁接；根粗而短，养分充足，接活后初期生长旺盛，唯芍药根嫁接苗寿命较短是其不足之处。若用牡丹根嫁接，木质部较硬，且较细，嫁接时比较困难，但寿命较长，抗逆性强。

一般提前2～3天将砧木掘出放阴凉通风处，使之失水变软才行操作。根接时多采用"嵌接法"，具体方法：接穗多选用生长健壮、无病虫害的当年生萌蘖新枝，长5～10cm，在接穗基部腋芽两侧，削长约2～3cm的楔形斜面；再将砧木上口削平，选一平整光滑的侧面纵切一刀，深度达砧木中心；然后将接穗自上而下插入切口中，使砧木与接穗的形成层对准，用麻绳扎紧，接口处涂以泥浆或液体石蜡，即可栽植或假植，新嫁接苗冬季需培土保护。

此外，还可于花后5～8月份进行芽接和腹接。

③播种繁殖：播种繁殖主要用于大量繁殖嫁接用的砧木或培育新品种。播种苗需生长3～5年才能开花。

牡丹种子一般随采随播，这是由于牡丹种子有上胚轴休眠习性，当年秋季播种后，胚根向下伸长发育成根，但不生芽出土，必须经过一定的低温时期（约1～10℃，60～90天），才能打破上胚轴休眠而于春季发芽出土。所以牡丹种子于8月成熟后立即采收，并于当月播种，这样第二年春季发芽整齐，若种子老熟或播种过晚，第二年春季多不发芽，而需到第三年春季才发芽。

牡丹种子于8月下旬开始成熟，采后晾2～3天即可播种，可行穴播或条播，播种不可过深，以3～4cm为度，覆土并踏实，随即浇透水。为了使牡丹种子第二年春天发芽整齐，也可在种子成熟采收后进行沙藏催芽。

④其他繁殖技术：此外，生产实践中亦有扦插、压条等繁殖方法的尝试，但因成活率低或繁殖系数低等多种原因而较少采用。

栽培管理

①栽植前准备：牡丹为肉质根，应选择地势高燥、排水良好的地方栽培，切忌栽在易积水的低洼之处，土壤宜疏松、地下水位低、中性或微酸性（pH值6.5～7.5）。如果土壤不好，要加以改良。栽植前整地，深度以30～50cm为宜，深翻土地时施足底肥，整地后筑高畦。

②栽植：牡丹为深根系植物，常采用穴栽法，穴深30～40cm。栽前要对根部进行适当修剪，剪去病根和折断的根，再用0.1%的硫酸铜溶液或5%的石灰水浸泡半小时进行消毒。然后取出用清水冲洗再栽。栽植株行距80～100cm×70～80cm. 小株可小些，栽植深度以根颈处略低于地面或与土面齐平为好，不宜过深或过浅。栽后及时灌水、培土。

③肥水管理：牡丹是喜肥植物，要想使牡丹花大色艳，避免开花的"大小年"现象，合理施肥是重要措施之一。牡丹每年至少需施3次肥。第一次为花前肥，在2月中下旬结合浇"解冻水"施入腐熟人粪干或饼肥，以保证花蕾、新枝正常生长发育所需的养分；第二次是花后肥，在5月上旬追施，可施用充分腐熟的饼肥，也可土施复合肥，还可叶喷0.2%～0.5%的磷酸二氢钾，以保证枝叶旺盛生长、花芽分化及恢复树势；第三次是落叶肥，在11月上旬封冻前进行，以保证牡丹越冬保护和提高土壤肥力。每次施肥都要结合浇水进行。

牡丹"喜燥惧湿"，加之根系发达，比较耐旱，生长季除结合施肥浇水外一般不需再补充水分。浇水方法应排沟渗透，不宜大水漫灌。此外，夏季雨水多时还应注意排水防涝。

④整形修剪：为使植株保持美观匀称的株型和适量的枝条，维持地上与地下生长平衡，通风透光，使花芽充实，开花繁茂，须进行整形修剪。牡丹的整形修剪主要包括定干、修枝、除芽、疏蕾、平茬等项工作。

定干：牡丹栽植 2~3 年后，即可进行定干，宜在秋、冬季进行。依据需要和树势，在发生的新枝条中，选留几条生长健壮，长势匀称，分布均匀的枝条作为植株的主干。一般 3~4 年生的可留 5~7 枝。定干要视植株生长情况进行，对于长势弱、发枝数量少的品种，定干分数年完成，定干之初一般首先剪除细弱枝、保留强技，以后每年或隔年断续选留 1~2 个新芽作为枝干培养，以使株丛逐年扩大和丰满。

修枝：剪除冗长枝、病虫枝、内向枝、交叉枝、平行枝、重叠枝，促使植株生长均衡。

除芽和除蘖：牡丹的根际有许多不定芽，每年春季大量萌发，与枝干争夺养分，应及时除去；若这些不定芽已长成萌蘖枝，亦应及时剪除。一般说，牡丹经过定干，每年均应进行修枝和除芽。

疏蕾：牡丹开花与果树结果相似，也有"大小年"现象。显蕾后，要根据树势以及上年开花情况，进行适当疏蕾。若当年花蕾很多，可视为"大年"，应将较小的、下位的花蕾摘除。一般视枝条强弱，每枝留壮芽 1~2 个。

平茬：主要针对已成活的一年生嫁接苗而言。这是由于牡丹嫁接通常是一砧一穗（芽），第二年成活后，若当年秋季不进行平茬，则接穗只会长高不分枝。因此，对已成活的一年生嫁接苗，要从接口以上进行剪截，以刺激不定芽萌发枝条。这样，牡丹的 2 年生嫁接苗就可长出 2~4 个短枝。

⑤防寒：在黄河中游地区，牡丹自 2 月上旬发芽，由于初春气候多变，容易遭受寒流和晚霜的危害，要特别注意防寒工作，地栽牡丹一般搭风障遮护，或在霜前点燃潮湿柴草生烟防霜。

⑥花期调控

A. 理论基础

了解牡丹的自然生长发育特性尤其是开花特性以及外界环境因子与开花的关系，是进行牡丹花期调控的理论前提。

山东菏泽地区，牡丹于 3 月上旬鳞芽开始萌动，3 月中旬放叶，4 月下旬（谷雨前后）开花。6 月初新枝生长停止，顶芽及腋芽开始形成。6~8 月高温季节花芽分化，10 月末已形成花瓣原基，雌雄蕊的分化则发生于 10~11 月或更晚。此后停止发育、进入休眠。因此，可以总结出如下的牡丹开花特性与规律：a. 自然条件下，牡丹花芽分化一般于 11 月份已经完成；b. 花芽分化完成后尚需一段低温时期，待植株解除休眠后才能开始新的生长周期；c. 适宜的温度条件下，自芽萌动至开花，历时需 50~60 天。此外，根据如上的牡丹自然生长发育特性过程，可以得出，外界因子与牡丹开花生物学特性的关系中，温度因子是主导因子，因此花期调控的主要途径即是采用温度处理。

B. 春节开花的花期调控

牡丹催花常用于春节，开始时间一般在 12 月上中旬，此时的植株已完成花芽分化并已完成解除休眠所必需的 20 天左右的低温阶段，经 50 ~ 60 天的适温培养即可开放。具体实施方法因地区而有所差异。在北方地区一般采取温室催花，即选择 4 ~ 5 年生的适宜品种，于春节前 40 ~ 60（因品种而异）天移栽进入温室，逐步升高温度，白天控制在 20 ~ 25℃，晚上控制在 10 ~ 15℃，并加强叶面喷水、地面洒水，以增加相对湿度。每隔 7 ~ 10 天施 1 次稀薄液肥，也可用 0.2% ~ 0.3% 的磷酸二氢钾喷叶面作为追肥，如有花芽不萌动的情况用 300 ~ 500mg/L 赤霉素液以毛笔涂抹鳞芽，可促使萌动。这样经过 40 ~ 60 天，即可于春节前夕开花。在广东、广西等华南地区，由于其冬季自然气温与牡丹自然开花气候相当，牡丹运输过去后常行露天催花。在江西、贵州、云南等中南部地区，本地冬季自然气温略低于牡丹自然开花气温，常采用简易塑料大棚催花法。

园林用途 切花牡丹是一种高档次、高价值的花材。可用为焦点花材或主体花材。是春季的代表性花材，如与玉兰、海棠一起构成"玉堂富贵"等。此外，牡丹还广泛应用于盆栽观赏、园林栽培尤其是牡丹专类园的栽培。

（2）月季 *Rosa hybrida*

别名　月月红、四季花、胜春、长春花、斗雪红
英文名　Rose
科属　蔷薇科蔷薇属

形态特征 常绿、半常绿或落叶灌木，株高 30 ~ 500cm，枝稍开张，常有倒挂皮刺，刺的疏密因品种而异，按刺的多少可以简单地分为多刺、少刺或近于无刺 3 类。奇数羽状复叶互生，小叶 3 ~ 7 枚，有锯齿，叶面有光泽，多数品种初展叶时为紫红色，后逐渐变绿。花单生或数朵簇生成伞房花序，重瓣，有芳香，花色丰富，花期自盛春至冬初。果实为球形或梨形，成熟前为绿色，成熟果实为橘红色。内含骨质瘦果 5 ~ 13 粒。

品种变种 月季原产我国，月季学名于 1768 年由荷兰人贾坤定为 *Rosa chinensis* Jacq. 。鉴于现在国内外所栽培的月季品种群绝大多数是四季开花的现代月季，而我国绝大多数地区都简称现代月季为月季，为了避免混淆，中国月季协会曾经为"月季"正名，即"月季"泛指现代月季，而将我国古老月季(*R. chinensis*)定名为月季花，以示区别。

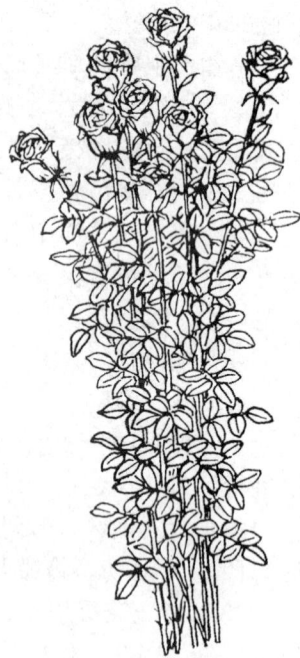

月季　*Rosa hybrida*

我国月季的育种和栽培历史非常悠久，是月季的发源地，早在公元前 413 年春秋时期，孔子周游列国时就对当时皇宫、王室御苑中栽培的月季做过详细的记载，但现代月季的育种很多工作却是由欧洲人完成的。

18 世纪前后，欧洲人在月季育种方面投入了很大的力量。在 1800 年以前，欧洲栽培的蔷薇主要有 4 种，即法国蔷薇(*R. gallica*)、突厥蔷薇(*R. damascena*)、百叶蔷薇(*R. centifolia*)和白蔷薇(*R. alba*)，这些蔷薇仅开一季花，花色单调。培育能四季

开花的月季新品种是欧洲人梦寐以求的。而这种梦想随着18世纪末至19世纪初中国四季开花月季、蔷薇的传入，才使欧洲的月季育种有了历史性的突破。1768年后，中国两个四季开花的种，月季花(*Rosa chinensis*)的两个品种'月月红'和'月月粉'及香水月季(*R. odorata*)的两个品种'彩晕'香水月季和'淡黄'香水月季先后传入欧洲。1837年首次在法国巴黎附近育成了杂种长春月季系统的两个品种：'海林公主'('Princess Helena')与'阿贝特王子'('Price Albert')，这是属于杂种长春月季系统(HP)的品种，每年只能开一次至二次花。之后经过30多年的反复杂交选育，终于在1867年育出了真正四季开花的杂种香水月季系统(HT)的新品种'法兰西'('La France')，这是法国人Guillortfils用香水月季品种'普瑞薇夫人'('Mme Bravy')与杂种长春月季的品种'胜利魏'('Victor Verdier')杂交选育而成的。这是对月季育种划时代的贡献，这是古代月季演化进入现代月季的标志，因此国际上将1867年定为"现代月季"和"古老月季"的分界线。在此基础上，通过全世界月季育种家长期不懈的努力，到现在月季已发展到有20000多个品种的大家族。

早期的栽培中，月季多用于庭园栽培和盆栽观赏，并未作为切花应用，也没有专门供切花应用的品种。切花月季的栽培，至今不到200年的历史。1867年以杂种香水月季为主要品种群的现代月季诞生之后，经过现代月季的反复杂交，才培育出适于作切花用的品种群，便是当今广为流行的切花月季品种。

按照亲本来源及形态和花色可分如下2类：

①按照亲本来源及形态分类：现代月季大致分为杂种香水月季、丰花月季、壮花月季、杂种长春月季、微型月季、藤本月季六大系统。

杂种香水月季(Hybrid Tea Rose，HT)：以中国香水月季与杂种长春月季系统的品种反复杂交后形成的品种群。花大色艳，品种丰富。花具香味，四季开花。现代月季的主流品种群。比较著名的如'和平'('Peace')。

丰花月季(Floribunda Rose，FL)：植株矮小，分枝多，中小花型，常聚簇成团，四季开花；抗寒性、抗热性及抗病虫害能力强。是现代城市园林绿化美化的新材料。能表现出如花海般的宏观效果。北京栽植较多的'杏花村'、'小桃红'、'红帽子'均是丰花月季的品种。

壮花月季(Grandiflora Rose，GR)：此系统是香水月季与丰花月季的杂交品种群。花大而一茎多花，兼双亲之优势。如'雪峰'('Mount Shasta')等品种。

杂种长春月季(Hybrid Perpetual Rose，HP)：杂种长春月季是现代月季的起点和基础，主要通过中国的月季花、巨花蔷薇、突厥蔷薇和法国蔷薇等种杂交产生的品种群。主要特点是植株高大。枝条粗壮，生长势旺盛。基本上是晚春一季开花，其余仅少量零星开放。该品种群约在1840~1890年间风行。后因不能四季开花，栽培数量渐少。如中国的'山东粉'是属于杂种长春月季的品种。

微型月季(Miniature Rose)：此类月季植株矮小，通常只有20cm高，四季开花，这是以中国'小月季'(*R. chinensis* 'Minima')为亲本的杂种品种群。

藤本月季(Climber & Rambler，CL.)：主要以原产中国的野蔷薇、光叶蔷薇、巨花蔷薇和其他藤本蔷薇与杂种长春月季、杂种香水月季或香水月季一次或多次杂交育成，此类品种群中，有一季开花的品种，也有两季或四季开花的品种。目前，藤本月季在园林和城市绿化中应用较为广泛。

②按照花色分类：一般把切花月季分为5个色系，即白色系、黄色系、粉色系、红色系和其他色系(包括蓝紫色系和复色系)。

产地分布 蔷薇属植物原产于北半球，分布广，几乎遍及亚、欧两大洲，而以中亚和西南亚最为集中。北美蔷薇的种类不多，主要分布在美国和加拿大，而非洲仅在东部的埃塞俄比亚、摩洛哥等国有野生种类。中国是月季的原产地之一，是世界野生蔷薇属植物的分布中心，约有82种，而且，中国是四季开花的蔷薇属植物——月季花和香水月季的唯一原产地和发源地。中国的湖北、云南、四川、甘肃等地有野生月季花($R. chinensis$)，而香水月季($R. odorata$)仅在中国的云南和四川有分布。

生态习性 现代月季亲本关系复杂，品种众多，具有较广泛的生态适应性。

①温度：喜温暖，但亦耐寒，一般品种可耐 – 15℃低温，有些耐寒品种甚至可耐 – 30℃低温。最适昼温 15～26℃，夜温 10～15℃，因此在春秋两季(4～5月，9～10月)生长发育较好。超过30℃，花小、色浅、香味淡且花不耐久。若温度超过35℃或低于5℃，会进入休眠状态，生长停止。

②光照：月季喜充足的阳光，不耐阴，每天需接受5小时以上的阳光直射。

③水分和营养：月季生长量大，整个生长期内喜水喜肥，尤其从萌芽到放叶阶段和开花阶段，需水分更多。

④土壤：对土壤要求不严，但以疏松、肥沃、微酸性壤土最适。

繁殖方法 月季的繁殖方法有嫁接、扦插、组织培养和播种。切花月季生产中应用较多的是前两种方法；组织培养快速繁殖多在新品种繁育的初期使用；播种法仅在培育新品种和培育实生苗砧木时使用。

扦插苗繁殖快，成本低，管理简单，生产上应用也较多；但是扦插苗的根系较弱，长势不如嫁接苗，产花周期较短(4～5年)。

①嫁接繁殖：嫁接苗根系发达，生长旺盛，切花产量高，产花周期长(5～6年)，是栽培的理想选择；但是嫁接苗对修剪技术要求较高，而且价格较贵，同时还必须考虑砧木的适应性。

砧木选择：我国采用的砧木多为粉团蔷薇、'白玉棠'(蔷薇)和野蔷薇。砧木直径一般以0.65～2.5cm为宜。

嫁接方法：生长期嫁接常采用芽接，芽接在7～8月进行，多用"T"字形芽接法；北方春季叶芽萌动以前，多用切接法。T形芽接操作方便，成活率较高，操作时先在砧木上距地面3～5cm处横切一刀，深达木质部；再用刀自横切口中央部位向下纵切一刀，长约15cm，呈T形，然后用小刀自横纵切交汇处的两边挑开表皮；选择开花后枝条中部的健壮之芽做接芽，用芽接刀自芽上方0.5～0.7cm处横切一刀，再自芽下0.6～0.7cm处斜削至横切口处，将芽取下，去除所带木质部；将接芽插入砧木切口中，上部形成层对齐，将砧木两侧之皮包住接芽，用塑料带等物扎缚牢固，露出芽尖、叶柄。切接法的具体操作步骤为：选生长强壮的枝条做接穗，留2～3个满饱充实的芽，去除下部叶片。上部叶片剪去一部分，于基部两面进行切削，靠近砧木心部的一面削口稍长，长约2cm，外面的一侧削口稍短；砧木从适当部位剪去上部，从断部一侧垂直面下切一个2cm左右的切口，将接穗插入砧木切口中，使形成层对齐（如接穗较细，则使一侧的形成层对齐），进行绑缚。

②扦插繁殖：主要分为嫩枝扦插和硬枝扦插。扦插基质可用素沙、蛭石和珍珠岩。嫩枝扦插又称为生长期扦插，于6~7月进行，剪取花后半成熟枝条，每3芽为一段，保留插条顶部2片小叶，基部用吲哚丁酸（IBA）速蘸处理后扦插，扣塑料小拱棚保湿，用遮阳网遮荫。保持床温20℃左右，气温15℃左右。插后25天左右视生根情况逐步去掉阳网，并适度增加通风，插后约35天即可除掉小拱棚。硬枝扦插，又称为休眠期扦插，即在月季落叶进入休眠期直到来年春天发芽前进行，插条不留叶片，管理基本同嫩枝扦插。

栽培管理　我国切花月季生产，由于南北纬度跨度大，气温条件有很大差异，栽培方式又有露地、大棚与温室的不同，因此，栽培管理方法也有所不同。下面阐释我国应用较多的日光温室切花月季的栽培管理方法。

①土壤及植床准备：月季根系深入土层深而广，且定植后一般要连续采花5~6年。因此种植畦需深翻，深度达35~45cm，并结合翻地施入基肥以改良土壤。此外，为减少病虫害发生，应做好土壤消毒工作。

切花月季定植，在南方多数采用高畦栽培，以利排水，北方为便于灌水与有效利用日光温室内空间，大都采用低畦。为使受光均匀，多南北向筑畦，畦面宽度根据栽植行而定，通常每畦栽植2行，畦宽为60~70cm。

②定植：月季栽培时期全年都能进行，但最有利的时期应在休眠期进行。栽植深度应将嫁接苗的接口露出地面1~2cm左右。栽植株行距为20~25cm×35~40cm，通常株型直立的品种比半开张型与开张型品种栽植密度可密些，小花品种比大花品种密。多数情况下（包括通道）定植株数为5~6株/m²。近年有地区将定植后的更新期缩短到2~3年，并加大栽植密度，以提高单位面积产量。

③环境条件控制

温度管理：新苗定植后的生长初期室温宜控制在10℃以下，并通过遮荫、通风等方法造成地温高于气温环境，使幼苗根系先有良好发育。约1个月后再逐渐升高气温，生长期间应白天室内温度保持在25℃，最高不超过28℃，夜间温度在16℃左右。

光照管理：月季喜光，温室生产冬季的光照管理尤其重要。一般来讲，日光温室生产月季切花，冬季加强光照的措施主要有：一是选用清洁、透光性好的无滴膜，增强透光性；二是在垄间、温室后墙上挂反光幕，增加光照强度；三是用人工光源补光。

肥水管理：月季植株年生长量很大，每年采花6~7次。因此，除施足基肥外，整个生长期均应通过少量多施的方法进行补肥，追肥时期可在每茬花采收之后与夏休或冬休时进行。为促进花芽形成与花蕾的发育，要避免过多施用氮肥而引起营养生长过旺。通常采用低氮、高钾的配比，常用的氮、磷、钾比为1:1:2或1:1:3。同时还应增补适量的铁、镁等元素。使用时可在行间离茎干稍远处条施，然后浅耕松土并灌水帮助肥料溶解渗透。此外，温室封闭时用二氧化碳发生器生产二氧化碳，使室内二氧化碳浓度达到 1000～2000mg/kg。

灌水时最好采用滴灌法，这样可以不降低地温，并避免温室内出现高湿度的不良环境。通常根据月季各个生长阶段对水分的要求以及季节、天气、土壤含水量等来决定灌水次数与灌水量。一般情况下，在月季抽梢、孕蕾、开花期需要足够的水分补充；在修剪前适当停止浇水，控制生长；修剪后为促进芽的萌动需及时补水。浇水不宜过多，要让土壤表层有干有湿，以促进根系扩展，使温室内相对湿度保持在65%～70%。

④整枝修剪：整枝修剪是通过摘心、去蕾、抹芽、折枝、截断等方法，增强株势，培育采花植株骨架，促进有效切花枝的形成与发展。切花月季的整枝修剪是贯穿在整个切花过程中的重要管理措施，直接影响切花的产量和质量。

幼苗期整形：定植后幼苗整枝的主要任务是形成健壮的采花植株骨架，培育切花主枝（或称成花母枝）。芽接苗的芽萌发后，待有 5～6 片叶时摘心，以刺激接穗主芽旁的两个副芽萌发，同时新梢侧芽也能发梢成枝。选择 3 个粗壮枝条留作主枝，主枝的粗度要求直径达到 0.6～0.8cm 以上。一般将这三个枝条进行重剪（又称深摘心）后，幼苗栽植当年的秋季可以开始采花。如果幼苗萌发枝条过弱，其粗度达不到主枝要求时，可继续采取摘心、压枝等方法，促进主枝形成。在此期间促进根系的发育与留有足够的营养叶是养成粗壮主枝的重要前提。在小苗期不要急于产花，要着重在培育骨架主枝，这对今后采花量有很大影响。

切接苗接穗萌发的第一条新梢一般不太强健，定植较晚的幼苗发枝也会较弱，另外有一些品种生长初期不易形成粗壮骨干枝。对这些情况可以采取嫩梢摘心，及时摘除花蕾，扩大植株光合作用的面积来促进骨架主枝形成。摘心后易出现侧芽萌发过多大量养分分散消耗的现象，可采取抹芽的方法抹除多余侧芽，保证植株营养。通常 1 年生嫁接苗从定植到开始采花，至少要经过 3～4 次的摘心过程。

夏季修剪：切花月季经过一个生长周期，植株高度不断升高，枝条的生长势逐步衰老，切花产量下降。一般情况下根据月季的生长特性，每年需要进行一次重剪，以促进生长有力的新枝更新为骨干枝，使切花枝的生成部位下降。这一植株调整的重大部署多数应在月季的休眠期进行。但切花月季冬季是市场销售旺季，不可能停产修剪。因而将大棚、温室栽培的夏季休花型生产进行重大的植株调整，因为此时植株生长迟缓、产花质量下降、价格销售低迷。

夏剪的时间大体在 6 月中旬到 7 月进行，传统的夏剪方法为回缩修剪，即把主枝剪短，高度控制在 0.5～0.6m。此方法为以往所采用，但由于在生长季节剪去大部分枝叶，使植株生理上严重地失去平衡，因而修剪后的一段时间内，根部发生萎缩，长出的新芽不强壮，需要一段缓苗期，不利秋季恢复生长，还会影响秋花产量；此外，剪口还容易诱发病虫害，所以现今多已不采用此方法，而常采用折枝法。折枝修剪即利用折枝的方法把上部枝叶折向低处，要求折而不断。该法利用植物的顶端优势的原理，促使弯折处及其下部芽的萌发，培育了新的骨架主枝；又保留了上部枝叶，维持了相当的光合作用面积；还改善了植株的通风透光条件，降低了因重剪法而诱发的病害发生率。目前折枝修剪在切花月季生产中已广为采用。

折枝修剪具体操作方法和注意事项：A. 折枝前上部枝叶可以适当修剪，但必须保留有足够的叶片，同时折枝前应清除病弱枝。B. 折枝前半个月停止浇水，使植株处于半休眠状态，这样植株枝条较萎软，有利于折枝操作。C. 折（曲）枝高度一般控制在 50～60cm。D. 折枝时必须认真执行操作要求，防止折枝枝条前部长出新芽，如果前部枝条的长势得不到控制，就会前功尽弃，折枝得不到预期效果。E. 折枝后的枝条是作为营养枝保留，这些枝条在新芽长出后仍要保留一段时间（2～3 个月），待新枝比较茂盛后予以剪除，所以对老叶要注意病虫害（特别是红蜘蛛）的防治。

冬季修剪：冬剪是冬季休花型栽培中在植株休眠后，为枝体复壮进行的重大植株调整。露地栽培进行冬剪的时期，应该是在萌芽前 1 个月左右。不加温的大棚栽培，可以在最后一次采花后，使棚内温度降到自然低温，植株进行休眠状态时进行。通常在剪除弱枝、病虫枝后，用回缩修剪的方法留主要骨干枝 3～4 枝。也可利用一部分充实的徒长枝，剪枝高度一般为 30～40cm。

切花枝的修剪：切花枝的剪取除考虑切花长度和切花质量外，还应重视剪切后对植株后期产量的影响。这实际也是一种植株修剪管理。在切花枝的枝条上通常基部节位发生的复叶常为 3 小叶，枝条中下部节位叶片正常发育，每节位叶的小叶为 5 片。在接近花蕾处节位上小叶为 2～3 片或柳条叶。通常合理的切花剪切应该是在留有 2 枚 5 小叶的节位以上剪切，这有利于切花新枝的发生与发育。剪切时原枝条留叶量的多少，与下次产花的间隔日数与花枝长度等相关。

日常修剪：切花月季管理中，除了生长周期的复壮更新修剪外，在正常采花情况下，经常性的修剪也是一项重要的管理内容。其需要做的工作如下：A. 经常检查、及时剥除开花枝上的侧芽与侧蕾，以保证花枝健壮生长与主花蕾发育；B. 及时去除砧木萌发的脚芽；C. 及时剪除并销毁病枝、病叶；D. 及时对弱枝摘除花蕾或摘心、短截，适当保留叶片，根据所处位置留作营养枝；E. 重视整株树体的均衡发展，考虑主枝分布与高度的均衡。枝条剪切的剪口芽，一般都应留外芽，以开展树冠；F. 营养枝修剪与切花枝剪切的切口，一般应在留芽芽尖上方 3～5mm 处剪定，不宜留梢过长。

设立支架与防护网：为防止切花月季栽培中出现切花枝倒伏与弯曲等情况，可在栽植床设立支架与防倒伏网。一般支架的支柱高度为 1.6～1.8m。用尼龙线织成 20cm×20cm 网眼的防倒伏网，可分 2～3 层设置，第一层高度为 50cm，第二层高度为 90～100cm，第三层为 140cm。

⑤切花的采收及采后处理：多数红色与粉色品种，于萼片向外翻卷至水平、花瓣有 1～2 片微微张开时进行采收；黄色品种采收时间可较此略早；白色品种则可稍微推迟。采收最好在早晨进行。采收后花枝应立即插入清水中，1 小时后进行分级。然后每 10～20 支为一扎捆好，花头用特制的塑料套住，装箱送往市场或冷藏库。近距离运输可以采用湿运（即将切花的茎基用湿棉球包扎或直接浸入盛有水或保鲜液的桶内）；远距离运输可以采用薄膜保湿包装。若需贮藏，最好干藏在保湿容器中，温度保持在 −0.5～0℃，相对湿度要求 85%～95%。贮藏结束后，要求采用花期控制处理。

⑥岩棉栽培的发展趋势：岩棉栽培是利用岩棉为基质进行无土栽培的一种生产方式。作为无土栽培基质，园艺栽培的岩棉因经亲水处理，吸水性强，与建筑材料岩棉不同。岩棉栽培是在 20 世纪 70 年代开始发展，常用于蔬菜栽培。目前国外在切花月季栽培上已开始广泛应用。其主要优点是：不含对人体有害物质，无菌，有良好的通透性和吸水性，植物根系易扎进岩棉，成为非常适合的植物栽植载体，避免土壤病虫害危害，与其他基质栽培及水培相比生产成本较低。岩棉栽培是营养液栽培的一种，故也称岩棉营养液栽培，所需要的基本材料与设备包括岩棉床、育苗块、营养液装置、pH 计、电导率仪等检测器材，我国由于经济条件，尚未规模化推广，但应是今后生产发展的一个方向。

园林用途 切花月季是世界四大著名切花之一，是各种礼仪场合最常用的切花材料，在切花市场上通常被称为玫瑰（实际上，真正的玫瑰一般很少用来作鲜切花）。在插花花艺作品中，常用作主体花材，插于骨干枝构成的作品造型轮廓之内，形成完满艳丽的造型。此外，也可用作焦点花材，装饰焦点部位。微型月季，可用作填充花材，用以活跃插花造型。月季还可以大面积用于园林绿地中，可作花坛、花境、花架、花篱、行道花灌木栽植；可植于庭院，楼前；也可以做成月季专类园；有些月季品种的花和果可以入药，有的可以提取香精。

（3）银芽柳　*Salix leucopithecia*

别名　银柳、棉花柳、细柱柳
英文名　Bigcatkin willow, Chinese pussy willow
科属　杨柳科柳属

形态特征　落叶灌木，高 2～3m。茎丛生状，枝条绿褐色，具红晕，幼枝具绢毛，老枝光滑。叶互生，披针形或长椭圆形，边缘有细锯齿，叶背面有毛，先端锐尖，缘具齿。花芽肥大，于秋季形成，外被紫红色苞片，有光泽；冬季或早春先花后叶，柔荑花序，苞片脱落后露出银白色的未开放花序，具柔毛，形似毛笔，故名银芽柳，也是观赏的主要部分。雌雄异株，一般雄花花序大于雌花花序。雄花序着生小花约 700 朵，长 7cm，宽 2.2cm。雌花序着生小花 300～400 朵，长 2.6cm，宽 1.2cm，切花栽培多数以雄花为栽培材料，主要花期在 3 月，切花应用期在 12 月至翌年 2 月开花之前。

产地分布　银芽柳原产我国的东北地区，朝鲜半岛、日本也有分布，目前栽培甚广。

生态习性　喜温暖湿润环境，有一定耐寒性，生长适温为 18～30℃。喜光。喜土层深厚、肥沃湿润土壤，不耐干旱，耐微碱，宜生于水边、池畔等低湿处。

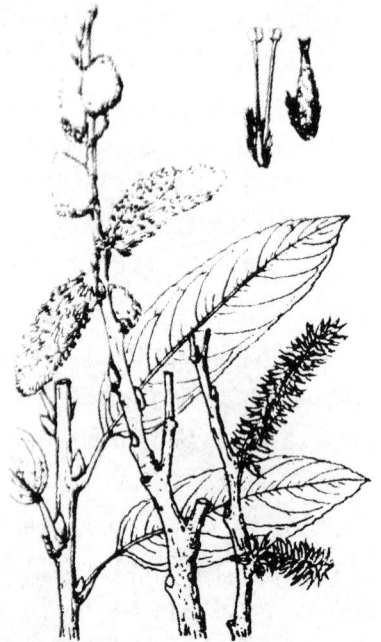

银芽柳　*Salix leucopithecia*

繁殖栽培　银芽柳的繁殖以扦插为主，极易生根成活。扦插多在春季进行，从健壮母株上剪取插穗，每枝插穗含 4～5 个叶芽，扦插后约 15 天生根展叶。

银芽柳栽培简单，管理粗放。通常切花栽培时株行距为 50cm×50cm，定植后于14 片叶时摘心以促进分枝。银芽柳喜肥，除种植时施足基肥外，生长期还要适时追施腐熟的液肥，并在叶面喷施 0.2% 的磷酸二氢钾溶液，以促进叶片肥厚和枝条粗壮，特别是冬季花芽开始膨大和剪取花枝后更要施以重肥，以促使花芽的发育。银芽柳喜湿，平时应保持土壤湿润，避免干旱，夏季高温季节水分蒸发较快，应及时浇水。雨季应注意排水防涝，以免因土壤长期积水造成烂根。

管理良好的银芽柳，当年株高可达 2.2m 左右，抽出新梢长度达 1.8m，每米长可具芽苞 38 个。商品切枝期常于 11 月中旬至翌年 1 月进行，即在花芽肥满到早春萌芽前均可按上市日期采切，南方晚秋采切前 15 天可先去叶。剪切后的枝条，需要加工剥除外围的苞片。通常采切后即将枝条进行短期烘烤，苞壳遇热后自裂，去壳水养。上市切枝按长度分级捆扎，一般每 12 支扎成一束，每 5 束扎成一大束。贮藏时可插在保鲜液或清水中，也可 -2℃ 环境中干贮。

多年生栽培时，每年早春花谢后，应从地面 5cm 处平茬，以促使萌发更多的新枝，重剪后应加强肥水管理以促发新枝。

园林用途　银芽柳是优良观芽植物，花芽银白色，苞大色美，瓶插时间长，是冬季颇为畅销的应时切花，供花期主要在圣诞、元旦、春节前后，国内常与南天竹果枝、蜡梅、水仙等一起作为冬季的室内花卉装饰，在北美、北欧也非常流行。多用作骨干枝，构成作品的骨架。容易弯曲造型，应用广泛。

此外，银芽柳在园林中还常配植于池畔、河岸、湖滨，或用于堤防绿化。

同属切花花卉

龙爪柳（*Salix matsudana* var. *tortuosa*），英文名 Contorted hankow willow。落叶乔木，枝条卷曲向上。单叶互生，披针形。单性异株，柔荑花序，蒴果。枝条扭曲向上，各地时见栽培观赏。生长势较弱，树体较小，易衰老，寿命短。

主要分布于长江流域及其以南平原地区，山东、河北也多栽培。

龙爪柳适应能力强。耐寒；喜光，也耐阴；对土壤要求不严，耐碱、耐水湿，在地势高燥地方也能生长，但最好选择土壤深厚、疏松、肥沃、阳光充足且排灌良好的地方栽培。

龙爪柳萌芽力强，多采用扦插法进行繁殖。种条一般于春季扦插前收割，也可冬季将种条收割窖藏，翌年春季再用。

扦插后应立即浇一次透水，以利于插条发育生长。当年扦插种条每株保留 1～2 根健壮枝条，其余除掉，以后每年每株保持 2～3 根。为促进生长，每年 4 月上中旬、8 月底应追施碳酸氢铵、尿素等速效肥，也可于雨前撒施，以防止柳条生长期缺肥枯黄。

切枝龙爪柳一次栽植，可连续收割至少 6～7 年。第一次切枝于柳条长到 1.5～2.0m 高时进行（一般为 8 月中旬），切割时用刀贴地面将柳条主枝割下，然后按龙爪柳田间管理的要求，及时施肥灌溉和留条。在 11 月上中旬进行第 2 次收割。割下的柳条按 0.6~1.0m、1.0~1.5m、1.5m 以上 3 个等级进行分级捆装。

龙爪柳枝干自然弯曲，常制成天然干花。在插花花艺作品中，多用为骨干枝，构成造型的骨架。也常利用其自然弯曲的枝条，活跃作品的造型。表现云雾缭绕、乐声远播、自然升华等意境。

垂柳(*Salix babylonica*)，英文名 Babylon weeping willow，Weeping willow。落叶乔木。株高约 10m，枝条细长下垂。单叶互生，狭披针形，缘具细锯齿。花叶同时开放，花单性异株。污染环境的柳絮即其种子，上有棉毛，随风飘散。产地不明。性耐寒、喜湿润环境，水养持久。

垂柳树姿优美，随风摇曳，极有画意。是中国传统插花常用枝材之一，常用于下垂式造型中。但造型的控制较为困难。寓意报春、伤别。

1.3 其他切花花卉

1.3.1 一二年生切花花卉

表 1-2 一二年生切花花卉

植物名称（科名）	拉丁学名（英文名）	形态与生态特点	繁殖方法	切花采收和园林用途
尾穗苋（苋科）	*Amaranthus caudatus*（Floramor thrumwort）	一年生草本。高约150cm。茎粗壮，多分枝。叶具长柄，卵状披针形，端具芒尖。多数穗状花序集成细长下垂的圆锥花序，或呈直立状，暗紫色。花期 8~10 月。分布热带地区。喜温暖湿润、光照充足。水养期长	播种	在花序中有 3/4 小花开放时采收切花。线形花材，适用于下垂式的插花造型中。可制成干花
金鱼草（玄参科）	*Antirrhinum majus*（Snapdragon，Dragon's month，Common snapdragon）	宿根草本，常作一二年生栽培。叶披针形，全缘。花序总状，花冠筒状唇形，基部膨大成囊状，上唇直立 2 裂，下唇 3 裂，开展，花色丰富多彩。花期 5~7 月。产南欧及北非。较耐寒，不耐热，喜光，喜疏松肥沃土壤	播种	花色丰富艳丽，是早春花坛的优良材料。高中型宜作切花和花境布置；中矮型宜用于花坛。矮型品种还可用于岩石园
羽衣甘蓝（十字花科）	*Brassica oleracea* var. *acephala* f. *tricolor*（Collard，Berecole，Kale）	二年生草本。高 30~40cm，花薹高可达120cm。切花用品种茎高约 60cm 以上。叶宽大匙形，光滑被白粉，叶片粉蓝绿色，缘具波状皱褶，内叶叶色极其丰富多彩，有紫红、粉红、白、牙黄、黄绿等色。原产西欧。喜光照充足，凉爽。水养期长	播种	在内叶着色后采收。大型枝材。叶色变化丰富，起着一朵大花的效果，丰满而壮观
金盏菊（菊科）	*Calendula officinalis*（Potmarigold calendula）	一二年生草本。高 30~60cm，全株具毛。叶互生，长圆状倒卵形，全缘。头状花序单生，径 5~10cm，舌状花黄色。花期 4~6 月。原产南欧。较耐寒、喜光照充足。水养期较长	播种	在花充分开放时采收。团块形花材，多用于丰满插花作品造型
翠菊（菊科）	*Callistephus chinensis*（Common China-aster）	一年生草本。高约100cm，茎直立，上部多分枝。叶互生，卵圆形，具粗钝锯齿。头状花序单生枝顶，花色、花型十分丰富。5~10 月开花。原产中国，朝鲜、日本也有。喜光照充足，不耐高温高湿。水养期长	播种	在花序中外围小花充分伸长时采收切花。团块形花材，用作主体花

（续）

植物名称 （科名）	拉丁学名 （英文名）	形态与生态特点	繁殖 方法	切花采收和 园林用途
风铃草 （桔梗科）	*Campanula medium* （Canterbury bells）	二年生草本。高 30 ~ 120cm，茎直立，少分枝。基生叶卵状披针形，茎生叶披针状矩形。总状花序顶生，花冠钟形，花色有白、粉、蓝、紫等色。原产南欧。喜温暖向阳，忌干热	播种	在花序中有 1 ~ 2 朵小花开放时采收切花。线形花材，可用作插花造型的骨架
红花 （菊科）	*Carthamus tinctorius* （Safflower）	一年生草本。高约 100cm，茎直立，上部分枝。叶长椭圆形，基部抱茎。缘羽状齿裂，齿端有针刺。头状花序，全为筒状花，橘红色。分布我国西北、四川等地。喜向阳、温暖干燥。水养期不长	播种	当大部分小花现色开放时采收切花。散形或小团块形花材，常用于点缀或丰富插花造型
鸡冠花 （苋科）	*Celosia argentea* var. *cristata*, *C. cristata* （Common cocks-comb）	一年生草本，高 25 ~ 100cm。茎有棱线或沟。叶互生，卵形至披针形。花序大，顶生，肉质，常扁化，转叠如鸡冠状，中下部密生小花，观赏期 8 ~ 10 月。原产印度，我国习见栽培。不耐寒，喜高温干爽，要求光照时间长而充足	播种	待花朵完全开放时采收。高型品种是插花的良材；常用之制作干花
矢车菊 （菊科）	*Centaurea cyanus* （Cornflower）	一年生草本。高可达 80cm，全株被绵毛，呈灰绿色。枝细长，多分枝。叶互生，线形。头状花序单生枝顶，有长总梗，花有蓝、白、紫、粉各色，花期 5 ~ 6 月。喜光照、忌炎热、较耐寒。水养期长	播种	在花朵开放时采收切花。团块形花材，多之丰满插花作品造型。常用于丧礼
香矢车菊 （菊科）	*Centaurea moschata* （Sweetsultan）	一年生草本。高可达 80cm，叶互生，长圆状披针形，羽状裂。头状花序单生枝顶，舌状花冠呈剪绒状。花色有白、乳黄、鹅黄、粉、淡紫等色，有杏仁香气。花期 7 ~ 8 月。原产伊朗。较耐寒，喜光照充足。水养期长	播种	在花朵开放时采收切花。团块形花材，用于丰满插花作品造型
飞燕草 （毛茛科）	*Consolida ajacis* （Larkspur, Blue butterfly）	一二年生直立草本。高 39 ~ 120cm。呈互生，数回掌状深裂至全裂，裂片细线形。总状花序顶生，萼片 5 枚花瓣状，上面一枚具长距，后伸上举，花瓣 2 枚合生，与萼同色。花色多样，花期 5 ~ 6 月。原产南欧和亚洲西部。较耐寒，忌高温，喜光，宜凉爽环境	播种	在花穗上有 80% 花朵开放时采收。花形奇特，状如飞鸟，为良好线形花材
蛇目菊 （菊科）	*Coreopsis tinctoria* （Plains coreopsis）	一二年生草本。上部多分枝。高 60 ~ 80cm，基生叶 2 ~ 3 回羽状深裂，裂片线形或披针形。头状花序径 2 ~ 4cm，具细长总梗，组成疏松的聚伞花丛。舌状花单轮，黄色，基部或中下部红褐色。春播 6 月开花，6 月播种 9 月开花。分布北美中部。较耐寒，不喜酷热。水养期较长	播种	花朵充分开放时采收。团块形花材。多用作主体花
观赏南瓜 （葫芦科）	*Cucurbita pepo* var. *ovifera* （Yellow flowergourd）	一年生攀缘草本。茎被半透明的粗糙毛。卷须多分叉。叶与卷须对生。瓠果大小、形状及颜色，因品种而异，果不可食用。花期夏季。果熟期冬季。原产欧、亚、美三洲热带。喜光照充足、温暖湿润，不耐寒，忌炎热	播种	在果实充分显色后采收果实。果色鲜艳、果形奇特，是蔬果插花的良材，也用于丰收为主题的作品中

（续）

植物名称（科名）	拉丁学名（英文名）	形态与生态特点	繁殖方法	切花采收和园林用途
银边翠（大戟科）	*Euphorbia marginata*（Snow-on-the-mountain euphorbia）	一年生草本。具白色乳汁。高 50～100cm，茎直立，上部多分枝。叶卵形，全缘，下部叶互生，上部轮生，顶部叶于开花时渐白色或全为白色。杯状花序，下有 2 枚大型苞片。7～9 月开花。原产北美。喜温暖、光照充足。水养期不长	播种	在顶部叶缘变白时切取切花。叶色优美，在插花造型中，多用于调和或增加色彩对比
千日红（苋科）	*Gomphrena grobosa*（Globe amaranth）	一年生草本。高 40～60cm。叶对生，椭圆形。小花密集，组成球形头状花序，1～3 个簇生茎顶，紫红色，有淡红、堇紫、金黄、橙及白色品种。原产亚洲热带。喜温暖干燥，光照充足。较易失水萎蔫	播种	在球状花序充分上色时采收切花。散形花材。用于插花造型的填空和装饰。又可制成干花
向日葵（菊科）	*Helianthus annuus*（Sunflower）	一年生大型草本。高 1～3m。茎直立粗壮，被粗硬刚毛。叶互生，宽卵形，缘具粗齿，基部 3 主脉，头状花序单生茎顶，径可达 35cm；舌状花黄色，1～2 轮；筒状花棕色或紫色。花期 7～10 月。原产北美。喜温暖湿润、光照充足	播种	在舌状花开放时采收切花。团块形花材，用作主体花。寓意光明、太阳、火热等
观赏葫芦（葫芦科）	*Lagenalia siceraria* var. *microcarpa*（Smallfruit bottle gourd）	一年生攀缘草本。茎被长软黏毛，具卷须，分 2 叉。叶心状或肾状卵形，缘具齿。花单性，雌雄同株，单生叶腋，雄花高出叶面，花冠白色，边缘皱，清晨开放，中午凋谢；雌花小。花期 6～7 月。瓠果多而小，中部缢细，下部大于上部，初为绿色，果熟时木质化，黄色。果期秋至初冬。原产欧亚大陆。要求光照充足，温暖湿润	播种	在果实成熟时采收。果形奇特，颇具画意，常组织于作品中
香豌豆（豆科）	*Lathyrus odoratus*（Sweet pea）	一二年生攀缘草本。茎有翼，被粗毛。羽状复叶，其部 1～2 对小叶正常，上端小叶变成卷须，3 叉状。总状花序，有长梗，腋生，着花 2～4 朵，花色丰富。有皱瓣、重瓣和波状瓣品种。花期 12 月至次年 6 月。原产意大利西西里岛。喜光照充足，凉爽，通风好。水养期长	播种	在花序中有 1/2 小花开放时采收切花。团块形花材。花色丰富，轻盈别致，在插花中用于丰满造型
贝壳花（唇形科）	*Moluccella laevis*（Asian moluccabalm）	一年生草本。高可达 70cm。叶对生，草绿色，近圆形，缘有锯齿。花轮生，节间长，花小，白色，有贝壳状大花萼。花期春至秋。原产西亚。喜日照充足，温暖。水养期长	播种	线形花材。用之丰富插花作品造型
车前（车前科）	*Plantago asiatica*（Asiatic piantain）	一年生草本。叶基生，卵形，近全缘，叶缘波状。花莛数个，直立，长 20～60cm，穗状花序，花白绿色，分布中国，俄罗斯、日本和印度尼西亚也有。性耐寒。水养期长	播种	线形花材。可作小型插花的骨干枝，或用于活跃造型
红蓼（蓼科）	*Polygonum orientale*（Prince's-feather）	一年生草本。高 1～3 m，茎直立，中空，有节，多分枝，全株密被粗长毛。叶互生，广卵形，端渐尖，全缘。穗状花序，顶生，长约 5～8cm，稍下垂，玫红色，有粉红和白色。花期 6～9 月。原产澳大利亚及亚洲，我国分布全国。耐瘠薄、喜湿润。水养期较长	播种	花序疏散下垂，有特殊风韵，常用于艺术插花，起活跃插花造型的作用

（续）

植物名称 （科名）	拉丁学名 （英文名）	形态与生态特点	繁殖 方法	切花采收和 园林用途
紫盆花 （川续断科）	*Scabiosa atropurpurea* （Sweet scabious）	一年生草本。高 20 ~ 60cm，茎多分枝。基部叶近匙形，不裂或近琴裂；茎生叶对生，羽状深裂至全裂，裂片边缘深齿裂。花序圆头状，有芳香；花冠黑紫、堇紫、淡红边，花大，5 裂片不等大，以外缘的裂片最大。花期 5 ~ 6 月或 8 ~ 10 月。分布南欧。耐寒、喜向阳、忌炎热高湿。水养期长	播种	在花朵半开时采收切花。花朵别致，色彩明丽，团块形花材，用作主体花，丰满插花作品造型
巴西茄 （茄科）	*Solanum integrifolium* （Ethopian eggplant）	一年生草本。高 80 ~ 120cm，枝黑褐色，有刺和毛。叶对生，卵状长椭圆形，边缘波状。花序腋生，白色。花期 4 ~ 5 月。果似番茄，呈鲜红色或黄色。原产热带地区。喜温暖。水养期长	播种	在果实成熟充分着色时采收果枝。果鲜红光亮，装饰效果强，或作线形花材使用，或丰富插花作品的造型。寓意富贵吉祥
百日草 （菊科）	*Zinnia elegans* （Youth-and-old-age）	一年生草本。高 50 ~ 90cm。叶对生，阔披针形，全缘，基部抱茎。头状花序单生枝顶。花梗长，花径 4 ~ 10cm，舌状花倒卵形，有白、黄、粉、红、紫等色。花期 6 ~ 9 月。原产墨西哥。喜光照充足。水养期长	播种	花朵完全开放时采收切花。花形规整、色彩变化丰富，团块形花材，用作主体花

1.3.2　球根切花花卉

表 1-3　球根切花花卉

植物名称 （科名）	拉丁学名 （英文名）	形态与生态特点	繁殖 方法	切花采收和 园林用途
大花葱 （百合科）	*Allium giganteum* （Gigant onion）	球根草本。高约 120cm，鳞茎球形。叶基生，宽带形，被白粉。花莛高于叶丛，顶生球状伞形花序，小花密生，淡紫色。花期 5 ~ 6 月。原产中亚。喜凉爽、光照充足、忌潮湿、水养期长	播种或分球	在花序中有 1/2 小花开放时采收切花。良好的团块形花材，可用为主体花或骨架花
大丽花 （菊科）	*Dahlia pinnata* （Common dahlia，Garden dahlia）	球根草本。地下具纺锤状肉质块根。高 40 ~ 150cm，茎中空，直立。叶对生，1 ~ 2 回羽状分裂，裂片卵形，缘具粗钝齿。头状花序顶生，具长梗，花期夏秋。原产墨西哥。喜光照充足，凉爽高燥，不耐寒。水养期较长	扦插、分根	在花序充分开放时采收切花
小苍兰 （鸢尾科）	*Freesia refracta* （Common freesia）	球根草本。茎柔弱，少分枝，高约 40cm。叶狭剑形，二列互生。单歧聚伞花序，小花偏向一侧，直立；花狭漏斗形，稍有香气，花色有白、黄、粉、紫、蓝等色。原产南非好望角。喜凉爽湿润、光照充足。水养期较长	分球	在花序中第 1 朵花开放、第 2 朵花透色时采收切花。散形花材，在插花造型中常起衬托作用或丰富插花作品的造型
朱顶红 （石蒜科）	*Hippeastrum vittatum* （Barbadoslily）	球根草本。有肥大鳞茎。叶基生，6 ~ 8 枚，两列对生，扁平带状。花莛中空，高约 30cm。伞形花序，着花 3 ~ 4 朵，漏斗状，红色，中心和近缘处有白色条纹。有各色品种。花期春夏。原产秘鲁。要求温暖湿润，光线不强环境。水养期长	分球、鳞片扦插或播种	在花蕾显色时采收切花。花大色艳，有强烈装饰效果。是良好的团块形花材，可作主体花或焦点花

（续）

植物名称（科名）	拉丁学名（英文名）	形态与生态特点	繁殖方法	切花采收和园林用途
风信子（百合科）	*Hyacinthus orientalis*（Common hyacinth）	球根草本。鳞茎成球形。叶基生，4~6枚，带状披针形，端圆钝，质肥厚，有光泽。花莛高15~45cm，中空，总状花序密生上部，着花6~20朵，有香气，小花钟状，裂片向外反卷，花色丰富。花期4~5月。在花蕾着色时采收切花。原产南欧、地中海东部沿海及小亚细亚。喜光、温暖湿润。水养期长	分球、鳞片扦插	花序密集圆整，色彩娇艳，又有诱人香气，是良好的插花材料。可用作主体花，高花莛的切花可作骨干枝使用
蛇鞭菊（菊科）	*Liatris spicata*（Spike-Gayfeather）	球根花卉。叶线形，花序中小花呈密穗状排列，粉紫色，有白色品种。原产美国。耐寒、喜光照充足。水养期长。可全年供花	分球	在花序中有1/2小花开放时采收切花。线形花材，在作品中用作骨架花。色彩重量感大，注意色彩调和。寓意鞭策、鼓舞
石蒜（石蒜科）	*Lycoris radiata*（Shorttube lycoris）	球根草本。具鳞茎。叶基生，线形，深绿色，中央有一条淡绿色条纹，端部圆钝，花后抽生。花莛高30~60cm，着花朵4~12朵，鲜红色，花被裂片上部开张并向后反卷，缘皱或波状，雌雄蕊很长。花期9~10月。原产我国，耐寒、喜湿润。水养期较长	分球	在花朵充分开放时切取切花。团块形花材。用于丰满插花作品造型
喇叭水仙（石蒜科）	*Narcissus pseudonar-cissus*（Common daffodil）	球根草本。叶基生，扁平线形，灰绿色。花单生，黄色，较有香气，副冠长，钟形至喇叭形，边缘有不规则的齿牙、皱褶或卷边。花期3~4月。原产法国、英国和西班牙。喜光照充足、温暖湿润。水养期长	分球	在花瓣显色、尚未开放时采收切花。团块形花材。常用之丰富插花作品造型
中国水仙（石蒜科）	*Narcissus tazetta var. chinensis*（Chinese narcissus）	球根草本。鳞茎肥大，外被棕色皮膜。叶狭长带形，端钝尖。花莛从叶丛中抽出，伞房花序，每莛着花3~11朵，白色，芳香，花被片6枚，副冠碟状，金黄色，花期1~2月。原产地中海地区。喜光照充足，温暖湿润。水养期长	分球、鳞片扦插	在花序从总苞中抽出，小花伸长透色时采收切花。洁净秀美，清雅雅致。小型线形花材。寓意高尚、纯洁
鸟乳花（百合科）	*Ornithogalum thyrsoides*（Cape chinkerichee）	球根草本。鳞茎卵形，浅绿色。叶基生，披针形，质厚。花茎从叶丛中抽出，顶生圆锥花序，小花密集，白色，花被片6枚。花期3~5月。原产南非，欧、亚、非广布。喜温暖湿润、蔽荫。水养期长	播种或分球	在花序基部1/3小花开放时采收切花。良好的线形花材。用为主体花或骨架花
晚香玉（石蒜科）	*Polianthes tuberosa*（Tuberose）	球根草本。基生叶细带状，茎生叶互生。总状花序顶生，小花成对生于花序轴上，漏斗状；花被管细长；花白色，有浓香，日落后香味更浓。有重瓣和花面有斑纹的品种。花期7~10月。原产墨西哥。喜温暖湿润，阳光充足。水养期长	分球	在花序上2~4朵小花开放时采收切花。线形花材。用为骨干枝或丰富作品造型。香气袭人，可增加作品的迷人魅力
杂种观音莲（鸢尾科）	*Tritonia crocosmiiflora*（Common tritonia）	球根草本。地下具球茎。高60~120cm。叶广卵形至剑形，4~6枚。顶生穗状花序，着花12~20朵，花径3~4cm，鲜橙红色。花期7~10月。原产南非。喜湿润，耐半阴。水养期长	分球	在花序有1/2小花开放时采收切花。花繁色丽，精致小巧，是常用的线形花材，用于活跃插花造型

1.3.3　宿根切花花卉

表1-4　宿根切花花卉

植物名称 （科名）	拉丁学名 （英文名）	形态与生态特点	繁殖 方法	切花采收和 园林用途
乌头 （毛茛科）	*Aconitum carmichaeli* （Common monkshood）	宿根草本。高150～180cm，茎光滑直立，有分枝。叶掌状3深裂。顶生狭圆锥花序，浅蓝色，顶萼片盔状。花期7～8月。原产中国。性耐寒、喜凉夹湿润，较耐阴。水养期长	播种或分株	在花序中有1～3朵小花开放时采收切花。花形奇特，天蓝色，是良好的夏季花材，线形花材，用作骨架花使用
百子莲 （石蒜科）	*Agapanthus africanus* （African lily）	宿根草本。具根状茎。高80～100cm。叶基生，2列状排列，剑形。花序直立，顶生伞形花序，着花10～50朵，漏斗状，蓝紫色。花期7～8月。原产南非。耐半阴、喜温暖湿润、稍耐寒。水养期长	播种、分株	在花序中有1/4小花开放时采收切花。为冷色调花材，适夏季应用。团块形花材，用作主体花或骨架花
广东万年青 （天南星科）	*Aglaonema modestum* （China green, Chinese evergreen）	常绿草本。高60～70cm，茎不分枝。叶椭圆状卵形，端渐尖，基部浑圆；叶柄长，具鞘抱茎。肉穗花序。花期7～8月。浆果红色。分布我国广东，菲律宾也有。喜高温高湿，较耐阴。水养持久	扦插	可作枝材或叶材用。用为为骨干枝或衬托造型
六出花 （石蒜科）	*Alstroemeria auranti-aca* （Yellow alstroemeria）	宿根草本。高可达150cm。叶披针形。顶生伞形花序，着花10～30朵，花被片2轮，不整齐，花色变化丰富。花期12月至次年2月。原产南美。喜温暖、光照充足、稍耐阴、耐寒。水养期长。有四季开花品种	播种或分株	在花序中有4～5朵小花开放时采收切花。著名切花，团块形花材，常用于丰满插花造型
阿米芹 （伞形科）	*Ammi majus* （Big ammi）	宿根草本。高约75cm。叶二至三回羽状分裂。伞形花序径约15cm，白色，边缘花瓣增大。花期秋季。分布欧洲、亚洲及热带非洲。喜温暖湿润。水养期长	播种	在花序中约有80%的花朵开放时采收切花。轻盈潇洒，多用于艺术插花
花叶凤梨 （凤梨科）	*Ananas comosus* 'Variegatus' （Ornamental pineapple）	宿根草本。茎单生，直立，株高30～90cm。叶基生，莲座状排列，剑形，叶缘常有刺。果实着生茎顶，较小型，状如松果，圆筒形，成熟时橙黄色。原产美洲热带。要求高温、光照充足。水养期长	分栽植株基部分蘖	极优美的果材，可组织在插花作品中，起突出的装饰作用
冠状银莲花 （毛茛科）	*Anemone coronaria* （Poppy anemone）	宿根草本。高20～50cm，具块茎。叶多基生，一至二回三出复叶，裂片狭楔形。花单生，萼片花瓣状，花色丰富。花期4～5月。分布地中海地区。喜凉爽湿润、光照充足。水养期较长	播种或分株	在花朵初开时采收切花。花型丰满、花色齐全，是良好的团块形花材
红鼠爪花 （血草科）	*Anigozanthos flavidus* （Kangaroopaw）	宿根草本。高约120cm。叶基生，线形或剑形。花冠长筒状，先端有6裂片，红色，分列花序两侧。花期极长，只秋末冬初休眠3个月。分布澳大利亚。喜温暖湿润	播种或分株	花形奇特，异形花材。可用之丰富和活跃造型，也可作骨干枝使用

（续）

植物名称 （科名）	拉丁学名 （英文名）	形态与生态特点	繁殖 方法	切花采收和 园林用途
复叶耳蕨 （鳞毛蕨科）	*Arachniodes adiantiformis*	宿根蕨类草本。叶二回羽状，近三角形，革质，羽片基部不对称，上侧呈耳状突起，边缘有锯齿。喜荫蔽而温暖潮湿环境。较易失水萎蔫	播种、分株	是优美的叶材
花叶芦竹 （禾本科）	*Arundo donax var. versicolor*（Whitestripe giant-reed）	宿根草本。高 2~6 m，秆粗壮，易分枝。形似竹。叶互生，2 列状着生，线状披针形，灰绿色，有黄或白色纵纹。大型穗状圆锥花序，羽毛状，多分枝，初开时带红色，后转白色。花期秋季。原产地中海地区。喜光照充足、温暖湿润。水养持久	分株或播种	叶色美丽，良好枝材，可用作骨干枝。其穗状的大圆锥花序，是构成秋景的理想素材
马利筋 （萝藦科）	*Asclepias curassavica*（Giant Reed, Bloodflower Milkweed）	宿根草本。高可达90cm，茎不分枝或基部分枝，有乳汁。叶对生，狭长披针形，全缘。伞形花序，花瓣 5 枚，开时反卷，鲜红色，副冠鲜黄色。花期 6~9 月。原产美洲热带。喜温暖湿润，阳光充足。水养期较长	播种	在花序中有 1/2~1/3 小花开放时采收切花。线形花材，作骨架花或丰富插花造型
垂蔓竹 （百合科）	*Asparagus asparagoides*	常绿蔓性草本。茎呈"之"字形折曲，绿色，无刺。叶状枝单生，卵圆形，基部心形或圆形，全枝柔弱下垂。花乳白色。原产南非。喜温暖湿润、半阴。水养期长	分株或播种	高档蔓性线形枝材。用于下垂式的造型中
狐尾天门冬 （百合科）	*Asparagus denciflorus* 'Myers'（African asparagus）	常绿草本。高 30~50cm，主茎直立，稍拱曲，细长柔软，呈狐尾状，绿色叶状枝密生，扁线形，原产南非。喜高温高湿、耐半阴。水养期长	分株或播种	重要线形枝材。其拱曲丰满的狐尾状枝条，可用之活跃作品造型或作骨干枝
绣球松 （百合科）	*Asparagus myriocladus*	常绿草本。茎直立，丛生，多分枝，叶状枝密集丛生。原产南非。不耐寒、要求通风良好。水养期较长，后期叶易变黄脱落	分株或播种	是常用枝材。在作品中起衬托、装饰、补空和掩饰等作用
石刁柏 （百合科	*Asparagus officinalis*	宿根草本。高约100cm，叶状枝每 3~6 枚成簇，纤细，近圆柱形，叶片鳞片状。花绿黄色。浆果球形，熟时红色。喜湿润、光照充足，较耐寒。水养期长	分株	线形枝材。多用于下垂式构图作品中，或作礼仪插花的铺底材料
文竹 （百合科）	*Asparagus setaceus*（Setose asparagus）	常绿蔓性草本。茎细弱多分枝。叶状枝纤细，三角形，水平展伸，呈云片状；叶退化成鳞片状，白色膜质，或成刺状。花小，白色。浆果黑紫色。原产南非。喜温暖湿润、半阴。水养期长。可全年上市	播种	应用同天门冬
天门冬 （百合科）	*Asparagus sprengeri*（Indochina, Asparagus）	常绿蔓性草本。茎半蔓性，丛生。叶状枝扁线形，簇生。叶退化为鳞片状，褐色，刺状。花白色，有香气。浆果球形，熟时红色。原产非洲南部。喜温暖湿润，光照充足。水养期较长	播种、分株	线形枝材多用于下垂式构图作品中，也用之填补空隙、遮掩花泥
一叶兰 （百合科）	*Aspidistra elatior*（Common aspidistra）	常绿宿根草本。叶基生，具长而坚硬的叶柄，革质，长椭圆形，端尖，基部渐狭，深绿色。花单生，贴地开放	分株	常用叶材。叶片革质，便于弯曲造型。插花中起衬托作用

（续）

植物名称 （科名）	拉丁学名 （英文名）	形态与生态特点	繁殖 方法	切花采收和 园林用途
荷兰菊 （菊科）	*Aster novi-belgii* （New York aster）	宿根草本。茎直立多分枝。叶互生，广线形。头状花序伞房状着生，花色丰富。多春季开花。原产北美。喜光照充足，通风良好。水养期长	播种或分株	在有 2~4 个小花序开放时采收切花。散形花材，在造型中起装饰、烘托作用
落新妇 （虎耳草科）	*Astilbe chinensis* （Chinese astilbe）	宿根草本。高 80~100cm。基生叶，二至三回三出复叶，小叶卵状椭圆形，缘具重锯齿。大型圆锥花序顶生，密生棕色柔毛，小花密集，粉紫色。有各色品种。花期 6~7 月。原产中国、朝鲜、俄罗斯。喜半阴潮湿。水养期长	播种	在花序中有 1/2~3/4 小花开放时采收切花。穗状线形花材。可作骨架花或用之丰富插花造型
肖竹芋 （竹芋科）	*Calathea* spp. （Calathea）	宿根常绿草本。叶面常有美丽的色彩，花序为短总状或球花状。分布于美洲或非洲热带。喜高温多湿及半阴。水养期长	分株或扦插	良好彩色叶材，用于衬托和丰富造型。有较强的装饰效果
卡特兰 （兰科）	*Cattleya bowringiana* （Cattleya）	常绿宿根草本。附生性，高约60cm。有假球茎，每茎着叶 1 对，长椭圆形，肉质肥厚，自然下垂。花茎自叶基部抽出，着花 5~10 朵，径约10cm，浅紫红色。花期 9~12 月。原产洪都拉斯。喜高温高湿、蔽荫。水养期长	分株为主	在花朵开放 3~4 天后采收切花。花大色艳，是珍贵的异形花材。常用作焦点花
蓟 （菊科）	*Cirsium japonicum* （Japanese thistle）	宿根草本。高 100cm 以上。基生叶大，茎生叶互生，羽状分裂，裂片有粗齿，齿端具刺。头状花序，全为两性管状花，粉红色。花期秋季。分布我国和日本。生长健壮，适应性强	播种	在花序开放时采收切花。花序圆球状，是良好的团块形花材，可作主体花或骨架花
铃兰 （百合科）	*Convallaria majalis* （Lily of the valley）	宿根草本。高近 30cm。叶基生，2~3 枚，椭圆形，有长柄，弧形脉。总状花序，小花偏向一侧，花较小，钟状下垂，端部 6 浅裂，反卷，花白色，芳香。花期 5 月。浆果球形，熟时红色。原产北半球温带，我国有分布。喜湿润凉爽半阴环境，耐寒。水养期长	分株或播种	在花序中有 1/2 小花开放，末端花蕾褪去绿色时采收切花。散形花材，常用于插花造型的装饰。因有香气，可组织作品中，或串成花串呈项链状佩戴
姜黄 （姜科）	*Curcuma domestica* （Common turmeric）	宿根草本。根状茎极香，根粗壮，末端膨大。叶矩圆形，叶柄很长。花莛从叶鞘内抽出，穗状花序圆柱状，苞片卵形，上面无花的苞片较窄，淡红色。花期夏季。分布我国，亚洲热带也有分布。喜温暖湿润。水养期长	分根状茎或播种	圆柱状花序，下部浅绿色，上部浅红色，属团块形花材，可作主体花或焦点花
大花蕙兰 （兰科）	*Cymbidium hybridum*	常绿草本。地生性，茎膨大成拟球茎。叶二列，狭长带形，基部鞘状抱拟球茎，绿色，革质。总状花序腋生，着花 10~20 余朵。花色丰富。没有香气。花期早春至初夏。喜温暖湿润、日光充足。水养期很长	分株为主	在花朵开放 3~4 天后采收切花。是名贵的异形花材。有兰花的韵致，华贵的风度，可用为骨架花或焦点花

（续）

植物名称 （科名）	拉丁学名 （英文名）	形态与生态特点	繁殖 方法	切花采收和 园林用途
伞莎草 （莎草科）	*Cyperus alternifolius* （Umbrella flatsedge）	宿根水生草本。高 60~120cm，秆直立，不分枝，横截面呈三棱形。叶退化为鞘状，包于秆基部。总苞片叶状，条形，呈伞状着生于茎顶。小花序穗状，多聚成大型复伞形花序。花期 6~7 月，原产马达加斯加。喜温暖湿润，光照充足。也耐阴	分株、播种或茎端扦插	线形枝材，用为骨干枝，构成造型有南国风味
高飞燕草 （毛茛科）	*Delphinium elatum* （Bee larkspur）	宿根草本。高 180cm 以上。多分枝。叶大，掌状 5~7 深裂。总状花序穗状，蓝色。花期夏季。原产欧洲和亚洲西部，我国内蒙古及新疆有分布。喜光照充足、冷凉环境，耐寒。水养期长	播种、分株	在花序中有 1/4~1/3 小花开放时采收切花。线形花材，可作骨架花或活跃插花造型
石斛兰 （兰科）	*Dendrobium nobile* （Dendrobium）	常绿宿根草本。附生性。花序着花 4~18 朵。花玫红、白或紫色等。花期 5~11 月。主产亚洲热带，大洋洲也有。喜温暖、潮湿、半阴。水养期长，可全年供花	分株、扦插或无菌播种	在花序中大部分小花开放时采收切花。为线形花材，其弧形的曲线，在作品中常起烘托活跃造型的作用。寓意清高、圣洁、友谊、喜悦
须苞石竹 （石竹科）	*Dianthus barbatus* （Sweet william）	宿根草本。常作二年生栽培。高 40~50cm。叶阔披针形，具平行脉，主脉明显。花多，聚成头状聚伞花序，苞片端部细长如须。花色变化丰富，花瓣上常有异色花纹或镶边。花期 5~6 月。原产欧亚两洲。喜光照充足、凉爽，性耐寒。水养期长	播种	在花序中有 10%~20% 小花开放时采收切花。团块形花材。用于丰满造型
蓝刺头 （菊科）	*Echinops latifolius* （Broadleaf globethistle）	宿根草本。高约 100cm，叶二回羽状分裂，下面密生白棉毛，叶缘有短刺。头状花序球形，径约 4cm，淡蓝色。花期 6~9 月。分布我国，朝鲜、蒙古、俄罗斯也有。喜光照充足、耐寒。水养期长	播种	在花序中有 1/2~3/4 的小花开放时采收切花。团块形花材，多用作骨架花
非洲菊 （菊科）	*Gerbera jamesonii* （Flameray gerbera）	宿根草本。全株被细毛。花茎直立。基生叶多数，羽状浅裂或深裂。花有单瓣或重瓣，花色丰富而艳丽。花期春季。分布南非。喜光、温暖、不耐高温。水养期较长。可全年供花	播种或分株	在花序中外围小花可见花粉时采收切花。团块形花材。用为主体花。寓意毅力、坚强、不怕困难、相夫教子、奉献、永远相爱、幸福和睦
嘉兰 （百合科）	*Gloriosa superba* （Lovely gloriosa）	攀缘性宿根草本。具块状根茎。茎纤细，长达 3m 以上，利用叶端延长的卷须攀缘。叶对生、互生或轮生，长披针形，全缘。伞房花序，花被片宽大线形，波状扭曲，反卷，上部红色下部黄色。花期 9 月。分布我国云南，亚洲及非洲热带也有。喜温暖湿润、荫蔽环境。水养期长	播种或分切根茎	在花朵充分开放时采收切花。色彩对比强烈，形态优美奇特。是高档花材。多用于活跃造型或作品的装饰

（续）

植物名称 （科名）	拉丁学名 （英文名）	形态与生态特点	繁殖 方法	切花采收和 园林用途
宿根霞草 （石竹科）	*Gypsophila panicula-ta* （Baby's-breath）	宿根草本。茎纤细，节部膨大，全株稍被白粉，呈蓝绿色，高约90cm。茎多分枝。叶卵状披针形，圆锥聚伞花序，花小密生。原产地中海沿岸。较耐寒、喜光照充足。全年可供花	播种、分株	在花序中有60%~70%小花开放时采收切花。散形花材。在插花造型中常疏覆于作品造型之上，起烘托装饰作用。也可填补空隙掩饰不雅处
红鸟蕉 （芭蕉科）	*Heliconia psittacorum* 'Rubra' （Parrots heliconia）	常绿宿根草本。高60~90cm。叶互生，具长柄，革质，鲜绿色，长披针形。花序自茎顶抽出，花梗直立，花序具4~5个小苞，苞片宽披针形，端鲜红色，基部橘红色，有光泽。花期6~10月。喜光、喜温暖湿润。水养期长	分株	在花序基部1~2个苞片现色时采收切花。良好异形花材。常用于活跃插花作品的造型
垂花火鸟蕉 （芭蕉科）	*Heliconia rostrata* （Lobster claw, False-bird-of-pora-dise）	常绿大型草本。高约2m。顶生穗状花序下垂，苞片15~20枚，排成2列，互不覆盖；船形，基部红色，向端部渐变成黄色，边缘绿色。花期夏初。原产阿根廷至秘鲁。喜半阴、温暖湿润。水养期长	分株	在花序中苞片现色时采收切花。高档切花。用于下垂式造型中
黄鸟蕉 （芭蕉科）	*Heliconia subrata*	常绿宿根草本。高1~2m。叶披针状椭圆形，具长柄，抱茎，翠绿色。花自茎顶抽出，花梗直立，花序具4~6朵小花，苞片黄色，基部有红斑。花期春至初夏。原产巴西。喜温暖湿润、喜光。水养期长	分株	良好异形花材。常用于活跃插花作品的造型
玉簪 （百合科）	*Hosta plantaginea* （Fragrant plantainli-ly）	宿根草本。高约40cm，叶基部丛生，具长柄，卵形，黄绿色，弧形脉。顶生总状花序，高出叶丛，管状漏斗形，白色，有芳香。傍晚开放，次日晚凋谢。花期6~7月。原产中国及日本。性耐寒、喜阴。水养期不长	分株、播种	多作良好的叶材使用
大花旋覆花 （菊科）	*Inula britannica* （British inura）	宿根草本。高约50cm。叶广披针形，无柄，互生。头状花序黄色，舌状花单轮。花期夏季。分布我国、欧洲、亚洲其他地区也有。喜温暖湿润、耐干旱瘠薄。水养期不长	播种	花色明丽，作散形花材使用
花菖蒲 （鸢尾科）	*Iris kaempferi* （Japanese iris）	宿根草本。高30~70cm，基部常有枯死叶鞘，叶阔线形，中肋突起。花茎比叶略高，着花2朵，花大型，垂瓣下垂，旗瓣较小，色浅，花色丰富。花期6~7月。分布我国、日本及朝鲜。喜温暖湿润。水养期长	分株	在花蕾充分显色时采收切花。花形优美，花色丰富，亭亭玉立，观赏价值较高。常用的线形花材，可作骨架枝使用
马蔺 （鸢尾科）	*Iris lactea* var. *chinensis* （Chinese iris）	宿根草本。叶2列状丛生，狭线形，基部有纤维状老叶鞘。花莛着花1~3朵，花被片6枚，淡蓝色，狭长，外轮花瓣稍大，中部有黄色条纹，无须毛；内轮花瓣直立，花柱3歧，花瓣状。花期4~5月。原产中国、朝鲜及中亚。喜光照充足、耐寒、耐热、耐旱、耐半阴。水养期长	分株、播种	花叶清秀可人。中国传统插花常用叶材，数片拱曲的叶片，使插花造型增添了流畅活跃的气氛

（续）

植物名称 （科名）	拉丁学名 （英文名）	形态与生态特点	繁殖 方法	切花采收和 园林用途
火炬花 （百合科）	*Kniphofia uvaria* （Common torchlily）	宿根草本。叶基生，广线形。花莛高达100cm，密穗状总状花序，小花圆筒形，稍下垂，上部深红色，下部黄色。花期6～10月。原产南非。要求光照充足，耐寒。水养期长	分株	在花序上所有小花显色时采收切花。线形花材。可用作骨干枝，构成作品的骨架；或丰富活跃作品的造型。寓意火热、红火
宽叶补血草 （蓝雪科）	*Limonium latifolium* （Wideleaf sea-lavender）	宿根草本。高60cm以上，具短星状毛，茎上部多分枝。基生叶莲座状，长椭圆形，全缘。聚伞花序圆锥状，小花序单侧着生，萼片膜质，淡堇蓝色，有白、淡粉品种。原种产俄罗斯、保加利亚等地。耐寒、干旱、盐碱。可长期观赏	播种、 分株	在大约80%小花开放时采收切花。散形花材。插花中常疏覆于插花造型之上，起烘托装饰作用。或填补空隙，掩饰不美观处
深波叶补血草 （蓝雪科）	*Limonium sinuatum* （Notchleaf sea-lavender）	宿根草本，常作一二年生栽培。茎上有翼，二叉状分枝，小花序着花3～5朵，萼膜质，有蓝、白、粉、黄等色。原产欧洲。喜凉爽，不耐炎热。水养持久。可制干花	播种	在大部分小花开放时采收切花。散形花材。常用于对主花的衬托和装饰，寓意不要忘了我、真正的爱、永不变心、永世不忘等
山麦冬 （百合科）	*Liriope spicata* （Creeping liriope）	常绿草本。叶长条状披针形，长15～30cm，花莛较短，总状花序，淡紫色。花期7～9月。原产我国，越南、日本也有。较耐寒、喜阴湿。水养期长。可全年上市	播种、 分株	良好的线形叶材
石松 （石松科）	*Lycopodium clavatum* （Buek grass，Buekhorn）	宿根常绿蕨类植物。主茎匍匐，直立茎多分枝。叶细密针状，螺旋着生，孢子囊穗圆柱状。原产中国。耐寒、耐旱、喜光照充足。水养期较长	播种、 分株	常用枝材。在作品中起烘托和填充作用
狼尾花 （报春花科）	*Lysimachia barystachys* （Heavyspike loose-strife）	宿根草本。高40～100cm。叶互生，长圆状披针形，近无柄。总状花序顶生，花密集，常倒向一侧，花白色，花序长可达30cm。花期6～8月。原产我国，朝鲜、日本也有。喜光照、湿润。水养期长	分株	在花序中约有十朵小花开放时采收切花。白色花序拱曲侧伸，十分美丽，可用于活跃插花作品造型
荷花 （睡莲科）	*Nelumbo nucifera* （Hindu lotus）	水生宿根草本。花与叶从地下藕鞭节处抽生，叶大圆形，向中央渐下凹，叶柄生于叶中央。单花生于花梗顶部，花色花型多样，花梗和叶柄外被刺，内有通气孔道，花落生莲蓬。原产我国。喜光照充足，温暖水湿环境。水养困难	分殖地下茎或播种	传统名花，夏季代表性花材，主要佛教用花。适作主体花或焦点花。寓意清廉、高洁、爱情、高风亮节
巢蕨 （铁角蕨科）	*Neottopteris nidus* （Neottopteris）	大型常绿蕨类草本。附生性。高可达120cm。叶丛生于根状茎顶部外缘，向四周辐射状排列，叶丛中空，形如鸟巢。叶柄短，圆柱形，叶阔披针形，基部下延，革质，表面光滑，有软骨质叶缘，叶脉两面隆起。孢子囊群生于叶片主脉两侧，向叶缘延伸达1/2处。原产热带、亚热带地区。喜高温高湿和蔽荫。水养期长。可全年上市	分株	大型叶材。多用于大型插花作品造型的衬托和装饰

（续）

植物名称 （科名）	拉丁学名 （英文名）	形态与生态特点	繁殖 方法	切花采收和 园林用途
肾蕨 （骨碎补科）	*Nephrolepis cordifolia*	常绿蕨类草本。叶密集丛生，披针形，羽状全裂，小羽片无柄，以关节生于叶轴上，基部不对称，孢子囊群生于侧脉上方小脉顶端。原产热带及亚热带地区，我国华南各地有野生。喜温暖湿润。水养期不长	分株	形美价廉，好用的叶材
睡莲 （睡莲科）	*Nymphaea tetragona* （Pygmy waterlily）	水生宿根草本。叶近圆形，全缘，叶柄细长，表面浓绿色，背面暗紫色，浮于水面。花径5~7cm，白色，午后开放，黄昏闭合，单花期3天。花期7~8月。原产中国，日本、西伯利亚有分布。喜光照充足，水湿通风。水养期不长	分株或播种	良好的水生团块形花材。适用于以水生为主题的插花作品中
文心兰 （兰科）	*Oncidium hybridum*	常绿宿根草本。假鳞茎扁圆柱状，顶生两枚叶片，剑状阔披针形，中脉后凸，全株鲜绿色。花梗拱形，多分枝，顶生聚伞状花序，小花有柄，唇瓣发达，黄色，有红褐色斑纹，其他花被片窄条形，黄色。原产南美及北美南部、印度群岛。喜温暖、耐半阴。水养期长，可全年供花	分株和花茎扦插	在大部分花朵开放时采收切花。散形花材。常用于作品的重点美化、线条造型和衬托主花、调亮色彩等
阔叶沿阶草 （百合科）	*Ophiopogon jaburan* （White lilyturf）	常绿草本。叶簇生，长带状，革质，长45~90cm，宽9~12cm，基部狭隘，具多数纵纹，暗绿色，有光泽。花莛扁，斜伸，总状花序，小花白色至淡紫色。花期夏季。浆果蓝色。原产日本。喜阴湿，忌阳光直射、较耐寒。水养期长	分株、播种	叶片拱曲，坚韧，烘托或活跃作品造型十分得体，是理想的叶材
带叶兜兰 （兰科）	*Paphiopedilum hirsutissimum* （Hirsute paphiopedium, Lady slipper）	宿根草本。地生性或半附生性。叶基生3~5枚，带形或狭椭圆形，端具2小齿。花单生，苞片1或2枚，兜状，花径可达10cm，绿色，有小紫点，唇瓣兜明显长于爪。产我国云南东南部、贵州、广西；印度东北部也有。喜温暖潮湿荫蔽。水养期长	分株	异形花材，可用为焦点花，或装饰插花造型
鹤顶兰 （兰科）	*Phaius tankervilliae* （Common phaius）	常绿宿根草本，地生性。高50~100cm。假鳞茎粗大。叶4~6枚，花莛自假鳞茎基部鞘间抽出，长可达90cm；总状花序，着花12~18朵，花大，粉红色，唇瓣管状，外面白色，内面深红色。花期冬春。原产亚洲热带。喜温暖湿润而荫蔽。水养期长	分株	珍贵切花。异形花材，可作焦点花或主体花
蝴蝶兰 （兰科）	*Phalaenopsis amabilis* （Wilson phalaenopsis）	宿根草本。附生性。高可达80cm。茎极短，有粗大气生根。叶宽大扁平，肥厚，革质。花莛自叶丛中抽出，长70~80cm，着花可数十朵；品种多，色彩变化丰富多彩，单朵花期1个多月，一个花莛可开数月。花期10月至次年1月。原产亚洲热带。喜高温高湿。水养期长	分株	在花序中花朵开放3~4天后采收切花。花色丰富，花形优雅，花朵美大，是最受欢迎的热带兰花之一。有"洋兰皇后"的美称。异形花材。可用作焦点花或主体花

（续）

植物名称 （科名）	拉丁学名 （英文名）	形态与生态特点	繁殖 方法	切花采收和 园林用途
裂叶喜林芋 （天南星科）	*Philodendron selloum*	常绿草本。茎短缩，粗壮直立，密生气生根。叶大型，聚生茎顶，羽状深裂，厚革质，深绿色。原产巴西。喜光，喜高温高湿，耐阴。水养期较长	扦插	大型叶材。叶面积大，要及时供水，水养时常因失水而叶片端部下垂
小天使喜林芋 （天南星科）	*Philodendron* 'Xanadu'	宿根草本。叶较小型，羽状分裂，叶柄很长。原产热带地区。喜高温高湿、忌阳光直射。水养期长，可全年上市	扦插	叶形小巧别致，常用之丰富插花造型，增加层次感
宿根福禄考 （花葱科）	*Phlox paniculata* （Summer perennial Phlox）	宿根草本。高 60～120cm，茎直立。叶对生或轮生，长椭圆形，端尖，基部楔形。圆锥花序顶生，花冠高脚碟状，花径约 2.5cm，花色多样。花期 7～9 月。原产北美。喜光照充足、湿润环境。较耐寒。水养期较长	扦插或分根	在花序中有 1/2 小花开放时采收切花。花色多样、花序圆锥形。可用作骨架花或主体花
随意草 （唇形科）	*Physostegia virginiana* （Obedient plant, Virginia lionsheart）	宿根草本。高 60～120cm，茎丛生，直立，稍四棱形。叶长椭圆形，端锐尖，缘有锯齿。顶生穗状花序，长 20～30cm，小花唇形，有紫、红、粉、白等色。花期 7～9 月。原产北美。耐寒、不耐旱。水养期较长	分株、播种	当花序充分伸长，小花呈半开时采收切花。小型线形花材，可用于丰富活跃插花造型
桔梗 （桔梗科）	*Platycodon grandiflorus* （Balloon flower）	宿根草本。高 40～120cm，具肥大的直根。叶对生、互生或 3 叶轮生，卵形至披针形，近无柄。花常单生叶腋，有时数朵聚生茎顶，花冠钟形，5 裂。有重瓣品种。花蓝色，有白、淡紫、粉和复色品种。花期 6 月。原产中国、日本、朝鲜和俄罗斯。喜向阳、凉爽而湿润。水养期长	分株、播种	在花茎上有 2～3 朵花开放时采收切花。常用团块形花材。作主体花使用
花毛茛 （毛茛科）	*Ranunculus asiaticus* （Persian butter cup, Common garden ranunculus）	宿根草本。高 30～45cm。地下具纺锤状小块根。基生叶 3 裂，茎生叶无柄，2～3 回羽状深裂，缘具齿。每花莛着花 1～4 朵，花瓣质薄，有光泽；花色有黄、红、白、橙等色，有重瓣品种。原产欧、亚两洲。喜向阳凉爽、耐半阴。水养期较长	播种或分株	在花蕾显色时采收切花。花色鲜丽，是良好的团块形花材，常用为主体花
黑心菊 （菊科）	*Rudbeckia hirta* （Roughhairy Cone flower）	宿根草本。高约 100cm，全株被毛。叶互生无柄，阔披针形，基生叶 3～5 浅裂。头状花序，舌状花单轮，黄色，管状花深褐色，有的品种舌状花二色，外侧黄色，近花心侧褐色。有复瓣品种。花期 5～9 月。喜光照、耐寒、耐旱。水养期长	分株或播种	在花朵充分开放时采收切花。花色鲜明，是良好的团块形花材。用作主体花，也可以装饰焦点部位
石碱花 （石竹科）	*Saponaria officinalis* （Soapwort, Bouncing bet）	宿根草本。高 20～100cm。叶椭圆形，具 3 脉。密集伞房花序；花瓣长卵形，全缘凹头，萼圆筒形；花淡红、鲜红、紫红或白色；有重瓣品种。花期 6～8 月。原产欧洲和西亚。性强壮、耐寒。水养期长	分株或播种	在小花即将开放时采收切花。花姿清秀雅致，可作散形花材使用
蝎子草 （景天科）	*Sedum spectabile* （Showy stonecrop）	宿根多浆草本。高 30～50cm，茎直立，不分枝。叶 3～4 枚轮生，倒卵形，扁平肉质，有浅波齿。伞房花序密集，花序径约 15cm；花瓣 5，淡红色，有紫红、红、艳红、暗红、白和绿色的品种。花期 7～9 月。原产中国。喜光照充足，凉爽湿润。水养期长	分株、扦插、播种	在花朵充分开放时采收切花。花序扁平硕大，花彩纷呈，水养持久，是良好的团块形花材，可作主体花使用

（续）

植物名称 （科名）	拉丁学名 （英文名）	形态与生态特点	繁殖 方法	切花采收和 园林用途
雪叶莲 （菊科）	*Senecio cineraris* （Dusty miller）	宿根草本。高 20～40cm，全株被白色茸毛。茎多分枝。叶长圆形，羽状深裂，呈银灰色。头状花序黄色。花期夏秋。原产美洲。喜凉爽、光照充足	扦插、播种	小型草本枝材。用其银灰色的色彩，组织在作品色彩构图中，衬托主花材，丰满插花造型
加拿大一枝黄花 （菊科）	*Solidago canadensis* （Common golden-rod, Woundwart）	宿根草本。高可达 150cm，叶互生，披针形，叶缘有锯齿。圆锥花序着生枝顶，稍弯向一侧，小头状花序多而密集。原产北美洲。喜向阳干燥冷凉环境。水养期不长，花序易萎垂	分株、播种	在花序中有 1/2 小花开放时采切花。散形花材，用于丰富造型，衬托主花或填补空隙。寓意成长、喜庆丰收
喉管花 （桔梗科）	*Trachelium caeruleum* （Common throatwort）	宿根草本。基部常木质化。高 60～120cm。单叶互生，卵形，端锐尖，缘具尖形重锯齿。顶生伞房花序，花小而密，径约 1cm，花冠筒细长管状。花冠白色或深蓝色，有深堇紫色品种。花期夏秋。分布于地中海地区。喜凉爽干燥。水养期长	播种或分株	在花朵即将开放时采收切花。花序轻盈别致，适宜在艺术插花中应用
金莲花 （毛茛科）	*Trollius chinensis* （Chinese globeflower）	宿根草本。高 30～70cm，不分枝。基生叶 1～4 片，具长柄，叶片五角形，3 全裂。花单生或 2～3 朵组成聚伞花序，花径可达 10cm；萼片椭圆状倒卵形，金黄色；花瓣与萼片近等长，狭条形。花期夏季。分布中国华北。性耐寒、喜光照充足	分株	野生团块形花材，金光灿灿，有较强的烘托环境效果。适用作主体花
穗花婆婆纳 （玄参科）	*Veronica spicata* （Spike speedwell）	宿根草本。高约 60cm。叶对生，有时轮生，质厚，披针形，下部卵形。顶生总状花序，着花密集，亮紫色。花期 6～8 月。原产欧洲及亚洲北部。喜阳、耐寒。水养期较长	分株、播种	在花序中 1/2 小花开放时采收切花。野生线形花材。多用于活跃和丰富插花花艺造型
花叶蔓长春花 （夹竹桃科）	*Vinca major* 'Variegata' （Variegatedleaf common periwinkle）	蔓性半灌木。茎偃卧，花茎直立。叶对生，椭圆形，端急尖，绿色，叶缘白色，并有黄白色斑点。花瓣漏斗状，5 裂，裂片倒卵形或卵圆形。原产欧洲。喜光照充足，温暖。水养期长	播种或扦插	花有蔓性，易弯曲造型，是艺术插花良好的线形花材

1.3.4　木本切花花卉

表 1-5　木本切花花卉

植物名称 （科名）	拉丁学名 （英文名）	形态与生态特点	繁殖 方法	切花采收和 园林用途
寒丁子 （茜草科）	*Bouvardia longiflora* （Bouvardia）	灌木。高约 150cm。叶对生或轮生，叶卵形或披针形，叶柄基部抱茎。顶生聚伞花序，有香气，花冠管筒状，长可达 8cm，先端 4 裂，白色，有红、粉色品种。花期全年。分布墨西哥及中美洲。喜温暖湿润。水养期长	播种或分株	在花序中有 1～2 朵小花开放时采收切花。是良好的团块形花材，用为主体花，丰满插花造型

（续）

植物名称 （科名）	拉丁学名 （英文名）	形态与生态特点	繁殖 方法	切花采收和 园林用途
山茶 （山茶科）	*Camellia japonica* （Japanese camellia）	小乔木或灌木。高可达 10m。叶卵形，缘具细齿，浓绿，有光泽。花径 6～12cm，花瓣平展，排列规则，有各色品种，花期 12 月到次年 4 月。分布我国台湾；日本、朝鲜也有。喜稍阴、温暖湿润。水养期长	嫁接或播种	在花朵充分开放时采收切花；在大部分叶片成熟时采收枝材。团块形花材和枝材。在传统插花中广为应用
观赏辣椒 （茄科）	*Capsicum frutescens* （Bush redprpper）	小灌木，作一年生栽培。高 40～60cm，茎多分枝，老茎木质化。单叶互生，卵形至长圆形。花单生叶腋，白色。花期 7～10 月。浆果形态变化大，球形、卵形、锥形、长锥形、扁球形等，果色绚丽多彩。原产美洲热带。喜温暖、向阳、干燥。水养易落叶	播种	在果实充分着色时采收果枝。常用果材。可丰富作品的色彩构图
短穗鱼尾葵 （棕榈科）	*Caryota mitis* （Tufted fishtail palm）	常绿小乔木。高 5～8 m。基部常丛生许多小植株。2 回羽状复叶，全裂，叶片似鱼鳍，绿色。产亚洲热带。喜光照充足，高温、也耐阴、耐旱。水养期长	分株或播种	叶形奇特，常用叶材。礼仪插花常用之作造型的铺底材料
贴梗海棠 （蔷薇科）	*Chaenomeles lagenaria* （Common flowering quince）	落叶灌木。高约 2 m，枝丛生有刺，开张而柔软。叶椭圆形至长卵形。花 3～5 朵簇生，近无梗，粉红、朱红和白色。花期 3～5 月。原产我国西部和南部。喜温暖湿润，光照充足。水养期长	分株、扦插、嫁接	是春天良好的线形枝材。花朵密集、艳丽多姿，枝条易加工，常用作骨干枝
蜡梅 （蜡梅科）	*Chimonanthus praecox*（Wintersweet，Fragrant Winterweet）	落叶灌木，高 2～3m，丛生。单叶对生，卵状披针形，全缘，正面有硬毛。花两性，单生，自一年生枝叶腋发出，花黄色，膜质，芳香。花期 11 月下旬至翌年 3 月。原产中国秦岭以南地区。耐寒，喜光，忌水湿，喜肥沃沙质壤土	嫁接	在花蕾透色时采收。作线形花材使用。花蕾易触落，在运输与使用时要多加留意
散尾葵 （棕榈科）	*Chrysalidocarpus lutescens* （Yellow palm，Cane palm）	常绿丛生灌木。高 7～8 m，茎干如竹。羽状复叶，小叶条状披针形，2 列，绿色，叶柄和叶轴黄绿色。原产非洲马达加斯加岛。喜温暖湿润。水养期长	播种或分株	叶形优美，水养期长，是高质量的常用叶材
锦屏藤 （葡萄科）	*Cissus sicyoides*	常绿藤本。枝纤细，具卷须。叶互生，长心形，缘有锯齿。花淡绿色。花期夏秋。植株生长在棚架上，能从节处抽生出多数红褐色细长的气生根，直垂地面，构成一道帘幕。水养持久	扦插、播种	气生根剪取下来可作线形花材使用，常用于下垂式的构图作品中
佛手 （芸香科）	*Citrus medica* var. *sarcodactylis* （Finger citron）	常绿灌木。叶互生，叶先端钝，有时凹缺叶腋间有刺。果实形状、大小不等，上部分裂成指状或顶端分裂。成熟果实金黄色。原产亚洲热带。喜温暖、光照充足、通风良好	嫁接、扦插、播种	果形奇特，果色金黄，是插花果材之上选，在传统插花中多见应用。寓意吉祥
椰子 （棕榈科）	*Cocos nucifera* （Coconut palm）	常绿高大乔木。切叶用椰子幼叶。叶主脉较坚硬，黄绿色，剑形。原产亚洲热带海岸地区。喜高温高湿、光照充足。水养期较长，水养后期叶片易褐化。可全年上市	播种	叶材用其嫩叶，可弯曲、编织成各种造型，组织在插花作品中

（续）

植物名称 （科名）	拉丁学名 （英文名）	形态与生态特点	繁殖 方法	切花采收和 园林用途
变叶木 （大戟科）	*Codiaeum variega-* *tum* var. *pictum* （Croton，Vatiegated laurel）	灌木。高约 1 m。单叶互生，叶形多样，叶色变化丰富。花小，单性，雌雄同株。原产马来西亚和太平洋诸岛	扦插	叶形、叶色极富变化，用在作品中不仅起衬托作用，还可参与色彩构图，增加装饰美
红瑞木 （山茱萸科）	*Cornus alba* （Tatarian dogwood）	落叶灌木。高约 3 m，落叶后枝变红色。叶对生，卵形或椭圆形，全缘。花黄白色，顶生聚伞花序。花期 5 ~ 6 月。原产俄罗斯西伯利亚、朝鲜和我国华北各地。喜半阴、湿润，耐寒。水养持久	扦插、 分株	秋后切取紫红色枝条，质软，便于弯曲加工，是良好枝材
苏铁 （苏铁科）	*Cycas revoluta* （Sago cycas，Fern palm）	灌木或小乔木。高 2.5m。羽状叶，小叶约 100 对，线形，硬革质，边缘反卷。雄花序圆柱形，雌花序扁球形，种子红色。原产亚洲热带。喜温暖湿润，酸性土壤。水养期长	播种	叶大型，常用作大型插花衬叶
香龙血树 （百合科）	*Dracaena fragrans* （Fragrant dracaena）	常绿灌木。叶聚生茎顶，长椭圆状披针形，绿色。有'金边'、'中纹'等品种。原种产西非。喜温暖湿润、耐半阴。水养期长。可全年上市	扦插、 播种	常用叶材。在作品中起衬托作用，可弯曲折叠造型，组织在插花作品中
金边富贵竹 （百合科）	*Dracaena sanderiana* （Ribbon dracaena）	常绿小乔木。茎不分枝，细长直立，叶抱茎互生，长披针形，革质，叶片沿叶缘有黄白色条纹。原产西非喀麦隆和刚果。喜高温高湿，光照充足。水插持久	扦插	常用枝材。用为骨干枝。寓意富贵吉祥
银叶桉 （桃金娘科）	*Eucalyptus cinerea* （Mealy strirgy bark）	常绿乔木。小枝长而略拱曲。叶无柄，抱茎状，对生，圆形或顶部有凹刻；蓝绿色。原产澳大利亚西部。喜温暖湿润，光照充足，耐旱、耐热。水养持久。可全年上市	播种	叶形奇特，叶色充满凉意，有较高的装饰效果。常用枝材，用为骨干枝或活跃插花作品的造型
大叶黄杨 （卫矛科）	*Euonymus japonicus* （Evergreen euony- mus）	常绿灌木或小乔木。叶对生，倒卵状椭圆形，缘有钝齿，革质光亮。分布日本南部。喜温暖湿润、光照充足，耐干旱瘠薄。水养期长。可全年供应切枝	扦插、 播种	有各种叶色变化的品种。常用于活跃插花作品造型，填补空隙、遮掩花泥等
一品红 （大戟科）	*Euphorbia pulcherri-* *ma* （Common poinsettia）	直立灌木。高达 6 ~ 7m，有乳汁。呈互生，卵状椭圆形，缘具钝锯齿。花序下叶片较狭，苞片状，开花变红色，顶生杯状花序。花期 12 月至次年 2 月。原产墨西哥及中美洲。喜光照充足、温暖湿润。不耐寒。水养期较短	扦插	在花序充分成熟、花粉从花药中散出时采收。冬春重要切花材料。花色浓艳，适作主体花或焦点花
八角金盘 （五加科）	*Fatsia japonica* （Japan fatsia）	常绿灌木。高可达 4m。叶掌状 7 ~ 9 裂，裂片卵状长椭圆形，边缘有齿，绿色有光泽，成熟叶片径可达 40cm，叶柄长 30cm。花小，白色，为伞形花序组成的大型圆锥花丛，顶生。花期 10 月。果黑色。原产我国台湾和日本。喜温暖湿润，忌酷热和强光。水养期长	播种或 根插	四季常绿，叶大掌状，是良好的大型叶材

（续）

植物名称（科名）	拉丁学名（英文名）	形态与生态特点	繁殖方法	切花采收和园林用途
印度橡皮树（桑科）	*Ficus elastica*（Rubbor fiy）	常绿大乔木。高可达 30m 以上，全株光滑。叶长圆形至椭圆形，全缘，侧脉平行，厚革质，有光泽，具乳汁。原产印度及马来西亚。喜光照充足、温暖湿润、耐阴。水养持久	扦插和播种	常用叶材。易给人厚重的感觉，在使用时可予以修剪加工
榕树（桑科）	*Ficus microcarpa*（Curtoin fig）	常绿乔木。高 20～25m。多须状气生根。叶椭圆形至倒卵形，革质，无毛。产我国华南、印度及东南亚各国至澳大利亚。喜温热多雨	扦插	榕树气生根呈棕褐色，可作线形根材使用。可用于下垂式的构图中
连翘（木犀科）	*Forsythia suspensa*（Weeping forsythia）	落叶灌木。高约 3m，小枝四棱，有突起皮孔，髓部中空，枝开张，上部弯曲下垂。单叶或 3 叶轮生，叶卵形，叶缘中上部有粗锯齿。花金黄色，单生、对生或 3 朵腋生，花冠漏斗形，裂片 4，早春先叶开放。花期长。原产我国北方。喜光、耐旱、耐寒。水养期长	扦插、分株、播种	拱曲修长的枝条，开花时像一条金色的绶带，是良好的线形枝材，在艺术插花中多见使用。可活跃插花花作品的造型
栀子花（茜草科）	*Gardenia jasminoides*（Cape jasmine）	常绿灌木。高 1～2m，有垢状毛。叶对生或 3 叶轮生，倒卵形，革质有光泽，全缘。花单生枝顶或叶腋，花冠高脚碟状，6 裂，白色，有浓香。花期 4～5 月。分布我国长江流域。喜光照、温暖湿润	软材扦插	在花朵充分开放时采收切花。素雅芳香，叶片浓绿油亮，可作骨干枝使用，无花时，也是良好的枝材。只是水养期较短
钉头果（萝藦科）	*Gomphocarpus fruticosus*（Fruticose gomphocarpus）	灌木。有乳汁。叶对生或轮生，条形。聚伞花序，生于枝上部叶腋间，着花 6～7 朵，果黄绿色，肿胀成圆形或卵圆形，顶端喙状，外果皮上具软刺。原产非洲。喜高温多湿。水养期长	播种	在果实成形显色时采收果枝。常用果材。可丰富插花作品造型
斑叶加那列常春藤（五加科）	*Hedera canariensis var. albi-maculata*（Algerian ivy）	常绿藤本。茎攀缘，靠气生根攀附。叶较大，革质，卵形，基部心形，多 3 裂，叶中心深绿色与灰白色交杂，叶有轮廓清晰的不规则乳白色。产大西洋加那列群岛。喜半阴、温暖湿润。水养持久	扦插、压条	优秀的藤本枝材。常用于下垂式的插花造型中
八仙花（虎耳草科）	*Hydrangea macrophylla*（Bigleaf hydrangea）	落叶灌木。高 150～200cm，干暗褐色。小枝绿色。叶对生，卵圆形，缘具粗锯齿。伞房花序顶生，具总梗，外观呈球形，花色因土壤酸碱度不同，在红蓝之间渐变。花期夏秋。原产我国长江中下游以南地区。喜荫蔽、温暖湿润。水养期长	扦插、压条、分株	在花序中有 1/2 小花开放时切取切花。鲜丽的大型球形花序，极富装饰性，为团块形花材，可用作主体花或焦点花
金丝桃（藤黄科）	*Hypericum chinense*（Chinese St, John' swort）	半常绿小灌木。高可达 100cm，全株光滑，多分枝，枝对生。叶对生，长椭圆形，全缘，钝尖。花顶生，单生或成聚伞花序。花瓣 5 枚，金黄色。果卵圆形，成熟时红色，果熟期 8 月。分布我国华北、华中及华南各地。喜光照湿润、忌干冷	播种、扦插、分株	在果实充分着色时采收果枝。常用果材。用以点缀或丰富插花作品的造型

（续）

植物名称 （科名）	拉丁学名 （英文名）	形态与生态特点	繁殖 方法	切花采收和 园林用途
迎春 （木犀科）	*Jasminum nudiflorum* （Winter jasmine）	落叶灌木。高可达 5m，枝绿色，四棱形，拱曲开张。叶对生，3 出复叶，长圆形。花黄色，单生，展叶前开放，花冠 5～6 裂，早春开花。分布我国。喜半阴湿润，耐寒、耐旱。水养期较长，花朵易落	扦插、分株、压条	在花序中大部分小花开放时采收切花。早春开放，枝条柔软细长，易弯曲加工，是常用的线形花材。可活跃作品造型。也是良好的枝材
松红梅 （桃金娘科）	*Leptospermum scoparium* （Mainka）	枝条纤细。高约 100cm，叶互生或丛生，线形或披针形。花瓣 5 枚，花色有红、桃红、粉红等，花心多为深褐色。有重瓣品种。花期春至夏或冬至春。喜温暖、日光充足、忌高温多湿	扦插	散形花材，可用以活跃插花作品的造型
针垫花 （山龙眼科）	*Leucospermum cordifolium* （Nodding pincushion）	常绿灌木。高约 100cm，多分枝。叶散生，无柄，质厚，鲜绿色，卵状披针形，端 3 浅裂。花顶生，雄蕊蜡质，极多，细丝状，向内弯曲，形如针垫，黄色或红色；无花被片。花期 4～6 月。原产非洲热带。喜光、温暖干燥。水养期长	扦插、分株、压条	花大色艳，花形奇特，是珍贵的团块形花材，可用为主体花或焦点花
玉兰 （木兰科）	*Magnolia denudata* （Yulan magnolia）	落叶灌木。高可达 15m，幼枝和芽有灰绿色长茸毛。叶倒卵形，先端突尖。花大型，纯白色，芳香，花被片 9 枚，先叶开放。花期早春。分布我国中部及四川、云南。喜光照充足，温暖湿润。水养期不长，花瓣易褐化脱落	播种、软材扦插、嫁接、空中压条	我国传统名花，花朵硕大，洁白芳香，是优美的大型团块形花材，可用为骨干枝或焦点花。枝脆难加工
龟背竹 （天南星科）	*Monstera deliciosa* （Ceriman）	常绿灌木。长可达 6～7m。叶大互生，厚革质，幼叶全缘，心形，无孔；基生叶后变为不规则的羽状深裂，侧脉间有长椭圆形穿孔，暗绿色。佛焰苞淡黄色，肉穗花序白色，开花时有香气。花期 8～9 月。有斑叶品种。原产墨西哥。喜温暖湿润，不耐强光直射。水养期长	扦插、播种	常用叶材。起烘托和丰富造型的作用，掩饰不美观处。寓意活力、希望、清纯的思念
南天竹 （小檗科）	*Nandina domestica* （Common nandina, heavenly Bamboo）	常绿灌木。高约 2m，丛生性强，分枝少。叶 2～3 回羽状复叶，叶椭圆状披针形，革质，全缘。花白色，小型，圆锥花序，浆果球形，成熟时鲜红色，有白色品种。花期 5～7 月。果熟 9～10 月。果穗亮丽，经冬不落。分布我国长江以南地区。喜半阴，温暖湿润。水养持久	播种、扦插、分株	枝干挺拔，轻松潇洒，传统插花常用枝材和果材。是秋冬题材插花作品的理想材料
桂花 （木犀科）	*Osmanthus fragrans* （Sweet osmanthus）	常绿灌木至小乔木。株高约 10m，顶芽成对生。单叶对生，革质，椭圆形，萌蘖枝上叶缘有锯齿；成年树上的叶全缘。花簇生于老枝叶腋，花小，有浓香，黄白色，花冠 4 裂。花期 9～10 月。分布我国西南山区。喜温暖湿润，不耐严寒干燥。水养期长	扦插、嫁接、播种	传统名花，是中秋节代表性花卉。是艺术插花常用的花材或枝材，寓意文思长进、加官升爵、中秋团圆

（续）

植物名称 （科名）	拉丁学名 （英文名）	形态与生态特点	繁殖 方法	切花采收和 园林用途
美丽针葵 （棕榈科）	*Phoenix roebelenii* （Roebelen date）	常绿灌木。高 1～3m。叶羽状全裂，裂片狭条形，稍弯曲下垂，较柔软，先端长尖，基部内折，基生小叶刺状。原产加那利群岛。不耐寒，喜光也耐阴。水养期不长。可全年上市	播种	常用叶材。易萎蔫
早园竹 （禾本科）	*Phyllostachys propinqua* （Propinquity bamboo）	散生竹类，秆高 2～6m，绿色，秋变黄绿色，节下具白边，每节有 2～3 小枝。原产华中地区。喜温暖湿润，较耐寒。水养易卷叶枯黄	分株	秆较细矮。竹根固、茎空、秆挺、叶绿，是传统插花的良材。誉为"全德君子"
酸浆 （茄科）	*Physalis alkekengi* （Franchet ground-cherry）	宿根草本。高 30～60cm，地下具爬行根茎。花生叶腋，花萼钟状，花白色，果实成熟期宿存花萼可增大至 5cm，和球形浆果同为橙红色。花期春夏。果熟期秋季。分布我国、日本和朝鲜。喜光照充足、温暖	播种	在果实充分显色后采收果枝。橙红色囊状大花萼 十分醒目，经冬不萎，是冬季观果的良材
松类 （松科）	*Pinus* spp. （Pine）	常绿大乔木。针叶成束生长，随种不同，针叶 2～5 针一束。是传统插花中最常用的枝材之一。多作主枝构成插花作品的造型。水养持久	播种	传统线形枝材。寓意凌霜傲雪、长寿、顽强的斗争精神等。与竹、梅组合一起，称"岁寒三友"
侧柏 （柏科）	*Platycladus orientalis* （Chinese arborvitae，Oriental arborvitae）	常绿乔木。高可达 20m，小枝扁平。叶鳞片形，雌雄同株，球果宽大卵形。特产中国，独属独种。喜光照充足、温暖湿润、耐半阴、耐旱、耐瘠薄、耐寒。水养持久	播种	清疏古雅，是中国传统插花常用的枝材，寓意常青、长寿
帝王花 （山龙眼科）	*Protea cynarioides* （Honeypot protea）	常绿灌木。茎直立，红色。叶对生，具柄，厚革质，长卵形，全缘，波状，主脉时显。花莲花状，极大型，生于茎顶，上部为花瓣状苞片，红色或粉红色，花中央是极多数的雄蕊，花药灰白色。花期 3～9 月。原产非洲热带。喜光照充足，温暖干燥。水养持久	分株	花朵硕大，花形奇特，花期持久，是珍贵的团块状花材。多用于插花作品重点装饰部位。寓意权势显赫、富贵荣华
梅花 （蔷薇科）	*Prunus mume* （Japanese apricot）	落叶小乔木。高可达 10m，树干紫褐色，小枝绿色，叶广卵形，先端长尖，锯齿尖细。花 1～4 朵腋生，花粉或白色，有芳香，叶前开放。果球形，绿色。花期冬春。分布我国长江流域及西南山区。喜温暖湿润。水养期较长	嫁接	传统名花。是冬季代表性花材，可作骨干枝使用。寓意高洁、冷艳、幽香、刚强、清雅、斗争精神等
碧桃 （蔷薇科）	*Prunus persica* var. *duplex*	落叶小灌木。高约 8m，小枝红褐色，光滑。叶椭圆状披针形，先端渐尖，缘具细齿。花 1～3 朵生于叶腋，有粉红、白、红色和红白纹相间及红白花相间品种，还有紫叶、垂枝和矮生等类型。先花后叶。花期早春。分布我国。喜向阳湿润。水养期较长	嫁接	碧桃是春天代表性线形花材，可用作骨干枝，构成作品造型的轮廓
榆叶梅 （蔷薇科）	*Prunus triloba* （Flowering almond，Flowering plum）	落叶灌木。小枝细长。叶形似榆，端有 3 浅裂，缘具重锯齿。花粉红色，叶前开放。花期早春。主产中国北部。耐寒、喜光照充足	嫁接	形态优美，花色娇艳，是早春良好的线形花材，用作骨干枝

（续）

植物名称 （科名）	拉丁学名 （英文名）	形态与生态特点	繁殖 方法	切花采收和 园林用途
石榴 （石榴科）	*Punica granatum* （Pomegranate）	落叶灌木或小乔木。小枝有角棱。枝梢常呈尖刺状。单叶对生，在短枝上有时簇生。花鲜红色，单生或数朵簇生枝顶及叶腋。花期夏季。果近球形，大型，萼宿存。花有红、黄、白色；单瓣和重瓣；果有大小和色彩的变化。原产中亚。喜温暖向阳，忌潮湿。果枝水养期较长	播种、嫁接	在果实成熟充分着色后采收果实或果枝。我国著名传统果材，是夏季代表性花材。枝条柔软，易于加工。寓意丰收、喜悦
火棘 （蔷薇科）	*Pyracantha fortuneana* （Fortune firethorn）	常绿灌木。枝铺散，短枝梢部具刺。单叶互生，卵状或倒卵状长圆形，有托叶。复伞房花序，花白色，小而密，梨果扁球形，鲜红色，径约5cm。5月开花，9月果红。产于我国西南、华中及华东。喜光照充足、温暖湿润、忌干旱。水养期长	播种	在果实成熟充分着色后采收果枝。枝繁叶茂，花密果艳，红果绿叶相映成趣。是表现秋景的佳品。寓意事业成功、竞赛取胜
圆柏 （柏科）	*Sabina chinensis* （Chinese juniper）	常绿乔木。叶二型，幼树和基部萌蘗枝上，叶为三角状钻形，3叶轮生；老树上叶多为鳞片状，对生，紧贴小枝上。原产我国。喜光耐阴。水养持久	播种	传统插花常用枝材。寓意常青、长寿
绿萝 （天南星科）	*Scindapsus aureus* （Solomon islands Ivyarum）	常绿藤本。茎长可达10m以上，节上有气生根。叶绿色，带有黄色斑纹，革质，有光泽，卵状至长卵状心形。原产马来半岛。喜温暖湿润、稍耐寒。水养期长。可全年上市	嫩枝扦插	适用于下垂式的作品中，叶片带有黄色斑纹，是烘托作品造型的理想材料
菝葜 （百合科）	*Smilax china* （Chinaroot greenbrier）	落叶攀缘藤本。具块状根茎，茎上疏具倒刺。叶互生，薄革质，卵圆形，先端短尖或浑圆，掌状脉，叶柄两侧有一对卷须。花单性，雌雄异株，小花黄绿色，伞形花序。花期4~5月。浆果球形，熟时红色。果期8~11月。原产中国。喜半阴、温暖潮湿。水养持久	分株、压条、播种	是秋季观叶、观果、观藤的良好枝材。在插花作品中应用较多
乳茄 （茄科）	*Solanum mammonsum* （Papillate night-shade）	小灌木，作一年生栽培。高约100cm，有皮刺。叶对生，阔卵形。花青紫色。果圆锥形，基部有数个乳头状突起。观果期秋季。原产美洲热带。喜温暖、光照充足、不耐寒。水养期长	播种	在果实充分着色时采收果枝。常用果材，可作线形果材使用。也可组织在作品中，因果形奇特，果色金黄，有特殊的装饰效果。寓意财运高照、子孙满堂、吉祥如意、辉煌等
珍珠梅 （蔷薇科）	*Sorbaria kirilowii* （Kirilow falsespir-aea）	落叶灌木。奇数羽状复叶，小叶卵状披针形，缘具重锯齿。顶生大圆锥花丛，花白色，径约1cm。花期春夏。原产中国华北华东、秦岭也有。喜光耐阴，耐寒、耐旱。水养期稍短	分株、扦插、播种	花蕾透色，洁白如珍珠，花开像梅花，花期长达3个月。是良好的木本散形花材

（续）

植物名称 （科名）	拉丁学名 （英文名）	形态与生态特点	繁殖 方法	切花采收和 园林用途
粉花绣线菊 （蔷薇科）	*Spiraea japonica* （Japanese spiraea）	落叶灌木。高约150cm，茎直立，枝开展。叶披针状卵形，缘具锯齿。花粉红色，有红、粉和白花品种。多数小花密聚成复伞房花序，生于当年生小枝顶端，径6～11cm，小花花瓣5枚。花期6～7月。原产日本。喜向阳湿润。水养期长	播种、扦插、分株、压条	伞形粉色花序，优美醒目，良好团块形花材，可作主体花
紫丁香 （木犀科）	*Syringa oblata* （Early lilac）	落叶小灌木或小乔木。高4～5m，叶薄革质，阔卵形，宽大于长，基部心形，全缘无毛。侧生圆锥花序，堇紫色，有白花变种；花冠筒状，上部4裂，有香气。花期4月。分布我国。喜光照充足，耐寒、不耐高温潮湿。水养期长	扦插	花序硕大、色彩雅丽，是极好的团块状花材，可用作主体花或用为骨干枝，构成作品造型轮廓
大绣球 （忍冬科）	*Viburnum macrocephalum* （Chinese viburnum）	落叶或半常绿灌木。高约4m。叶卵形或椭圆形，缘有细齿。花白色，构成聚伞花序，花径约13cm，半球形或球形，全为不孕花。晚春开花。分布中国长江流域及西南各地。喜温暖湿润、光照充足	扦插	花序大型，丰满如白色绣球，团块形花材，可用作焦点花或主体花
天目琼花 （忍冬科）	*Viburnum sargentii* （Sargent craneberry-buch，Sargent viburnum）	落叶灌木。枝干直立，高约4m。叶广卵圆形，先端3裂，裂片具大粗齿。头状聚伞花序顶生，花序边缘为不孕花，白色，5裂，中心为可孕花。花期初夏。果熟时鲜红色，果熟期晚秋。经久不落。原产我国东北、华北及长江流域。耐寒、耐旱、耐半阴。水养期长	播种	在果实充分着色后采收果枝。果实晶莹剔透，红艳欲滴，有喜庆丰收的含义。浆果经冬不落，可用于圣诞节、元旦、春节的节庆装饰
紫藤 （豆科）	*Wisteria sinensis* （Chinese wisteria）	落叶灌木。喜缠绕上升，无攀附物则匍匐生长，奇数羽状复叶，小叶7～13片，卵形，灰绿色。花序总状下垂，长25～30cm；小花多数，紫堇色，有白花变种；具芳香，先叶开放。花期4～5月。分布中国。喜向阳湿润，耐寒、耐旱。水养期较长	扦插、播种、分株、压条	巨大的紫堇色花序，组织在插花花艺作品中，别有一番清幽淡雅的风韵
龙爪枣 （鼠李科）	*Zizyphus jujuba* var. *inermis* 'Tortusa' （Dragonclaw date）	落叶小乔木。枝上具刺，枝条扭曲生长。花序簇生叶腋，花小黄绿色。原产我国黄河流域。喜光照充足、干燥环境。水养持久	嫁接	枝条扭曲、形态优美，常用之活跃插花作品的造型

2　盆栽花卉

2.1　概述

2.1.1　概念

盆栽花卉是指栽培在花盆、花缸等容器内供观赏应用的花卉。包括草本花卉和木本花卉。盆栽花卉应具备如下条件：

（1）株丛紧密圆整，枝叶覆盖盆面，生长苗壮，无病虫害。

（2）开花整齐，花期长，观赏价值高。

（3）枝叶秀丽、果实优美。

（4）对环境适应能力强，养护管理省工。

2.1.2　类别

（1）根据应用环境分类

①露地花卉布置用盆花：如节日露地花卉布置用盆花，常用的有一串红、一品红、菊花、矮牵牛等。

②室内花卉布置用盆花：常用于宾馆饭店、家居、办公环境的盆花布置，常用的如蝴蝶兰、榕树、大花蕙兰、变叶木等。

（2）根据盆栽花卉质地分类

①草本盆栽花卉：如新几内亚凤仙、报春花、瓜叶菊、大花君子兰等。

②木本盆栽花卉：如一品红、变叶木、山茶、瓶儿花、扶桑等。

2.2　重要盆栽花卉

（1）大花花烛　*Anthurium andraeanum*

别名　安祖花、红掌

英文名　Flamingo anthurium

科属　天南星科花烛属

形态特征　宿根常绿草本。株高30～100cm。具肉质气生根，根茎节间短。主根不发达，须根半肉质。叶从根茎抽出，革质单生，长椭圆状心形，全缘，深绿色，有光泽，具长柄，叶脉凹陷。花序腋生，花梗长，超出叶上，佛焰苞阔心脏形，直立开展，革质，表面波状，鲜朱红色，有光泽；肉穗花序无柄，圆柱形，黄色，花期全年。

产地分布 原产中、南美洲的热带和亚热带森林中。

生态习性 性喜温暖、潮湿和半阴的环境，但不耐阴，喜光而忌阳光直射，不耐寒，喜肥而忌盐碱。最适生长温度为 20 ~ 28℃，最高温度不宜超过 35℃，最低温度为 15℃，低于 10℃ 易遭冻害。最适空气相对湿度为 75% ~ 80%，不宜低于 50%。保持栽培环境中较高的空气湿度，是红掌栽培成功的关键。

繁殖方法 播种或分株繁殖。种子随采随播，发芽适温 25 ~ 30℃。亦可春季分栽老株旁子株。现代产业化生产皆用组织培养苗。

①种苗来源：产业化生产的种苗全部来源于组织培养，组培种苗有性状表现稳定、病毒携带较少等优点。

大花花烛 *Anthurium andraeanum*

②基质：盆栽大花花烛宜选用排水良好的基质，规模化生产最好选用专业的进口草炭土，纤维粗度 20 ~ 40，pH 值 5.5 ~ 6.5，EC 值低于 0.5。好的盆栽土的组成应为：25% 空气，25% 水分，50% 固体物质。这是因为盆栽大花花烛大约要生长一年，盆土的稳定性和空气含量非常重要。可用种苗供应商使用的专用大花花烛栽培基质，这样可以很好地满足大花花烛的整个生长发育的要求，而且在今后的种植生产中容易诊断出由于基质问题而表现出来的各种不良反应。

③水质：优良水质最直接的技术参数就是无病菌、低钠、低氯离子和低电导率。大花花烛属于对盐分较敏感的花卉品种，因此，应尽量把基质 pH 值控制在 5.5 ~ 6.5 之间。如果 pH 值过小，花茎变短，就会降低观赏价值。天然雨水是大花花烛栽培中最好的水源，但是由于受到自然因素的影响，天然雨水不能满足生产者的用量，因此现在规模化生产的公司都使用经过了纯净处理的灌溉水，让水质达到了大花花烛最基本的要求。一般要求水质的电导率为 0.5 以下，最好达到 0。然而，规模化栽培成功的关键是保持相对高的空气湿度。尤其在高温季节，可通过喷淋系统、雾化系统来增加温室内的空气相对湿度。但要注意保证大花花烛叶面夜间没有水珠，傍晚不要喷雾；一定要避免高温灼伤叶片，出现焦叶、花苞畸形、褪色等现象。在浇水过程中一定要干湿交替进行，切莫在植株缺水严重的情况下浇水，这样会影响其正常生长发育。在高温季节通常 4 ~ 5 天浇水一次，中午还要利用喷淋系统向叶面喷水，以增加室内的相对湿度。寒冷季节浇水应在温室气温达到大花花烛的正常生长要求时进行，以免冻伤根系。

④肥料：根据大花花烛的结构特点，根部施肥比叶面追肥效果要好得多。因为大花花烛的叶片表面有一层蜡质，不能对肥料进行很好地吸收；另外根部施肥也可以保持叶片和花朵的干净，所以通常采用根部施肥。

　　液肥施用要掌握定期定量的原则。秋季一般 6～7 天为一个周期，如气温高，可视盆内基质干湿程度 5～6 天浇肥水一次。夏季可 4 天浇肥水一次，气温高时可多浇一次水；秋季一般 6～7 天浇肥水一次。施肥时间因气候环境而异，一般情况下，应该在早上浇水。每次施肥必须由专人操作，并严格按照肥料配比的操作规程来进行。把 pH 值调至 5.7 左右，EC 值为 1.2～1.4 mS/cm。此外，在液肥施用两小时后，要用喷淋系统向植株叶面喷水，冲洗沾在叶片上的肥料，保持叶面清洁，避免藻类滋生。

　　在施肥时要注意某种元素的缺乏会发生以下情况：

　　缺氮：基部叶片老化，脱落，植株呈均匀的淡绿至黄绿，叶片变小，植株新梢延长轻度受阻，且伴有坏死斑。

　　缺磷：基部的老叶片叶缘发黄，叶柄紫红色，叶片较硬，变小，植株矮小。

　　缺钾：基部老叶叶脉间发黄，同时植株的幼叶小，叶片发浅绿色或红色。花朵的边缘呈蓝色或对于红色及橙色的品种在佛焰苞上呈现蓝色，浅色花的品种很快呈现玻璃状。

　　缺钙：顶端嫩叶变黄呈钩状，后从叶尖和叶缘向内死亡，严重时茎顶溃烂坏死。

　　缺镁：老叶片沿叶脉发黄，叶脉仍保持绿色。

　　缺硫：顶端嫩叶叶脉黄绿色，叶呈现红或紫色。

　　缺铁：老叶呈绿色，新生叶片叶内变黄，但叶脉仍保持绿色，以后抽生的叶越来越黄，这是典型的缺铁症状。

　　⑤光照：大花花烛是按照"叶→花→叶→花"的顺序循环生长的。花序在每片叶的叶腋中形成，也就是说其花与叶的产量相同。影响产量的最重要的因素是光照。如果光照太少，在光合作用的影响下植株所产生的同化物也很少；当光照过强时，植株的部分叶片就会变软，有可能造成叶片变色、灼伤或焦枯现象。因此，光照管理的成功与否，直接影响大花花烛产生同化物的多少和后期的产品质量。为防止花苞变色或灼伤，必须有遮荫保护。温室内光照的获得可通过可移动遮光网来调控。在晴天时遮掉 75% 的光照，温室最理想的光照是 10000～20000lx，最大光照强度不可长期超过 250000lx，早晨、傍晚或阴雨天则不用遮光。

　　然而，大花花烛在不同生长发育阶段对光照要求各有差异。如营养生长阶段（平时摘去花蕾）时光照要求较高，可适当增加光照，促其生长；开花期间对光照要求低，可用可移动遮光网调至 12000～15000lx，以防止花苞变色，影响观赏。要根据实际情况进行调配。

　　⑥温度和湿度：大花花烛的生长发育对温度的要求主要取决于其他的气候条件。温度与光照之间的关系是非常重要的。一般而言，阴天温度需 18～20℃，湿度在 70%～80% 之间；晴天温度需 20～28℃，湿度在 80% 左右。总之，温度应保持在 30℃ 以下，湿度要在 50% 以上。

　　在高温季节，光照越强，室内气温越高。这时可通过喷淋系统或雾化系统来增加温室空气相对湿度，但须保持夜间植株不会太湿，减少病害发生；也可通过开启通风设备来降低室内温度，以避免因高温而造成花芽败育或畸变。在寒冷的冬季，当室内昼夜气温低于17℃时，要进行加温以保持正常生长发育。

大花花烛生长需要比较高的温度和相当高的湿度。而温度与湿度甚为相关，当气温在20℃以下时，保持室内的自然湿度即可；当气温达到28℃以上时，使用喷淋系统或雾化系统来增加室内空气相对湿度，以营造高温高湿的生长环境。但在冬季即使温室的气温较高也不宜过多降温保湿，因为夜间植株叶片过湿反而降低其御寒能力，使其容易冻伤，不利于安全越冬。

⑦上盆：在不同生长发育阶段，需用不同规格的花盆，小苗阶段一般已在育苗公司完成，生产者所购买的大花花烛苗一般是72穴苗（径10～15cm）以上。所以，在上盆种植时，可选用17cm的塑胶盆种植。也可先上14cm盆，生长一段时间后再换17cm盆。

栽培基质必须具有保水保肥能力强、通透性好、不积水、不含有毒物质并能固定植株等性能。种植前，基质必须彻底消毒，以杀灭病虫。

大花花烛是喜阴植物，种植时需要有75%遮光能力的遮光网，以防止过强的光照。上盆种植时很重要的一点是使植株心部的生长点露出基质的表面，同时应尽量避免植株沾染基质。上盆时先在盆下部填充4～5cm厚的颗粒状的碎石等物作排水层，然后加培养土2～3cm厚，同时将植株正放于盆中央，使根系充分展开，最后填充培养土，留沿口2～3cm即可，但应露出植株中心的生长点及基部的小叶。种植后必须及时喷施杀菌剂，以防止疫病和茎腐病的发生。

当接到种苗进行上盆时，一定要在上盆之前对种苗进行消毒处理，因为种苗经过长途运输会有菌类的滋生，容易感染病菌。

⑧病虫害

病害的防治：栽培中发现植株染病，要及时摘除病、老叶，隔离病株。大花花烛对于杀虫剂和杀菌剂极为敏感，因此一般要求不要在高温高光照时间内喷施。在北方地区夏天是高温季节，白天高温时不要喷施，可在早上或者傍晚喷施，但是在傍晚喷施后要注意入夜前使植株变干爽；冬天最好是在上午喷施，下午由于温度降低较快，容易引起"温室雾"，反而加快病菌的传播。

A. 细菌性叶斑病：细菌性病害是红掌的致命病害，最早是在1960年的南美洲发现的。随着我国大花花烛种植规模的扩大，该病在我国也大面积出现。一般情况下，该病的病原菌通过植株茎叶上的伤口、植株清晨叶片边缘的不能及时关闭的气孔进入植株体内。另外病害还可以通过工作不符合规则的操作、栽培基质带有病菌等引起。表现的症状一种是在叶和花的背面初期可见水渍状斑点，后期叶缘出现棕褐色斑点，伴有黄色晕环；另外一种是细菌侵染茎干，通过维管束迅速扩大到整个植株。在初期可以发现新叶叶色暗淡，叶片发黄，是由于维管束被细菌填堵，阻碍了体内水分的流动与营养的运输引起的，在较短的时间内该类型侵染就会导致花梗和叶片从植株脱落，生长点迅速腐烂并有菌脓流出。有时当汁液携带细菌流向叶子时，叶部会出现水浸状斑点，类似于叶花侵染，不同的是水浸状斑点多出现在叶子中间的主脉附近。

对于细菌性病害尚无特效药，主要是以预防为主：

环境：加强温室的通风和温度（细菌理想的繁殖条件是30℃左右）控制，搞好环境卫生，避免生产区人员、作业工具的流动等。

肥料：在植株生长中尽量不用高铵态氮肥。

药物：定期用药物喷施生产区，可以选用的药物有农用链霉素、新植霉素、土霉素、溃枯宁等，但铜制剂对大花花烛有毒害作用，要慎用。

B. 炭疽病：病原是盘长孢属或刺盘孢属真菌。前者的症状是沿叶脉形成圆形棕色病斑，之后病斑连在一起，形成棕黄色边缘的大病斑，病部最后干枯。后者与前者相似，在分生孢子盘上有黑色坏毛，且会引起花腐，在肉穗花序上形成黑色坏死斑点。发生该病的主要原因是高湿，防治方法：

加强温室的管理，经常通风，及时清理病叶和病株。发病的初期及时喷施药物，常用50%甲基托布津、80%代森锰锌、75%百菌清、50%克菌丹等。每隔7～10天用药一次，一共2～3次。

C. 斑叶病：病原是壳针孢属真菌。表现的主要症状是叶片上有棕色斑点，斑点中心组织死亡，外面是一环黄色的组织。防治方法：

调整肥料的配比，增施磷钾肥，提高植株的抗病力，同时发现病株和病叶要及时销毁或深埋。药物防治可以用50%克菌丹、75%百菌清、50%扑海因、64%杀毒矾M8定期喷施，可以一周左右用药一次，连续4～5次。

D. 柱盘孢属病害：此病是一种真菌病害。主要的表现症状是叶片逐渐变干，黄化萎蔫，植株基部变为棕色。防治可以用5%的速克灵、50%甲基托布津等。

E. 生理性疾病：盲花、花畸形、形成莲座状。原因一是根压过大，二是植物体本身的遗传性状，比如有的品种就是育种商特意选育的。处理办法是浇水适量，选择透水透气性好的栽培基质。佛焰苞不开与温室的相对湿度过低有一定的关系，也与品种有关。处理的办法就是增加温室的湿度，浇水适度。

虫害的防治

A. 线虫：一是根结线虫，这种线虫主要是危害植株的生长，在根部可以看见胆囊型的肿块；二是穿孔线虫，植株的根部产生棕色斑点而不是肿胀，感染这种线虫容易造成真菌的危害，造成根腐病。解决线虫的办法主要是预防，一是基质的消毒，例如用必速灭，二是用杀虫剂对基质进行灌根。

B. 介壳虫：在茎叶上发现圆形棕色外壳，可用杀虫剂对植株进行喷施，但一定要均匀。

C. 红蜘蛛：主要使叶片和花出现褪色，影响叶片和花的商品性。危害初期可喷药防治，防治药剂有三氯杀螨醇、遍地克、氟氯菊酯等。

园林用途 大花花烛佛焰苞色彩艳丽，有光泽，形态优美，可不断抽生花芽和叶芽，陆续开花展叶，可长期装饰环境。是高档的盆花，适用于花卉装饰和切花应用。

同属盆栽花卉 花烛属约550种，产热带美洲。现世界各地多有栽培。常用于盆栽观赏的还有：

花烛(*A. scherzerianum*)，宿根常绿草本。茎短，具气生根。叶丛生，长圆状披针形，革质，浓绿色。佛焰苞阔卵形，长约10cm，鲜红色，无光泽，肉穗花序黄色，螺旋状卷曲，花两性，花期2～7月，条件适宜可常年开花。原产中南美洲。

(2) 大花君子兰 *Clivia miniata*

别名　君子兰

英文名　Scarlet kafirlily

科属　石蒜科君子兰属

形态特征　宿根常绿草本。根肉质，粗壮，茎与叶基成假鳞茎状。叶 2 列状迭生，宽带形，全缘，革质，深绿色，有光泽。伞形花序自叶腋抽出，花莛粗壮，直立，扁圆，常高出叶丛；每花序着花 30～40 朵，小花有柄，花筒短，花冠漏斗状，长可达 10cm，橙红至橙黄色，内面黄色。花期 2～5 月。浆果成熟时红色。

大花君子兰　*Clivia miniata*

变种品种　园艺品种众多。

产地分布　原产南非。现世界各地常见栽培。

生态习性　喜冬温、夏凉，湿润并半阴的环境，不耐低温；稍耐旱，忌涝；喜疏松肥沃的微酸性土壤。

繁殖栽培　播种或分株繁殖。种子随采即播，否则发芽力降低。发芽适温 25℃左右，保持湿润，约 30 天生根，2～3 年后开花。分株多于春季进行，结合换盆将母株周围的脚芽切离，另行栽植。君子兰生长适温 15～25℃，冬季保持 15℃以上即可正常开花；夏季适当遮荫，温度超过 30℃即影响生长。若浇水过多或盆土排水不良，易造成烂根，导致叶片发黄、死亡。施足基肥，不用过多追肥；注意肥水不可积聚在叶面上。夏季加强通风，经常叶面喷水，保持凉爽。冬季宜适当干燥与低温，使其休眠。低于 0℃会受冻害。自然授粉结实不良，欲采种，需人工授粉。

园林用途　君子兰终年常绿，叶片整齐健壮，生机勃勃，花期长，花序大，色彩夺目，是著名叶花兼赏的盆栽花卉。可布置于大型厅堂、会议室等处；也宜家居盆栽，置于墙角、案上、沙发边。注意不可长期强光直射。

同属盆栽花卉　同属植物 3 种，产南非。常见盆栽观赏的还有：

垂笑君子兰(*C. nobilis*)，宿根常绿草本。形态近似大花君子兰，但叶片与花被片均较窄，叶缘有坚硬小刺，花狭漏斗状，开花时下垂，花被片不甚开展，着花较密。原产南非。亦是重要盆栽花卉。

(3) 仙客来 *Cyclamen persicum*

别名　兔耳花、罗卜海棠、一品冠

英文名　Ivy leaf cyclamen

科属　报春花科仙客来属

形态特征　宿根草本。块茎扁球形，深褐色，顶部抽生叶片。叶心状卵形，叶面绿色，有白色斑纹，叶背紫红色，叶柄肉质，褐红色，叶缘锯齿状。花单生，下垂，花瓣向上翻卷，花梗细长，顶生1花，花色丰富。果实球形，种子褐色。

变种品种 有白、红、紫、橙红、橙黄以及红边白心、深红斑点、花边、皱边和重瓣状等品种，有的还带芳香。

产地分布 仙客来原产希腊、突尼斯一带。

生态习性 喜凉爽气候和腐殖质丰富的沙质土壤。酸碱度要求中性，如酸度偏大（小于pH5.5），幼苗生长会受到抑制。不耐炎热，夏季温度在30℃以上，球茎被迫休眠，超过35℃，易受热腐烂，甚至死亡。生长适温为12~20℃。冬季温度低于10℃，花朵易凋谢，花色暗淡，5℃以下，球茎易遭冻害。仙客来喜湿润，但忌积水；喜光，但忌强光直射，若光线不足，叶子徒长，花色不正。

仙客来 *Cyclamen persicum*

繁殖方法 仙客来可用播种和球茎分割法繁殖。商品栽培都采用种子播种，繁殖穴盘苗。播种时间12月至翌年2月，主要取决于所栽培的品种和目标花期。

仙客来生长周期长。播种一般选择288或200穴盘，播种深度4~5mm，用基质覆盖。仙客来播种基质采用进口泥炭土，基质EC值0.5以下，pH值6.5左右，湿度40%。

仙客来种子发芽需要完全黑暗和高湿的环境，发芽温度20℃，湿度95%~100%。发芽室要有喷雾装置，可以方便调整里面的温湿度。进入发芽室14天后开始每天观察种子情况，观察种子是否长出胚根。仙客来发芽时间一般需要21~25天。

发芽第一阶段结束后，仙客来形成一个小的种球，并可以看到有根系长出。这时不再需要保持黑暗状态。为防止茎徒长，不需要等到所有的种子都冒芽，30%左右胚芽露出土面1cm以下，穴盘可以移出发芽室。

温湿度是保证仙客来正常生长和穴盘苗优质的重要环境条件。温室要遮荫，光照7000~8000lx，温度控制20~26℃。穴盘表面覆盖一层无纺布以保持高湿度，有利于种子继续发芽和种皮脱落。第二阶段结束时，可以看见一片深绿色的子叶形成。

种子发芽进入第三阶段，可以施20-10-20薄肥和1~2次钙肥。在此阶段内不能过度控制水肥，以免降低种苗的抗病性及种苗品质。第三阶段结束时，种苗形成网状根系，到达穴盘底部，生成2~3片真叶。

当种苗培育进入发芽第四阶段，种苗之间叶片开始互相接触，将要郁闭，必须考虑适时移栽种苗，不能因为种苗过于拥挤而徒长。

种苗生长期间应控制光照8000~15000lx，避免强光直射，EC值0.8。

栽培管理

①穴盘苗移栽：3月中旬至4月上旬288或200穴盘苗要经过一次小苗移栽，换

50穴或者32穴的穴盘。基质要用透气性良好的草炭土、10%粗沙和10%珍珠岩混合，pH值为6~6.5。使用消毒穴盘。

②上盆：大苗叶片将要郁闭时进行上盆。上盆前两天，浇灌农用链霉素或喷用广谱性杀菌剂如代森锰锌等一次。上盆土的时候基质和盆口齐平。

大苗从穴盘移入深色16cm盆时，要特别注意仙客来种球的种植深度。盆土露球的最适高度为球整体的1/2~2/3。因为若覆盖球的土太深，种球的生长点埋在基质下面，不利于发新芽，会引起病害；种植种球太浅，植株会晃动，不利于生根。上盆时要把苗种在盆中间。

为了防治软腐病和其他病害，上盆后需要立即用杀菌剂进行盆土灌根，可以使用阿维菌素、农用链霉素、根腐灵等。

种苗定植以后第一次使用1000目喷枪浇水，避免强水流冲歪植株。浇透水以后正确的基质沉降应该是盆土表面低于容器沿口1cm。

③肥水管理：仙客来浇水要干干湿湿，间干间湿。上盆后前6周从上部浇水，待叶片茂密、根系发达时，应从底部给水或滴灌。只在清晨或上午浇水，避免叶片潮湿过夜。基质pH值为5.8~6.2，EC保持1.2。上盆以后2~3周只浇清水。只有当根系完全建立并活跃生长时，才开始施肥。过早施肥，特别是肥料EC值高，会烧坏幼嫩的根尖和根毛，影响植株生长。每施3次肥，浇1次清水。

施肥通常栽培初期要求N:P:K比例为1:1:1，中期要求1:1:2，后期要求1:1:3。交替使用硝酸钙、硝酸钾和氨态氮肥，有利于根系生长，株型紧凑。施肥浓度随着植株发育逐渐增加，EC值0.75~1.2。施肥的时候，肥料加上水的EC值不能超过1.5。高温期应停止施肥，只浇清水。小花型品种和微型系列，要减少施肥量。

④光照控制：仙客来是喜阴凉的花卉，整个生育期间，主要是在夏季外界光照太强时，需进行部分遮荫，保持15000~30000lx之间。若温度超过了30℃，需减低光照以降温；光照太强，易使叶片灼伤以及脱水萎蔫，太弱时，会影响植株的光合作用从而导致徒长。设置一层可移动的外遮荫，遮光率75%。

⑤温湿度管理：仙客来喜凉喜通风的环境。营养生长期适宜温度一般控制在15~26℃。花芽分化时，温度的合理尤为重要。太高，花开得快，不整齐，易早谢。太低，花颈短不精神，很容易产生畸形，合理的温度应是20~25℃之间。仙客来不喜欢过高的湿度，特别是在温度高的情况下，相对湿度一般在40%~50%即可。湿度太高易产生真菌性和细菌性病害。

⑥越夏管理：在中国大部分地区，越夏是仙客来管理环节中最难的一环，其中的关键在于如何降低温度。降温措施中，大多数是通过水帘或弥雾系统来降温。其中水帘降温的效果最好，因为在降温的同时又有很好的通风效果，从而减少了病害的大量发生。还有则是通过降低光照程度来降温，这是一个好办法，但是降温的综合效果不是很理想。

⑦病虫害防治：仙客来常见的病害有软腐病、叶斑病和灰霉病。其中软腐病最为难防治。软腐病主要在7~8月高温季节发生，造成整个球茎软化腐烂死亡。软腐病必须采取综合防治，不能单独的依靠药物防治。降低空气湿度是防治软腐病的关键，

浇水最好采用底部浇水或滴灌。要及时清理感病的植株，辅以定期的药物防治。每周喷 3000 倍的硫酸链霉素，半个月或一个月灌一次 4000 倍的硫酸链霉素。平时间或喷灌一些铜制剂。叶斑病以 5～6 月发病最多，叶面出现褐斑，逐渐扩大，最后造成叶片干枯。病叶必须及时摘除。线虫常危害球茎，被害植株生长缓慢、叶片凋萎转黄，常因盆土过湿所致。摆在地面栽培的盆花要架空，防止地面积水传染病害。仙客来灰霉病主要发生在多雨的冬季和春季。由于温室内外温差大，室内湿度高，利于灰葡萄孢的繁殖，从而导致灰霉病的大量发生。灰霉病会危害整个植株，降低品质，影响销售。控制灰霉病的根本在于降低温室的湿度。

在虫害防治方面，要重点杀灭苍蝇、蚊子，消灭病害的虫媒传染途径。仙客来易感染蓟马、红蜘蛛、螨类，在夏秋季节还应特别注意斜纹夜蛾和小菜蛾的大面积发生。蓟马和螨类可用灭虫灵。斜纹夜蛾和小菜蛾可用抑太保或 1% 阿维菌素 3000～4000 倍液交替防治。根据幼虫进食危害习性，选择在傍晚太阳下山后施药，用足药液量，均匀喷雾叶面及叶背。生长期还发生蚜虫和卷叶蛾危害叶片和花朵，可用40% 氧化乐果乳油 1000 倍液喷杀。

⑧去残花、摘黄叶及叶片整理：进入开花期以后，选择晴天把早期零星的花朵和黄叶摘除，避免结籽消耗养分。为了保持良好的株型，把中间的叶片整理在周围，形成圆锥形，花茎集中在盆花的中间，花朵的高度整齐，彰显姿态优美。

园林用途 仙客来娇艳夺目，花形奇特，是冬春季节优美的名贵盆花。在世界花卉市场上，也是大量生产的重要盆花。仙客来花期长，开花期适逢元旦、春节等传统节日。产值较高。常用于室内布置，可摆放于花架、案头，也宜点缀会议室、餐厅、会客室等处。还是良好的切花，插瓶水养期较长。

同属盆栽花卉

希腊仙客来(*C. coum*)，株矮，花小，有红、白、粉等色；花瓣基部有深红色斑点。早春 2～3 月开花。原产希腊、叙利亚。

欧洲仙客来(*C. europaeum*)，叶与花芽同时发生，花鲜红色。9～10 月开花。原产中欧及南欧。

耳瓣仙客来(*C. neapolitanum*)，花小，花瓣长约 2cm，花色淡红、纯白等。花瓣基部有耳状突起，并具有深红色线条。花后花梗螺旋状旋卷。花期夏秋。原产地中海沿岸。

地中海仙客来(*C. repandum*)，花叶甚小，叶与花芽同时发生，花桃红色，有白色变种，微香。春天开花。原产法国、意大利和北非。

(4) 大花蕙兰 *Cymbidium hybridum*

别名 洋蕙兰

英文名 Cymbidium

科属 兰科兰属

形态特征 宿根常绿草本。地生性。根肥大，有韧性，无须根。茎下部膨大成粗大的拟球茎，椭圆形。叶二列，长带形，拱曲下垂，基部鞘状，抱拟球茎，绿色，革质，有光泽。总状花序腋生，花序长可达1.5m，着花10～20朵。花期早春至初夏。

变种品种 花有白、淡红、玫瑰红、烟红、黄、褐黄、橙黄、绿色等品种。由原产喜马拉雅山、印度、缅甸、泰国等地的蕙兰中的大花型原种为基础，杂交培育而来。其中有数个四倍体变种，植株高大强壮，花朵硕大，花瓣肥厚，花色丰富多彩，色泽艳丽，花朵繁密，花期长。按花型可划分为大花、中花、小花等类型；按自然花期可分为早花、中花、晚花及夏秋开花等类型；花序形态可分直立型、拱曲型和下垂型。

生态习性 喜温暖湿润，稍耐寒；喜光但忌强光直射；喜疏松而排水良好的土壤。盆栽生长周期3～4年。大花蕙兰的根系直接从拟球茎上生出，呈灰白色，具显著的根冠，没有根毛，在根表皮内寄生兰菌，它与兰根共生，兰菌具好气性，兰根靠兰菌吸收营养。

大花蕙兰 *Cymbidium hybridum*

繁殖栽培 大花蕙兰繁殖采用分株和组织培养，规模化生产均采用组培苗。生长适温10～25℃，低于10℃生长缓慢，冬季7～10℃即可正常生长，低于5℃或高于30℃常停止生长，最低可耐2℃低温。

生产栽培可分为3个阶段：

①小苗阶段：容器一般用9cm×9cm的营养钵，基质用小号松鳞，粒度为0.5～0.8cm。每盆加缓释肥4～6g。

温度：小苗生长最佳温度18～25℃，18～28℃可正常生长。超过30℃小苗停止生长。

光照：最适光照强度为30000～50000lx。光照充足是小苗生长和开花的重要因素。在夏季高温时应降低光照强度，以免烧伤叶片。

水分：大花蕙兰对水质要求比较高，喜微酸性水，对水中的钙镁离子比较敏感。以雨水浇灌较为理想。每天适量浇水，给予小苗充足水分。

通风：通风不良会使植株基部叶片变黄、脱落，影响苗期正常生长。长期通风不良，会导致根部腐烂。

②中苗阶段：换12cm×12cm的营养钵，每钵用缓释肥6～10g。基质用粒度为1cm左右的树皮为好。光照50000～60000lx。温度13～25℃。每天浇足水分。保证通风良好。换盆一般在早春开始生长前进行；初秋也可换盆，因为在入冬前还有一段时间恢复生长。要注意避开盛夏与严冬。冬天是兰花的休眠季节，伤根后不易恢复。而且在低温下，根易腐烂。准备换盆的大花蕙兰要提前几天停止浇水，让根系脱水变软，使根系与基质的结合变松，以减少换盆对根系的损伤。

③开花苗：要求与中苗阶段的生长环境基本相同。换 18cm×22cm 的硬质塑料高脚花盆。

上山栽培：大花蕙兰的花芽分化期在 6~10 月，在高温地区，花芽发育不良。常移至海拔 1000m 以上的山上栽培，保持昼温 20~25℃，夜温 10~15℃，以利花芽形成。一般上山越早，开花越早，具体开花时间，参照不同品种开花习性而定。如要使晚花品种提早开花，需尽早上山，早花品种适当晚上山。开花期间，温度的高低影响花期长短，温度低花期延长，温度高花期缩短。

调节光强：大花蕙兰属长日照花卉，适当延长光照时间，可促进花芽分化和花序形成。但夏季高温强光会影响花芽的发育，严重时导致幼嫩花芽枯死。因此，南方栽培大花蕙兰，应在上山低温栽培的基础上，进行夏季遮光 50%，春秋遮光 20%~30%，以促进花芽正常发育，增加开花率。

施肥与抹芽：研究证明，大花蕙兰花芽的形成，与植株体内的营养状态密切相关。在生产上通过合理施肥、抹芽整形的方法，可抑制其营养生长，加速生殖生长。1~6 月营养生长期，以施氮肥为主，配合适量的钾肥，促进茎叶健壮；6~10 月由营养生长向生殖生长转化，增施磷、钾肥，减少氮肥用量，促进花芽分化。春、夏营养生长期进行抹芽，每个拟球茎上只保留 1~2 个发育正常、生长健壮的腋芽，以减少养分消耗，加速生殖生长，达到早开花的目的。

控制水分：大花蕙兰花芽分化期，是营养生长向生殖生长过渡的转折点，在此阶段，要适当控制水分，保持土壤偏干，降低细胞自由水含量，提高细胞浓度，抑制延缓营养生长，可促进花芽分化与花序伸长，使其提早开花。

病虫害防治

①真菌性炭疽病：多发生于叶片顶端，病斑边缘黑褐色，中间灰白，多由高温、通风不良引起，病叶应及时剪除，喷洒 1000 倍代森锰锌、1000 倍可杀得。其他真菌性病害，可用 1000 倍百菌清、800 倍瑞毒、800 倍甲霜灵。

②细菌性病害：重茬地、长期栽培地，软腐病会严重发生，防治用 6000 倍农用硫酸链霉素、300mg/L 农用链霉素、800 倍井冈霉素。在小苗期不发病，一般到第 3 年，花芽达到 20~30cm 长时，拟球茎腐烂。发现病株必须销毁。

③虫害：有蛞蝓、叶螨。在 6~7 月通风不良时，有蛞蝓严重发生，多隐藏叶背部，同时危害根系。可在地面撒石灰，然后喷水，可杀死大量成虫，同时可用长寿花叶及蓝色颗粒蛞克星诱杀。叶螨在叶背危害，打药要喷正反两面。防治药剂有 2000 倍三氯杀螨醇、2000 倍虫螨光、2000 倍克螨特。

园林用途 大花蕙兰具有国兰的典雅，洋兰的艳丽，较耐寒，容易栽培，花期很长，观赏价值极高，它在国际花卉市场上十分畅销。常用作盆栽和切花。是世界各地广为栽培的高档盆栽花卉，也是高档的切花。

（5）一品红　*Euphorbia pulcherrima*

别名　圣诞红

英文名　Poinsettia

科属　大戟科大戟属

形态特征　常绿灌木。自然生长高达数米。多分枝，茎光滑，具白色乳汁。嫩枝绿色，老枝深褐色。单叶互生，卵状椭圆形至披针形，长 12～18cm，波状浅裂、全缘或呈提琴形，顶部叶片较窄，披针形，叶背有毛，叶质较薄，脉纹明显；顶端靠近花序的叶片呈苞片状，开花时朱红色，为主要观赏部位。顶生杯状花序聚伞状排列；总苞淡绿色，边缘有齿及 1～2 枚大而黄色的腺体；雄花具柄，无花被；雌花单生，位于总苞中央，具长梗，受精后，伸出总苞外。花期 12 月至翌年 2 月。蒴果 9～10 月成熟。

变种品种　一品红主要通过杂交育种、诱变、芽变等方式进行新品种的选育。经过数十年的选育，一品红的商业栽培品种数以百计。一品红的育种方向主要包括选育出多种苞片颜色的一品红品种、提高一品红的抗性和缩短一品红的光反应周期。目前世界上一品红的育种主要由以下公司进行，育出众多出色的品种系列和品种。如美国的 Paul Ecke Ranch 公司，代表品种有'自由'系列（'Freedom'Family）、'天鹅绒'（'Red Velvet'）和'彼得之星'系列（'Peterstar'Family）等；德国的 Fischer 公司，代表品种有'千禧'、'柯蒂兹'系列（Cortez'Family）和'奥林匹亚'（'Olympia'）等；Dummen 公司，代表品种有'富贵红'（'De luxe red'）和'探戈'系列（'Spotlight'Family）等。Select 公司，代表品种有'圣诞'系列（'Christmas'Family），如'Christmas Dream'和'Christmas Wish'等。这几家公司的一品红常见栽培种通过其代理公司早已进入中国大地。

一品红　*Euphorbia pulcherrima*

产地分布　分布墨西哥及中美洲。世界各国普遍栽培。

生态习性　为短日照植物。喜温暖湿润气候，不耐寒。喜充足光照，向光性强。要求排水、通气良好的疏松肥沃土壤。

繁殖栽培

繁殖：生产栽培皆用扦插繁殖。

①插穗选取：一品红插穗要求选取半木质化的枝条：具备一个生长点；截口到生长点的长度在 3.5～5.5cm 间；最长节间不超过 1.2cm；具备 3 张成熟叶片（最长叶片带叶柄长不短于 10cm）；截口到第一张叶片基部的距离在 1.5～2.5cm 间，距离宜小不宜大；截口直径大于 0.3cm；叶片茎干无病虫害和药害。

②扦插基质：扦插一品红的基质要求：pH 值 6.0，EC 值最好在 0.4～0.7 之间，良好的空气通透性，而且不得含杂菌、杂草和害虫。常用于扦插一品红的基质有花泥、草炭土、珍珠岩、岩棉等。

也有生产者直接把插穗扦插在盆中，免去了插穗生根后再上盆再发根这个过程，缩短了生育期。

③环境条件控制：清洁卫生的环境条件对于一品红插穗的生根至关重要，这可降低各种病虫危害及提高插穗的生根率。扦插一品红种苗前，要清除温室内外的杂草、各种垃圾和与一品红扦插无关的杂物后，然后进行灭菌消毒。

最适宜一品红生根的温度条件为白天 23～25℃，夜间 21～22℃。一旦根系开始生长，就可以降低温度，白天宜为 22～24℃，夜间 20～21℃。低温和高温都会显著延迟一品红插穗生根的时间，并增加一品红种苗感病的几率，降低生根率或影响生根苗质量。

水分管理是一品红扦插生根最重要的一环。具体的管理与插穗质量、光照水平、温度条件等息息相关。一般前期喷水较多，愈伤、新根产生（愈伤一般在扦插后 7～10 天内形成，12～16 天新根即产生）后逐渐减少。扦插苗的喷水系统最好采用雾化程度极高的弥雾系统，这样可以有效控制湿度水平，并对控制病虫害的发生大有裨益。

一品红扦插期间光照的管理也遵循由少到多的原则，前两周内一般控制在 10000lx（80%～90% 遮荫度）以下，前期较浓的遮荫可以减少喷水次数，减少感染灰霉病、立枯病等的机会和蔓延程度。开始生根后可以逐渐提高到 15000lx（50%～70% 遮荫程度），较强光有利于插穗的光合作用，加快生根并使植株强壮。

一品红种苗光照过强会造成种苗提前木质化。种苗植株保持半木质化才是好苗。完全木质化的种苗即使看上去粗壮，但是抽新芽脚细，主茎不能与侧芽同步苗壮生长，成品花花枝容易折断。

栽培设施：最简单的种植条件莫过于露地种植，在海南、西双版纳等热带地区，一品红露天种植用于室外园林景观。盆花栽植时最简单的设施莫过于南方常用的单栋塑料小拱棚和北方的简易日光温室。目前广泛用于一品红盆花生产的温室形式为连栋温室。这类温室的特点是土地利用率高，内部作业空间大，每日可以接受充足的阳光直射时间且接受阳光照射的面积大。温室内自动化程度高，很容易实现一品红盆花的规模化生产。

很难具体说明一品红成品种植所需的基础设施，因为这涉及成品种植的地点、销售期安排、规模大小等各方面的因素。但是总体说来，要想成功生产一品红，必须结合当地的自然环境条件，选择能够满足一品红正常生长所需的光温水肥气的设施环境条件。例如苗床系统、加温系统、降温系统、灌溉系统、光照系统和遮荫系统等。

生长基质和肥料选择：选用的一品红上盆基质应有稳定的结构、足够的通气性和良好的排水特性，以防真菌病害。另一个重要因素是基质的 pH 值与灌溉水的 pH 值在整个栽培阶段应保持在 5.5～6.0。pH 值太高会降低铁、锰、锌等的有效吸收，pH 值太低，又会降低钙、镁、钼的有效吸收，当 pH 值不适宜时，可以用硫酸铁降低 pH 值，用钙肥和石灰提高 pH 值。上盆时在土面与盆口之间留"沿口"，便于灌根和浇水。

一品红属于需肥量比较大的植物，建议所需营养成分如下表：

表 2-1　一品红所需营养成分（mg/L 基质）

	栽培 1～5 周时	6 周时
N	180	250
P_2O_5	180	180
K_2O	250	300
EC 值	<1.8	<2.3
pH 值	5.5～6.0	5.5～6.0

建议 N:K_2O 的比例为 1:1。保持 pH 值在 5.5～6.0 范围，对根系很重要。钙含量应与 pH 值一致，高钙高 pH 值时，所施肥料中应含较多的氨态氮，而 pH 值低时则需较多的硝态氮。如果用雨水浇灌，应加入一定量的硝酸钙。为防止缺钼，应每 2～3 周给予 2g/10L 的钼酸钠与 CCC 一起施入。

为避免烧苞片，在苞片生长期间给予足够的钙肥很重要，在苞片转色后的最后 3 周应补施 0.15% 的氯化钙肥。

在补施钙肥时，应避免植株在强光下暴晒，尤其在阴暗天气后的晴朗天气，中午 11:00～15:00 之间遮荫是很重要的措施。

一品红苗期生长忌磷肥。磷过多时新叶叶脉发红。

因一品红需肥量大，而盆栽又易产生肥的流失问题，所以满足一品红对肥料的需求，就需要有优质的肥料和正确的施肥方案：

①刚上盆的生根苗只浇清水。新根达到盆壁以后用 20 - 10 - 20 肥和钙肥，以低浓度 50～100mg/L 交替浇灌，每次浇水时都配液肥施用，能防止过量的盐分积累。随着植株生长的加快，逐渐提高肥料的浓度，但最高浓度不超过 300mg/L。

②进入花芽分化期以后，大约在 10 月上旬（自然花期栽培）改用一品红专用肥料 15 - 5 - 25 肥和钙肥交替施用，浓度不超过 250mg/L，栽培基质 EC 维持在 1.5～2.0，但品种间有差异，不同生育期所需 EC 值也不尽相同。

③苞片完全转色后，可以适当降低肥料浓度，以防"烧苞"现象发生。至出售前可仅浇清水。

温湿度和光照控制：要使新上盆的植株快速建立良好根系，温度不应低于 20～22℃，高湿也有利于新根迅速生长，尤其在阳光充足条件下，每天应喷雾几次。

上盆 6～9 天后，根应达盆底，温度根据品种不同降低到 18～20℃，从这时起，相对湿度可以降低至 60%～70%。

日温升高，一品红生长加快。最适的生长温度为每天平均温度为 20～24℃。夜温在 20℃ 以下会推迟生根，导致土壤中真菌病害的发生。建议在夏季使植株生长速度快，在秋季降低温度以节省能源。

在进入诱导阶段后（自然条件下约在秋分，即 9 月 22 日前后）给予昼夜温度 20℃，低于 20℃ 可导致诱导推迟。随着苞片的转色发育，温度可调至白天 20℃，夜晚 18℃，日温高于夜温有利于苞片生长。植株叶片温度应稍高于周围空气温度可避免结露水，应保持足够的通风透气以防结露和灰霉病的发生。

当苞片发育完成，温度可维持在 15～17℃，但要保持低温和维持植株硬度。应注意各品种间的差异，在出售前，相对低温可以增加苞片的色彩。温室遮荫可以延长盆花保鲜期。

摘心与株型控制：上盆后植株长到 8 片叶时，要进行摘心。摘心的方法分为软摘心、半软摘心和硬摘心 3 种。软摘心为摘除顶芽 4～6mm，侧枝抽芽整齐，比较费工；半软摘心为带一叶摘除顶芽；硬摘心即带 2 叶打掉顶芽，顶芽亦可当插穗繁殖，但侧芽抽芽大小粗细差异较大；摘心时期根据植株的最终株型来定（如迷你型：约在上盆后 5 天摘心，多分枝的盆花约在上盆后 2～3 周摘心）。

在植株上盆后根系长满盆后摘心，温度调节在 21～22℃，在摘心后的 1 周要遮荫，有利于侧芽发芽整齐。在摘心后的 2 周尽可能保持高的相对湿度，有利于侧枝的生长。摘心前 3 天和摘心后立即使用生长调节剂有利于改善植株的生长，缩短节间。

为了获得较好的分枝和平整的冠形，必须考虑以下几个关键因素：

● 足够的空间

● 高光照条件

● 牢记不同品种的生长特性

● 基质不宜过干，但保持适当干燥的栽培基质常使植株健壮和株型紧凑

● 昼夜温差和降温方法：根据气候条件，利用负温差（日温低于夜温）和降温（在太阳升起前给予降低温度）可使植株矮化和节间变短

● 在太阳升起前后降温至 12～14℃

● 评估生长速度，每星期记录生长高度并与标准高度比较

使用植物生长调节剂控制盆花的株型。使用方法有两种：灌根或叶面喷洒。在植株的高度调整过程中，灌根的方法效果较好，但与叶面喷洒相比，材料成本高一些。但灌根应在早期应用，进入花芽分化并发育后就不能再用，否则影响苞片的扩大和形状。用矮壮素和 B$_9$ 混合喷施叶面比单独使用该两种调节剂更有效。在自然条件下，花芽分化大约在 9 月下旬，应在花芽分化前使用。浓度约为 1000～2000mg/L。

花期控制：一品红花芽分化的临界日长大约在 12 小时，约在 9 月下旬或 10 月上旬（根据纬度确定），从这时起，在自然条件下，植物需 6～9 周的反应时间，使苞片转色发育完成。各品种有差异。在花芽分化前，营养生长的时间越短，植株越小。

一品红的自然花期在 11 月的第二周与最后一周之间（品种间有差异），几乎所有一品红当光照强度低于 50～100lx 时都能开始花芽分化。用黑布遮光方法，每天光照少于 11 小时，可以在秋季提前花期。但黑布遮光引起高温会延迟花芽分化期。在短日照阶段增强光照有利于改善苞片的大小和色泽，在 11 月份，最适光照强度是高于 100 000 lx/天。

栽培计划安排：以 5 寸盆在最适温度（18～22℃）下的栽培计划，具体应根据所生产的一品红规格、品种以及栽培场所的气候而定。

国庆节出售：扦插生根苗 5 月下旬定植，6 月中旬摘心，7 月下旬短日处理，10

月上旬出售。

圣诞节出售：扦插生根苗8月中旬定植，9月上旬摘心，进入自然短日生长，可在12月中下旬出售。

春节出售：扦插生根苗9月上旬定植，9月下旬进行长日处理，10月上旬摘心，10月下旬进入自然短日照，第二年1月中旬可以出售。

病虫害防治：为防止病虫害的发生，应保持如下步骤：

● 温度不应太低

● 对老植株，空气湿度不应高于90%

● 避免基质缺氧、不通气

● 避免基质过湿

● 提供合适的营养

①生理病害：常见的生理病害主要由环境条件不适或管理不当引起。

叶片皱缩变形主要由于干燥、强光、缺素或摘心时损伤了幼叶，当叶片伸展时形成变态叶，如叶缘缺刻，叶成漏斗状。

烧苞片现象主要是由于肥料过重引起的，也可由过干、高温、强光照等引起，苞片从边缘开始腐烂，然后蔓延至整个苞片。常发生在转色的过渡叶上。但品种间差异明显。

要克服以上生理病害，主要控制环境条件和改善施肥管理。

②病害及其防治：一品红可能发生的病害有茎腐病、根腐病、灰霉病和细菌性叶斑病。

根腐病和茎腐病：建议用"毒素"或五氯硝基苯等针对土壤性病害的农药，在定植时即浇灌基质。

灰霉病：建议用扑海因（异菌脲）、甲基托布津等。

细菌性叶斑病：建议使用含铜杀菌剂来防治。

③虫害及其防治：在温室条件下，一品红会受到各种病虫的侵袭。最常见的虫害有白粉虱、红蜘蛛和蓟马等。

防治病虫的关键首先是防止病虫进入温室，其次采用防虫网，喷施适当的生物、化学杀虫剂，保持环境的清洁卫生，消除杂草；另外，使用粘虫板，检查虫口密度及害虫种类，能有效控制虫害的大面积发生。

下面列出一些常用的杀虫剂：

白粉虱：用 Dusban1000～1500 倍叶面喷施，因为白粉虱繁殖、传播较快，所以一经发现，立即防治，可避免大面积发生。

真菌蚊子：其幼虫啃食根系，导致根系腐烂、用 Dusban 1000～1500 倍喷洒。

红蜘蛛：2000 倍三氯杀螨醇、2000 倍虫螨光喷洒。

蓟马：用 2000 倍 Dusban 或 2000 倍虫螨光喷洒。

园林用途 一品红花色鲜艳，花期长，正值圣诞节、元旦、春节开花，盆花布置室内，可增加喜庆气氛，极受人们喜爱和欢迎，是全球最流行的盆花之一。也适宜布置会议室、接待室等公共场所。南方暖地可露地栽培，美化庭园，也可作切花。能查阅到的一品红种植历史已有 100 多年。而对我国来说，一品红规模化种植仅有十几年历史。在中国，一品红的销售季节并不像国外一样仅限于圣诞节。只要有中国节日的时候，就有一品红的市场。国庆、春节、五一，中国人的黄金旅游周，也是一品红的销售黄金期。一品红的销售旺季可从 9 月一直持续到来年的 5 月，基本占据了全年 75% 的时期。

(6) 洋常春藤 *Hedera helix*

别名 西洋常春藤、英国常春藤

英文名 English ivy

科属 五加科常春藤属

形态特征 常绿攀缘藤本，枝蔓细弱而柔软，具气生根，长可达 30m，气生根具攀附能力。嫩枝与芽具褐色星状毛。叶互生，革质，深绿色，有长柄，营养枝上的叶常 3~5 裂，全缘或近全缘；花枝上的叶不裂，卵形至菱形。球状伞形花序顶生，小花，白色。果球形，黑色。

变种品种 常见园艺品种有：'金边'常春藤（'Aureovariegata'），叶缘黄色；'日本'常春藤（'Conglomerata'），叶小而密，叶缘波浪状；'彩叶'常春藤（'Discolor'），叶小，乳白色并常带红晕；'金心常春藤'（'Goldheart'），叶 3 裂，叶中心部位黄色；'银边'常春藤（'Silver'），叶缘乳白色；'三色'常春藤，叶色灰绿，边缘白色，秋后变玫瑰红色，春天恢复原状。

洋常春藤 *Hedera helix*

产地分布 欧洲至高加索，现已广布世界各地。我国已引种多年，南方普遍栽培。

生态习性 常春藤是典型的阴性藤本植物，也能生长在全光照的环境中，在温暖湿润的半阴条件下生长良好，不耐寒。对土壤要求不严，喜湿润、疏松、肥沃的土壤，不耐盐碱及干燥。

繁殖方法 分株、压条、扦插皆可繁殖。其节部在潮湿的空气中能自然生根，接触到地面以后即会自然入土，所以多用扦插法繁殖，用营养枝作插穗，插后需及时遮阳，空气湿度要大，床土不宜太湿，20 天左右即生根，具体做法如下：

①场地及物质准备

选择扦插场地：温度适宜，湿度适中，光线较好地段。

物资准备：扦插容器，扦插土，地膜，无纺布，喷水及浇水用具，遮荫网，温度计（土温计、高低温度计、干湿温度计），生根剂及其溶解容器，消毒用具，消毒剂（一般用高锰酸钾或 84 消毒液），剪刀，泡沫箱等。

场地及物资消毒处理。

②扦插前准备

拌土：常春藤扦插一般选用渗水性好，颗粒较小，EC 较低的草炭土，均匀调拌，土壤含水量 45% 为宜(手握成坨，手掌伸平土球松开)。

装土：将拌好的扦插土装入准备好的扦插容器中，要求装入土紧实度一致适中，装好后摆放在苗床上。

底水：用清水将扦插土浇湿，以渗透为宜，水量均匀一致。

采条：取健壮、整齐、无病虫害的枝条，距采条花盆盆沿 1~2cm 处切下后均匀喷湿，放入泡沫箱或用薄膜包裹储藏，以保持水分及新鲜度。

切插穗：上切口距芽 0.5~0.7cm，下部节位多少及长短视品种、用途而定，总长一般 2.5~3cm，保留一张叶片。随时注意清除病叶、残叶及不可用插穗，切好后注意保持水分。

③扦插：扦插容器可以使用 128 穴盘或者直接插入花盆和营养钵。

将生根剂倒入钵内，将插穗用生根剂水溶液蘸下切口(以促发根)，插入基质中，叶片的芽眼要处在基质表面高度，不可埋入土中，扦插密度依品种、规格而定，若做母本可稀疏一些，若做出售则要考虑成本及生长期，主要原则是分布均匀。插后喷透水，使插穗与土紧密接触，扦插过程中要保证叶片的持水量，避免失水。

④插后管理

温度管理：土温 20~25℃。

其他管理：冬季温度较低，扦插后喷水打药，待叶片表面积水稍干，用地膜无纺布覆盖的方式来保持湿度，操作较简便。盖膜时将四周压紧实，使不透气；每周检查一次，出现失水情况及时补充。待 25 天左右如果大部分生根，可去除覆盖物。生根后水分合适可浇一次生根肥。

药物防治：扦插当天最后一次喷水时喷施 3000 倍的 72% 农用链霉素，在 3 天后喷施其他防治细菌性药物，此后，交替使用防治真菌性和细菌性病害的药物，间隔期为 2~3 天，20 天左右可用防治虫害药物，生根前注意浓度不宜过高。

日常管理

水肥管理：常春藤喜干不喜涝，见干见湿，土壤水分要求 65% 左右，空气相对湿度为 70%~90%，注意通风。常春藤喜氮、钾肥，以硝态氮为主，氨态氮为辅。钾肥较氮肥略高，抗病性较好；钾肥小于氮肥叶色较好。

草炭土要求中性微酸，pH 值 6.0~6.2 为宜；栽培过程中，肥水 EC 值早期及修剪后 0.9~1.0，发芽后可提高到 1.0~1.2，至后期成品花或用采条的植株 EC 值可提高到 1.6~1.8。

浇肥采取少量多次原则，每 2~3 天浇一次肥，每周最多 3 次，土壤 EC 值不高于 0.80(土:水比例 1:2)，pH 值在 5.5~6.5 之间，叶片不要带水过夜。

光温控制：常春藤对光照要求适中，一般在 15000~30000lx 左右。白天最适温度 22~27℃，不高于 30℃；夜间 14~18℃，最好不超过 20℃；能耐短时期 0℃ 低温和 40℃ 高温。

温度变化幅度较大会造成疫病或其他真菌性病害，夏季温度较难控制的情况下，可采用遮荫和湿帘等措施降温，将温度控制在28℃以下，冬季夜温最好不低于13℃，否则叶片变红，且条件合适情况下恢复正常生长也较慢。

病虫害防治：常春藤常见病害有细菌性叶斑和根部疫病，常见虫害主要是红蜘蛛。平时勤检查，以预防为主，综合防治。

a. 药剂防治：每周喷一次杀菌药（细菌性病害为主），一次杀虫药（红蜘蛛为主）其他防治药物可视情况加喷一次；每15～20天可灌根一次来防治根部病害。

b. 物理防治：尽量用滴灌浇水以免弄湿叶片引起病害，同时经常摘除枯枝烂叶以减少病源，维护好环境卫生对生产优质盆花极为重要；发现病株及时隔离；选择母本扦插时要选健壮、整齐、无病虫害的插穗。

园林用途 是优美的攀缘花卉，枝繁叶密，是理想的室内外墙面垂直绿化材料，适用于攀附建筑物、围墙、陡坡、岩壁等处；叶形叶色变化多样，四季常青，又耐室内环境，具有吸收有害气体的作用，十分受消费者欢迎。育出众多品种，适应不同的布置需要。有盆栽品种；适于阳台、窗台栽培的品种；还有适于悬吊栽培的品种及专门育出的适于棚架和垂直绿化的品种等。其他还适作阴处地被和插花用切枝。

同属盆栽花卉 常春藤属植物共有5种。分布于亚洲、欧洲及美洲北部，我国有常春藤（*H. nepalensis* var. *sinensis*）和台湾菱叶常春藤（*H. rhombea* var. *formosana*）2变种。广布于我国西部、西南部经中部至东部，常攀缘于墙壁或树上。

加拿利常春藤（*H. canariensis*），常绿藤本。茎与叶柄暗红色。叶密而大，卵形，基部心形，上部3～7裂，革质，深绿色，叶脉灰绿色，冬季变为铜绿色。原产加拿利群岛。

革叶常春藤（*H. colchica*），常绿藤本。叶阔卵形，全缘，下部叶偶见3裂，革质，绿色有光泽。原产小亚细亚、高加索、伊朗。

常春藤（*H. nepalensis* var. *sinensis*），常绿攀缘藤本。茎具气生根，叶革质，深绿色，具长柄，营养枝上叶三角状卵形或戟形，全缘或3浅裂；生育枝上叶披针形或椭圆状，全缘。顶生伞形花序，小花淡绿色，芳香。果熟时红色或黄色。原产秦岭以南各地。

菱叶常春藤（*H. rhombea*），常绿藤本。叶具柄，质硬，深绿色有光泽，叶较小，营养枝上叶3～5裂；生育枝上叶卵圆形至披针形。伞形花序顶生，小花黄绿色。原产中国台湾及日本、韩国。

（7）八仙花 *Hydrangea macrophylla*

别名 绣球、阴绣球

英文名 Large leaf hydrangea，Hortensia

科属 虎耳草科八仙花属

形态特征 落叶灌木，高1～4m。叶对生，椭圆形至阔卵形，缘具粗齿，长8～20cm，叶柄粗壮。伞房花序顶生，具总梗，全为不孕花。花具4枚花瓣状的大萼片。形成球形的大花序。花初开绿色，后转为白色。最后变成蓝色或粉红色。花期很长，从5月直至下霜。

变种品种　八仙花主要变种有：

蓝八仙花（var. *coerulea*），花两性，深蓝色，边花蓝色或白色。

大八仙花（var. *hortensia*），花全为不孕性，萼片卵形，全缘。原产日本。

银边八仙花（var. *maculata*），叶缘白色，花序具可孕花和不孕花。是良好的观叶植物。

紫阳花（var. *otacksa*），花全为不孕性，径可达20cm，在园林中大量栽培。

产地分布　我国湖北、四川、浙江、江西、云南、广东等地均有分布。

生态习性　属暖温带半耐寒性落叶灌木。在我国长江流域普遍露地栽培，北方各地皆行盆栽。为短日照植物。性喜温暖湿润及半

八仙花　*Hydrangea macrophylla*

阴的环境。宜肥沃、富含腐殖质、排水良好的稍黏质土壤。要求土壤pH值4.0～4.5。我国北方地区土壤和水均呈碱性，故北方栽培的八仙花缺铁现象极为普遍，叶黄化，生长衰弱。八仙花的花色与土壤酸碱度相关。碱性土花色偏红，酸性土花色偏蓝。如粉色的八仙花，若土壤呈酸性时，花色变蓝。这是由于根系吸收溶于土壤水分中的铝和铁的缘故。

繁殖方法　扦插、压条、分株皆可繁殖。通常以扦插为主。硬材扦插在3月上旬前植株尚未发芽时进行，切取枝梢2～3节，行温室盆插。也可在发芽后至7月新芽停止生长期间进行嫩枝扦插。切取萌发的新梢，扦插于河沙中，在18～20℃、遮荫、保持插床和空气湿度的条件下，10～20天生根。插穗用0.0010%～0.0025%浓度的吲哚丁酸液浸24小时，有促进生根之效。扦插成活后，第2年即可开花。

压条，老嫩枝均可，压入土中部分不必刻伤。如春季压条，则于7～8月与母体切离。次年春季分栽。分株通常于春天发芽前进行。

栽培管理　3月扦插的苗，生根后移入7cm盆中，5月上旬换入10cm盆，6月中旬定植于17cm盆中。6月中旬以后摘心，8月中旬可以形成花芽，如迟至9月中旬以后摘心，则当年不能形成花芽。因此，以早行摘心为宜。生长期间每2～3周，施以有机液肥1次，以促其生长和花芽分化。在北方碱性土地区，宜适量施以稀释的硫酸亚铁水溶液，以中和碱性。盆土常用壤土、腐叶土或堆肥土等量配合，并混入适量河沙。腐叶土若代之以石南土，更可提高土壤酸度。春暖后，应移于室外荫棚下栽培。8月以后增加光照，促进花芽形成。9月以后逐渐减少灌水，促使枝条充实，准备进入休眠。10月底摘除叶片移入低温温室，控制浇水，维持半干状态，室温3～5℃，令其充分休眠。休眠期为70～80天。

可在12月至翌年1月开始进行促成栽培，初期温度不宜过高，先升至13℃左右，以后逐渐加到16～21℃。要求光照、水分充足和较高的空气湿度，每天向叶面喷水。当花序伸长时，应稍降低温度与湿度，每周追施液肥1次。花后应换入较大的盆，更

换新的培养土，以恢复生长势。一般 3 年以上的植株，基部不易抽生新枝，形成下空状态，观赏价值下降，多予淘汰。

园林用途　八仙花为耐阴花卉，在长江流域各地可以露地栽培和布置，如植于建筑北面、棚架下、树荫下等，栽于池畔、水边也甚相宜。盆栽观赏，是室内花卉装饰的佳品，可布置展室、厅堂、会场等。

(8) 新几内亚凤仙　*Impatiens hawkeri*

别名　五彩凤仙、大花凤仙

科属　凤仙花科凤仙花属

形态特征　宿根常绿草本。茎肉质粗壮、分枝多而扩张，暗红色。叶色深绿或铜绿色，中脉明显，叶柄常呈绿色，花具长柄。只要气候适宜，可终年有花。

变种品种　新几内亚凤仙品种丰富，有白、橙、黄、紫、粉等色系及一些重瓣和彩叶品种。

产地分布　原产非洲热带山地。

生态习性　性喜温暖湿润的半阴环境，忌暴晒。光照控制在全光照的 60% ~ 70%。光强约 30000 ~ 50000lx，生长适温为 15 ~ 25℃。不耐寒，气温下降到 7℃ 以下会受冻害。

繁殖方法　通常新几内亚凤仙种子很难获得，除杂交一代用种子繁殖外，商品生产通常采用扦插繁殖。

①插穗的选择：新几内亚凤仙很容易感染病毒而退化，选择株型好，生长良好，无病虫害的植株作为母株剪取插穗，这对种苗的繁育至关重要。新引进的种苗开花花径可以达到 8cm。扦插代数过多，盆花品质会退化，花型逐渐变小，应该及时更新。选择插穗时，取顶端枝条下部内侧 3 ~ 4 个节位的侧芽，不会产生花芽分化。插穗长度 2.5 ~ 3cm，带 2 片叶。最下部叶片以下留 1.0 ~ 1.3cm 茎段，以便能插入基质。

②扦插基质：可以采用多种扦插基质，如草炭土、蛭石、珍珠岩、粗沙等，但所有基质必须排水良好，具有较高的透气性。草炭土与蛭石按 1:1 的体积比混合适宜新几内亚凤仙插穗生根。扦插基质的 EC 值低于 0.75mS/cm，pH 值维持在 5.5 ~ 6.5 之间。

③环境条件：扦插期间应遮荫，光照强度控制在 $250\mu mol/m^2 \cdot s$（约 14000lx）左右。生根以后可将光照强度增大到 $400\mu mol/m^2 \cdot s$（约 22000lx）左右，以提高根的生长速度。白天温度 24℃，夜温控制在 21 ~ 22℃。基质温度为 22 ~ 24℃ 时最适宜生根，最好通过地温加热。如果采用室内全光喷雾扦插，随着天气的不同，喷雾频率从晴天的每 15 分钟喷雾 5 秒递减到阴天的每两小时喷雾 5 秒；夜间没必要喷雾，否则对生长不利。若采用小拱棚扦插，则每天喷雾 1 ~ 2 次，白天适当通风，夜间覆盖。在高温高湿条件下，5 ~ 7 天形成愈伤组织；10 ~ 14 天根长达到 0.6cm，喷雾频率减至每半小时一次；3 ~ 4 周后，根生长至足够长度，可进行移栽上盆。扦插期间不必施肥。插条根长至足够长度以后应立即移栽上盆，否则将限制根的自由发展。

栽培管理

①上盆：国内大部分生产者推出的是4～7寸盆的新几内亚凤仙，每盆种植1株种苗，也可为2～3株，具体的数目根据植株成本和生产周期而定。

新几内亚凤仙上盆基质需要排水、通气良好，且与其他花卉的生产基质相比，应有更大程度的持水力。具体栽培时可用含有泥炭、珍珠岩、蛭石、树皮或岩棉的基质进行栽培。基质混合时可加入含白云石的石灰、过磷酸钙和其他的微量元素，将pH值调节为5.8～6.2，基质pH值不得低于5.8，尤其是当锰和铁的含量高于3～5mg/L时，因为新几内亚凤仙在此情况下更容易发生微量元素中毒的迹象。

②肥水管理：条件较好的温室最好以滴灌的方式提供肥水。在植株冠幅达到栽培容器的边缘以前不要施肥或仅少量施肥，施肥时氮肥与钾肥的浓度大体相当。如果栽培基质中使用了过磷酸盐，则氮钾肥的浓度为150～200mg/L，否则施肥时应含有磷50～75mg/L。有资料显示，当氮肥浓度约为170mg/L时新几内亚凤仙生长最快。新几内亚凤仙在不同的生长阶段对氮素的吸收量不同，前期对氮素要求不多，但生长后期(40～70天以后)要求有充足的氮肥供应，在其整个生长期内吸收的总氮量为0.5g/株，而且硝态氮的吸收量大于氨态氮，过多的氨态氮常导致植株叶片与花蕾脱落。因此管理过程中应以使用硝态氮为主。如果不能每次浇水时都施肥，则应该保证每浇水3次以后施一次20－10－20营养液，浓度为250～300mg/L。新几内亚凤仙喜欢较低浓度的肥料，实践证明营养液电导率(EC)超过1.5mS/cm，植株生长不良。基质盐度太高，叶片窄小而卷曲，不伸展，根系生长受抑制，甚至腐烂，但若肥料缺乏则叶色斑驳。新几内亚凤仙对微量元素比较敏感，微量元素过量导致中毒，使下部叶片或叶缘出现坏死斑，顶梢枯死或腐烂，顶部叶片发育受障碍。新几内亚凤仙镁缺乏症非常常见，可每月施一次硫酸镁加以治疗，浓度为每100L水加硫酸镁600g。肥水管理条件好，新几内亚凤仙植株叶片鲜亮厚实，硬挺伸展，叶面积大，否则叶片薄而皱缩，植株生长缓慢。

③温度、光照和湿度管理

温度：上盆后前2～3周，白天温度24℃，夜间温度20℃，之后夜温可降至13～18.5℃。如果夜温超过22℃，则会延迟开花。有研究表明，在气温不变的情况下将根区温度增加到24℃，植株干物质产量增加15%～20%，生长速度大幅度增加，因为根区温度升高，提高了根际水气分压，增加了植株对水分的利用率。因此从温度角度考虑，新几内亚凤仙生长的制约因素是根区(栽培基质)的温度，而不是大气温度，所以在盆花生产过程中，适当提高基质温度有利于其生长。新几内亚凤仙对低温的适应性较一年生花卉(如天竺葵、矮牵牛等)差，夜晚温度低于10℃生长受抑制，低于7℃可能出现冻害。如果白天温度太高，应适当遮荫，并保护植株免受干热风的伤害。新几内亚凤仙会对温差作出反应，节间长度随着昼夜温差的增加而增加。有条件的温室可以在白天将室温提高1～1.5℃，同时进行二氧化碳施肥，施肥浓度为1000mg/L左右。

光照：新几内亚凤仙喜阳光充足，比何氏凤仙(*I. walleriana*)能忍受更强的光照，对光周期没有明显反应。光照不足造成叶色斑驳。在冬天和春天应该提供尽可能多的光照。白天中午最低光照为 $500\mu mol/m^2 \cdot s$，否则延缓开花。如果光照强度超过 $1000\mu mol/m^2 \cdot s$，则应该进行遮光处理。栽培过程中应经常转盆，以使植株均匀受光，以免偏冠。

湿度：生产过程中水分供应情况直接关系到盆花的质量。新几内亚凤仙有肥厚的肉质茎，体内水分含量可达92%以上，生产过程中除了要保证栽培基质有充足的水分供应外，必须保证一定的空气湿度，一般空气湿度不低于85%，否则生长受抑制，叶片枯焦失绿，叶片变薄，叶面积、花径减小，品质降低。水分供应不及时可能导致叶片和花蕾脱落，增加滋生病虫害的可能性。

④摘心：一般在上盆后生长 4~6 周后，摘除顶芽，以促侧芽生长。以后不必摘心，靠调节生长时间来完成株形控制。

⑤其他生产措施

生长调节剂：大部分新几内亚凤仙栽培品种具有侧生生长优势，分枝性与自我整枝能力较强，不需摘心。摘心能推迟开花 2~3 周，可作为花期调控的一种手段。一般来说，新几内亚凤仙不需要利用植物生长调节剂控制株形，矮壮素和 B_9 的效果比较微弱，而 5~10mg/L 的多效唑则效果良好。

花盆密度：植株间距过密会导致植株徒长，新栽种的幼苗允许花盆紧挨，等冠幅郁闭后需要将花盆拉开一定距离，以利植株生长。

⑥病虫害管理：新几内亚凤仙肉质多汁，极容易成为各种有害昆虫和微生物危害的对象。在温室栽培过程中极易患灰霉病，在气温较低（低于22℃）、空气湿度较大的情况下，灰霉病发病严重。灰霉病可能引起叶片与插穗腐烂，植株下部叶片染病，形成水渍状斑，湿度大时呈黑色腐烂，产生灰色霉层，迅速扩大至茎基部，并向植株上部发展。灰霉病一旦侵染到茎部，植株存活的可能性极小。新几内亚凤仙温室栽培一年四季均可能受到灰霉病侵染，尤其以 3~4 月、11~12 月发病严重。灰霉菌为弱侵染性真菌，对健康植株一般不造成危害，但却极易在残叶败花上大量滋生，并进而对整个植株造成伤害，因此在管理过程中应注意及时清除残败花叶。另外腐霉属（*Pythium*）真菌能导致根部腐烂，而丝核菌导致茎秆腐烂。

红蜘蛛、粉虱、蚜虫是新几内亚凤仙温室栽培最常见的害虫。害虫的大量滋生一方面对植株造成直接伤害，同时也增加了病毒传播的可能性，如凤仙斑叶腐烂病毒即可通过具有刺吸式口器的害虫进行传播，对植株造成严重伤害。

新几内亚凤仙病虫害均可采用常规方法进行预防与治疗，无需其他特殊措施。

园林用途 新几内亚凤仙花色丰富，色泽艳丽欢快，四季开花，花期长，叶色叶型独特，株形丰满，广泛用于盆栽、花坛布置、悬垂栽植等。

我国从 20 世纪 90 年代初期开始引进新几内亚凤仙观赏品种，作为时尚盆花推向市场，日益受到人们的青睐，市场前景广阔。

（9）矮牵牛　*Petunia hybrida*

别名　碧冬茄
英文名　Petunia
科属　茄科碧冬茄属

形态特征　宿根草本，常作一二年生栽培。本种为腋花矮牵牛（*P. axillaris*）与矮牵牛（*P. violacea*）杂交而得。茎稍直立或匍匐，全株具黏质柔毛，株高 20～60cm，上部叶对生，中下部叶互生，叶卵形，全缘，近无柄，花单生叶腋或枝端；花萼 5 深裂；花冠漏斗形，先端具波状浅裂。花形及花色多变化，有单瓣及重瓣品种，瓣缘皱褶或呈不规则锯齿；花色白、粉、红、紫以及各种斑纹，一般花期为 4～11 月，花大者直径 10cm 以上，蒴果。矮牵牛种子细小，种子约 9000～10000 粒/g。

矮牵牛　*Petunia hybrida*

变种品种　目前世界上著名的花卉种子育种商基本上都有自己的栽培品种。花色齐备，株型多样，各有特色。以下是目前国内应用比较广泛的品种系列。

'幻想'F_1系列（'Fantasy'）：植株矮小，小花，花径 3～4cm，开花特早，花色丰富，花期持续时间长，无需激素处理和打顶处理。生长适温 10～25℃，播种后 8～9 周开花。

'精华时代'系列（'Prime time'）：生长适温 10～25℃，播种后 8～10 周开花，株型紧凑，开花整齐，抗虫害，适应能力强。

'风暴'系列（'Storm'）：适宜生育温度为 10～30℃。生长适温 10～25℃，播种后 8～10 周开花，株高 30～35cm，株型紧凑，分枝粗壮，抗病力强。

'优异'系列（'Ultra'）：生长适温 10～25℃，播种后 8～10 周开花，株高 30～35cm，皱边花，花径 9cm，开花早，对气候适应能力强，在室外种植时可形成地毯效果。

'波浪'系列（'Wave'）：生长适温 10～25℃，播种后 9～14 周开花，株高 15～18cm，瀑布状分枝，生长迅速，蔓长 90～120cm，开花能力极强，花径 5～8cm，适宜吊篮栽培。

'梦幻'系列（'Dream'）：中花型品种，具无限开花习性，花期一致，适合春季栽培，分枝紧凑，适合货架销售。

'巨鹰'系列（'Eagle'）：分枝紧凑，花径 7～8cm，花色繁多，花期长。

'太平洋'系列（'Pacific'）：生长快，易栽培，分枝力极强，适应性强。

'缎带'系列（'Ribbon'）：株型紧凑，重瓣花，直径可达 10～13cm。

生态习性　矮牵牛性喜温暖和阳光充足的环境。不耐霜冻，怕雨涝，喜疏松、排水良好及微酸性土壤。性不耐寒，喜光，宜排水良好的富有含腐殖质的轻松沙质土壤。忌雨涝。

产地分布　原产南美，如今世界广为流行。

繁殖栽培　采用播种繁殖。

①发芽期

基质：播种基质必须具有通透性好、保湿性好、颗粒均匀疏松等特性，用进口的经过表面保湿活性处理的草炭土较为理想。配比为80%的草炭土加10%的珍珠岩。

水分：前期保持湿润，后可随植株发芽生长逐渐减少水分含量。

光照：前期100～1000lx，2～3片真叶后4500～7000lx。

温度：适宜温度在22～26℃。温度低时，出苗时间变长，种苗生长量变小。

pH值：5.8～6.2。

肥料EC：随着种苗的生长，逐渐增大肥料浓度。适宜的肥料种类有20-10-20和14-0-14。浓度一般在150～200mg/L之间，维持土壤EC在1.0～1.5之间。

矮牵牛为喜光性植物，且种子细小，播后不要覆土，如果覆盖种子或发芽期间不见光，种子发芽率显著降低或不能发芽。穴盘点播可减少移苗，提高成苗率，长出的小苗不密挤，能有效预防早期立枯病的发生。夏季播种要控制温度，否则很容易使发芽率降低，且幼苗易感染病害，应特别注意。

②苗期：矮牵牛一般在播种后7～12天出苗，出苗后应及时降低湿度，以免湿度过大引起幼苗徒长。温度应调整为白天18～24℃，夜间13～18℃。并定期使用杀菌剂，苗期10～15天即可喷施叶面肥。常在不影响生长的前提下适当减少浇水，降低湿度，坚持见干见湿的原则，以促进根系的发育，并给予充足的光照，保证苗壮、花大。

③生长期

养分：矮牵牛对土壤适应性广泛，对土壤的要求不是很严格，但比较喜欢透气性和保肥性好的土壤。生产上可以用50%的草炭土与50%的田园土混合土壤。上盆时可在基质中混入适量有机肥，后期追施N-P-K复合肥。N-P-K比例必须均匀，含氮过高的肥料可能导致徒长，生产实践证明施用含氮较高的复合肥再间隔施含钙的肥料对培育优良矮牵牛盆花效果很好。追肥次数及浓度需根据温度、湿度、光照及植株生长速度等情况确定。如叶片破碎，新叶被绑住不长，可施加100～150mg/L的钙肥。如缺氮，植株下部叶黄化；缺铁则幼叶叶脉间黄化。

水分：遵循见干见湿原则。

光照：矮牵牛喜光照，但一般在幼苗期可弱些，在4000～7000lx，生长期后逐步提高，可加至20000lx，低于5000lx时易徒长，花颜色鲜艳，高于30000lx时，生长缓慢，叶片变小，部分畸形。矮牵牛花芽分化需长日照光照，如需提前开花缩短栽培时间，光照可延长至13个小时。

温度：矮牵牛性喜冷凉，生长期为10～24℃，较耐热，在35℃条件下仍可正常生长。但以日温18～24℃，夜温13～18℃下生长最好，因为此温度下植株根茎比协调，生长旺盛。

基质pH值：5.8～6.2，如高于6.6植株上部叶黄化，还会抑制铁的吸收。

EC 值：矮牵牛开花量大，喜肥，生长的土壤 EC 值在 $1.0 \sim 1.5$ 之间。

生长调节剂：矮牵牛在高光照条件下，一般不需要使用生长调节剂。使用时要注意使用的种类和浓度。光照不足，在花蕾出现前防止徒长，施加 $2500 \sim 5000mg/L$ 的 B_9。晚施可能改变花色和尺寸。矮牵牛对多效唑敏感。也可在小苗 1 对真叶期开始喷施 $2000mg/L$ B_9 或 $16mg/L$ 的 A – rest。

④病虫害防治：工厂化育苗生产量大，病虫害容易发生，而且一旦发生极易蔓延扩散，危害严重，所以应做到预防为主、综合防治。在病虫害多发季节，应一周喷施一次杀菌剂。杀虫剂一般情况下可两周喷施一次。如发现潜叶蝇等虫害，可用 10% 吡虫啉可湿性粉剂，加水 3000 倍喷杀，效果极佳。

矮牵牛灰霉病(真菌性病害)

症状：矮牵牛在气候温暖、湿度高时容易诱发灰霉病，该病主要侵染叶片、嫩枝及花蕾。叶片感染症状初为不规则水渍状斑，并很快发生黑褐色腐烂，而在茎部腐烂时呈溃疡状。花朵感染时呈灰白色水渍斑。严重时花、茎、叶同时发生腐烂，植株倒伏，严重影响观赏效果。

防治：控制育苗栽培的基质及空气湿度在 80% 以下，不要使叶片积水，加强空气流通。以预防为主，发病初期可用 65% 瑞毒霉 1500 倍液、50% 扑海因 1500 倍液。

矮牵牛茎枯病(真菌性病害)

症状：茎上发生不规则灰色斑块，不断扩展使植株枯死。

防治：提高植株抗性，减少过干过湿的状态。多菌灵 1000 倍液全株喷施。

矮牵牛花叶病(毒素病)

症状：叶片出现黄绿与深绿相间的斑驳状。植株停滞不生长，花蕾畸形、开花不良。

防治：由烟草花叶病毒(TMV)及黄瓜花叶病毒(CMV2)引起，主要防治蚜虫等刺吸式口器昆虫，切断昆虫传播途径。栽培场所禁止吸烟及接触烟草；不宜与黄瓜等瓜类同时栽培。栽培基质彻底消毒。预防为主，可以 20% 病毒 A500 倍、7.5% 克毒灵 700 倍全株喷施。

园林用途 矮牵牛为常见的草本花卉，花朵丰满，花色丰富多彩，花期长。因此，深受人们喜爱，广泛运用于盆栽、吊篮种植及各种花坛布置、花槽配置、景点摆设、窗台点缀、家庭装饰。

同属盆栽花卉 碧冬茄属植物约 25 种，分布于中南美。常见盆栽应用的还有：

腋花矮牵牛(*P. axillaris*)，叶卵形至卵状披针形，花白色，径 5cm，晚间有芳香。分布于中美洲。

撞羽矮牵牛(*P. violacea*)，一年生草本。全株有黏毛，匍地生长，花玫瑰紫或堇紫色，裂片不规则，花径 4cm，原产中南美。

（10）蝴蝶兰　*Phalaenopsis amabilis*

别名　蝶兰

英文名　Phalaenopsis

科属　兰科蝶兰属

形态特征　宿根腐生草本，耐阴性极强。茎基部肥厚，有气生根；根簇生，肉质，圆柱形；单叶、对生，常排成2列，叶广椭圆形，长20～26cm，宽8～10cm，肉质，基部鞘状，同时叶鞘成管状抱茎。多在早春开花，花期长达2～4个月。由叶腋中抽生花茎，花序总状，每根花茎开花6～13朵。

蝴蝶兰花两性，两侧对称，花瓣直径约6cm，花朵直径可达10cm左右。花被片6片，排成两轮，外轮3片为萼片，呈花瓣状，离生；内轮3片，两侧的2片称花瓣，下部的1片称"唇瓣"，分裂成上唇和下唇（前部与后部），上唇上部有脊，基部有"囊"，"囊"内含有蜜腺；下唇由雄蕊和花柱合生成合蕊柱，花粉粒黏合成花粉块，花粉块基部有黏盘，着生在脊上部的前端。

蝴蝶兰　*Phalaenopsis amabilis*

变种品种　蝴蝶兰属植物约有20个原生种。原生种的花色除常见的白色和紫红色以外，还有黄色、微绿色或花瓣上带有紫红色条纹的。现有栽培品种群由原种种间和属间杂交而成，除常见的纯白色花和紫红色花品种外，出现了许多中间过渡色，如白花红唇、黄底红点、白底红点、白底红色条纹等。常见栽培的蝴蝶兰品种分为粉红花系、白色花系、条花系、黄色花系、点花系5个系列。

产地分布　原产于中国南部（包括台湾）、菲律宾、印度尼西亚、泰国、马来西亚、澳大利亚和新几内亚等地，种类有50余种。

生态习性　蝴蝶兰属单茎着生兰，气生兰类，性喜阴暗、高温和潮湿的生长环境。大部分着生在高温多湿的海边树林或深山原始森林，生长适温为18～32℃，光照强度为5000～20000lx，生长的最佳湿度为60%～95%。

蝴蝶兰是一种高温温室花卉，对环境条件的要求比较严格，不适宜的环境条件会直接影响蝴蝶兰的花期甚至全株死亡。因此大规模栽培蝴蝶兰的设施应具有良好的调节温度、湿度、光照的功能，最好使用现代化智能温室。

繁殖方法　蝴蝶兰除在原产地少量繁殖采用分株法外，均采用组培快繁。蝴蝶兰组培快繁可以采用叶片和茎尖为外植体，也可以采用无菌播种法。采用无菌播种法繁殖的优良杂交品种后代分离十分严重，不能保持优良性状，现已基本不用。以叶片为外植体进行无菌繁殖时，切取花梗刚生出1～3枚小叶的幼苗的嫩叶作为外植体。茎尖培养时，选取5～6枚叶片的健壮幼苗，灭菌后剥取带有2～4枚叶原基的生长点作

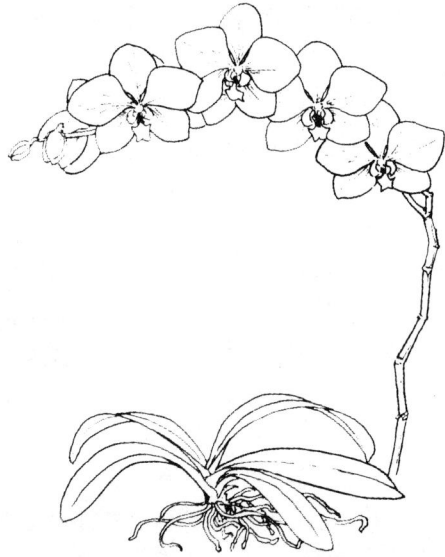

为外植体。以叶片和茎尖作为外植体均是通过外植体产生愈伤组织、愈伤组织分成原球茎、球茎增殖分化和幼苗生长四个步骤形成无菌幼苗。不同品种、外植体、分化阶段采用的培养基不同。一般维持 pH 值 5.1 ~ 5.3，加入 0.1% ~ 0.2% 的活性炭和10% ~20% 的生理活性物质，如土豆泥、苹果汁、椰子汁。

栽培管理

①炼苗与换盆：当兰苗生根，植株长到 3 ~4cm 高时，瓶苗可以从培养室移到驯化室进行驯化。光照逐渐加强至 5000lx，温度控制在 23 ~ 28℃，湿度 40% ~ 50%，驯化时间 1 ~3 周。购买者宜选购驯化后的瓶苗。出瓶前 2 ~12 小时，将瓶苗移至小苗室，打开瓶盖。保持温度 25 ~30℃。光照 3000 ~5000lx，湿度在 90% 以上。种植时小心夹出瓶苗，清除干净，然后用 1000 倍的广谱性杀菌剂消毒，消毒后的兰苗分级后放在旧报纸上略为阴干，幼苗可分大、中、小、特小四级，发育不佳或过小无栽培价值者应予丢弃。兰苗的淘汰在生产管理中极为重要，及时准确的丢苗既可以节约成本，也可以减少病虫害传播。大中苗种在直径 3.6cm 即 1.5 寸的白色软盆，小苗及特小苗种在穴盘里。种植后喷洒杀菌剂，1 ~5 天内不可浇水，但可在幼苗叶面喷湿，以防过度失水。这阶段的主要任务是使根部伤口愈合，防止腐烂，二是使兰苗缓慢适应变化了的环境。

换盆是一项重要的栽培管理工作，小苗经 3 ~5 个月正常生长后，当根系饱满、植株叶片双叶距约 7 ~10cm 时，可换上直径 8.4cm 左右的软盆。换盆时，原有水苔不必去掉，若太紧，可稍弄松，用新水草包住根圈栽入植盆。当中苗植株长到双叶距 18 ~20cm，根系饱满时应进行第二次移植，移至直径 10.6cm 左右的白色软盆。每次换盆后，都要喷洒杀菌剂，1 ~5 天内不可浇水，摆上托盘时应注意叶片方向，理想的方向是风机 – 水帘南北走向，叶片东西走向。这样有利于光合作用和不影响心叶生长的趋向。在管理过程中，由于受多种因素影响，有部分叶片翻转或生长不正，可及时翻转叶片扶正，放入靠边苗的叶片下自行纠正。

②肥水管理：蝴蝶兰对水质的要求很重要，特别是水的总硬度和含铁量两个指标，总硬度要低于 50mg/L，铁含量低于 0.1mg/L。目前生产商采用自来水放置 1 ~2天后使用。浇水时注意干湿交替，植株干了再浇，切忌保持湿润状态。水温与苗生长环境温度保持一致，夏天上午越早浇水越好，冬天上午 10:00 后浇水最宜。浇水前后及浇水时要检查兰株干湿。正常浇水后，仍有部分兰株干枯缺水、叶片软垂现象时，必须设法提高空气湿度，切不可天天猛灌水。

蝴蝶兰营养生长阶段均用 2:1:2 肥料，中小苗要求肥料浓度 3000 ~7000 倍，大苗要求肥料浓度是 3000 ~5000 倍，开花期一个月开始施用 1:5:2 的开花肥，浓度为3000 ~7000 倍，第一朵花后停止施肥。常见的施肥方法：勤施薄肥，气候不良不施，根圈太湿不施；施肥水时，保持空气对流，以免根圈浸水太久，导致窒息现象，下午16:00 左右叶片仍有水滴存在时应强制通风；兰根、叶都能吸收肥料，施肥时最好能把兰株淋湿；水溶性肥料可添加少量黏着剂以增加肥料的附着力。

③光照、温湿度的控制

光的控制：刚购买瓶苗的光照缓慢上升到 5000lx，出瓶后由 3000 ~5000lx 进入正常管理的 5000 ~ 7000lx，直径 8.4cm 的中苗要求光强 10000 ~ 13000lx，直径 10.6cm 的大苗要求 15000 ~ 18000lx，促花时光强要求 7000 ~ 8000lx，花芽萌发至花梗 10 ~ 15cm 时，光照由 10000lx 缓慢上升至 14000lx，各时期管理缓慢过渡。根据不同苗期光的需求，结合天气情况，通过内外遮光网的收缩来控制光强。

温度的控制：蝴蝶兰大、中、小苗白天温度要求基本相同，以不超过 30℃ 为宜，夜间中小苗要求 23℃，大苗要求 20℃。催花时白天要求 20 ~ 24℃，夜间 17 ~ 20℃，第一朵花后白天 25 ~ 28℃，夜温 20 ~ 22℃。温度低时用加温机加热，温度高时可用风机 - 水帘降温。

湿度的控制：营养生长阶段湿度要求 90% 以上最佳，促花处理阶段湿度要求 70% ~ 80%，开花后湿度要求 50% 即可。用水帘通风及地面空间喷湿等措施可调控湿度。

④花期调控

生产管理措施：蝴蝶兰大部分品种在我国南方自然花期是 3 ~ 5 月，为提早在春节开花应市及提高产品的商品性，须做好生产安排。一般在前一年的 5 ~ 6 月份种植瓶苗，经培养翌年 9 月可得到较成熟的大苗供促成栽培，如在前一年 8 ~ 9 月份种植瓶苗，到翌年 9 ~ 10 月份也可进入促成栽培。前者成品商品性更佳，虽成本高但市场竞争力强。当蝴蝶兰大苗的茎部膨大饱圆时，大苗便成熟了，此时便可施用浓度为 3000 ~ 7000 倍的 1:5:2 的开花肥，约一个月后，大苗的叶色由原来的绿色转为浅绿，便可促花处理。在昼间 20 ~ 25℃，夜间 15 ~ 20℃ 条件下，经 20 ~ 35 天的促成栽培，就能露出花茎。

南方现在常用的促花方法：其一，利用高山冷凉气候促花栽培，高山海拔要求在 800 ~ 1000m 以上。其二，用空调制冷降温促花栽培。前一种催花方法是运输、包装及高山管理费用较高，苗的损伤较严重，但出花整齐，花朵生长较好，花色艳丽；后者成本低，损伤少，但出花不整齐。在有条件的情况下，南方采用高山促花商品性状较好。

⑤病虫害防治

主要病虫害：蝴蝶兰主要病害有细菌性软腐病、疫病、镰刀菌、炭疽病、褐斑病、灰霉病等真菌病和毒素病等病毒病；主要虫害有蓟马、红蜘蛛、斜纹夜蛾、小蜗牛、蛞蝓。

病虫害防治应坚持"以防为主，防治结合"的方针。兰园应做好以下几方面工作：加强通风。闷热极易引起病害。兰园周围经常打扫及消毒。坚持每天检查病虫害，及时清除病株残叶，伤口部位用棉球蘸药涂擦。施肥浇水后，尽快使叶片吹干。兰株应定期杀菌，冬季 10 ~ 15 天一次，夏季每周一次。

园林用途 蝴蝶兰是世界上栽培最广泛、最普及的洋兰品种之一，素有"洋兰皇后"之美称。原生种有 70 多种，杂交种数不胜数。其花大，开花期长达 2 ~ 3 个月；花朵色彩和花纹的变化层出不穷，有白花系、红花系、粉红系、黄花系、网纹系、虎斑系、点纹系等品种系列。

(11) 瓜叶菊 *Senecio cruentus*

别名 千日莲

英文名 Common cineraria

科属 菊科千里光属

形态特征 宿根草本，多作一、二年生栽培。全株密被柔毛。茎直立，草质。叶大，心状卵形，掌状脉，叶缘具波状或多角状齿，形似黄瓜叶，故名瓜叶菊；茎生叶叶柄有翼，基部耳状。头状花序簇生成伞房状，花紫红色，具天鹅绒状光泽。

瓜叶菊 *Senecio cruentus*

变种品种 瓜叶菊为异花授粉植物，易于产生变异，从而品种众多，大致可分为4种类型：

大花型(Grandiflora)：花大，头状花序径4cm以上，有的达8~10cm，株高30cm左右，花密集，花色从白到深红，以及蓝色，一般多为暗紫色。也有舌状花双色，形成'蛇目'的品种。

星型(Stellata)：花小，径约2cm；植株疏散高大，高多60cm以上，有的可达100cm；叶小，1株可着花120朵左右，花瓣细短；花有红、粉、绀紫、紫红等色，以及'蛇目'类品种。为切花用品种类型。生长强健，已育出矮性品种。

中间型(Intermedia)：花径较星型大，约3.5cm，株高约40cm，多花性，宜盆栽，品种很多。

多花型(Multiflora)：1921年在瑞士育出。花小型，着花极多，1株可达400~500朵；株高25~30cm；花色丰富。本型品种与大花型品种杂交，则产生大花多花性的类型。

以上4种类型中，还各有不同高度和不同重瓣性的品种，其花色异常丰富，除纯黄色外，几乎各色均有，而以蓝色和紫色为其特色。还有花瓣(舌状花)具斑纹及管瓣的品种。

产地分布 原产非洲北部大西洋上的加拿列群岛。现各国温室普遍栽培。

生态习性 喜凉爽，冬畏严寒，夏忌酷暑，常于低温温室或冷床栽培，可耐0℃左右的低温。栽培中以日温不超过20℃，夜温不低于5℃为宜。生长适温10~15℃。室温高易引起徒长。在夏季炎热地区，畏烈日，忌雨涝，注意降温，否则越夏困难。在温暖地区，可作露地二年生栽培。生长期间要求光照充足，空气流通，保持适当干燥。短日照能促进花芽分化，花芽分化后，长日照可促进花蕾发育。喜富含腐殖质且排水良好的沙质壤土，pH值6.5~7.5为宜。花期12月至次年5月。

繁殖方法 以播种为主，也可扦插。

①播种法：播种期视所需花期而定，早花品种播后5~6个月开花，一般品种7~8个月开花。晚花品种要10个月开花。在北京2~9月都可播种，通常分3次进行。

第一次，3月播种，12月中下旬开花，供元旦应用；第二次，5月播种，春节开花；第三次，8～9月播种，翌年4～5月开花，供"五一"节应用。其中以8～9月播种最为相宜，因这时雨季已过，天气转凉，幼苗可不受高温影响，生长迅速，栽培管理简单。若在9月以后播种，当苗株还小时，日照时间已转长，促使花蕾发育而开花。这样的植株，茎细长，花稀小，观赏价值降低。

播种采用播种箱或浅盆。用土可用腐叶土3、壤土1、河沙1的比例配合。播种前容器和用土要充分消毒。播种采用撒播法，覆土以不见种子为度。喷雾灌水或用盆浸法灌水，覆盖玻璃保湿，并将一边垫起，微留空隙通气。再予遮荫。发芽适温约21℃，3～5天发芽。发芽后逐渐加大通气量，除去遮荫，以利通风透光，避免幼苗徒长。

②扦插法：5～6月间，于花后选充实的腋芽扦插，芽长6～8cm，摘除基部大叶，留2～4枚嫩叶插于粗沙扦插床内，20～30天生根。插穗也可选用苗株定植时摘除的下部叶芽。此法仅用于不易结实的重瓣品种的繁殖。一般概用播种法繁殖。

栽培管理　瓜叶菊从播种到开花的过程中，需移植3～4次。以北京地区8月上旬播种为例：播种出苗后约经20天，真叶2～3片时，进行第一次移苗（分苗），株行距5cm，移于浅盆中。用土为腐叶土2、壤土2、河沙1。减少了腐叶土的含量而增加壤土的含量，使幼苗发育充实。此期间逐步增加日照量，移植1周后，可追施稀薄液肥，使幼苗生长健壮。

约经30天的生长，根充满株间，真叶抽出5～6片，可行第二次移苗（上盆），选用7cm盆，用土如前，缓苗后每1～2周追施腐熟的液肥1次，浓度逐次增加。此时已至4月末，天气转凉，幼苗生长迅速，给予充足的光照。当根系充满盆内时（约11月末），即行定植，使用13～17cm盆。用土为腐叶土2、壤土3、河沙1。并适当施以豆饼、骨粉或过磷酸钙等为基肥。定植时，茎基部以上3～4节的腋芽要全部摘除，以减少养分的消耗，并保持植株的端正。栽培中注意"倒盆"和"转盆"，并随时调整盆距，以利通风透光，每2周追施液肥1次。在花芽分化前2周，停止施肥并减少浇水。在稍干燥的情况下，着花率较高。夜间最低温度10℃，白天最高温度21℃左右为宜。

在瓜叶菊栽培中应注意的几个问题：

①越夏的问题：瓜叶菊喜凉惧热，生长适温15～20℃。而我国不少地区夏季持续高温。如北京地区夏季温度常达35℃以上，对瓜叶菊的生长十分不利。所以播种期常在8月中旬以后，避开高温时期，若提早播种苗期越夏，应放荫棚下栽培。注意通风，勿着雨淋，可向地面和叶面喷水降温，但应防止水分过多引起植株徒长或腐烂。

②花芽分化和催延花期：在花芽分化前2周停止追肥，控制浇水，一则可控制植株高生长，使株矮紧凑，更重要的是可促进花芽分化，提高着花率。此期间以日温21℃左右、夜温10℃左右为宜。现蕾后即正常管理，追施液肥，增加浇水，保持充足光照。若在单屋面温室栽培，每周要转盆、倒盆各1次；若在南北延长的双屋面温室，则可以不转盆。当花蕾伸出后，提高室温催花，花初开，即降温以延长花期。据

报道，在 15℃ 以下低温处理 6 周左右，可完成花芽分化，再经 8 周即可开花。从低温处理到开花，需时 3 个半月。因长日照可以促进花芽发育而提早开花，早花品种在 8 月播种，于 11 月后增加人工光照(每天 15～16 小时光照)，12 月可以开花。

③病虫害防治：植株拥挤，通风不良，管理不善，易遭蚜虫或红蜘蛛危害，可用 1500～2000 倍乐果稀释液喷杀。幼虫期常发生潜叶蛾，常用 1500 倍 40% 乐果稀释液除治。高温多湿，通风不良，易发生白粉病，可用 1000 倍托布津或者 2000 倍的 50% 代森铵喷治。

园林用途　瓜叶菊花色艳丽，株丛圆整，且有一般室内花卉少见的蓝色花，深受人们喜爱。其栽培简单，花期长，是最常见的冬春代表性盆花。人工调节花期，从 12 月到次年 5 月都可开花，已成为圣诞节、元旦、春节、"五一"等节日布置的常用盆花。星型瓜叶菊适作切花。

（12）马蹄莲　*Zantedeschia aethiopica*

别名　水芋、慈菇花
英文名　Common callalily
科属　天南星科马蹄莲属
形态特征　球根草本。具肥大肉质块茎。株高 70～100cm。叶基生，具长柄，叶柄长于叶片 2 倍以上，具凹槽；叶片卵状剑形。花茎常高出叶面之上，佛焰苞白色，质厚，呈短漏斗状，先端长尖，稍反卷，形似马蹄状；肉穗花序鲜黄色。花期 12 月至翌年 5 月。盛花期 2～3 月。

变种品种　主要园艺品种：
'查尔西安娜'('Childsiana')，花白色；
'阳光'('Sun Light')，黄白色；
'绿女神'('Green Goddess')，复色，白色具绿边等。还有黄、粉红、红、紫等色品种。

马蹄莲　*Zantedeschia aethiopica*

产地分布　原产南非。
生态习性　喜温暖湿润及稍阴的环境，不耐寒，喜肥，不耐干燥与夏季强光，喜黏质壤土。
繁殖栽培　马蹄莲用分球繁殖。

盆栽种球选取二年生未采收过切花的球根，母球周围着生 6～9 个直径 1～2cm 的子球，质量最佳。三年生种球采收过一季切花，长势较弱。切花产生的伤口易感染病菌，栽培时球根软腐病发生率较高。6 寸盆可以开花 6～10 朵。种球用赤霉素加杀菌剂药剂处理可增加种球的开花数量，防止软腐病发生。一般来说，赤霉素处理过的种球的开花数量期望值是未处理种球的两倍。赤霉素会略为增加植株高度、小幅减小叶子宽度和软化组织。

种球处理可采用背包喷雾器配赤霉素和杀菌剂喷施。避免药剂浸泡种球，以减少可能的病菌传播。药剂配置：每升清水用 20mL 37.5% 的氢氧化铜溶液并加上 125mg/L 的 GA₃ 全面喷施。添加一定铜制剂的消毒液到赤霉素溶液中，有助于控制病菌蔓延和减少软腐病。药剂混合好以后不能静置，必须搅动溶液，以防沉淀。种球要风干，不能用风扇。

彩色马蹄莲属天南星科马蹄莲属多年生草本球根花卉。因其花型典雅，花色多彩，成为花卉市场的新宠。可作切花和盆花栽培。

①种球：彩马种球用种子繁殖或子球繁殖。球根生长寿命为 4 年。

种球的接收和处理：收到后立即打开包装。剔除感染软腐病的种球，然后洗手以避免把细菌传播到其他健康的种球。放置在 18℃ 通风良好的托盘里两三天后种植。这将确保因在运输过程中摩擦造成的伤口在种植前愈合。如果要长期贮存 6 周或 6 周以上，应该放在避光、阴凉、通风处，温度 10℃，相对湿度 80% 的库房里面。发芽面向下，单层摆放在塑料周转箱里。

②容器：选择 12~20cm 高脚塑料盆，有利于基质排水透气。每个盆种 1~2 个种球。

③基质：彩色马蹄莲的栽培基质十分重要。基质应该清洁、渗透性好，pH 值在 6~6.5 之间，EC 值 0.5 以下。马蹄莲发根忌高盐分的基质。最佳孔隙度为 20% ± 5%。基质应该使用含量在 30%~50% 粗糙等级的草炭土，混合大颗粒珍珠岩、粗沙、枞树皮、浮石或矿渣等。松树皮与多效唑互斥，应谨慎或避免使用。粗沙可以对花盆起到稳定的作用使其不容易倒。石膏或石灰不仅有助于 pH 值平衡，也提供了有利于植物健康生长的钙。建议基质配方：3 份粗草炭土，2 份珍珠岩，2 份 3.2~6.4mm 枞树皮，1 份粗沙。椰糠和椰壳纤维是优质的无盐分基质混合材料。在切花培育中，用其对花和茎的质量有所改善。然而，在培养盆栽花卉时，会增加种球染病的概率。因此，不建议用椰糠做盆栽基质。

④上盆：种植时将种球的芽眼朝上，平放。彩色马蹄莲的根从球茎上部芽眼周围长出，因此要注意适当的种植深度。种球上方应该覆盖 2.5~3.8cm 深的基质。如果球茎覆土太浅，根露出土面，很容易受到光线和空气干燥的威胁。如果球茎露出盆土土面，新根则生长困难。

种球上盆以后用清水浇透，摆放在发芽车上，在发芽室或者小间温室里催芽。这样便于保证发芽温度，发芽整齐，降低加温成本。

⑤盆花生长

第一阶段：为了防治病害，上盆后第 4 天用阿维菌素和农用链霉素灌根。从上盆起到苗高 2.5~7.5cm，大约 12~25 天这段时间，保持白天气温 24℃，夜间气温 18~19℃ 的温度。冬季生产在生长早期，适当的加热可提高植物的活力和长势。种苗生长 6~10 天以后，高度达到 1.25~5cm 时用多效唑 6~8mg/L 灌根。紧凑型的品种浓度低一些。由于种球发芽长势不一致，发芽达到高度的花盆先灌，做上记号；发芽达不到高度的种球隔 2~4 天以后再灌。

第二阶段：大约在出芽 1 个星期后，或从第一次多效唑灌根开始，直到叶子展开，大约 14 ~ 50 天(取决于品种不同)。白天保持 21 ~ 24℃，夜间 12 ~ 15℃的温度。凉爽的夜晚，将降低株高并延迟生产时间。

第三阶段：花蕾开始生长并着色。取决于季节和栽培条件，大概是第 50 ~ 75 天，保持白天 18℃和夜间 10 ~ 13℃的温度。在第二和第三阶段光照不足或没有使用多效唑灌根的情况下，适当降低 1 ~ 2℃。这种低温可以减少使用多效唑，但生长期将延长。注意温度 10℃或者略低于 10℃时马蹄莲开始停止生长，这样可以延迟花期，推迟上市。

负温差或早晨冷刺激：在第一次使用多效唑以后 2 ~ 5 天，在早上 5：00 ~ 8：00 给温室降温 3 ~ 6℃，产生负温差，即采用冷刺激的方法，可以减少多效唑使用量，促使植株健壮，株型紧凑。冷刺激技术不会延长促成栽培的生长期。

加快马蹄莲开花的唯一办法是提高平均温度。但温暖的气候，特别是在低光照情况下，植物会徒长，严重的造成叶片和花苞下垂。植株生长初期出现带有淡颜色的黄叶子，通常是温度过高引起的。所以，最好是种植时间提早一些，让低温使植物较慢生长，比种植时间晚，在第二和第三阶段提高温度更好。

⑥光照：马蹄莲生长需要充足的光照，控制在 5000 ~ 50000lx 为宜。对光周期不敏感。许多花农的马蹄莲摆放像凤梨、花烛那样，过于拥挤，通风透光差，盆花徒长软弱。马蹄莲在苗床上面的摆放密度，应该植株之间叶片互相不接触，略有间隙较好。冬季长江流域气温低，多阴雨。塑料薄膜温室要用新膜，不能使用固定的二道膜。白天要打开二道膜，保证光照充足。

⑦湿度和通风：在空气不流通、光照弱或植物拥挤的情况下，经常湿度太大、过热或过冷的生长环境会导致叶片和根产生病害。要打开内循环风扇，让温室产生水平气流。注意：过于干燥的环境会使叶片变窄，降低生长势甚至花芽数量，影响产品的最终品质。

⑧水分：水分管理是关键。使用清洁无病菌、EC 值低于 1.5 的水源，有利于植物健康生长。高盐度或其他水质问题的供水需要进行水处理。

浇水取决于季节和温度，以及基质的持水能力。保持盆土湿润，避免过湿和过干。种植时浇初始上盆水以后第 4 天，第一次浇透灌根应该是四合一预防性杀菌剂(见杀菌剂部分)。然后，浇少量的水直到叶子展开。在 14 ~ 21 天左右做第二次杀菌灌根。避免盆土积水和叶面喷水，很容易传播病害。在温暖的条件下施缓释肥料的时候，极端干旱和过分潮湿交替的环境会造成根系损伤，将大大增加感染病菌的可能性。

注意盆土过分干燥可导致花蕾凋谢。浇水要充分并且彻底浇透，盆底渗出水可以带走盆土积累的过高的盐分。因为会传播病害，应该避免潮汐式灌溉和底部渗灌。长期盆土过湿会使表面长苔藓，不利于马蹄莲病害管理。

⑨肥料：理想的初始施肥是基质预混合 15 - 3 - 15(如果可能的话加微量元素)缓释肥。保持盆土湿润，电导率在 1.5 ~ 2.0 之间，避免超过 2.5。不要使用氨态氮。建议使用恒定 100 ~ 150mg/L 的配好的液态肥，并加入微量元素。在弱光照或生长条件不好的情况下要增加肥料浓度。例如每周一次施肥采用 100mg/L 浓度；两周一次采用 200mg/L，如果不经常施肥则采用 300mg/L。可以在每个 15cm 的花盆中加 1.5g15 - 3

－15 缓释肥。如果盆土过干，温度超过 25℃，缓释肥超过 30 天会产生肥害，叶子边缘产生盐灼。每立方米的基质中加入 1.78kg 的石灰和白云岩，可以为植物提供钙和增加抗病性。使叶子颜色变深，可以加入螯合铁 46.9mL 溶入 100L 水配成的溶液，在叶子展开后每周喷洒。多效唑的使用和更低的温度也可使叶片颜色变深。

为了增加大叶品种(例如黄色/橙色品种)的通风透光度，要在肥料中减少氮浓度，增加磷。使用 10－30－20，将生长出更健壮和较小的完整叶子，以及增加花朵数量。

在生长期最后 6 周，尤其是栽培小盆栽时，用清水浇透 3~5 次，2 次肥料 1 次清水，可以清洁叶面，防止盆土盐分积累，灼伤根系。

⑩植物生长调节剂：多效唑是最有效的马蹄莲生长调节剂。当芽长到 1.25~5cm 高时第一次喷施多效唑。盆土必须湿润，最好在施肥后一两天或第二次盆土杀菌灌根后使用多效唑。第二次喷施多效唑通常是第一次之后 6~10 天。分两次使用低浓度(6~10mg/L)的多效唑，比一次性的喷淋较高浓度的溶液效果好。建议 15cm 的盆喷施 177mL，11cm 的盆喷施 118mL。使用太多的多效唑会导致株型佝缩，花数量减少，推迟开花期。正确使用多效唑会大大改善成品花的质量与效果，且有利于较长距离运输。

除浓度之外有很多因素影响多效唑的使用效果，例如光照弱或短日照；温度过高或者过低；盆土太干；喷施矮壮素以后接着浇水等。同样浓度的多效唑在不同的品种，不同的地区，不同的季节会有不同的效果。为了准确掌握喷药的时机和浓度，必须仔细记录喷药的环境条件：使用时的基质湿度，使用后的温度和光照情况等。

⑪病虫害防治：主要病害是欧文氏细菌引起的种球软腐病，以及纹枯病等。当出现黄叶，去掉花盆，可以看到黄叶下部相应的根系产生水渍状的透明根，就是病根。健康的根系是白颜色的。可定期使用杀菌剂喷洒和前面叙述的灌根防治。

防治的时间至关重要。对于预处理过的球茎，在初始浇水后的 2~6 天内进行第一次药剂灌根。如果不是预处理过的块茎，在初始浇水后的 2~3 天内灌根。第二次灌根的时间点很重要，应在第一次灌根后 14~21 天进行。第三次灌根在第二次之后 21~28 天(从种植开始 40~47 天)进行，但只有在每周检查根出现下列情况下才有必要：根褐变，生长不均匀，植物有病害，根瘦弱或可能会长途货运等。所有的喷药和灌根都要在早上进行，或足够早使得所有叶面都能完全变干过夜。

控制真菌蚊子、小苍蝇和白粉虱很重要，因为它们能传播细菌和其他疾病。一般来说，马蹄莲对叶面喷雾的药害有一定的抗性，大多数杀虫剂可以安全使用。蓟马会传播凤仙花坏死斑(INSV)和番茄斑萎(TSWV)等叶病毒，蚜虫会传播芋花叶病毒(DMV)。

软腐病的出现可以没有明显的原因。要及时清除温室中病变的植株。卫生很重要。不要多种植物混杂在一间温室里面种植。

园林用途　马蹄莲叶形奇特，花形优美，花色艳丽，是盆栽花卉的新宠，又是重要的切花花卉。

同属盆栽花卉　马蹄莲属约 8~9 种，产非洲南部至东北部。现各热带地区多有栽培。见于盆栽的如：

银星马蹄莲(*Z. albo-maculata*)，叶片大，具白色斑块，佛焰苞白色或淡黄色，基部具紫红斑。花期 7～8 月，冬季休眠。原产南非。

黄花马蹄莲（*Z. elliotiana*），叶广卵状心形，端尖，鲜绿色，具少量白色半透明的斑点。佛焰苞大型，长约 18cm，深黄色，基部没有斑纹，外侧常带黄绿色，花期 7～8 月。冬季休眠。原产南非。

红花马蹄莲（*Z. rehmannii*），矮生种，叶长披针形，基部下延，叶上有白色或半透明的斑纹。苞长约 12cm，喇叭状，端尖，淡红色、红色、紫红色或白色。花期 6 月。原产南非。

黑心黄马蹄莲（*Z. tropicalis*），花深黄色，喉部有黑色斑点，花色有淡黄、杏黄、粉色等，叶剑形，有白色斑点。

(13) 凤梨科植物

凤梨科植物是一个庞大的家族，除少数种类是食用凤梨外，绝大多数是观赏凤梨。观赏凤梨原产于中、南美洲雨林区及美国南部的佛罗里达州一带，种类繁多，有 50 多个属 2500 余种，此外还有数千个品种。包括各种形状及色彩的组合，颜色大部分是深浅不同的绿色，有的杂有其他颜色的斑点或纹样。

形态特征　宿根常绿草本。叶多为基生，丛生如莲座状，向上辐射发散，叶厚，质地坚硬，呈带形或剑形，叶丛中心有一空心管，俗称"水瓶"，用以贮水，花茎和花也在其内逐渐形成。花头为棒形、圆锥形或疏松的伞形；花穗颜色极为艳丽，有红、橙、紫、黄、粉红等色，可供观花和切花之用。花期可长达 2～6 个月之久。

在自然条件下，凤梨多附生于树上或气生，生长的地方包括大树、岩石或雨林中腐败的枝叶。栽培时，要栽在通透性良好的基质上才能生长良好，如擎天凤梨、莺歌凤梨都属于这一类；也有许多种是栽在地上的，如食用凤梨等。在热带雨林中，树下是很阴暗的。因而，观赏凤梨形成了喜温畏寒、喜湿、喜荫蔽的生长习性。

观赏凤梨，株型美丽多变，有观花、观叶、观果之分，是极为理想的室内观赏植物，是当前风靡市场的盆栽花卉产品。

常见的观赏凤梨有 6 个属：擎天属（*Guzmania*），莺歌属（*Vriesea*），蜻蜓属（*Aechmea*），铁兰属（*Tillandsia*），水塔花属（*Billbergia*），艳凤梨属（*Neoregelia*）。

擎天属　*Guzmania*（又称果子蔓属）

形态特征：叶片自底下基部呈 45°放射状生长，基部形成漏斗状，具有蓄水功能。叶梢尖锐，叶缘无刺，向上凹成长剑形，叶色浓绿有光泽。株型有大中小型之分。突出的特征是自植株心部中央处抽出直立状长花穗，好似一柱擎天。花穗具有观赏价值的部分为花萼及苞片，颜色以橙、红色居多，紫色、黄色、混杂色都是杂交品种。

习性：性喜阴湿，不耐寒，怕闷热。本属凤梨很耐阴，需光照强度介于 18000～22000lx 之间。不耐高温（35℃以上），也不耐低温（15℃以下），不喜闷热通风

擎天属　*Guzmania*

不良的夜晚，它生长的最适温度为夜温18～20℃，日温25～30℃，日夜温差不超过7℃最佳。对湿度十分敏感，在强光或干燥的环境下（相对湿度低于50%），叶片会自向内凹卷。夏季应早晚喷水一次，湿度低于60%时，最好能喷雾保湿。喜排水良好基质，pH值以5.5为宜。施肥以酸性肥料为佳，不宜用碱性肥料。混入基质中的肥料以缓效性为佳，不宜使用速效化学肥料。叶面施肥使用完全水溶性肥料。

莺歌属 *Vriesea*

莺歌属 *Vriesea*（又称丽穗凤梨属）

形态特征：基生莲座叶丛，叶外弯，深绿色，具有多数紫黑色横条。花蔓直立，无分枝。花序穗状扁平，成二列。苞片互叠，鲜红色，小花黄色。

习性：附生和陆生兼有的凤梨科植物。喜阴、温热、湿度高的环境，需要在隐蔽和高空气湿度、高温度下生根。生长季节需充分给水，冬季休眠，停止生长，要减少给水，以保持盆土不干为宜。冬季夜间温度不能低于10℃，要保持干阴。基部出芽分条繁殖。也可用组培法大量繁殖。栽培基质可用腐叶土和沙土各半组成。

蜻蜓属 *Aechmea*（又称光萼荷属）

形态特征：整株基部呈宽漏斗状。大部分品系比其他属凤梨叶宽，叶片平滑有光泽，叶肉厚硬。叶色全绿最多，少数品系为红色叶片。花梗长短不一，但长者居多。花苞颜色应有尽有，以红色、紫色、黄色、粉红色居多。花瓣以白色及紫色居多。夏季开花，花期可长达3个月。

蜻蜓属 *Aechmea*

习性：大部分品系喜强光，有些可露天栽培接受全日照。弱光下叶片细长，植株软弱。强光下栽培植株才会健壮成长。大部分品系可耐低温，但不耐霜冻。最适栽培温度为15～30℃。零上低温虽不致造成寒害，但对生长不利。花穗抽出后，若遇高温，则花穗颜色会淡化，花期寿命缩短。常在未开花之前就长出吸芽，可切除吸芽繁殖。

铁兰属 *Tillandsia*（又称空气凤梨属）

形态特征：叶片呈莲座状丛生，茎甚短。叶窄长，宽1cm左右；叶片开展，几乎无叶筒。叶数较多，开花时约有50片叶。分生蘖芽多，花茎甚短，不伸出叶丛；花序椭圆形，呈羽毛状，苞片二列，对称互叠，

铁兰属 *Tillandsia*

红色或粉红色；花期甚长，自秋至翌年春天。株型大者具有丛生的大型莲座状叶，小者如苔藓、地衣。

习性：喜强光日照，在高湿度（相对湿度为40%～60%）气候环境下可全日照栽培。对温度适应能力强，它在5～38℃之间生长良好。相对湿度应控制在50%以上，最佳湿度为60%～70%。高温高湿时应充分通风，以免植株脱水。夏季高温高湿时，喜欢高氮肥，用"花多多10号"（30－10－10）为佳。夏季每周至少施一次，冬季可以不施肥。

栽培环境条件 观赏凤梨性喜温暖、半阴性的干燥环境，生育期的温度、光照、水分、通风是影响栽培的主要因子，其不同品种所需的生长环境稍有差异。

①栽培基质：栽培基质是种植凤梨成功的关键。凤梨喜欢偏酸性基质，适宜pH值为5.5～6.5，EC值应低于0.5mS/cm，保水性与排水性要好，物理化学性稳定，质地略粗，固着力强。

应达到如下标准：

＊无有害病菌。

＊每次配制标准应统一。

＊透气性、排水性、保水性较好。

＊可溶性盐类含量较低，有足够的阳离子交换能力。

＊无影响作物生长的有毒物质。

种植小苗时，选择幼细型的配方草炭土；换盘时，选择粗纤型的配方。

在使用过程中，主要配方是加入珍珠岩，两者比例为9:1或8:2，依种苗大小而定。

②温度：凤梨科植物在光合作用上属CAM型植物，大都能在相当宽广的温度范围内生长，故在日夜温差较大的环境生长较好，其最佳生长温度：夜温为12～18℃，日温为21～32℃，日夜温差最好在6℃以上，10℃最佳。观赏凤梨不耐寒，生长最低温度在12～16℃以上。若较长时间在低于10℃的条件下，观赏凤梨易受寒害。因此，立秋之后应注意观赏凤梨寒害问题，露天种植的观赏凤梨应及早入室或加以保护设施。

擎天凤梨和莺歌凤梨对温度的适应范围较窄，适宜的夜温为18℃，日温为25℃。这两种是凤梨科中最娇弱的。

③光照：观赏凤梨喜散射光，忌直射光，宜遮荫栽培，在南方少数也可以露地栽培。通常所需的光度约为20000～40000lx，不同品种类型对光照强度的要求不同，大概如下：

粉凤梨类	>	铁兰类	>	擎天类	>	莺歌、红剑类
30000lx		25000lx		18000～22000lx		18000lx

光度较强时，配合高湿度与高通风条件，可加速观赏凤梨的生长，使其株形苗壮，叶片宽短刚硬，花色更鲜艳美丽；光线不足，易造成植株徒长，叶片狭长，软弱下垂，色泽不佳，催花率低。观赏凤梨催花前2个月喜欢强光照条件，光照不良会影响花序的发育及花穗色泽亮丽度。凤梨每天至少约需12小时的日照，若能增加至16

小时则生长更快。日照时数若低于 12 小时或长于 16 小时，则植株不会正常生长，形态发生异常，开花率也会大受影响。

在室内栽培，光照条件达不到要求时，可采用人工照明。可选用日光灯，而不用白炽灯。因为日光灯光谱较长，可产生较强的光而放出较少的热量，获得良好效果。照明灯最好悬吊在植株上方约 30cm 处，不要太高，以免降低光照强度。

④水分：不同品种观赏凤梨对水分的要求不同，即使同一品种，一年四季也有不同。大部分盆栽观赏凤梨喜欢高湿的环境，栽培基质宜保持湿润，但不能积水，空气湿度应维持在 70% ~80% 。

水质对观赏凤梨非常重要。凤梨科属喜酸性植物，要求水质 pH 值应介于 5.5 ~6.5 之间，不喜高盐类含量，尤其是钙盐与钠盐，其中氯化钠含量不能超过 50mg/L，更忌重金属。水的 EC 值应尽量低于 100mS/cm，当其大于 300mS/cm 时，不宜使用。pH 值若高于 7，凤梨植株生长营养不良；高钙钠盐，会使叶片失去光泽，妨碍光合作用，并容易引起心腐病及根腐病；重金属对凤梨有毒害，缺硼缺锌植株生长容易引起生理障碍。硬水含碳酸钙及镁盐，不宜使用。自来水也常含高钠盐或氯，不宜作为喷灌用水。地下水因地域不同会有变化，应做水质分析后再用。

一般来讲，在栽培地应注意将观赏凤梨的生长期和休眠期分开。夏季，为观赏凤梨生长旺季，需水量较多。每天约需 3mL 的水量，每 3 天喷一次 10mL 的水即可。浇水应采用室温水，浇到植株中心（管状心部），使水流经叶片而到根部和盆中基质，使之湿润即可。冬季，观赏凤梨进入休眠期，要控制浇水，每周中午喷一次水，每次 3mL，保持盆土微潮即可。盆土不干不浇水，否则盆土太湿，容易烂根。叶筒底部保持湿润即可，不宜给太多水分，以免发臭乃至造成观赏凤梨腐烂。

⑤肥料：氮、磷、钾等元素的合适比例，是栽培高品质凤梨的关键所在。氮肥的浓度相对钾肥过高时，将会导致叶窄长，叶色墨绿；过量的磷肥会引起凤梨叶片的烧顶。氮、磷、钾的比例如下表：

	氮	磷	钾
擎天属（*Guzmania*）	1	0.25 ~ 0.5	2 ~ 3
莺歌属（*Vriesea*）	1	1	2
蜻蜓属（*Aechmea*）	1	1 ~ 1.5	3 ~ 4
铁兰属（*Tillandsia*）	1	1	2
艳凤梨属（*Neoregelia*）	1	0.5	2 ~ 3

硼、锌、铜三种元素对凤梨有危害。凤梨是忌硼作物，施用硼肥会引起顶烧现象。锌、铜会使凤梨致死。所有的凤梨都需要镁元素，在施加的肥料中必须含有 3% 的硫酸镁。同时也适当增加一些钙。

观赏凤梨较适宜使用液体肥料，缓效性肥也可以。对液体肥的配方，应达到如下要求：pH 值为 5.5 ~6.0；EC 值幼苗期为 0.5mS/cm，成株或开花期为 1.0 ~1.5mS/cm；各种营养要素比例 N - P_2O_5 - K_2O - MgO 应为 1.0 - 0.5 - 1.5 - 0.5。应在催花期前 2

个月去掉氮肥。液体肥料每 3 天喷一次。由于凤梨的叶杯具有吸水、吸肥的功能，可直接将液肥施于"叶杯"中。缓释性肥料用奥绿肥最稳定、安全。

以 7 寸盆为例，对凤梨施肥做如下说明：

* 一般用奥绿肥 5 号(14－13－13)作基肥拌于基质中，每盆施 4～5g/次。

* 在营养生长阶段，用花多多 9 号(20－10－20)1000 倍液每 5～10 天喷施一次。

* 在生长过程中，每 3～4 个月追施一次奥绿肥 5 号(14－13－13)；1 个月用 1 次硝酸钙 1000 倍 + MgSO₄2000 倍液；1 个月两次微量元素喷洒叶面。

* 开花前 1 个月，用花多多 12 号(15－10－30)代替花多多 9 号(20－10－20)喷施，以补充钾；或施用高磷、高钾的花多多 2 号(10－30－20)，以促使成熟植株开花。

* 在开花期、休眠期(冬季)均应停止施肥，在炎热的夏季，也应停止施肥，否则引起叶质过嫩且抗旱能力减弱。

* 给凤梨施肥，切忌将肥料施在植株中心或叶筒内，否则会引起危害。

⑥通风：通风、温湿度与凤梨生长是密切相关的。天气凉爽时，通风并不重要；高温高湿时，温室或大棚内极为闷热，这时良好的通风对植株生长极为重要。通风好的栽培场所，植株叶片宽而肥厚，花穗大而长，花色鲜艳美丽；通风不良栽培场所，植株容易徒长，叶片狭长软弱，花穗短，花色没有光泽。

当空气干燥，相对湿度低于 40% 时，过分通风不良，对凤梨植株生长亦不适合，容易造成叶尖枯萎。最适宜凤梨生长的相对湿度介于 50%～70% 之间。夏季高温高湿期，应加强通风；冬季低温期间，则不宜多喷水。

栽培流程 凤梨的生育期以擎天凤梨为例，来介绍凤梨生长示意图：

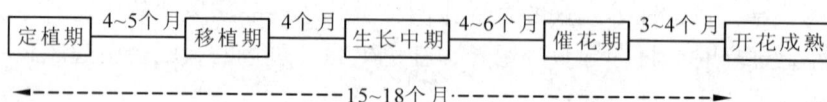

定植期	4~5个月	移植期	4个月	生长中期	4~6个月	催花期	3~4个月	开花成熟

←--------------------------- 15~18个月 ---------------------------→

①栽培前的准备工作：在种苗到之前，先把栽培场地清理干净并消毒，容器、栽培基质准备好。

②定植：凤梨种苗收货后，将凤梨种苗从包装中取出，直立放置，确保所有植株都有足够的通风条件。最好能在当天种植，否则，要给箱子里的植株洒点水，但不要浸透它们。

然后依照不同的品种，把种苗定植在相应的 7、8、9cm 的盆中，中粗草炭土 pH 值为 5.5～6.0、疏松、通气性佳、排水良好，是定植凤梨的理想基质。土壤保持相对干燥，不能压得太紧，尽量保持良好的透气性。种植后，要浇透水，保证凤梨根系和土壤的良好结合。凤梨苗不能种植太深，适宜深度为 2～3cm。如果太深，土壤进入凤梨的心叶，凤梨将停止生长。种植之后，施一次 2000 倍 20－10－20 叶面肥。尽可能只对植株浇水，不对土壤，确保植株的叶间总有水分。

当植株根系形成后，新根至少长 2cm，才可以有规律地给植株施肥。

③移植：凤梨苗在小盆中生长 4～6 个月后，就需要换上大盆。一般小红星、紫

花凤梨用 12cm 的盆，擎天类品种用 15cm 的盆，粉凤梨用 15cm 的盆。在盆底放一层草炭土，再把凤梨从小盆中连土取出，摘除老叶，放在盆中央，在根球四周放入草炭土，轻压以确保植株直立，种植深度以 5cm 为宜。同样注意土壤不宜压得太紧，尽量保持良好的透气性。

移盆种植一段时间后，当根球的外面有一些白色根时，就可以开始施肥。

④花期控制：观赏凤梨营养生长期太久，可催花处理提早开花。调节花期，必须等凤梨植株叶片长到适当叶龄（足够叶片数）才有效，所需时间因品种而定。

在凤梨的营养生长期，为打破其营养生长阶段，催花处理阶段前应减少施肥量，尤其是氮肥。并调整施肥成分，某些状况下，甚至应停施或浇水冲淡。在花期，耐阴（需要弱光生长）的种类在室内较易诱导开花，而需强光生长的种类则难以诱导开花。为促进成熟植株的开花，可以使用花多多 2 号（10 – 30 – 20，高磷高钾成分），稀释正常量的 1 倍。

凤梨开花过程中，最重要的阶段是：茎顶的分生组织由原来要分化成叶原体而转变成为宽而圆的花原体过程。一般是利用乙炔气体溶解水中，灌注于其心部诱导花芽分化而提早开花。催花时间以早上为佳，早上温度较低，水可以吸收更多乙炔气体。也可以用乙烯利、萘乙酸来处理。

乙炔气：适用于除铁兰属以外的所有观赏凤梨。处理方法：在水中注入乙炔气，再将饱含乙炔气的水灌入观赏凤梨的茎秆。对于叶杯小且深或不宜催花的品种，可预先倒去叶杯中的水，以保持水中较高的乙炔浓度。冬季用乙炔进行催花，须保持高光度及 20℃ 以上的温度。

乙烯利：适用于铁兰属和花叶兰属。处理方法：清晨时以每升含 200mg 乙烯利及 0.5% 尿素的水溶液浇灌于植株中央叶筒内。

催花处理时，凤梨应具成熟的叶片，生长不能过于旺盛，气体应随用随配。催花重复处理几次效果佳，要连续进行 4 天。催花期间不能浇水，最后一次催花 3 天以后，才可浇水。催花后 2 周，应停止施肥，否则凤梨会抽出绿色花序或根本没有花序。花序抽出后，要注意光照强度，如小红星出花时，散射光充足，花序颜色红艳。若遇阴雨天，要拉开遮荫网，以使更多光线透入。

病虫害　观赏凤梨与其他室内植物相比，病虫害较少，在管理上比较省工。

①病害：观赏凤梨主要病害为心腐病和根腐病。

病原：心腐病和根腐病都是由真菌类侵染而引起。

病征：心腐病为被害植株心部嫩叶组织变软腐烂，呈褐色，与健康部位界限明显，心部用手指轻碰即脱落。根腐病为被害植株根尖黑褐化腐烂，不长侧根，病株的水分及养分吸收大受影响，植株生长势变弱，生长缓慢。

致病环境：

＊雨季连绵阴雨不断，高温高湿通风不良。

＊基质排水不良或喷水过多。

＊基质 pH 值高于 7 或水质含高钙钠盐类。

＊种苗堆积过久，移植后容易引起心腐病。

＊种苗包装后通气不良，定植后也容易引起心腐病。

防治方法：

＊避免高温多湿的环境，需排水良好基质，避免含高钙、钠盐的水质。

＊化学防治法，在幼苗期将种苗浸于80%福赛得（亚利特）可湿性粉剂400倍液，10分钟后取出，阴干再盆植。在生育期则以80%福赛得200倍液或75%锌锰乃浦400倍液，每月灌注心部，连续施用3次。

②虫害：观赏凤梨常发生虫害为介壳虫及粉介壳虫。

介壳虫

介壳虫是观赏凤梨最为主要的一种病害，几乎任何凤梨都会发生，尤其是雨季，病征为黄褐色斑点。

生活习性：介壳虫以棕色和黄色居多，但也有白色。虫体1～3mm，蛋圆形或椭圆形。依附于叶背刺吸汁液，幼虫移动力很大，成虫则静止不动，繁殖孵化。

危害特征：幼虫从土中出来，首先栖息于基部老叶背面，逐渐往上部幼叶爬移。刺吸汁液，致使叶色产生黄褐色斑点，进而枯萎。伤口分泌出蜜汁，诱使蚂蚁搬动虫体，传播再次扩大感染。伤口因有汁液，也常致使黑斑病再次发作。病斑面积显著扩大，开花株即失去商品价值。

防治方法：每月任选下列药剂喷施一次，以免介壳虫密度增高，喷施部位以叶背为主。速扑杀1000～1500倍。氧化乐果800～1000倍。巴拉松乳剂47%——稀释2000倍喷施。马拉松乳剂50%——稀释800倍喷施。

粉介壳虫

生活习性：长椭圆形，似毛虫状，长3～6mm，虫体周围常产卵成聚落，状似一团大毛球。年生6～7世代，单性胎生。栖息基部叶腋或叶背或根部刺吸汁液。移动力不大。

危害特征：刺吸汁液，伤口感染毒素，致使植株黄化萎凋，是凤梨萎凋病的媒介昆虫。病株基部老叶失水萎凋，叶色呈赤棕色。

防治方法：同介壳虫。

③生理病害

叶片狭长

特征：叶片狭长软弱下垂，叶表面无光泽，花穗细短，花色不艳丽，容易倾斜弯曲。

原因及改善方法：过度遮荫，日照不足，任何时候光照强度应不低于18000lx；氮肥使用量过多，氮、钾肥施用比例应为1:2；过度密植，各生育期应控制适当密植。

叶片有棕褐色斑点

特征：全株遍布黄斑或褐斑，有若麻脸。

原因及改善方法：喷水过多或基质排水不良，引起水伤，每次喷水不宜超过10分钟；遮荫不足，光照太强，高温强日照下不宜喷水或喷雾，以免引起烫伤；液肥或农药浓度太高危害。

叶尖黄化褐变枯萎

特征：轻微者叶尖约1cm黄褐化，严重者叶尖约5cm以上褐化。

原因及改善方法：水质不良，灌溉用水碱性太强，或含高钙钠盐类；过度施肥或液肥喷施浓度过高，致使盐类累积于叶梢部，造成危害；基质排水不良造成烂根，植株体内水分无法充分供应叶梢末端，造成干萎；天气高温干燥，通风不良，应及时通风。

叶片萎凋

特征：叶片两边叶缘向内凹卷，尤其是基部老叶更是明显。

原因及改善方法：基质水分不足或过分密植，喷水无法送于盆中基质；基质排水不良造成烂根，根系败坏，没有吸水功能。

2.3 其他盆栽花卉

表2-2 其他盆栽花卉

植物名称（科名）	拉丁学名（英文名）	形态与生态特点	繁殖方法	园林用途
大花圆盘花（苦苣苔科）	*Achimenes grandiflora*（Bigpurpule achimenes）	球根草本。高40~60cm。地下根状茎上着生松果状鳞片。全株被刚毛。叶对生卵形，花漏斗形，基部有距。花冠5裂，花各色，喉黄色。产墨西哥。喜温暖湿润半阴环境	分栽茎、扦插、播种	花色丰富，花形优美，是良好的盆栽观花植物
鸭嘴花（爵床科）	*Adhatoda vasica*（Malabar nut）	常绿小灌木。高约3m。茎节膨大，各部揉之有臭味。叶对生，披针形，全缘。穗状花序，花冠唇形，白色的紫纹。花期春夏。原产亚洲热带。喜温暖湿润，耐阴，忌强光	扦插、播种	花形美丽，酷似鸭嘴。夏季布置檐下廊边，良好室内盆花。暖地可植于庭园
海芋（天南星科）	*Alocasia macrorrhiza*（Common alocasia）	常绿草本。高可达150cm，地上茎粗短。叶聚生茎顶，叶柄长，有宽鞘，叶大型，盾状阔剑形，主脉显著。佛焰苞黄绿色，肉穗花序假种皮红色。原产中国南部，印度和东南亚。喜高温高湿半阴环境	扦插、分株、播种	终年常绿，为室内大型盆栽观叶植物
芦荟（百合科）	*Aloe vera* var. *chinensis*（Chinese aloe）	多浆草本。高可达2m，全株具白粉。叶轮生，肥厚多汁，狭长，缘具针状刺，蓝绿色，花被筒状，黄色，具红点，花期夏季。原产南非。喜温暖，喜光，耐盐碱。宜春夏湿润，秋冬干燥	扦插、分株	良好的盆栽观叶植物
艳山姜（姜科）	*Alpinia zerumbet*（Shell flower）	常绿草本。高2~3m，叶具短柄，2列状，长圆状披针形，平行脉。穗状总状花序顶生，下垂，花冠白色，有红及黄色斑点，极香。花期春夏。原产印度。喜高温高湿、半阴环境	分株	香气袭人，是良好的室内观花、观叶植物
四季秋海棠（秋海棠科）	*Begonia semperflorens*（Hooker begonia）	常绿草本。茎肉质，光滑。高70~90cm。叶互生，卵形，基部偏斜，绿、古铜或深红色。腋生聚伞花序，单性，雌雄同株。花有白、粉、红等色。全年开花。原产巴西。喜温暖湿润半阴环境，忌干燥积水	播种、扦插、分株	品种多、花期长、叶亦可赏，繁殖栽培容易，是常见的室内盆花。可置于几案或悬吊于窗前壁下。又宜布置于花坛

（续）

植物名称 （科名）	拉丁学名 （英文名）	形态与生态特点	繁殖 方法	园林用途
球根秋海棠 （秋海棠科）	*Begonia tuberhybrida* （Tuberous begonia）	球根草本。高约30cm。具扁球形块茎。茎稍肉质。叶斜卵形，具齿牙及缘毛，花腋生，花径可达5~10cm；花色丰富，单瓣、重瓣；花型多变，单花期可达半个月。为园艺杂交种。喜温暖湿润半阴环境	播种、扦插	花朵大而繁密，色彩娇艳，姿态优美，有较高观赏价值。可布置客厅几案或书室窗台
布落华丽 （茄科）	*Browallia speciosa* （Bush violet）	亚灌木，常作一年生栽培。高60~150cm。叶对生或互生，狭卵形，花单生上部叶腋，高脚碟形，裂片5枚，有暗紫色条纹。花期春夏或夏秋。原产哥伦比亚。喜光，喜温暖湿润，通风良好	播种、扦插	盆栽观花或用于花坛、花境
虾衣花 （爵床科）	*Callispidea guttata* （Shrimp plant）	常绿灌木。高1~2m，茎细多分枝。叶对生，椭圆至矩圆形，全缘。两面有茸毛。穗状花序顶生，下垂，苞片黄绿、黄、红以至棕红，层层密叠，形似狐尾，小花白色，唇形。花期春秋。原产墨西哥。喜温暖湿润，光照充足，通风良好	扦插、播种	可常年开花，花序奇特，长而下垂，形似狐尾，宜室内高花架上观赏
山茶 （山茶科）	*Camellia japonica* （Japanese camellia）	常绿阔叶灌木或小乔木。单叶互生，革质，长椭圆形至倒卵形，缘具锯齿。花单生或2~3朵着生于枝顶或叶腋。花梗极短，花红、淡红、白或有斑纹。花期12月至次年4月。原产中国浙江、江西、四川、山东。喜温暖湿润半阴环境，忌酷热干燥	扦插、嫁接或播种	是重要园林绿化树种，花大色美，花期长，叶片油绿，树姿优美，又耐半阴，是室内盆栽的良好材料。也可作切花
瓶儿花 （茄科）	*Cestrum purpureum* （Purple cestrum）	半蔓性灌木。高1~3m。枝弯曲或下垂，灰绿色有茸毛。叶狭卵形。伞房状聚伞花序，小花筒部收缩，呈瓶状。紫红色。花期夏季。浆果球形，熟后红色。原产墨西哥。喜温暖湿润，光照充足	扦插、播种	色彩美丽，花形奇特，别有情趣。华南地区可露地庭园布置
变叶木 （大戟科）	*Codiaeum variega-tum* var. *pictum*	常绿灌木或小乔木。高1~2m，全株光滑，具乳汁。叶互生，革质，叶形、叶色极富变化。总状花序，花小，单性。原产马来西亚及太平洋诸岛。喜温暖湿润，不耐寒，喜强光，不耐阴	扦插	叶形叶色变化丰富，是良好的盆栽观叶植物。宜于光照充足处布置
彩叶草 （唇形科）	*Coleus blumei* （Common coleus）	宿根草本，常作一二年生栽培。高30~80cm。茎四棱，基部木质化。叶对生，卵形，具齿，叶面绿色，具黄、红、紫等色斑纹。总状花序，顶生，小花上唇白色，下唇淡蓝或带白色。花期8~9月。原产印度尼西亚的爪哇岛。喜温暖湿润，光照充足。忌积水	播种、扦插	叶形、叶色变化丰富多彩，植株较矮，是良好的室内盆栽植物，也可用于毛毡花坛及盛花花坛边缘布置
朱蕉 （百合科）	*Cordyline terminalis* （Common dracena）	常绿灌木。高可达3m。茎直立细长。叶密生于茎顶，具长柄，叶片剑状披针形，端尖，革质，绿色或带紫红、粉红条斑，幼叶花期深红色。圆锥花序，小花白至青紫色。花期春夏。原产大洋洲北部和中国热带地区。喜光，不耐强光，要求高温高湿	扦插、分株、播种、压条	株形优美，叶色绚丽，是良好的室内盆栽花卉

（续）

植物名称 （科名）	拉丁学名 （英文名）	形态与生态特点	繁殖 方法	园林用途
青锁龙 （景天科）	*Crassula lycopodioides* （Clubmoss crassula）	常绿肉质草本。茎细弱，丛生，多分枝。叶小，鳞片状，覆瓦状排列。花腋生，淡绿色。原产非洲热带。喜光照充足，温暖干燥	扦插	室内盆栽观赏。可吊盆欣赏其下垂的翠绿枝叶
文殊兰 （石蒜科）	*Crinum asiaticum* （Grandleaf seagrape）	球根草本。鳞茎长柱形。叶基生，阔带形，肥厚。花莛腋生，高可达1m；伞形花序，着花10～20朵；小花纯白色，花被筒细长直立，花被片线形，有香味。花期夏季。原产亚洲热带，我国海南岛有分布。喜温暖湿润，光照充足	分株、播种	植株雅洁，叶色常绿，花香馥郁，花色淡雅，是极好的盆栽植物，宜布置于厅堂；南方可露地栽培，装饰庭园
花叶万年青 （天南星科）	*Dieffenbachia picta* （Variable tuftroot）	常绿草本。高达100cm。茎粗壮直立，少分枝。叶大，集生茎顶，叶具鞘，矩圆形，端锐尖，深绿色，有多数白或淡黄色不规则斑块，中脉明显。原产巴西。喜高温高湿半阴环境，忌强光直射	扦插	优良的室内盆栽植物
香龙血树 （百合科）	*Dracaena fragrans* （Fragrant dracaena）	常绿乔木。高6m以上，盆栽高50～100cm，叶多生于茎上部，叶无柄，抱茎，螺旋着生，叶长椭圆状披针形。花簇生成圆锥状，花被带黄色，芳香。产非洲至东南非热带。喜高温多湿，喜光，耐半阴，不耐寒	扦插	株态优美，叶色漂亮，为极好的观叶盆栽花卉
仙人球 （仙人掌科）	*Echinopsis tubiflora* （Tubeflower sea-urchin Cactus）	多浆草本。幼株球形，老株圆筒状，高可达75cm，直径15cm。球体暗绿色，具有1～12棱，刺锥状，黑色。花着生于球体侧方，大型，长喇叭状，傍晚开放，次晨凋谢。花期限夏季。原产阿根廷及巴西南部。喜光照充足，排水良好	仔球扦插、播种	常见盆栽花卉。生长较快，开花美丽，可点缀室内外场所，布置专类园，也可作嫁接其他球类品种的砧木
倒挂金钟 （柳叶菜科）	*Fuchsia hybrida* （Common fuchsia）	常绿或落叶小灌木。高60～150cm。枝平展或稍下曲。叶对生或轮生，卵圆形，缘具齿。花腋生，下垂，有红、粉、橙、白等色，雌雄蕊伸出。花期1～6月。原种产南美及大洋洲的高山区。喜温暖湿润半阴环境。喜凉爽，忌酷热	扦插、播种	品种众多，花色丰富，花形奇特，倒垂如钟。是世界广泛应用的室内盆花。温暖地区可用于花坛
网球花 （石蒜科）	*Haemanthus multiflorus* （Salmon bloodlily）	球根草本。高可达90cm，鳞茎扁球形。叶基生，3～6枚，椭圆形，全缘。花后伸长。花莛先叶开放，顶生伞形花序球状，小花血红色，花被片6枚，线形，直伸，雄蕊伸出花被筒外。原产非洲热带。喜温暖湿润，光照充足	分球、播种	花朵密集成球，花色艳丽，是极美丽的室内盆栽花卉
香水草 （紫草科）	*Heliotropium arborescens* （Common hliotrope）	宿根草本或亚灌木。高可达1.2m。叶互生或近对生，卵圆形，叶面深绿而皱，叶脉下陷。二歧蝎尾状聚伞花序，小花漏斗形，白至紫堇色，有香气。花期春至秋。原产秘鲁。喜温暖，光照充足	扦插、播种、压条	香气袭人，花朵优美，宜作室内盆栽。暖地可作绿地镶边材料

（续）

植物名称（科名）	拉丁学名（英文名）	形态与生态特点	繁殖方法	园林用途
扶桑（锦葵科）	*Hibiscus rosa-sinensis*（Shrubalthea）	常绿灌木或小乔木。高可达6m，盆栽高1～3m。叶互生，阔卵形，长锐尖，缘具粗齿，3主脉，叶面绿色有光泽。花阔漏斗形，红色。花期夏季。原产中国南部。喜温暖湿润，光照充足	扦插、嫁接	叶色碧绿光亮，花大色艳，是常见的盆栽木本花卉。可布置厅堂、会议室、会客室等光照充足处
朱顶红（石蒜科）	*Hippeastrum vittatum*（Barbados lily）	球根草本。具肥大鳞茎。叶基生，6～8枚，两列对生，扁平带状，与花同时或花后抽出。花莛自叶丛外侧抽出，粗壮中空，高20～30cm，伞形花序，着花3～6朵，漏斗状，红色，花期春夏。原产秘鲁。喜温暖湿润，忌强光照射	分球、播种	花朵硕大，花色鲜艳，美丽壮观。可盆栽布置阳台、窗前、几案等处，也是重要切花
量天尺（仙人掌科）	*Hylocereus undatus*（Common night-blooming）	附生至半附生多浆草本。茎深绿色，节上有气生根，三棱柱形，缘波状。凹处有刺座，刺绿色。花大，漏斗形，黄白色，夜间开放，有芳香。花期5～9月。原产墨西哥及西印度群岛，中国华南也有。性强健，喜温暖湿润半阴环境	扦插	花大而美，盆栽难开花。绿色三棱分枝的茎，有观赏价值，温室攀附墙上，雄伟壮观。华南可露地栽植或作篱垣布置
何氏凤仙（凤仙花科）	*Impatiens holstii*（Holsts snapweed）	常绿草本。高20～40cm，茎光滑，半透明，稍多汁。叶阔卵形，下部互生，上部对生或轮生，翠绿有光泽，缘具锐齿。花单生或双生叶腋，扁平似蝶，1枚萼片延成细距，花色丰富，四季开花。原产东非热带。喜温暖湿润，忌炎热水涝	播种、扦插	植株矮小紧凑，叶片翠绿，花朵秀丽，是良好的室内盆栽花卉
阔叶麦冬（百合科）	*Liriope platyphylla*（Broad leaf liriope）	常绿草本。根茎短，局部膨大成肉质小块根。叶丛状基生，宽线形，叶革质，深绿色。花梗高出叶丛，顶生总状花序，着花十多轮，小花多而密，淡紫或紫红色，花期7～8月。浆果黑紫色。原产中国中南部。较耐寒，喜阴湿，忌强光	分株、播种	株形秀美，叶色深绿。可盆栽赏叶；在长江流域作林下地被，丛植或配置假山旁
竹芋（竹芋科）	*Maranta arundinacea*（Bermuda arrowroot）	常绿草本。高60～180cm。地下具块状根茎。茎丛生。叶卵状矩圆形，绿色有光泽，具长柄。总状花序顶生，花白色，退化雄蕊2枚，花瓣形。原产墨西哥至南美。喜高温高湿半阴环境	分株	盆栽观叶
猴面花（玄参科）	*Mimulus luteus*（Golden nordmann fir）	宿根草本，常作二年生栽培。茎中空，匍地节处生根。叶交互对生，广卵形，基出5～7脉。稀疏总状花序，花冠钟形，略成二唇状，花黄色，具大小不等的红、紫、褐色斑点。花期冬春。原产智利。喜凉爽半阴，不耐寒	播种、扦插	优良的室内盆花，也可布置花坛
肾蕨（骨碎补科）	*Nephrolepis cordifolia*（Pigmy sword fern）	常绿草本。高30～60cm。根状茎直立，向四周长出匍匐茎，匍匐茎短枝上长出圆形块茎。叶簇生，浅绿色，一回羽状复叶，羽片缘尖齿状，孢子囊群生于叶背侧脉上方小脉顶端。分布我国南方各地，亚洲热带其他地区也有。喜温暖湿润、半阴，喜肥	孢子播种、分株、分栽块茎	著名喜阴盆栽花卉。常用于室内花卉布置；也是良好的插花切叶材料

（续）

植物名称 （科名）	拉丁学名 （英文名）	形态与生态特点	繁殖 方法	园林用途
令箭荷花 （仙人掌科）	*Nopalxochia ackermannii* （Red orchid cactus）	常绿多肉草本，附生性。高 50 ~ 100cm。茎扁平多分枝，叶状，鲜绿色，中脉突出，缘具偏斜圆齿，刺座生圆齿缺刻处。花大，漏斗形，花被片开展，花色多样，花期春夏。喜温暖、宜半阴、不耐寒	扦插、嫁接、播种	花大色艳，是优良的室内盆花
沿阶草 （百合科）	*Ophiopogon japonicus* （Dwarf lilyturf）	常绿草本。叶丛生，线形，主脉不隆起。花莛有棱，低于叶丛；总状花序短，花淡紫或白色，花期 8 ~ 9 月。浆果球形，碧蓝色。原产中国长江流域。喜温暖湿润、半阴通风环境	分株、播种	可作花坛、花境镶边材料；亦可盆栽。长江以南可作林下地被
仙人掌 （仙人掌科）	*Opuntia dillenii* （Pricklypear）	常绿多肉草本，常成灌木状。高可达 2m 以上。多分枝，干木质，圆柱形。茎节扁平，倒卵形或椭圆形，肥厚多肉。刺座内密生黄色钩毛。花单生茎节，短漏斗形，黄色，浆果红色。花期夏季。原产美洲热带。喜温暖、阳光、畏涝、耐旱	扦插	株形奇特，花大色艳，栽培容易，是常见的室内盆栽花卉。暖地可植为刺篱，果可食
虎眼万年青 （百合科）	*Ornithogalum caudatum* （Whiplashstar-of-Bethlehem）	球根花卉。鳞茎大，卵球形，外膜灰绿色。叶基生，5 ~ 6 枚，带状，拱形下垂。花莛长，可达 1m，总状花序，花密集，花被片白色，花期 5 ~ 6 月。原产南非。喜温暖半阴环境，忌夏季强光	分栽仔球	叶片翠绿，鳞茎美观，花序长，喜半阴，极适室内外盆栽观赏
红雀珊瑚 （大戟科）	*Pedilanthus tithymaloides* （Redbird slipper flower）	多浆灌木。高约 1m，茎肉质光滑，绿色，常呈"之"字形伸展，有白色乳汁。叶对生，卵形，叶背中脉隆起。聚伞花序顶生，总苞鲜红色，左右对称，有 1 短距；花小，花期夏秋季。原产美洲热带。喜温暖湿润半阴	扦插、分株	株形丰满，茎叶浓绿，花形别致，是良好的室内盆栽花卉
天竺葵 （牻牛儿苗科）	*Pelargonium hortorum* （Fish pelargonium）	茎肉质，高 30 ~ 60cm，全株被细毛和腺毛，具鱼腥味。叶互生，圆形至肾形，通常叶面具马蹄纹。伞形花序顶生，花瓣近等长，下 3 片稍大，花有红、淡红、粉、白、肉红等色。花期 5 ~ 6 月。原产南非。喜凉爽，怕高温，不耐寒。要求光照充足	扦插	重要盆栽花卉。常用于春夏花坛
西瓜皮椒草 （胡椒科）	*Peperomia sandersii* （Sanders peperomia）	常绿草本。高 20 ~ 25cm。近无茎。叶基生，绿色，倒卵形至卵形，叶厚多肉，主脉较叶面色浅；叶柄长，暗红色。穗状花序细弱，灰白色。原产巴西。喜温暖湿润半阴	分株或叶插	室内盆栽观叶
叶仙人掌 （仙人掌科）	*Pereskia aculeata* （Barbados gooseberry）	藤本或灌木状。茎长可达 10m，幼茎具钩刺。叶互生，椭圆形，叶腋处为刺座，老茎上部叶腋有深褐色直刺。圆锥状或伞房状花序，小花白色，芳香。花期夏季。原产美洲热带。性强健，喜光，喜温暖，不耐寒	扦插	盆栽观赏，可攀缘布置。或用做嫁接观赏仙人掌类的砧木

（续）

植物名称 （科名）	拉丁学名 （英文名）	形态与生态特点	繁殖 方法	园林用途
报春花 （报春花科）	*Primula malacoides* （Fairy primrose）	宿根草本，常作一二年生栽培。高约45cm。叶基生，具长柄，卵形至矩圆状卵形，基部心形，缘具粗锯齿，叶背有白粉。伞形花序，多轮重出，3～12轮，有香气，花冠高脚碟状，花冠裂片5，花白、粉、深红、淡紫等色。花期冬春。原产我国云南、贵州。喜温暖湿润，忌炎热干燥，喜半阴	播种	品种繁多，花色丰富，是冬春季节重要的盆栽花卉
花毛茛 （毛茛科）	*Ranunculus asiaticus* （Commun garden ra-nunculus，Persian buttercup）	球根草本。地下具簇生纺锤形小块根，高20～40cm。茎单生，根出叶3裂，叶柄较长，上部叶无柄，羽状细裂。花顶生，花瓣质薄，花色丰富，具光泽。花期4～5月。原产欧洲东南部及亚洲西南部。喜冷凉，不耐寒，宜半阴，喜湿润与肥沃	播种、块根栽植	植株低矮，花色艳丽，花期集中，宜作盆栽。可布置早春花坛、花带；也是良好的切花
吉祥草 （百合科）	*Reineckia carnea* （Pink reineckia）	常绿草本。具匍匐茎。高20～30cm。叶丛生，广线形，具叶鞘，深绿色。花葶低于叶丛，穗状花序，小花紫红色，芳香。花期9～10月。果期10月。果鲜红，经久不落。原产中国、日本。喜温暖湿润半阴环境	分株、播种	盆栽观叶、观果。是长江流域地区的良好疏林下地被
万年青 （百合科）	*Rohdea japonica* （Omota nipponlily）	常绿草本。高约50cm。叶丛生，倒阔披针形，全缘，叶脉突出，硬革质，深绿色，有光泽。花葶短于叶丛，顶生穗状花序，小花密集，钟状，绿白色。花期6～7月。果熟期9～10月。浆果鲜红色，经久不凋。原产中国、日本。喜温暖湿润半阴。忌强光	分割萌蘖苗	叶挺拔，深绿色，果红艳，有较高观赏价值。盆栽观叶观果。在长江流域以南地区是优良的疏林下地被植物
非洲紫苣苔 （苦苣苔科）	*Saintpaulia ionantha* （Common african vi-olet）	常绿草本。植株矮小，全株密被茸毛。叶基生，肥厚肉质，卵圆形，缘具浅齿，叶面暗绿色。总状花序着花1～8朵，花被片5，上2枚较小，花堇紫色。花期夏秋。原产坦桑尼亚。喜温暖湿润半阴	播种、扦插、分株	植株矮小，品种繁多，花色丰富，周年有花，是优良的室内盆栽花卉。可布置于窗台、几案、书桌等处
虎尾兰 （百合科）	*Sansevieria trifasciata* （Snake sansevieria）	常绿草本。具匍匐根茎。叶2～6片，基生，直立，剑形，质厚硬，基部渐狭，有槽，叶两面具白绿色与深绿色相间的横带纹。花葶高约80cm，小花绿白色。原产非洲西部。喜温暖湿润，喜光，耐半阴	分株、叶插	优良的室内盆栽花卉，也可用于插花的切叶
蛾蝶花 （茄科）	*Schizanthus pinnatus* （Wingleaf butterfly flower）	一二年生草本。高50～100cm，茎多分枝，全株具微黏腺毛。叶互生，一至二回羽状全裂。裂片有齿。圆锥状总状花序顶生，花冠二唇形，花色深浅及纹样变化丰富。花期4～6月。原产智利。喜凉爽、湿润、半阴、通风良好	播种	宜盆栽观赏

（续）

植物名称 （科名）	拉丁学名 （英文名）	形态与生态特点	繁殖 方法	园林用途
仙人指 （仙人掌科）	*Schlumbergera bridgesii* （Christmas cactus）	多浆草本，附生性。绿色茎节常带紫色晕，边缘浅波状，不具尖锯齿。单花顶生，花冠整齐，红或紫红色。花期3～4月。原产巴西。喜温暖、荫蔽、潮湿，畏寒	扦插、嫁接	株形优美，花大色艳，适应室内环境，是一种理想的盆栽悬吊观赏花卉。可置于室内几架、或悬吊檐下观赏
绿铃 （菊科）	*Senecio rowleyanus* （String-of-beads senecio）	多浆草本。垂蔓可达1m以上。茎铺散，细弱下垂，叶绿色、卵状球形、全缘、先端急尖、肉质，具浅绿色斑纹，叶排列于茎上，成串珠状。花小不显。原产南美。喜光、喜温暖、耐旱	扦插	盆栽或悬吊观赏
大岩桐 （苦苣苔科）	*Sinningia speciosa* （Common gloxinia）	球根草本。高10～25cm，全株被白毛，地下具扁球形块茎。叶对生，长椭圆形，肥厚，缘具钝齿，深绿色。花冠钟状，具5裂片，花萼五角形，花色多样，花期5月。为园艺杂种。喜高温潮湿半阴环境	播种、扦插、分球	花大色艳，是具有较高观赏价值的夏季室内盆花
鹤望兰 （旅人蕉科）	*Strelitzia reginae* （Queens bird-of-paradise-flower）	宿根常绿草本。高1～1.5m，肉质根丛生，粗壮，聚生于短茎下部，直根性。茎短不显。叶对生，宽大椭圆形至长圆状披针形，质硬。花大，两性，蝎尾状聚伞花序生于舟形的佛焰苞内，萼片橙色，花瓣蓝色，花期9月至次年5月。原产非洲南部。喜温暖湿润，怕霜冻，不耐涝	播种、分株	花形奇特，花姿优美，花期很长，是重要的高档盆栽花卉。也是珍贵的切花、切叶材料。瓶插水养期很长
白花水竹草 （鸭跖草科）	*Tradescantia albiflora* （White spider wort）	常绿草本。茎多汁，具白色汁液，匍匐状，节膨大。叶互生，长圆形，深绿色，叶面有许多银白色纵向条纹。花小，白色。原产南美。喜温暖，喜光，耐半阴，较耐寒	分株、扦插	盆栽观叶或吊盆观赏
吊竹梅 （鸭跖草科）	*Zebrina pendula* （Wanderingjew zebrina）	常绿草本。茎多分枝，匍匐，触地节处易生根。叶互生，基部鞘状抱茎，狭卵形，叶面银白色，中部及边缘紫色，叶背紫色。小花紫红色，数朵生于2片紫色苞片内，花期3～9月。原产墨西哥。耐寒、喜温暖、半阴	分株、扦插	室内盆栽或吊盆观赏

3 观叶植物

3.1 概述

3.1.1 概念

观叶植物的概念有狭义和广义之分。其狭义的概念是指耐阴性较强，适宜在室内散射光环境中较长期陈设，有较高观赏价值，能装饰美化并改善环境质量，以观叶为主的花卉。包括木本和草本植物。大多原产热带和亚热带地区。观叶植物已成为世界花卉市场上的一类重要的花卉产品。如龟背竹、冷水花、散尾葵、香龙血树、垂榕、袖珍椰子等。其共同的特点是：

（1）对室内散射光环境有较强的耐受能力：适应室内较弱光照、通风不良、空气温湿度不适等条件，在陈设较长期间的情况下，仍能维持正常的生长状态。

（2）具有较高观赏价值和烘托环境的作用：株态、叶形、叶色美丽，或为彩色叶植物，对环境有较强的装饰和烘托作用。使人身临其间，恍若置身一派翠绿、清新优美的大自然环境中。

（3）净化空气、调节温湿度、改善环境质量，有益身心健康：观叶植物是一种有生命的装饰材料，既美化了室内环境，又可净化空气、调节温湿度、改善环境的生态质量，有益于身心健康。

观叶植物的广义概念涵盖了所有以观叶为主的观赏植物，既包括前述的耐阴性较强、适宜室内栽培观赏的植物，也包括喜阳、适于露地栽培观赏的植物。如彩叶草、羽衣甘蓝、银边翠、橡皮树、桂花等。

3.1.2 类别

观叶植物种类丰富，据不完全统计，全世界已被利用的观叶植物种和品种已达1400种以上，是当今世界室内美化装饰的主要材料。其形态与习性各异，从而形成了不同的生长习性和生态要求，常采用盆栽形式应用。

3.1.2.1 按观叶植物的枝干质地分类

可分木本观叶植物和草本观叶植物两大类。

（1）木本观叶植物：其枝干为木质的。如：南洋杉、榕树、变叶木、棕竹、朱蕉、南洋参、马拉巴栗、蒲葵、常春藤、龙血树等。在室内装饰中常起主体的作用。

（2）草本观叶植物：其枝干为草质的。如：波斯顿蕨、鹿角蕨、广东万年青、天门冬类、凤梨类、竹芋类、紫万年青、冷水花、扁竹蓼等。在室内装饰中常扮演辅助或重点装饰的作用。

3.1.2.2 按栽培方式分类

可分为露地栽培、设施栽培和两者结合的 3 种栽培方式。

(1)露地栽培：免去设施投资和管理费用，观叶植物生长苗壮。需在适宜观叶植物生长的地区或季节进行露地栽培。如原产热带、亚热带的观叶植物，可在热带和亚热带地区全年进行露地栽培。

(2)设施栽培：原产热带、亚热带的观叶植物，在温带栽培常需进行设施栽培。特别是一些需要高温高湿或高温干燥的种类，如兰科观叶植物、热带雨林中观叶植物、多浆植物多需常年在设施中栽培。

(3)露地栽培与设施栽培相结合的栽培方式：原产热带和亚热带的观叶植物在温带栽培，其中大部分种，在温带地区的春末、夏季和秋初植物的生长季节，可在适当遮荫的条件下露地栽培。其他季节进行设施栽培。

3.1.2.3 按耐阴能力分类

(1)耐阴类：本类植物在蔽荫条件下才能正常生长，在强光下易出现日灼等生理病害。如一叶兰，甚耐阴，是布置厅堂、会议室等场所的良好盆栽材料。耐阴类的观叶植物还有：龟背竹、八角金盘、棕竹、香龙血树、白鹤芋、喜林芋等。

(2)耐半阴类：此类植物在室内较强漫射光下生长良好。在弱光下会茎叶徒长，易倒伏。叶片变薄变小，叶色变淡，斑纹变浅，变少。如花叶万年青、花叶芋、椒草、吊兰、裂叶喜林芋、袖珍椰子、棕竹、绿萝和凤梨科大部分种类等。

(3)喜光类：本类植物的生长要求较强光照，但亦能适应较弱的光照环境。如橡皮树、鹅掌柴、琴叶榕、常春藤、虎尾兰、马拉巴栗、南洋杉、酒瓶兰、美丽针葵等。

(4)不耐阴类：属阳性观叶植物，生长过程中要求较强光照，光线不足，会生长细弱，易落叶，一些带彩斑的种类，则彩斑不能正常形成和稳定。如变叶木在光照充足时才能保持色彩艳丽。弱光下色彩会变暗变淡，观赏价值降低。其他阳性观叶植物还有苏铁、朱蕉、花叶鹅掌柴、花叶榕、金叶垂榕等。

3.1.2.4 按温度需求分类

(1)低温类：适于低温温室栽培的观叶植物，能耐 3℃ 左右的低温。如文竹、吊兰、一叶兰等。

(2)高温类：适于在高温温室栽培的观叶植物，越冬温度不能低于 15℃，否则会停止生长，引起落叶。如变叶木、花叶万年青、一品红、香龙血树等。

(3)中温类：介乎上述两类温度之间，适于在中温温室栽培。如印度橡皮树、龟背竹、朱蕉等。

3.1.2.5 按湿度需求分类

(1)低湿类：要求相对湿度为 40%~50%，如一叶兰、天门冬、橡皮树、朱蕉等。

(2)中湿类：要求相对湿度为 50%~60%，如广东万年青、散尾葵、马拉巴栗、龙血树、鹅掌柴等。

(3)高湿类：要求相对湿度为 60% 以上，如喜林芋类、白鹤芋、绿萝、花叶芋、凤梨类、喜湿蕨类等。

3.2 代表种

(1) 广东万年青 *Aglaonema modestum*

别名　亮丝草、粗肋草

英文名　Chinagreen, Chinese evergreen

科属　天南星科亮丝草属

形态特征　常绿宿根草本。茎直立，高近1m，节间分明；叶卵圆形至卵状披针形，端渐尖至尾状渐尖，叶长15～25cm，叶柄长，中部以下鞘状抱茎，总花梗长7～10cm，佛焰苞长5～7cm，绿色；肉穗花序，雄花在上，雌花在下，浆果鲜红色。由于雄蕊花丝明亮，所以得名亮丝草。

变种品种　有品种'花叶'广东万年青（'Variegatum'）。

产地分布　本种原产云南、广西和广东三省(区)南部山谷湿地上，菲律宾也产。

生态习性　喜高温多湿环境，15℃以上开始生长，生长适温25～30℃，越冬温度5℃以上。相对湿度以70%～90%为宜。耐

广东万年青　*Aglaonema modestum*

阴，忌强光直射，冬季可正常光照。栽培用土以疏松肥沃、排水良好的微酸性土壤为宜，可用园土与腐叶土配制。极耐室内环境，长时间摆放也可正常生长。植株生长强健，抗性强，病虫害少。

繁殖栽培　常用扦插和分株法繁殖。扦插在4月进行，剪取10cm左右的茎段为插穗，插于沙床或切口包以水苔盆栽，在25～30℃的气温下，相对湿度80%左右，约1个月生根。广东万年青汁液有毒，在剪取插穗时，勿使溅落眼内或误入口中，以免受到伤害。分株多于春季换盆时进行，把茎基部分枝切开，伤口涂以草木灰，以防腐烂。盆栽用土可按腐叶土2、草炭土1、壤土1、河沙1的比例配制。适当施入基肥，高温季节，每天浇水1～2次，叶面经常喷雾，以增加空气相对湿度，保持叶面清洁，提高观赏效果。生长期间最好每月施用含氮、钾的液肥1次。冬季室温应保持在5℃以上，减少浇水。北京地区5月上中旬移出温室在荫棚下栽培，10月移入室内越冬。室温保持13℃以上。

园林用途　在亚热带地区可露地栽植，是常见的观叶植物。在北京地区室内盆栽。用以装饰居室、厅堂、会场等处。在室内可在玻璃容器中剪取茎插，可常年水养，既可欣赏四季青翠优美的叶片；又可观赏水中根系的生长情况，甚至可以看到正常开花，清洁雅致，极富情趣。也用于插花切叶。在亚热带地区可露地庭园栽植。

同属观叶植物 本属约有 50 种，其中 10~15 种我国引入栽培。分布于非洲热带及中国、印度至马来西亚、菲律宾等东南亚国家。我国有两种。本属植物与花叶万年青属(*Dieffenbachia*)、海芋属(*Alocasia*)和水芋属(*Calla*)植物很相近。常见观叶种、变种或品种还有：

爪哇广东万年青(*A. costatum*)，茎很短，在基部分枝；叶卵状心脏形，长 12~22cm，宽 7~11cm，叶厚，有光泽，暗绿色，叶面有白色星状斑点。中脉粗，呈白色。花序大，前伸。原产马来西亚。有变种：白宽肋万年青(var. *faxii*)、白肋万年青(var. *immaculatum*)。

斑叶广东万年青 (*A. pictum*)，茎矮多分枝，高 70~80cm，叶长椭圆形，质稍薄，长 10~20cm，宽约 5cm，叶暗绿色，有光泽，具灰绿色大型花斑。叶柄长 3~5cm，有短鞘，花茎长 2~5cm。原产苏门答腊和马来西亚。有三色彩绘种('Tricolor')。

'金皇后'广东万年青(*A. commutatum* 'Pseudobracteatum')，又名'白柄'亮丝草。本品种是细叶亮丝草(*A. commutatum*)突变产生的品种。株高 45~65cm，叶柄长 10~25cm，叶长 20~25cm，宽 6~10cm，叶披针形，叶底绿色，中央散布许多黄绿色斑块。叶柄和茎也有黄绿色斑纹。是本属植物中叶色最漂亮、观赏价值最高的品种。端庄秀丽，引人注目。

'银皇帝'广东万年青(*Aglaonema* × 'Silver King')，又名'银王'亮丝草。茎极短，株高 40~50cm，叶柄长 8~12cm，叶长 20~25cm，宽 5~7cm。叶披针形，暗绿色，中央分布着许多银灰色斑块。与金皇后不同之处，在于植株从基部长出许多小株，成丛生状态。本品种极耐阴，可终年布置在室内光线较差处。冬季室温不可低于 8℃。

波叶亮丝草(*A. crispum*)，株高 30~40cm。叶柄 7~10cm，叶片长 15~20cm，宽 4~5cm。叶披针形，革质。叶片深暗绿色，叶面稍波状，中央散落许多银白色斑块。属较小型的种。耐阴，可长久放于室内摆设。其油绿光亮的叶片，在炎热的夏天，散发出清凉爽人的感觉。

'皇后'广东万年青(*A.* × 'Malay Beauty')，又名'长柄'亮丝草。株高 50~60cm，叶片长 20~30cm，宽 6~8cm，长披针形，叶脉间的灰绿色斑块占据叶面的一半以上。叶柄长达 10~15cm。与'金皇后'较相似。色彩不够艳丽，可与'玉皇帝'混合摆放，清丽喜人。

(2) 肖竹芋属 *Calathea*

又名蓝花蕉属，竹芋科常绿宿根草本。叶基生或茎生，叶面常有美丽的色彩或斑纹，形态与竹芋属植物相似，不同点在于子房 3 室，有胚珠 3 个，花瓣状退化雄蕊 1 枚；花序为短总状或球花状，不分枝。而竹芋属植物的子房退化为 1 室，种子 1 枚。肖竹芋属植物为竹芋科植物中观赏栽培种最多的属，约有 150 种，分布于美洲热带和非洲。

孔雀肖竹芋　*C. makoyana*

别名　孔雀竹芋、五色葛郁金。

英文名　Peacock plant

形态特征　常绿宿根草本。基部具块茎，株高 30～60cm，叶片基生，丛生状，卵圆形，薄革质，长 20～30cm，宽约 10cm，叶面绿白色，具金属光泽，主脉两侧分布羽状暗绿色线纹和斑块，左右交互排列，似孔雀尾羽，故称孔雀肖竹芋，十分漂亮。叶背紫红色。成株于夏秋开花，花梗自叶丛中抽生，穗状或圆锥花序，花小不明显。

产地分布　分布于巴西。

生态习性　性喜高温多湿的半阴环境，要求富含腐殖质的肥沃壤土。需肥量不高，生长适温 15～21℃。越冬温度 10℃以上。

孔雀肖竹芋　*Calathea makoyana*

繁殖栽培　繁殖多用分株，4～6 月进行最宜。夏秋高温干燥，要注意降温和喷水，防止叶片萎蔫。

园林用途　孔雀肖竹芋植株小巧，叶色绚丽多彩，叶片花纹，宛若画家精心绘制的图案，精致美观。可用之布置于客厅、会议室、接待室。也可作插花衬叶。

彩虹肖竹芋　*C. roseo-picta*

别名　红边蓝花蕉、玫瑰竹芋

英文名　Red margin calathea

形态特征　常绿宿根草本。株高约 30～60cm。叶阔卵形，近钝头，长约 23cm，宽约 15cm；叶面深绿色，稍厚带革质，有光泽，中脉淡粉色，有红色中脉，靠近边缘有一圈玫瑰色或银白色环形斑纹，有如一条彩虹，故名彩虹肖竹芋，叶背暗紫色，无毛。叶柄 紫红色。

变种品种　有品种'红玉'肖竹芋（'Asian Beauty'）。

产地分布　原产巴西，全球广泛栽培。

生态习性　性喜高温高湿，要求疏松排水良好的壤土。不耐阳光直射，需遮荫。生长适温 25～30℃，冬季温度不可低于 10℃。

繁殖栽培　温室盆栽。在温暖地区可露地栽培。分株或插芽繁殖。经常保持高温高湿环境，夏天置荫棚下栽培。盆土宜用轻松的土壤，可用腐叶土、园土和河沙配制。小盆栽植可用水藓为基质。切叶栽培多于温室地栽。通风不良，易生介壳虫，要注意防治。

园林用途　室内观叶或作插花用切叶。

同属观叶植物

金花肖竹芋（*C. crocata*），又名金花柊叶。植株小型，高 15～20cm。叶椭圆形，长 4～6cm，宽 3～4cm，叶面暗绿色，叶背淡红色。花为橘黄色，花期 6～10 月。植株小巧，四季常绿，既供赏叶，又能赏花，十分难得。

紫背肖竹芋（*C. insignis*），又名显明蓝花蕉、红背葛郁金。株高 30 ~ 100cm。叶线状披针形，长 8 ~ 55cm，稍波状，光滑，表面淡黄绿色，有深绿色的羽状斑；背深紫红色。穗状花序长 10 ~ 15cm，花黄色。原产巴西。

豹纹肖竹芋（*C. leopardina*），植株低矮，常匍匐生长，叶倒卵形，长 7 ~ 10cm，宽 4 ~ 6cm，鲜绿色，主脉两侧有黑条纹成对排列。新叶叶面白绿色，更为漂亮。豹纹肖竹芋矮小，可与高型观叶植物搭配布置。陈设于橱窗、花架或案头，十分雅致。

'红线'肖竹芋（*C. leucorneura* 'Fascinator'），叶面黑绿色天鹅绒状，主脉有红色线纹，主脉周围有一条黄绿色的色带，两边有褐紫色宽带，叶边呈淡绿色带。构成色彩美丽的画面。

清秀肖竹芋（*C. louisae*），又名白肖竹芋。株高 20 ~ 30cm。叶卵圆形或长卵圆形，长 8 ~ 13cm，宽 5 ~ 8cm，色暗绿，主脉两侧有黄绿色散射状条纹，叶背紫红色。宜布置于室内走廊两侧或室内花坛周围。

箭羽肖竹芋（*C. oppenheimiana*），植株高大，叶面有绿白相间的羽状斑纹。

'红羽'肖竹芋（*C. ornate* 'Roseo – lineata'），又名'饰叶'肖竹芋，茎丛生，株高 40 ~ 60cm。叶片长椭圆形，长 20 ~ 30cm，宽 10 ~ 15cm。叶面墨绿色，有平行的桃红色线状斑纹，与叶脉对角相交，形如箭尾。叶背淡红或暗紫红色，绚丽雅致，观赏价值高。本品种植株较高，四季常绿，叶色艳丽，耀眼生辉。可摆放宾馆、办公楼门口、门内两侧等处。

彩叶肖竹芋（*C. picta*），又名彩叶蓝花蕉、花叶葛郁金。株高 30 ~ 100cm。全株被天鹅绒状软毛。叶 4 ~ 10 枚，椭圆形稍尖，长 15 ~ 38cm，宽 5 ~ 7cm；呈波状，橄榄绿色，在中肋两侧有淡黄色羽状纹；叶背深紫红色。花序圆锥状，花淡黄色，带堇色。原产巴西。

'银影'肖竹芋（*C. picturata* 'Argentea'），又名'彩绘'肖竹芋。植株小型，株丛密集，株高约 10cm。叶宽椭圆形，长 10 ~ 15cm，宽 5 ~ 10cm。叶面中央银灰绿色，叶缘具翠绿色带，叶背褐红色。植株矮小，清爽宜人。可放于窗台、案头、花架上，或吊盆观赏，或布置于室内花坛等处。

'银心'肖竹芋（*C. picturata* 'Randen Heckei'），又名'花纹肖竹芋'。株高 15 ~ 25cm。矮生丛生状。叶卵圆形，长 10 ~ 13cm，宽 6 ~ 8cm。叶面墨绿色，主脉两侧及近叶缘两边，及叶基至叶端，有 3 条银灰色带，似西瓜皮斑纹，叶背紫红色。本品种花纹优美，可摆设于客厅、布置室内花坛、也可与竹芋属其他种类混合摆放。

华彩肖竹芋（*C. splendida*），株高约 60cm，叶长椭圆状披针形；长约 35cm，宽约 25cm；叶面有光泽，暗绿色，有绿白色羽状条斑；背面紫红色。原产巴西。

纵缟肖竹芋（*C. vaitchiana*），又名维奇氏蓝花蕉、维奇氏肖竹芋。英文名 Veitch Calathea。株高 1m 多。叶卵状椭圆形，长约 30cm，宽约 15cm，叶深绿色，中脉两侧有 3 个淡绿色不规则的带纹，并有带褐色的斑点；背面有带褐色的纹样。是很优美的种类。原产秘鲁。

绒叶肖竹芋（*C. zebrina*），又名天鹅绒肖竹芋、花条蓝花蕉。英文名 Zebra Calathea。具根状茎，株高 30～70cm。叶基生，丛生状，叶大，长椭圆状披针形，长 30～60cm，两端尖，表面有天鹅绒状光泽，暗绿色，有绿白色阔羽状条斑，背面紫红色。花序头状，两性，花葶紫色或白色。花期 6～8 月。原产巴西。

（3）散尾葵 *Chrysalidocarpus lutescens*

英文名 Madagascar palm

科属 棕榈科散尾葵属

形态特征 常绿丛生灌木至小乔木。茎无刺，圆柱形，竹节状，基部略膨大，株高可达 8m，叶羽状全裂，有羽片 40～60 对，2 列，不下垂，羽片披针形，端尾状渐尖或 2 裂。叶轴光滑，黄绿色。肉穗花序生于叶鞘束下，多分枝，排列成圆锥花序，雌雄同株，花小，金黄色；果稍呈陀螺形。

产地分布 原产非洲马达加斯加。

生态习性 喜温暖潮湿环境，宜深厚土壤，喜光，稍蔽荫处也能生长。不耐寒，越冬最低温度 10℃。

繁殖栽培 分株繁殖为主，也可播种繁殖。分株时，用利剪剪开后，在伤口处涂以木炭粉或硫磺粉消毒。播种宜盆播，种子成熟后即播。生长期要加强养护管理，夏季置荫棚下，冬季移入温室，空气湿度低会引起叶梢枯黄，应经常向叶面喷水。性强健，生长快，播种后 3 年就能长成大株。

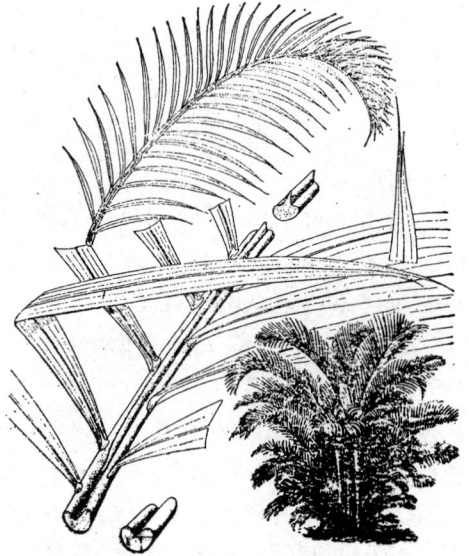

散尾葵 *Chrysalidocarpus lutescens*

园林用途 茎叶优美，极富南国风光和大自然的气息，令人心旷神怡，赏心悦目。在我国广东、云南等温暖地区，多栽于庭园、花圃、公园内供观赏。在我国北方地区，多温室盆栽或桶栽，供厅堂、客厅、门前等处装饰之用。在用于室内装饰时，注意要布置在光线明亮处。

（4）变叶木 *Codiaeum variegatum var. pictum*

别名 洒金榕

英文名 Variegated leafcroton

科属 大戟科变叶木属

形态特征 常绿灌木或小乔木。株形直立，株高 50～250cm，光滑无毛。叶互生，依品系不同，叶的形状、大小及色彩均有很大变化。叶片互生，多变的叶形，丰富的叶色和五彩缤纷的各色斑纹，构成许多各具特色的园艺品种。总状花序腋生，花小，单性同株，雄花白色，簇生于苞腋内；雌花单生于花序轴上。3 月开花。

变种品种 变叶木品系很多，依叶色分有绿、黄、橙、红、紫、青铜、褐及黑色等不同深浅色彩的品种。按叶形可分为如下变型：

宽叶变叶木（f. *platyphyllum*），叶宽可达 10cm。

细叶变叶木（f. *tauniosum*），叶宽只有 1cm。

长叶变叶木（f. *ambiguum*），叶长达 50～60cm。

扭叶变叶木（f. *crispum*），叶缘反曲，扭转。

角叶变叶木（f. *cornutum*），叶有角棱。

戟叶变叶木（f. *lobatum*），叶似戟形。

飞叶变叶木（f. *appendiculatum*），叶片分成基部和端部两大部分，中间仅由叶的中肋连络。

产地分布　原产太平洋热带岛屿和澳大利亚。

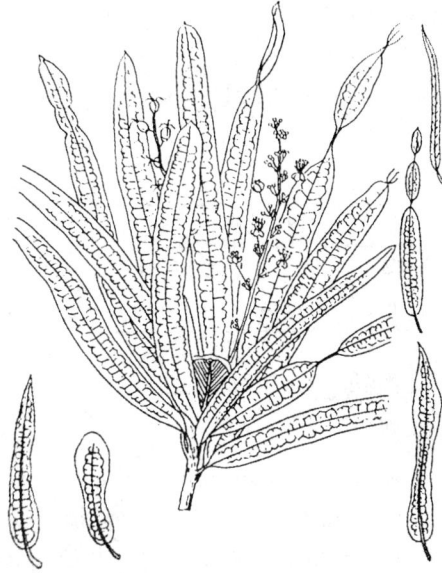

变叶木　*Codiaeum variegatum* var. *pictum*

生态习性　喜高温多湿和日照充足的环境。不耐寒，夏季适宜生长温度 30℃ 以上。冬季日温保持 24～27℃，夜温应不低于 15℃，低于 12℃ 会引起落叶。长时间处于低温状态，叶片会落光；变叶木在华南地区可露地栽培，除夏天要适当遮荫外，其他季节光线越强，叶片色彩越浓艳。如果长期蔽荫栽培，则叶片褪色，甚至变成紫黑色，并失去光泽。

繁殖栽培　多用扦插法繁殖，也可用播种或压条。通常选用新梢扦插，3～4 年生枝也可生根。插穗以直径 1cm 左右为宜，长度约 10cm。4 月上旬插于沙床中，室温需保持 25℃ 以上。也可用压条法繁殖，还可用此法矫正徒长的植株，使之低矮。在压条处将枝干环剥，然后用水藓包扎，保持湿润，在 27℃ 下，3 周后即能生根。干粗时可用小花盆行高枝压条。通常小叶品系多用扦插法，而大叶品系多用高压法。只要温度适宜，全年都可进行扦插。播种法多用于杂交育种。冬春开花时进行人工授粉，6～7 个月后种子成熟，播种床土可用壤土、腐叶土和沙配合。约 2 周后开始发芽。生长迅速。成长植株两年换盆 1 次，可于 4 月上旬进行，盆土可用黏质壤土 5、腐叶土 2、壤土 2、河沙 1 的比例配合，并施入适量基肥。夏季生长旺盛时期，要保持较高的湿度，勤浇水，叶面经常喷水。并施追肥。成长植株应放露地日光充足处，以使叶片色彩更加浓艳。同时给以充足的灌水。幼株可放荫棚下培养。

园林用途　变叶木四季常青，叶形叶色极富变化，富丽典雅，光彩夺目，是很好的观叶植物。在我国华南一带常用于露天布置，于庭园中丛植、作绿篱等。在华东、华北则盆栽，点缀室内环境，布置于厅堂、会场等处。注意应放于室内光线充足处。变叶木叶形多变，色彩斑斓，还是插花的良好配叶材料。

（5）朱蕉属　*Cordyline*

又名千年木属。百合科灌木至乔木。根茎块状，匍匐性，分生萌蘖，根白色；一般茎不分枝。叶剑状，革质或刚硬，密生枝端；叶常具斑纹，有许多色彩美丽的园艺品种。花小，带绿色、白色或黄色；圆锥花序；子房 3 室，各室具 6 ~ 16 胚珠。原产亚洲、非洲和大洋洲。同属有 15 种，我国产 1 种。

朱蕉属与龙血树属相似，其主要区别点如下表：

朱蕉属与龙血树属植物比较

种类	根	根茎	萌蘖	分枝	花	总苞	胚珠数	染色体数
朱蕉属	白色	块状匍匐	常分生	常不分枝	较小	3 枚总苞	6 ~ 16	x = 30
龙血树属	橙或黄	不粗大	无	分枝	较大	无	1	x = 19

朱蕉　*C. terminalis*

别名　铁树

英文名　Common dracena

形态特征　常绿亚灌木状。株高 90 ~ 300cm，茎单干，有的分枝。叶斜上伸展，披针形，端尖，绿色，长 30 ~ 50cm，宽 7 ~ 10cm，叶柄长 10 ~ 16cm，有深沟。叶中脉明显，侧脉密生。花长 1.0 ~ 1.5cm，带有黄、白、紫或红色，圆锥花序长约 30cm。

变种品种　主要变种有：

锦朱蕉（var. *amabilis*），叶宽，幼嫩时深绿色，有光泽，后出现白色及红色的条斑。

巴氏朱蕉（var. *baptistii*），叶宽，反曲，深绿色有淡红色和黄色条纹，叶柄有黄斑。

朱蕉　*C. terminalis*

细叶朱蕉（var. *bella*），叶小，紫色，有红边。

库氏朱蕉（var. *cooperi*），叶暗葡萄红色，背曲。

小叶朱蕉（var. *nana compacta*），比细叶朱蕉更细小，叶长 10cm，宽 1.0 ~ 1.5cm，叶密生。

圆叶朱蕉（var. *rainbow*），叶宽，阔卵圆形，老叶深绿色，缘红色；新叶淡红色，乳黄绿色，色美。

三色朱蕉（var. *tricolor*），叶阔椭圆形，端尖，叶长 30cm，宽 10cm，新叶淡绿色，有乳黄色、红色不规则的斑点。

云氏朱蕉（var. *youngii*），叶宽，开展，幼叶鲜绿色，有暗红色和粉红色条纹，后变成青铜色，有光泽。

产地分布　原产大洋洲北部和中国热带地区。

生态习性　性喜高温多湿，不耐寒，冬季稍耐低温，不宜低于 10℃。喜光，但不耐强光照射，夏天宜置半阴处。

繁殖栽培　扦插、分株、压条或播种繁殖。茎梢、茎上不定芽及茎段都可用做插穗。插床用土可用泥炭加沙配制，扦插温度以 21 ~ 25℃ 为宜。也可采用埋干法，切取成熟枝条，5～10cm，剪去叶片，横埋沙中，稍露出沙面；或取径约3cm的枝干，每隔5～7cm处切一伤口，深达干径1/2，横埋沙中，伤口向下，使上部仅露出沙面，放置阴处，约20天后即从切口处生根发芽。然后切断分栽之。种子繁殖，春播于轻松土壤中，容易发芽。现在大多采用组织培养的方法大量繁殖。越冬温度10℃以上，更低会落叶。生长期要充分浇水，注意夏季通风。栽培基质可以腐叶土、黏质壤土和沙配合。须排水良好。夏季要充分灌水，生长期适当追肥。通常在春季换盆。

园林用途　朱蕉四季常青，叶形叶色变化丰富，是优美的室内观叶植物，耐室内环境，应布置于室内光线较充足处。

同属观叶植物　习性、繁殖栽培、园林用途与朱蕉近似，株形、叶形、叶色均有丰富变化。

哈基氏朱蕉（*C. haageana*），常绿亚灌木。单干或叉状分枝，干细。叶斜上伸，呈长椭圆形，镰状弯曲；长10～20cm，中部宽5～7cm，端锐尖，基部圆或三角状；革质，暗绿色，中肋明显，叶柄长7～10cm。圆锥花序侧生，长30cm以上，花被长8～10cm，带淡蓝紫色。原产大洋洲热带。

剑叶朱蕉（*C. stricta*），又名剑叶铁树、狭叶朱蕉。英文名 Australian dracena。常绿灌木。株高150～350cm，干细，单生或叉状分枝。叶狭，无柄，剑形，端尖，长30～60cm，中部宽2～3cm，两面绿色，叶缘有不明显的齿牙，花淡蓝紫色。顶生或侧生圆锥花序。原产澳大利亚。

班克氏朱蕉（*C. banksii*），英文名 Banks dracena。常绿灌木。高150～300cm，单干或叉状分枝。叶倒披针形端尖头，长60～120cm，中部宽5～8cm，叶柄有沟，表面绿色，背面灰绿色，中肋明显，密布多数草黄色侧脉。圆锥花序甚大，花白色。原产新西兰。

'七彩'朱蕉（*C. fruticosa* 'Kiwi'），常绿灌木。是朱蕉属常见的园艺品种。株高30～50cm。叶宽，长披针形，边缘红色，中央有数条鲜黄绿色纵条纹，叶柄鞘状，抱茎。原种产热带地区。

'迷你红边'朱蕉（*C. fruticosa* 'Red Edge'），常绿灌木。株高40～60cm。叶宽，长披针形，叶柄鞘状，抱茎；叶片边缘红色，中央具淡紫色条纹。原种产印度及中国西南部。株形小巧，叶色迷人。

'彩红'朱蕉（*C. fruticosa* 'Lond Robertson'），常绿灌木。茎直立，不分枝或少分枝。茎上残留密集的叶痕，呈竹节状。株高100cm左右。叶密生茎顶端，宽披针形，叶柄抱茎。新叶具黄白色斜条纹，后变微紫色，边缘红色；老叶呈紫红色。

(6) 苏铁　*Cycas revoluta*

别名　铁树、避火蕉

英文名　Sago

科属　苏铁科苏铁属

形态特征　常绿小乔木。高1m至数米，不分枝或偶尔分枝，茎粗壮，圆柱形，密被暗褐色宿存的叶基和叶痕。叶簇生于茎顶，为大型羽状复叶，羽状叶长50～

200cm。羽片或多达100对以上，条形，革质坚硬，长9~18cm，边缘向下卷曲，深绿色有光泽；雌雄异株，雄花序圆柱形，长30~70cm，直径10~15cm，小孢子叶长方状楔形，有黄色茸毛；雌花序圆头状，大孢叶扁平，羽状分裂，其下方两侧着生数枚近球形的胚珠，种子朱红色，卵圆形。

产地分布 分布我国福建、广东；日本、印度尼西亚也有。现广泛栽培于世界各地。

生态习性 喜温暖湿润和光照较强、通风良好的环境，抗旱、抗热能力强。适宜富含腐殖质的沙壤土。越冬温度5℃以上。华南地区可露地越冬。初夏温度升至20℃以后，

苏铁 *Cycas revoluta*

新芽开始生长，每年只抽生1次新叶。生长期宜放阳光下，过于蔽荫会徒长，羽状叶生长不匀称，影响观赏效果。生长缓慢，3m高的苏铁要生长100年。在南方栽培，20年后可开花。

繁殖栽培 扦插或播种繁殖。苏铁长大后，会从干上生出蘖芽，容易扦插成活，方法是将切取下来的蘖芽插于腐叶土、河沙混合的培养土中，置半阴处，即可生根，形成新苗。播种繁殖，苏铁不易结实，要进行人工授粉，夏季播种，在气温30℃时，才能萌芽出土。生长季节每月追施一次油粕类有机肥，可使叶色更加浓绿，更有光泽。换盆一般在5月进行，由于苏铁生长缓慢，不必每年换盆，3~4年换盆一次即可。盆土可用混有少量沙的园土，掺少许腐叶土。夏天要充分浇水，保持盆土不干，注意不可积水。入秋后要控制浇水，冬天一般不浇水，保持盆土干燥有利于安全越冬。苏铁比较耐寒，只要不低于0℃，就不致受寒害。保持5℃则更利于越冬。

园林用途 苏铁是优美的大型观叶植物，气势宏伟，叶形优美，叶色光亮，装饰室内极富南国风貌，深受人们的欢迎。盆栽可供室内外布置应用。是布置会场、大型场所、花坛中心、道路美化等的良好材料。也是插花的重要配叶。室内装饰应用时要放置于光线充足处。

同属观叶植物 主要有：

海南苏铁（*C. hainanensis*），又名刺柄苏铁。英文名 Hainan cycas。羽状叶长约100cm，小叶疏生，叶形较小，长约15cm；种子成熟后红褐色，产我国海南省。

叉叶苏铁（*C. micholitzii*），又名龙口苏铁。英文名 Micholitz cycas。干高20~60cm；叶呈叉状二回羽状，长2~3m，小叶长20~30cm；种子熟后变黄。产我国广西龙津，越南也有。

篦齿苏铁（*C. pectinata*），英文名 Nepal cycas。干高3m；羽状叶长120~150cm，小叶80~120对，种子成熟后红褐色。产我国云南西南部，昆明常见栽培。

云南苏铁（*C. siamensis*），又称泰国苏铁。英文名 Siam cycas。茎干较矮小，高30~180cm，羽片长120~250cm，小叶40~120对；种子成熟后呈黄褐色或浅褐色。

产我国云南；泰国、越南也有。

四川苏铁（*C. szechuanensis*），英文名 Szechwan cycas。茎干高 2～5m，羽状叶长 1～3m，革质，微弯曲。产我国四川峨眉山、乐山、雅南及福建南平等地。

台湾苏铁（*C. taiwanensis*），英文名 Taiwan cycas。茎干高 1～3.5m；羽状叶长约 1.8m，小叶 90～144 对；种子成熟时呈红褐色。产我国台湾、广东、福建等地。

（7）花叶万年青属　*Dieffenbachia*

又名黛粉叶属。天南星科常绿亚灌木状宿根草本。茎圆粗而直立，节间较短，株高 50～100cm。叶聚生于茎顶，长椭圆形或卵形，全缘；主脉粗；叶绿色，常有斑点或大理石状花纹；叶柄粗，有长鞘。花序由叶柄鞘内抽出，短于叶柄，佛焰苞长椭圆形，肉穗花序直立，约与佛焰苞等长，雌雄花之间裸秃或具少数不育雄花。原产美洲热带。约有 30 种。切口流出的汁液有剧毒，入口会引起剧烈肿痛，暂时变哑，故有哑甘蔗之称。

'大王'花叶万年青　*D. amaena* 'Tropic snow'

别名　大王黛粉叶

英文名　Dumb plant

形态特征　常绿宿根草本。株高可达 1m 以上，茎圆柱形，肉质，少有自然分枝，茎上留有叶片脱落的环纹叶痕。叶长椭圆形，长 40～50cm，叶柄长约 30cm；叶色暗绿，上有不规则的白色斑点或条纹，甚美。果为浆果。

变种品种　本种见于栽培应用的品种有'六月雪'万年青（'Tropic Snow'），叶深绿色，沿每个侧脉散布不规则的奶白或黄绿色斑纹或斑点，中脉及叶缘深绿色。

产地分布　分布于巴西、哥伦比亚、哥斯达黎加等地。

'大王'花叶万年青
D. amaena 'Tropic snow'

生态习性　性强健，喜高温多湿的环境，亦耐干旱，生长适温 25～30℃，越冬要求 15℃左右。喜半阴，忌强烈阳光直射。

繁殖栽培　因大王万年青不易分生出侧芽，繁殖常用切取茎顶扦插的方法。注意插床不可过湿，以免引起切口腐烂。夏天要经常浇水和喷雾，但不可浇水过多，否则易患茎腐病。生长期宜经常追肥，多施氮肥和钾肥，促使叶片旺盛生长。喜富含腐殖质的沙壤土。进入 10 月下旬以后，要逐渐减少浇水，以增强抗寒能力，冬天室温最好保持 8℃以上。

园林用途　本种叶色优美高雅，植株高大，气势雄伟，叶面花纹美观，为著名室内观叶植物。在宾馆饭店室内美化中常见应用。但其植株汁液有毒，勿食。

同属观叶植物

鲍斯氏花叶万年青（*D. bausei*），英文名 Bause tuftroot, Dumb canes。1873 年由鲍

斯（Bouse）用花叶万年青（*D. picta*）和维氏花叶万年青（*D. weirii*）杂交育出。株高约40cm，叶长椭圆形，先端渐尖，长约30cm，宽12~13cm，叶柄2/3鞘状，叶面黄绿色，有白色和深绿色的鲜明斑点，背面和叶柄淡绿色。

'粉黛'花叶万年青（*D.* 'Camilea'），株高30~50cm，株丛矮小，紧密。茎多分枝，极易从叶腋分生出小植株，因呈丛生状，茎及叶柄均被叶片遮盖。叶卵状椭圆形，先端尖，幼叶浓绿色，成熟叶仅边缘1~2cm范围内为浓绿色，其余全为乳白或黄白色斑纹，老叶斑纹会退化，叶缘波状。

'黄斑'花叶万年青（*D.* 'Exotica'），株高40~70cm。茎少分枝，叶腋处常分生小株。叶大，卵状阔披针形，深绿色，沿深绿色主脉布有斜上放射状黄斑，叶中心部分为黄色，向叶缘黄斑渐减少，叶缘浓绿色，叶柄抱茎。

花叶万年青（*D. picta*），英文名Variable tuftroot。株高可达100cm。茎粗壮直立，少分枝。叶大，常集生茎顶部，上部叶柄1/2成鞘，下部叶柄鞘较短，叶矩圆至矩圆状披针形，端锐尖；叶面深绿色，有多数白或淡黄色不规则斑块，中脉明显，有光泽。佛焰苞椭圆形，浅绿色，一般隐藏在叶丛之中不显著。本种栽培品种较多，常见的有'玛利安'（'Marianne'）、'丘比特'（'Cupit'）、'沙龙皇后'（'Tryunfw'）等。原产巴西。

花叶万年青（*D. picta*）

哑蕉（*D. seguine*），英文名Seleb tuftroot。株高可达200cm，茎干粗壮。叶阔椭圆形，叶缘波状，叶面绿色具淡绿色或白绿色斑纹。有许多园艺变种。原产西印度群岛和南美。

白斑花叶万年青（*D. splendens*），英文名Whitespot tuftroot。株高约100cm。叶椭圆形，深绿色，主脉粗而宽，象牙白色，背面淡绿色。有少数白斑，叶柄短，呈鞘状。原产美洲热带。

（8）龙血树属 *Dracaena*

百合科常绿亚灌木、灌木或乔木。叶长剑形，有短叶柄，叶面常具各种斑点和斑纹，叶密生枝顶。花小，圆锥花序，子房3室，每室1胚珠。果实浆果状球形。原产亚洲和非洲热带。约150种。我国产5种，分布云南、海南和台湾。本属与朱蕉属相似，二者区别点见朱蕉属。

香龙血树 *D. fragrans*

别名 香千年木

英文名 Fragrant dracaena

形态特征 常绿乔木。高6m以上。时有分枝。叶簇生；长椭圆状披针形，长

30～90cm，宽3～10cm；基部急狭或渐狭；叶端渐尖，具锐尖头；叶绿色或具各色的条纹。花簇生成圆锥状，花有3片白色的苞片，花被带黄色，长约1.3cm，有芳香。

变种品种 主要观叶品种有：

'白纹'香龙血树（'lindeniana'），叶反卷，贯穿乳白色纵纹，纵纹不太鲜明，老叶呈黄绿色。

'厚叶'香龙血树（'Rothiana'），常绿乔木，单干，茎粗3～4cm，有绿色乃至淡褐色环纹。叶密生，无柄，长披针形，叶肉厚，革质有光泽，深绿色，叶缘有细的黄白色至白色的镶边。

'金心'香龙血树（'Massanfeana'），又名'斑叶'千年木。叶绿色，中央有黄色宽带，新叶黄带鲜明，老叶渐变成黄绿色。

'巴西'香龙血树（'Victoria'），又名'花叶'香龙血树。叶绿色，有黄色的宽边及银灰色至乳白色的斑纹。

产地分布 原产几内亚、塞拉利昂、埃塞俄比亚乃至东南非洲热带。

生态习性 性喜高温多湿环境。越冬温度，高温种要求15℃左右；其他种5～10℃。需日照充足，否则叶色不浓艳。

繁殖栽培 可用扦插、压条、播种等繁殖方法。扦插在温室内或夏季在户外荫棚下进行。通常盆栽，宜排水良好的稍黏质土壤，盆栽基质可用黏质壤土加腐叶土和河沙配合。春季换盆，生长旺盛时期应供给充足的水分和肥料。

园林用途 龙血树类植物株态挺立，叶形多变，叶色斑纹优美，是极好的观叶植物。

同属观叶植物

长花龙血树（*D. angustifolia*），别名狭叶龙血树，英文名 Narrowleaf Dracaena。常绿小灌木。株高1～4m，树皮灰色。叶无柄，叶多集生茎顶，厚纸质，宽条形至矩圆形，长10～35cm，宽1～5.5cm，基部扩大抱茎，中脉在背面下部明显，呈肋状。大型圆锥花序顶生，长达60cm，花白色，芳香，1～3朵簇生，浆果球形或二裂，黄色。原产我国云南东南部、广东、海南、台湾；印度至东南半岛和大洋洲热带也有分布。

红边龙血树（*D. concinna*），别名红边千年木。常绿小灌木。株高160～200cm。树干灰色，直立。叶集生茎顶，无叶柄，基部抱茎；叶革质，坚硬，矩圆状披针形，叶面具纵褶，中脉明显，叶绿色，叶缘紫红色。大型圆锥花序顶生，花白色，芳香。原产马达加斯加。

其主要变种有三色细叶龙血树（var. *tricolor*），株高达3m以上，叶细长剑形，绿色，叶片上具黄白色和红色条纹。

'密叶'龙血树（*D. deremensis* 'Compacta'），别名'阿波罗'千年木。常绿灌木。

'金心'香龙血树
D. fragrans 'Massanfeana'

植株低矮，无分枝。叶密集轮生，长椭圆状披针形，无叶柄，浓绿色，具光泽。原产南亚热带。生长缓慢，为良好的小型观叶植物。

'银线'龙血树（*D. deremensis* 'Warneckii'），别名'白边'千年木。常绿小乔木。植株较低矮。茎上具老叶脱落后留下的竹节状叶痕。叶线状披针形，无叶柄，绿色，叶面有几条白色的纵条纹，新叶时特别明显。原产非洲热带。

爪哇龙血树（*D. elliptica*），别名纹千年木。常绿亚灌木。株高 60～90cm。本种特点是具有叶柄，叶柄具纵沟，叶革质，绿色，背面下半部有突起的肋脉，侧脉细而下凹。花生于嫩枝端部。原产苏门答腊、爪哇。

银星龙血树（*D. godseffiana*），别名星点千年木。常绿灌木。轮状分枝，茎细长，叶轮生，每节 2～3 片，有短柄，长椭圆形至长椭圆状卵形，长 10～12cm，宽 4～6cm，两端急狭。深绿色，叶面具不规则的白色及黄色星点。花黄绿色，芳香。原产几内亚北部。

金边富贵竹（*D. sanderiana*），英文名 Sanders Dracaena。常绿小乔木。株高 2～3m，单干，细长直立。叶鞘密抱茎，叶长披针形，绿色，沿叶脉边缘有黄白色条纹，甚美。原产西非喀麦隆和刚果。

其品种'富贵竹'（'Virecens'），又名'绿叶仙达'龙血树。为金边富贵竹的芽变品种。与原种不同点为叶面无斑纹，浓绿色。

（9）榕属 *Ficus*

桑科常绿灌木或乔木。有乳汁，叶常互生，多全缘，托叶合生，包被于顶芽外，脱落后留有一环形托叶痕。花雌雄同株，罕异株，生于球形中空的花托内。同属约 1000 种，分布于热带和亚热带地区。我国约 120 种，产于西南至东部，南部尤多。常用于观叶植物的主要有：

印度橡皮树 *F. elastica*

别名 橡皮树、胶榕、印度榕

英文名 India rubber fig

形态特征 常绿乔木。全株光裸，有乳汁，高可达 20m，多分枝。盆栽一般高 2～4m。叶互生，厚革质，长圆形或椭圆形，有光泽呈亮绿色，长约 7.5～30cm，具多数平行叶脉，叶柄粗短，圆柱形，幼叶为红色托叶所包裹，叶片展开时，托叶脱落。果实对生于老叶腋内，无梗，长圆形，带黄色。

变种品种 近年来印度橡皮树培育出许多园艺品种：

'皱叶'橡皮树（'Apollo'），叶片密生，叶缘波状，叶脉间凹凸不平。

'白边'橡皮树（'Asahi'），叶片直立，两面均有光泽，叶缘有白色色带。

'丽斑'橡皮树（'Decora Variegata'），在绿叶上散布有黄斑。

'红肋'橡皮树（'Decora'），又名红缅树，叶片浓绿，叶面、脉间、叶柄均带红褐色。

'彩叶'橡皮树（'Decora Tricolor'），叶片浓绿，有明亮的光泽，边缘乳白色，观赏价值较高。

'斑叶'胶榕（'Variegata'），叶片密生，主脉明显，在暗绿色或浅绿色的叶面边缘上，夹有不规则的黄色斑块。

其他还有'黑紫'橡皮树（'Burgundy'）、'丽苞'橡皮树（'Craigi'）、'密叶'橡皮树（'La France'）、'龙虾'橡皮树（'Robusta'）、'锦叶'橡皮树（'Doesheri'）等。

产地分布 分布印度及马来西亚，我国各地引种栽培。

生态习性 喜温暖湿润环境，生长适温25℃以上。稍耐寒，在福建、广东一带能在室外越冬。越冬温度在3℃以上即可，注意斑叶品种温度要高些。要求阳光充足，通风良好，但夏季忌强光直射，否则叶面缺乏光泽。蔽荫过度会引起落叶。适宜疏松肥沃、富含腐殖质的沙质壤土。一般室内条件下不结种子。

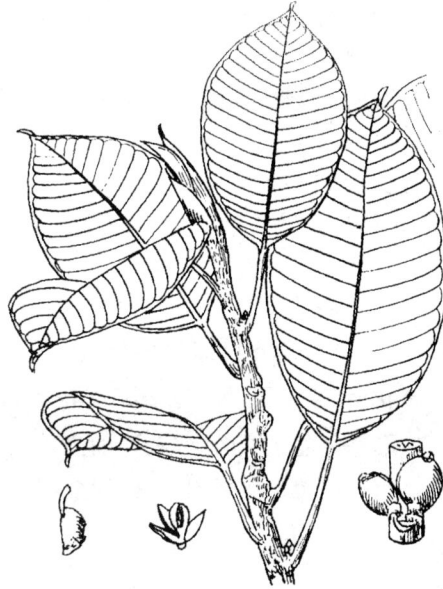

印度橡皮树 *F. elastica*

繁殖栽培 多用扦插或压条法繁殖，也可播种。扦插，采取茎端枝段或带芽的叶片扦插，温度应保持30~35℃，3~4周生根，生根后逐渐降温，约经5~8个月，即可上市销售。压条成活率高，一般于5~8月进行，方法是在枝干部先行环状剥皮，包以水藓，保持湿润，约3~4周生根，即可切离上盆。因扦插繁殖的苗木，下部叶片小而上部叶片大，呈倒三角的株形，苗木质量不高，因此除进行大批量商品生产之外，多采用压条法繁殖。生长迅速，需肥量较大，盆栽培养土可用园土与腐叶土各半混合，盆底放些基肥。生长期间每月施液肥1次。通气不良，会发生白粉病和褐斑病，高温干燥会发生介壳虫和叶虱。可喷药防治。

园林用途 印度橡皮树终年常绿，叶片宽厚，富有光泽，树形雄健，风格独具。是厅堂、庭院、会场等布置不可缺少的大、中型盆栽观叶植物。在福建、广东等温暖地区可栽植在庭院中。大型桶栽印度橡皮树，放置于重要建筑的大门两旁，效果颇佳。

垂榕 *F. benjamina*

别名 垂枝榕、垂叶榕

英文名 Willow fig tree, Benjamin fig

形态特征 常绿乔木。株高可达20m左右，分枝多，枝软如柳，下垂。叶片互生，淡绿色，有光泽，薄革质，椭圆形，叶长5~12cm，宽3~5cm，叶端尖细，叶柄细长柔软。

产地分布 原产印度。

生态习性 喜高温多湿，忌低温干燥环境。越冬温度在5℃以上。对光线要求不严格，喜光，也耐半阴，除夏天要适当遮荫外，其他季节均可让阳光直射。即使常年放置室内也能生长，但节间伸长，叶片软垂，生长势弱。可每隔适当时候，移放室外恢复长势。

繁殖栽培 扦插、压条或种子繁殖。扦插容易发根，选取粗壮的成熟枝条，剪成段，每段带 1~2 片叶，作为插穗，插于沙床中，1 个月即能生根。压条繁殖，适宜培育丛生的株形。若获得种子，也可种子繁殖。垂榕幼苗生长迅速，1 年可长高50cm 左右。生长期要经常浇水，保持湿润状态。每隔两周可追施 1 次液肥，以氮肥为主，适当加些钾肥。

园林用途 垂榕枝条柔软，叶色终年鲜绿，树体高大潇洒，是布置门厅两侧、会客厅、会议室等处的良好材料。

花叶榕 *F. benjamina* var. *variegata*

形态特征 常绿乔木，株高可达 20m。盆栽呈灌木状。枝条较稀疏，叶片密集，薄革质，有光泽，互生，卵圆形，长 5~6cm，宽 2.5~3cm，叶缘及叶脉具浅黄色斑纹，观赏价值很高。

产地分布 原产印度、马来西亚等亚洲热带地区。我国有引种。

生态习性 喜温暖、明亮、湿度较大的环境。生长适温 25~30℃。冬季室温不可低于 5℃。

繁殖栽培 多采用压条繁殖，扦插不易生根。夏天在直射光下，叶上黄斑极易产生焦黄现象。在高温干旱季节，必须遮荫并经常浇水，保持盆土湿润。入冬后要控制浇水，以盆土不干即可。花叶榕生长缓慢，上盆时要施好基肥。生长季节可每 2 个月追施液肥 1 次。

园林用途 花叶榕叶片色彩烂漫，优美华贵，装饰性强，是极好的室内装饰材料，若放置在绿叶丛中，越发显得突出而华美。

同属其他观叶植物

琴叶橡皮树(*F. pandurata*)，别名琴叶榕。英文名 Fiddle leaf fig。常绿乔木。株高可达 12m，盆栽常为 2~4m。干直立，分枝少。叶呈提琴形，先端肥大，全缘波状；叶厚革质，有光泽，深绿色，黑色小托叶宿存于叶基部；叶脉下陷。喜温暖、不耐寒；喜光，亦耐阴；宜湿润、肥沃的土壤。原产印度、马来西亚。叶形奇特，植株高大，株形优美，是优良的室内观叶植物。

圆叶橡皮树(*F. diversifolia*)，别名黄榕。英文名 Mistletoe fig。常绿小灌木。株高50~80cm，多分枝。叶广倒卵形，前端阔圆形，基狭，长 1.5~5cm，革质；叶面浓绿色，叶背淡黄色；叶脉有暗色腺体。隐头花序球形至洋梨状，径 6~8mm，单生，成熟后黄色或带红色。越冬温度 10~15℃。原产印度及马来西亚。

菩提树(*F. religiosa*)，英文名 Botree fig, Peepul tree。高大乔木。全株无毛，枝灰白色。叶有长柄，革质，圆卵形，叶基截形或心脏形，先端细长呈尾状，长 10~15cm。稍耐寒，越冬时可耐 -1.1~ -4.4℃的低温。原产印度。

榕树（*F. microcarpa*），英文名 Small fruit fig。常绿乔木。高可达 20~30m。有细弱悬垂的气生根，长及地面后，入土生根而形成一新干，故能独木成林。单叶互生，叶形多变，椭圆形、卵状椭圆形或倒卵形，全缘，革质，先端钝尖。原产我国华南地区；印度及东南亚各国、澳大利亚也有。可盆栽观叶，又是制作盆景的良材。

（10）绒叶喜林芋 *Philodendron melanochrysum*

别名 天鹅绒

科属 天南星科喜林芋属

形态特征 常绿攀缘草本。茎半蔓性，粗约1cm，从节上长出许多气生根。叶垂挂着生，叶片长卵状心形，端锐尖，基部心形；叶长约20cm，宽约10cm，叶片薄，鲜绿色，叶脉脉纹清晰，叶面绿褐色，如天鹅绒质，主脉、侧脉及叶缘均为鲜明的银白色，甚美。叶柄基部鞘状抱茎。

产地分布 原产南美洲哥伦比亚。

生态习性 喜温暖阴湿环境，稍耐寒，要求富含腐殖质的土壤，生长缓慢。

繁殖栽培 扦插繁殖。剪取具有2~3个节的茎段，插入沙床中，半月就能生根。生根后上盆，放荫棚下栽培。冬季入温室，越冬温度3℃以上。生长适温18~22℃，需设支柱供其攀缘，支柱通常用竹竿外捆吸水性强的水藓或海绵加棕皮构成，使气根附在支柱上。生长期充分灌水，可使叶片表现生机勃勃的美态。夏季注意庇荫。需水量较大，生长期每天浇水1次，浇水时不仅要浇透盆土，而且叶面和支柱上也要喷水，若支柱干燥，会使气生根干枯，生长受影响，叶片萎缩。冬季给予一定光照，每4~5天浇水1次。栽培用土可选用园土加少量腐殖土、河沙，掺入适量基肥拌和而成。要求既排水通气良好，又具有较强的肥力。栽培容易。

园林用途 绒叶喜林芋植株雄伟，叶色优美，姿态新奇，极富南国风韵，是优良的室内观叶植物。适于布置在宾馆饭店、写字楼的门厅、走廊拐角、电梯门前等处。

同属观叶植物 喜林芋属约有300种，原产于南美洲的热带地区。用于室内观叶的还有：

姬喜林芋（*P. oxycardium*），常绿蔓性草本。蔓长可达数米，茎绿色，圆形，径约1cm，节上长着许多细短的气根，以此附着于其他物体上。叶较厚，绿色，卵状心脏形，长约20cm，宽约15cm。极耐阴，不耐阳光直射，有一定抗低温能力。繁殖多用扦插法，取茎段扦插，气温15℃以上，容易生根。栽培容易，整年在室内应用也能生长良好。生长季节要经常喷水，保持较高的空气湿度。栽培用土宜土质疏松，排水良好。生长适温15~22℃，越冬温度不可低于7℃，否则会产生寒害。肥料以施用粒状复合肥为佳，也可喷施液肥。

姬喜林芋叶片小，枝蔓细长，轻盈飘逸，姿态优雅，是室内吊挂美化的极好材料。

绒叶喜林芋
Philodendron melanochrysum

'红宝石'喜林芋(*P.* 'Red Emerald'),别名'大叶'蔓绿绒,'红宝石'喜林芋是一个园艺品种。叶片戟形,较厚,暗绿色,革质,长 20~30cm,宽 12~20cm,叶柄长 4~9cm,紫红色,从节处长出许多电线状的气生根。生性强健,喜高温多湿的环境,用扦插法繁殖。取带 1 个节、具 1 片叶的茎段,插于沙床中,40 天后就能上盆。温度在 20~25℃的条件下,一年四季都可扦插。栽培放日光较充足的地方,但夏季要适当遮荫,直射光会烧灼心叶。长期布置室内阴暗环境下,植株会生长细弱,观赏价值降低。若生长季节施肥过多,生长过旺,节间会变长,叶片变得稀少,也不利于观赏。越冬温度约 10℃以上。'红宝石'喜林芋常作大型盆栽,气势宏大,效果极佳。

'绿宝石'喜林芋(*P.* 'Green Emerald'),常绿攀缘草本。为园艺品种。与'红宝石'喜林芋极相似,区别点为叶片是绿色,没有紫色光泽,茎、叶、叶柄、嫩梢及叶鞘均为绿色。其他同'红宝石'喜林芋。是优良的室内观叶植物。

琴叶喜林芋(*P. panduraeforme*),常绿攀缘藤本。茎木质,蔓性,具气生根。叶互生,提琴形,革质,暗绿色,有光泽。绿色嫩芽直立而尖。原产巴西。喜高温高湿,不耐寒;肥沃、疏松、排水良好的微酸性土壤。极耐阴,对光线要求不严。生长季节进行扦插繁殖,容易生根。繁殖力强。冬季越冬温度 10℃以上。栽培中需设支柱供其攀缘。栽培普遍,管理简单。

(11) 棕竹 *Rhapis excelsa*

别名 筋头竹

英文名 Lady palm

科属 棕榈科棕竹属

形态特征 常绿丛生灌木。高 2~3m,茎圆形,有节,有根出条,茎上部有褐色纤维质叶鞘,叶掌状,裂片 5~10 深裂,条状披针形或宽披针形,宽 2~5cm,边缘和中脉有褐色小锐齿,叶柄稍扁平,顶端小戟突呈半圆形。肉穗花序多分枝,雌雄异株,花期 4~5 月。

变种品种 有观赏品种'斑叶'棕竹('Variegata'),植株丛生,高仅 50cm 左右,干较粗,掌状叶深裂成几个小裂片,小叶具浓绿色和金黄色条斑,异常美丽。

产地分布 原产我国东南至西南各地。日本也有。

生态习性 喜温暖湿润、光照充足、通风的环境,不耐寒,宜排水良好、富含腐殖质、深厚的沙质壤土。

繁殖栽培 春季分株或播种繁殖。在南方常栽植于庭园或盆栽观赏;在北方地区需冷室越冬。越冬温度 5℃左右。

棕竹 *Rhapis excelsa*

园林用途　为常见的观叶植物。茎秆可做手杖、伞柄，根及叶鞘供药用。

同属观叶植物　常见应用的还有：

观音棕竹（*R. humilis*），别名矮棕竹。英文名 Dwarf lady palms。常绿丛生小灌木。植株比棕竹高大，茎圆柱形，有节。叶片掌状深裂，裂片较多，达 10~24 枚，条形，宽 1~2cm；叶柄两面拱突，顶端不戟突，常呈三角形。

细棕竹（*R. gracilis*），英文名 Thin Lady palms。常绿丛生小灌木。株高 1~1.5m，植株较矮小，茎圆柱形，有节。叶片放射状着生，2~4 裂，裂片长圆状披针形。

粗棕竹（*R. robusta*），别名龙州棕竹。英文名 Robust Lady palms。常绿丛生灌木。株高 2m 左右，茎较粗壮。叶掌状 4 裂，裂片披针形至宽披针形，端渐尖。原产广西龙州。

（12）鹅掌柴属　*Schefflera*

五加科灌木或乔木，有时攀缘状，无刺；叶为掌状复叶；常排成伞形花序、总状花序，通常再组成圆锥花序；核果球形或卵形。

同属植物约 200 种，广布于热带和亚热带地区。我国有 37 种。产于西南部至东部，主产云南。

鹅掌柴　*S. octophylla*

别名　鹅掌木、鸭脚木、小叶手树、土叶莲

英文名　Octopus tree，Ivy tree

形态特征　五加科常绿大灌木或乔木。高 2~15m，盆栽株高 30~100cm。叶为掌状复叶，小叶 6~9 片，椭圆形，狭卵圆形至卵状椭圆形，长 9~17cm，宽 3~5cm，端有长尖，叶革质，全缘，初生时有毛，后渐脱净，叶面浅绿色，小叶柄不等长。顶生大型圆锥花序，花小，多数，白色，有芳香，花期冬季。

变种品种　常见观叶的园艺变种和品种有：

花叶鹅掌柴（var. *variegata*），叶面具不规则的黄色斑纹。

'矮生'鹅掌柴（'Compacta'），株型较小。

'黄绿'鹅掌柴（'Green Gold'），叶片黄绿色。

'亨利'鹅掌柴（'Henriette'），绿叶上有密集的黄斑点。

产地分布　广布我国华南各省区及台湾；印度、日本也有。现广泛种植于世界各地。

生态习性　性喜高温高湿。以 12~20℃为生长适温，低于 10℃会落叶，稍耐旱。

繁殖栽培　播种或扦插繁殖。播种于早春进行，出苗后，3 株种 1 盆，当年秋季可长到

鹅掌柴　*S. octophylla*

40~50cm，即可用于环境布置。扦插一般5~6月进行，选择当年生枝条，带1片复叶，插于沙床中，20~30天生根。夏季注意遮荫，其他季节给予适当光照以利生长。生长期加强水肥管理，经常向叶面喷水，以增加环境湿度。冬季控制浇水，以增强抗寒能力。冬季越冬温度10℃以上。温度过低，叶片会逐渐枯黄，以致枝干枯死。

园林用途　鹅掌柴终年常绿，叶形奇特，株丛圆整，是良好的室内观叶植物。

鹅掌藤　*S. arboricola*

英文名　Scandent schefflera

形态特征　常绿半蔓性灌木。高80~120cm。茎木质，近直立而柔韧。叶互生，具细长总柄，掌状复叶，小叶7~9枚，长圆形，全缘，具不等长的叶柄，叶片绿色，有光泽。

产地分布　原产印度尼西亚、澳大利亚和新西兰。

生态习性　喜温暖湿润及充足散射光的环境，稍耐寒、耐阴、耐旱。

繁殖栽培　以扦插繁殖为主，5~6月取发育成熟的枝梢为插穗扦插，长度8~10cm，插于沙床，保持扦插床湿润，60天左右发根。也可压条繁殖。生长季节要保持盆土湿润，叶面经常喷水，以利正常生长。鹅掌藤根系发达，要求盆土疏松肥沃，可用腐叶土与园土各半混合配制。每月施1次油粕类的液肥，3℃以上就能安全越冬。

园林用途　鹅掌藤终年常绿，叶色明亮，株形美观，形似绿伞，深受人们欢迎。是大厅或客厅花槽内理想的布置材料。

（13）绿萝属　*Scindapsus*

又称藤芋属。天南星科常绿藤本。以气根攀登他树上，叶柄阔而为鞘状，急弯；叶片长椭圆状披针形或卵形，花序柄短，佛焰苞舟状，脱落；肉穗花序与佛焰苞等长；花两性，无花被。

本属约40种，分布印度至马来西亚，我国有1种：海南藤芋（*S. maclurei*），产海南岛。

绿萝　*S. aureus*

别名　黄金葛、藤芋、石柑子

英文名　Ivy arum, Devils ivy

形态特征　常绿藤本。藤长可达10m以上，盆栽多为小型幼株。茎节有沟槽，并生气根。叶卵状至长卵状心形，叶片大小受株龄及栽培方式影响甚大，老株叶片边缘有时不规则深裂。幼株叶片全缘，叶片鲜绿色，表面有浅黄色斑块，蜡质，具光泽。

产地分布　原产所罗门群岛。热带地区常攀缘生长于雨林的岩石和树干上，可长成巨大的藤本植物。

变种品种

常见应用的有：

'白金葛'（'Marble Queen'），是绿萝的园艺品种，与绿萝极相似，只是株形较小，叶面 2/3 以上是银白色斑，叶柄、茎上也有白斑，生势较弱，不耐寒，忌潮湿，稍喜干燥。

'翠藤'（'Virers'），绿萝的园艺品种，叶翠绿，有光泽。

生态习性 喜温暖湿润，稍耐寒；对光线要求不严，稍耐阴；宜肥沃、疏松而排水良好的土壤。

繁殖栽培 常用扦插繁殖。剪取 15～20cm 的茎段为插条，水插易生根。生长适温 18～25℃，越冬温度 10℃ 以上，可耐 5℃ 低温。忌强光直射，亦不可光线过弱，会使叶面色斑消失。需肥量中等，施肥过多易生肥害。栽培中需设立支柱，供其攀缘生长。

园林用途 可吊盆观赏，也可用于室内垂直美化，又是良好的切叶材料。

绿萝　*S. aureus*

银点绿萝　*S. pictus* var. *argyraeus*

别名　星点藤

形态特征 常绿藤本。是叶面有褐色斑纹的彩叶绿萝（*S. pictus*）的园艺变种。根红褐色，茎半蔓性。叶垂挂着生，质厚，肉质，卵状披针形，端渐尖，基部心形，主脉稍偏离中央，叶面深绿色，有银白色小斑点，叶缘银白色。

产地分布 原产爪哇、加里曼丹、菲律宾。

习性、繁殖栽培和园林用途同绿萝，只是生长速度较快，越冬温度 8℃。

3.3 其他观叶植物

表 3-1　其他观叶植物

植物名称（科名）	拉丁学名（英文名）	形态与生态特点	繁殖方法	园林用途
红桑（大戟科）	*Acalypha wilkesiana*（Painted Copperleaf）	落叶灌木。叶卵形或椭圆形，铜绿色，上有各种红色或紫色斑。喜强光、温暖湿润环境，不耐水湿	分株或扦插	盆栽观叶，暖地可作绿篱或丛植
铁线蕨（铁线蕨科）	*Adiantum capillus-veneris*（Maidenhair,Venus-hair Fern）	蕨类宿根草本。叶簇生，二至三回羽状复叶，斜扇形。喜温暖湿润、半阴环境	孢子或分株繁殖	盆栽观叶。装饰山石盆景
光萼荷（凤梨科）	*Aechmea chantinii*（Urnplant）	常绿宿根附生草本。叶丛莲座状成筒，深绿色，有银白或灰玫红的横条纹。花梗分枝，总苞橙红色，小花苞片红与黄色，小花黄色。性强健，较耐寒	分株	盆栽观叶，又可观花

（续）

植物名称（科名）	拉丁学名（英文名）	形态与生态特点	繁殖方法	园林用途
蜻蜓凤梨（凤梨科）	*Aechmea fasciata*	常绿宿根草本。叶丛莲座状，叶绿色，被灰色鳞片，端钝圆，叶缘密生黑刺。穗状花序塔状，苞片桃红色，小花蓝紫色。喜高温、喜光、耐阴	分株	观花、观叶
红缘莲花掌（景天科）	*Aeonium haworthii*（Pin-wheel）	常绿多浆亚灌木。高25～50cm。枝端叶片排列成莲座状，叶倒卵形，蓝绿色被白霜，叶缘红褐色，具细齿。喜温暖，光照充足，通风良好	扦插易生根	盆栽观叶
龙舌兰（百合科）	*Agave americana*（American agave, Centuryplant agave）	常绿大型草本。叶倒披针形，灰绿色，缘具疏硬刺状齿。喜温暖，光照充足，耐干旱瘠薄	分株繁殖	株形高大优美，暖地庭园栽植；北方盆栽观赏
剑麻（百合科）	*Agave sisalana*（Sisal agave）	常绿大型草本。叶剑形，端具硬刺，喜温暖，喜光，耐干旱和瘠薄土壤	分株繁殖	室内盆栽观叶
芦荟（百合科）	*Aloe vera* var. *chinensis*（Indian medicine）	宿根肉质草本。全株被白粉。叶轮生，肥厚，缘有刺状小齿。花冠筒状，橙黄色。喜光、耐半阴、夏季高温时休眠。5℃室内越冬	扦插或分株	室内盆栽观叶
艳山姜（姜科）	*Alpinia zerumbet*（Beautiful galangal）	常绿草本。叶二列状着生，深绿色，花唇瓣长有红黄斑点，极香。花期春夏。喜高温高湿，排水良好，不耐寒	分株繁殖	优良盆栽观叶、观花植物，暖地庭园种植
'花叶'凤梨（凤梨科）	*Ananas comosus* 'Variegata'	常绿宿根草本。叶丛莲座状，叶剑形，缘具刺，叶缘黄色或黄色晕粉红色	分株	既可观叶又可观果
水晶花烛（天南星科）	*Anthurium crystallium*（Crystal anthurium）	附生宿根常绿草本。叶外翻悬垂，阔心形，碧绿色，叶脉粗，银白色。喜温暖阴湿环境	分株或播种	极好的室内盆栽观叶植物
金脉单药花（爵床科）	*Aphelandra squarrosa*（Saffronspike aphelandra）	常绿小灌木。叶卵形或卵状椭圆形，深绿色，有光泽，具黄白色叶脉。花唇形，淡黄色。喜温暖湿润	粗茎扦插	室内观叶
三药槟榔（棕榈科）	*Areca triandra*（Bungua arecapalm）	常绿丛生灌木。茎单生，羽状复叶集生茎顶。喜高温湿润环境	播种	室内大型盆栽观叶植物
五彩凤梨（凤梨科）	*Aregelia carolinae* var. *tricolor*	宿根附生草本。叶簇生开展，宽披针形，叶缘具齿，绿色，中部有白或粉纵条纹。喜温暖湿润，耐旱，喜光	扦插	叶具三色，十分美丽，优美的盆栽观叶植物
垂蔓竹（百合科）	*Asparagus asparagoides*	常绿攀缘草本。叶状枝互生，卵圆形。喜温暖湿润，不耐寒	播种或分株	吊盆观赏或插花切枝
文竹（百合科）	*Asparagus setaceus*（Setose asparagus）	常绿草质藤本。叶状枝纤细，云片状平展。喜温暖湿润环境	播种或分株	室内观叶或插花切枝
天门冬（百合科）	*Asparagus sprengeri*, *A. cochinchinensis*（Asparagus, Indochina）	常绿蔓性草本。茎丛生，叶状枝扁线形。喜温暖湿润，光照充足环境	播种或分株	花卉布置镶边，插花切枝

（续）

植物名称（科名）	拉丁学名（英文名）	形态与生态特点	繁殖方法	园林用途
一叶兰（百合科）	*Aspidistra elatior*（Common aspidistra）	常绿宿根草本。叶基生，长椭圆形，革质。喜温暖潮湿，耐寒、耐阴	分株繁殖	室内盆栽观叶，或插花切叶
枫叶秋海棠（秋海棠科）	*Begonia heracleifolia*	常绿宿根草本。叶近圆形，5～9中裂，形似枫叶，绿褐色，有茸毛。喜温暖湿润半阴环境	分株或扦插	盆栽观叶
铁十字秋海棠（秋海棠科）	*Begonia masoniana*	常绿宿根草本。叶近心形，叶面皱，黄绿色，中部有一不规则的近十字形的紫褐色斑纹。喜温暖多湿、半阴	分株或扦插	盆栽观叶或吊盆观赏
蟆叶秋海棠（秋海棠科）	*Begonia rex*（Assamking begonia）	常绿宿根草本。叶簇生，卵圆形，一侧偏斜，深绿色，有银白色环纹。喜凉爽湿润环境	插叶或分株	盆栽观叶或吊盆观赏
水塔花（凤梨科）	*Billbergia pyramidalis*（Violetrim airbrom）	常绿宿根草本。叶莲座状着生，叶带状披针形，叶缘上部有棕色小刺，叶背具横纹。穗状花序球形，呈底红端蓝色，花期冬季。喜温暖湿润，半阴环境	分割吸芽扦插	室内盆栽观叶
乌毛蕨（乌毛蕨科）	*Blechnum orientale*（Ribfern）	蕨类宿根草本。叶大型，基生，羽状，小叶狭线形。喜温暖湿润的蔽荫环境	分株繁殖	室内盆栽观叶
花叶芋（天南星科）	*Caladium bicolor*（Common caladium）	球根草本。叶基生，剑状卵形，叶面绿色，有大小不等的红色或白色斑点。喜高温高湿半阴环境	分球	叶色绚丽多彩，是优美的室内盆栽植物
短穗鱼尾葵（棕榈科）	*Caryota mitis*（Tufted fishtailpalm）	常绿乔木。2回羽状复叶，全裂，裂片如鱼鳍。喜高温强光，耐阴、耐旱	播种或分株	室内大型盆栽观叶；暖地用作庭园树
吊金钱（心蔓）（萝藦科）	*Ceropegia woodii*（Woods ceropegia）	常绿宿根蔓性草本。茎肉质，蔓性，细长下垂，叶心形，暗绿色，有白纹。喜温暖湿润及半阴环境。忌湿涝	分栽小块茎或茎插	吊盆或攀附支架观赏
二裂坎棕（棕榈科）	*Chamaedorea emestiangustii*	常绿小灌木。茎单生，叶羽状全裂，裂片宽，倒卵状阔披针形。尾部深2裂。喜温暖阴湿环境，忌强光直射	播种	室内盆栽观叶
宽叶吊兰（百合科）	*Chlorophytum capense*（Bracketplant）	常绿宿根草本。叶宽线形，喜温暖湿润半阴环境	分株繁殖	室内吊盆观叶植物
吊兰（百合科）	*Chlorophytum comosum*（Tufted bracketplant）	常绿宿根草本。叶细长，狭线形，绿色或有黄纹。喜温暖湿润，不耐寒	分株繁殖	室内吊盆观叶植物
刚果藤（葡萄科）	*Cissus antarctica*（Kangaroo treebine）	常绿灌木。叶坚挺，亮绿色，有金属光泽，长椭圆形。喜温暖湿润及半阴环境	分株与扦插	盆栽观叶或吊盆观赏
花叶粉藤（葡萄科）	*Cissus discolor*（Begonia treebine）	常绿蔓性草本。叶长椭圆形，基部心形，叶面有银灰色、桃红色、紫色等斑纹。喜高温高湿，极耐阴，喜肥	分株或扦插	室内垂直美化盆栽观叶或吊盆观赏
菱叶白粉藤（葡萄科）	*Cissus rhombifolia*（Venezuela treebine）	常绿藤本。茎蔓生，三出复叶，形似葡萄叶。喜温暖湿润及半阴环境	分株与扦插	室内垂直美化与吊盆观赏
彩叶草（唇形科）	*Coleus blumei*（Common coleus）	宿根草本。叶对生，卵形，具齿，叶面绿色，有黄、红、紫等花纹。喜温暖、通风透光良好。宜排水良好沙壤土	播种为主，也可扦插	盆栽观叶或布置毛毡花坛、盛花花坛边缘

（续）

植物名称 （科名）	拉丁学名 （英文名）	形态与生态特点	繁殖 方法	园林用途
袖珍椰子 （棕榈科）	*Collinia elegans* （Parlor palm, Good luck palm）	常绿小灌木。叶羽状全裂，裂片镰刀形，深绿色。喜温暖湿润和半阴环境	播种或分株	娇小可爱，用于室内盆栽观叶
玉树 （景天科）	*Crassula arborescens*	常绿多浆小灌木。叶对生，扁平、肉质，椭圆形，花红色。喜温暖，阳光充足，空气干燥，通风良好	嫩枝与叶片扦插	盆栽观叶
燕子掌 （景天科）	*Crassula portulacea* （Baby jade）	常绿多浆小灌木。茎粗壮，叶椭圆形，花粉红色。性强健，喜光、喜温暖	扦插为主，也可播种	盆栽观赏
姬凤梨 （凤梨科）	*Cryptanthus acaulis* （Earth-star, starfish plant）	常绿宿根草本。叶莲座状着生，叶反曲平铺地面，外轮叶腋生匍匐茎，叶椭圆状披针形，缘波状，具皮刺。喜温暖湿润及半阴环境	分割吸芽或剪取匍匐茎扦插	小型盆栽，适布置于书桌、茶几和花架上
孔雀木 （五加科）	*Dizygotheca elegantissima* （Threadleaf falsearalia）	常绿灌木或小乔木。掌状复叶，小叶披针形，有深锯齿状缺刻。喜温暖湿润和充足的散射光	扦插	叶形奇特，是优良的观叶植物
麒麟尾 （天南星科）	*Epipremnum pinnatum* （Centipede tongavine）	常绿大藤本。攀缘性强，叶片革质，阔矩圆形，羽裂，裂片宽条形	嫩茎扦插	室内盆栽；华南用作垂直美化
绒毛喜阴草 （苦苣苔科）	*Episcia dianthiflora*	常绿宿根草本。叶卵状披针形，烤蓝色，叶脉银白色，具长茸毛。花白色，花瓣剪绒状，喜温暖湿润及半阴环境	分株或扦插	室内盆栽观叶、观花
红背桂 （大戟科）	*Excoecaria cochinchinensis* （Cochinchinese excoecaria）	常绿灌木。叶对生，矩圆状倒披针形，叶面绿色，叶背紫红色。喜温暖湿润及半阴环境	扦插	盆栽观叶；华南可栽于庭院或作绿篱
八角金盘 （五加科）	*Fatsia japonica* （Japan fatsia）	常绿灌木或小乔木。叶掌状 7～9 深裂，革质，绿色。喜温暖，极耐阴湿	播种或扦插为主，也可分株	优美的室内观叶植物
网纹草 （爵床科）	*Fittonia verschaffeltii* （Silvernet plant）	常绿宿根草本。叶卵形，叶面密布银白色网状叶脉或具下凹的红色叶脉。喜温暖湿润和半阴环境	嫩枝扦插	盆栽观叶或吊盆观赏
姬白网纹草 （爵床科）	*Fittonia verschaffeltii* var. *argyroneura minima*	常绿宿根草本。植株横伏地上，叶小，卵圆形，满布细密白色网状脉。喜温暖湿润的半阴环境	嫩枝扦插	盆栽观叶或吊盆观赏
紫星果子蔓 （凤梨科）	*Guzmania* 'Amaranth'	常绿宿根草本。叶基生斜出，带状全缘，有光泽，穗状花序顶生，叶状苞自下而上变小，紫红色。喜凉爽湿润环境	分株或扦插	植株优美、花茎挺拔。室内观叶、观花
果子蔓 （凤梨科）	*Guzmania lingulata* （Droophead guzmania）	常绿宿根附生草本。叶莲座状着生，叶带状，翠绿色，有光泽。花序外围有许多大型苞片，呈红色或桃红色，艳丽有光泽，小花白色。喜温暖湿润，充足散射光	分切带根的萌蘖芽栽植	花大色艳，叶色翠绿。室内观花、观叶

（续）

植物名称 （科名）	拉丁学名 （英文名）	形态与生态特点	繁殖 方法	园林用途
红星果子蔓 （凤梨科）	*Guzmania minor*	常绿宿根附生草本。叶莲座状着生，叶带状，叶具栗色细纹，花序总苞片开展，橘红色或猩红色。挺立叶丛之上。喜温暖湿润和充足的散射光	分切带根的萌蘖芽栽植	花大色艳，株丛秀美。室内观花、观叶
紫鹅绒 （菊科）	*Gynura aurantiana* （Java velvetplant）	宿根草本。植株直立，全株被紫红色茸毛，叶卵形，具粗齿，花黄或橙黄色。喜温暖，忌强光	扦插	盆栽观叶
鹃泪草 （爵床科）	*Hypoestes phyllostachya*	宿根草本。茎直立多分枝，叶卵形，叶面有粉红色斑点。喜温暖湿润及半阴环境	扦插	室内盆栽观叶
落地生根 （景天科）	*Kalanchoe pinnata* （Airplant kalanchoe）	宿根草本。株高 40～150cm。茎直立，叶对生，羽状复叶，肉质，矩圆形，具锯齿，在缺刻处分生小植株。花序圆锥状，小花钟状下垂，粉红色。喜光、耐旱、喜温暖、不耐寒	不定芽繁殖，也可扦插或播种	室内盆栽观花、观叶
竹芋 （竹芋科）	*Maranta arundinacea* （Bermuda arrowroot）	常绿丛生草本，叶绿色有光泽，喜高温高湿，半阴环境，需排水、通气良好	分株繁殖	盆栽观叶
二色竹芋 （竹芋科）	*Maranta bicolor* （Twocolor arrowroot）	常绿丛生草本，叶椭圆形至阔椭圆形，中脉两侧有暗褐色斑纹，缘白色，要求高温高湿	分株繁殖	优良盆栽观叶植物
龟背竹 （天南星科）	*Monstera deliciosa* （Ceriman）	常绿大藤木。叶大，厚革质，矩圆形，不规则羽状深裂，侧脉间有穿孔。佛焰苞淡黄色，花穗乳白色，芳香。喜温暖湿润	播种，压条或扦插	室内盆栽观叶或大型垂直美化，还是重要的插花切叶
多孔龟背竹 （天南星科）	*Monstera friedrichsttalii*	常绿宿根草质藤本，叶鲜绿色，薄革质，卵状椭圆形，主脉偏向一侧，侧脉间有大小不等的穿孔。喜温暖湿润、半阴环境	扦插为主	小型盆栽观叶植物
芭蕉 （芭蕉科）	*Musa basjoo* （Japanese banana）	高大草本。假茎挺拔，叶巨大，喜温暖湿润，土壤深厚肥沃，不耐寒	分株繁殖	室内或庭园栽植
猪笼草 （猪笼草科）	*Nepenthes mirabilis* （Common nepen-thes，Pitcher plant）	常绿宿根草本。株高约 150cm。叶互生，革质，椭圆状矩圆形，全缘，中脉延伸端部为 1 食虫囊。喜高温高湿及蔽荫环境，栽培温度不可低于 20℃	播种或扦插	食虫囊造型奇特，硕大色美，盆栽观赏
酒瓶兰 （百合科）	*Nolina recurvata* （Elephant-foot tree，Bear grass）	常绿小乔木。茎基部膨大成球形，形似酒瓶。叶顶生，线形，暗绿色。喜温暖湿润，耐半阴	播种繁殖	优美的盆栽观叶植物
阔叶沿阶草 （百合科）	*Ophiopogon jaburan* （White guiana Lily-turf）	常绿宿根草本。叶带状，具多数纵脉，暗绿色有光泽，喜温暖湿润、半阴、通风环境，稍耐寒	分株或播种	暖地露地丛植；寒地盆栽观叶
马拉巴栗 （木棉科）	*Pachira aquatica* （Guiana-chestnut pachira）	常绿乔木。茎光滑。叶互生，掌状复叶，有柄，小叶矩圆状披针形，无柄，革质，绿色。喜温暖湿润、喜光耐阴、耐旱	扦插或播种繁殖	枝叶优美、株形漂亮，是优秀的室内观赏植物
小露兜 （露兜树科）	*Pandanus gressitii* （Gresssit screwpine）	常绿宿根草本。叶条形丛生，边缘和背部中脉有刺。宜高温多湿，排水良好的肥沃土壤	切分子株扦插	室内盆栽观叶

（续）

植物名称 （科名）	拉丁学名 （英文名）	形态与生态特点	繁殖 方法	园林用途
西瓜皮椒草 （胡椒科）	*Peperomia sandersii* （Sanders peperomia）	常绿宿根草本。株高 20～30cm。无茎，叶丛生，盾状着生，半革质，卵圆形，浓绿色，脉间为银白色条斑。叶背红褐色。喜温暖、湿润与半阴	扦插或分株繁殖	优良的室内观叶植物
斑马椒草 （胡椒科）	*Peperomia verschaffeltii*	常绿宿根草本。株高约 15cm。叶丛生，具柄，长圆形，深绿色，脉间有银白色条斑。喜温暖、湿润与半阴	扦插或分株繁殖	美丽的室内观叶植物
春羽 （天南星科）	*Philodendron selloum* （Lacytree philodendron）	常绿宿根草本。叶广卵形，基部楔形，羽状深裂，裂片有不规则缺刻，叶面深绿色。喜高温高湿，喜光，耐阴	分株	优良的大型室内观叶植物
美丽针葵 （棕榈科）	*Phoenix roebelenii* （Roebelen date）	常绿灌木。叶羽状全裂，裂片狭条形，基生小叶刺状。喜光，耐阴，耐旱	播种或分株	室内盆栽观叶
冷水花 （荨麻科）	*Pilea cadierei* （Clear weed, Aluminium plant）	宿根草本或亚灌木。茎光滑，多分枝。叶对生，卵状椭圆形，上部叶缘有浅齿，基出 3 主脉，脉间有银白色斑块。喜温暖湿润，耐阴	扦插或分株	优良室内观叶植物。温暖地区荫地地被
鹿角蕨 （鹿角蕨科）	*Platycerium bifurcatum* （Commom staghorn fern）	大型附生宿根草本。植株灰绿色，高约 40cm。叶异形，裸叶，圆形凸起，缘波状，紧贴根茎上，嫩时绿色，老时棕色；实叶丛生下垂，幼时灰绿色，成熟时深绿色，基部直立楔形，端部二或三回叉状分枝，舌形孢子囊群生于实叶叶背端部分叉以上部位。原产澳大利亚。喜温暖阴湿，常附生树上	孢子繁殖、分株、组织培养	株形、叶形奇特，观赏价值高，可盆栽观赏、壁挂或筐栽悬吊观赏
南洋参 （五加科）	*Polyscias guilfoylei* （Wild coffee tree）	常绿灌木。分枝多，枝细软低垂。叶互生，一回羽状复叶，小叶近圆形，边缘有锯齿或分裂，叶绿色，叶缘白色。伞形花序，花小，绿色。原产印度至太平洋地区。喜温暖潮湿，光线充足，不耐寒，要求疏松肥沃土壤	扦插、嫁接	姿态优雅，叶形、叶色的花纹变化丰富，是深受欢迎的观叶植物。在华南地区可作绿篱或庭园观赏。其他地区作室内观叶植物应用
大叶凤尾蕨 （凤尾蕨科）	*Pteris cretica*	宿根蕨类草本。叶丛生，叶柄黄色直立，叶二型，营养叶较宽，革质，淡绿色，羽裂；孢子囊群生于叶缘。性喜温暖干燥的半阴环境	孢子繁殖	盆栽观叶或切叶
箭叶凤尾蕨 （凤尾蕨科）	*Pteris cretica* var. *victoriae*	宿根蕨类草本。叶基生，羽状复叶，小叶矩圆形，绿色有光泽，叶脉白绿色。喜温暖阴湿环境，耐寒	孢子繁殖	室内观叶
紫背万年青 （鸭跖草科）	*Rhoeo discolor* （Oyster rhoeo）	常绿宿根草本。叶放射状集生茎顶，披针形至剑形，表面暗绿色，背面紫色。花多朵集生，花具 2 枚蚌壳状紫色苞片。喜温暖和充足的散射光	分株为主，也可扦插和播种	室内盆栽或吊盆观赏
假叶树 （百合科）	*Ruscus aculeata* （Butchersbroom）	常绿小灌木。叶状枝扁平，革质，绿色。喜凉爽湿润环境	播种或扦插繁殖	盆栽观叶，暖地庭园栽植

（续）

植物名称（科名）	拉丁学名（英文名）	形态与生态特点	繁殖方法	园林用途
柱叶虎尾兰（百合科）	*Sansevieria cylindrica*（Ife sansevieria）	常绿草本。叶圆柱形，有明显横纹。要求温暖湿润	分株或扦插繁殖	室内观叶
虎尾兰（百合科）	*Sansevieria trifasciata*（Snake sansevieria）	常绿草本。叶厚而直立，剑形，有白绿与深绿相间的横带纹，喜温暖湿润	分株或叶插	室内观叶，插花切叶
短叶虎尾兰（百合科）	*Sansevieria trifasciata* var. *harnii*	常绿草本。叶厚，短而宽，叶两面有横纹，有银边或金边。喜温暖湿润	分株繁殖	盆栽观叶
虎耳草（虎耳草科）	*Saxifraga stolonifera*（Creeping rockfoil）	宿根草本。株高15cm，全株被疏毛。有细长匍匐茎，叶基生，绿色，带白色条状脉，肾形具浅齿，花白色。喜凉爽湿润半阴环境，不耐寒	分切匍匐枝繁殖	室内吊盆观赏；或阴湿处地被；也可用于岩石园
松鼠尾（景天科）	*Sedum morganianum*	常绿或半常绿宿根多浆草本。株匍匐状，叶小，纺锤形，紧密排列似松鼠尾巴。喜温暖、不耐寒、喜光，稍耐阴	扦插或分株	盆栽悬吊观赏
绿铃（菊科）	*Senecio rowleyanus*	宿根多浆植物。茎细弱下垂，叶卵状球形，具淡绿色斑纹。喜光、耐旱，适宜温暖环境	扦插	盆栽或吊盆观赏
紫鸭跖草（鸭跖草科）	*Setcreasea purpurea*（Purple setcreasea）	常绿宿根草本。全株深紫色，茎细长，下垂或匍匐，叶阔披针形，抱茎。喜温暖，喜充足散射光	分株为主，也可扦插或播种	室内盆栽观叶或吊盆观赏
白鹤芋（天南星科）	*Spathiphyllum floribundum* 'Clevelandii'	常绿宿根草本。叶披针形，端长尖，全缘，佛焰苞及肉穗花序皆白色。喜高温高湿半阴环境	分株、播种或组织培养	观叶、观花或切花、切叶
合果芋（天南星科）	*Syngonium podophyllum*（Goosefoot plant, Arrowhead vine）	常绿宿根蔓性草本。茎蔓生，叶狭三角形，3深裂，中裂片大，深绿色。叶脉附近绿色。喜高温高湿及半阴	扦插	吊盆观赏
铁兰（凤梨科）	*Tillandsia cyanea*（Blue flowered torch）	常绿宿根草本。叶放射状基生，条形，浓绿色，基部具紫褐色条纹。花莛高出叶丛，扁平，玫红色。花期全年。喜温暖湿润和充足的散射光	切取带根的萌蘖芽栽植	花苞奇特，花色艳丽，细叶飘逸。室内观花、观叶
淡竹叶（鸭跖草科）	*Tradescantia fluminensis*（Wanderingjew）	常绿草本。匍匐茎节触地生根，叶狭卵圆形，有白色条纹。适室内环境	扦插繁殖	盆栽观叶或吊盆观赏
莺歌凤梨（凤梨科）	*Vriesea cariata*	常绿宿根附生草本。叶莲座状着生，浅绿色。花莛分枝高于叶面，花序穗状扁平，基部红色，端部黄色。花期冬春。喜温暖、半阴环境。不耐旱	基部萌芽扦插	小巧玲珑，花叶俱美。室内观花、观叶，也可切花
火剑凤梨（凤梨科）	*Vriesea splendens*	常绿宿根附生草本。叶基生莲座状。叶片带状，深绿色具紫黑色横纹。花莛直立，无分枝，花序扁平穗状似剑，红色。喜湿润温暖环境，较耐旱	萌蘖芽扦插	花色艳丽，花形奇特，叶片斑纹美丽。室内观花、观叶
吊竹梅（鸭跖草科）	*Zebrina pendula*（Wanderingjew zebrina）	常绿宿根草本。全株稍肉质，叶狭卵圆形，银白色，其中部与两边为紫色。较耐寒、耐干燥，喜半阴	扦插繁殖	盆栽观叶或吊盆观赏。温暖地区用于花坛

4 庭园花卉

4.1 花坛花卉

4.1.1 概述

4.1.1.1 概念

花坛是应用各种不同形态、不同色彩的草本花卉或灌木，以其群体的平面或立面效果来体现精美的图案纹样或花朵盛开时的艳丽景象及花卉精心搭配形成的自然景观的花卉应用形式。

4.1.1.2 类别

花坛因构成形式不同可分为如下3类：

4.1.1.2.1 盛花花坛

主要由观花草本花卉构成，表现盛花时群体的色彩美。构成花卉的选择以观花草本花卉为主体；也可适当选用一些宿根及球根花卉；常将姿态优美的常绿观花灌木或盆栽乔木作花坛的中心或背景。也可选用低矮、枝叶密集、可覆盖花盆的观叶草本花卉作花坛的镶边材料。

盛花花坛花卉应具备如下条件：

①株丛密集低矮，着花繁茂。盛花时花朵完全覆盖枝叶，形成规整致密的色块。

②花期较长，开放一致。能保持较长的观赏期。

③花色鲜丽，有较高的观赏价值。

④生长健壮，容易管理。病虫害少，耐移植，缓苗快。

4.1.1.2.2 模纹花坛

构成模纹花坛的主体是低矮致密的观叶草本花卉或花叶兼美的花卉，表现群体组成的精致图案美或装饰纹样美。多选用生长缓慢的宿根花卉。

模纹花坛花卉应具备如下条件：

①枝叶纤细而茂密、株丛紧密、植株矮小。

②叶（花）色明丽，观赏价值高。

③萌蘖性强，耐修剪。

④生长缓慢。

⑤耐移植，缓苗快，栽培容易。

4.1.1.2.3 景观造型花坛

用花坛构成的手法，营造各类景观，可综合运用盛花花坛和模纹花坛的形式和其他工程设施。如表现小桥流水、瀑布飞溅、长城雄姿、南湖渡船等。所用植物材料，既包括一二年生盆栽花坛花卉；还有模纹花坛使用的宿根花坛花卉；也用盆栽的乔灌木。构成主题鲜明，景观优美，色彩绚丽，引人入胜的艺术效果。

4.1.2　主要花坛花卉

(1) 五色苋　*Alternanthera bettzichiana*

别名　锦绣苋、红绿草

英文名　Calico plant

科属　苋科虾钳菜属

形态特征　多年生草本作一、二年生栽培。株丛低矮，茎直立或匍匐，节膨大，分枝多；叶对生，窄匙形，全缘，绿色或具彩纹。头状花序，簇生叶腋，花小，萼 5 片，白色，无花瓣。

变种品种　有黄叶、褐红色叶、花叶等不同叶色的品种。

产地分布　原产巴西，中国各地均有栽培，以东北地区栽培最多。

生态习性　喜暖畏寒、耐旱、耐修剪；夏季喜凉爽气候，高温高湿生长不良。冬季不耐寒，宜在 15℃ 以上越冬。生长季节要求阳光充足、土壤湿润、排水良好。

五色苋　*Alternanthera bettzichiana*

繁殖栽培　扦插法繁殖。在气温 22～25℃，相对湿度 70%～80% 时，取生长健壮无病害的嫩枝顶部为插穗进行扦插，7 天左右生根。半个月后定植。生长季节，当气温达 20℃ 以上时，生长加速，可进行多次摘心或修剪，使之保持半圆形矮壮、密集的枝丛。保持土壤湿润，经多次修剪，促进株形矮小紧密。越冬母株置温室内阳光充足处，温度不宜低于 15℃ 处，注意控水。

园林用途　五色苋植株低矮繁茂，分枝短而多，耐修剪。叶色多且特殊，入秋后更加亮丽，故在我国大量应用于模纹花坛，特别国庆期间，五色苋花坛组成的各种图案、动物造型、文字是室外花卉装饰的重要部分。

同属其他花坛花卉

可爱虾钳菜(*A. amoena*) 又名红草五色苋、小叶红。英文名　Tomthumb alternanthera。矮小平卧，叶披针形至椭圆形，叶褐红色或绿色带暗紫红色。

榕树状虾钳菜(*A. ficoidea*)，又名五色苋、三色苋。英文名 Joseph's coat。株高 15～40cm，叶椭圆形至卵形，先端尖。有叶片色彩不同的品种多个。如品种'Red Threads'，枝叶繁密，叶狭长，紫红色，全光及半阴处生长良好。'Party Time'，叶绿色，上面有明亮的粉红色块斑；欧美应用较多，我国已有引种应用。

（2）金鱼草 *Antirrhinum majus*

别名 龙口花、龙头花、狮子花、洋彩雀

英文名 Snapdragon, Dragon's month, Common snap-dragon

科属 玄参科金鱼草属

形态特征 宿根草本，通常作二年生栽培，华北、东北也作一年生栽培。茎基部木质化，微有茸毛。叶对生或上部互生，叶片披针形至阔披针形，全缘，光滑。花序总状，小花有短梗，苞片卵形，萼5裂；花冠筒状唇形，外被茸毛，基部膨大成囊状，上唇直立，2裂，下唇3裂，开展，有粉、红、紫、黄、白或复色；蒴果，孔裂。花期5~7月；果熟期7~8月。

变种品种 栽培的品种多达数百种，单瓣或重瓣，依花期及应用区分为不同系统，大体可分为温室与露地两类。

依株高分为：

①高型：株高60~150cm，冠幅30~45cm，花期较晚且长，适合用于切花或花境。

②中型：株高冠幅均45~60cm，花期中，适合作花坛。

③矮型：株高15~30cm，冠幅30cm，花期最早，适合作盆栽、花坛镶边。

依花型可分为：

①金鱼型：即二唇型，正常的花形。

②钟型：上下唇间不合拢，唇瓣向上开放，花型似钟。

著名的品种有：

'花雨'（'Floral Showers'）系列：四倍体，矮型，分枝多，特别耐湿热气候，花色多，花期早。一些复色品种十分美丽。杏黄/白复色品种为最新花色。

'塔希提'（'Tahiti'Series），矮型，抗锈病。其中紫/白和玫瑰红/白双色品种开花最早，比其他品种早开10天。

'王冠'系列（'Coronette'Series）：高型。

'甜心'（'Sweetheart'），株高15cm，矮生杂种1代，重瓣花，花色丰富。

近年的新品种还有'黑王子'（'Black Prince'），株高40~45cm，叶褐色，花深红色。'蝴蝶夫人'（'Madame Butterfly'），花重瓣，花色有粉、红、金黄等色。

商品切花栽培的主要品种以F₁代杂种为主，如'早乙女'，红色；'红龙'，天鹅绒深红色等；一些常规切花品种也有销售，如纯白色花的'白色奇迹'等。

产地及分布 原产南欧、地中海沿岸及北非，我国园林习见栽培。

生态习性 金鱼草较耐寒，不耐热，喜阳光，稍耐半阴，不耐酷热，高温对金鱼

金鱼草 *Antirrhinum majus*

草生长发育不利，在高温高湿环境中生长慢，表现不佳，有些品种当气温超过15℃时不分枝，影响株形。

在阳光充足的凉爽环境下，生长健壮、高度一致且花多而艳。耐半阴但在荫蔽处植株徒长，花序长而花色淡。

幼苗在5℃条件下通过春化阶段。一些品种，如'花雨'系列品种对日照长短几乎不敏感。对石灰质土壤有一定耐受力。

喜疏松肥沃、排水良好的肥沃土壤，对水分比较敏感，盆土必须保持湿润，盆栽苗必须充分浇水。但盆土排水性要好，不能积水，否则根系腐烂，茎叶枯黄凋萎。

金鱼草易自然杂交，为了做到品种纯正，留种母株需隔离采种。当然许多重瓣和杂种F_1代金鱼草就很难收到种子。

繁殖栽培 播种繁殖，也可用扦插繁殖。种子5800粒/g左右。播种采用200或288孔穴盘，在育苗草炭中需加入约10%体积的大粒珍珠岩。

从播种到开花约16～18周。育苗时不需覆盖，分4个阶段：从播种到胚根出现为第一阶段，此阶段发芽温度为21～24℃，需要4～8天，基质中等湿润；从胚根出现后到子叶伸展、长出1片真叶为第二阶段，此阶段温度为18～21℃，历时7天，基质偏干为好，第三阶段为真叶出现后的2～3周，温度为17～18℃，施肥浓度为100～150mg/L，每周施肥一次，当第4对小叶出现时，第三阶段结束进入第四阶段即准备移栽或储运。将温度降到15～17℃，施肥同前一阶段，7天后可上12cm×12cm花盆。育苗基质要见干见湿，太湿易徒长。水的pH值要调整到微酸性(5.5～6.5)为好，基质pH值控制在5.8～6.2为宜。出苗后每周用1000倍百菌清或甲基托布津喷施，防猝倒病，连续2～3次。

上盆基质与金盏菊相同。冬季栽培控制在10～20℃。上盆几周后可施复合肥。以氮钾为主，浇肥EC值1.0～1.5，两次浇水之间可控水。缺氮叶片变成黄绿色，茎细弱。缺磷叶片变成深绿色略带紫，新叶下垂。若水分过多，温度过低，盐离子浓度过高易导致嫩叶畸形。

基质黏重会延长金鱼草的生长期。盐分含量高使叶黄而短，茎脆易折。现蕾后为了让花朵上色，可控水。高湿易感染霜霉病，湿度在85%以下有利于控制霜霉病。冬季补充光照，可以提早开花。

高、中型品种可适当摘心，促使分枝而花多。不作为留种时，花朵于花后剪除，可开花不绝。7月中下旬行重剪，并适当追肥，于"十一"时花又繁多。

金鱼草也常作促成栽培，于冬春供花，近年国外培育出温室促成早开的金鱼草，占据了切花生产的重要地位。冬季作切花用者，常于夏末播种，露地培育，秋凉移入温室，秋冬白天保持22～25℃，夜间10℃以上，可元旦开花。如植于冷床(盖玻璃)，加强管理，可"五一"开花。

金鱼草易自然杂交，品种间容易混杂，引起品种退化，为了做到品种纯正，留种母株需隔离采种。重瓣和杂种F_1代金鱼草则无种子，可用嫩枝扦插繁殖，于6～7月或9月进行。

园林用途 金鱼草花色多且鲜艳，是早春花坛应用的优良花卉种类。高中型宜作切花及花境栽植；中矮型宜用于各式花坛。矮型品种还可用于岩石园。促成栽培，可作冬春室内装饰。

同属花坛花卉 同属植物约 30 ~ 40 种，产欧洲、美国及北非，以北美最多，见于栽培的还有匍生金鱼草(*A. asarina*)，匍匐宿根常绿草本，有黏质短柔毛。茎长至60cm。叶片心状卵圆形，边缘具浅钝锯齿，有长柄。花单生，淡黄色，花期夏季。原产西南欧。耐半阴。常作岩石园的装饰。

（3）荷兰菊 *Aster novi-belgii*

英文名 New York aster

科属 菊科紫菀属

形态特征 宿根草本，高 60 ~ 100cm，叶互生，线状披针形，暗绿色。头状花序顶生或腋生，聚成复伞房状；总苞数层，外层较短。品种较多，紫红、浅蓝、粉或白色。花期夏秋。

产地分布 原产北美。

生态习性 耐寒、耐旱又较耐热，喜光照，半阴处亦生长良好。耐瘠薄土壤，但在肥沃、排水良好的沙壤土中花繁叶茂，该种较同属其他种抗霉霜病和虫害。

繁殖栽培 播种、扦插和分株均可。

春季播种，18 ~ 22℃ 条件下，7 天左右发芽。苗高 10cm 左右时，间苗或移栽、定植，苗高20cm 时，可摘心促发分枝。若"十一"用花，摘心不可晚于 9 月初。"五一"用花，需冬季于温室中分株育苗。保持通风，栽植过密易感白粉病。

荷兰菊 *Aster novi – belgii*

分株、扦插育苗较为常用。荷兰菊易生萌蘖，春秋两季均可分株；扦插可于春秋剪取顶端嫩枝扦插，适当遮荫，7 ~ 10 天即可生根。

园林用途 荷兰菊开花多，株丛整齐，其紫红、淡蓝、粉红的花色是秋季室外装饰不可缺少的材料。尤其与一串红、菊花(黄色)一起丰富了"国庆"用花的色彩。是常用的花坛植物，用于花境也很合适。

同属其他花坛花卉

紫菀(*A. tataricus*)又名青菀，青牛舌头花。英文名 Tatarian aster。宿根草本，茎直立，粗壮，被粗毛。株高 40 ~ 120cm。叶厚纸质，被糙毛，有锯齿；中脉明显并在下表面突起。花蓝色，花期 8 ~ 10 月。分布于我国三北地区，日本、朝鲜及西伯利亚东部也有分布。

美国紫菀(*A. novae-angliae*)，又名红花紫菀。英文名 New English aster。宿根草本，高达 150cm。全株被短柔毛，叶披针形或长披针形，全缘，基部略抱茎，头状花序径约 5cm，粉红、白或紫色。花期 7 ~ 9 月。原产北美，极耐寒。

高山紫菀($A.\ alpinus$)，Alpine Aster，小型宿根草本。株丛匍匐，高 15～30cm，花小，径约 3～3.5cm，粉紫色，仲夏至夏末开放。原产欧亚、北美，我国中、北部山区有分布。理想的镶边及岩石园植物。

（4）羽衣甘蓝　*Brassica oleracea* var. *acephala* f. *tricolor*

别名　花包菜、叶牡丹

英文名　Ornamental cabbage

科属　十字花科芸薹属

形态特征　二年生草本。为食用甘蓝（卷心菜、包菜）的园艺变种。株高 30～40cm。抽薹开花时花莛高可达 120cm。株丛莲座状，叶片宽大匙形，多皱，叶缘波曲，光滑无毛，被白粉，叶柄有翼；外轮叶片常与中心叶片色彩不同。冬季低温后，翌年抽薹，开花，花黄或淡黄色。种子圆球形，褐色，千粒重 4g 左右。

变种品种　品种较多，有高型和矮型品种；有皱叶、圆叶及裂叶型品种；从叶色划分，外轮叶有翠绿、深绿、灰色、黄绿色等，中心叶则有纯白、淡黄、肉红、玫瑰红、紫红等色，外轮与中心叶色搭配成丰富多彩的叶色组合。除盆栽或地栽品种外，切花品种也很受欢迎。

羽衣甘蓝　*Brassica oleracea* var. *acephala* f. *tricolor*

产地分布　原产地中海沿岸至小亚西亚一带，现广泛栽培，主要分布于温带地区。

生态习性　喜温和冷凉气候，耐寒性强，经良好锻炼的幼苗能耐 -12℃ 的短时间低温，成株在北方露地栽培能经受数次短时霜冻，但连续严寒则受害。较耐阴，充足的阳光下叶片品质好。喜湿润土壤，干旱时叶片生长缓慢，不耐涝。不择土壤，但以腐殖质丰富肥沃的沙质壤土或黏质壤土为最宜。

繁殖栽培　播种繁殖。羽衣甘蓝种子 250～400 粒/g。长江流域于立秋前后（7 月中旬至 8 月上旬）播种，8 月中下旬定植，主要作元旦及春节用花。

播种采用疏松透气消毒后的基质，播种苗的管理分 4 个阶段：第一阶段为播种后两天，此时胚根长出，保持苗床湿润，适温 24℃。胚根长出 3 天以后，子叶展开，主根长 2cm。此时为第二阶段，保持苗床的温度，光照充足以防高脚苗产生。5 天左右苗出齐，并长出真叶，当根系 4cm 左右时，可追施液体肥。第三阶段：幼苗快速生长，光照要足，苗床也要保持一定的干燥，防止病害。如果播种密度过大，可间苗。每周一次，交替使用 100mg/L 的氮、磷、钾为 20-10-20 及 14-0-14 的液体肥。当植株有 4～6 片真叶时为第四阶段，加强通风、补充光照、控制水分，防止徒长，培育壮苗，以便于上盆、运输或定植。盆栽基质中加入有机肥，经常保持盆土湿润而不积水。生长期适当追肥，注意防治蚜虫和黑斑病。

羽衣甘蓝一旦抽薹开花即失去观赏价值，应及时更换。

园林用途　羽衣甘蓝是冬季室外花卉装饰的重要材料。易栽培、观赏期长，株形美观，因此是公共绿地、道路、街头、常见的花坛植物，也可组成各种美丽的图案，其叶形、叶色美丽，是盆栽观叶的佳品。一些品种是美丽的鲜切叶材料。

（5）金盏菊　*Calendula officinalis*

别名　金盏花、黄金盏、长生菊、醒酒花、常春花

英文名　Marigold

科属　菊科金盏菊属

形态特征　二年生草本。株高 30～60cm，全株被白色茸毛。单叶互生，椭圆形或椭圆状倒卵形，全缘，基生叶有柄，上部叶基抱茎。头状花序单生茎顶，舌状花一轮或多轮平展，金黄或橘黄色，筒状花黄色或褐色。也有重瓣（实为舌状花多层）、卷瓣和绿心、深紫色花心等栽培品种。总苞1～2轮，苞片线状披针形。花期较长，盛花期3～6月。瘦果，弯曲，船形或爪形，果熟期5～7月。

变种品种　主要的品种有：

'邦邦'（又名'棒棒'）（'BonBon'），株高30cm，花朵紧凑，花径5～8cm，花色有黄、杏黄、橙等，花期比其他品种早约14天，是较为优秀的品种。

金盏菊　*Calendula officinalis*

'红顶'（'Touch of Red'），株高40～45cm，花重瓣，花径6cm，花色有红、黄和红/黄双色，每朵舌状花顶端呈红色。

'宝石'（'Gem'）系列，株高30cm，花重瓣，花径6～7cm，花色有柠檬黄、金黄。其中以'矮宝石'（'Dwarf Gem'）更为著名。

'圣日吉它'，极矮生种，花大，重瓣，花径8～10cm。

'祥瑞'，极矮生种，分枝性强，花大，重瓣，花径7～8cm。

生态习性　喜冷凉气候，较耐寒，喜阳光，但不耐暑热。小苗能抗 -9℃低温，但大苗易遭冻害。生长快，适应性强，耐瘠薄干旱，对土壤要求不严，但轻松肥沃的土壤和日照充足环境下生长较好。北方地区一般在早春开花，华东地区可以反季节播种，秋末冬初开花。可自播繁衍，栽培容易。

繁殖栽培　播种繁殖。种子150粒/g左右，用128或200孔穴盘，基质为草炭与粗粒珍珠岩混合，覆盖粗粒蛭石。育苗分4个阶段：第一阶段需4～6天，从播种到胚根出现为止。发芽温度20～23℃，基质宜偏干，需全黑暗环境；第二阶段：从胚根出现到子叶伸展，发芽完毕，真叶出现；温度降到20℃，可以交替施用浓度为50mg/L的 N:P:K 为 15-0-15 和 20-10-20 复合肥，一周施1～2次，基质宜干，但要及时喷雾以利种子脱壳；子叶展平后即可喷施1次5～10mg/L多效唑控制株高。第三

阶段：出现 2 对真叶，可移栽，需要 21 天。此阶段温度为 18℃，施肥浓度为 50 ~ 100mg/L，一周 1 ~ 2 次；第四阶段：准备运输、上盆或储运。此时温度为 18℃，施肥浓度同第三阶段，7 天后即可上 12cm × 12cm 的盆。基质要干湿交替。

育苗期间基质不宜太湿，同时要加强通风，增强光照，防止真菌性疫病的传播蔓延，如遇高温多雨，可定期喷施 1000 倍的代森锰锌和 1000 倍的甲霜灵，出苗后每周用 1000 倍百菌清或甲基托布津喷施，防猝倒病，连续 2 ~ 3 次。

肥料配制如下：N-P-K 为 20-10-20 时，要得到 100mg/L 的肥液应每升水中加入 0.5g 该肥料，其他浓度依此调整。N-P-K 为 15-0-15 时，要得到 100mg/L 的肥料应每升水中加入 0.67g 该肥料，其他浓度依此调整。浇灌用水的 pH 值要调整到微酸性 (5.5 ~ 6.5) 为好，基质酸碱度控制在 5.8 ~ 6.2 为宜。

上盆基质可用草炭或草炭与园土按 1:1 的比例混合并加入有机肥。基质 pH 值应控制在 6.5 以下，生长适温 10 ~ 12℃。上盆 7 ~ 10 天后，摘心促使侧枝发育，增加开花数量，如仍需控制株高，用 0.4% 比久溶液喷洒叶面 1 ~ 2 次。生长期每半月施肥 1 次，可用 20-10-20 的肥料，EC 值控制在 1.0 ~ 1.5。肥料充足，金盏菊开花多而大。若不留种，剪除凋谢花朵，有利延长观花期。留种要选择花大色艳、品种纯正的植株，应在晴天采种，防止脱落。

金盏菊花期可以通过改变栽培措施加以调节，调节的措施主要有以下几种：

①早春正常开花之后，及时剪除残花，使其重发新枝；加强水肥管理，到了 9 ~ 10 月可再次开花，这一期间应控制株高。

②3 月底或 4 月初直播于庭院，苗出齐后适当间苗或移植，给予合理的肥水条件，6 月初即可开花。因金盏菊成花需较长低温，故春播植株比秋播的生长弱，花朵小。

③冬季温室观花：可于 8 月下旬秋播，降霜后移至 8 ~ 10℃ 温室内，白天放室外背风向阳处，严寒时放在室内向阳窗台上。一周左右浇一次水，保持盆土湿润，每月施加一次复合液肥，这样到了隆冬季节即能不断开花。

④8 月下旬露地秋播，苗期适时控制浇水，培育壮苗。入冬后移至阳畦，气温降至 0℃ 以下时，夜间加盖草帘，白天除去。气温降至到 -7℃ 以下时，在草帘下加盖塑料膜。白天只打开草帘但晴天中午前宜适当通风。翌年早春最低气温回升到 -7℃ 以上时，及时除去薄膜，夜间盖上草帘即可。待最低气温升到 0℃ 即可除去草帘。此时可浇水保持土壤的湿润，同时，每隔 15 天左右追肥一次，"五一"时即可开花。

园林用途 金盏菊在欧洲最早为药用，后逐渐用于观赏。由于株丛低矮，花色鲜艳夺目，是早春常见的草本花卉，适用于中心广场、花坛、花带布置，也可作为草坪的镶边花卉或盆栽观赏。随时剪除残花能延长花期，从初花期到末期，植株持续高生长，设计时应充分考虑。长梗大花品种可用于切花。

(6) 鸡冠花类　*Celosia* spp.

别名　鸡髻花、芦花鸡冠、笔鸡冠、大头鸡冠、凤尾鸡冠，鸡公花、鸡角根

英文名　Cockscomb flower、Common cockscomb

科属　苋科青葙属

形态特征　一年生或宿根草本作一年生栽培。株高20~150cm，茎直立粗壮，光滑，有棱线或沟。叶互生，有柄，长卵形或卵状披针形，变化不一，全缘，基部渐狭。穗状花序大，顶生，呈扇形、肾形、窄圆锥形等，下部集生小花，花被膜质，5片，上部花退化，但密被羽状苞片；花被及苞片有白、黄、红、紫、橙等色。花期8~10月。胞果内含多数黑色种子。

变种品种

鸡冠花 *C. argentea* var. *cristata*；*C. cristata*，英文名 Common cockscomb　单秆或多分枝；花密集，呈扁平肉质、褶皱扭曲的鸡冠状或羽毛状的穗状花序。

根据花序的形状和分枝状况，可细分为如下栽培类型：

①普通鸡冠，花序为扁平肉质、扭曲的鸡冠状。

②圆绒鸡冠（ f. *childsii* ），又名头状鸡冠；花序卵球形，表面流苏状或绒羽状，有分枝但紧凑不开展。

③凤尾鸡冠（ f. *plumosa*），又名芦花鸡冠或扫帚鸡冠。全株多分枝而开展，各枝端着生疏松的羽毛状花序。

④子母鸡冠：多分枝而斜出，全株呈广圆锥形。紧密而整齐。主花序顶生，形大，褶皱而成倒圆锥形，主序基部旁生多数小序，各侧枝顶端相似。花色鲜橘红黄色，叶色深绿，有土红晕。

鸡冠花 *Celosia argentea* var. *cristata*

国外花卉公司为便于生产、销售和产品宣传，根据花序的形状仅分2类：即鸡冠类（Cristata or cockscomb Group，花序不分枝，鸡冠状）和羽毛类（Plumosa Group，花序多分枝，分枝顶端着生大小、长短不一的羽毛状花序）。

按株高可分为高型（70cm 以上），中高型（50~70cm）和矮生型（50cm 以下），25cm 为超矮型。

目前国内市场和园林应用常见的品种（品种系列）有：

'Apricot Brandy'，1981 年 AAS（All Amercian selection Winner）获得者。株高40cm，冠幅可达50cm。基部分枝，分枝多，花序羽毛状，因狭长而又极其鲜艳明亮的橙黄色的花序，非常整齐的花型、花期和分枝习性，被形容为"令人窒息"，是著名的鸡冠花品种。

'久留米'系列('Kurume' Series)，花序鸡冠状，株高 70～120cm。耐热，耐干燥且抗病性强。如栽培时株行距 10～15cm，可使花冠减小，花枝变细。非常适合作夏季切花生产。有粉红、红、紫红、黄和红黄复色 5 个品种。

'Chief Series'，花序鸡冠状，株高 100cm。夏季切花品种，生长整齐，花色丰富，理想的高温季节切花品种，适当密植有利于获得高品质的切花。

'世纪'系列（'Century' Series），栽培最广泛的品种系列之一。1985 年 AAS 获得者，花序羽毛状，具分枝；株高 70cm，花序大而整齐，长可达 30cm。适合室外大面积切花生产，生长势强，开花容易。播种 80 天后即可开花。有淡黄（奶油色）、黄、红等不同花色的品种，其中黄色的品种特别适合制作干花。

超级矮生系列（'Kimono' Series），圆锥形的花序顶生，由多数羽毛状小花序紧密聚集而成。特别适合 10cm 盆栽生产，耐运输。'Kewpie' Series 也是著名的矮生品种系列，株高仅 25cm，但花序长达 18cm，与'Kimono' Series 的区别在于其小花序并不紧密聚集，而是开展成松散的圆锥形，类似子母鸡冠。

'城堡'系列（'Castle' Series），花序羽毛状，具分枝。中矮生，株高 40～50cm。耐热，耐旱，花期长。有黄、红、粉和橙色。适合盆栽及花坛。

此外还有 2006 年开始推广的新品种'皇冠'系列，其特点较为突出：鸡冠状花序，矮生，株高 25cm，单花顶生，花序肥厚，丰满端庄，花期长，花色艳丽，在高温干旱的环境里仍不褪色，叶柄、花梗坚韧，不脱叶，不倒伏，花序不下垂且抗病、抗风吹雨打，株高、株形、花色、花型等各性状整齐一致，特别适于长途运输和室外花坛摆放，播种到开花 70 天。有红色、深红色、粉红色、金黄色及叶片褐色花红色等几个品种。

其他还有'Olympia' Series、'New Look'、'Fresh Look Rot'、'Fresh Look'等品种系列都很出名。特别是后两者，不仅是 AAS 获得者，而且也是 Fleuroselect 金奖获得者。

穗冠 *C. spicata*

仅有 1 个品种系列'Flamingo' Series，植株直立，多分枝，叶片带状披针形，穗状花序直立，细长圆柱形，长 10～12cm，花序上未开放的小花粉红色，当自下向上开放时，先开放的小花银白色，形成自下向上白色至粉色的变化，十分美丽。切花或干花均很适宜。

产地分布 原产非洲、美洲热带和印度，世界各地广为栽培。

生态习性 长日照花卉，喜阳光充足、耐干热、忌涝。不耐霜冻。喜肥，喜疏松肥沃、排水良好的土壤。生长迅速，栽培容易，可自播繁衍。种子生活力可保持 4～5 年。

繁殖栽培 播种繁殖。清明过后，晚霜结束时，选疏松肥沃的地块，施足基肥，耕细耙匀，整平作畦，将种子均匀地撒于畦面，略用细土盖严种子，踏实浇透水，保持畦面湿润；一般在气温 15～20℃时，10～15 天可出苗。夏播于芒种后，按行距 30cm 进行，苗高 6cm 时，按株距 20cm 间苗、移栽。幼苗若天气不太干旱，尽量少浇水。苗高 30cm 后开始追肥。封垄后可打去部分老叶，花期时若天旱可适当浇水，雨季忌积水。

若温室播种，3月下旬以后即可进行。播种苗4~6片叶时方可移栽、换盆或定植，生长适温为22~30℃。移植时避免散坨伤根，因其根系受损恢复困难。喜肥，苗期可追施尿素结合磷酸二氢钾，每10天进行一次叶面追肥。

鸡冠花在花序形成前，无论盆栽还是地栽，基质要保持适当干燥，以利孕育花序。花序形成后，可7~10天施一次液肥，适当浇水。并可将下部叶腋间的小花序抹除，以利顶部主花序生长。

如果想使鸡冠花植株粗壮，花冠肥大、厚实，色彩艳丽，可在花序形成后换大盆养育。

鸡冠花忌积水，露地定植和室外盆花应用均不可选择低洼易存水的地段。

鸡冠花是异花授粉植物，品种、种间容易因天然杂交而混杂，欲留种者，开花期要选出隔离。种子品质以中央花序中下部的种子为佳。

园林用途　鸡冠花因其花序形似鸡冠而得名。形状、色彩多样，顶生而又形色鲜明的花序，使其有较高的观赏价值，是重要的露地草本花坛花卉之一，制成干花，经久不凋。矮型及中型品种可作花坛、盆栽或边缘种植。高型品种常用于花境、切花，切花瓶插能保持10天以上。花序、种子可入药，茎叶也可作蔬菜食用。

（7）石竹类　*Dianthus* spp.

英文名　pink

科属　石竹科石竹属

形态特征　宿根草本。一些种类常作一、二年生栽培。茎节常膨大，叶对生，为宽窄不等的披针形，基部抱茎。花单朵或数朵簇生，有红、白、紫等单色或混色，有香味。

种类品种　园艺栽培的石竹种类和品种类型极多，既有某一个种育成的，也有多个种杂交而成的。它们构成了一个庞大的石竹家族。石竹属植物大体可分为分为香石竹类（康乃馨）和石竹类2类，康乃馨类以切花栽培为主，而石竹类则是良好的花坛和花境植物。本文主要的介绍其中的花坛和花境种类，主要有：

石竹（*D. chinensis*）又名中国石竹、洛阳花。英文名 Chinese Pink, Rainbow Pink。宿根草本，宿根性不强，常作一年生栽培。全株粉绿色，节明显，上部分枝，叶对生，条形或线状披针形，基部抱茎，花顶生，单朵或数朵成聚伞花序，花瓣5枚，先端有不整齐的锯齿状细裂。花径较大，喉部有深色斑纹并疏生须毛，基部具长爪。花有白、粉、红、紫等色，唯缺黄色。有复色、镶边、具斑点（纹）及花眼的类型。花萼圆筒形，先端浅裂，花期4~5月，果期6~7月。蒴果矩圆形，种子黑色、稍扁，千粒重约1.15g。原产中国，东北、西北至长江流域均有野生，现国内外普遍栽培。

著名的品种有'科罗娜樱桃红魔术'（'Corona Cherry Magic'），2003年获美国花卉品种选育奖，也是欧洲花卉品种选拔赛获奖品种。花期较早，花大，粉红或淡紫色，有明显的深粉色"花眼"，株高仅20~30cm，适合小型容器盆栽摆放花坛之用。

须苞石竹（*D. barbatus*）又名五彩石竹、美国石竹、十样锦等。英文名 Sweet William。宿根草本，常作二年生栽培，大多数品种需春化处理开花。株高30~70cm，茎光滑，四棱，具分枝，节间明显膨大，叶阔披针形至长圆状披针形，具明显平行脉。花比中国石竹小，密集成扁平的聚伞花序，直径8～12cm。苞片明显，先端细长如须，高于花冠。花瓣先端齿裂或具疏毛，花色以粉、红、紫，白为主，唯缺黄色；有复色、具斑点（纹）、镶边和环纹类型，变化组合十分丰富，花朵有淡香。花期5～7月，果期7～8月。原产欧洲、亚洲及南美洲温带地区的山地和草原。

须苞石竹 _D. barbatus_

其代表品种有：'灰姑娘'（'Cinderella Mixture'），混色，F₁种子，优良的切花品种，株高45～90cm，茎强健，不需支柱和绑扎。不经春化处理即可开花。'彩环'系列，又名'环岛'系列（'Roundabout' Series），植株低矮紧凑，株高15cm左右，花冠平展，花色粉红、红或白色，花瓣边缘色浅，花冠上形成彩环状。适合盆栽装饰。

近年，人们将石竹与须苞石竹杂交，获得许多优良品种，如'节日'系列（'Festival' Series），喜凉爽气候，花期早，适合盆栽；'完美'系列（'Ideal' series），耐霜冻和高温，花色多，尤其适用于小容器高密度栽培应用，地栽效果也很好。

高山石竹（_D. alpinus_），英文名 Alpine pink。宿根草本，株丛低矮，垫状，高8～15cm，茎叶光滑，叶片深绿色，长3cm，花单生，较大，直径约2.5～4cm，深粉色、紫色，具浅色斑点，花瓣先端齿裂或具须毛状。花期夏季，喜富含腐殖质的土壤。

丹麦石竹（_D. carthusianorum_），别名大紫石竹。英文名 Carthusian pink。植株簇状丛生，高约40cm，叶片灰绿色，花顶生，成扁平的簇状，单瓣，花径2cm。花白、粉红、紫色，瓣端锯齿状细裂，花期夏季，原产欧洲南部、中部及西部。

少女石竹（_D. deltoides_），英文名 Maidens pink。宿根草本，株丛低矮的垫状，株高20cm，冠幅30cm或更多。茎匍匐状着生，具分枝，叶片小而短，花枝直立，具较多的狭长披针形深绿色叶片。花通常单朵顶生。单瓣，花径2cm，先端锯齿状，花白、深粉红、红、紫色，瓣基具深色的"V"形斑纹，故具明显花眼，花期6月。原产西欧和东亚。适于岩石园及堤岸种植，花后修剪。著名的品种有'Lenchtfunk'（又名'Flashing light'），花极多，为明亮的粉红色。

常夏石竹（_D. plumarius_），英文名 Grass pink。宿根草本。植株低矮丛生，高30～40cm，全株光滑，被白粉或白霜，茎单生或有分枝，叶片狭长而厚。花序顶生，花径约2.5～4cm，瓣缘6～9齿裂，花有香味。花期6月。原产欧洲。该种与香石竹（_D. caryophyllus_）杂交种奥尔沃德石竹（_D. × allwoodii_），英文名 Allwood Pink。茎多分枝，直立而粗壮，花半重瓣，色彩丰富。在各国园林中非常著名。

锦团石竹(*D. chinensis* var. *heddewigii*)，又名繁花石竹、虹石竹。英文名 Rainbow Chinese pink。株丛紧凑，着花繁密，花大，直径 5～6cm，重瓣，瓣缘齿裂或羽裂，花色从纯白至玫瑰粉色。

石竹依花朵观赏性状可分如下几个类型：纯色类(Self)，花单色，无斑点、条纹或镶边。斑纹类(Fancy)，花瓣上散生多数异色斑点或条纹。镶边类(Picotee)，瓣边缘具异色镶边。复色类(Bicolour)，一花二色，多在花瓣基部具大型斑块或晕，成花眼状。环纹类(Lacy)，花冠中心和边缘具同色的环状纹。

生态习性 性耐寒耐旱，忌热，喜肥亦耐瘠薄，要求日光充足、凉爽且通风良好，忌潮湿和水涝。许多新育品种耐热性较强，可从春开花到秋。在排水良好、肥沃、含石灰质的土壤中生长健壮，花多叶茂。一年生的种类不需春化处理即可开花，二年生栽培者，需经春化作用后方可开花。

繁殖栽培 播种繁殖为主，可扦插繁殖。

播种用 200 或 128 孔穴盘，育苗周期 56 周，育苗时，从播种到胚根出现要 3～5 天，适温 21～24℃，基质不可过湿，这是育苗第一阶段；第二阶段为从胚根出现到第一片真叶出现，适温 21～24℃，基质不干不湿，15-0-15 和 20-10-20 的水溶性肥交替使用，浓度为 50～75mg/L；此后为第三阶段，温度宜 18～21℃，施肥浓度为 100～150mg/L，每周一次，2～3 周后准备种苗移植或运输，温度为 15～17℃即可。7 天后即可上 12cm×12cm 盆。华东地区晚秋至初冬上市的产品，在育苗第三阶段初期长到 2～3 片真叶时喷施 250～500mg/L 多效唑，一周一次，连喷 3～4 次。介质见干见湿。育苗期间水的 pH 值要调整到微酸性(5.5～6.5)，基质 pH 值在 5.8～6.2。出苗后每周用 1000 倍百菌清或甲基托布津喷施，防猝倒病，连续 2～3 次。

种苗上盆基质可用 1:1 的草炭与园土并加入适量有机肥。石竹不耐水湿，基质干爽可避免徒长和根腐病，生长期间昼温 16～22℃，夜温 10～14℃。温度过高枝叶徒长，影响开花。光照充足可提高成品质量。光照不足时，可人工补光，但不必延长光照时间。

扦插在生长季节进行，取茎中部发育充实的部分，切取 10cm 左右的插条，切口在近节的下部，切口要平滑无损伤。插条随剪随插，保持新鲜。

园林用途 石竹类植物株丛繁茂而紧凑，叶片、茎秆与竹相似，开花多，花形雅致秀丽，色彩丰富、鲜艳而富于变化，花期从春末一直可持续到秋季，是优良的花坛和花境花卉；亦可用于盆栽、地被、岩石园布置；或用于悬吊观赏和大面积的绿化、美化；片植和带植均十分美丽，在欧、美国家十分流行，是母亲节的重要花卉，也是中国的传统名花和园林应用的主要花卉种类之一。

(8)凤仙花 *Impatiens balsamina*

别名 指甲花、急性子、小桃红

英文名 Garden balsam，Touch-me-not

科属 凤仙花科凤仙花属

形态特征 一年生草本。株高 20～150cm。茎直立，肉质而脆。浅绿或具与花色相关色泽，如紫红、黑褐色等；叶互生，披针形，叶柄有腺体，边缘有锐齿；花单朵或数朵簇生于上部叶腋，呈总状花序；花5瓣，侧生2瓣常相连，上边1片常直立；1枚萼片膨大、下部弯曲后伸成细长管状，称"距"，花冠左右对称，花瓣5枚，花色有白，不同深浅的红色、紫红、紫色系列、雪青等，还有具斑点和条纹者。花期6~9月。蒴果尖卵形，易开裂。

变种品种 品种极多。按株高有极矮（仅20cm，茎顶开一朵大花）、矮（25~35cm）、中（40~60cm）、高（80cm以上）4类。株型有直立型、开展型、拱曲型（枝条拱曲向下）、龙爪型。花型有单瓣型：花小，结实率高，生长旺盛；玫瑰型：花较大，复瓣至重瓣，长势中，花朵形似玫瑰，易结实；山茶型：花特大，极重瓣，层层叠加如山茶花，花期晚，长势中，难结实；顶花型：枝顶的花较大，茶花型，叶腋处花玫瑰型，花集中分布于植株表面，长势弱，难结实。也有二倍体和四倍体品种。

凤仙花 *Impatiens balsamina*

产地分布 原产中国南部、印度、马来西亚等地。现世界各地广泛栽培。

生态习性 耐温暖，不耐严寒，不择土壤。全光照下生长良好，半阴或潮湿处植株徒长、倒伏、花朵少且成花质量差。耐旱，但不耐积水。喜土层深厚肥沃、排水良好的微酸性土壤。

繁殖栽培 播种繁殖。播种期：3~4月，发芽适温22~30℃，生长适温15~32℃。播种后覆土约0.3cm，5~6天后发芽，真叶3~4片即可定植于花盆或花坛，株距30cm。为形成丰满的株型，可于苗高10cm左右时摘心，促发分枝。生育期适当增施复合肥、有机肥等。春末夏初当温度上升且久不下雨时，需及时浇水。早晨浇透水，晚上可适量补水，并给予叶面和环境喷水，忌过干和过湿，甚至可于正午前后将盆栽植株搬放到荫棚下给予遮荫。另外，凤仙花在温度高、湿度大时，易招致白粉病（*Sphaerotheca fuliginea*）的危害，此外锈病（*Puccinea argentata*）、叶斑病（*Cerosporina fukushiana*）等也常影响植株生长。可摘除病叶、拔除病株销毁，及时喷甲基托布津、多菌灵800~1000倍液预防。

园林用途 凤仙花易播种繁殖，栽培管理简单，花色多、花型美而富于变化，庭院、花境、花坛、自然丛植均可，是我国民间庭院最普遍、最受欢迎的盆栽及地栽草本花卉之一。红色品种的花瓣常用于染指甲。

同属花坛花卉 凤仙花属约500种，我国180种，主要分布在西南地区。常见的有：

腺叶凤仙花（*I. glandulifera*），一年生草本，叶卵形，叶基部具齿，叶柄具腺体。

花大。多朵簇生叶腋，暗紫红色。原产喜马拉雅及印度东部山地。

水金凤（*I. noli-tangere*），一年生草本，花腋生，黄色，喉部有红色斑点。分布于我国三北及华中地区。朝鲜、日本及俄罗斯和欧洲也有。

窄萼凤仙花（*I. stenosepala*），一年生，花紫红色，分布于我国西部、北部、中部。

（9）苏丹凤仙花　*I. wallerana*

别名　何氏凤仙、非洲凤仙、玻璃翠、洋凤仙、苏丹凤仙、瓦勒凤仙

英文名　Busy lizie

科属　凤仙花科凤仙花属

形态特征　常绿宿根草本。株高 20 ~ 60cm。丛生。茎肉质光滑，节部膨大，分枝多且在上部水平开展。叶柄长，叶卵形至卵状披针形，叶缘具钝锯齿，具光泽。花 1 ~ 3 朵腋生，花冠扁平，4 ~ 4.5cm，萼片 3 枚，中萼片具向后伸展、弯曲的细长距。花朵繁密，花色极多，有具斑点和条纹的类型。温度适宜的环境中周年开花不断。

变种品种　变种彼得斯凤仙花（var. *petersiana*），茎秆有毛，花朱红色，蒴果紫红色。原产非洲西部。品种可分为营养系和有性系两大类型：营养系的品种，重瓣花，无种子，扦插繁殖。如'花叶'凤仙（'Variegata'），叶具白边；'重瓣'凤仙（'Apple Blossom'），淡红色，盆栽品种。'旋转木马'（'Carousel'），适于吊盆和箱栽。有性系品种目前应用最广，是种子繁殖的类型。其下有矮型（株高 15 ~ 20cm）、高型（株高 25 ~ 30cm）品种等。常见的品种有：'重音'系列（'Accent' Series）分枝多、大花型，是非洲凤仙中色彩最丰富的品种系列；'速度'（'Tempo'），花期最早，播种后 50 天即可开花。适用于盆栽、吊盆和箱栽；'闪电战'（'Blitz'）系列，耐热品种。此外，还有'星云'系列（'Stardus' Series），花冠上每花瓣基部的白斑形成五角星形图案，是获专利保护的品种。'超级精灵'系列（'Super Elfin' series），著名的 F_1 代杂种。生产性能好、周期短（7 ~ 8 周）、株型紧凑、易栽培、盆栽销售货架寿命长，是最畅销、应用最广的品种，有 20 多个花色。

产地分布　原产非洲东部热带地区，我国广泛栽培。

生态习性　喜温暖湿润、阳光充足但有侧方遮荫环境。不耐高温酷暑和烈日暴晒。对温度的反应比较敏感，生长适温 17 ~ 25℃，而近年选育出的抗热品种，可耐 30℃以上高温。不耐寒，冬季不低于 12℃，忌旱畏涝，宜疏松、肥沃和排水良好的壤土，pH 值在 5.5 ~ 6.0。

苏丹凤仙花　*I. wallerana*

繁殖栽培　常用播种和扦插繁殖。

播种繁殖：室内栽培时，全年均可播种。种子细小，寿命 2 ~ 3 年，种子 1700 ~ 1800 粒/g。可以撒播或点播，点播用 128 孔穴盘，发芽适温为 22 ~ 25℃，播后 15 ~ 20 天发芽。幼苗 3 ~ 4 片真叶时移栽，土壤必须高温消毒，否则幼苗易感病。苗高 7 ~ 8cm 可定植于 10 或 12 ~ 15cm 吊盆。幼苗期生长适温白天为 20 ~ 22℃，晚间 16 ~ 18℃。还要注意通风。室内栽培时，湿度不宜过高。水分管理十分重要，幼苗期要保持盆土湿润，干旱条件下，根系和叶片生长不良。空气干燥时，喷水保持空气湿度有利于茎叶生长和分枝。盆内不能积水，否则植株受涝死亡。夏季高温期和花期，要避免强光直射，应设遮阳网。室内栽培时，需充足阳光，中午强光时适当遮荫，有利于叶片的生长和延长开花观赏期。每半月施肥 1 次，可施用 20-20-20 通用肥或 15-15-30 盆花专用肥。花期增施 2 ~ 3 次磷钾肥。苗高 10cm 时，摘心 1 次，以形成丰满株形。花后及时除残花，若残花发生霉烂会阻碍叶片生长。如果"十一"用花，除选择较耐热的品种外，也可 6 月播种，7、8 月将小苗放在海拔 800m 左右的山上越夏。

扦插繁殖周年可以进行，剪取生长充实的健壮顶端枝条，长 10 ~ 12cm，室温在 20 ~ 23℃ 条件下，插后 30 天可生根。夏季水插亦容易生根。

常有叶斑病、茎腐病危害，可用 50% 多菌灵可湿性粉剂 1000 倍液喷洒防治。虫害主要是蚜虫危害，用 10% 除虫精乳油 3000 倍液喷杀。

园林用途　温室凤仙茎叶光洁，色泽翠绿，花色清新或艳丽明快，四季开花。是国际流行的著名装饰性花卉，广泛用于花坛、花境、装饰容器如吊盆、箱栽，也适合作花球、花柱、花墙。特别在有侧方遮荫条件的庭院、道路、公共绿地及大型花展的室外装饰，都可获得极好的效果。

（10）矮牵牛　*Petunia hybrida*

别名　碧冬茄、灵芝牡丹、杂种撞羽朝颜

英文名　Common petunia

科属　茄科矮牵牛属

形态特征　宿根草本常作一二年生栽培。为撞羽矮牵牛（*P. violacea*）与腋花矮牵牛（*P. axillaris*）的杂种。全株被黏质毛，茎稍直立或倾卧。高 20 ~ 45cm。叶卵形，全缘，几无柄，上部对生，下部多互生。单花顶生或腋生；花冠筒漏斗状；瓣缘皱褶或呈不规则锯齿。栽培品种极多，花色、花径、花形及株形变化丰富，花有白、粉、红、紫、蓝、淡黄等；有具斑点、条纹、镶边及网纹的品种，也有单瓣、重瓣品种。花期从春到秋。蒴果，种子细小。

产地分布　分布南美洲，世界各国流行

矮牵牛　*Petunia hybrida*

栽培。

变种品种 矮牵牛品种很多，大多是由 F_1 种子育苗，可分为以下几种类型：

①多花型（又称丰花型）：植株丛生，分枝性好，花多而紧凑，花较小，花径 3～5cm。耐湿热。又可分为单瓣多花类：宜作花坛或群植，如'地毯'系列（'Carpet'），株型紧凑，特别适合盆栽；改良多花类：花朵数更多，花径介于大花型与多花型之间，对病虫害和不良环境抵抗力强，如著名的'海市蜃楼'系列（'Mirage'Series）。

②大花型：花大，花径 8～15cm。耐干热，但雨后受损严重。又可分为单瓣大花类：花朵大，花色丰富，可盆栽，如'梦幻'系列（'Dreams'Series）；重瓣大花类：花重瓣，花色丰富，最宜盆栽。如'双瀑布'系列（'Double Sascade'Series），花径可达 10～13cm，开花早，分枝多。

③花篱型：植株低矮，整个生长季保持灌丛状株型，花期长。著名的'潮波'系列（'Tidal Wave'Series）即为此类型。

④垂吊型：枝条长且分枝多，吊挂盆栽时，枝条下垂将整个容器覆盖，呈瀑布状。适宜室内外吊挂装饰。地栽作花坛、花境镶边也很好。市场上应用较多的是'波浪'系列（'Wave'Series）和'轻浪'系列（'Easy Wave'Series）。

生态习性 性喜温暖，不耐霜冻，忌雨涝。冬季温度如低于 4℃，植株生长停止。夏季能耐 35℃ 以上的高温，长日照植物，生长期要求阳光充足，在正常的光照条件下，从播种至开花约需 100 天左右。短日照、凉爽的气候可促发侧枝，但不利着花，移入长日照下，很快就从茎叶顶端分化花蕾。高温高湿条件下分枝少，需不断摘心，否则株型散乱，开花不良。

繁殖栽培 繁殖用播种或扦插。温室播种，育苗常分为 4 个阶段：第一阶段，播种到幼根出现，种子极其细小，播后覆盖一薄层蛭石保湿。温度 20～24℃ 条件下，3～4 天幼根即萌出。从胚根出现到幼茎伸长、子叶伸展为第二阶段，此阶段适温为 18～20℃。在第三阶段，第一片真叶长出，此阶段温度与前一阶段相同。当根系逐渐盘住整个穴孔，真叶出现 2～3 枚后，即可移植上盆或出售，此时为第四阶段。温度降至 16～18℃，增加光照到每天 14～24 小时有助于壮苗。冬季温室播种的，晚霜后移植露地。苗高 10cm 时摘心，摘心后 15 天用 0.25%～0.50% 的 B_9 喷洒叶面 3～4次，可控制苗高，促进分枝。

冬季温室育苗可于"五一"前后开花，春播苗花期为 6～9 月。矮牵牛移植恢复较慢，故宜于苗小时尽早定植，并注意勿使土球松散。生长期中除施用水溶性肥料外，再每隔半月施用 0.3% 磷酸二氢钾液肥喷洒叶面，以促使多分化花芽，使花多、色艳。夏季酷暑多雨期，植株易倒伏，注意修剪整枝，摘除残花，达到花繁叶茂。矮牵牛易遭蚜虫危害，可用 10% 吡虫啉可湿性粉剂加水 3000 倍喷杀。

由于重瓣或大花品种常不结实，可用扦插繁殖。花后剪去地上部分，取重新萌发出来的嫩枝扦插，在 20～23℃ 的条件下，经 15～20 天即可生根。母株或扦插苗可于中温温室安全越冬。

园林用途 矮牵牛色彩丰富，花期长，栽培容易。在我国各地应用广泛，适于花坛、花境及自然式布置；是街道、广场春、夏、秋季常见的园林绿化材料。大花、重瓣及悬吊品种常供盆栽观赏。

同属花坛花卉 矮牵牛属约有 40 种，除矮牵牛外，园林中应用的主要种类有：

撞羽矮牵牛(*P. violacea*)：一年生草本，匍地生长，高 15～25cm，全株密生腺毛。叶卵圆形，具短柄。花顶生或腋生，花径约 4cm，玫瑰紫或紫堇色。分布于中南美洲。

腋花矮牵牛(*P. axillaris*, *P. nyctaginiflora*)：一年生草本。高 30～60cm，叶片长椭圆形，植株下部叶片有柄，上部叶片无柄，单花腋生，纯白色，夜间开放，有香气。分布中美洲。

(11) 鼠尾草属 *Salvia*

英文名 Sage

科属 唇形科鼠尾草属

形态特征 鼠尾草属含物种 700 余种，分布于热带和温带地区，我国有 79 种，以西南最多。为一二年生或宿根草本；常绿半常绿灌木或亚灌木；茎四棱，单叶或羽状复叶；叶对生，全缘或具钝锯齿；轮伞花序，2 至多花，组成顶生总状、圆锥或穗状花序，花稀腋生；花萼二唇形，花冠筒二唇形，上唇平伸或竖立，下唇平展，3 裂，中裂片通常最宽大，侧裂片长圆形或圆形，展开或反折。坚果。花期 4～12 月。

种类品种

红花鼠尾草(*S. coccinea*)，又称朱唇。英文名 Texas Sage。一年生或宿根草本，全株被柔毛，株高 30～60cm，花冠鲜红色，花小，下唇比上唇长 2 倍。夏秋开花。不耐寒。栽培容易，可自播繁衍，原产热带美洲。

蓝花鼠尾草(*S. farinacea*)，英文名 Mealyeup Sage。宿根草本作一年生栽培。株丛簇生，叶片椭圆形至线状披针形。花冠小，蓝色，小花轮生形成顶生总状花序。夏秋开花。半耐寒，寒冷地区可作一年生栽培。原产美国南部得克萨斯州及新墨西哥州。有品种'白萼'('Strata')，花萼白色，花蓝色。

一串红(*S. splendens*)，又名串红、西洋红。英文名 Scarlet sage。宿根草本作一年生栽培。高 30～90cm，茎光滑，多分枝。叶卵形，缘具齿。顶生总状花序被红色柔毛，花萼钟状，2 裂，与花冠同为红色。红色花萼宿存，花冠脱落后仍然可观赏。有白、粉、紫等花色。变种矮串红(var. *nana*)株高仅 20～30cm，花亮红色。一串红可采用摘心控制开花期，一般开花植株摘心后约 30 天即又可繁盛开花。原产北美。

目前园林中应用的一串红多为国外育成的品种，如'红国王'('Scarlet King')'红皇后'('Scarlet Queen')，花期早，花色鲜艳，生长势强，株丛低矮整齐。

除作一年生栽培者外，还有一些多年生的种类如：

药用鼠尾草(*S. officinalis*)，英文名 Garden sage。耐旱亚灌木，株高 15～30cm，叶片长圆形。总状花序蓝色、紫色、白色。花期夏季。有花叶、黄叶和红色花变种。

草地鼠尾草(*S. pratensis*)，又名草原鼠尾草。英文名 Meadow sage。宿根草本，具块根，茎直立分枝少，基生叶具长柄，茎生叶对生，近无柄。总状花序，花冠蓝色。有白、粉、紫、红色变种。原产欧洲，耐寒、喜光也耐半阴，喜凉爽潮湿的气候。

产地分布 分布较广，欧洲、南北美洲、亚洲均有分布。现我国各地均有栽培。

生态习性 鼠尾草类喜光照充足、排水良好的沙质壤土，多数种类不耐寒，个别多年生鼠尾草极耐寒。

繁殖栽培 播种或扦插繁殖。春季或初秋播种，播前用50℃温水浸种并搅拌，5分钟后，待温度下降至30℃时，用清水冲洗几遍，置于25~30℃的温度中催芽，能提高出苗率并早出苗。直播或育苗移栽均可。播种35天后可定植于营养钵。播种至开花所需的时间，光照充足、温暖条件下约为8~9周；光照时间短、冷凉条件下约为14~16周。鼠尾草长得很快，早期可摘心或修枝，有利侧芽成长、植株茂盛。

种子成熟后易落地，故要经常检查，见种子变褐色即可收集，阴干去杂后储存备用。种子发芽力可保持3年以上。

扦插繁殖时期：南方5~6月，北方于保护地从3月即可开始。插条宜选择枝顶不太嫩的茎梢(以截后虽断但皮仍连着为宜)，长度5~8cm，在茎节下位剪断，摘去基部2~3片叶，上部叶片剪去部分。插后盖膜保湿，20~30天后便可发出新根。如用生根粉处理，约1周至10天便生根生长。

园林用途 优良的花坛、花境花卉，矮生品种也可作镶边材料。特别是一串红，在"五一"、"十一"等节假日期间应用最为广泛。

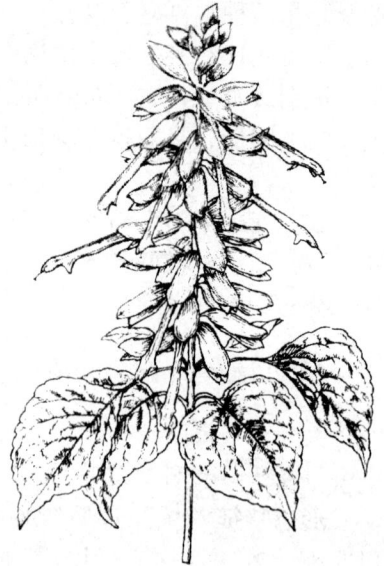

一串红　*S. splendens*

（12）万寿菊类 *Tagetes* spp.

别名 臭芙蓉

英文名 Marigold

科属 菊科万寿菊属

形态特征 该属50余种，一年生或多年生草本，园艺品种常作一年生栽培。茎粗壮，多分枝。叶对生或互生，羽状深裂或全裂，具明显的油腺点；头状花序顶生或排列成聚伞状。舌状花边缘常皱曲。栽培品种极多，花色有乳白、黄、橙至橘红乃至复色等，花型有单瓣、重瓣、托桂、绣球等变化，花径从小至特大均有；植株高度有矮型(25~30cm)、中型(40~60cm)、高型(70~90cm)之分。花期从晚春直至秋季下霜，有生产色素用的品种。

产地分布 原产墨西哥、美国、阿根廷。各国园林习见栽培。

生态习性 喜温暖，稍耐早霜。要求阳光充足，半阴处也可生长开花。抗性强，对土壤要求不严，但喜肥沃排水良好的土壤。耐移植，生长迅速，栽培容易，病虫害较少。花后及时去除残花可延长花期。

种类品种

万寿菊（*T. erecta*）：一年生草本，高 60 ~ 90cm。茎光滑而粗壮，绿色，或有棕褐色晕。叶对生，羽状全裂，裂片披针形，头状花序顶生，具长总梗，中空，总苞钟状。舌状花有长爪，边缘常皱曲。栽培品种多。

孔雀草（*T. patula* ）：又名红黄草。一年生，高 20 ~ 40cm，茎多分枝，细长而晕紫色，叶对生或互生，有油腺，羽状全裂，小裂片线形至披针形，先端尖细芒状，头状花序顶生，有长梗；总苞苞片一层连合成圆形长筒；舌状花黄色，基部具紫斑，管状花先端 5 裂，通常多数转变为舌状花而形成重瓣类型。花型有单瓣型、重瓣型、鸡冠型等。

细叶万寿菊（*T. tenuifolia* ）：一年生，高 30 ~ 60cm，叶羽裂，裂片 13 枚，线形至长圆形，具锐齿缘。头状花序顶生，舌状花数少，常仅 5 枚。有矮型变种，高约 20 ~ 30cm。原产墨西哥。

万寿菊　*T. erecta*

该属园艺品种大多源自万寿菊、孔雀草和细叶万寿菊及其杂交后代。根据亲本和形态的差异，可分为 4 个品种群：

①非洲万寿菊品种群 African marigolds（African Group，亦称美国万寿菊品种群），亲本为万寿菊。株丛紧凑，枝叶密集，冠幅 45cm；羽状复叶，小叶 11 ~ 17 枚，狭披针形，先端尖。头状花序大，顶生，呈丰满的半球状，花径可达 9 ~ 12cm，花瓣密集，重瓣性强，花色以橘黄色、橙黄色及黄色居多。花期春末至秋季。

著名的有：'奇迹'系列（*T.* 'Marvel' Series）：株高 45cm，花径 9cm，完全重瓣。对葡萄孢菌属抗性强；茎秆坚韧，耐运输及恶劣的天气。在短日照下花芽分化快、开花早。花色有金黄、橙黄和黄色。此外，'安提瓜'系列（*T.* 'Antigua' Series）、'发现'系列（*T.* 'Discovery' Series）等在我国栽培应用也很广。

②法国万寿菊品种群 French marigolds（French Group），亲本为孔雀草（*T. patula*）。丛生一年生草本。冠幅 30cm。茎光滑，淡紫色。羽状复叶，小叶具齿，披针形至窄披针形。头状花序，花径 5cm，单花顶生。常重瓣，花序中央的小花明显较小。花色以黄色、红棕色、（深）橘黄色居多，也有复色品种，春末至秋季开放。

目前著名的为矮生品种系列：如'富源'系列（*T.* 'Bonanza' Series，又称'鸿运'系列），F₁代杂交种。开花整齐一致、适应性强，深受市场欢迎。株高 25 ~ 30cm，花径 5 ~ 6cm。花色丰富，有纯净的单色，如黄、橙黄色，也有色彩浓烈的深色及复色，该系列的'和谐'（'Harmony'），头状花序中心金黄色，外围红棕色，花瓣具极细的金黄色边缘，十分美丽。此外，'男孩'系列（*T.* 'Boy' Series，又称少年系列）因其栽培容易、株型紧凑及开花整齐，货架寿命长及各种栽培方式（盘盒、盆栽及庭院栽培等)表现均优良,虽花径仅 4cm,但花期长、开花不断,也是最流行的品种之一。

③非洲 - 法国万寿菊品种群 Afro-French marigolds(Afro-French Group),为万寿菊和孔雀草的杂交后代。丛生一年生草本。冠幅 30 ~ 40cm,茎具棱至圆形,分枝多,有时具紫色斑点。羽状复叶,小叶披针形,具齿。头状花序,花径小,2.5 ~ 6cm,单花顶生或组成聚伞状。开花繁密,单瓣或重瓣,花色黄或橘黄色,常具红棕色斑点。花期春末至秋季。

代表品种有'情人'系列(T.'Beaux'Series),株高 35cm,花重瓣,深金黄色、橘黄色,具黄色或古铜色斑点,花期从春末到秋初。

④苏格兰万寿菊品种群 Sigent marigolds(Signet Group),亲本为细叶万寿菊(T. tenuifolia)。一年生草本,直立。冠幅 40cm,茎圆柱形,不分枝或分枝较多。羽状复叶,小叶窄披针形,边缘具齿。头状花序小,单瓣,径约 2.5cm,管状花小,聚集于中央,外围舌状花宽大,常 5 个,黄色或橘黄色。花较多,排列成聚伞花序。

代表品种有'宝石'系列(T.'Gem'series),株高 23cm 左右,舌状花仅一轮,黄色、橘黄色或深橙黄色具晕。

繁殖栽培　播种、扦插繁殖,以播种繁殖为主。

一年四季均可播种。种子为去尾种子。为满足"五一"、国庆节日用花,长江中下游地区一般在 8 ~ 11 月播种。北方则以春播为主。若早春育苗,要确保正常生长温度,避免生长停滞。播种宜采用疏松的人工基质,穴盘、床播、箱播均可。发芽适温为 22 ~ 24℃。萌发过程分 4 个阶段:播种后 2 ~ 5 天后至胚芽显露(露白)为第一阶段,播种后覆盖一薄层基质,既可以遮光,又可保持湿润,温度保持在 21 ~ 24℃;从胚根显露至子叶完全展开为第二阶段,约 7 天。胚根显露后要降低温度,待基质略干后才浇水以利于发芽和长根;第三阶段为种苗快速生长期,要防止湿度过高,两次浇水之间要让基质干透,但不可过干导致幼苗枯死,基质和环境温度可降至 18℃。每隔 5 ~ 10 天施肥。若基质温度低于 18℃,则停止施用铵态氮肥。此阶段后期,植株根系达 3 ~ 5cm,苗高也有 3 ~ 4cm,2 ~ 3 对真叶。第四阶段为炼苗期,有 3 对真叶,根系已形成完好。温度可降低至 15 ~ 17℃,但最好不要低于 15℃。与第二阶段一样,在两次浇水之间要让基质干透,并加强通风,防止徒长。如果育苗失败或存在问题,除种子质量外,主要原因有:一是基质的 pH 值过低,主要症状是老叶上有坏死的斑点、焦边,生长点坏死。二是 pH 值低于 6.0,还会引起某些微量元素如镁、铁、钠和锌的过量。主要的解决办法是:保持基质的 pH 值在 6.0 ~ 6.7;早春低温育苗时,如湿度过高,幼苗易发生疫病。初期表现为茎基部水渍状,继而茎坏死倒伏。因此要注意早春育苗升温时要控制湿度。四是注意水肥管理,若缺肥、缺水,会形成小老苗。

万寿菊类各类品种间极易天然杂交。优良品种若要留种,宜与其他品种保持百米以上的距离。种子单采单放。

园林用途　园林中宜栽于花坛、花境的边缘,或沿小径栽植,与春季开花的球根花卉配合,也很协调。此外,也可盆栽观赏。万寿菊花大色艳,花期长,其中,非洲万寿菊品种群可作花坛的主体,其他 3 个品种群更适宜布置花坛、花境的边缘。

（13）三色堇　*Viola tricolor*

别名　蝴蝶花、猫儿脸、鬼脸花
英文名　Wild pansy, Love-in-idleness
科属　堇菜科堇菜属

形态特征　宿根草本，常作二年生栽培。株高30cm、株丛低矮，多分枝。叶互生，基生叶具长柄，近圆形，茎生叶矩圆状卵形或宽披针形，具齿；花腋生。花瓣5枚，两侧对称，侧开；2枚有距，2枚有附属体；通常原种每花有紫、白、黄3种颜色，具条纹；花期从春至秋。园林中应用较多，著名的品种有'Bowles Black'花儿近黑色，仅中央具明亮的黄色花眼。为园艺杂种，植株较低矮，茎分枝多，全株光滑，个别种被毛。叶互生，基生叶心形，茎生叶宽披针形或矩圆状卵形。花瓣5，近两侧对称，有距。花梗细长。有总梗及小苞片；萼片宿存。花色丰富，常为黄、白、紫三色，有条纹，也有单色、复色或具斑块者。花期因播种期而异，花后1个月种子陆续成熟。

三色堇　*Viola tricolor*

变种品种　目前国际市场上的主栽品种均为庭园堇菜 *Viola × wittrockiana*（Garden Pansy 或 Pansy）品种系列，这是由阿尔泰堇菜 *V. altica*（Altai violet）、角堇 *V. conuta*（Horned violet、Violet）、黄堇 *V. lutea* 和三色堇 *V. tricolor* 杂交育成的园艺杂种群，观赏性和生长势都远远优于亲本。株高通常10~25cm，茎开展而多分枝，叶片卵形或近心形，边缘浅裂。花径4~13cm。距极短。花色丰富多变，有纯色、复色和杂色，几乎包括了所有的色彩，甚至还有黑色。大多花朵中央具"眼"或斑块、条纹，也有瓣缘波状者。一些品种保留了亲本类似猫脸形状的特点。花朵上色彩和条纹、斑块呈不同深浅、形状及分布位置的组合，从而形成了这一杂种群体极其变幻莫测的花色类型。随播种期不同，花朵可于春夏或秋冬开放。生产销售时也常根据花朵直径将其分成如下4类：

①小花型：花径4cm，小于5cm。代表品种如'Purple Rain'。

②中花型：花径5~6cm。代表品种如'Purple Jester'、'Sky'系列，花朵密集，整齐一致，花色丰富，还有'Accord Black Beauty'、'Hallowee'、'Contessa'混色、'Panola'系列等。

③大花型：花径6~9cm。代表品种：'Dynamite'系列、'Delta'系列、'Blue Jeans Mix'等

④巨大型：花径9~13cm。代表品种：'Altas'系列（纯色）、'Majestic'系列、

'Super Majestic'混色及'巨人'、'Colossus'，花径1cm以上，耐热性强，株型紧密，花期长。

产地分布 原产欧洲。

生态习性 喜冷爽气候，较耐寒，喜阳。叶片6~8枚时花芽分化。日照长度比强度更能影响开花，略耐半阴；喜富含腐殖质、湿润的沙质壤土，忌炎热和雨涝。高温多雨的夏季发育不良，花蕾常消失或不形成花瓣，且不能形成种子。

繁殖栽培 播种和扦插繁殖。三色堇种子约700~900粒/g，传统上于凉爽的秋季(8月下旬)在露地苗床或盆中播种，经一次移植，于10月下旬移入阳畦，也可在风障前覆盖越冬，翌年4月初可定植，4月下旬开花。春播在3月间。以秋播开花质量最好。在冬季最低气温在-3℃以上的地区，秋冬季节也可露地应用。这样需在7月至8月上旬播种，由于三色堇的种子在25℃以上时进入休眠或半休眠状态，此时的高温会大大降低成苗率。解决的办法是山区播种。也可进行种子催芽，能有效提高发芽率。

播种基质的pH值为5.5~6.2，过低会导致缺硼引起的叶端变褐、枯焦。7~14天出苗。育苗第一阶段：基质EC值0.5，温度20~22℃，不需光照，用蛭石覆盖以保湿，3~4天后子叶萌动，胚根长出；第2阶段，使基质略干燥，促使根系生长，湿度控制可通过观察蛭石的颜色判断，其颜色由第一阶段的深色转向蛭石本身的褐色即可。基质水分过多将使根系缺乏氧气而生长缓慢。白天光照要求在10000~12000lx，夜晚不宜有光照，否则花蕾将提早出现，夜温降至18℃，白天20~21℃，施用50mg/L的氮肥或复合肥(13-2-13-6Ca-3Mg)，基质EC值0.5~0.7。第3阶段时真叶出现，根系5cm左右，保持基质略干，温度降至18℃，以防徒长。增加光照至35000lx，肥料浓度上升到150mg/L，EC值控制在0.7~1.0。到第4阶段时，根系已缠绕基质形成根团，苗高约3cm，3~4对真叶，基质宜见干见湿，温度应降至15℃以壮苗。

育好的穴盘苗可直接上10cm盆，盆土宜排水良好，pH值为5.8~6.2，EC值小于1.5，在凉爽通风的环境中生长良好，生长最适温度7~15℃，而15℃以上有利开花，30℃以上花径减小，生长细弱。浇水要在栽培介质略干燥时进行，气温低光照弱的季节降低浇水量，高温光强的季节要防止萎蔫；花期时，充足而又不过于饱和的基质含水量有利于增加花量和花朵直径。每2~3次浇水中间加一次100~150mg/L添加钙的复合肥液，三色堇常发生缺钙的现象，表现为叶片畸形、起皱等。当气温较高，基质pH值过高常引起上部叶片发育不良。

从播种到开花的时间因育苗期的温度不同，秋冬季节育苗供应春季市场时，需14~16周，而为秋季供货时，只需要10~12周。

目前市场上销售的多为F₁种子，不结实或极少结实。传统的常规品种的种子以首批成熟者为最好，因果实成熟前后不一，种子且易散失，故当果实开始向上翘起，蒴果外皮发白时即行采收。三色堇为异花授粉及自花授粉植物，留种植株应行品种隔离，以防种质退化。

扦插繁殖：在植株基部萌生的健壮、无花的枝条可取作插穗扦插，3~4周即可生根。

园林用途 三色堇花色瑰丽，株型低矮，在园林应用中要求全光照的环境，在我国长江流域冬秋及早春季节均可应用于露地。在华北地区则多用于"五一"。是花坛、花境、色块布置、镶边及作春季球根花卉"衬底"栽植的绝好选择。也有盆栽及用于切花、胸花等。

同属花坛花卉 堇菜属约 500 种，分布全球，主产北温带；我国约产 120 种，南北均有分布。宿根草本，稀为亚灌木。有一些种供观赏用。如三色堇、角堇、香堇菜、紫花地丁等。常见栽培的还有：

角堇(*V. cornuta*)，英文名 Horned violet；viola。多年生常绿草本，叶片卵形具细齿，基部圆钝，花小，径约 3.5cm，堇紫色，具细条纹。距细长。有单色和复色，花心具"眼"且大多有条纹，具明显斑块的品种较少。花期春夏，花朵微香。角堇常与三色堇混淆。

目前市场上的小花丛生型杂种类型(Compact Violet hybrid Types，Viola)就是以角堇为主要原种选育的杂种群。主要的品种有：

'Penny' F_1 系列，株丛紧凑，高 15cm，花期早，花多，花径 2.5cm，有纯色及紫白、紫黄双色的品种，耐寒性强。

'Gemini' F_1 系列，花色变异丰富，花朵比其他品种略大。育苗时间短而花期长，在短日照下开花更多，秋冬及早春季节室外应用表现出色。

'Jewel' F_1 系列，有纯色具"眼"、纯色具细条纹和紫色白心、蓝白双色的品种。

'Babyface' F_1 系列，株丛丰满圆整，花期早而整齐，花朵繁密。中央及下部的 3 枚花瓣具条纹，全花呈"猫脸"状，特别适合春、秋季节栽植。

此外，还有匍匐杂种系列(Trailing Viola hybrid Series)，枝条蔓生，低矮匍匐，花朵繁密。适合组合盆栽及绿地大面积色块布置等。如：'Alpine Summer' F_1：每花有黄、浅蓝及深蓝三色；'Splendid' Series：植株伸展约 30cm，花径约 3cm，有白色、黄色及蓝黄双色三种花色。

播种繁殖，但种子更细小。技术要点与三色堇近似。

角堇花朵小巧、色彩清丽可爱，抗性强，耐热、耐寒，在园林也较为常见，适合盆栽、花坛、花境及作镶边或背景植物。

香堇菜(*V. odorata*)，英文名 Sweet Violet。茎细长直立；株高 20cm，花径约 2cm，粉红、堇紫或纯白色，芳香。花期 2~4 月，原产亚洲、欧洲及非洲，分布较广，可提炼芳香油。

紫花地丁(*V. philippica*)，英文名 Chinese Violet。植株低矮，花紫色，早春开放，良好的地被植物。

阿尔泰堇菜(*V. altaica*)，英文名 Altai Violet。植株纤细匍匐，花黄色或堇紫色。原产土耳其及阿尔泰地区。

（14）百日草 *Zinnia elegans*

别名　大花百日草、步步高、节节高、对叶梅
英文名　Youth-and-old-age
科属　菊科百日草属

形态特征　一年生草本，株高30～100cm，叶片椭圆形，头状花单生枝顶，舌状花扁平、翻卷或扭曲，常多轮重瓣状，白、绿、红、粉、黄、橙各色，或有斑纹或瓣基具色斑。花期6～10月。种子寿命3年，千粒重59g。

变种品种　百日草品种类型很多，主要有：

①大花重瓣型：花径12cm以上，极重瓣。

②钮扣型：花径仅2～3cm，花瓣极重瓣，全花呈圆球形。

③鸵羽型：花瓣带状扭曲。

④大丽花型：花瓣先端卷曲。

⑤斑纹型：花具不规则复色条纹或斑点。

常见栽培品种根据花径大小可分为：

大轮型：花径10～15cm，四倍体品种可达15～18cm，株高1m，花坛及切花用。

中轮型：花径6～8cm，舌状花多轮，株高30～70cm，分枝多，花量大，可作花坛及切花。

小轮型：花径2.5～3.7cm，株高30～36cm，多分枝，花朵密生，舌状花多轮呈蜂窝型，可用于花坛及盆栽。

根据株高可分为：

矮生型：株高20～38cm。如著名的'梦境'系列 品种 F₁'Dreamland'Series，花期早，花重瓣，花色丰富，花径可达10cm，株高20～25cm，播种后50～60天开花；'皮特潘系列'品种 F₁'Peter Pan'Series，高25～30cm，分枝多，花奶白、白、黄、橙、浅粉、金、粉、紫红等色。

中高型：株高40～45cm。如'Zinnita'Series，重瓣，花橙、白、黄、紫红等色，分枝多，株形圆整。

高型：株高60～100cm。常用作切花。如'Benary's Giant Mix'，茎高75～90cm，花径10～13cm，高度重瓣，花红、黄、粉等色，高产；'Oklahoma'Series，76～101cm，花径3～4cm，重瓣及半重瓣，抗白粉病，花金黄、淡粉、白、紫红等色；'太阳系列'品种，花重瓣，花径10～12cm，株高60～80cm，播种到开花60～70天，有金黄、红及深粉红等色。此外还有 F₁'Dasher'、'Short stuff'Series 等。

产地分布　原产墨西哥。

生态习性　喜光亦耐半阴，喜温暖不耐寒，忌酷暑湿涝，较耐干旱，要求土壤肥

百日草　*Zinnia elegans*

沃，排水良好，忌连作。

繁殖栽培 播种繁殖。

播种到开花8~10周。种子120~130粒/g左右，可用128孔或200孔穴盘，以进口育苗草炭加入10%的大粒珍珠岩(3~5mm)为播种基质，育苗期为4~5周，覆盖粒径2~4mm粗蛭石5mm厚，育苗第一阶段2~3天，种子萌发不需光照，温度为20~24℃，基质要偏干，偏干的基质有利于防止真菌性病害侵染幼苗，EC小于0.5，胚根出现；第二阶段温度为18~20℃，基质保持偏干，但要及时喷雾加湿，以利种皮脱落，基质EC在0.5~0.75，可交替施用25~35mg/L的N:P:K为15:0:15和20:10:20的复合肥，此时第一片真叶开始生长；第三阶段温度仍为18℃，肥料浓度和种类同第2阶段。基质EC在0.5~0.75，基质仍要偏干，保持浅褐色即可。第四阶段温度为17~18℃，施肥浓度和介质EC值同第2阶段，待根系发育良好紧密缠绕栽培介质之后，即可移栽上盆。肥料配制如下：要施用100mg/L20-10-20的肥料，应每升水中加入0.5g该肥料。要施用100mg/L15-0-15的肥料，则每升水中加入0.67g该肥料，其他浓度依此调整。

育苗期不需要过强或长时间光照，百日草的花芽分化易为光照促进，强光或长时间光照会使穴盘中的幼苗早熟，提前开花。育苗期间基质不宜太湿，同时要加强通风，增强光照，防止真菌性疫病的传播蔓延，在高温多雨季节育苗，可定期喷施1000倍的代森锰锌和1000倍的甲霜灵。子叶出苗后每周用1000倍百菌清或甲基托布津喷施，防猝倒病，连续2~3次。育苗期间水的pH值要调整到微酸性(5.5~6.5)为好，基质pH值控制在5.8~6.2为宜。

上盆基质以东北草炭或草炭与园土按1:1的比例混合，可加入一定量的有机肥。生长适温16~24℃，因百日草侧根少，移植后不易恢复，宜早移植早定植，真叶刚出时，可移植于小盆中，1周后正常水肥管理，每7~10天浇一次150mg/L复合肥，定植上盆的土壤若混合有机肥有利于开花。浇水上午进行，水分过多易徒长。可利用昼夜温差(DIF)来控制株高，尤其是日出前两小时使夜温高于日温，效果非常好。也可生长期间用2000~3000mg/L的B₉加以控制株高。通常情况下，没有特别严重的病虫害。

园林用途 百日草株型整齐，花朵大，花形端正优美，花色鲜艳且花期长，是夏秋花坛的良好材料，适宜布置花坛、花境、丛植、条植；其矮型品种也可盆栽。百日草切花水养期长。是良好的草本花材。可用作切花。

同属花坛花卉 百日草属约20种，一年生或多年生草本或亚灌木。分布美洲。常见花坛花卉如：

小百日草(*Z. angustifolia*，*Z. haageana*)，又名丰花百日草，英文名 Oblong leaf zinnia。高30~40cm，茎横卧，枝向上斜生，叶披针形，具粗毛。花径2.5~3.7cm，舌状花重瓣多轮，椭圆形，花期7~10月。园林中应用较多的品种有：'水晶系列''Crystal'Series：株高20~25cm，株型紧凑；单瓣，花多，花期早而长，播种8~9周即可开花，适用于花坛，有白、橘黄、黄等色，其中白色品种曾获美国 AAS 大奖。'星系列'品种'Star'Series，株高20~25cm，单瓣，花径5cm，枝多，花朵密集。

杂种百日草（*Z. hybrida*），品种系列'Profusion'Series 是其代表，其花期早而持久，株高 30～45cm，在温暖及冷湿的环境中均生长良好；对白粉病和叶斑病抗性强。有红、白和橘红 3 种花色。

细叶百日草（*Z. linearis*），别名小朝阳，英文名 Narrowleaf zinnia。叶披针形，花径 3～4cm，舌状花黄色或橙黄色，花期 7～10 月。

4.1.3 其他花坛花卉

表 4-1 其他花坛花卉

植物名称 （科名）	拉丁学名 （英文名）	形态与生态特点	繁殖方法	园林用途
心叶藿香蓟 （菊科）	*Ageratum houstonianum* （Floss flower）	一年生草本，高 30～60cm，株丛紧密，上部多分枝，全株被毛。叶对生，心状卵形，叶脉下凹，缘有锯齿，两面被毛。头状花序较大，细长密集如璎珞。花有蓝、粉、白等色。花期 7 月至降霜。原产墨西哥、秘鲁。喜温暖，阳光充足，不耐寒，忌高温	播种	株丛繁茂，色彩淡雅，是理想的花坛和地被材料。也可用于花境、林缘和缀花草坪
春黄菊 （菊科）	*Anthemis tinctoria* （Golden camomile）	宿根草本。高 30～60cm，具浓香。茎直立，上部分枝，被白绵毛。叶二回羽状裂，长圆形，具锯齿。头状花序单生，鲜黄色，花期 6～8 月。原产欧洲及近东。喜凉耐寒，喜光耐半阴，适应性强	播种或分株	适用于夏花坛，或花境、岩石园布置。也可作切花
木茼蒿 （菊科）	*Argyranthemum frutescens* （Shrubby argyranthemum）	常绿亚灌木。高约 150cm，光滑。单叶互生，二回羽状深裂，裂片线形。头状花序，舌状花白色或淡黄色，筒状花黄色，花期全年。以 2～4 月最盛。原产加那列群岛。喜凉不耐寒，忌高温多湿，喜疏松肥沃、排水良好土壤	以扦插繁殖为主	开花繁茂，株形圆整，适用于春、秋花坛，冬春盆栽观赏或作切花
红叶甜菜 （藜科）	*Beta vulgaris* var. *cicla* （Leaf beet, Common beet）	二年生草本。叶丛生，长椭圆状卵形，肥厚有光泽，深红或红褐色。产南欧。喜光、耐阴，宜温暖凉爽，喜肥	播种	叶色鲜丽，株态整齐，为良好的花坛观叶植物。可用于花坛、盆栽
翠菊 （菊科）	*Callistephus chinensis* （Common China-aster）	一年生草本。高 30～100cm。茎直立。叶互生，阔卵形，具粗钝齿。花单生枝顶，总苞多层，外层叶状，花单轮，浅堇紫色。花期 7～9 月。原产中国，朝鲜、日本也有。喜光稍耐阴，喜温暖湿润，忌酷热、连作、雨涝	播种	翠菊品种繁多，花型花色丰富，其中，矮型品种适宜花坛布置，中、高型品种则用于各种园林形式，高型品种可用于切花
桂竹香 （十字花科）	*Cheiranthus cheiri* （Common wallflower）	宿根草本，常作二年生栽培。高 35～50cm。茎基部木质化。叶互生，披针形。总状花序顶生，花黄、橙、褐色，芳香。花期 4～6 月。喜冷凉，不耐酸性土	播种或扦插	花具香气，开花整齐，用于春季花坛，也可盆栽或切花
山字草 （柳叶菜科）	*Clarkia elegans* （Rose clarkia）	二年生草本。高 50～80cm，少分枝，带红色。叶卵状披针形。花单生上部叶腋，花瓣 4 枚，瓣端 3 浅裂，紫红或玫红色，花期 5～6 月。原产北美西南部。喜光照充足，凉爽湿润，忌酷热	播种	主要用于春季花坛；也可布置花境、盆栽观赏和切花

（续）

植物名称 （科名）	拉丁学名 （英文名）	形态与生态特点	繁殖 方法	园林用途
醉蝶花 （白花菜科）	*Cleome spinosa* （Spiny spiderflower）	一年生草本。高 90～120cm，有强烈气味。掌状复叶，小叶 5～7 枚，矩圆状披针形，托叶变成小钩刺。总状花序顶生，花瓣 4 枚，倒卵形，有长爪，玫瑰紫或白色，雄蕊自花中伸出。花期 6～9 月。原产南美。喜光与温暖通风，耐热不耐寒	播种	宜作夏季花坛中心装饰，或用于花境、丛植及盆栽
大丽花 （菊科）	*Dahlia pinnata* （Aztee dahlia）	球根花卉。地下具肉质块根。茎光滑、直立，多分枝。叶对生，1～2 回羽状裂，裂片卵形，具粗钝齿。头状花序顶生，花形花色各异，花期 6～10 月。原产墨西哥。喜凉爽，不耐寒，喜光照充足，短日照下开花	播种为主，也可分根或扦插	花大色艳，常用于春季花坛，也可庭园丛植、盆栽、花境或切花
花菱草 （罂粟科）	*Eschscholtzia californica* （California poppy）	宿根草本，常作一二年生栽培。高 40～60cm，全株被白粉，灰绿色。叶互生，多回三出羽状细裂。花单生，花瓣 4 枚，纯黄色，有光泽。花期 5～6 月。原产美国西南部。喜光照充足，凉爽，耐干旱瘠薄。直根性，不耐移植	播种，自播繁衍能力强	开花繁茂，花色亮丽，花期整齐，是良好的花坛花卉，也可布置花径、花群、花丛、花境等，也宜盆栽观赏
送春花 （柳叶菜科）	*Godetia amoena* （Farewell-to-spring；Godetia）	一二年生草本。高 50～60cm。叶条形至披针形。顶生多叶的稀疏穗状花序，花冠紫红或淡紫色。花期 5～6 月。原产北美西部。喜光照充足，冷凉湿润，忌酷热	播种	花色艳丽，花期集中，宜用于春季花坛，也可盆栽观赏
风信子 （百合科）	*Hyacinthus orientalis* （Common hyacinth）	球根花卉。地下具圆球形鳞茎。叶基生，肥厚，带状披针形。花茎中空，高 15～45cm。总状花序，密生小花，圆柱状，小花钟形，4 裂，浓香。花期 3～4 月。原产地中海、小亚细亚。喜凉爽而光照充足，不耐寒，喜肥沃湿润土壤	分球	株丛低矮，花期整齐，是良好的春花坛花卉，也可用于花境、草坪、林缘布置和盆栽及水养
屈曲花 （十字花科）	*Iberis amara* （Rochet candytuft）	二年生草本。高 15～30cm，多分枝。叶对生，披针形。伞房花序顶生，初为球形，后伸长；花白色，花瓣 4 枚，中两瓣特大，芳香；花期 5～6 月。原产西欧。喜光照充足，冷凉，较耐寒，忌湿热	播种	株丛低矮，开花繁密，银白一片，观赏价值高。是良好的花坛花卉。也可盆栽观赏
伞形屈曲花 （十字花科）	*I. umbellata* （Globe candytuft）	二年生草本。形似屈曲花，但较高，达 60～80cm。叶斜披针形。顶生伞房花序，结果时不延伸。无香味，有白、粉、红等花色，花期 5～6 月。原产欧洲。习性同屈曲花	播种	主要用于春季花坛，亦可布置花境或盆栽观赏
红叶苋 （苋科）	*Iresine herbstii* （Linden bloodleaf）	宿根草本。茎叶暗紫红色，叶披针状卵形，叶面沿叶脉具不规则的浅红色的斑块。原产厄瓜多尔。喜阳光充足，温暖湿润，不耐寒、不耐涝	扦插	株丛低矮，叶色优美，常用于模纹花坛
扫帚草 （藜科）	*Kochia scoparia* （Belvedere summer-cypress）	一年生草本。高 50～100cm。株丛紧密，外观椭圆形，主茎木质化，分枝多而纤细，叶密集，狭条形，草绿色，秋季紫红色。产亚洲及欧洲。喜光照温暖，不耐寒，耐旱，喜肥、耐碱性土	播种。可自播繁衍	株形优美，叶色翠绿，可用于花坛中心、丛植、孤植，也可作绿篱

（续）

植物名称 （科名）	拉丁学名 （英文名）	形态与生态特点	繁殖方法	园林用途
裂叶花葵 （锦葵科）	*Lavatera trimestris* （Herb treemallow）	一年生草本。高达 100cm。茎粗壮，单叶互生，叶形多变，圆肾形至心形，上部叶 3 裂。花单生叶腋，粉红至红色。花期 5～6 月。原产地中海—带。喜光照充足，冷凉湿润环境	播种，宜直播，不耐移植。能自播繁衍	适用于花坛、花境、花丛或盆栽观赏
滨菊 （菊科）	*Leucanthemum vulgare* （General leucanthemum）	宿根草本。高 30～100cm。茎单生，直立。单叶互生，倒披针形具齿牙；中部叶披针形。头状花序，径 3～6cm，具长总梗；花白色。花期 5～7 月。原产欧洲、亚洲、北美洲、大洋洲。性耐寒、喜光、稍耐阴，宜排水良好肥沃土壤	播种、分株、扦插	株形整齐，花色艳丽，适宜布置春、夏花坛，也可用于花境和切花
铃乃丽 （矮柳穿鱼） （玄参科）	*Linaria bipartita* （Clovenlip toadflax）	一二年生草本。高约 30cm，叶狭线形，全缘。总状花序顶生，花冠上唇 2 深裂，基部具弯曲的距；花玫瑰粉色，喉凸橘黄色。花期 4～6 月。原产地中海及北非。耐寒、喜凉爽，忌酷热，喜光	播种	株形优美，花色鲜丽，宜布置春花坛、花径、花丛等
山梗菜 （桔梗科）	*Lobelia erinus* （Edging lobelia）	宿根草本，常作一二年生栽培。有乳汁，高 15～30cm。茎多分枝，开展呈半匍匐状。基部叶倒卵形，茎生叶倒披针形至线形。花冠筒状，一侧不规则 5 裂。花淡蓝或堇蓝色。花期 4～5 月。原产南非。喜光，喜冷凉，宜肥沃土壤	播种	株形圆整，有多种色彩品种，是布置春季花坛的良好材料，也可用于花径、花钵和花境边缘
香雪球 （十字花科）	*Lobularia maritime* （Sweet alyssum）	宿根草本，作一二年生栽培。低矮匍匐，多分枝，高 8～25cm。叶互生，灰绿色，披针形，全缘。顶生总状花序，花小，密集成球状，花白、堇、淡紫色。具淡香。花期初夏至秋。原产地中海沿岸。喜凉爽，喜光，忌高温，忌涝	播种、扦插	匍匐低矮，盛花时犹如轻柔的花毯覆于地面。是花坛、花境镶边、模纹花坛、墙垣、小径布置的佳品；也可用于地被和岩石园
紫罗兰 （十字花科）	*Matthiola incana* （Common stock）	宿根草本，作二年生栽培。高 30～60cm，全株被灰色星状柔毛。茎直立，叶互生，长椭圆形至倒披针形，先端钝圆。总状花序顶生，花瓣 4 枚，花淡紫、深粉红或白色，具芳香，花期 4～5 月。原产地中海沿岸。喜光，稍耐阴，喜凉爽，通风，忌燥热	播种、扦插	株形整齐、开花繁密，又有香气，是春季盛花花坛的好材料。又是冬春常用的切花
葡萄风信子 （百合科）	*Muscari botryoides* （Common grapehyacinth）	球根花卉。鳞茎卵圆形。叶基生线形，边缘常内卷，深绿色。花葶长 10～30cm，高于叶丛。小花多而密，圆锥状总状花序，小花坛状下垂，碧蓝色。花期 3～5 月。原产南欧。喜凉爽，耐寒，喜光，耐半阴，喜肥，喜排水良好	播种、分球	植株矮小，花色碧蓝，花期早，是布置早春花坛的良好材料，也宜花境边缘、岩石园、草地边缘或盆栽观赏
橙黄水仙 （石蒜科）	*Narcissus × incomparabilis* （Nonesuch daffodil）	球根草本。鳞茎卵圆形。叶 3～5 枚，扁平，被白粉。花大，单生，平伸或斜下开放，淡黄色，无香气；副冠杯状，黄色，花期 4 月。原产西班牙和法国南部。喜冬暖夏凉，耐寒，喜光，湿润，耐半阴，干旱，瘠薄	分球	花大色艳，开花整齐，适用于早春花坛、花境及疏林下、草坪上丛植，也可盆栽和切花

（续）

植物名称 （科名）	拉丁学名 （英文名）	形态与生态特点	繁殖 方法	园林用途
红口水仙 （石蒜科）	*N. poeticus* （Pheasants-eye）	球根草本。鳞茎狭卵形。叶4枚丛生，线形扁平，背面具白粉。花葶与叶等长；花单生，平伸或斜向开放，纯白色，芳香；副冠浅杯状，黄色，边缘橘红色。花期4～5月。原产法国、希腊及地中海沿岸。耐寒，华北地区可露地越冬。余同橙黄水仙	分球	同橙黄水仙
喇叭水仙 （石蒜科）	*N. pseudonarcissus* （Common daffodil，Trumpet narcissus）	球根草本。鳞茎卵圆形，叶4～6枚，丛生，阔带形，被白粉。花单生，横向或斜上开放，淡黄色，芳香；副冠直立，喇叭状，边缘有齿牙或皱褶，长于花瓣，橘黄色。花期4～5月。原产法国、英国、西班牙。习性同橙黄水仙	分球	同橙黄水仙
红花烟草 （茄科）	*Nicotiana sanderae* （Sander tobacco）	一年生草本。高60～80cm，全株被黏性柔毛。茎多分枝。叶对生，基生叶匙形，茎生叶矩圆形。花朵疏散，花冠长漏斗形，红色，花期8～10月。杂交种，原种产南美。喜温暖湿润，喜光照充足	播种。能自播繁衍	花色浓艳，开花繁茂，可用于秋季花坛和花丛
黑种草 （毛茛科）	*Nigella damascena* （Devilinabush）	一年生草本。高40～60cm。茎纤细多分枝。叶互生，羽裂，小叶针状。花顶生，花桃红、紫红、紫蓝或淡黄色。果膨大囊状，褐色具针状刺。花期春夏。原产欧洲。喜光、耐半阴，喜凉爽、不耐热，忌高温多湿	播种。不耐移植	优良的花坛花卉。也可作切花或切果材料
福禄考 （花葱科）	*Phlox drummondii* （Annual phlox，Phlox）	一二年生草本，高15～30cm。茎多分枝，叶长椭圆形，对生，全缘，聚伞花序顶生，花冠高脚碟状，先端5裂花瓣状，花有白、粉、红、蓝等色。花期夏秋。原产北美南部。喜温暖，稍耐寒，忌酷暑	播种、扦插	植株低矮，花色丰富，可作花坛、花境及岩石园材料
随意草 （唇形科）	*Physostegia virginiana* （Obedient plant，Virginia lionsheart）	宿根草本。高60～120cm。茎丛生，少分枝，四棱形。叶长椭圆形，交互对生，缘具锐齿，无柄。顶生穗状花序，花冠筒长，唇瓣短，紫红或粉红色。花期7～9月。原产北美。耐寒，喜光照充足、湿润、通风环境	分株与播种	株丛整齐，花期集中，用于秋季花坛、花境或切花
半支莲 （马齿苋科）	*Portulaca grandiflora* （Sun plant，Rose-moss）	一年生肉质草本。高10～15cm。茎光滑，细而圆。叶互生、散生，圆棍形。花冠平展，具8～9枚叶状苞片，被白色长柔毛，花瓣5或重瓣，花色鲜艳而丰富，花期长，由夏至秋。原产南美巴西。喜温暖，光照充足，喜干燥，不耐寒，强光下开花	播种、扦插	是理想的花坛、花境、花丛材料，也用于庭园美化或岩石园
花毛茛 （毛茛科）	*Ranunculus asiaticus* （Persian buttercup，Common garden ranunculus）	宿根草本。高30～45cm。具小块根。基生叶3裂，茎生叶无柄，2～3回羽状深裂。花葶着花1～4朵，花瓣薄而有光泽，花色多，花期4～5月。产欧亚两洲。喜凉爽，不耐寒，喜半阴	分株、播种	植株低矮，花色艳丽，花期整齐，宜用于早春花坛、花带。亦可盆栽或作切花

（续）

植物名称（科名）	拉丁学名（英文名）	形态与生态特点	繁殖方法	园林用途
紫盆花（川续断科）	*Scabiosa atropurpurea*（Sweet scabious）	二年生草本。高 30～60cm。茎多分枝。基生叶近匙形，不裂或琴裂，具粗齿；茎生叶对生，羽状深裂至全裂，圆头花序近球形，具长总梗，花冠 4～5 裂，深紫色，边缘小花较大，芳香，花期 3～6 月或 8～10 月。原产南欧。耐寒，喜光、喜冷凉、忌高温多湿	播种	宜用于春秋花坛，布置花境、盆栽或切花
聚铃花（百合科）	*Scilla hispanica*（Spanish squill）	球根草本。高 20～30cm。具鳞茎。叶基生，细长，5～8 枚成束。花葶与叶丛等高。总状花序，花小，天蓝至玫瑰紫色，钟形，下垂，花期 5～6 月。原产西班牙和葡萄牙。喜冷凉湿润，耐干燥，对光照要求不严	分球或播种	株丛低矮，宜用于春季花坛、林下地被、花境镶边、岩石园等，也可作切花
白草（景天科）	*Sedum lineare* var. *albo-marginatum*	宿根肉质草本。高 10～20cm，多分枝，丛生状。叶线形，叶缘白色，常 3 叶轮生，无柄。聚伞花序顶生，花葶直立，花小，星形，黄色。花期 5～6 月。原产中国及日本。耐寒力弱，喜光稍耐阴，宜疏松肥沃、排水良好的土壤	分株、扦插、播种	布置于模纹花坛中，或作花坛镶边及地被
雪叶莲（菊科）	*Senecio cineraria*（Dustymiller, Silver groundsel）	宿根草本。高 20～40cm，全株具白色茸毛。茎多分枝。叶长圆形，羽状深裂，头状花序成紧密伞房状，花黄色。花期夏秋。原产美洲。喜凉，喜光，稍耐半阴，忌雨涝	扦插	雪叶莲叶色银灰，极具观赏价值，可用于花坛或花境，也可盆栽观叶
矮雪轮（石竹科）	*Silene pendula*（Drooping silene）	一二年生草本。高 20～30cm，全株具毛。茎丛生，铺散匍生。叶椭圆形，花小而密，瓣端 2 裂，花粉红或淡白色。原产南欧。喜光照温暖，耐寒不耐热	播种	株丛低矮，花小而密，宜用于春季花坛、岩石园或用作地被
郁金香（百合科）	*Tulipa gesneriana*（Tulip）	球根草本，鳞茎扁圆锥形，具棕褐色皮膜，茎叶光滑具白粉。叶 3～5 枚，长椭圆状披针形。花单生茎顶，大型直立杯状，花被片 6 枚，多椭圆形，全缘，花色变化丰富。秋植于第二年 3～5 月开花。分布地中海、中亚细亚、土耳其、俄罗斯南部和我国新疆。喜凉爽，湿润，光照充足，耐寒	分鳞茎繁殖	郁金香花大色艳，品种繁多，开花整齐，是早春花坛的良材。尤宜大面积布置花坛、花带、花径、花丛，五彩缤纷，效果极佳。也可布置于林缘、草坪边缘等处。或用于切花和盆栽
美女樱（马鞭草科）	*Verbena* × *hybrida*（Common garden verbena）	宿根花卉作一二年生栽培。全株被灰色柔毛。茎四棱，丛生铺覆地面。叶对生，长圆形，边缘具缺刻状粗齿或整齐的圆齿。穗状花序顶生，密集呈伞房状排列，花冠筒细长，上端 5 裂，每一裂片又 2 裂，淡香。花期从 4 月直至霜降。原产南美。喜光，不耐阴，喜温暖忌潮湿，不耐寒，不耐旱	播种、扦插、压条、分株	株丛矮密，花期长，花繁色艳，是良好的花坛材料，也可用于花境、树坛、盆栽悬吊观赏
葱兰（石蒜科）	*Zephyranthes candida*（Autumn zephyrlily）	常绿球根草本。高 10～20cm。鳞茎小，狭卵形。颈部细长。叶基生，线形，具纵沟，暗绿色。花葶自叶丛一侧抽出，单花顶生，花漏斗状，白色。花期 7～10 月。原产南非。喜温暖湿润，喜光耐半阴，宜肥沃稍黏质土壤	分球	株丛低矮，开花繁茂，花色洁白，宜用于夏季花坛或路边、小径旁布置，或作地被

（续）

植物名称 （科名）	拉丁学名 （英文名）	形态与生态特点	繁殖 方法	园林用途
韭兰 （石蒜科）	*Z. grandiflora* （Rosepink zephyrli-ly）	常绿球根草本。高 15～25cm。鳞茎比葱兰稍大，卵圆状，颈部稍短。叶长而软，扁线形，稍厚。花漏斗状，呈显著筒状。粉红或玫红色。花期 6～9 月。原产南非。习性同葱兰，耐寒性稍弱	分球	同葱兰

4.2 花境花卉

4.2.1 概述

4.2.1.1 概念

花境（flower border）一词源于英国，是模拟自然界中林地边缘地带多种野生花卉交错生长的状态，在形状不一的带状人工种植床上，将多年生花卉为主的不同植物斑块状自然式混交，表现出层次上高低错落，平面上步移景异，花期上次第开放的持久性植物景观，在植物形态、质感、体量、色彩上达到自然和谐的一种园林植物造景形式。花境不仅可以表现植物个体生长的自然美，更重要的是可以展现出植物自然组合的群体美。

花境花卉狭义概念是指应用于花境中的宿根花卉、球根花卉和一二年生花卉，其中前两者合称为多年生花卉，是花境的主体材料。一二年生花卉在花坛花卉一节中专题介绍，本文中花境花卉指狭义概念中的花境花卉。广义概念可以包括中小型灌木和针叶树等木本植物，这些植物在花境中起着层次骨架和背景作用。

4.2.1.2 分类

花境的分类根据植物材料、应用场所、观赏特点、栽植位置和立地条件等进行。

（1）按应用的植物材料可分为：草本花境、灌木花境、混合花境、藤蔓花境、香草花境、药草花境、野花花境、观赏草花境、针叶树花境以及专科、专属、专类的花境，其中混合花境将草本和木本植物有机结合，因层次明显、结构稳定、变化多样而成为主流花境形式。

（2）按应用场景可分为：路缘花境、林缘花境、墙基花境、临水花境和庭院花境等。

（3）按应用花境花卉的花色可分为：单色花境、双色花境和多色花境。

（4）按立地条件可分为：岩石花境、沙砾花境、湿地花境、台地花境、沉床花境、阳生花境和阴生花境等。

（5）创意花境，是将除了植物以外的设计元素运用到花境中，如景石、小品、雕塑、枯藤、老桩、花钵、瓦罐等。

（6）按花境的观赏特点包括单面观赏、双面观赏、岛屿式和对应式 4 种模式：

单面观赏花境多临近道路设置，常以建筑物、矮墙、树丛、绿篱等为背景，植物景观整体呈前低后高的层次，形成一个面向道路的斜面；

双面观赏花境多设置在草坪上或树丛间，没有背景，植物种植呈中间高，两边逐渐降低；

岛屿式花境多设置在草坪中间，设计上中间高，四边低；

对应式花境多设置在园路两侧、草坪中央或建筑物周围，一般为两个相对应的花境，且这两个花境呈左右二列式。

（7）花境植物按栽植的位置可以分为：

前景植物，一般为植株低矮、枝叶密集的植物，开花高度 30cm 以下，如景天类、金边麦冬、紫叶酢浆草，起到界定边缘轮廓的作用；

中景植物，开花高度在 30～100cm 之间，如蓍草、玉簪、紫娇花等，位居花境的主要位置，种类众多，是花境的主体材料；

背景植物，一般为高大的植物，开花高度在 100～150cm，如天蓝鼠尾草、柳叶马鞭草、大花秋葵等，适合种植在花境的后部，起到衬托作用；

焦点植物，众多花境植物中，形态较好、体量较大、观赏价值较高的可选为焦点植物，一般布置在花境的中心位置，可以不同地段重复出现。

根据地形和立地条件，考虑花境的长度和宽度。花境长度一般不超过 20m，对于过长的地段应进行分段处理。植物种植可采取段内变化、段间重复的手法，但要注意植物布置的韵律感。花境要有一个与周围环境相协调、主题明显的种植规则，植物景观应随着花境的延伸呈现有规律的变化。花境的宽度要适宜，过窄难以体现群体效应，过宽则超出视觉范围，也不便于养护管理。

4.2.1.3　花境设计要点

花境设计首先要了解植物的生物学特性和生态习性，因地制宜，根据设计要求选择不同种类，进行合理搭配。同时讲究构图完整，设计出沿着长轴方向组合成连续的综合景观序列，体现出四季变化的季相景观，同一季节中开花植株的分布、色彩、形态、高度、数量都能协调匀称，相邻花卉的生长强弱、繁衍速度大体相近，植株之间能共生而不能互相排斥，一年四季季相变化丰富又看不到明显的空秃。花境中的各种花卉呈斑状混交的面积可大可小，但不宜过于零碎和杂乱。

花境的色彩设计上，根据色彩学原理，综合考虑设计思想、环境特点、文化背景等因素确定主色、配色和基色，考虑色彩的冷暖、协调、对比、互补，通过植物的花色、叶色、果色来表现，注重所选植物的色彩与周围环境相协调，不能盲目强调植物种类丰富，不是色彩越多越亮就越好，应避免色彩杂乱无序而破坏整体景观效果。

花境的种植床外缘与草地或路面相平，中间或内侧应高起，形成 5°～10° 的坡度，以利于排水。种植床内的土壤一般要求疏松、肥沃、有机质丰富。

4.2.1.4　选择应用要点

（1）根据花境设计与建造所在地区的地理气候条件，周边环境和不同主题要求，因地制宜地选择适宜的花境花卉种类。

（2）观赏价值高、观赏期长、生长强健、养护简便、寿命长的种类是花境首选材料。

（3）注重同一块花境中所选种类之间观赏性、生态习性的协调性。同一地块栽植的花境植物对土壤、水分、光照等要有相近似的要求。

（4）根据花境前景、中景、背景层次的需要选择不同高度的植物。

（5）注意宿根、球根草本花境植物与一二年生花卉、观赏草、蕨类、藤本和灌木等其他类别的植物之间的科学、美观地结合以及适宜的种植比例。

（6）园艺品种与乡土植物相结合以丰富花境植物种类。

（7）穗状花序或直线条类的植物外观自然，立体感强，与其他平面结构的植物形成对比，为良好的花境材料。使花境立面结构上起伏有致，俯仰得体，有强烈的韵律感。

（8）花境植物定植后，并非一劳永逸，到一定年限需要翻种。

（9）避免应用可能导致生物入侵的植物种类。

（10）科学而大胆地尝试新的种类和新的品种。

4.2.2　主要花境花卉

（1）蜀葵　*Althaea rosea*

别名　熟季花、端午锦

英文名　Hollyhock

科属　锦葵科木槿属

形态特征　宿根草本，茎直立，高 2 ~ 3m，茎叶均被短柔毛。叶大、互生，叶片粗糙而皱，圆心脏形，有浅裂；托叶 2 ~ 3 枚、离生。花大，单生叶腋或聚成顶生总状花序，花径 8 ~ 12cm；小苞片 6 ~ 9 枚，阔披针形，基部连合，附着萼筒外面，萼片 5，卵状披针形。花瓣 5 枚或更多，短圆形或扇形，边缘波状而皱或齿状浅裂，花色有红、紫、褐、粉、黄、白等色，单瓣、半重瓣至重瓣，雄蕊多数，花丝连合成筒状并包围花柱，花柱线形，突出于雄蕊之上，花期 6 ~ 8 月。1573年从中国输入欧洲。

蜀葵　*Althaea rosea*

变种品种　主要品种：

'查特'蜀葵（'Chater's Hollyhock'）：大花、极重瓣。

'秋海棠'蜀葵（'Begonia Flowered'）：花为秋海棠型。

'Indian Spring'：一年生的代表品种，春播当年开花，半重瓣。

产地分布　原产中国，分布很广。现华东、华中、华北、华南地区均有栽培。

生态习性　性耐寒，喜向阳及排水良好的肥沃土壤，华北地区可露地越冬。

繁殖栽培　播种繁殖为主，也可分株和扦插。种子成熟即可播种，也可秋播。播后约 1 周发芽,当真叶 2~3 枚时移植一次,次年就可开花。种子发芽力可保持 4 年。播种苗在 2~3 年后生长衰退,故也可作二年生栽培。分株宜在花后进行。扦插仅用于特殊优良的品种,取基部发生的萌蘖剪成长 8cm 左右的插穗,插后置于遮荫处生根。生长期可施液肥。盆栽时于早春取播种苗上盆,留独本开花。花后距根颈 15cm 处剪断,又能萌发新芽。植株易衰老,栽培 4 年左右更新。

茎叶常发生蜀葵锈病,其病原是锦葵柄锈菌。染病植株叶片变黄或枯死,叶背可见到棕褐色、粉末状的孢子堆。春季和夏季于植株上喷洒波尔多液防治,播种前应进行种子消毒。

园林用途 蜀葵植株高大,花色丰富,花大而重瓣性强,园林中常于建筑物前列植或丛植,作花境的背景效果良好。此外,尚可用于篱边绿化及盆栽观赏。花瓣中的紫色素,易溶于酒精及热水中,可用作食品及饮料的着色剂。茎皮纤维可代麻用,全草入药有清热凉血之效。

同属花境花卉

药用蜀葵(*A. officinalis*)花红色至淡粉色,花径 2.5cm,花瓣 5,花期 7 月。原产东欧,1718 年传至其他地方,我国新疆有野生。

(2) 大火草 *Anemone tomentosa*

别名 银莲花、大头翁

英文名 Tomentosa wildflower

科属 毛茛科银莲花属

形态特征 宿根草本。基生叶 3~4 枚,三出复叶,间或有 1~2 枚单叶,小叶卵形,3 裂,边缘有粗锯齿,叶背密生白色茸毛,叶具长柄。总苞片 3,叶状,密生短茸毛。聚伞花序长 25~40cm,有 2~3 回分枝。萼片 5,花瓣状,淡粉红色或白色。花瓣缺,花径 3~5cm。花期夏秋。

产地分布 原产中国,西北、河南、河北、甘肃、陕西及四川均有分布。

生态习性 喜光也较耐阴,耐寒、耐干旱、瘠薄,喜凉爽湿润气候。忌夏季炎热。肥沃的沙质壤土上生长良好。

繁殖栽培 播种、根插及分株繁殖。播种宜采后即播,以免降低发芽率和延缓发芽时间,18~20℃ 条件下约 2 周出苗。可于秋冬季将健壮根切成 5~10cm 小段,撒匀或插于苗床上,生出 3 片真叶后即可移植。

园林用途 因其花形美、花色艳、花期长,是一种优良的花境花卉。

大火草 *Anemone tomentosa*

(3) 紫菀属　*Aster*

英文名　Michaelmas daisy

科名　菊科紫菀属

形态特征　叶互生。头状花序，放射状，排成伞房花序式或圆锥花序式，稀单生；花序托扁平或凸起；舌状花 1 列，雌性，结实，舌瓣显著，白色、紫堇色或蓝色；管状花两性，花冠通常黄色，间有带紫色者。花期夏秋。

种与品种　全世界约 250 种。

紫菀(*A. tataricus*)，株高 150～240cm。基部叶矩圆形或椭圆状匙形。头状花序，排列成复伞房状。花冠蓝紫色。具野趣。花期 7～9 月。

美国紫菀(*A. novae-angliae*)，高 60～150cm。花深紫色、堇色。花期 9～10 月。

北美紫菀(*A. ptarmicoides*)株高 30～60cm。舌状花白色，具光泽。花期 6～7 月。

荷兰菊(*A. novi-belgii*)，株高 40～80cm。主茎直立，多分枝，被柔毛，幼嫩时微呈紫色，花有蓝色、淡紫色、粉色、玫瑰红色以及白色等。花期 8～10 月。园艺品种众多，常用的有'Kristina'、'Patricia Ballard'、'Professor'、'Monte Cassino'、'Nanus'等。

产地分布　分布于欧洲、亚洲、北美的温带地区。

生态习性　性强健，喜温暖湿润和阳光充足环境，耐寒性强。耐炎热，不耐水湿，宜肥沃、排水良好的沙壤土或腐叶土。

繁殖栽培　繁殖法有分株和扦插法，有的品种分蘖力极强，可直接用分栽蘖芽的方式，极易成活。也可播种。

园林用途　紫菀属花卉是经典的秋季花园植物，花繁色艳，适应性强，特别是近年引进的荷兰菊新品种，植株较矮，自然成形，盛花时节又正值国庆节前后，故多用作花坛、花境材料，也作盆花。高生种是很好的切花材料。

荷兰菊　*A. novi-belgii*

(4) 落新妇　*Astilbe chinensis*

别名　红升麻、虎麻

英文名　Chinese astilbe

科属　虎耳草科落新妇属

形态特征　宿根草本，高 50～100cm。根状茎粗壮，须根多数。茎直立，被毛。基生叶为二至三回三出复叶，具长柄，两面沿叶脉疏生硬毛；茎生叶 2～3，较小；上下表面被短刚毛，边缘具重锯齿。顶生圆锥花序，密被褐色细长的卷曲柔毛；苞片卵形, 较花萼稍短; 花密集, 几无柄, 花瓣紫红色, 线形。花期 7~8 月。

变种品种 国外育种家选用落新妇(*Astilbe chinensis*)、泡盛草(*A. japonica*)、童氏落新妇(*A. thunbergii*)和浅裂叶落新妇(*A. simpicifolia*)等 4 个原种为亲本, 通过杂交育出 200 多个杂交品种, 分为阿氏、中国、日本、道氏、浅裂叶等 5 个品种群, 主要品种如:

'粉美人'落新妇('Vision in Pink')花粉色。

'红美人'落新妇('Vision in Red')花红色。

还有'Amethyst'、'deutschland'、'Irrlicht'、'Flamingo'、'Ellie'、'Mantgomery'、'Snowdrift'、'Venus'等。

落新妇 *Astilbe chinensis*

产地分布 分布于亚洲东南部和北美, 我国东北、华北、西北、西南有分布, 朝鲜、日本、俄罗斯也有。

生态习性 喜半阴, 在湿润的环境下生长良好。野外常见于疏林下、小溪边及路旁草丛湿润处。生性强健, 耐寒, 对土壤适应性较强, 喜微酸至中性、排水良好的沙质壤土, 也耐轻碱土, 忌高温干燥。

繁殖栽培 分株或播种繁殖。分株宜在秋季进行, 每 2~3 年更新一次。剪去地上部分, 每丛分割成数个带 3~4 个芽的子株, 种植时要施足基肥。播种繁殖, 因种子细小, 整地要细, 覆土宜浅。可盆播育苗后分栽。

园林用途 落新妇是非常美丽的宿根花卉, 花序密集紧簇, 花色艳丽。极宜布置花境。也可种植在疏林下及林缘墙垣半阴处或溪边、湖畔。丛植和片植均可; 矮生类型可布置岩石园; 亦用作切花及盆栽。

同属花境花卉 本属植物 20 种, 我国约有 14 种。

阿兰德落新妇(*A. arendsii*), 高 60~100cm, 圆锥花序密集, 花色白、粉、紫红、红, 花期夏季。由德国的 Georg Arends 利用大卫落新妇(*A. davidii*)杂交而成。

美花落新妇(*A. hybrida*), 为园艺杂交种, 品种较多。目前广泛栽培。株型紧凑, 花序大而密集, 花色多。喜温暖、湿润排水良好的微酸性土壤。在我国南方夏季炎热时常处半休眠状态。

泡盛草(*A. japonica*), 别名日本落新妇, 株高 30~80cm, 小叶披针形, 具粗锯齿, 被锈色短毛。穗状花序呈圆锥状排列, 密集, 白色而美丽。花期 5~6 月。

朝鲜落新妇(*A. koreana*), 株高约 60cm, 叶一至二回羽状裂, 初花粉红, 盛花乳白色, 花期夏季。

浅裂叶落新妇(*A. simplicifolia*), 植株低矮密集, 叶卵形, 长 5~8cm, 浅裂。花白色，恍若繁星。花期 8 月。是矮生品种育种的亲本。

童氏落新妇（*A. thunbergii*），株高 60cm，花序扩散，白色常变成粉红色。

（5）美人蕉属 *Canna*

英文名 Canna

科属 美人蕉科美人蕉属

目前园艺上栽培的美人蕉，绝大多数为园艺杂交种。它们的主要亲本有美人蕉（*C. indica*）、粉美人蕉（*C. glauca*）、黄花美人蕉（*C. flaccida*）、鸢尾花美人蕉（*C. iridiflora*）以及紫叶美人蕉（*C. warscowiczii*）等。

美人蕉育种始于 1848 年，法国的安奈（T. Annee）以华美人蕉（*C. nepalensis*）为亲本获得了最早的杂种，即 *C. annaei*（安奈美人蕉）。以后美人蕉的杂交育种工作相继开展，又以鸢尾花美人蕉和紫叶美人蕉为亲本培育出 *C. ehamanni*（埃马尼美人蕉），并以此作亲本，多次反复与其他种和园艺品种杂交，选育出矮性、大花杂种美人蕉，成为现代法国美人蕉系统的亲本。

1892 年意大利一家公司以黄花美人蕉为亲本与鸢尾花美人蕉以及其他园艺品种杂交，培育出现代意大利美人蕉系统（亦称兰花型美人蕉系统）的亲本。现代美人蕉基本上仍旧分为上述两大系统。

形态特征 球根草本。具粗壮肉质根茎，地上茎直立不分枝。植株高大，高60～300cm，叶互生，宽大，长椭圆状披针形，叶柄鞘状。单歧聚伞花序排列呈总状或穗状，具宽大叶状总苞。花两性，不整齐，萼片 3 枚，呈苞状，花瓣 3 枚呈萼片状；雄蕊 5 枚均瓣化为色彩丰富艳丽的花瓣，为最具观赏价值的部分。其中一枚雄蕊瓣化瓣常向下反卷，称为唇瓣。另一枚狭长并在一侧残留一室花药。花色有乳白、黄、粉红、橙、红等色，或具各色斑点。雌蕊亦瓣化形似扁棒状，柱头生其外缘。蒴果球形具刺突起，种子较大，黑褐色，种皮坚硬。花期长，初夏至秋末陆续开放。

主要种类及品种 现代美人蕉分为如下两大系统：

①法国美人蕉系统：植株矮生，高约 60～150cm。花大，花瓣直立而不反曲，易结实。

②意大利美人蕉系统：植株较高大，高 1.5～2m。花比前者大，花瓣向后反曲，不结实。

目前常见栽培的有如下种类：

美人蕉（*Canna indica*，*C. variabilis*），别名小花美人蕉、小苞蕉。为现代美人蕉的原种之一。株高 1～1.3m。茎叶绿而光滑。叶长椭圆形，长 10～30cm，宽 5～15cm。花序总状，着花稀疏；小花常 2 朵簇生，形小，瓣化瓣狭细而直立，鲜红色，唇瓣橙黄色，上有红色斑点。原产美洲热带。

蕉藕（*Canna edulis*），别名食用美人蕉。植株粗壮高大，约 2～3m。茎紫色。叶长圆形，长 30～60cm，宽 18～20cm，表面绿色，背面及叶缘有紫晕。花序基部有宽大总苞，花瓣鲜红色，瓣化瓣橙色，直立而稍狭，花期 8～10 月，但在我国大部分地区少见开花。原产西印度和南美洲。

黄花美人蕉（*Canna flaccida*, *C. glauca* var. *flaccida*），别名柔瓣美人蕉。株高 1.2 ~ 1.5m，根茎极长大。茎绿色。叶长圆状披针形；长 25 ~ 60cm，宽 10 ~ 20cm。花序单生而疏松，着花少，苞片极小，花大而柔软，向下反曲，下部呈筒状，淡黄色，唇瓣圆形。原产美国佛罗里达州至南卡罗来纳州。

粉美人蕉（*Canna glauca*）别名白粉美人蕉。株高 1.5 ~ 2m，根茎长而有匍枝，茎叶绿色，具白粉。叶长椭圆状披针形，两端均狭尖，边缘白而透明，花序单生或分叉，着花少，花较小，黄色；瓣化瓣狭长；唇瓣端部凹入。有红色或带斑点品种。原产南美洲、西印度。

鸢尾花美人蕉（*Canna iridiflora*），株高 2 ~ 4m。叶广椭圆形，表面散生软毛。花序总状稍下垂，花大，长约 12cm，淡红色，瓣化瓣倒卵形，唇瓣狭长，端部深凹。原产秘鲁。

紫叶美人蕉（*Canna warscewiczii*），别名红叶美人蕉。株高 1 ~ 1.2m，茎叶均紫褐色并具白粉。总苞褐色，花萼及花瓣均紫红色，瓣化瓣深紫红色，唇瓣鲜红色。原产哥斯达黎加、巴西。

意大利美人蕉（*Canna orchioides*），别名兰花美人蕉、翻瓣美人蕉。本种由鸢尾花美人蕉及黄花美人蕉等种及园艺品种经改良而得，因在意大利选育而成故名意大利美人蕉；又其花形似兰花，所以也称兰花美人蕉。株高 1m 以上。叶绿色或青铜色。花序单生，直立。花径可达 15cm，鲜黄至深红色，有斑点或条纹，基部筒状，花瓣于开花次日反卷，瓣化瓣 5 枚，宽阔柔软；唇瓣基部呈漏斗状。花期 8 ~ 10 月。本种花色缺少纯白及粉红色。

大花美人蕉（*Canna generalis*），本种为法国美人蕉系统的总称。主要由原种美人蕉（*C. indica*）杂交改良而来。株高约 1.5m。一般茎、叶均被白粉。叶大，阔椭圆形，长约 40cm，宽约 20cm。花序总状，有长梗，花大，径约 10cm，有深红、橙红、黄、乳白等色；基部不呈筒状。花萼、花瓣亦被白粉，瓣化瓣 5 枚，圆形，直立而不反卷；花期 8 ~ 10 月。

常见应用的品种如：

'蓓蕾'美人蕉（'Bailey'），高达 100 ~ 300cm。茎叶具白粉。花径达 20cm，有 50 多个品种，花色有乳白、鲜黄、橙黄、橘红、粉红、大红、紫红、复色斑点等。

'紫叶'美人蕉（'America'），高约 100cm，茎叶均紫褐色，总苞褐色，花萼及花瓣均紫红色。瓣化瓣深紫红色，唇瓣鲜红色。

'花叶'美人蕉（'Striatus'），矮生，高50 ~ 80cm。叶面有土黄、奶黄、绿黄等色

大花美人蕉　*Canna generalis*

线条，花红色，花期 7~10 月。

产地分布 美人蕉科仅美人蕉属 1 属，约 51 种。主要分布于美洲热带、亚洲热带和非洲。

生态习性 美人蕉性强健，适应性强，几乎不择土壤，具一定耐寒力。在原产地无休眠性，周年生长开花。在我国的海南岛及西双版纳亦同样无休眠性，但在华东、华北等大部分地区则冬季休眠。尤其在华北、东北地区根茎不能露地越冬。

性喜温暖炎热气候，好阳光充足及湿润肥沃的深厚土壤。可耐短期水涝，忌强风和霜害。生育适温 25~30℃ 左右，为闭花授精植物。本属中多数二倍体种易结实，有些结实少或不良。三倍体品种均不结实。

对氯气及二氧化硫有一定抗性，适宜布置于污染区。

繁殖栽培 分株繁殖。切割根茎，每丛保留 2~3 芽即可（切口处最好涂以草木灰或石灰）。育种时可播种繁殖。种皮坚硬，播种前应将种皮刻伤或开水浸泡（亦可温水浸泡 2 天）。发芽温度 25℃ 以上，2~3 周即可发芽，定植后当年便能开花，生育迟者需 2 年才能开花。种子发芽力可保持 2 年。一般春季栽植，暖地宜早，寒地宜晚。丛距 80~100cm，覆土约 10cm。除栽前充分施基肥外，生长期应追施液肥，保持土壤湿润。寒冷地区 1~2 次霜后，茎叶大部分枯黄，可将根茎挖出，适当干燥后贮藏于沙中，堆放 5~7℃ 室内，可安全越冬。暖地冬季不必采收，但 2~3 年后须挖出重新栽植。

促成栽培简单，欲使"五一"节开花可在 1 月份催芽，即将贮藏的根茎平放温室地床上，用掺有等量肥的土堆盖起来，维持日温 30℃，夜温 15℃ 条件，十余天出芽后定植盆内，保持盆土湿润，酌量追肥。4 月上旬开始出花蕾，中旬以后逐渐开窗通风，"五一"上花坛时部分植株可以开花。

园林用途 茎叶茂盛，花大色艳，花期长，适合大片的自然栽植，布置花境、花坛，用为基础栽培也很适宜。低矮品种可盆栽。美人蕉还是净化空气的良好材料，对有害气体的抗性较强，其根茎和花可入药。

（6）大丽花 *Dahlia pinnata*

别名 大丽菊、天竺牡丹、地瓜花、大理花、西番莲

英文名 Dahlia，Garden dahlia

科属 菊科大丽花属

形态特征 球根草本。地下具粗大纺锤状肉质块根。株高依品种而异，茎中空。叶羽状分裂，叶边缘有粗钝锯齿。头状花序顶生，具长梗。外围的舌状花通常卵形，中性或雌性，有单色及复色。中央的管状花黄色，两性。园艺品种极多，在植株高矮、花色、花型、花的大小等方面富于变化。有的品种整个花序都是舌状花，形成一个大花球，富丽堂皇。花期夏至秋。瘦果黑色。

变种品种 品种分类有很多方法，常因年代、国家而异，至今仍无统一方案。下面介绍国内外常用的几种分类方案：

国内几种主要分类方法：

①依植株高度分类：

高型：植株粗壮，高约 2m，分枝较少，花型多为装饰型及睡莲型。

中型：株高 1~1.5m，花型及品种最多。

矮型：株高 0.6~0.9m，菊型及半重瓣品种较多，花较少。

极矮型：株高 0.2~0.4m，单瓣型较多，花色丰富。

②依花色分类：红、粉、黄、橙、紫、堇、淡红和白色等单色及复色。

③依花型分类：

单瓣型(Single Dahlia)：舌状花 1~2 轮，花瓣稍重合，花朵较小，结实性强，花坛、花境品种及播种繁殖植株多属此型。

大丽花　*Dahlia pinnata*

领饰型(Collarette Dahlia)：外瓣舌状花 1 轮，平展；环绕筒状花外还有 1 轮深裂成稍细而短，形似衣领的舌状花，其色彩与外轮花瓣不同。

托桂型(Anemone Dahlia)：外瓣舌状花 1~3 轮，筒状花发达突起呈管状。

牡丹型(Paeony flowered-Dahlia)：舌状花 3~4 轮，平滑扩展，相互重叠，排列少不整齐。露心。

球型(Show Dahlia)：舌状花多轮，大小相似，排列呈球形。多为中小型花。

小球型(Pompon flowered-Dahlia)：花结构与球型相似，唯花径较小，不超过 6cm，舌状花均向内抱呈蜂窝状，亦称"蜂窝型"。花色较单纯，花梗坚硬，可作切花。

装饰型(Decorative Dahlia)：舌状花多轮，重叠排列呈重瓣花，不露花心，舌状花平瓣。

仙人掌型(Coctus Dahlia)：舌状花长而宽，边缘外卷呈筒状，有时扭曲，多为大花品种，依舌状花形状又分为以下三型：

a. 直瓣仙人掌型(Straight cactus)：舌状花狭长，多纵卷呈筒状，向四周直伸。

b. 曲瓣仙人掌型(Incurved cactus)：舌状花较长，边缘向外对折，纵卷扭曲，不露花心。

c. 裂瓣仙人掌型(Semi - cactus)：舌状花狭长，纵卷呈筒状，瓣端分裂呈 2~3 深浅不同的裂片。

国外常见分类方法：

美国大丽花协会(A. D. S)与美国中部州大丽花协会(C. S. D. S)共同制定的正式分类法(1959)

a. 单瓣型(缩写 S)

b. 矮生型(Mig)

c. 兰花型(O)

d. 白头翁型(An)

e. 领饰型(Coll.)

f. 牡丹型(P)

g. 仙人掌型(C)

h. 半仙人掌型(Sc)

i. 整齐装饰型(FD)

j. 不整齐装饰型(ID)

k. 球型(Ba)

l. 小型大丽花(M)

m. 小球型大丽花(Pom)

n. 矮大丽花(Dwf.)

另外，还有英国皇家园艺协会（R. H. S）分类法及美国国家大丽花协会（N. C. D. S）于1965年制定的依色彩和花型的分类方法及近几年来的花径分类法。我国也有类似的分类法，一般分为特大、大、中、小及特小。特大型花径30cm以上，特小型者为12cm以下。

产地分布 原产墨西哥、危地马拉及哥伦比亚。在我国辽宁、吉林等地生长良好。

生态习性 既不耐寒，又畏酷暑，喜高燥凉爽、阳光充足、通风良好的环境。每年须有一段低温休眠期。春季生长，夏末秋初气温渐凉、日照渐短时花芽分化并开花。短日照促进花芽发育，长日照促进分枝，延长花的形成。霜后停止生长进入休眠。喜富含腐殖质排水良好的沙质壤土。

繁殖栽培 分株或扦插繁殖，作花坛用的矮生种和育种时可播种繁殖。分株繁殖常在3～4月进行，取出贮藏的块根，将每一块根及附生于根颈上的芽一齐切割下来，切口涂草木灰防腐，另行栽植；扦插繁殖一年四季皆可进行，但以早春扦插最好。2～3月间将根株在温室内囤苗催芽，待新芽高至6～7cm，基部一对叶片展开时，剥取扦插，2周后生根，便可分栽，春插苗成活率高，当年即可开花；培育新品种及矮生系统的花坛、花境品种，多用播种繁殖。大丽花夏季因湿热而结实不良，故种子多采自秋凉后而成熟者，并且又以外侧2～3轮筒状花结实的最为饱满，越向中心的筒状花结实越困难。极少数舌状花能结实，故应以筒状花做母本。种子贮藏至翌年春季播种，一般7～10天发芽，当年秋天皆可开花。

浇水应控制水分，每次只浇正常量的八成，使其处于供水不足状态以控制株高。苗期每10～15天追肥一次，现蕾后每7～10天追肥一次，以饼肥水为好。

生长期避免高温高湿。因花大，花期长，茎长且中空，开花时易倒伏，要适当修剪、整枝、摘心，并立柱支撑。

园林用途 大丽花植株粗壮，花期长，花色、花型丰富，是夏秋季节气候凉爽地区重要的园林花卉。适宜布置展览、花境、花径或庭前丛植，矮生品种盆栽可布置花坛。高型品种可作切花，是插制花篮、花环、花圈、花束等的良好材料；因品种众多，适合植物园、公园布置大丽花专类园。

同属花境花卉

红大丽花（*D. coccinea*），高90～120cm，叶片羽裂，花鲜红色。为现代杂种群的主要亲本。

卷瓣大丽花（*D. juarezii*），高约 120cm，叶一回羽状裂，重瓣或半重瓣，重状花翻卷，洋红色。

（7）毛地黄　*Digitalis purpurea*

别名　洋地黄、紫花毛地黄

英文名　Common foxglove

科属　玄参科毛地黄属

形态特征　宿根草本，作二年生栽培。株高 90～120cm，茎直立高大，少分枝，全株被灰白色短柔毛和腺毛。叶粗糙、皱缩，基生叶具长柄，叶柄具狭翅，叶缘有圆锯齿，卵形至卵状披针形，叶由下至上渐小，茎生叶叶柄短或无，长卵形。顶生总状花序长 50～80cm，花冠大而呈钟状，紫红色，内面浅白，有暗紫色细点及长毛，在花序轴一侧下垂。蒴果卵形，花期 5～8 月。种子极小。同属植物约 25 种。人工栽培品种有白、粉和深红色等，一般分为白花自由钟、大花自由钟、重瓣自由钟。

变种品种　常见变种如：

白花毛地黄（var. *alba*），花白色。

大花毛地黄（var. *glaxiniaeflora*），性强健，花序长，花大而有深色斑点。

毛地黄　*Digitalis purpurea*

重瓣毛地黄（var. *monstrosa*），花重瓣，其高型品种达 2m 以上。

毛地黄有白、粉和深红色的品种。

产地分布　原产欧洲西部，我国各地均有栽培。

生态习性　生性强健，较耐寒、耐干旱和瘠薄土壤。喜光且耐阴，忌炎热，喜温暖湿润的气候及中等肥沃、排水良好的土壤。

繁殖栽培　播种繁殖，春季播种。播种适温 20℃，苗高长至 10cm 左右移植露地。夏季创造通风、湿润、凉爽的环境。播种后次年开花，若 7 月之后播种次年常不能开花。秋凉后生长快，冬季适当保温，次年 6～8 月开花，至夏秋多因湿热枯死。如环境适宜可多年生长，冬季防寒越冬后可再度开花。老株可分株繁殖，早春分株成活率高。

园林用途　毛地黄植株高大，花序挺拔，花形优美，色泽艳丽，园林中最适合作花境背景或花坛中心材料，尤适于丛植或片植。可盆栽，促成栽培，早春开花。

同属花境花卉

锈点毛地黄（*D. ferruginea*）植株高大，花序长，小花密集。花冠棕黄色，花筒内具锈红色斑点，外具短茸毛。花期 6～7 月。原产南欧及西亚，可耐 –15℃低温

大花毛地黄（*D. grandiflora*）总状花序长，小花大。花冠硫黄色，具棕褐色斑点，

花期7~8月。原产欧洲及高加索、西伯利亚地区。能耐 -15℃低温。

黄色钟花(*D. lutea*)植株低矮，仅30~60cm，花黄色，花期5~6月，适宜布置多年生花坛、花境。

多倍体毛地黄(*D. mertonensis*)四倍体杂种。花序大小花密集，较大花毛地黄耐寒。花期夏秋。

(8)萱草属 *Hemerocallis*

英文名 Daylily

科属 百合科萱草属

形态特征 宿根草本。根茎短，常肉质。叶基生，二列状，狭带形，斜展或拱曲下弯。花茎高出叶丛，上部有分枝。花大，花冠漏斗形至钟形，裂片外弯、基部为长筒形，内被片较外被片宽。雄蕊6，背着药，蒴果。原种花色为黄至橙黄色。单花开放1天，有朝开夕凋的昼开型，夕开次晨凋谢的夜开型以及夕开次日午后凋谢的夜昼开型。

黄花萱草原产中国，花柠檬黄色，有香气，于1759年传入英国，后来引进美国，是本属园艺品种中具香味者的主要亲本。19世纪末选育出较多杂交种。美国萱草协会(American Hemerocallis Society)在花色、花径、株型、抗病等方面进行选育，1960年前后又用秋水仙碱诱导出萱草的多倍体植株，现已广泛应用。现代萱草至少由15个左右亲本育成，花色除白色、蓝色外均有。小花品系的花径约2cm，而大花品系的花径可达13cm以上。花茎长度变化从25~135cm；着花数4~28朵不等。

主要种类

黄花菜(*H. citrina*)

宿根草本。叶片较宽长，深绿色，长约75cm，宽1.5~2.5cm，生长强健而紧密。花序上着花多达30朵，花序下苞片狭三角形，花淡柠檬黄色，背面有褐晕，花被长13~16cm，裂片较狭，花梗短，具芳香。花期7~8月。花在强光下不能完全开放，常在傍晚开花次日午后凋谢。花蕾供食用。原产我国。山东、河北、陕西、四川、甘肃等地均有野生。

黄花萱草(*H. flava*)

别名金针菜。宿根草本。叶片深绿色，带状，长30~60cm，宽0.5~1.5cm，拱形弯曲。花6~9朵，为顶生疏散圆锥花序，花淡柠檬黄色，浅漏斗形，花莛高约125cm，花径约9cm，花傍晚开，翌日午后凋谢，具芳香。花期5~7月。花蕾为著名的"黄花菜"，可供食用。还有大型变种(var. *major*)，叶色较深，花被片尖端反曲，呈波状。原产我国及日本。长江流域以北各地均有分布。

萱草(*H. fulva*)

宿根草本，根状茎粗短，有多数肉质根。叶披针形，长30~60cm，宽约2.5cm，排成2列状。圆锥花序，着花6~12朵，橘红至橘黄色，阔漏斗形，长7~12cm，边缘稍为波状，盛开时裂片反曲，径约11cm，无芳香。花期6~8月。尚有重瓣变种

（var. *kwanso*）、斑叶变型（f. *variegata*，叶片具白
色条纹）、长筒萱草（var. *longituba*）、玫瑰红萱草
（var. *rosea*）、斑花萱草（var. *maculata*，花较大，
内部有明显红紫色条纹等）。

　　原产中国南部，各地广泛栽培。中南欧及日
本也有分布。

小黄花菜（*H. minor*）

　　宿根草本。高 30～60cm。叶绿色，长约
50cm，宽约6mm。着花2～6朵，黄色，外有褐
晕，长5～10cm，有香气，内轮花被较宽而钝，
傍晚开花。花期6～8月。花蕾可供食用。原产
我国，华北、东北均有野生。

大花萱草（*H. middendorffii*）

　　宿根草本。叶长30～45cm，宽2～2.5cm，
低于花莛。花2～4朵，黄色，有芳香，花长8～
10cm，花梗极短，花朵紧密，具有大型三角状苞

萱草　*H. fulva*

片，外被片宽1.3～2.0cm，内被片较宽而钝，花期7月。大型变种（var. *major*）生长
健壮，花更多。原产日本及西伯利亚东部。

童氏萱草（*H. thunbergii*）

　　宿根草本。叶深绿色而狭，长约74cm。生长健壮而紧密。花莛高约120cm，顶
端分枝着花12～24朵，杏黄色，喉部较深，短漏斗形，具芳香。花期7～8月。原产
日本。

　　美国萱草协会将现代萱草的花色归纳为6类：

　　①纯色型（Self）：花冠内、外轮颜色及深浅相同。

　　②混色型（Blend）：花冠由2种色彩组成，内外轮的色彩相同。

　　③杂色型（Polychome）：花冠由3种或3种以上色彩混杂组合而成。

　　④双色型（Bicolor）：内外轮色彩完全不同。

　　⑤双调色型（Bitone）：花瓣和萼片为同一色系，但深浅有别。

　　⑥有色带或有眼影型（Banded or Eyed）：花冠基部色彩深，并形成眼影。

　　以上可作为萱草园艺品种分类的参考。

　　现代萱草品种极为丰富，全世界登录在册的品种多达50000种以上，园林中应用
的以各色品种为主。分为落叶、半常绿、常绿3种类型（与栽培地区气候相关）。有
白、黄、绿、红、橙、紫、黑紫等色。花型有单瓣、复瓣、重瓣、蜘蛛瓣、特殊瓣等
类型。

　　常见品种：

　　'金娃娃'萱草（*H.* 'Stella de Oro'），株高30cm，叶丛直径40～50cm，初夏开亮
黄色花，单瓣，花径约6cm。

'红运'萱草（H. 'Baltimore oriole'），株高35～40cm，叶丛直径50～60cm。单瓣，花深红色，花径约6cm。

'粉绣客'萱草（H. 'Pink silk ruffle'），株高50～60cm，叶丛直径70～90cm。花单瓣，粉红色，花心红色，花丝黄色，花径12～14cm。

'紫蝶'萱草（H. 'Little bumble bee'），株高50～60cm，叶丛直径70～90cm。花单瓣，黄色，花心棕红色，花丝黄色，花径12～15cm。

'奶油卷'萱草（H. 'Betty wods'），株高约65cm。花重瓣，深黄色，花径约14cm，花瓣顶端较圆，边缘有皱褶。

产地分布　本属植物约20种，分布于中欧至东亚，我国约8种，各地均有分布。

生态习性　萱草类性强健，栽培管护容易。适应性强，耐寒，喜阳又耐半阴，华北可露地越冬。对土壤选择性不强，以富含腐殖质、排水良好的湿润土壤为佳。

繁殖栽培　春秋以分株繁殖为主，每丛带2～3个芽，施以腐熟的堆肥，春季分株，夏季可开花，通常3～5年分株一次。播种繁殖，采种后即播，经冬季低温于次春萌发。春播当年不萌发。多倍体萱草经人工辅助授粉可提高结实率。扦插繁殖于花后扦插茎芽，成活率较高，且茎芽成株的次年即可开花。多倍体萱草可用组织培养法繁殖。

萱草类适应性强，在定植的3～5年内不需特殊管理，于开花前后追肥长势更盛。

园林用途　萱草类花色鲜艳，栽培容易，且春季萌发早，绿叶成丛，极为美观。适宜花境种植，也可丛植、片植或于路旁栽植。萱草类耐半阴，又可作疏林地被应用。一些种类可于蕾期采集晒干，为著名的干菜——黄花菜。根茎部分入药。

（9）玉簪属　*Hosta*

英文名　Plantainlily, Hosta

科属　百合科玉簪属

形态特征　宿根草本。地下茎粗大，叶基部簇生，具长柄。绿、灰绿色或具金黄、白色的条纹及彩斑，弧形脉。总状花序，小花自下而上开放，花色蓝、紫或白色，花被片基部连合成长管，喉部扩大。花期6～9月。蒴果长形。

种与品种

狭叶玉簪（*H. lancifolia*）

别名狭叶紫萼、日本玉簪。宿根草本，根茎较细。叶灰绿色，披针形至长椭圆形，两端渐狭。花茎中空，花淡紫色，长5cm，花期8月。有白边及花叶变种。原产日本。

叶玉簪（*H. nigrescens*）

宿根草本。叶挺而厚，圆形而波状，表面稍被白粉、具长柄。花白色至淡紫色，花期8月。日本多作切叶栽培。原产日本东北部。

玉簪（*H. plantaginea*）

别名玉春棒、白鹤花。宿根草本，高30～50cm。叶基生，丛生，叶具长柄，卵形至心状卵形，基部心形，具弧状脉。顶生总状花序，花莛高出叶丛，着花 9 ~ 15 朵；每花被 1 苞片，花白色，管状漏斗形，径约 2.5 ~ 3.5cm，长约 13cm，裂片 6 枚短于筒部，雄蕊 6，花柱极长。蒴果三棱状圆柱形。花期 6 ~ 8 月，芳香袭人。变种有重瓣玉簪（var. plena），花重瓣，原产中国，于 1789 年传至欧洲，以后传入日本。现各国均有栽培。

圆叶玉簪（H. sieboldiana）

叶巨大，卵圆形，绿色，上面有白粉，蜡质，叶脉 12 ~ 13 对，侧脉明显。苞片紫绿色，花白色，亦有带淡紫色者。

园艺品种众多，全世界有 2000 余种。叶色变化十分丰富，有绿色、深绿色、蓝绿色、蓝色、灰蓝色、金心蓝边、蓝心金边、金叶、金边、银边、金心、银心等以及红柄。叶形有心形、圆形、椭圆形、长椭圆形、狭叶形、波圆形等。采用组织培养繁殖，多用于新品种培育和大量繁育。

玉簪　*H. plantaginea*

波叶玉簪（H. undulata）

别名皱叶玉簪。宿根草本。叶卵形，叶缘微波状，叶面有乳黄或白色纵纹，花莛超于叶上，花冠长 6cm，暗紫色，花期 7 月下旬至 8 月。原产日本。

紫萼（H. ventricosa）

宿根草本。叶基生，卵形至卵圆形。花莛从叶丛中抽出，叶柄边缘常由叶片下延而呈狭翅状，叶柄沟槽较玉簪浅，叶片质薄。总状花序顶生，着花 10 朵以上，花径 2 ~ 3cm，长 4 ~ 5cm，淡堇紫色，花期 6 ~ 8 月。原产中国，于 1789 年传至日本，栽培较广。

产地分布　本属植物约 10 种，多分布于东亚，我国有 6 种，分布甚广，多为美丽的观赏植物。

生态习性　性强健，耐寒而喜阴，忌直射光。土壤以肥沃湿润，排水良好为宜，栽培管理容易。

繁殖栽培　繁殖多用分株法，春、秋均可进行。播种繁殖 3 ~ 4 年开花。用组织培养繁殖取叶片、花器均能获得幼苗，不仅生长速度较播种者快，还可提早开花。开花前可施些氮肥及磷钾肥，则叶绿而花茂。

病虫防治

①玉簪锈病：病原菌为 *Puccinia funkiae*，嫩叶上出现圆形病斑，可用 6-6 式或 160 倍的等量式波尔多液防治。

②玉簪叶斑病（Hosta leaf spot）病原为刺盘孢菌、链格孢菌等。病原侵入玉簪叶片和茎，产生大型的、白色或浅灰色的色斑，边缘褐色。可用铜素杀菌剂或其他药剂喷

雾防止侵染。

园林用途 玉簪类花色秀丽，株丛低矮而圆整，叶片青翠宜人或具金黄、灰绿等色彩或斑纹，喜阴，是广受欢迎的宿根花卉，在欧美国家尤盛。可配置于花境或林下作地被应用，或栽于建筑物、乔灌木周围蔽荫处。常用于庭院或岩石园中。矮生及观叶品种多作盆栽观赏或切花、切叶。嫩芽入菜、全草入药，鲜花可提制芳香浸膏。

（10）鸢尾属 *Iris*

英文名 Iris

科属 鸢尾科鸢尾属

形态特征 宿根草本。具块状或匍匐状根茎，或具鳞茎。本属植物约有 300 种，多分布北温带，我国近 70 个种（包括变种），多分布在西北及北部。叶多基生，剑形至线形，嵌叠着生。花茎自叶丛中抽出，花单生，蝎尾状聚伞花序或呈圆锥状聚伞花序，花色有蓝、蓝紫、紫、黄、粉和白等色，花从 2 个苞片组成的佛焰苞内抽出，花被片 6，基部呈短管状或爪状，外轮 3 片大而外弯或下垂，称垂瓣；内轮 3 片较小，多直立或呈拱形，称旗瓣，花柱分枝 3，扁平，花瓣状，外展覆盖雄蕊。花期春夏。蒴果长圆形，具 3~6 角棱、有多数种子。

种与品种

公元 6 世纪的《Viema codex of Dioscorides》一书中已绘有鸢尾花的图，我国《神农本草经》上也有对鸢尾及蠡实（马蔺）的记载。9 世纪花菖蒲（*Iris kaempferi*）从中国传至日本，自 1681 年以后日本对野生的花菖蒲进行选育，确立了江户、肥后、伊势 3 个品种群。

欧洲对鸢尾属植物的选育自 1600 年左右已进行，如现今栽培的德国鸢尾（*I. germanica*）就是欧洲选育出来的，是约有 10 个亲本以上的杂交种。

Dykes（1913）及 Simonet（1934）较早地将鸢尾属作一系统分类，分为根茎类、块茎类、鳞茎类共 3 大类13 个组。1940 年左右 Simonet 在观察了鸢尾染色体的基础上又提出了染色体倍数与花朵大小、与地理分布上的密切关系。之后 G. E. Cassidy 与 S. linnegar（1982）把鸢尾属分为 6 个组并提出各组在世界上的分布中心，上述工作对鸢尾属的选育及利用提出了理论依据。近年本属育种以 *I. germanica* 及 *I. sibirica* 等为中心选育出矮生、大花型的多种类型。

德国鸢尾 *I. germanica*

宿根草本，根茎粗壮，株高 60~90cm。叶剑形，稍革质，绿色略带白粉。花莛长 60~95cm，具 2~3 分枝，共有花 3~8 朵，花径可达 10~17cm，有香气；垂瓣倒卵形，中肋处有黄白色须毛及斑纹；旗瓣较垂瓣

德国鸢尾 *I. germanica*

色浅，拱形直立。花期5~6月，花型及色系均较丰富，是属内富于变化的一个种。著名园艺品种有十多个，如'舞会'（'Ballet Dancer'）为杏黄色大花品种；'粉宝石'（'Pink Cameo'）花橙红色，须毛为橙色；'圣铃'（'Temple Belis'）花杏黄色，具橙色须毛，为美丽的大花波状瓣品种，适用于花坛等。

园艺品种多达数百个以上。原产欧洲中部，多数品种由欧洲原种杂交而来，世界各国广为栽培。

蝴蝶花 I. japonica

宿根草本，根茎较细，入土较浅。叶常绿性、深绿色，长约30cm，有光泽。花茎稍高于叶丛，2~3分枝；花淡紫色，花径5cm，垂瓣具波状锯齿缘，中部有橙色斑点及鸡冠状突起，旗瓣稍小，上缘有锯齿。花期4~5月。

原产我国中部及日本。常丛生于林缘，江苏、浙江多作常绿地被。

花菖蒲 I. kaempferi

别名玉蝉花。宿根草本，根茎粗壮。叶长50~70cm，宽1.5~2.0cm，中肋显著。花茎稍高出叶片，着花2朵，花色丰富，重瓣性强，花径可达9~15cm；垂瓣为广椭圆形，无须毛，旗瓣色稍浅。花期6月。原产中国东北，日本及朝鲜也有。是本属内育种较早，园艺水平较高的种，多数品种是从种内杂交选育而成，目前栽培的多为大花及重瓣类型。喜水湿及微酸性土壤。常作专类园、花坛、水边等配置及切花栽培。

马蔺 I. lactea var. chinensis

别名蠡实、马莲。宿根草本，根茎粗短，须根细而坚韧。叶丛生、狭线形，基部具纤维状老叶鞘，叶下部带紫色，质地较硬。花茎与叶近等高，每茎着花2~3朵；花堇蓝色，垂瓣无须毛，中部有黄色条纹，径约6cm。花期5月，蒴果长形，种子棕色，有角棱。原产中国及中亚细亚、朝鲜。对土壤及水分适应性极强，可作地被及镶边植物，全株入药，叶为绑扎材料。

燕子花 I. laevigata

宿根草本，高约60cm。叶灰绿色，光滑，无明显中肋，较柔软。花淡紫色，中部有黄色大斑；旗瓣披针形、直立，有红、白、翠绿等花色的变种，花径约12cm，着花3朵左右，著名园艺品种30多个。花期4月下旬至5月。原产中国东北，日本及朝鲜也有。喜水湿。1770年发现，1837年命名。

银苞鸢尾 I. pallida

别名香根鸢尾。宿根草本，根茎粗大。叶宽剑形，被白粉，呈灰绿色。花茎高于叶片，有2~3分枝，各着花1~2朵，苞片银白色干膜质，垂瓣淡红紫色至堇蓝色，有深色脉纹及黄色须毛；旗瓣发达色淡，稍内拱，花具芳香，花期5月。根茎可提香精。原产南欧及西亚，各国广为栽培。主要变种有：var. dalmatica，较原种叶片宽，内花被片短。尚有花被片具斑点的及斑叶品种。

黄菖蒲 I. pseudacorus

别名黄花鸢尾。宿根草本。根茎短肥，植株高大而健壮。叶长剑形，可达60~

100cm，中肋明显，且具横向网脉。花茎与叶近等长。垂瓣上部长椭圆形，基部近等宽，具褐色斑纹或无；旗瓣淡黄色；花径约8cm，花色变化较多，还有大花型深黄色、白色、斑叶及重瓣品种，数年前与花菖蒲杂交也得到杂种后代。花期5～6月。原产南欧、西亚及北非等地，引种至世界各地，适应性极强，旱地、湿地均生长良好，水边栽植生长尤好，趋于野生化。

溪荪 *I. sanguinea*

别名红赤鸢尾。宿根草本。叶长30～60cm，宽约1.5cm，中肋明显，叶基红赤色。花茎与叶近等高，苞片晕红赤色，花浓紫色，垂瓣中央有深褐色条纹，旗瓣色稍浅，爪部黄色具紫斑，长椭圆形，直立。花径约7cm，花期5月下旬至6月上旬。还有数个变种。原产中国东北、西伯利亚、朝鲜及日本。在水边生长良好。

西伯利亚鸢尾 *I. sibirica*

宿根草本，根状茎短，丛生性强。叶线形，长30～60cm，宽约0.6cm，花茎中空，花顶生，蓝紫色，径约6～7cm，垂瓣圆形，无须毛，旗瓣直立，花期6月。原产欧洲中部。

拟鸢尾 *I. spuria*

别名欧洲鸢尾。宿根草本，株丛高大挺立，根茎细小。叶窄剑形，灰绿色。花茎与叶丛近等高，每茎着花1～3朵。花白色、淡蓝色或淡黄色，花瓣窄，垂瓣光滑。原产欧洲。生长强健，适应性强，耐水湿，不择土壤。

鸢尾 *I. tectorum*

别名蓝蝴蝶、扁竹叶。宿根草本。根茎粗短，淡黄色。植株较矮，约30～40cm。叶剑形，纸质、淡绿色。花茎稍高于叶丛，单一或有二分枝，每枝着花1～2朵，花蓝紫色，径约8cm，垂瓣倒卵形，具深褐色脉纹，中肋的中下部有一行鸡冠状肉质突起；旗瓣较小，淡蓝色，拱形直立；花柱花瓣状，与旗瓣同色，蒴果长圆形，种子球形，有假种皮。花期5月。原产我国，云南、四川、江苏、浙江等地均有分布，多生于海拔800～1800m的灌丛中，性强健，耐半阴。尚有白花变种 var. *alba*，是英国播种选育的。

西班牙鸢尾 *I. xiphium*

高60～100cm，地下具鳞茎，植株直立粗壮，单叶丛生，长披针形。着花1～2朵，外花被片圆形，中央有黄斑，基部细缢有长爪；内花被片椭圆形，直立，花色以白、黄、蓝、紫为主。花径10cm左右。花期4～6月。

地下部分是鳞茎的种类，还有网纹鸢尾(*I. reticulata*)等。

通常园艺上还有如下分类：

①德国鸢尾类：这一类以德国鸢尾(*Iris germanica*)为主，是 *I. aphylla*, *I. variegata*, *I. pallida*, *I. florentina* 及 *I. sambucina* 的总称及其杂种。1895年前多是二倍体的，近年来培育的新品种花色丰富，花型特大，几乎全为四倍体品种。

②路易斯安那鸢尾类：属无须毛鸢尾(*Apogon*)类，以美国路易斯安那州、密西

西比河流域原产的种、变种、天然杂种为基础。叶宽剑形，翠绿色，花径 10~18cm，8~10 朵。有白、黄、粉、粉红、赤褐、青紫、红紫、深紫等花色。花期 5~6 月。本类主要种有 *I. fulva*、*I. virginica*、*I. brevicaulis*、*I. giganticaerulea* 等，育出众多的园艺品种。

阳光充足及半阴处皆可，喜酸性土，喜水湿，易于栽培。多栽于庭园及池畔。

③西伯利亚鸢尾类：属无须毛鸢尾类。主要包括 *I. sibirica*，*I. sanquinea* 及其杂交种组成。因而其叶、花形态多介于上述两类之间。株高 10~100cm。花色多为白色及青紫色，外花被片网纹变化多，约有 200 多个品种。近年本类又与 *I. forrestii* 等种杂交，育成黄色及多倍体品种。花色有淡蓝、白、乳白、深紫、红紫等色。

本类性强健，喜湿润，多用于庭园、花坛、池畔，矮生品种多作盆栽。

④海滨鸢尾类：属无须毛鸢尾类。原种产欧洲、小亚细亚、印度、阿尔及利亚等地。由海滨鸢尾的种及其杂交种构成，共 12 种左右。株高 25~90cm，高者达 180cm。茎粗壮，外花被片圆形，近年来园艺品种较多，花色丰富，有黄、淡黄、褐、蓝、紫等色，花型与球根鸢尾中的 *I. xiphium* 相似，内花被片狭长而直立，外花被片稍卵形。

适应性广，不择气候及土壤，但以富含腐殖质、湿润土壤为宜，喜光照，耐半阴。

⑤髯毛鸢尾类：这类鸢尾又分为长髯毛鸢尾类(Tall Bearded Irises)，主要种有 *I. pallida*、*I. trojana* 等 4 种；中髯毛鸢尾类(Median Bearded Irises)，主要种有 *I. aphylla*、*I. subbiflora*、*I. florentina*、*I. germanica*、*I. variegata*、*I. inbricata* 等，矮型鸢尾(Dwarf Irises, Miniature Dwarfs)，主要种有矮鸢尾(*Iris chamaeiris*)、矮菖蒲(*I. pumila*)及 *I. tigridia I. binata* 等。髯毛鸢尾类品种极多，花色齐全，有许多著名园艺品种。常用品种有'魂断蓝桥'('Blue Staccato')、'不朽白'('Immortality')，'中国龙'('China Dragon')、'婚礼之烛'('Wedding Candles')、'紫托白'('Making Eyes')、'洋娃娃'(*I.* 'Navy Doll')、'小黄'(*I.* 'Zowie')、'金孔'(*I.* 'Golden Eyelet')等。

生态习性　鸢尾类中除具鳞茎的种类外，均具根茎，其粗细依种类而异。耐寒性较强，一些种类在有积雪层覆盖条件下，-40℃仍能露地越冬。但地上茎叶多在冬季枯死，也有常绿种类。鸢尾类春季萌芽生长较早，春季或夏初开花，花芽分化多在秋季 9~10 月间完成，即根茎先端的顶芽形成花芽，顶芽抽出花葶后即死亡，而在顶芽两侧常发生数个侧芽，侧芽在春季生长后形成新的根茎，并在秋季重新分化花芽。

鸢尾类是高度发达的虫媒花。从花部构造上看，花药被花柱所覆盖，而花药却在下方开裂，因此具有避开自花授粉的巧妙机能，它又是雄性先熟的花，自花授粉比率较低。

鸢尾类对土壤水分的要求，依种类不同而有较大差异，大体区分以下 3 类。

①喜生于排水良好、适度湿润土壤者：如鸢尾、蝴蝶花、德国鸢尾、银苞鸢尾等。此类居多数。

②喜生于湿润土壤至浅水中者：如溪荪、马蔺、花菖蒲等。

③喜生于浅水中者：黄菖蒲、燕子花等。

多数种类要求日照充足，如花菖蒲、燕子花，德国鸢尾等，若在灌木丛或高大树木遮荫下则开花稀少，但蝴蝶花宜在半阴处生长，因此常作地被植物应用，鸢尾也稍耐阴。花菖蒲在微酸性土壤上生长良好。

繁殖栽培 鸢尾类通常用分株法繁殖，每隔 2～4 年进行一次，于春季花开后或秋季均可，寒冷地区应在春季进行。分割根茎时，应使每块具 2～3 个芽为好。及时分株促进新侧芽的不断更新。如大量繁殖，可将新根茎分割下来，扦插于湿沙中，保持 20℃，2 周内可生出不定芽。除分株繁殖外，还可播种繁殖。通常于 9 月种子成熟后即播，播种后 2～3 年开花，若播种后冬季使之继续生长，则 18 个月就可开花。

依对水分及土壤要求不同，其栽培方法也有差异，现就以下两类加以说明。

①要求排水良好而适度湿润的种类：喜富含腐殖质的黏质壤土，以含有石灰质的碱性土壤最宜，在酸性土中生长不良。栽培前应充分施以腐熟堆肥，并施油粕、骨粉、草木灰等为基肥。栽培距离依种类而异，生长强健的种类应在 45～60cm 左右。生长期追肥则株强叶茂。

②要求生长于浅水及潮湿土壤中的种类：通常栽植于池畔及水边，花菖蒲在生长迅速时期要求水分充足，其他时期水分可相应减少些，燕子花须经常在潮湿土壤中才能生长繁茂。这一类不要求石灰质的碱性土壤，而以微酸性土为宜。栽植前施有机肥作基肥，并充分与土壤混合。栽植时将叶片上部剪去，留 20cm 长，栽植深度以 7～8cm 为好。

此外，鸢尾还可进行促成及切花栽培。如德国鸢尾在花芽分化后，于 10 月底促成栽培，夜间最低温度保持 10℃，并给予电灯照明，1～2 月份即可开花。抑制栽培时，于 3 月上旬掘起装箱，在 0～3℃下低温贮藏，若令其开花，则在 60～80 天前停止冷藏，进行栽植即可开花。

病虫害防治

射干钻心虫（环斑蚀夜蛾）：这种害虫是在北京地区对鸢尾科植物危害严重的害虫，危害的植物有鸢尾、黄菖蒲、马蔺等。严重者植物自茎基部被咬断，地下根状茎被害后引起腐烂，或开花时，咬断小花梗而影响花开。5 月上旬，当幼虫危害叶鞘期，用 50% 磷胺乳油 2000 倍喷雾，防治效果可达 80%。利用射干钻心虫雌蛾能分泌性信息素对雄蛾有诱集效能，可捕捉几只雌蛾在养虫笼内放在鸢尾地里，将诱到的雄蛾集中消灭掉。

鸢尾类软腐病：多在雨季发生，叶片变为暗绿色，自地际处软化腐烂，地下茎也腐烂，最后叶片干枯呈紫褐色。发现罹病植株应迅速拔除，并在周围喷洒波尔多液。

鸢尾花腐病：病原为灰葡萄孢霉及围小丛壳菌。在雨季，此两种病菌能引起鸢尾花腐烂病。发现病株除应及时清除外，可在植株上喷布苯来特、代森锌等杀菌剂，以防止侵染。

园林用途 鸢尾种类多，花朵大而艳丽，叶丛挺拔秀丽，可作鸢尾专类园。依地形变化可将不同株高、花色、花期的鸢尾搭配。水生鸢尾类又是水边绿化的优良材料。此外，在花坛、花境、地被等栽植中也习见应用。一些种类如花菖蒲、德国鸢尾等又是促成栽培及切花的材料，水养可观赏 2～3 天，球根类鸢尾可水养 1 周左右。

某些种类的根茎可提取香精。

（11）火炬花 *Kniphofia uvaria*

别名　红火棒、火把莲
英文名　Torch lily, Torchflower
科属　百合科火把莲属

形态特征　宿根草本。株高 80～120cm，叶基部丛生，线形，中肋突出。总状花序直立，花茎高达 40～200cm；着生数百朵筒状小花，覆瓦状排列，呈火炬状，花序上部通常深红色，下面橙黄色。小花稍下垂，圆筒状，裂片半圆形，雄蕊稍外伸。花期 6～9 月。是本属中栽培最广的一种。

产地分布　原产于南非。各地庭园广泛栽培。

生态习性　耐寒耐旱，喜温暖湿润阳光充足的环境，也耐半阴。不择土壤，以土层深厚、肥沃及排水良好的轻黏质壤土为好。幼苗期及夏季土壤需保持湿润。

繁殖栽培　常用分株和播种繁殖。分株繁殖在 3 月新叶萌发前或秋季花后进行，华北地区秋季较好。分株时将基部的短粗茎与根一起种植，根上需留须根。一般隔 3～4 年分株 1 次。种子需沙藏后播，播种适温 20～30℃，播后 20～25 天发芽。种间杂交结实容易，后代易分离。

园林用途　火炬花花序大而色彩艳丽，花茎挺拔直立，适用于多年生混合花境，也可丛植于草坪之中、假山石旁、建筑物前。又是良好的切花。

同属花境花卉

多叶火炬花（*K. foliosa*）叶多而密集，中肋突出。花为细圆筒形，小花梗极短，花期仲夏。原产热带非洲，1876 年输入欧洲。

杂种火炬花（*K. hybrida*）种间杂种，主要有：

'Coral Sea'花橙红色至红色，小穗多花。

'奥尔良'（'Maid of Orleans'）株高 1.2m，叶有锯齿。花蕾黄色，盛开后转为白色。花序较长。

'大西洋'（'Atlanta'）：常绿草本，极耐寒。花淡黄色，微带绿色。花期夏末至秋季。

奥运火炬花（*K. rooperi*），高约 130cm，叶长 120cm，花序高挺，粗壮，花蕾橘黄色，开放后黄色。

马氏火炬花（*K. macowanii*），叶基生，小丛状或散生，花橘红色，悬垂在花序上。

多花火炬花（*K. multiflora*），叶长 1～1.8m，挺而内折呈沟状，有细锯齿。花茎强健，总状花序长 30cm 以上，花小而密，白色至绿白色，蕾期带黄色；小花裂片具褐色纹脉，花期夏至秋。

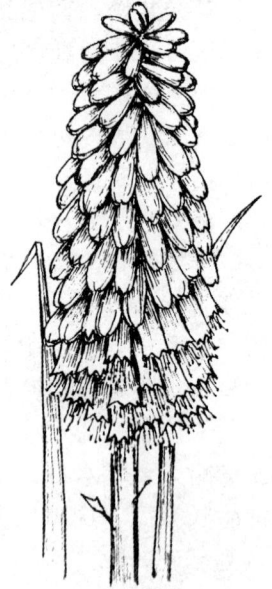

火炬花　*Kniphofia uvaria*

巨叶火炬花(*K. northiae*)，叶片十分宽大，长达 150cm，宽 12cm，形似芦荟，花密集，黄白色。花期 5 ~ 8 月。

小火炬花(*K. triangularis*)，植株显著矮小，叶细而长，花茎 40 ~ 50cm，上部小花橙红色，下部小花黄色，可作花境、切花和岩石园应用。

(12) 石蒜属 *Lycoris*

英文名 Lycoris
科名 石蒜科

形态特征 球根草本，地下具鳞茎，叶基生，叶线形至宽线形，端部圆钝；先于花或后于花抽出，也有夏秋季叶丛枯凋谢时，花莛抽出，迅速生长开花，故称之为"叶落花挺"。花莛实心，顶生伞形花序，花被片 6，漏斗状或上部开张反卷，筒部短，花呈龙爪状，雌雄蕊长，伸出花冠外。花色有白、粉、红、黄、橙等色。花期秋季。

种与品种 全世界约 20 种，我国有 15 种及 1 变种，其中 10 种为中国特有。

乳白石蒜(*L. albifolia*)，花乳白色，每花莛上多数达 5 ~ 7 朵，且花被极度反曲，成簇生长，花期在 8 ~ 9 月。

忽地笑(*L. aurea*)，鳞茎肥大，近球形，直径约 5cm。叶宽条形，长达 60cm，宽约 1.5cm。花莛高 30 ~ 60cm，伞形花序具 5 ~ 10 朵花。有夏季休眠习性，花期 9 ~ 10 月。花黄色或橙色。

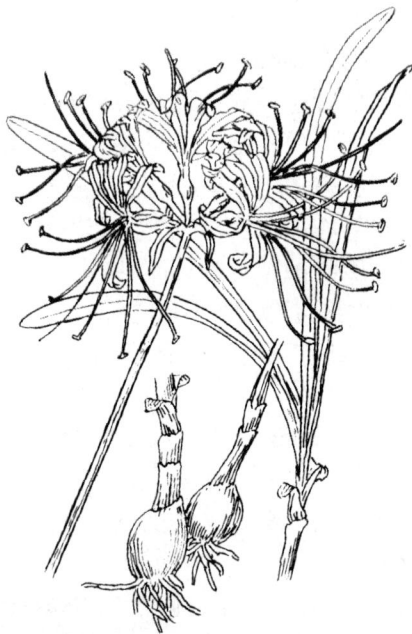

石蒜 *L. radiata*

变色石蒜(*L. bicolor*)，始花时，花朵为鲜红色，花瓣不反曲或少反曲。几天以后，花瓣逐渐反卷，双边逐渐变淡到白色，成为红白相间，花期 8 ~ 9 月。

长筒石蒜(*L. longituba*)，花为白色或略带粉红色，有时会有变异。

石蒜(*L. radiata*)，花瓣似红绸，花蕊像龙须，果期 9 ~ 10 月。

换锦花(*L. sprengeri*)，叶长 30cm，宽 1cm。花茎高 60cm，花筒长 1 ~ 1.5cm，花淡紫色，花期 8 ~ 9 月。

产地分布 主产我国长江以南以及日本、韩国，老挝和缅甸也各有 1 ~ 2 种。我国有 15 种，集中分布于江苏、浙江、安微三省，浙江是该属植物的分布中心之一。在自然界多野生于山林阴湿处及河岸边。

生态习性 生长强健，适应性强，喜阴湿，不择土壤，但喜腐殖质丰富的土壤。

繁殖栽培 春、秋两季用鳞茎进行繁殖。鳞茎不宜每年采收，一般 4 ~ 5 年掘起分栽一次。可在花后分球栽植。选择排水良好的地方栽植。栽植深度以土将球顶部盖没即可。接近休眠期时，应逐渐减少浇水。

园林用途 石蒜冬季叶色深绿，夏末秋初花茎破土而出，花朵明亮秀丽，雄蕊及花柱突出花冠外，非常美丽。可作林下地被花卉，花境丛植或山石间自然式栽植。因其开花时无叶，所以应与其他较耐阴的草本植物搭配为好。也可供盆栽、水养、切花等用。

（13）美洲薄荷 *Monarda didyma*

别名 马薄荷、蜂香薄荷

英文名 Bergamot

科属 唇形科美国薄荷属

形态特征 宿根草本。高 1 ~ 1.5m。叶对生，卵状披针形，先端渐尖，基部圆，缘具大小不等锯齿，薄纸质，有浓郁的薄荷味。轮伞花序密集，多花，花冠筒上部稍膨大，直立或弓形，下唇 3 裂。花粉红、深红或白色等。花期 6 ~ 7 月。

变种品种 常见品种有：

'亚当'美洲薄荷（'Adam'），花猩红色。

'蓝袜'美洲薄荷（'Blue Stocking)，花堇紫色。

'剑桥红'美洲薄荷（'Cambridge Scarlet'），株高约 1m，花深红色，花期夏季。

'柯罗粉'美洲薄荷（'Croftway Pink'），株高约 40cm，叶丛整齐，具芳香；花轮生，淡粉红色，花期 6 月下旬至 9 月中下旬。

'草原'美洲薄荷（'Prarienacht'），高 50 ~ 60cm，叶卵形，有锯齿，花稠密，深紫色，花期 6 月下旬至 8 月上旬。

美洲薄荷 *Monarda didyma*

产地分布 原产北美洲，我国各地有栽培。

生态习性 生性强健，耐寒。喜凉爽湿润及半阴环境。不择土壤。

繁殖栽培 播种或分株繁殖。播种适温 20 ~ 25℃。春播当年可开花；为防止株丛过密，影响生长及开花，每 2 ~ 3 年分株一次，春、秋季均可。老株周围可萌生许多新芽，挖取分栽即可。生长期 30 天左右追肥一次。

园林用途 美国薄荷株丛繁茂，花多而色泽鲜艳，是良好的花境材料。也可丛植、列植、片植于草地、坡面或水池、水溪边。茎叶可食，也可用于杀菌、熏香等。

同属花境花卉 我国引种成功的种类有：

堇色美洲薄荷（*M. fistulosa*），别名毛唇美国薄荷。花淡堇色或粉堇色，原产美国东部、北部。可作花境、花坛背景材料。

斑花美洲薄荷（*M. punctata*），花黄色带紫色斑点，忌炎热、湿涝。要求排水通畅。可作花境。

(14) 宿根福禄考 *Phlox paniculata*

别名　天蓝绣球、锥花福禄考、草夹竹桃

英文名　Perennial phlox

科名　花葱科福禄考属

形态特征　宿根草本。茎粗壮直立，高60～100cm。叶卵状披针形至长圆状披针形，全缘，十字对生，上部常3叶轮生。圆锥花序顶生，花朵密集，花冠高脚碟状，花径2～2.5cm，花有白、粉、红、淡蓝、淡紫色及复色等。花期7～9月。有早、中、晚品种。果熟期9～10月。

变种品种　18世纪中叶福禄考属植物开始园艺化，1973年传入欧洲后，育成不同花型和花色的品种。主要品种有'Alba Grandiflora'、'Blue Boy'、'Discovery'、'Bright Eyes'、'Border Gem'、'Little Princess'、'Harlequin'、'Windsor'等。还有花叶品种。

产地分布　原产于北美。

生态习性　适应性强、喜光、耐旱、耐寒、耐贫瘠，耐盐碱土壤，忌湿热积水。

繁殖栽培　播种、扦插、压条和分株等方法

宿根福禄考　*Phlox paniculata*

均可繁殖。播种于早春进行。扦插分为根插、茎插和单芽插。根插以4月为宜，将较粗的根截成3cm根段，平铺在温床内，覆土约1cm，1个月后可发芽。茎插于夏末秋初进行，选取上部成熟枝条为插穗。单芽插于6～7月进行，压条春、夏、秋均可；分株在早春植株萌动时或秋季枝叶尚未枯萎前进行，3～5年分1次。幼苗及时定植，株行距40～50cm。灌水、施肥，于5～6月摘心，促生分枝，并控制株高，有延迟花期的作用。秋后，齐地面剪除地上部。

园林用途　花色丰富，姿态雅致，可应用于花坛、花境、岩石园中。高的品种可作切花用。

同属花境花卉　本属约60种，除了1种外，其他全部原产北美。

斑茎福禄考(*P. maculata*)，茎有紫色斑点，花芳香，花期7月。

匐地福禄考(*P. stolonifera*)，匐地丛生，花期5～6月。

丛生福禄考(*P. subulata*)，植株低矮，高8～10cm，枝叶密集。叶对生，钻形，丛生状，常绿。园艺品种较多，花紫红色、白色、紫堇色或粉红色，花期4～5月。耐旱。

(15) 八宝景天　*Sedum spectabile*

别名　八宝、蝎子草
英文名　Showy stoneerop
科属　景天科景天属

形态特征　宿根肉质草本。高 30～50cm，全株微被白粉，呈淡绿色。叶 3～4 枚轮生，倒卵形，肉质扁平，缘有浅波状锯齿。伞房花序密集，花序直径 10～13cm；花瓣 5，淡红色，披针形。花期 7～9 月。

变种品种　常见栽培的品种如：'Album'花白色；'Atropurpureum'花暗紫色；'Carmen'花桃红色，花序径达 25cm；'Meteor'花 红色；'Purpureum'花紫色；'Roseum'花粉色；'Rubrum'花红宝石色等。

产地分布　原产我国。各地园林多有栽培。

生态习性　适应性强、耐寒、喜光。

繁殖栽培　以分株、扦插繁殖为主。露地栽培早春 3～4 月充分灌水，促其萌发，生育期间追施液肥。盆栽时早春进行分栽，盆土宜排水良好。

八宝景天　*Sedum spectabile*

园林用途　是布置花境的良材。也可用于花坛、岩石园、盆栽和切花。

同属花境花卉　本属约 600 种，我国约 140 种。可用于花境的种类有：

景天（*S. erythrostictum*），株高 30～50cm。地上茎簇生，粗壮而直立，稍木质化。叶长椭圆形，全株略被白粉，呈灰绿色，供观赏。伞房花序密集如平头状，花序直径 10～13cm，花白色带红。花期 7～10 月

胭脂红景天（*S. spurium* 'Coccineum'），植株低矮，高 10～20cm，枝叶生长茂盛，叶片呈胭脂红色，冬天为紫红色。花开红色，花期 6～9 月。

三七（*S. aizoon*），高 20～50cm，根状茎粗。叶片广卵形至狭倒披针形。花黄色，花期 6～9 月。

垂盆草（*S. sarmentosum*），匍匐型生长，枝较细弱，匍匐节上生根。3 叶轮生，倒披针形至长圆形，花少，黄色，花期 5～7 月。有银边品种。

佛甲草（*S. lineare*），高 10～20cm，茎初生时直立，后下垂，有分枝。阴处叶色绿，日照充足时为黄绿色。花瓣黄，花期 5～6 月。

凹叶景天（*S. emarginatum*）匍匐状，枝叶密集如地毯，叶片顶端圆而且有一个凹陷，花较小，黄色，着生在花枝的顶端。花期 4～5 月。

反曲景天（*S. reflexum*），叶带有白色蜡粉，灰绿色，叶在小枝上的排列似云杉。花亮黄色，花期 6～7 月。有金叶品种 'Angelina'。

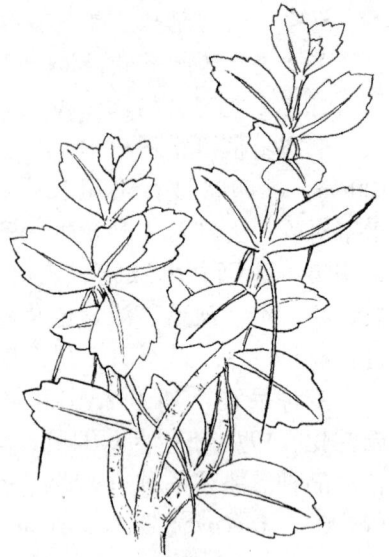

4.2.3 其他花境花卉

表 4-2 其他花境花卉

植物名称 （科名）	拉丁学名 （英文名）	形态与生态特点	繁殖方法	园林用途
茛芳花 （爵床科）	*Acanthus mollis* （Soft acanthus）	高 60~100cm。叶片深裂至基部，深绿色，长可达 1m。花莛约 70cm，花鸭嘴状，有白、粉色纹，苞片淡紫色，花期夏季。喜半阴，排水良好的土壤	播种	叶片巨大，适用于花境背景或地被
凤尾蓍 （菊科）	*Achillea filipendulina* （Fernleaf yarrow）	株高 30~50cm。叶羽细裂。花顶生，每个花序着花十余朵，聚生或成团，花径 0.5~0.7cm，花有红、桃红、粉红、白等色。花期 6~9 月。耐干旱，喜高燥，排水良好的沙质土壤	播种、分株	同千叶蓍
千叶蓍 （菊科）	*Achillea millefolium* （Common milfoil）	高达 50~80cm。密被白色柔毛。叶矩圆状呈披针形，2~3 回羽状深裂至全裂，裂片线形，缘具锯齿。顶生头状花白色，花期 6~7 月。花色有红色、黄色、粉色等品种。性强健，喜光亦耐半阴，不择土壤，耐瘠薄	播种、分株	枝叶秀丽，花序雅致。优良花境材料。可作地被。矮生种可用于岩石园，高生种可作切花材料
乌头 （毛茛科）	*Aconitum carmichaeli* （Common monks-hood）	茎高 100~130cm，叶互生，卵圆形。圆锥花序，蓝紫色花；花期 6~7 月。喜阳，喜肥沃、疏松、排水良好的沙质土壤	分株、播种	良好的花境及切花材料
轮叶沙参 （桔梗科）	*Adenophora tetraphylla* （Fourleaf ladybell）	高 30~150cm。茎生叶 4~6 轮生。花序圆锥状，下部花枝轮生；花冠蓝色而下垂。花期夏季。耐寒，喜疏松、肥沃、稍湿润的土壤	播种	花色淡雅，适用于各种自然式布置、花境、岩石园等
百子莲 （石蒜科）	*Agapanthus africanus* （African liiy）	高 40~70cm。叶线状披针形，生于短茎上，左右排列，聚伞花序，着花 10~50 朵，花漏斗状，蓝或白色，花期 6~8 月。喜光，要求温暖湿润，冬宜干燥	分株、播种	叶丛翠绿，花序柔美，是优秀的花境花卉；高生种可作切花；也宜盆栽观赏
藿香 （唇形科）	*Agastache rugosa* （Wrinkled gianthys-sop）	高 40~100cm，全草有强烈芳香。叶对生，叶片心状卵形或长圆状披针形。顶生圆筒形穗状花序，长 4~15cm。花淡紫色或红色，花期 6~8 月，果期 10~11 月。耐阴，喜排水良好的沙质土壤	播种	叶有香气，花色淡紫，常开不衰，芳香袭人，吸引大量蜜蜂和蝴蝶纷飞翻舞。用作花境、道旁、墙边等绿化
亚菊 （菊科）	*Ajania pallasiana* （Common ajania）	叶片两面异色，上面绿色，下面白色或灰白色。头状花序，花黄色。花果期 10~11 月。喜光照充足，喜排水良好土壤，很耐贫瘠	扦插	枝叶密集，叶雅致，可用于盆栽观赏或地被植物
匍匐筋骨草 （唇形科）	*Ajuga reptans* （Catpet bugle）	常绿，低矮匍匐，高 25~30cm。叶对生，生长季节绿中带紫，入秋后叶片紫红色。有彩叶品种，但不耐日灼。花蓝紫色、粉色，花期 5~6 月。耐瘠薄，耐阴，喜潮湿、肥沃土壤	分株	可成片栽于林下、湿地。优良地被植物，有固土作用。可作阴湿处花境材料

（续）

植物名称 （科名）	拉丁学名 （英文名）	形态与生态特点	繁殖方法	园林用途
大花葱 （百合科）	*Allium giganteum* （Giant onion）	球根草本，高 30～60cm，地下具鳞茎。叶宽线形至披针形。伞房花序，球状。花紫色。花期春季。喜凉爽与阳光充足环境，忌湿热多雨，要求疏松、肥沃、排水良好的沙质土壤	播种和分株	花序大而美艳，花茎挺立，适于花境种植
花叶良姜 （姜科）	*Alpinia pumila* （Dwarf galangal）	高 1～2m。叶面深绿色，并有金黄色的纵斑纹、斑块，富有光泽。圆锥花序下垂，苞片白色，边缘黄色，顶端及基部粉红色，花冠白色，有香气。花期夏季。喜高温多湿，不耐寒，稍耐阴	分株	叶色艳丽，花姿优美，花香清纯，用于山石旁、绿地边缘及庭院一角。可室内盆栽
艳山姜 （姜科）	*Alpinia zerumbet* （Beautiful galangal）	高 1.5～3m。叶大互生，深绿色。圆锥花序呈总状花序状，下垂。花萼近钟形，花冠白色。花期 6～7 月。喜高温多湿，不耐寒，稍耐阴	分株	叶色秀丽，花香诱人。适用于花境，也可厅堂盆栽摆设。室外点缀庭院、池畔或墙角处，别具一格，也可作切叶
六出花 （石蒜科）	*Alstroemeria aurantiaca* （Yellow alstroemeria）	球根花卉。高 40～80cm。叶互生。伞形花序，着花 10～30 朵，喇叭形，花橙黄色，内轮具红褐色条纹斑点。花期 6～8 月。喜湿润、凉爽的环境及肥沃、排水良好的沙壤土，不耐贫瘠。喜光照充足，忌炎热，夏季需适当遮荫	播种、分株和组培	盆栽、切花材料，适宜布置花坛、花境
红龙草 （苋科）	*Alternanthera dentata*	高 15～20cm，叶对生，紫红至紫黑色。头状花序密聚成粉色小球，无花瓣。喜高温高湿环境，性强健	扦插	叶色美丽，适合花境、花坛、花径栽培观赏
珠光香青 （菊科）	*Anaphalis margaritacea* （Common pearleverlasting）	株高 30～60cm，根状茎横走。叶条形或条状披针形，被灰白色绵毛。顶生头状花序，花白色，花径 1.5～2.5cm，花期 5～9 月。喜阳，耐干旱	分株、扦插	适合花境、岩石园、盆栽
牛舌草 （紫草科）	*Anchusa italica* （Bugloss）	茎直立，高约 1m，分枝圆锥状，全株被白色粗毛。叶互生，基生叶长圆形，茎生叶匙形。螺状聚伞花序，花基数 5，花蓝紫色，花期 5～6 月。喜凉爽半阴，耐寒、忌湿热，宜排水良好土壤	播种、分株	小巧秀丽，是夏季重要的花境花卉，可与球根花卉配置一起；也可盆栽；又是良好的切花和蜜源植物
银莲花 （毛茛科）	*Anemone cathayensis* （Cathayan anemone）	球根草本。叶片圆肾形，3 全裂，两面疏生柔毛或变无毛。花 2～5 朵，聚伞状，白色或带粉红色。花期 5～6 月。适合各种土壤，喜湿润、排水良好的肥沃土壤，不耐涝	播种、分球	花大色艳，花型丰富，适于花坛、花境、草地边缘及林缘等处丛植，也可盆栽观赏
秋牡丹 （毛茛科）	*Anemone hupehensis var. japonica* （Hupeh anemone）	高 50～90cm，具根状茎。叶深绿色基生，三出复叶。聚伞花序顶生。花期 7～10 月。喜温暖、阳光充足或半阴条件，能耐 -34℃ 的低温。喜富含腐殖质、排水良好的土壤	播种	可片植或作花境的背景植物

（续）

植物名称（科名）	拉丁学名（英文名）	形态与生态特点	繁殖方法	园林用途
南非葵（锦葵科）	*Anisodontea capensis*	亚灌木，株高 1～2m。枝条密集，叶深裂。花密集，花径 2cm，淡粉色。全年开花。喜光，喜深厚、肥沃、排水良好土壤	扦插	植株繁茂，分枝多，开花不断，花苞非常多，花瓣轻盈，花形清秀。可用于花坛、花境材料，也可盆栽观赏
罗布麻（夹竹桃科）	*Apocynum venetum*（ Dogbane， Indian hemp）	亚灌木。高 1～2m。叶对生，椭圆形或长圆状披针形。聚伞花序，花冠粉红色、浅紫色。花期 6～7 月。喜光，耐水湿，耐盐碱	播种、根茎切段	植株高大飘逸，可作花境背景材料
欧洲耧斗菜（毛茛科）	*Aquilegia vulgaris*（ European colum-bine）	株高 40～60cm，二回三出复叶。花下垂，花序具少数花。花色有紫、红、猩红、黄、粉、白等色，也有复色品种。花期 5～7 月。不择土壤，不耐炎热	播种、分株	花大而美丽，花形独特，品种多，花期长。可用于观赏，可丛植于花坛、花境及岩石园中，林缘或疏林下
灰毛菊（菊科）	*Arctotis stoechadifolia*（ African arctotis）	亚灌木，作一年生栽培。高 40～60cm，基生叶丛生，茎生叶互生，通常羽裂。头状花序单生，总苞有茸毛，舌状花白色，背面淡紫色，盘心蓝紫色。喜光，喜排水良好湿润土壤	播种、扦插	可用于花境，或作切花，水养期较长
木茼蒿（菊科）	*Argyranthemum fru-tescens*（ Marguerite）	常绿亚灌木，株高约 1.5m。叶互生，二回羽状线形深裂。头状花序，花径 3～6cm。花白色、淡黄色。2～4 月开花最盛。喜温暖、湿润、凉爽气候，不耐寒，宜富含有机质、疏松和排水良好的土壤	分株、扦插	枝叶繁茂，花色淡雅，为寒冷地区冬、春季重要盆花，温暖地区可作花坛、花境
'银皇后'艾蒿（菊科）	*Artemisia ludoviciana*'Silver Queen'	高 15～50cm。根蔓生状。茎、枝、叶银灰色。喜光，耐干旱，喜排水良好的高燥土壤	播种、分株	适合岩石园、花境中
细叶银蒿（菊科）	*Artemisia schmidtiana*	亚灌木状，茎簇生，高 15～50cm。茎、枝、叶两面密被银白色茸毛。喜光，耐干旱，喜排水良好的高燥土壤。生长迅速，种植时需留有充足的生长空间	播种、分株	适于花境和岩石园布置，也可盆栽观赏
黄金艾蒿（菊科）	*Artemisia vulgaris* var. *iegata*（ Mugwort wormwood）	株高可达 40cm，叶片羽状深裂，叶色黄绿相间，春叶金黄，散发芳香气味。花灰绿色，花期 7～9 月。喜光，耐干旱，喜排水良好的高燥土壤	扦插、分株	观叶为主，用于花境
马利筋（萝藦科）	*Asclepias curassavica*（ Bloodflower milk-weed）	叶对生，披针形或椭圆状披针形。聚伞花序顶生及腋生，有花 10～20 朵，花冠红色，副花冠黄色。花期 5～8 月。喜向阳、通风、温暖、干燥环境，不择土壤	播种	花色艳丽，适宜花境布置，可盆栽或者片植。但马利筋有毒，使用时应加以注意
蜘蛛抱蛋（百合科）	*Aspidistra elatior*（ Common aspidistra）	株高可达 50cm。单叶基生，椭圆状披针形，有白纹、斑叶变种。花生于叶基部，花被钟状，紫色。花期 4～5 月。性强健，喜温暖湿润，耐阴性强，忌阳光直射，要求疏松、肥沃的沙质土壤	分株	株型潇洒，叶丛秀丽，片植、丛植均可。适于花境、盆栽、切叶

（续）

植物名称（科名）	拉丁学名（英文名）	形态与生态特点	繁殖方法	园林用途
大星芹（伞形科）	*Astrantia major*（Great masterwort）	高40~80cm。叶掌状3~5裂，有香气。复伞形花序，白、粉红至玫瑰红色。花期5~7月。喜生水边湿土中，耐半阴，耐寒	播种、分株	适用花境、切花、岩石园
射干（鸢尾科）	*Belamcanda chinensis*（Blackberrylily）	株高60~130cm，叶剑形，绿色。花黄色偏红，总状花序，数朵顶生，花期7~9月。性强健，耐寒性强，喜阳光充足，干燥气候，对土壤要求不严	分株、播种	叶丛秀丽，花开如彩蝶纷飞。适于花坛、花境、林缘处种植
岩白菜（虎耳草科）	*Bergenia purpurascens*（Perple bergenia))	高45cm。叶肥厚而大，叶色深绿，低温则变为红色。总状花序松散，小花枝6~7枚，花玫瑰红色，花期5~6月。喜空气潮湿、温暖的半阴环境及排水良好的土壤	播种、分株	花期长，花色鲜艳，适于盆栽、花境、岩石园、地被
心叶牛舌草（紫草科）	*Brunnera macrophylla* 'Jack Frost'	叶大，心形。有银叶、白边品种，蝎尾状聚伞花序，花小，蓝色。花期4~5月。喜阳，耐半阴，喜疏松、排水良好土壤	播种	适于盆栽、花境
新风轮菜（唇形科）	*Calamintha debilis*（Slender calamintha）	植株较粗壮，高可达80cm，具有芳香气味，花白色、紫色，花期夏季。喜阳，怕湿热，喜高燥，适合碱性土壤	播种	适于花境、药草园
驴蹄草（驴蹄菜科）	*Caltha palustris*（Common marsh-marigold）	株高20~48cm。基生叶密生，圆形或圆肾形，形似驴蹄状。花亮黄色，蜡质，花期春季。耐阴，喜水湿	分株和播种	适于花坛、花境、湿地绿化
风铃草（桔梗科）	*Campanula medium*（Canterburybells）	高约1m。莲座叶卵形至倒卵形。总状花序，花冠钟状，有5浅裂，基部略膨大，花色有白、蓝、紫及淡桃红等。花期4~6月。耐寒，忌酷暑。在排水良好、富含腐殖质的土壤上生长良好	播种	适于盆栽、花境、岩石园
荞麦叶大百合（百合科）	*Cardiocrinum cathayanum*（Chinese cardiocrinum）	球根草本。株高1~2m。叶基生或茎生，卵状心形。总状花序顶生，有花10~20朵，花狭喇叭形，花径3~4cm；花白色，花期6~7月。喜冷凉、部分遮荫、湿润而不积水环境	分球、扦插鳞片、播种	适于花坛、花境、岩石园、盆栽
兰香草（马鞭草科）	*Caryopteris incana*（Divaricate Bluebeard）	高约60cm，茎丛生，茎、叶揉碎后有薄荷味。叶对生，卵形，缘具缺刻状齿牙。轮伞花序，淡紫或白色。花期7~8月。适应性强，宜排水良好土壤	播种、分株	可花境、丛植、切花应用
山矢车菊（菊科）	*Centaurea montana*（Mountainbluet）	高30~40cm。叶互生，宽披针形，头状花序，花径8cm，缘花发达，花色深蓝紫色。有紫、蓝、白、粉、淡紫色等品种，花期5~6月。耐寒性强，喜光照充足，适于贫瘠的沙质土壤	播种、根插	可用于花坛、花境、草地镶边或盆花观赏。大片自然丛植
柳兰（柳叶菜科）	*Chamaenerion angustifolium*（Fireweed）	单叶互生，长披针形。总状花序顶生，花瓣倒卵形，红紫色，大而多。花期6~8月。耐寒。喜凉爽、湿润气候及肥沃、排水良好的土壤	扦插、播种、分株	开花壮观，植株较高，适用于花境的背景材料

（续）

植物名称（科名）	拉丁学名（英文名）	形态与生态特点	繁殖方法	园林用途
升麻（毛茛科）	*Cimicifuga foetida*（Fetid bugbane）	茎直立，高 1～2m，上部分枝。下部茎生叶具有长柄，叶片二至三回三出羽状全裂，圆锥花序，萼片 5，花瓣状。花期 7～9 月，果期 8～10 月。耐寒，喜半阴、潮湿而排水良好的环境。要求疏松肥沃、富含腐殖质的酸性土壤，轻碱地也能生长	播种	株型高大，作花境背景应用
秋水仙（百合科）	*Colchicum autumnale*（Common autumn-crocus）	球根花卉。叶披针形，长约30cm。每茎开花 1～4 朵，花蕾纺缍形，开放时漏斗形，淡粉红色、紫红色，直径约 7～8cm。8～10 月开花。喜冷凉阴湿气候，耐寒，忌黏质土壤，宜排水好、肥沃的沙壤土，夏季有休眠习性	播种、分球	可作花坛、花境片植，也可用于园林地被
紫芋（天南星科）	*Colocasia tonoimo*（Purple elephant-sear）	球根草本。植株高可达120cm。地下有球茎，叶柄及叶脉紫黑色，叶片宽大，十分醒目。花为佛焰苞花序，花黄色。喜湿润环境，耐水湿	分株	适合湿地花境
大花金鸡菊（菊科）	*Coreopsis grandiflora*（Bigflower coreopsis）	高 30～60cm，头状花序，直径 4～7.5cm，有长柄，花黄色，顶端 3 裂。有重瓣和矮生种。花期 6～8 月。喜阳，喜湿润、排水良好土壤。荫蔽通风不良处易患白粉病	播种、分株、扦插	春夏之间，花大色艳，常开不绝。也可作地被
欧洲黄堇（罂粟科）	*Corydalis lutea*（Yellow corydalis）	高 10～30cm。叶基生并茎生；叶片轮廓三角形。总状花序长 3～10cm；花亮黄色，蒴果条形，长约 3cm，宽约 1.5mm。花期 4～7 月，果期 5～8 月	播种	色调明快，极富野趣，亦可配植于池畔水际、林缘花境、岩石园等处，无不相宜
文殊兰（石蒜科）	*Crinum asiaticum*（Chinese crinum）	球根花卉，植株粗壮，高达 1m，基部径粗约 10～15cm。叶带状披针形，叶缘波状。花莛从叶丛中抽出，花茎直立；伞形花序，有花 10～24 朵，白色，芳香。花期夏季。喜温暖，湿润，不耐寒，耐盐碱	分株	花叶并美，雅丽大方，适用于花境、盆栽、庭院绿化
火星花（鸢尾科）	*Crocosmia crocosmii-flora*	球根草本。高 50～100cm。叶多基生，剑形。穗状花序；花漏斗形，有红、橙、黄等色，花期 7～8 月。喜光照充足，耐寒。生长于排水良好、疏松肥沃的沙质土壤	分球	适用于花境、花坛和切花
春番红花（鸢尾科）	*Crocus vernus*（Common crocus）	球根花卉。叶基生，条形，灰绿色，边缘反卷。花 1～2 朵，淡蓝色，红紫色或白色，有香味。蒴果长圆形。花期 3 月中下旬。喜阳光充足、温和湿润气候，短日照植物	分球	叶丛纤细，花朵娇柔优雅，适用于花坛、花境和岩石园，也可盆栽或水养
倒提壶（紫草科）	*Cynoglossum amabile*（Chinese forgetme-not）	高 15～60cm。基生叶有长柄。花序分枝，花冠蓝色。花期 5～9 月。喜光，耐瘠薄土壤	播种	花姿清雅宜人，适合花境布置、庭园丛植或组合盆栽
翠雀花（毛茛科）	*Delphinium grandiflorum*（Bouquet larkspur, Largeflower larkspur）	高 35～65cm，叶互生，掌状深裂，总状花序，萼片花瓣状，蓝色或紫蓝色。花期 5～7 月。喜凉爽、通风、日照充足的干燥环境和排水通畅的沙质土壤	播种、分株	经典的花境植物

（续）

植物名称 （科名）	拉丁学名 （英文名）	形态与生态特点	繁殖 方法	园林用途
菊花 （菊科）	*Dendranthema × morifolium* （Florists chrysanthemum）	栽培品种多达 3 万个。叶卵形至披针形，羽状浅裂或半裂。头状花序。舌状花颜色各种，除蓝色、黑色外均有。花期 8 ~ 12 月。花境中主要应用适合露地栽培的地被型和小花型。喜光，要求疏松、肥沃、排水良好的沙质土壤。要求通风良好	扦插、分株、嫁接、组培	花色丰富，广泛用于花坛、花境、盆花和切花等
山菅兰 （百合科）	*Dianella ensifolia* （Swordleaf dianella）	株高 30 ~ 60cm。叶线形，2 列基生，革质，花序顶生，花白色。浆果紫蓝色，球形，成熟时有如蓝色宝石。有花叶品种。喜温暖湿润环境，耐阴	分株、播种	株型秀丽，叶片潇洒，是良好的观叶植物。适合花境种植
常夏石竹 （石竹科）	*Dianthus plumarius* （Grass pink）	宿根草本，高约 30cm，茎蔓状丛生。上部分枝光滑而被白粉。叶厚，灰绿色，花 2 ~ 3 朵，顶生，花色有紫、粉、白等，芳香。花期 5 ~ 10 月。分布奥地利至俄罗斯西伯利亚	播种、分株、扦插	叶丛青翠，花朵繁茂，观赏期较长，可用于花境、花坛、花台或盆栽，也可布置岩石园、草坪边缘或作地被应用
荷包牡丹 （罂粟科）	*Dicentra spectabilis* （Showy bleeding-heart）	株高 30 ~ 60cm。叶对生，似牡丹叶。总状花序顶生呈拱状。花下垂向一边，鲜桃红色，有白花变种；花形似荷包。花期 4 ~ 6 月。耐寒、忌高温，喜阴湿环境和疏松肥沃的土壤。忌日光直射	播种、分株、根插	叶丛优美，花朵形似荷包，色彩绚丽，适用于花境，也可盆栽或布置花径
紫松果菊 （菊科）	*Echinacea purpurtea* （Purple coneflower）	宿根草本，高 60 ~ 150cm，全株具糙毛。叶互生，基生叶卵形，缘具疏齿，基部下延，茎生叶卵状披针形，基部稍抱茎。头状花序单生枝顶，舌状花 1 轮，端 2 ~ 3 裂，粉、洋红至紫红色。管状花深褐色，花期 6 ~ 10 月。原产北美。喜温暖向阳，稍耐寒，要求土壤深厚肥沃	播种、分株	植株健壮高大，花形花色美丽，花期长，栽培容易。宜用于花境、花坛、丛植、群植均有良好效果。也是良好的切花材料
蓝刺头 （菊科）	*Echinops latifolius* （Broadleaf globethistle）	茎粗壮，被毛，高 50 ~ 150cm。叶面绿色，下面灰白色。头状花序呈球形，小花灰蓝色或白色，花期 8 ~ 9 月。喜阳，适生范围广	根插	布置花境或作干花
淫羊藿 （小檗科）	*Epimedium brevicornu* （Shorthorned epimedium）	高 20 ~ 60cm。二回三出复叶，小叶卵形。圆锥花序顶生，具花 20 ~ 50 朵，花白色或淡黄色。花期 5 ~ 6 月。耐阴，喜湿	播种、分株	适用于花境、林下地被
喜花草 （爵床科）	*Eranthemum pulchellum* （Veined eranthemum）	株高 40 ~ 80cm，春至秋季均能开花，圆锥花序，花紫蓝色，喜富含腐殖质的土壤	播种	可布置于花境中
独尾草 （百合科）	*Eremurus chinensis* （Chinese desertcandle）	总状花序，叶基生，生于海拔 1000 ~ 2900m 的石质山坡和悬崖石缝中。喜冷凉、排水良好的土壤	分根	布置花境或岩石园
美丽飞蓬 （菊科）	*Erigeron speciosus* （Oregon fleabans）	叶匙形至披针形。头状花序，舌状花蓝紫色，管状花黄色。花期 6 ~ 8 月。喜光，耐寒，土壤要求排水良好	播种、分株	适于作花境或地被，也可布置野生花卉园、丛植篱旁山石前、林缘或湖边

（续）

植物名称 （科名）	拉丁学名 （英文名）	形态与生态特点	繁殖 方法	园林用途
南美水仙 （石蒜科）	*Eucharis grandiflora* （Amazonlily eucharis）	球根草本，株高 50～60cm，叶片宽大，深绿色有光泽。顶生伞形花序，着生 5～7 朵花。花为纯白色，花径 7.5cm 左右，有芳香，花瓣开展呈星状。且一年中多次开花。不耐湿热。喜肥沃且排水良好的土壤	分球、播种	花芳香馥郁，暖地可在户外栽培，应用于花境、花径或盆栽、切花
佩兰 （菊科）	*Eupatorium fortunei* （Fortune eupatorium）	高 50～100cm，叶对生，3 裂。头状花序，总苞钟状，紫红色。花果期 7～11 月。喜温暖湿润气候，喜光亦耐半阴，喜土壤湿润，忌干旱，怕涝	播种、分株	株型自然，枝叶秀丽，花开美观，花境中片植为主。园林中也可作为地被较大面积种植
猩猩草 （大戟科）	*Euphorbia heterophylla* （Painted euphorbia）	高 40～80cm。花小，排列成密集的伞房花序。总苞形似叶片，也叫顶叶，基部大红色，也有半边红色半边绿色的。喜温暖湿润环境，不耐寒	播种	适合作花境、盆栽和切花材料
黄金菊 （菊科）	*Euryops pectinatus* 'Viridis'	多年生亚灌木。羽状叶有细裂。叶色深绿。花梗 10～15cm，花金黄色。花期较长，盛期为 4～6 月及 9～12 月。喜光，稍耐阴，较耐寒	扦插	株型自然紧凑，花期长且醒目。优良的花境和地被植物，花境中可成丛点缀或成片种植
花贝母 （百合科）	*Fritillaria imperialis* （Imperial fritillary）	球根花卉。鳞茎较大，株高 70cm 左右。株顶着花，数朵集生，花冠钟形，下垂生于叶状苞片群下。花鲜红、橙黄、黄色，花期 4～5 月。阳性、耐阴、耐寒，忌炎热	分球、播种	适宜花境或基础种植，矮生品种适合盆栽
宿根天人菊 （菊科）	*Gaillardia aristata* （Common perennial gaillardia）	杂交种。花有红色、黄色、橙色以及红黄双色。花期 6～7 月。喜阳，喜排水良好，不耐涝。潮湿地易烂根。夏末重剪可使二次开花	播种、分株、根插	可用于花坛或花境，也可成丛、成片地植于林缘和草地中，也可作切花
雪花莲 （石蒜科）	*Galanthus nivalis* （Snowdrop）	球根花卉。高 10～30cm。叶丛生，线状带形，绿色被白粉。花莛直立，顶端着花一朵，下垂；花被片 6，每裂片端具一绿点。花期早春 3 月下旬至 4 月。性强健，耐半阴，喜凉爽湿润环境	分球	宜于半阴林下或草坪中丛植，又适合花境和岩石园中点缀，也可盆栽及切花
夏风信子 （百合科）	*Galtonia candicans* （Galtonia）	球根花卉。株高 100～120cm。叶基生，宽带形，肉质，半直立，灰绿色。穗状花序，有花多达 30 朵，花下垂，具短管，白色。夏末或秋季开放。喜暖和、阳光充足的环境，要求疏松、肥沃、排水良好的沙质土壤	分球、播种	花境、盆栽
笔龙胆 （龙胆科）	*Gentiana zollingeri* （Zollinger gentian）	高 30～60cm。叶对生。花多数，簇生枝顶和叶腋，花冠筒状钟形，蓝紫色，多数有黄绿色斑点。花期 8～9 月。喜凉爽，忌炎热，喜排水良好土壤	播种、分根、扦插	绚丽多姿，适用于花境、岩石园
灰叶老鹳草 （牻牛儿苗科）	*Geranium cinereum*	植株低矮，叶圆形，灰绿色，掌状深裂。杯状花，花粉紫、粉红、紫、淡紫等色，花期春夏。喜光，耐半阴，要求排水良好的土壤	分株	优良的花境植物，可作地被、花坛和盆栽

（续）

植物名称 （科名）	拉丁学名 （英文名）	形态与生态特点	繁殖 方法	园林用途
姜花 （姜科）	*Hedychium coronarium* （Coronarious ginger-lily）	株高约 1.5m。叶片矩圆状披针形。穗状花序顶生，顶生苞片绿色，花大、白色，形如蝴蝶，具香气，花期秋季。喜光亦耐半阴，生长健壮	分株、播种	花形美丽醒目，盛开时形似蝴蝶飞舞，芳香沁人，可布置花境，作切花
堆心菊 （菊科）	*Helenium autumnale* （Sneezeweed）	叶阔披针形，头状花序生于茎顶，舌状花柠檬黄色，花瓣阔，先端有缺刻，管状花黄绿色或带红晕。花期 7～10 月。性强健，耐寒，喜阳，喜肥沃、湿润土壤。剪除残花可促进 2 次开花，2～3 年分株一次可促进生长	播种、分株	在园林中多作为花坛镶边或布置花境
菊芋 （菊科）	*Helianthus tuberosus* （Jerusalem artichoke）	下部叶卵圆形或卵状椭圆形，上部叶长椭圆形至阔披针形。头状花序较大，舌状花黄色，管状花黄色。花期 8～9 月。再生性极强，一次种植可永续繁衍	分株	花境中一般作背景种植或中景点缀，也可作切花
粗糙赛菊芋 （菊科）	*Heliopsis scabra* （Rough heliopsis）	全株被硬毛。叶对生，长卵圆形或卵状披针形。头状花序单生，花径 3～6cm，舌状花阔线形，鲜黄色。花期 7～10 月。性强健，栽培容易	分株、播种	用于花境、切花，良好的景观绿化材料
香水草 （紫草科）	*Heliotropium arborescens* （Common heliotrope）	株高约 50cm，茎部木质化呈亚灌木状。叶互生，卵圆形至卵状披针形。顶生聚伞花序，花小，花堇色或紫色，具有特别的香气。喜光，忌干旱，性喜温暖	扦插、播种	具有独特的芳香味，适用于花境、花坛、盆栽
杂交铁筷子 （毛茛科）	*Helleborus × hybridus*	高 30～50cm。叶常绿，长圆形或宽披针形。花单生，有时 2 朵顶生，下垂，呈酒红、黄绿、绿、白等色。有很多品系。花期由冬至翌春。耐阴，喜湿润、肥沃、疏松土壤	插种、分株	植株低矮、叶色墨绿，花及叶均奇特，极耐阴，为美丽的地被及花境材料，也可盆栽
紫殿珊瑚钟 （虎耳草科）	*Heuchera micrantha* 'Palace Purple'	叶基生，心形，边缘有锯齿，基部密莲座形，叶片暗紫红色。花小，钟状，白色，花期 4～10 月。性喜光，耐阴。喜湿润而排水良好、肥沃的土壤	播种、分株	适作地被、盆栽和花境
槭葵 （锦葵科）	*Hibiscus coccineus* （Scarlet rosemallow）	茎直立丛生，半木质化，高 100～200cm，茎及叶柄紫红色。叶互生，掌状 5～7 深裂。花大，单生于上部枝的叶腋，深红色。花期 7～9 月。喜阳，对土壤要求不严	播种、分株	植株高大，花大色艳。宜丛植于草坪四周及林缘、路边，也可作为花境的背景材料
芙蓉葵 （锦葵科）	*Hibiscus palustris* （Common rosemallow）	高可达 100～200cm。叶互生，花大，单生于上部叶腋，花径约 25cm，花有粉、紫红以及白色等；花期 6～9 月。耐寒、耐热、喜湿，耐盐碱	播种、分株	宜作花境背景材料，或于湖岸、路旁丛植，有花灌木的效果。冬季可观赏灰白色落叶枝干。可作湿地植物
玫瑰茄 （锦葵科）	*Hibiscus sabdariffa* （Roselle）	株高 100～120cm。叶矩圆形，3 裂。花单生于叶腋，花冠大，深黄色，花萼紫红色。10 月开花。果实紫红色。可在旱地、贫瘠地生长	播种	适用于花境

（续）

植物名称 （科名）	拉丁学名 （英文名）	形态与生态特点	繁殖 方法	园林用途
朱顶红 （石蒜科）	*Hippeastrum vittatum* （Barbadoslily）	球根草本。叶片带状。花茎高50～70cm；伞形花序，花喇叭形，花色红、淡红、白色等。花期春夏。喜温暖、半阴环境，喜肥，怕涝，宜于疏松肥沃沙壤土	播种、分球	叶厚有光泽，花朵硕大艳丽。适用于花坛、花境、花丛，也可盆栽
'彩叶'鱼腥草 （三白草科）	*Houttuynia cordata* 'Variegata' （Heartleaf houttuynia）	宿根爬行草本，随处生根。高30～60cm。叶片心脏形或阔卵形，具花斑，呈现出红、绿、褐及黄等几种颜色。穗状花序，基部具4枚白色苞片，十分醒目，小花极小不显，种子球形，具条纹。花期4～9月，果期6～10月。喜温暖湿润的半阴环境，对土壤、水质的要求不十分严格	播种	点缀园林水景区的优良观赏植物材料，室内水族箱内培养花叶鱼腥草，可调节水族箱内景观的美色。是南方温暖湿润地区的良好花境与地被材料
蜘蛛兰 （石蒜科）	*Hymenocallis americana* （Tropical american hymenocallis）	球根草本。叶片长剑形，深绿色而有光泽。花冠裂片6枚，细线形具芳香，全花雪白，略向下翻卷，花冠下方则结合成杯状，整朵花形似蜘蛛或鸡爪。花期5～8月。喜阳，耐阴，喜水湿	分球	花形奇特，花形清雅，花姿潇洒，色彩素雅，又有香气，适合地被、花境、湿地绿化
毛子角蒿 （紫葳科）	*Incarvillea arguta* （Sharptooth incarvillea）	奇数羽状复叶，互生。总状花序顶生。有花5～20朵，花梗长0.8～2cm。萼筒钟状。花冠近于唇形，粉红色或白色。花期夏季。喜湿润、排水良好的土壤	播种	枝叶茂盛，袅娜可爱，夏日粉红色的唇形花，娇艳宜人；秋后观果，是优良园景植物，可布置花境、盆栽或岩石园
土木香 （菊科）	*Inula helenium* （Elecampane inula）	高20～60cm，叶互生，无叶柄。头状花序多数，排列成伞房状，苞片绿色。花期8～11月。喜光，忌夏季高温，水涝	播种、分株	花期长且开花醒目，优良坡地地被材料。可在花境中片植
虾衣花 （爵床科）	*Justicia brandegeana* （Shrimp plant）	常绿小灌木。高20～50cm。穗状花序顶生，苞片红色，花冠白色，唇形，伸出苞片之外	播种、扦插	适合花坛、花境、或盆栽
珊瑚花 （爵床科）	*Justicia carnea* （Paradise plant）	株高可达150cm，茎四棱状，圆锥花序顶生，花冠二唇形，粉红色，花期6～8月。喜温暖湿润环境，不耐寒	扦插	花期长，又较耐阴，可用于花坛、花境
'花叶'野芝麻 （唇形科）	*Lamiastrum galeobdolon* 'Florentinum'	株高25～100cm。叶卵状心形至卵状披针形。轮伞花序，花冠淡黄色。花期3～6月。耐阴，喜湿润土壤	播种	株型自然，开花秀丽。适用花坛、花境、地被
花葵 （锦葵科）	*Lavatera arborea* （Velvet treemallow）	高可达200～300cm。叶互生，圆形，直径10～30cm，5～9裂，总状花序或丛生叶腋，花浅紫红色，基部有深紫色脉纹，径约5cm，基部合生呈杯状；果盘状。花期5～6月	播种	植株高大，花大色艳。宜丛植于草坪四周及林缘、路边，也可作为花境的背景材料
新疆花葵 （锦葵科）	*Lavatera cashemiriana* （Cashemir treemallow）	全株被柔毛，茎高50～100cm。叶互生。花开于上部叶腋，花瓣粉色。花期夏秋。喜阳、排水良好的环境。对土壤要求不严	播种	宜作花境背景或中景材料

（续）

植物名称 （科名）	拉丁学名 （英文名）	形态与生态特点	繁殖 方法	园林用途
狮耳花 （唇形科）	*Leonotis leonurus*	株高 0.7~1.5m。单叶对生，披针形至倒披针形。花丛生于茎上部叶腋处，花萼黄绿色，花冠橙色或橙红色，花期 10~12 月。喜光线良好、通风的环境。忌积水和夏季高温	扦插、播种	适用于盆栽、花境、花坛
大滨菊 （菊科）	*Leucanthemum maximum* （Biger leucanthemum）	株高 25~170cm，叶色深绿。头状花序，花径约 10cm，单瓣或重瓣，苞片边缘白色或褐色膜质，外缘舌状花白色，中心筒状花黄色，花果期 6~10 月。喜阳，宜肥沃而排水良好的土壤	播种、分株	适用于花境。花梗细长，宜作切花
百合 （百合科）	*Lilium brownii* （Brown lily）	球根草本。株高 40~60cm，有高达 1m 以上的。花大，单生、簇生或总状花序。花色鲜艳，花喇叭形。白色，外被红褐色，具芳香。喜冷凉湿润气候，要求疏松、肥沃、排水良好土壤	分球、扦插鳞片、播种	适用于花坛、花境、岩石园、盆栽
蓝亚麻 （亚麻科）	*Linum perenne* （Perennial flax）	高 30~40cm，叶互生，条形至披针形。聚伞花序顶生，花径约 2.5cm，倒卵形，淡蓝色，花期 6~7 月。喜半阴，较耐寒，喜排水良好、富含腐殖质的沙质土壤	播种、分株	适用于花坛、盆栽、花境
红花山梗菜 （桔梗科）	*Lobelia cardinalis* （Gardinalflower）	株高 60~120cm，叶紫红色。多花性，花红色。花期春夏。忌干燥，畏酷暑，喜富含腐殖质的疏松土壤	播种	适用于花坛、花境、切花、盆栽
山梗菜 （桔梗科）	*Lobelia erinus* （Edging lobelia）	株高 15~30cm。多花性，花淡蓝色、堇紫色。花期春夏。忌干燥，畏酷暑，喜富含腐殖质的疏松土壤	播种	适用于花坛、花境、切花、盆栽
剪春罗 （石竹科）	*Lychnis coronata* （Crown campion）	高 40~90cm。茎近方形。叶片卵状椭圆形，边缘有细锯齿。聚伞花序，花橙红色，顶端有不整齐浅裂，花期 5~9 月。性耐寒，喜阳，稍耐阴。喜排水良好的沙质土壤	播种、分株	花美色艳，适宜成片植于疏林下，也可布置花坛、花境、岩石园
剪秋罗 （石竹科）	*Lychnis fulgens* （Brilliant campion, Brilliant lychnis）	高 50~80cm。叶卵状披针形或卵状长圆形。二歧聚伞花序具花数朵，花径 3.5~5cm，花冠深红色。花期 6~7 月。喜光照充足，耐寒，喜夏季凉爽气候	播种、分株	同剪春罗
狼尾花 （报春花科）	*Lysimachia barystachys* （Heavyspike loosestrife）	株高 30~70cm，叶互生。总状花序顶生，花时常弯曲呈狼尾状，果期伸直。花冠白色，5 深裂。花期 6~7 月。性强健，喜光，耐水湿	播种	花序优美，适用于花境、湿地绿化
'金叶'过路黄 （报春花科）	*Lysimachia nummularia* 'Aurea' （Moneywort）	常绿，株高约 10cm。枝条匍匐生长，单叶对生，卵圆形，早春至秋季叶色金黄艳丽，冬季霜后略带暗红色；夏季 6~7 月开花，单花亮黄色，花径约 2cm。喜光，耐寒，适宜于种植在肥沃、湿润排水良好的土壤中	压条、扦插	优良彩叶地被植物，金黄色十分耀眼，与宿根花卉、小灌木等搭配，还可以和草坪及麦冬等其他绿色地被相配，可作花境镶边植物，亦可盆栽

（续）

植物名称 （科名）	拉丁学名 （英文名）	形态与生态特点	繁殖 方法	园林用途
博落回 （罂粟科）	*Macleaya cordata* （Pink plumepoppy）	茎高达 2m。叶大如扇，圆心脏形，叶片粉绿色。夏日茎顶生大圆锥花序，无花瓣。蒴果紫黑色。喜充分阳光，疏松、排水良好的土壤	播种、 分根	适于花境、野生花卉园、药草园种植
'花叶'薄荷 （唇形科）	*Mentha rotundifolia* 'Variegata' （Pineapple mint）	株高 30cm，叶对生，椭圆形至圆形，叶色深绿，叶缘有较宽的乳白色斑。花粉红色，花期 7～9 月。性喜阳光充足，现蕾开花期要求日照充足和干燥天气，怕湿	播种、 分株、 扦插	适用于花坛、花境
葡萄风信子 （百合科）	*Muscari botryoides* （Common grapehya-cinth）	球根花卉。叶片基生，线形，暗绿色。花茎自叶丛中抽出，长约 15cm，上面密生许多串铃的小花，花梗下垂，花有青紫、淡蓝、白色等。花期 3～5 月。耐半阴，喜深厚、肥沃、排水良好的沙质土壤	分球	多用它布置多年生混合花境或点缀山石旁，园林地被。亦可作盆栽
地涌金莲 （芭蕉科）	*Musella lasiocarpa* （Hairyfruit musella）	高 150cm 以下。叶宽大，长椭圆形，粉绿色。花序莲座状，生于假茎顶部，苞片金黄色，顶生或腋生，金光闪闪，形如花瓣，层层由下而上逐渐展开。性强健，喜光，耐水湿	播种或 分株	适用于盆栽、花境
喇叭水仙 （石蒜科）	*Narcissus pseudonar-cissus* （Common daffodil）	球根花卉。叶扁平，线形。花单生，径约 5cm，花大，黄色或淡黄色，稍有香味。有多个品种和变种。花期春季。喜光，耐水湿，喜肥沃、疏松、排水良好、富含腐殖质沙质土壤	分球	适用于盆栽、切花、花境、湿地绿化
中国水仙 （石蒜科）	*Narcissus tazetta* var. *chinensis* （Chinese narcissus）	球根花卉。叶宽线形。花葶中空，扁筒状；伞房花序有花 4～8 朵；花被裂片 6，白色，芳香；副花冠淡黄色。花期春季。喜光，耐水湿	分球	花朵秀丽，叶片青翠，花香扑鼻，清秀典雅。适于水养、盆栽、切花、花境、湿地绿化
'蓝花'荆芥 （唇形科）	*Nepeta* × *faassenii* 'Six Hills Giant'	半蔓性，株高 30～50cm，全株有香气。叶对生，灰绿色。轮伞花序，多轮密集于枝端成穗状；花小，紫罗兰色。花期 7～9 月。喜阳，耐干旱，喜高燥排水良好的土壤。花后宜修剪	播种	枝叶密集柔和，花淡雅。适用于盆栽、花境、岩石园
尼润花 （石蒜科）	*Nerine bowdenii* （Capecolony nerine）	球根花卉，株高 40～60cm。花叶不相见。伞形花序，花粉色、白色、红色。花期 10～11 月。喜阳光，耐阴	分球	适于盆栽、切花、花境
赛亚麻 （茄科）	*Nierembergia hippomanica* （Dwarf cupflower）	高 15～30cm。叶互生，狭条形。花单生枝顶或腋生，花冠筒细长，花径约 4cm，深蓝堇色，花期夏、秋季。要求阳光充足，喜肥沃、排水良好的土壤，耐寒性不强	插枝、 播种	适用于岩石园、花境
美丽月见草 （柳叶菜科）	*Oenothera speciosa*	株高约 50cm。稍具蔓性，叶线形至线状披针形。花白色至水红色，径 5cm，傍晚至次日上午开放。花期 4～6 月。性强健，自播繁衍能力强。喜光，耐瘠薄，耐修剪，修剪可促进二次开花	播种、 扦插	花境背景或中景种植，也可用于花坛，庭院沿边布置或假山石隙点缀，也宜作大片景观地被花卉

（续）

植物名称 （科名）	拉丁学名 （英文名）	形态与生态特点	繁殖方法	园林用途
南非万寿菊 （菊科）	*Osteospermum ecklonis*	矮生种株高 20～30cm。头状花序，多数簇生成伞房状，有白、粉、红、紫红、蓝、紫等色，花单瓣，花径 5～6cm，喜阳，中等耐寒，喜疏松肥沃的沙质土壤	扦插	盆花案头观赏，早春园林绿化。与绿草奇石相映衬，更能体现出它那和谐的自然美
红花酢浆草 （酢浆草科）	*Oxalis corymbosa* （Corymb woodsorrel）	球根花卉。株高 10～20cm，叶基生，叶柄较长，倒心形。二歧聚伞花序，花淡紫色至紫红色。花果期 3～12 月。喜光，耐半阴，排水良好的疏松土壤	分株、播种	适用于花坛、花境、地被
'紫叶' 酢浆草 （酢浆草科）	*Oxalis triangularis* 'Purpurea'	球根花卉。株高 15～20cm。叶丛生，倒三角形，叶大而紫红色。伞形花序，有花 5～8 朵，淡红色或淡紫色，花期 4～11 月。喜光，耐半阴，排水良好的疏松土壤	分株、播种、组培	适用于盆栽、花坛、花境、地被
金苞花 （爵床科）	*Pachystachys lutea* （Yellow - bract pachystachys）	穗状花序顶生，长约 10cm，由金黄色苞片组成四棱形，苞片层层叠叠并伸出白色小花。花期从春至秋季	播种、扦插	适作会场、厅堂、居室及阳台装饰。南方用于布置花坛
芍药 （芍药科）	*Paeonia lactiflora* （Peony）	宿根草本，高 80～130cm，地下具圆柱形直根，茎圆柱形，丛生，在上部分枝。二回三出复叶，小叶狭卵形，叶缘有白色骨状细齿。单花顶生，花径 10～25cm。白色或红色。花期 5～6 月。原产中国、朝鲜、日本、蒙古、俄罗斯西伯利亚有分布。耐寒，喜温暖向阳高燥处，稍耐侧阴，忌连作	分株、扦插	我国传统名花之一，花大色艳，适应性强，常用之布置芍药专类园，也用于花境、花坛及各种自然式配置，与山石相配，更具特色
东方罂粟 （罂粟科）	*Papaver orientale* （Oriental poppy）	高 0.8～1.2m。羽状复叶。花通常单朵，直径 10～12cm 或更大；花有白、粉红、红和紫等色，单瓣或重瓣；花期 5～6 月。喜阳，喜排水良好的沙土壤，耐寒，忌炎热和水涝	播种、根插	开花时十分鲜艳美丽，很受人们欢迎。可用于花坛和花境布置
钓钟柳 （玄参科）	*Penstemon campanulatus* （Campanula penstemon）	宿根草本，高 40～60cm，茎光滑，全株被茸毛。叶披针形。花钟状，单生或 3～4 朵生于叶腋与总梗上，呈不规则总状花序，花紫、玫瑰红、紫红或白色，具有白色条纹。花期 7～10 月。原产墨西哥及危地马拉。喜光照充足，湿润通风环境，忌炎热干燥和酸性土壤。稍耐半阴	播种、扦插、分株	花色艳丽，花期长，适宜花境种植，也可盆栽观赏
分药花 （唇形科）	*Perovskia* 'Blue Spire' （Perovskia）	茎高 1m，叶深裂，灰绿色，具香气。花多数，平展，花后下垂，花紫罗兰色，量大。花期夏秋。喜光，喜高燥、排水良好的土壤	播种	适用于芳香园、花境
灌木糙苏 （唇形科）	*Phlomis fruticosa* （Common jerusa-lemsage）	高 80～100cm。单叶对生，阔卵圆形。轮伞花序，萼筒长约 1cm，花冠黄色，花期 7 月。喜阳，耐干旱，忌积水，喜高燥	播种	株型自然，花奇特可爱，丛植、片植均可。适用于花境、岩石园

（续）

植物名称 （科名）	拉丁学名 （英文名）	形态与生态特点	繁殖 方法	园林用途
新西兰麻 （龙舌兰科）	*Phormium tenax* （New zealand fiber-lily）	常绿，叶基生，剑形，强直，厚革质。纯色或带彩色条纹，叶色多变，有黄白色、古铜色、粉红色、棕红色、桃色、珊瑚色等。圆锥花序，花冠暗红色，夏季开花。喜光，耐干旱，喜排水良好的沙质土壤	播种、分株、组培	适合花境、盆栽、切叶，可营造异国风情的植物景观
酸浆 （茄科）	*Physalis alkekengi* （Chinese lantern-plant, Strawberry groundcherry）	株高 30~60cm。花单生于叶腋，花萼钟状，结果时，宿萼略呈灯笼状，表面橙红色或橙黄色，宿萼味苦。花白色。浆果，球形，成熟时橙红色，灯笼状。性强健，不择土壤	播种	适用盆栽、花境、切花
随意草 （唇形科）	*Physostegia virgini-ana* （Obedientplant, Virginia lionsheart）	株高 60~120cm。叶对生，长椭圆形至披针形，亮绿色。穗状花序顶生，长可达 20~30cm，花白色、粉色、粉红或淡紫色。花期7~9月。喜光，喜湿润而排水良好的土壤	播种、分株、扦插	群植效果好，园林中常用来布置花坛、花境；也可盆栽观赏、大型盆栽或作切花
商陆 （商陆科）	*Phytolacca acinosa* （India pokeberry）	株高 100~150cm。叶互生。总状花序直立，紫黑色，果序粗壮，达20cm，花初白色，后变为淡红色，无花瓣。花期 6~8月。耐水湿，不择土壤	播种	适用于花境
桔梗 （桔梗科）	*Platycodon grandi-florus* （Balloonflower）	高达1m。花通常单朵顶生，花冠钟状，5浅裂，蓝紫色。花期7~9月。喜温和凉爽气候。苗期怕强光直晒，成株喜阳光怕积水。抗旱，耐寒	播种	花茎挺立，花色鲜艳，适合花境、药草园
晚香玉 （石蒜科）	*Polianthes tuberosa* （Tuberose）	球根花卉。高可达1m。基生叶6~9枚簇生，线形。穗状花束顶生，每穗着花 12~32 朵，花乳白色，具浓香，至夜晚香气更浓。花期7~9月。喜阳光，怕寒冷	分球	花坛、花境、切花和盆栽
报春花 （报春花科）	*Primula malacoides* （Fairy primrose）	叶卵形或矩圆状卵形，有 6~8 浅裂，边缘浅波状。原种花雪青色，花冠高脚碟状，径1.2cm。花期 1~4月。较耐寒。喜温凉、湿润环境，以含腐殖质多而排水良好的酸性土壤为宜。苗期忌烈日暴晒和高温	播种、扦插、分株	宜盆栽，或种于花坛、花境、岩石园、野趣园、水榭旁
大花夏枯草 （唇形科）	*Prunella grandiflora* （Bigflower selfheal）	高 15~60cm。叶对生，卵形。轮伞花序，有花6朵，花冠筒白色，两唇深紫堇色。有白花、红花、洋红、玫红及羽叶品种。花期9月。喜光，性强健，喜湿润土壤	播种	适用于花境、岩石园、地被
药用肺草 （紫草科）	*Pulmonaria officina-lis* （Blue lungwort）	茎高 25~30cm。叶基部丛生，卵形至心形，具白点，有糙毛。花初开亮粉色，后变紫或蓝色。花期春天。耐阴，喜湿润土壤	播种、分株、根插	欧洲古老药用植物。适用于盆栽、花境、岩石园、地被
除虫菊 （菊科）	*Pyrethrum cinerari-ifolium* （Dalmatian pyre-thrum）	叶二回羽状分裂，银灰色。头状花序，舌状花白色。花果期 5~6月。喜温暖湿润气候，喜肥沃、排水良好的沙质土壤	播种、扦插或分株	初夏开花，是花坛、花境的良好选材，可作切花。适合片植，也适合于多种野花组合类型，花色出众

（续）

植物名称 （科名）	拉丁学名 （英文名）	形态与生态特点	繁殖 方法	园林用途
地黄 （玄参科）	*Rehmannia glutinosa* （Adhesive rehmannia）	株高10~30cm。叶片卵形至长椭圆形，呈总状花序顶生，花淡红紫色。花果期4~7月。喜光、耐干旱	播种、分株	适合岩石园、药草园内种植
紫背万年青 （鸭跖草科）	*Rhoeo discolor* （Oyster plant）	叶宽披针形，呈环状着生在短茎上，叶面光滑、深绿，叶背暗紫色。有斑叶和紫叶品种。花腋生，白色花朵被2片蚌壳般的紫色苞片。喜湿润环境，耐水湿，不耐寒	分株、扦插、播种	适合盆栽、花境、地被
鬼灯檠 （虎耳草科）	*Rodgersia aesculifolia* （Fingerleaf rodgersflower）	高达90cm。基生叶1，茎生叶约2，掌状复叶。圆锥花序顶生，白色或淡黄色，花期6~7月。耐阴，喜水湿	播种	叶大而形美，花序挺拔，适用于花境
金光菊 （菊科）	*Rudbeckia laciniata* （Cutleaf coneflower）	茎上部有分枝。叶互生。头状花序单生于枝端，具长花序梗。舌状花金黄色，管状花黄色或黄绿色。花期7~10月。喜光，喜湿润、肥沃、排水良好的沙质土壤	播种、分株	植株高大，花大而美丽，适合于花境、花坛或自然式栽植，还可作切花
芦莉草 （爵床科）	*Ruellia brittoniana* （Britton ruellia）	株高40~80cm，春至秋季均能开花，腋出，花冠近钟状，蓝紫色。喜湿润环境，可在浅水中生长	播种、扦插	可布置于水边花境中
药用鼠尾草 （唇形科）	*Salvia officinalis*	亚灌木，被白色茸毛，高40~60cm。叶长圆形，叶面皱缩，总状花序，花萼钟状，花蓝、紫或白色；花期6~8月	播种、扦插	适用于花境、地被
地榆 （蔷薇科）	*Sanguisorba officinalis* （Garden burnet）	高100~120cm。奇数羽状复叶。花小密集，呈顶生、圆柱形的穗状花序，花紫红色。花果期7~10月。性强健，喜温暖湿润气候，耐寒	播种	适用于花境、地被
石碱花 （石竹科）	*Saponaria officinalis* （Soapwort, Bouncing bet）	株高30~90cm，叶椭圆状披针形，对生。顶生聚伞花序，花瓣有单瓣及重瓣，花淡红或白色，花期7~9月。性强健，耐寒，不择土壤	播种、分株	适于花径、花境，丛植于林地、篱旁。可作园林地被
虎耳草 （虎耳草科）	*Saxifraga stolonifera* （Creeping rockfoil）	高14~45cm。匍匐茎细长，赤紫色。叶数片基生，叶片广卵形或肾形，边缘有不规则钝锯齿，上面有白色斑纹。圆锥花序，花白色。雄蕊10；花期5~8月。性喜温暖湿润，较喜半阴环境	分株、播种	盆栽观叶植物，多用于室内绿化装饰。也可作为盆栽悬挂植物种植，或配置盆景，效果也很好
紫盆花 （川续断科）	*Scabiosa atropurpurea* （Sweet scabious）	高30~50cm，叶片披针形，边缘齿状。花序头状，花蓝色。花期4~5月。喜光线良好、通风的环境。忌积水和夏季高温	分株、播种	盆栽观赏，布置花坛、花境，也可作切花、园林地被
艳扇花 （草海桐科）	*Scaevola aemula* （Scaevola）	株高50~90cm。叶互生，叶片匙形。总状花序，小花与叶片交替着生。花有蓝色、白色、紫红色等，花期春夏。喜光，耐水湿，耐盐碱	扦插、播种	小花密集，色彩艳丽，适用于盆栽、花境、地被

（续）

植物名称（科名）	拉丁学名（英文名）	形态与生态特点	繁殖方法	园林用途
地中海蓝钟花（百合科）	*Scilla peruviana*（Peruvian squill))	球根花卉。叶基生平卧在地面呈莲座状，开花后渐渐竖起，披针形。总状花序，小花50朵以上着生在花茎顶端，蓝紫色。花期春季。适应性强，耐寒，喜疏松、肥沃沙质土壤。夏季休眠	播种	适合花境、岩石园、盆栽
雪叶莲（菊科）	*Senecio cineraria*（Dustymiller，Silver groundsel)	株高30~60cm，茎直立，全株被白色茸毛。叶羽状深裂，头状花序，花黄色或乳白色，在适宜条件下，花经常开放	播种、扦插	叶色银白，醒目，适合花境种植。一般片植作镶边材料
智利豚鼻花（鸢尾科）	*Sisyrinchium striatum*（Argentine Blue-eyedgrass)	常绿草本，丛生，叶长而窄，宽2cm，灰蓝色，有花叶品种。穗状花序直立，细长，花淡黄色，夏季开放。抗性强，喜阳，喜排水良好的土壤	播种、分株	优秀的花境前景材料
锥花鹿药（百合科）	*Smilacina racemosa*（Feather solomon-plume)	株高75~90cm，枝拱形。叶卵形，淡绿色。花序羽毛状，花白色，春季至仲夏开放。喜冷凉，不择土壤	播种	适用于花境
三色魔杖（鸢尾科）	*Sparaxis tricolor*（Wandflower)	球根花卉。叶基生，二列排列，叶片线形至披针形。花冠6裂，漏斗形，裂片具3种颜色，上部为深紫色、黄色、红色、玫红色、白色等，喉部多为黄色及黑色，中部颜色加深，为深紫色、褐紫色等，花期夏、秋季。喜温暖、光线充足、通风良好的环境	分球、播种	适合花坛、花境
火燕兰（石蒜科）	*Sprekelia formosissima*（Azteclily)	球根花卉。株高30cm。叶条形。花单生空心花莛顶端。花冠深红色，二唇状，花径10cm。花期晚春或初夏。不耐寒，喜温暖向阳环境	分球、播种	适合花境、盆栽
绵毛水苏（唇形科）	*Stachys lanata*（Woolly betony)	高约60cm。全株具灰白色茸毛，叶片柔软而富有质感。穗状花序，花小，紫色。花期6~7月。喜光，耐寒，耐旱，忌水湿	播种、分株	花境、岩石园、盆栽
聚合草（紫草科）	*Symphytum officinale*（Common comfrey)	高20~80cm。花序含多数花，花萼裂至近基部，花淡紫色、紫红色至黄色、蓝色、白色。花期5~10月。耐旱抗寒	切根	色彩丰富多变，盛开时繁花似锦，美丽异常。适用于花境、盆栽、地被
圆锥花土人参（马齿苋科）	*Talinum paniculatum*（Panicled fameflow-er)	全株肉质多浆。叶互生，倒卵形或倒卵状长椭圆形，全缘，表面光滑油亮。圆锥花序顶生或侧生，多呈2歧分枝。花瓣5，淡紫红色，花期6~7月。果期9~10月	播种、分株、扦插	花淡紫色，花朵繁茂，具有较好的观赏价值，宜作为室内盆栽
唐松草（毛茛科）	*Thalictrum aquilegifolium*（Columbine mead-owrue)	高达30~120cm，有分枝。叶为二至三回三出复叶。单歧聚伞花序，花白色。花期4月，果期7~8月。适应性强，喜光又耐阴。喜肥沃、适度湿润而排水良好的土壤	播种、分株	茎叶舒展有度，细腻雅致，花小繁密，花萼、花丝披散，风姿雅丽。适用花境、盆栽
虎斑花（鸢尾科）	*Tigridia pavonia*（Common tigerflow-er)	球根花卉，高40~60cm。叶片剑形。花梗自叶丛中抽出，花红色、黄色、橙色、粉色、白色。花期6~7月。生长健壮，喜阳，对土壤要求不严	播种或分球	花色艳丽，适用于花坛、花境、盆栽

（续）

植物名称 （科名）	拉丁学名 （英文名）	形态与生态特点	繁殖 方法	园林用途
安德森紫露草 （鸭跖草科）	*Tradescantia andersoniana*	茎长 30～90cm。叶线形，淡绿色，长可达 30cm。顶端簇生花序多花，花 3 瓣，花白、蓝、紫色。花晨开午后闭合。花期 4～7 月。喜半阴，喜水湿。	分株、扦插	适宜花坛、花境、水边。可作园林地被
台湾油点草 （百合科）	*Tricyrtis fomosana*	高达 1m。叶片长椭圆形至宽椭圆形，具油点，有花叶品种。花淡紫色，有紫褐色斑点，矩圆形，外轮者基部具囊，水平开展。花期 7～9 月。耐阴，喜冷凉，耐湿	分株	适用于盆栽、花境、地被
大花延龄草 （百合科）	*Trillium grandiflorum* （Snow trillium）	高 15～50cm。叶 3 枚，轮生于茎顶端，菱状圆形或菱形。花单生于叶轮之上，花大，白色。花期 4～6 月。喜半阴湿润环境，耐寒，喜排水良好的沙质土壤	播种、分株	绿叶白花，十分醒目，适于花境、盆栽、地被
观音兰 （鸢尾科）	*Tritonia crocata* （Saffron tritonia）	球根花卉。叶线形或剑形，顶生穗状花序，鲜黄褐色，花径 4～5cm，有紫红色、绯红色等品种。花期 5～6 月。喜温暖，较耐寒，喜阳，要求排水良好的沙质土壤	分球	可作盆栽观赏、切花及花境材料
旱金莲 （金莲花科）	*Tropaeolum majus* （Common nasturtium）	茎蔓生，叶互生，盾状，全缘波状，似莲叶。花梗细长，生于叶腋间，单花顶生，花 5 瓣，基部连合成筒状，花色有黄、橙、粉红、橙红、乳白、紫红、黑色和双色等。不耐寒	播种、扦插	用于盆栽装饰阳台、窗台和茶几，叶绿花红，异常新奇。成片摆放于花坛、花槽或花箱，经久耐观
紫娇花 （石蒜科）	*Tulbaghia violacea*	半常绿丛生，株高 30～60cm，叶窄而多，蓝灰色，略被白粉，有葱蒜味。伞形花序，花淡紫色，高出叶丛。花期夏秋。有花叶品种。性强健，喜光，不择土壤，耐干旱，耐水湿。暖热地区几乎全年开花	播种、分株	花期长，几乎全年开花，适合花坛、花境、庭院丛植、盆栽或作切花
毛蕊花 （玄参科）	*Verbascum thapsus* （Flannel mullein）	高 100～170cm。基生叶倒披针状长圆形，茎生叶渐缩小呈长圆形。穗状花序顶生，花冠黄色，花径 1～2cm。花期夏秋。生长健壮，耐寒，喜排水良好的石灰质土壤，忌炎热多雨气候和冷湿黏重土壤	播种	花序大型挺直，适宜作花境背景材料，也可群植于林缘隙地
美女樱 （马鞭草科）	*Verbena hybrida* （Creeping vervain）	茎四棱，匍匐状，铺覆地面，全株具灰色柔毛，茎长 30～50cm。叶对生，长圆形，缘具圆锯齿或粗齿。穗状花序顶生，花冠筒状，花色丰富，4 月至霜降前开花不断。喜温暖湿润，喜光，喜疏松肥沃的土壤	扦插、压条、分株、播种	花期长、花色丰富，可用于花境，作良好的中景及背景。也是花坛、盆栽、地被、吊篮、阳台绿化的好材料
穗花婆婆纳 （玄参科）	*Veronica spicata* （Spide speedwell）	高 20～60cm。叶对生，披针形至卵圆形，缘具锯齿。顶生总状花序，花多而密，粉或紫色，雄蕊紫色，极长。花期 6～8 月。适应性强，喜光照充足，也耐半阴，忌冬季湿涝	分株、播种、扦插	株形紧凑，花姿优美，花期恰值仲夏缺花季节，是布置多年生花境、花坛的良好材料。也是良好的线形切花

（续）

植物名称 （科名）	拉丁学名 （英文名）	形态与生态特点	繁殖 方法	园林用途
葱兰 （石蒜科）	*Zephyranthes* *candida* （Autunn zephyrlily）	球根花卉。叶狭线形，亮绿色。花茎从叶丛一侧抽出，与叶近等长；花单朵顶生，白色。花期 6 ~ 9 月。性强健，耐旱抗高温，耐水湿，栽培容易	分株	叶丛碧绿，花色粉红，美丽幽雅。适用于花坛、花境、地被
韭兰 （石蒜科）	*Zephyranthes* *grandiflora* （Rosepink zephyrlily）	球根花卉。基生叶常数枚簇生，线形，扁平。花单生于花茎顶端，粉红色。花期夏秋。性强健，耐旱抗高温，栽培容易	分株	同葱兰
红球姜 （姜科）	*Zingiber zerumbet* （Zerumbet ginger）	株高 1 ~ 2m。叶两列，互生。穗状花序顶生，卵形或椭圆形，初淡绿色，后变红色。花期7 ~ 9 月。喜半阴，高温，喜排水良好的微酸性土壤	分株	花序形态奇特，宛如火红的火炬，又像大红灯笼。可作为庭院绿化、盆景供观赏

注：上表中花境花卉没注明是哪类花卉的皆为宿根花卉。

4.3　岩生花卉

4.3.1　概述

　　岩石园是园林中一类特殊的园林形式，主要是模仿高山植物的生态景观。在山地植物垂直分布带针叶林以上至雪线一带的高山地区，那里紫外线强烈、气温低、日温差大、水分蒸发快、山风大、土壤瘠薄、岩石裸露，只能生长一些灌木和草本植物。它们植株低矮或呈垫状，生长缓慢，茎叶被有茸毛或较厚的角质层，以适应这里的严酷自然条件。高山地区地形变化复杂，与之相适应，高山植物有阳生、阴生、旱生、湿生等不同的生态类型。它们生长在石砾滩、石缝、岩壁、草坡、溪洞等处，多为矮生的多年生植物。这些高山植物引种到海拔较低的山下来种植，或不能生长，或生长不良，仅有少数种类在夏季凉爽的环境中能够存活下来。我们现在构建岩石园所用的岩生花卉，除少数高山植物外，大部分是那些矮生花木、针叶树、宿根和球根花卉。这些植物具有某些高山植物的形态和生态特性，可用之配置出高山的植物生态景观。

4.3.1.1　概念

　　岩石园、墙园或自然式岩石庭园可统称为岩石园。装饰岩石园的花卉统称岩生花卉。
　　理想的岩生花卉应具备如下特点：
　　（1）植株低矮，生长缓慢。能常年保持低矮而优美的株态。
　　（2）枝叶密集，花色艳丽，生命周期长。要求观赏价值高，最好是多年生常绿植物。
　　（3）生态适应性强。耐瘠薄；耐强光或耐荫蔽；耐干旱或耐水湿；因应用环境而定。病虫害少，养护管理简单。

4.3.1.2　类别

　　岩生花卉根据布置环境、生长类型和生态适应性等可作如下分类。

4.3.1.2.1 根据布置环境分类

岩生花卉主要布置于岩石园与墙园。岩石园主要是指岩生花卉的平面布置景观。而墙园则是将石块堆砌起来成墙状，在石块缝隙间种植低矮成丛或下垂的岩生花卉，主要欣赏其立面的景观效果。

（1）适用于岩石园的岩生花卉 适用于岩石园的岩生花卉其主要特点是多年生、耐瘠薄、矮生、抗逆性强。主要有绒毛卷耳（*Cerastium tomentosum*）、高山石竹（*Dianthus alpinus*）、山庭荠（*Alyssum montanum*）、石生屈曲花（*Iberis saxatilis*）、长毛点地梅（*Androsace lanuginosa*）、丛生福禄考（*Phlox subulata*）、矮蓍草（*Achillea nana*）等。

（2）适用于墙园的岩生花卉 适用于墙园的岩生花卉主要有：岩生石竹（*Dianthus petraeus*）、绒毛蓍草（*Achillea tomentosa*）、匍匐丝石竹（*Gypsophila repens*）、常青屈曲花（*Iberis sempervirens*）、岩生肥皂草（*Saponaria ocymoides*）、金钱掌（*Sedum sieboldi*）、叶状景天（*Sedum dasyphyllum*）等。实际上岩石园用岩生花卉与墙园用岩生花卉，两者基本上属于相同的生态类型。只是墙园用的岩生花卉要求更耐旱，且在布置上特别重视立面的装饰效果。

4.3.1.2.2 根据生长类型分类

岩生花卉包括不同生长类型的花卉，如蕨类植物、宿根花卉、球根花卉、灌木等。

（1）岩生蕨类植物：如石韦（*Pyrrosia lingua*）、井栏边草（*Pteris multifida*）、卷柏（*Selaginella tamariscina*）等。三者对光照有不同要求，石韦要求阴湿环境；井栏边草要求半阴环境；而卷柏则喜半阴又耐强光。分别适用于岩石园的不同环境。

（2）宿根岩生花卉：如常夏石竹（*Dianthus plumarius*）、野棉花（*Anemone tomentosa*）、岩生庭荠（*Alyssum saxatile*）、岩白菜（*Bergenia purpurascens*）、线叶龙胆（*Gentiana farrei*）等。都具有多年生的特点，布置岩石园后，可生长多年，生长健壮，管理成本低。

（3）球根岩生花卉：如鸢尾蒜（*Ixiolirion tataricum*）、沙葱（*Allium mongolicum*）、天蓝花葱（*Allium caeruleum*）等。以上3种都属多年生球根花卉，环境适应性强，布置后可生长多年，管理省工。

（4）低矮灌木：如大花岩芥菜（*Aethionema grandiflorum*）、百里香（*Thymus mongolica*）、长毛百里香（*Thymus lanuginosus*）、欧百里香（*Thymus serpyllum*）等。都是喜光、耐干燥、矮生或茎叶呈垫状的亚灌木。是岩石园布置的好材料。

4.3.1.2.3 根据生态适应性分类

（1）阳生岩生花卉 如岩生庭荠（*Alyssum saxatile*）、高山庭荠（*Alyssum alpestre*）、白色筷子芥（*Arabis albida*）、绒毛卷耳（*Cerastium tomentosum*）、高山石竹（*Dianthus alpinus*）、石生屈曲花（*Iberis saxatilis*）等。需光照充足，大部分岩生花卉属于此类。

（2）阴生岩生花卉 如蕨类植物石韦（*Pyrrosia lingua*）。喜阴湿的环境。

（3）旱生岩生花卉 如卷柏（*Selaginella tamariscina*）、常夏石竹（*Dianthus plumarius*）、山庭荠（*Alyssum montanum*）、石生屈曲花（*Iberis saxatilis*）、百里香、沙地旋覆花（*Inula salsoloides*）等。耐旱、耐贫瘠。大部分岩生花卉属于此类。

4.3.1.2.4 湿生岩生花卉

如石韦、井栏边草（*Pteris multifida*）等。适宜布置于岩石园的湿润处。

4.3.2　主要岩生花卉

（1）天蓝花葱　*Allium caeruleum*

别名　棱叶韭
英文名　Skyblue onion
科属　百合科葱属

形态特征　球根草本。具卵状鳞茎。株高
20～30cm。叶基生，狭线形，具3棱，开花时常
枯萎。花莛细长，高约80cm，中空，花序球状，
小花天蓝色，杯状，花被片中部具有鲜明的条
纹；花期5～6月。

产地分布　原产西伯利亚与土耳其。

生态习性　喜光耐寒、适应性强、不择土
壤、能耐瘠薄干旱，但喜肥沃的黏质土壤。

繁殖栽培　秋天分球或播种繁殖。能自播繁
衍。栽培容易，不过分干旱不需浇水。

园林用途　良好的岩石园花卉，还可用于花
境或盆栽观赏。主赏其天蓝色的球状花序。

同属岩生花卉　常用的还有：

天蓝花葱　*Allium caeruleum*

沙葱（*Allium mongolicum*），英文名 Mongolian onion。又名蒙古韭菜。球根草本。
鳞茎柱形，叶基生，狭线形。花序球形或半球形，小花紫色至紫红色。花期7～8月。
原产匈牙利、西伯利亚及阿富汗。种子寿命长，可在沙土上生长。

南欧葱（*A. neapolitanum*），又名葱葫。球根草本。鳞茎小球形，全株无葱味。叶
广线形，弯曲，淡灰绿色。花序球形，径可达7cm，着花稀疏，小花白色。花期夏
季。原产墨西哥及地中海。喜温、喜光、不耐寒、耐半阴。播种繁殖容易，也可分
球。宜用于岩石园、花境或切花。

土耳其斯坦葱（*A. schubertii*），株高15～20cm。鳞茎扁球形。叶基生，开展，椭
圆形至广卵形，粉绿色，叶脉明显。花序球形，小花肉色或淡红色，中部具紫色条
纹。花期4～5月。原产土耳其及中亚。喜光、不耐寒、喜干燥。分球和播种繁殖。
株矮、花序小，精巧美丽，是优良的岩石园植物，还可作花坛、花境和盆栽。

（2）岩生庭荠　*Alyssum saxatile*

英文名　Basket of gold
科属　十字花科庭荠属

形态特征　宿根草本。株高15～30cm。茎丛生呈垫状，基部木质化，具柔毛。
叶互生，倒披针形，有浅齿，被长柔毛，灰绿色。花金黄色。花期4～5月。

变种品种　常见变种有：

密花岩生庭荠（var. compactum），植株低矮，丛生状，花密生。

重瓣岩生庭荠（var. florepleno），花重瓣，鲜黄色。

以上两个变种，也是优良的岩石园花卉，观赏价值很高。也可盆栽观赏。

产地分布　原产欧洲南部与中部。

生态习性　喜冷凉、忌炎热，喜光照充足、空气干燥，耐干旱、忌积水，宜排水良好的微碱性土壤。

繁殖栽培　扦插或播种繁殖，春秋季可扦插繁殖。幼苗要带土移栽，否则不易成活。夏季防积水，夏季酷热时要设法降温，如适当遮荫、地面喷水等。

岩生庭荠　*Alyssum saxatile*

园林用途　岩生庭荠植株低矮，枝叶纤细，花小而繁密，是极好的岩石园花卉。也用作花境的镶边植物。

同属岩生花卉　常见的还有：

高山庭荠（*A. alpestre*），宿根草本。植株极低矮，呈垫状，高不过 10cm。叶互生，倒卵形至线形，灰绿色。总状花序短，花小、黄色。花期春季。原产南欧。其他同岩生庭荠。

山庭荠（*A. montanum*），宿根草本。株高 10~25cm。株丛紧密。叶互生，倒卵状长圆形至线形，被银灰色毛。花黄色，芳香。花期 6~7 月。原产欧洲中南部至高加索。喜光、喜冷凉和干燥；不择土壤，忌积水，不耐炎热，宜排水良好的微碱性土壤。其他同岩生庭荠。

（3）点地梅　*Androsace umbellata*

别名　铜线草

英文名　Umbellate rockjasmine

科属　报春花科点地梅属

形态特征　一年生草本。株高约 10cm，全株被白色长柔毛。叶基生，长叶柄横卧，叶近圆形，具三角状齿。花梗高出叶面，伞形花序顶生，小花白色，花冠高脚碟状，花冠筒短于花萼，喉部收缩。花期 4~5 月。

产地分布　原产中国西南及西北地区。

生态习性　适应性强，喜光，喜温暖湿润和肥沃土壤，稍耐寒、耐阴，又耐干旱瘠薄。

繁殖栽培　播种繁殖，也能自播繁衍。生长健壮，

点地梅　*Androsace umbellata*

管理简单。

园林用途 适用于岩石园，也可作地被布置。

同属岩生花卉

高山点地梅（*A. gmelinii*），宿根草本。叶圆形，基部心形，叶脉掌状。花莛被刚毛，伞形花序，花冠白色，杯状，裂片倒卵形，顶端凹缺。蒴果陀螺形。分布于湖北西部、四川和陕西南部高山区。

刺叶点地梅（*A. spinulifera*），宿根草本。根状茎木质，粗壮，老叶柄宿存。鳞叶披针状三角形，层叠；叶矩圆状倒卵形，顶端具针刺，基部下延成翅柄，中脉明显，缘具睫毛，两面被具腺刚毛。伞形花序球状，花冠紫红色，高脚碟状，径约1cm，顶端全缘。分布于云南西北部和四川西部。多生于干燥岩石上。

（4）岩白菜 *Bergenia purpurascens*

英文名 Purpule bergenia

科属 虎耳草科岩白菜属

形态特征 宿根草本。具地下根状茎，地上茎匍匐而分枝。叶簇生呈基生状。总状花序，生于茎顶，明显高出叶丛，着花6~9朵，小花紫红色。花期6月。

产地分布 原产我国西南部。生于高山树林边缘和岩石缝间。

生态习性

喜温暖湿润，不耐寒，宜半阴和排水良好的土壤。

繁殖栽培 分株、播种或扦插繁殖。秋季分株或播种。栽培中适当遮荫和控制浇水，施肥可促其多开花，在寒冷地区要保护越冬。

园林用途 花色艳丽、花期长，适于布置在温暖而夏无酷热地区的岩石园。

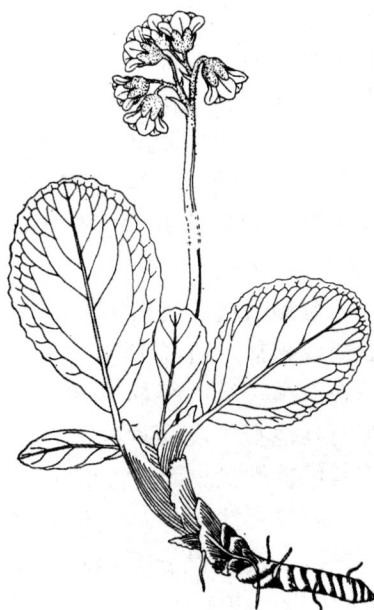

岩白菜 *Bergenia purpurascens*

（5）卷耳 *Cerastium arvense*

英文名 Starry cerastium，Starry grasswort

科属 石竹科卷耳属

形态特征 宿根簇生草本。高10~35cm。根状茎细长，茎基部匍匐，上部直立，中部叶腋常有狭叶，叶条状披针形，长1~2.5cm，宽1.5~4mm，顶端尖，基部抱茎。聚伞花序顶生，有3~7朵花，花梗细，密生白色腺毛，花瓣5，白色，倒卵形，顶端下裂1/3。

产地分布 分布于东北和华北，也广布于欧、亚温带其他地区。生于海拔2000m以上的高山草原。

生态习性　喜光，耐寒、耐旱，生长强健。

繁殖栽培　播种、扦插、分株繁殖。在低海拔地区栽培，夏季应适当遮荫。

园林用途　用于岩石园，或作地被。

（6）西洋石竹　*Dianthus deltoides*

别名　少女石竹、一叶石竹

英文名　Maiden pink

科属　石竹科石竹属

形态特征　宿根草本。株高 15~25cm，低矮丛生呈毯状覆盖地面。营养茎匍匐地面，着花茎直立，叉状分枝，稍被毛。叶小，线状披针形，具 3 条纵脉，有长柄。花单生，瓣浅裂呈尖齿状，有须毛，花粉、白或淡紫色，喉部常有"一"形或"V"形斑；芳香，苞片 2 枚狭而尖。花期 6~9 月。

产地分布　原产英国。

生态习性　喜凉爽湿润和排水良好的沙质壤土；耐干热，常不能开花；耐半阴，耐干旱。在华北地区可露地越冬。

繁殖栽培　可播种、分株及扦插繁殖。种子繁殖，春播或秋播，适温 15℃左右，温度过高不利发芽。分株在春季进行。扦插春季进行容易成活。栽培中应加强与其他石竹及品种的隔离，否则容易产生混杂而丧失其优良性状。养护管理简单。

园林用途　株丛呈毯状覆盖地面，枝叶纤细，开花繁密，是布置岩石园的极好材料。也可用作花坛、花境的镶边植物。

同属岩生花卉

奥尔沃德氏石竹（*D. allwoodii*），宿根草本。株高 30~40cm，叶丛生，质硬，较宽，花色丰富，花瓣全缘或有齿牙。花期 7~9 月。有单瓣和重瓣等品种。繁殖栽培等同西洋石竹。花色丰富，观赏价值较高，可用于各种形式的岩石园。

常夏石竹（*D. plumarius*），又名羽裂石竹。宿根草本。株高约 30cm。茎蔓状簇生，上部多分枝，枝叶细而紧密，呈毡状丛生状。植株光滑被白霜，叶缘具细齿，中脉在叶背隆起。花 2~3 朵顶生，花瓣先端深裂呈流苏状，基部具爪，花粉红、紫、白或复色，表面常有环纹或紫黑色的心，微香。花期 5~10 月。园艺品种丰富。原产奥地利及西伯利亚。耐寒、耐干燥，不耐炎热。可用于各种形式的岩石园以及花境和

卷耳　*Cerastium arvense*

西洋石竹　*Dianthus deltoides*

切花。英国育出杂交种 *D. caryophyllus* × *D. plumarius*，耐寒、耐干旱。株丛紧密。

（7）砂蓝刺头 *Echinops gmelini*

别名 火绒草

英文名 Gmelin globethistle

科属 菊科蓝刺头属

形态特征 一年生草本。株高 30~60cm。茎直立，有腺毛，下部分枝或无。叶互生，披针形，无柄，基部半抱茎，边缘具白色硬刺；叶两面有毛，黄绿色。复头状花序单生枝顶，球形，白色或淡蓝色。小头状花序外总苞为白色刚毛，完全分离；内总苞片端部芒状，上部边缘有羽状睫毛。花期 6~9 月。

产地分布 原产中国东北、华北、西北等地。

生态习性 喜光、耐干旱及瘠薄土壤，喜凉爽、耐寒，宜排水良好的沙质壤土。

繁殖栽培 春季进行播种或分株。性强健，适应性广，栽培管理简单。

园林用途 优良的岩石园植物，也可作固沙地被。

砂蓝刺头 *Echinops gmelini*

（8）华丽龙胆 *Gentiana sino-ornata*

英文名 Chinese-decorated gentian

科属 龙胆科龙胆属

形态特征 宿根草本。株高 10~20cm，地下茎匍匐状，具肉质根。茎斜升，光滑。叶对生，条形或矩圆状披针形，长 1~3.5cm，宽 3~6mm，端短尖，基部连合成短鞘，茎下部叶较小，向上渐大。花单生茎顶，近无柄，花冠漏斗状，长 5~6cm，蓝色，有黄绿色条纹。花期夏季。

产地分布 分布于我国西北和西南地区，包括甘肃、青海、四川、云南、西藏等地。生于海拔 1800~3400m 的山顶或山坡草地。

生态习性 喜冷凉、湿润，稍耐寒，耐干旱瘠薄，对土壤要求不严。

繁殖栽培 春季播种或嫩枝扦插，也可分株繁殖。栽培宜选不含石灰质的湿润土壤。

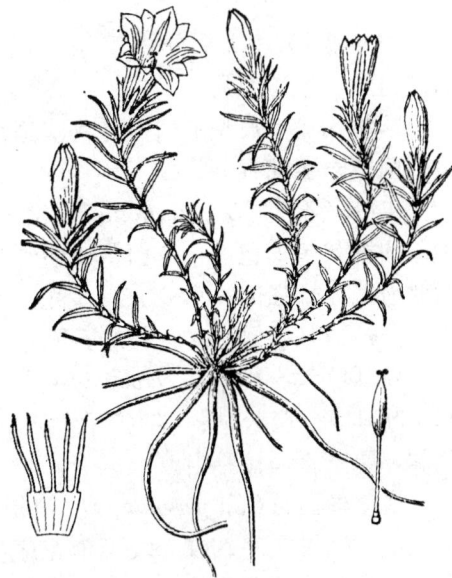

华丽龙胆 *Gentiana sino-ornata*

夏季适当遮荫，每隔几年分株更新1次，有利于植株的复壮和株形的丰满。

园林用途 开花蓝色，清新亮丽，是夏季凉爽地区优美的岩石园花卉。还可布置于假山或盆栽观赏。

同属岩生花卉 常见应用的还有：

线叶龙胆（*G. farrei*），宿根草本。株高5~10cm。茎丛生，铺散状斜伸。叶线形，先端急尖，下部较宽，叶柄白色。花单生茎顶，无花梗，基部包于上部叶中，花冠筒状漏斗形，花亮蓝色，有蓝色和黄绿色条纹，喉部黄白色。花期8~9月。原产我国西藏，主要分布于西北、四川。喜光、耐寒、耐干旱瘠薄、不耐炎热、忌积水，喜微碱性土壤。株矮花美，是岩石园的良好材料，也可盆栽观赏。

（9）匍生丝石竹 *Gypsophila repens*

别名 匍生石头花

英文名 Creeping gypsophila

科属 石竹科丝石竹属

形态特征 宿根匍生草本。株高约15cm，茎匍匐或横卧，基部稍木质化，先端直立，光滑带红晕。叶近肉质，线状披针形。稀疏伞房花序，花白或粉红色。花期6~9月。

产地分布 原产阿尔卑斯山。

生态习性 性喜凉爽、充足光照、干燥而肥沃的微碱性土壤，耐寒，耐贫瘠、不耐炎热。

繁殖栽培 秋季分株繁殖，也可扦插。管理粗放，栽培容易。

匍生丝石竹 *Gypsophila repens*

园林用途 典型的岩生花卉。适用于岩石园、墙园，也可作花境镶边材料。

同属岩生花卉

尖叶丝石竹（*G. acutifolia*），宿根草本。株高可达1m。叶线状披针形，先端锐尖。圆锥状聚伞花序，花白色或粉红色。花期夏秋季。原产高加索地区及我国华北、西北地区。性强健，喜冷凉，喜光、耐寒、不耐炎热，耐贫瘠但喜含石灰质的肥沃土壤。分株或扦插繁殖。宜作岩石园布置的背景；也可用于花坛、花境；还可作切花。

卷耳状丝石竹（*G. cerastioides*），宿根草本。株高10cm。全株被软毛，茎匍匐，基生叶耳状，具长柄；茎生叶倒卵形。花大，径约2cm，白色至淡紫色，花瓣上有红色脉。原产喜马拉雅山。

抱茎丝石竹（*G. perfoliata*），宿根草本。叶阔披针形或卵状披针形，先端尖，对生抱茎。圆锥花序，或二歧聚伞花序，花小，白色或粉红色。花期5~6月。原产欧洲、日本及我国东北。

（10）鸢尾蒜　*Ixiolirion tataricum*

英文名　Tartarian ixiolirion

科属　鸢尾科鸢尾蒜属

形态特征　球根花卉。株高25～35cm。鳞茎卵形。叶基生，3～8枚簇生，狭条形。花3～6朵顶生于花莛顶端，呈伞形花序或伞形状总状花序，下具2～3枚膜质总苞片，小花被片狭披针形，淡蓝色或淡紫色，微香。花期5～6月。

产地分布　原产我国新疆北部。

生态习性　喜温暖、稍耐寒，喜光照充足，不择土壤，但以排水良好的沙质壤土上生长最好。

繁殖栽培　春季分球繁殖。早春萌芽早，易受晚霜寒害。注意防护。秋季挖球后，分离母球与子球，分别堆放于微潮的沙中，在15℃下越冬。

园林用途　适用于南方岩石园中，也可作地被植物。

鸢尾蒜　*Ixiolirion tataricum*

（11）丛生福禄考　*Phlox subulata*

别名　针叶天蓝绣球

英文名　Moss phlox，Mosspink

科属　花荵科福禄考属

形态特征　宿根草本。株高10～15cm。茎匍匐，密集丛生成毯状，基部稍木质化。叶多而密集，质硬，锥形。花小，呈伞房花序，花冠裂片倒心形，尖端有深缺刻，花色丰富，有粉、雪青、白等色及具条纹的品种。花期3～4月。

产地分布　原产北美。

生态习性　喜光、耐寒、耐旱、抗热，对土壤要求不严，但喜石灰质壤土。

繁殖栽培　春天进行分株、扦插繁殖；播种于秋季进行。栽培中注意雨季排水，勿使积水。管理简单。

园林用途　是极优美的岩生花卉，园艺品种多，花色丰富，可形成色彩缤纷的景观效果。也可作毛毡花坛及护坡地被材料。

同属岩生花卉　常见的还有：

丛生福禄考　*Phlox subulata*

愉悦福禄考（*P. amoena*），宿根草本。株高 15～25cm。全株被毛。茎匍匐，叶多基生，较小，长椭圆状披针形至线形。聚伞花序，下面有数枚苞状叶片，小花密集，淡紫、粉红或白色。花期 5～6 月。原产北美。抗寒、喜光、极耐干旱，喜石灰质土壤。春季分株、扦插；秋季播种。开花繁密，可覆盖枝叶，观赏价值较高。为优良的岩石园花卉。

蔓生福禄考（*P. nivalis*），宿根草本。株高 15cm。全株被毛。茎匍地生长呈垫状。叶锥状。花大，着花稀疏，花粉白、淡红、红、紫色。外形与丛生福禄考相似，但雄蕊与花柱较短，花大，可达 2.5cm，花期也早，4～5 月。是布置岩石园的良材。还可以用于毛毡花坛和光照良好处的地被。

（12）井栏边草　*Pteris multifida*

别名　凤尾草、井兰草

科属　凤尾蕨科凤尾蕨属

形态特征　宿根草本。根状茎直立，植株细弱，株高 30～70cm。叶簇生，草质，羽状复叶，叶二型，能育叶羽片长卵形，其下部羽片常 2～3 叉，羽片条形，孢子囊群沿叶边连续分布；营养叶的羽片较宽，缘具不整齐的尖锯齿。

产地分布　分布于我国河北、山东、安徽、江苏、浙江、湖南、湖北、江西、福建、台湾、广东、广西、贵州和四川；朝鲜南部和日本也有。生于墙缝、井边和石灰岩质土上。

生态习性　喜温暖湿润、半阴环境，不耐寒，喜石灰质土壤。

繁殖栽培　分株或孢子繁殖。宜用肥沃、湿润的碱性土壤栽培，适当蔽荫，生长季节要经常向地面喷水，以保持较高的湿度。越冬温度不可低于 5℃。

井栏边草　*Pteris multifida*

园林用途　用于岩石园的阴湿石缝处或阴湿的地面，也可盆栽观赏。

（13）石韦　*Pyrrosia lingua*

别名　金背茶匙、小石韦

英文名　Tongue fern

科属　水龙骨科石韦属

形态特征　宿根常绿草本。高 10～30cm。根状茎长而横走。叶具长柄，基部有关节，厚革质，表面有凹点，叶背密被灰棕色毛。叶二型，可育叶与不育叶同形，披针形至矩圆披针形，长 8～12cm，宽 2～5cm，前者略窄。孢子囊群在侧脉间整齐地排列。

产地分布　分布长江以南各地，东到台湾；越南、日本也有。附生于树干或岩石上。

生态习性　喜温暖阴湿环境。

繁殖栽培　分株或孢子繁殖。用疏松而保水好的基质栽培，注意保持水分供应充足。

园林用途　适用于暖地岩石园布置。种植于阴湿处。也可盆栽观叶。

（14）费菜　*Sedum kamtschaticum*

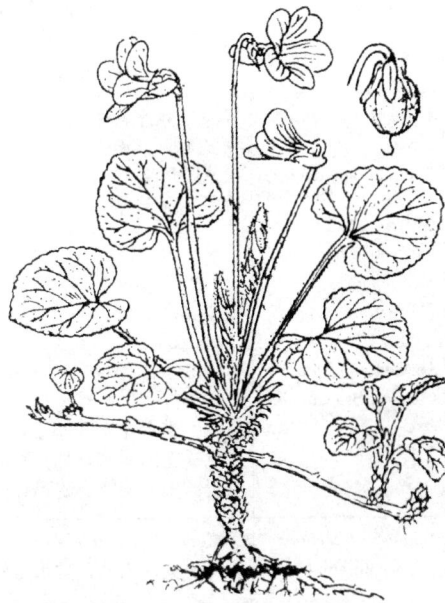

别名　金不换、堪察加景天

英文名　Orange stonectop

科属　景天科景天属

形态特征　宿根多浆草本。茎丛生，有根茎，可蔓延为草甸状，花茎伸出，高约 15～30cm。叶互生，偶有对生，匙形或倒卵形，长约 5cm，先端有疏齿。顶生聚伞花序，小花黄色或橘黄色。

产地分布　分布于亚洲东北部，日本、朝鲜也有。

生态习性　喜阳光充足，排水良好的沙质壤土。

繁殖栽培　分株或根插繁殖，极易成活。在北京地区要稍加保护越冬。

园林用途　花叶均美，尤其株丛在花前圆整漂亮。用为护坡地被、岩石园或植于石垣缝隙中。

石韦　*Pyrrosia lingua*

费菜　*Sedum kamtschaticum*

香堇　*Viola odorata*

（15）香堇 *Viola odorata*

英文名 Sweet violet

科属 堇菜科堇菜属

形态特征 宿根草本。株高 10～20cm，全株被柔毛。茎极短，生有倒伏状于第二年开花的匍匐茎。叶心状卵形至肾形，缘具钝齿，托叶卵状披针形。花梗基生，花着生于花梗顶端，花深堇紫色，芳香。花期 2～4 月。

变种品种 香堇有开玫瑰红色、白色花的品种，还有重瓣和长期开花的品种。

产地分布 原产欧洲。

生态习性 喜光、略耐半阴，较耐寒、喜凉爽，忌炎热和雨涝，宜湿润的、富含腐殖质的沙质壤土。

繁殖栽培 播种或分株繁殖，秋季播种，需带土移植。生长期应供给充足的水肥。

园林用途 香堇株丛低矮，花具芳香，是良好的岩石园和地被植物，还可布置花坛或盆栽观赏。

4.3.3 其他岩生花卉

表 4-3 其他岩生花卉

植物名称（科名）	拉丁学名（英文名）	形态与生态特点	繁殖方法	园林用途
矮蓍草（菊科）	*Achillea nana*（Dwarf yarrow）	宿根草本。高 5～10cm。全株密被茸毛。根匍匐状，茎不分枝，具匍匐枝，叶羽状深裂。小花灰白色，花期 7～10 月。耐寒、喜光、耐干旱瘠薄、忌湿热	播种、分株、软材扦插	盛花时覆盖株丛。观赏价值高。优良的岩石园植物
大花岩芥菜（十字花科）	*Aethionema grandiflorum*（Persian stonectess）	宿根草本。茎直，细而分枝，高 35～60cm。叶多无柄，灰白色，长圆状条形，端钝。总状花序顶生，玫红色，花期 6～7 月。喜光、耐寒、耐干燥、忌水湿，要求排水良好土壤	播种	矮生，耐干、耐旱，开花繁花似锦。适用于岩石园、墙垣种植
秋牡丹（毛茛科）	*Anemone hupehensis* var. *japonica*（Hupeh anemone）	宿根草本。株高 50～80cm。花萼花瓣状，花大，半重瓣或重瓣化。花期 8～10 月。喜温暖凉爽，不结实	分株	用于岩石园。或园林中丛植，盆栽或切花
大火草（毛茛科）	*Anemone tomentosa*（Tomentosa anemone）	宿根草本，高 40～120cm，叶基生，三出复叶，小叶卵形，叶密被茸毛，具长柄。花葶高挺，聚伞花序，小花萼片 5，淡紫或带粉红色。花期夏秋。原产中国西北、华北。喜温暖凉爽，耐寒，耐旱，耐瘠薄	播种	适宜岩石园布置，也可用于花境等
洋牡丹（毛茛科）	*Aquilegia flabellata*（Fan columbine）	宿根草本。高 20～40cm。花径约 5cm，花色紫、淡蓝或白。喜排水良好的半阴处	播种	岩石园或盆栽

（续）

植物名称 （科名）	拉丁学名 （英文名）	形态与生态特点	繁殖 方法	园林用途
紫花蚤缀 （石竹科）	*Arenaria purpurascens* （Purple-flowered sandwort）	宿根草本。茎丛生，株高约 15cm。花堇粉色。花期 7～8 月	播种、分株或扦插	岩石园或地被
匐生车叶草 （茜草科）	*Asperula gussonei*	宿根草本。株极矮，匐生地面，如草甸状。叶对生，卵状长圆形至线状披针形。花粉白色。不耐寒	分株	岩石园、地被
蓝花车叶草 （茜草科）	*Asperula orientalis* （Oriental woodruff）	一年生草本。高约 30cm。茎多分枝，断面方形，叶假轮生，每轮 6 片，披针形。花序为叶状苞片包围，花漏斗形，蓝色，4 裂片。喜湿润半阴环境	播种	供岩石园与花境布置
南欧风铃草 （桔梗科）	*Campanula portenschlagiana*	宿根草本。株高 10～15cm。茎密生，叶小，心脏形。总状花序顶生，雪青色，花期 5～6 月。喜冷凉干燥，要求排水良好	分株、播种、扦插	岩石园布置，优良的盆栽植物
小红菊 （菊科）	*Dendranthema chanetii* （Chanet dendranthema）	宿根草本。株高 10～35cm，具细而多分枝的匐匍枝。叶宽卵形，下部叶具浅裂。头状花序生枝顶，排成伞房状，舌状花粉红、红紫或白色。花期 6～7 月。耐寒、喜光、耐干旱瘠薄、忌湿热，喜肥土	分株、播种	优良的岩石园植物。盛花时，小花覆盖株丛，有较高的观赏价值
彩虹菊 （番杏科）	*Dorotheanthus bellidiformis*	一年生花卉。株高 10～15cm。茎匍匐。叶肉质匙形。花单生，花色丰富。喜温暖、喜光、耐干旱瘠薄	播种	岩石园；花坛、吊盆、向阳地被
岩青兰 （唇形科）	*Dracocephalum rupestre* （Rupestrine dragonhead）	宿根草本，高 15～40cm，全株被短柔毛。基生叶具长柄，茎生叶向上叶柄渐短以至无柄，叶三角状卵形，缘具齿。轮伞花序，密集成头状，花冠唇形，紫蓝色。花期 8～9 月。分布于辽宁、内蒙古、河北至青海。耐寒、耐旱、喜光、耐半阴	播种、分株	优良的岩石园植物，全草可代茶
仙女木 （蔷薇科）	*Dryas octopetala* （Mountain avens, Mt. Washington dryas）	常绿亚灌木。高 3～7cm。茎基部多分枝。叶丛生，宽椭圆形，先端圆形，有圆钝锯齿。花杯状，单生白色。喜光、喜凉爽、喜腐殖质土	分株、扦插	岩石园布置
短叶雀舌兰 （凤梨科）	*Dyckia brevifolia* （Dyckia）	常绿宿根草本。高 8～10cm。叶莲座状着生，肥厚，雀舌状，叶缘具小白刺。花葶高于叶丛，穗状花序，小花钟形，橘黄色。花期 5～6 月。喜温较耐寒，喜阳耐半阴，宜春夏湿润、秋冬略干环境	分株	株形奇特而美丽，宜用于岩石园，或作小型盆栽
血红老鹳草 （牻牛儿苗科）	*Geranium sanguineum* （Red cranes Bill）	宿根草本。高 40cm。枝密集开展，有白毛。叶 5～7 深裂，裂片具披针形长锯齿。花红紫色。耐寒、花期长。有白花矮生、粉花矮生品种	播种或分株	岩石园或花境布置
金丝蝴蝶 （金丝桃科）	*Hypericum ascyron* （Giant St. Johnswort）	宿根草本。顶生聚伞花序，花径 2.5～5cm。耐寒、耐旱	播种、扦插、分株	岩石园，盆栽

（续）

植物名称（科名）	拉丁学名（英文名）	形态与生态特点	繁殖方法	园林用途
岩生屈曲花（十字花科）	*Iberis saxatilis*（Rock candytuft）	宿根草本。高 10～15cm。茎多分枝，全株有毛。叶互生，伞形花序，小花白色，花期 5 月。喜凉、阳光充足的干燥环境，耐旱、耐瘠薄、忌湿涝	分株、播种	开花繁密，株丛紧密低矮，是良好的岩石园植物
沙地旋覆花（菊科）	*Inula salsoloides*（Salsola-lika inula）	宿根草本，地下茎横生，地上茎直立，多分枝。叶互生，无柄，基部抱茎，披针形，全缘。头状花序顶生，舌状花淡黄色。花期 5～8 月。原产中国西北部。喜冷凉，稍耐寒，极耐干旱，不择土壤	分株	是布置岩石园的良好材料，也可作固沙地被
高山亚麻（亚麻科）	*Linum alpinum*（Alpine flax）	宿根草本。高约 20cm。茎细弱，叶互生，线形。花大，蓝色，花期 7～8 月。性强健，耐寒、喜光，要求排水良好的土壤	分株或播种	优良的岩石园植物
全缘绿绒蒿（罂粟科）	*Meconopsis integrifolia*（Entire meconopsis）	宿根草本，高 25～90cm，茎粗，生棕色长柔毛。基生叶多数，倒披针形，基部渐狭成长柄，具 3～5 条主脉。花常 1 朵顶生，上部叶腋抽生 3～4 朵花，花瓣 6～8 枚，倒卵形，黄色。花期 7～8 月。分布于我国云南西北部、四川西部、青海和甘肃南部。生于高海拔地区。喜凉爽湿润环境，冬季宜干燥	播种或分株	花大色美，是高山园、岩石园和宿根花卉园的良好材料
高山罂粟（罂粟科）	*Papaver alpinum*（Alpine poppy）	宿根草本。株高约 25cm。叶基生，被白粉，灰绿色，一至三回羽状全裂。花瓣 4 枚，白色至黄色，具芳香。花期 6～7 月。喜冷凉、耐寒、喜光照充足	分株、播种	优良的岩石园植物，也可用于花境布置
大红罂粟（罂粟科）	*Papaver bracteatum*（Great searlet poppy）	宿根草本。高 100～140cm。全株被白色刚毛。叶基生，羽状深裂，缘具粗齿。花大，花猩红色瓣基黑色。花期 6～7 月。性强健，喜冷凉、耐寒、喜光、不择土壤	分株为主，也播种	花大色艳，观赏价值高。适用于夏季凉爽地区的岩石园布置
岩生肥皂草（石竹科）	*Saponaria ocymoides*（Basil-like soap-wort）	宿根草本。高约 25cm。茎匍匐，多分枝，叶匙形，长不足 3cm，聚伞花序，花紫色或粉紫色，有红色品种。花期 5～9 月。耐瘠薄，喜温暖干燥环境	播种或扦插。可自播繁衍	岩石园、墙园。种植石缝中，枝叶下垂，观赏效果好
卷柏（卷柏科）	*Selaginella tamariscina*（Littleclub moss）	常绿宿根草本。高 5～15cm，茎直立，不分枝，茎顶丛生扇形分叉的扁平小枝，小枝伸展为莲座状，叶似侧柏的鳞叶。孢子囊穗生于小枝顶端，四棱形，孢子叶三角形。原产中国，俄罗斯、日本也有。喜半阴，耐寒，极耐干旱	孢子繁殖	植株低矮呈莲座状，枝叶形似柏枝，绿色，可用之点缀岩石或地面，可作疏林地被或盆栽
蛛网长生草（景天科）	*Sempervivum arach-noideum*（Spiderweb houseleek）	宿根多浆植物。植株低矮成簇。叶互生，螺旋排列成莲座状。无柄，倒卵形。端有蜘蛛状细毛。顶生聚伞花序，花粉至红色。喜光、耐寒、耐旱，花后植株死亡	多用分株	植株小巧秀丽，作温暖地区岩石园布置，也是室内盆栽佳品

（续）

植物名称 （科名）	拉丁学名 （英文名）	形态与生态特点	繁殖 方法	园林用途
矮雪轮 （石竹科）	*Silene pendula* （Drooping silene）	二年生草本。高 30cm。全株具白色柔毛，多分枝，茎半匍匐状。叶对生，卵状披针形。花腋生，花瓣倒心形，先端 2 裂，粉红色。花期 5～6 月。耐寒、喜光、喜肥	播种	可点缀岩石园，布置花坛、花境
百里香 （唇形科）	*Thymus mongolicus* （Chinese thyme， Mongolian thyme）	亚灌木。茎叶有香味，叶对生，叶片卵形，全缘，花茎上部叶苞片状。头状花序，花二唇状，紫红至粉红色。喜光、耐寒、宜干燥，要求排水良好的沙质壤土	播种或 分株	适用于岩石园、花坛、花境。可作缓坡地被或栽于墙园石缝中
紫花地丁 （堇菜科）	*Viola philippica* （Nakepetal violet）	宿根草本。株高不足 10cm。花紫堇色，花径约 1.5cm，喜光，宜疏松的壤土	分株、 播种	用于岩石园及地被

4.4　攀缘花卉

4.4.1　概述

4.4.1.1　概念

一些观赏植物的茎不能直立生长，或攀附他物上升；或匍卧地面蔓延；或垂吊向下生长。这些不能直立生长的观赏植物，或为木质藤本，或为蔓性草本，可统称为攀缘花卉。攀缘花卉是垂直绿化或立体绿化的基础材料。可用于坡地、墙面、屋顶、篱垣、棚架、花门、林下和室内装饰等方面，是美化装饰不可缺少的花卉类群。在现今城市高楼密集，绿化美化空间狭小的情况下，攀缘花卉对开拓立体绿化美化空间，扩大其数量，丰富其形式，改善城市生态景观，提高环境生态质量具有不可替代的作用和广阔的应用前景。

4.4.1.2　类别

攀缘类花卉的特点是茎细长，不能直立，但具有借自身的作用或特殊结构攀附他物向上伸展的习性。或无物可攀，常匍匐或垂吊生长。其攀缘的形式可分缠绕型、卷攀型、棘刺型、依附型等。

（1）缠绕型：以细长的茎螺旋状缠绕他物向上伸展。如落葵、五味子、三叶木通、马兜铃、猕猴桃、红花菜豆等。又分左旋式、右旋式和左右旋式。左旋式，茎总是向左旋转攀缘上升，如海金沙、牵牛、常春油麻藤等；右旋式，茎总是向右旋转缠绕，如鸡矢藤、忍冬类等；左右旋式，茎无固定旋转缠绕方向，如文竹、何首乌等。

（2）卷攀型：茎不旋转缠绕，以枝、叶变态形成的卷须或叶柄、花序轴等卷曲缠绕他物直立或向上生长。一般只能卷缠较细的柱状体。如香豌豆、炮仗花、菝葜、嘉兰、铁线莲、葡萄、西番莲、葫芦、栝楼、珊瑚藤、鹰爪豆等。

（3）吸附型：这类花卉，茎既不缠绕，也不具备卷曲缠绕器官，是借茎末端膨大而成的吸盘或气生根吸附他物表面或穿入内部而附着向上。如爬山虎、五叶地锦、胡椒、薜荔、常春藤、龟背竹、麒麟叶、美洲凌霄等。

（4）棘刺型：茎或叶具刺状物，借以攀附他物上升或直立。分为枝刺和皮刺。攀附能力较弱。如叶子花、钩藤、蔷薇、悬钩子、茜草、葎草等。

（5）依附型：茎细长而柔软，无任何攀缘结构，能借本身的分枝、叶柄等依靠他物的衬托而攀升很高。如南蛇藤、千里光等。

4.4.1.3　选择应用要点

（1）根据绿化美化的应用需要选用适宜的攀缘花卉。如为攀缘棚架、花门、墙面等，可选用紫藤、叶子花、五叶地锦、爬墙虎、海金沙、葫芦等；若为地面覆盖，可选用连钱草、虎耳草、马蹄金等；若是布置悬吊或下垂景观，可选用花叶蔓长春花、垂蔓竹等。

（2）为提高美化效果应选用具有一定观赏价值的攀缘花卉。要求株态优美、开花艳丽、装饰效果好。

（3）生长健壮、病虫害少、无异味、适应当地风土条件。

（4）生长迅速、枝叶茂密、攀缘或覆盖力强。

4.4.2　主要攀缘花卉

（1）文竹　*Asparagus setaceus*

别名　云片竹

英文名　Setose asparagus

科属　百合科天门冬属

形态特征　常绿攀缘草本。茎细长，纤弱，丛生，多分枝，高可达数米，具攀缘性。叶状枝纤细，刚毛状，6～13 枚成簇，绿色，水平伸展，呈三角形云片状。叶退化成鳞片状，白色膜质或成倒刺状。花小，白色，1～4 朵生于短柄上。花期夏季。浆果球形，成熟时黑色。

变种品种　文竹主要品种有：

‘矮’文竹（‘Nanus’），茎丛生，矮小，直立，叶状枝密而短。

‘大’文竹（‘Robustus’），生长势强，整片叶状枝比文竹长，小叶状枝短，排列不规则。

文竹　*Asparagus setaceus*

‘细叶’文竹（‘Toenui－ssimus’），叶状枝长，淡绿色，具白粉。

‘圆锥’文竹（‘Pyramidalis’），株态疏松，圆锥状。

‘柏叶’文竹（‘Cupressoides’），叶状枝形如柏树枝。

产地分布　原产南非南部，世界各地普遍栽培。

生态习性 喜温暖湿润环境，不耐强光和低温。性喜肥，要求疏松肥沃、排水良好的沙壤土。

繁殖栽培 文竹用播种繁殖。种子寿命较短，第二年即不发芽。为取得较高的发芽率，最好种子采下即播，或保湿沙藏至次年3~4月，于温室内播种，播前将种子用水浸泡1天，播后保持土壤湿润，在温度20℃下，经20~30天发芽。待苗高5~10cm时分苗，生长期每月追施稀薄液肥1次，以氮、钾肥为主。夏季在荫棚下栽培，不可阳光直射，否则会枝叶发黄，呈焦灼状。要调节浇水，不可过多，会引起肉质根腐烂；也不可缺水，尤其新枝抽出时，一经缺水，新枝顶端萎蔫，致使叶状枝不能继续生长，严重时甚至造成死亡。每年春季换盆1次，盆土可用壤土、腐叶土、沙和腐熟厩肥混合配制。一二年生植株，绿茎直立，水平伸展的叶状枝，分层排列，甚为美观。其后，抽出攀缘的长蔓，要设立支架牵引，使枝条攀附其上。秋末移入温室，冬季温室保持5~10℃。为生产种子，需于温室向阳处地栽，加强肥水管理，并搭架诱引，注意枝条均匀分布，注意通风。花前追施磷、钾肥，在花期重复进行人工授粉，以提高结实率，12月至翌年4月，种子陆续成熟，浆果由绿色变成黑色，即可采收。去掉果皮，晾干后即可播种。

园林用途 文竹枝叶纤细，四季常青，茎秆挺直，叶状枝如片片绿色薄云，层次分明，错落有致，青翠幽雅。成龄植株，攀附棚架上，形成美观秀丽的造型，装饰性很强，此外，文竹还是良好的插花用枝材。

同属攀缘花卉

垂蔓竹（*Asparagus asparagoides*），别名卵叶天冬。宿根垂吊草本，茎细长，呈"之"字形折曲，绿色无刺，全株柔弱下垂。叶状枝单生，互生，卵圆形，具多条明显的叶脉，基部心形或圆形。花小，绿白色，浆果暗紫色。原产南非。喜温暖湿润半阴环境，不耐寒、不耐旱、忌水涝，要求富含腐殖质、排水良好的土壤。播种繁殖。可室内盆栽垂吊观赏，又是蔓性线形的高档枝材。

天门冬（*A. sprengeri*），别名天冬草。常绿蔓性草本。茎半蔓性，丛生，叶状枝扁线形，簇生。叶退化为鳞片状，褐色，刺状。花白色，有香气。浆果球形，成熟时红色。原产非洲南部。喜温暖湿润、光照充足环境，不耐寒。分株或播种繁殖。可作室内地被或垂吊布置，也是良好的插花用线形枝材。

（2）叶子花 *Bougainvillea spectabilis*

别名 三角花、毛宝巾、九重葛

英文名 Brazil bougainvillea

科属 紫茉莉科叶子花属

形态特征 常绿攀缘木质灌木。全株密生茸毛，枝拱形下垂，茎具弯刺。单叶互生，卵形或卵状披针形，长4~10cm，全缘。花3朵聚生枝顶，生于3片紫红色叶状苞内，苞片卵圆形，长3~3.5cm。花期长，全年开花不断，但以秋季至春季开花较盛，蒴果具5棱，很少结实。

变种品种 品种繁多，花色、叶色和重瓣程度都有明显变化。如'白'叶子花

('Alba－plena')，苞片白色；'玫红'叶子花（'Rosea'），苞片玫红色；'砖红'叶子花（'Lateritia'），苞片砖红色；'朱锦'叶子花（'Lateritia Variegata'），苞片朱红色；'粉红叶子花（'Thomasi'），苞片粉红色；'桃红'叶子花（'Turley's Special'），苞片桃红色；'异色'叶子花（'Mary Palmer'），全株苞片两种花色相杂，常见为白与紫两色相杂；'花叶艳紫'叶子花（'Variegata'），叶片具黄白色纹，苞片艳紫色；'重瓣金黄'叶子花（'Tahi Tian Gold'），苞片重瓣，金黄色；'重瓣紫红'叶子花（'Rubra Plent'），苞片重瓣，紫红色等。还有矮生和半矮生的品种。

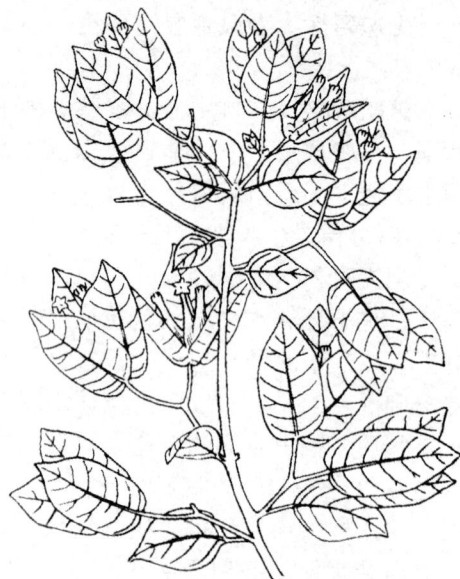

叶子花　*Bougainvillea spectabilis*

产地分布　原产巴西、秘鲁、阿根廷等国。当地年平均温度29℃左右，最冷月平均温度12℃左右。年降水量1000～2000mm，终年无霜。1872年引入我国台湾，现海南、广东、广西、福建、云南等地均有栽培。长江流域以北地区温室栽培。

生态习性　喜温暖湿润、光照充足环境。性强健，萌芽力强，耐修剪。不耐寒，冬季室温需保持15℃以上，否则不能开花，不可低于7℃。较耐高温，气温达到35℃以上仍能正常生长。华南地区可露地越冬。光照不足开花少，甚至引起落叶。对土壤要求不严，耐干燥瘠薄、耐碱、忌积水，喜轻松肥沃、排水良好的沙质壤土。

繁殖栽培　扦插或压条法繁殖。扦插于春季或雨季进行，选取1～2年生健壮枝条，剪成10～15cm的插穗，插床填以沙壤土，遮荫并保持土壤及周围环境的湿度，30天左右可以生根。压条繁殖，宜在生长前期进行，压在土中部分可以环剥，生根后秋季切离母株。

栽培过程中要多次摘心，以形成丛生、丰满而低矮的株形。也可设立支架，使之攀缘其上。春季发芽前换盆；夏季和花期要及时浇水，花后要减少浇水量；叶子花是喜光植物，在室内外栽培都要放于光照充足处；生长期每周追施液肥1次，花期前增施几次磷肥，以使开花美大；花期落花、落叶较多，要及时清理；花后进行整形修剪，将枯枝、密枝、病弱枝和枝梢剪除，促生新枝，使开花繁茂盛大；每5年可重剪更新1次；冬季控制浇水，令植株充分休眠，来年会开花更好。

为满足节日布置的需要，可进行催延花期的处理，北京地区叶子花的正常花期是5～8月，5月中旬是盛花期，若使之"五一"开花，要进行加温处理，在室温20℃以上条件下，经40～50天开花；若令"十一"开花，要遮光，进行短日照处理，每天光照8小时，约经60天开花。

园林用途　叶子花生势强健，花期很长，色彩艳丽，适宜盘扎造型，是北方地区优良的花木，适用于多种环境的室内外绿化、美化。经催延花期处理，可在"五一"、

"十一"等节日开花，是节日布置的重要花卉。在云南和华南地区，可露地栽培，几乎全年开花，是极好的攀缘绿化材料，用于花架、拱门、墙面覆盖等；也适于作河边、坡地的彩色地被。

同属攀缘花卉 同属植物约 18 种，皆分布于南美。用于观赏的藤蔓花卉还有：

光叶叶子花（*B. glabra*），常绿木质藤本，枝长可达 5m 以上。茎具直刺，刺长 5 ~ 20mm，嫩叶有毛，成熟叶无毛，有光泽，单叶互生，卵形至卵状椭圆形，全缘。苞紫色。原产巴西。越冬温度不可低于 5 ~ 7℃。主要园艺品种如：'白苞'（'Elizabeth Doxey'）、'橙苞'（'Auratus'）、'艳紫'（'Sanderiana'）、'柠黄'（'Salmonea'）、'蓝紫'（'Glabra'）、'金心'（'Sanderiana Vriegata'）、'银边'（'Variegata'）、'杂种叶子花'（'Mary Palmet'）、'重瓣艳红'（'Louis Wathen'）等。

杂种叶子花（*B. × buttiana*），是光叶叶子花的杂交种，花萼与雄蕊退化成与花苞同色的薄片，重瓣状似花球，花期较长。主要园艺品种有：'湖红'（'Crimson Lake'）、'黄锦'（'Doublon'）、'金黄'（'Pretiria Variegata'）、'双色'（'Mary Palmer'）和'重瓣洋红'（'Louis Wathen'）等。

光叶叶子花　*B. glabra*

（3）凌霄 *Campsis grandiflora*

别名　大花凌霄、凌霄花、紫葳
英文名　Chinese trumpetcreeper
科属　紫葳科凌霄属

形态特征 落叶攀缘木质藤本。茎长 9 ~ 10m，最长可达 20m，茎具细条状纵裂，以气生根攀附他物。奇数羽状复叶，对生，小叶 7 ~ 9 枚，卵形至长卵形，叶缘有疏齿，两面无毛。聚伞或圆锥花序，顶生；花萼绿色，钟形，具 5 条纵棱，5 裂；花冠漏斗状钟形，径约 3 ~ 6cm，鲜红或橘红色。蒴果长条形，豆荚状，种子扁平，两端具翅。花期 7 ~ 9 月。果熟期 10 月。

产地分布 原产我国中部，各地均有栽培。

生态习性 喜光，喜温暖湿润，耐寒性较差，耐旱，稍耐阴，忌积水，喜排水良好的微酸性肥沃土壤。根系发达，萌蘖力与萌芽力均强。花粉有毒，能伤眼睛。

繁殖栽培 可播种、扦插、压条和分株繁殖，主要用扦插和压条法，春夏都可进行。分株，可在春季取根际四周的萌蘖苗，带根掘出，短截后另行栽植。压条，宜在立夏后进行。扦插，硬枝或软枝皆可，分别于春季和雨季进行。播种繁殖少见应用，一般春播，约 7～10 天发芽。栽培中幼苗早期要遮荫，在北方寒冷地区要保护越冬。定植后不需特殊管理。每年发芽前进行疏剪，剪去枯枝、病枝、过密枝，花前适量施肥，浇水，可促使生长旺盛、开花繁密。栽培中应设立支架，供气生根攀缘。

园林用途 凌霄枝干虬曲、绿叶浓密、花大色艳、观赏期长，是著名传统花木，常是诗人墨客吟咏的对象。适用于攀附篱垣、枯树、棚架、花门、假山；也可用为草坪地被或盆栽置室内悬吊观赏。

同属攀缘花卉 本属只有 2 种，除本种外还有：

美洲凌霄（*C. radicans*），落叶攀缘木质藤本。茎长可达十余米。与凌霄相似，主要不同之处：小叶较多，为 9～13 枚，背面叶脉上有毛，花冠较小，花色橘黄或深红色，花萼棕红色，无纵棱，蒴果端尖，花期 7～9 月。原产美国西南部。比凌霄更耐寒。北京地区栽培的大多是本种。有品种'黄花'美洲凌霄（'Flava'）。

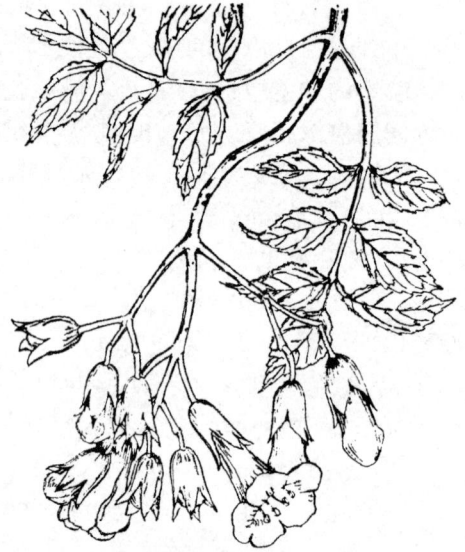

凌霄 *Campsis grandiflora*

（4）南蛇藤 *Celastrus orbiculatus*

别名　蔓性落霜红

英文名　Oriental bittersweet

科属　卫矛科南蛇藤属

形态特征 落叶缠绕木质藤本。茎长可达 12m。单叶互生，卵圆形或倒卵形，缘具疏钝齿，长 3～10cm，入秋后变成红或黄色。花小，黄绿色，常 3 朵腋生成聚伞状。蒴果球形，鲜黄色，成熟后 3 瓣裂，假种皮鲜红色。果熟期 9～10 月。徒长枝有向左旋转缠绕的习性，其他枝条不缠绕。

产地分布 原产中国东北、华北、西北至长江流域。常生于山地沟谷或林缘；朝鲜和日本也有分布。

生态习性 性强健，耐寒，喜光亦耐半阴；喜肥沃湿润、排水良好的土壤，又耐干旱瘠薄，适应性极强。

南蛇藤 *Celastrus orbiculatus*

繁殖栽培 播种、扦插、压条、分株均可繁殖。播种，秋春播皆可，春播种子采后要沙藏，易发芽成苗。扦插、压条、分株可于春季进行。根部也易萌发蘖条，分栽即可。栽培中管理粗放，注意设立支架，使之攀附。

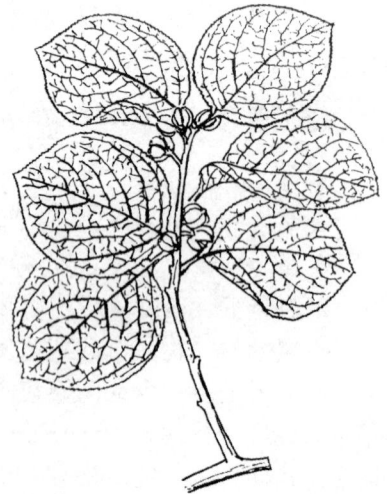

园林用途　为优良的观叶观果花卉。秋叶红花，入秋蒴果开裂，假种皮艳红色，极为美观。枝叶粗糙，可作墙面、岩石、山石等处垂直绿化用。也可作坡地、溪边地被使用。果枝可用于插花。

同属攀缘花卉　同属植物有 50 种，皆为木质藤本，分布热带和亚热带地区。我国约有 30 种，广布各地。常见应用的有：

刺苞南蛇藤（*C. flagellaris*），落叶攀缘木质藤本。茎长可达 10m，具不定根。托叶硬化成钩刺状，借以攀缘。叶较小，广椭圆形至卵圆形，长 3~6cm。花 1~3 朵簇生于叶腋。产东北、华北至华东地区，朝鲜、日本及俄罗斯远东地区也有分布。

（5）铁线莲属　*Clematis*

毛茛科木质藤本，有时为直立草本。约 300 种，广布全球。我国约产 110 种，分布甚广，西南尤盛。大部供观赏，少数入药。

铁线莲　*Clematis florida*

英文名　Cream clematis

形态特征　木质攀缘藤本。茎长 2~4m，棕色或紫红色，有 6 棱，节膨大。叶对生，二回三出复叶，小叶卵形至卵状披针形，长 2~6cm，全缘。花单生老枝叶腋，花梗长 6~11cm，中下部有 1 对叶状苞，花萼花瓣状，6 枚，乳白色，展开，背面有绿色条纹，花径 5~8cm，雄蕊紫红色，羽状花柱结果时不延伸。花期 6~9 月。

变种品种　铁线莲是选育重瓣、大花等园艺品种的重要亲本，形成铁线莲组（Florida group）品种群，多为半常绿木质藤本，夏季在老枝上开花，花梗上生有两片叶状苞片，花多白色，萼片 4~6 片，背面有绿色条纹。著名品种如：'沃金美女'（'Belle of King'）、'爱丁堡公爵夫人'（'Duchess Edingburgh'）、'女巫'（'Enchantress'）等。

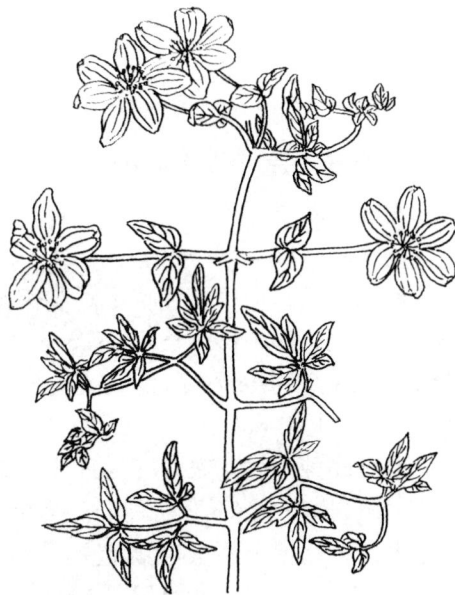

铁线莲　*Clematis florida*

产地分布　原产中国。主要分布广东、广西、湖南、湖北、浙江和江苏。生于丘陵灌丛中。

生态习性　生长旺盛，适应性强。喜温暖湿润、半阴，宜排水良好的微酸性土壤。

繁殖栽培　常用扦插、压条法繁殖，自然结实率低。扦插宜于 5~8 月进行。栽培时要深耕，施足基肥，不宜移栽。于早春或晚秋栽植。注意夏季防雨，保持土壤湿润。

园林用途　用于篱垣、花门布置。也可盆栽观赏或作切花。在欧美作为重要的育种亲本。

杰克曼铁线莲　*C. jackmanii*

英文名　Jackman clematis

形态特征　攀缘木质藤本。茎长约 2m，棕色或紫红色。单叶对生，卵状披针形。3 朵花形成圆锥花序，花大而扁平，花径 12 ~ 15cm，花瓣状萼片 4 ~ 6 枚，宽大，具天鹅绒般的紫色。花期 6 ~ 9 月。

变种品种　为多亲本育成的杂种，形成杰克曼组（Jeckmanni group）品种群。落叶藤本。在当年生枝条上开花，花紫堇、红或紫红色，少有白色花。著名品种如'红色王'（'Crimson King'）、'蕾蒙娜'（'Ramona'）等。

生态习性　极耐寒，喜光照充足、微碱性排水良好的肥沃土壤。

繁殖栽培　播种繁殖，种子需沙藏后播种。压条、分株或夏季室内根插，均易成活。优良品种为保持优良性状，可行嫁接，砧木常用意大利铁线莲（*C. viticella*）、火焰铁线莲（*C. flammula*）等，进行根接，容易成活。根部易罹线虫，要注意防治。冬季可剪除地上部越冬。

园林用途　花大色艳，在现代铁线莲中最受欢迎和重视，是垂直美化的良材。可用于篱垣、花门、棚架、墙面等。也可用于盆栽。

大花铁线莲　*C. patens*

别名　转子莲

英文名　Lilac clematis

形态特征　宿根蔓性草本。茎棕黑色或暗红色。羽状复叶，多为 3 小叶，少数 5 小叶，纸质，卵圆形，长 4 ~ 7.5cm。单花顶生，具长花梗；萼片 6 ~ 8 枚，花瓣状，花大，花径 8 ~ 14cm，白色或淡黄色，倒卵形或匙形。瘦果宿存花柱被金黄色柔毛。花期 5 ~ 6 月。

变种品种　大花铁线莲为近代重瓣和大花铁线莲园艺品种的主要亲本。形成大花铁线莲组（Patens group）品种群。多为落叶性木质藤本。春天在老枝上开放紫堇色或白色大花，花梗上不具叶状苞片。萼片 6 ~ 8 枚。著名品种如：'大花'（'Grandiflora'）、'总统'（'President'）、'指路星'（'Guiding Star'）等。

产地分布　产于山东与辽宁。

生态习性　喜凉爽、耐寒、耐干旱，不喜高温，喜半阴与黏质土壤。

繁殖栽培　扦插、压条、播种均可，扦插宜于 5 ~ 8 月进行。生长健壮，适应能力较强。早春或晚秋栽植。

园林用途　垂直绿化、盆栽观赏或切花。

(6) 观赏南瓜　*Cucurbita pepo* var. *ovifera*

别名　观赏西葫芦

英文名　Yellow flowergourd

科属　葫芦科南瓜属

形态特征　一年生攀缘草本。全株被粗糙毛，茎长约 3m，卷须多分叉从叶腋抽出。单叶互生，叶片广卵形，有角或不规则裂片，叶缘有细齿。花雌雄同株，单生，花冠黄色，近喇叭形。瓠果小，果肉硬。果形有圆、扁圆、长圆、卵圆、梨形等多种变化；果色有白、黄、橙等色或具纵纹等。夏季开花结果。

产地分布　原产美洲。我国各地有栽培。

生态习性　喜光照充足，喜温暖，忌炎热，不耐寒；要求肥沃、疏松而排水良好的土壤。

繁殖栽培　播种繁殖，北方 3 月在温室或冷床播种育苗，4 月中旬定植。南方温暖地区可露地直播，定植后应加强肥水管理，增加追肥数次。

园林用途　为庭院棚架常见观果型攀缘植物。形、色美观的瓠果，在绿叶烘托下，十分引人注目，美感倍增。亦可置之案头装饰摆设，果尚可食用。也是插花的良好果材。

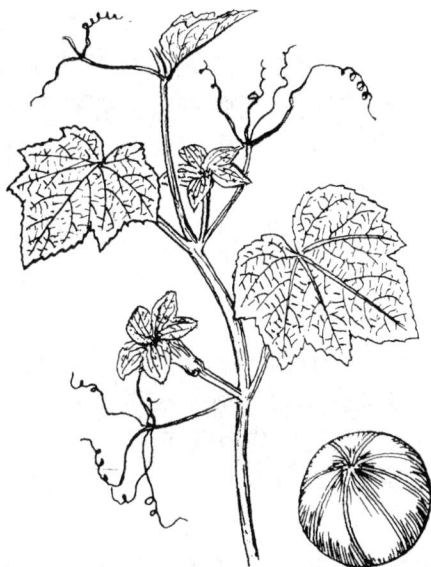

观赏南瓜　*Cucurbita pepo* var. *ovifera*

同属攀缘花卉　南瓜属约 25 种，产美洲。常用于栽培的有：

金瓜（*C. maxima* var. *turbaniformiss*），一年生蔓性草本。果扁圆形，熟时橙红色，子房顶部未被花托包围而突出于果端，常为绿色。原产美洲热带，我国城市中常有栽培。用于棚架、赏果。也是插花的良好果材。

（7）常春藤　*Hedera nepalensis* var. *sinensis*

别名　中华常春藤、多枝常春藤

英文名　Chinese ivy

科属　五加科常春藤属

形态特征　常绿攀缘木质藤本。茎具气生根，茎长可达 20m 以上，嫩枝具锈色鳞片。叶革质，深绿色，具长柄，营养枝上叶三角状卵形或戟形，全缘或 3 浅裂；花枝上叶披针形或长椭圆状卵形，全缘。伞形花序顶生，小花淡绿色，花瓣 5 枚，芳香。果球形，熟时红色或黄色。花期 9～11 月。果熟期翌年 4～5 月。

产地分布　原产我国华中、华南、西南、甘肃及陕西。庭园中常见栽培。

生态习性　性强健，喜温暖湿润、较耐寒，可耐短时间的 −5～−7℃ 低温。适宜在稍加遮荫的环境中生长；在光照充足处也可正常生长；对土壤要求不严，以疏松肥沃、中性或微酸性土壤上生长较好。

繁殖栽培　常用分株、扦插和压条法繁殖，除严冬和盛夏外，皆可进行；若设施栽培，可控制温度，则全年都可进行。扦插适期 4～5 月和 9～10 月。插穗可选用营养枝的半成熟枝条，1～3 节带气根切下扦插，适当遮荫，保持湿润，约 20～30 天生根。枝条匍匐地面，节处自然生根，所以分株、压条繁殖十分容易。常春藤生长健壮，不需精细栽培。盆土或床土可用水藓、腐叶土和园土配制。植株应行摘心，促使分枝，并立支架牵引造型；或悬吊栽培。春、夏、秋在荫棚下栽培，冬季进入温室养护。夏季气温高，光照不足，通风不良会引起生长衰弱。要经常喷水降温，加强通风。冬季注意增加室内湿度。冬季通风不良、光照不足，易遭介壳虫危害，应及时防治。每 1~2 年换盆 1 次。

园林用途 叶形美丽、四季常青，是垂直绿化的良好材料，也宜作稍遮荫处地被，又耐室内环境，适于布置阳台、窗台，也可吊栽。又是插花的良好枝材。

同属攀缘花卉 常春藤属有 5 种，分布亚洲、欧洲及美洲北部，我国分布有常春藤和台湾菱叶常春藤（*H. rhombea* var. *formosana*）2 变种。广布于中国西部、西南部经中部至东部。常攀附于墙壁或树上。见于应用的有：

常春藤 *Hedera nepalensis* var. *sinensis*

加那利常春藤（*H. canariensis*），常绿木质藤本。茎及叶柄暗红色。叶卵形，基部心形，上部 3~7 裂，深绿色，叶脉灰绿色，冬季为铜绿色。原产加那利群岛。常见变种有斑叶加那利常春藤（*H. canariensis* var. *albo-maculata*），叶片较原种小，多 3 浅裂，叶中心深绿与灰绿交杂，叶缘为轮廓清晰的不规则乳白色。

革叶常春藤（*H. colchica*），常绿木质藤本，叶较大，阔卵形，全缘，下部偶见 3 裂，革质，绿色，有光泽。原产小亚细亚、高加索、伊朗。

洋常春藤（*H. helix*），常绿木质藤本。幼枝具褐色星状毛，叶 2 型，花枝上叶卵形，全缘；营养枝上叶 3~5 裂，叶浓绿有光泽，叶脉色浅。原产欧洲。有许多园艺品种，如'金心'洋常春藤（'Goldheart'），叶 3 裂，中心部分黄色；'银边'洋常春藤（'Sliver Queen'），叶灰绿色，边缘乳白色，入冬后变粉红色；'三色'洋常春藤（'Tricolor'），叶色灰绿，边缘白色，秋后变玫瑰红色，春暖又恢复原状；'彩叶'常春藤（'Discolor'），叶小，乳白色带红晕。

菱叶常春藤（*H. rhombea*），常绿木质藤本。叶柄质硬，叶深绿色，有光泽，较小，营养枝上叶 3~5 裂；花枝上叶卵圆至披针形。原产日本、朝鲜。

（8）观赏葫芦 *Lagenaria siceraria* var. *microcarpa*

别名 压腰葫芦、小葫芦

英文名 Smallfruit bottle gourd

科属 葫芦科葫芦属

形态特征 一年生攀缘草本。茎长可达 10m，具软黏毛，卷须腋生，分 2 叉。叶心状卵形或肾状卵形，不分裂或浅裂，缘具齿，叶柄顶端有 2 腺体。花单性，雌雄同株，单生叶腋。雄花花梗长，高出叶面，花冠白色，漏斗状，边缘皱，清晨开放，中午凋谢；雌花小梗短。花期6～7月。瓠果多而小，长15～20cm，中部缢细，下部大于上部，下部扁圆球形，上部接果柄呈尖桃形，初为淡绿色，后木质化变为黄色，花期4～9月，秋末至初冬果熟。

产地分布 原产欧亚大陆热带地区。我国各地作观赏和药用栽培。

生态习性 喜温暖湿润，不耐寒，忌炎热，要求光照充足。宜肥沃、排水良好的土壤，耐瘠薄干旱，忌积水。

繁殖栽培 播种繁殖。北方可将成熟瓠果挂于室内，春天剖开取种，春天播种；

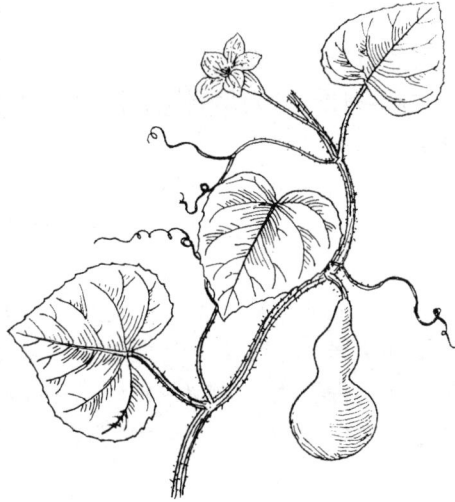

观赏葫芦 *Lagenaria siceraria* var. *microcarpa*

南方温暖地区可直播。北方于3月在室内盆播、床播或于4～5月露地直播，种皮厚，不易吸水，要先浸种催芽，播后适当覆盖遮荫。长出3～4片真叶时定植。生长快，结果期集中，栽培中需多施氮肥，在蔓长30cm、60cm及头次采瓜后，各追肥1次，应氮、磷、钾营养均衡。果期不可使土壤过干。夏季开花，白色。秋末果实成熟，黄色。

园林用途 蔓长荫浓，果形别致，特别适合用于庭院棚架、篱垣、门廊的攀缘绿化，幼果可作蔬菜，成熟后可作插花配饰和药用。

(9) 金银花 *Lonicera japonica*

别名 金银藤、忍冬
英文名 Japanese honeysuckle
科属 忍冬科忍冬属

形态特征 常绿缠绕木质藤本，茎长可达10m以上，右旋缠绕，小枝中空，幼枝红褐色，有柔毛。单叶对生，卵形至卵状椭圆形，全缘，长3～8cm。花成对生于叶腋，共生于1个短总梗上，具对生叶状苞片。花冠唇形，上唇4裂，下唇反卷，花冠筒细长，初开白色，后变黄色，芳香。花期5～7月，浆果黑色，有光泽，球形，果期10～11月。

变种品种 有许多园艺品种，常见的有：'黄脉'金银花（'Aureo-reticulata'），叶有黄色网纹；'红'金银花（'Chinensis'），花冠外面带红色；'紫脉'金银花（'Repens'），叶脉紫色，花

金银花 *Lonicera japonica*

冠白色带紫晕；'四季'金银花（'Semperflorens'），春至秋末陆续开花不断。

产地分布 广布我国南北各地，野生见于山野林缘、沟旁、路边、灌丛。

生态习性 喜光稍耐阴，耐寒、耐旱，对土壤要求不严，以湿润、肥沃、深厚的沙壤土生长最好。根系发达，萌蘖力强。

繁殖栽培 播种、扦插、分株、压条均可繁殖。播种在10月采种，贮藏至次年春播；扦插可在春夏进行，取1～2年生壮枝中段作插穗；压条在春秋均可进行，保持土壤湿润，容易生根；分株可在春季和秋季，移植、定植宜在春季。定植后管理简单，进行一般的除草、浇水、施肥，即可生长旺盛。

园林用途 藤蔓攀升，翠叶覆盖，凌冬不凋；夏季开花，黄白相映，芳香宜人，是花、叶、香俱美的攀缘花卉。适用于花架、花廊、花门、篱垣、阳台、假山及叠石的美化，也可用为地被，点缀于坡坎、池岸、林间树下。也可盆栽作室内吊挂装饰。花蕾、茎枝均宜入药。

（10）海金沙 *Lygodium japonicum*

别名 铁线藤、罗网藤、左转藤

科属 海金沙科海金沙属

形态特征 宿根落叶蕨类草本。茎左旋缠绕攀缘，高可达4m。地下茎在土中横走，叶多数，对生于茎上短枝两侧。纸质，二回羽状，叶具2型，不育叶生基部，尖三角形，二回羽状，小羽片掌状或3裂，边缘有不整齐浅锯齿；能育羽片生上部，卵状三角形，小羽片边缘具流苏状孢子囊穗，成熟时散出暗褐色孢子，状如细沙，故名海金沙。

产地分布 广布我国暖温带及亚热带，朝鲜、越南、日本、澳大利亚也有。生于路边或山坡疏灌丛中。

生态习性 性强健，喜湿润而排水良好的肥沃沙质壤土，耐直射光，在半阴处生长旺盛。

繁殖栽培 孢子繁殖，也可挖自生苗栽植。

园林用途 是蕨类植物中少见的攀缘种类，姿态优雅，羽叶翠绿，具有很高的观赏价值。长江流域以南可露地栽培，用作绿篱、棚架及支架缠绕造型，北方室内栽培，可盆栽悬吊观赏。

同属攀缘花卉 海金沙属约40种，我国产10种，多分布于华南，常见种如：

海南海金沙（*L. conforme*），高可达5～6m。基部的叶片掌状深裂，裂片披针形，全缘，有软骨质狭边；能育叶生茎上部，叶片2

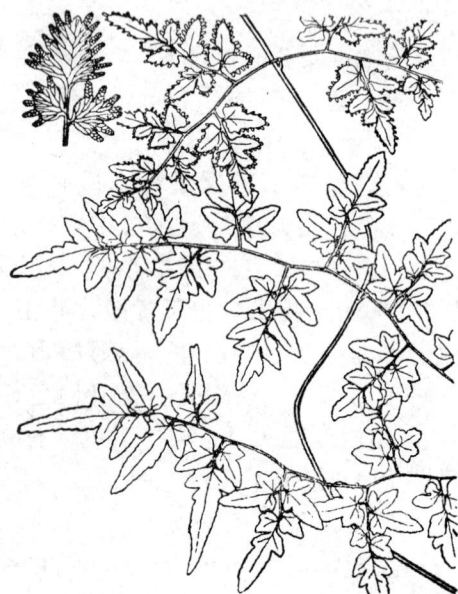

海金沙 *Lygodium japonicum*

叉掌状深裂。产贵州、云南、广东和广西，越南也有。

小叶海金沙（*L. microphyllum*），高达 7m，茎纤细，不育叶矩圆形，小羽片奇数羽状排列，小羽片心形或卵状三角形。产福建、台湾、湖南、云南、广东、广西，生于海拔 100～150m 的灌丛中。

（11）爬山虎 *Parthenocissus tricuspidata*

别名 爬墙虎、三叶地锦

英文名 Japanesa creeper

科属 葡萄科爬山虎属

形态特征 落叶攀缘木质藤本。茎长可达 15m，卷须分枝顶端有圆盘状黏性吸盘，供吸附攀缘。单叶互生，掌状 3 裂，缘有粗齿，营养枝叶略小，全裂成 3 小叶状，入秋叶变红。聚伞花序生于小枝上部，花小，黄绿色，浆果球形，蓝黑色，果期 9～10 月。

产地分布 原产中国，朝鲜、日本有分布。

生态习性 对环境及气候适应性极强，耐寒、耐旱、喜阴湿，强光下也能旺盛生长。

繁殖栽培 播种、扦插、压条繁殖。方法简便，成活容易。适应性强，栽培管理简单。

园林用途 攀缘力强，生长迅速，短期即可见效，是秋季红叶植物。可作山石、老树攀缘覆盖，尤其适宜墙面的垂直绿化，叶丛密布，整齐平展，秋叶红艳，还可保护墙面，效果极好。

爬山虎 *Parthenocissus tricuspidata*

同属攀缘花卉 爬山虎属约 15 种，分布于北美和亚洲，我国有 10 种，产于西南部至东部。常见种如：

五叶地锦，别名美国地锦（*P. quinquefolia*），落叶攀缘木质藤本，茎长可达 20m，吸盘不如爬墙虎发达，掌状复叶，小叶 5 枚。原产美国。因其耐炎热和阳光直射，虽攀附能力不如爬墙虎，应用亦较广泛。

（12）大花牵牛 *Pharbitis nil*（*Ipomoea nil*）

别名 朝颜、牵牛

英文名 Whiteedge morningglory

科属 旋花科番薯属

形态特征 一年生缠绕草本。全株具粗毛。叶大，具长柄，3 裂，2 侧裂片有时又浅裂，中裂片特大。花 1～2 朵腋生，总梗短于叶柄；花冠喇叭形，端 5 浅裂，边缘稍呈波浪状，花大，花有白、粉、紫红、蓝等色，清晨开放，9时后凋谢；花期 7～9 月。蒴果球形，种子扁三角状，可入药。

变种品种 日本栽培、育种最盛。有许多园艺品种。有各种花色、花瓣的变化，还有非缠绕性和花叶的品种。

产地分布 原产亚洲热带、亚热带。

生态习性 喜光照充足，也耐半阴，喜温暖，能耐干旱和瘠薄土壤，但在肥沃土壤中生长更好。

繁殖栽培 能自播繁衍，可于春季播种繁殖。直根性，不耐移植，宜早定植。生长快，幼苗时摘心可促使分枝，开花繁茂。生长期宜给予充足肥水，以使花大色艳。

园林用途 多用于垂直绿化美化，如篱垣、棚架及阳台的美化，尤宜小型棚架。其非缠绕性矮生大花品种，日本称之朝颜，适合盆栽观赏。

大花牵牛 *Pharbitis nil*(*Ipomoea nil*)

同属攀缘花卉 牵牛属约24种，广布于温带和亚热带地区，我国产2种。常见应用的有：

槭叶牵牛(*P. cairica*)，又名五爪金龙。宿根缠绕蔓性草本。茎细柔、灰绿色。叶互生，掌状5深裂，裂片椭圆状披针形。花 1～3 朵腋生，花冠漏斗形，淡紫色，清晨开放，午后凋谢。花期四季。原产亚洲及非洲热带。

裂叶牵牛(*P. hederacea*)，一年生缠绕蔓性草本。叶3裂，裂片全缘，花 1～5 朵腋生，花冠漏斗形，淡蓝色后变成紫红色。原产南美。

圆叶牵牛(*P. purpurea*)，一年生缠绕蔓性草本，叶广卵形，全缘。花小，1～5 朵腋生，花漏斗形，有白、玫红、堇蓝等色，园艺品种丰富，有镶边、镶色、重瓣和斑叶品种。原产美洲热带。

三色牵牛(*P. tricolor*)，宿根缠绕蔓性草本。常作一年生栽培。茎叶光滑，叶形似圆叶牵牛，但花大，花海蓝色。花至午后不凋谢。原产美洲热带。

（13）木香 *Rosa banksiae*

别名 七里香

英文名 Banks rose

科属 蔷薇科蔷薇属

形态特征 常绿攀缘木质藤本。茎长达6m，无刺或少刺，老枝茶褐色。羽状复叶，小叶3～5枚，罕见7枚，卵状披针形，缘具细齿，暗绿色，有光泽。花白色，有浓香，伞形花序，生于新枝顶端。花期5～7月。果近球形，红色，果期9～10月。

变种品种 常见园艺变种和品种如：单瓣白木香(var. *normalis*)，花白色，单瓣；

'重瓣'白木香('Albo-plena'),花白色,重瓣,极香,常见栽培;'单瓣'黄木香('Lutescens'),花淡黄色,单瓣,近无香;'重瓣'黄木香('Lutea'),花淡黄色,重瓣,淡香,常为5小叶。

产地分布 原产我国南部及西南部。

生态习性 喜光照充足,温暖湿润,稍耐寒,忌炎热,耐半阴,耐干旱,忌积水;喜肥沃深厚土壤。

繁殖栽培 主要用压条和嫁接繁殖,扦插不易成活,冬季扦插成活率略高。北京等冬季寒冷地区,需选背风向阳的小环境栽培,幼苗需保护越冬。生长迅速,管理简单。栽植初期攀缘力弱,需适当牵引,以利成形,并控制植株基部萌发新枝数,新枝太多不利植株健壮生长。老枝可短截更新。

木香 *Rosa banksiae*

园林用途 花芳香,叶荫浓,攀缘覆盖,花团锦簇,是用于棚架、山石、墙面攀缘绿化的良好材料。

同属攀缘花卉 本属约150种,分布于北温带和热带高山上,我国60余种,南北均产之。主要供观赏用。有些入药或为香料植物。常见攀缘花卉如:

山木香(*R. cymosa*),常绿攀缘木质藤本。茎细长,可达5~6m。具许多钩状皮刺。奇数羽状复叶,叶轴背面有倒钩刺。复伞房花序,花小,单瓣,白色,芳香,花期4~5月。果球形,红色,果熟期10~12月。原产中国。攀缘力强,花繁芳香,果实鲜红,观赏价值高,宜用于花架、花廊、墙垣、假山的垂直绿化。

野蔷薇(*R. multiflora*),落叶攀缘木质藤本。茎长3~6m,茎多刺,皮刺多生于托叶下,刺倒钩状,以刺攀缘。羽状复叶5~7枚,倒卵状椭圆形,缘具尖齿。托叶篦齿状。花白色或晕粉色。芳香,径2~3cm,花柱伸出花被,多朵密生,呈圆锥状伞房花序,花期5~6月。果近球形,红色,果熟期10~11月。原产中国,分布广泛。良好的攀缘花卉,需设牵引,并适当修剪。其主要栽培变种和品种如:

粉团蔷薇(var. *cathayensis*),小叶较大,常5~7枚,花径3~4cm,粉红至玫红色。数朵至20朵构成平顶伞房花序。广布全国各地。

'十姐妹'('Platyphylla'),小叶较大,花重瓣,深玫瑰红色,常6~9朵集成扁平伞房花序。

'荷花蔷薇'('Carna'),叶较小,花重瓣,淡粉红色,花径4~6cm,花瓣大而开张,形似荷花瓣,多朵簇生。华北各地多见栽培。

'白玉棠'('Albo-plena'),枝上刺较少,花白色,重瓣,有淡香,花径2~3cm,多朵聚生。北京常见栽培。

这些变种和品种,多用营养繁殖,攀缘能力不强,用时需设牵引。常作月季嫁接的砧木。

光叶蔷薇(*R. wichuraiana*)，半常绿攀缘木质藤本。茎上散生硬钩刺。羽状复叶，小叶 7~9 枚，倒卵形，先端钝；表面暗绿色，无毛，有光泽。花单瓣，白色，径 4~5cm，芳香，呈圆锥状伞房花序，花期 7~9 月。果卵圆形，紫红色。果期 8~11 月。光叶蔷薇原产中国山东以南。可用于垂直绿化或地被。

其园艺品种如'花旗藤'('American')，落叶攀缘藤本。为光叶蔷薇与刚毛蔷薇(*R. setigera*)的杂交种。枝粗长，小叶 5~9 枚，广卵形至倒卵形，绿色有光泽，花单瓣，玫瑰粉色，具白心。花期夏季。是垂直绿化的好材料。

(14) 紫藤 *Wisteria sinensis*

别名 藤萝树

英文名 Chinese wisteria

科属 蝶形花科紫藤属

形态特征 落叶缠绕木质藤本。茎长达 18~30m。左旋性。奇数羽状复叶互生，小叶 7~13 枚，小叶卵状长椭圆形，全缘，幼时两面有白色柔毛，成熟叶无毛。总状花序顶生，下垂状，花密集，紫堇色，芳香，叶前开花，花期 4~5 月。荚果长条形，密生黄色有光泽的茸毛。果期 9~10 月。

变种品种 常见品种如：

'银藤'('Alba')，又名'白花'紫藤。花白色，耐寒性差。长江流域以南广为栽培。

'重瓣'紫藤('Plena')，花重瓣，堇紫色。

产地分布 原产我国。现各地均有栽培。

生态习性 喜光,稍耐阴；喜温暖，稍耐寒；喜深厚肥沃而排水良好的土壤，有一定的耐干旱、瘠薄、水湿的能力。主根深，侧根少，不耐移植。抗二氧化硫，适应城市环境。

紫藤 *Wisteria sinensis*

繁殖栽培 播种、扦插、压条、分株、嫁接均可繁殖。春播，播前浸种，成苗时间长。扦插，软枝、硬枝、根插皆可。压条可于落叶后进行。在北方寒冷地区应选避风向阳处栽植。冬季适当修剪，以利生长开花。栽培中注意施肥，除基肥外，花前追肥，有利开花。管理简单。

园林用途 花于春天先叶开放，花序大而美，芳香，串串下垂，观赏价值很高。常布置于棚架、门廊、枯树及山石等处。攀缘力强，尤其适合大型棚架的布置。也可盆栽。

同属攀缘花卉 本属有 10 种，分布于东亚、澳大利亚和美洲东北部，我国有 7 种。常见攀缘花卉有：

多花紫藤(*W. floribunda*)，小叶 13~19，花序细长，20~50cm，花淡紫色，原产日本，园艺品种很多。

美国紫藤(*W. frutescens*)，小叶 9~15 枚，花碧紫色，芳香，原产北美。我国有

引种。

白花藤萝（*W. venusta*），花序长 10 ~ 15cm，花白色。

藤萝（*W. villosa*），花序长 20 ~ 35cm，花淡青莲色，叶背密被丝状细毛。

4.4.3 其他攀缘花卉

表 4-4 其他攀缘花卉

植物名称（科名）	拉丁学名（英文名）	形态与生态特点	繁殖方法	园林用途
瓜叶乌头（毛莨科）	*Aconitum hemsleyanum*（Hemsley monks-hood）	宿根攀缘草本，块根圆锥状。茎缠绕，带紫色。叶疏生，中部以上叶掌状 3 深裂，五角形，缘具粗齿牙。总状花序，上萼片高盔形，具短喙，肥厚肉质，花瓣 2 枚，蓝紫色，花期 8 ~ 9 月。原产中国。喜凉爽，较耐寒，忌高温，喜半阴而潮湿	播种、分株	夏秋开花，花色蓝紫，一派凉意，可用于小型棚架、花门或篱垣
猕猴桃（猕猴桃科）	*Actinidia chinensis*（Yangtao actinidia）	落叶缠绕藤本。茎长 8 ~ 10m，幼时密被褐色毛，具突起叶痕。单叶互生，圆形，叶背密生灰白色毛，缘具细齿。聚伞花序腋生，花由白转黄，芳香，花期 4 ~ 5 月。浆果卵状，可食。原产我国长江流域以南	插种、嫁接、扦插	花大而美，具芳香，可作棚架绿化用
木天蓼（猕猴桃科）	*Actinidia polygama*（Silvervine actinidia）	落叶缠绕藤本。茎长 5 ~ 8m，单叶互生，广卵形，叶背无毛，雄株叶入夏后部分或全部变成银白色或黄色。花白色芳香，花期 6 ~ 7 月。浆果黄色，卵形，有尖头。果期 9 ~ 10 月。原产我国、朝鲜、日本	播种、扦插	花叶均美，尤其入夏后，叶片变成银白色，给人凉爽之感。生长迅速，是良好的垂直绿化材料
三叶木通（木通科）	*Akebia trifoliata*（Threeleaf akebia）	落叶缠绕藤本。茎长可达 10m。小叶 3 枚，互生或簇生于小枝顶部，小叶卵圆形，叶缘波状。总状花序腋生，花较小，雌花褐红色，雄花紫色。花期 4 月。原产华北至长江流域	播种、压条	枝叶浓密，是大型棚架和垂直绿化材料。耐寒，尤其适于华北等地区使用
珊瑚藤（蓼科）	*Antigonon leptopus*（Mountainrosa coral-vine）	常绿攀缘藤本。茎长约 10m。花序轴顶部延伸成卷须攀缘。叶无柄，卵形或宽卵形，先端渐尖，基部心形。总状花序生于茎顶或上部叶腋，花小而密，桃红色或白色，微香，花期夏、秋间。原产墨西哥	播种、扦插	攀缘力强，花密而香，是良好的垂直绿化材料。可用于篱垣、棚架。也可作切花
马兜铃（马兜铃科）	*Aristolochia debilis*（Slender Dutchman-spipe）	多年生缠绕草本。根于地下横走，多处萌发不定芽生成新株。幼苗暗紫色，叶互生，广卵形，基部心形，全缘。花单生叶腋，花被呈 S 形弯曲，花被筒基部膨大，上部直立成喇叭形，中间收缩，外淡绿，内具紫斑和紫纹。花期 6 ~ 8 月。原产中国	播种、分株、或分根	用于棚架、篱垣绿化，也可作地被，或盆栽观赏
落葵（落葵科）	*Basella rubra*（Red vinespinach）	一年生缠绕草本。肉质，光滑无毛，茎长 3 ~ 4m。叶互生，卵形，全缘。穗状花序腋生，夏季开花，花小，淡紫红或白色，花萼花瓣状。花期 7 ~ 9 月。原产亚、非、美洲热带	播种	用于棚架或阳台绿化

（续）

植物名称 （科名）	拉丁学名 （英文名）	形态与生态特点	繁殖方法	园林用途
月光花 （旋花科）	*Calonyction aculeatum* （Large moonflower）	宿根缠绕草本。茎具乳汁，长5~6m。叶互生，心状卵形，常3浅裂，基心形，端尾尖。花冠高脚碟状，白色，芳香，傍晚开放，次晨闭合，花期夏秋季。原产美洲热带	播种	可用于夜花园中棚架、花廊、篱垣布置
篱天剑 （旋花科）	*Calystegia sepium* （Hedge glorybind）	宿根蔓性草本。茎具细棱。叶三角状卵形或宽卵形。花单生叶腋，花冠漏斗形，白色，花期春夏。中国大部地区和北美、欧洲、大洋洲有分布	分株	设棚架、支架牵引布置或任其蔓延覆盖地面
风船葛 （无患子科）	*Cardiospermum halicacabum* （Balloonvine heart-seed）	宿根攀缘草本，常作一年生栽培。茎长约3m，有纵棱。二回三出复叶，互生，小叶卵状披针形，具粗齿。花单性异株，聚伞花序腋生，总花梗最下面一对小叶变为下弯卷须，花小而密，白色，蒴果膨胀为膜质囊状。原产热带、亚热带地区，我国长江流域以南有分布	播种	茎蔓纤细、叶色淡雅、果形奇特、如铃倒悬，是布置中小型棚架、篱垣或阳台、窗台的良好材料
乌敛莓 （葡萄科）	*Cayratia japonica* （Japanese cayratia）	多年生缠绕草本。茎具分枝卷须，掌状复叶互生，小叶5枚，顶小叶大。聚伞状伞房花序腋生，花小，黄色。花期3~8月。浆果卵形，紫黑色。果期8~11月。原产中国秦岭以南各地	播种、扦插	枝叶秀丽，适用于中小型棚架、篱垣、山石等垂直绿化
吊金钱 （萝藦科）	*Ceropegia woodii* （Woods ceropegia）	宿根常绿蔓性草本。茎肉质蔓性，节间常生深褐色小块茎。叶对生，肉质，心形，表面暗绿色，沿脉及叶缘有白纹，叶背淡紫色。花淡紫色，花期7~9月。原产南非	分栽小块茎或扦插	优良的室内外观叶植物，可攀附支架或吊盆观赏
田旋花 （旋花科）	*Convolvulus arvensis* （European glory-bind）	宿根缠绕草本。具根状茎。叶戟形，全缘或3裂。花序腋生，着花1~3朵；花冠漏斗形，径约3cm，粉红色。原产中国	播种、分株	良好的攀缘花卉，可作小型棚架或阳台绿化
扶芳藤 （卫矛科）	*Euonymus fortunei* （Fortune euonymus）	常绿攀缘藤本，茎长可达10m，触土能随处生根。叶对生，广卵形，缘有钝齿，入秋叶变红。花小密集，白绿色。花期6月。蒴果近球形，淡红色，成熟开裂，假种皮橘红色。果熟期10月。原产中国华北以南地区	扦插、压条、播种	攀缘力强，主要赏绿叶及入秋红叶。宜作墙面、山石、枯木等垂直绿化，尤其适用于蔽荫墙面的绿化
薜荔 （桑科）	*Ficus pumila* （Climbing fig）	常绿攀缘木质藤本，以气生根攀附，高可达10m以上。叶二型，营养叶心状卵形，小而薄；果枝上叶大而厚，革质，椭圆形，全缘，三出脉，隐头花序倒卵形。花期4~5月。果期9月。原产中国华北、华东、华中及西南等地，日本、印度也有。喜光亦耐阴，较耐旱、耐寒，不择土壤	播种、扦插、压条	攀附力强，覆盖性好，是营造四季常青绿墙和绿篱的良好材料，也可用于屋顶、崖壁、假山、石隙、树干的攀附，极富自然之趣。也可用作地被或吊盆观赏
罗锅底 （葫芦科）	*Hemsleya macrosperma* （Largeseed hemsleya）	宿根攀缘草本。地下具块根，茎长可达8m。卷须不分叉，螺旋状。掌状复叶与卷须对生，小叶5~7枚，披针形，亮绿色，缘有锯齿。花单性，异株。聚伞花序腋生，雄花冠肉红色或橙黄色。雌花较小，肉红色。原产中国云南	播种或分块根	适宜池畔、林缘的山石、棚架的垂直绿化

（续）

植物名称（科名）	拉丁学名（英文名）	形态与生态特点	繁殖方法	园林用途
啤酒花（大麻科）	*Humulus lupulus*（European hop）	又名忽布。宿根缠绕草本，全株具毛。叶对生，卵形，3~5深裂。花单性，异株。雄花呈圆锥花序；雌花每2朵生1苞片，苞片覆瓦状排列，呈长圆形穗状花序，果穗呈球果状，苞片增大，采后即为制啤酒的调味原料。分布北温带，我国各地均产	根茎分株	可用为庇荫棚架的良好材料。开花时稍有香气
素方花（木犀科）	*Jasminum officinale*（Common white jasmine）	宿根常绿攀缘藤本。茎细弱，四棱形，绿色。奇数羽状复叶对生，小叶5~7枚，卵形，无柄，全缘，无毛。聚伞花序顶生，花冠高脚碟状，白色。芳香。花期5~9月。原产中国西南、华南及印度北部、伊朗等地	扦插、压条、分株	优良的垂直绿化材料
多花素馨（木犀科）	*Jasminum polyanthum*（Manyflower jasmine）	宿根攀缘藤本。幼枝圆柱形。叶对生，奇数羽状复叶，小叶5~7枚，大小不等，顶小叶较大，披针形，三基脉。花冠高脚碟状，白色，外面淡紫色，花芳香。花期5~7月。原产我国云南、贵州	扦插、压条、分株	良好的垂直绿化材料
南五味子（五味子科）	*Kadsura longipedunculata*（Longpedunele kadsura）	常绿攀缘藤本。茎长4~5m。小枝褐色。单叶互生，革质，椭圆形或倒卵形披针形，缘具齿，暗绿色，有光泽。花单性，异株，花被片淡黄色，芳香，具细长下垂花梗。花期6~7月。浆果深红色至暗蓝色，聚合成3cm的球体，果熟期10月。原产中国华北以南及西南	播种、扦插、压条	花朵芳香，果球低垂，十分美丽。是我国南方重要的垂直绿化材料，多用于棚架、篱垣绿化
香豌豆（豆科）	*Lathyrus odoratus*（Sweetpea）	一二年生蔓性攀缘草本。高1~2m。茎有翼，被粗毛。羽状复叶，基部1~2对小叶正常，上端小叶变成卷须，3叉状。总状花序具长梗，着花2~4朵，花蝶形，芳香，花色丰富。花期5~6月。原产意大利西西里岛	播种	花期长，芳香，花色艳丽，可设支架攀缘布置；又是良好的切花
丝瓜（葫芦科）	*Luffa cylindrica*（Suakwa vegetable-sponge）	一年生攀缘草本。茎被半透明的粗毛，卷须多分叉。叶与卷须对生，广卵形，掌状浅裂至中裂，花单性，异株，单生叶腋，花冠钟形，黄色。花期夏季。果具多形多色，果期秋季。原产欧亚热带及美洲热带	播种	花色鲜艳，果形奇特，挂满枝头，绿叶相衬，引人入胜。可用于棚架和花廊的绿化。很有农家风味
蝙蝠葛（防己科）	*Menispermum dauricum*（Asiatic moonseed）	落叶缠绕藤本。茎枝细柔，长可达10m。单叶互生，盾状卵圆形，5~7浅裂，暗绿有光泽。花单性异株，圆锥花序腋生，花浅黄色，花期6~7月。核果球形，紫黑色，果熟期7~8月。原产中国东北至华东	播种、扦插、分株	主赏亮丽的叶片，适作篱垣、山石绿化，尤其适作荫处的墙面、棚架布置，或作地被
鸡血藤（豆科）	*Millettia reticulata*（Leatherleaf millettia）	常绿攀缘藤本。茎健壮，右旋性，长达10m以上，枝叶无毛。奇数羽状复叶互生，小叶7~9枚，卵状椭圆形，叶尖有凹缺。顶生密集总状花序，小花暗紫色，花期5~8月。荚果长条形，无毛，果熟期10~11月。原产中国华东、中南及西南	播种、扦插	适用于大中型棚架和枯木的绿化

（续）

植物名称 （科名）	拉丁学名 （英文名）	形态与生态特点	繁殖 方法	园林用途
苦瓜 （葫芦科）	*Momordica charantia* （Balsampear）	一年生攀缘草本。茎细弱，有棱，长可达5m。卷须不分叉。叶近圆形，5～7深裂，具缺刻。花单生，雌雄同株，花黄色，芳香，花期5～9月。果实长椭圆形或纺锤状，密生瘤状突起，黄绿色，味苦，果瓤鲜红色，果期6～10月。瓠果可食。原产亚洲热带	播种	花朵清香，果形奇特，是庭园棚架的良好材料
木鳖 （葫芦科）	*Momordica cochinchinensis* （Cochinchina momordica）	宿根攀缘草本。地下有块根。茎细长，有纵棱。卷须不分叉。单叶互生，圆形，或3～5深裂。花单性，雌雄同株，花冠白晕黄色，花期6～9月。瓠果熟后红色，长椭圆形，表面有刺状突起，果熟期10～11月。原产中国华南至西南	播种	花、果均具观赏价值，适用于中小型棚架的垂直绿化
常春油麻藤 （豆科）	*Mucuna sempervirens* （Evergreen mucuna）	常绿缠绕藤本。茎长10～15m。小枝纤细，深绿色。三出复叶，互生，顶小叶卵状椭圆形，侧小叶斜卵形，暗绿色，有光泽，薄革质。总状花序，生于老枝，花蝶形，深紫色，花期4月。荚果条形，10月果熟。原产中国西南至东南部	播种	花序优美，花形奇特，花色深艳，是棚架、门廊、山石、枯树的良好绿化材料
西番莲 （西番莲科）	*Passiflora coerulea* （Passionflower）	宿根常绿攀缘草本。茎长7～10m，具纵棱，绿色；老茎灰色，圆柱状。叶互生，掌状5～7深裂，卷须与叶对生。花单生叶腋，花被片10枚，5枚花瓣蓝紫色；5枚萼片内面白色；副冠由多数丝状体组成，花期6～9月。浆果椭圆形，橙黄色。原产巴西及阿根廷	播种、扦插、压条	优美的垂直绿化材料，尤其适用于轻型棚架。还可盆栽
鸡蛋果 （西番莲科）	*Passiflora edulis* （Passionfruit）	宿根常绿攀缘草本。茎长约7m。叶互生，掌状3～5深裂，裂片具齿，叶柄有腺体。花单生叶腋，白色带紫晕，芳香，花期4～8月。浆果球形，果皮皱褶，紫色，可食。果期8～9月。原产巴西	播种、扦插、压条	同西番莲
红花菜豆 （豆科）	*Phaseolus coccineus* （Searlet runner bean）	宿根缠绕草本。全株具毛，茎长达7～10m。叶互生，三出复叶，顶小叶卵形，侧小叶斜卵形。总状花序腋生，花冠火红色，质硬，具光泽，花期7～10月。荚果略弯，种子肾形，黑红色，有红纹，果期8～11月。原产美洲热带	播种	是美丽的篱垣、棚架、花廊绿化材料。尤其适合轻质棚架
白雪花 （蓝雪科）	*Plumbago zeylanica* （Whiteflower lead-word）	常绿攀缘状半灌木。株高1～3m。叶卵形，基部扩大抱茎。穗状花序，花冠高脚碟状，白色。花期夏季。原产中国华南及西南	扦插、压条、分株	优美的垂直绿化材料
山荞麦 （蓼科）	*Polygonum aubertii* （Silvervine fleece-flower）	落叶木质攀缘藤本。茎初为草本，后变木本，长达数米。叶互生或簇生，长圆状卵形，基部心形。圆锥花序，苞膜质，内含3～6朵小花，花白色，微香，萼片5枚花瓣状，花期9～10月。原产中国西北和华北地区。喜半阴也耐阳光直射，耐寒，耐旱，宜疏松土壤	播种	枝叶茂盛，开花繁密，花期长，病虫害少。攀缘力强，是优良的垂直绿化材料，也可作地被使用

（续）

植物名称 （科名）	拉丁学名 （英文名）	形态与生态特点	繁殖 方法	园林用途
火炭母 （蓼科）	*Polygonum chinense* （Chinese knotweed）	宿根缠绕草本。全株有酸味。茎浅红，节部红色膨大。叶互生，椭圆形，叶面具暗紫色纹呈"人"字形，叶脉紫红色。头状花序，花小，白色或粉红色，花期8~9月。果熟时浅蓝色，多汁，可食。果期10月。原产中国。西南、华南、湖南、江西皆有分布	播种	用于垂直绿化，颇具野趣
羽叶茑萝 （旋花科）	*Quamoclit pinnata* （Cypress vine）	一年生缠绕草本。茎长可达6m。叶互生，羽状细裂。聚伞花序腋生，花序高出叶面，花冠高脚碟状，檐部5裂，呈五角星状，深红色，花在强光下开放，花期8~10月。原产美洲热带。喜温暖而阳光充足环境，不耐寒，不择土壤	播种	叶片细裂，小花鲜红，适用于轻型棚架、栏杆和篱垣绿化。也可装饰窗台与阳台
使君子 （使君子科）	*Quisqualis indica* （Rangooncreeper）	常绿缠绕藤本。茎长8~10m。单叶对生，全缘，革质，椭圆形；叶柄下半部成硬刺状。顶生穗状花序下垂，花萼长筒状，端5裂，花瓣5枚，初开白后转红，芳香，花期夏秋。果有5棱，果熟期9月。原产马来西亚、菲律宾、中国华南	播种、压条、扦插、分株	花繁叶茂，花期长达3个月，叶光亮，是优良的垂直绿化材料，可用于棚架、墙垣、山石的垂直绿化
五味子 （五味子科）	*Schisandra chinensis* （Chinese magnolia-vine）	落叶攀缘木质藤本，茎长可达8~10m。单叶互生，椭圆形至倒卵形，缘疏生细齿，基部楔形，叶柄及叶脉红色。花单性，雌雄异株，花单生或簇生叶腋，具长梗，花乳白或晕粉红色，芳香，花期5~6月。浆果穗状下垂，深红色，果熟8~9月。原产中国华北、东北。喜光，耐半阴，耐寒，耐瘠薄。不耐旱涝	播种、分根茎	适于秋季观叶、观果。可用于山石、棚架，也可用于插花切枝
菝葜 （百合科）	*Smilax china* （Chinaroot greenbrier）	落叶攀缘木质藤本，具块状根，茎疏生倒刺。叶互生，卵圆形，掌状脉，柄两侧各1对卷须。花单生，雌雄异株，小花黄绿色，伞形花序，花期4~5月。浆果球形，熟时红色，果期8~11月。原产中国长江以南地区。喜光，耐半阴，喜温暖，不耐寒，不择土壤	播种或分株	适于秋季观叶、观果，可攀缘山石、棚架。是插花的良好切枝
金线吊乌龟 （防己科）	*Stephania cepharantha* （Oriental stephania）	攀缘藤本。叶互生，盾状，掌状脉。花单性，雌雄异株，聚伞花序腋生，雄花黄绿色，花期6~7月，雌花不显。核果倒卵状球形，熟后紫红色，果期8~10月。原产中国，分布长江以南各地	播种、分株	是良好的垂直绿化材料
千金藤 （防己科）	*Stephania japonica* （Japanese stephania）	攀缘藤本。茎长4~5m。叶互生，盾状，全缘，掌状脉，叶背常被白粉。花单性，雌雄异株，聚伞花序，雄花淡绿色，花期5~7月。雌株核果近球形，红色，果期8~10月。原产长江以南，日本、印度也有分布	播种、分株	良好的垂直绿化材料

（续）

植物名称（科名）	拉丁学名（英文名）	形态与生态特点	繁殖方法	园林用途
大花山牵牛（爵床科）	*Thunbergia grandiflora*（Bengal clockvine）	攀缘藤本。茎粗壮，长可达7m以上。单叶对生，阔卵形，掌状脉，缘具缺刻或角状浅裂。花大腋生，数朵呈下垂总状花序，花冠漏斗状，初开蓝色，后变浅，以至白色，花期5~11月。蒴果下部近球形，上部有长喙。原产中国西南部至印度	扦插、播种	花繁叶茂，垂花串串，花期很长，生长健壮。是大型棚架及篱垣的良好材料。对树木有绞杀作用，使用时要注意
络石（夹竹桃科）	*Trachelospermum jasminoides*（Chinese starjasmine, Confederate - jasmine）	常绿攀缘藤本。茎长可达10m，有乳汁，枝缠绕攀缘。叶对生，椭圆形。二歧聚伞花序，花白色，高脚碟状，芳香，花期4~7月。除新疆、青海及东北外，全国均有分布	播种、扦插、压条	四季常青，叶茂花繁，白花似雪，清秀芬芳。是大型优美的攀缘植物。也可盆栽
蛇瓜（葫芦科）	*Trichosanthes anguina*（Serpentgourd, Edible snakegourd）	一年生缠绕草本。茎细长，横向联合切面五棱形，具卷须。单叶互生，广卵形，3~7浅裂，两面具毛。单性花同株。雄花呈总状花序，雌花单生，花梗长不及1cm，花冠5裂，呈剪绒状，花期春季。瓠果条状，极长，可达1.8m，白绿色有纵纹，成熟时橙色。果期夏秋季。原产印度	播种	果形奇特，色彩艳丽，观赏价值较高。宜用于中小型非通道性棚架
栝楼（葫芦科）	*Trichosanthes kirilowii*（Mongolian snakegourd）	宿根攀缘草本。地下具块根。茎长可达10m以上。卷须2~5分叉。叶近圆形，3~7中裂，缘多缺刻。花单性，雌雄异株，雄花数朵成总状花序；雌花单生，花瓣白色，边缘长流苏状，具芳香，花期5~8月。瓠果近球形，成熟时橙黄至黄褐色。果熟期9~10月。原产中国。南北方均有分布	播种	花具香气，果实悬挂，观赏效果好，适合大型棚架和篱垣应用
葡萄（葡萄科）	*Vitis vinifera*（European grape）	落叶攀缘藤本。茎长可达20m。卷须生于新梢，分叉，间歇性与叶对生。掌状叶互生，3~5裂，缘有粗齿。圆锥花序大而长，与叶对生，花小，黄绿色，花期5~6月。浆果球形，紫红或黄绿色，被白粉，果期8~10月。原产亚洲西部	扦插、压条、嫁接	优良的观果植物，叶大而繁茂，遮荫效果好，可作棚架、屋顶花园、阳台的垂直绿化。还可盆栽

4.5 湿地花卉

4.5.1 概述

湿地，与森林、海洋并列为世界三大生态系统。它是由水陆相互作用形成的，具有季节性或常年性积水，生长着喜湿的动物和植物等基本特征。是自然界生物多样性最丰富的生态系统，是人类赖以生存的最重要的环境。被誉为"地球之肾"。

4.5.1.1 概念

什么是湿地？根据1971年诞生在伊朗拉姆萨尔小镇的"拉姆萨尔公约"，又称"湿地公约"，对湿地的定义为：天然或人工、长久或暂时性的沼泽地、泥炭地或水域地带，静止或流动的淡水、半咸水、咸水水体，包括低潮时水深不超过6m的水域；同时，还包括邻接湿地的河湖沿岸、沿海区域以及位于湿地范围内的岛屿。

生长在湿地上的花卉，统称湿地花卉。它包括水生花卉、沼生花卉和湿生花卉。生长在湖泊、河流、池塘和海边等水域及其附近，常年生长在水体或潮湿的土地上。湿地花卉种类繁多，生物多样性丰富，据统计我国湿地高等植物有 225 科 815 属 2276 种。分别占我国高等植物科、属、种的 63.7%、25.6% 和 7.7%。

4.5.1.2 类别

4.5.1.2.1 根据生活习性和生态环境可分为

（1）挺水花卉：植株直立挺拔，以根或根茎生于水下泥中，茎叶明显，植株上部挺出水面，下部或基部沉入水中。营养繁殖力强，地下茎可不断产生新植株，有排他性，常形成强势的单种群落。多分布于水深 2m 以内的沼泽地、湖、河、塘等近岸浅水区。如荷花、千屈菜、再力花、菖蒲、芦竹、水葱等。

（2）浮叶花卉：根与地下茎生于水底泥中，无明显的地上茎，或茎细弱不能直立，叶漂浮于水面，有的叶片沉入水中。叶柄细长柔软，体内常贮藏大量气体，使叶片和植株浮于水面上，常分布在 0.5 ~ 3m 水深的水域，成明显的群落。如睡莲、苕菜、萍蓬草等。

（3）漂浮花卉：根退化或缺失，全株漂浮于水面，随水流而四处漂浮，于近岸处，根可扎入泥中。漂浮花卉分布于湖泊、池塘或间生于浮叶花卉和挺水花卉之间。如大藻、水鳖、凤眼莲等。

（4）沉水花卉：植株全部沉入水中，根生泥中，通气组织发达，气腔大而多，叶片常呈狭长或细裂成丝状，多为墨绿色或褐色。花小，花期短，以观叶为主。常分布在水深 4 ~ 5m 的水域。能消耗水中多余的养分，起到净化水质的作用。如苦草、金鱼藻、茨藻等。

（5）沼生花卉：是具有一定观赏价值，能长期生长在沼泽地环境的湿地花卉。如千屈菜、芦苇、香蒲、芦竹、伞莎草、沼生鼠尾草等。

（6）湿生花卉：适生于溪湖边等高度潮湿环境中的草、木本花卉。这类花卉不耐旱，要求较高的空气湿度和土壤含水量。形态特征是叶面积较大，组织柔软，含水量大，根系入土较浅。其中草本的湿生花卉如蜈蚣草、冷水花、红蓼、虎耳草、狼尾珍珠菜等；木本的湿生花卉如夹竹桃、垂柳、水杉、落羽杉、枫杨、八仙花、棣棠、大叶醉鱼草、露兜树等。

4.5.1.2.2 根据对水的生态要求程度可分为

（1）水生花卉：指观赏价值较高，生长在水体中的湿地花卉。或挺立水面以上，或浮叶于水面，或在水面漂浮，或沉于水体中，使平淡的水面构成华丽多彩的，水上水下交相呼应的优美景观。如水生鸢尾类、蒲苇、睡莲、莼菜、金鱼藻等。

（2）沼生花卉：指具有较高观赏价值，能长期生长在沼泽地环境中的湿地花卉（见前述沼生花卉）。

（3）湿生花卉：为形态优美，适生于河、湖岸边、低洼湿地等潮湿环境中的湿地花卉（见前述湿生花卉）。

4.5.1.2.3 根据湿地花卉的质地可分为

（1）草本湿地花卉：为生长在湿地的草本花卉，如荷花、睡莲、萍蓬草、苕菜、金鱼藻等。

（2）木本湿地花卉：为生长在湿地的木本花卉，如夹竹桃、露兜树、八仙花、大叶醉鱼草等。

4.5.2　主要湿地花卉（代表种）

（1）菖蒲属　*Acorus*

天南星科菖蒲属4种，分布于北温带至亚洲热带，我国均产。

常用湿地花卉如：

菖蒲　*A. calamus*

别名　白菖蒲、水菖蒲、大叶菖蒲

英文名　Drug sweetflag

科属　天南星科菖蒲属

形态特征　宿根挺水草本，根茎横走，全株具芳香气味。叶二列状着生，剑状线形，具平行脉，中脉突起，叶鞘两侧膜质。肉穗花序圆柱形，长20～50cm，小花黄绿色，浆果红色，花期6～9月。

变种品种　有品种'花叶'菖蒲（'Variegatus'），叶缘具明显的带状白边，白边宽度占叶宽的1/2以上。

产地分布　原产我国及日本，广布于我国南北各地，常生于池塘、湖泊岸边浅水处。

生态习性　喜温暖，不甚耐寒，要求光照充足，耐阴。喜生于沼泽溪谷边或浅水中，在华北地区冬季地上部分枯死，以根茎在泥中越冬。

菖蒲　*A. calamus*

栽培繁殖　分株繁殖。通常春季分株。保持一定水位即可，不需多加管理。华北地区冰层下可以越冬。

园林用途　菖蒲叶丛挺立而秀美，并具香气，叶色翠绿，最宜片植于驳岸边浅水处。也可盆栽。我国民间端午节时将菖蒲和艾草一起编结成束，悬挂门上，可以驱虫。根茎与叶入药，并可提取香料。

石菖蒲　*A. gramineus*

别名　山菖蒲、药菖蒲

英文名　Grass-leaved sweetflag，Grassleaf sweetflag

科属　天南星科菖蒲属

形态特征　常绿宿根草本。高30cm左右，全株有香气，有根茎。叶基生，细带状，比菖蒲短而窄，宽不足1cm；翠绿色，柔软光滑，无中肋，缘膜质。花茎叶状，长约 10cm，佛焰苞也较短，肉穗花序圆柱状，端部渐细而微弯；花小型，淡黄绿色，花期 4~5 月。

变种品种　变种、品种极多，最常见栽培的有：

'金叶'石菖蒲（'Ogon'），株高 15~25cm，叶纤细，金黄色。

钱蒲（var. *pusillus*），株丛矮小，叶细小硬挺，长仅 10cm 左右。

金线石菖蒲（var. *variegates*），株丛较小，叶具黄色条纹。

产地分布　原产我国及日本，越南至印度也产。在我国主要分布于长江以南各地。

生态习性　适应性强，喜阴湿温暖环境，自然生长在山谷溪流石缝中，有一定耐寒性，在长江流域虽可露地越冬，但叶丛上部常干枯，在华北地区则变成宿根状，地上部分枯死，根茎在土中越冬。

石菖蒲　*A. gramineus*

繁殖栽培　通常分株繁殖。于早春进行，生长强健，栽培管理简单。生长期注意松土浇水，保持阴湿环境，勿使干旱。

园林用途　株丛低矮，叶色油亮，芳香袭人，强健耐阴，又耐践踏，是良好的林下、阴地的地被植物，又可盆栽、植假山石隙、或水边种植，是花坛、花径、花境的理想镶边材料。

（2）花叶芦竹　*Arundo donax* var. *variegata*

别名　斑叶芦竹、彩叶芦竹

英文名　Giantreed

科属　禾本科芦竹属

形态特征　宿根挺水观叶草本。具强壮的地下根状茎。地上茎通直，有节，高达 2m 多。叶片线状披针形，长 30~70cm，叶基鞘状，抱茎；有白色条纹，随季节不同，条纹颜色常有变化，如 4~5 月多为白色，6 月以后绿色渐增，而盛夏抽生的新叶几乎全为绿色。顶生圆锥花序大型，密而直立，长 30~60cm，花期 9~10 月，果期 9~11 月。

产地分布　分布于我国华东、华南、西南等地区。常生于池沼、湖边、湿地等处。

生态习性　喜光，喜温暖湿润环境。喜湿，也耐旱。

栽培繁殖　分株繁殖为主，也可扦插繁殖。

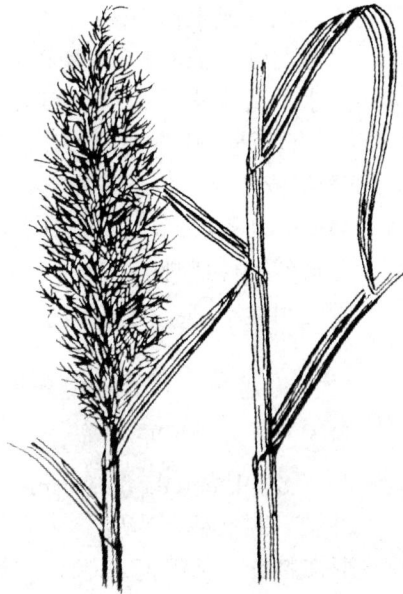

花叶芦竹　*Arundo donax* var. *variegata*

在条件适宜的环境下，可自播繁衍。分株于3~4月或9~10月进行，挖起地下茎，剪除老根，切成带4~5个芽的切块，分别栽植，株行距40cm×40cm，初期保持浅水。管理粗放，5年后应再次分株。

园林用途 花叶芦竹植株挺拔，叶似竹，叶色美丽多变。是园林中良好的水景布置材料，常作背景植物，也可盆栽观赏或布置于湖边浅水处。

同属湿地花卉 本属植物约6种，产热带、亚热带及地中海沿岸；我国产1种。

台湾芦竹（*A. formosana*），宿根草本。高1m多，叶披针状卵形，叶背粉白色。圆锥花序，线状长圆形，长30cm；小穗淡褐色。花期夏秋。原产中国台湾及日本冲绳。庭园水边丛植或盆栽观赏。

（3）金鱼藻 *Ceratophyllum demersum*

别名 松藻、松针草、松草

英文名 Hornwort

科属 金鱼藻科金鱼藻属

形态特征 宿根沉水草本植物，有时稍露出水表面。茎平滑细长，长可达150cm左右，具短分枝，叶轮生，每轮由5~10枚或更多枚叶片集成，无柄，长1.2~2cm；1~2回叉状分枝，裂片线形，边缘有散生的刺状细齿。花小，单性，雌雄同株。花果期6~9月。

产地分布 一科一属约7种，广布世界热带、温带地区静水中，我国有4种，分布全国各地。生于湖泊、池塘或水沟中。

生态习性 分布广，适应性强。生于湖泊、池塘的静水中或水沟、河流、温泉等流水处。在水深50cm左右的清水中生长良好。较耐浑水。

栽培繁殖 分株或播种繁殖，分株，将植株剪成约10cm的茎段，投入水中，即可形成新株。播种，在自然条件适宜的条件下，种子可自播繁衍。

园林用途 可净化和美化水体，片植于水池中，或点缀于水族箱中观赏。

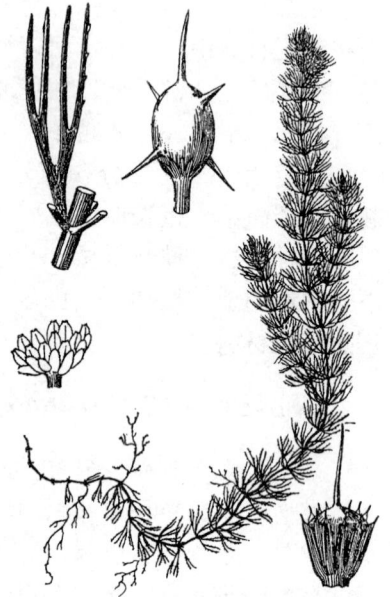

金鱼藻 *Ceratophyllum demersum*

（4）伞莎草 *Cyperus alternifolius*

别名 纸莎草、埃及纸莎草、伞草、旱伞草

英文名 Umbrella flatsedge

科属 莎草科莎草属

形态特征 宿根挺水草本，高60~120cm，具匍匐根状茎，秆丛生，茎秆中下部呈三棱形，无分枝。叶退化成鞘状，包裹秆基部。花序顶生，着生总苞约20片，带状近等长，呈螺旋状排列，向四周展开如伞；聚伞花序疏散，辐射枝发达。花期5~

7月，果期 7～10 月。

产地分布　原产南欧及非洲热带、埃及与巴勒斯坦。我国各地有栽培和应用。

生态习性　喜温暖阴湿环境，不耐寒，不择土壤。生长适温 20～25℃。但喜腐殖质丰富、保水力强的黏质土壤。

栽培繁殖　分株或扦插繁殖。

分株繁殖：3 月挖起老株，分割成数块，每块带 2～3 个芽，直接栽入应用地段。

扦插繁殖：

①旱地扦插法：以顶部伞状花序部分为插穗，留秆长 5～8cm，将总苞片剪短1/3,插于沙与细土混合的插床中，浇透水，上盖小拱棚密封，覆以遮荫网，15 天揭去塑料膜。扦插苗越冬，在华北地区需入温室。

②水田扦插法：插穗剪法同旱地，将剪好的插穗插于水田插床中，保持浅水位，上盖拱棚和遮荫网，半月后生根，逐渐揭去薄膜和遮荫网。生长季节要适当遮荫，避免阳光直射。

园林用途　株丛繁茂，苞叶如伞，极富南国风光，是良好的水生观叶植物，可点缀于河边，丛植于山石旁，亦宜缸栽观赏。

同属湿地花卉　莎草属约 55 种，全产于温带与热带。我国约 30 余种。常见应用的还有：

畦畔莎草(*C. haspan*)，宿根挺水草本。秆丛生或散生，高 20～100cm，总苞条形，聚伞花序具多数细长的辐射枝，最长达 17cm；小穗通常 3～6 个，偶有多至 14 个呈指状排列。分布于福建、台湾、广东、广西、云南、四川等地区。朝鲜、日本、越南、印度、马来西亚、大洋洲等地区也有。常生于水田或浅水塘中。播种繁殖或分株繁殖。在条件适宜的环境下，可自行繁衍。可点缀于河边或缸栽。

伞莎草　*Cyperus alternifolius*

(5) 凤眼莲　*Eichhornia crassipes*

别名　水葫芦、布袋莲、凤眼蓝

英文名　Common waterhyacinth

科属　雨久花科凤眼莲属

形态特征　宿根水生草本。在浅水中为挺伸而出水状态；在深水中为漂浮植物。漂浮者须根发达。茎极短缩，叶丛生而直伸，卵形至卵圆形，全缘；叶厚而光滑，鲜绿色，叶柄远长于叶片，近基部膨大成囊状，海绵质，内含空气，使叶漂浮于水面。挺水植株的须根扎入泥中，叶柄不膨大。短穗状花序，从叶丛中抽出，小花淡蓝紫色，花被片 6 枚，基部合生，上花被片较大，有蓝紫色大斑，斑中央有黄色眼点，犹如凤眼；雄蕊 3 长 3 短，长者伸出花外。花期 7～9 月。

变种品种 有粉紫花及黄花品种。

产地分布 原产南美洲。

生态习性 喜温暖，稍耐寒，喜光照充足，喜生于浅水、静水或流速不大的水体中。对环境适应性强。

繁殖栽培 分株繁殖。春季进行，极易成活，气候温暖时，自生繁殖能力很强。生长适宜水温 18~24℃，水深 30cm 左右为好。盆栽要施足基肥，越冬温度 10℃ 以上。在池塘等水体种植，生长期施肥，可使植株生长繁茂，开花多而美大。暖地可露地越冬，寒冷地区要带泥移入盆内，室内越冬或沉入深水中。管理粗放，在生长过于拥挤时，除掉部分植株，以免影响生长和开花。

园林用途 凤眼莲叶色青翠光亮，花朵清丽秀雅，叶柄奇特诱人，是优美的水生花卉。具有净化水体的功能。可用于园林水体美化，盆栽观赏或作切花。

凤眼莲 *Eichhornia crassipes*

（6）水生鸢尾类 *Iris* spp.

鸢尾属约 300 种，分布于北温带。我国约有 40 种，广布全国，以西北和北部最盛，南部极少。鸢尾属很多种可供观赏，其中有部分种为湿地花卉。择要举例如下：

花菖蒲 *I. kaempferi*

别名 玉蝉花

英文名 Japanese iris

科属 鸢尾科鸢尾属

形态特征 宿根草本，根茎粗壮，植株基部常有棕褐色枯死的纤维状叶鞘。高 30~70cm。叶阔线形至宽带形，中肋明显突起。花茎略高于叶片，着花 2 朵，花大型，垂瓣下垂，光滑，旗瓣较小，色浅；花色多样。花期 6~7 月。

变种品种 花形花色具有丰富变化，有近百个园艺品种。有黄、白、鲜红、堇、紫色等品种。还有花叶品种。目前栽培的多是大花或重瓣的品种。

产地分布 原产中国东北地区及朝鲜、日本。

生态习性 喜生于浅水或沼泽地，耐寒，喜光照充足，要求肥沃的酸性土壤。

繁殖栽培 分株繁殖，秋季进行。栽植前施足基肥，最宜栽于水深 10~15cm 的浅水或沼泽地。生长旺季忌干燥，要保证水分充足。

园林用途 花菖蒲花形、花色丰富，观赏价值较高。是优良的水景园花卉，可植于岸边或浅水处，或于沼泽园中布置鸢尾类专类园或花菖蒲专类园。又宜布置花坛或作切花。

燕子花 *I. laevigata*

英文名 Rabbitear

科属 鸢尾科鸢尾属

形态特征 宿根草本。根茎粗壮，株高约 60cm。叶中脉不显，花莛与叶同高，着花约 3 朵，浓紫色，基部稍带黄色，垂瓣与旗瓣等长。花期 4～5 月。

变种品种 有红、白、翠绿等色变种或品种。

产地分布 原产中国东北地区，日本及朝鲜也有。

其他同花菖蒲。其花期较花菖蒲早，两者结合布置，可延长观赏期。

黄菖蒲 *I. pseudacorus*

别名 黄花鸢尾、水生鸢尾

科属 鸢尾科鸢尾属

形态特征 多年生湿生草本，植株基部有少量老叶残留的纤维，根状茎粗壮，直径可达 2.5cm，斜伸，节明显。基生叶灰绿色，宽剑形，长 40～60cm，宽 1.5～3cm，顶端渐尖，基部鞘状，中脉较明显。花黄色，直径 10～11cm；花期 5 月，果期 6～8 月。

产地分布 原产欧洲。我国各地有引种栽培。

生态习性 喜生于河湖沿岸的湿地或沼泽地上。喜温暖湿润环境，较耐寒。

栽培繁殖 分株繁殖或播种繁殖。在一定环境下可自行繁衍。

园林用途 黄菖蒲花鲜黄色，花朵大，观赏价值较高，适应性强。可点缀于池边，也可在湖边浅水处大面积片植。

燕子花 *I. laevigata*

黄菖蒲 *I. pseudacorus*

溪荪 *I. sanguinea*

别名 赤红鸢尾

英文名 Bloodred iris

科属 鸢尾科鸢尾属

形态特征 宿根草本。根茎细。株高 50～60cm。叶 3～5 片一束，线形，中肋明显，叶基赤色。花莛与叶等高，不分枝，着花约 4 朵；苞片晕红色，花浓紫色，垂瓣先端圆，中部有褐色条纹，旗瓣稍短，色较浅，爪部黄色具紫斑。花期 5～6 月。有白花变种。

产地分布 原产中国东北地区，西伯利亚、朝鲜和日本。

生态习性 耐严寒，喜光照充足，通风良好，喜生于浅水中。

繁殖栽培 分株繁殖，秋季进行。夏季生长旺季，要保证植株基部有一定的水层，每 2~3 年分栽一次，结实力强，也可春季繁殖。

园林用途　宜植于水池旁、溪流边；也可短期在陆地湿润处生长，还可用于鸢尾专类园或水生鸢尾园等。

（7）千屈菜　*Lythrum salicaria*

别名　水柳、水枝锦

英文名　Spiked loosestrife，Purpule lythrum

科属　千屈菜科千屈菜属

形态特征　宿根湿地挺水草本。茎直立，四棱形，多分枝。株高 80~120cm。叶对生或 3 片轮生，狭披针形，全缘，长 3.5~6.5cm，宽 0.8~1.5cm。穗状花序顶生，小花密集，花瓣 6，紫红色。萼筒长管状，萼裂间各具附属体。花果期 6~9 月。

产地分布　原产于欧亚两洲温带。我国各地有野生。

生态习性　喜温暖，光照充足及通风良好的环境，生长于沼泽地、水旁湿地及河边、沟边。在我国北方各地可露地越冬，无需防寒。

栽培繁殖　播种繁殖为主，也可分株或扦插。早春或秋季分株，春季播种及嫩枝扦插繁殖。在 10℃ 水中生长最好，但也可在露地较干燥处及更深水中栽培。盆栽需用肥沃的河泥，抽花穗前保持盆土湿润而不积水，开花时盆中需保持 5~10cm 水深，置光照充足、通风良好处。入冬剪去地上部分，冷室越冬。露地栽培同宿根花卉，管理简单。

千屈菜　*Lythrum salicaria*

园林用途　千屈菜生长整齐清秀，花色艳丽，花朵繁茂，花序长，花期长，是园林水景布置的良好材料。最宜在浅水岸边丛植；也可布置花境、用作切花、盆栽观赏或用于沼泽园。

（8）荷花　*Nelumbo nucifera*

别名　莲、水芙蓉、芙蕖、水芝

科属　睡莲科莲属

形态特征　宿根挺水草本。根状茎粗壮，横走，粗而肥厚，有长节，节间膨大，内有纵行通气孔道，节部缢缩，上有须根。叶圆形，盾状，直径 20~90cm，全缘，稍呈波状；叶面蓝绿色，被蜡质；叶背绿白色，具隆起的叶脉。花单生，直径 6~32cm，美丽、芳香；花瓣 16~24 枚，倒卵形，白色或粉红色、红色。雄蕊多数生于花托四周；雌蕊多数，埋藏于倒圆锥形、海绵质的花托内；花托于果期膨大凸出于花的中央(莲蓬)，有多数蜂窝孔，内有小坚果(莲子)，种子卵形或椭圆形。花期6~8月。

变种品种 荷花品种很多，分为观赏和食用两大类。其中观赏类品种，花型分单瓣、重瓣、台阁等；花色有紫、白、粉、红、淡绿等；栽培方式有池栽、缸栽、碗栽等。

产地分布 我国南北各地有野生或栽培。常生长在池塘、浅水湖泊及沼泽地环境中。俄罗斯、朝鲜、日本、印度、越南及澳大利亚也有分布。

生态习性 喜温暖、湿润，耐涝，不耐旱，较耐寒，抗病能力强，对土壤要求不严。

栽培繁殖 以分株繁殖较常用，也可播种繁殖。分株法盆栽荷花，事前要做好各种准备工作。如果要种大莲花，需准备矮边的

荷花 *Nelumbo nucifera*

缸(缸底不能和栽其他花那样开出水洞)，缸内要放肥沃的种植土(荷花喜肥)，并加水将土搞成糊状(注意拣去杂质和石块)，施入鸡粪肥、猪圈肥或黄粪作基肥，盆或缸内盛土约占盆、缸深度的2/3，其余1/3留作盛水之用。栽植的时间宜在3月底、4月初，当气温在25℃时进行最好。荷花喜欢生长在阳光充足的温暖环境，故盆、缸应选择朝南的阳光充足、避风处放置。此外，将去年生的作种用的藕挖出，选顶芽完好粗壮且有两个完整藕节的小段，将顶芽朝下倾斜放入深15~20cm的泥中，使尾部稍朝上，栽后一周内不要加水，让种藕固持生长在土中，促使发芽。最初抽出幼嫩小叶，叶柄细长而柔软，叶片浮在水面上，称为浮叶。可随着浮叶的出现立叶的生长逐渐增加水量，最后加至接近缸面。盆栽荷花从定植到开花约需100~110天。采用播种繁殖荷花，一般在4月上旬进行。莲花的种子即莲子，有极坚硬的种皮。先将选好的良种带皮莲子，用利刀将顶端种皮割去2~3mm，使水可以浸入，置入水中浸泡2~3天，待种子吸水膨胀后播种于盆中(盆土处理与分株法相同)，然后将盆浸入大水缸，盆面上保持3~4cm深的水。在25~30℃的温度下，经8~10天，即可发出细芽，以后逐渐长出叶片，到第二年就可开花。

园林用途 荷花亭亭玉立，花叶清香，有迎骄阳而不惧、出淤泥而不染的高尚气质，具有深厚的文化底蕴，是我国十大传统名花之一，可点缀亭榭、布置湖塘水景和缸植观赏，又可作切花。

(9) 萍蓬草 *Nuphar pumilum*

别名 黄金莲、萍蓬莲
英文名 Dwarf cowlily
科属 睡莲科萍蓬草属
形态特征 宿根浮水草本。根状茎横走或直立于泥中，直径2~4cm。叶具柄，

纸质，亮绿色，叶背紫红色，浮于水面，宽卵形或卵形，长 6～18cm，宽 6～12cm，先端圆钝，基部深心形而成二远离的裂片状，密生柔毛；叶脉呈多回二歧分叉；沉水叶膜质，半透明，具长柄，上部近三棱状，叶缘皱缩。花单生花梗顶端，花萼花瓣状，花瓣肥厚，多数，狭长方形，黄色，直径 3～5cm，浮于或稍伸出水面。花果期 5～9 月。

产地分布 分布于黑龙江、吉林、河北、江苏、浙江、江西、福建、广东、台湾。印度及东南亚也有分布。我国华东、华南地区广为栽培。

生态习性 喜温暖，较耐寒；喜光照充足，稍耐阴；不择土壤，以黏质土壤为好。喜生于流动状态的河池中。

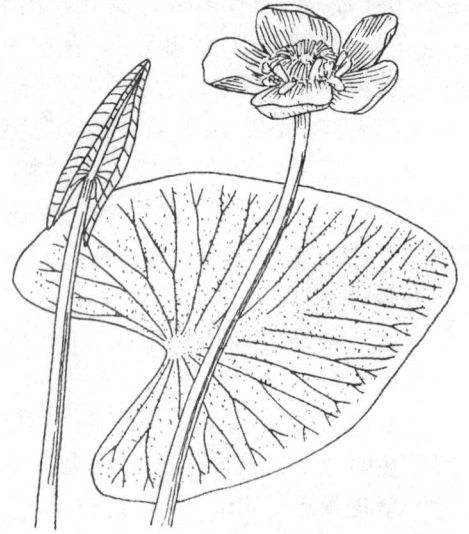

萍蓬草　*Nuphar pumilum*

栽培繁殖 分株繁殖为主，也可播种繁殖。在条件适宜的环境下，可自行繁衍。适应性强，适宜生长于 60cm 左右深的水中，盆栽最好年年换土，施足基肥，北方地区冬季需于冷室越冬。

园林用途 叶丛翠绿，花朵亮黄，纤秀优美，赏心悦目。是优美的湿地花卉。可片植于池塘中，每株占水面 2～3m^2，也宜缸栽观赏。

（10）睡莲属　*Nymphaea*

睡莲科睡莲属约 50 种，广布温带和热带地区，我国有 5 种，南北均产。

睡莲　*N. tetragona*

形态特征 宿根浮水草本。根茎直立，不分枝。叶近圆形或卵形，全缘，具长细叶柄，表面浓绿色，背面暗紫色，浮于水面。花径 5～7cm，白色，花药金黄色；花于午后开放，黄昏闭合，单花花期 3 天；花期 7～8 月。

产地分布 原产中国，日本、西伯利亚有分布。

生态习性 睡莲属耐寒类睡莲，耐寒性强，栽培水深春季 20～30cm，夏季 60～80cm，不宜超过 80cm。喜水质清洁，水面通风良好的静水环境。喜温暖湿润，抗病能力强，对土壤要求不严，喜肥沃的黏质土壤。

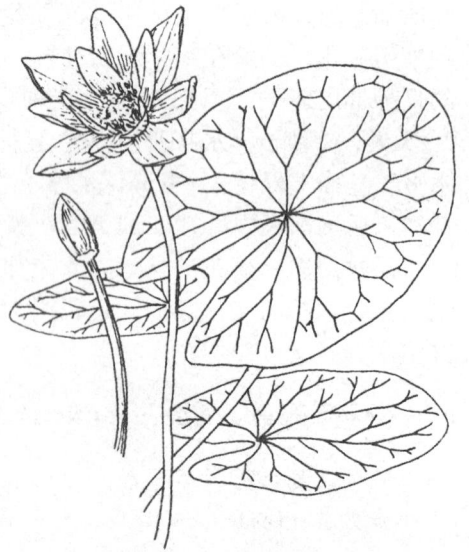

睡莲　*N. tetragona*

栽培繁殖 分株繁殖，也可播种繁殖。主要采用分株繁殖，于每年春季 3~4 月份，芽刚刚萌动时将根茎掘起，用利刀分成几块。保证根茎上带有两个以上充实的芽眼，栽入池内或缸内的河泥中。也可用播种繁殖，春天播种前，将种子浸入 25~30℃ 的水中催芽 10~12 天，待幼苗长至 3~4cm 时，即可种植于池中，保证足够的水深。

园林用途 睡莲的栽培历史悠久，种类极多，花大色艳，是栽培最普遍的水生观花植物。可布置于水池中观赏，尤其适宜较小水面的美化布置。也可盆栽观赏。

柔毛齿叶睡莲 *N. lotus* var. *pubescens*

英文名 Pubescent waterlily

科属 睡莲科睡莲属

形态特征 宿根浮水草本，根状茎肥厚，匍匐。叶近革质，卵状圆形，直径 15~26cm，基部具深弯缺，裂片圆钝，近平行，边缘有弯缺三角状锐齿，上面无毛，深绿色，叶背红褐色；叶柄盾状着生。花浮于水面，直径 2~8cm，花瓣 12~14，白色、红色或粉红色，先端圆钝，具纵条纹。花果期 8~11 月。

变种品种 另一常见变种凸脉齿叶睡莲（var. *dentata*），与本变种相似，主要区别点是叶背的叶脉粗壮而显著凸起。在我国华南、台湾等地园林中有栽培。

产地分布 产我国云南、台湾；印度及东南亚也有分布。生在低山池塘中。

生态习性 属不耐寒性睡莲，喜光，需通风良好，不耐寒，对土质要求不严。水温在 18~20℃ 以上才能正常生长。最适水深 25~30cm。

栽培繁殖 主要采用分株繁殖，于每年春季 3~4 月份进行。

园林用途 花大、美丽，可供盆栽观赏或点缀于水池中。

（11）荇菜 *Nymphoides peltatum*

别名 水荷叶、荇菜

英文名 Shield floatingheart

科属 龙胆科荇菜属

形态特征 宿根漂浮植物。茎细长，圆柱形，多分枝，节上生根，漂浮于水中或生根于泥中。叶小，上部叶近对生，其余叶互生，长 1.5~7cm，近革质，卵圆形，基部心形，全缘或微波状，表面光滑，草绿色，叶背带紫色，具柄，长 5~10cm，基部变宽，抱茎。腋生聚伞花序，小花金黄色，花冠 5 裂，花瓣边缘有细齿和睫毛。花果期 7~10 月。

产地分布 广布于我国南北各地。朝鲜、日本、前苏联也有。

生态习性 生长在池塘或不甚流动的河溪中。原产温带及热带淡水中。性强健，耐寒又

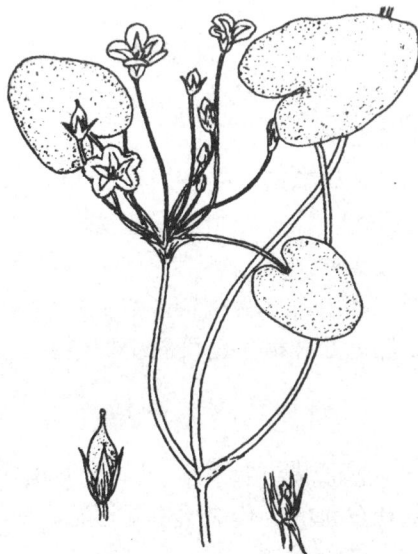

荇菜 *Nymphoides peltatum*

耐热，喜静水，适应性很强。

栽培繁殖 播种繁殖或分株繁殖。

园林用途 莕菜花色艳丽且花量大、花期长，是优良的水生植物材料。可点缀于水池中或缸栽观赏。

同属湿地花卉 本属植物20种，广布热带和温带的淡水中。我国有5种，各地均产之。常见应用的还有：

金银莲花(*N. indica*)，别名白花莕菜、印度莕菜。宿根浮水植物，全株光滑无毛。茎细长，圆柱形，不分枝，节上生根。单叶，圆心脏形，无柄或柄极短。花白色，径达0.8～1cm，花冠5深裂，花冠裂片腹面密生长柔毛，边缘具纤毛，花果期7～9月。分布云南、广东、台湾、湖北、安徽、江苏、吉林等地。生长在池沼、水塘及湖泊中。

(12) 芦苇 *Phragmites communis*

英文名 Common reed

科属 禾本科芦苇属

形态特征 宿根挺水草本。具粗壮根状茎，株高1～3m。秆直立，细长而木质化，中空，节下常有白粉。叶散生，革质，带状披针形，端尖，缘具细刺，基部收缩，连接叶鞘。圆锥花序大，多分枝，长10～45cm。阔圆锥状，稍下垂。外稃基盘具长6～12mm的柔毛，花果期7～11月。

产地习性 广布全球温带地区，中国南北各地均有分布。

生态习性 性强健，抗寒耐热，喜水湿，耐干旱，不择土壤。从浅水到深水都能生长。

栽培繁殖 播种或分匍匐茎繁殖。可自行繁衍。注意控制扩展速度。

园林用途 芦苇花序高大雄伟，十分美观，可用作自然风景区水面和沿岸湖边、河岸低湿处种植。也可固土护坡。

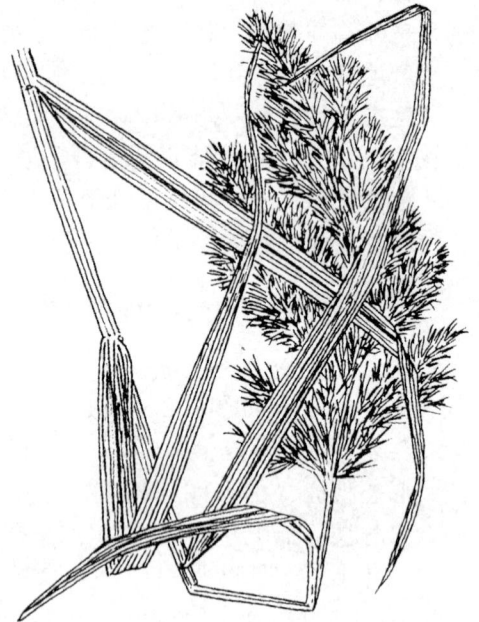

芦苇 *Phragmites communis*

(13) 香蒲属 *Typha*

香蒲属约18种，世界上除南非外，各国均产之。我国约有10种。大部分产于北部和东北部。其中见于湿地花卉应用的主要有：

狭叶香蒲　*Typha angustifolia*

别名　蒲草、水烛

英文名　Narrowleaf cattail

科属　香蒲科香蒲属

形态特征　多年生、水生或沼生草本。株高 1.5～2.5m。叶片长 54～120cm，宽 0.4～0.9cm，上部扁平，中部以下腹面微凹，背面向下逐渐隆起呈凸形。穗状花序的雄花与雌花不相连。花果期6～9月。

产地分布　广布于我国各地。

栽培繁殖　分株繁殖。

园林用途　独叶香蒲生长强健，适应力强，可成片布置于湖边浅水处，或盆栽观赏。

小香蒲　*Typha minima*

英文名　Little cattail

科属　香蒲科香蒲属

形态特征　宿根挺水草本，根茎粗壮。茎细弱，高 30～50cm，基生叶细条形，宽不及 2mm，厚硬，横切面弧形，具大型膜质叶鞘；茎生叶仅具叶鞘而无叶片。穗状花序，暗褐色，较短，雌雄花序有间隔，雄花序在上部，较雌花序细而窄。花果期5～8月。

产地分布　分布于东北、西北、河北、河南、西南；欧洲、亚洲中部也有。

生态习性　生于河滩及低湿地，能耐盐碱。余同东方香蒲。

园林用途　小香蒲开花时小巧可爱，可作盆栽观赏，也可成片布置于湖边浅水处或用于沼生园。

东方香蒲　*Typha orientalis*

英文名　Oriental cattail

科属　香蒲科香蒲属

形态特征　宿根挺水草本。地下根状茎粗壮，有节。茎直立，株高 1～2m。叶条形，革质，宽5～10mm，基部鞘状，抱茎。穗状花序圆柱状，暗褐色，雌雄花序相连，但雄花序较雌花序细；雌花序有多数基生白色长毛，毛与柱头近等长。花果期6～9月。

产地分布　广布于我国各地。

生态习性　喜温暖，耐寒，喜光照充足，不耐阴，适应性强，不择土壤，但在深厚肥沃土壤中生长良好，最宜生长于浅水湖塘和池沼、浅滩等处。

栽培繁殖　分殖根茎繁殖，春季进行，每段根茎约10cm，带2～3芽即可。容易成活。生长期应保持5～10cm 的水位。3年生以上的老株生长势衰退，注意更新。也可盆栽，注意施足基肥，生长期还可追肥，北方地区在冷室越冬。

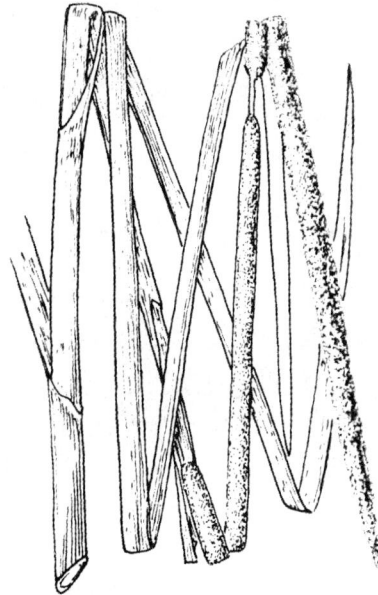

狭叶香蒲　*Typha angustifolia*

园林用途 株丛挺秀，光洁雅淡，成片布置于湖边浅水处，颇具野趣和自然风光。也可盆栽观赏。

花序称蒲棒，可作切花或干花材料。

（14）王莲 *Victoria amazornica*

别名 亚马孙王莲

英文名 Royal waterlily

科属 睡莲科王莲属

形态特征 宿根大型浮水草本。根状茎直立，短粗，具刺。不同叶位的叶形状不同，有线形、戟形、近圆形等；第6片叶以后，叶形相似，幼叶向内卷曲呈锥状，以后展开近圆形，基部有裂口，成熟叶大，圆形，直径可达1.8~2.5m，叶缘直立且皱褶，浮于水面；叶面绿色，幼叶背面紫红色，老叶草绿色，网状脉高高突起，成隔板状，脉上具长刺；叶有很大浮力，承重可达30kg。花单生，径25~35cm，浮于水面，花初开为白色，后变为粉至深红色，午后开放，次晨闭合，芳香，花期夏秋季。

产地分布 原产南美洲亚马孙河流域。

生态习性 喜高温高湿，光照充足，不耐寒，喜肥沃，要求水质清洁。

王莲 *Victoria amazornica*

繁殖栽培 种子采收后需在清水中贮藏，以保持发芽力。盆播土壤要求肥沃，适宜水温30℃左右，水深从5cm逐渐加到15cm，苗高30cm定植。种植前施足基肥，幼苗期要求光照充足，否则叶易烂。栽培水温保持20~30℃，气温30~35℃，空气湿度80%，气温低于20℃即停止生长。

园林用途 叶大奇特，花香色变，漂浮水面，十分壮观。中国各地温室多有栽培，在无霜期，露天水体也可种植。是著名的水生观赏花卉。

同属湿地花卉 王莲属约3种，分布于美洲热带。常见应用的湿地花卉还有：

克鲁兹王莲（*V. cruziana*），英文名Parana waterplatter。宿根或一年生大型浮叶草本。叶片巨大，叶直径可达1~2.2m。幼苗期初生叶呈针状，2~3片叶呈矛状，4~5片叶呈戟形，6~10片叶呈椭圆形至圆形，11片叶以后叶缘上翘呈盘状，叶缘直立较高，达15~20cm；叶面绿带微红有皱褶，背面紫红色。花单生，初开白色，次日变为粉红色。花色较王莲色略浅。花果期7~9月。原产南美洲。喜高温湿润环境，不耐寒。

4.5.3 其他湿地花卉

表 4-5 其他湿地花卉

植物名称（科名）	拉丁学名（英文名）	形态与生态特点	繁殖方法	园林用途
藿香（唇形科）	*Agastache rugosa*（Wrinkled gianthyssop）	宿根草本。高 50～150cm，全株有香气。茎四棱形。叶对生，心状卵形，缘具粗齿。轮伞花序集成假穗状花序，花冠唇形，淡紫、淡红或白色，花期 6～10 月。中国分布广泛，俄罗斯、朝鲜、日本、北美也有。喜温暖湿润，光照充足，耐水湿，干旱，耐寒	播种、分株	花序醒目，适应性强，宜片植于池畔、水边。也可用于花境、庭院
泽泻（泽泻科）	*Alisma orientale*（Oriental waterplantain）	宿根挺水草本。块茎近球形。叶基生，沉水叶条形，或披针形，挺水叶宽披针形至卵形。圆锥状聚伞花序，花莛高 75～100cm，小花白色。花果期 5～10 月。产我国东北、华北、西北、云南等地。日本、北美、大洋洲等均有分布。喜生于温暖、阳光充足的水生环境	播种、分株	是优良的水生观叶植物。可布置于水边浅水处
莲子草（苋科）	*Alternanthera philoxeroides*（Sessile alternanthera）	一年生挺水草本。茎基部匍匐状，长可达 50～120cm，匍匐茎节处生根，悬垂水中或扎入泥中。茎中空，腔大，节间膨大。叶对生，倒披针形，全缘。头状花序腋生，具长柄，花小，白色。花期 5～10 月。原产巴西。喜光，喜温暖水湿，耐干旱	播种、分株	在水中常驻浮于水面，颇具田野风光。可用于池塘、小溪和水池的绿化
香彩雀（玄参科）	*Angelonia angustifolia*	宿根草本。高 30～70cm，全株密被短柔毛，枝稍具黏性。叶对生，线状披针形，缘具锯齿，花腋生，唇形，有紫、红、白等色。花期 5～10 月。原产南美。喜高温多湿，喜光，耐半阴，耐水湿	播种、扦插	株态紧凑，花型独特，花色艳丽，花期很长，可植于浅水处，也是布置花境的良好材料
莼菜（睡莲科）	*Brasenia schreberi*（Schreber watershleld）	宿根浮水草本。地上茎蔓性，细长少分枝，沉于水中。叶盾状着生于长柄上，椭圆形，叶面绿色有光泽，叶背暗红色。花浮于水面，暗红色。嫩茎叶及花梗被胶状透明黏液，花期 6～9 月。广布世界（欧洲除外）。喜温暖，阳光充足，水质清洁	分根	叶形优美，浮于水面，是良好的水面绿化材料。嫩茎叶可作蔬菜
大叶醉鱼草（马钱科）	*Buddleja davidii*（Orangeeye butterflybush）	半常绿灌木。高 1～3m，嫩枝、叶背、花序均密被白色星状毛，枝拱形，小枝四棱形。叶对生，卵状披针形，灰绿色。聚伞花序组成圆锥花序，长约 30cm，芳香，花高脚碟状，4 裂，淡紫色，喉部橙黄色。花期 6～9 月。原产我国长江流域及西南地区。喜光，耐寒，耐半阴，耐干旱	播种、根插、嫩枝扦插、分株	可植于溪边、水岸处。或布置花境、绿地丛植
花蔺（花蔺科）	*Butomus umbellatus*（Floweringrush）	宿根挺水草本。叶基生，线形，截面三棱状。花莛圆形，高出叶面。伞形花序顶生，小花紫红色，花期 5～8 月。原产欧洲、亚洲。我国北部有分布。耐寒、喜阳，喜生于浅水和沼泽中	分株或播种	园林水体绿化，颇具野趣，可成片植于大的水体中

（续）

植物名称 （科名）	拉丁学名 （英文名）	形态与生态特点	繁殖方法	园林用途
荸荠 （莎草科）	*Eleocharis plantaginea* var. *tuberosa* （Thickculm spikesedge）	宿根挺水草本。具细长根状茎，顶端生扁球形球茎，即荸荠。秆圆柱状，直立丛生，株高 15 ~ 60cm，鲜绿色，有多数横隔，1 花穗着生茎顶，似笔头，淡绿色。原产印度东部。喜光，喜温暖，宜生于浅水中	分株或分球	株丛紧密，挺拔，适于水体装饰，球茎可食，秆可用作插花切枝材料
芡实 （睡莲科）	*Euryale ferox* （Gordon euryale）	一年生大型浮水草本。叶浮于水面。径可达 1 ~ 1.2m。叶面绿色，有光泽，皱缩，叶背紫红色，叶脉隆起有刺。花单生，挺出水面，花瓣多数紫色，花托多刺，形似鸡头，昼开夜合。花期 7 ~ 8 月。原产中国、印度、日本、朝鲜、前苏联。喜温暖、耐寒、喜光、宜肥沃土壤。水深不可超过 3m	播种。能自播繁衍	叶形、花托奇特，宜作富于野趣的园林水体绿化
活血丹 （唇形科）	*Glechoma longituba* （Longitube ground ivy）	宿根匍匐草本。茎长约 50cm。叶对生，肾形至心形，缘具浅齿。轮伞花序，常 2 朵，着生叶腋，花冠唇形，淡蓝色至淡紫色。花期 4 ~ 5 月。我国各地有分布，朝鲜也有。喜温暖湿润，耐半阴	扦插、分株	叶形优美，覆盖效果好，宜河边片植。可作耐阴湿的地被，盆栽可吊盆观赏
八仙花 （虎耳草科）	*Hydrangea macrophylla* （Largeleaf hydrangea）	落叶灌木。高 1 ~ 2m。叶对生，宽卵形至椭圆形，缘具三角形粗齿，厚纸质，大而有光泽。由许多不孕花组成顶生伞房花序，近球形，径可达 20cm，花色丰富，花期 6 ~ 7 月。原产我国长江流域以南地区，日本也有。喜温暖湿润，喜阴，不耐暴晒	扦插、分株	宜植于水边，也可布置花境、庭院或片植于路旁、林缘、林下。亦可植于建筑物、山石北面及盆栽观赏
水鳖 （水鳖科）	*Hydrocharis dubia* （Frogbit）	宿根漂浮草本。具匍匐茎。叶圆形至肾形，基部心形，全缘，具长柄，叶面深绿色，背面晕红紫色，叶中央有膨胀气室，使植株漂浮。花单性，白色，雌雄同株。原产欧洲和亚洲。喜温暖，喜光，耐半阴，稍耐寒，喜生静水中	分株	叶形奇特，漂浮水面，极富野趣。可用之点缀水面。又可作饲料及绿肥
棣棠 （蔷薇科）	*Kerria japonica* （Japanese kerria）	落叶灌木。高可达 2m，小枝绿色。叶互生，三角状卵形，先端长渐尖，缘具尖锐重锯齿。花单生于当年生侧枝顶端，金黄色，花期 6 ~ 8 月。产我国华东、华中及西南，日本也有。喜暖湿，耐寒、耐水湿，萌蘖力强	分株、扦插、播种	于水边、溪畔丛植、片植，也宜布置于林缘与草坪边缘，或作花篱
狼尾珍珠菜 （报春花科）	*Lysimachia barystachys* （Wolftail flower）	宿根草本。高 40 ~ 100cm。叶互生或近对生，矩圆状披针形或倒披针形，基部渐狭，近无柄。总状花序顶生，花密集，花冠白色，多 5 裂片。原产中国，南北各地多有分布，朝鲜、日本也有。生于山坡、路旁、水沟边或湿地草丛中	播种、分株	小花密集，全花狼尾状，美丽壮观，可片植于溪沟边或沼泽地
薄荷 （唇形科）	*Mentha haplocalyx* （Wild mint）	宿根芳香草本。高 30 ~ 100cm，具匍匐根状茎，茎直立，多分枝。叶对生，披针形或卵状披针形，基部以上有锯齿。轮伞花序腋生，花冠唇形，青紫、红或白色，雄蕊伸出花冠外。花果期 8 ~ 11 月。原产我国，日本、朝鲜也有。喜光、耐半阴、耐寒、耐湿	分株、扦插	宜布置于水边，也可片植于疏林下

（续）

植物名称 （科名）	拉丁学名 （英文名）	形态与生态特点	繁殖 方法	园林用途
水杉 （杉科）	*Metasequoia glyptostroboides* （Metasequoia）	落叶乔木。高约 35m。大枝近轮生，小枝对生，侧生小枝连叶于冬季脱落。叶对生，线状扁平，排成二列羽状。雌雄同株。球果近球形，下垂，种子扁平，周围有翅，花期 3 月，10 月果熟。我国湖北、湖南、四川有分布。喜温暖湿润，喜光，耐水湿，较耐寒	播种、 扦插	秋叶变红。可在滨河岸边片植，四季景色宜人
雨久花 （雨久花科）	*Monochoria korsakowii* （Korsakow mono-choria）	一年生挺水草本。茎直立，高 30～90cm。基生叶具长柄，茎生叶柄渐短，基部成鞘抱茎，叶广心形，全缘。花茎高出叶丛，圆锥花序，小花较小，蓝紫色。花期 7～9 月。原产中国，日本、朝鲜及东南亚也有。喜光照充足，温暖湿润	分株	叶形美丽，花色淡雅，可供水池栽植，也可盆栽
鸭舌草 （雨久花科）	*Monochoria vaginalis* （Sheathed mono-choria）	一年生挺水草本。高 20～30cm。叶基生，具长柄，基部成开裂的鞘；叶长卵形，基部心形。小总状花序从叶柄中部抽出，小花 3～5 朵，蓝色，花期 7～9 月。原产中国。东南亚及非洲热带有分布。喜温暖湿润，阳光充足，稍耐干燥	分株	用于水面、岸边绿化，也可盆栽观赏
茨藻 （茨藻科）	*Najas marina* （Spiny najad）	一年生沉水草本。茎柔软，多分枝，长约 70cm，具短刺。叶聚生枝端或对生，带状，具刺齿，叶缘缺刻状，叶表及叶背中脉上有少数棘状突起。花单性，雌雄异株，单生叶腋。花期夏秋。原产中国及日本。喜温暖，喜生静水中	播种	园林水体中养植，可增加水中氧气，净化水质。常用于点缀水族箱
肾蕨 （骨碎补科）	*Nephrolepis cordifolia* （Pigmy swordfern）	宿根蕨类草本。直立根茎，被鳞片。匍匐茎短枝上易生出块茎。叶簇生，一回羽状复叶，羽片以关节着生于叶轴上，易脱落。叶斜上伸，浅绿色。小羽片缘具尖齿。广布世界热带及亚热带地区，我国东南各地均有分布。喜温暖湿润，耐半阴	播种、 分栽块茎、分株	株态优美，叶形雅致，叶色光润，四季常绿，宜作林下湿地地被，或丛植、带植于溪边、路缘；也可用于花境。又是盆栽和切叶的良材
夹竹桃 （夹竹桃科）	*Nerium indicum* （Oleander）	常绿灌木。高达 5m，含乳汁。叶 3～4 枚轮生，枝下部对生，狭披针形。聚伞花序顶生，深红或粉红色，有芳香，花冠漏斗状，喉部有 5 片撕裂状副花冠。花期 6～8 月。原产伊朗、印度，我国长江以南地区大量栽培应用。喜光，喜温暖湿润，耐干旱，不耐寒	扦插、 压条	花繁叶茂，花期长，宜片植于河道两旁、水岛的四周，也可丛植桥头、建筑旁。全株有毒，应谨慎应用
水芹 （伞形科）	*Oenanthe javanica* （Javan waterdrop-wort）	宿根挺水草本。高 30～80cm。茎叶具清淡的芹菜味。茎直立，中空，有纵向细棱和匍匐枝。叶互生，1～2 回奇数羽状复叶，小叶菱形至卵形，缘具不规则粗齿；叶柄具膜质狭翅，基部鞘状抱茎。复伞形花序顶生或与叶对生，小花白色具粉晕。花期夏季。原产东亚热带及亚热带。喜温暖湿润，阳光充足	播种、 分株	植株挺秀，叶色嫩绿，小花繁茂，适用于水池边、浅水处。我国暖地可露地种植，北方盆栽，室内越冬

（续）

植物名称（科名）	拉丁学名（英文名）	形态与生态特点	繁殖方法	园林用途
水车前（水鳖科）	*Ottelia alismoides*（Waterphlantain otteria）	宿根浮水草本。叶聚生基部，叶形多变，沉水叶狭矩圆形，浮水叶具长梗，阔卵圆形。花单生于苞片内，白色或浅蓝色。花期7~9月。原产亚洲热带及大洋洲。喜光，稍耐阴，喜生长于浅水静水中	播种	白花点缀水面，给予夏季水面增添凉意。宜植于池塘。嫩叶可食
露兜树（露兜树科））	*Pandanus tectorius*（Thatch screwpine）	常绿灌木或小乔木。多分枝，具气生根。叶螺旋排列，聚生枝顶，条形，叶缘与叶背中脉有锐刺。雌雄异株，雄序由若干穗状花序组成，佛焰苞披针形，白色，芳香；雌花序头状，单生枝顶。聚花果球形，下垂，熟时橘红色，花期1~5月。我国华南及西南地区有分布。生于海边沙地。耐盐碱，喜海岸沙质土壤	分株或播种	良好滩涂、海滨绿化树种。能起防风固沙作用。可丛植或片植于水缘、岸边
冷水花（荨麻科）	*Pilea cadierei*（Aluminium plant）	宿根草本。高25~65cm，茎直立，细弱，少分枝。叶对生，叶面有银白色斑纹，卵形至卵状披针形，缘具浅锯齿，基出脉3条。花单性，雌雄异株，雄花序为聚伞花序，花被4片；雌花序3片。我国华南等地有分布。喜温暖湿润，耐阴性强，耐湿	扦插、分株	可植于水边，也宜作林下耐阴湿观叶地被
大藻（天南星科）	*Pistia stratiotes*（Water lettuce）	宿根浮水草本。有匍匐茎与不定根。叶莲座状，倒卵形或楔形，无柄，端钝圆，叶色鲜绿。花小，绿色。原产热带地区。要求高温，光线充足	分株、播种	适用于水族箱内种植，长江以南种于水池。可作饲料或供药用
火炭母（蓼科）	*Polygonum chinense*（Chinese knotweed）	宿根缠绕草本。全株有酸味，茎直立，具红色膨大的节，茎基部匍匐，节上生根。叶片形状变化大，三角状卵形至卵状长圆形，基部截形或宽大楔形，叶面具暗紫色斑纹。头状花序2~4枝排成伞房状或圆锥状，花被白色。花期8~10月。产我国长江以南各地。喜光，喜温暖湿润，不耐阴	播种	极富野趣，可用于河岸水边片植，坡地垂直绿化等
红蓼（蓼科）	*Polygonum orientale*（Prince's-feather）	一年生大型草本，高1~3m，茎直立中空，多分枝。全株密被粗长毛。叶大互生，广卵形，全缘。总状花序顶生或腋生，柔软下垂，状如谷穗，小花粉红或玫瑰红色，花期7~9月。原产中国、澳大利亚。喜光照充足，温暖湿润	播种	宜用于水边、河岸，可布置花境，也是切花材料
梭鱼草（雨久花科）	*Pontederia cordata*（Pickerelweed）	宿根挺水草本。高60~100cm。叶基生，椭圆状披针形，叶柄海绵质。穗状花序顶生，长5~20cm，小花密集，花被6裂，蓝紫色，上方1枚花瓣具黄斑。花果期5~10月。喜光也耐阴，喜温暖、耐高温，不耐寒。适生浅水处	分殖根状茎	植株紧凑，花形美丽，花序高出叶丛，小花密集，花期很长，为优良的挺水湿地花卉。多片植、丛植于池塘、湖沼的浅水处

（续）

植物名称 （科名）	拉丁学名 （英文名）	形态与生态特点	繁殖 方法	园林用途
慈姑 （泽泻科）	*Sagittaria sagittifolia* （Oldworld arrow-head）	宿根挺水草本，高可达 1.2m。地下根茎先端膨大成球茎，即慈姑。叶基生，沉水叶线形；出水叶戟形，全缘，具长叶柄，中空，下部扩大成鞘。花茎直立，三出轮生状圆锥花序，小花单性，白色。花期 7～9 月。原产我国，日本、朝鲜也有。喜光，喜温暖，稍耐寒，喜生浅水	分球、播种	叶片宽大翠绿，叶形奇特，是优良的水生观叶植物，可作水面及岸边布置，也可盆栽观赏。球茎可食用
垂柳 （杨柳科））	*Salix babylonica* （Babylon weeping willow, Weeping willow）	落叶乔木。株高达 18m，小枝细长下垂。叶线状披针形。雌雄异株，柔荑花序，花期 3～4 月。分布于长江、黄河流域。喜光、喜暖湿，较耐寒、耐旱，萌芽力强	扦插	常用于河岸绿化，也可做行道树、庭荫树、固堤护坡和工厂区绿化。桃红柳绿是春天的典型景观
沼生鼠尾草 （唇形科）	*Salvia uliginosa* （Bog sage）	宿根草本。高 90～220cm。叶椭圆形至披针形，缘有锯齿。总状花序细长，天蓝色。花期 6～7 月。原产巴西、乌拉圭和阿根廷。半耐寒，喜湿润	扦插、分株	宜溪水边种植，也可做花境的背景
虎耳草 （虎耳草科）	*Saxifraga stolonifera* （Creeping rockfoil）	宿根常绿草本。高约 15cm，茎匍匐，随处可发生新株，叶数枚基生，圆形或肾形，基部心形，缘浅裂，叶面具白色网状脉纹，叶背紫红色。圆锥花序顶生，花瓣 5 枚，白色，花期 4～5 月。产我国秦岭以南各地。耐阴湿，稍耐寒，不耐高温，忌阳光直晒	分株	四季常绿，叶形奇特，花期整齐，覆盖性好，可片植于林下或建筑物北面的阴湿地及溪边池畔
星星草 （莎草科）	*Scirpus cernuus* （Weeping bulrush）	宿根挺水植物。高 20～40cm。秆丛生，柔细呈毛发状，圆柱形，鲜绿色，幼时直立，成株铺散下垂。无叶，基部有褐色叶鞘，花生秆顶，呈密集伞形花序，近白色，似繁星点点，故名。花期 6～8 月。喜光、喜温暖、耐半阴，喜生于浅水或沼泽地	分株、播种	适宜种植于水边浅水处，也可盆栽
水葱 （莎草科）	*Scirpus tabernaemontani* （Tabernaemontanus blrush）	宿根挺水草本。秆高 1～2m，被白粉。叶生秆基部，褐色，退化为鞘状或鳞片状。顶生聚伞花序，稍下垂，小穗卵圆形，小花淡黄褐色。花期 6～8 月。原产欧亚大陆。喜凉爽，耐寒，喜光又耐阴，喜生于浅水或沼泽地	分株、播种	株丛挺立，清翠可爱，可配置池边
落羽杉 （杉科）	*Taxodium distichum* （Deciduous cypress）	落叶乔木。株高可达 50m，大枝水平开展，干基部膨大，有膝状呼吸根。叶互生，线状扁平，侧生小枝上排列成羽状 2 列。球果圆球形或卵圆形，熟时淡黄褐色。原产美国东南部，我国广东省有栽培。喜光及暖湿环境，极耐水湿	播种、扦插	秋色叶树种，宜用于滨水绿化，可在沼泽地、池塘边片植
再力花 （竹芋科）	*Thalia dealbata*	宿根挺水草本。高 1～2m，全株被白粉。叶片卵形，灰绿色，边缘紫色，具长柄。复总状花序，花紫色，苞片粉白色。花期 5～8 月。喜光照充足的温暖环境，不耐寒	播种	株形挺拔潇洒，叶色翠绿喜人，花叶俱佳，可丛植于角隅，亦宜带植于水岸边

（续）

植物名称 （科名）	拉丁学名 （英文名）	形态与生态特点	繁殖 方法	园林用途
棕榈 （棕榈科）	*Trachycarpus fortunei* （Fortune wiodmill-palm）	常绿乔木。树干圆柱形，高达 10m。叶簇生于顶端，近圆形，掌状深裂，叶柄 50～100cm。雌雄异株，圆锥状肉穗花序腋生，花小，黄色。花期 4～5 月。我国长江以南地区有分布。喜温暖湿润，耐寒、耐阴、耐水湿与干旱	播种	水边列植、片植或丛植
菱 （菱科）	*Trapa bispinosa* （Singharanut）	一年生浮生植物。茎长可达 1m。沉水叶对生，须根状；浮水叶三角形，上部叶缘有粗齿；莲座状聚生茎顶，叶柄中部膨大为气囊。花单生，浮于水面，白色或粉红色。花期 7 月。坚果两侧各具一硬刺状角。紫红色，可食。喜温暖静水，适应性强，不择水深	播种或 分株	叶形优美，白花点点，是良好的水面美化材料。还有净化水体的作用
苦草 （水鳖科）	*Vallisneria spiralis* （Eelgrass，Wildcelery，Tapegrass）	宿根沉水草本。枝纤细匍匐，有疏刺。叶基生，线形或狭带形，上有棕褐色条纹和斑点。雌雄异株，雄花多数，极小，雌花单生，具长梗，浮于水面，花期夏秋季。原产热带、亚热带地区。喜温暖，稍耐寒，耐阴，适布置于淡水中	分株	园林中常点缀于水族箱或鱼缸内

4.6 草坪草

4.6.1 概述

各种草坪草由于起源、分布的气候带不同，从而具有不同的生态适应性，成为各地建立草坪、选择草种和进行养护管理的根本依据。按照对温度的生态适应性把草坪草分为"暖季型"和"冷季型"两大类型。暖季型草坪草适宜生长温度为 30℃左右，生长的主要限制是低温的强度与持续的时间，其生长最旺盛的时间是夏季。而冷季型草坪草最适生长温度是 20℃左右，生长的主要限制因子是最高温度及其持续时间，在春、秋季各有一个生长高峰，冬季仍能保持绿色。

绿期的长短是评价草坪草的一个重要指标。根据绿期可将草坪草分为夏绿型、冬绿型和常绿型，夏绿型春天发芽返青、夏季生长旺盛、秋季枯黄，冬季休眠，大体属暖季型草坪草类型。冬绿型则秋季返青进入生长高峰，冬季保持绿色，春季再有一次生长高峰，夏季枯黄休眠，大体上属于冷季型草坪草类型。还有一类常绿型草坪草，一年四季都能保持绿色。

应当看到草坪草在不同气候地区其绿期是不同的。如狗牙根在岭南地区是常绿型的；在华东地区是夏绿型的；到北方地区则不能很好生长。再如匍匐剪股颖在南京是冬绿型的，到北京地区则夏季也是绿色的。

4.6.2 冷季型草坪草

(1) 剪股颖属 *Agrostis*

禾本科一年生或多年生草本。叶线形或狭线形，浅绿色。圆锥花序开展或紧缩，分枝细弱，小穗小型，含 1 花，脱节于颖之上。颖片等长或第二颖稍短，外稃先端钝，通常短于颖，较薄，具不明显的 5 脉，内稃短于外稃。

本属主产北温带，我国有 26 种。

红顶草 *A. alba*

别名 小糠草

英文名 Red top

形态特征 多年生草本。茎丛生，有细长的根状茎。秆直立，高达 90~130cm。叶鞘无毛，叶片长 17~32cm，边缘下部有小刺毛。散穗形圆锥花序，红色，疏松开展，小穗小而多，每小穗只具 1 花；基盘两侧有短毛。种子细小，千粒重 0.1g。

变种品种 品种主要有：'Streaker'、'Reton'、'Barracuda'等。

产地分布 原产欧洲、亚洲、美洲，中国东北、华北、内蒙古、陕西及长江流域各地都有分布，多生于潮湿山坡或山谷中。

生态习性 喜冷凉湿润气候，耐寒力强，−30℃下仍能安全越冬。耐热性较强，亦耐干旱、瘠薄和酸性土壤，以黏壤土或壤土生长好。不耐庇荫。侵占性强，分蘖旺盛，再生能力强。

红顶草 *A. alba*

建坪方法 红顶草采用播种法建坪，春秋均可播种，播种量 4~6g/m²，如须快速形成草坪可加大到 8~10g/m²。因种子细小，播种时要精细整地，使土面平整，种子混沙撒播。也可分株，通常 1m² 可分栽 7~10m²。适于粗放管理养护的地区。也宜作混播草坪的临时性草种，第一年生长快，形成精细的草坪，随后生长变慢，逐渐消失，混播的其他多年生草种则占领草坪。

园林用途 可形成粗糙而疏松的草坪。多用为混播草坪。

绒毛剪股颖 *A. canina*

别名 欧剪股颖

英文名 Velvet bentgrass

形态特征 多年生草本。秆高 30~60cm，茎直立，有匍匐茎。叶长 27cm，粗糙。圆锥花序，长 5~17cm。花期 6~7 月。

变种品种 其品种有'SR7200'、'Kingstown'等。

产地分布 分布于中国东北及河北、江西、湖北、贵州等地。

生态习性 具匍匐茎,延伸性比匍匐剪股颖差,而比细弱剪股颖强。是剪股颖中唯一耐阴的草种,也比其他剪股颖耐热,耐冷凉,耐强刈剪。适宜温暖湿润地区,在pH值5~6的酸性沙质土壤中生长最好。剪草高度5~10mm为宜。

建坪方法 播种法或匍匐茎繁殖。

园林用途 叶片似针,柔若天鹅绒,是美丽的草坪植物。草坪密度高,整齐均一。主要用于高尔夫球场果岭和其他高质量、高养护的草坪。

匍匐剪股颖 *A. stolonifera*

别名 匍茎剪股颖、匍茎小糠草

英文名 Creeping bentgrass

形态特征 多年生草本。秆基平卧地面,长达8cm,有3~6节匍匐茎,节上生根,直立部分高30~40cm。叶片扁平,线形,长5.5~8.5cm,两面均具小刺毛。圆锥花序成熟时呈紫铜色,长11~12cm。花期夏秋。

变种品种 常见品种有:'Penncross'、'Viper'、'Cobra'、'Penneagle'、'Victorea'、'Seaside'、'Mariner'、'Garcia'、'Providence'、'SR1020'、'Regent'和'Trueline'等。

产地分布 广布世界温暖地区,中国分布于华北、西北、浙江等地。

生态习性 喜冷凉湿润气候,此草耐寒、耐盐、稍耐热,不耐践踏,但受损后匍匐茎能迅速覆盖地面。

匍匐剪股颖 *A. stolonifera*

建坪方法 匍匐剪股颖将匍匐茎截成几段移栽,可生长成良好的草坪,繁殖系数可达1:7。通常用播种法建坪,播种量3~7g/m^2。由于种子特别细小,要细致整地,务使平整。建成草坪要求细致管理,经常修剪,高度一般为5~13cm。干旱季节可每天灌溉。

园林用途 匍匐剪股颖是冷季型草坪中最需精心养护的,因其根系浅,一般不用作庭院草坪,主要用于高尔夫球场果岭和发球区、草地保龄球场和草地网球场,有时也用于高尔夫球场球道或用于优质草坪。

细弱剪股颖 *A. tenuis*

别名 棕顶草、本特草

英文名 Colonial bentgrass

形态特征 多年生草本。具短根状茎,秆高20~36cm,直立,具2~4节。叶片卷成圆形,长2~4cm;圆锥花序长5.5~10cm,小穗含1朵小花,基盘无毛。种子长椭圆形,黄褐色,每千克种子1900万粒。

变种品种　主要品种有：'SR7100'、'Backspin'、'Tracenta'、'Bardot'、'Heriot'、'Sefton'、'Litenta'、'Exeter'、'Duckess'、'Egmont'、'Allure'、'Highland'等。

生态习性　喜冷凉湿润气候，耐寒、稍耐阴，而耐旱性、耐热性及耐践踏性差，恢复能力较差。剪草高度为 1～2.5cm，最适在 pH 值 5.5～6.5 的沙质土壤上生长。目前国内从美国和加拿大进口该草种。

建坪方法　细弱剪股颖可通过匍匐茎繁殖，速度较慢。播种建坪，播种量 3～7g/m²，播前要精细整地，灌透水，保证出苗良好。

园林用途　常用于公园、街道和居住小区。优良品种见用于高尔夫球场果岭，应勤剪，高度 7mm 以下。

（2）苔草属　*Carex*

莎草科多年生草本。很少一二年生。具匍匐根状茎。茎秆三棱形，基部常有纤维状分裂或丝网状分裂的旧叶鞘，秆上无叶或具少数叶，多为基生叶，叶片狭长、扁平。秆顶生叶状总苞片，托于花序下。小穗排列秆顶成穗状、总状，稀为圆锥状。花单性，同穗或异穗。花无花被。雄蕊 2～3 个，子房外有由苞片形成的果囊。小坚果三棱形。

本属种类极多，约 2000 种。广布全世界，我国有 300 种以上，分布全国。由于根状茎纵横盘结，可保持水土，其中羊胡子草、大羊胡子草等早已应用于草坪。

羊胡子草　*C. duriuscula*

别名　卵穗苔草、寸草

形态特征　多年生草本。地下茎节间很短，秆高 5～20cm，直立，纤细，基部具黑色纤维状分裂的叶鞘。叶纤细，深绿色，长 5～10cm。穗状花序，卵形，褐色，小穗 3～6 个，坚果宽卵形，千粒重 1.3g。

产地分布　分布中国北部及蒙古、朝鲜和西伯利亚等地区。

生态习性　喜冷凉、稍干燥气候，适应性强，耐寒、耐旱、喜光而耐阴。返青的幼苗即可耐 -5～-6℃的霜冻，生长最适温度 18～22℃。不耐热，夏季高温即进入休眠。不择土壤，肥沃、瘠薄、酸性、碱性土壤都能生长。中国北部地区绿期约 180 天左右。

建坪方法　播种或营养繁殖，以营养繁殖为主。其根茎细弱，入土较浅，需精细整地，施入优质基肥，以利根茎良好发育。与杂草竞争力弱，要注意除去杂草。

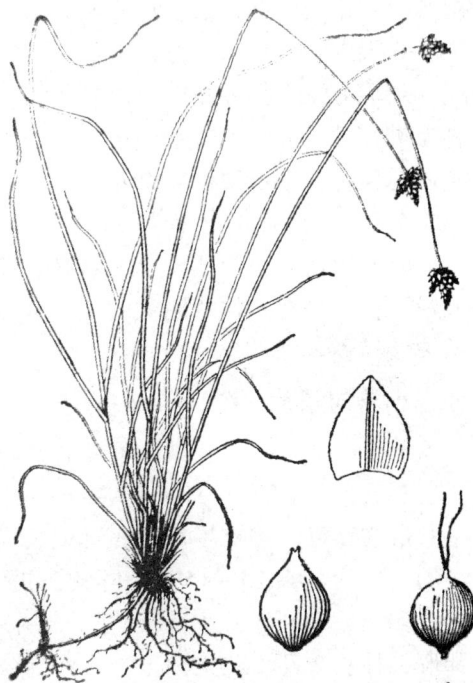

羊胡子草　*C. duriuscula*

一般不需修剪，只在生长过旺时进行。

园林用途 多用作封闭式观赏草坪，也可用于干旱坡地作护坡植物。

大羊胡子草　*C. heterostachya*

别名 异穗苔草、黑穗草

英文名 Heterostachya sedge

形态特征 多年生草本。有细长的根状茎，秆高20～30cm，三棱形，纤细。叶基生，线形，短于秆，近缘常外卷，基部具褐色叶鞘。小穗3～4，顶生小穗雄性，雌小穗侧生。花密，苞片短叶状或刚毛状。果囊卵形或广椭圆形，革质有光泽，上部急缩成短喙。小坚果倒卵状三棱形，长2.5～3mm，有三棱，柱头3裂。花期4～6月。

产地分布 分布于中国北部及朝鲜等地。常见于旷野干燥草地、山坡、河边及路旁等处。

生态习性 耐寒、在－25℃下能顺利越冬，耐热性强于小羊胡子草。耐旱性和抗盐碱性均较强，在含盐1.36%、pH值7.5的土壤上仍能正常生长。喜光但极耐阴，在正常光照的20%即可生长良好。抗二氧化硫，能耐潮湿，不耐践踏，损伤后不易恢复。在北京地区生长期3月中旬至11月中旬，绿期240天左右。在东北沈阳地区，观叶期也约达190天。

大羊胡子草　*C. heterostachya*

建坪方法 播种或营养繁殖均可，多用营养繁殖建坪，采用分株移栽的方法。播种需进行种子处理，方法同小羊胡子草。由于生长缓慢，覆盖性能差，不管是营养繁殖还是播种，都必须勤除杂草，勤灌溉，适当施肥。适当高剪，以免露出褐色叶鞘，影响美观。

园林用途 小羊胡子草一直是北京地区主要绿化草种，广泛用于封闭式草坪中，或栽于树下、建筑物背阴处的花坛、花径边缘。也可用作河边、湖坡、池塘等阴湿处的护坡植物。

小羊胡子草　*C. rigescens*

别名 白颖苔草、细叶苔草、硬苔草

英文名 White－caryopsis sedge

形态特征 多年生草本。具细长横走的地下茎，其末端分生束状小株。茎为不明显的三棱形，高10～15cm。叶狭，长5～15cm，宽0.5～1.5mm，叶色浓绿。穗状花序，卵形或椭圆形，小穗5～8枚，密生。花雌雄同穗，雌花鳞片卵形，果囊卵状披针形，柱头2裂。花果期4～6月。坚果，宽椭圆形，长约2.5mm。

产地分布 分布北半球温寒带地区，中国分布于华北、东北、西北等地区山坡、

河边及空地。

生态习性 喜冷凉气候，耐寒性较强，在 -25℃下能顺利越冬，不耐热，夏季炎热生长不良，36℃以上停止生长，并出现枯萎现象。耐瘠薄，抗旱性强。因无匍匐枝，覆盖性差，且不耐践踏。在北京地区绿期 240～250 天。

建坪方法 采用播种和营养繁殖两种方法。播种前要进行处理，可将种子用水冲洗，一般 4 天后摊开晾干，然后拌入细沙播种。播种量 7～10g/m²。营养繁殖可用铺草皮及栽植根状茎等方法。由于本种生长慢，覆盖性差，无论播种还是营养繁殖，要加强管理，勤灌水、勤除杂草。通常剪草高度 3～4cm。

园林用途 本草种耐阴性强，叶绿、纤细，整齐美观，是很好的疏林游乐草坪植物，中国北方地区多用作观赏和装饰性草坪，也可用作人流量不多的公园、庭院、街道、花坛等的绿化材料。

小羊胡子草　*C. rigescens*

（3）羊茅属　*Festuca*

禾本科多年生草本。叶条形扁平或内卷。圆锥花序；由穗状花序组成，开展或紧缩，叶鞘不闭合，或仅基部闭合，边缘互相覆盖。小穗含 2 至数花，小穗轴脱节于颖之上，各花之间断落，颖较狭，不等长。第一颖有时很小，具 1 脉，第二颖具 2～3 脉；外稃背部近圆形，具膜质边缘，有 5 脉，具芒或无芒。

本属约 100 种，广布温带及寒带地区。我国有 23 种，产于西南、西北至东北，以西南最盛。

高羊茅　*F. arundinacea*

别名　苇状羊茅、法斯克草

英文名　Tall fescue

形态特征 多年生草本。植株高大，叶宽，株高 80～150cm，其上部茎秆、下部叶鞘及叶面均甚粗糙。叶舌及叶耳无毛，叶片长 10～30cm，宽 2～8mm，背面光滑，边缘粗糙。圆锥花序开展，直立或下垂，每节有 3～5 分枝；小穗长 10～15mm，有 5～8 朵小花。外稃长圆状披针形，有 5 脉，顶端无芒或有一小尖头。花果期 4～6 月。

变种品种 美国在 1981 年以前，只有一个羊茅品种'Kentucky 31'普遍应用于草坪。但仍是牧草型的品种，叶片粗糙直立、坚硬，草坪密度低。随后，推出第一个草坪型品种'Redel'。枝条密度高，叶片窄，叶色深绿。现今常见的高羊茅草坪品种有：'Titan'、'Mirage'、'Olympic'、'Bullet'、'Tarheel'、'Coronado'、'Debutante'、'Shenandoah'、'Virtue'和'Sunpro'等。

产地分布 原产欧洲，中国新疆、东北中部湿润地区也有野生。本种生态适应幅度很宽，最适湿润气候和肥沃疏松的土壤。在地下水位高处也能正常生长。稍耐寒，1℃下还能继续生长，高于4℃时生长速度加快。耐热性是冷季型草中最突出的。易受低温伤害，常成短命的多年生禾草。

生态习性 耐粗放管理，不择土壤，耐水湿、耐酸、耐盐碱、耐践踏。

建坪方法 常用播种方式建坪，播种量20~50g/m²。单播、混播皆可。常与红顶草、加拿大早熟禾等混播。种子供应商常将几个草种按一定比例配合成混合种出售。高羊茅常占总重量的80%以上。适当施肥生长旺盛。高羊茅不耐低剪，修剪高度以5~8cm为宜。

园林用途 属粗放管理的草坪类型。可用于高尔夫球场球道、赛马场和机场草坪，以及园林中只求绿化，不要求观赏效果的大片空地或斜坡的种植材料。

高羊茅 *F. arundinacea*

羊茅 *F. ovina*

别名 酥油草

英文名 Sheep fescue

形态特征 属旱生多年生草本。株高15~35cm，须根状，秆瘦细，直立，密丛生。叶片强而坚硬，内卷成针状，质柔软，茎下部叶长5~12cm，上部叶短，叶鞘半裂，此点与紫羊茅不同。圆锥花序短而狭，长5~10cm。小穗绿色或带紫色，通常4~6mm，含4~6朵小花，颖片披针形，先端尖，第一颖1脉，第二颖3脉；外稃具5脉，内、外稃等长，外稃顶端具短芒。颖果红棕色，先端无毛。花期6~7月。

变种品种 目前用于草坪的有以下几个种和亚种。

羊茅（*F. ovina*） 英文名 Sheep fescue。形成草坪为丛生型，质量不高，用于保持土壤、防止侵蚀之处。是细羊茅中最耐粗放管理者。叶片坚硬，呈蓝绿色。耐旱性强，最适应沙质或砾石土壤。不耐热，耐瘠薄。生长缓慢，颇适于难修剪地区。主要品种有：'Barok'、'Teal'、'Livina'、'Quatro'、'Mx 86E'、'Shetland'、'Azay'、'Bighorn'等。

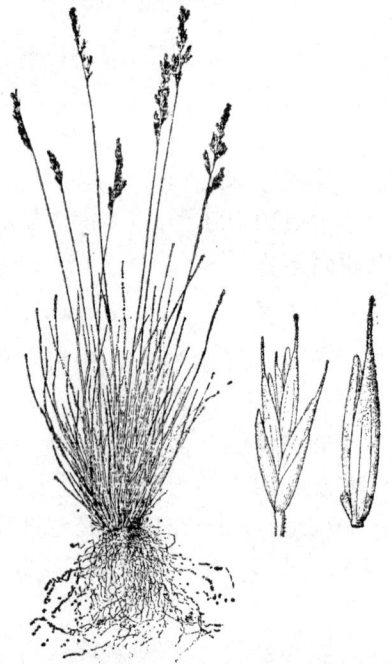

羊茅 *F. ovina*

硬羊茅（*F. ovina* ssp. *duriuscula*）　英文名 Hard fescue。生长低矮，丛生型，不匍匐，比紫羊茅的耐旱性和抗病性好，垂直生长缓慢，适于遮荫和贫瘠土壤，在粗放管理下的草坪，表现仍能让人满意。主要品种有：'Valda'、'Oxford'、'Warwick'、'Bardue'、'Heron'、'Defiand'、'Fescue Ⅱ'、'Saxon'、'SR3000'、'Aurora'、'Serra'、'Nordic'等。

蓝羊茅（*F. ovina* ssp. *glauealcoch*）英文名 Blue fescue。品种有'Azute'、'SR3200'等。

产地分布　在欧洲、亚洲、北美的温带地区广泛分布，中国分布在西北和西南。多生于干燥坡地。

生态习性　具有深而发达的根系，对环境的适应性较强，温暖与冷凉地区都能适应。耐寒力较强，能耐 -30℃的低温。亦抗旱，稍耐热。强于紫羊茅而弱于高羊茅。耐瘠薄，在沙砾地区也能生长。不耐阴，不耐践踏，不耐盐碱。

建坪方法　用播种法建坪，播种量12～20g/m²。

园林用途　低矮平整，纤细美观。可用作花坛、花境的镶边植物，也可用于路边、高尔夫球场障碍区等处。除作草坪外，又是优良的牧草，羊最爱食用；且可作造纸原料。

紫羊茅　*F. rubra*

别名　红狐茅

英文名　Red fescus

形态特征　多年生草本。株高 30～60cm，分枝丛生，秆先匍匐而后直立，基部红色或紫色，叶鞘基部红棕色并破碎呈纤维状，具匍匐的外生茎。叶片线形，柔软，对折或内卷成针状。光滑呈油绿色，上部叶展开。圆锥花序狭窄，穗直，开花时散开。小穗先端带紫色，长 7～11mm，含3～6朵小花。二颖大小相等，外稃顶端具短芒。颖果长菱形，不易脱落，遇雨常在穗上发芽，果熟期6月下旬至7月上旬。种子千粒重0.7～1.0g，每千克约126万粒种子。

变种品种　紫羊茅有很多变种，它们与羊茅（*F. ovina*）及硬羊茅（*F. longifolia*）等常统称为细羊茅（Fine fescue）。

柔弱型匍匐紫羊茅（*F. rubra* ssp. *trichophylla*）英文名 Slender creeping fescue。常称匍匐紫羊茅（Creeping red fescue），叶片细，可形成致密的草坪；根状茎弱小，扩展缓慢。品种主要有：'Dawson'、'Seabreeze'、'Marker'、'Liprosa'、'Barcrown'、'Polar'、'Smirna'等。

粗壮型匍匐紫羊茅（*F. rubra* ssp. *rubra*）　英文

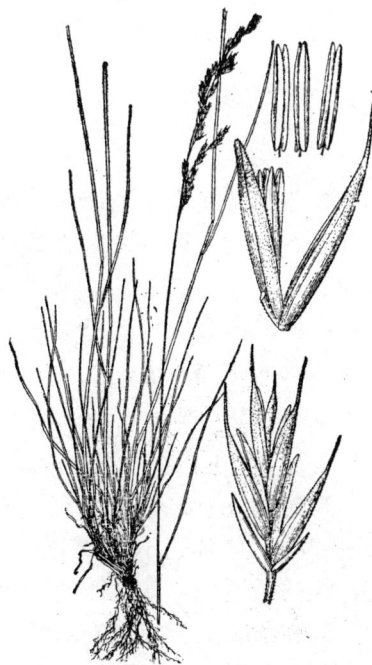

紫羊茅　*F. rubra*

名 Strong creeping fescue，有的专家称之扩展型羊茅。它更粗糙，形成草坪密度较低，根茎较大，较粗，虽不如匍匐剪股颖和草地早熟禾等冷季型禾草侵占性强，但比其他的细羊茅扩张力强。品种主要有：'Lirosy'、'Shademaster'、'Shademaster Ⅱ'、'Fortress'、'Pennlawn'、'Boreal'、'Roby'、'Durlawn'、'Elyer'等。

细羊茅（*F. rubra* ssp. *commutata*） 英文名 Chewings fescue。与前两种草相似，但无根茎，是一种不匍匐、丛生状草坪草。形成草坪密度高，生长低矮，质地细密，公认是细羊茅中最好的草种。主要的品种有：'Banner Ⅱ'、'Molinda'、'Shadow'、'Hector'、'Salem'、'Talus'、'Jaster'、'Puma'、'Mary'、'Simone'、'Magic'、'Jamstown Ⅱ'、'Sr5000'、'Southport'、'Victory'、'Dover'等。

产地分布 广布于北半球温寒带地区，中国分布于长江流域以北各地。

生态习性 耐寒、抗旱，能生长于树荫下及高地，土壤干湿都能生长。由于具有强大的分蘖能力与根茎的蔓延能力，能长成紧密的草丛。春季返青早，直至秋季仍能继续生长。喜凉爽湿润气候，不耐热，气温4℃下种子开始发芽，20~25℃为生长最适温度，30℃时出现萎蔫，38~40℃时植株枯萎。耐瘠薄的酸性土壤，沙质壤土上生长良好。生长缓慢，一般无扩展能力，随着地上部分生长，覆盖度逐渐增加。耐践踏性和恢复能力中等。耐阴性较强，是冷季型禾草中耐阴性最好的草种。

建坪方法 主要以播种方式建坪，播种量12~20g/m²。一般不单播，常与草地早熟禾混播，有时与多年生黑麦草或细弱剪股颖混播。紫羊茅是可以粗放管理的优良草坪草种，草坪质量也较好。需肥低，若氮肥比例过高，易染病。紫羊茅生长缓慢，不需经常修剪，剪草高度以4~6cm为宜。

园林用途 为重要草坪植物，常混播成混合草坪，草坪质量高。也可作观赏草种，匍匐茎可固持土壤，有保持水土的功效。

（4）黑麦草属 *Lolium*

禾本科一年生或多年生草本。丛生，叶长而狭，叶面平展，叶脉明显，叶背有光泽。顶生穗状花序，细而长。小穗含数花至多数花，花单生无柄。小穗轴脱节于颖之上和各花之间，第一颖除在顶小穗外均退化，第二颖位于背轴一方，向外突出，有5~9脉。外稃背部圆形，无芒或有芒。

黑麦草属有8种，主要分布于世界温带湿润地区，中国无野生。

多花黑麦草 *L. multiflorum*

别名 意大利黑麦草

英文名 Italian ryegrass

形态特征 多年生草本。通常作二年生栽培。茎丛生，生长快，分蘖力强。秆高50~70cm，叶片长10~15cm，窄细，叶色浓绿；扁穗状花序，小穗含10~20朵小花；第一颖退化，外稃质地较薄，顶端膜质，有长为5mm的芒。

变种品种 多花黑麦草尚无草坪型品种。

产地分布 原产欧洲南部、非洲北部及小亚细亚等地，中国长江流域以南和江苏沿海有大面积栽植，近年引入许多新品种。多用为牧草。

生态习性 对环境条件的要求基本同多年生黑麦草，生长快，分蘖力强，再生性能好。不择土壤，但以肥沃湿润而深厚的土壤生长最好。叶窄细，色浓绿，叶背光滑而有光泽，质地柔软，被覆地面紧密，杂草不易侵入。

建坪方法 春播或秋播均可，以秋播为好。播种量 $2.25 \sim 3g/m^2$，播种后可很快形成草坪。

园林用途 主要用于狗牙根、结缕草等暖季草坪的冬季复播。能很快接替即将枯黄的暖季型草，保持草坪持久绿色。我国南方多用于混播草坪，也可用于密丛型草坪。

多年生黑麦草 *L. perenne*

别名 宿根黑麦草

英文名 Perennial ryegrass

形态特征 多年生草本。丛生，根系发达，须根主要分布于 15cm 表土层中，分蘖众多，单株栽培分蘖可达 $250 \sim 300$ 个或更多。秆直立，高 $80 \sim 100cm$。叶狭长，深绿色，幼时折叠；叶耳小，叶舌小而钝；近地面叶鞘红色或紫红色。花穗细长 $10 \sim 20cm$，含小穗可达 30 多个。每小穗含花 $7 \sim 11$ 朵。

变种品种 主要品种有：'Birdie'、'Blazer'、'Cutter'、'Regal'、'Yorktown Ⅱ'、'Derby'、'Mannhattan'、'Omega'、'Prelude'、'Loretta'、'Dasher'、'Perfect'、'Elite'、'Target'、'Precision'和'Dimension'等。

多年生黑麦草 *L. perenne*

产地分布 原产南欧、北非和亚洲西南部。在欧洲已经有 400 年的栽培历史。现在美国、澳大利亚、日本、新西兰等国广泛种植。中国过去引作牧草，现在低矮草坪型黑麦草品种在中国北方城市绿地中应用较多。

生态习性 喜温暖湿润气候，宜在夏无酷暑、冬无严寒地区生长。10℃左右能较好生长，27℃以下为生长适宜温度，35℃以上生长不良。光强，日照短，对分蘖有利。耐寒、耐热性均差，在中国东北、内蒙古地区不能越冬或越冬不稳定；而在南方夏季高温下往往枯死。在降雨量 $500 \sim 1500mm$ 的地方均可生长，以 1000mm 左右最为适宜。耐湿，不耐旱，高温干旱更不利生长。喜肥沃，不耐瘠薄，适宜排灌良好、肥沃湿润的黏壤土，pH 值 $6 \sim 7$ 的土壤为宜。耐践踏，不耐低剪，一般以留茬 $4 \sim 6cm$ 为宜。耐阴性差。

建坪方法 采用播种方法建坪。播种量 $15 \sim 30g/m^2$，为快速建坪可增加到 $50g/m^2$。发芽迅速，$5 \sim 7$ 天出苗。其分蘖力强，生长快，必须定期修剪，控制其高生长，促进基部分蘖，快速形成草坪。为保持草坪绿色，要定期施氮肥。

园林用途 常用为先锋草种，迅速形成急需的草坪，常用于公园、庭院及小型绿地。也可与早熟禾等发芽缓慢的草种混播，在早熟禾出苗前，保护坪床免受水土侵害，增加草坪抗性。注意播种量不可超出 10% ~ 20%，否则扩展力强的黑麦草会侵占全部坪床，使早熟禾等所需草种难以生存。由于耐践踏，可用作运动场草坪，也可用之填补斑秃之处。本种能抗二氧化硫等有害气体，可用之作工业区的净化草坪。

（5）早熟禾属　*Poa*

早熟禾属是禾本科一年生或多年生草本，秆直立。植株低矮，茎细不分枝，叶片扁平，圆锥花序，小穗 2 至数朵花，颖锐尖，具脊，第一颖 1 ~ 3 脉，第二颖 3 脉；外稃 5 脉，薄膜质。花期 4 ~ 6 月。颖果和内外稃分离。本类叶层低密，叶窄细，生长快，色嫩绿，耐践踏。

早熟禾属约有 300 种，多数种类为优良牧草，多产于温带及寒带地区。我国产 100 多种。目前栽培的本属草坪草主要为加拿大早熟禾、草地早熟禾、普通早熟禾和早熟禾等。

加拿大早熟禾　*P. compressa*

别名　扁茎早熟禾

英文名　Canada bluegrass

形态特征　多年生草本。根系发达，茎节短，茎秆扁圆，基部倾斜，光滑而坚韧，具根状茎，秆高可达 1m，栽培品种株高 15 ~ 50cm，匍匐茎发达。叶片蓝色，坚而直，表面光滑，背面粗涩，基部叶片多而短小，幼嫩时边缘内卷。圆锥花序紧缩，长约 5cm，丛生小穗几无柄，小穗含 3 ~ 6 朵花。全株蓝绿色。花期 7 月。结实好，成熟后，草仍为青绿色。早春长势极好，夏季较差。

变种品种　加拿大早熟禾见有‘Reubens’、‘Talon’和‘Canon’等品种。

产地分布　原产欧洲，北美栽种很多，我国从美国引入。

生态习性　对环境适应性与草地早熟禾相近，对酷热及干旱抗性较强，而在湿地生长不如草地早熟禾。在北京地区绿期达 270 天，南京地区疏林下常绿，旷野越夏率为 50%。适于生长在瘠薄的土地。

建坪方法　通常采用播种法建坪。播种量 6 ~ 8g/m²。

园林用途　由于其形成的草坪质量较差，可用作粗放管理场所的草坪。

加拿大早熟禾　*P. compressa*

草地早熟禾　*P. pratensis*

别名　六月禾

英文名　Kentucky bluegrass，Smoothstalked meadow grass

形态特征　多年生草本。具匍匐根茎，根系和根茎主要分布在15～20cm地层内；茎秆光滑直立，丛生状，高50～80cm；叶狭线形，质软，密生基部，绿色，基部有明显的脊脉，上部脊脉不显；叶舌膜质，短而钝，有时退化；圆锥花序长13～20cm，分枝向上或散开；小穗密生顶端，含小花3～5朵，颖果纺锤形，具3棱，长约2mm，千粒重0.4g，每千克种子约250万粒。

变种品种　草地早熟禾是应用最广泛的草种，经过长期的研究和育种，已经公布有100多个品种，每个品种各有优缺点，应根据需要选择应用。其中，要求精细管理的品种如：'Midnight'、'Majesty'、'Glade'、'Cheri'等；要求中等养护管理的品种如：'Adelphi'、'America'、'Ram 1'、'Vantage'、'Welcome'等；而有些品种则一般管理即可，如'Kenblue'、'Park'、'South Dakota Common'、'Argyle'等。在国外草坪应用上，草地早熟禾处于首要的地位。广泛应用于各类绿地中，中国从国外引进的早熟禾品种，大多为草地早熟禾。多铺植于我国北方地区，是最好的草坪草种之一。

草地早熟禾　*P. pratensis*

产地分布　原产欧洲各地、亚洲北部及非洲北部，后传至美洲，现遍及全球温带地区。中国东北、山东、江西、河北、山西、甘肃、四川、内蒙古等地都有野生。

生态习性　各地用于草坪的多为引进的栽培品种，是世界年均温为15℃左右地区的著名冷季型草种。早春返青很早。5～6月开花，如夏季天气干热，生长处于停滞状态，秋后，继续生长，直至晚秋，冬季休眠。草地早熟禾喜凉爽而湿润的环境，耐寒性极强，－27℃下仍能安全越冬。但耐旱性较差，在干旱地区进行人工灌溉可生长良好。要求排水良好、疏松肥沃的土壤，在含石灰质较多的土壤上生长更盛。不耐过分潮湿和蔽荫。

建坪方法　一般用播种法，也可以用分株法建坪。可单独种植，播种量一般为5～10g/m²。也可与多年生黑麦草、匍匐紫羊茅、匍茎剪股颖等草坪草混播，以增加草坪抗性。

园林用途　叶色鲜绿，叶面平滑，质地柔软有光泽，基部叶片稠密，耐践踏，草坪均匀整齐，冬季仍能保持绿色。为重要的常绿草坪植物，地下茎蔓性，可保持水土，宜种于斜坡地。还是优良的牧草。

粗茎早熟禾　*P. trivialis*

别名　普通早熟禾

英文名　Rough bluegrass

形态特征　多年生草本。茎叶呈淡黄绿色，经霜后带紫色。茎秆丛生，直立或基部倾斜着生，高30~60cm。穗下茎粗糙，叶鞘完整，有脊，叶舌膜质，下部叶舌较短，上部叶舌较长而有光泽。圆锥花序直立，轮生枝上。小穗卵形，有小花2~3朵；颖披针形，边及脊上有刺；外稃顶端尖锐，具5脉，基盘具长绵毛。种子长1.8~2.5mm，较草地早熟禾种子为狭。

变种品种　其主要品种有'Sabre'、'Proam'、'Wintertour'、'Laser'、'Picasso'和'Snowbird'等。

产地分布　原产欧洲，中国多有栽植，是重要牧草，北京、江西曾先后引进草坪型粗茎早熟禾。

生态习性　性喜湿润肥沃的黏土，能在树荫下生长，不耐酷热，尚耐寒，为冷季型草坪草中耐践踏能力最差者。其根入土较浅，表土须有充足水分，才能生长旺盛，不耐旱。天旱要及时灌溉，否则生长迟缓，植株低矮、茎叶转红，雨后即可恢复生长。不宜栽植于疏松瘠薄的沙土。如冬季温和潮湿，则返青很早，5~6月生长最盛，夏季生长减弱，夏后得雨，又恢复旺盛生长。不耐践踏，与其他草种混种时，外观不整齐，大大限制了它的应用。但耐阴性强，能生长在潮湿、排水不良的土壤中，耐寒性强、叶丛密度高。

建坪方法　可用播种法或栽植草块法建坪。由于种子细小，常混沙撒播。播种量6~8g/m²，剪草高度以4~7cm为宜。

园林用途　常植为潮湿阴凉、少人践踏处的草坪。

同属草坪草种

细叶早熟禾（*P. angustifolia*），多年生草本，叶狭线形，适宜冷凉湿润地区，耐寒力强，耐热性较差，喜排水良好、质地疏松、富含有机质的土壤。耐践踏性差。分布中国黄河流域和东北各地。北半球其他区域也有分布。要求精细养护管理条件。可用于公园、街道、居住区等处。

林地早熟禾（*P. nemoralis*），多年生草本。适宜生长于湿度较大地区，耐阴能力较强，耐旱和耐热性较差，喜疏松而排水良好的土壤。分布于中国华北地区。栽培品种有'Barnemo'等。可用于林间隙地、公园、街道、居住区等地阳光不足处。播种可形成均匀整齐的草坪；混播可与紫羊茅、多年生黑麦草搭配，林地早熟禾竞争力较弱，混播中黑麦草比例不能超过10%。

（6）其他冷季型草坪草

其他冷季型草坪草，均属禾本科多年生草本，有无芒雀麦（*Bromus inermis*），主要用作保土材料。碱茅（*Puccinellia distans*）多用作盐碱地、潮湿处的保土材料。梯牧草（*Phleum pratense*）是重要牧草，也是保土材料，在北欧用作运动场草坪。扁穗冰草（*Agropyron cristatum*）在冷凉地区用为不灌溉的草坪和高尔夫球场的球道，所以又称为球道冰草。

4.6.3 暖季型草坪草

(1) 地毯草 *Axonopus compressus*

别名 大叶油草

英文名 St. Augustingrass

形态特征 禾本科多年生草本。株丛低矮，具匍匐茎，秆扁平，节上密生灰白色柔毛，株高 8～30cm。叶片柔软，翠绿色，短而钝，长 4～6cm，宽 8mm，属阔叶类暖季型草种。穗状花序，长 4～6cm，2～3 枚近指状着生于秆顶。小穗排列于穗轴的一侧。花果期近秋季。每千克种子约 250 万粒。

产地分布 原产南美洲，中国从美洲引进。

生态习性 喜光亦耐半阴。再生力强，耐践踏。在冲积土与肥沃的沙质壤土上生长繁茂。耐旱性较差。匍匐茎蔓延迅速，每节均能分生出新根和新枝，侵占性强，容易形成稠密平坦的草层。耐寒力差，经霜即叶尖发黄。

地毯草 *Axonopus compressus*

建坪方法 地毯草结实率和发芽率均高，可行种子繁殖，也可进行草块移栽或匍匐茎埋压。较耐粗放管理，修剪高度 5cm 左右。不耐旱，夏季干旱要及时灌溉。

园林用途 本草耐寒性较差，应用较少，主要采用普通地毯草 *A. affinis*，英文名 Common carpetgrass。淡绿色，叶片粗糙，具匍匐茎，草坪质量中等，不耐践踏，恢复力较差，不耐盐，耐部分遮荫。常用于管理粗放和潮湿、排水不良的地方。或植于公路两侧斜坡，防止土壤侵蚀。

(2) 野牛草 *Buchloe dactyloides*

别名 水牛草

英文名 Buffalo grass

形态特征 禾本科多年生草本。具根茎和细长匍匐枝。秆高 5～25cm。叶线状披针形，长 10～20cm，宽 1～2mm，两面疏生白柔毛，叶色绿中透白，苍绿色。花雌雄同株或异株，雄花序 2～8 枚，呈总状排列，长 5～15mm，雄小穗含 2 花，成覆瓦状排列于穗轴一侧；雌小穗含 1 花，大部分 4～5 枚簇生，呈头状花序，种子成熟时，自梗上整个脱落。

变种品种 野牛草被看作是"环境友好"型草种，因它只需最低限度的水、肥、农药、管理等。引起育种家的极大兴趣，育出一批品种，如'Prairie'、'Buffalawn'、'609'、'NE315'、'Bison'等。

产地分布 原产北美及墨西哥。

生态习性 野牛草适应干旱、半干旱的平原地区，早年引入中国，已成为中国北方地区的当家草坪草种。生长迅速均匀，喜光，耐践踏，再生力强，与杂草竞争能力强。叶背疏生柔毛，减少蒸腾，有利抗旱。在2~3个月严重干旱条件下，仍能维持生命。越冬时地上部分枯死，次年重新分蘖长枝。耐寒性强，在-34℃低温下，能安全越冬。耐盐碱，在天津土壤含盐量0.97%~0.99%，仍生长良好。并抗氯气和二氧化硫。在气候潮湿的南方城市，如广州、上海等地，生长不良。绿色期180天左右。

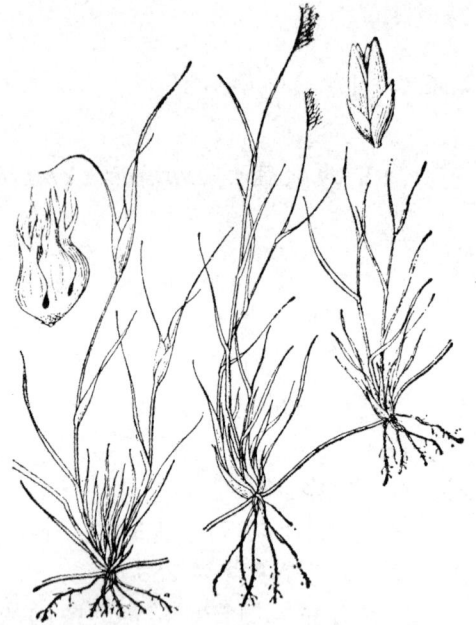

野牛草 *Buchloe dactyloides*

建坪方法 可用种子繁殖或营养繁殖方法建坪，由于结实率低，一般采用分株或匍匐茎埋压的方法。

园林用途 目前，中国北方地区广泛用作工矿区、公园、机关、学校及居住区的绿化草种。由于其抗有害气体能力强，是冶炼、化工等工业区的环保绿化材料。

（3）狗牙根属 *Cynodon*

禾本科多年生草本。有根茎和匍匐茎。穗状花序，指状着生于秆顶，小穗两侧压扁，通常有1朵小花，无柄。小穗轴脱节于颖之上，伸出内稃后成针芒状。颖与外稃近等长，外稃有3脉，内稃与外稃略等长。

分布于热带、亚热带、暖温带地区，约10种，中国产3种。

狗牙根 *C. dactylon*

别名 百慕大草、铁丝草、扒根草、绊根草、爬地草、行仪芝

英文名 Bermudagrass, Couchgrass, Wiregrass, Quickgrass

形态特征 多年生草本。具根茎，秆匍匐地面，长可达1m，光滑、坚韧，节处向下生根，两侧生芽，发育成株。直立部分光滑，细硬，高10~30cm。叶片狭披针形，长5~10cm，宽1~3mm，苍绿色。穗状花序，3~6枚，呈指状着生于茎顶；小穗排列于穗轴一侧，含1朵小花，颖近等长，有1脉呈脊状，短于外稃，外稃具3脉。种子长1.5mm，卵圆形。具一定自播能力。花果期5~8月。

变种品种 我国甘肃草原生态研究所育出'兰大1号'等；国外育出品种主要有：'Mirage'、'Pyramid'、'Sonesta'、'Jackpot'、'Sundevil'、'Cheyenne'、'Primavera'等。它们比狗牙根质地细腻，草坪致密。

产地分布 原产非洲，分布于热带和亚热带地区，中国黄河流域以南，生于旷

野、路边及草地。在年降雨量 600～1800mm 的热带地区分布最广，较干旱地区，仅生长在江、湖、河岸等低湿地。

生态习性 性喜温热湿润气候，日平均温度 24℃ 以上地区生长最好，耐寒性差，日平均温度 6～9℃ 地区几乎不生长，一经霜叶即转黄。在 -2～-3℃ 时，地上部枯死。不择土壤，肥沃土壤生长最佳。能耐干旱和长时间的水淹，耐阴性较差。在轻度盐碱地上也能生长。华南地区绿期可达 270 天，华东、华中 240 天，乌鲁木齐地区 170 天左右。

建坪方法 狗牙根种子不易采收，过去常用分根法建坪，一般在夏季进行，可将草茎挖起，均匀撒于坪面上，覆土压实，浇透水，保持湿润，数日内便可萌发新芽，20 天左右即分生新的匍匐枝，其成坪速度是草坪

狗牙根 *C. dactylon*

草中最快的。现在由于国外草坪品种种子能大量供应，可用播种法建坪。播种量 5～10g/m²。其出苗期长约 2 周以上。要注意保持湿润。狗牙根养护管理较粗放。一般修剪、施肥、病虫防治均可减少次数，但其根系入土浅，夏季干旱时要注意浇水。

园林用途 狗牙根广泛种植于南方地区，因其耐践踏性好，常用之铺设运动场草坪、机场跑道、公园绿地等。单植或与其他暖季型草坪草混播。由于它覆盖力强，耐粗放管理，被用作路边、水库等处的护坡材料。又是良好的饲料。

天堂草 *Cynodon dactylon* × *C. transvadlensis*

别名 杂交狗牙根、杂交百慕大

形态习性 多年生草本。本草是由美国育种家育出的，将非洲狗牙根（*Cynodon transvadlensis*）与狗牙根（*C. dactylon*）杂交而来。此草除保有狗牙根原有性状外，具有叶丛密集，低矮，叶色嫩绿而细弱等优点。又耐频繁的修剪，践踏后易复苏。长江流域以南绿色期约 280 天，华南还略长一些。同时其耐寒性较强，病虫害少，可耐一定干旱，很适合在中原地区生长。

变种品种 尚未见有商品种子供应，仍用营养枝无性繁殖。绿地栽培的品种主要有：‘天堂 328’（‘Tifgreen’）、‘天堂 419’（‘Tifton’ 或 ‘TifAay’）、‘天堂 57’（‘Tiflown’）和‘矮生天堂草’（‘Tifdwart’）等。

建坪方法 同狗牙根分根建坪法，此草匍匐枝生长力极强，繁殖系数高，精细管理才能保持草坪的平整美观。夏季生长旺盛，要定期勤剪，高度为 1.3～2.5cm。同时适当追肥。

园林用途 天堂草是较好的运动场及休息活动场地的草坪植物，广泛用于足球、垒球、高尔夫球、草地滚球、曲棍球、草地网球和马球等球类活动的草地。近些年中国才开始推广应用天堂草，北起洛阳，南到广州与昆明，草坪质量均比狗牙根表现优

良。可以推断，凡是有狗牙根生长的地方，都可以种植天堂草，其表现都会优于狗牙根。

（4）假俭草 *Eremochloa ophiuroides*

别名 蜈蚣草、苏州草

英文名 Centipedegrass

形态特征 禾本科多年生草本。株丛低矮，高 10~20cm，具有贴地生长的匍匐茎，形似爬行的蜈蚣，故俗称蜈蚣草。秆自基部斜立，叶片扁平，顶端钝，长 4~10cm，宽 2~5mm，顶生叶片退化。总状花序顶生，常镰刀状弯曲，长 4~6cm。小穗成对生于各节，有柄小穗退化，仅余一扁压柄，无柄小穗长圆形。花期 7~8 月，花穗绿色，微带棕紫色，花穗多，花期一片棕色，蔚为壮观。

变种品种 美国 20 世纪初从中国引入假俭草，育出如下品种：'Oklawn'、'Centennial'、和 'Georgia Common'等。

产地分布 原产中国，分布长江流域以南各地；为我国华南地区优良草种，中南半岛也有。

生态习性 喜光、耐干旱，适应重修剪。适宜排水良好、深厚肥沃的土壤。草坪经多次修剪后，具一定弹性。不择土壤，耐寒，耐瘠薄。还有抗二氧化硫等有害气体和吸附尘埃的功能。

建坪方法 可用播种或营养繁殖，目前常采用移植草块和埋植匍匐茎的方法建坪。经过多次修剪、滚压，可形成平整而有弹性的草坪，且能经久不衰。剪草高度 3~5cm 为宜。要注意防治线虫。当在碱性或高钙土壤上生长时，要防止缺铁引起的缺绿症。

园林用途 可用为庭院草坪或与其他草坪草混合铺设运动场草坪，也是优良的固土护坡植物。

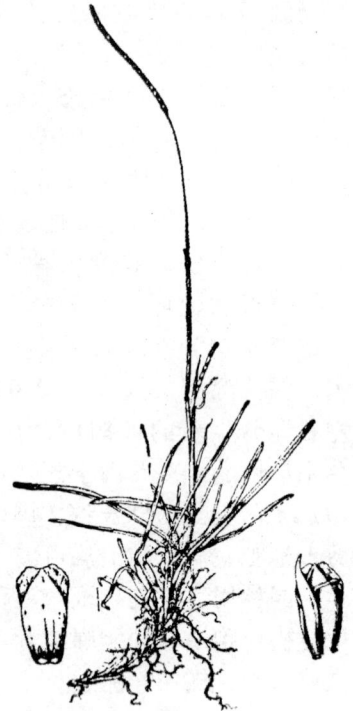

假俭草 *Eremochloa ophiuroides*

（5）结缕草属 *Zoysia*

禾本科多年生低矮草本。有匍匐根茎，总状花序穗形，小穗有 1 两性小花，覆瓦状排列或稍有距离，两侧压扁，一侧贴向主轴，斜向脱节于小穗柄上，第一颖退化，第二颖无芒或有芒，两侧边缘在基部连合，包着膜质的内外稃，内稃常退化，无浆片。雄蕊 3，花柱 2。颖果与稃体分离。

约有 8 种，分布于亚洲温带和澳大利亚，中国有 5 种。

结缕草 *Z. japonica*

别名 老虎皮草、锥子草、延地青、崂山青、日本结缕草

英文名 Japanese lawngrassa, Korean lawngrass

形态特征 多年生草本。茎直立，高 12 ~
15cm，秆淡黄色，深根性，须根入土达 30cm 以上，
所以抗干旱能力特别强。具坚韧的地下根状茎和地
上匍地生长的匍匐枝，能够节节生根，并从节处分
生出小植株。叶片革质，长约 3cm，宽 2 ~ 3mm，扁
平，表面有疏毛。花期 5 ~ 6 月。总状花序，花果呈
绿色，高 6 ~ 8cm。结实率高，每千克种子约 300 万
粒。成熟后易脱落。种子不易采集。

变种品种 近年出现一批草坪品种如：‘Mid-
west’、‘Meyer’、‘parkplace’、‘SR9000’、
‘SR9100’、‘Sunrise’、‘Zenith’、‘Zen 200CS’、
‘Zen 300CS’、‘Zen 400CT’等。还有品种‘Emer-
ald’，是由结缕草与细叶结缕草杂交而成。

产地分布 产于中国东北至华东一带，朝鲜及
日本也有。

生态习性 适应性较强，喜温暖气候，光照充
足，耐高温，抗干旱，不耐阴，匍匐枝有强大的扩

结缕草 *Z. japonica*

展能力，与杂草竞争力强，容易形成纯一的草坪。适宜深厚、肥沃、排水良好的壤土
或沙质壤土，亦耐瘠薄。草层厚，耐磨，耐践踏，有韧度和弹性。春季旺盛生长，夏
季也可保持优美的绿色，冬季休眠越冬。耐寒力较强，根系可在 −20℃ 下安全越冬。
长江流域以南地区，4 月上旬返青，12 月上旬遇霜枯萎，绿色观赏期 260 天左右；在
华北及东北南部地区，绿色期一般只有 170 ~ 185 天。

建坪方法 结缕草种子表面附有蜡质保护层，不易发芽，通常播种前要加以处
理，以提高其发芽率。先用 0.8% NaOH 溶液泡 16 小时，后用水冲洗 4 ~ 5 次，再水
浸 6 ~ 12 小时，淘洗 1 ~ 2 次，晾干即可播种。为加速发芽，可于处理后保湿，每天
用水湿之，上盖湿布，待种子稍有萌动，再行播种则很快发芽。一般 5 ~ 14 天可发芽
出土。北京地区若 5 月中上旬播种，幼苗生长较大，则越冬效果好。长江流域多利用
雨季播种。播种量 8 ~ 10g/m²。营养繁殖建坪，过去常用草块移栽方法，扩栽比例约
1:3 ~ 5。繁殖系数很低。

园林用途 结缕草耐干旱，又耐阴，草型低矮，有弹性，耐践踏，与杂草竞争能
力强，绿色期可达 210 天左右，4 月即可返青，因此是铺设运动场草坪的优良材料，
也可在公园内人流频繁践踏严重处铺坪，供游人休息、娱乐之用。

沟叶结缕草 *Z. matrella*

别名 马尼拉草，日本称小芝 I 型结缕草或半细叶结缕草

英文名 Msnilagrass

形态特征 多年生草本。在结缕草属中为半细叶类型。叶宽度在结缕草与细叶结缕草之间，叶片宽约 2mm。总状花序短小。

变种品种 有改良品种‘Cashmere’等。

生态习性 较细叶结缕草耐寒，抗旱性强，耐瘠薄。草层茂密，稍耐践踏，根状茎直立，草坪具有一定的韧度与弹性。草色翠绿，病虫害少，分蘖能力强，覆盖度大，观赏价值高。在深厚、肥沃、排水良好的土壤中生长迅速，成坪较快。草层密集而无丛状馒头形突起，有较强的蔓延侵占与竞争能力，杂草危害相对较轻。但种子成熟易脱落，难于采到繁殖用的适量种子。

建坪方法 可用种子播种法建坪。但常用的是铺草皮或分株栽植。坪面要平整，不可积水，生长季节注意剪草。草坪建成后，防止土壤表层毡化，影响透水透气，可刺孔增加土表层空气流通。

园林用途 广泛用于庭院绿地、公共绿地和运动场草坪，也是良好的固土护坡材料。

细叶结缕草 *Z. tenuifolia*

别名 天鹅绒草、朝鲜芝草或台湾草

英文名 Mascarenegrass

形态特征 多年生草本。呈密集丛状生长，秆直立，茎纤细，高 10～15cm。具地下匍匐茎和地上匍匐枝，能节间生根和节上萌发新株。叶线形，内卷，长 2～6cm，宽 0.5mm。花序总状，顶生，长约 1cm，覆没于叶丛中，不易发现；小穗穗状排列，小花 1 朵。种子稀少，采集困难。花期夏秋。

产地分布 分布于中国和美洲，日本、朝鲜也有。多野生于海边沙土地。

生态习性 喜光及温暖气候，不耐荫蔽，耐寒力较差，华北地区不能越冬。与杂草竞争力强，耐干旱，但喜湿润的肥土。草丛容易起丘，使草坪外观起伏不平。也容易出现"毡化"现象，造成表土不渗水、不透气，使草坪成片死亡。在华南地区夏秋均不枯黄，冬季呈半休眠状态；在华中、华东地区，绿期 260 天左右；在西安、洛阳等地，绿色期 185 天左右。石家庄以北地区不能安全越冬。

建坪方法 种子采收困难，故一般用营养繁殖的方法，分栽草皮切下来的匍匐茎或带土的小草块，栽后保持湿润，1 周后即可生根发芽。要注意定期修剪，防止起丘。出现通气不良时，用打孔等方法通气。

园林用途 细叶结缕草草坪，要进行精细管理才能达到理想的观赏效果。常用以铺建观赏性草坪，因管理费工，很少用之铺设大面积草坪。常栽于花坛内作封闭式草坪，也用于医院、学校、宾馆、工厂等处的专用绿地。

同属草坪草

大穗结缕草(*Z. macrostachya*)，别名江茅草。比结缕草茎高穗大。其特点是耐盐碱，耐低温，可用作重盐碱地区的草坪植物，或含盐碱的堤岸、湖坡、水库边等处的

护坡固土植物。

中华结缕草（*Z. sinica*），别名老虎皮草。是江南地区主要当家草坪植物，在上海及长江三角洲一带已有100多年的栽培历史。小穗较结缕草小穗长，株略高，叶质地较柔软。分布更靠南些。

（6）其他暖季型草坪草

雀稗类草坪草，包括双穗雀稗（*Paspalum distichum*）、两耳草（*Paspalum conjugatum*）等。以上两种喜温暖湿润，有匍匐茎，蔓延迅速，根系强大，易形成良好草坪。均极耐水湿，喜肥，耐阴，不耐旱，再生能力强，耐践踏和修剪，绿色期可达260天左右。

钝叶草（*Stenotaphrum secundatum*），英文名 St. Augustingrass。禾本科多年生草本。叶片色略白，且黄绿相间，十分美观。是美国南部的主要草坪植物。我国在广东、云南、四川等地推广种植。如精细管理，在昆明、广州可四季常绿。又是极耐阴的草种，可在林下种植，应用前景广阔。

4.7　观赏草

4.7.1　概述

观赏草在我国还是一类新兴的应用植物类别。它们叶形、叶态优美动人，叶色、斑纹色彩丰富，各种花序多姿多彩，株形株态摇曳生姿，有很高的观赏价值，因其具有生态适应性强，应用范围广，观赏价值高，养护管理成本低等优点，被广泛应用于公园、公共绿地、庭院和室内绿化美化之中，日益受到人们的喜爱，引起国内外园林界的青睐和广泛关注。观赏草相关的科学研究正在开展，其应用范围日渐扩大，应用种类和数量不断增多，应用前景十分广阔。

4.7.1.1　概念

观赏草是一类形态优美、色彩丰富、具有很高观赏价值的草本植物。有狭义和广义两种概念。狭义的观赏草仅指形态、色彩优美，具有较高观赏价值，可应用于园林布置的禾本科植物；而广义的概念，除禾本科植物外，其他单子叶植物，如莎草科、香蒲科、灯芯草科、花蔺科、天南星科、百合科和鸢尾科，还包括蕨类植物的一些具有相同形态特点、较高观赏价值的植物。

4.7.1.2　审美特色

观赏草与其他园林植物不同，不以花朵的鲜艳色彩和华丽外貌获得人们的喜爱；而是以质朴的自然风韵，优美的线条变化，四季的形色演替，给人以独特的美感享受。

4.7.1.3　类别

观赏草种类繁多，为便于识别、交流和应用，需要进行分门别类的表述。根据生命周期、生长习性、温度类型和观赏部位等分类如下：

4.7.1.3.1 按生命周期分类

（1）一年生观赏草 种子春天播种发芽，生长、开花、结实后死亡。整个生长周期在一年内完成。这类观赏草需要每年播种，较为费工，除非具有特殊观赏价值的草种，一般应用较少。一年生观赏草，成株的株高、株幅稳定，不像多年生观赏草那样，会随着生长年限的增加而变化。有的观赏草，在温暖地区是多年生的，而到寒冷地区因为不能自然越冬则只能作一年生栽培。如红茅草（*Rhynchelytrum repens*）、'红色狼尾草'（*Pennisetum setaceum* 'Rubrum'）等。常用的一年生观赏草主要有：兔尾草（*Lagurus ovatus*）、'紫御谷'（*Pennisetum glaucum* 'Purple Majesty'）、'红色狼尾草'、凌风草（*Briza* spp.）等等。一年生观赏草可与许多观赏植物配置一起，或行露地种植，或行盆栽摆放。

（2）宿根（多年生）观赏草 植株可生长多年，多次开花结实，不死亡。春天萌芽生长，夏秋开花结实，冬天地上部分枯死，地下部分休眠，第2年继续萌发生长。常用的宿根观赏草如芒（*Miscanthus sinensis*）、狼尾草（*Pennisetum alopecuroides*）、蒲苇（*Cortaderia selloana*）、麦冬（*Liriope spicata*）、芦竹（*Arundo donax*）、拂子茅（*Calamagrostis epigejos*）等。宿根观赏草，植株逐年长大，其冠幅也逐年增加，大约2～3年后，可以形成稳定的株丛，取得良好的观赏效果。

4.7.1.3.2 根据生长习性分类

（1）丛生直立型观赏草：茎秆直立，密集着生，成紧密的束状或丛状，地下根茎不向四周扩展。大多数观赏草属于这一类型。如狼尾草、蒲苇、大油芒（*Spodiopogon sibiricus*）、芨芨草（*Achnatherum splendens*）等。由于根茎不向四周扩展，所以扩展速度很慢，不会对周边环境构成任何入侵的威胁。可保持花卉布置的整洁状态。这类观赏草在色彩、株形、株态等方面具有多姿多彩的变化。为园林景观凭添了许多独特的观赏效果。

（2）蔓生匍匐型观赏草：根状茎生长迅速，能向四周扩展，在短时间即可形成连片的株丛，具有强大的蔓延覆盖功能。具有入侵性。可布置于人行道旁的坡面上，或种植在容器中。既发挥其快速覆盖的功能，又可避免其入侵的威胁。

4.7.1.3.3 根据温度类型分类

（1）冷季型观赏草：在春天地温上升到0℃以上时开始生长，初夏开花，当夏季温度升高到24℃以上时，停止生长进入休眠状态。当秋季气温转凉后恢复生长。冷季型观赏草本可以忍受早春起伏变化的温度而茁壮生长，但是到了夏季高温，此类观赏草长势减弱，观赏价值降低，此期间要供给充足的水分。冷季型观赏草需要适时分株，以保持健壮的生长。

种植或分栽冷季型观赏草的最佳时间是冬末或早春，也可以在夏末或初秋，这两个季节是冷季型观赏草的最佳生长季节。可以确保栽植后迅速恢复生长。

冷季型观赏草又称半常绿型观赏草。在比较温暖湿润的冬季，可一直保持浓绿，地上部分不枯死，观赏效果不会明显降低。不像暖季型观赏草那样，冬季地上部分枯死。但是，在炎热的夏季，进入休眠后，地上部分大多枯黄，或长势明显减弱，易染病而成片死亡。严重降低观赏效果，也大大增加了养护管理的成本。

常用的冷季型观赏草主要有蓝羊茅、拂子茅、针茅、银边草等。这些冷季型观赏草适宜与早春开花的球根花卉等组合种植。可以形成浓淡相宜、形态互补的春季景观。

(2)暖季型观赏草：暖季型观赏草，生长发育需要较高的温度，在春末气温较高时才开始生长，夏季以至初秋开花，花期可一直延续到秋末至初冬。本类观赏草耐高温，夏季气温达到30℃时，仍能继续生长；耐干旱能力强，夏季不需灌溉很多水，如在北京地区，整个生长季节只靠自然降水，就能健康地正常生长。但是对低温较敏感，当气温降至10℃以下时，便停止生长。所以暖季型观赏草在寒冷地区种植或分株多于春季进行。这样可以保证新株有足够的生长时间，可以积累营养，安全越冬。

暖季型观赏草和冷季型观赏草相比有许多优势，如夏季不需耗费大量灌水、不需经常分株，一经栽植就可连续生长多年等。

常用的暖季型观赏草有：芒、日本血草、芦竹、蒲苇等。

4.7.1.3.4 根据观赏部位分类

(1)观花型观赏草：是以花序为主要观赏对象的观赏草类型。草类的花是风媒花，没有艳丽的花色、漂亮的花朵、诱人的花香和吸引昆虫的花蜜。但是有些观赏草其成熟的花序，一直保持开展状态，色彩淡雅，轻柔潇洒，傲然挺立，引人注目。这类观赏草称之为观花型观赏草。常见的有：荻、狼尾草、蒲苇、拂子茅、大油芒和芦竹等。其中兔尾草、芦竹、凌风草、蒲苇的花序还是制作干花的好材料。

(2)观叶型观赏草：是以叶片的形态、色彩、斑纹为主要观赏对象的观赏草类型。其叶片多姿多彩，变化万千。其叶形，有的细长柔软，如细叶芒；有的挺直粗硬，如芦竹。其叶片的色彩，有的呈清凉的蓝色，有的是火热的红色，还有的表现为浪漫的黄色，它们还随着时间推移和环境条件的改变而变化着。还有的叶片具有各色的斑纹等。一丛丛，一片片，变幻无穷，有其独特的观赏价值，决不输于鲜艳夺目、香气袭人的鲜花花卉。常见的观叶型观赏草主要有：日本血草、蓝羊茅、金色拂子茅、红色须芒草、花叶芒、花叶芦竹等。

实际上观花型观赏草与观叶型观赏草的划分不是截然的两类草种，有些观赏草，在营养生长时期是优秀的观叶型观赏草，在开花期花序优美，又是观花型观赏草，花叶兼美。如花叶芦竹、花叶拂子茅、蒲苇、纸莎草、马蔺、芒属观赏草、狼尾草属观赏草、细茎针茅等。

4.7.1.3.5 根据生态适应性分类

(1)耐阴性观赏草：在园林绿地中植物配置多呈乔、灌、草的立体复合结构，结构内都有阳光照射不到或照射时间较短或疏荫的环境，还包括建筑物的背面和侧面，这些地方正是耐阴性观赏草发扬特色、大显身手的用武之地。如箱根草(*Hakonechloa macra*)，在蔽荫度达到70%的条件下，仍能正常生长。

常用的耐阴性观赏草主要有：发草、蓝羊茅、银边草、麦冬等。这几种草植株矮小，适于作荫地的地被或镶边植物。有些植株高大的草种，如蔺草、花叶芒、斑叶芒等，可在轻度遮荫的地方栽植。而苔草类大多喜欢在遮荫的环境下生长。

耐阴性观赏草在种植前要精心整地，适当施肥，保证土壤中有足够的腐殖质成分，且排水通气良好，以保证旺盛的生长。

(2)喜光性观赏草：许多观赏草适应光照充足的环境，如狼尾草（*Pennisetum alopecuroides*），光照充足，生长健壮，花序繁密。其他喜光性观赏草有芨芨草、蒲苇、柠檬草、纸莎草、蓝羊茅、兔尾草、芒、水葱等。

(3)耐旱性观赏草：当今世界性的水资源紧张，使得开发耐旱型园林植物成为重要的研究方向，从而观赏草耐旱性强这一个重要特性受到广泛重视，应用日益增多。许多宿根（多年生）观赏草，在定植一年后，生成发达的根系，能忍受一般浅根性的花卉不能忍受的干旱，即使不额外人工灌溉，仅凭自然降水，也能健壮生长。有些观赏草甚至在极度干旱的条件下仍能正常生长。如狼尾草和蓝羊草等在年降水量仅为400mm的条件下，不需灌溉，仍可健康生长。在北方地区常用的耐旱性观赏草主要有：狼尾草、大油芒、拂子茅、须芒草等中等高度的种类，还有像崂峪苔草、青绿苔草和蓝羊茅等低矮的草种。

(4)喜湿性观赏草：一些观赏草具有喜湿的习性，适宜在湿地甚至水中生长，为营建水景，丰富园林景观，提供了便利条件。近年来随着大面积湿地的恢复和建立，水生和湿生园林植物的需求逐年上升。水中种植喜湿性观赏草，常遇到的是扩展入侵问题。草种在水中定植后，很快变成为优势群落，占据尽可能大的空间，其他植物很难进入。如菖蒲在水中定植后，迅速生长，形成大量新芽，这些新芽生长极快，在适宜的生长条件下，在一个生长季就可形成优势群落，占据池塘的绝大部分。其他喜湿性观赏草也具有类似的特点，如芦苇、芒等。为限制其扩展入侵，可进行容器栽培，再放入水中。

常用的喜湿性观赏草主要有：芒、芦苇、蒲苇、菖蒲、水葱、伞莎草、灯心草、苔草等。具有广泛的生态适应能力，成为一类饱含顽强生命力，独树一帜的观赏植物。

(5)耐湿耐旱性观赏草：有的草种既耐旱又耐湿，适于在水陆交会或水陆交替的地带种植。如荻（*Miscanthus sacchariflorus*），在连续3个月无降水的干旱条件下，还能正常生长。在连续20天根部被水浸泡的情况下，仍能存活生长。

(6)耐盐碱性观赏草：一些观赏草可耐受盐碱地环境，有的甚至可在高度盐碱化的海边、沙丘及盐碱荒滩上生长，形成稳定、旺盛的植物群落。如蓝羊草（*Leymus cinereus*）和欧滨麦（*Leymus arenarius*）等。它们可在盐碱地的绿化美化上大显身手。

4.7.2 主要观赏草

(1)须芒草 *Andropogon scoparium*

英文名 Scoparium bluestem

科属 禾本科须芒草属

形态特征 宿根草本。茎秆直立，丛生，株高约1.2m。叶片纤细，宽3~5mm，叶色四季变化丰富，鲜艳夺目。春天是嫩绿色，夏季转成浓绿色，秋天变成橘黄色，冬天成为红色或棕红色。花期夏末（北京），花序初为红色，后期有白色柔毯子伸出颖壳。

产地分布 在原产地须芒草生于排灌条件良好的干旱土壤中，如开阔的农田、山坡和沙滩地。

生态习性　生态适应广，不择土壤，耐酸、耐碱、耐贫瘠，又极耐旱，在北京地区，整个生长季不需灌溉。喜通风透光，若茎基部郁闭，通风不良，会造成倒伏和霉烂；光照不足，则株丛疏散，长势弱，易倒伏。不耐潮湿肥沃土壤。

繁殖栽培　采用播种或分株法繁殖。栽培中注意适当疏植，经常清理茎秆基部，保持通透性。因其不耐潮湿肥沃土壤，种植时宜选排水良好的坡地，不必施肥。

须芒草　*Andropogon scoparium*

园林用途　须芒草适宜布置在表现自然野趣的花园中，与其他野花一起，构成色彩缤纷的草地景观。因不耐蔽荫，不宜在林下等遮荫环境中应用。

（2）银边草　*Arrhenatherum elatius* var. *variegatum* f. *variegatum*

英文名　Tall Oatgrass

科属　禾本科燕麦草属

形态特征　宿根草本。株高约30cm。基部具明显的肉须球茎，既是贮藏水分和营养的地方，又是繁殖的器官。所以又称为球茎燕麦草。其变型 f. *variegatum*，叶面上具有平行于中脉直抵叶缘的纵向银白色条带，故称银边草。花小，白色，初夏开花。

产地分布　原产欧洲。

生态习性　喜干燥冷凉气候，在夏季干燥、夜间冷凉的条件下，长势最

银边草　*Arrhenatherum elatius* var. *variegatum* f. *variegatum*

好。在冷凉地区从早春至初冬都有醒目的观赏效果。

繁殖栽培　分株繁殖。可在春季或秋季进行。分株后的新株，生长迅速，生机旺盛，色彩明亮。银边草不耐高温，在高温高湿条件下，叶片枯黄，萎蔫。在北京地区7~8月高温多雨时期，不适该草生长，地上部枯萎，进入夏季休眠。但在遮荫条件下，可显著改善观赏效果，在遮荫75%的条件下，仍能健康生长。入秋后，打破休眠，恢复生长，形成新的茎叶，株丛美丽如初。

园林用途　银边草株丛清新亮丽，自然优美。最适于用作庭园绿地的自然布置。可与山石相配，可作镶边或地被，或与其他花卉组成优美的花境。也可盆栽，装饰室内环境。

(3)芦竹 *Arundo donax*

英文名 Giantreed

科属 禾本科芦竹属

形态特征 宿根草本。植株高大，可达5.5m，生长迅速，一个生长季株高就可长到4m。茎秆粗壮挺拔，叶色浓绿，叶片长30~60cm，宽3~7cm。圆锥花序粗大，长60~100cm，初开粉红色，秋末变成银白色，花期8~10月。

变种品种 芦竹有一变种——花叶芦竹(var. versicolor)，叶片具有淡黄色与中脉平行的纵纹，在温度较低、光照较弱的早春和秋季，淡黄色的纵纹特别鲜明。随着温度升高，光照增强，叶色变深，花纹变成淡绿色。比芦竹生长速度慢，植株细弱，地下茎扩繁速度慢，环境入侵风险低。花叶芦竹不经常开花，主要观赏其具有亮丽花纹的叶片，株态优雅，可植于水边，亦可盆栽。在北京地区冬天常移入室内越冬。

芦竹 *Arundo donax*

产地分布 原产地中海地区。生长在温暖湿润的湿地和溪流边。

生态习性 适应性广，不择土壤，喜光也耐轻度蔽荫；既喜湿，又很耐旱。在温暖湿润的地区属常绿植物，可结出充实有繁殖能力的种子。而在冬季温度降到0℃以下的地区则不能产生可育的种子。

繁殖栽培 靠分割地下根茎繁殖。一般春季进行，将生长1年以上的根茎切块，埋于土壤中，深度10~20cm，保持湿润，即可长出新株。在北京地区，10月底叶片变黄，11月上旬地上部分干枯。越冬前将地上部剪掉，以地下根茎越冬。次年春暖，根茎又可萌发出新株。需要提出的是芦竹地下根茎生长速度很快，扩繁能力强，容易产生环境风险，特别是温暖潮湿地区，应注意隔离，避免其逃逸，形成入侵植物。

园林用途 芦竹挺拔直立，花序硕大优美，特别适宜在开阔的滨水或湿地环境种植，形成壮观秀美的观赏效果。也可成片种植，用作背景；或单株观赏，益显健硕的风姿。花序干枯后不散落，是干花的好材料。

(4)拂子茅属 *Calamagrostis*

禾本科宿根粗壮草本。小穗小，有1小花，常成穗状圆锥花序，小穗脱节于颖之上，外稃背近中部有芒，内稃短于外稃。

本属约20种，分布温带地区，我国约有5种，南北均产之，但大多产于北部和东北部。

卡尔富拂子茅 *C. × acutiflora* var. *karlfoerster*

形态特征 宿根草本。属冷季型。本种是拂子茅(*C. epigejos*)与野青茅(*C. arundinacea*)自然杂交产生的。本变种是最受欢迎、应用范围最广的观赏草种之一。植株直立，茎秆密集丛生，株高可达 2m。花序初放松散柔软，淡紫色。夏末花序密集直立，变成淡黄色。一直到冬季花序也不脱落。花期 6 ~ 7 月。

生态习性 适应性广泛，不择土壤，甚至在重黏土中也能生长，但是，在疏松湿润的壤土中生长迅速，对光照要求不严格，全光照或半阴条件下都能正常生长。

繁殖栽培 由于该种不产生种子，只能进行分株繁殖。栽培管理要注意通风透光，尤其是高温高湿的夏季，如植株郁闭，通风透光不良，容易发生锈病。

园林用途 可布置花境，具有挺拔直立的景观效果，也适宜带状种植，构成其他花卉布置的背景，与其他植株开张的花卉，搭配布置，可形成对比鲜明、引人注目的效果。冬天花序和植株全变成金黄色，给萧瑟的冬日，涂上一抹亮丽的彩色；尤其在雪景衬托下，一冷一暖，对比鲜明，确有一种别样的独特风韵。也适宜盆栽，植株密集丛生，花序紧凑挺立，惹人喜爱。

'花叶'卡富尔拂子茅　*C.* × *acutiflora* var. *karlforester* 'Overdam'

形态特征 宿根草本。是卡尔富拂子茅的品种，其叶片具有平行于主脉的淡黄色纵纹，比卡富拂子茅植株矮小，细弱，生长速度慢。

生态习性 喜凉爽干燥、适当遮荫的环境。在此环境中生长快，而且淡黄色纵纹鲜明。而在高温高湿的夏季，则生长缓慢，叶片条纹不鲜明。

繁殖栽培 分株繁殖。宜密植，栽植于其他花卉或灌木的下方，以创造凉爽遮荫的生长条件。

园林用途 叶片花纹秀美，株态开张，是良好的观叶草，可栽植花境和盆栽。

野青茅　*C. arundinacea*

形态特征 宿根草本。茎秆丛生，株高 50 ~ 60cm。叶宽 7 ~ 9mm，叶色嫩绿，拱曲下垂。圆锥花序，紧缩似穗状。开花初期淡紫色，后变为黄色。花期 7 ~ 9 月。

产地分布 原产于欧亚两洲，生于山坡、草地、沟谷隐蔽地、疏林下或林缘。

生态习性 生态适应性广泛。

繁殖栽培 播种或分株繁殖。

园林用途 野青茅叶色淡雅，清新质朴，适宜在林下或林缘种植，也可用于花境。

短毛野青茅 *C. brachytricha*

别名　朝鲜拂子茅

形态特征 宿根草本。具地下根茎。植株直立丛生，株高约 1.2m，叶片宽 8 ~ 12mm，拱曲。圆锥花序，初开淡粉色，后变为粉灰色，柔美飘逸的花序可一直开放到冬天，即使干了也不脱落。北京地区 9 月开花。

产地分布 原产东亚。生于湿润的林下或林地边缘。

生态习性 喜光，但部分遮荫也能正常生长；对土壤适应性广，但要求保持一定的湿度。种子可自播繁衍，幼苗易清除，不会造成环境风险。

繁殖栽培 春季播种或分株繁殖。养护管理简单。植株冬季枯黄，在越冬前最好将地上部分剪掉。

园林用途 短毛野青茅株态潇洒，花序美观且观赏期长。适于孤植或丛植，也可用于花境布置及盆栽。

拂子茅　*C. epigeios*

英文名　Chee reedgrass

形态特征　宿根草本。具根状茎，株高
50～100cm。叶片细长，宽4～8mm，粗糙。
圆锥花序挺直，密而窄，长20～35cm，灰绿
色到淡紫色，秋季为黄色。

产地分布　几乎遍布全国，欧亚大陆温
带也有。多生于湿润的林地、灌丛及林缘。

生态习性　喜温暖湿润环境，但适应性
强，不择土壤，全光照和半阴处都能正常生
长。也耐干旱。

繁殖栽培　播种或分株繁殖。北京地区
可露地越冬和越夏。虽较耐旱，在干旱年份，
春季和入冬前应浇水。其他季节不必灌溉。

拂子茅　*C. epigeios*

园林用途　株形直立，花序美观，可用于花境布置，列植可作背景。

（5）苔草属　*Carex*

莎草科宿根草本。具匍匐根状茎。茎秆三棱形，叶多基生。顶生叶状总苞片托于
花序下。小穗排列秆顶成穗状、总状、稀圆锥状。花单生，同穗或异穗，花无花被，
小坚果三棱形。本属有1500～2000种，广布全世界，我国约有400种，各地均产之。

常见应用的苔草属观赏草有以下几种：

硬叶苔草　*C. buchananii*

别名　皮叶苔草

英文名　Leatherleaf sedge

形态特征　宿根草本。植株丛生，高40～50cm，株径30～40cm。叶片直立向
上，宽4～8mm，质地粗糙坚硬。花小，无观赏价值。植株呈棕黄色，在光照充足条
件下，显棕铜色。

产地分布　原产新西兰。是深受新西兰人喜爱并广泛应用的观赏苔草之一。

生态习性　喜光亦稍耐阴，要求湿润并排水良好的土壤。耐寒。

繁殖栽培　春季进行播种或分株繁殖。硬叶苔草在北京地区可不加保护安全越
冬。但生长缓慢。

园林用途　硬叶苔草主要观赏其植株的诱人色彩。在应用时，要与那些在色彩上
与之有反差的观赏植物搭配，如在绿色草坡上丛植，与浅色的花卉配合种植等。不可
在裸露的黄色土地上，或黄色的花卉植物中配置。

青绿苔草　*C. leucochlora*

别名　青菅

英文名　Whitegreen sedge

形态特征　宿根草本。根状茎丛生，秆三棱柱形，基部具淡褐色叶鞘，株高10~30cm，秆高于叶。叶片线形，长4~25cm，宽1~5mm。雌雄同株，上部雄花，下部雌花，花期4~5月。

青绿苔草　*C. leucochlora*

产地分布　分布于我国东北、华北、华东、华中、西南等地；朝鲜、俄罗斯、日本也有。生于山坡、草地和草甸。

生态习性　喜光照充足亦耐半阴，耐旱、耐寒、不择土壤，但以排水良好的土壤中生长苗壮。抗病性强。

繁殖栽培　以分株繁殖为主，也可播种，但出苗率低，幼苗生长缓慢。植株强健，不必修剪，不需施用农药，管护简单。

园林用途　叶片细长柔美，叶色浅绿，有较高的观赏价值，可片植作地被，亦可单植或丛植，又是花境的好材料。

花叶苔草　*C. morrowii* 'Variegata'

英文名　Morrows sedge

形态特征　宿根草本。具匍匐根状茎，生长缓慢，丛生。叶片较硬，细长，线形，拱曲成弧形，有鲜明的乳白色条纹。叶长30~40cm，宽10~20mm。

生态习性　喜光照充足，温暖湿润和疏松肥沃的土壤。在轻度遮荫的条件下生长良好。

繁殖栽培　分株繁殖。

园林用途　可作地被，行植镶边或在疏林下及树池内种植，也可室内盆栽。

花叶苔草　*C. morrowii* 'Variegata'

（6）蒲苇　*Cortaderia selloana*

别名　白银芦

英文名　Selloa pampasgrass

形态特征　禾本科宿根草本。属暖季型草种。植株高大，丛生，株高可达2~2.5m，株形紧密，冠幅2m左右。雌雄异株。叶聚生于基部，长带状，叶片边缘具细齿，易划伤皮肤。雌性圆锥花序硕大，雌小穗的外稃被长毛，大花序羽毛状。夏末或初秋开花，花期长，可一直延续到冬天。

产地分布　原产巴西南部至阿根廷。

生态习性　适应性广，喜光、喜湿，在温暖地区一旦定植，不需任何养护管理，就能健壮生长。在温暖地区种子能自播繁衍，可入侵周边环境。如在新西兰和美国加州等地，蒲苇已造成环境入侵。

繁殖栽培　分株是主要的繁殖方式，在晚春或初夏进行。可播种育苗，但幼苗变异较大，许多变异植株观赏价值降低。在北京地区蒲苇不能露地越冬，于初冬将植株挖出，放室内越冬。或栽植于大型容器中，冬季移入室内。若剪去地上部分，室内贮存越冬，则明年会分蘖数减少，花序会减小，减少。严重降低其观赏价值。

园林用途　蒲苇孤植观赏效果好，可作重点点缀或成行栽植作背景布置，也可应用于花坛、花境，或作水边、庭院的自然布置等，都会有很好的观赏效果。蒲苇花序还可作干花。

蒲苇　*Cortaderia selloana*

（7）莎草属　*Cyperus*

莎草科一年生或宿根草本。茎秆单一，多呈三棱形，叶生于茎秆的基部。叶具闭合的叶鞘。聚伞花序。本属约700种，产于热带、亚热带和温带地区。我国约有380种。全国各地均有分布，主产于东南部至西南部。多生于潮湿或沼泽环境。

伞莎草　*C. alternifolius*

别名　伞草、旱伞草

英文名　Umbrella flatsedge

形态特征　宿根草本。株高60～120cm，茎秆直立丛生，三棱形，无分枝。叶退化为鞘状，棕色，包裹茎秆基部。总苞叶状，约20枚，伞状着生秆顶，带状披针形，长10～20cm，宽0.4～1cm，平行脉。小花序穗状，扁平，多数聚成大型复伞形花序，花期6～7月。

变种品种　常见变种有：矮伞莎草（var. *nanus*），植株低矮，株高20～25cm，总苞伞状，径约10cm。银丝伞莎草（var. *stristus*），茎秆和叶有白色线条，个别有的呈全白色。容易返回绿色。

产地分布　原产西印度群岛和马达加斯加。分布于森林和草原地区的河湖边缘的沼泽地中。

生态习性　喜温暖阴湿及通风良好的环境。对土质不甚选择，但以保水力强的腐殖质丰富的壤土最为适宜。不耐寒，华北、华东地区常作温室盆栽，冬季室温以5～10℃为宜。

繁殖栽培　分株、扦插或播种繁殖。分株在4～5月进行，银线伞莎草等具有斑纹者，必须分株繁殖。扦插四季均可进行。自茎秆顶端以下 3～5cm 处剪下，剪除部分总苞片，然后将茎秆插入沙床中，使总苞片紧贴沙面上，在 20～25℃ 条件下，约 20～30 天，从总苞片间会分生出许多伞状苞叶丛和根。播种可在春天室内盆播，容易发芽。伞莎草生长强健，栽培容易，注意保持湿润或栽于浅水中，生长季节，每半月可追肥 1 次。冬季移入室内，室温不可低于 5℃。

园林用途 伞莎草株丛繁茂，苞叶伞状，亭亭玉立，极富南国风韵，有棕榈、蒲葵的效果，是常见的室内观叶植物。在南方可露地应用，多配置在水池中、溪岸边，或与山石搭配，极富自然情趣。又是插花的良好枝材。

畦畔莎草 *C. haspan*

别名 小莎草

形态特征 宿根湿生草本。茎秆长，高 30～90cm，呈三棱形，苞叶细小，蓬松四散，端部着生黄褐色花序。

产地分布 分布于福建、台湾、广东、广西、云南、四川；朝鲜、日本、越南、马来西亚、印度尼西亚、大洋洲也有。生于水田或浅水塘中。

生态习性 喜温暖的湿生环境。喜光亦耐轻荫。

繁殖栽培 分株繁殖。

园林用途 宜布置于水边、浅水、山石边；也可盆栽室内布置；还是插花的良好枝材。

纸莎草 *C. papyrus*

别名 大伞莎草

形态特征 宿根草本。植株高大，株高可达 4.5m。具有发达的地下根茎，扩展性弱，没有环境入侵风险。茎秆粗壮，基部无叶片。硕大的伞形花序着生在茎秆的顶端，花序直径可达 30cm 以上。花期长，持续整个夏季。

产地分布 原产非洲北部、南欧等地，主产于尼罗河沿岸。

生态习性 喜温暖湿润和光照充足环境，不耐寒，适宜生长在浅水边、溪流旁、河湖岸边等潮湿处。

纸莎草 *C. papyrus*

繁殖栽培 分株繁殖。纸莎草原产热带与亚热带，在我国北方地区栽培，不能露地越冬，入冬前要移入室内。

园林用途 用于水景装饰，可用作水边、浅水处、池塘旁的点缀；或种植于容器内，作室内观赏。可作插花用枝材。

（8）发草 *Deschampsia caespitosa*

发草 *Deschampsia caespitosa*

英文名 Fescueleaf hairgrass

科属 禾本科发草属

形态特征 宿根草本。属冷季型。株高30~50cm，盛花期花穗高达1.2m。密集丛生，株形紧凑。叶片基生，狭细坚挺，深绿色。圆锥花序，松散开展，不脱落，初期绿色，后渐变为黄色。花期5~6月。本草绿色期长，从早春一直保持浓绿叶色到初冬。

产地分布 分布相当广泛，欧洲、亚洲到北美都有分布。生长在溪流旁、河边、湿地、草地或潮湿林带。

生态习性 喜冷凉潮湿环境，在高纬度冷凉地区生长旺盛。也耐旱，在北京地区能露地安全越冬，湿润的黏土中也能生长，不耐热，在高温高湿的夏季老叶会变黄，秋后天气转凉，又恢复正常生长。喜光照充足或部分遮光的生长环境。

繁殖栽培 常用分株法繁殖，简便易行。也可播种繁殖，但种子量少，难于进行批量生产。种植时，适当加大株距，以利充分生长，形成圆整簇生的株丛。夏季高温，老叶黄萎，要及时清除，保持株丛整洁的观赏效果。

园林用途 发草株丛圆整鲜绿，叶片挺直，花序轻盈，是优美的观赏草种。极宜成片栽植，平时鲜绿一片，清爽悦人；开花时节，大片花序如云似雾，令人心旷神怡。可孤植欣赏，或作镶边材料；亦可组成花坛花境；与阔叶植物组合配置，一宽一窄，一粗犷一纤秀，对比鲜明，相映成趣。冬季可盆栽室内观赏。

（9）短筒披碱草 *Elymus magellanicus*

短筒披碱草 *Elymus magellanicus*

英文名 Magellanic wildryegrass

科属 禾本科披碱草属

形态特征 宿根草本。茎秆丛生，高30~60cm。叶片松散开展，叶宽5~9mm，叶片蓝色，十分醒目。其蓝色优于蓝燕麦、蓝羊茅、蓝洽草等。穗状花序，直立，成熟时黄色。花期5月。

产地分布 原产智利、阿根廷等国的高海拔山地。

生态习性 性喜冷凉。对光照要求不严格，全日照或部分遮荫条件下，都能生长。不耐旱，喜排水良好的土壤。

繁殖栽培　播种或分株繁殖，植株寿命不长，隔几年更新 1 次。因该草产于山地冷凉地区，夏季高温高湿时易患锈病。不耐干旱，干旱时地上部分变黄，浇水后，能迅速恢复生长。在北京地区种植时，最好栽于适当蔽荫处，如灌丛或林下。在温暖地区本草为常绿或半常绿，冬季叶色变淡。

园林用途　可丛植，欣赏其一丛湛蓝，带来丝丝凉意。最好与其他色彩缤纷暖色调的花卉一起种植，可组成形色对比鲜明的花境，其宁静清凉的蓝色，会格外引人注目。也可盆栽室内观赏。

（10）蓝羊茅　*Festuca glauca*

英文名　Blue fescue

形态特征　常绿草本。冷季型。茎秆密集丛生，光滑直立，株高 15 ~ 30cm，高于叶丛。叶片内卷成针状，被银白色粉，呈银蓝色。圆锥花序长 5 ~ 15cm，抽出后，很快变成枯黄色。花期初夏。

变种与品种　蓝羊茅有多个品种，它们的主要区别是叶片的颜色和形状。常用的品种有：'Meerblou'、'Elijah Blue'和'Blausilber'等。

蓝羊茅　*Festuca glauca*

产地分布　广泛分布于北温带地区。

生态习性　喜光照充足而干燥的环境，适应性强，不择土壤，在肥沃的土壤上，植株生长健壮而株形松散；耐寒，在北京地区可露地安全越冬，植株呈深蓝色；耐旱，但干旱条件下，叶色变浅；不耐热，在高温高湿的夏季植株长势衰弱。

繁殖栽培　分株繁殖，可保持其优良性状不变。植株抽穗开花后，花序很快变成枯黄色，可将花序剪掉，以保持其优美的蓝绿色株丛。为保持植株的整齐美观，生长旺盛，要经常进行梳理，去掉干枯的老叶。最好每年冬末或春初修剪 1 次。

园林用途　在园林中多用作花坛镶边；组成花境；用为地被；植于岩石园、旱景园，有独特的艺术效果。

同属观赏草　同属观赏草还有：梅士羊茅（*F. mairei*）宿根草本，在温暖地区常绿。冷季型。株丛密集，高 60 ~ 80cm，株形挺拔。叶片灰绿色，簇生成半球形的株丛。花茎超出叶丛，花期初夏。原产摩洛哥的阿特拉斯山上，故又名阿特拉斯羊茅。我国云南、台湾等地高山上也有分布，也名滇羊茅。耐热、喜光、喜肥沃轻松土壤，生长速度较慢，定植后可持续生长多年。分株繁殖。

（11）箱根草　*Hakonechloa macra*

科属　禾本科箱根草属

形态特征　宿根草本，暖季型。具地下根茎，蔓延速度不快，对环境没有入侵风险。株形疏松优雅，茎叶外展，拱曲下垂。叶片浓绿，状似竹叶。圆锥花序，抽生叶片之间，不醒目。秋天植株变成橘红色。花期 7 ~ 8 月。

变种品种 有品种'金色'箱根草（'Aureola'），株型较矮，株高约 35cm，叶片具有平行于主脉的金黄色条纹，占据叶片的大部分，只保留很小部分的绿色，叶色受光照和温度影响很大，在强遮荫的情况下，条纹颜色变浅，成淡绿色；而在充足光照和高温下，条纹变成鲜艳的金黄色，而在光照和低温下，条纹变成乳白色。在早春和初秋低温下，整个植株变成粉红色，清新鲜丽，十分优美。

产地分布 原产日本，分布于山地、石崖及林下。

生态习性 喜冷凉湿润环境，在高温干旱地区种植要加以遮荫保护。要求腐殖质丰富、排水良好的土壤。

繁殖栽培 分株繁殖。箱根草根系浅，秋季移植新株根系不能积累充足的营养，越冬困难。养护管理中要保持较充足的光照和足够的湿润条件。郁闭环境下易感染病害。

园林用途 作地被效果好，尤其是在林下种植；也宜点缀花园和庭院，或布置于花境中。也可室内盆栽，观赏其优雅清新的株态。

（12）蓝燕麦 *Helictotrichon sempervirens*

英文名 Evergreen helictotrichon

科属 禾本科异燕麦属

形态特征 宿根草本，在原产地四季常绿，在冷凉地区为半常绿植物。茎秆直立丛生，高可达 80cm。叶片密集丛生，银绿色。圆锥花序生于花茎顶端，花茎纤细柔软，高出叶层达 60cm。花期春末。花序观赏价值不高。

变种品种 为克服蓝燕麦易染锈病的缺点，育种学家育出了一些抗锈病品种，如'Robust'和'Saphirsprudel'等。这些品种抗锈病能力提高，在欧洲和北美的一些花园中广泛应用。

蓝燕麦 *Helictotrichon sempervirens*

产地分布 分布于地中海西部地区。

生态习性 喜疏松肥沃、排水良好的土壤，土壤黏重、积水的条件下，长势变弱。该草在高温高湿的夏季，易感染锈病，严重时叶片萎蔫，枯黄。

繁殖栽培 可播种繁殖，但栽培品种只能分株繁殖，以保持品种的优良性状。在栽培蓝燕麦时，要防止感染锈病，避免高温高湿的栽培环境。或引用其抗锈病品种栽培。

园林用途 是著名的蓝色观赏草之一。露地布置可与色彩鲜艳的花卉配合，有良好的色彩对比和观赏效果。也可室内盆栽，赏其蓝色的株丛。

（13）血草 *Imperata cylindrica* ' **Rubra** '

英文名　Lalang grass

科属　禾本科白茅属

形态特征　宿根草本。具地下根茎，茎秆直立，株高 30～50cm。叶片条形，直立向上着生，新长出的叶片基部绿色，顶部红色，随着时间推移，红色逐渐向基部扩展，颜色也逐渐变深，到秋天叶片红艳似火。圆锥花序顶生，狭窄穗状，观赏价值不高。通常很少开花。

产地分布　原种白茅分布遍及全国，亚洲热带、亚热带其他地区，东非和大洋洲也有。是最常见的阳性禾草。常布满撂荒地和火烧后林地。

血草　*Imperata cylindrica* ' **Rubra** '

生态习性　对光照要求不严格，全光照或部分遮荫条件下都能正常生长；喜湿润肥沃土壤，形成群落后，抗逆性提高，耐旱、耐贫瘠。

繁殖栽培　分株繁殖，于春季进行。血草具有发达的根茎，蔓延能力强，成片种植时要注意隔离，避免造成环境入侵。栽培中若发现某些叶片颜色变成绿色，这时可将绿色茎秆拔出。冬季叶色变淡，甚至枯萎，无观赏价值。可剪去地上部分，以根茎地下越冬。

园林用途　血草叶片血红，是著名的红色观赏草种之一。可用于花坛、花境；若作地被植物成片种植，要选择与周围环境隔离的地点布置，如城市环岛、道路之间的分车带、立交桥绿地等地，火红一片，十分引人注目。也可盆栽。

（14）兔尾草 *Lagurus ovatus*

英文名　Ovate lagurus

形态特征　一年生草本。茎秆簇生直立，高 30～60cm。叶片窄长而扁平，密被细茸毛。花序圆锥状，长 3～5cm，卵形，乳白色，柔软，形似兔尾，故称兔尾草。花期 5～8 月。

产地分布　原产地中海地区，美国加州也有分布。

生态习性　喜光照充足，排水良好的土壤条件。

繁殖栽培　播种繁殖，早春于室内播种育苗，春暖再移出室外。宜栽植于

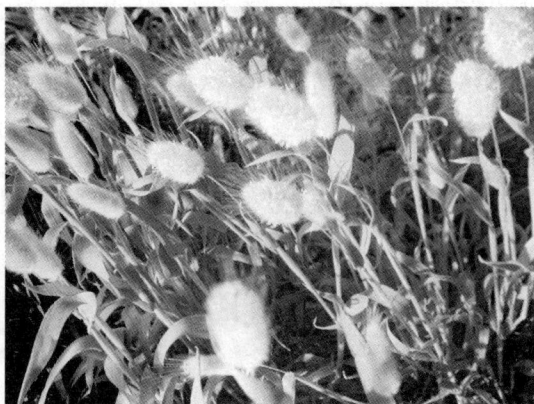

兔尾草　*Lagurus ovatus*

全光条件下，土壤要排水良好，花序成熟期间，应避免阴雨，以免花序受潮，颜色变得暗淡。

园林用途 可栽于路旁或岩石园中；其光亮柔软的花序，是制作干花的材料。也可用于插花装饰。

(15) 蓝羊草 *Leymus chinensis*

英文名 Blue leymus

科属 禾本科赖草属

形态特征 宿根草本。根状茎发达，蔓延扩展速度快。茎秆直立，高 40~90cm；叶片长 7~14cm，宽 3~5mm，灰绿色，质硬而粗糙；穗状花序顶生，直立，初开粉绿色，后期变成黄褐色。北京地区 5 月底开花，7 月初小穗变色。

产地分布 北京及华北与西北地区均有分布。多见于盐碱滩地或干旱的荒滩地，常形成局部的优势种群。

生态习性 耐寒，北京地区可安全露地越冬；非常耐旱、耐践踏、耐修剪，没有病虫害，耐贫瘠。

繁殖栽培 因为在北京及周边地区蓝羊草结实率很低，种子发芽率也低，少用播种繁殖。常在春

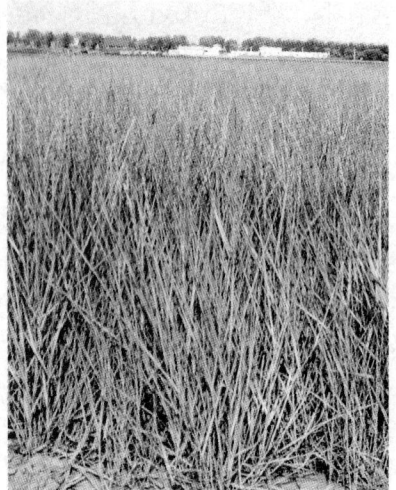

蓝羊草 *Leymus chinensis*

季分株繁殖，也可秋季分株，但要留有足够时间，使其积累充足的营养越冬。蓝羊草耐旱，只在栽植初期浇水，定植后即不需浇水。不需施肥，不需除杂草，不必施农药，可连续健壮生长数年。

园林用途 宜用为地被、公路护坡、立交桥与交通环岛绿化等，要特别注意严格限制其扩展，避免入侵周边环境。

同属观赏草 主要有欧洲滨麦(*Leymus arenarius*)，宿根草本。冷季型。株高 1m 左右，粉蓝色。在温暖地区可周年保持粉蓝色。在寒冷地区，冬季地上部分干枯。穗状花序，无观赏价值。原产欧洲，生长在移动的沙丘，沿海沙滩地上。耐热、耐旱，北京地区可安全越夏；不择土壤，地下根茎扩展力强，应用时要注意隔离。春天分株繁殖，易成活。花期过后花序枯黄，应及时剪去，以免影响观瞻。欧洲滨麦是欧洲重要的固沙植物，深受欧洲园林界欢迎的蓝色观赏草种之一。在园林中可与紫色、深蓝色草种或暖色调色彩的花卉配置一起，效果良好。主要用于地被，覆盖速度快，适宜在瘠薄干燥的坡地和不方便管理的地段种植。

(16) 山麦冬 *Liriope spicata*

别名 土麦冬

英文名 Creeping liriope

形态特征 常绿草本。具有发达的地下根茎，末端膨大成肉质小块根，扩展速度

快，定植后能很快覆盖地面。叶窄而短硬，与禾本科植物叶片相似。叶绿色，在阴湿处生长叶面有光泽。总状花序，花期 5~8 月，小花淡蓝色，清新淡雅。7~9 月果熟，为黑色球状浆果。

产地分布 原产中国，朝鲜、日本也有分布。

生态习性 适应性广，喜光，部分遮荫也能正常生长；喜肥沃土壤，也耐瘠薄；耐干旱；耐寒，在北京地区可露地安全越冬；不必修剪，基本无病虫害。

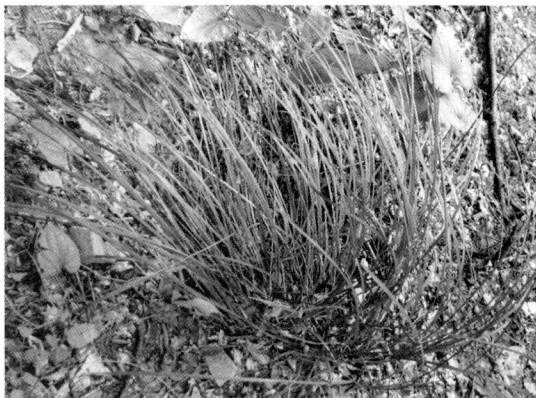

山麦冬 *Liriope spicata*

繁殖栽培 常用分株繁殖，全年均可进行，但以春、夏季效果较好。也可用种子繁殖，因幼苗生长缓慢，且整齐度差，应用较少。山麦冬移植初期，要注意防除杂草，保持土壤的通透性。待完全覆盖地面后，杂草即难于滋生。耐干旱，需水少，只在移植后浇水，待生长正常后，不需人工浇水，只凭自然降水，即可旺盛生长。养护管理成本低。

园林用途 在城市绿化中作耐阴地被应用，也可点缀山石，或作花境、树池的镶边植物。应用范围日见扩大。

（17）芒属 *Miscanthus*

禾本科宿根草本，暖季型。植株粗壮，叶片条形，顶生圆锥花序，小穗有芒。本属有 20 多种，多分布于非洲热带至亚洲南部；我国有 10 种，分布甚广，以中南地区为盛。芒属观赏草现已选育出 100 多个品种，它们植株大小、叶片形态和色彩、花序的形态和色彩变化多端；生态适应性也千变万化，构成多姿多彩的观赏芒群体，极大地丰富了观赏草种类的多样性。芒属观赏草适应性广泛，生命周期长，叶形、叶态、叶色、斑纹优美，圆锥花序美观，而且观赏期长，应用范围广。需要特别注意的是防止其扩散蔓延，造成环境入侵的风险。

本属常用的观赏草主要有以下几种：

五节芒 *M. floridulus*

英文名 Manyflower silvergrass

形态特征 宿根草本。株高 2~4m。叶片淡绿色，条状披针形，宽 1.5~3cm。圆锥花序长椭圆形，高出叶丛之上，银白色，长 30~50cm，主轴达花序长的 2/3 以上，总状花序长 10~20cm，穗轴不断落。有明显主轴是本种的主要形态特征。花期 7~8 月。

产地分布 原产中国东南部、日本等温暖湿润地区。

生态习性 喜光、喜温暖湿润环境。

繁殖栽培 播种或分株繁殖。

园林用途 宜片植、作区划空间的隔离屏障，或花卉布置的背景。花期一派银白，景观蔚为壮观。

荻　*M. sacchariflorus*

英文名　Amur silvergrass，Sweetcaneflower silvergrass

形态特征　宿根草本。有发达的地下根茎，扩繁速度快；植株高大，秆高60～200cm。叶片长线形。圆锥花序，扇形，较芒的花序更细长，直立于叶丛之上。开花初期花序紧实，银白色，后变得蓬松柔软。花期8～9月，花序可持续观赏至冬季。

荻　*M. sacchariflorus*

产地分布　原产中国北方；日本、朝鲜也有。生于低洼、潮湿处。

生态习性　喜光，喜潮湿的土壤。

繁殖栽培　播种和分株繁殖。

园林用途　荻适于大型场景的连片布置观赏，欣赏其宏伟壮观的景色。应用中要随时注意观察其扩展的情况，及时隔离，以免造成环境入侵。

芒　*M. sinensis*

别名　芒草、芭茅

英文名　Chinese silvergrass，Eulalia

形态特征　宿根草本，暖季型。株高1～2m，密集丛生，直立向上或向外弯曲开展。叶片细长，弧形下垂，宽约2cm，冬季变为黄色。圆锥花序，初期淡粉色，后变为银白色。大部分品种花期8～10月，有的品种甚至到冬季。

变种品种　从芒中选育出许多观赏草的园艺品种，常用的有：

‘奇岗’（‘Giganteus’），宿根草本。芒的三倍体品种。直立丛生，株高2.5～3.5m。叶片弯曲下垂，株形呈喷泉状，叶深绿色，中脉白色，宽2.5cm。花序初开淡粉色，后转为银白色。主轴延至中部以下，花期夏末至初秋。入秋后下部叶片枯黄并干死，最好在其前面种植一些秋季景观效果良好的植物，遮掩其缺陷。该品种不产生种子，分株繁殖速度较慢，可用组织培养方法进行规模化生产。适于布置水景园，可种于水边、河岸等处。也可作庭院和入口处的点缀和屏障。

‘花叶’芒（‘Variegatus’）

‘花叶’芒（‘Variegatus’），宿根草本。株高可达2m。叶片上具有平行于主脉的白色条纹，叶较松散，叶片较宽。花序淡红色，鲜美亮丽，花期9月中旬。分株繁殖。选健壮茎秆，剪成带2个茎节的插穗，插入沙床，避强光保湿，约2周生根。本品种花叶兼美，是布置水景园的好材料，可植于水边、池旁。也可盆栽观赏。

'晨光'芒（'Morning light'），宿根草本。植株丛生，茎秆密集，叶片纤细，向外弯曲平展，株丛成半球形，叶缘具有均匀整齐的白色条纹。花序初开紧实，银白色，干燥后，淡红色，蓬松开展。不能自播繁衍，花期9月底至10月初。耐旱、耐寒、喜光亦耐轻荫。北京地区可露地安全越冬。分株繁殖。主赏其优美的叶片条纹和漂亮的株形。用于水景园，也可盆栽。

'斑叶'芒（'Zebrinus'），宿根草本，株高可达2.4m。叶片上具有不规则的黄色斑带，形似斑马的斑纹，故又名'斑马叶芒'。花序棕红色，花期9月中旬。春季分株繁殖。适用于水景园，种于水边、湖畔。也可孤植，往往形成观赏的视觉焦点。

'细叶'芒（'Gracilimus'），是最著名的观赏草品种之一。株高约2.1m。茎秆密集丛生，株丛成优雅的半球形，叶片细长，秋季变成棕黄色。花期9月底至10月初。花序棕红色。喜光照充足，排水良好的土壤。注意肥水大会造成植株松散而倒伏。春季分株繁殖。宜用于水景园。

'劲'芒（'Strictus'），宿根草本。株高约2.7m，挺拔直立，不需固定支撑，与斑叶芒相似，叶片上也有不规则的黄色斑带，但'劲'芒叶片直立向上，挺拔坚硬，状似豪猪毛，故又名豪猪草。花序淡红

'斑叶'芒（'Zebrinus'）

色。花期9月。春季分株繁殖。宜植于水边、湖畔，或配置花境，孤植效果好；与阔叶植物搭配布置，有独特的观赏效果。

产地分布 原产中国、朝鲜、日本等地，广布于我国南北各地，生长在山坡、丘陵低地和河边湿地等开阔地带。

生态习性 耐寒，北京地区可以露地安全越冬；耐旱，靠自然降水可正常生长；抗逆性强，很少发生病虫害；喜光，不择土壤，但在黏重土壤中，生长缓慢。

繁殖栽培 秋季分株繁殖，将带有根茎的根株栽于湿润土壤中，极易成活。种子散落后，容易自播繁衍。栽培中保持土壤湿润即可。

园林用途 是水边、湖畔绿化美化的极好材料，也宜盆栽观赏。

（18）狼尾草属 *Pennisetum*

禾本科宿根或一年生草本。多为宿根植物，有的种在寒冷地区不能露地越冬，只能作一年生栽培。大部分种茎秆密集丛生，叶片扁平线形，圆锥花序，呈狼尾状，故名狼尾草。花茎高出叶片，外展呈喷泉状，又有喷泉草之称。小穗单生或2~3个簇生。每簇下围具有总苞状刚毛。喜光，能自播繁衍。本属约180种，分布热带和亚热

带地区。我国约有 8 种(包括引种),几乎广布全国,多为优良牧草。

本属常用的观赏草主要有:

狼尾草 *P. alopecuroides*

英文名 Chinese pennisetum

形态特征 宿根草本。秆丛生,坚韧直立,株形丰满,株高 60 ~ 100cm。叶片条形,长 15 ~ 50cm,宽 2 ~ 6mm,初期浅绿色,夏天深绿色,叶面有光泽,秋季变成棕黄色。穗状圆锥花序,初期淡绿或淡黄色,后变为棕红以至紫红色,艳丽,引人注目。北京地区其花期从 7 月初一直持续到 10 月中旬。

产地分布 原产中国、日本及东亚地区,分布于光照充足、开阔的田边、坡地、路旁及山区湿润处,成片生长。

生态习性 适应性广,不择土壤,喜光亦耐轻荫,极为耐旱,耐寒,无病虫危害,不需施用农药。

繁殖栽培 可行播种繁殖,出苗率高。种子可自播繁衍。

园林用途 可布置花境,或成片种植。

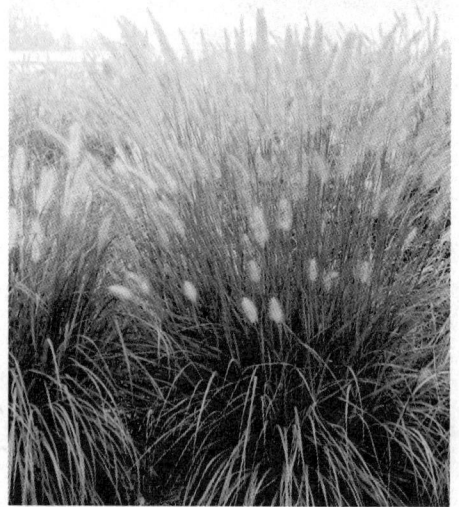

狼尾草 *P. alopecuroides*

'紫豫谷' *P. glaucum* 'Purple Majesty'

原种英文名 Cattailmillet, Pearlmillet

形态特征 一年生草本。全株紫红色,秆直立,粗壮挺拔,单生或 2 ~ 3 秆丛生,株高 1 ~ 1.5m。叶片平滑,长 15 ~ 30cm,形似玉米的叶片。圆锥花序,圆柱形,长 20 ~ 30cm,主轴硬直,紫红色,花期 7 ~ 10 月。

生态习性 耐高温、干旱,喜光,幼苗期绿色,在室外光照下变成紫红色。光照充足则紫红色叶色变深,叶片变窄;而遮荫条件下,植株紫红色变淡,绿色增强,叶片变宽。宜排水良好的土壤。

繁殖栽培 播种繁殖,只能购买 F_1 代种子播种,3 天出苗。自产种子不可用,播种苗性状严重分离。适应性广,栽培容易。

园林用途 适宜用于布置花境,作花卉装饰的背景。粗大的花序可作干花。

'紫豫谷' *P. glaucum* 'Purple Majesty'

东方狼尾草　*P. orientale*

英文名　Oriental pennisetum

形态特征　宿根草本。株形矮小紧凑，株高40~50cm。叶片细长，密集丛生，绿色至灰绿色。花序柔软，似茸毛，粉白色。花期长，从6月直至10月底。

产地分布　分布亚洲中部、南部。

生态习性　喜光、耐旱、耐寒，北京地区可安全越冬。种子自播繁衍能力弱，入侵风险小。

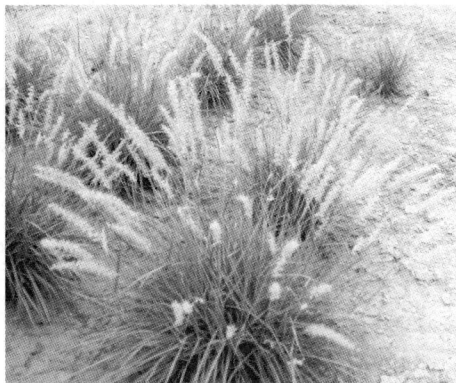

东方狼尾草　*P. orientale*

繁殖栽培　因该种结实率与种子发芽率均较低，应以分株繁殖为主。几无病虫害，养护成本低。

园林用途　在园林中可片植，开花季节在绿叶的衬托下一片粉白，蔚为壮观。也可盆栽。

羽绒狼尾草　*P. setaceum*

形态特征　宿根草本。茎秆直立丛生，高约1.5m，比狼尾草细而高，更显精致。叶片条形，长约30cm，弧形外曲。穗状圆锥花序，紫粉色。花期夏至秋末。

产地分布　原产非洲热带和东南亚。

生态习性　适应性强，喜光、耐旱、耐瘠薄，种子落地能自播繁衍，易造成环境入侵。不耐寒，在气温低于4℃的地区，不能越冬。所以该草在寒冷地区作一年生栽培。

繁殖栽培　播种繁殖，发芽率高，幼苗成活率高。常在冬末温室育苗，春季栽出室

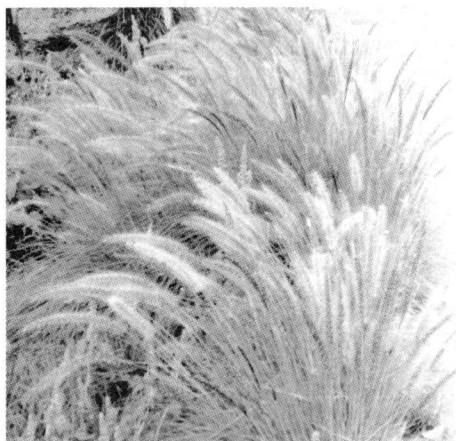

羽绒狼尾草　*P. setaceum*

外。值得注意的是不可栽于潮湿、肥沃的土壤中，以防徒长，引起植株倒伏。

园林用途　可丛植、布置花坛或花境；成片种植，效果最好，花期一片深浅不同粉紫色的花海，引人入胜。

羽绒狼尾草的常用观赏品种主要有：

'红巨人'狼尾草（'Burgundy Giant'），是羽绒狼尾草品种中应用数量最大的观赏草。茎秆粗壮，植株高大，直立丛生，株高可达2m。叶片深红色，宽2~3cm。穗状圆锥花序，色与叶相似，呈酒红色，花期7~9月。生长速度快，春播到夏天就可抽穗开花；不耐低温，在年最低温度4℃以下的地区不能越冬，作一年生栽培或盆栽，冬季移入室内。喜光照充足和肥沃的沙壤土。不喜黏重土壤。不耐旱，喜湿润，需经常浇水。种子多败育，主要繁殖方式是扦插，生长季节，将茎秆切成10~15cm长，插入沙床中，床土保持湿润，即可生根，用生根粉处理，有助于生根成活。红色植株

是主要观赏部位。以夏季最为鲜艳。适宜丛植或布置花境，也可盆栽。

'红宝石'狼尾草（'Rubrum'），是羽绒狼尾草最著名的品种。其色彩鲜艳，应用广泛。全株深红色，茎秆丛生，呈弧形弯曲，株高1.5m。叶片细长，宽约2mm。圆锥花序，叶与色相同，花期夏末至初冬。不耐低温。寒冷地区作一年生栽培，冬季移入室内。分株繁殖。用于花境；或盆栽置于庭院、路旁，赏其优美的株形和亮丽的色彩。

（19）虉草　*Phalaris arundinacea*

英文名　Reed canarygrass

科属　禾本科虉草属

形态特征　宿根草本，冷季型。具根状茎，秆较粗壮，高60~150mm。叶片长10~30cm，宽5~15mm，灰绿色，圆锥花序紧密狭窄，长8~15cm，直立向上，观赏价值不高。花期6~8月。

变种品种　常见品种有'花叶'虉草（'Feesey'），虉草最著名的品种。绿色叶面上具有乳白色平行于主脉的条纹，在凉爽的早春和秋季，乳白色条纹最为鲜明，叶片更显亮丽。光照充足，则叶片条纹显著，若在遮荫条件下，叶片条纹消退，变成绿色。甚不耐高温，要特别注意越夏的养护管理。分株繁殖。适用于花境，作镶边或装饰。盆栽观赏效果也好。

产地分布　全球温带地区广布，我国分布于东北、华北、华中、江苏、浙江等地。多生于水湿处，如潮湿的低地、河岸、沟旁等处。

'花叶'虉草
Phalaris arundinacea '**Feesey**'

生态习性　喜湿、不耐热，夏季高温时生长缓慢，进入休眠，地上部分枯黄萎蔫。秋季天转凉，长出大量新生的嫩绿叶片。喜光，但高温地区，要轻度遮荫。

繁殖栽培　分株繁殖。要限制其扩展，以免发生入侵风险。

园林用途　主要欣赏其漂亮的株态。可单株种植，或成片种植于河岸带或交通环岛等处。注意加强隔离。

（20）红毛草　*Rhynchelytrum repens*

英文名　Creeping rhynchelytrum

科属　禾本科红毛草属

形态特征　禾本科宿根草本，在寒冷地区一年生栽培。暖季型。株高80cm。植株松散，茎秆细密，叶片蓝绿色，细长丛生。穗状花序有分枝，花期夏末秋季。初开粉红色，后变浅紫色，柔软膨松，娇美动人。在温暖地区，开放的花序可一直延续到冬季。北京

红毛草　*Rhynchelytrum repens*

地区花期可到 9 月底。

产地分布 非洲热带和东南亚地区。

生态习性 喜温暖、光照充足，不择土壤。

繁殖栽培 播种或分株繁殖。北京地区不能露地越冬，多盆栽观赏，入冬前移入室内过冬，第二年春天再移出室外。

园林用途 适宜盆栽观赏，主赏其优美的花序。

4.7.3 其他观赏草

表 4-6 其他观赏草

植物名称（科名）	拉丁学名（英文名）	形态与生态特点	繁殖方法	园林用途
远东芨芨草（禾本科）	*Achnatherum extremiorientale*（Extremioriental achnatherum）	宿根草本，株高约 2m。叶片深绿。圆锥花序绿色，喜肥沃、湿润、喜光	播种、分株	丛植、花境、片植
芨芨草（禾本科）	*Achnatherum splendens*（Lovely achnatherum）	宿根草本。高约 2.4m。花序羽毛状，初淡粉，后淡棕色。喜光、凉爽、干燥、耐寒、耐盐碱	分株，种子发芽率低	孤植、丛植、花境或片植
崂峪苔草（莎草科）	*Carex giraldiana*	宿根草本。高约 25cm。秆直立。叶宽约 5mm，深绿色。耐阴，喜湿也耐旱，不耐践踏	播种或分株	观赏地被、林下地被或坡面绿化
宽叶苔草（莎草科）	*Carex siderosticta*（Broadleaf sedge）	宿根草本。叶宽、深绿色。喜阴湿，不耐践踏	分株亦可播种	林下地被
柠檬草（禾本科）	*Cymbopogon citratus*（Lemongrass）	宿根草本。植株具柠檬味。株高 60~90cm。叶条形，淡绿色。喜光照、温暖湿润、不耐寒，北京不能露地越冬	分株	盆栽观赏，丛植或组成花境
红鳞扁莎草（莎草科）	*Cyperus eragrostis*	宿根草本。高约 40cm。叶细长，浅绿色，缘具细刺，小穗红褐色。喜光、喜水湿、耐寒	分株	栽水景园中，也可盆栽观赏
画眉草（禾本科）	*Eragrostis spectabilis*	宿根草本。高 30~40cm。叶绿色，花序红褐色，花期 6~10 月。喜光、不择土壤、耐旱	播种和分株	孤植，或用于花带、花境、片植
马蔺（鸢尾科）	*Iris lactea* var. *chinensis*（Chinese iris）	宿根草本。株高约 50cm。叶基生，条形。花浅蓝色，花期春至初夏。耐旱、耐盐碱、抗病	播种或分株	丛植、绿地镶边、自然散植，切叶
蓝茖草（禾本科）	*Koeleria glauca*	宿根草本。高约 20cm。叶狭、直立向上，蓝绿色。夏季高温休眠。喜冷凉，耐旱、耐寒、春季返青早、绿色期长	分株或播种	地被、草地点缀，也可盆栽
柳叶稷（禾本科）	*Panicum virgatum*（Switchgrass）	宿根草本。暖季型。高约 2m。丛生或蔓生。叶深绿色，有的品种粉蓝色，秋季金黄色至酒红色	分株或播种	孤植、丛植、组成花境、路缘、片植，可冬赏

（续）

植物名称 （科名）	拉丁学名 （英文名）	形态与生态特点	繁殖 方法	园林用途
蓝色早熟禾 （禾本科）	*Poa colensoi*	宿根草本。冷季型。高约30cm。叶细长，蓝绿色。喜潮湿疏松土壤，喜光、耐寒性差	分株	主赏优美叶片。花境、盆栽观赏
水葱 （莎草科）	*Scirpus tabernaemontani* （Tabernaemontanus burlrus）	宿根草本。秆直立圆柱状。高约2m。聚伞花序顶生。耐寒、喜水湿、喜光	分株	水塘、水池、盆栽、切枝
'花叶'水葱 （莎草科）	*Scirpus tabernaemontani* 'Zebrinus'	宿根草本。茎秆深绿色，上面有鲜明的白色横带。喜光、喜水湿	分株	丛植、盆栽
荆三棱 （莎草科）	*Scirpus yagara* （Yagara bulrush）	宿根草本。高1m以上。秆三棱形。花序有分枝。喜光、喜湿、耐寒	分割根茎	水景园布置用
大油芒 （禾本科）	*Spodiopogon sibiricus* （Sibirian spodiopogon）	宿根草本。高90～120cm。叶亮绿色，秋变成紫红色。花序秋变亮紫色。喜光、耐寒、耐贫瘠、耐旱、抗病	早春室内播种	丛植、片植
长毛草 （禾本科）	*Stipa bungeana* （Bunge needlegrass）	宿根草本。冷季型。秆丛生，高约50cm。叶狭针状。淡绿色。喜光、耐旱、耐贫瘠	播种或分株	丛植、片植
丝颖针茅 （禾本科）	*Stipa capillata*	宿根草本。冷季型。高约1m。叶绿色。花序具长芒，长近20cm。银白色	播种；分株生长慢	丛植，与灌木、草花混植
大针茅 （禾本科）	*Stipa gigantean*	宿根草本。冷季型。高可达2.4m。中细长花序金黄色，具长芒。花期6～8月。耐寒、耐旱、喜冷凉	播种、分株	适宜孤植，赏其美丽的花序和高大的株形
细茎针茅 （禾本科）	*Stipa tenuissima* （Finestem needlegrass）	宿根草本。冷季型。叶片细长似茸毛。花序开展，具芒，银白色至草黄色。喜光、耐旱	播种、分株	丛植、花境、片植、地被、花坛、盆栽
黄背菅草 （禾本科）	*Themeda triandra* var. *japonica* （Japanese themeda）	宿根草本。暖季型。高约1m。叶线形，亮绿色，秋末变橙黄色，冬天铜棕色。喜温暖、喜光、耐旱、耐寒、耐贫瘠	播种或分株	孤植、花境、丛植、片植

4.8 地被植物

4.8.1 概述

4.8.1.1 概念

地被植物是指覆盖在地表面的低矮植物。它主要是一些低矮的多年生草本植物和低矮、匍匐的灌木及藤本植物。地被植物的来源，有的是从野生植物中遴选出来的；有的是从国外引种的；也有一些是通过育种技术选育出来的地被新品种。地被植物的共同特点是：

（1）植株低矮，覆盖能力强，能很快形成低矮致密的地面覆盖层。

（2）多年并常年保持覆盖层不衰，不必经常更换。故主要选用多年生花卉、灌木和藤本。最好选用常绿的种类。

（3）抗逆性强，繁殖栽培容易，不需细致管理。

4.8.1.2 类别

按照生态习性、植物种类、观赏特点等可作如下分类：

4.8.1.2.1 根据生态习性分类

（1）阳性地被植物：适应全光照环境的地被植物。如半支莲（*Portulaca grandiflora*）、百里香（*Thymus mongolicus*）、紫茉莉（*Mirabilis jalapa*）、常夏石竹（*Dianthus plumarius*）等。这类植物只有在光照充足的环境中才能正常生长，花繁叶茂。在荫处则生长不良，甚或死亡。

（2）阴性地被植物：适应庇荫环境的地被植物。如在建筑阴影下、郁闭度较高的树丛下等处种植的植物。常见的有虎耳草（*Saxifraga stolonifera*）、连钱草（*Glechoma longituba*）、玉簪（*Hosta plantaginea*）、蛇莓（*Duchesnea indica*）、细叶麦冬（*Liriope minor*）、白及（*Bletilla striata*）等。这类植物在日照不足的荫处能正常生长，而在光照充足的环境却不能适应，出现叶色发黄，叶缘、叶尖焦枯等现象，生长衰弱。

（3）半阴性地被植物：适应在光照不足环境生长的地被植物。如在稀疏的林下或林缘处，或其他光照不充分的地方，常用的如二月蓝（*Orychophragmus violaceus*）、八角金盘（*Fatsia japonica*）、常春藤（*Hedera* spp.）、蔓长春花（*Vinca minor*）等。这类植物在半阴下生长良好，在光照充足和荫处则生长不佳。

（4）湿生地被植物：适应在水生或湿地环境生长的地被植物。在水池、溪流边、自然驳岸一带种植，常用的有泽泻（*Alisma orientale*）、菖蒲（*Acorus calamus*）、慈姑（*Sagittalia sagittifolia*）、燕子花（*Iris laevigata*）等。

（5）耐盐碱地被植物：适应在盐碱地生长的地被植物。多用在沿海地区的滩涂和内地低洼地带盐碱地的地面覆盖。如柽柳（*Tamarix chinensis*）、滨旋花（*Calystegia soldanella*）、沙打旺（*Astragalus adsurgens*）、木地肤（*Kochia prostrata*）、田菁（*Sesbania cannabina*）、罗布麻（*Apocynum lancifolium*）等。

4.8.1.2.2 根据不同植物种类的分类

（1）草本地被植物：草本地被植物在实际应用中，使用最为广泛。其中又以宿根和球根类草本地被植物最受欢迎。如麦冬类（*Liriope* spp.）、葱兰（*Zephyranthes* spp.）、水仙类（*Narcissus* spp.）、鸢尾类（*Iris* spp.）等。而一、二年生草本地被，如紫茉莉、二月蓝，播种生长后，有自播繁衍能力，可连年萌生，持续不衰，同样起到宿根草本地被植物的作用。

（2）灌木地被植物：在矮生灌木中，一些枝叶茂密，丛生性强，或呈匍匐状，能快速覆盖地面的种类，可用为灌木地被植物。如沙地柏（*Sabina vulgaris*）、铺地柏（*Sabina procumbens*）、六月雪（*Serissa japonica*）等。

（3）藤蔓地被植物：此类植物多用于垂直绿化，有些木质藤本和蔓性草本作地被布置效果甚佳。如铁线莲类（*Clematis* spp.）、常春藤类（*Hedera* spp.）、地锦类（*Parthenocissus* spp.）、络石（*Trachelospermum jasminoides*）等。其中一些种又具有耐阴的习性，作大面积的林下地被，很有发展前途。

（4）蕨类地被植物：蕨类植物如贯众（*Cyrtomium fortunei*）、石韦（*Pyrrosia lingua*）、海金沙（*Lygodium japonicum*）等大多喜阴湿环境，是林下地被的好材料。

（5）竹类地被植物：在竹类中，茎秆比较低矮，养护管理比较粗放的矮竹，是优良的地被植物，有些已经应用在假山园、岩石园中，用作地被覆盖。如菲白竹（*Sasa fortunei*）、箬竹（*Indocalamus latifolius*）、凤尾竹（*Bambusa multiplex* var. *nana*）、鹅毛竹（*Shibataea chinensis*）、菲黄竹（*Sasa auricoma*）、翠竹（*Sasa pygmaea*）等。

4.8.1.2.3 根据观赏特点分类

（1）观叶地被植物：主要欣赏叶姿叶色的地被植物称为观叶地被植物。如连钱草（*Glechoma longituba*）、八角金盘（*Fatsia japonica*）、菲白竹、爬墙虎（*Parthenocissus tricuspidata*）等。

（2）观花地被植物：指花期长、花色艳丽的低矮植物。如二月蓝、红花酢浆草（*Oxalis rubra*）、菊花脑（*Dendranthema nankingense*）、石蒜（*Lycoris radiata*）、韭兰（*Zephyranthes carinata*）等。有时可在观叶地被中间种一些观花地被，以增加地被的色彩，提高其观赏效果。

（3）常绿地被植物：四季常青，无明显休眠期的地被植物，称为常绿地被植物。如葱兰、铺地柏、石菖蒲（*Acorus gramineus*）、常春藤类（*Hedera* spp.）等。常绿阔叶地被植物在我国北方寒冷地区，越冬困难。

4.8.2 代表种

（1）罗布麻 *Apocynum venetum*

别名 茶叶花、红麻、盐柳

英文名 Dogbane, Indian hemp

科属 夹竹桃科罗布麻属

形态特征 直立半灌木。具白色乳汁，高 1.5～4m，茎直立，枝通常对生，皮光滑，向阳面紫红色。叶对生具短柄，长圆状披针形，长 1～8cm，宽 5～22mm，两面无毛，缘具细齿，先端钝，基部圆形。顶生聚伞花序，花萼深 5 裂，花钟形，基部筒状，两面具颗粒状突起，花紫红色或粉红色。果长角状，下垂，种子多数，种子顶端有 1 簇白色种毛。花期 7～8 月。

产地分布 分布我国东北、华北、西北及华东各地；欧洲及亚洲温带其他地区也有分布。常分布在盐碱荒地，或干燥沙漠边缘

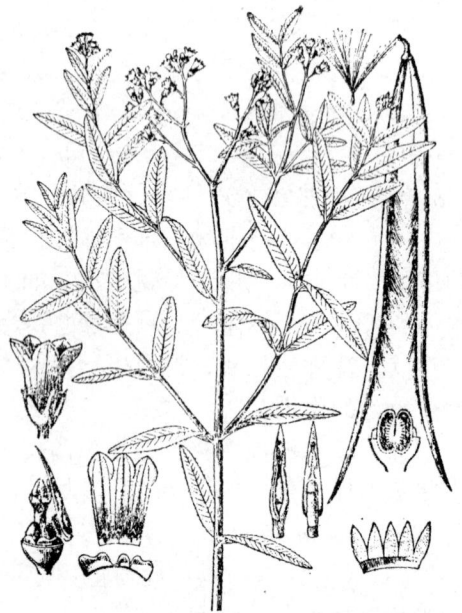

罗布麻 *Apocynum venetum*

及河流两岸。

生态习性 喜光亦喜半阴，耐寒、耐干旱、喜沙壤土，极耐盐碱，能在含盐量达1%以上的重盐土壤上正常生长。

繁殖栽培 通常播种育苗，也可分株。栽植初期为加快覆盖速度，可对幼苗略加短截。

园林用途 罗布麻叶绿花红，栽植在盐碱地上，一片鲜绿上披着轻盈的红纱，展现迷人的景观。是盐碱地良好的地被植物。

（2）马蹄金 *Dichondra repens*

别名 黄胆草、金钱草
英文名 Creeping dichondra，Pony foot
科属 旋花科马蹄金属

形态特征 宿根草本。植株低矮，匍匐地面，高5~15cm，须根发达，具较多匍匐茎，能于节处着地生根，被灰色短柔毛。叶互生，扁平，圆形或肾形，长5~10mm，宽8~15mm，全缘，顶端钝圆或微凹，基部心形，大小不等，表面无毛；叶柄长1~2cm。花单生叶腋，小型，黄色，花冠钟状，5深裂。蒴果近球状，含种子1~2粒，种子外被茸毛。夏秋开花，结实率不高。

产地分布 产我国浙江、江西、福建、台湾、湖南、广东、广西、云南等地。多生于山坡林边或田边阴湿处。

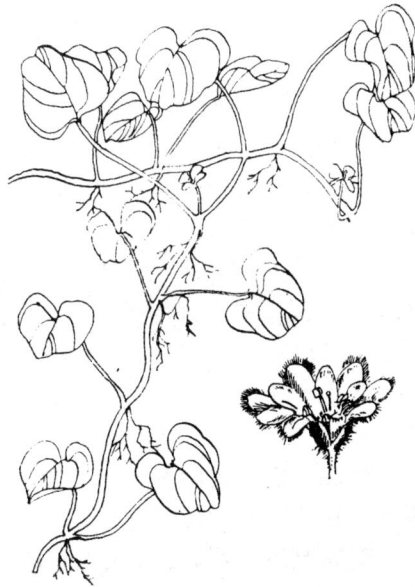

马蹄金 *Dichondra repens*

生态习性 喜光及温暖湿润气候和富含腐殖质的土壤。栽土壤肥沃处，生长旺盛。能耐一定低温，在-8℃下，仅上部叶片表面变成褐色，仍能安全越冬。耐高温，在42℃气温下，尚可安全越夏。也耐干旱，在土壤含水量仅4.8%时，叶片出现垂萎现象，但经浇水，约1周后，垂萎的叶片又会重新恢复正常生长。也耐践踏，强于中华结缕草和马尼拉结缕草。马蹄金在长江以南地区栽培尚好，在杭州全年绿色期为300天。所以有人认为马蹄金是双子叶类型的新草种。

繁殖栽培 马蹄金虽可播种繁殖，但在实际生产中，主要采用分株法繁殖，方法是将马蹄金形成的地被，撕成大约5cm×5cm的方块，贴在地面上，稍覆土压紧，随后即行灌溉。如按1∶8的比例分栽，经夏季2~3个月的生长，一般即可全面覆盖地面。若春秋两季分栽，生长期会略长于夏季旺盛生长期。

马蹄金在保持湿润的条件下，生长很快，侵占能力很强，但在没有全面覆盖前，必须进行2~3遍挑除杂草的工作，这是繁殖马蹄金地被的关键管理措施。也是最费人工的工作，除杂草要尽早进行。

马蹄金地被栽植 2～3 年后，由于地下根茎的密集纠结，会造成土壤板结，影响透气和渗水，可采用刺孔、施肥、浇水等使根系恢复活力。

马蹄金抗病虫害能力很强，只发现轻度的叶点霉和立枯丝菌发生，虫害主要是斜纹夜蛾和蜗牛等轻度危害。

园林用途 马蹄金植株低矮、株丛密集，侵占力强，杂草少，地被一旦形成，养护管理比较省工。多用于花坛、花径、岩石园作观赏地被布置，也可用于小型绿地和小型活动场地。马蹄金在国外多用作地被和固土护坡植物。

（3）连钱草 *Glechoma longituba*

别名 活血丹、佛耳草、金钱草

英文名 Longitube ground ivy

科属 唇形科活血丹属

形态特征 宿根草本。株高 10～20cm。具匍匐茎，幼嫩部分疏生长柔毛。叶心形，长1.8～2.6cm，被粗伏毛，背面常带紫色，叶柄长约为叶片的 1～2 倍。茎上部叶较大。轮伞花序花较少，苞片刺芒状，花萼筒状，花冠淡蓝色至紫色，二唇状，下唇具深色斑点。花期 6～9 月。

产地分布 除西北及内蒙古外，全国各地均产，朝鲜也有。生于疏林下、路旁。

生态习性 喜阴湿环境，沙壤土，阳处也能生长，在北京略加覆盖即能露地越冬。

繁殖栽培 扦插、分株、播种皆可，因连钱草节处触地容易生根，分根简便。常于 4～5 月挖取植株，进行分株移栽，浇水养护即活。

园林用途 耐阴性极强，可作疏林下地被。是良好的耐阴观叶地被植物。

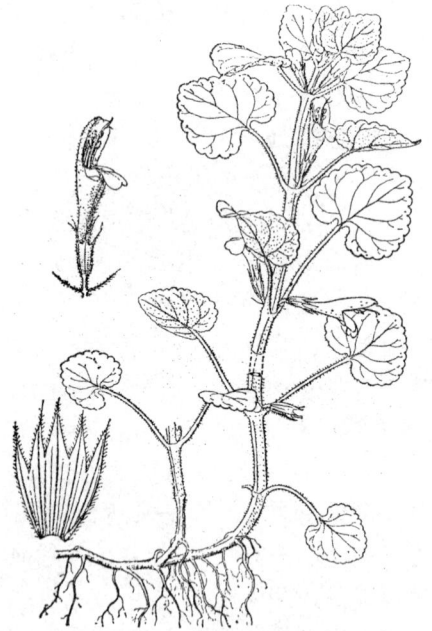

连钱草 *Glechoma longituba*

（4）箬竹 *Indocalamus latifolius*

别名 阔叶箬竹

英文名 Broadleaf indocalamus

科属 禾本科箬竹属

形态特征 矮灌木。秆高约 1m。枝直立或微上举，上部各节分枝 1～3 枝，长可达 30cm。叶片巨大，每小枝先端抽生 1～3 片叶。笋期 5 月。

产地分布 原产我国南部地区。浙江天目山、安徽黄山、江西山区等向阳溪流边分布较多。

生态习性 喜温暖湿润环境，喜疏松、肥沃、排水良好的沙质壤土。

繁殖栽培 采用竹鞭移栽繁殖，移栽时根部要带泥或蘸泥浆，用草包包扎运输。

繁殖期 3 ~ 5 月。箬竹竹根比较发达，栽培成活后，管理简单，一般任其自然生长。

园林用途　箬竹四季常绿，多植于向阳坡地，作地被布置。

（5）沿阶草　*Ophiopogon japonicus*

别名　书带草、绣墩草

英文名　Dwarf lilyturf

科属　百合科沿阶草属

形态特征　常绿宿根草本。地下根茎粗短，具细长匍匐茎和纺锤形肉质块根。叶丛生线形，主脉不隆起。花莛有棱，低于叶丛。总状花序短，长 2 ~ 4cm。小花梗弯曲向下，花淡紫色或白色，花期 8 ~ 9 月。浆果球形，碧蓝色。

产地分布　原产中国，分布于长江流域地区。

生态习性　喜温暖湿润，半阴环境，宜肥沃而排水良好的土壤。

繁殖栽培　分株或播种繁殖。春秋皆可分株。栽前施足基肥，保持湿润而半阴的环境。

园林用途　是优良的地被植物。适宜在长江流域以南地区，作林下地被，或作花境、花坛的镶边材料。北方地区多盆栽应用。

同属地被植物　沿阶草属植物 50 多种，原产亚洲东部和南部的山林树下和溪边等阴处。我国有 33 种，分布甚广，西南最盛。

阔叶沿阶草（*O. jaburan*），别名薮草。英文名 White lilyturf。常绿宿根草本。叶簇生，线形，基部狭，长 45 ~ 90cm，宽 9 ~ 12mm，暗绿色，有光泽，具多数纵脉。花莛扁，长 15 ~ 60cm，总状花序，花白色至淡紫色。浆果蓝色，花期夏季。原产日本。主要园艺品种有：

'银星'阔叶沿阶草（'Argenteivariegatus'），叶面上有白点。

'银纹'阔叶沿阶草（'Argenteivittatus'），叶上有白色条纹。

'金纹'阔叶沿阶草（'Aureivariegatus'），叶上有金黄色线条。

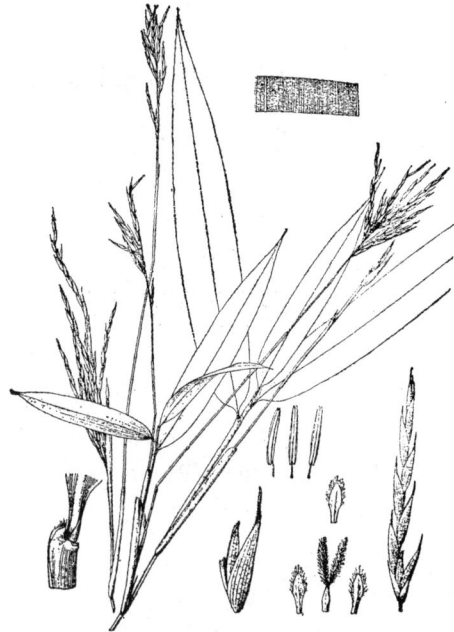

箬竹　*Indocalamus latifolius*

沿阶草　*Ophiopogon japonicus*

'蓝花'阔叶沿阶草('Caeruleus'), 花蓝色。

(6) 二月蓝 *Orychophragmus violaceus*

别名　诸葛菜、菜籽花

英文名　Veolet orychophragmus

科属　十字花科诸葛菜属

形态特征　二年生草本。高 30～50cm。下部叶近圆形, 有叶柄, 而上部叶则近三角形, 抱茎而生。总状花序顶生, 小花十字形, 蓝紫色, 花期 2 月下旬至 5 月中旬。角果, 种子褐色。

产地分布　原产我国东北、华北。全国各地均有栽培。

生态习性　极耐寒, 秋天以小苗状态越冬, 早春天气转暖, 即迅速抽出花茎开花。喜光亦耐阴, 不耐践踏。

繁殖栽培　有自播繁衍能力, 一次播种后, 不需年年播种。管理省工, 仅在秋天播种时, 要保证水分供给, 否则第二年幼苗长势弱, 影响抽茎开花, 低矮而花少。

园林用途　二月蓝是冬季和早春难得的优良地被植物, 适于片植或丛植, 也可布置于草坪一角或栽于路边、石旁。

二月蓝　*Orychophragmus violaceus*

(7) 红花酢浆草 *Oxalis corymbosa*

别名　三叶酢浆草

英文名　Windowbox oxalis

科属　酢浆草科酢浆草属

形态特征　宿根草本。具纺锤状根状茎, 全株被白色细纤毛。掌状复叶基生, 具长柄, 小叶 3 枚, 倒心形, 先端微凹。花茎从基部抽出, 长 10～15cm, 伞形花序稍高于叶丛, 小花水红色带纵纹, 白天开放, 阴天及傍晚闭合。花期 10 月至翌年 3 月。

产地分布　原产南美巴西。

生态习性　喜温暖湿润, 不耐寒, 耐阴性强, 忌盛夏炎热, 宜排水良好、富含腐殖质的沙质壤土。

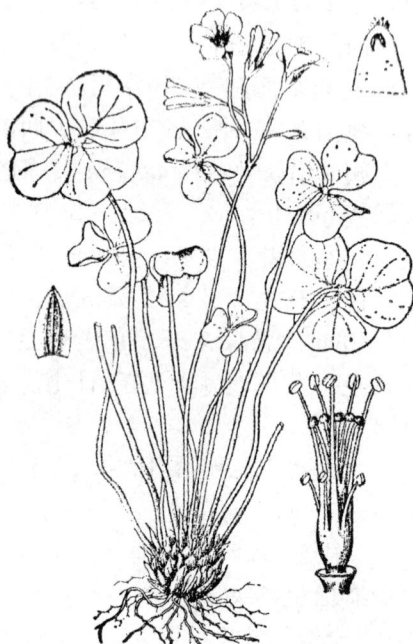

红花酢浆草　*Oxalis corymbosa*

繁殖栽培 分株或播种繁殖。分株结合早春换盆时进行。播种在 3~4 月进行，可于当年秋季开花。生长旺盛，生长季需水肥充足；及时清除黄叶，以免影响观赏效果；越冬温度不可低于5℃。

园林用途 红花酢浆草植株矮小，花叶秀美，在暖地可用为园林地被或点缀岩石园。在北方可盆栽装饰书房、几案、窗台、阳台等处。

(8) 吉祥草 *Reineckia carnea*

别名 观音草、小叶万年青

英文名 Pink Reineckia

科属 百合科吉祥草属

形态特征 宿根草本。高约30cm，具匍匐茎和地下根茎。叶丛生，阔线形至线状披针形，长 20~30cm，宽 1~1.5cm，端渐尖，基部渐狭成柄，具叶鞘。花自叶丛中抽出，低于叶丛，花莛高约15cm，顶生疏松穗状花序，苞片卵形，每苞具 1 花，花无柄，淡紫色，有芳香，花被片合生成管状，上部 6 裂，裂片反卷。花期 9~10 月。浆果红色，球形，经久不落。

变种品种 有斑叶吉祥草（var. *variegata*），叶上有白色纵纹，白色部分随个体不同而有宽窄变化。比原种生长迟缓，需植半阴处。株丛中发现有绿叶个体要及时拔除。

吉祥草 *Reineckia carnea*

产地分布 吉祥草属只有吉祥草1 种，原产我国西南部至东南部及日本。

生态习性 适应性较强，性喜温暖阴湿环境，不择土壤，但以排水良好的沙质壤土为宜，耐寒性较强，在华东地区可以露地越冬，华北地区皆温室盆栽。

繁殖栽培 以分株繁殖为主，春秋均可进行；也可播种，但因种子多不易成熟，故少用。吉祥草地栽、盆栽均可，不需精细管理，即可生长良好。生长期间避免阳光直射，经常保持湿润，最好每月追肥 1 次。盆栽夏天应置荫棚下，冬天移入温室或冷床。每年或隔年换盆 1 次。

园林用途 吉祥草株丛浓绿，低矮紧密，叶绿果红，生长强健，匍匐枝及萌蘖抽生能力强，地面覆盖速度快，是长江以南地区林下、林缘优良的地被植物。为华北地区常见的盆栽观叶植物，株丛低矮浓绿，深受人们喜爱，常用于室内布置。

(9) 石岩杜鹃 *Rhododendron obtusum*

别名 夏鹃、日本杜鹃

英文名 Hiryu rhododendron

科属 杜鹃花科杜鹃花属

形态特征　常绿或半常绿灌木，有时呈平卧状。小枝密生褐色毛，植株高度和株幅约 40～80cm，植株开展，分枝较密，单叶互生，春天叶呈椭圆形，秋叶则为披针形或倒卵圆形，质厚，有光泽，边缘及两面有毛。花生于当年新梢顶端，2 至数朵簇生，花径 4～5cm，花色橘红至深红色。花期 5～6 月。

产地分布　原产日本。我国各地多有栽培。

生态习性　喜半阴，要求排水良好，较耐干旱，适宜富含腐殖质的肥沃酸性土。

繁殖栽培　可采用扦插、播种、嫁接等多种繁殖方法，多采用带叶嫩枝扦插法，5 月下旬到 6 月底，秋季 8 月下旬到 9 月间均可进行。若冬季温室内扦插，应选当年生粗壮小枝，插穗长 5～8cm，留顶叶 3～4 片，插入酸性培养土（太湖地区常用山泥）中，用播种盆或木箱，也可插在温床内，采用全光喷雾，成活率较高。

石岩杜鹃　*Rhododendron obtusum*

若用播种繁殖，因石岩杜鹃结实率较高，种子易得，可于春分至清明期间，用播种盆进行播种繁殖，杜鹃种子细小，需浸盆吸透水后，盆上盖上玻璃，放在环境温度 10～15℃下，20～30 天即可出苗。1～2 年后移栽，经 3～5 年可以开花。嫁接一般用 1、2 年生的毛杜鹃为砧木，采用者较少。

石岩杜鹃比一般栽培杜鹃适应性较强，在栽培中仍需注意以下各项：

①改善土壤酸碱度：为了满足石岩杜鹃对土壤微酸性的要求，在碱性土壤地区，为调节土壤 pH 值，每年应适量增施磷酸二氢钾（KH_2PO_4）和腐熟的豆粕、青草、硫酸亚铁混合液，最好交替喷施。

②改良土壤，提高有机质含量：深翻土地 20～30cm，将枯落的树叶、木屑拌上硫酸亚铁（4～5kg/亩），均匀撒入表土约 10cm 厚，然后浇上人粪尿、河泥，入冬后再翻 1 次，将上述腐熟的枯叶、木屑等翻入土中，翌年春季即可整地种植。以后仍要不断地通过施肥来改善土壤状况，使有机质含量达到并保持在 2.3% 左右。

③薄肥勤施：一般每年早春花前，施肥 1 次；花后 6～7 月，每半月施肥 1 次，连续施 2～3 次；9～10 月孕蕾期再连续施肥 3～4 次。则可保证花繁叶茂。

④加强病虫害防治：其一是防治黄化病，通常通过上述施肥来解决；其二是防治军配虫和红蜘蛛，一经发现，可喷洒 1:2000～1500 的乐果稀释液防治。

另外，要保持半阴的栽培环境，注意土壤排水良好，适时浇水。

园林用途　石岩杜鹃株丛横卧，铺地而生，平时绿茸茸一片，像大地穿上绿衣；一到盛花期，恍若花海，给园林增光添色。适宜布置在林缘或作疏林地被，在岩石园，栽于石缝中也甚相宜。

（10）沙地柏　*Sabina vulgaris*

别名　叉子圆柏

英文名　Savin juniper

科属　柏科圆柏属

形态特征　常绿匍匐状灌木。通常高不及 1m。幼树常为刺叶，交叉对生，长 3~7mm，背面有长椭圆形或条形腺体；壮龄树几乎全是鳞叶，背面中部有腺体；叶揉之有不好闻的气味。球果倒三角形或叉状球形。

产地分布　产于南欧及中亚，我国西北及内蒙古有分布。常生于多石山坡及沙丘地。

生态习性　喜光、耐寒、耐干旱。

繁殖栽培　常行扦插繁殖，容易成活。

园林用途　可用于水土保持、护坡、固沙和园林地被。

沙地柏　*Sabina vulgaris*

（11）百里香　*Thymus mongolicus*

别名　地椒、千里香、地姜

英文名　Mongolian thymus，Chinese thymus

科属　唇形科百里香属

形态特征　落叶半灌木。植株矮小，高 10~20cm。匍匐茎平卧，末端为开花枝，枝叶有芳香。向上密生多数平行直立茎，当年生枝紫色，老枝变成灰色。叶近无柄，对生，2~4 对，长椭圆形，或呈长方条形，全缘，具透明油点。花粉紫色或白色，密集枝端，轮伞花序或头状花序，花冠二唇形，二强雄蕊外露。花期春季。

产地分布　分布于我国东北、河北、内蒙古、甘肃、青海和新疆等地。生于向阳山坡或林区阳坡灌木丛中。

生态习性　性喜凉爽，喜光、耐寒、耐旱、耐瘠薄，宜沙质壤土。

繁殖栽培　分株繁殖，在生长季挖出母株，切断横走的匍匐茎，分簇栽植，株行距约 20cm×30cm。经常除去杂草，雨季注意及时排水。也可播种繁殖。

百里香　*Thymus mongolicus*

园林用途 花繁叶茂，茎蔓细长，交叉生长，容易形成厚实的、有弹性的地被层，为良好的芳香型地被材料，可用于岩石园或布置花坛花境。又可提取香精供药用。

（12）白三叶草 *Trifolium repens*

别名 白车轴草

英文名 White clover

科属 豆科车轴草属

形态特征 宿根草本。具匍匐茎，节处着地，易生不定根，并抽出新株。分枝无毛，长可达60cm，叶为3小叶，着生于长柄顶端，互生，小叶倒卵形至倒心脏形，深绿色，先端圆或凹陷，其部楔形，缘具细齿。托叶椭圆形抱茎。花多数，花序密集成头状或球状，有较长的总花梗，高出叶面，夏秋两季不断抽出花序，花冠白色或淡红色。种子成熟期不一致，边开花，边结实，荚果倒卵状矩形，包于膜质膨大的花萼内。含种子2~4粒。种子细小，千粒重0.5~0.7g。

产地分布 原产欧洲。中国东北部、华东地区、新疆、云南、贵州、山东等地区均有野生资源发现。多生于低湿草地、河岸、路边、山坡及林缘下。

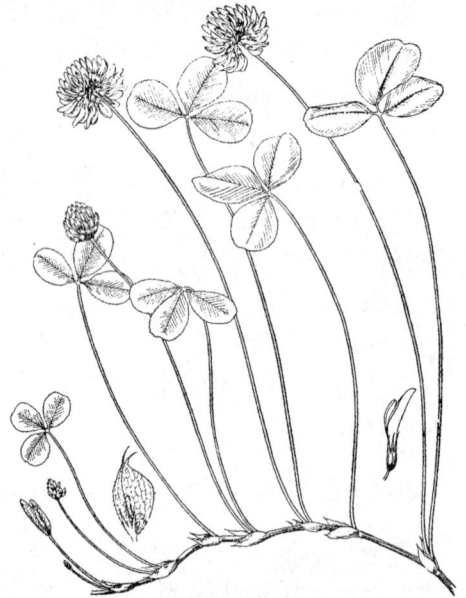

白三叶草 *Trifolium repens*

生态习性 喜光和温暖湿润的环境，耐半阴。不耐干旱，耐寒、耐瘠薄。适于修剪，茎易倒，不易折断。不择土壤，但不耐盐碱。生长较快，夏季生长更快，秋霜后，仍继续生长，大雪封地时才枯萎，但叶仍为绿色。观叶期180天，观花期120天。一般栽培寿命10年以上。国外已育出生命周期长达40~50年的品种。

繁殖栽培 多采用播种法繁殖。采种即播，5~7天幼苗可以出土。又可分株繁殖，于每年5~7月进行，但以7月分株最好，又可用新生长枝扦插。此草种子细小，要细致整地，撒播每亩播种5~6kg；条播，行间距20~25cm，每亩2~4kg为宜。白三叶也可以分栽小草块繁殖，1m²草块，可分栽4m²。因有根瘤菌固氮，对土质要求不严。栽植时，先行分株，然后定植，踏实，浇透水。封冻前浇1次冻水，次年则会提早返青。冬季用积雪覆盖。早春多浇水，生长过高时可予以践踏或修剪，3~5天即可恢复生长，修剪长度在5~10cm，修剪后20天左右则花叶并茂。冬季植株受冻硬脆，不宜践踏。

园林用途 白三叶草花叶兼美，绿色期长，耐修剪，易栽培，繁殖快，造价低。适宜作封闭式的观赏地被或固土护坡。又有较高的经济价值，是优良的牧草，良好的绿肥植物，全草入药，又是很好的蜜源植物。

同属地被植物　常见的同属地被植物还有：

杂种三叶草（*T. hybridum*），别名杂种车轴草、金花草。英文名 Alsike Clover。宿根草本。高 30~60cm，3 小叶，花密集成球状花序，花冠红色或紫红色，通常花开放后下垂，花长为花萼的 2 倍。荚果，有种子 2~3 粒。原产欧洲。我国华北、东北也有。通常播种法繁殖。杂种车轴草喜湿润平坦、土层深厚的土壤环境，长期种植能改良土壤，增加土壤的有机质含量和肥力。可作地被植物种植，绿化城市郊区空闲地和改良土壤，是我国华北和东北地区的主要饲料作物和改良土壤植物。

红花三叶草（*T. pratens*），英文名 Red Clover。宿根草本。株高 25~35cm。多分枝，呈丛生状，茎直立或稍平卧状。叶具长柄，3 小叶掌状着生于总柄顶端，小叶椭圆状卵形。头状花序腋生，花暗红或紫色。花期 4~6 月。荚果倒卵形。原产小亚细亚与东南欧。喜温暖湿润，稍耐寒、耐阴湿，宜排水良好的中性或微酸性土壤。播种繁殖，注意除杂草，夏季适当灌溉。管理简单粗放。在北京小气候好的地方可以露地越冬。枝叶密，能很好地覆盖地面，是良好的地被植物。

（13）葱兰　*Zephyranthes candida*

别名　玉帘、葱莲、菖蒲莲

英文名　Autumm zephyrlily

科属　石蒜科菖蒲莲属

形态特征　常绿球根草本。鳞茎狭卵形，颈部细长，株高 10~20cm。叶基生，狭线形，具纵沟，暗绿色。苞片膜质，褐红色。花白色，无筒部，花被片椭圆状披针形，花径 3~4cm，花期 7 月下旬至 11 月初。

产地分布　主要分布于古巴、秘鲁等地。

生态习性　本种在原产地是常绿性的，但在我国大部分地区，因冬季寒冷，只能作春植球根栽培。若在温室盆栽则是常绿的。能自花授粉，结实率较高。性喜温暖、阳光充足，宜排水良好、肥沃而稍黏质的土壤；耐半阴及低湿环境，稍耐寒，华东地区可露地越冬。华北、东北地区将鳞茎挖起，贮藏越冬。

繁殖栽培　采用分球繁殖，每一母球经 1 年栽培，可自然分生 3~4 个子球，春天将子球分离，另行栽植，经 2 年培养，即可开花。也可播种繁殖。葱兰性强健，栽培管理比较简单粗放。春季栽植，可每穴栽 3~4 球，球间距约 15cm，深度以鳞茎芽顶稍露土面或平齐为宜。保持土壤湿润，适当追肥。一经栽植，可连年开花不断，不必每年挖起重栽。但在冬季严寒处，只能挖起贮藏，第二年春天重新栽植或行室内盆栽。

园林用途　葱兰株丛低矮、花繁叶茂、花期很长、强健易养，是极好的观花地被植物。最宜作林下及坡地的地

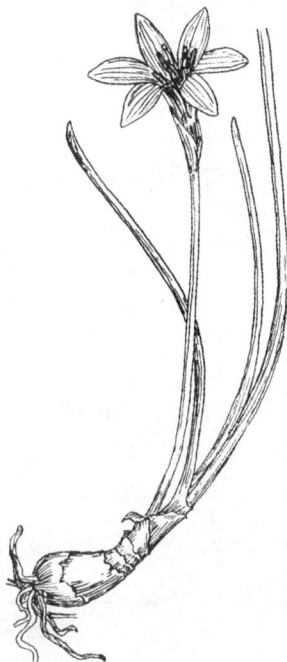
葱兰　*Zephyranthes candida*

被布置，也可作花坛、花境的镶边材料或盆栽观赏。

同属地被植物 韭兰（*Z. grandiflora*），别名韭莲、风雨花、红花菖蒲莲。英文名 Rosepink Zephyrlily。常绿球根草本。高 15～25cm。鳞茎较葱兰稍大，卵圆状，颈部稍短。叶较长而软，扁线形，稍厚，基部具紫红晕。花冠漏斗状，筒部显著，花被粉红或淡玫瑰红色，苞片红色。花期 6～9 月。原产中、南美洲。

4.8.3 其他地被植物

表 4-7 其他地被植物

植物名称 （科名）	拉丁学名 （英文名）	形态与生态特点	繁殖方法	园林用途
菖蒲 （天南星科）	*Acorus calamus* （Drug sweetflag）	宿根挺水草本。叶二列状着生，剑状线形，基部鞘状，对折抱茎，中肋明显，两面隆起，叶片揉之有香气。花莛基出短于叶丛，叶状佛焰苞内有圆柱状肉穗花序，黄绿色。花期6～7月。浆果长圆形，熟时红色。原产我国和日本。喜生于沼泽地、溪谷边或浅水中。稍耐寒	分株	叶色鲜绿，叶丛挺立，姿态秀美，且具香气。是良好的水面、岸边美化材料。可作湿润地段的地被布置。也宜盆栽观赏
羊角芹 （伞形科）	*Aegopodium podagraria* （Bishops goutweet）	宿根草本。叶三出，二至三回羽状分裂，末裂片卵形。复伞形花序，花白或淡红色。性强健，喜阳亦耐半阴。耐瘠薄土壤。常用叶有白边的品种（'Variegatum'）	分株	用为地被或花坛边缘
匍匐筋骨草 （唇形科）	*Ajuga reptans* （Carpet bugle）	宿根草本，高 10～20cm。具匍匐性，叶片椭圆状匙形。轮伞花序，小花蓝或紫堇色，花期4～9月。喜阳、耐阴、耐旱，又耐寒	播种、扦插	矮小可爱，匍地生长，是岩石园的良好材料
泽泻 （泽泻科）	*Alisma orientale* （American water-plantain）	水生宿根草本。高约100cm。叶基生，椭圆形，叶柄长。伞形花序呈圆锥状，花3数，花白色。花期夏秋。喜光、耐寒、宜深厚肥沃土壤	分株或播种	株形美丽，叶色鲜绿，适用于水景园和水面、岸边绿化
蛇葡萄 （葡萄科）	*Ampelopsis brevipedunculata* （Amur ampelopsis）	木质藤本。枝粗壮，叶与卷须对生，宽卵形，端3浅裂。聚伞花序与叶对生，花黄绿色，果蓝色。有花叶品种。抗性强，喜潮湿凉爽，耐阴，宜深厚土壤	扦插或播种	可攀附花架或墙壁，是垂直绿化的良好材料
蚤缀 （石竹科）	*Arenaria serpyllifolia* （Thymeleaf sandwort）	二年生草本。高约20cm。叶对生，短小，略圆形，花白色，花期于春夏间。喜光，耐半阴，耐湿	播种、分株、扦插	可作向阳、半阴及潮湿处地被
加拿大细辛 （马兜铃科）	*Asarum canadense* （Wild ginger）	宿根无茎草本。株高约15cm。叶基生，心形，花单生，棕紫色。花期春季。喜湿润，耐寒、耐阴，宜富含腐殖质，排水良好的土壤	分株	宜作林下地面覆盖植物
蓝花车叶草 （茜草科）	*Asperula orientalis* （Oriental woodruff）	一年生草本。高约30cm。多分枝，截面方形。叶披针形，轮生。花小型，漏斗状，蓝色。花序为叶状苞片包围。喜湿润、半阴	播种	宜用作光照不充足处地被植物。也可用于花境和岩石园
凤尾竹 （禾本科）	*Bambusa multiplex var. nana* （Fernleaf hedge bamboo）	竹类植物。竹秆细矮，竹叶窄小，叶片常十多枚生于1个小枝上。喜温暖湿润，较耐阴，喜疏松肥沃的沙质壤土	挖竹鞭栽植或分株	庭园片植或盆栽观赏

（续）

植物名称 （科名）	拉丁学名 （英文名）	形态与生态特点	繁殖 方法	园林用途
日本小檗 （小檗科）	*Berberis thunbergii* （Japanese barberry）	落叶灌木。高 150～250cm。叶菱形至卵形，绿色。有红、紫红、橘黄色及花叶品种，耐旱、耐寒，病虫害少	播种、压条、扦插。也可嫁接	用作观赏刺篱、基础栽植或布置岩石园
白及 （兰科）	*Bletilla striata* （Common bletilla）	球根草本。高 15～50cm。具球茎。茎直立，叶 4～5 片，狭长圆形。总状花序，花紫色或淡红色。花期 4～5 月。喜温暖阴湿环境	分球或播种	是良好的林下地被，可用于岩石园、假山布置和盆栽观赏
滨旋花 （旋花科）	*Calystegia soldanella* （Seashore glory-bind）	宿根蔓生草本。地上茎横卧，蔓状。叶互生，呈肾形，基部心形，绿色。单花腋生，漏斗状，粉红色。花期 5～6 月。耐盐碱，覆盖度大，生长健壮	播种或分株	是盐碱沙地的重要覆盖植物。也可用于岩石园、缀花草坪
岩茴香 （伞形科）	*Carlesia sinensis* （Chinese carlesia）	宿根草本。植株矮小，叶三回羽状全裂，裂片条形。花白色，花期 6～7 月。耐干旱、耐寒	播种	植株矮小，可栽假山石缝中或岩石园
金毛蕨 （蚌壳蕨科）	*Cibotium barometz*	蕨类宿根草本。高达 3m。根茎横卧，密被黄毛。叶丛生茎顶，三回羽状复叶，孢子囊群生于小叶脉顶端。喜温暖阴湿、酸性土环境	孢子播种	良好的林下地被
铃兰 （百合科）	*Convallaria majalis* （Liliyofthevalley）	宿根草本。叶片 2～3 枚，基生直立，椭圆形，弧形脉，基部具鞘。顶生总状花序，小花白色，钟形下垂，芳香。花期 4～5 月。耐寒，喜凉爽湿润	分割根状茎或分栽萌蘖	优美的观花地被植物，可用于林下、林缘、石旁、坡地、花境，或盆栽、切花
剑叶金鸡菊 （菊科）	*Coreopsis lanceolata* （Lance coreopsis）	宿根草本。叶丛生基部，下部叶匙形或线状倒披针形，全缘。舌状花鲜黄色。花期 5～8 月。喜光、耐寒、耐瘠薄	播种、分株、扦插	是庭园中良好的疏林观花观叶地被植物
多变小冠花 （蝶形花科）	*Coronilla varia* （crownvetch coronilla）	蔓性宿根草本。茎蔓细长，多分枝，茎中空。奇数羽状复叶，小叶长椭圆形，花蝶形，深粉色。耐寒、耐干旱瘠薄	播种	是优良的固土护坡蔓生地被植物
平枝栒子 （蔷薇科）	*Cotoneaster horizontalis* （Rock cotoneaster）	落叶或半常绿低矮灌木。枝叶细小，高约50cm，大枝平展。4～5 月开花。小花无柄，粉红或红色，果鲜红，经冬不落。喜光也耐阴，耐干旱瘠薄	扦插、播种	适于片植、丛植，布置于草地边缘、坡地或点缀岩石、假山
白首乌 （萝藦科）	*Cynanchum wilfordii* （Wilford swallow-wort）	宿根草本。有乳汁。块根粗壮褐色。单叶对生，具长柄，长心形。花白色，花瓣 5 裂，花期 6～7 月。喜光、耐寒、耐干旱、抗盐碱	播种或分割块根	为耐盐碱的地面覆盖植物，花叶兼美，可作攀缘绿化材料
常夏石竹 （石竹科）	*Dianthus plumarius* （Cottage pink）	宿根草本。茎丛生，高约30cm。叶狭而厚，长线形，光滑，被白粉，呈灰绿色，花顶生，花玫红、白色，瓣缘深裂达 1/3，基部有爪。花期 5～10 月。原产奥地利至西伯利亚。耐寒，喜向阳通风环境	播种、分株、扦插	是良好的喜光地被植物，可丛植或片植

（续）

植物名称 （科名）	拉丁学名 （英文名）	形态与生态特点	繁殖 方法	园林用途
蛇莓 （蔷薇科）	*Duchesnea indica* （Indian mockstraw-berry）	宿根草本。具细长匍匐枝，节处分生不定根和新苗。三出复叶，小叶菱状卵圆形，缘具钝锯齿。花黄色，5 瓣，3～4 月开花。5 月果熟，红色。喜阴湿环境	分株、播种、分栽萌生苗	低矮茂密，匍地生长，为良好的观果地被
凤眼莲 （雨久花科）	*Eichhornia crassipes* （Common waterhya-cinth）	水生漂浮宿根草本。须根发达，漂浮水中，茎短缩，叶丛生，倒卵状圆形，鲜绿有光泽，质厚，叶柄气囊状。花单生，董紫色，顶花瓣具鲜黄色眼点。喜温暖，喜光照充足，稍耐寒	分株、播种	为美丽的漂浮湿地花卉，繁殖力强，用于水面美化。也可盆栽观赏
草麻黄 （麻黄科）	*Ephedra sinica* （Chinese ephedra）	小灌木。高约 20～40cm。小枝细长丛生，多分枝，节部明显。叶对生，膜质鳞片状，背面基部紫褐色。适应性强，耐干旱、耐寒、耐盐碱	播种	是良好的盐碱沙地的地被植物
淫羊藿 （小檗科）	*Epimedium alpinum* （Largeflower epime-dium）	宿根草本。高约 30cm。横生根状茎近木质化。二回三出复叶，小叶卵形。总状花序顶生，小花白色，有长距。喜温暖湿润，半阴环境。不喜黏土	播种、分株或根插	可作林缘和林下地被，或布置花坛、花境、岩石园
八角金盘 （五加科）	*Fatsia japonica* （Japanese fatsia）	常绿灌木。高可达 4m，茎丛生。单叶互生，叶片掌状 7～9 深裂，裂片边缘有齿，深绿色，革质，有光泽，叶柄长，基部膨大。花小白色，伞形花序，组成大型圆锥花丛。花期夏秋。原产日本，台湾有分布。喜温暖湿润，耐阴，忌酷热，稍耐寒	播种、扦插、分株	耐阴性强，可作疏林下地被。是良好的耐阴观叶地被
薜荔 （桑科）	*Ficus pumila* （Climbing fig）	常绿藤本。借气生根攀缘。叶椭圆形，全缘，基部 3 主脉，厚革质。果梨形。喜温暖湿润，喜光、较耐阴	扦插、播种、分株	良好的垂直绿化材料，也可用作地被或盆栽观赏
加那利常春藤 （五加科）	*Hedera canariensis* （Algerian ivy）	常绿灌木。叶卵形，基部心形，全缘，革质，浅绿色，下部叶常 3～7 裂。浆果黑色。喜半阴、中性或微酸性土壤	扦插、分株或压条	用于垂直绿化或地面覆盖。也可盆栽吊盆观赏
洋常春藤 （五加科）	*Hedera helix* （English ivy）	常绿藤本。营养枝上叶 3～5 裂；花枝上叶卵圆至菱形，叶脉常呈白色。花黄色，果黑色。喜温暖湿润、耐阴	扦插、分株或压条	用于垂直绿化或地面覆盖。也可盆栽吊盆观赏
常春藤 （五加科）	*Hedera nepalensis* *var. sinensis* （Chinese ivy）	常绿藤本。具较长的匍匐茎，有气生根。叶革质，互生，营养叶三角状卵形或三浅裂，花枝叶卵状披针形。花绿白色，果红或黄色。喜温暖、耐阴	扦插、分株或压条	用于垂直绿化或地面覆盖。也可盆栽吊盆观赏
黄花萱草 （百合科）	*Hemerocallis flava* （yellow daylily）	宿根草本。叶深绿色，带状，拱形弯曲，顶生圆锥花序，花淡柠檬黄色，浅漏斗形，花傍晚开，次日下午谢。具芳香。喜光、耐寒、耐旱、耐半阴	分株	成片种植形成优美的观花观叶地被
萱草 （百合科）	*Hemerocallis fulva* （Orange daylily）	宿根草本。株高约 80cm。叶基生，两列状，线状披针形。花茎着花 6～12 朵，漏斗状，橘红色。花期 6～8 月。喜光、耐半阴、耐寒、耐旱	分株	成片种植形成优美的观花观叶地被

（续）

植物名称 （科名）	拉丁学名 （英文名）	形态与生态特点	繁殖 方法	园林用途
玉簪 （百合科）	*Hosta plantaginea* （Fragrant plantainli-ly）	宿根草本，高 40～60cm。叶大型，基生，卵形至心形，弧形脉，具长柄。花梗高出叶面，顶生总状花序，花管状漏斗形，芳香，每朵花傍晚开放，次日晚凋谢。花期 6～7 月。分布我国及日本。耐寒、喜阴湿，要求土壤深厚，排水良好	播种、分株、组织培养	可作林下地被或阴处基础栽植、花境。也可盆栽。也是插花切花、切叶的良好材料
蕺草 （三白草科）	*Houttuynia cordata* （Heartleaf houttuyn-ia）	宿根草本。茎爬行，部分茎直立。叶互生，心形，叶脉 5 出。穗状花序，花序基部有 4 片白色苞片，花小不显。喜温暖潮湿	扦插，偶分株、播种	湿润半阴处的良好观叶地被。在我国南方有发展前途
八仙花 （虎耳草科）	*Hydrangea macrophylla* （Largeleaf hydranfea）	落叶灌木。高 1～4m。叶对生，椭圆形至阔卵形。伞房花序顶生，全为不孕花，具 4 枚花瓣状大萼片。花初开绿色，后转白色，最后成蓝色或粉红色。分布我国西部和西南部。喜湿润而半阴的环境。不耐碱	扦插	可作疏林下或林缘地被或花境
金丝桃 （藤黄科）	*Hypericum chinense* （Chinese St. John's swort）	半常绿灌木。高 60～80cm。全株光滑。分枝稠密，单叶对生，椭圆状披针形，叶钝尖，全缘，绿色。花鲜黄色，5 瓣。花期 6～9 月。喜光、耐阴、稍耐寒	播种、扦插、分株	成片种植有明亮的地被效果，亦可作花篱或基础种植
马蔺 （鸢尾科）	*Iris lactea* var. *chinensis* （Chinese iris）	宿根草本。叶簇生，狭线形，花蓝色，花期 4 月。耐干旱、耐寒、耐水湿、耐盐碱、喜光照充足	播种或分株	可用于地被或花境。或丛植于路边、山石旁。可作插花切叶
鸢尾 （鸢尾科）	*Iris tectorum* （Roof iris）	宿根草本。高 30～50cm。叶剑形，稍镰状弯曲，淡绿色，花径约 10cm，淡蓝紫色。花期 5～6 月。耐寒、喜半阴环境	分割根状茎繁殖	可用于地被或花境。或丛植于路边、山石旁。可作插花切叶
棣棠 （蔷薇科）	*Kerria japonica* （Japanese kerria）	落叶小灌木。高 100～200cm。小枝有棱，绿色。叶卵形，绿色，叶脉凹陷，缘具重锯齿。花金黄色，花期 4～5 月。喜温暖湿润的半阴环境	分株、扦插、播种	用作基础栽植、花篱，或片植于草坪、林缘
木地肤 （藜科）	*Kochia prostrata* （Prostrata summmmercypress）	矮小灌木。高 20～60cm。分枝多而密。叶对生。花紫褐色。耐旱、耐盐碱、抗寒、返青早	播种	丛植点缀，行植成篱，翠绿可爱
鸡眼草 （蝶形花科）	*Kummerowia striata* （Japan Clover）	一年生草本。茎平卧，多分枝。三小叶互生。花 1～3 朵腋生，花淡红色。喜温暖、耐荫蔽、耐干旱、耐瘠薄	能自播繁衍	可作荫蔽、干旱、瘠薄处的地被
雪滴花 （石蒜科）	*Leucojum vernum* （Spring snowflake）	球根草本。地下具鳞茎，高 15～30cm。叶基生，带形，绿色，被白粉。花莛中空，花广钟形，下垂，6 裂片端具 1 绿点。3 月下旬至 4 月开花。喜凉爽湿润环境	分球	可作疏林下地被，也是早春花坛镶边植物，还可用于岩石园、盆栽、切花
二色补血草 （蓝雪科）	*Limonium bicolor* （Twocolor sealavander）	宿根草本。高 50～80cm。叶基生，匙形，叶柄有翼。聚伞花序圆锥状，花萼白色至粉红色。花瓣黄色。花期 5～6 月。极耐寒、喜光、耐干旱盐碱、宜黏土	播种或分株	丛植或配置于花境，片植于山坡，为优良的天然干花材料

（续）

植物名称（科名）	拉丁学名（英文名）	形态与生态特点	繁殖方法	园林用途
山麦冬（百合科）	*Liriope spicata*（Creeping liriope）	常绿宿根草本。具地下匍匐茎。株丛较小，叶窄而短硬，狭线形，主脉隆起，深绿色。花莛高 10~20cm，总状花序，着花 5~9 轮，小花淡紫或白色。花期 7~9 月。原产中国，朝鲜、日本也有。耐寒，喜湿润，忌阳光直射	分株、播种	叶色深绿，株形秀美，是良好的地被植物，宜布置于疏林下
香雪球（十字花科）	*Lobularia maritima*（Sweetalyssum）	宿根草本，作一年生栽培。茎多分枝，铺散状。叶披针形或线形。总状花序顶生密集，花小，白色或淡紫色，芳香。花期 4~8 月。喜光、喜冷凉、耐干旱	播种	株矮，匍生，花密，味香。用于花坛镶边，岩石园，或小盆栽
金银花（忍冬科）	*Lonicera japonica*（Japanese honeysuckle）	半常绿缠绕藤本。小枝中空。叶卵形。花成对腋生。花冠二唇形，花由白变黄，芳香。花期 5~7 月。喜光也耐阴，耐寒、耐旱、耐水湿	播种、扦插、分株、压条	藤细、花香，黄白相映，是良好的棚架、阳台、花廊绿化材料
百脉根（蝶形花科）	*Lotus corniculatus*（Birdsfoot trefoil, Birdsfoot deervetch）	宿根草本。高 10~60cm。小叶 5 枚，其中 2 枚生于叶柄基部，3 枚生于顶部。花黄色。喜光、喜湿润、耐贫瘠	播种	植株丛生成毯状，绿色期长，为良好的地被植物
枸杞（茄科）	*Lycium chinense*（Chinese wolfberry）	落叶灌木。高约 150cm，枝拱形，有小刺。叶卵形至披针形。花簇生叶腋，漏斗形，紫色。果红或橘红色，经冬不落。耐寒、耐旱，对土壤要求不严	播种、扦插、分株	为良好观果地被
忽地笑（石蒜科）	*Lycoris aurea*（Golden lycoris）	球根草本。鳞茎广卵形。叶基生，阔线形，灰绿色，花后秋季发叶。花莛高 30~60cm，顶生伞形花序，5~10 朵侧开。黄色，花期 8~10 月。喜温暖湿润及半阴环境，耐寒、耐日晒和干旱	分球	片植形成壮观的观花地被景观。也是良好的切花
石蒜（石蒜科）	*Lycoris radiata*（Shorttube lycoris）	球根草本。鳞茎广椭圆形。叶线形基生，深绿色，冬春抽出，夏季枯萎。花莛秋季抽生，中空。伞形花序顶生，着花 4~12 朵。花鲜红色。花期 7~9 月。喜温暖湿润半阴环境，耐寒、耐日晒、耐干旱	分球	片植形成壮观的观花地被景观。也是良好的切花
鹿葱（石蒜科）	*Lycoris squamigera*（Autumn lycoris）	球根草本。鳞茎球形。叶阔线形，花后抽生，色淡绿。花莛高 60cm。伞形花序着花 4~8 朵，花粉红色，芳香，花期 8 月。习性同石蒜	分球	片植形成壮观的观花地被景观。也是良好的切花
阔叶十大功劳（小檗科）	*Mahonia bealei*（Leatherleaf mahonia）	常绿灌木。高达 3~4m。奇数羽状复叶，顶小叶卵形，灰绿色，厚革质，叶缘有大刺齿。花黄色，花期 3~4 月。不耐寒、较耐阴	播种、扦插、分株、根插	可作林下地被。亦可盆栽
紫花苜蓿（蝶形花科）	*Medicago sativa*（Alfalfa）	宿根草本。高 30~100cm。3 小叶，总状花序腋生，花冠紫色。荚果螺旋形。耐寒、耐干旱	播种	大片种植可增加土壤肥力和有机质
紫茉莉（紫茉莉科）	*Mirabilis jalapa*（Common four-o'clock）	宿根草本，作一年生栽培。高 50~80cm。叶对生卵形。花顶生，高脚碟形，花色丰富，微香，傍晚开，清晨谢。花期夏秋。喜疏松肥沃土壤，耐半阴，宜通风良好	播种	可直播绿地树丛边，形成观花地被。或院落丛植，也可盆栽

（续）

植物名称 （科名）	拉丁学名 （英文名）	形态与生态特点	繁殖 方法	园林用途
丛生勿忘草 （紫草科）	*Myosotis silvatica* （Woodland forget-menot）	宿根草本，常作一、二年生栽培。高 20～40cm。茎具糙毛。叶互生，狭披针形。花蓝色。花期春夏。性耐寒，喜凉爽半阴环境。喜肥沃、湿润、疏松土壤	播种	片植于墙边，溪边；配置春季花坛，用为林缘地被；也作切花
南天竹 （小檗科）	*Nandina domestica* （Common nandina, Heavenly bamboo）	常绿灌木。高 2m。茎丛生，少分枝。二至三回羽状复叶，小叶椭圆状披针形，革质。花白色，果鲜红。花期 5～7 月。喜半阴，宜微酸性肥沃湿润土壤	播种、扦插、分株	可作观果观叶地被
喇叭水仙 （石蒜科）	*Narcissus pseudonarcissus* （Trumpet narcissus, Common daffodil）	球根草本。鳞茎卵圆形。叶 4～6 枚丛生，阔带形，灰绿色，花莛有棱，花单生，浅黄色，副冠直立，喇叭状。缘具齿牙。花期 4～5 月。喜光、宜温暖湿润，耐寒	分球、鳞片扦插、组织培养	用于花坛、花境，大片种植，可形成壮观的观花地被。也可丛植或作切花
中国水仙 （石蒜科）	*Narcissus tazetta* var. *chinensis* （Chinese narcissus）	球根草本。鳞茎卵状至广卵状球形。叶狭长带状，端钝圆。花莛中空，着花 3～11 朵，白色，副冠碟状，金黄色，芳香。喜温暖湿润、光照充足环境	同喇叭水仙	用于花坛、花境，大片种植，可形成壮观的观花地被。也可丛植或作切花
白刺 （蒺藜科）	*Nitraria sibirica* （Cibirian nitraria）	小灌木。匍地生长，高 50～100cm，多分枝枝端刺状。叶 4～5 片密生，倒卵状长椭圆形，灰绿色，肉质。花黄白色，果紫红色。花期 5～6 月。喜光、耐寒、耐旱、耐盐碱	播种	花果可赏，为抗盐碱的优良地被
富贵草 （黄杨科）	*Pachysandra terminalis* （Japanese spurge）	常绿灌木。匍匐性，高约 30cm。叶互生，革质，倒卵形，上缘有粗齿，主脉 3 出。穗状花序，白色。耐寒、耐阴湿	扦插或分株	为良好的耐阴地被
五叶地锦 （葡萄科）	*Parthenocissus quinquefolia* （Virginia creeper）	落叶攀缘藤本。掌状复叶，小叶 5 枚，秋季变红。花小，浆果黑色。耐寒、耐热、耐旱、喜阴湿，强光下也生长良好	扦插、压条	城市园林中良好的垂直绿化材料
丛生福禄考 （花荵科）	*Phlox subulata* （Moss phlox, Mosspink）	常绿宿根草本。枝条密集成垫状，株高 10～15cm。叶针状簇生。花高脚碟状，桃红色，喉部紫色，花瓣 5，倒心形，有深缺刻。花期 3～5 月。原产美洲。喜光照充足，不耐阴，耐寒也耐热	分株、扦插	植株矮小，株丛密集，终年常绿，形似绿毯；春季粉红色小花灿若朝霞，像美丽的花毯，十分美观。是阳光充足处的绝好地面覆盖材料。可作岩石园地被，或花坛花境镶边
半支莲 （马齿苋科）	*Portulaca grandiflora* （Largeflower pulslane）	一年生草本。高 15～20cm。茎叶肉质，叶圆筒形。花生茎顶，花色丰富，花期 3 月初到 9 月底。喜温暖，喜排水良好土壤	播种或扦插	花色丰富，低矮整齐，可片植成彩色的地毯
葛藤 （蝶形花科）	*Pueraria lobata* （Lobet kudzuvine）	落叶缠绕藤本。全株有黄色硬毛。三出复叶互生，顶小叶菱状卵形，全缘或波状浅裂。花紫红色。8～9 月开花。喜光，耐干旱瘠薄	扦插、播种	是一种良好的水土保持和地面覆盖材料。侵占性强

（续）

植物名称（科名）	拉丁学名（英文名）	形态与生态特点	繁殖方法	园林用途
火棘（蔷薇科）	*Pyracantha fortuneana*（Fortune firethorn）	常绿灌木。高可达3m，枝拱曲下垂。叶倒卵形，先端微凹。小花白色，花期4～5月。果球形，橘红色，经久不落。喜光、耐阴	扦插、播种	可孤植、篱植、丛植、片植，入秋果红似火，观果期很长
万年青（百合科）	*Rohdea japonica*（Omoto nipponlily）	常绿宿根草本。株高约50cm。叶丛生，倒阔披针形，全缘，深绿色。花莛短于叶丛，穗状花序，小花钟状，淡绿白色。花期6～7月。浆果球形，鲜红色，经久不凋。喜温暖湿润及半阴，忌强光	分株	是传统的林下观叶、观果地被植物
慈姑（泽泻科）	*Sagittaria sagittifolia*（Oldworld arrowhead）	沼泽宿根草本。高80～100cm，地下球茎球形或长圆形。叶三角状箭形，两侧裂片较顶裂片略长。花瓣白色，基部带紫色。花果期6～10月。喜光，喜温暖和浅水，耐寒	播种、分球	叶形别致，用于水边绿化
菲黄竹（禾本科）	*Sasa auricoma*	低矮竹类。嫩枝黄色，有绿色纵条纹，老叶变绿色。喜光，也耐半阴，喜湿润肥沃土壤	分株	作耐阴地被
菲白竹（禾本科）	*Sasa fortunei*	低矮竹类。秆有分枝，叶片狭披针形，绿色，叶面有不规则的白色纵纹。叶缘有纤毛，柄极短。喜温暖湿润，不耐强光和高温，宜疏松肥沃、排水良好的土壤	分株	在绿地中可作观叶地被。也宜作观叶竹篱
翠竹（禾本科）	*Sasa pygmaea*（Fern bamboo）	低矮竹类。秆高仅4～5cm。不耐干旱，要求疏松肥沃土壤	分株	在绿地中可作观叶地被。也宜作观叶竹篱
虎耳草（虎耳草科）	*Saxifraga stolonifera*（Creeping rockfoil）	宿根草本。叶基生，心脏状圆形，缘具齿，深绿色，沿叶脉有白色斑纹。叶腋抽生纤细的匍匐茎，茎顶生小植株。花瓣白色，5枚。花期4～5月。喜半阴、凉爽、湿润环境，不耐高温干燥和强光	分株	适作林下地被
田菁（蝶形花科）	*Sesbania cannabina*（Common sesbania）	宿根草本，作一年生栽培。高150cm以上。偶数羽状复叶，小叶20～60片。蝶形花冠黄色。花期9月。耐寒、喜肥、耐盐碱	播种	适作盐碱土改良的地被
倭竹（禾本科）	*Shibataea chinensis*（Chinese shibataea）	低矮竹类。株高30cm以上。叶片较大，每节常有5～6个分枝。顶梢具1枚叶片。性喜阴湿、温暖环境，宜肥沃疏松土壤	移栽竹鞭	宜作耐阴地被，也可作为矮篱
粉花绣线菊（蔷薇科）	*Spiraea japonica*（Japanese spiraea）	低矮灌木。株高70cm以下，茎密，丛生。叶矩圆状披针形，重锯齿，叶面皱。复伞房花序，花深红至浅粉红色。花期5～9月。喜光、耐半阴、耐寒、耐旱	播种、扦插、分株	可作观花地被、矮花篱，也可片植于林缘或草坪边缘
柽柳（柽柳科）	*Tamarix chinensis*（Chinese tamarisk）	落叶灌木或小乔木。枝细长，红褐色。鳞叶淡蓝绿色，花粉红色。花期夏秋。喜光、耐高温、耐低温、耐旱、耐盐碱	播种、扦插、分根、压条	可片植于重盐碱地，也可行栽、丛植，篱植
络石（夹竹桃科）	*Trachelospermum jasminoides*（Cninese starjasmine, Confederate-jasmine）	常绿藤本。茎长，有乳汁和气生根。叶对生，椭圆形。花白色，5裂，芳香。花期5～7月。喜温暖湿润、耐旱、耐阴，不耐寒	扦插、压条、播种	理想的林下观叶藤本地被。也可点缀山石、墙堰，覆盖力强

（续）

植物名称 （科名）	拉丁学名 （英文名）	形态与生态特点	繁殖 方法	园林用途
蔓长春花 （夹竹桃科）	*Vinca minor* （Common periwinkle）	蔓性半灌木。茎平卧，花茎直立。叶对生，椭圆形。花单生叶腋，漏斗状 5 裂，花蓝色，喜光，要求疏松排水良好土壤	播种、扦插	是花叶兼美的藤本地被
单叶蔓荆 （马鞭草科）	*Vitex rotundifolia* （Simpleleaf shrub chastetree）	蔓生小灌木。茎匍匐或斜生，高 40～80cm。嫩枝四棱形，叶对生，广卵形，绿色，叶背密生灰白色短软毛。花淡紫色，二唇状，花期 7～8 月。耐盐碱	播种	是重盐碱沙滩的优良地被植物，覆盖力强

参考文献

北京大汉园景科技发展有限公司. 凤梨栽培技术[N]. 中国花卉报, 2005 - 9 - 20.

北京林业大学花卉组编. 中国常见花卉图鉴[M]. 郑州: 河南科技出版社, 1999.

北京林业大学园林系花卉教研组编写. 花卉学[M]. 北京: 中国林业出版社, 1990.

陈有民. 中国园林绿化树种区域规划[M]. 北京: 中国建筑工业出版社, 2006.

戴志棠等著. 室内观叶植物及装饰[M]. 北京: 中国林业出版社, 1990.

冯宋明. 拉汉英种子植物名称[M]. 北京: 科学出版社, 1983.

关克俭, 陆定安编. 英拉汉植物名称(试用本)[M]. 北京: 科学出版社, 1963.

郭锡昌. 绿化种植艺术[M]. 沈阳: 辽宁科学技术出版社, 1994.

侯宽昭编. 中国种子植物科属词典(第二版)[M]. 北京: 科学出版社, 1982.

胡中华, 刘师汉. 草坪与地被植物[M]. 北京: 中国林业出版社, 1995.

黄复瑞, 刘祖琪主编. 现代草坪建植与管理技术[M]. 北京: 中国农业出版社, 1999.

李尚志. 水生植物造景艺术[M]. 北京: 中国林业出版社, 2000.

李银, 刘存琦主编. 草坪绿地规划设计与建植管理技术[M]. 兰州: 甘肃民族出版社, 1994.

孙吉雄主编. 草坪学[M]. 北京: 中国农业出版社, 1995.

魏钰, 张佐双, 朱仁元. 花境设计与应用大全[M]. 北京: 北京出版社, 2006.

吴玲. 湿地植物与景观[M]. 北京: 中国林业出版社, 2010.

武菊英. 观赏草及其在园林景观中的应用[M]. 北京: 中国林业出版社, 2008.

余树勋, 吴应祥主编. 花卉词典[M]. 北京: 中国农业出版社, 1993.

张敦方. 压花艺术及制作. 哈尔滨: 东北林业大学出版社, 1999.

浙江森禾种业股份有限公司. 蝴蝶兰盆花生产管理技术.

浙江森禾种业股份有限公司. 仙客来栽培技术.

浙江义乌义金农庄. 大花蕙兰的花期控制.

中国农业百科全书编辑委员会. 中国农业百科全书·观赏园艺卷[M]. 北京: 中国农业出版社, 1996.

中科院植物所. 中国高等植物图鉴[M]. 北京: 科学出版社, 1974～1980.

[美]罗伯特·爱蒙斯著. 冯钟粒, 张守先等译. 草坪科学与管理[M]. 北京: 中国林业出版社, 1992.

[日]六耀社编. 《插花技艺1》编译组译. 插花技艺1[M]. 北京: 中国轻工业出

版社，2001.

　　［英］盖伊·塞著. 肖良，范小红编译. 室内盆栽花卉和装饰［M］. 北京：中国农业出版社，1999.

　　Arend Jan Van Der Horst. Patio and Conservatories［M］. TheNetherlands：Rebo Productions，1997.

　　David Joyce. Rock gardens & Alpine Plants［M］. Londen：Tiger Books International，1991.

　　Howard Drury. Alpines and rock plants［M］. Londen：Tiger Books International，1993.

　　Production Pointers. 美国《Greenhouse Grower》杂志.

　　Robin Williams. The garden planner［M］. UK：Frances Lincoln，1990.

　　Wilhelm Schacht. Rock Gardens［M］. New York：Universe Books，1981.

中文名索引（各论）

拉丁名索引（各论）